张杰◎编著

中文版 Premiere Pro 视频编辑剪辑设计与制作全视频实战228例（溢彩版）

清華大学出版社
北京

内 容 简 介

本书是一本全方位、多角度讲解Premiere Pro视频编辑剪辑的案例式教材，注重实例的实用性和效果的精美度。全书共设置228个实用实例，按照技术和行业应用进行划分，清晰有序，方便零基础的读者由浅入深地学习本书，从而循序渐进地提升使用Premiere Pro处理视频的能力。

本书共分为16章，针对基础操作、添加转场效果、添加视频效果、创建文字、调色、抠像、制作关键帧动画等技术进行了超细致的案例讲解和理论解析。在本书最后，还重点设置了5个章节，针对广告设计、海报设计等行业案例应用进行剖析。本书第1章和第2章主要讲解软件入门操作，是最简单、最需要完全掌握的基础内容。第3～9章是对按照技术划分每个门类的高级案例操作的讲解，读者可以在这些章节中学习视频处理的常用技术技巧。第10章和第11章是对综合应用和作品输出，以及从制作作品到渲染输出流程的介绍。第12～16章是综合项目实例演练讲解，是专门为读者设置的高级大型综合案例提升章节。

本书不仅适合作为视频处理人员、广告设计人员工作学习的参考书，也可作为大中专院校和培训机构数字艺术设计、影视设计、广告设计、动画设计、微电影设计及相关专业的教材，还可作为视频爱好者自学使用的参考书。

本书封面贴有清华大学出版社防伪标签，无标签者不得销售。

版权所有，侵权必究。举报：010-62782989，beiqinquan@tup.tsinghua.edu.cn。

图书在版编目(CIP)数据

中文版 Premiere Pro 视频编辑剪辑设计与制作全视频实战 228 例：溢彩版 / 张杰编著 . —北京：清华大学出版社，2024.6

（艺境）

ISBN 978-7-302-66367-6

Ⅰ . ①中…　Ⅱ . ①张…　Ⅲ . ①视频编辑软件　Ⅳ . ① TN94

中国国家版本馆 CIP 数据核字 (2024) 第 107768 号

责任编辑： 韩宜波
封面设计： 李　坤
责任校对： 徐彩虹
责任印制： 丛怀宇

出版发行： 清华大学出版社

网　　址： https://www.tup.com.cn，https://www.wqxuetang.com
地　　址： 北京清华大学学研大厦 A 座　　**邮　　编：** 100084
社 总 机： 010-83470000　　**邮　　购：** 010-62786544
投稿与读者服务： 010-62776969，c-service@tup.tsinghua.edu.cn
质 量 反 馈： 010-62772015，zhiliang@tup.tsinghua.edu.cn

印 装 者： 三河市铭诚印务有限公司
经　　销： 全国新华书店
开　　本： 210mm×260mm　　**印　　张：** 20.5　　**字　　数：** 656 千字
版　　次： 2024 年 7 月第 1 版　　**印　　次：** 2024 年 7 月第 1 次印刷
定　　价： 118.00 元

产品编号：100208-01

Premiere Pro是Adobe公司推出的视频编辑与剪辑软件，广泛应用于影视设计、电视包装设计、广告设计、动画设计等行业中。基于Premiere Pro在视频行业的应用度之高，我们编写了本书，其中选择了视频制作中最为实用的228个案例，基本涵盖了视频编辑处理的基础操作和常用技术。

与同类书籍介绍大量软件操作的编写方式相比，本书最大的特点是更加注重以实例为核心，按照“技术+行业”相结合来划分章节，既讲解了基础入门操作和常用技术，又讲解了行业中综合案例的制作。

本书共分为16章，具体内容安排如下。

第1章 Premiere Pro中素材的导入，介绍在Premiere Pro中新建项目、序列，导入各种类型素材的基本操作。

第2章 Premiere Pro的基本操作，包括成组和解组素材、创建帧定格、创建嵌套序列等常用必学操作。

第3章 转场特效应用，列举了比较常用的转场效果。

第4章 视频特效应用，通过30个案例讲解了常用视频效果的应用方法。

第5章 文字效果，讲解了文字的创建、编辑，文字动画的制作等操作方法。

第6章 画面调色，讲解了调整各种画面颜色的方法。

第7章 抠像合成效果，讲解了多种抠像效果，以及抠除人像背景并进行合成的方法。

第8章 关键帧动画技术，讲解了如何运用关键帧动画技术制作常用动画效果。

第9章 音频特效应用，讲解了多种常用的音频效果，如变调、高音、延迟等。

第10章 常用效果综合应用，综合应用前面章节学习的知识制作常用效果。

第11章 输出作品，讲解了输出视频、音频、序列、图片等的方法。

第12～16章 综合项目案例，讲解了创意设计、纯净水广告设计、横幅广告设计、炫酷旅行VLOG设计、动感水果广告设计5个大型综合项目案例的完整创作流程。

本书特色如下。

内容丰富 本书除了安排228个精美案例，还设置了一些“提示”模块，用于辅助学习。

章节合理 第1章和第2章主要讲解软件入门操作——超简单；第3～9章讲解按照技术划分每个门类的高级案例操作——超实用；第10章和第11章讲解综合应用和作品输出——超详细；第12～16章讲解综合项目案例创作——超震撼。

实用性强 本书精选了228个案例，实用性非常强大，可应对多种行业的设计工作。

流程方便 本书案例设置了“操作思路”和“操作步骤”两个模块，读者在学习制作实例之前就可以非常清晰地了解实例制作思路。

本书依照Premiere Pro 2023版本进行编写，请各位读者使用该版本或更高版本的软件进行练习。如果使用的版本过低，可能会造成源文件无法打开等问题。

注意：本书中部分案例的素材可能一次性全部导入，因此在进行具体实际操作时，应该适当隐藏或显示轨道。建议先将正在调整轨道之外的所有轨道进行隐藏，否则会扰乱视线，不利于观看和操作，调整到其他轨道时再显现其他轨道即可。

本书提供了案例的素材文件、源文件、效果文件及视频文件，通过扫描下面的二维码，推送到自己的邮箱后下载获取。

本书由四川师范大学影视与传媒学院的张杰老师编著，其他参与编写的人员还有王萍、杨力、杨宗香、孙晓军、李芳等。

由于编者水平有限，书中难免存在不妥之处，敬请广大读者批评和指正。

编 者

目录

CONTENTS

第3章 转场特效应用 ··············29

第4章 视频特效应用 ··············52

第5章 文字效果 ····················98

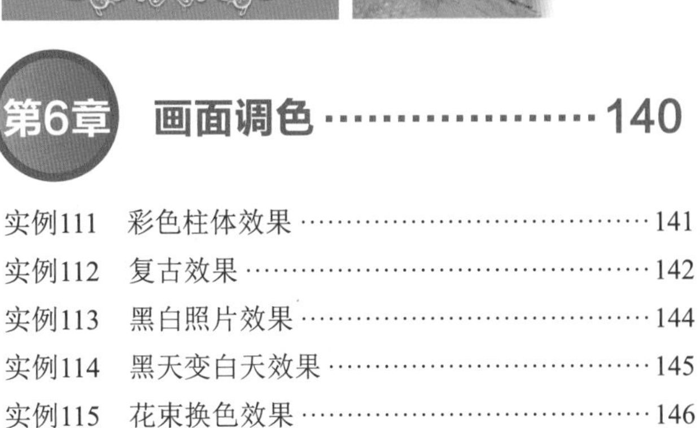

第8章　关键帧动画技术 ··········· 193

第9章　音频特效应用 ·············· 237

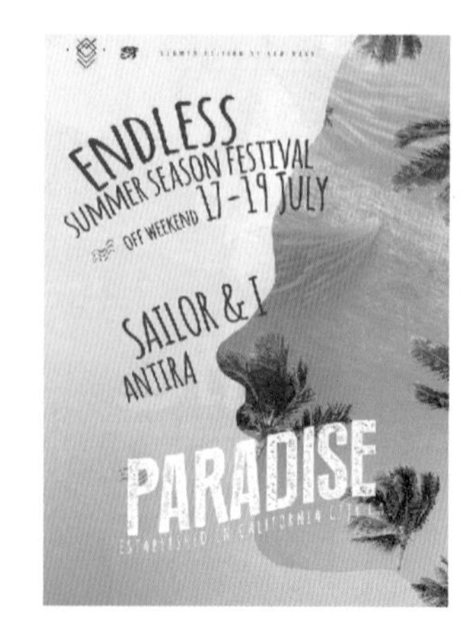

第10章 常用效果综合应用 ·······248

第11章 输出作品 ··················281

第12章 创意设计··················292

第13章 纯净水广告设计 ·········296

第14章 横幅广告设计 ············300

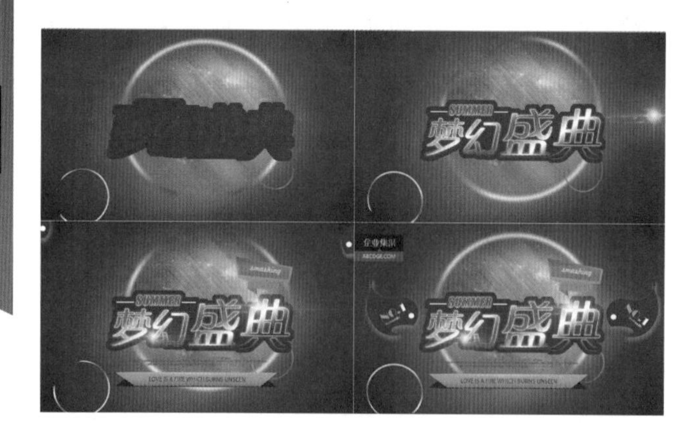

第15章 炫酷旅行VLOG ·········305

第16章 动感水果广告 ·············310

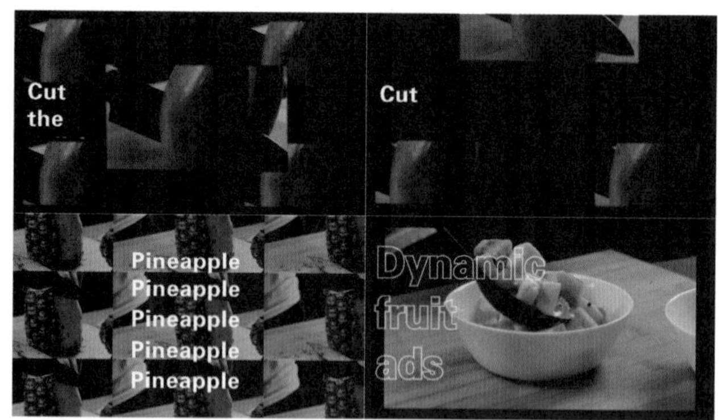

第1章

Premiere Pro中素材的导入

本章概述

在使用Premiere Pro进行作品创作之前，很重要的步骤就是导入素材。素材包括很多种，如图片素材、PSD分层素材、视频素材、音频素材、序列素材等。本章的重点是学习在Premiere Pro中新建项目、新建序列及导入各种格式素材的方法。

本章重点

- 在Premiere Pro中新建项目和新建序列
- 在Premiere Pro中导入图片、序列素材
- 在Premiere Pro中导入视频、音频素材
- 在Premiere Pro中删除素材

实例001 在项目窗口新建序列

文件路径	第1章\在项目窗口新建序列
难易指数	★★★★★
技术掌握	新建项目和新建序列

扫码深度学习

操作思路

本实例讲解了在Premiere Pro中新建项目及新建序列的方法。

操作步骤

01 在菜单栏中执行"文件"|"新建"|"项目"命令或使用快捷键Ctrl+Alt+N，在弹出的"新建项目"对话框中设置合适的文件名称，单击"位置"右侧的"浏览"按钮，弹出"项目位置"对话框，单击"选择文件夹"按钮，为项目选择合适的路径文件夹。在"新建项目"对话框中单击"创建"按钮，如图1-1所示。

图1-1

02 在"项目"面板空白处单击鼠标右键，在弹出的快捷菜单中执行"新建项目"|"序列"命令。接着在弹出的"新建序列"对话框中选择DV-PAL文件夹下的"标准48kHz"，如图1-2所示。

图1-2

03 结果如图1-3所示。

图1-3

实例002 新建一个项目文件

文件路径	第1章\新建一个项目文件
难易指数	★★★★★
技术掌握	新建项目

扫码深度学习

操作思路

本实例讲解了在Premiere Pro中新建项目文件并设置项目名称、路径等的方法。

操作步骤

01 在菜单栏中执行"文件"|"新建"|"项目"命令或使用快捷键Ctrl+Alt+N，在弹出的"新建项目"对话框中设置合适的文件名称，单击"位置"右侧的"浏览"按钮，弹出"项目位置"对话框，单击"选择文件夹"按钮，为项目选择合适的路径文件夹。在"新建项目"对话框中单击"创建"按钮，如图1-4所示。

图1-4

02 结果如图1-5所示。

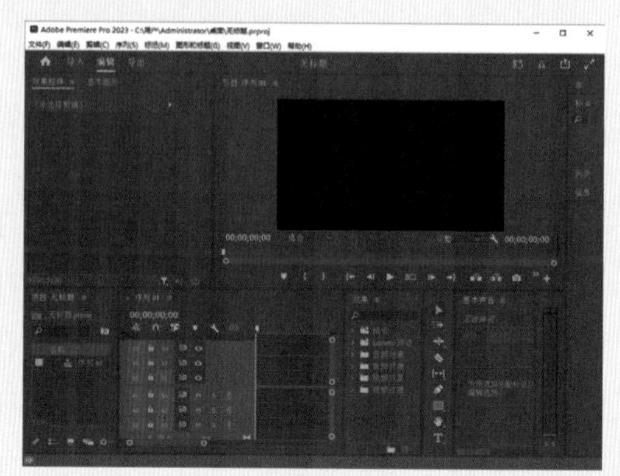

图1-5

实例003　新建素材文件夹

文件路径	第 1 章 \ 新建素材文件夹	
难易指数	★★★★★	
技术掌握	新建素材文件夹	扫码深度学习

操作思路

本实例讲解了在Premiere Pro中新建素材文件夹的方法，新建之后就可以将素材放置到文件夹中了，方便进行素材管理。

操作步骤

01 在菜单栏中执行“文件”|“新建”|“项目”命令或使用快捷键Ctrl+Alt+N，在弹出的“新建项目”对话框中设置合适的文件名称，单击“位置”右侧的“浏览”按钮，弹出“项目位置”对话框，单击“选择文件夹”按钮，为项目选择合适的路径文件夹。在“新建项目”对话框中单击“创建”按钮，如图1-6所示。

图1-6

02 在“项目”面板空白处单击鼠标右键，在弹出的快捷菜单中执行“新建项目”|“序列”命令。接着在弹出的“新建序列”对话框中选择DV-PAL文件夹下的“标准48kHz”，如图1-7所示。

图1-7

03 在“项目”面板的空白处单击鼠标右键，在弹出的快捷菜单中执行“新建素材箱”命令，如图1-8所示。

04 结果如图1-9所示。

图1-8　　图1-9

实例004　导入图片

文件路径	第 1 章 \ 导入图片	
难易指数	★★★★★	
技术掌握	导入图片素材	扫码深度学习

操作思路

本实例讲解了在Premiere Pro中导入图片素材，并将素材拖曳到视频轨道中的方法。

操作步骤

01 在菜单栏中执行“文件”|“新建”|“项目”命令或使用快捷键Ctrl+Alt+N，在弹出的“新建项目”对话框中设置合适的文件名称，单击“位置”右侧的“浏览”按钮，弹出“项目位置”对话框，单击“选择文件夹”按钮，为项目选择合适的路径文件夹。在“新建项目”对话框中单击“创建”按钮，如图1-10所示。

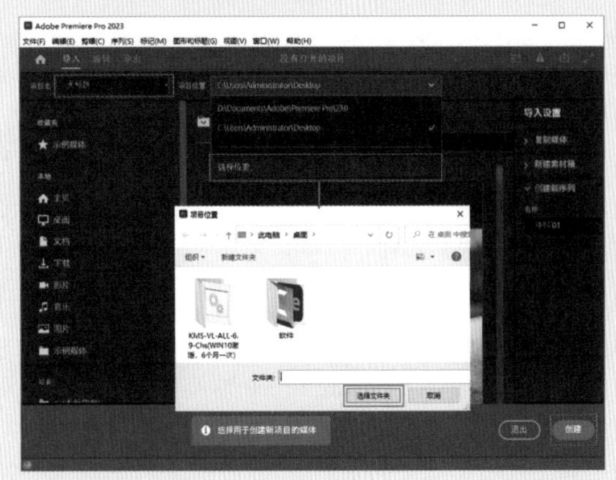

图1-10

02 在“项目”面板空白处单击鼠标右键，在弹出的快捷菜单中执行“新建项目”|“序列”命令。接着在弹出的“新建序列”对话框中选择DV-PAL文件夹下的“标准48kHz”，如图1-11所示。

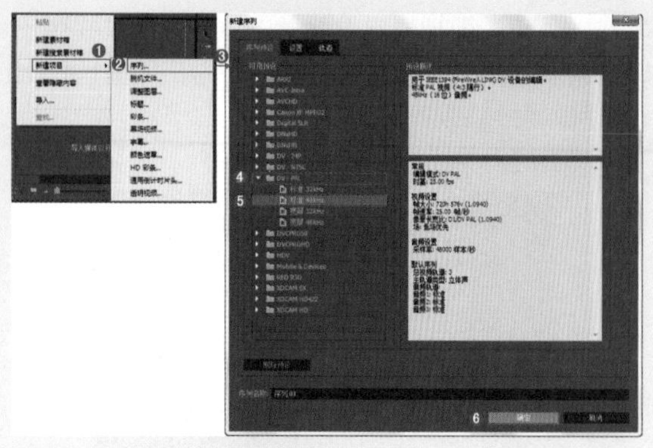

图1-11

03 在“项目”面板空白处双击，导入所需的“01.jpg”素材文件，最后单击“打开”按钮导入，如图1-12所示。

图1-12

04 在“项目”面板中选择“01.jpg”素材文件，并按住鼠标左键将其拖曳到V1轨道上，如图1-13所示。

图1-13

实例005 导入视频素材

文件路径	第1章\导入视频素材
难易指数	★★★★★
技术掌握	导入视频素材

扫码深度学习

操作思路

本实例讲解了在Premiere Pro中导入视频素材的方法。

操作步骤

01 在菜单栏中执行“文件”|“新建”|“项目”命令或使用快捷键Ctrl+Alt+N，在弹出的“新建项目”对话框中设置合适的文件名称，单击“位置”右侧的“浏览”按钮，弹出“项目位置”对话框，单击“选择文件夹”按钮，为项目选择合适的路径文件夹。在“新建项目”对话框中单击“创建”按钮。如图1-14所示。

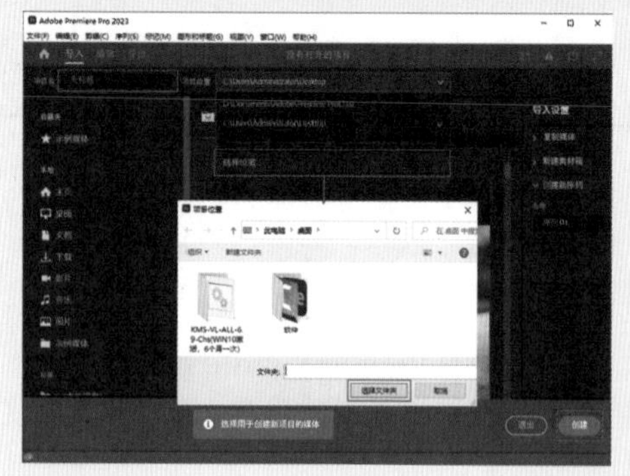

图1-14

02 在“项目”面板空白处单击鼠标右键，在弹出的快捷菜单中执行“新建项目”|“序列”命令。接着在弹出的“新建序列”对话框中选择DV-PAL文件夹下的“标准48kHz”，如图1-15所示。

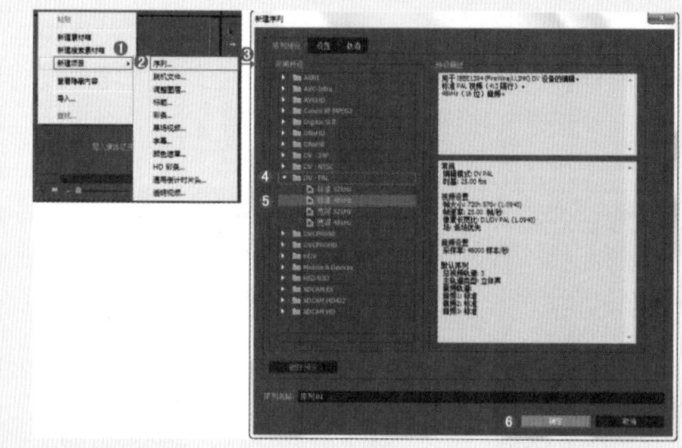

图1-15

03 在“项目”面板空白处双击，导入所需的“01.avi”素材文件，最后单击“打开”按钮导入，如图1-16所示。

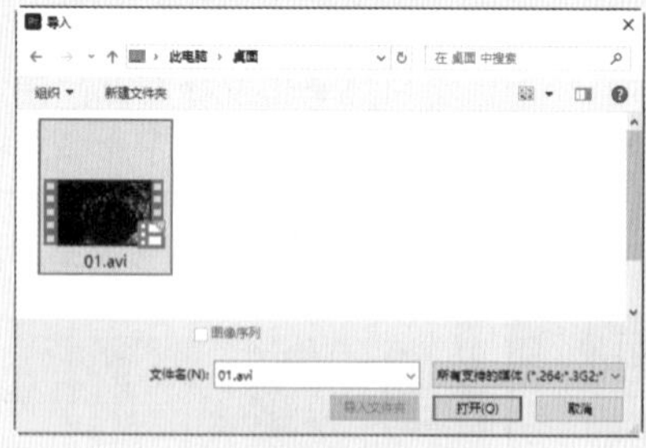

图1-16

04 在“项目”面板中选择“01.avi”素材文件，并按住鼠标左键将其拖曳到V1轨道上，此时会弹出“剪辑不匹配警告”提示框，单击“保持现有设置”按钮，如图1-17所示。

图1-17

05 结果如图1–18所示。

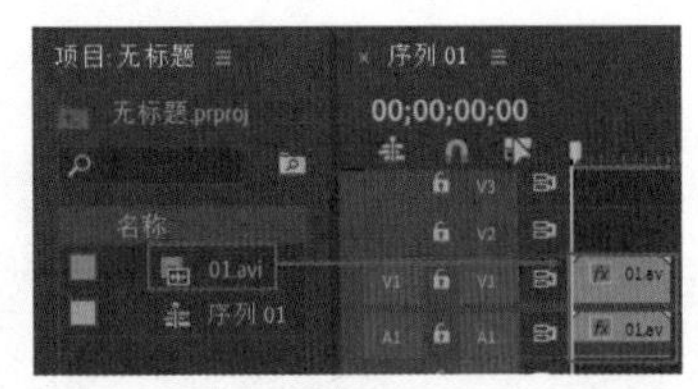

图1-18

实例006　导入PNG透明素材

文件路径	第 1 章 \ 导入 PNG 透明素材	扫码深度学习
难易指数	★★★★★	
技术掌握	导入 PNG 透明素材	

操作思路

本实例讲解了在Premiere Pro中新建项目和序列，并导入PNG透明素材的方法。

操作步骤

01 在菜单栏中执行“文件”|“新建”|“项目”命令或使用快捷键Ctrl+Alt+N，在弹出的“新建项目”对话框中设置合适的文件名称，单击“位置”右侧的“浏览”按钮，弹出“项目位置”对话框，单击“选择文件夹”按钮，为项目选择合适的路径文件夹。在“新建项目”对话框中单击“创建”按钮，如图1–19所示。

图1-19

02 在“项目”面板空白处单击鼠标右键，在弹出的快捷菜单中执行“新建项目”|“序列”命令。接着在弹出的“新建序列”对话框中选择DV–PAL文件夹下的“标准48kHz”，如图1–20所示。

03 在“项目”面板空白处双击，导入所需的“01.png”素材文件，最后单击“打开”按钮导入，如图1–21所示。

04 在“项目”面板中选择“01.png”素材文件，并按住鼠标左键将其拖曳到V1轨道上，如图1–22所示。

图1-20

图1-21

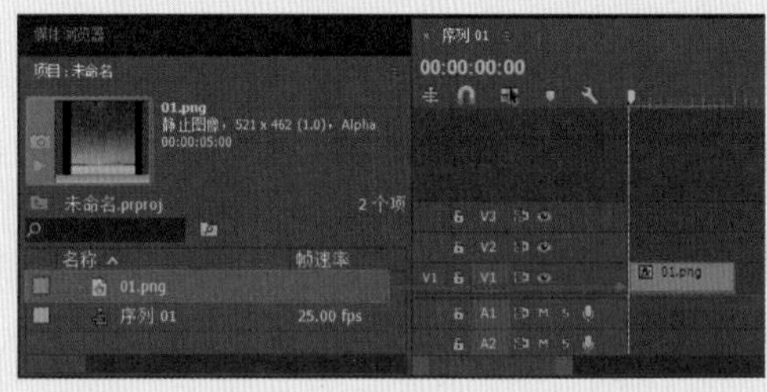

图1-22

实例007　导入序列素材

文件路径	第 1 章 \ 导入序列素材	扫码深度学习
难易指数	★★★★★	
技术掌握	导入序列素材	

操作思路

本实例讲解了在Premiere Pro中导入序列素材的方法。

操作步骤

01 在菜单栏中执行“文件”|“新建”|“项目”命令或使用快捷键Ctrl+Alt+N，在弹出的“新建项目”对话框中设置合适的文件名称，单击“位置”右侧的“浏览”按钮，弹出“项目位置”对话框，单击“选择文件夹”按钮，为项目选择合适的路径文件夹，在“新建项目”对话框中单击“创建”按钮，如图1–23所示。

图1-23

02 在“项目”面板空白处单击鼠标右键，在弹出的快捷菜单中执行“新建项目”|“序列”命令。接着在弹出的“新建序列”对话框中选择DV-PAL文件夹下的“标准48kHz”，如图1-24所示。

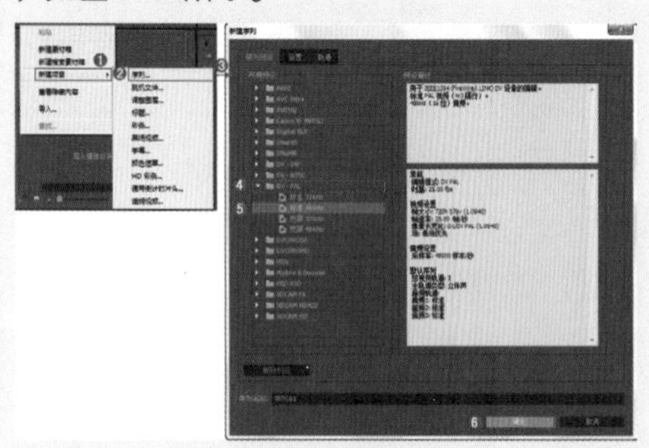

图1-24

03 在“项目”面板空白处双击，选择“01000.jpg”素材文件，勾选“图像序列”复选框，最后单击“打开”按钮，将其进行导入，如图1-25所示。

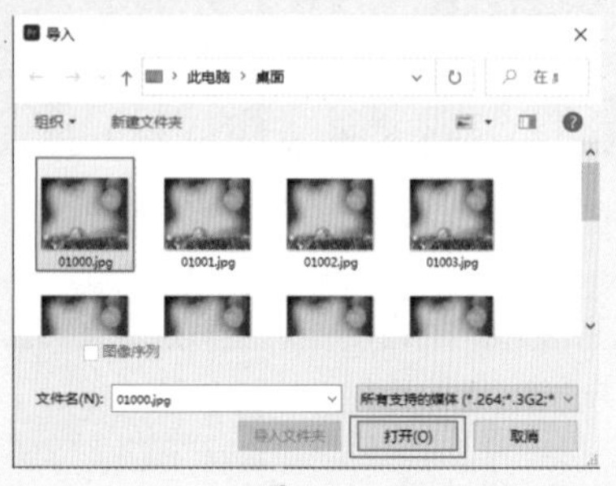

图1-25

提示 勾选“图像序列”复选框

需要特别注意，要想导入的素材是视频序列的形式，那么需要勾选“图像序列”复选框，如图1-26所示。

若不勾选该选项，则只能导入一张图片素材，而不是视频序列，如图1-27所示。

图1-26

图1-27

04 在“项目”面板中选择“01000.jpg”素材文件，并按住鼠标左键将其拖曳到V1轨道上，如图1-28所示。

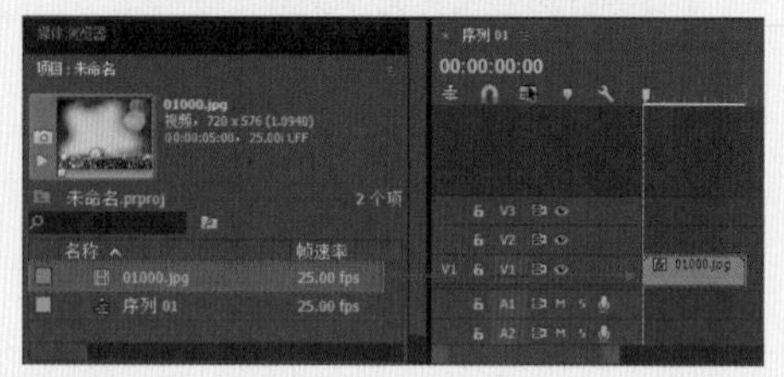

图1-28

实例008 导入PSD分层文件

文件路径	第1章\导入PSD分层文件
难易指数	★★★★★
技术掌握	导入PSD分层文件

扫码深度学习

操作思路

本实例讲解了在Premiere Pro中导入PSD分层文件的方法。

操作步骤

01 在菜单栏中执行“文件”|“新建”|“项目”命令或使用快捷键Ctrl+Alt+N，在弹出的“新建项目”对话框中设置合适的文件名称，单击“位置”右侧的“浏览”按钮，弹出“项目位置”对话框，单击“选择文件夹”按钮，为项目选择合适的路径文件夹。在“新建项目”对话框中单击“创建”按钮，如图1-29所示。

图1-29

02 在“项目”面板空白处单击鼠标右键，在弹出的快捷菜单中执行“新建项目”|“序列”命令。接着在弹出的“新建序列”对话框中选择DV-PAL文件夹下的“标准48kHz”，如图1-30所示。

03 在“项目”面板空白处双击，选择“01.psd”素材文件，单击“打开”按钮，此时会弹出“导入分层文件”对话框，可以在“导入为”下拉列表中选择导入类型，最后单击“确定”按钮，如图1-31所示。

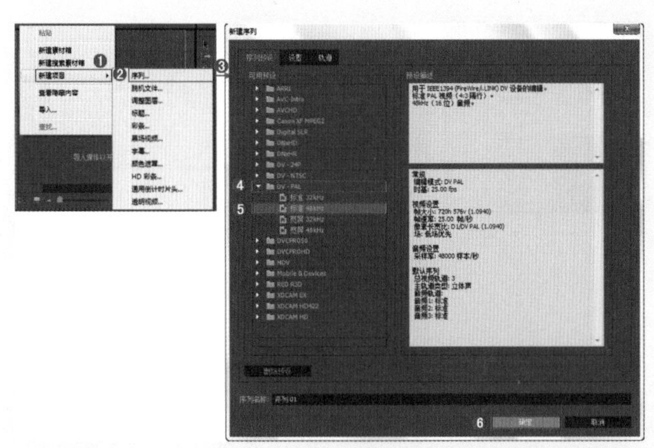

图1-30

图1-31

04 在“项目”面板中选择“01.psd”素材文件，并按住鼠标左键将其拖曳到V1轨道上，如图1-32所示。

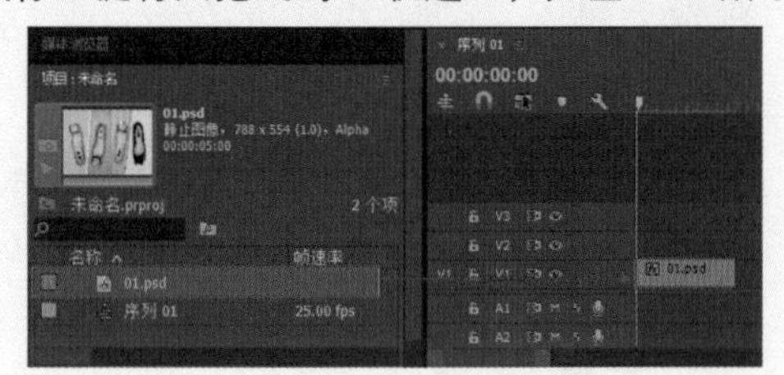

图1-32

提示

如果在导入PSD素材时，设置“导入为”方式为“各个图层”，如图1-33所示。那么导入到项目窗口的就是该PSD文件中的每一个图层，如图1-34所示。

图1-33

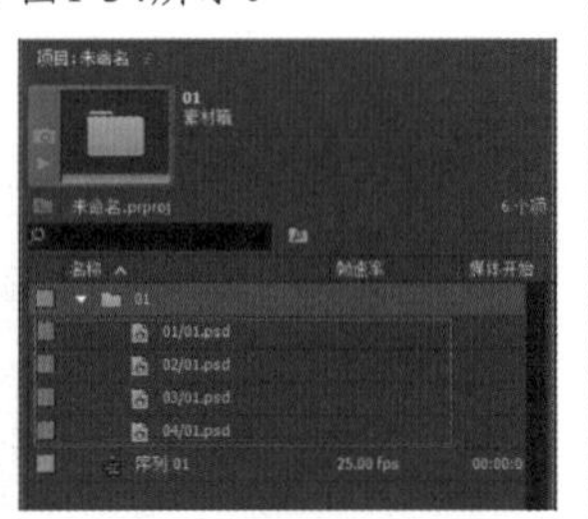

图1-34

实例009　导入音频文件

文件路径	第1章\导入音频文件
难易指数	★★★★★
技术掌握	导入音频文件

扫码深度学习

操作思路

本实例讲解了在Premiere Pro中导入音频文件的方法。

操作步骤

01 在菜单栏中执行“文件”|“新建”|“项目”命令或使用快捷键Ctrl+Alt+N，在弹出的“新建项目”对话框中设置合适的文件名称，单击“位置”右侧的“浏览”按钮，弹出“项目位置”对话框，单击“选择文件夹”按钮，为项目选择合适的路径文件夹。在“新建项目”对话框中单击“创建”按钮，如图1-35所示。

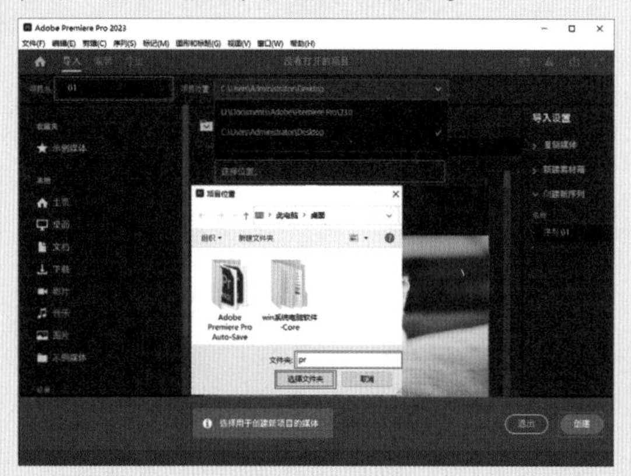

图1-35

02 在“项目”面板空白处单击鼠标右键，在弹出的快捷菜单中执行“新建项目”|“序列”命令。接着在弹出的“新建序列”对话框中选择DV-PAL文件夹下的“标准48kHz”，如图1-36所示。

图1-36

03 在“项目”面板空白处双击，选择所需的“01.mp3”音频文件，最后单击“打开”按钮，将其进行导入，如图1-37所示。

图1-37

04 在“项目”面板中选择“01.mp3”音频文件，并按住鼠标左键将其拖曳到A1轨道上，如图1-38所示。

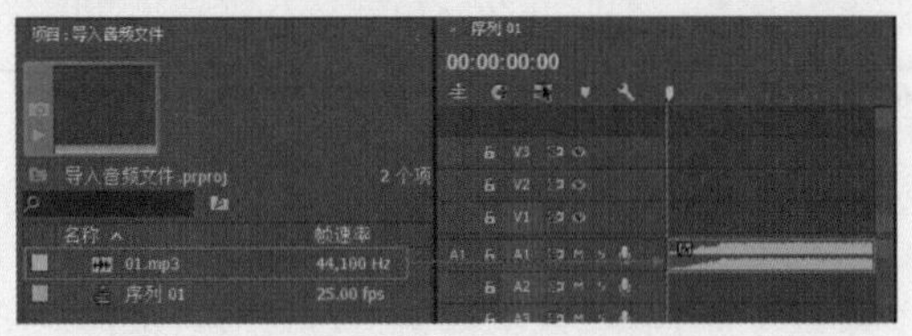

图1-38

实例010 删除导入素材

文件路径	第1章\删除导入素材
难易指数	★★★★★
技术掌握	删除导入素材

扫码深度学习

操作思路

本实例讲解了在Premiere Pro中删除导入素材的方法。

操作步骤

01 在菜单栏中执行“文件”|“新建”|“项目”命令或使用快捷键Ctrl+Alt+N，在弹出的“新建项目”对话框中设置合适的文件名称，单击“位置”右侧的“浏览”按钮，弹出“项目位置”对话框，单击“选择文件夹”按钮，为项目选择合适的路径文件夹。在“新建项目”对话框中单击“创建”按钮，如图1-39所示。

图1-39

02 在“项目”面板空白处单击鼠标右键，在弹出的快捷菜单中执行“新建项目”|“序列”命令。接着在弹出的“新建序列”对话框中选择DV-PAL文件夹下的“标准48kHz”，如图1-40所示。

03 在“项目”面板空白处双击，选择所需的“01.jpg”素材文件，最后单击“打开”按钮，将其进行导入，如图1-41所示。并把“01.jpg”拖曳到V1轨道上。

04 选择V1轨道上的“01.jpg”素材文件，并单击鼠标右键，在弹出的快捷菜单中执行“清除”命令，如图1-42所示。

图1-40

图1-41

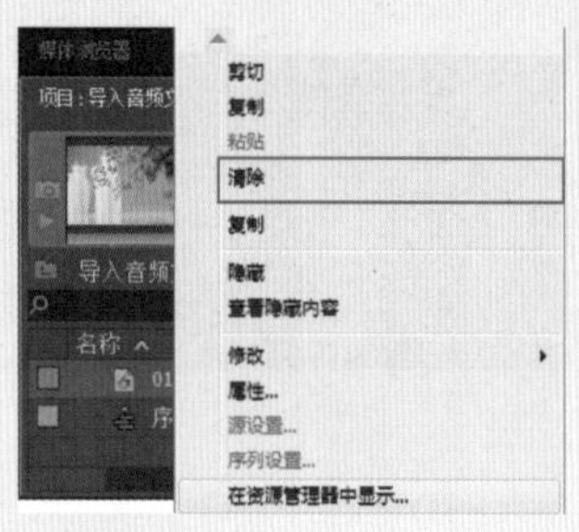

图1-42

05 结果如图1-43所示。

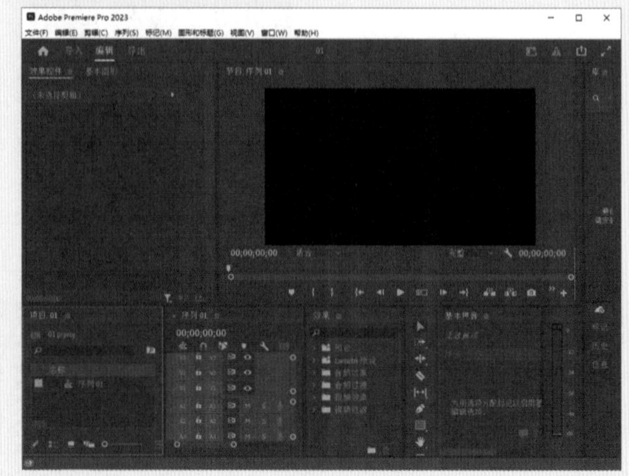

图1-43

第2章

Premiere Pro的基本操作

本章概述

在使用Premiere Pro制作项目时需要对软件整体的基本操作有所了解，才能更好地把Premiere Pro软件的各种功能应用到项目制作中。Premiere Pro的基本操作包括成组和解组素材、设置入点和出点、创建嵌套序列、替换素材等。本章将重点介绍学习Premiere Pro必须要熟练掌握的基本技能。

本章重点

- Premiere Pro的常用工具的基本操作。
- Premiere Pro中素材的基本编辑方法。

实例011 成组和解组素材

文件路径	第 2 章 \ 成组和解组素材
难易指数	★★★★★
技术掌握	成组和解组素材

扫码深度学习

操作思路

本实例讲解了在Premiere Pro中成组和解组素材的操作方法。在制作作品时，成组和解组操作可以方便我们对素材的统一操作和管理。

操作步骤

01 在菜单栏中执行“文件”|“新建”|“项目”命令或使用快捷键Ctrl+Alt+N，在弹出的“新建项目”对话框中设置合适的文件名称，单击“位置”右侧的“浏览”按钮，弹出“项目位置”对话框，单击“选择文件夹”按钮，为项目选择合适的路径文件夹。在“新建项目”对话框中单击“创建”按钮，如图2-1所示。

图2-1

02 在“项目”面板空白处单击鼠标右键，在弹出的快捷菜单中执行“新建项目”|“序列”命令。接着在弹出的“新建序列”对话框中选择DV-PAL文件夹下的“标准48kHz”，如图2-2所示。

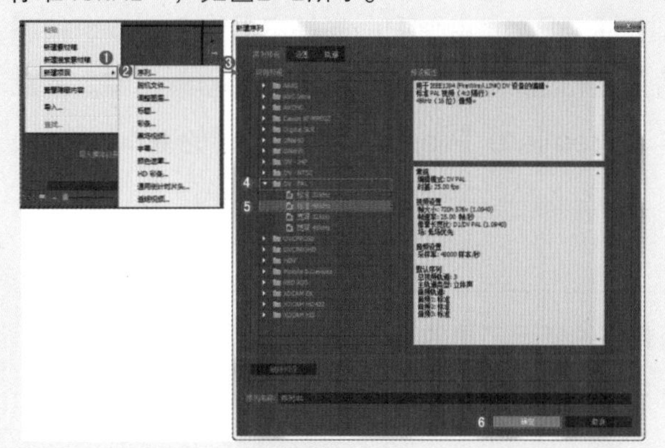

图2-2

03 在“项目”面板空白处双击，选择所需的“01.jpg”～“03.jpg”素材文件，最后单击“打开”按钮，将它们进行导入，如图2-3所示。

图2-3

04 选择“项目”面板中的素材文件，并按住鼠标左键将它们拖曳到V1轨道上，如图2-4所示。

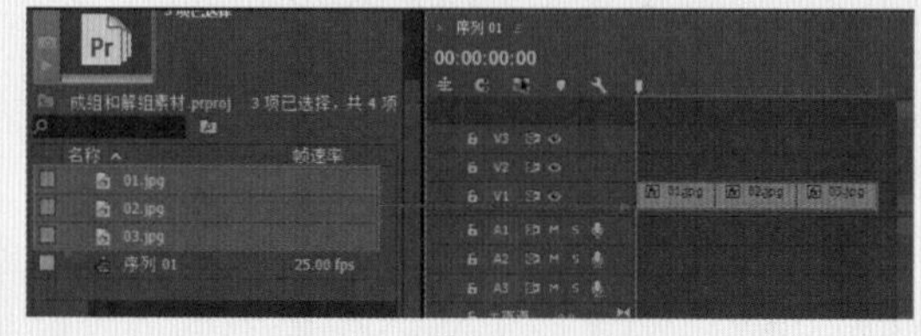

图2-4

05 在V1轨道上选择需要成组的素材文件，这里选择“01.jpg”和“02.jpg”，如图2-5所示。

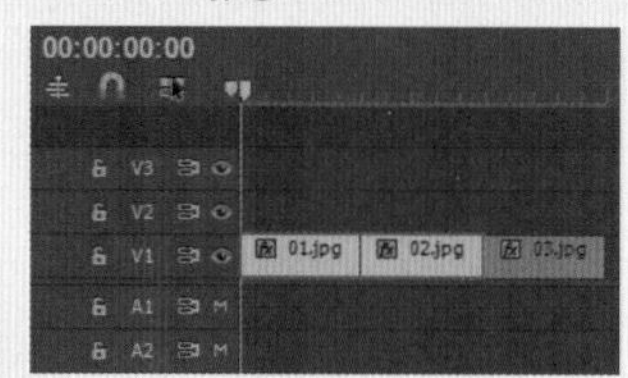

图2-5

06 在菜单栏中执行“剪辑”|“编组”命令，如图2-6所示。此时移动素材便能看出素材已经成为一组，如图2-7所示。

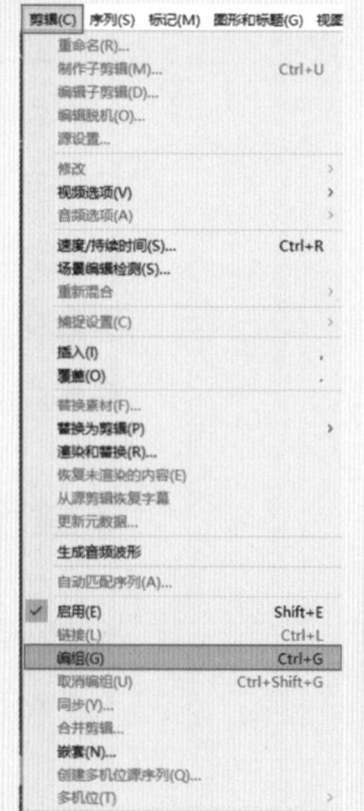

图2-6

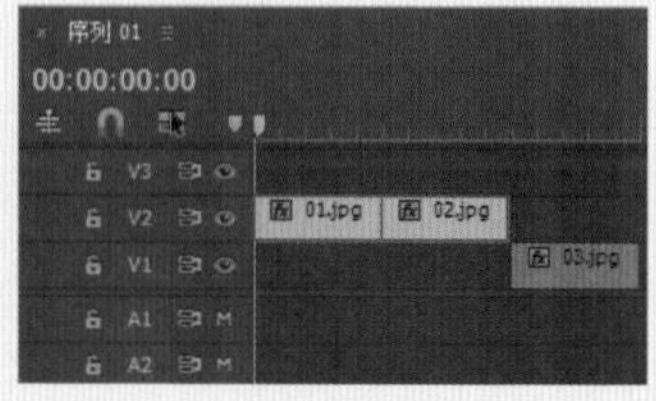

图2-7

07 选择V2轨道上的成组素材，并单击鼠标右键，在弹出的快捷菜单中执行“取消编组”命令，如图2-8所示。

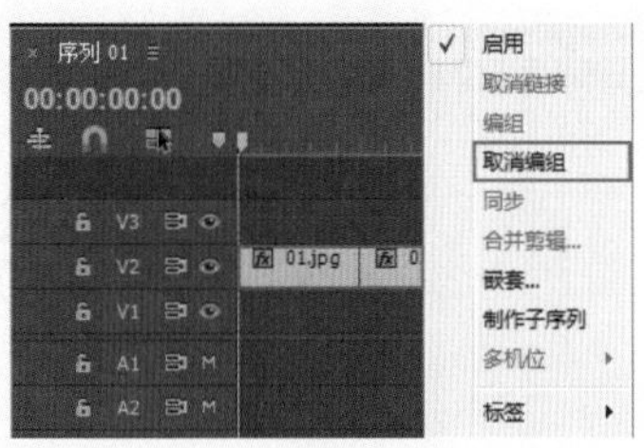

图2-8

08 将解组的“01.jpg”素材文件移动到V3轨道上，便可以看出素材文件已经被解组，如图2-9所示。

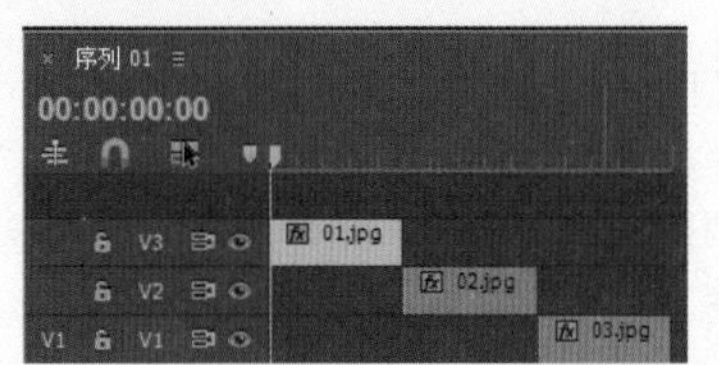

图2-9

实例012　创建帧定格

文件路径	第 2 章 \ 创建帧定格
难易指数	★★★★★
技术掌握	创建帧定格

扫码深度学习

操作思路

帧定格功能可以让画面产生定格在当前帧的效果。本实例讲解了在Premiere Pro中创建帧定格的方法。

操作步骤

01 选择时间轨道上的“01.jpg”素材文件，并将时间滑块拖动到需要的位置，如图2-10所示。

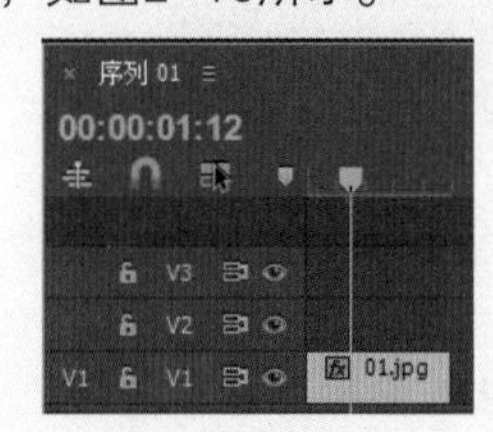

图2-10

02 在“01.jpg”素材上单击鼠标右键，在弹出的快捷菜单中执行“添加帧定格”命令，如图2-11所示。

03 查看效果，如图2-12所示。

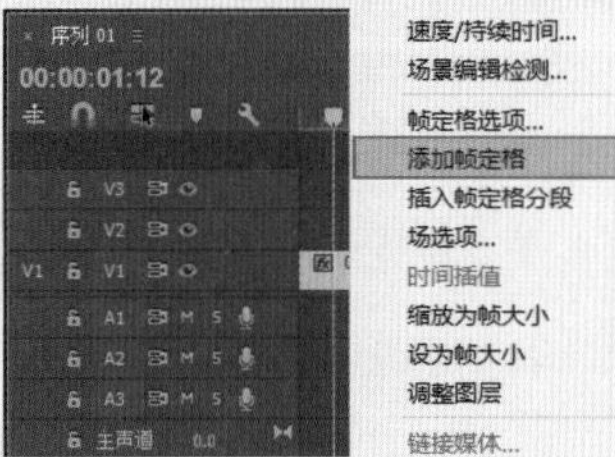

图2-11

图2-12

实例013　设置序列的入点、出点

文件路径	第 2 章 \ 设置序列的入点、出点
难易指数	★★★★★
技术掌握	设置序列的入点、出点

扫码深度学习

操作思路

本实例讲解了在Premiere Pro中设置序列入点、出点的方法。

操作步骤

01 在菜单栏中执行“文件”|“新建”|“项目”命令或使用快捷键Ctrl+Alt+N，在弹出的“新建项目”对话框中设置合适的文件名称，单击“位置”右侧的“浏览”按钮，弹出“项目位置”对话框，单击“选择文件夹”按钮，为项目选择合适的路径文件夹。在“新建项目”对话框中单击“创建”按钮，如图2-13所示。

图2-13

02 在“项目”面板空白处单击鼠标右键，在弹出的快捷菜单中执行“新建项目”|“序列”命令。接着在弹出的“新建序列”对话框中选择DV-PAL文件夹下的“标准48kHz”，如图2-14所示。

图2-14

03 在“项目”面板空白处双击，选择所需的“01.jpg”~“04.jpg”素材文件，最后单击“打开”按钮，将它们进行导入，如图2-15所示。

图2-15

04 选择“项目”面板中的素材文件，并按住鼠标左键将它们拖曳到V1轨道上，如图2-16所示。

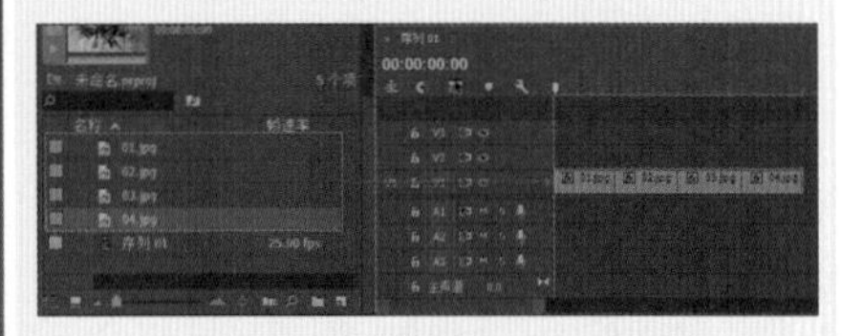

图2-16

05 在V1轨道上将时间滑块拖动到所需要的位置，如图2-17所示。

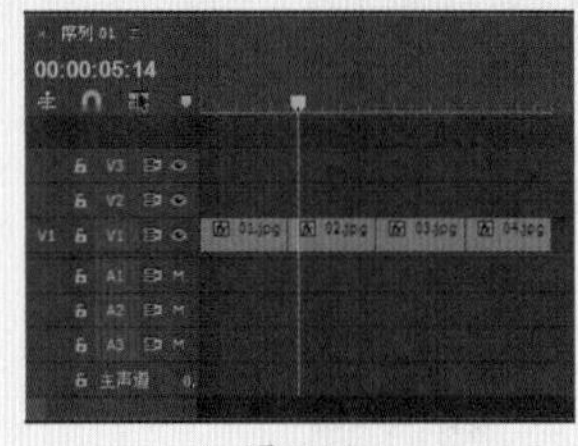

图2-17

06 此时在“项目”面板中单击“标记入点”按钮，将时间滑块拖动到另一个位置，再单击“标记出点”按钮，如图2-18和图2-19所示。

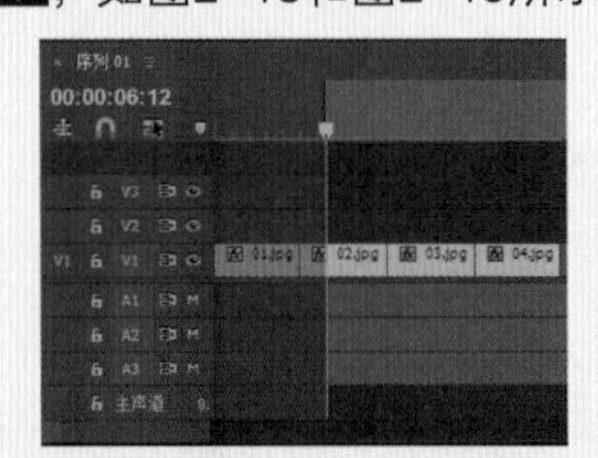

图2-18

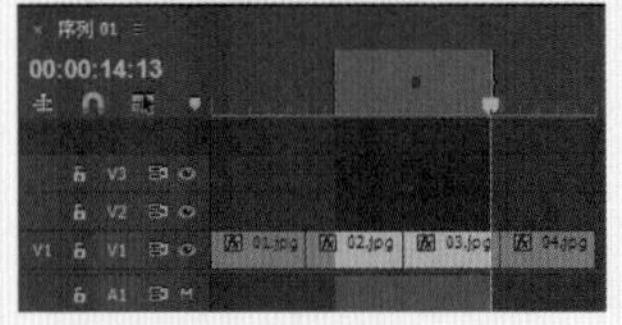

图2-19

实例014 设置源素材的入点、出点

文件路径	第2章\设置源素材的入点、出点
难易指数	★★★★★
技术掌握	设置源素材的入点、出点

扫码深度学习

操作思路

本实例讲解了在Premiere Pro中设置源素材入点、出点的方法。

操作步骤

01 在菜单栏中执行“文件”|“新建”|“项目”命令或使用快捷键Ctrl+Alt+N，在弹出的“新建项目”对话框中设置合适的文件名称，单击“位置”右侧的“浏览”按钮，弹出“项目位置”对话框，单击“选择文件夹”按钮，为项目选择合适的路径文件夹。在“新建项目”对话框中单击“创建”按钮，如图2-20所示。

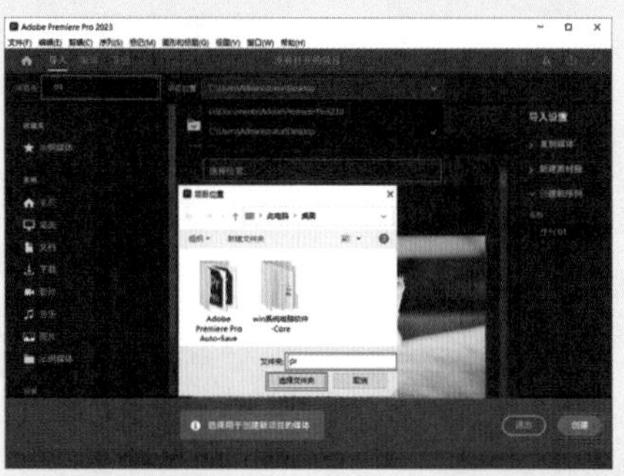

图2-20

02 在“项目”面板空白处单击鼠标右键，在弹出的快捷菜单中执行“新建项目”|“序列”命令。接着在弹出的“新建序列”对话框中选择DV-PAL文件夹下的“标准48kHz”，如图2-21所示。

图2-21

03 在“项目”面板空白处双击，选择所需的“01.jpg”和“02.jpg”素材文件，最后单击“打开”按钮，将它们进行导入，如图2-22所示。

04 选择“项目”面板中的素材文件，并按住鼠标左键将它们拖曳到V1轨道上，如图2-23所示。

05 选择并双击V1轨道上的“01.jpg”素材文件，此时“源”监视器中会自动显现出素材，如图2-24所示。

06 将“源”监视器中的时间滑块拖动到15帧的位置单击“标记入点”按钮；将时间滑块拖动到3秒05帧的位置单击“标记出点”按钮，如图2-25所示。

图2-22

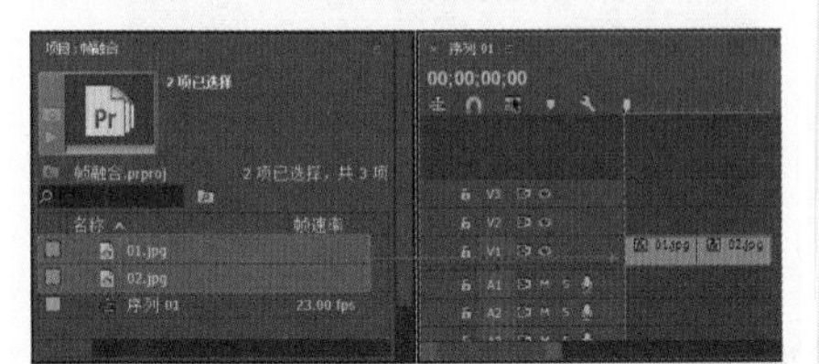
图2-23

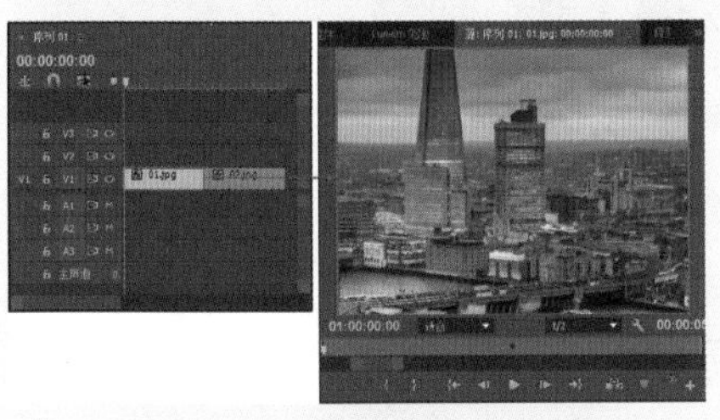
图2-24

图2-25

实例015 快速定位素材的入点、出点

文件路径	第2章\快速定位素材的入点、出点
难易指数	★★★★★
技术掌握	快速定位素材的入点、出点

扫码深度学习

操作思路

本实例讲解了在Premiere Pro中快速定位素材入点、出点的方法。

操作步骤

01 在菜单栏中执行“文件”|“新建”|“项目”命令或使用快捷键Ctrl+Alt+N，在弹出的“新建项目”对话框中设置合适的文件名称，单击“位置”右侧的“浏览”按钮，弹出“项目位置”对话框，单击“选择文件夹”按钮，为项目选择合适的路径文件夹。在“新建项目”对话框中单击“创建”按钮，如图2-26所示。

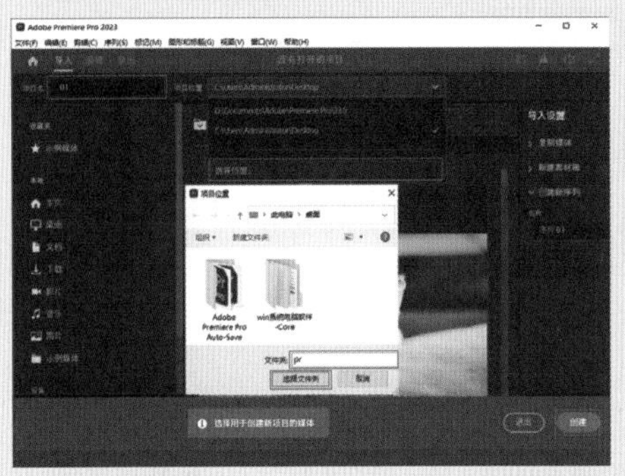
图2-26

02 在“项目”面板空白处单击鼠标右键，在弹出的快捷菜单中执行“新建项目”|“序列”命令。接着在弹出的“新建序列”对话框中选择DV-PAL文件夹下的“标准48kHz”，如图2-27所示。

图2-27

03 在“项目”面板空白处双击，选择所需的“01.jpg”素材文件，最后单击“打开”按钮，将其进行导入，如图2-28所示。

04 选择“项目”面板上的素材文件，并按住鼠标左键将其拖曳到V1轨道上，如图2-29所示。

图2-28

图2-29

05 将时间滑块拖动到2秒的位置，单击“标记入点”按钮；将时间滑块拖动到4秒20帧的位置，单击“标记出点”按钮，如图2-30所示。

06 在菜单栏中执行“标记”|“转到入点”或“转到出点”命令，如图2-31所示，这时时间滑块会自动跳转到入点或出点。

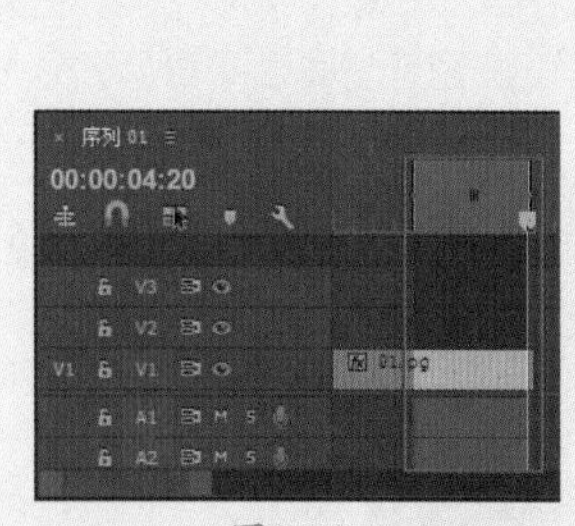
图2-30

图2-31

实例016 快速定位序列的入点、出点

文件路径	第2章\快速定位序列的入点、出点	 扫码深度学习
难易指数	★★★★★	
技术掌握	快速定位序列的入点、出点	

操作思路

本实例讲解了在Premiere Pro中快速定位序列入点、出点的方法。

操作步骤

01 在菜单栏中执行“文件”|“新建”|“项目”命令或使用快捷键Ctrl+Alt+N，在弹出的“新建项目”对话框中设置合适的文件名称，单击“位置”右侧的“浏览”按钮，弹出“项目位置”对话框，单击“选择文件夹”按钮，为项目选择合适的路径文件夹。在“新建项目”对话框中单击“创建”按钮，如图2-32所示。

图2-32

02 在“项目”面板空白处单击鼠标右键，在弹出的快捷菜单中执行“新建项目”|“序列”命令。接着在弹出的“新建序列”对话框中选择DV-PAL文件夹下的“标准48kHz”，如图2-33所示。

03 在“项目”面板空白处双击，选择所需的“01.jpg”~“04.jpg”素材文件，最后单击“打开”按钮，将它们进行导入，如图2-34所示。

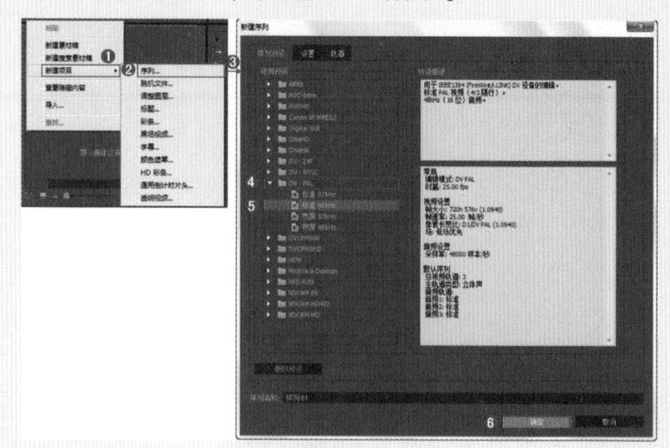
图2-33

图2-34

04 选择“项目”面板上的素材文件，并按住鼠标左键将它们拖曳到V1轨道上，如图2-35所示。

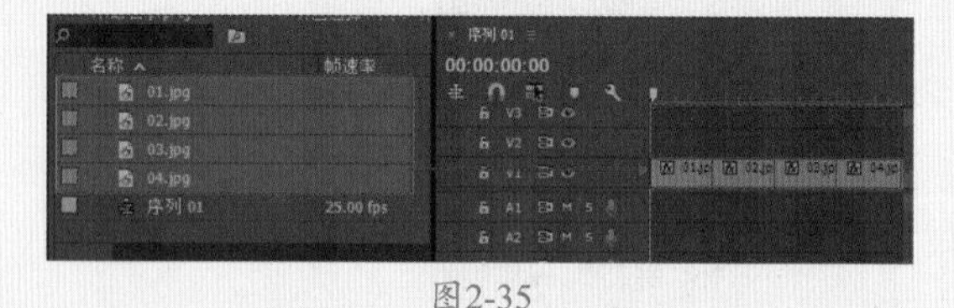
图2-35

05 将时间滑块拖动到1秒的位置，单击“标记入点”按钮；将时间滑块拖动到17秒的位置，单击“标记出点”按钮，如图2-36所示。

06 在菜单栏中执行“标记”|“转到入点”或“转到出点”命令，如图2-37所示，这时时间滑块会自动跳转到入点或出点。

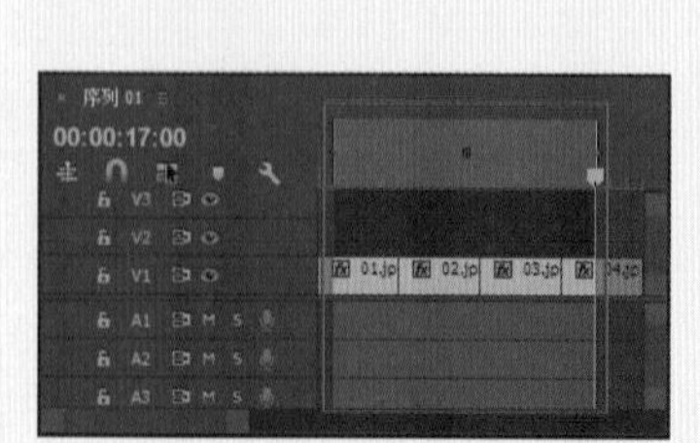
图2-36

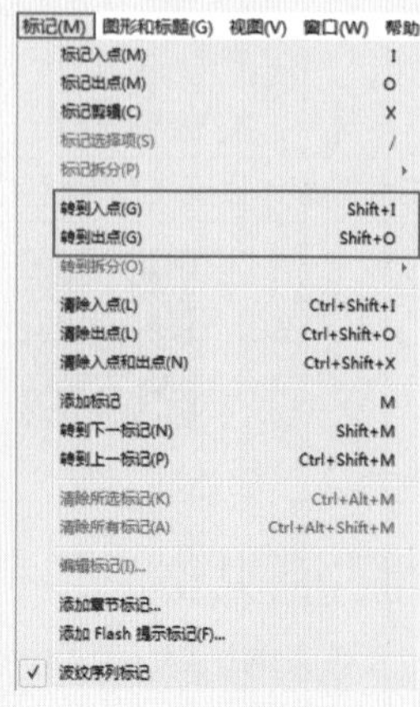

图2-37

实例017　链接和解除视频、音频

文件路径	第 2 章 \ 链接和解除视频、音频
难易指数	★★★★★
技术掌握	链接和解除视频、音频

扫码深度学习

操作思路

本实例讲解了在Premiere Pro中链接和解除视频、音频的方法。链接和解除视频、音频可以方便我们只对视频或音频进行删除、编辑等操作。

操作步骤

01 在菜单栏中执行“文件” | “新建” | “项目”命令或使用快捷键Ctrl+Alt+N，在弹出的“新建项目”对话框中设置合适的文件名称，单击“位置”右侧的“浏览”按钮，弹出“项目位置”对话框，单击“选择文件夹”按钮，为项目选择合适的路径文件夹。在“新建项目”对话框中单击“创建”按钮，如图2-38所示。

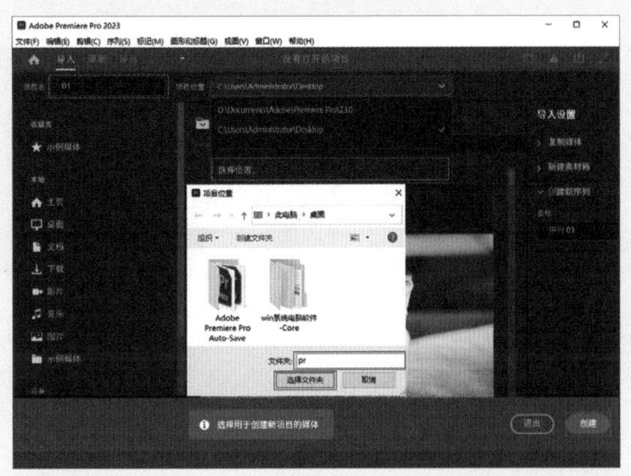

图2-38

02 在“项目”面板空白处单击鼠标右键，在弹出的快捷菜单中执行“新建项目” | “序列”命令。接着在弹出的“新建序列”对话框中选择DV-PAL文件夹下的“标准48kHz”，如图2-39所示。

图2-39

03 在“项目”面板空白处双击，选择所需的“01.avi”视频文件，最后单击“打开”按钮，将其进行导入，如图2-40所示。

图2-40

04 选择“项目”面板中的视频文件，并按住鼠标左键将其拖曳到V1轨道上，如图2-41所示。

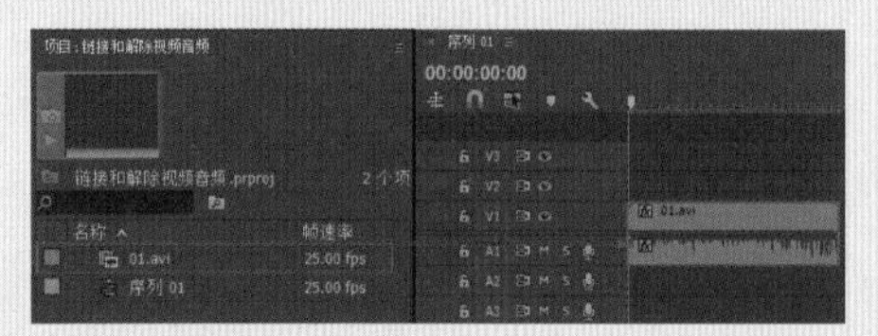

图2-41

05 选择V1轨道上的视频文件，单击鼠标右键，执行“取消链接”命令，如图2-42所示，此时视频和音频文件便被解除链接了。

06 选择V1和A1轨道上的文件，单击鼠标右键，执行“链接”命令，如图2-43所示，此时视频和音频文件便被链接在一起了。

图2-42　　图2-43

实例018　嵌套序列

文件路径	第 2 章 \ 嵌套序列
难易指数	★★★★★
技术掌握	嵌套序列

扫码深度学习

操作思路

本实例讲解了在Premiere Pro中进行嵌套操作。嵌套之后的素材变为一个新的素材，因此可以方便地对素材整体进行调整。双击素材还可以继续调整嵌套之前的每个素材。

操作步骤

01 在菜单栏中执行“文件” | “新建” | “项目”命令或使用快捷键Ctrl+Alt+N，在弹出的“新建项目”对话框中

设置合适的文件名称，单击“位置”右侧的“浏览”按钮，弹出“项目位置”对话框，单击“选择文件夹”按钮，为项目选择合适的路径文件夹。在“新建项目”对话框中单击“创建”按钮，如图2-44所示。

图2-44

02 在“项目”面板空白处单击鼠标右键，在弹出的快捷菜单中执行“新建项目”|“序列”命令。接着在弹出的“新建序列”对话框中选择DV-PAL文件夹下的“标准48kHz”，如图2-45所示。

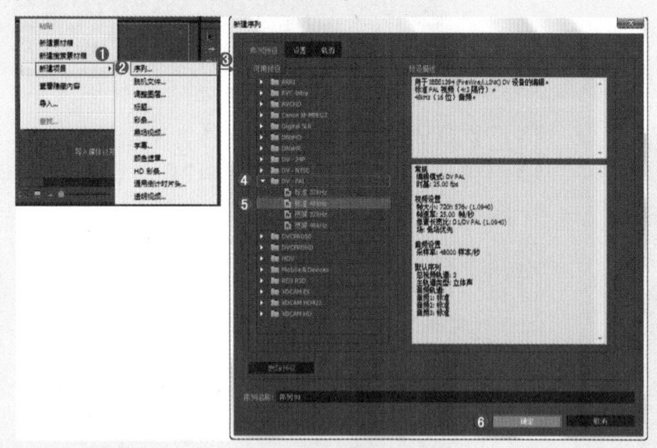

图2-45

03 在“项目”面板空白处双击，选择所需的“01.jpg”～“04.jpg”素材文件，最后单击“打开”按钮，将它们进行导入，如图2-46所示。

04 选择“项目”面板中的素材文件，并按住鼠标左键将它们拖曳到V1轨道上，如图2-47所示。

图2-46　图2-47

05 选择V1轨道上需要嵌套在一起的素材文件，这里选择“01.jpg”和“02.jpg”如图2-48所示。

06 在菜单栏中执行“剪辑”|“嵌套”命令，在弹出的“嵌套序列名称”对话框中设置名称，最后单击“确定”按钮，如图2-49所示。

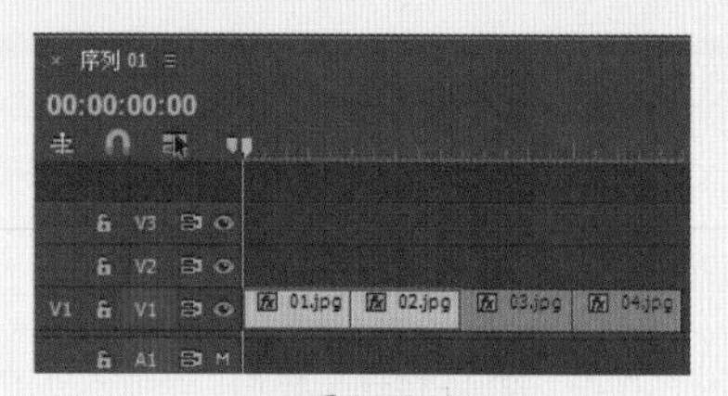

图2-48

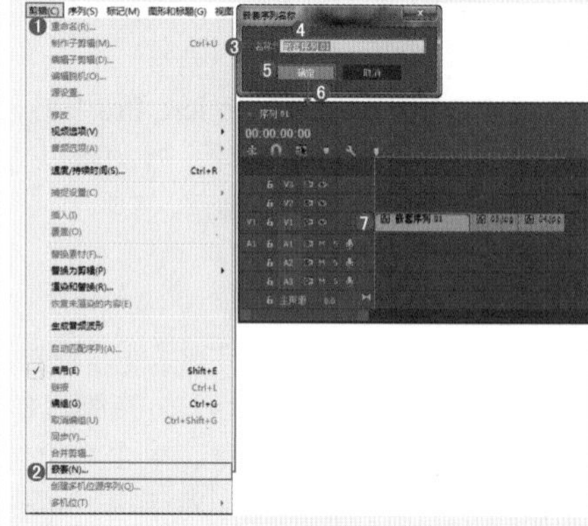

图2-49

07 此时两个素材文件已经嵌套在一起了，如图2-50所示。

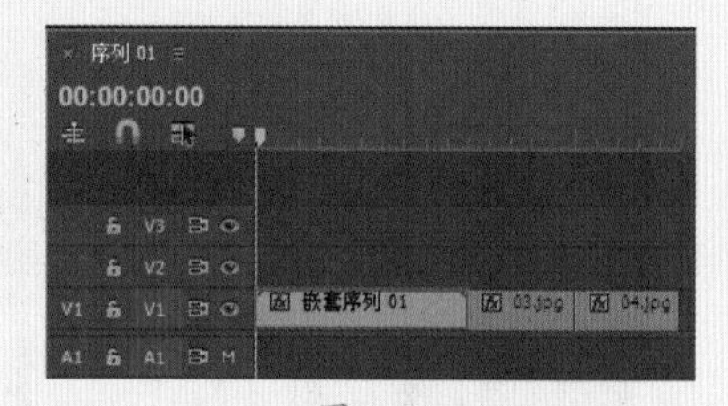

图2-50

实例019　设置标记点

文件路径	第2章\设置标记点
难易指数	★★★★★
技术掌握	设置标记点

扫码深度学习

操作思路

本实例讲解了在Premiere Pro中设置标记点的方法。

操作步骤

01 在菜单栏中执行“文件”|“新建”|“项目”命令或使用快捷键Ctrl+Alt+N，在弹出的“新建项目”对话框中设置合适的文件名称，单击“位置”右侧的“浏览”按钮，弹出

“项目位置”对话框，单击“选择文件夹”按钮，为项目选择合适的路径文件夹。在“新建项目”对话框中单击“创建”按钮，如图2-51所示。

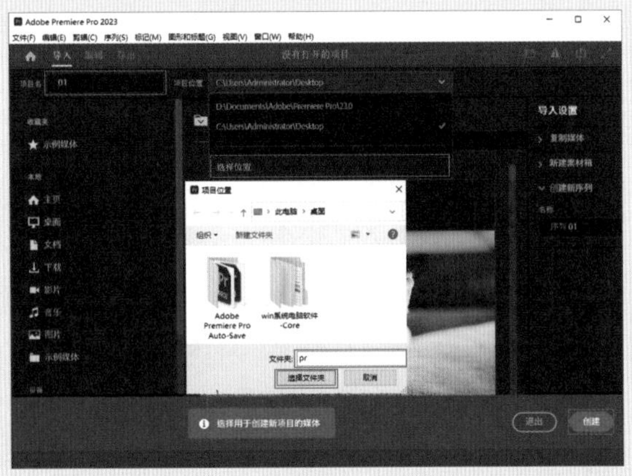

图2-51

02 在“项目”面板空白处单击鼠标右键，在弹出的快捷菜单中执行“新建项目”|“序列”命令。接着在弹出的“新建序列”对话框中选择DV-PAL文件夹下的“标准48kHz”，如图2-52所示。

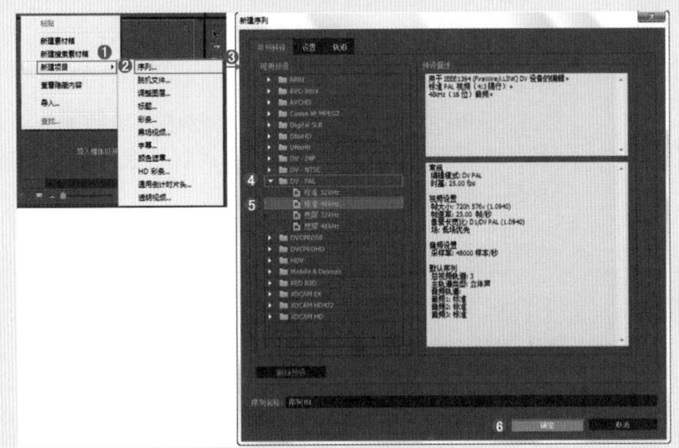

图2-52

03 在“项目”面板空白处双击，选择所需的“01.jpg”~“04.jpg”素材文件，最后单击“打开”按钮，将它们进行导入，如图2-53所示。

04 选择“项目”面板中的素材文件，并按住鼠标左键将它们拖曳到V1轨道上，如图2-54所示。

图2-53

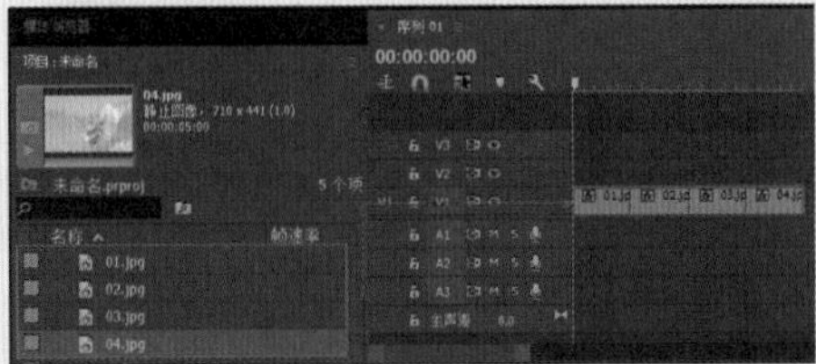

图2-54

05 将时间滑块拖动到需要标记的位置，如图2-55所示。

06 在按钮编辑栏中单击“添加标记点”按钮，如图2-56所示。

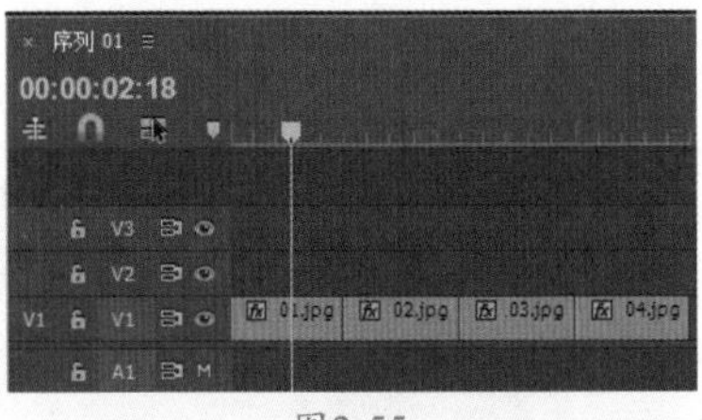

图2-55

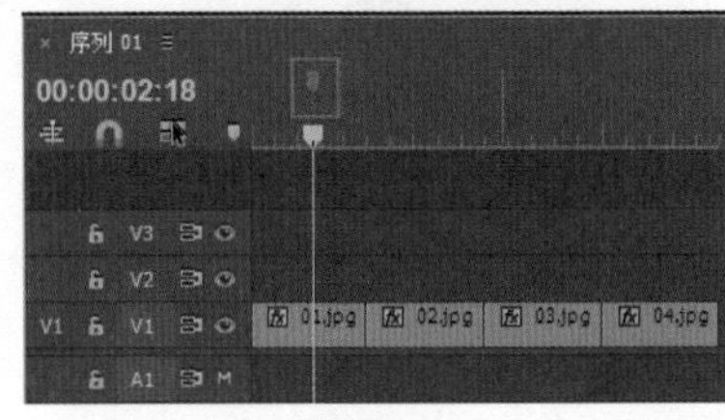

图2-56

07 再次将时间滑块拖动到一个位置，并单击“添加标记点”按钮，如图2-57所示。

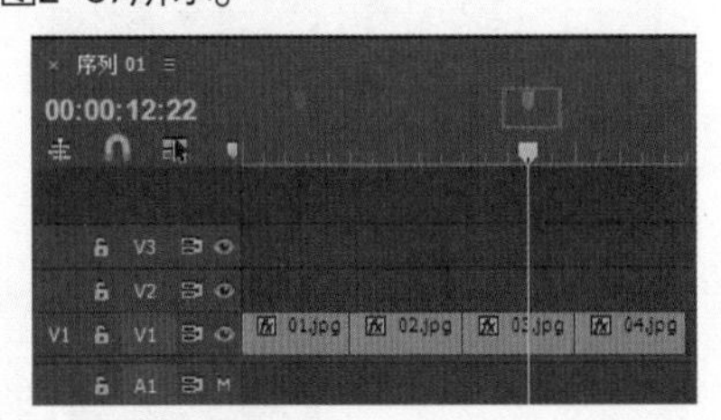

图2-57

实例020 素材场设置

文件路径	第2章\素材场设置
难易指数	★★★★★
技术掌握	素材场设置

扫码深度学习

操作思路

本实例讲解了在Premiere Pro中进行素材场设置的方法。

操作步骤

01 在菜单栏中执行“文件”|“新建”|“项目”命令或使用快捷键Ctrl+Alt+N，在弹出的“新建项目”对话框中设置合适的文件名称，单击“位置”右侧的“浏览”按钮，弹出“项目位置”对话框，单击“选择文件夹”按钮，为项目选择合适的路径文件夹。在“新建项目”对话框中单

击“创建”按钮，如图2-58所示。

图2-58

02 在“项目”面板空白处单击鼠标右键，在弹出的快捷菜单中执行“新建项目”|“序列”命令。接着在弹出的“新建序列”对话框中选择DV-PAL文件夹下的“标准48kHz”，如图2-59所示。

图2-59

03 在“项目”面板空白处双击，选择所需的“01.jpg”素材文件，最后单击“打开”按钮，将其进行导入，如图2-60所示。

图2-60

04 选择“项目”面板中的素材文件，并按住鼠标左键将其拖曳到V1轨道上，如图2-61所示。

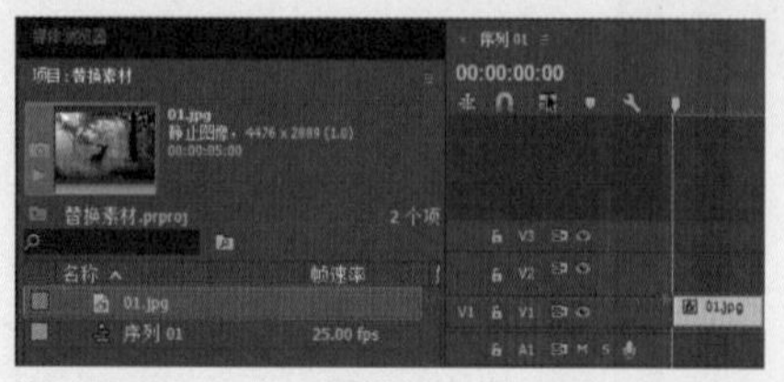

图2-61

05 选择V1轨道上的“01.jpg”素材文件，单击鼠标右键，在弹出的快捷菜单中执行“场选项”命令，并在弹出的“场选项”对话框中选择所需要处理的选项，如图2-62所示。

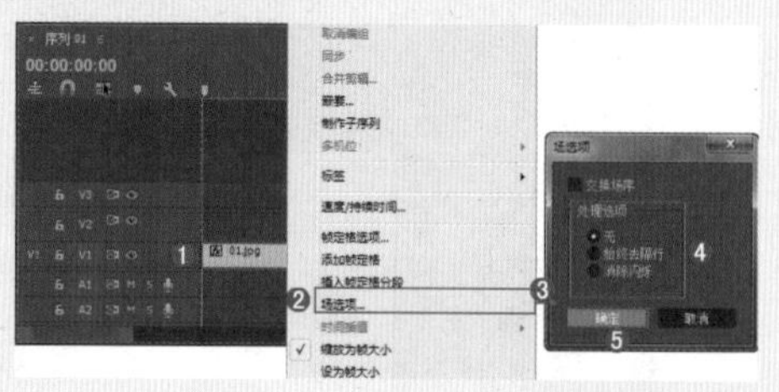

图2-62

实例021 素材的激活和失效

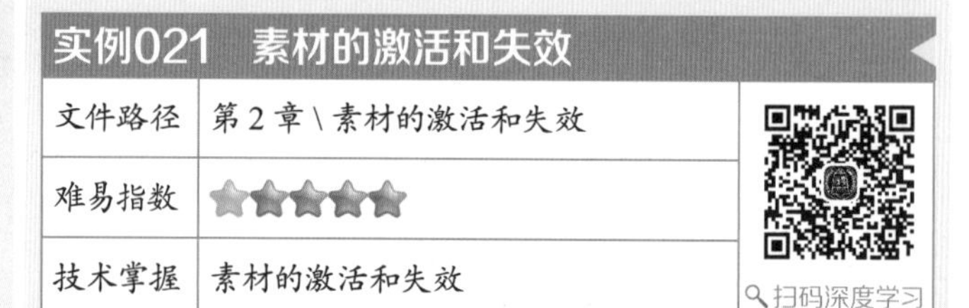

文件路径	第 2 章 \ 素材的激活和失效
难易指数	★★★★★
技术掌握	素材的激活和失效

扫码深度学习

操作思路

在Premiere Pro中可以对素材进行激活和失效设置，让其正常显示和不显示。本实例讲解了在Premiere Pro中对素材进行激活和失效设置的方法。

操作步骤

01 在菜单栏中执行“文件”|“新建”|“项目”命令或使用快捷键Ctrl+Alt+N，在弹出的“新建项目”对话框中设置合适的文件名称，单击“位置”右侧的“浏览”按钮，弹出“项目位置”对话框，单击“选择文件夹”按钮，为项目选择合适的路径文件夹。在“新建项目”对话框中单击“创建”按钮，如图2-63所示。

图2-63

02 在“项目”面板空白处单击鼠标右键，在弹出的快捷菜单中执行“新建项目” | “序列”命令。接着在弹出的“新建序列”对话框中选择DV-PAL文件夹下的“标准48kHz”，如图2-64所示。

03 在“项目”面板空白处双击，选择所需的“01.jpg”和“02.jpg”素材文件，最后单击“打开”按钮，将它们进行导入，如图2-65所示。

04 选择“项目”面板中的素材文件，并按住鼠标左键将其拖曳到V1轨道上，如图2-66所示。

图2-64

图2-65

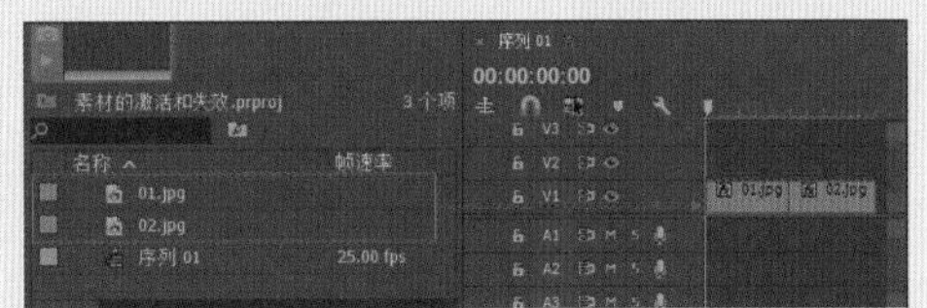

图2-66

05 选择V1轨道上的“01.jpg”素材文件，如图2-67所示。预览效果如图2-68所示。

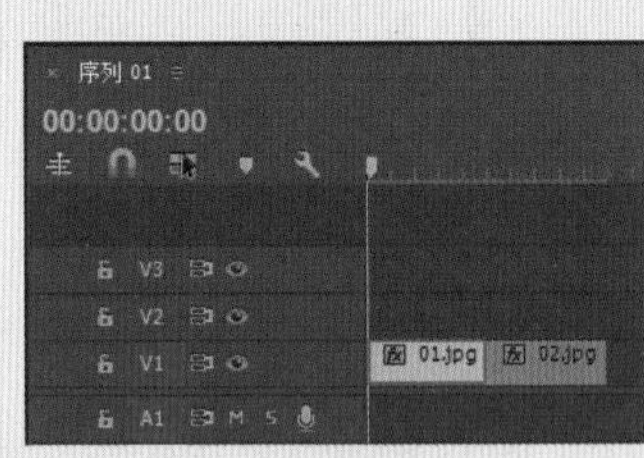

图2-67

图2-68

06 在菜单栏中执行“剪辑”|“启用”命令，取消其勾选状态，此时素材将失效，如图2-69所示。预览效果如图2-70所示。

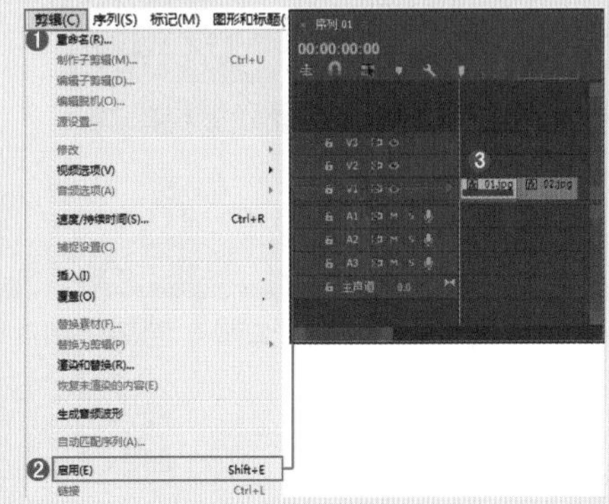

图2-69

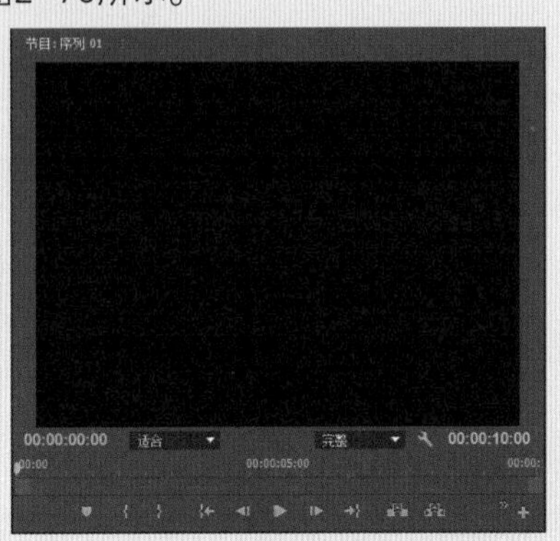

图2-70

07 选择V1轨道上失效的“01.jpg”素材文件，并单击鼠标右键，在弹出的快捷菜单中勾选“启用”命令，如图2-71所示。此时素材将被激活，预览效果如图2-72所示。

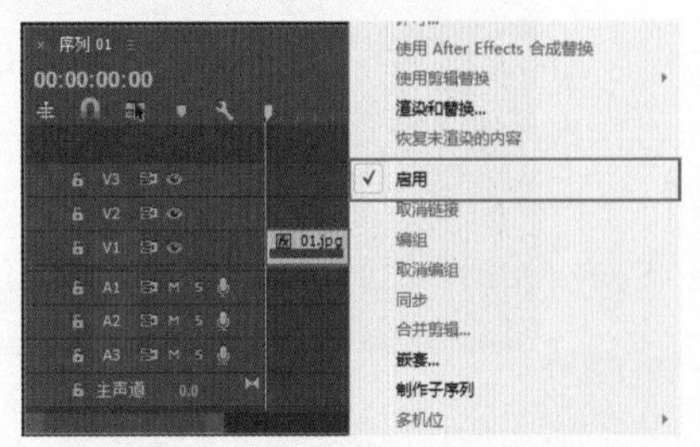

图2-71

图2-72

实例022 素材和特效的复制与粘贴

文件路径	第2章\素材和特效的复制与粘贴
难易指数	★★★★★
技术掌握	素材和特效的复制与粘贴

扫码深度学习

操作思路

本实例讲解了在Premiere Pro中对素材和特效进行复制和粘贴的方法。

操作步骤

01 在菜单栏中执行“文件”|“新建”|“项目”命令或使用快捷键Ctrl+Alt+N，在弹出的“新建项目”对话框中设置合适的文件名称，单击“位置”右侧的“浏览”按钮，弹出“项目位置”对话框，单击“选择文件夹”按钮，为项目选择合适的路径文件夹。在

"新建项目"对话框中单击"创建"按钮，如图2-73所示。

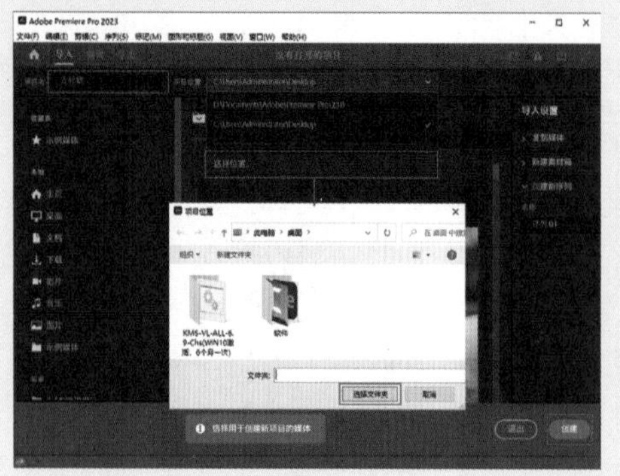

图2-73

02 在"项目"面板空白处单击鼠标右键，在弹出的快捷菜单中执行"新建项目"|"序列"命令。接着在弹出的"新建序列"对话框中选择DV-PAL文件夹下的"标准48kHz"，如图2-74所示。

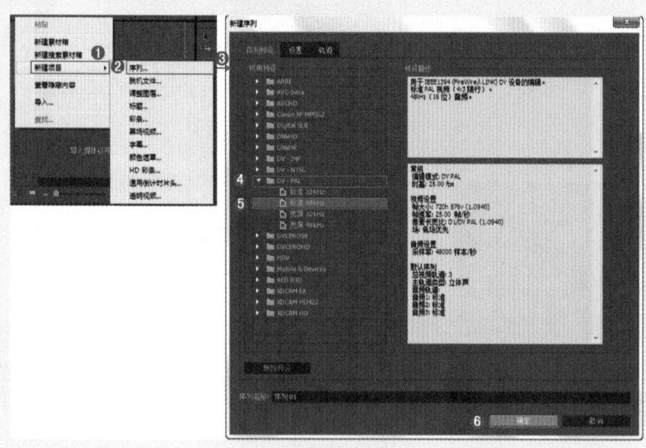

图2-74

03 在"项目"面板空白处双击，选择所需的"01.jpg"和"02.jpg"素材文件，最后单击"打开"按钮，将它们进行导入，如图2-75所示。

图2-75

04 选择"项目"面板中的素材文件，并按住鼠标左键将它们拖曳到V1轨道上，如图2-76所示。

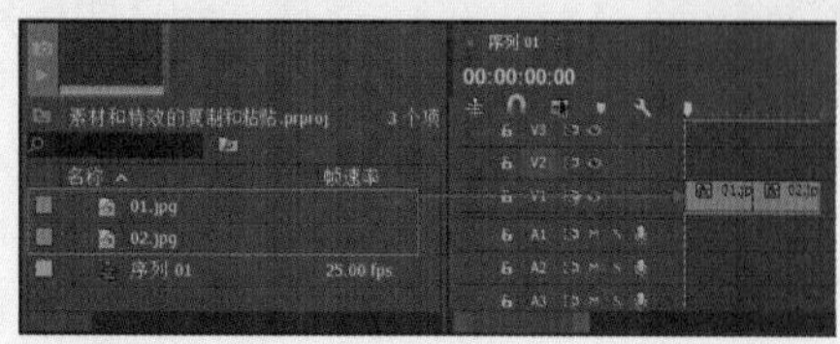

图2-76

05 在"效果"面板中搜索"风车"转场效果，并按住鼠标左键将其拖曳到"01.jpg"和"02.jpg"素材文件中间，如图2-77所示。

06 选择V1轨道上的"01.jpg""02.jpg"素材文件和"风车"转场效果，如图2-78所示。

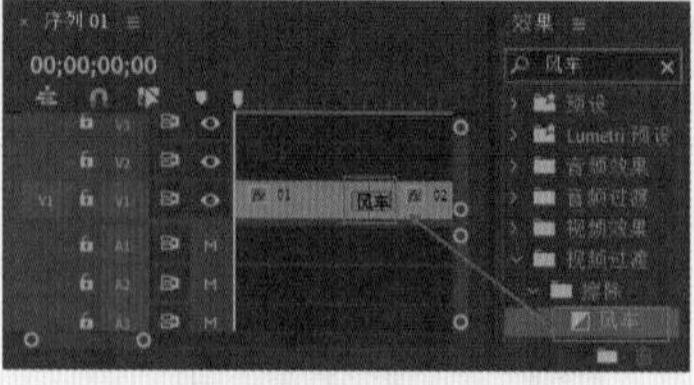

图2-77

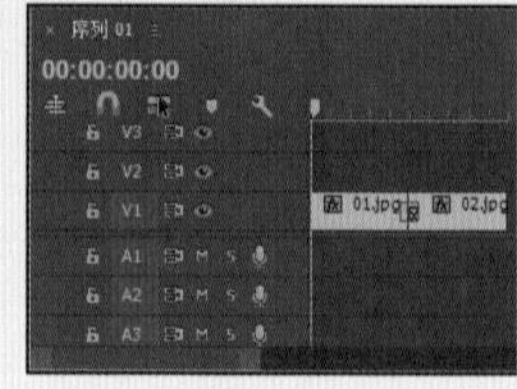

图2-78

07 在菜单栏中执行"编辑"|"复制"命令，如图2-79所示。

08 将时间滑块拖动到需要粘贴的位置，并选择要粘贴的轨道，如图2-80所示。

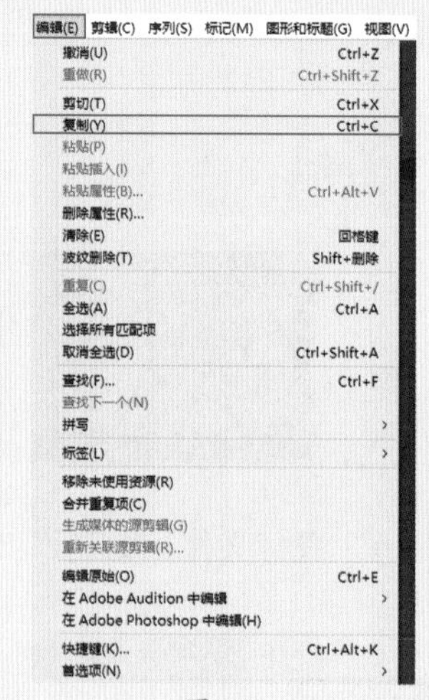

图2-79

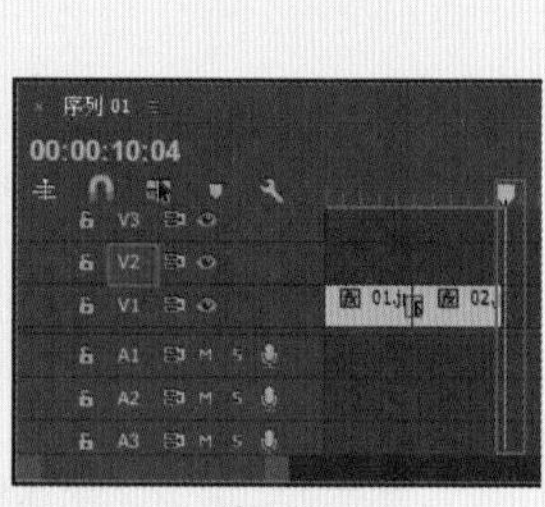

图2-80

09 然后在菜单栏中执行"编辑"|"粘贴"命令，如图2-81所示。

10 此时，素材会被粘贴到指定的位置，如图2-82所示。

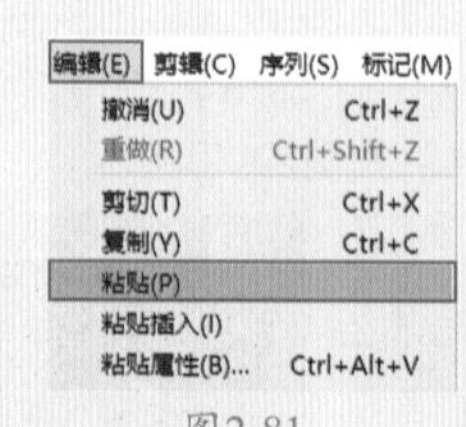

图2-81

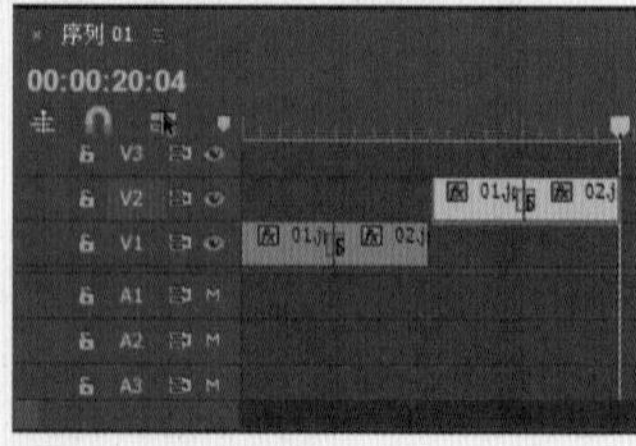

图2-82

实例023 素材画面和当前项目的尺寸匹配

文件路径	第2章\素材画面和当前项目的尺寸匹配
难易指数	★★★★★
技术掌握	"缩放为帧大小"命令

扫码深度学习

操作思路

当素材导入到Premiere Pro的视频轨道中后，很多时候会出现素材的尺寸和画面大小不符。为了快速地将素材大小与画面自动匹配，可使用“缩放为帧大小”命令。本实例讲解了在Premiere Pro中将素材画面与当前项目尺寸匹配的方法。

操作步骤

01 在菜单栏中执行“文件”|“新建”|“项目”命令或使用快捷键Ctrl+Alt+N，在弹出的“新建项目”对话框中设置合适的文件名称，单击“位置”右侧的“浏览”按钮，弹出“项目位置”对话框，单击“选择文件夹”按钮，为项目选择合适的路径文件夹。在“新建项目”对话框中单击“创建”按钮，如图2-83所示。

图2-83

02 在“项目”面板空白处单击鼠标右键，在弹出的快捷菜单中执行“新建项目”|“序列”命令。接着在弹出的“新建序列”对话框中选择DV-PAL文件夹下的“标准48kHz”，如图2-84所示。

图2-84

03 在“项目”面板空白处双击，选择所需的“01.jpg”素材文件，最后单击“打开”按钮，将其进行导入，如图2-85所示。

04 选择“项目”面板上的素材文件，并按住鼠标左键将其拖曳到V1轨道上，如图2-86所示。

05 在V1轨道的“01.jpg”素材文件上单击鼠标右键，在弹出的快捷菜单中执行“缩放为帧大小”命令，如图2-87所示。

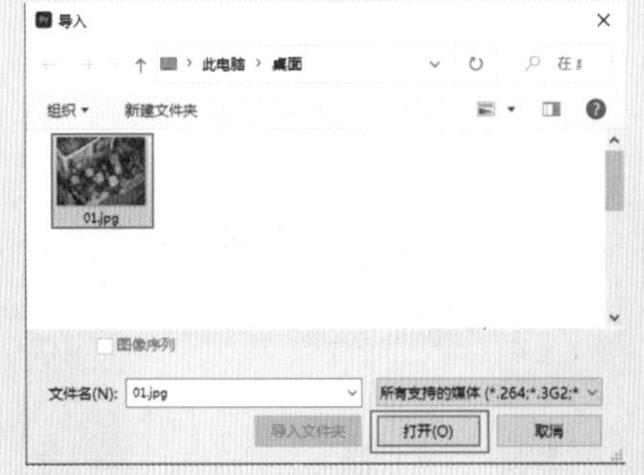

图2-85

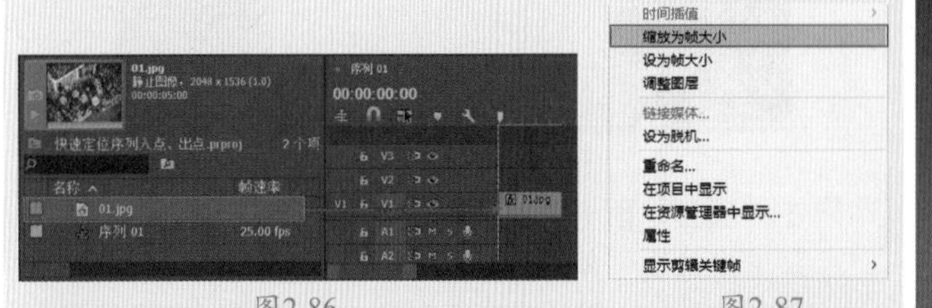

图2-86　　图2-87

06 此时画面大小与当前画幅的尺寸相当匹配，也可做适当调整，如设置“缩放”为103，效果如图2-88所示。

图2-88

实例024　素材属性查看

文件路径	第2章\素材属性查看
难易指数	★★★★★
技术掌握	“属性”命令

扫码深度学习

操作思路

本实例讲解了在Premiere Pro中查看素材属性的方法。

操作步骤

01 在菜单栏中执行“文件”|“新建”|“项目”命令或使用快捷键Ctrl+Alt+N，在弹出的“新建项目”对话框中设置合适的文件名称，单击“位置”右侧的“浏览”

按钮，弹出“项目位置”对话框，单击“选择文件夹”按钮，为项目选择合适的路径文件夹。在“新建项目”对话框中单击“创建”按钮，如图2-89所示。

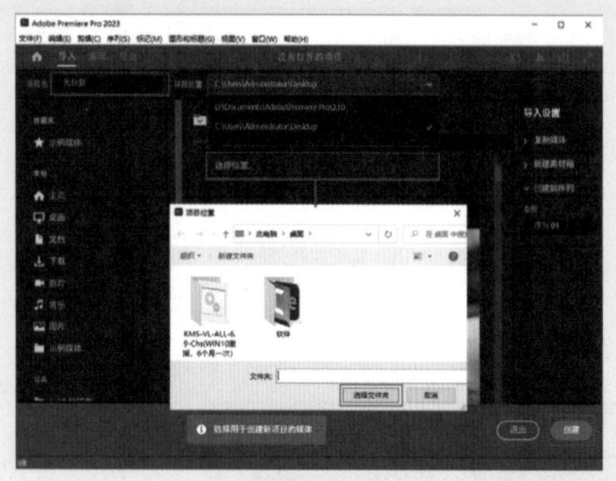

图2-89

02 在“项目”面板空白处单击鼠标右键，在弹出的快捷菜单中执行“新建项目”｜“序列”命令。接着在弹出的“新建序列”对话框中选择DV-PAL文件夹下的“标准48kHz”，如图2-90所示。

图2-90

03 在“项目”面板空白处双击，选择所需的“01.jpg”和“02.jpg”素材文件，最后单击“打开”按钮，将它们进行导入，如图2-91所示。

图2-91

04 在“项目”面板中的“02.jpg”素材文件上单击鼠标右键，在弹出的快捷菜单中执行“属性”命令，此时会弹出“属性”窗口，如图2-92所示。

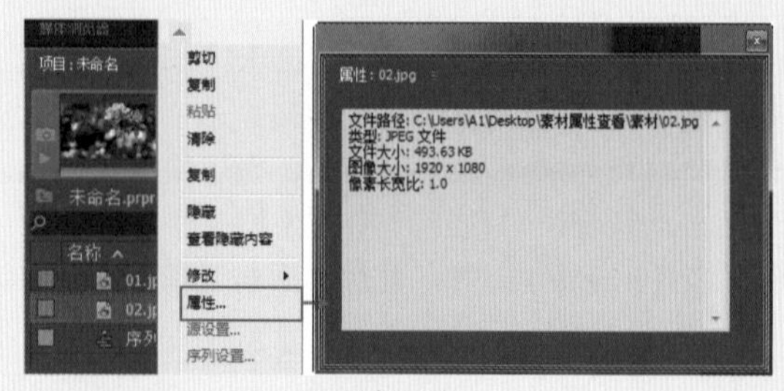

图2-92

实例025 提升和提取素材

文件路径	第2章\提升和提取素材	扫码深度学习
难易指数	★★★★★	
技术掌握	提升和提取素材	

操作思路

本实例讲解了在Premiere Pro中提升素材和提取素材的方法。

操作步骤

1. 提升素材

01 在菜单栏中执行“文件”|“新建”|“项目”命令或使用快捷键Ctrl+Alt+N，在弹出的“新建项目”对话框中设置合适的文件名称，单击“位置”右侧的“浏览”按钮，弹出“项目位置”对话框，单击“选择文件夹”按钮，为项目选择合适的路径文件夹。在“新建项目”对话框中单击“创建”按钮，如图2-93所示。

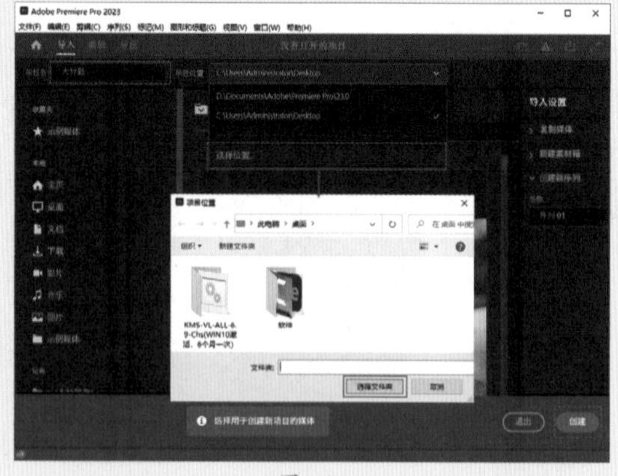

图2-93

02 在“项目”面板空白处单击鼠标右键，在弹出的快捷菜单中执行“新建项目”｜“序列”命令。接着在弹出的“新建序列”对话框中选择DV-PAL文件夹下的“标准48kHz”，如图2-94所示。

03 在“项目”面板空白处双击，选择所需的“01.jpg”素材文件，最后单击“打开”按钮，将其进行导入，如图2-95所示。

图2-94

图2-95

04 选择“项目”面板中的素材文件，并按住鼠标左键将其拖曳到V1轨道上，如图2-96所示。

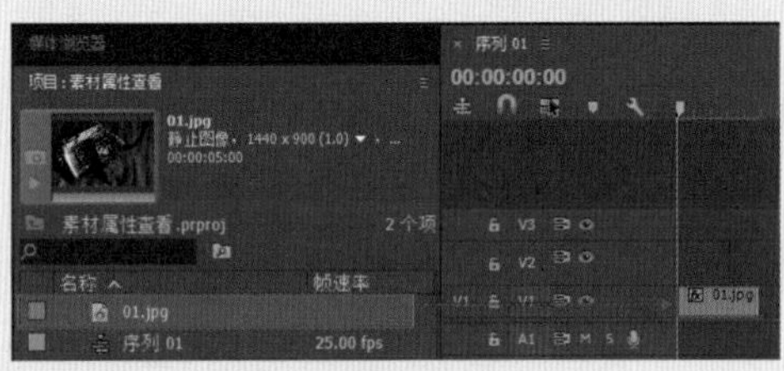

图2-96

05 将时间滑块拖动到需要提升素材的位置，并使用快捷键I和快捷键O设置入点和出点，如图2-97所示。然后在菜单栏中执行“序列”|“提升”命令。

06 此时，V1轨道上的素材从入点到出点的部分已经被删除，如图2-98所示。

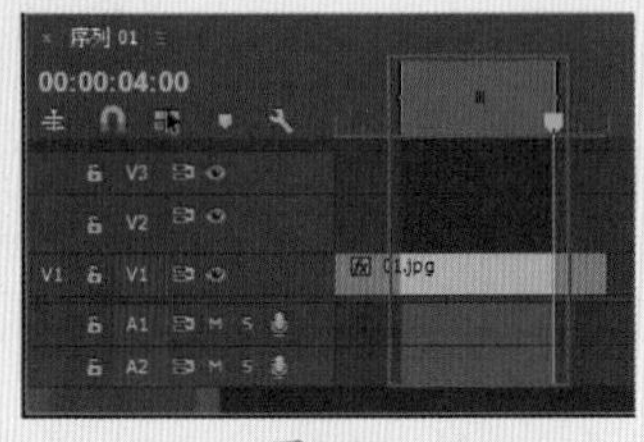

图2-97

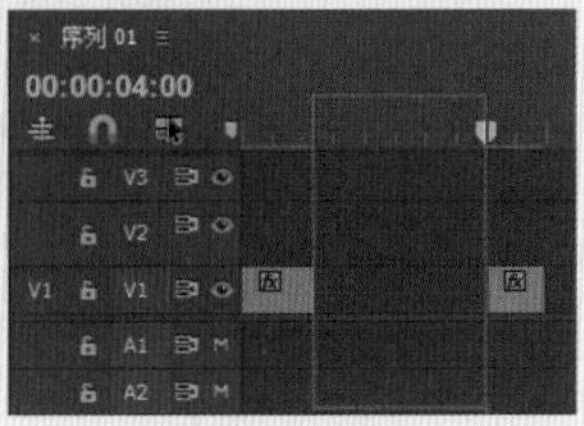

图2-98

2. 提取素材

01 将时间滑块拖动到需要提取素材的位置，并使用快捷键I和快捷键O设置入点和出点，如图2-99所示。然后在菜单栏中执行“序列” | “提取”命令。

02 此时，V1轨道上的素材从入点到出点的部分已经被删除，如图2-100所示。

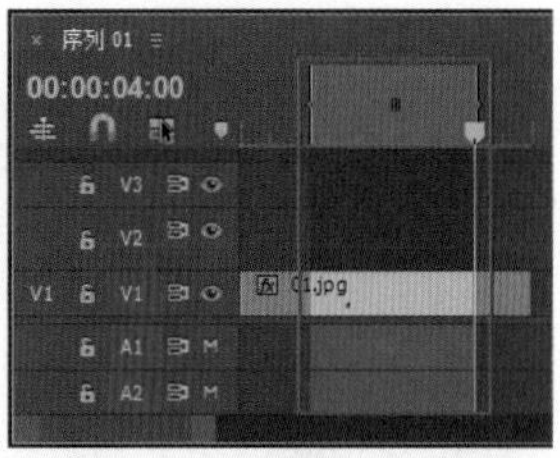

图2-99

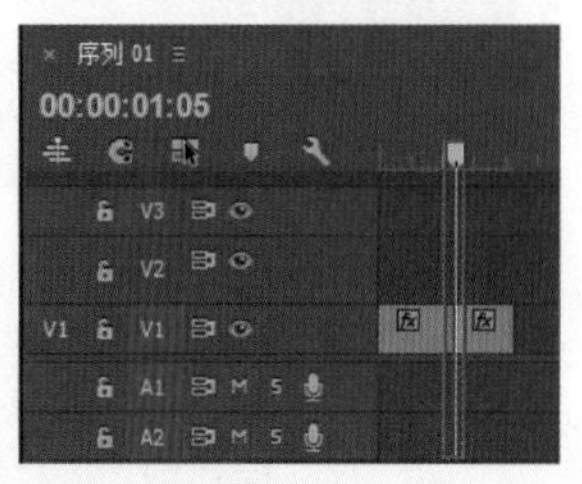

图2-100

实例026 替换素材

文件路径	第2章\替换素材
难易指数	★★★★★
技术掌握	替换素材

扫码深度学习

操作思路

删除Premiere Pro中使用的素材或移动该素材的位置，都可能会导致该素材无法显示。当想重新更换当前素材时，可以使用“替换素材”命令。

操作步骤

01 在菜单栏中执行“文件”|“新建”|“项目”命令或使用快捷键Ctrl+Alt+N，在弹出的“新建项目”对话框中设置合适的文件名称，单击“位置”右侧的“浏览”按钮，弹出“项目位置”对话框，单击“选择文件夹”按钮，为项目选择合适的路径文件夹。在“新建项目”对话框中单击“创建”按钮，如图2-101所示。

02 在“项目”面板空白处单击鼠标右键，在弹出的快捷菜单中执行“新建项目” | “序列”命令。接着在弹出的“新建序列”对话框中选择DV-PAL文件夹下的“标准48kHz”，如图2-102所示。

图2-101

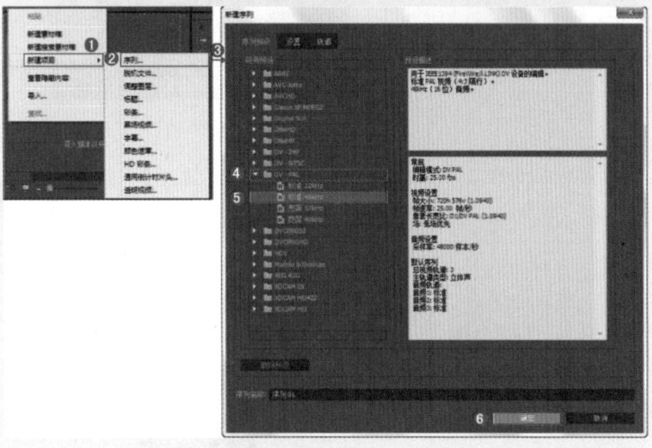

图2-102

03在“项目”面板空白处双击，选择所需的“01.jpg”素材文件，最后单击“打开”按钮，将其进行导入，如图2–103所示。

图2-103

04选择“项目”面板中的“01.jpg”素材文件，单击鼠标右键，在弹出的快捷菜单中执行“替换素材”命令，并在弹出的对话框中选中“02.jpg”素材文件，最后单击“选择”按钮，如图2–104所示。

图2-104

05此时，“项目”面板中的“01.jpg”素材文件已经被替换为“02.jpg”素材文件，如图2–105所示。

图2-105

实例027 调节音频素材的音量

文件路径	第 2 章 \ 调节音频素材的音量
难易指数	★★★★★
技术掌握	“音频增益”命令

扫码深度学习

操作思路

本实例讲解了在Premiere Pro中使用“音频增益”命令调节音频素材音量的方法。

操作步骤

01在菜单栏中执行“文件”|“新建”|“项目”命令或使用快捷键Ctrl+Alt+N，在弹出的“新建项目”对话框中设置合适的文件名称，单击“位置”右侧的“浏览”按钮，弹出“项目位置”对话框，单击“选择文件夹”按钮，为项目选择合适的路径文件夹。在“新建项目”对话框中单击“创建”按钮，如图2–106所示。

图2-106

02在“项目”面板空白处单击鼠标右键，在弹出的快捷菜单中执行“新建项目”|“序列”命令。接着在弹出的“新建序列”对话框中选择DV–PAL文件夹下的“标准48kHz”，如图2–107所示。

03在“项目”面板空白处双击，选择所需的“01.mp3”音频文件，最后单击“打开”按钮，将其进行导入，如图2–108所示。

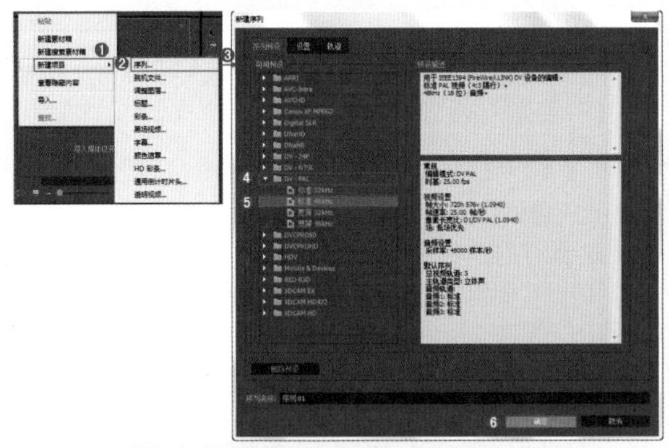

图2-107

图2-108

04 选择“项目”面板中的音频文件，并按住鼠标左键将其拖曳到A1轨道上，如图2-109所示。

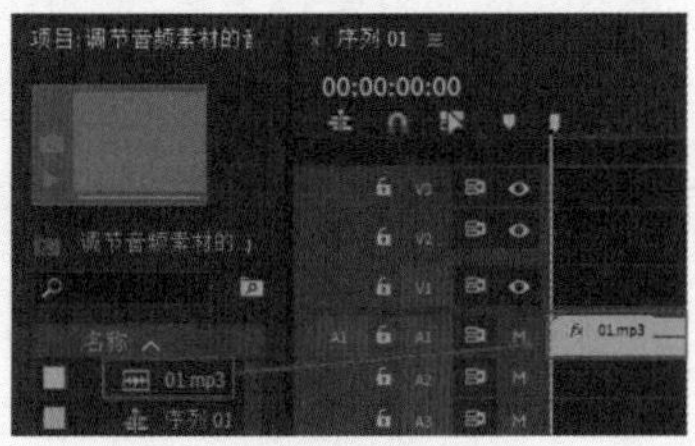

图2-109

05 选择A1轨道上的音频文件，单击鼠标右键，在弹出的快捷菜单中执行“音频增益”命令，接着在弹出的“音频增益”对话框中选中“将增益设置为”单选按钮，并设置其数值为10，此时音频声音已经调高，如图2-110所示。

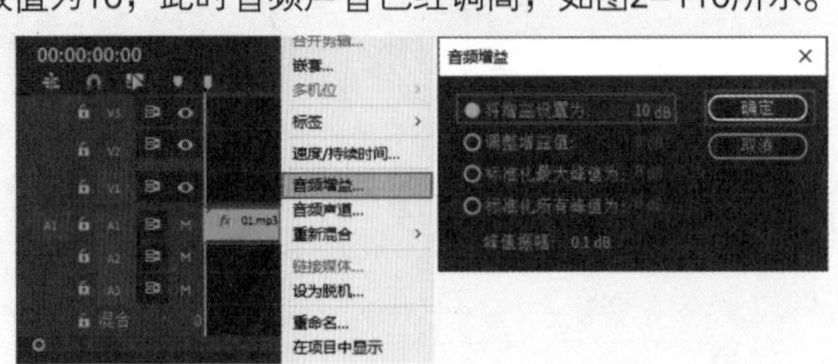

图2-110

实例028　修改速度和时间

文件路径	第2章\修改速度和时间
难易指数	★★★★★
技术掌握	“速度/持续时间”命令

扫码深度学习

操作思路

本实例讲解了在Premiere Pro中使用“速度/持续时间”命令修改素材的速度和时间的方法。

操作步骤

01 在菜单栏中执行“文件”|“新建”|“项目”命令或使用快捷键Ctrl+Alt+N，在弹出的“新建项目”对话框中设置合适的文件名称，单击“位置”右侧的“浏览”按钮，弹出“项目位置”对话框，单击“选择文件夹”按钮，为项目选择合适的路径文件夹。在“新建项目”对话框中单击“创建”按钮，如图2-111所示。

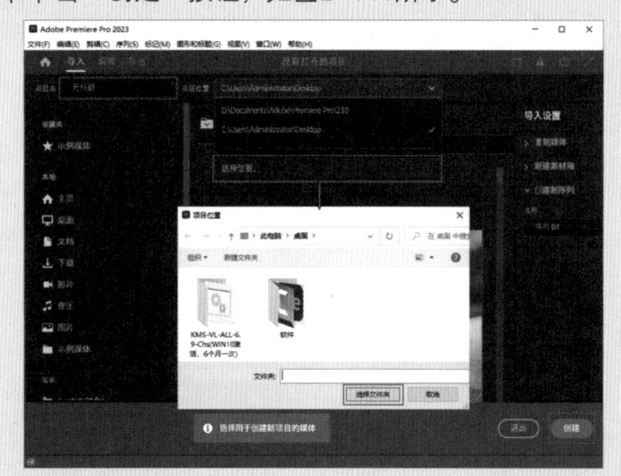

图2-111

02 在“项目”面板空白处单击鼠标右键，在弹出的快捷菜单中执行“新建项目”|“序列”命令。接着在弹出的“新建序列”对话框中选择DV-PAL文件夹下的“标准48kHz”，如图2-112所示。

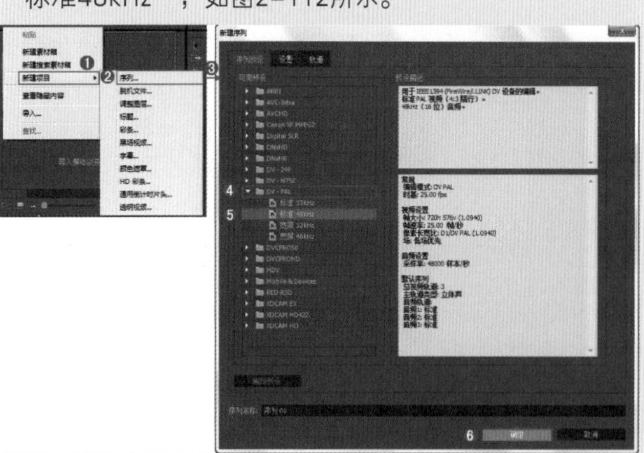

图2-112

03 在“项目”面板空白处双击，选择所需的“01.AVI”视频文件，最后单击“打开”按钮，将其进行导入，如图2-113所示。

04 选择“项目”面板中的视频素材，并按住鼠标左键将其拖曳到V1轨道上，此时会弹出“剪辑不匹配警告”提示框，单击“更改序列设置”按钮，如图2-114所示。

图2-113

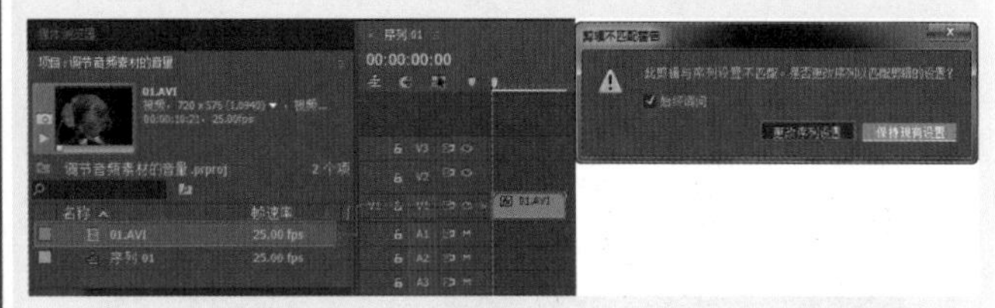

图2-114

05 选择V1轨道上的视频文件，单击鼠标右键，在弹出的快捷菜单中执行“速度/持续时间”命令，并在弹出的“剪辑速度/持续时间”对话框中设置“速度”为200%，如图2-115所示。

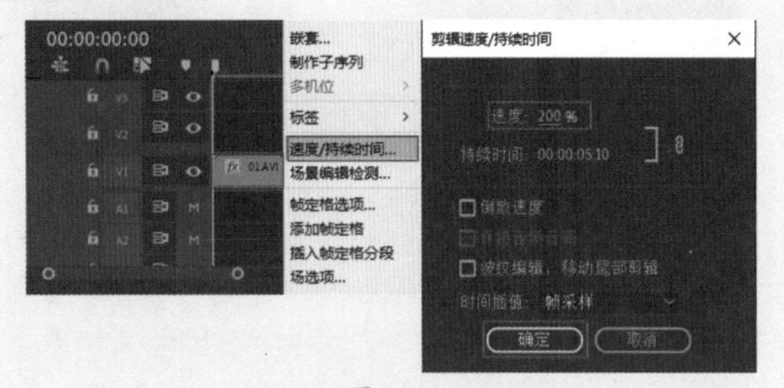

图2-115

06 此时V1轨道上的视频素材文件长度缩短，播放速度变快，如图2-116所示。

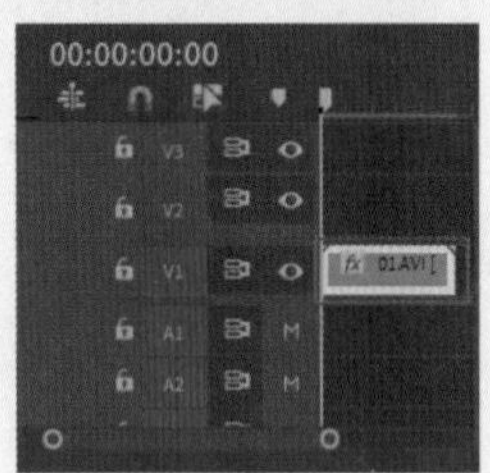

图2-116

实例029　在监视器窗口添加和删除素材

文件路径	第2章\在监视器窗口添加和删除素材
难易指数	★★★★★
技术掌握	在监视器窗口添加和删除素材

扫码深度学习

操作思路

本实例讲解了在监视器窗口中添加和删除素材的方法。

操作步骤

1. 在监视器窗口添加素材

01 在菜单栏中执行“文件”|“新建”|“项目”命令或使用快捷键Ctrl+Alt+N，在弹出的“新建项目”对话框中设置合适的文件名称，单击“位置”右侧的“浏览”按钮，弹出“项目位置”对话框，单击“选择文件夹”按钮，为项目选择合适的路径文件夹。在“新建项目”对话框中单击“创建”按钮，如图2-117所示。

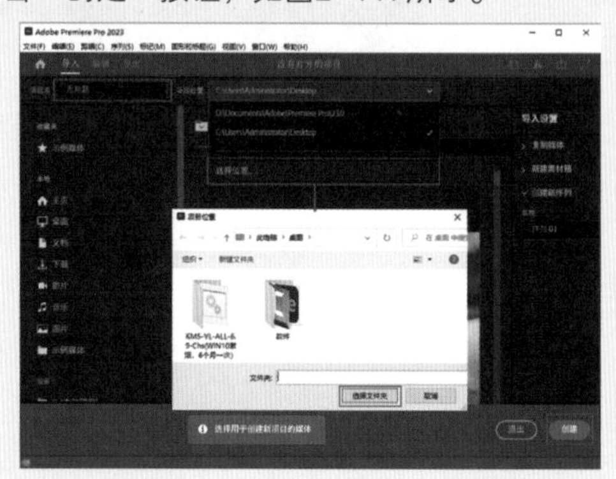

图2-117

02 在“项目”面板空白处单击鼠标右键，在弹出的快捷菜单中执行“新建项目”|“序列”命令。接着在弹出的“新建序列”对话框中选择DV-PAL文件夹下的“标准48kHz”，如图2-118所示。

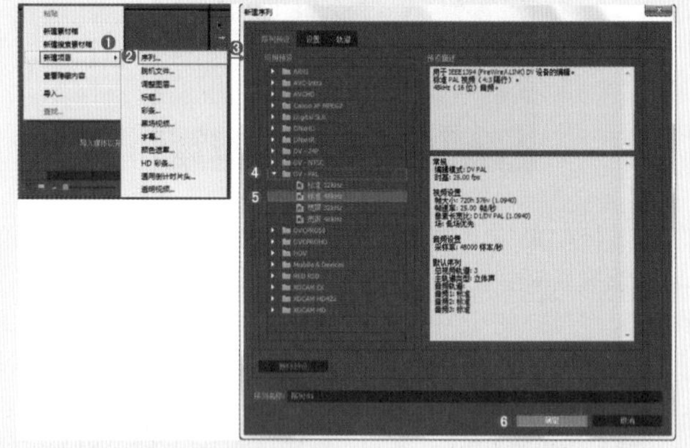

图2-118

03 在“项目”面板空白处双击，选择所需的“01.jpg”和“02.jpg”素材文件，最后单击“打开”按钮，将它们进行导入，如图2-119所示。

图2-119

04 选择“项目”面板中的素材文件，并按住鼠标左键将它们拖曳到“节目监视器”面板上，如图2-120所示。

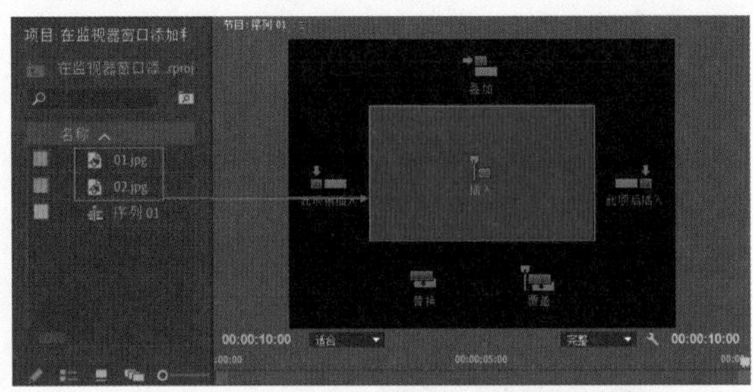
图2-120

05 此时素材会自动以选择时的顺序排列到时间轴轨道上，如图2-121所示。

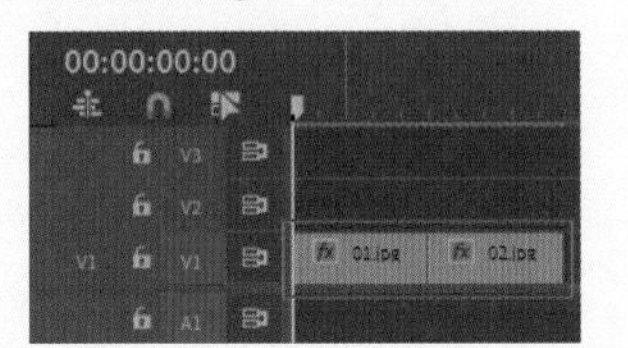
图2-121

2. 删除素材

01 在时间轴轨道上选择需要删除的素材，按Delete键便可删除，如图2-122所示。

图2-122

02 此时被删除的素材，在监视器窗口中也会被删除，如图2-123所示。

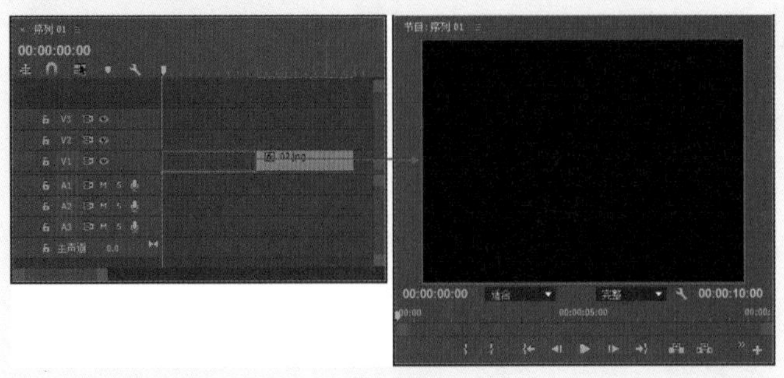
图2-123

实例030 帧混合

文件路径	第 2 章 \ 帧混合
难易指数	★★★★★
技术掌握	帧混合

扫码深度学习

操作思路

在将素材放慢或者放快时会出现抖动、卡顿的现象，而在开启“帧混合”之后可大大改善这种问题，使视频变得更流畅。本实例讲解了在Premiere Pro中进行帧混合的方法。

操作步骤

01 在菜单栏中执行“文件”|“新建”|“项目”命令或使用快捷键Ctrl+Alt+N，在弹出的“新建项目”对话框中设置合适的文件名称，单击“位置”右侧的“浏览”按钮，弹出“项目位置”对话框，单击“选择文件夹”按钮，为项目选择合适的路径文件夹。在“新建项目”对话框中单击“创建”按钮，如图2-124所示。

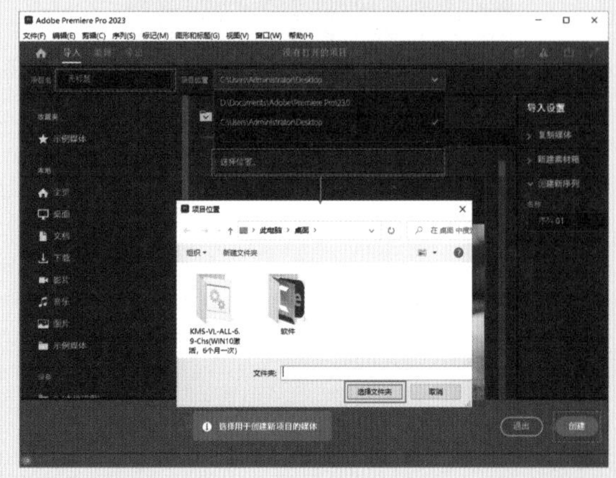
图2-124

02 在“项目”面板空白处单击鼠标右键，在弹出的快捷菜单中执行“新建项目” | “序列”命令。接着在弹出的“新建序列”对话框中选择DV-PAL文件夹下的“标准48kHz”，如图2-125所示。

图2-125

03 在“项目”面板空白处双击，选择所需的“01.avi”视频文件，最后单击“打开”按钮，将其进行导入，如图2-126所示。

04 选择“项目”面板中的“01.avi”视频文件，并按住鼠标左键将其拖曳到V1轨道上，如图2-127所示。

图2-126

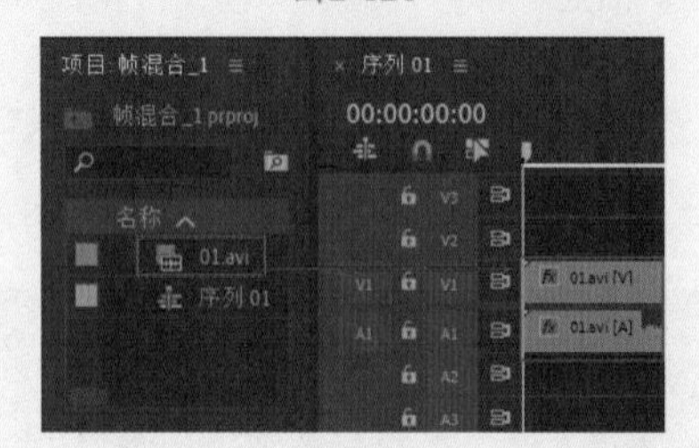

图2-127

05 选择V1轨道上的“01.avi”视频文件，单击鼠标右键，在弹出的快捷菜单中执行“时间插值”|“帧混合”命令，如图2-128所示。

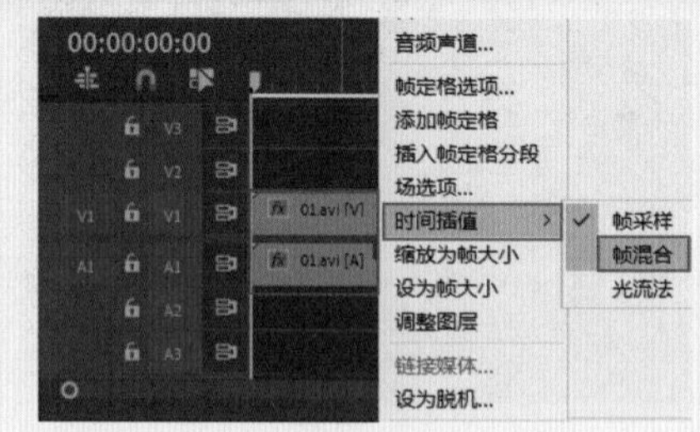

图2-128

第3章

转场特效应用

本章概述

转场特效是视频效果中应用非常广泛的一种表现手法。它特指过渡效果，是指从一个场景切换到另一个场景时画面的过渡形式。Premiere Pro提供了多种转场切换效果，使得两个画面过渡和谐，常用来制作电影、电视剧、广告、电子相册等画面间的切换效果。

本章重点

- 常用视频转场效果的应用
- 视频转场效果的参数设置

实例031 圆划像效果

文件路径	第 3 章 \ 圆划像效果
难易指数	★★★★
技术掌握	“圆划像”效果

扫码深度学习

操作思路

本实例讲解了在Premiere Pro中使用“圆划像”效果模拟制作转场动画。

操作步骤

01 在菜单栏中执行“文件”|“新建”|“项目”命令或使用快捷键Ctrl+Alt+N，在弹出的“新建项目”对话框中设置合适的文件名称，单击“位置”右侧的“浏览”按钮，弹出“项目位置”对话框，单击“选择文件夹”按钮，为项目选择合适的路径文件夹。在“新建项目”对话框中单击“创建”按钮，如图3-1所示。

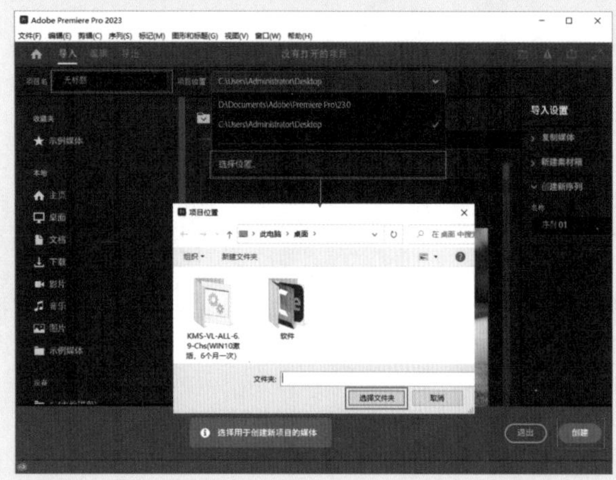

图3-1

02 在“项目”面板空白处单击鼠标右键，在弹出的快捷菜单中执行“新建项目”|“序列”命令。接着在弹出的“新建序列”对话框中选择DV-PAL文件夹下的“标准48kHz”，如图3-2所示。

图3-2

03 在“项目”面板空白处双击，选择所需的“01.jpg”和“02.jpg”素材文件，最后单击“打开”按钮，将它们进行导入，如图3-3所示。

图3-3

04 选择“项目”面板中的素材文件，并按住鼠标左键将它们拖曳到V1轨道上，如图3-4所示。

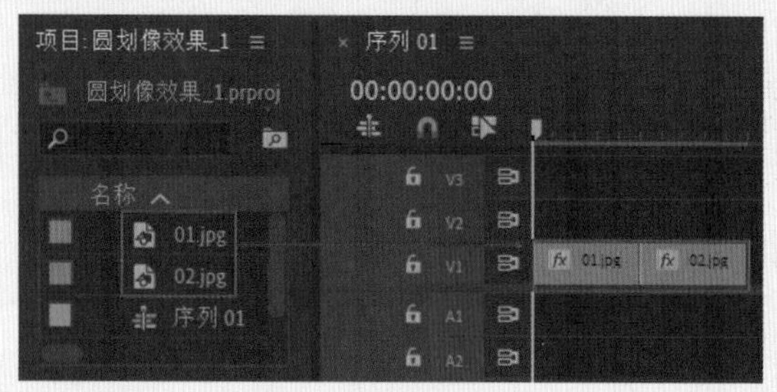

图3-4

05 分别选择V1轨道上的“01.jpg”和“02.jpg”素材文件，并在“效果控件”面板中均设置“缩放”为110.0，如图3-5所示。

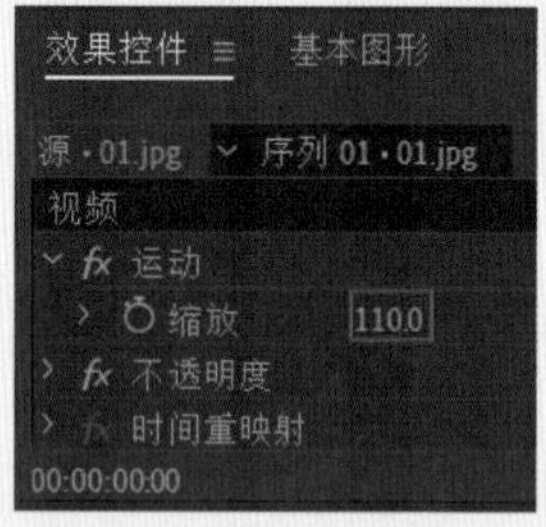

图3-5

06 在“效果”面板中搜索“圆划像”转场效果，并按住鼠标左键将其拖曳到“01.jpg”和“02.jpg”素材文件之间，如图3-6所示。

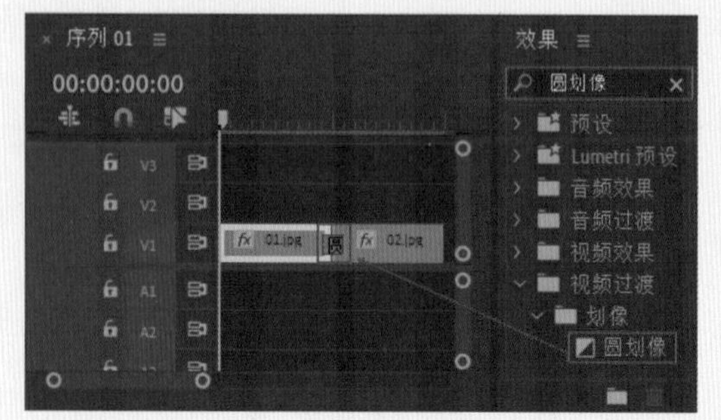

图3-6

07 拖动时间滑块查看效果，如图3-7所示。

图3-7

实例032 油漆飞溅效果

文件路径	第3章\油漆飞溅效果	
难易指数	★★★★★	
技术掌握	“油漆飞溅”效果	扫码深度学习

操作思路

本实例讲解了在Premiere Pro中使用“油漆飞溅”效果模拟制作转场动画。

操作步骤

01 在菜单栏中执行“文件”|“新建”|“项目”命令或使用快捷键Ctrl+Alt+N，在弹出的“新建项目”对话框中设置合适的文件名称，单击“位置”右侧的“浏览”按钮，弹出“项目位置”对话框，单击“选择文件夹”按钮，为项目选择合适的路径文件夹。在“新建项目”对话框中单击“创建”按钮，如图3-8所示。

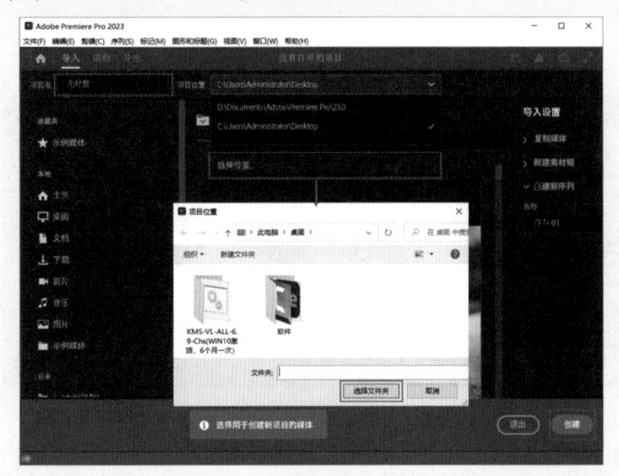

图3-8

02 在“项目”面板空白处单击鼠标右键，在弹出的快捷菜单中执行“新建项目”|“序列”命令。接着在弹出的“新建序列”对话框中选择DV-PAL文件夹下的“标准48kHz”，如图3-9所示。

图3-9

03 在“项目”面板空白处双击，选择所需的“01.jpg”和“02.jpg”素材文件，最后单击“打开”按钮，将它们进行导入，如图3-10所示。

图3-10

04 选择“项目”面板中的素材文件，并按住鼠标左键将它们拖曳到V1轨道上，如图3-11所示。

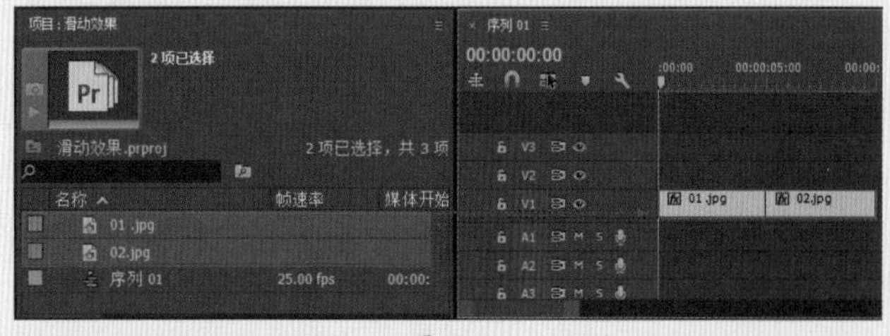

图3-11

05 选择V1轨道上的“01.jpg”和“02.jpg”素材文件，并在“效果控件”面板中分别设置“缩放”为36.0和48.0，如图3-12所示。

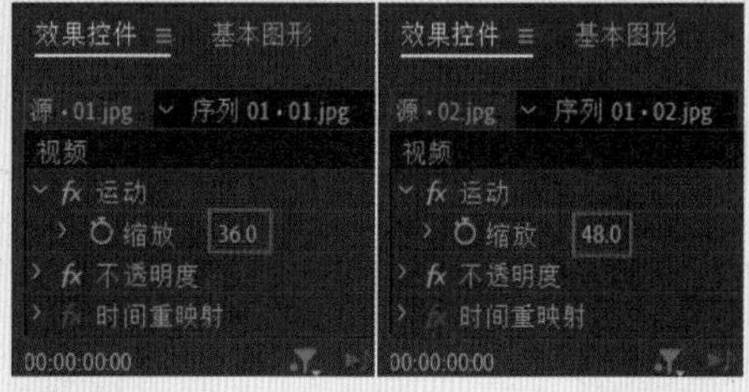

图3-12

06 在“效果”面板中搜索“油漆飞溅”转场效果，并按住鼠标左键将其拖曳到“01.jpg”和“02.jpg”素材文件之间，如图3-13所示。

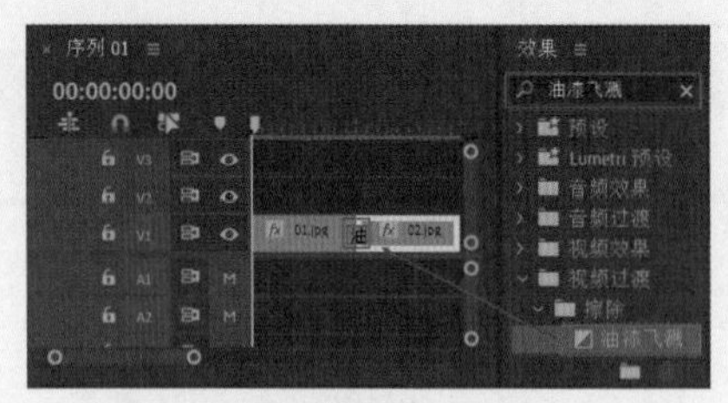
图3-13

07 拖动时间滑块查看效果，如图3-14所示。

图3-14

实例033　页面剥落效果

文件路径	第3章\页面剥落效果
难易指数	★★★★★
技术掌握	“页面剥落”效果

扫码深度学习

操作思路

本实例讲解了在Premiere Pro中使用“页面剥落”效果模拟制作转场动画。

操作步骤

01 在菜单栏中执行“文件”|“新建”|“项目”命令或使用快捷键Ctrl+Alt+N，在弹出的“新建项目”对话框中设置合适的文件名称，单击“位置”右侧的“浏览”按钮，弹出“项目位置”对话框，单击“选择文件夹”按钮，为项目选择合适的路径文件夹。在“新建项目”对话框中单击“创建”按钮，如图3-15所示。

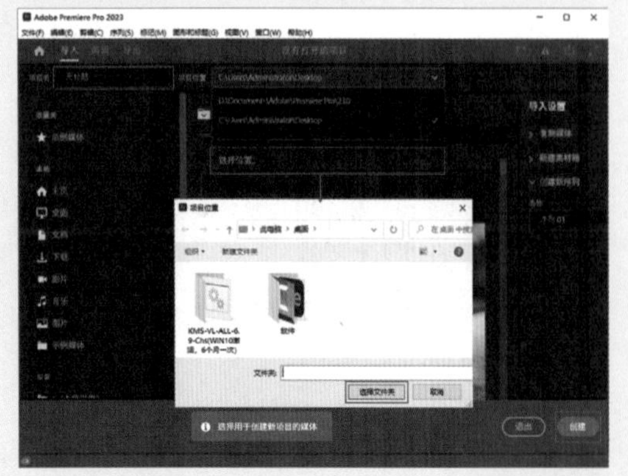
图3-15

02 在“项目”面板空白处单击鼠标右键，在弹出的快捷菜单中执行“新建项目”|“序列”命令。接着在弹出的“新建序列”对话框中，选择DV-PAL文件夹下的“标准48kHz”，如图3-16所示。

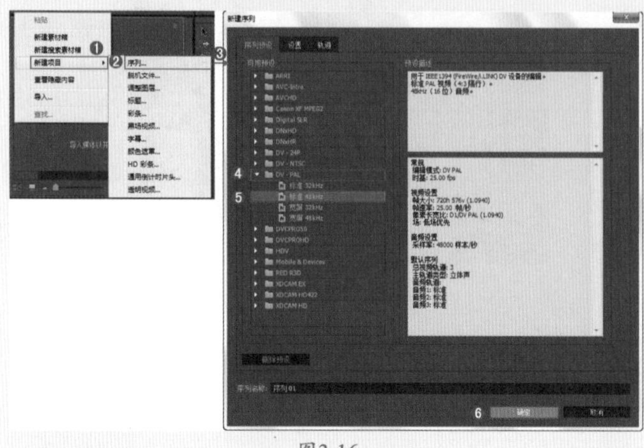
图3-16

03 在“项目”面板空白处双击，选择所需的“01.jpg”和“02.jpg”素材文件，最后单击“打开”按钮，将它们进行导入，如图3-17所示。

图3-17

04 选择“项目”面板中的“01.jpg”和“02.jpg”素材文件，并按住鼠标左键将它们拖曳到V1轨道上，如图3-18所示。

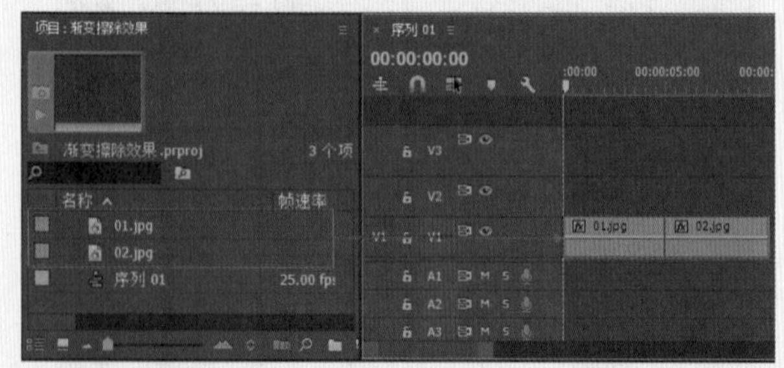
图3-18

05 选择V1轨道上的“02.jpg”素材文件，在“效果控件”面板中展开“运动”效果，设置“缩放”为110.0，如图3-19所示。

06 在“效果”面板中搜索“页面剥落”转场效果，并按住鼠标左键将其拖曳到“01.jpg”和“02.jpg”素材文件之间，如图3-20所示。

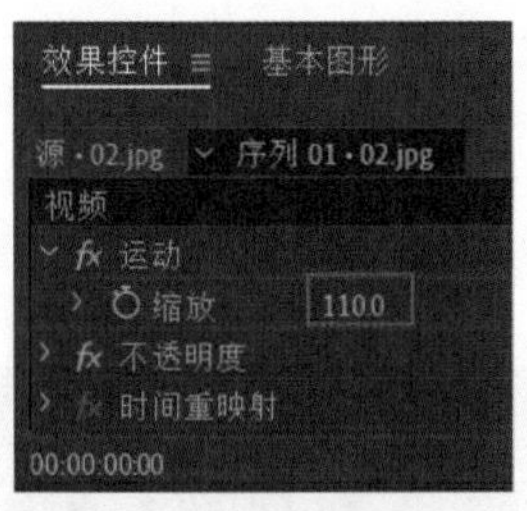

图3-19

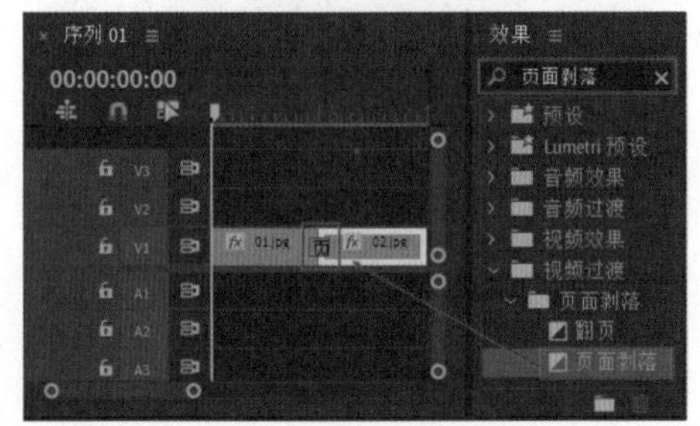

图3-20

07 拖动时间滑块查看效果，如图3-21所示。

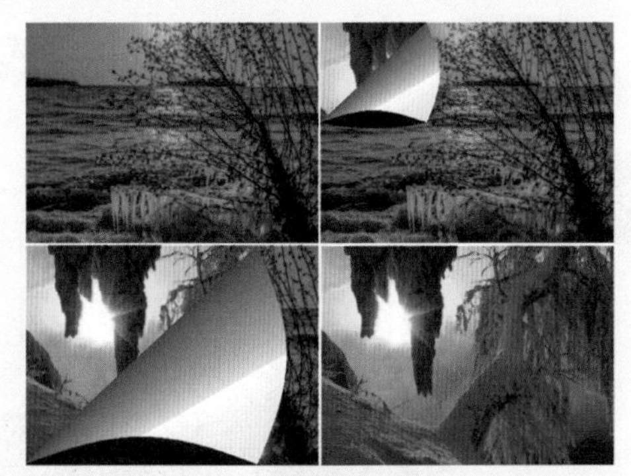

图3-21

实例034 随机块效果

文件路径	第 3 章 \ 随机块效果
难易指数	★★★★★
技术掌握	“随机块”效果

扫码深度学习

操作思路

本实例讲解了在Premiere Pro中使用“随机块”效果模拟制作转场动画。

操作步骤

01 在菜单栏中执行“文件”|“新建”|“项目”命令或使用快捷键Ctrl+Alt+N，在弹出的“新建项目”对话框中设置合适的文件名称，单击“位置”右侧的“浏览”按钮，弹出“项目位置”对话框，单击“选择文件夹”按钮，为项目选择合适的路径文件夹。在“新建项目”对话框中单击“创建”按钮，如图3-22所示。

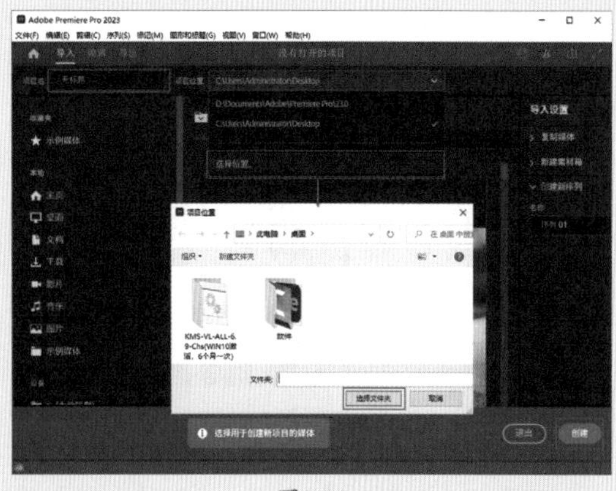

图3-22

02 在“项目”面板空白处单击鼠标右键，在弹出的快捷菜单中执行“新建项目”|“序列”命令。接着在弹出的“新建序列”对话框中，选择DV-PAL文件夹下的“标准48kHz”，如图3-23所示。

图3-23

03 在“项目”面板空白处双击，选择所需的“01.jpg”和“02.jpg”素材文件，最后单击“打开”按钮，将它们进行导入，如图3-24所示。

图3-24

04 选择“项目”面板中的素材文件，并按住鼠标左键将它们拖曳到V1轨道上，如图3-25所示。

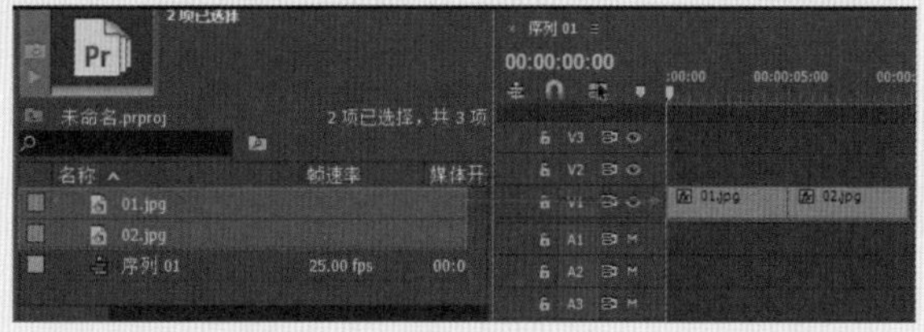

图3-25

05 选择V1轨道上的“01.jpg”和“02.jpg”素材文件，并在“效果控件”面板中分别设置“缩放”为108.0和93.0，如图3-26所示。

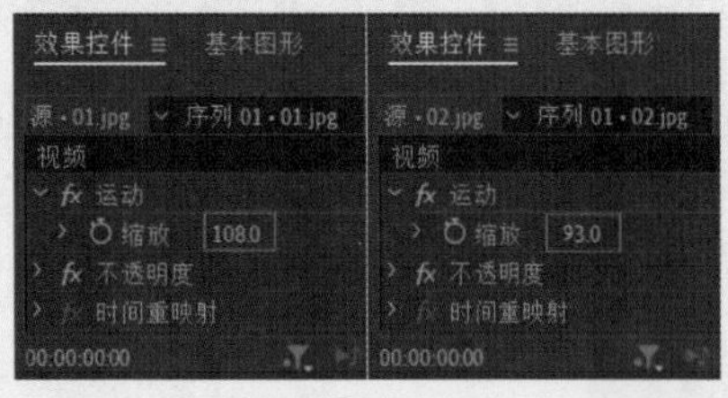

图3-26

06 在“效果”面板中搜索“随机块”转场效果，并按住鼠标左键将其拖曳到“01.jpg”和“02.jpg”素材文件之间，如图3-27所示。

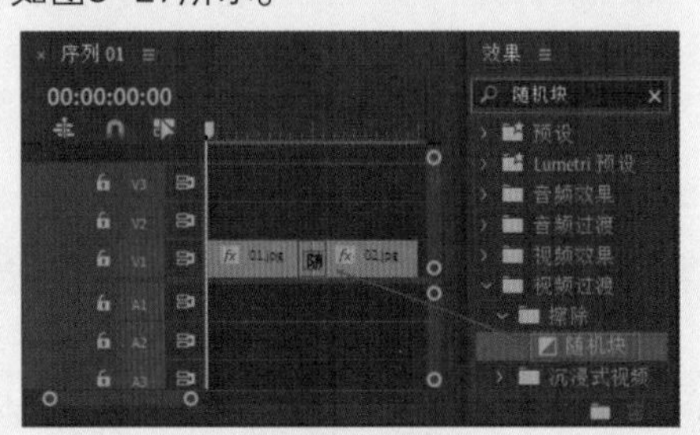

图3-27

07 拖动时间滑块查看效果，如图3-28所示。

图3-28

实例035 水波块效果

文件路径	第3章\水波块效果
难易指数	★★★★★
技术掌握	“水波块”效果

扫码深度学习

操作思路

本实例讲解了在Premiere Pro中使用“水波块”效果模拟制作转场动画。

操作步骤

01 在菜单栏中执行“文件”|“新建”|“项目”命令或使用快捷键Ctrl+Alt+N，在弹出的“新建项目”对话框中设置合适的文件名称，单击“位置”右侧的“浏览”按钮，弹出“项目位置”对话框，单击“选择文件夹”按钮，为项目选择合适的路径文件夹。在“新建项目”对话框中单击“创建”按钮，如图3-29所示。

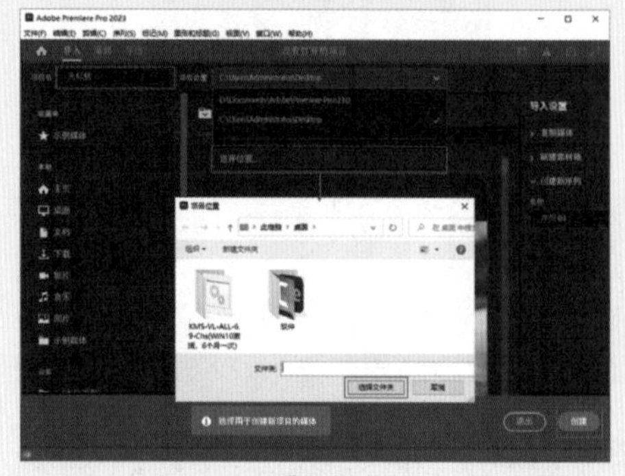

图3-29

02 在“项目”面板空白处单击鼠标右键，在弹出的快捷菜单中执行“新建项目”|“序列”命令。接着在弹出的“新建序列”对话框中，选择DV-PAL文件夹下的“标准48kHz”，如图3-30所示。

图3-30

03 在“项目”面板空白处双击，选择所需的“01.jpg”和“02.jpg”素材文件，最后单击“打开”按钮，将它们进行导入，如图3-31所示。

图3-31

04 分别选择V1轨道上的“01.jpg”和“02.jpg”素材文件，并在“效果控件”面板中均设置“缩放”为54.0，如图3-32所示。

05 在“效果”面板中搜索“水波块”转场效果，并按住鼠标左键将其拖曳到“01.jpg”和“02.jpg”素材文件之间，如图3-33所示。

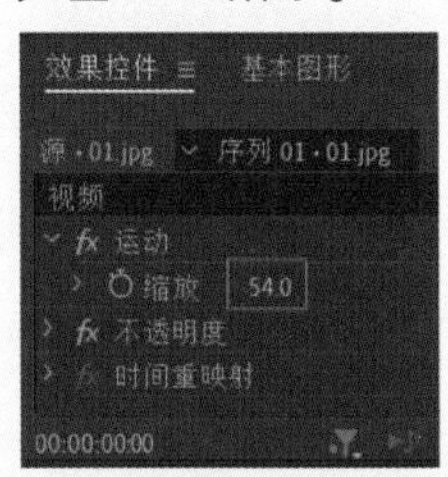

图3-32

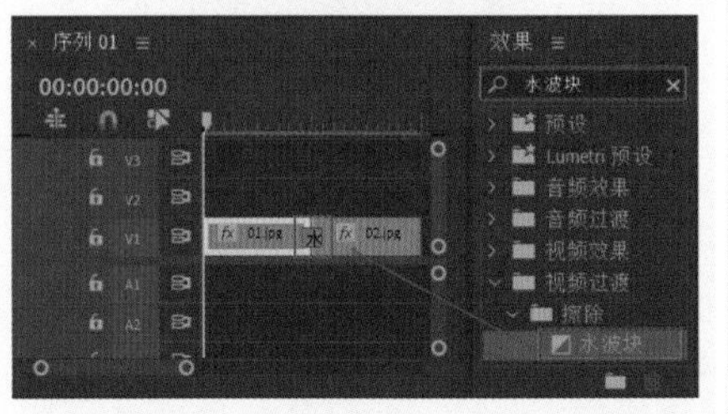

图3-33

06 单击V1轨道上的“01.jpg”和“02.jpg”素材文件之间的“水波块”转场效果，并在“效果控件”面板中单击“自定义”按钮，此时会弹出“水波块设置”对话框，设置“水平”为20，“垂直”为3，最后单击“确定”按钮，如图3-34所示。

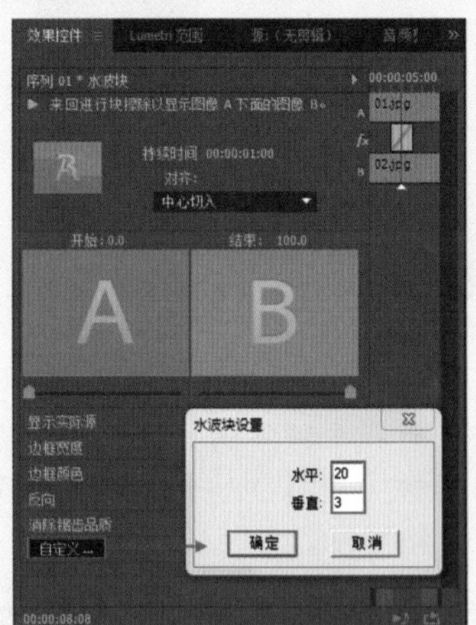

3-34

07 拖动时间滑块查看效果，如图3-35所示。

图3-35

实例036 棋盘效果

文件路径	第 3 章 \ 棋盘效果
难易指数	★★★★★
技术掌握	“棋盘”效果

扫码深度学习

操作思路

本实例讲解了在Premiere Pro中使用“棋盘”效果模拟制作转场动画。

操作步骤

01 在菜单栏中执行“文件”|“新建”|“项目”命令或使用快捷键Ctrl+Alt+N，在弹出的“新建项目”对话框中设置合适的文件名称，单击“位置”右侧的“浏览”按钮，弹出“项目位置”对话框，单击“选择文件夹”按钮，为项目选择合适的路径文件夹。在“新建项目”对话框中单击“创建”按钮，如图3-36所示。

图3-36

02 在“项目”面板空白处单击鼠标右键，在弹出的快捷菜单中执行“新建项目”|“序列”命令。接着在弹出的“新建序列”对话框中选择DV-PAL文件夹下的“标准48kHz”，如图3-37所示。

图3-37

03 在“项目”面板空白处双击，选择所需的“01.jpg”和“02.jpg”素材文件，最后单击“打开”按钮，将它们进行导入，如图3-38所示。

04 选择“项目”面板中的素材文件，并按住鼠标左键将它们拖曳到V1轨道上，如图3-39所示。

图3-38

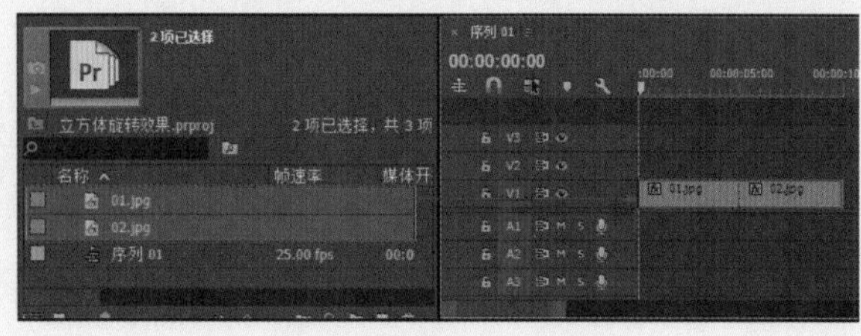

图3-39

05 分别选择V1轨道上的“01.jpg”和“02.jpg”素材文件，并在“效果控件”面板中均设置“缩放”为109.0，如图3-40所示。

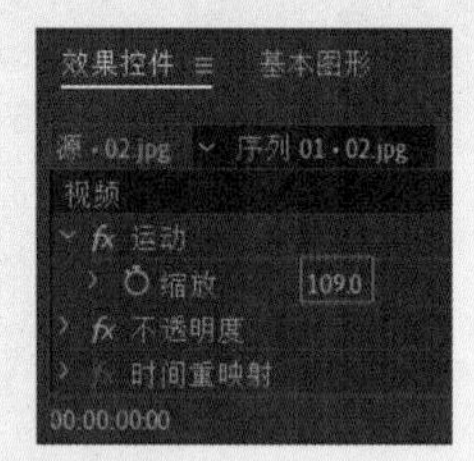

图3-40

06 在“效果”面板中搜索“棋盘”转场效果，并按住鼠标左键将其拖曳到“01.jpg”和“02.jpg”素材文件之间，如图3-41所示。

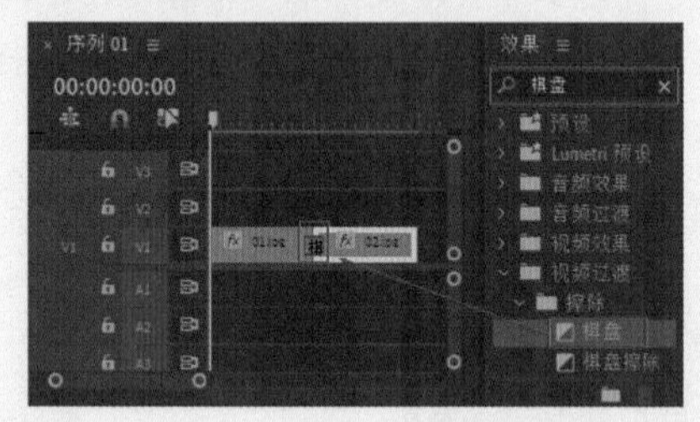

图3-41

07 拖动时间滑块查看效果，如图3-42所示。

图3-42

实例037 菱形划像效果

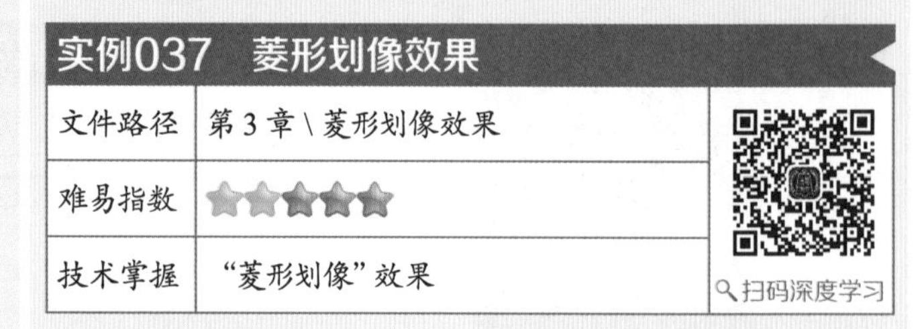

文件路径	第3章\菱形划像效果
难易指数	★★★★★
技术掌握	“菱形划像”效果

扫码深度学习

操作思路

本实例讲解了在Premiere Pro中使用“菱形划像”效果模拟制作转场动画。

操作步骤

01 在菜单栏中执行“文件”|“新建”|“项目”命令或使用快捷键Ctrl+Alt+N，在弹出的“新建项目”对话框中设置合适的文件名称，单击“位置”右侧的“浏览”按钮，弹出“项目位置”对话框，单击“选择文件夹”按钮，为项目选择合适的路径文件夹。在“新建项目”对话框中单击“创建”按钮，如图3-43所示。

图3-43

02 在“项目”面板空白处单击鼠标右键，在弹出的快捷菜单中执行“新建项目”|“序列”命令。接着在弹出的“新建序列”对话框中选择DV-PAL文件夹下的“标准48kHz”，如图3-44所示。

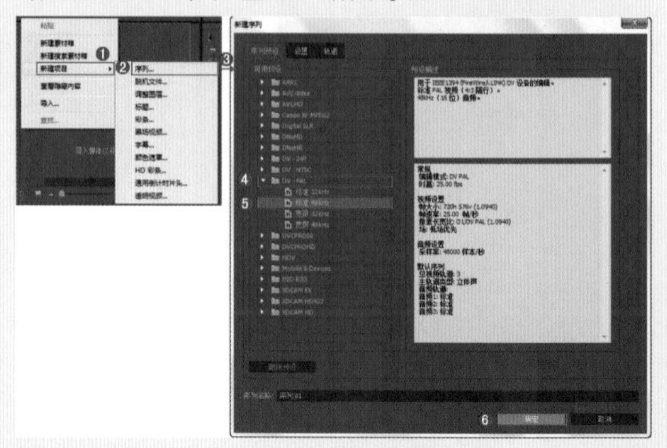

图3-44

03 在“项目”面板空白处双击，选择所需的“01.jpg”～“03.jpg”素材文件，最后单击“打开”按钮，将它们进行导入，如图3-45所示。

图3-45

04 选择“项目”面板中的“01.jpg”和“02.jpg”素材文件，并按住鼠标左键将它们拖曳到V1轨道上，如图3-46所示。

图3-46

05 分别选择V1轨道上的“01.jpg”和“02.jpg”素材文件，并在“效果控件”面板中展开“运动”效果，均设置“缩放”为84.0，如图3-47所示。

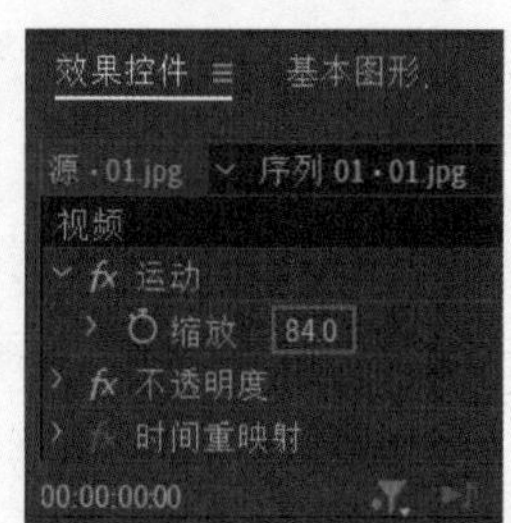

图3-47

06 在“效果”面板中搜索“菱形划像”转场效果，并按住鼠标左键将其拖曳到“01.jpg”和“02.jpg”素材文件之间，如图3-48所示。

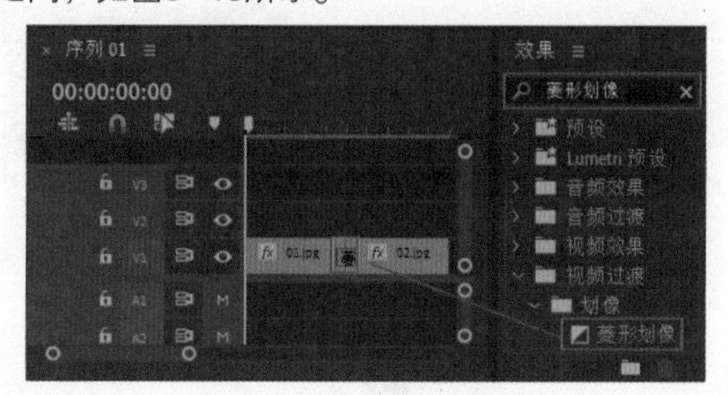

图3-48

07 选择“项目”面板中的“03.jpg”素材文件，按住鼠标左键将其拖曳到V2轨道上，并设置结束帧为4秒10帧，如图3-49所示。

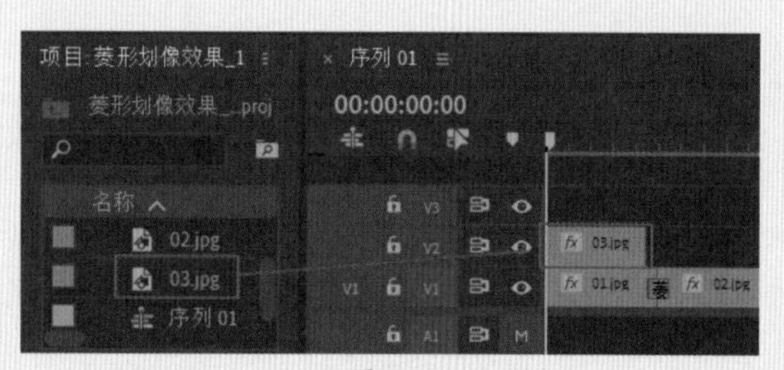

图3-49

08 选择V2轨道上的“03.jpg”素材文件，并将时间滑块拖动到初始位置。在“效果控件”面板中展开“运动”效果，单击“缩放”和“旋转”前面的◙，创建关键帧。设置“缩放”为0.0，“旋转”为0.0；将时间滑块拖动到2秒15帧的位置，设置“旋转”为1x0.0；将时间滑块拖动到4秒05帧的位置，设置“缩放”为50.0、“不透明度”为100.0%；将时间滑块拖动到4秒10帧的位置，设置“缩放”为55.0、“不透明度”为0.0%，如图3-50所示。

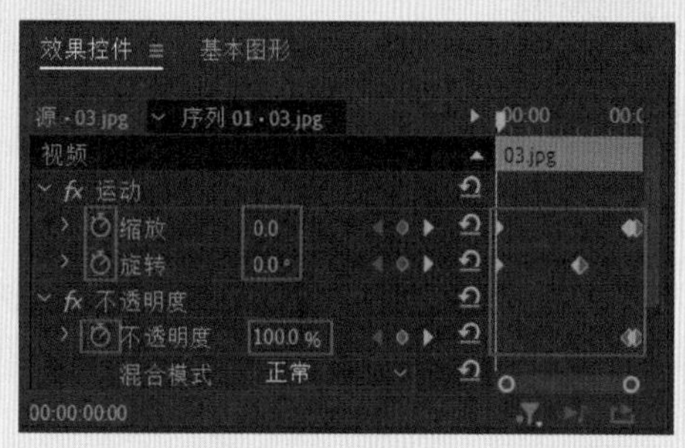

图3-50

09 拖动时间滑块查看效果，如图3-51所示。

图3-51

实例038　立方体旋转效果

文件路径	第3章\立方体旋转效果
难易指数	★★★★★
技术掌握	“立方体旋转”效果

扫码深度学习

操作思路

本实例讲解了在Premiere Pro中使用“立方体旋转”效果模拟制作转场动画。

操作步骤

01 在菜单栏中执行“文件”|“新建”|“项目”命令或使用快捷键Ctrl+Alt+N，在弹出的“新建项目”对话框中设置合适的文件名称，单击“位置”右侧的“浏览”按钮，弹出“项目位置”对话框，单击“选择文件夹”按钮，为项目选择合适的路径文件夹。在“新建项目”对话框中单击“创建”按钮，如图3-52所示。

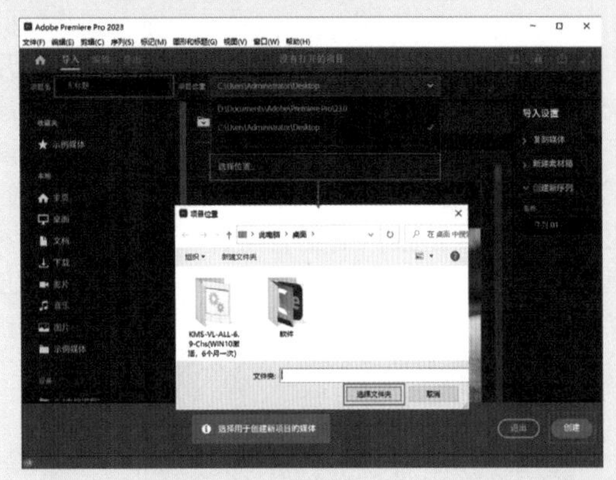
图3-52

02 在“项目”面板空白处单击鼠标右键，在弹出的快捷菜单中执行“新建项目”|“序列”命令。接着在弹出的“新建序列”对话框中选择DV-PAL文件夹下的“标准48kHz”，如图3-53所示。

图3-53

03 在“项目”面板空白处双击，选择所需的“01.jpg”和“02.jpg”素材文件，最后单击“打开”按钮，将它们进行导入，如图3-54所示。

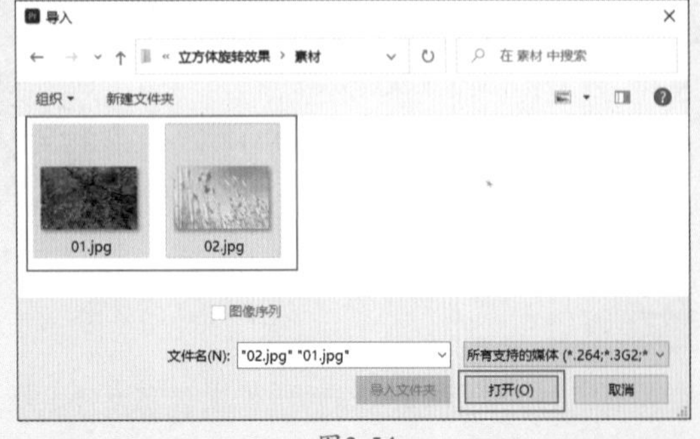

图3-54

04 选择“项目”面板中的素材文件，并按住鼠标左键将它们拖曳到V1轨道上，如图3-55所示。

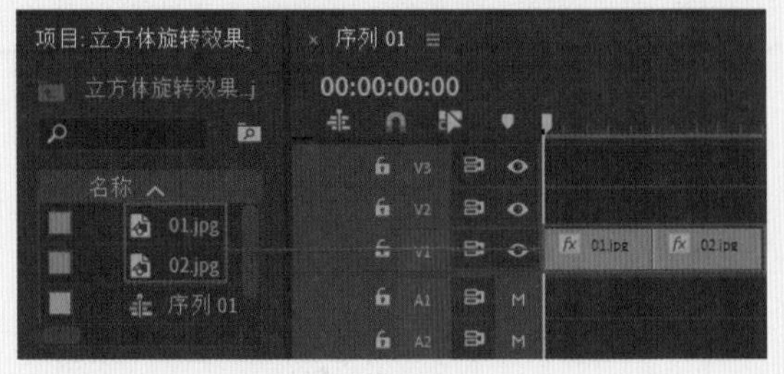

图3-55

05 分别选择V1轨道上的“01.jpg”和“02.jpg”素材文件，并在“效果控件”面板中均设置“缩放”为49.0，如图3-56所示。

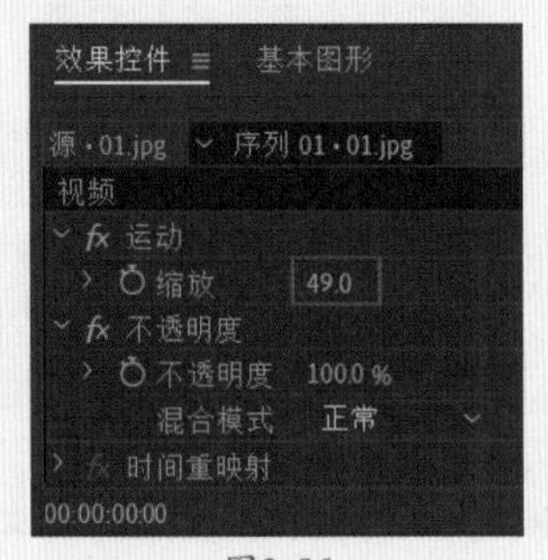

图3-56

06 在“效果”面板中搜索“立方体旋转”转场效果，并按住鼠标左键将其拖曳到“01.jpg”和“02.jpg”素材文件之间，如图3-57所示。

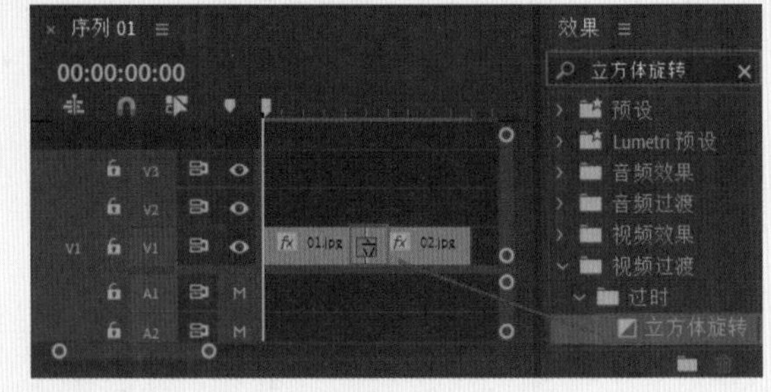

图3-57

07 拖动时间滑块查看效果，如图3-58所示。

图3-58

实例039 胶片溶解效果

文件路径	第 3 章 \ 胶片溶解效果	扫码深度学习
难易指数	★★★★★	
技术掌握	“胶片溶解”效果	

操作思路

本实例讲解了在Premiere Pro中使用“胶片溶解”效果模拟制作转场动画。

操作步骤

01 在菜单栏中执行“文件”|“新建”|“项目”命令或使用快捷键Ctrl+Alt+N，在弹出的“新建项目”对话框中设置合适的文件名称，单击“位置”右侧的“浏览”按钮，弹出“项目位置”对话框，单击“选择文件夹”按钮，为项目选择合适的路径文件夹。在“新建项目”对话框中单击“创建”按钮，如图3-59所示。

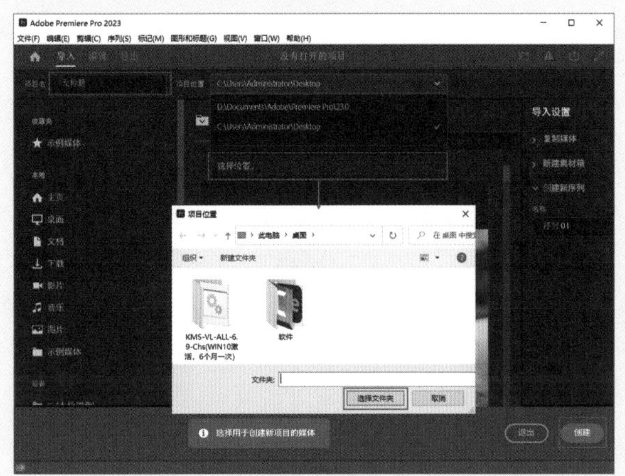

图3-59

02 在“项目”面板空白处单击鼠标右键，在弹出的快捷菜单中执行“新建项目”|“序列”命令。接着在弹出的“新建序列”对话框中选择DV-PAL文件夹下的“标准48kHz”，如图3-60所示。

图3-60

03 在“项目”面板空白处双击，选择所需的“01.jpg”和“02.jpg”素材文件，最后单击“打开”按钮，将它们进行导入，如图3-61所示。

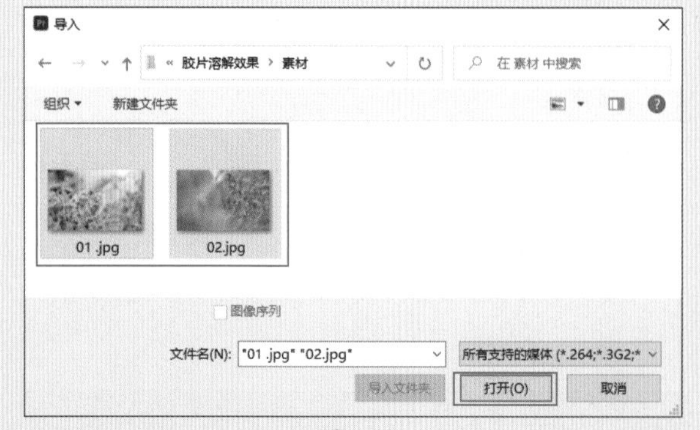

图3-61

04 选择“项目”面板中的素材文件，并按住鼠标左键将它们拖曳到V1轨道上，如图3-62所示。

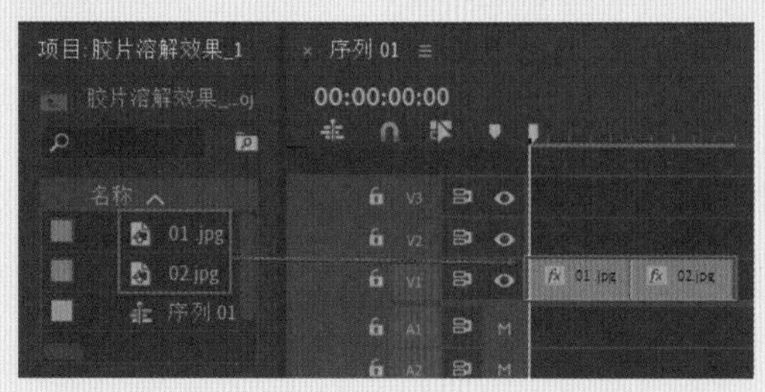

图3-62

05 分别选择V1轨道上的“01.jpg”和“02.jpg”素材文件，并在“效果控件”面板中均设置“缩放”为50.0，如图3-63所示。

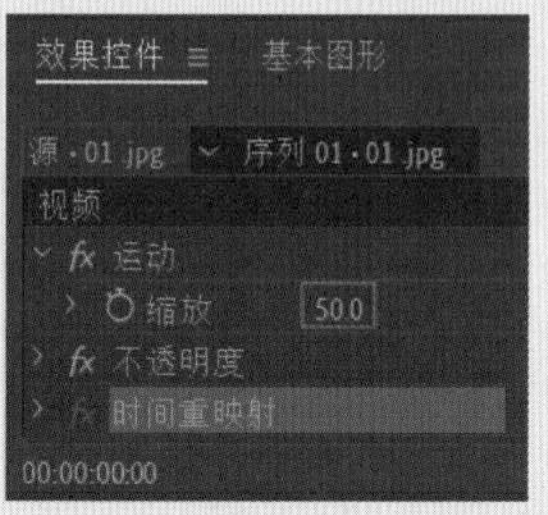

图3-63

06 在“效果”面板中搜索“胶片溶解”转场效果，并按住鼠标左键将其拖曳到“01.jpg”和“02.jpg”素材文件之间，如图3-64所示。

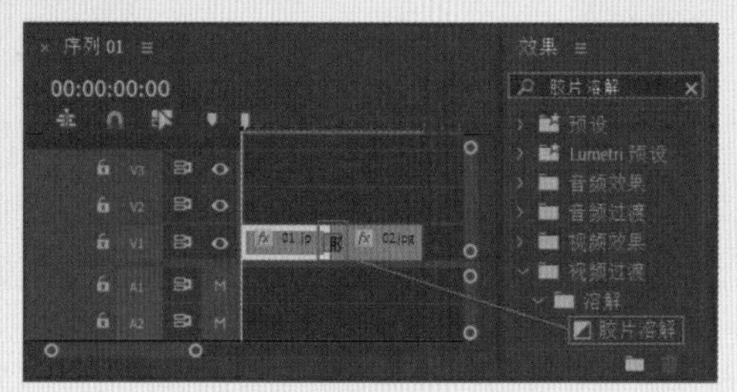

图3-64

07 拖动时间滑块查看效果，如图3-65所示。

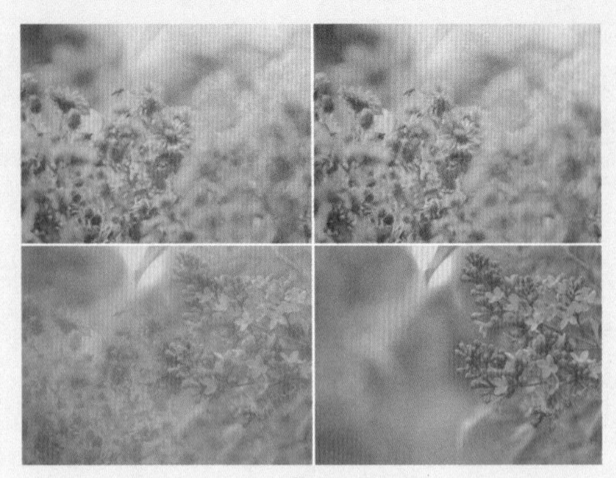

图3-65

实例040　交叉缩放效果

文件路径	第3章\交叉缩放效果
难易指数	★★★★★
技术掌握	“交叉缩放”效果

扫码深度学习

操作思路

本实例讲解了在Premiere Pro中使用“交叉缩放”效果模拟制作转场动画。

操作步骤

01 在菜单栏中执行“文件”|“新建”|“项目”命令或使用快捷键Ctrl+Alt+N，在弹出的“新建项目”对话框中设置合适的文件名称，单击“位置”右侧的“浏览”按钮，弹出“项目位置”对话框，单击“选择文件夹”按钮，为项目选择合适的路径文件夹。在“新建项目”对话框中单击“创建”按钮，如图3-66所示。

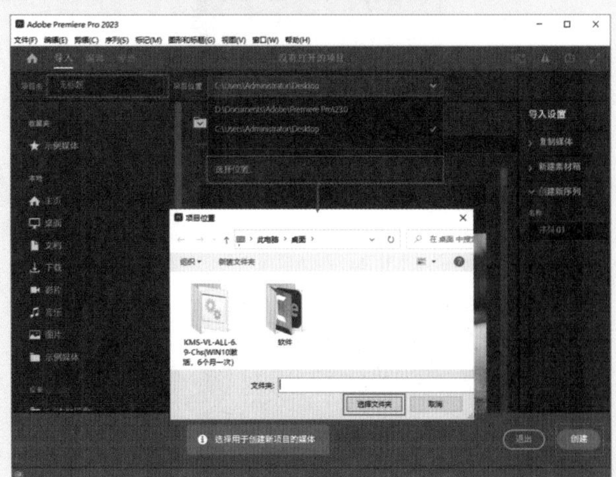

图3-66

02 在“项目”面板空白处单击鼠标右键，在弹出的快捷菜单中执行“新建项目”|“序列”命令。接着在弹出的“新建序列”对话框中选择DV-PAL文件夹下的“标准48kHz”，如图3-67所示。

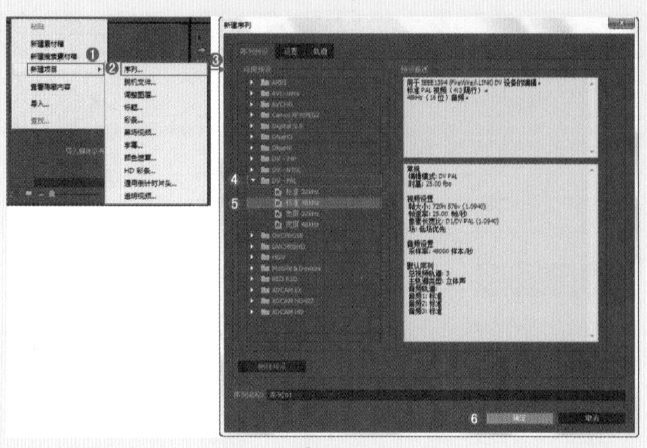

图3-67

03 在“项目”面板空白处双击，选择所需的“01.jpg”和“02.jpg”素材文件，最后单击“打开”按钮，将它们进行导入，如图3-68所示。

图3-68

04 选择“项目”面板中的“01.jpg”和“02.jpg”素材文件，并按住鼠标左键将它们拖曳到V1轨道上，如图3-69所示。

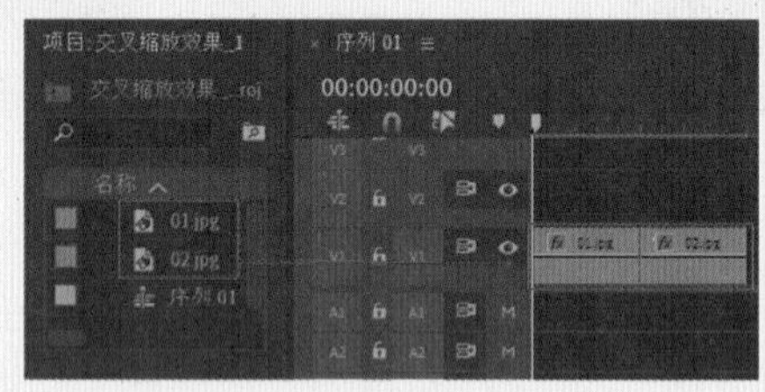

图3-69

05 在“效果”面板中搜索“交叉缩放”转场效果，并按住鼠标左键将其拖曳到“01.jpg”和“02.jpg”素材文件之间，如图3-70所示。

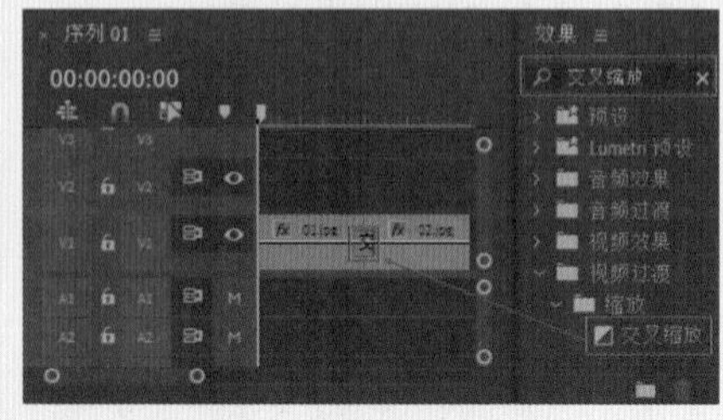

图3-70

06 拖动时间滑块查看效果，如图3-71所示。

图3-71

实例041　黑场过渡效果

文件路径	第 3 章 \ 黑场过渡效果
难易指数	★★★★★
技术掌握	“黑场过渡”效果

扫码深度学习

操作思路

本实例讲解了在Premiere Pro中使用“黑场过渡”效果模拟制作转场动画。

操作步骤

01 在菜单栏中执行“文件”|“新建”|“项目”命令或使用快捷键Ctrl+Alt+N，在弹出的“新建项目”对话框中设置合适的文件名称，单击“位置”右侧的“浏览”按钮，弹出“项目位置”对话框，单击“选择文件夹”按钮，为项目选择合适的路径文件夹。在“新建项目”对话框中单击“创建”按钮，如图3-72所示。

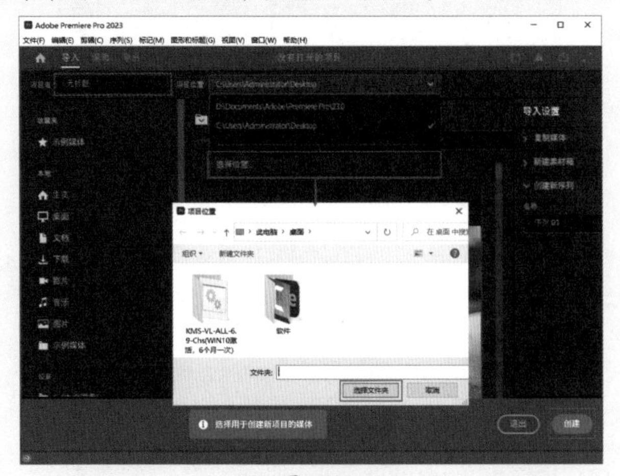

图3-72

02 在“项目”面板空白处单击鼠标右键，在弹出的快捷菜单中执行“新建项目”|“序列”命令。接着在弹出的“新建序列”对话框中选择DV-PAL文件夹下的“标准48kHz”，如图3-73所示。

图3-73

03 在“项目”面板空白处双击，选择所需的“01.jpg”和“02.jpg”素材文件，最后单击“打开”按钮，将它们进行导入，如图3-74所示。

图3-74

04 选择“项目”面板中的“01.jpg”和“02.jpg”素材文件，并按住鼠标左键将它们拖曳到V1轨道上，如图3-75所示。

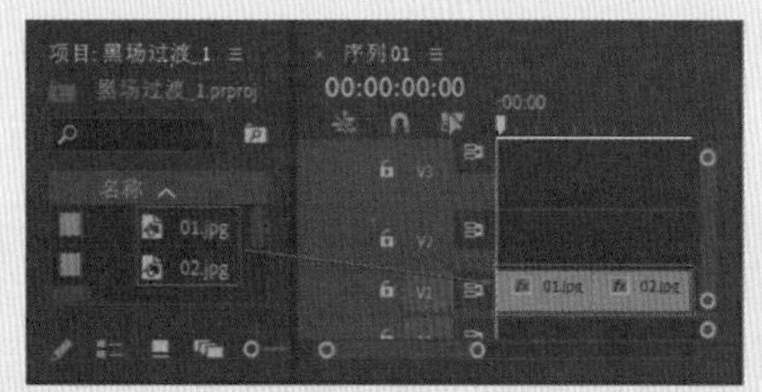

图3-75

05 在“效果”面板中搜索“黑场过渡”转场效果，并按住鼠标左键将其拖曳到“01.jpg”和“02.jpg”素材文件之间，如图3-76所示。

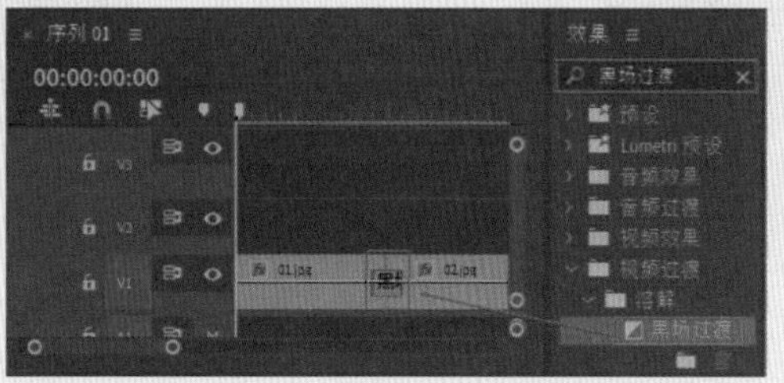

图3-76

06 拖动时间滑块查看效果，如图3-77所示。

图3-77

实例042 白场过渡效果

文件路径	第 3 章 \ 白场过渡效果
难易指数	★★★★★
技术掌握	“白场过渡”效果

扫码深度学习

操作思路

本实例讲解了在Premiere Pro中使用“白场过渡”效果模拟制作转场动画。

操作步骤

01 在菜单栏中执行“文件”|“新建”|“项目”命令或使用快捷键Ctrl+Alt+N，在弹出的“新建项目”对话框中设置合适的文件名称，单击“位置”右侧的“浏览”按钮，弹出“项目位置”对话框，单击“选择文件夹”按钮，为项目选择合适的路径文件夹。在“新建项目”对话框中单击“创建”按钮，如图3-78所示。

图3-78

02 在“项目”面板空白处单击鼠标右键，在弹出的快捷菜单中执行“新建项目”|“序列”命令。接着在弹出的“新建序列”对话框中选择DV-PAL文件夹下的“标准48kHz”，如图3-79所示。

图3-79

03 在“项目”面板空白处双击，选择所需的“01.jpg”和“02.jpg”素材文件，最后单击“打开”按钮，将它们进行导入，如图3-80所示。

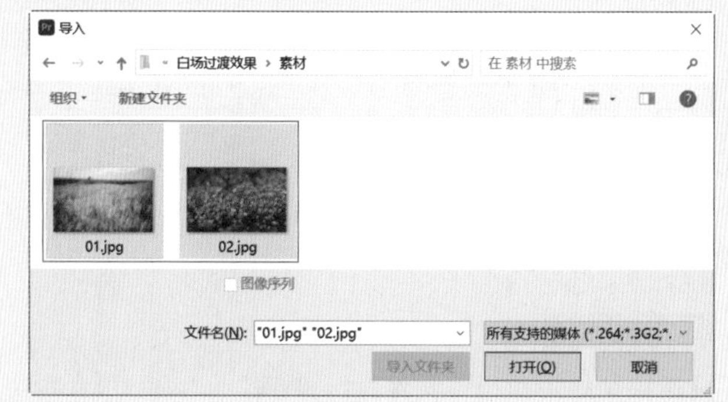

图3-80

04 选择“项目”面板中的“01.jpg”和“02.jpg”素材文件，并按住鼠标左键将它们拖曳到V1轨道上，如图3-81所示。

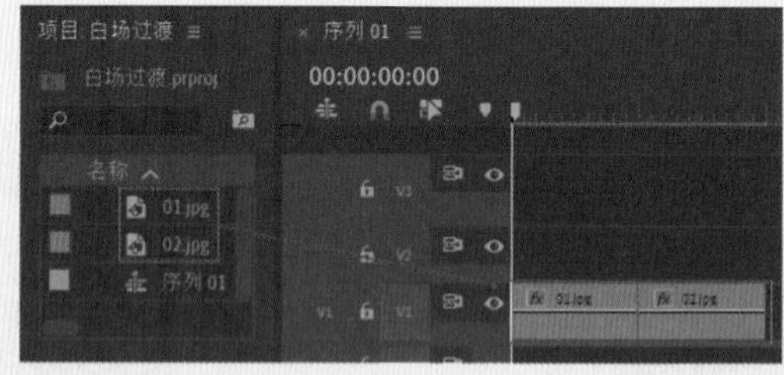

图3-81

05 在“效果”面板中搜索“白场过渡”转场效果，并按住鼠标左键将其拖曳到“01.jpg”和“02.jpg”素材文件之间，如图3-82所示。

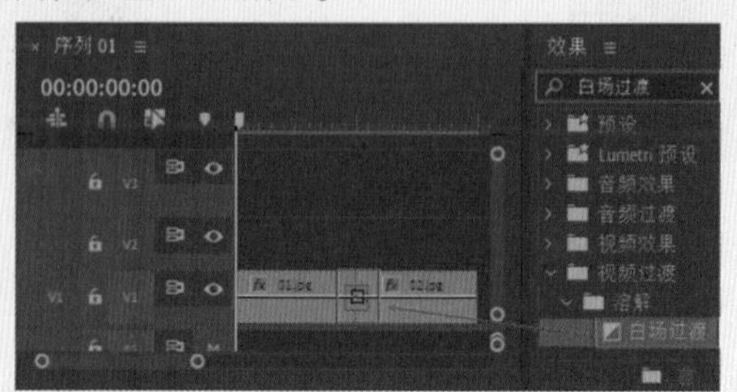

图3-82

06 拖动时间滑块查看效果，如图3-83所示。

图3-83

实例043　渐变擦除效果

文件路径	第3章\渐变擦除效果	扫码深度学习
难易指数	★★★★★	
技术掌握	“渐变擦除”效果	

操作思路

本实例讲解了在Premiere Pro中使用“渐变擦除”效果模拟制作转场动画。

操作步骤

01 在菜单栏中执行“文件”|“新建”|“项目”命令或使用快捷键Ctrl+Alt+N，在弹出的“新建项目”对话框中设置合适的文件名称，单击“位置”右侧的“浏览”按钮，弹出“项目位置”对话框，单击“选择文件夹”按钮，为项目选择合适的路径文件夹。在“新建项目”对话框中单击“创建”按钮，如图3-84所示。

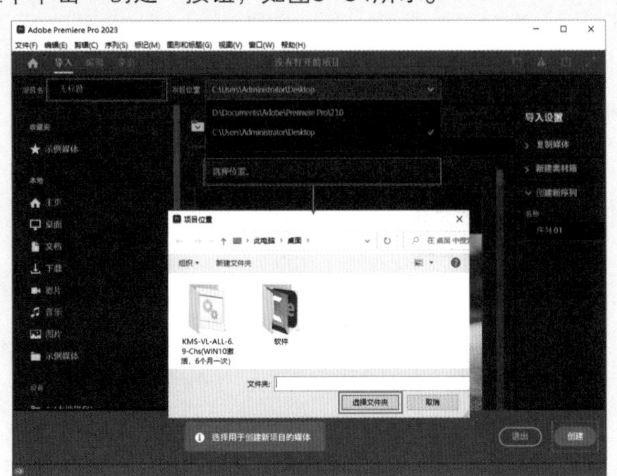

图3-84

02 在“项目”面板空白处单击鼠标右键，在弹出的快捷菜单中执行“新建项目”|“序列”命令。接着在弹出的“新建序列”对话框中选择DV-PAL文件夹下的“标准48kHz”，如图3-85所示。

图3-85

03 在“项目”面板空白处双击，选择所需的“01.jpg”和“02.jpg”素材文件，最后单击“打开”按钮，将它们进行导入，如图3-86所示。

图3-86

04 选择“项目”面板中的“01.jpg”和“02.jpg”素材文件，并按住鼠标左键将它们拖曳到V1轨道上，如图3-87所示。

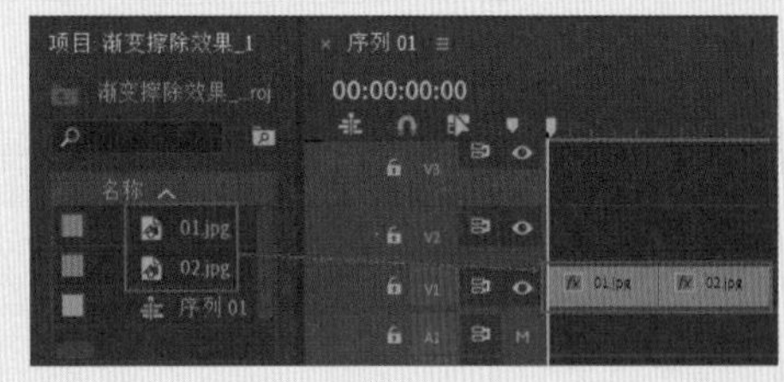

图3-87

05 在“效果”面板中搜索“渐变擦除”转场效果，并按住鼠标左键将其拖曳到“01.jpg”和“02.jpg”素材文件之间，如图3-88所示。

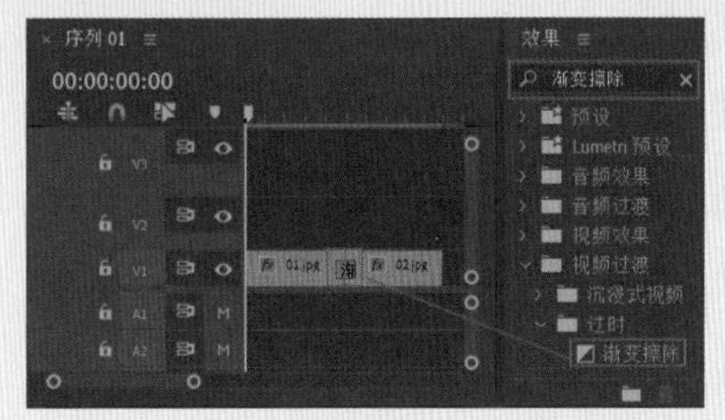

图3-88

06 选择V1轨道上"01.jpg"和"02.jpg"素材文件之间的"渐变擦除"转场效果，在"效果控件"面板中单击"自定义"按钮，此时会弹出"渐变擦除设置"对话框，设置"柔和度"为127，最后单击"确定"按钮，如图3-89所示。

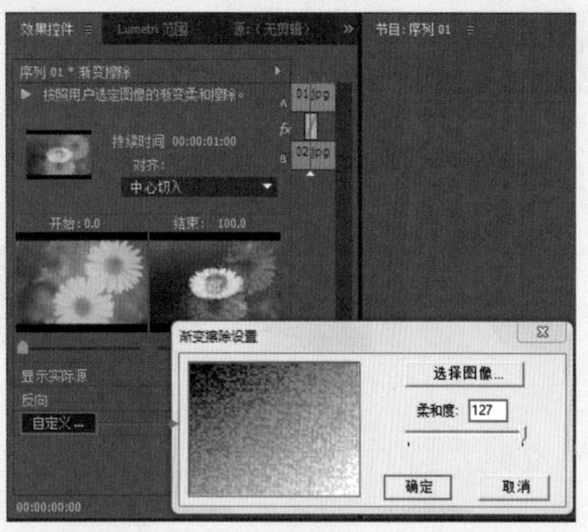

图3-89

07 拖动时间滑块查看效果，如图3-90所示。

图3-90

实例044 内滑效果

文件路径	第3章\内滑效果
难易指数	★★★★★
技术掌握	"内滑"效果

扫码深度学习

操作思路

本实例讲解了在Premiere Pro中使用"内滑"效果模拟制作转场动画。

操作步骤

01 在菜单栏中执行"文件"|"新建"|"项目"命令或使用快捷键Ctrl+Alt+N，在弹出的"新建项目"对话框中设置合适的文件名称，单击"位置"右侧的"浏览"按钮，弹出"项目位置"对话框，单击"选择文件夹"按钮，为项目选择合适的路径文件夹。在"新建项目"对话框中单击"创建"按钮，如图3-91所示。

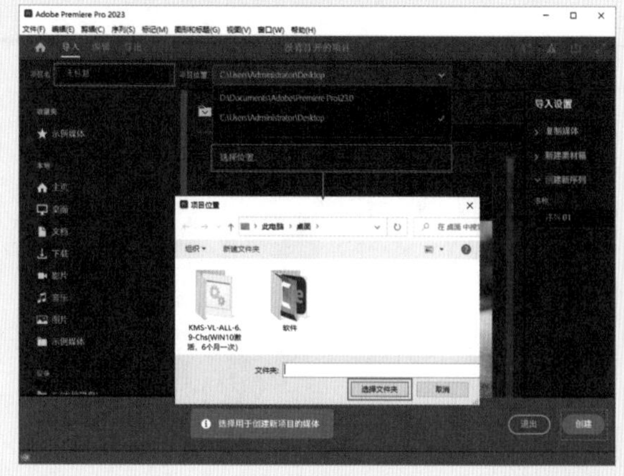
图3-91

02 在"项目"面板空白处单击鼠标右键，在弹出的快捷菜单中执行"新建项目"|"序列"命令。接着在弹出的"新建序列"对话框中选择DV-PAL文件夹下的"标准48kHz"，如图3-92所示。

图3-92

03 在"项目"面板空白处双击，选择所需的"01.jpg"和"02.jpg"素材文件，最后单击"打开"按钮，将它们进行导入，如图3-93所示。

图3-93

04 选择"项目"面板中的"01.jpg"和"02.jpg"素材文件，并按住鼠标左键将它们拖曳到V1轨道上，如图3-94所示。

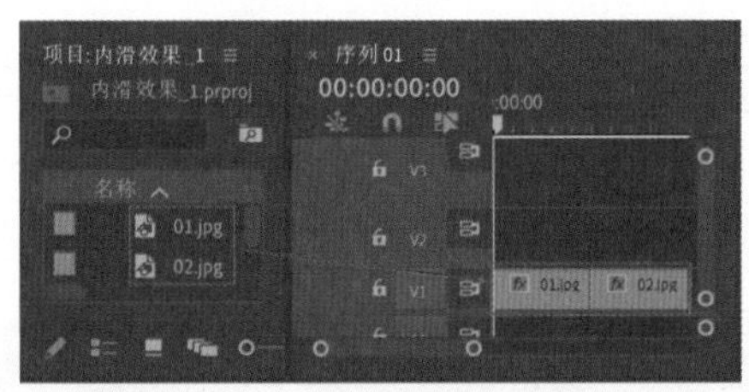

图3-94

05 在“效果”面板中搜索“内滑”转场效果，并按住鼠标左键将其拖曳到“01.jpg”和“02.jpg”素材文件之间，如图3-95所示。

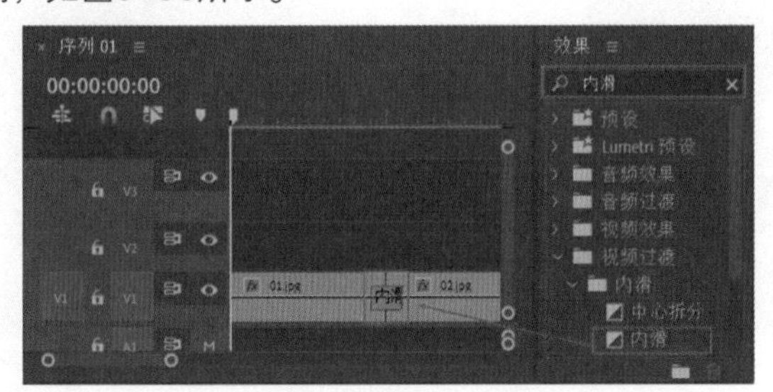

图3-95

06 拖动时间滑块查看效果，如图3-96所示。

图3-96

实例045 划出效果

文件路径	第3章\划出效果
难易指数	★★★★★
技术掌握	“划出”效果

扫码深度学习

操作思路

本实例讲解了在Premiere Pro中使用“划出”效果模拟制作转场动画。

操作步骤

01 在菜单栏中执行“文件”|“新建”|“项目”命令或使用快捷键Ctrl+Alt+N，在弹出的“新建项目”对话框中设置合适的文件名称，单击“位置”右侧的“浏览”按钮，弹出“项目位置”对话框，单击“选择文件夹”按钮，为项目选择合适的路径文件夹。在“新建项目”对话框中单击“创建”按钮，如图3-97所示。

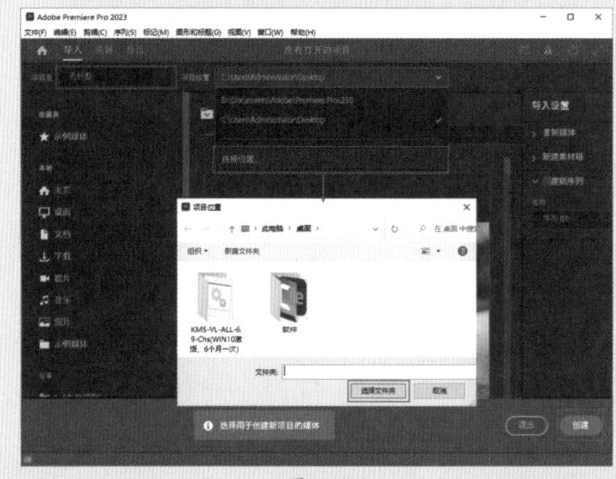

图3-97

02 在“项目”面板空白处单击鼠标右键，在弹出的快捷菜单中执行“新建项目”|“序列”命令。接着在弹出的“新建序列”对话框中选择DV-PAL文件夹下的“标准48kHz”，如图3-98所示。

图3-98

03 在“项目”面板空白处双击，选择所需的“01.jpg”和“02.jpg”素材文件，最后单击“打开”按钮，将它们进行导入，如图3-99所示。

图3-99

04 选择“项目”面板中的“01.jpg”和“02.jpg”素材文件，并按住鼠标左键将它们拖曳到V1轨道上，如图3-100所示。

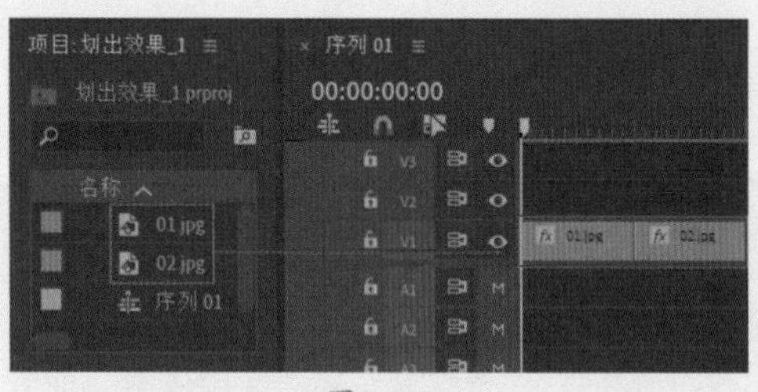

图3-100

05 分别选择V1轨道上的“01.jpg”和“02.jpg”素材文件，并在“效果控件”面板中均设置“缩放”为110.0，如图3-101所示。

06 在“效果”面板中搜索“划出”转场效果，并按住鼠标左键将其拖曳到“01.jpg”和“02.jpg”素材文件之间，如图3-102所示。

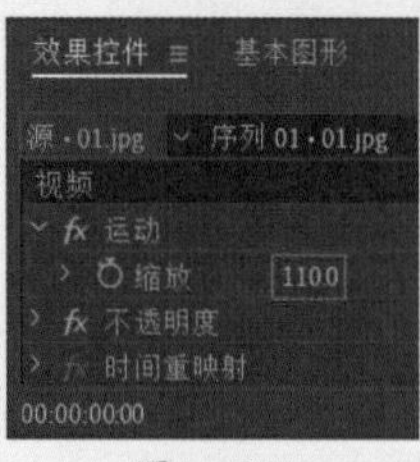

图3-101

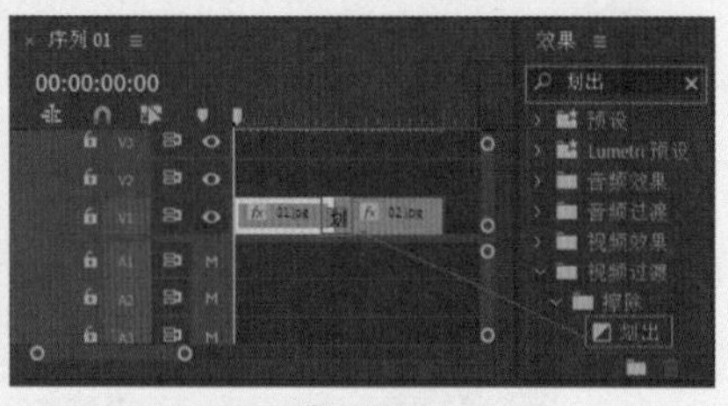

图3-102

07 拖动时间滑块查看效果，如图3-103所示。

图3-103

实例046　风车效果

文件路径	第 3 章 \ 风车效果
难易指数	★★★★★
技术掌握	“风车”效果

扫码深度学习

操作思路

本实例讲解了在Premiere Pro中使用“风车”效果模拟制作转场动画。

操作步骤

01 在菜单栏中执行“文件”|“新建”|“项目”命令或使用快捷键Ctrl+Alt+N，在弹出的“新建项目”对话框中设置合适的文件名称，单击“位置”右侧的“浏览”按钮，弹出“项目位置”对话框，单击“选择文件夹”按钮，为项目选择合适的路径文件夹。在“新建项目”对话框中单击“创建”按钮，如图3-104所示。

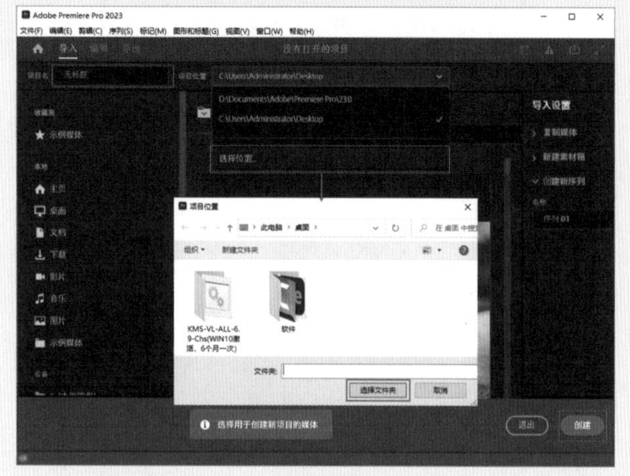

图3-104

02 在“项目”面板空白处单击鼠标右键，在弹出的快捷菜单中执行“新建项目”|“序列”命令。接着在弹出的“新建序列”对话框中选择DV-PAL文件夹下的“标准48kHz”，如图3-105所示。

图3-105

03 在“项目”面板空白处双击，选择所需的“01.jpg”和“02.jpg”素材文件，最后单击“打开”按钮，将它们进行导入，如图3-106所示。

图3-106

04 选择“项目”面板中的素材文件，并按住鼠标左键将它们拖曳到V1轨道上，如图3-107所示。

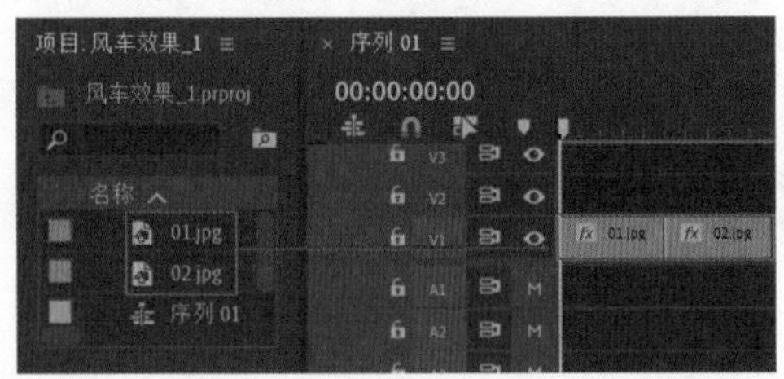

图3-107

05 分别选择V1轨道上的“01.jpg”和“02.jpg”素材文件，并在“效果控件”面板中分别设置“缩放”为111.0和105.0，如图3-108所示。

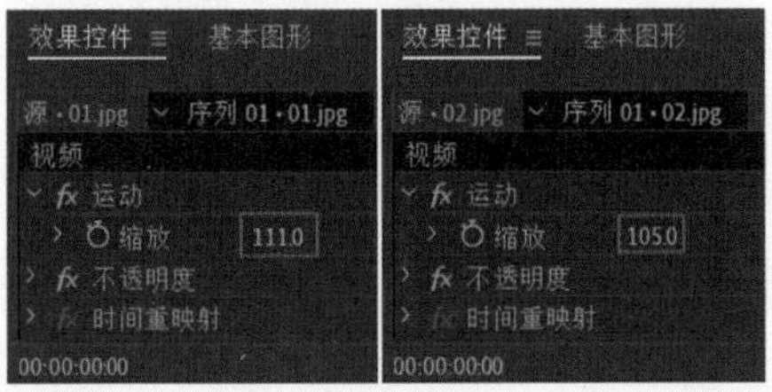

图3-108

06 在“效果”面板中搜索“风车”转场效果，并按住鼠标左键将其拖曳到“01.jpg”和“02.jpg”素材文件之间，如图3-109所示。

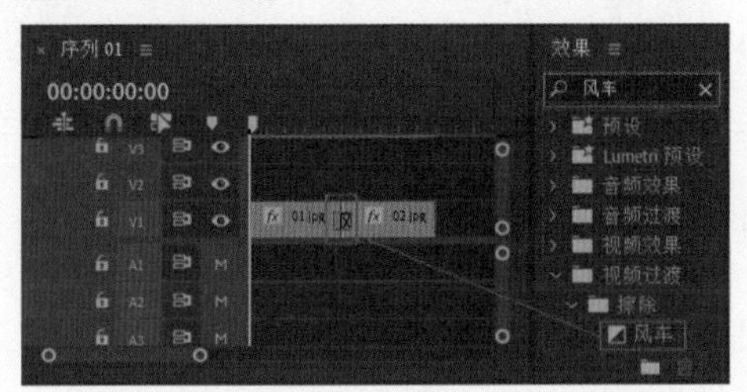

图3-109

提示

调节楔形数量

单击两个素材文件之间的“风车”转场效果，在“效果控件”面板中会显现“风车”效果的参数设置，再单击“自定义”按钮，此时会弹出“风车设置”对话框，即可设置“楔形数量”，如图3-110所示。查看效果如图3-111所示。

图3-110

图3-111

07 拖动时间滑块查看效果，如图3-112所示。

图3-112

实例047　翻页效果

文件路径	第3章\翻页效果	扫码深度学习
难易指数	★★★★★	
技术掌握	“翻页”效果	

操作思路

本实例讲解了在Premiere Pro中使用“翻页”效果模拟制作转场动画。

操作步骤

01 在菜单栏中执行“文件”|“新建”|“项目”命令或使用快捷键Ctrl+Alt+N，在弹出的“新建项目”对话框中设置合适的文件名称，单击“位置”右侧的“浏览”按钮，弹出“项目位置”对话框，单击“选择文件夹”按钮，为项目选择合适的路径文件夹。在“新建项目”对话框中单击“创建”按钮，如图3-113所示。

02 在“项目”面板空白处单击鼠标右键，在弹出的快捷菜单中执行“新建项目”|“序列”命令。接着在弹出的“新建序列”对话框中选择DV-PAL文件夹下的“标准48kHz”，如图3-114所示。

03 在“项目”面板空白处双击，选择所需的“01.jpg”和“02.jpg”素材文件，最后单击“打开”按钮，将它们进行导入，如图3-115所示。

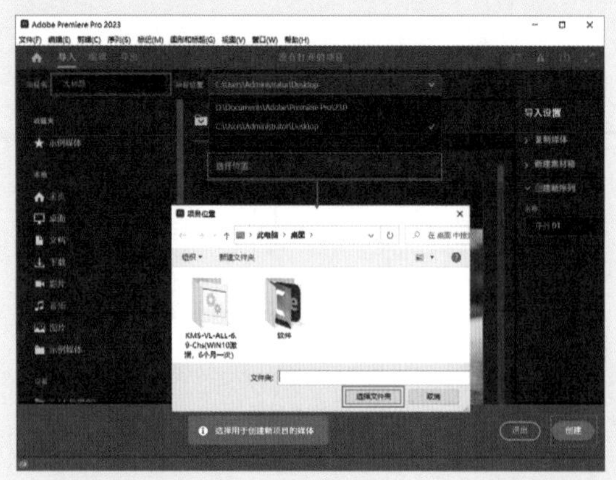

图3-113

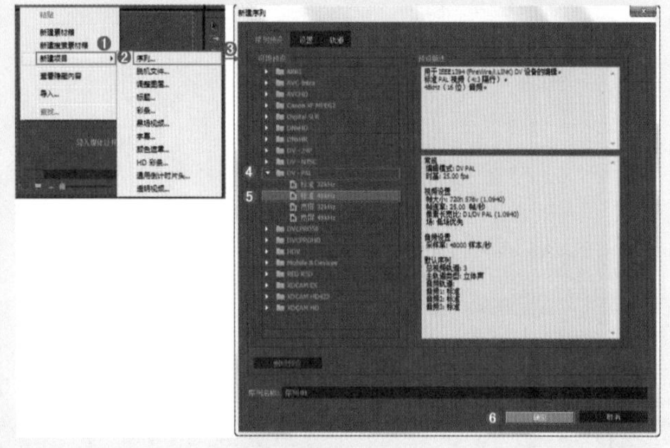

图3-114

图3-115

04选择“项目”面板中的素材文件，并按住鼠标左键将它们拖曳到V1轨道上，如图3-116所示。

图3-116

05选择V1轨道上的“02.jpg”素材文件，并在“效果控件”面板中设置“缩放”为79.0，如图3-117所示。

06在“效果”面板中搜索“翻页”转场效果，并按住鼠标左键将其拖曳到“01.jpg”和“02.jpg”素材文件之间，如图3-118所示。

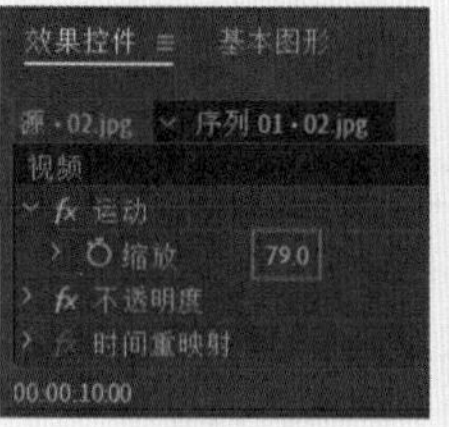

图3-117

图3-118

07拖动时间滑块查看效果，如图3-119所示。

图3-119

实例048　带状擦除效果

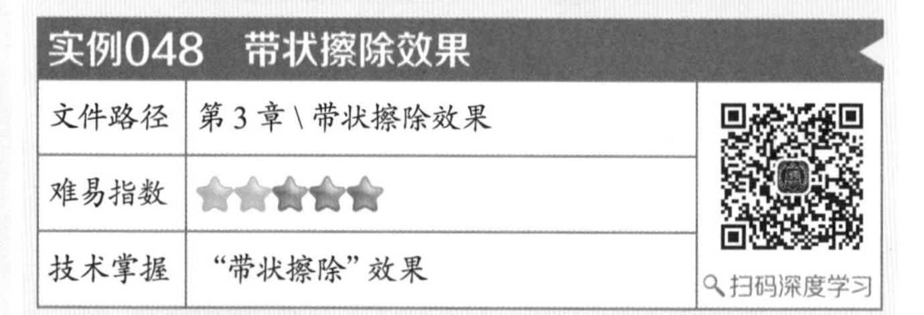

文件路径	第 3 章 \ 带状擦除效果
难易指数	★★★★★
技术掌握	“带状擦除”效果

扫码深度学习

操作思路

本实例讲解了在Premiere Pro中使用“带状擦除”效果模拟制作转场动画。

操作步骤

01在菜单栏中执行“文件”|“新建”|“项目”命令或使用快捷键Ctrl+Alt+N，在弹出的“新建项目”对话框中设置合适的文件名称，单击“位置”右侧的“浏览”按钮，弹出“项目位置”对话框，单击“选择文件夹”按钮，为项目选择合适的路径文件夹。在“新建项目”对话框中单击“创建”按钮，如图3-120所示。

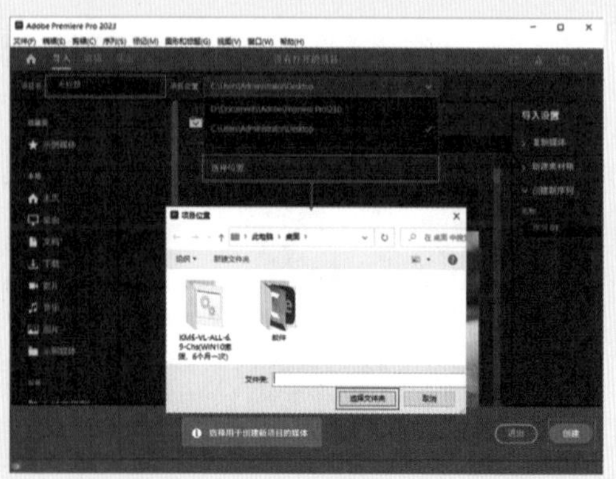

图3-120

02 在“项目”面板空白处单击鼠标右键，在弹出的快捷菜单中执行“新建项目”|“序列”命令。接着在弹出的“新建序列”对话框中选择DV-PAL文件夹下的“标准48kHz”，如图3-121所示。

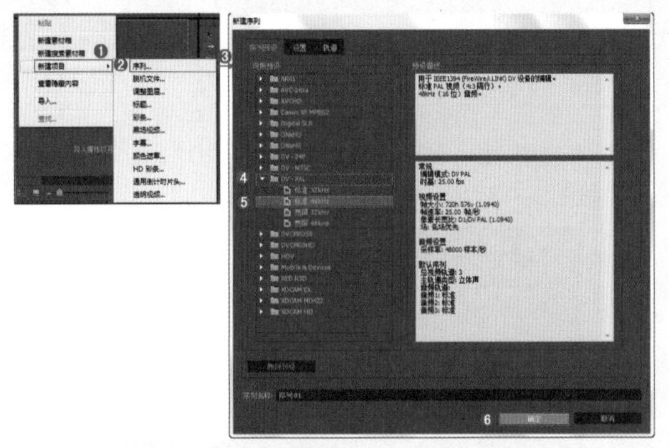

图3-121

03 在“项目”面板空白处双击，选择所需的“01.jpg”和“02.jpg”素材文件，最后单击“打开”按钮，将它们进行导入，如图3-122所示。

图3-122

04 选择“项目”面板中的素材文件，并按住鼠标左键将它们拖曳到V1轨道上，如图3-123所示。

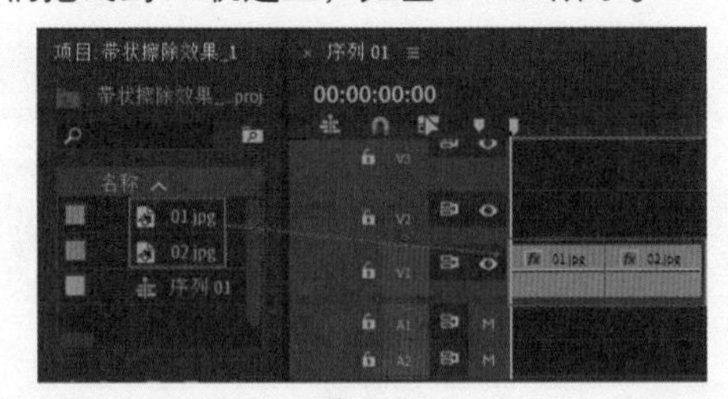

图3-123

05 在“效果”面板中搜索“带状擦除”转场效果，并按住鼠标左键将其拖曳到“01.jpg”和“02.jpg”素材文件之间，如图3-124所示。

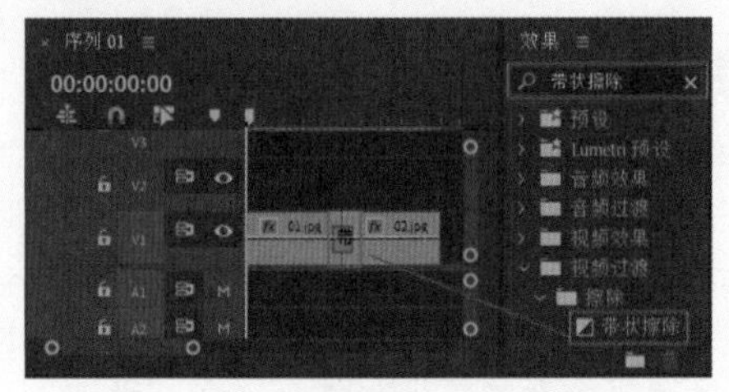

图3-124

06 选择V1轨道上“01.jpg”和“02.jpg”素材文件之间的“带状擦除”转场效果，并拖动“效果控件”面板中A下面的滑块，单击“自定义”按钮，此时会弹出“带状擦除设置”对话框，设置“带数量”为30，最后单击“确定”按钮，如图3-125所示。

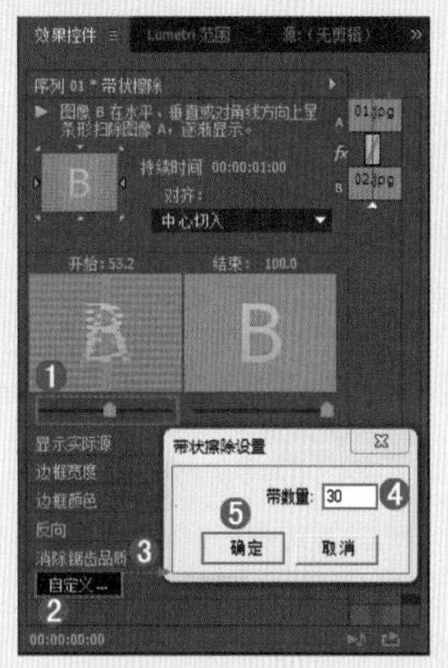

图3-125

07 拖动时间滑块查看效果，如图3-126所示。

图3-126

实例049 拆分效果

文件路径	第3章\拆分效果
难易指数	★★★★★
技术掌握	“拆分”效果

扫码深度学习

操作思路

本实例讲解了在Premiere Pro中使用“拆分”效果模拟制作转场动画。

操作步骤

01 在菜单栏中执行“文件”|“新建”|“项目”命令或使用快捷键Ctrl+Alt+N，在弹出的“新建项目”对话框中设置合适的文件名称，单击“位置”右侧的“浏览”按钮，弹出“项目位置”对话框，单击“选择文件夹”按钮，为项目选择合适的路径文件夹。在“新建项目”对话框

框中单击“创建”按钮，如图3-127所示。

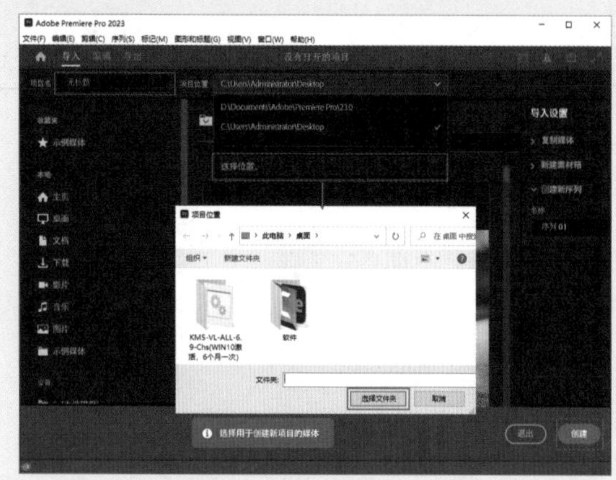

图3-127

02 在“项目”面板空白处单击鼠标右键，在弹出的快捷菜单中执行“新建项目”|“序列”命令。接着在弹出的“新建序列”对话框中选择DV-PAL文件夹下的“标准48kHz”，如图3-128所示。

图3-128

03 在“项目”面板空白处双击，选择所需的“01.jpg”和“02.jpg”素材文件，最后单击“打开”按钮，将它们进行导入，如图3-129所示。

图3-129

04 选择“项目”面板中的素材文件，并按住鼠标左键将它们拖曳到V1轨道上，如图3-130所示。

05 选择V1轨道上的“01.jpg”素材文件，在“效果控件”面板中展开“运动”效果，设置“缩放”为109.0，如图3-131所示。

图3-130　　图3-131

06 在“效果”面板中搜索“拆分”转场效果，并按住鼠标左键将其拖曳到“01.jpg”和“02.jpg”素材文件之间，如图3-132所示。

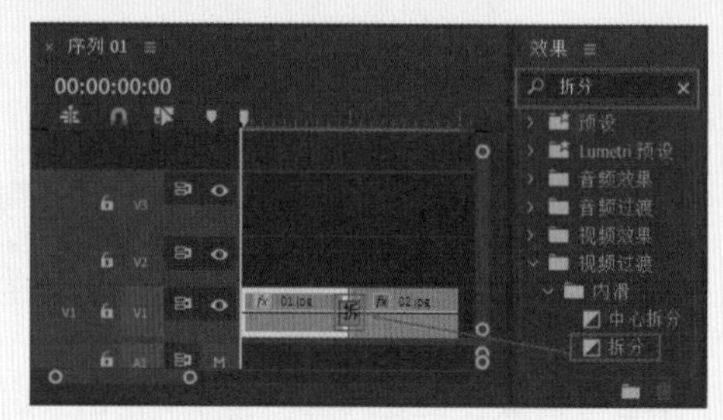

图3-132

07 拖动时间滑块查看效果，如图3-133所示。

图3-133

实例050　百叶窗效果

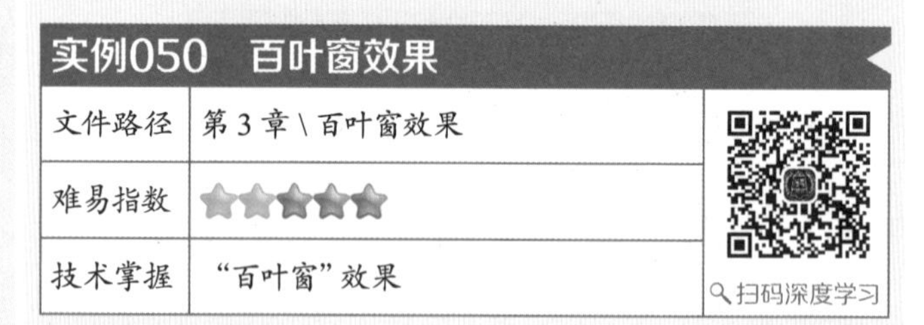

文件路径	第3章\百叶窗效果
难易指数	★★★★★
技术掌握	“百叶窗”效果

扫码深度学习

操作思路

本实例讲解了在Premiere Pro中使用“百叶窗”效果模拟制作转场动画。

操作步骤

01 在菜单栏中执行“文件”|“新建”|“项目”命令或使用快捷键Ctrl+Alt+N，在弹出的“新建项目”对话框中设置合适的文件名称，单击“位置”右侧的“浏览”按钮，弹出“项目位置”对话框，单击“选择文件夹”按钮，为项目选择合适的路径文件夹。在“新建项目”对话

框中单击“创建”按钮，如图3-134所示。

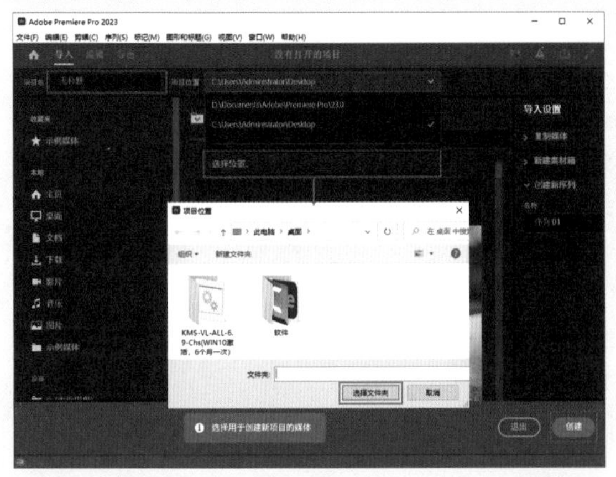

图3-134

02 在“项目”面板空白处单击鼠标右键，在弹出的快捷菜单中执行“新建项目”|“序列”命令。接着在弹出的“新建序列”对话框中选择DV-PAL文件夹下的“标准48kHz”，如图3-135所示。

图3-135

03 在“项目”面板空白处双击，选择所需的“01.jpg”和“02.jpg”素材文件，最后单击“打开”按钮，将它们进行导入，如图3-136所示。

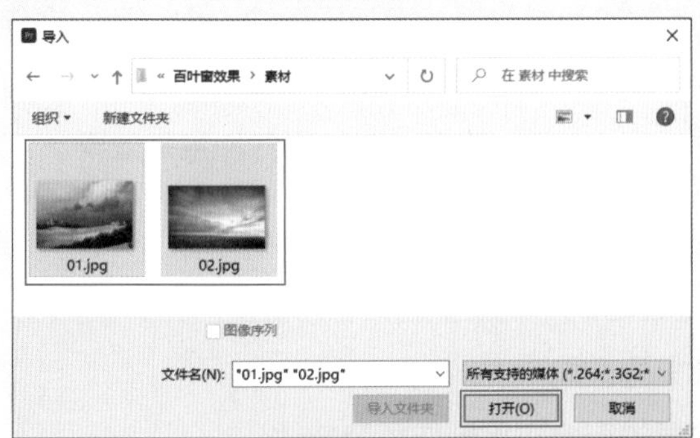

图3-136

04 选择“项目”面板中的素材文件，并按住鼠标左键将它们拖曳到V1轨道上，如图3-137所示。

05 选择V1轨道上的“02.jpg”素材文件，并在“效果控件”面板中设置“缩放”为79.0，如图3-138所示。

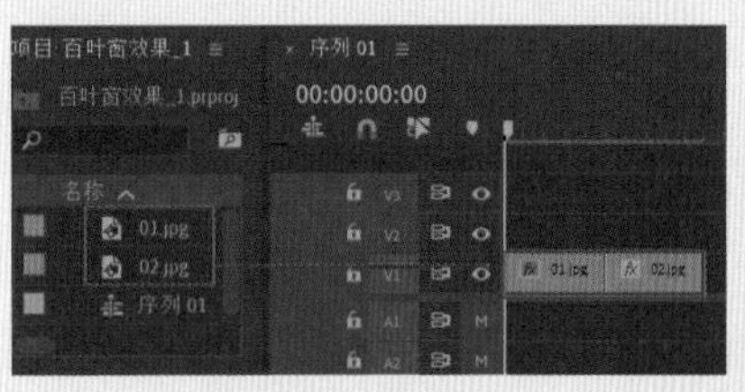

图3-137　图3-138

06 在“效果”面板中搜索“百叶窗”转场效果，并按住鼠标左键将其拖曳到“01.jpg”和“02.jpg”素材文件之间，如图3-139所示。

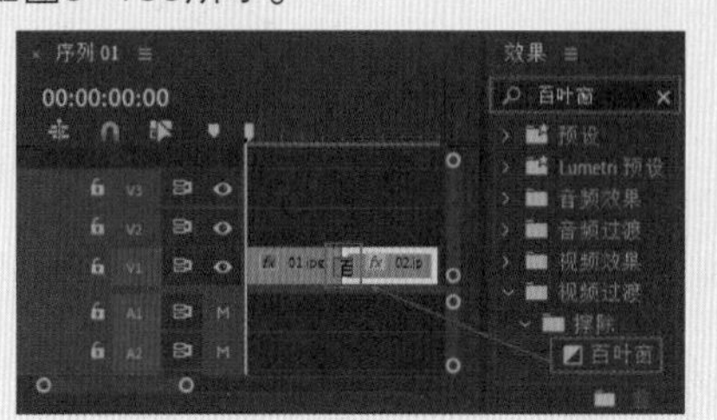

图3-139

提示

如何调节百叶窗带数量

单击两个素材文件之间的“百叶窗”转场效果，在“效果控件”面板中会显现出“百叶窗”效果的参数设置。单击“自定义”按钮，此时会弹出“百叶窗设置”对话框，即可设置“带数量”，如图3-140所示。

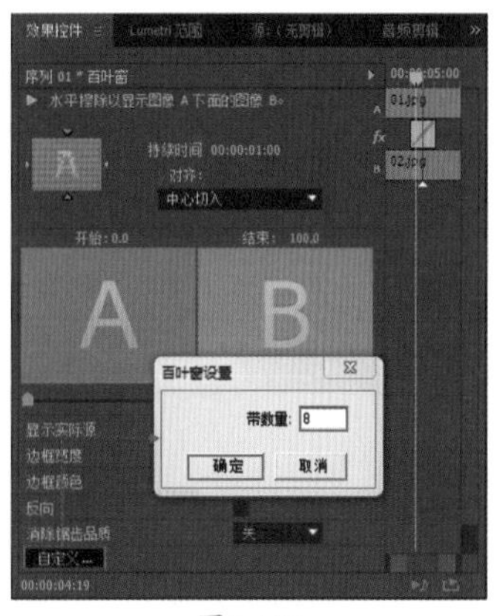

图3-140

07 拖动时间滑块查看效果，如图3-141所示。

图3-141

第4章

视频特效应用

本章概述

在Premiere Pro中内置了很多视频效果。视频效果可以单独使用，也可以与其他效果一起使用。使用各种视频特效可以使作品产生丰富的视觉效果，增加画面冲击力。在影视作品中，使用视频特效可以突出作品的主题和情感。熟练掌握应用各种视频特效，可以方便、快捷地制作出各种特殊效果。

本章重点

- 常用视频效果的应用
- 利用视频效果的综合应用制作复杂特效

实例051 版画效果

文件路径	第 4 章 \ 版画效果
难易指数	★★★★★
技术掌握	Threshold 效果

扫码深度学习

操作思路

本实例讲解了在Premiere Pro中使用Threshold效果模拟制作版画效果。

操作步骤

01 在菜单栏中执行“文件”|“新建”|“项目”命令或使用快捷键Ctrl+Alt+N，在弹出的“新建项目”对话框中设置合适的文件名称，单击“位置”右侧的“浏览”按钮，弹出“项目位置”对话框，单击“选择文件夹”按钮，为项目选择合适的路径文件夹。在“新建项目”对话框中单击“创建”按钮，如图4-1所示。

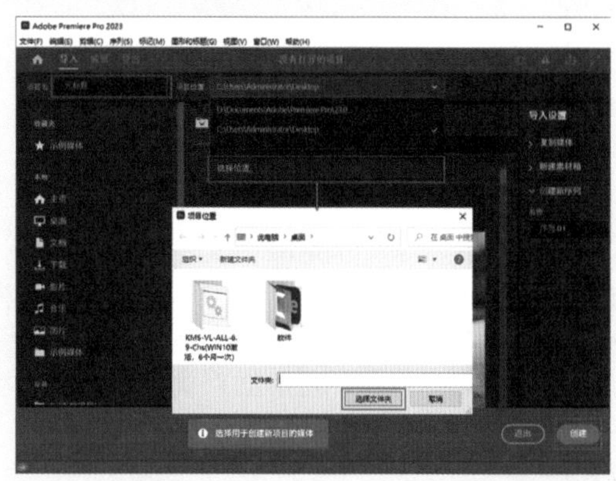

图4-1

02 在“项目”面板空白处单击鼠标右键，在弹出的快捷菜单中执行“新建项目”|“序列”命令。接着在弹出的“新建序列”对话框中选择DV-PAL文件夹下的“标准48kHz”，如图4-2所示。

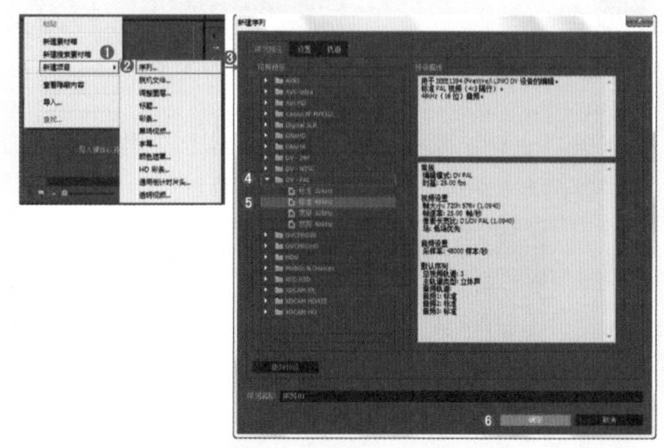

图4-2

03 在“项目”面板空白处双击，选择所需的“01.jpg”素材文件，最后单击“打开”按钮，将其进行导入，如图4-3所示。

图4-3

04 选择“项目”面板中的“01.jpg”素材文件，并按住鼠标左键将其拖曳到V1轨道上，如图4-4所示。

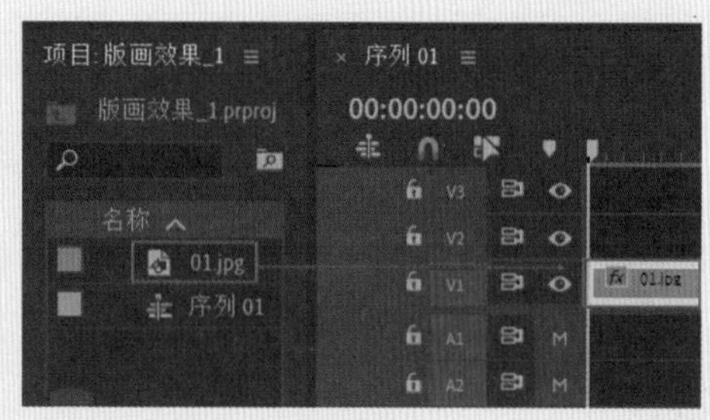

图4-4

05 在“效果”面板中搜索Threshold效果，并按住鼠标左键将其拖曳到“01.jpg”素材文件上，如图4-5所示。

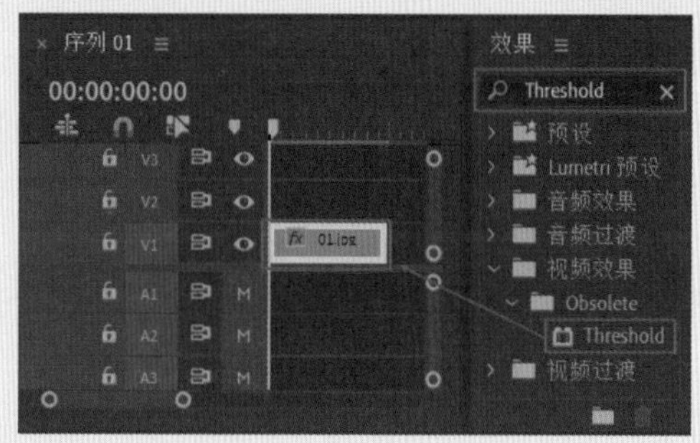

图4-5

06 选择V1轨道上的“01.jpg”素材文件，在“效果控件”面板中展开“不透明度”效果，设置“不透明度”为90.0%，接着展开Threshold效果，再展开“级别”，适当拖动滑块，如图4-6所示。

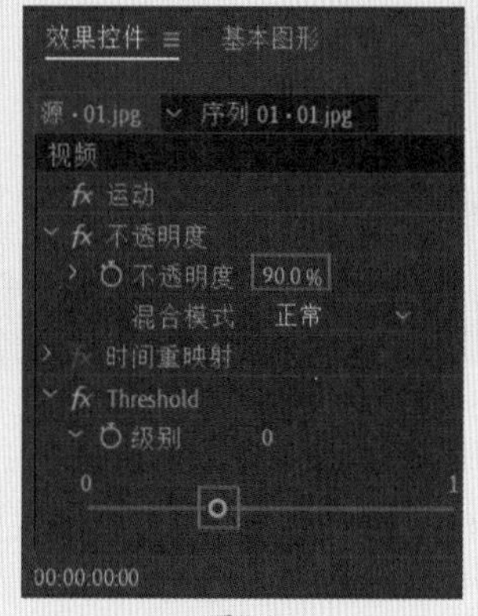

图4-6

07拖动时间滑块查看效果，如图4-7所示。

图4-7

实例052　彩色边框效果

文件路径	第 4 章 \ 彩色边框效果
难易指数	★★★★★
技术掌握	● "圆形"效果　● "投影"效果

扫码深度学习

操作思路

本实例讲解了在Premiere Pro中使用"圆形"效果、"投影"效果制作彩色边框，并使用文字工具创建文字。

操作步骤

01在菜单栏中执行"文件"|"新建"|"项目"命令或使用快捷键Ctrl+Alt+N，在弹出的"新建项目"对话框中设置合适的文件名称，单击"位置"右侧的"浏览"按钮，弹出"项目位置"对话框，单击"选择文件夹"按钮，为项目选择合适的路径文件夹。在"新建项目"对话框中单击"创建"按钮，如图4-8所示。

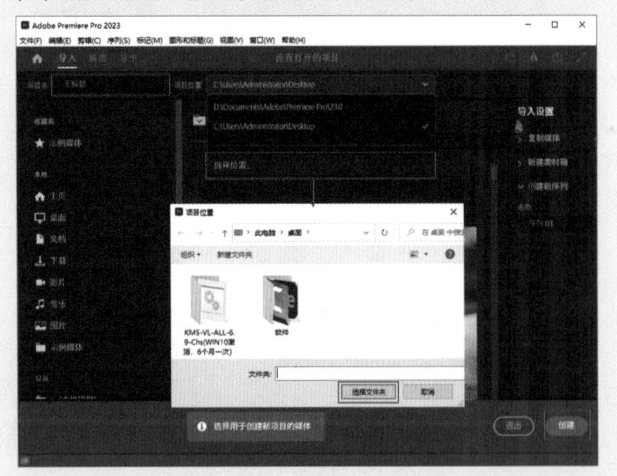

图4-8

02在"项目"面板空白处单击鼠标右键，在弹出的快捷菜单中执行"新建项目"|"序列"命令。接着在弹出的"新建序列"对话框中选择DV-PAL文件夹下的"标准48kHz"，如图4-9所示。

图4-9

03在"项目"面板空白处双击，选择所需的"01.jpg"素材文件，最后单击"打开"按钮，将其进行导入，如图4-10所示。

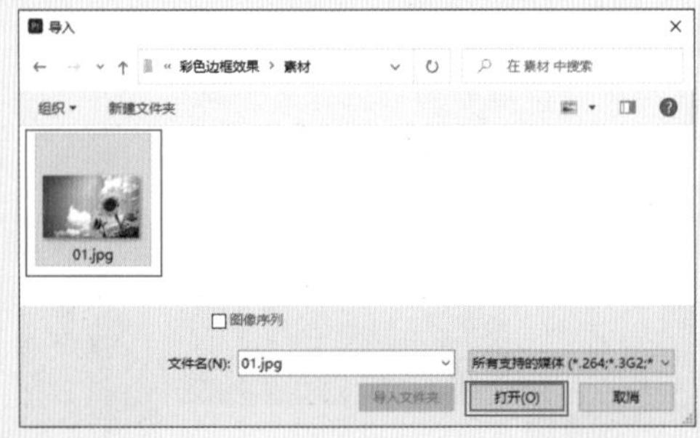

图4-10

04在"项目"面板的空白处单击鼠标右键，在弹出的快捷菜单中执行"新建项目"|"黑场视频"命令，此时会弹出"新建黑场视频"对话框，单击"确定"按钮，如图4-11所示。

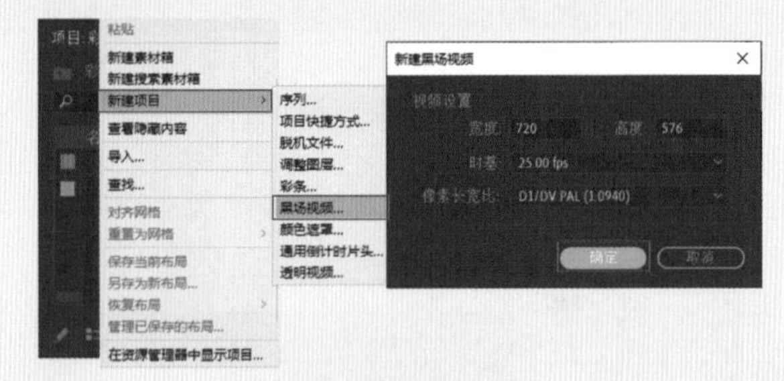

图4-11

05选择"项目"面板中的"黑场视频"，并按住鼠标左键将其拖曳到V2轨道上，如图4-12所示。

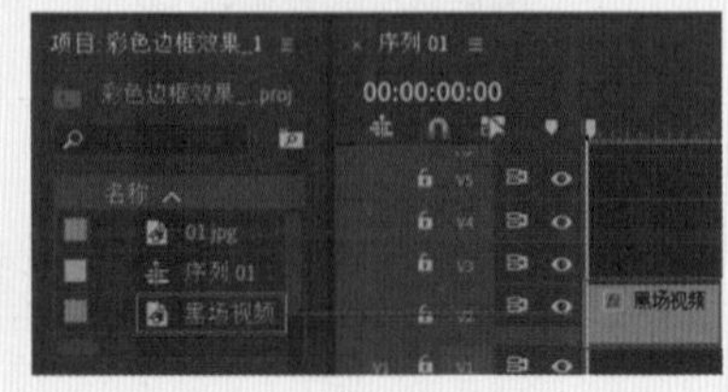

图4-12

06在"效果"面板中搜索"圆形"效果，并按住鼠标左键将其拖曳到V2轨道中的"黑场视频"上，如图4-13所示。

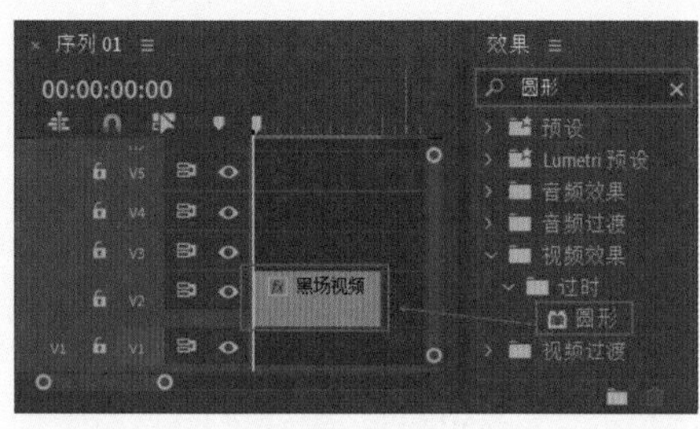

图4-13

07 选择V2轨道上的“黑场视频”，在“效果控件”面板中展开“圆形”效果，设置“中心”为（445.0,276.0）、“半径”为245.0，勾选“反转圆形”复选框，设置“颜色”为黄色，如图4-14所示。效果如图4-15所示。

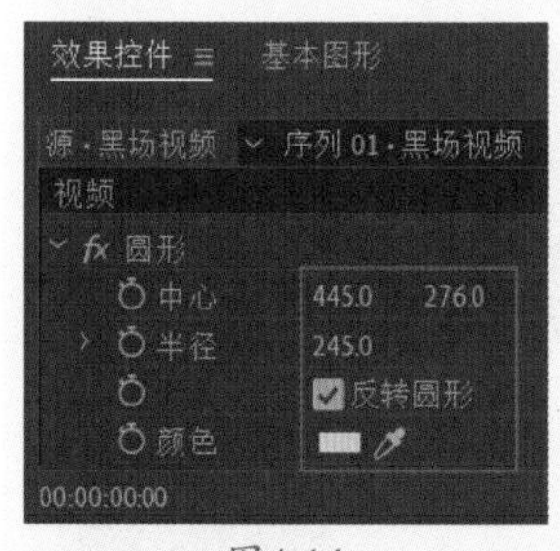

图4-14

图4-15

08 选择V2轨道上的“黑场视频”，并按住鼠标左键将其拖曳复制到V3轨道上，如图4-16所示。

09 选择V3轨道上的“黑场视频”，并在“效果控件”面板中展开“圆形”效果，设置“半径”为239.0、“边缘”为“厚度”、“厚度”为79.0，设置“颜色”为红色，如图4-17所示。查看效果，如图4-18所示。

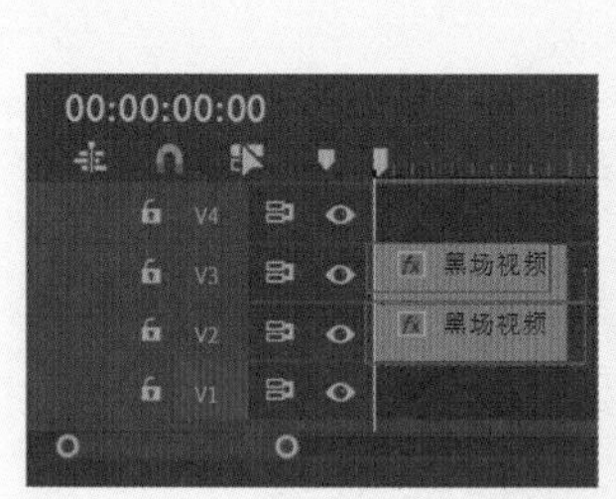

图4-16

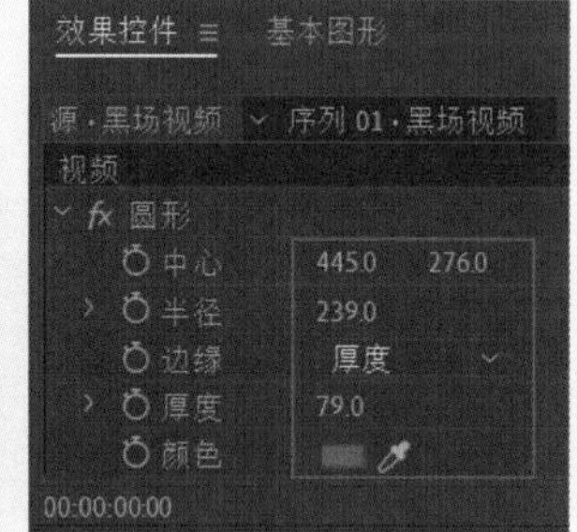

图4-17

图4-18

10 选择V3轨道上的“黑场视频”，并按住鼠标左键将其拖曳复制到V4轨道上，如图4-19所示。

11 选择V4轨道上的“黑场视频”，并在“效果控件”面板中展开“运动”效果，设置“位置”为（381.0,288.0）。接着展开“圆形”效果，修改“半径”为263.0，设置“颜色”为蓝色，如图4-20所示。

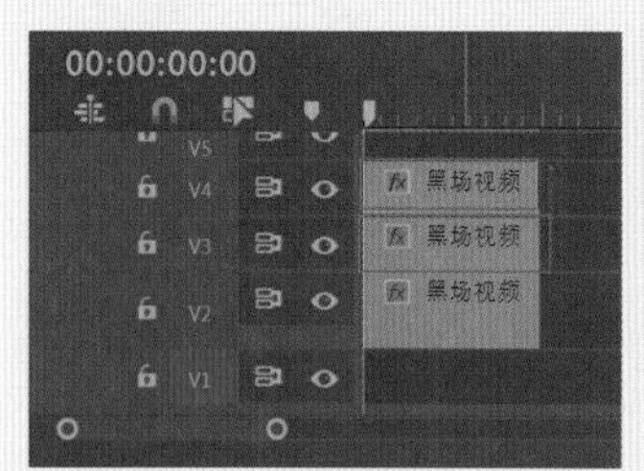

图4-19

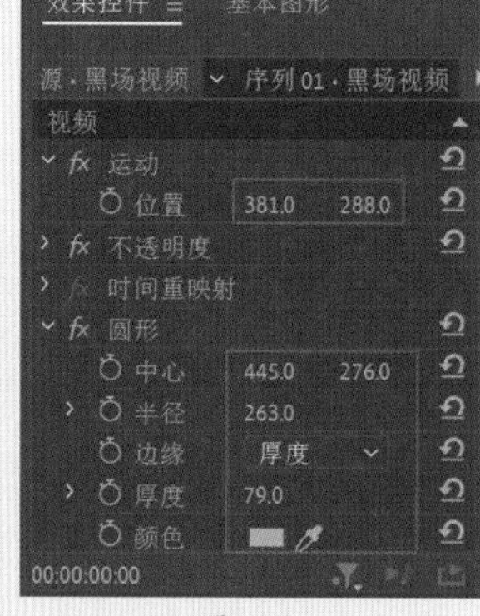

图4-20

12 在“效果”面板中搜索“投影”效果，并按住鼠标左键将其拖曳到V4轨道中的“黑场视频”上，如图4-21所示。

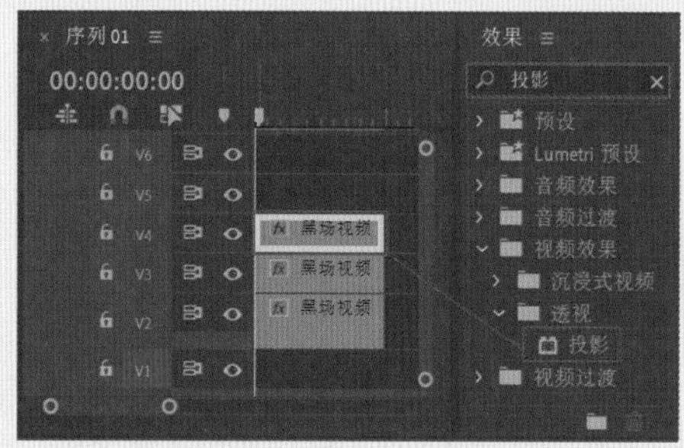

图4-21

13 选择V4轨道上的“黑场视频”，在“效果控件”面板中展开“投影”效果，设置“不透明度”为30%、“方向”为221.0°、“距离”为22.0、“柔和度”为77.0，如图4-22所示。查看效果，如图4-23所示。

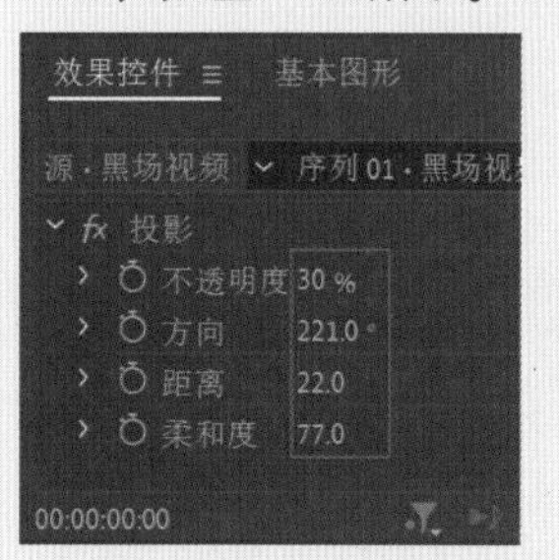

图4-22

图4-23

14 选择“项目”面板中的“01.jpg”素材文件，并按住鼠标左键将其拖曳到V1轨道上，如图4-24所示。

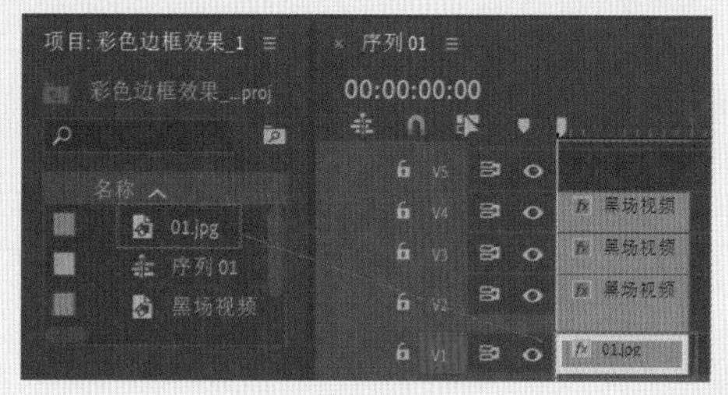

图4-24

15 选择V1轨道上的“01.jpg”素材文件，在“效果控件”面板中展开“运动”效果，设置“位置”为（372.0,270.0）、“缩放”为28.0，如图4-25所示。查看效果，如图4-26所示。

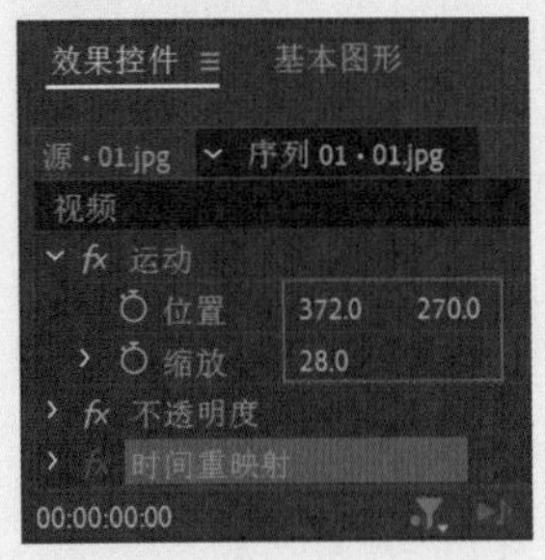

图4-25

图4-26

16 创建文字，将时间滑块拖动至起始时间位置处，在“工具”面板中选择T（文字工具），接着在“节目监视器”面板中单击，插入光标并输入文字内容，适当调整文字的位置，在“时间轴”面板中选择文字图层，在“效果控件”面板中展开“文本”，设置合适的“字体系列”和“字体样式”，设置“字体大小”为70.0、“行距”为-14。勾选“填充”复选框，设置“填充颜色”为深红色，接着展开“变换”，设置“位置”为（-2.3,364.2），如图4-27所示。

图4-27

17 拖动时间滑块查看效果，如图4-28所示。

图4-28

实例053 电流效果

文件路径	第4章\电流效果
难易指数	★★★★★
技术掌握	● “闪电”效果 ● 文字工具

扫码深度学习

操作思路

本实例讲解了在Premiere Pro中使用“闪电”效果、文字工具制作电流效果。

操作步骤

01 在菜单栏中执行“文件”|“新建”|“项目”命令或使用快捷键Ctrl+Alt+N，在弹出的“新建项目”对话框中设置合适的文件名称，单击“位置”右侧的“浏览”按钮，弹出“项目位置”对话框，单击“选择文件夹”按钮，为项目选择合适的路径文件夹。在“新建项目”对话框中单击“创建”按钮，如图4-29所示。

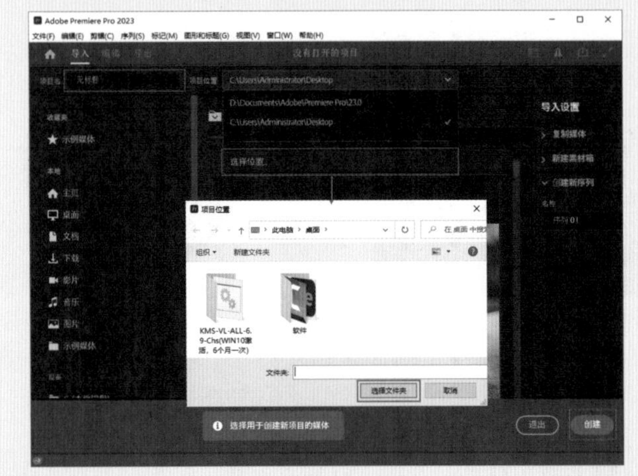

图4-29

02 在“项目”面板空白处单击鼠标右键，在弹出的快捷菜单中执行“新建项目”|“序列”命令。接着在弹出的“新建序列”对话框中选择DV-PAL文件夹下的“标准48kHz”，如图4-30所示。

图4-30

03 在“项目”面板空白处双击，选择所需的“01.jpg”素材文件，最后单击“打开”按钮，将其进行导入，如图4-31所示。

04 选择“项目”面板中的“01.jpg”素材文件，并按住鼠标左键将其拖曳到V1轨道上，如图4-32所示。

图4-31

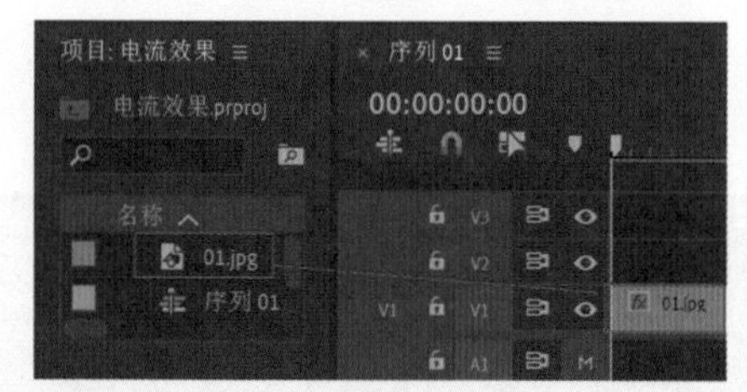
图4-32

05 在“效果”面板中搜索“闪电”效果，并按住鼠标左键将其拖曳到“01.jpg”素材文件上，如图4-33所示。

06 选择V1轨道上的“01.jpg”素材文件，在“效果控件”面板中展开“闪电”效果，并设置“起始点”为（365.0,450.0）、“分段”为16、“细节级别”为6，如图4-34所示。

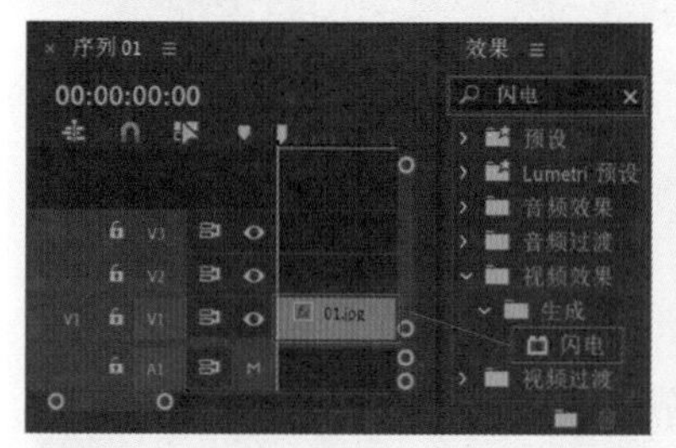
图4-33

图4-34

07 在“效果控件”面板中选择“闪电”效果，按Ctrl+C快捷键复制“闪电”效果，再按Ctrl+V快捷键将其粘贴到V1轨道中的“01.jpg”素材文件上，如图4-35所示。

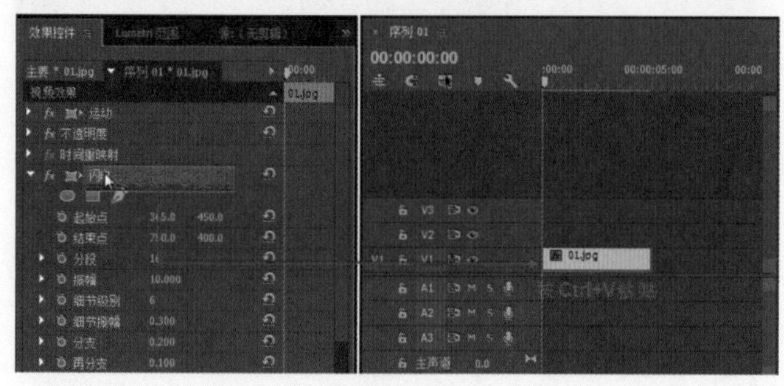
图4-35

08 在“效果控件”面板中展开复制的“闪电”效果，再设置“起始点”为（292.0,397.0）、“结束点”为（760.0,507.0），如图4-36所示。查看效果，如图4-37所示。

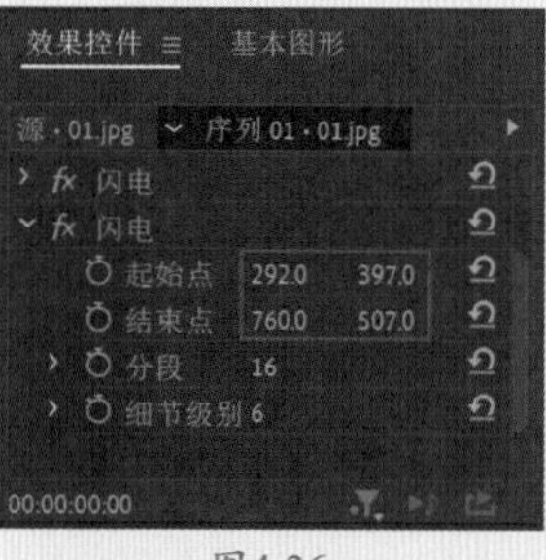
图4-36

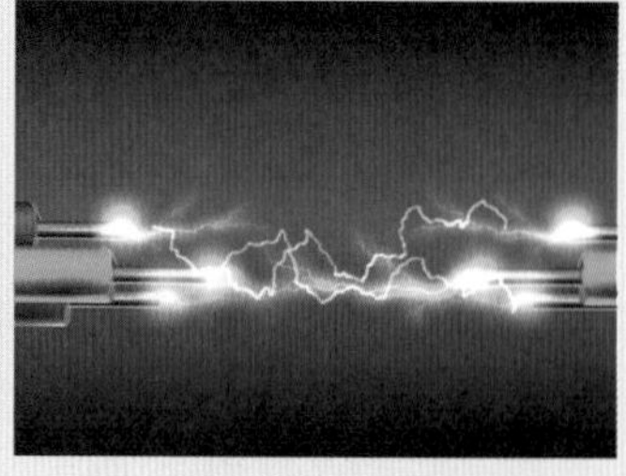
图4-37

09 创建文字，将时间滑块拖动至起始时间位置处，在“工具”面板中选择T（文字工具），接着在“节目监视器”面板中单击，插入光标并输入文字内容，适当调整文字的位置，在“时间轴”面板中选择文字图层，在“效果控件”面板中展开“文本”，设置合适的“字体系列”和“字体样式”，设置“字体大小”为80.0、“行距”为-16。勾选“填充”复选框，设置“填充颜色”为蓝色，勾选“阴影”复选框，设置“阴影颜色”为灰色、“不透明度”为50%、“角度”为135°、“距离”为10.0、“模糊”为30。接着展开“变换”，设置“位置”为（168.1,143.1）。如图4-38所示。

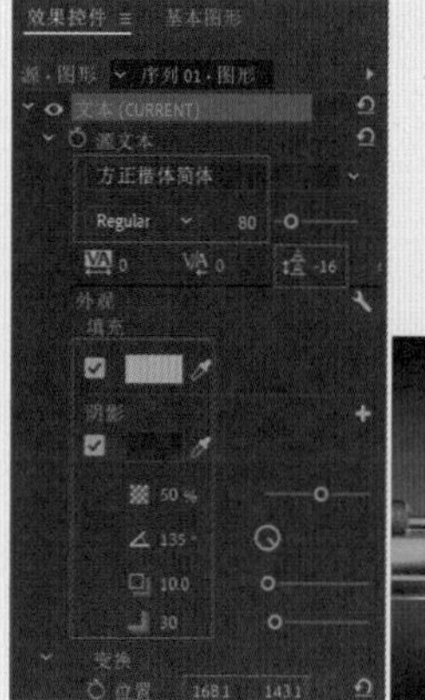

图4-38

提示

如何调整文字大小

调整文字大小时，除了通过调整数值来改变文字大小，还可以在工作区域直接拖曳矩形框来改变文字大小，如图4-39所示。

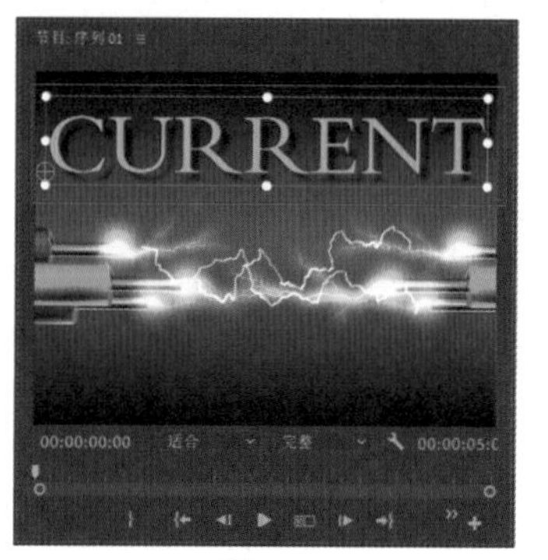

图4-39

10 在“工具栏”面板中选择 （钢笔工具），并在工作区域中画出一个边框，在“效果控件”面板中展开“形状”，取消勾选“填充”复选框，接着勾选“描边”复选框，设置“描边颜色”为蓝色，设置“描边宽度”为5.0，设置为“外侧”，勾选“阴影”复选框，设置“阴影颜色”为灰色、“不透明度”为50%、“模糊”为30。展开“变换”，设置“位置”为（–1.0,–1.0），如图4–40所示。

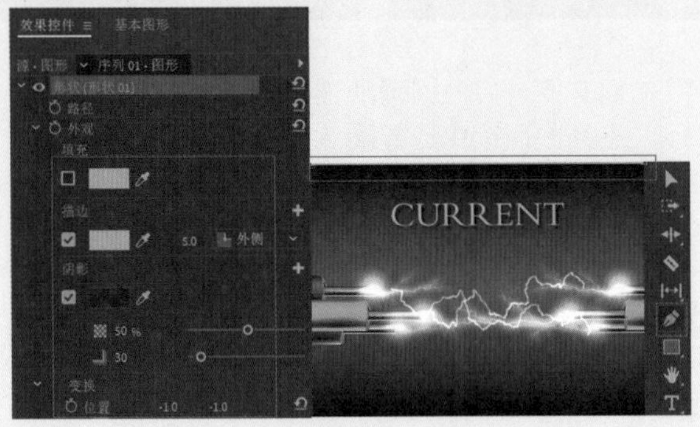

图4-40

11 接着使用同样的方法制作剩余的边框，此时画面效果如图4–41所示。

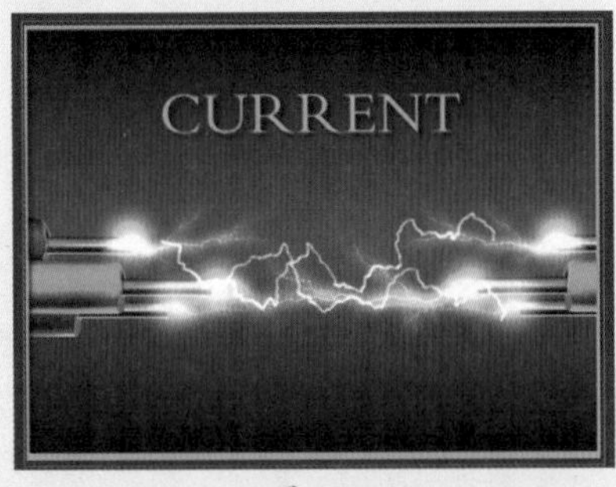

图4-41

12 拖动时间滑块查看效果，如图4–42所示。

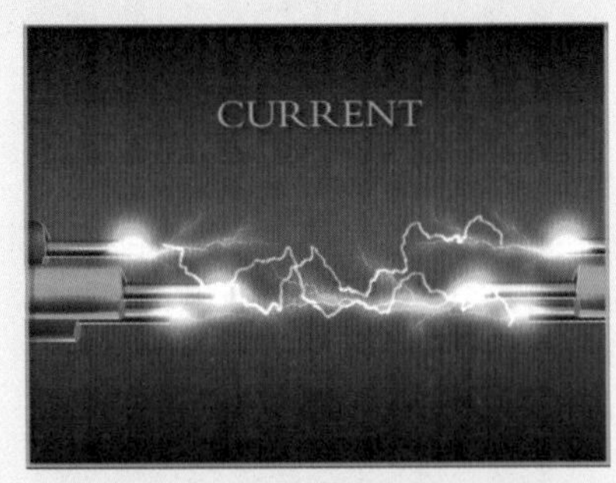

图4-42

实例054　保留颜色效果

文件路径	第 4 章 \ 保留颜色效果	
难易指数	★★★★	
技术掌握	“保留颜色”效果	扫码深度学习

操作思路

本实例讲解了在Premiere Pro中使用“保留颜色”效果只保留单一颜色的方法。

操作步骤

01 在菜单栏中执行“文件”|“新建”|“项目”命令或使用快捷键Ctrl+Alt+N，在弹出的“新建项目”对话框中设置合适的文件名称，单击“位置”右侧的“浏览”按钮，弹出“项目位置”对话框，单击“选择文件夹”按钮，为项目选择合适的路径文件夹。在“新建项目”对话框中单击“创建”按钮，如图4–43所示。

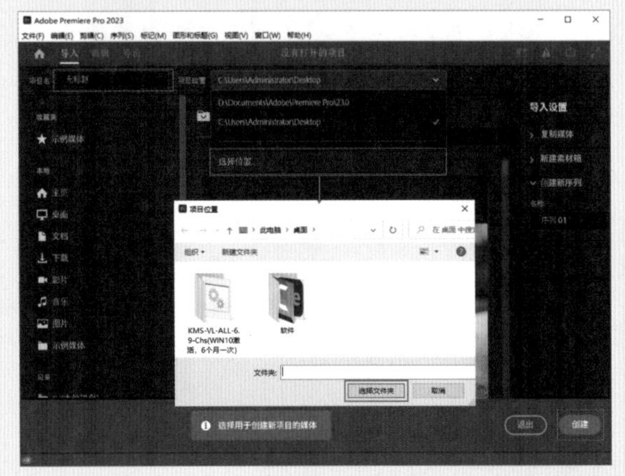

图4-43

02 在“项目”面板空白处单击鼠标右键，在弹出的快捷菜单中执行“新建项目”|“序列”命令。接着在弹出的“新建序列”对话框中选择DV–PAL文件夹下的“标准48kHz”，如图4–44所示。

图4-44

03 在“项目”面板空白处双击，选择所需的“01.jpg”素材文件，最后单击“打开”按钮，将其进行导入，如图4–45所示。

04 选择“项目”面板中的“01.jpg”素材文件，并按住鼠标左键将其拖曳到V1轨道上，如图4–46所示。再在轨道上选择“01.jpg”素材文件，单击鼠标右键，在弹出的快捷菜单中执行“缩放为帧大小”命令，如图4–47所示。

图4-45

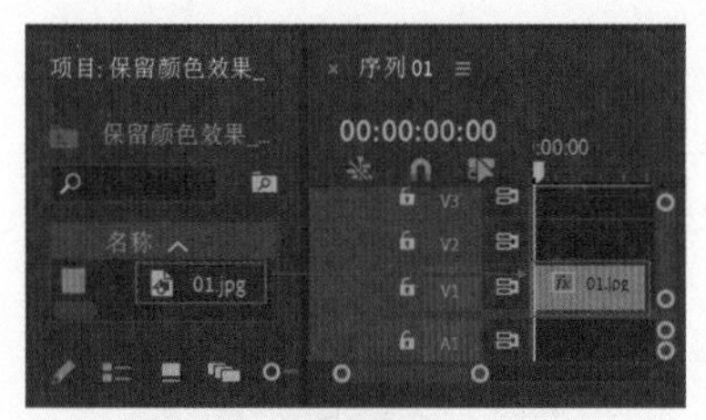

图4-46

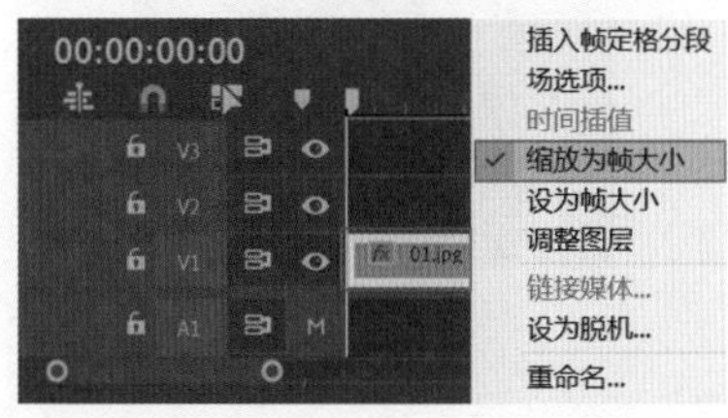

图4-47

05 在“效果”面板中搜索“保留颜色”效果，并按住鼠标左键将其拖曳到“01.jpg”素材文件上，如图4-48所示。

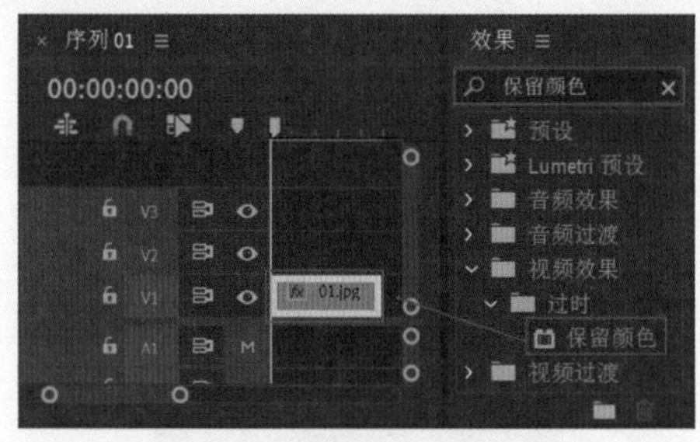

图4-48

06 选择V1轨道上的“01.jpg”素材文件，在“效果控件”面板中展开“保留颜色”效果，单击“要保留的颜色”后面的吸管工具，在“节目监视器”面板中素材上吸取所要保留的颜色，并设置“脱色量”为100.0%，如图4-49所示。

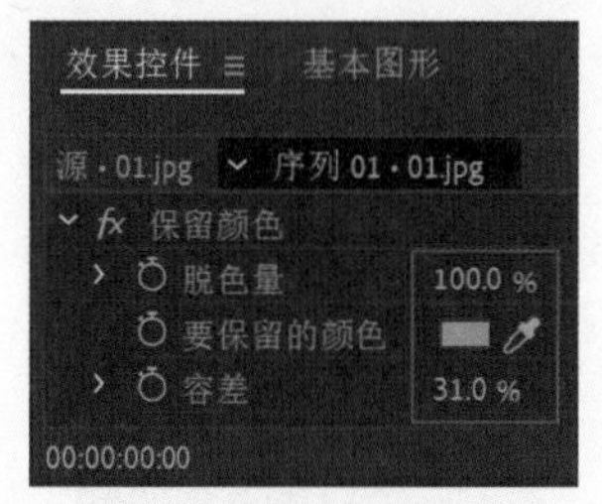

图4-49

提示

如何提取独立颜色

如果在素材中想要保留一种颜色，可以为素材文件加载“保留颜色”效果，然后便可单击“要保留的颜色”后面的吸管工具，吸取想要保留的色彩，如图4-50所示。

图4-50

07 拖动时间滑块查看效果，如图4-51所示。

图4-51

实例055 合成效果

文件路径	第 4 章 \ 合成效果	扫码深度学习
难易指数	★★★★★	
技术掌握	“效果控件”面板	

操作思路

本实例讲解了在Premiere Pro中使用“效果控件”面板修改素材基本属性的方法，如修改位移、缩放、旋转参数等。

操作步骤

01 在菜单栏中执行“文件” | “新建” | “项目”命令或使用快捷键Ctrl+Alt+N，在弹出的“新建项目”对话框中设置合适的文件名称，单击“位置”右侧的“浏览”按钮，弹出“项目位置”对话框，单击“选择文件夹”按钮，为项目选择合适的路径文件夹。在“新建项目”对话框中单击“创建”按钮，如图4-52所示。

02 在“项目”面板空白处单击鼠标右键，在弹出的快捷菜单中执行“新建项目” | “序列”命令。接着在弹

出的“新建序列”对话框中选择DV-PAL文件夹下的“标准48kHz”，如图4-53所示。

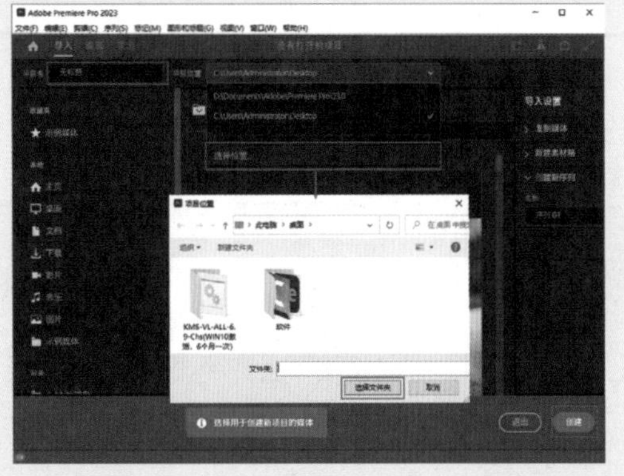

图4-52

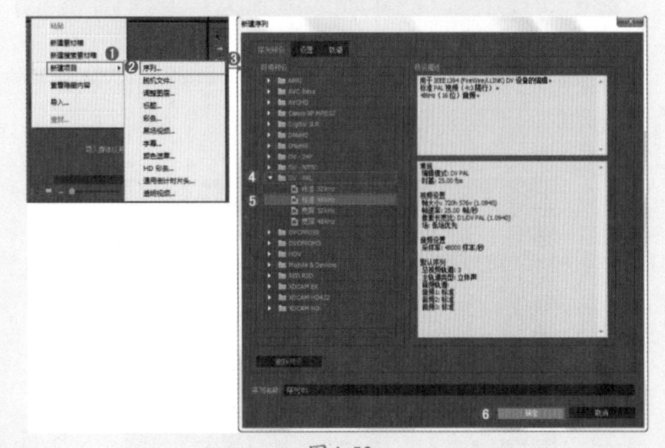

图4-53

03 在“项目”面板空白处双击，选择所需的“01.jpg”“02.jpg”和“背景.jpg”素材文件，最后单击“打开”按钮，将它们进行导入，如图4-54所示。

图4-54

04 选择“项目”面板中的“背景.jpg”素材文件，并按住鼠标左键将其拖曳到V1轨道上，如图4-55所示。

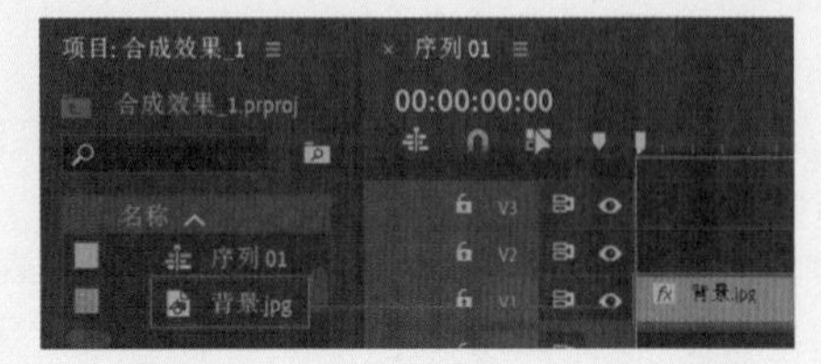

图4-55

05 选择V1轨道上的“背景.jpg”素材文件，在“效果控件”面板中展开“运动”效果，设置“位置”为（351.0,288.0）、“缩放”为86.0，如图4-56所示。

06 选择“项目”面板中的“01.jpg”和“02.jpg”素材文件，并按住鼠标左键依次将它们拖曳到V2和V3轨道上，如图4-57所示。

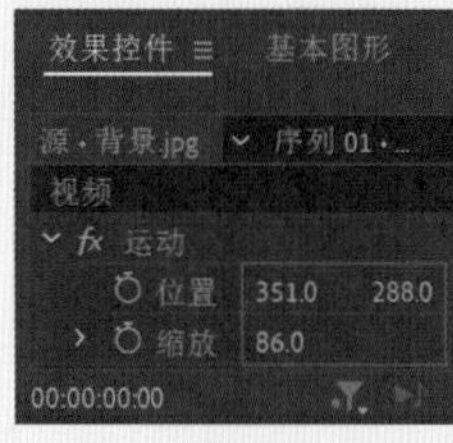

图4-56

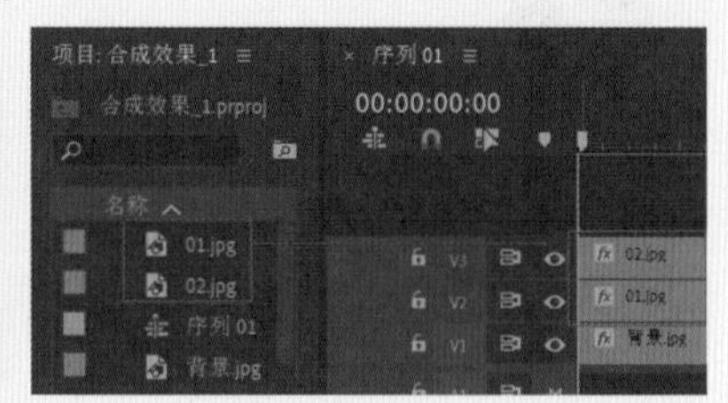

图4-57

07 选择V2轨道上的“01.jpg”素材文件，在“效果控件”面板中展开“运动”效果，设置“位置”为（553.0,188.0）、“缩放”为17.0、“旋转”为-11.0°，如图4-58所示。

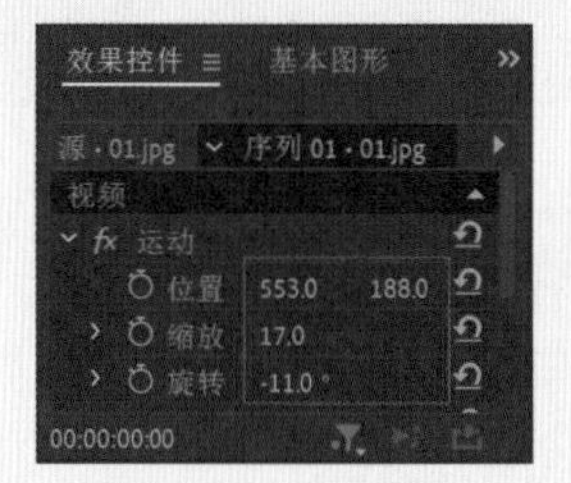

图4-58

提示

如何设置素材的高度和宽度

在“效果控件”面板中展开“运动”效果，取消勾选“等比缩放”复选框，此时便激活了“缩放高度”和“缩放宽度”选项，如图4-59所示。

图4-59

08 选择V3轨道上的“02.jpg”素材文件，在“效果控件”面板中展开“运动”效果，设置“位置”为（658.0,141.0）、“缩放”为18.0、“旋转”为-22.0°，如图4-60所示。

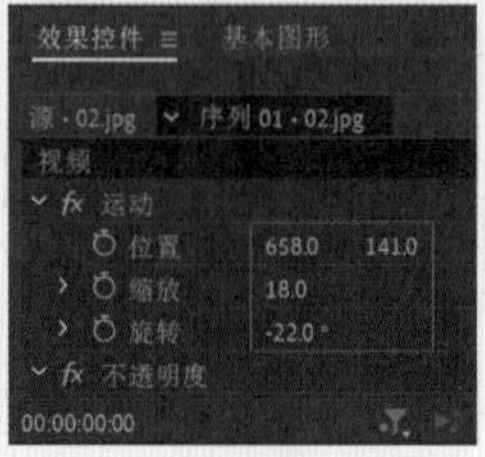

图4-60

09 拖动时间滑块查看效果，如图4-61所示。

图4-61

实例056　怀旧照片效果

文件路径	第 4 章 \ 怀旧照片效果
难易指数	★★★★★
技术掌握	“效果控件”面板

扫码深度学习

操作思路

本实例讲解了在Premiere Pro中使用“效果控件”面板设置“缩放”和“不透明度”参数的方法。

操作步骤

01 在菜单栏中执行“文件”|“新建”|“项目”命令或使用快捷键Ctrl+Alt+N，在弹出的“新建项目”对话框中设置合适的文件名称，单击“位置”右侧的“浏览”按钮，弹出“项目位置”对话框，单击“选择文件夹”按钮，为项目选择合适的路径文件夹。在“新建项目”对话框中单击“创建”按钮，如图4-62所示。

图4-62

02 在“项目”面板空白处单击鼠标右键，在弹出的快捷菜单中执行“新建项目”|“序列”命令。接着在弹出的“新建序列”对话框中选择DV-PAL文件夹下的“标准48kHz”，如图4-63所示。

图4-63

03 在“项目”面板空白处双击，选择所需的“01.png”“02.png”和“背景.jpg”素材文件，最后单击“打开”按钮，将它们进行导入，如图4-64所示。

图4-64

04 选择“项目”面板中的素材文件，并按住鼠标左键依次将它们拖曳到V1、V2和V3轨道上，如图4-65所示。

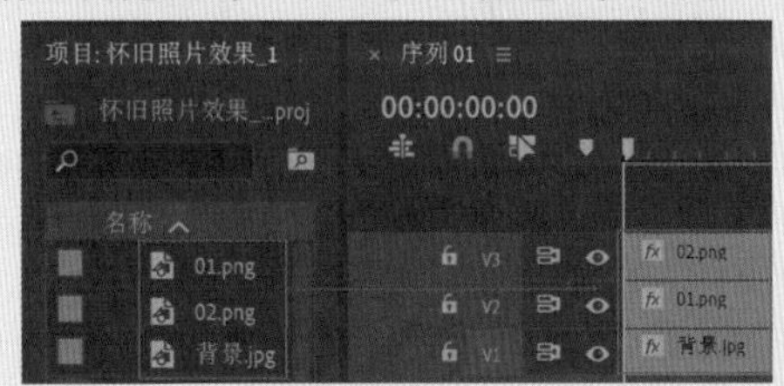

图4-65

05 选择V1轨道上的“背景.jpg”素材文件，将时间滑块拖动到初始位置，在“效果控件”面板中单击“缩放”和“不透明度”前面的⏱，创建关键帧，并设置“缩放”为230.0、“不透明度”为0.0%，如图4-66所示；将时间滑块拖动到1秒05帧的位置，设置“缩放”为79.0、“不透明度”为100.0%。

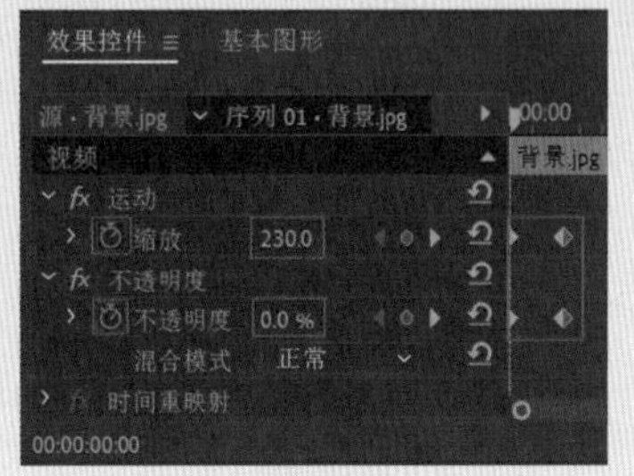

图4-66

06 选择V2轨道上的“01.png”素材文件，将时间滑块拖动到1秒05帧的位置，在“效果控件”面板中单击“缩放”和“不透明度”前面的 ，创建关键帧，并设置“缩放”为170.0、“不透明”度为0.0，如图4-67所示；将时间滑块拖动到2秒10帧的位置，设置“缩放”为79.0、“不透明度”为100.0%。

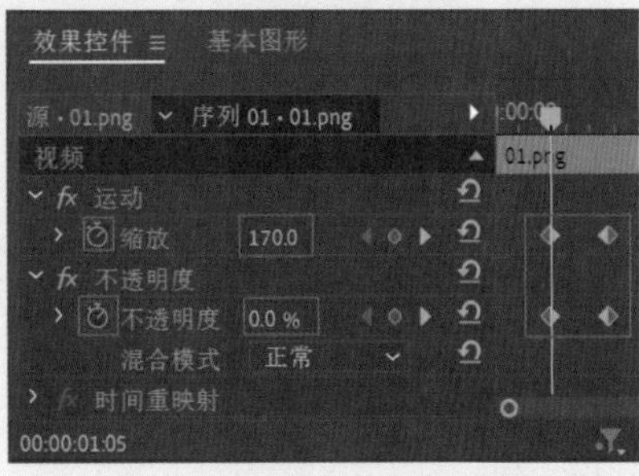

图4-67

07 选择V3轨道上的“02.png”素材文件，将时间滑块拖动到2秒10帧的位置，在“效果控件”面板中单击“缩放”和“不透明度”前面的 ，创建关键帧，并设置“缩放”为180.0、“不透明度”为0.0%，如图4-68所示；将时间滑块拖动到3秒20帧的位置，设置“缩放”为79.0、“不透明度”为100.0%。

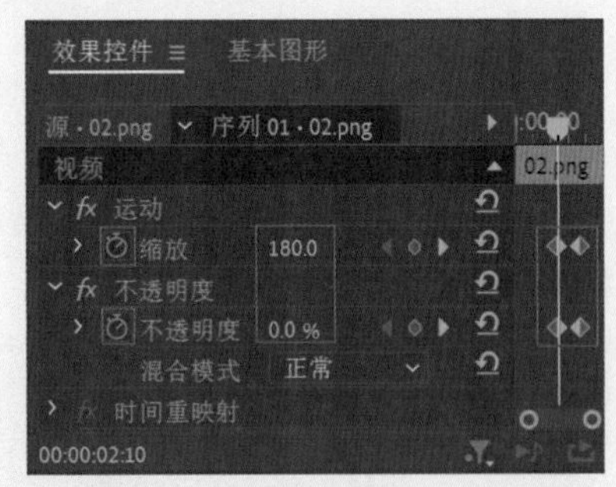

图4-68

08 拖动时间滑块查看效果，如图4-69所示。

图4-69

实例057　镜头光晕效果

文件路径	第4章\镜头光晕效果
难易指数	★★★★★
技术掌握	● “镜头光晕”效果 ● “Lumetri 颜色”效果

扫码深度学习

操作思路

本实例讲解了在Premiere Pro中使用“镜头光晕”效果、“Lumetri 颜色”效果模拟制作镜头光晕效果。

操作步骤

01 在菜单栏中执行“文件”|“新建”|“项目”命令或使用快捷键Ctrl+Alt+N，在弹出的“新建项目”对话框中设置合适的文件名称，单击“位置”右侧的“浏览”按钮，弹出“项目位置”对话框，单击“选择文件夹”按钮，为项目选择合适的路径文件夹。在“新建项目”对话框中单击“创建”按钮，如图4-70所示。

图4-70

02 在“项目”面板空白处单击鼠标右键，在弹出的快捷菜单中执行“新建项目”|“序列”命令。接着在弹出的“新建序列”对话框中选择DV-PAL文件夹下的“标准48kHz”，如图4-71所示。

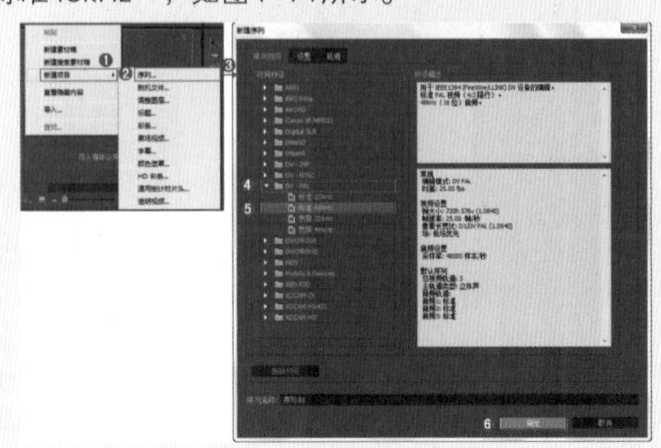

图4-71

03 在“项目”面板空白处双击，选择所需的“01.jpg”素材文件，最后单击“打开”按钮，将其进行导入，如图4-72所示。

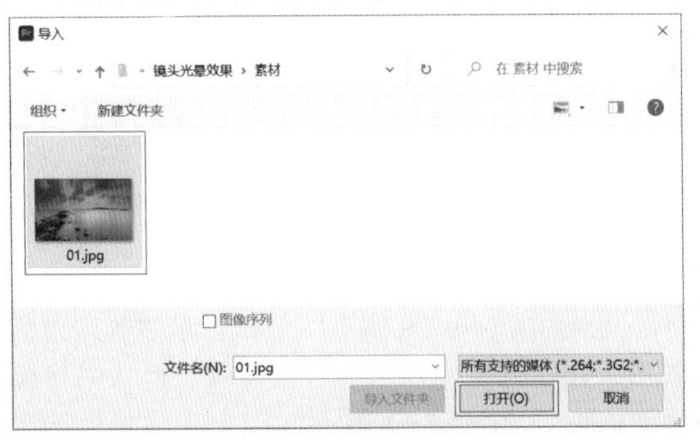

图4-72

04 选择“项目”面板中的“01.jpg”素材文件，并按住鼠标左键将其拖曳到V1轨道上，如图4-73所示。

05 选择V1轨道上的“01.jpg”素材文件，在“效果控件”面板中展开“运动”效果，设置“缩放”为52.0，如图4-74所示。

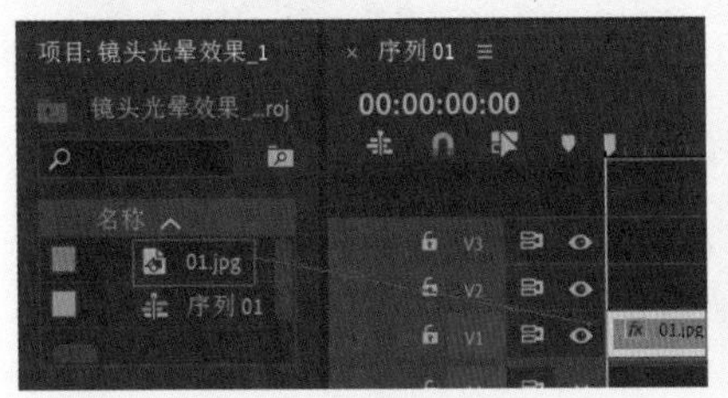

图4-73

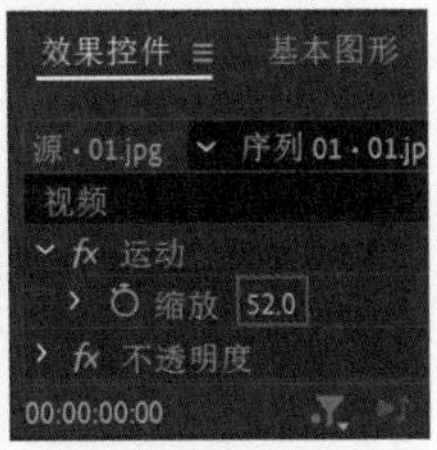

图4-74

06 在“效果”面板中搜索“镜头光晕”效果，并按住鼠标左键将其拖曳到“01.jpg”素材文件上，如图4-75所示。

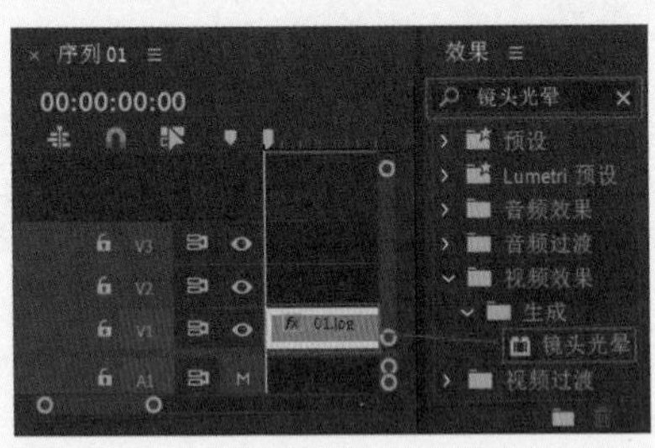

图4-75

07 选择V1轨道上的“01.jpg”素材文件，在“效果控件”面板中展开“镜头光晕”效果，设置“光晕中心”为（1165.0,555.0）、“镜头类型”为“50-300毫米变焦”，如图4-76所示。查看效果，如图4-77所示。

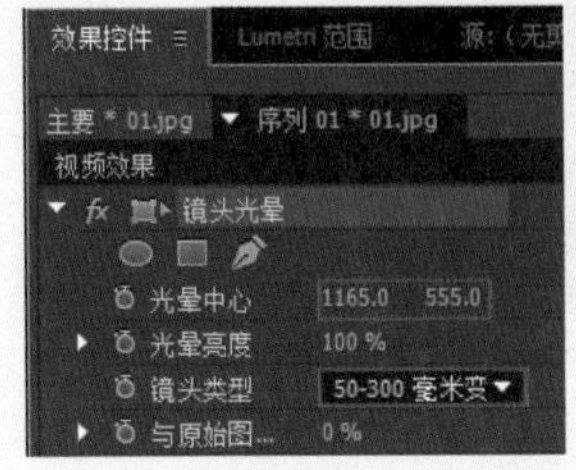

图4-76

图4-77

08 在“效果”面板中搜索“Lumetri 颜色”效果，并按住鼠标左键将其拖曳到“01.jpg”素材文件上，如图4-78所示。

09 选择V1轨道上的“01.jpg”素材文件，在“效果控件”面板中展开“Lumetri 颜色”效果，再展开“基本校正”|“颜色”，并设置“色温”为25.0，如图4-79所示。

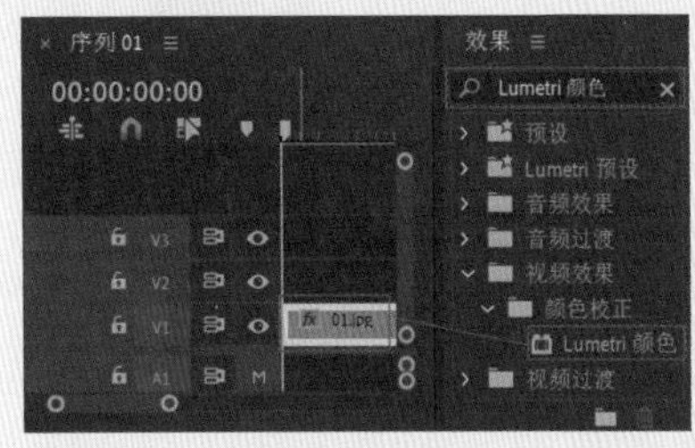

图4-78

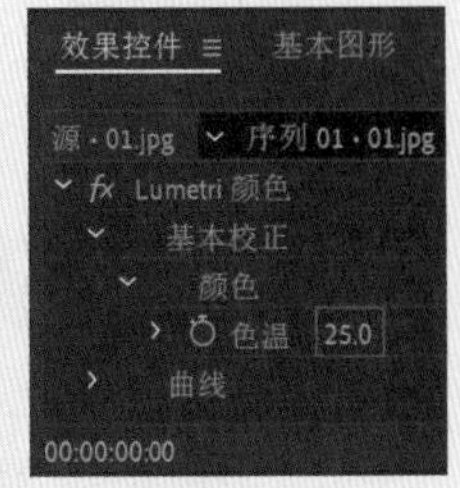

图4-79

10 拖动时间滑块查看效果，如图4-80所示。

图4-80

实例058 马赛克效果

文件路径	第 4 章 \ 马赛克效果
难易指数	★★★★★
技术掌握	“马赛克”效果

扫码深度学习

操作思路

本实例讲解了在Premiere Pro中使用“马赛克”效果，并设置马赛克出现的位置，从而产生局部马赛克效果。

操作步骤

01 在菜单栏中执行“文件”|“新建”|“项目”命令或使用快捷键Ctrl+Alt+N，在弹出的“新建项目”对话框中设置合适的文件名称，单击“位置”右侧的“浏览”按钮，弹出“项目位置”对话框，单击“选择文件夹”按钮，为项目选择合适的路径文件夹。在“新建项目”对话框中单击“创建”按钮，如图4-81所示。

02 在“项目”面板空白处单击鼠标右键，在弹出的快捷菜单中执行“新建项目”|“序列”命令。接着在弹出的“新建序列”对话框中选择DV-PAL文件夹下的“标准48kHz”，如图4-82所示。

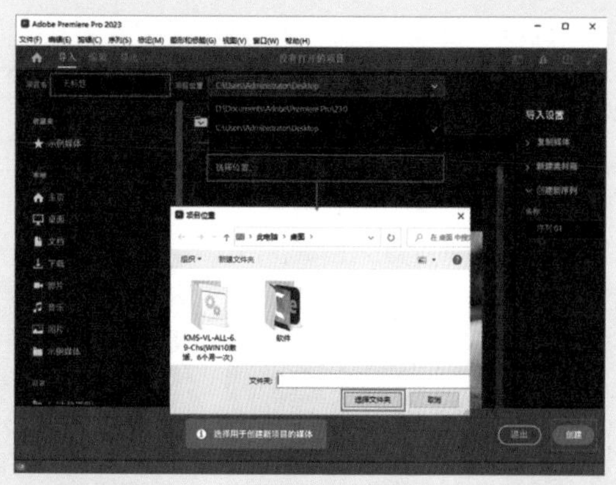

图4-81

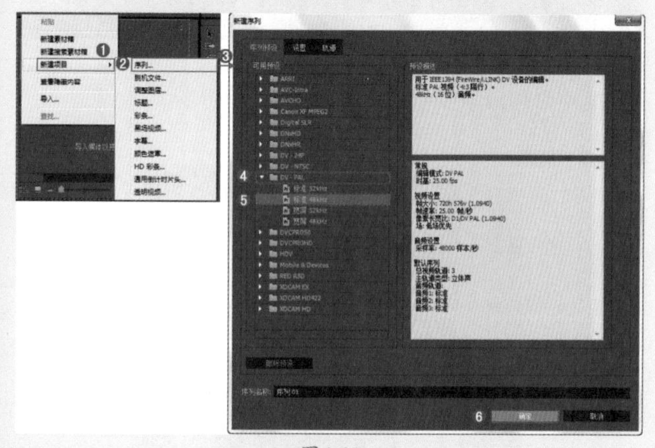

图4-82

03在“项目”面板空白处双击，选择所需的“01.jpg”素材文件，最后单击“打开”按钮，将其进行导入，如图4-83所示。

图4-83

04选择“项目”面板中的“01.jpg”素材文件，并按住鼠标左键将其拖曳到V1轨道上，如图4-84所示。

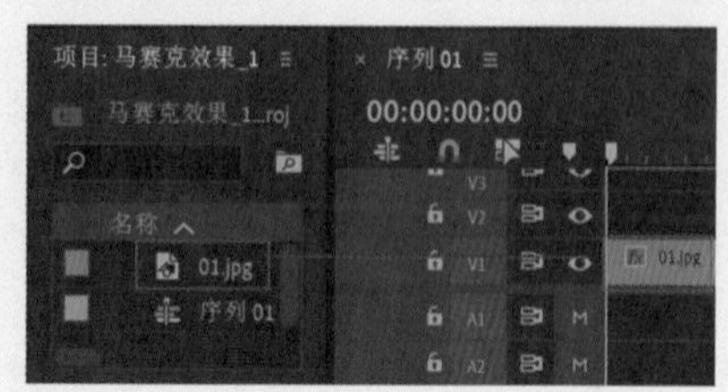

图4-84

05在“效果”面板中搜索“马赛克”效果，并按住鼠标左键将其拖曳到“01.jpg”素材文件上，如图4-85所示。

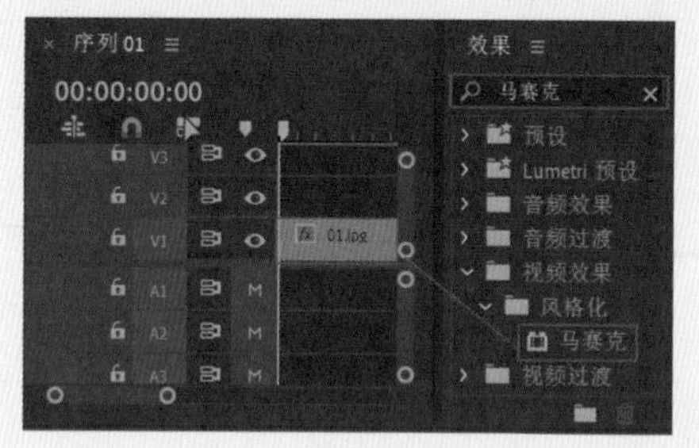

图4-85

06选择V1轨道上的“01.jpg”素材文件，在“效果控件”面板中展开“马赛克”效果，单击其下面的“椭圆形蒙版”按钮，并在“节目监视器”面板中将椭圆形蒙版移动到船上，如图4-86所示。

图4-86

提示

马赛克反转效果

在“蒙版（1）”|“蒙版扩展”下面勾选“已反转”复选框，此时椭圆形蒙版范围以外呈现马赛克现象，如图4-87所示。

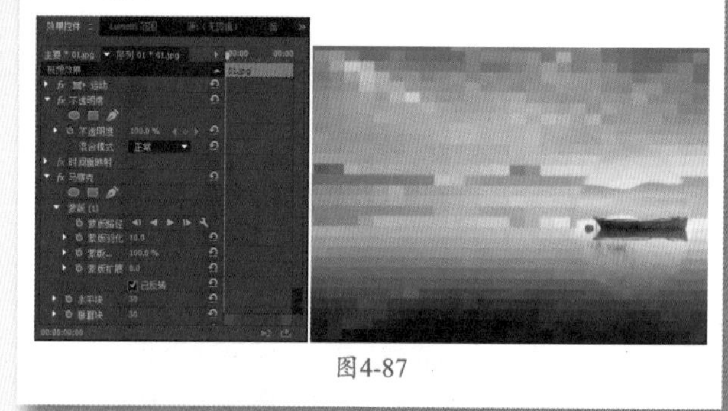

图4-87

07在“马赛克”效果下设置“水平块”为30、“垂直块”为30，最后勾选“锐化颜色”复选框，如图4-88所示。

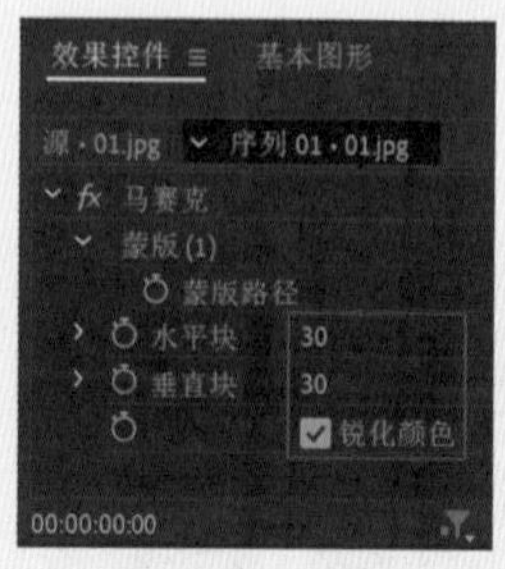

图4-88

08拖动时间滑块查看效果，如图4-89所示。

图4-89

实例059 扭曲风景效果

文件路径	第4章\扭曲风景效果
难易指数	★★★★★
技术掌握	"湍流置换"效果

扫码深度学习

操作思路

本实例讲解了在Premiere Pro中使用"紊乱置换"效果模拟制作扭曲的抽象风景。

操作步骤

01 在菜单栏中执行"文件"|"新建"|"项目"命令或使用快捷键Ctrl+Alt+N，在弹出的"新建项目"对话框中设置合适的文件名称，单击"位置"右侧的"浏览"按钮，弹出"项目位置"对话框，单击"选择文件夹"按钮，为项目选择合适的路径文件夹。在"新建项目"对话框中单击"创建"按钮，如图4-90所示。

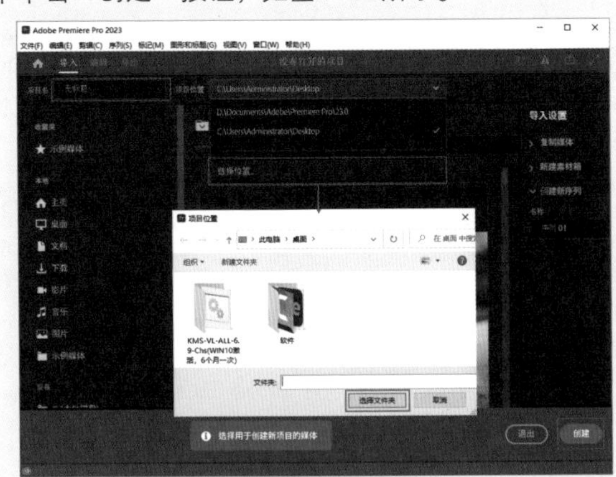
图4-90

02 在"项目"面板空白处单击鼠标右键，在弹出的快捷菜单中执行"新建项目" | "序列"命令。接着在弹出的"新建序列"对话框中选择DV-PAL文件夹下的"标准48kHz"，如图4-91所示。

03 在"项目"面板空白处双击，选择所需的"01.jpg"素材文件，最后单击"打开"按钮，将其进行导入，如图4-92所示。

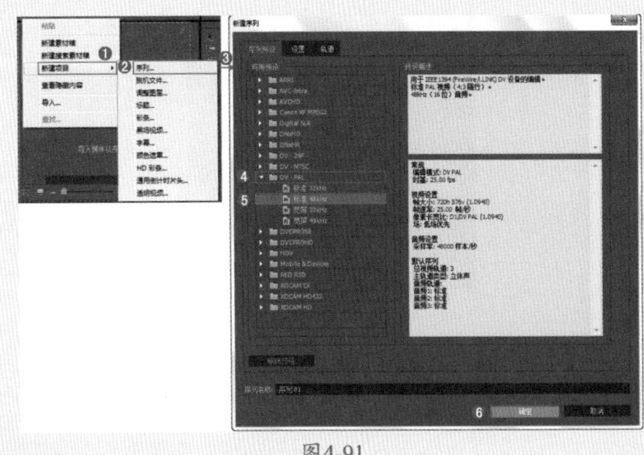
图4-91

图4-92

04 选择"项目"面板中的"01.jpg"素材文件，并按住鼠标左键将其拖曳到V1轨道上，如图4-93所示。

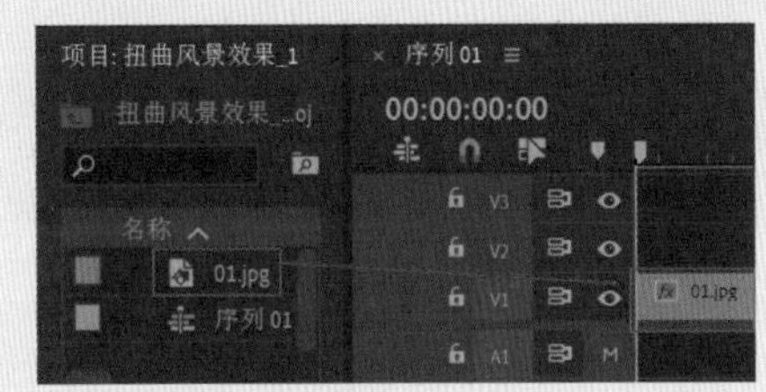

图4-93

05 在"效果"面板中搜索"湍流置换"效果，并按住鼠标左键将其拖曳到"01.jpg"素材文件上，如图4-94所示。

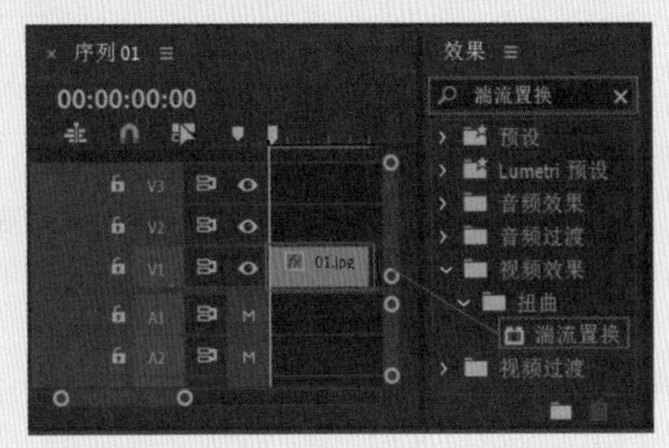

图4-94

06 选择V1轨道上的"01.jpg"素材文件，在"效果控件"面板中展开"湍流置换"效果，设置"置换"为"湍流较平滑"、"数量"为63.0、"偏移（湍流）"为（531.0,364.5）、"复杂度"为4.0、"演化"为52.0°，如图4-95所示。

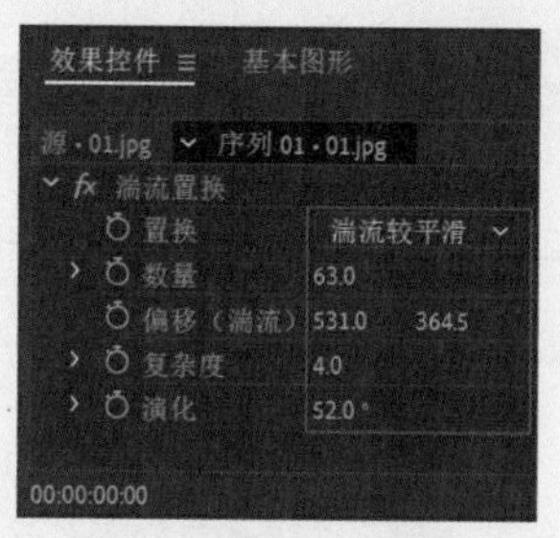

图4-95

07 拖动时间滑块查看效果，如图4-96所示。

图4-96

> **提示** 置换效果的种类
>
> “置换”效果有9种类型，分别是湍流、凸出、扭转等，每种类型都有着奇特的变换效果，如图4-97所示。
>
> 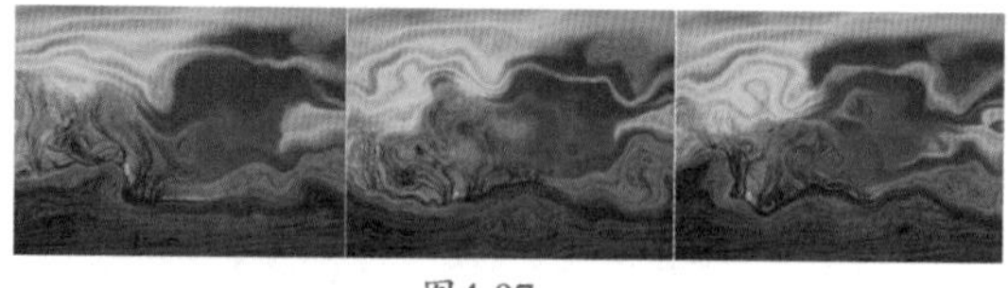
>
> 图4-97

实例060　汽车运动效果

文件路径	第4章\汽车运动效果
难易指数	★★★★★
技术掌握	“方向模糊”效果

扫码深度学习

操作思路

本实例讲解了在Premiere Pro中使用“方向模糊”效果，并设置模糊区域，从而模拟制作汽车运动效果。

操作步骤

01 在菜单栏中执行“文件”|“新建”|“项目”命令或使用快捷键Ctrl+Alt+N，在弹出的“新建项目”对话框中设置合适的文件名称，单击“位置”右侧的“浏览”按钮，弹出“项目位置”对话框，单击“选择文件夹”按钮，为项目选择合适的路径文件夹。在“新建项目”对话框中单击“创建”按钮，如图4-98所示。

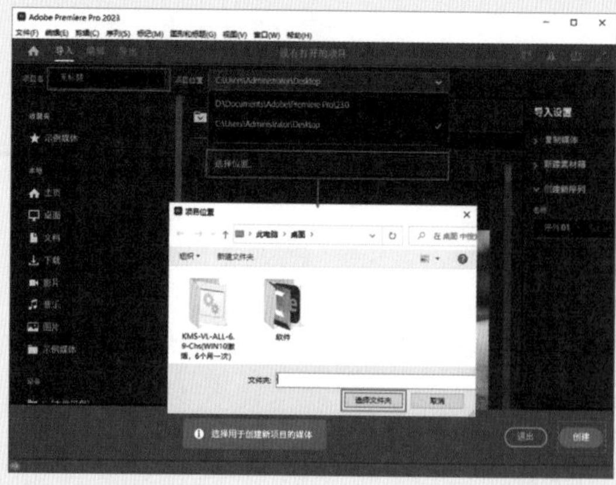

图4-98

02 在“项目”面板空白处单击鼠标右键，在弹出的快捷菜单中执行“新建项目”|“序列”命令。接着在弹出的“新建序列”对话框中选择DV-PAL文件夹下的“标准48kHz”，如图4-99所示。

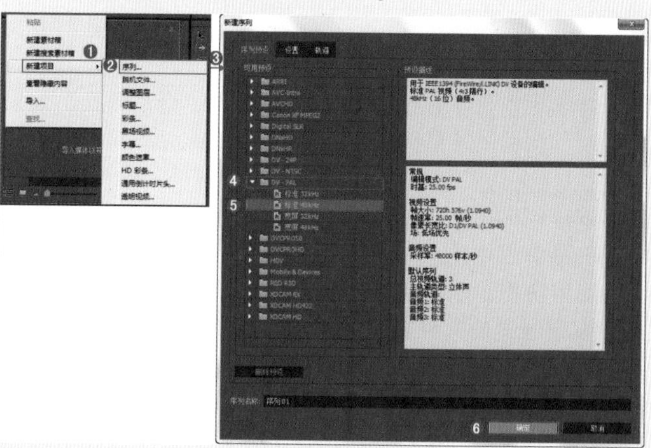

图4-99

03 在“项目”面板空白处双击，选择所需的“01.jpg”素材文件，最后单击“打开”按钮，将其进行导入，如图4-100所示。

图4-100

04 选择“项目”面板中的“01.jpg”素材文件，并按住鼠标左键将其拖曳到V1轨道上，如图4-101所示。

05 在“效果”面板中搜索“方向模糊”效果，并按住鼠标左键将其拖曳到“01.jpg”素材文件上，如图4-102所示。

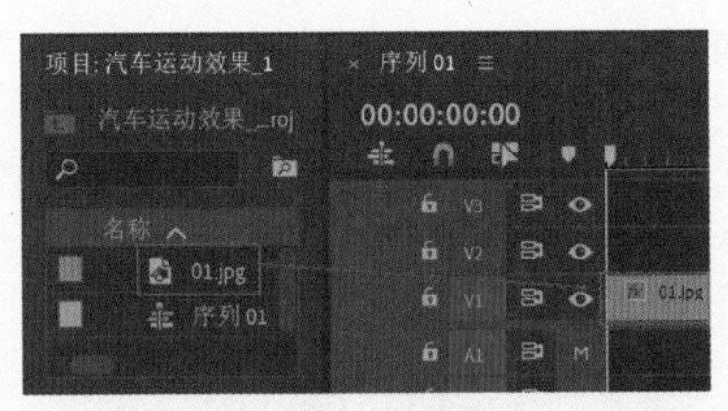

图4-101

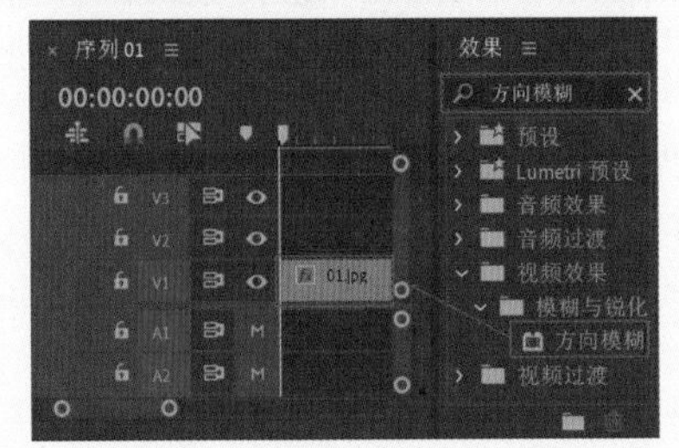

图4-102

06 选择V1轨道上的“01.jpg”素材文件，在“效果控件”面板中展开“方向模糊”效果，并单击“自由绘制贝塞尔曲线”按钮，在“节目监视器”面板中绘制出所需要的区域，并设置“蒙版不透明度”为83.0%、“方向”为83.0°、“模糊长度”为17.0，如图4-103和图4-104所示。

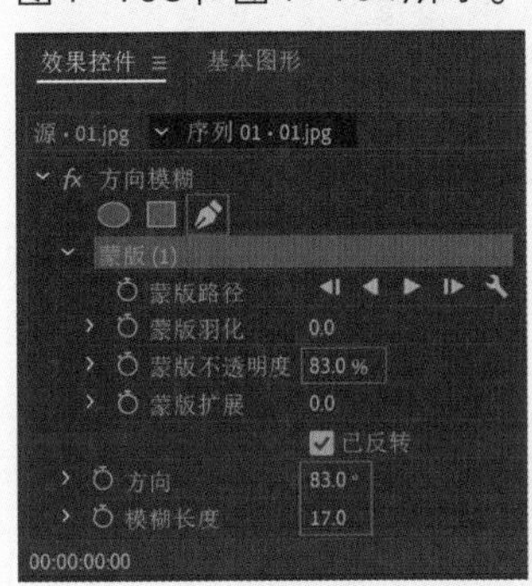

图4-103

图4-104

07 拖动时间滑块查看效果，如图4-105所示。

图4-105

实例061　日出效果

文件路径	第 4 章 \ 日出效果	扫码深度学习
难易指数	★★★★★	
技术掌握	● “镜头光晕”效果 ● “RGB 曲线”效果	

操作思路

本实例讲解了在Premiere Pro中使用“镜头光晕”效果、“RGB曲线”效果模拟制作日出效果。

操作步骤

01 在菜单栏中执行“文件”|“新建”|“项目”命令或使用快捷键Ctrl+Alt+N，在弹出的“新建项目”对话框中设置合适的文件名称，单击“位置”右侧的“浏览”按钮，弹出“项目位置”对话框，单击“选择文件夹”按钮，为项目选择合适的路径文件夹。在“新建项目”对话框中单击“创建”按钮，如图4-106所示。

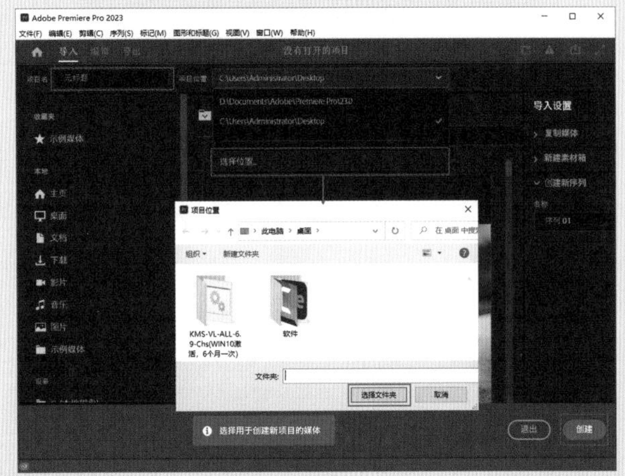

图4-106

02 在“项目”面板空白处单击鼠标右键，在弹出的快捷菜单中执行“新建项目”|“序列”命令。接着在弹出的“新建序列”对话框中选择DV-PAL文件夹下的“标准48kHz”，如图4-107所示。

图4-107

03 在“项目”面板空白处双击，选择所需的“01.jpg”素材文件，最后单击“打开”按钮，将其进行导入，如图4-108所示。

04 选择“项目”面板中的“01.jpg”素材文件，并按住鼠标左键将其拖曳到V1轨道上，如图4-109所示。

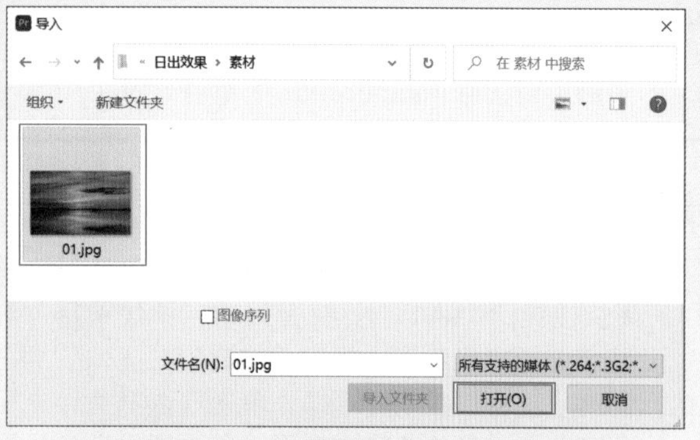

图4-108

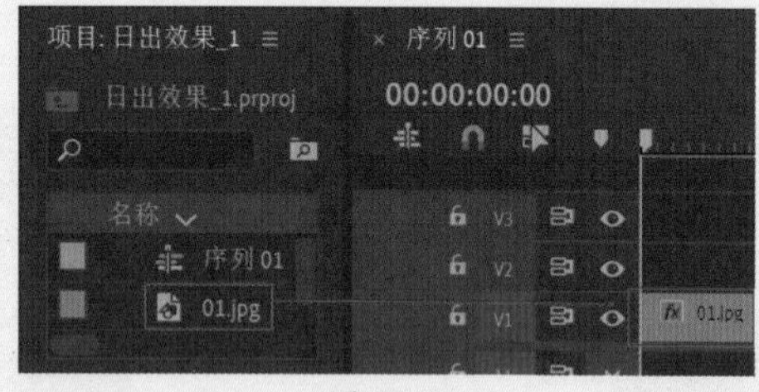

图4-109

05选择V1轨道上的“01.jpg”素材文件，在“效果控件”面板中展开“运动”效果，并设置“缩放”为36.0，如图4-110所示。查看效果，如图4-111所示。

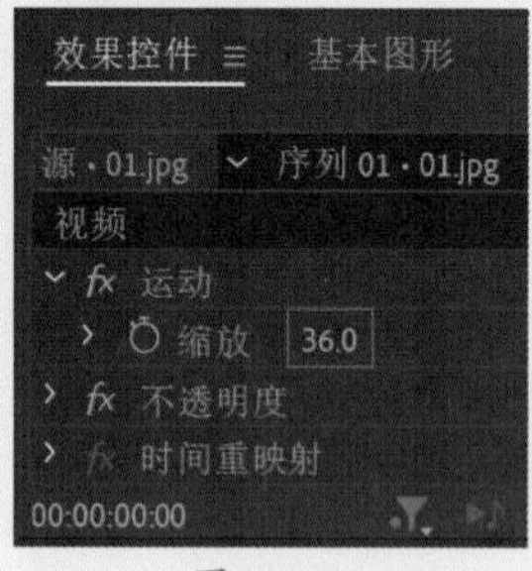

图4-110

图4-111

06在“效果”面板中搜索“镜头光晕”效果，并按住鼠标左键将其拖曳到“01.jpg”素材文件上，如图4-112所示。

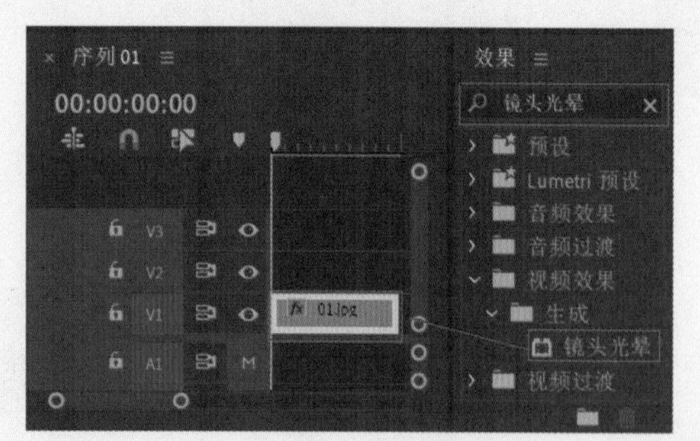

图4-112

07选择V1轨道上的“01.jpg”素材文件，在“效果控件”面板中展开“镜头光晕”效果，并设置“光晕中心”为（1280.0,790.0）、“镜头类型”为“105毫米定焦”，如图4-113所示。查看效果，如图4-114所示。

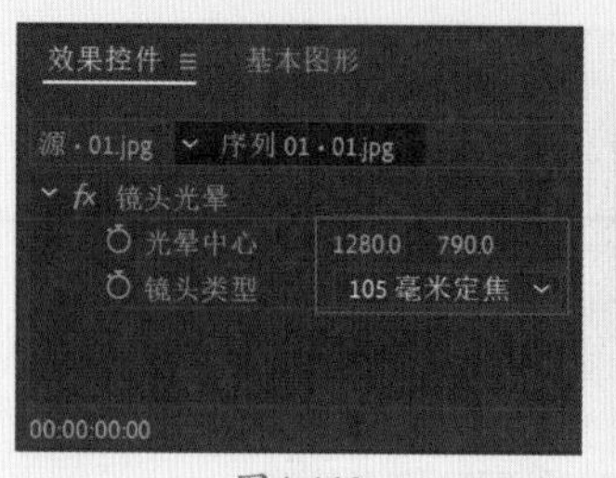

图4-113

图4-114

提示

“镜头光晕”效果的作用

“镜头光晕”效果的作用很多，可以制作出照射效果，还可以制作出光斑效果等。

08在“效果”面板中搜索“RGB曲线”效果，并按住鼠标左键将其拖曳到“01.jpg”素材文件上，如图4-115所示。

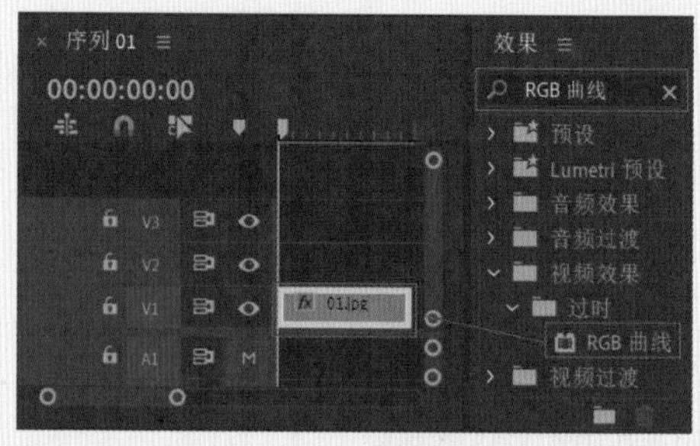

图4-115

09选择V1轨道上的“01.jpg”素材文件，在“效果控件”面板中展开“RGB曲线”效果，再适当调整“红色”和“蓝色”曲线，如图4-116所示。

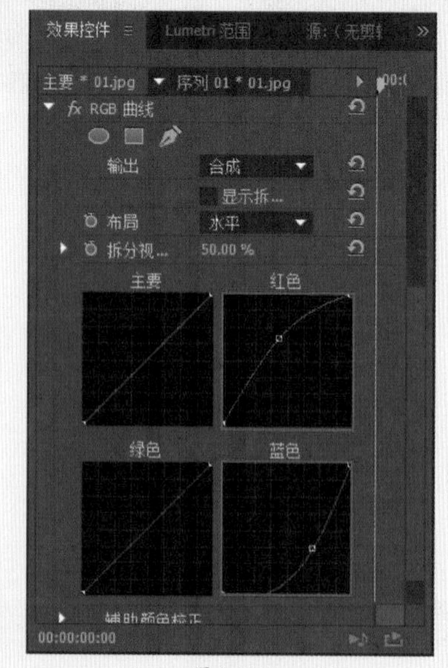

图4-116

10拖动时间滑块查看效果，如图4-117所示。

图4-117

实例062 时间码效果

文件路径	第 4 章 \ 时间码效果
难易指数	★★★★★
技术掌握	● "时间码"效果 ● 创建关键帧

扫码深度学习

操作思路

本实例讲解了在Premiere Pro中使用"时间码"效果创建关键帧，并制作关键帧动画。

操作步骤

01 在菜单栏中执行"文件" | "新建" | "项目"命令或使用快捷键Ctrl+Alt+N，在弹出的"新建项目"对话框中设置合适的文件名称，单击"位置"右侧的"浏览"按钮，弹出"项目位置"对话框，单击"选择文件夹"按钮，为项目选择合适的路径文件夹。在"新建项目"对话框中单击"创建"按钮，如图4-118所示。

图4-118

02 在"项目"面板空白处双击，选择所需的"背景.jpg"素材文件，最后单击"打开"按钮，将其进行导入，如图4-119所示。

03 选择"项目"面板中的"背景.jpg"素材文件，并按住鼠标左键将其拖曳到V1轨道上，如图4-120所示。

04 在"效果"面板中搜索"时间码"效果，并按住鼠标左键将其拖曳到V1轨道中的"背景.jpg"素材文件上，如图4-121所示。

图4-119

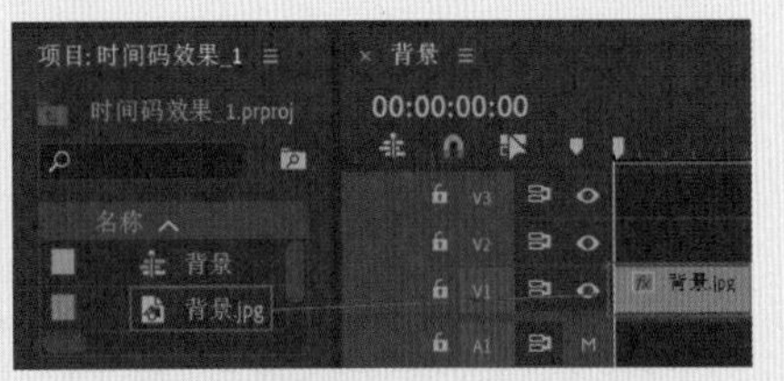

图4-120

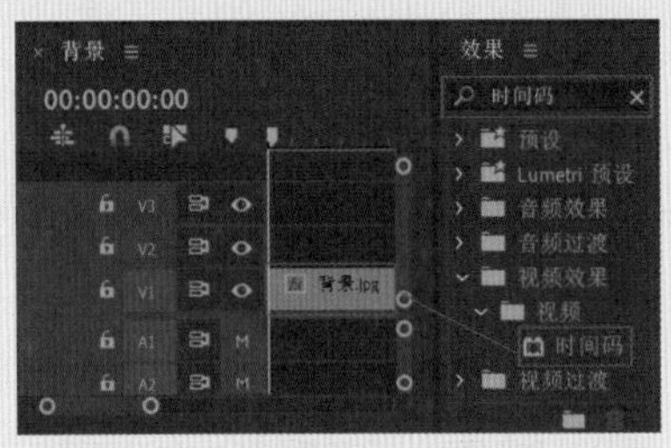

图4-121

05 选择V1轨道上的"背景.jpg"素材文件，在"效果控件"面板中展开"时间码"效果，并设置"位置"为(630,645.9)，如图4-122所示。

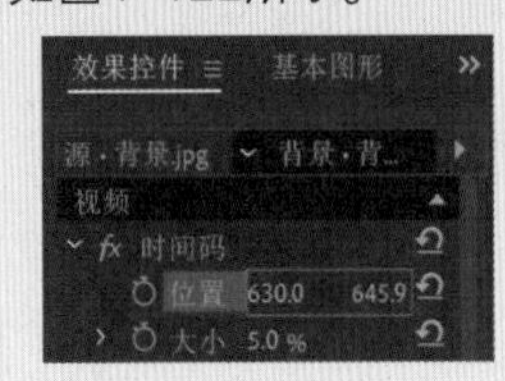

图4-122

> **提示** 时间码的格式设置
>
> 时间码有4种格式可供选择设置，如图4-123所示。

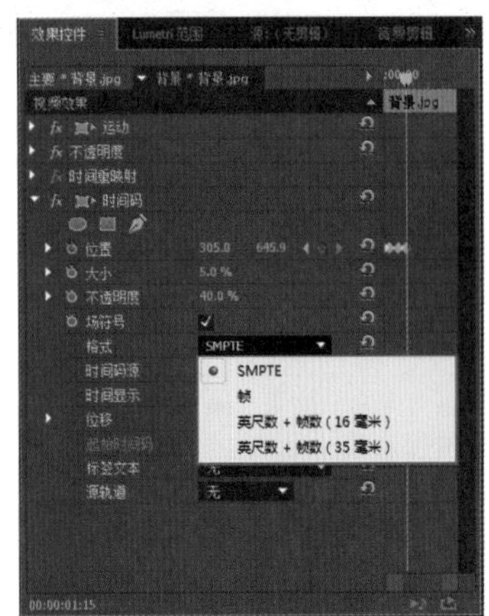

图4-123

06 将时间滑块拖动到初始位置，并单击“时间码”下方“位置”前面的◙，创建关键帧。将时间滑块拖动到10帧的位置，设置“位置”为（520.0,645.9）；将时间滑块拖动到1秒的位置，设置“位置”为（412.0,645.9）；将时间滑块拖动到1秒15帧的位置，设置“位置”为（305.0,645.9），如图4-124示。

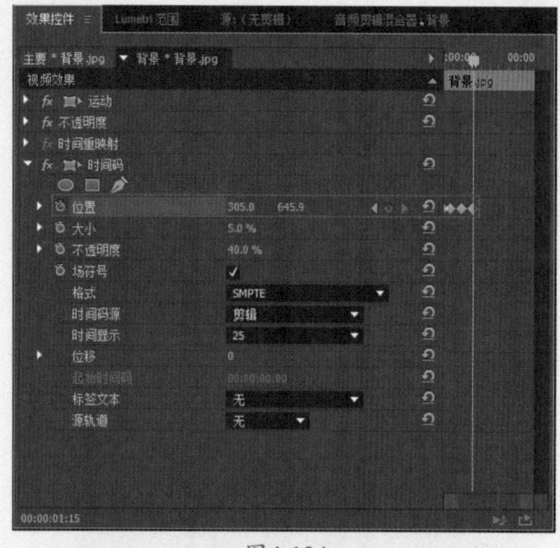

图4-124

07 拖动时间滑块查看效果，如图4-125所示。

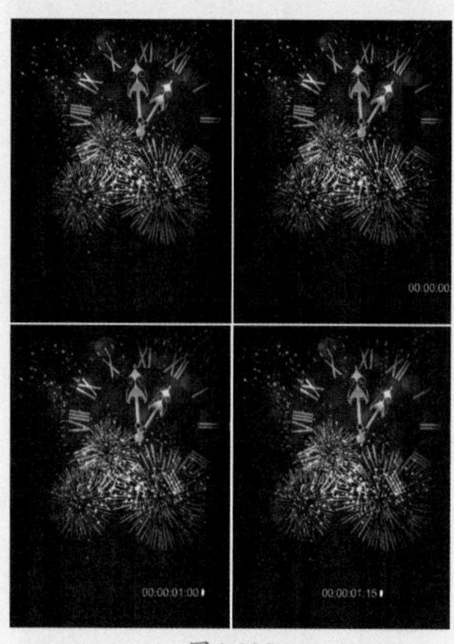
图4-125

实例063　旋转广告效果

文件路径	第4章\旋转广告效果	
难易指数	★★★★★	
技术掌握	● “边角定位”效果　● 文字工具 ● 关键帧动画	扫码深度学习

操作思路

本实例讲解了在Premiere Pro中使用“边角定位”效果、文字工具、关键帧动画制作旋转广告。

操作步骤

01 在菜单栏中执行“文件”|“新建”|“项目”命令或使用快捷键Ctrl+Alt+N，在弹出的“新建项目”对话框中设置合适的文件名称，单击“位置”右侧的“浏览”按钮，弹出“项目位置”对话框，单击“选择文件夹”按钮，为项目选择合适的路径文件夹。在“新建项目”对话框中单击“创建”按钮，如图4-126所示。

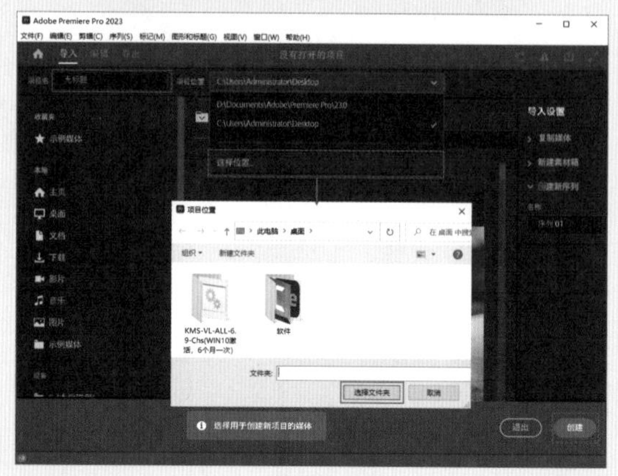
图4-126

02 在“项目”面板空白处双击，选择所需的“01.jpg”“01.png”和“02.jpg”素材文件，最后单击“打开”按钮，将它们进行导入，如图4-127所示。

图4-127

03 选择“项目”面板中的素材文件，并按住鼠标左键依照顺序将它们拖曳到轨道V1～V3上，如图4-128所示。

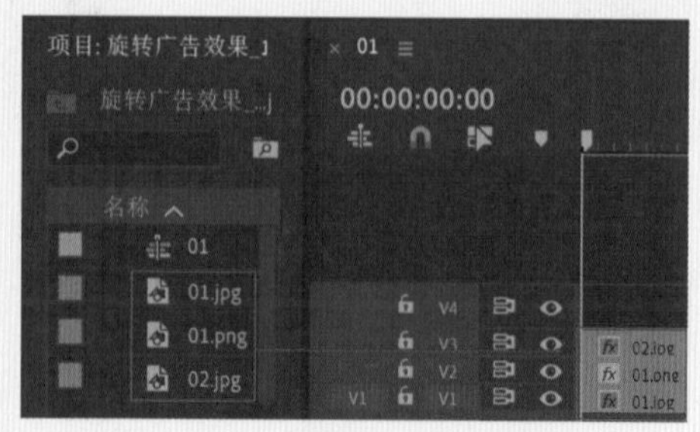

图4-128

04 选择V2轨道上“01.png”素材文件，在“效果控件”面板中展开“运动”效果，设置“位置”为（315.0,308.0），展开“不透明度”效果，设置“混合模式”为“柔光”，接着将时间滑块拖动到初始位置，单击“缩放”和“旋转”前面的⏱，创建关键帧，并设置“缩放”为0.0、“旋转”为0.0°，如图4-129所示；将时间滑块拖动到1秒10帧的位置，设置“缩放”为92.0、“旋转”为0.0°。

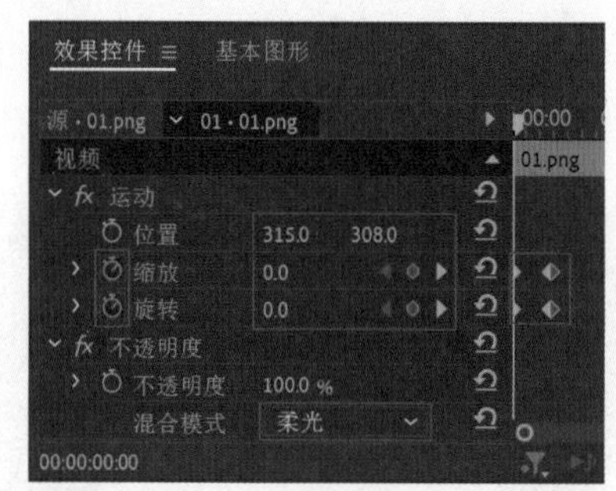

图4-129

05 查看此时的画面效果，如图4-130所示。

图4-130

> **提示 混合模式**
>
> “混合模式”有溶解、变暗、相乘等27种混合效果，能够创建出多种不同的变化效果，如图4-131所示。
>
> 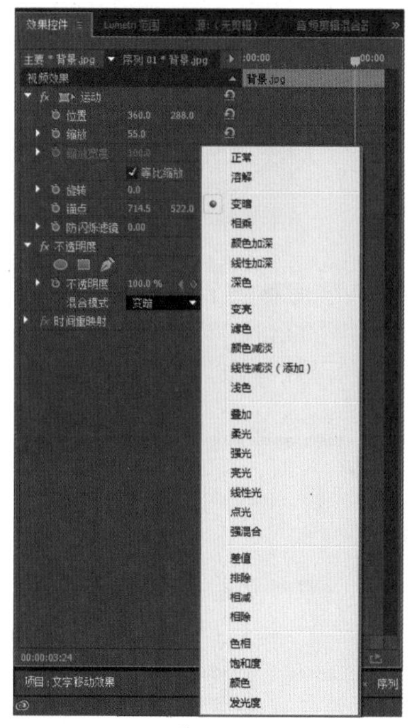
>
>
> 图4-131

06 选择V3轨道上的“02.jpg”素材文件，在“效果控件”面板中展开“运动”效果，设置“位置”为（310.0,264.0）、“缩放”为15.0；展开“不透明度”效果，单击“不透明度”前面的⏱。将时间滑块拖动到1秒10帧的位置，设置“不透明度”为0.0%，如图4-132所示；将时间滑块拖动到2秒的位置，设置“不透明度”为100.0%。

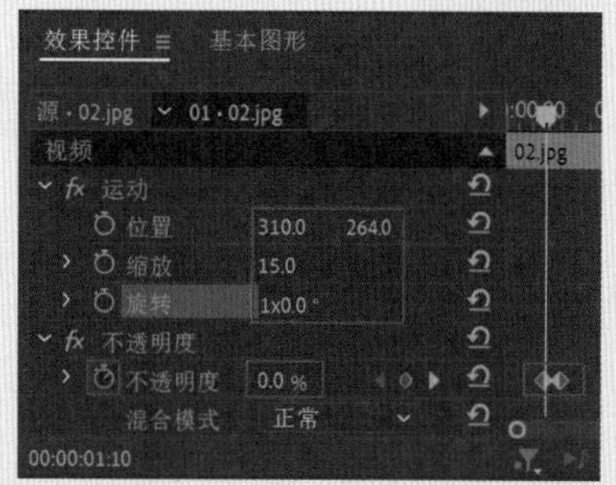

图4-132

07 在“效果”面板中搜索“边角定位”效果，并按鼠标左键将其拖曳到“02.jpg”素材文件上，如图4-133所示。

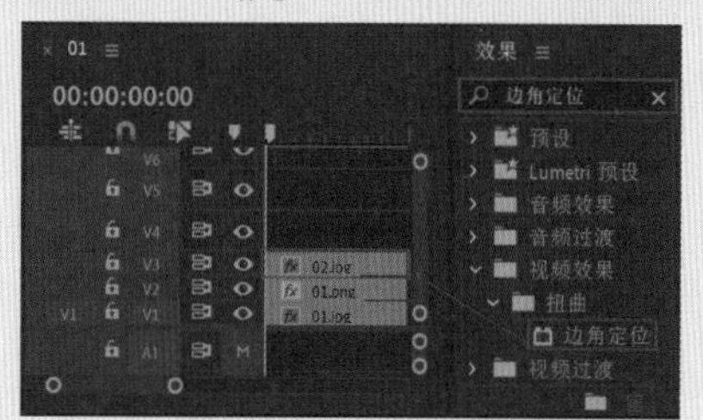

图4-133

08 选择V3轨道上的“02.jpg”素材文件，在“效果控件”面板中展开“边角定位”效果，设置“右上”为（2001.0,0.0）、“左下”为（0.0,1234.0）、“右下”为（2000.0,1236.0），如图4-134所示。

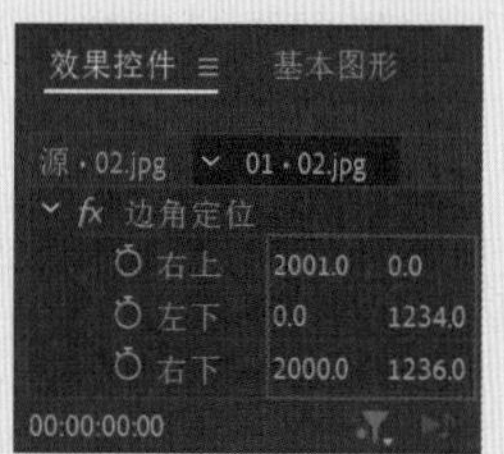

图4-134

09 制作文字部分。将时间滑块拖动至起始时间位置处。在“工具”面板中 选择T（文字工具），在“节目监视器”面板中的适当位置单击并输入文字LAPTOP，在“时间轴”面板中选择文字图层，在“效果控件”面板中展开“文本”设置合适的“字体系列”和“字体样式”，设置“字体大小”为79、“字距调整”为57。选择“仿粗体”，勾选“填充”复选框，设置“填充颜色”为白色，勾选“描边”复选框，并设置“描边颜色”为白色、“描边宽度”为5.0。设置“中心”，勾选“阴影”复选框，设置“阴影颜色”为浅蓝色、“不透明度”为50%、“角度”为135°、“距离”为10.0、“模糊”为30。展开“变换”，设置“位置”为（184.9，517.0）。如图4-135所示。

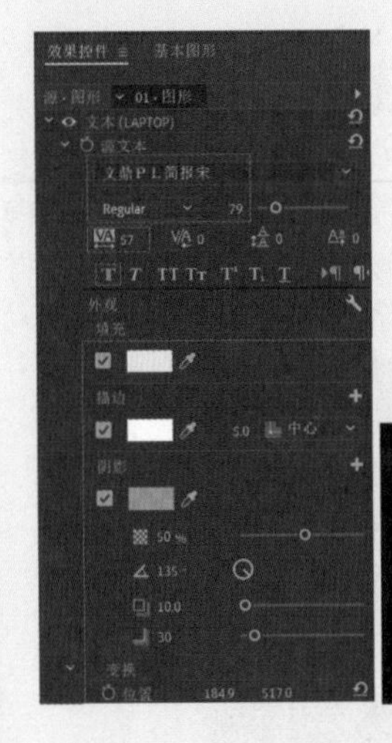

图4-135

10 选择V4轨道上的文字图层，在“效果控件”面板中展开“不透明度”效果，单击“不透明度”前面的。并将时间滑块拖动到1秒10帧的位置，设置“不透明度”为0.0%；将时间滑块拖动到2秒的位置，设置“不透明度”为100.0%，如图4-136所示。

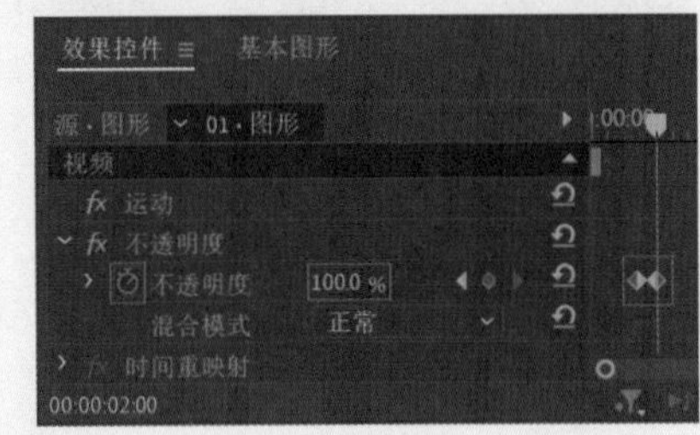

图4-136

11 拖动时间滑块查看效果，如图4-137所示。

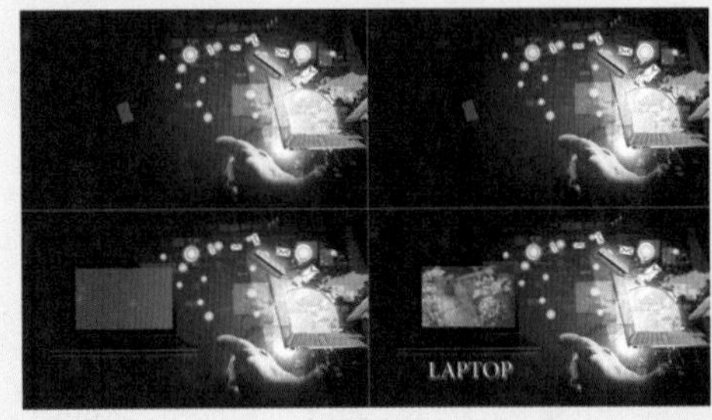

图4-137

实例064 圆形点缀背景效果

文件路径	第4章\圆形点缀背景效果	
难易指数	★★★★★	
技术掌握	● “圆形”效果　● 文字工具	扫码深度学习

操作思路

本实例讲解了在Premiere Pro中使用“圆形”效果、文字工具制作圆形点缀背景效果。

操作步骤

01 在菜单栏中执行“文件”|“新建”|“项目”命令或使用快捷键Ctrl+Alt+N，在弹出的“新建项目”对话框中设置合适的文件名称，单击“位置”右侧的“浏览”按钮，弹出“项目位置”对话框，单击“选择文件夹”按钮，为项目选择合适的路径文件夹。在“新建项目”对话框中单击“创建”按钮，如图4-138所示。

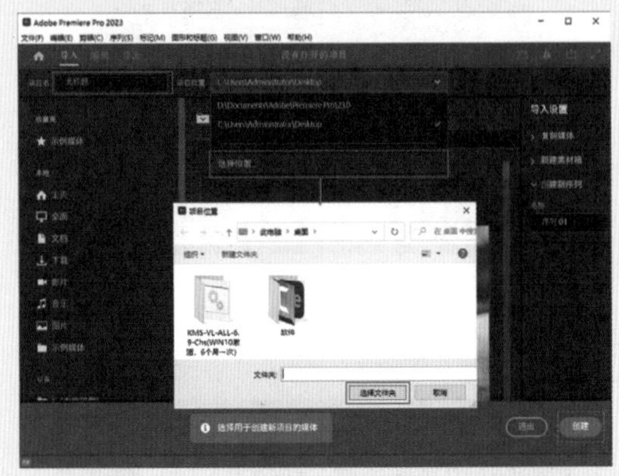

图4-138

02 在“项目”面板空白处单击鼠标右键，在弹出的快捷菜单中执行“新建项目”|“序列”命令。接着在弹出的“新建序列”对话框中选择DV-PAL文件夹下的“标准48kHz”，如图4-139所示。

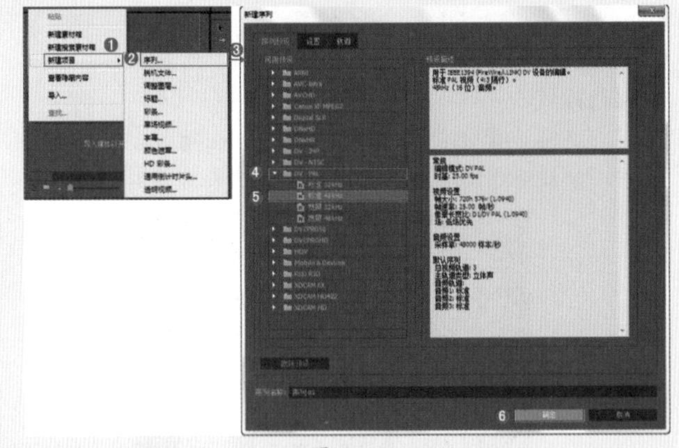

图4-139

03 在“项目”面板空白处双击，选择所需的“背景.jpg”和“02.png”素材文件，最后单击“打开”按钮，将它们进行导入，如图4-140所示。

图4-140

04 选择“项目”面板中的“背景.jpg”素材文件，按住鼠标左键将其拖曳到V1轨道上，如图4-141所示。

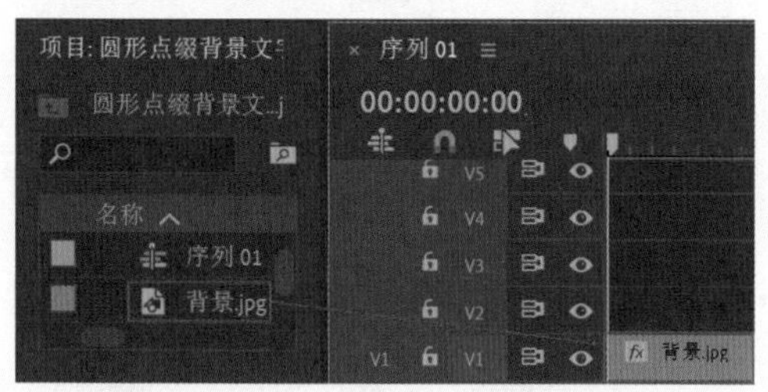

图4-141

05 选择V1轨道上的“背景.jpg”素材文件，在“效果控件”面板中展开“运动”效果，设置“缩放”为86.0，如图4-142所示。

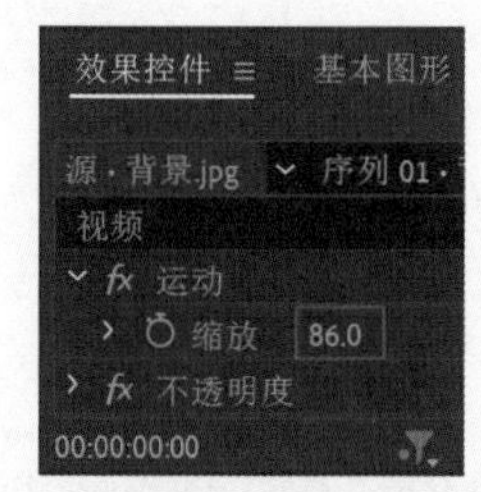

图4-142

06 在“项目”面板的空白处单击鼠标右键，在弹出的快捷菜单中执行“新建项目”|“黑场视频”命令，此时会弹出“新建黑场视频”对话框，单击“确定”按钮，如图4-143所示。

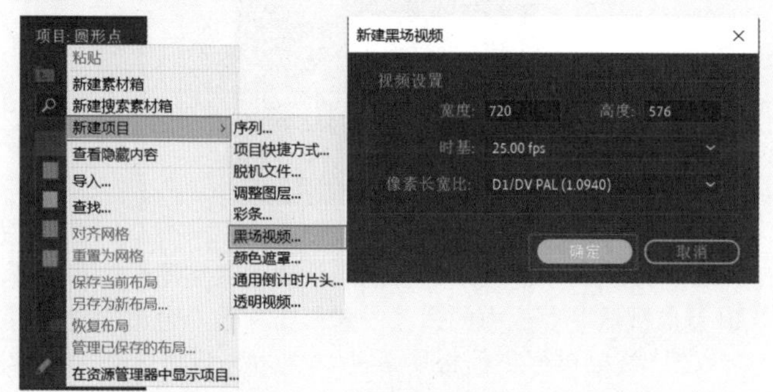

图4-143

07 选择“项目”面板中的“黑场视频”，按住鼠标左键将其拖曳到V2轨道上，如图4-144所示。

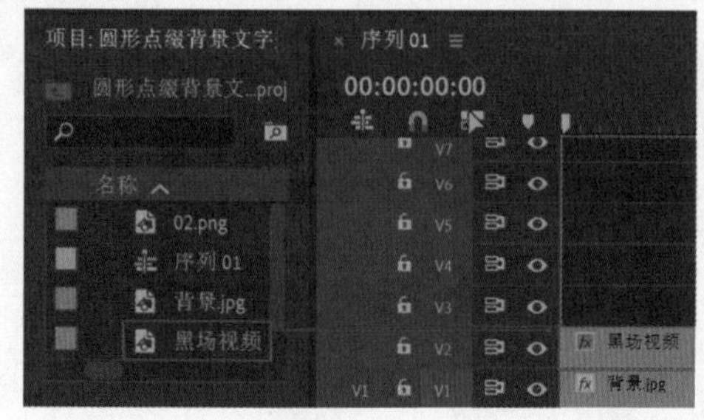

图4-144

08 在“效果”面板中搜索“圆形”效果，并按住鼠标左键将其拖曳到V2轨道中的“黑场视频”上，如图4-145所示。

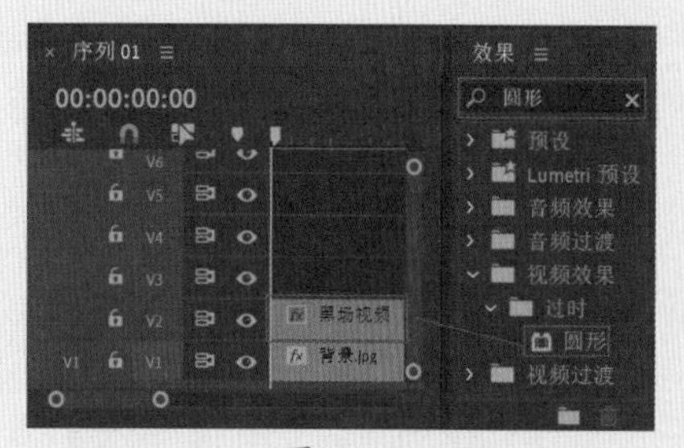

图4-145

> **提示　黑场视频**
>
> 黑场视频不仅可以用来制作图形样式，还可以用来制作过渡效果。

09 选择V2轨道上的“黑场视频”，在“效果控件”面板中展开“圆形”效果，设置“中心”为（214.0,225.0）、“半径”为153.0、“颜色”为蓝色、“不透明度”为60.0%，如图4-146所示。查看效果，如图4-147所示。

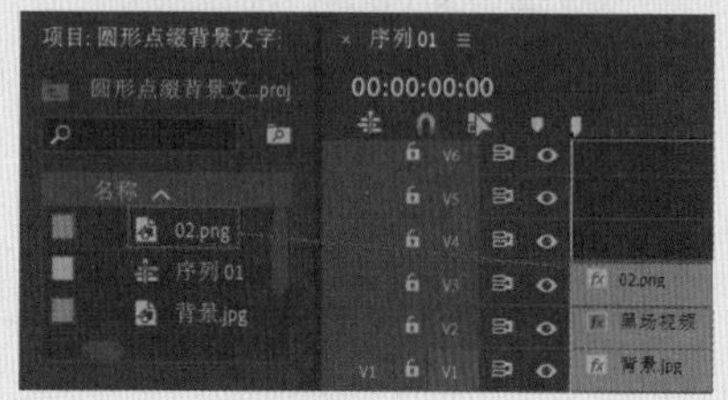

图4-146　图4-147

10 选择“项目”面板中的“02.png”素材文件，并按住鼠标左键将其拖曳到V3轨道上，如图4-148所示。

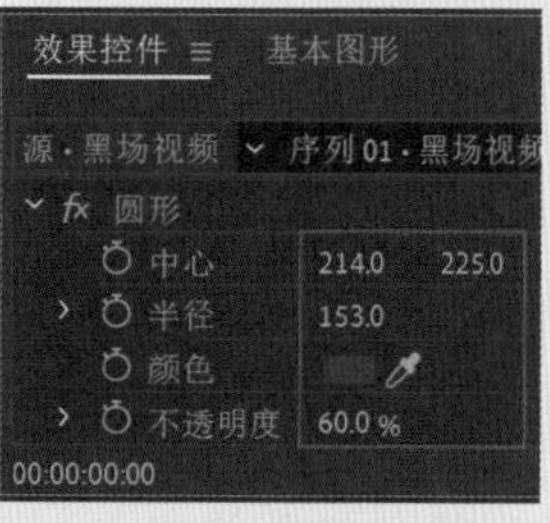

图4-148

11 选择V3轨道上的“02.png”素材文件，在“效果控件”面板中展开“运动”效果，设置“位置”为（141.0,221.0）、“缩放”为80.0；再展开“不透明度”效果，设置“混合模式”为“浅色”，如图4-149所示。查看效果，如图4-150所示。

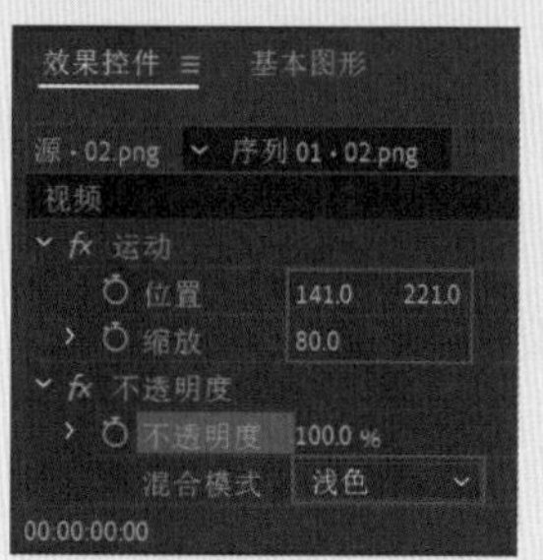

图4-149　图4-150

12 选择V2轨道上的“黑场视频”，按住Alt键的同时按住鼠标左键将其拖曳复制到V4轨道上，如图4-151所示。

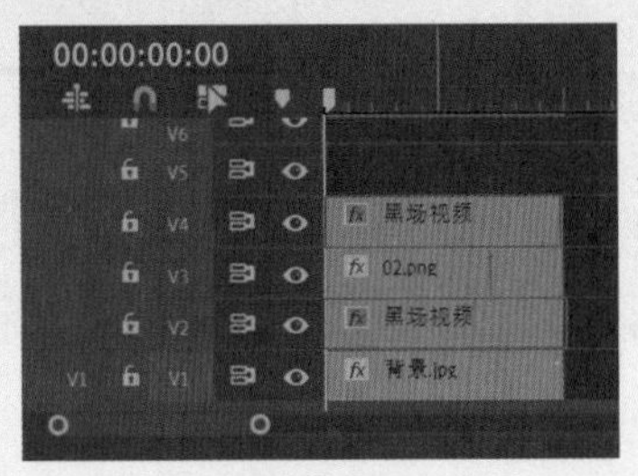

图4-151

13 选择V4轨道上的“黑场视频”，在“效果控件”面板中展开“不透明度”效果，设置“混合模式”为“正常”；再展开“圆形”效果，设置“中心”为（192.0,225.0）、“半径”为153.0、“颜色”为橘红色，如图4-152所示。查看效果，如图4-153所示。

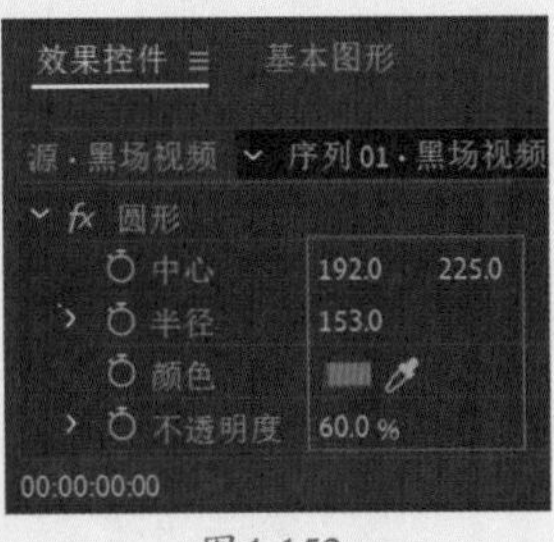

图4-152

图4-153

14 选择V3轨道上的“02.png”素材文件，按住Alt键的同时按住鼠标左键将其拖曳复制到V5轨道上，如图4-154所示。

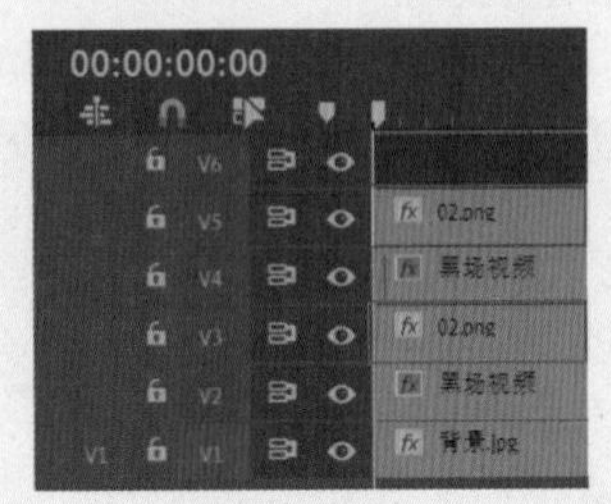

图4-154

15 选择V5轨道上的“02.png”素材文件，在“效果控件”面板中展开“运动”效果，设置“位置”为（141.0,221.0）、“缩放”为80.0；再展开“不透明度”效果，设置“混合模式”为“柔光”，如图4-155所示。查看效果，如图4-156所示。

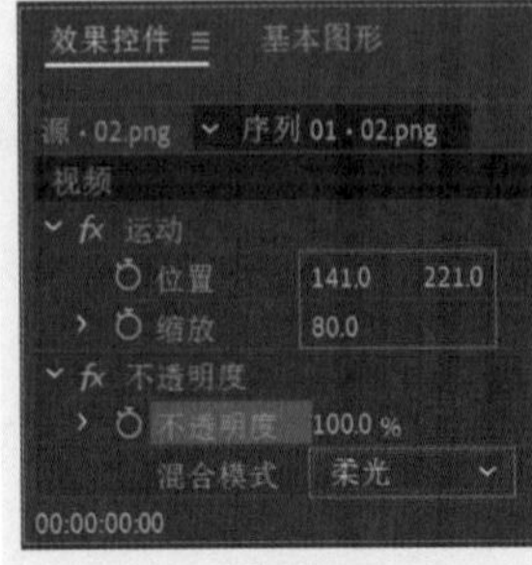

图4-155

图4-156

16 制作文字部分。将时间滑块拖动至起始时间位置处。在“工具”面板中选择T（文字工具），接着在“节目监视器”面板中的适当位置单击鼠标左键输入合适的文字内容，如图4-157所示。

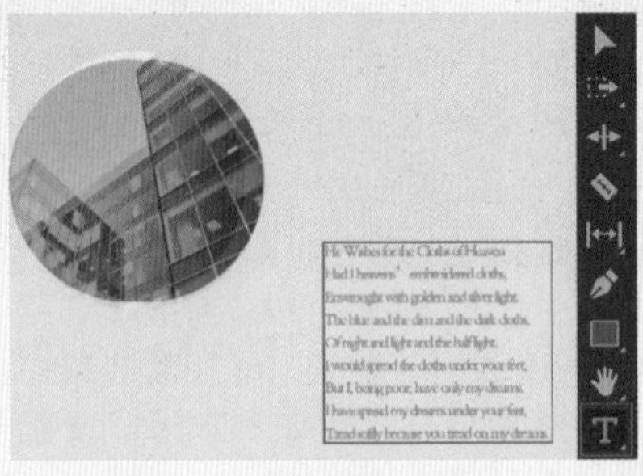

图4-157

17 接着选中文字，在“效果控件”面板中展开“文本”设置合适的“字体系列”和“字体样式”，设置“字体大小”为21、“字距调整”为-123、“行距”为4。选择“仿粗体”，勾选“填充”复选框，设置“颜色”为灰色，接着展开“变换”，设置“位置”为（424.4,320.3）。如图4-158所示。

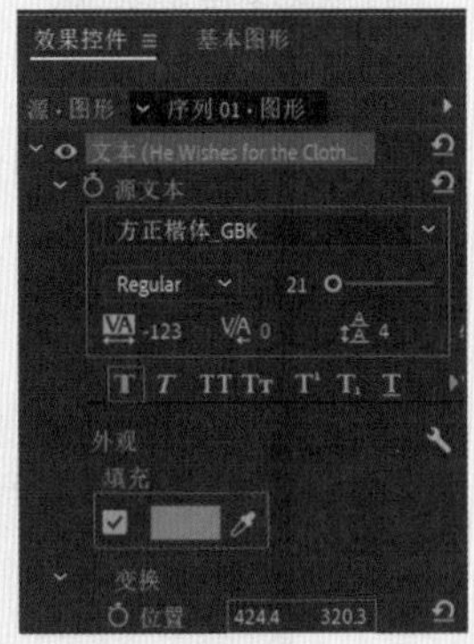

图4-158

18 在“时间轴”面板中选择刚刚创建的文字图层，在“节目监视器”面板中的适当位置单击并输入合适的文字内容，在“效果控件”面板中展开“文本”设置合适的“字体系列”和“字体样式”，设置“字体大小”为80、“字距调整”为-10、“行距”为-23。勾选“填充”复选框，设置“填充颜色”为白色，勾选“阴影”复选框。展开“变换”，设置“位置”为（124.0，240.0）。如图4-159所示。

图4-159

19 拖动时间滑块查看效果，如图4-160所示。

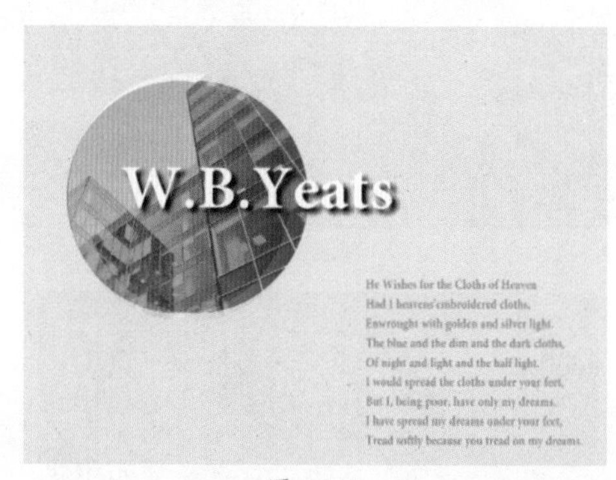

图4-160

实例065 彩虹效果

文件路径	第4章\彩虹效果	扫码深度学习
难易指数	★★★★★	
技术掌握	● 新建黑场视频　● “圆形”效果	

操作思路

本实例讲解了在Premiere Pro中使用新建黑场视频、“圆形”效果模拟制作彩虹效果。

操作步骤

01 在菜单栏中执行“文件”|“新建”|“项目”命令或使用快捷键Ctrl+Alt+N，在弹出的“新建项目”对话框中设置合适的文件名称，单击“位置”右侧的“浏览”按钮，弹出“项目位置”对话框，单击“选择文件夹”按钮，为项目选择合适的路径文件夹。在“新建项目”对话框中单击“创建”按钮，如图4-161所示。

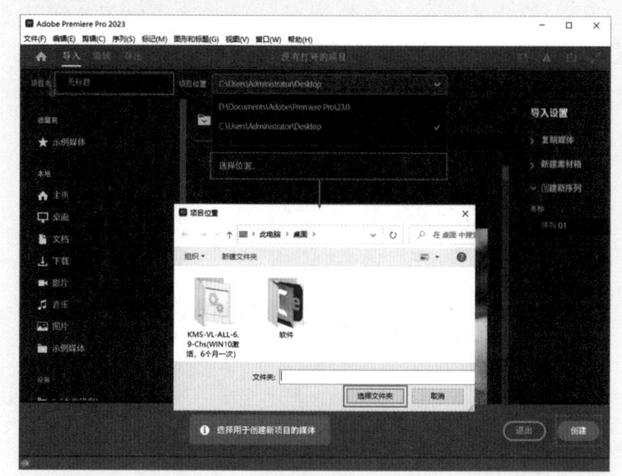

图4-161

02 在“项目”面板空白处单击鼠标右键，在弹出的快捷菜单中执行“新建项目”|“序列”命令。接着在弹出的“新建序列”对话框中选择DV-PAL文件夹下的“标准48kHz”，如图4-162所示。

图4-162

03 在“项目”面板空白处双击，选择所需的“01.png”~“04.png”素材文件，最后单击“打开”按钮，将它们进行导入，如图4-163所示。

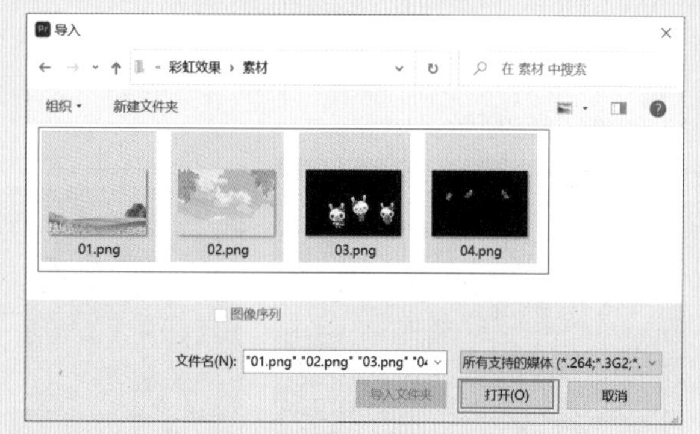

图4-163

04 选择“项目”面板中的“02.png”素材文件，并按住鼠标左键将其拖曳到V1轨道上，如图4-164所示。

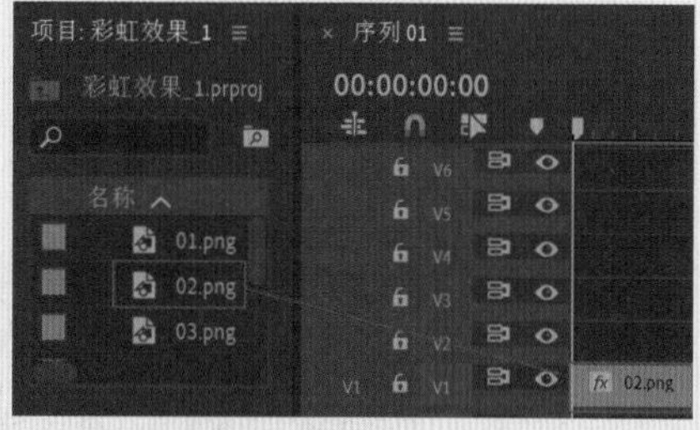

图4-164

05 选择V1轨道上的“02.png”素材文件，在“效果控件”面板中展开“运动”效果，设置“位置”为(360.0,289.0)、“缩放”为90.0，如图4-165所示。

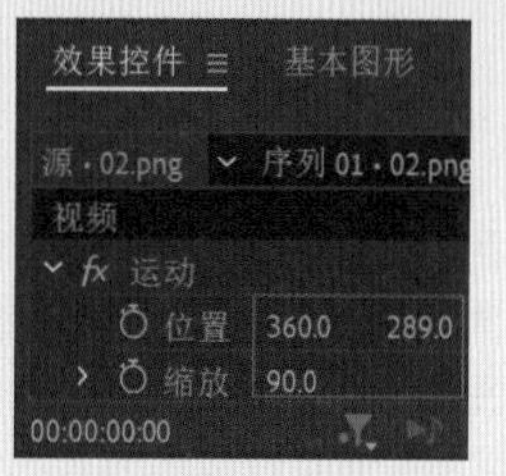

图4-165

> **提示**
>
> **在“节目监视器”面板中显现视频效果轨迹**
>
> 在“效果控件”面板中单击效果（如运动、边角定位），“节目监视器”面板中则会显现轨迹，如图4-166所示。
>
> 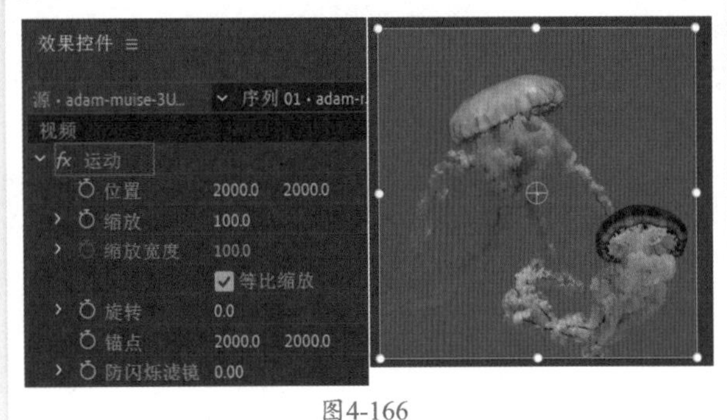
>
>
> 图4-166

06 选择“项目”面板中的“01.png”素材文件，并按住鼠标左键将其拖曳到V6轨道上，如图4-167所示。

07 选择V6轨道上的“01.png”素材文件，在“效果控件”面板中展开“运动”效果，设置“缩放”为90.0，如图4-168所示。

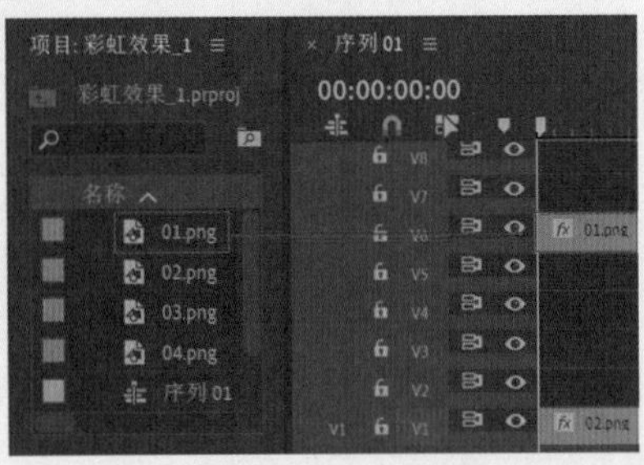

图4-167

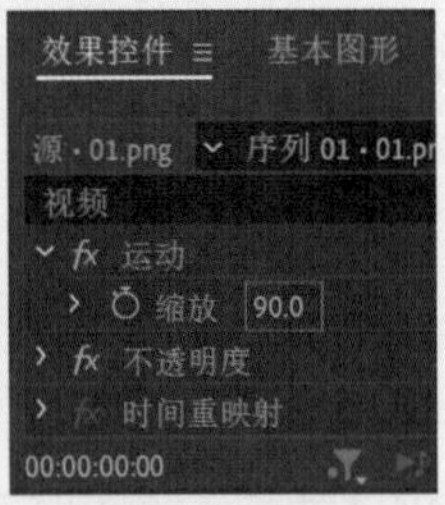

图4-168

08 在“项目”面板空白处单击鼠标右键，在弹出的快捷菜单中执行“新建项目”|“黑场视频”命令，此时会弹出“新建黑场视频”对话框，最后单击“确定”按钮，如图4-169所示。

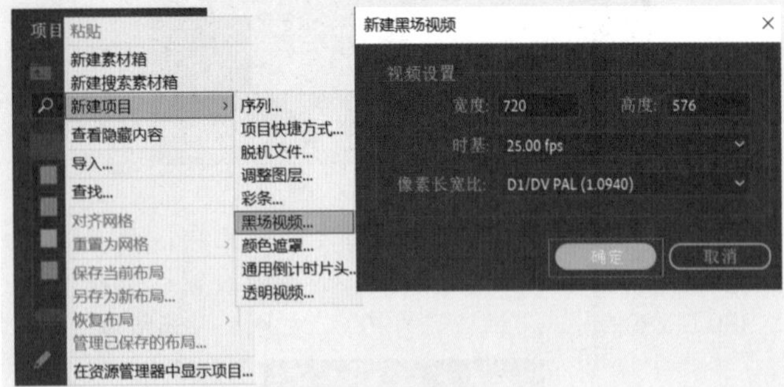

图4-169

09 选择“项目”面板中的“黑场视频”，并按住鼠标左键将其拖曳到V2轨道上，如图4-170所示。

10 在“效果”面板中搜索“圆形”效果，并按住鼠标左键将其拖曳到V2轨道中的“黑场视频”上，如图4-171所示。

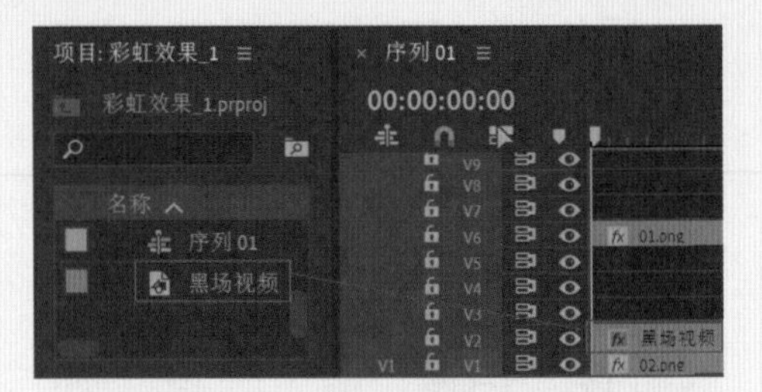

图4-170

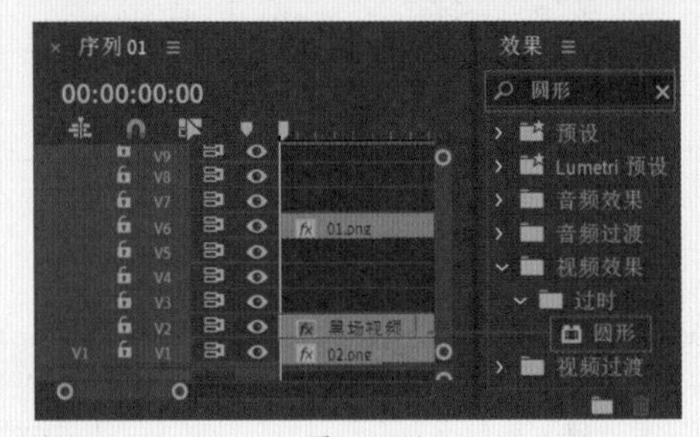

图4-171

11 选择V2轨道上的“黑场视频”，在“效果控件”面板中展开“圆形”效果，设置“半径”为276.0、“边缘”为“厚度”、“厚度”为23.0、“颜色”为红色；再展开“运动”效果，设置“位置”为（356.0,597.0）、“缩放”为156.0，如图4-172所示。查看效果，如图4-173所示。

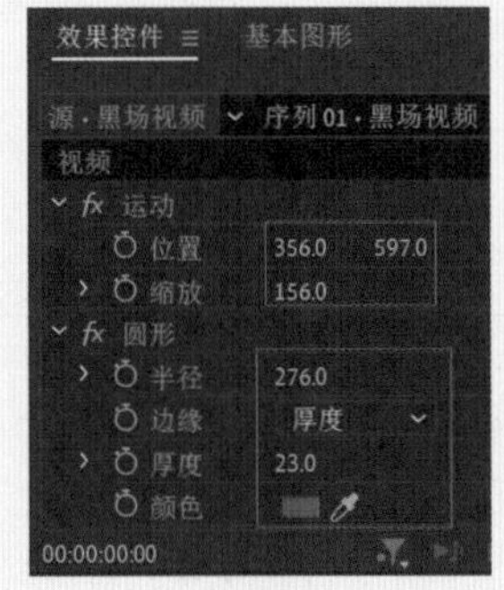

图4-172

图4-173

12 选择V2轨道上的“黑场视频”，并按住鼠标左键将其拖曳复制到V3、V4和V5轨道上，如图4-174所示。

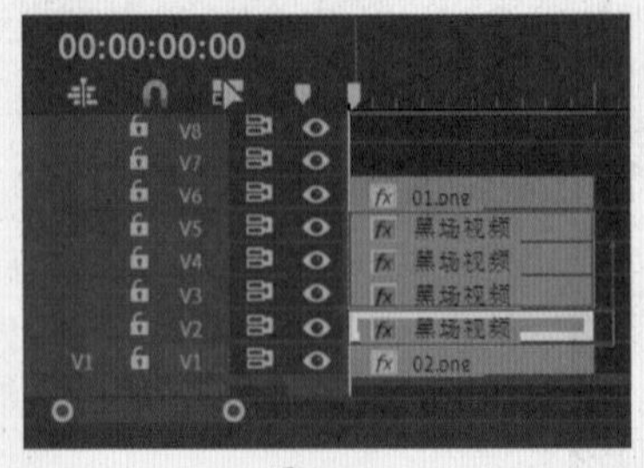

图4-174

13 选择V3轨道上的“黑场视频”，在“效果控件”面板中展开“圆形”效果，设置“半径”为254.0、“颜色”为黄色，如图4-175所示。查看效果，如图4-176所示。

14 选择V4轨道上的“黑场视频”，在“效果控件”面板中展开“圆形”效果，设置“半径”为232.0、“颜色”为绿色，如图4-177所示。查看效果，如图4-178所示。

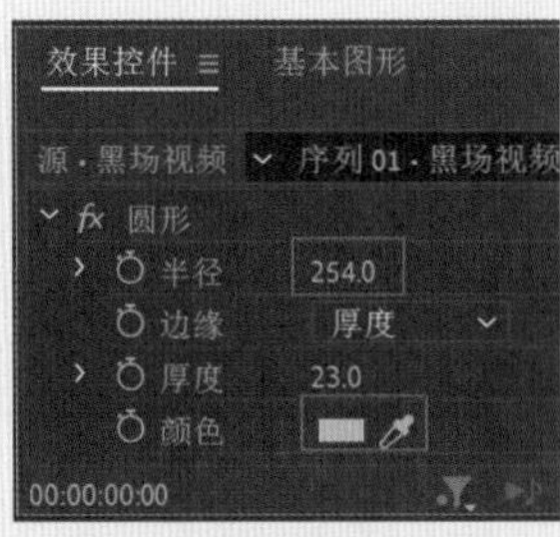

图4-175

图4-176

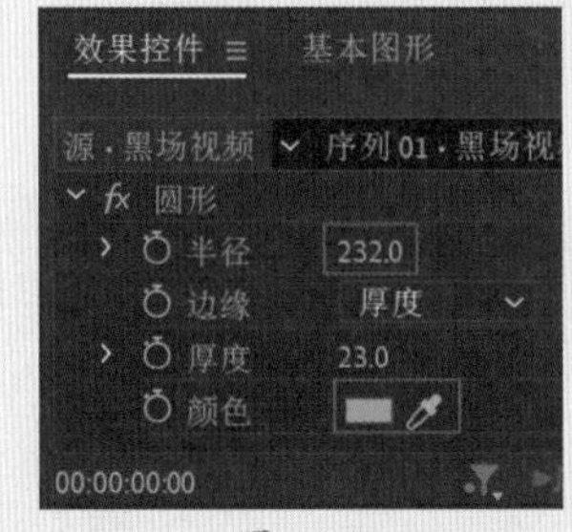

图4-177

图4-178

15 选择V5轨道上的“黑场视频”，在“效果控件”面板中展开“圆形”效果，设置“半径”为211.0、“羽化内侧边缘”为20.0、“颜色”为蓝色，如图4-179所示。查看效果，如图4-180所示。

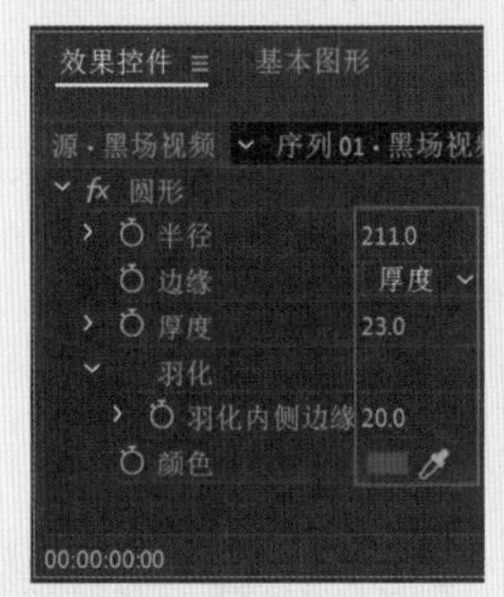

图4-179

图4-180

16 选择“项目”面板中的“03.png”和“04.png”素材文件，并按住鼠标左键将它们分别拖曳到V7和V8轨道上，如图4-181所示。

图4-181

17 选择V7轨道上的“03.png”素材文件，在“效果控件”面板中展开“运动”效果，设置“位置”为（413.0,391.0）、“缩放”为53.0，如图4-182所示。

18 选择V8轨道上的“04.png”素材文件，在“效果控件”面板中展开“运动”效果，设置“位置”为（376.0,404.0）、“缩放”为60.0，如图4-183所示。

19 拖动时间滑块查看效果，如图4-184所示。

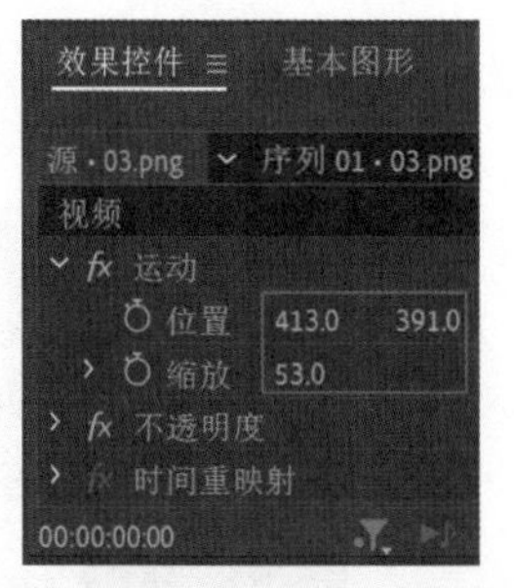

图4-182

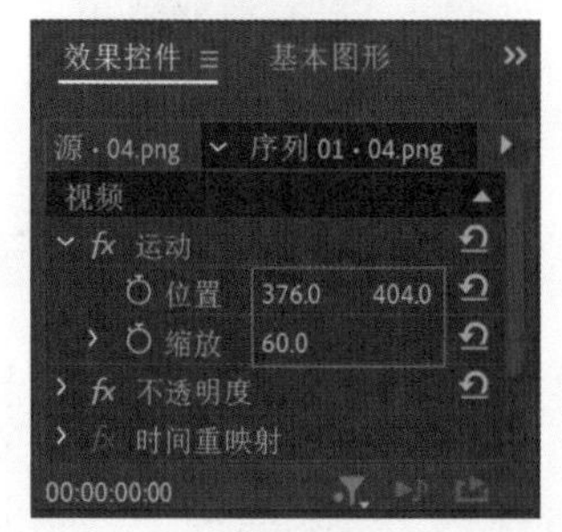

图4-183

图4-184

实例066 灯光效果

文件路径	第4章\灯光效果	 扫码深度学习
难易指数	★★★★★	
技术掌握	“光照”/效果	

操作思路

本实例讲解了在Premiere Pro中使用“光照”效果模拟制作灯光照明效果。

操作步骤

01 在菜单栏中执行“文件”|“新建”|“项目”命令或使用快捷键Ctrl+Alt+N，在弹出的“新建项目”对话框中设置合适的文件名称，单击“位置”右侧的“浏览”按钮，弹出“项目位置”对话框，单击“选择文

件夹”按钮，为项目选择合适的路径文件夹。在“新建项目”对话框中单击“创建”按钮，如图4-185所示。

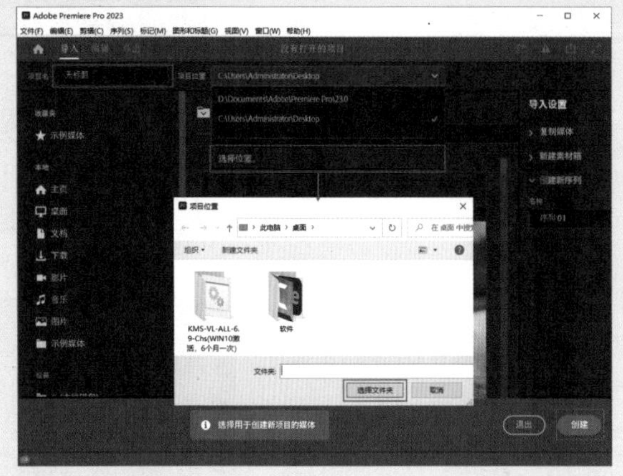

图4-185

02 在“项目”面板空白处单击鼠标右键，在弹出的快捷菜单中执行“新建项目”|“序列”命令。接着在弹出的“新建序列”对话框中选择DV-PAL文件夹下的“标准48kHz”，如图4-186所示。

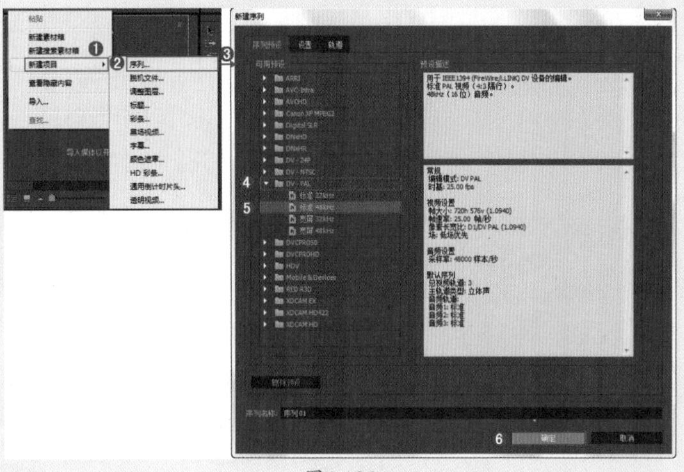

图4-186

03 在“项目”面板空白处双击，选择所需的“01.jpg”素材文件，最后单击“打开”按钮，将其进行导入，如图4-187所示。

图4-187

04 选择“项目”面板中的“01.jpg”素材文件，并按住鼠标左键将其拖曳到V1轨道上，如图4-188所示。

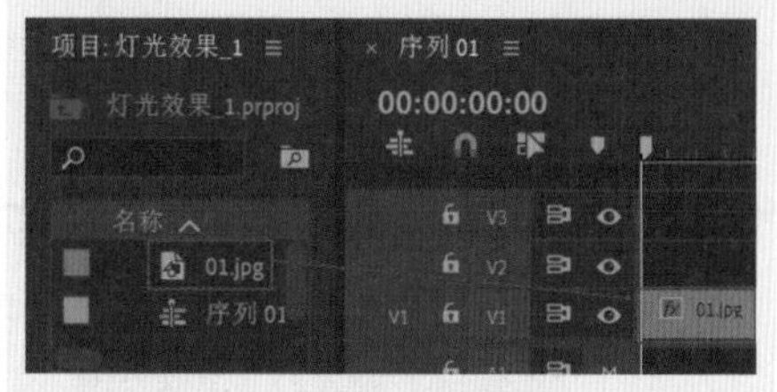

图4-188

05 在“效果”面板中搜索“光照”效果，并按住鼠标左键将其拖曳到“01.jpg”素材文件上，如图4-189所示。

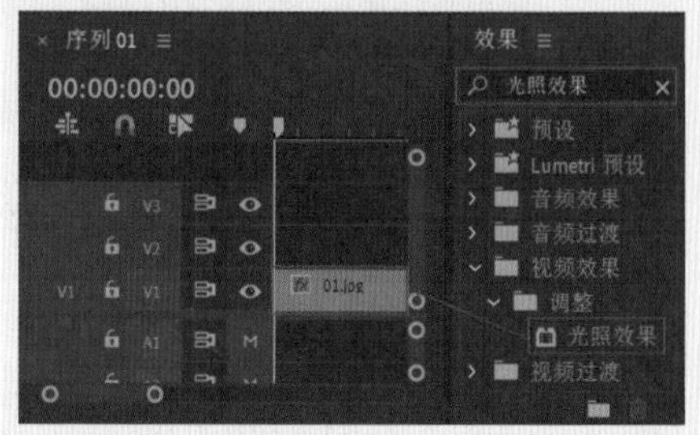

图4-189

06 选择V1轨道上的“01.jpg”素材文件，在“效果控件”面板中展开“光照”效果，再展开“光照1”，设置“中央”为（501.0,367.5）、“主要半径”为25.0、“次要半径”为25.0、“强度”为15.0、“聚焦”为46.0。再设置“环境光照强度”为12.0、“表面光泽”为-100.0、“曝光”为6.0，如图4-190所示。

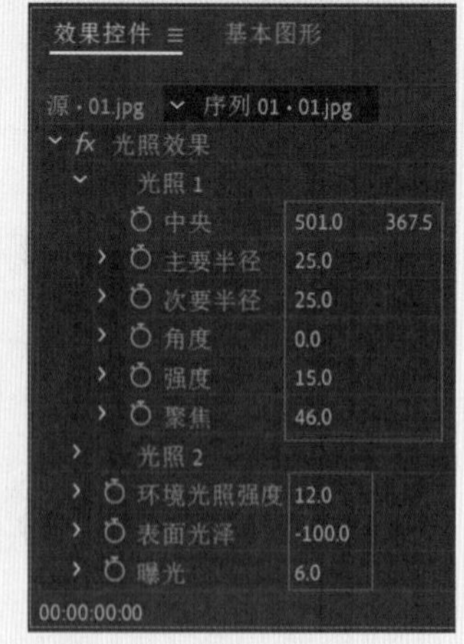

图4-190

提示　调节灯光颜色

为素材文件添加“光照”效果，设置“光照颜色”可以改变“节目监视器”面板中的照射颜色；设置“环境光照射颜色”可以改变“节目监视器”面板中的环境光颜色，如图4-191所示。

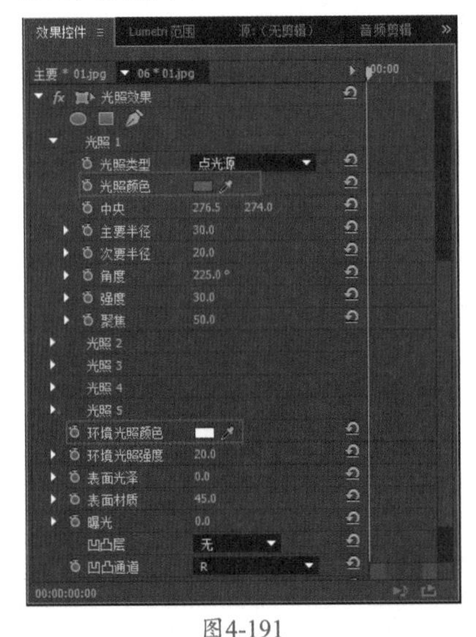

图4-191

07 拖动时间滑块查看效果，如图4-192所示。

图4-192

实例067　放大效果

文件路径	第4章\放大效果
难易指数	★★★★★
技术掌握	●“放大”效果　●“投影”效果

扫码深度学习

操作思路

本实例讲解了在Premiere Pro中使用“放大”效果、“投影”效果模拟制作局部放大镜效果。

操作步骤

01 在菜单栏中执行“文件”|“新建”|“项目”命令或使用快捷键Ctrl+Alt+N，在弹出的“新建项目”对话框中设置合适的文件名称，单击“位置”右侧的“浏览”按钮，弹出“项目位置”对话框，单击“选择文件夹”按钮，为项目选择合适的路径文件夹。在“新建项目”对话框中单击“创建”按钮，如图4-193所示。

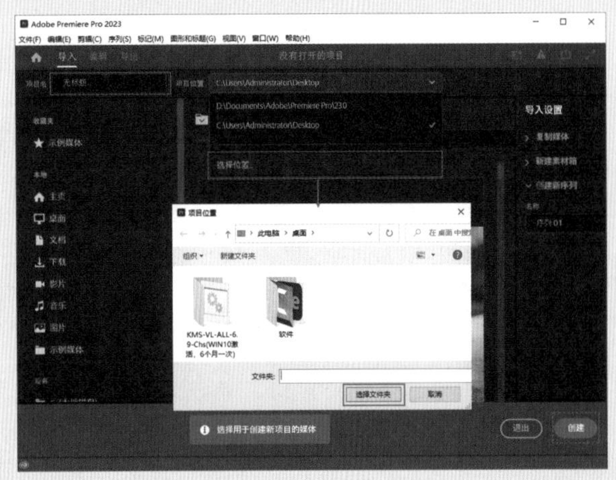

图4-193

02 在“项目”面板空白处单击鼠标右键，在弹出的快捷菜单中执行“新建项目”|“序列”命令。接着在弹出的“新建序列”对话框中选择DV-PAL文件夹下的“标准48kHz”，如图4-194所示。

图4-194

03 在“项目”面板空白处双击，选择所需的“01.png”和“背景.jpg”素材文件，最后单击“打开”按钮，将它们进行导入，如图4-195所示。

图4-195

04 选择“项目”面板中的“背景.jpg”和“01.png”素材文件，并按住鼠标左键依次将它们拖曳到V1和V2轨道上，如图4-196所示。

05 选择V1轨道上的“背景.jpg”素材文件，在“效果控件”面板中展开“运动”效果，设置“缩放”为55.0，如图4-197所示。

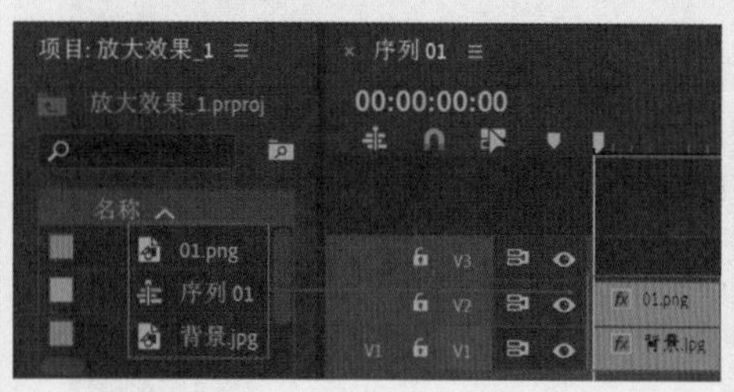

图4-196

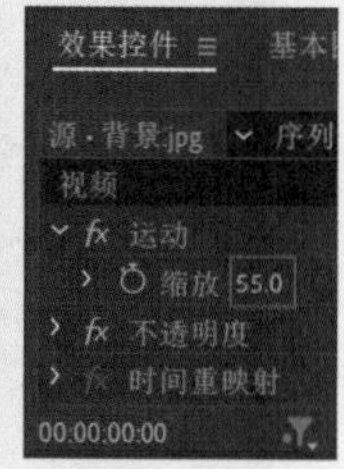

图4-197

06 选中V1轨道上的背景素材，单击鼠标右键，在弹出的快捷菜单中执行【嵌套】命令，并在弹出的对话框中单击“确定”按钮。在“效果”面板中搜索“放大”效果，并按住鼠标左键将其拖曳到嵌套系列01上，如图4-198所示。

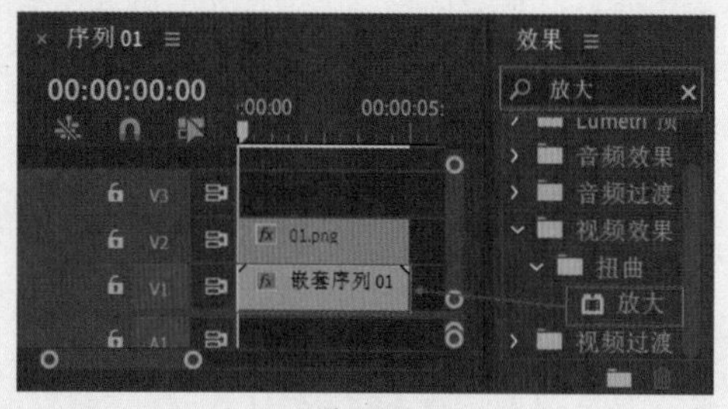

图4-198

07 选择V1轨道上的“背景.jpg”素材文件，在“效果控件”面板中展开“放大”效果，设置“中央”为（353.3,430.8）、“放大率”为179.0、“大小”为129.0，如图4-199所示。

08 选择V2轨道上的“01.png”素材文件，在“效果控件”面板中展开“运动”效果，设置“位置”为（365.0,481.0）、“缩放”为43.0，如图4-200所示。

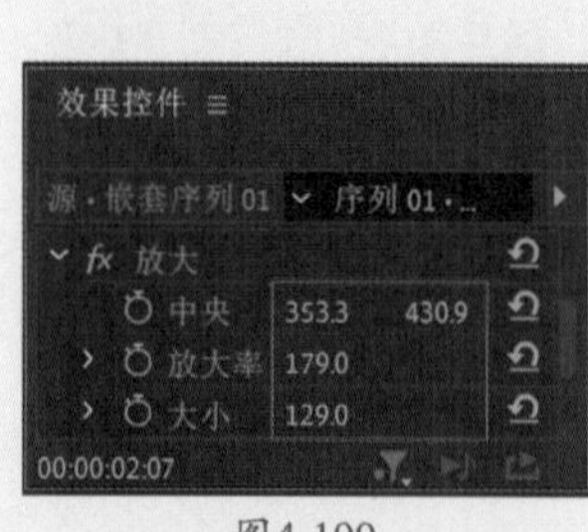

图4-199

图4-200

09 在“效果”面板中搜索“投影”效果，并按住鼠标左键将其拖曳到“01.png”素材文件上，如图4-201所示。

10 选择V2轨道上的“01.png”素材文件，在“效果控件”面板中展开“投影”效果，设置“不透明度”为81%、“方向”为120.0°、“柔和度”为45.0，如图4-202所示。

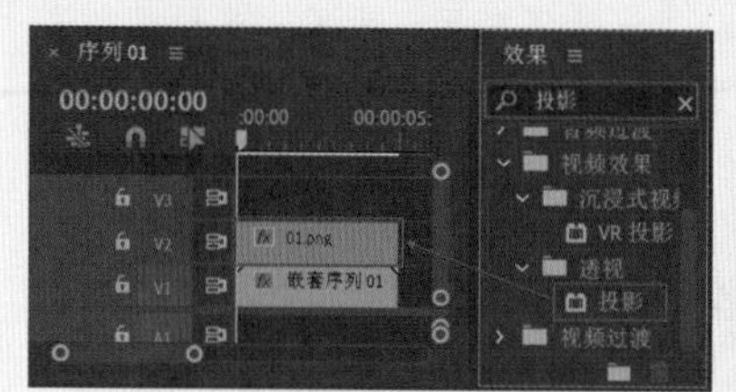

图4-201

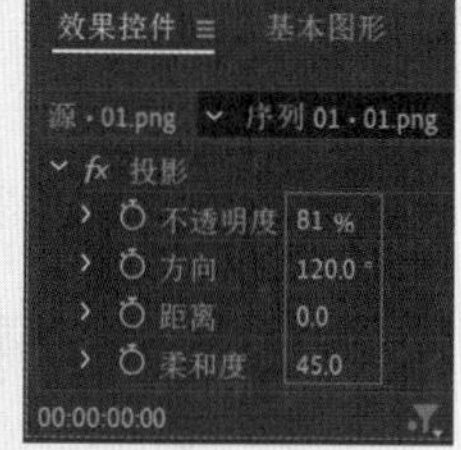

图4-202

11 拖动时间滑块查看效果，如图4-203所示。

图4-203

实例068 户外广告

文件路径	第4章\户外广告
难易指数	★★★★★
技术掌握	“边角定位”效果

扫码深度学习

操作思路

本实例讲解了在Premiere Pro中使用“边角定位”效果将广告素材的上下左右准确地对位到广告牌上，模拟制作户外广告。

操作步骤

01 在菜单栏中执行“文件”|“新建”|“项目”命令或使用快捷键Ctrl+Alt+N，在弹出的“新建项目”对话框中设置合适的文件名称，单击“位置”右侧的“浏览”按钮，弹出“项目位置”对话框，单击“选择文件夹”按钮，为项目选择合适的路径文件夹。在“新建项目”对话框中单击“创建”按钮，如图4-204所示。

图4-204

02 在“项目”面板空白处单击鼠标右键，在弹出的快捷菜单中执行“新建项目”|“序列”命令。接着在弹出的“新建序列”对话框中选择DV-PAL文件夹下的“标准48kHz”，如图4-205所示。

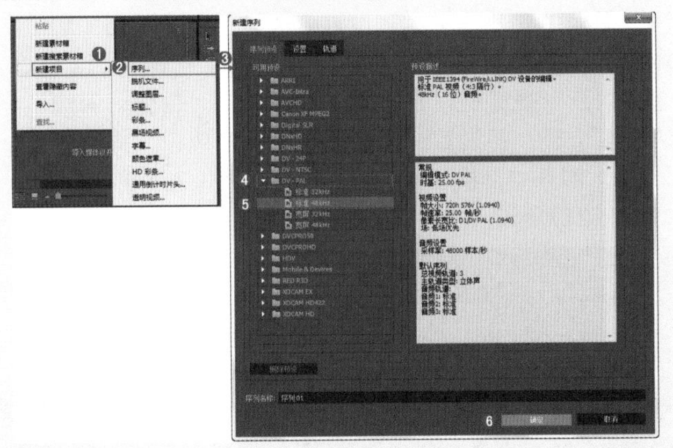

图4-205

03 在“项目”面板空白处双击，选择所需的“01.jpg”和“02.jpg”素材文件，最后单击“打开”按钮，将它们进行导入，如图4-206所示。

图4-206

04 选择“项目”面板中的素材文件，并按住鼠标左键依次将它们拖曳到V1和V2轨道上，如图4-207所示。

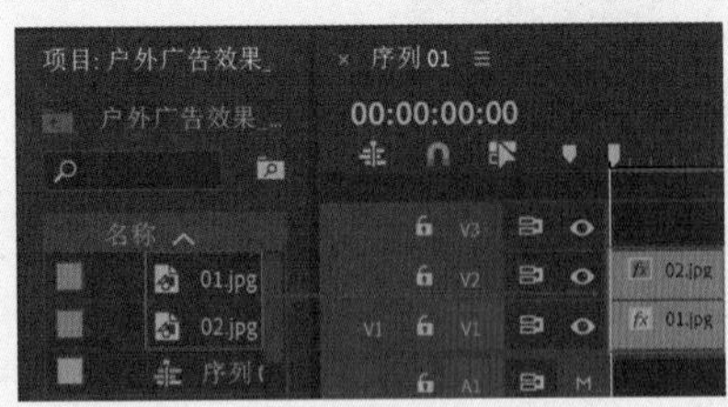

图4-207

05 选择V1轨道上的“01.jpg”素材文件，在“效果控件”面板中展开“运动”效果，并设置“缩放”为79.0，如图4-208所示。查看效果，如图4-209所示。

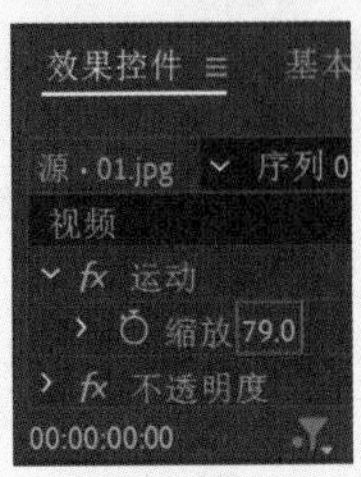

图4-208

图4-209

06 在“效果”面板中搜索“边角定位”效果，并按住鼠标左键将其拖曳到“02.jpg”素材文件上，如图4-210所示。

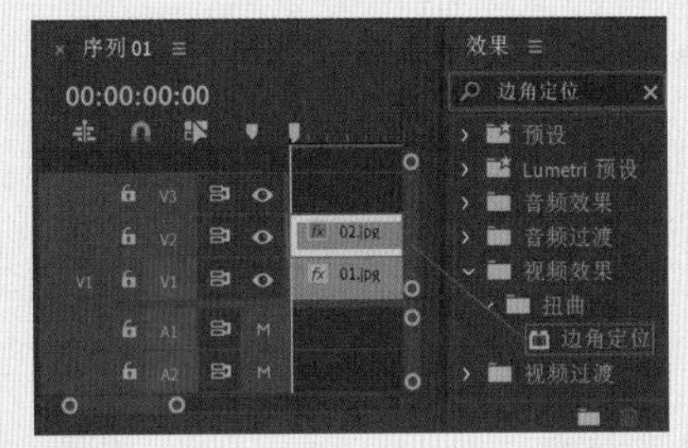

图4-210

07 选择V2轨道上的“02.jpg”素材文件，在“效果控件”面板中展开“边角定位”效果，并设置“左上”为（0.0,10.0）、“右上”为（278.0,10.0）、“左下”为（0.0,140.0）、“右下”为（278.0,140.0），如图4-211所示。

08 拖动时间滑块查看效果，如图4-212所示。

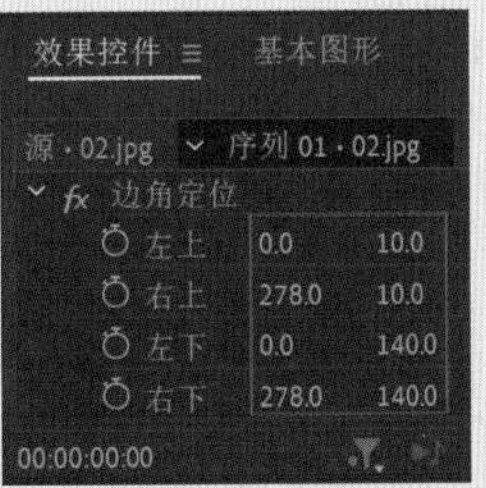

图4-211

图4-212

实例069　混合模式效果

文件路径	第4章\混合模式效果	
难易指数	★★★★★	
技术掌握	● 文字工具　● “效果控件”面板	扫码深度学习

操作思路

本实例讲解了在Premiere Pro中使用文字工具、“效果控件”面板修改参数、制作具有科技感的混合模式效果。

操作步骤

01 在菜单栏中执行“文件”|“新建”|“项目”命令或使用快捷键Ctrl+Alt+N，在弹出的“新建项目”对话框中设置合适的文件名称，单击“位置”右侧的“浏览”按钮，弹出“项目位置”对话框，单击“选择文件夹”按钮，为项目选择合适的路径文件夹。在“新建项目”对话框中单击“创建”按钮，如图4-213所示。

02 在“项目”面板空白处单击鼠标右键，在弹出的快捷菜单中执行“新建项目”|“序列”命令。接着在弹

出的“新建序列”对话框中选择DV-PAL文件夹下的“标准48kHz”，如图4-214所示。

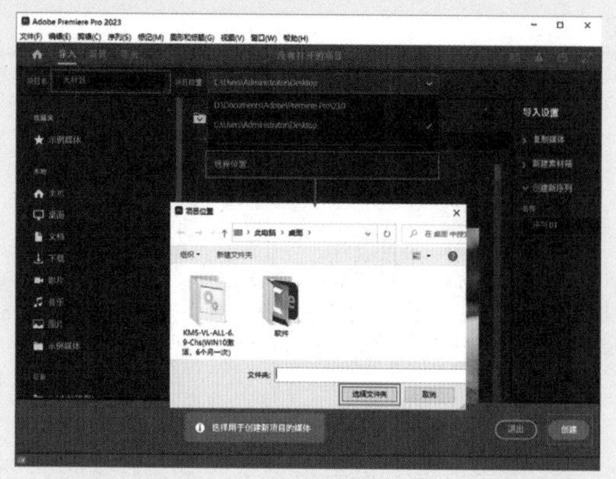

图4-213

图4-214

03 在“项目”面板空白处双击，选择所需的“01.jpg”素材文件，最后单击“打开”按钮将其进行导入，如图4-215所示。

图4-215

04 选择“项目”面板中的“01.jpg”素材文件，并按住鼠标左键将其拖曳到V1轨道上，如图4-216所示。

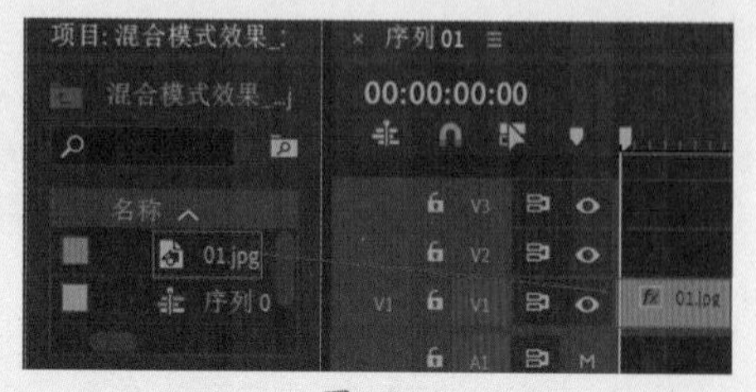

图4-216

05 制作文字部分。将时间滑块拖动至起始时间位置处。在“工具”面板中选择T（文字工具），在“节目监视器”面板中的适当位置单击并输入合适的文字内容，在“时间轴”面板中选择刚刚创建的文字图层，在“效果控件”面板中展开“文本”设置合适的“字体系列”和“字体样式”，设置“字体大小”为16、“行距”为-1。勾选“填充”复选框，设置“填充颜色”为白色，勾选“描边”复选框，并设置“描边颜色”为白色、“描边宽度”为1.0。展开“变换”，设置“位置”为（285.3,417.0）。如图4-217所示。

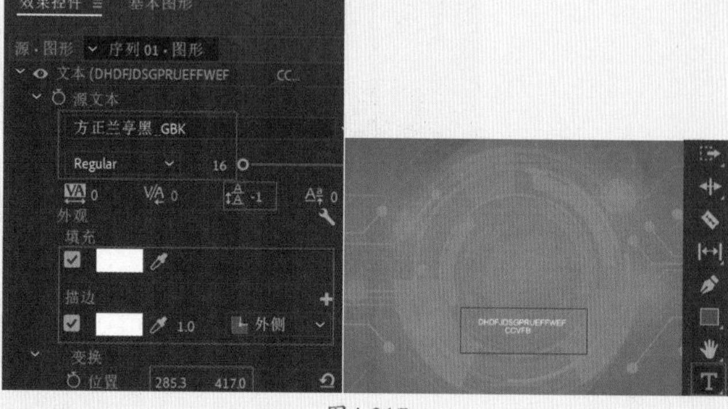

图4-217

06 在“节目监视器”面板中的适当位置单击并输入合适的文字内容，在“时间轴”面板中选择刚刚创建的文字图层，在“效果控件”面板中展开“文本”设置合适的“字体系列”和“字体样式”，设置“字体大小”为57，选择“仿粗体”，勾选“填充”复选框，设置“填充颜色”为白色，勾选“描边”复选框，并设置“描边颜色”为白色、“描边宽度”为1.5。展开“变换”，设置“位置”为（351.0,238.0）。如图4-218所示。

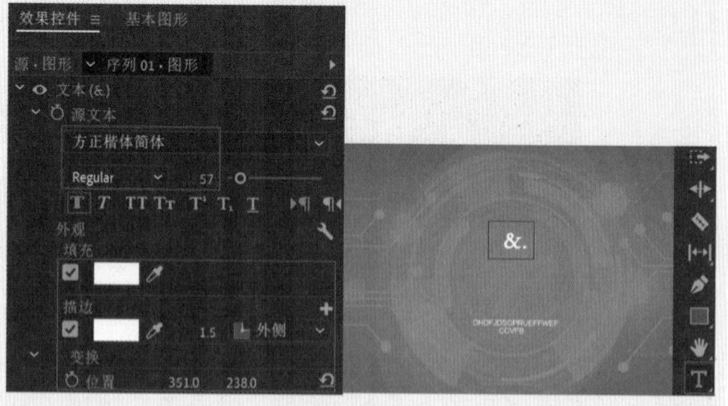

图4-218

07 在画面空白位置处单击，将时间滑块拖动至起始时间位置处。在“工具”面板中选择T（文字工具），在“节目监视器”面板中的适当位置单击并输入合适的文字内容，在“时间轴”面板中选择刚刚创建的文字图层，在“效果控件”面板中展开“文本”设置合适的“字体系列”和“字体样式”，设置“字体大小”为72，“字距调整”为-118。勾选“填充”复选框，设置“填充颜色”为深蓝色，展开“变换”，设置“位置”为（211.3,339.7）。如图4-219所示。

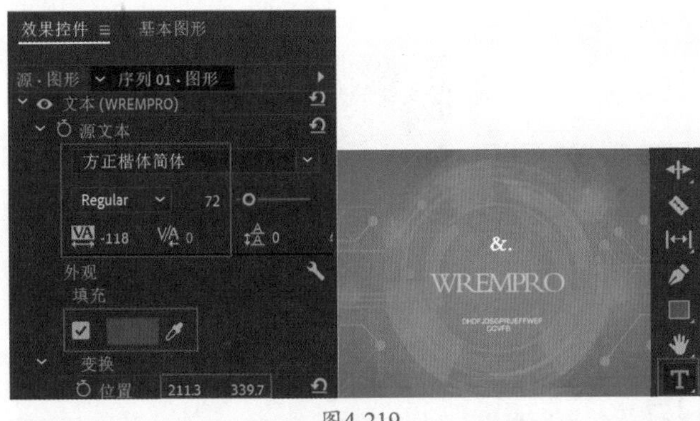

图4-219

08 选择V2轨道上的文字图层，并在“效果控件”面板中展开“不透明度”效果，设置“混合模式”为“颜色减淡”，如图4-220所示。

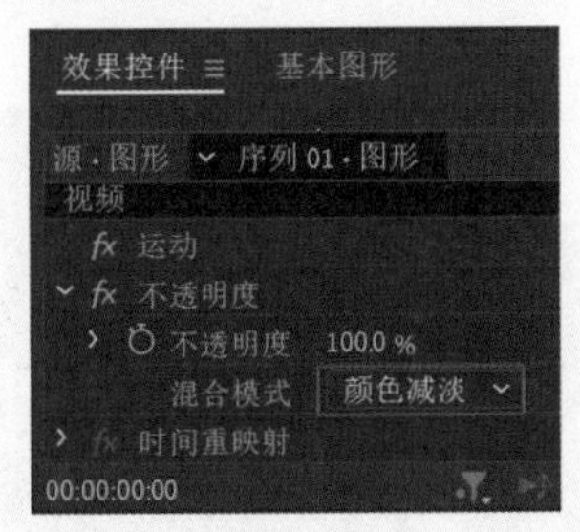

图4-220

> **提示**
>
> **其他混合模式**
>
> 该实例的混合模式除了可以选择“颜色减淡”模式外，还可以选择“相减”模式，效果如图4-221所示。
>
> 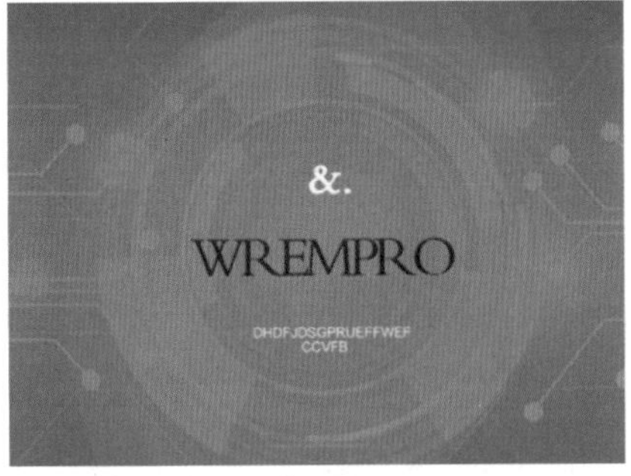
>
>
> 图4-221

09 拖动时间滑块查看效果，如图4-222所示。

图4-222

实例070 立体效果画

文件路径	第 4 章 \ 立体效果画
难易指数	★★★★★
技术掌握	● “纹理”效果 ● “镜头光晕”效果 ● Brightness & Contrast 效果

扫码深度学习

操作思路

本实例讲解了在Premiere Pro中使用“纹理”效果制作画面纹理，使用Brightness & Contrast效果改变画面明度，使用“镜头光晕”效果增加光晕效果。

操作步骤

01 在菜单栏中执行“文件”|“新建”|“项目”命令或使用快捷键Ctrl+Alt+N，在弹出的“新建项目”对话框中设置合适的文件名称，单击“位置”右侧的“浏览”按钮，弹出“项目位置”对话框，单击“选择文件夹”按钮，为项目选择合适的路径文件夹。在“新建项目”对话框中单击“创建”按钮，如图4-223所示。

图4-223

02 在“项目”面板空白处双击，选择所需的“01.jpg”和“背景.jpg”素材文件，最后单击“打开”按钮，将它们进行导入，如图4-224所示。

图4-224

03 选择“项目”面板中的素材文件，并按住鼠标左键依次将它们拖曳到V1和V2轨道上，如图4-225所示。

图4-225

04 在“效果”面板中搜索“纹理”效果，并按住鼠标左键将其拖曳到V1轨道中的“背景.jpg”素材文件上，如图4-226所示。

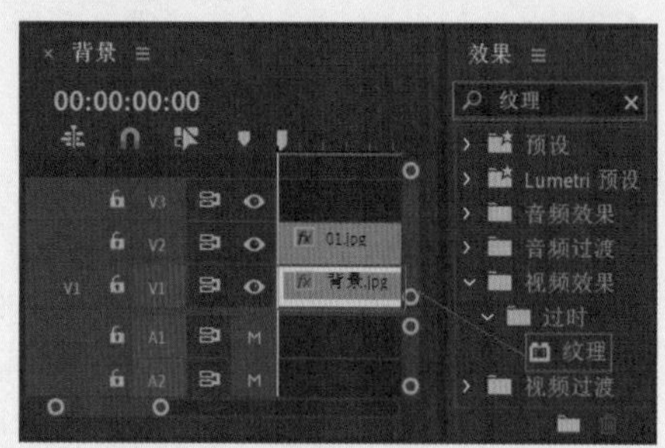

图4-226

05 选择V1轨道上的“背景.jpg”素材文件，在“效果控件”面板中展开“纹理”效果，并设置“纹理图层”为“视频1”、“纹理对比度”为2.0，如图4-227所示。

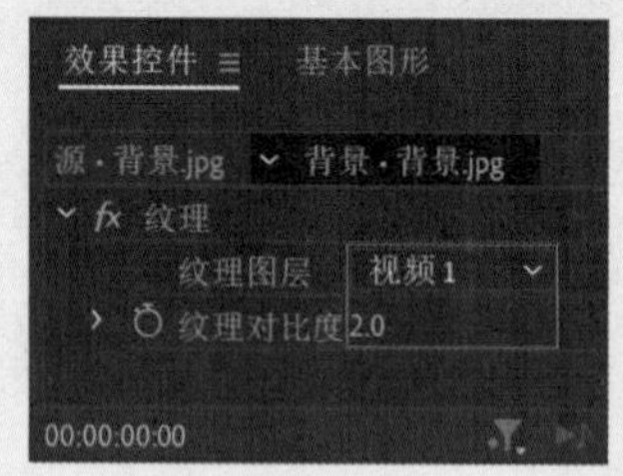

图4-227

06 选择“效果控件”面板中的“纹理”效果，按住Ctrl+C快捷键复制，并粘贴到V2轨道中的“01.jpg”素材文件上，如图4-228所示。

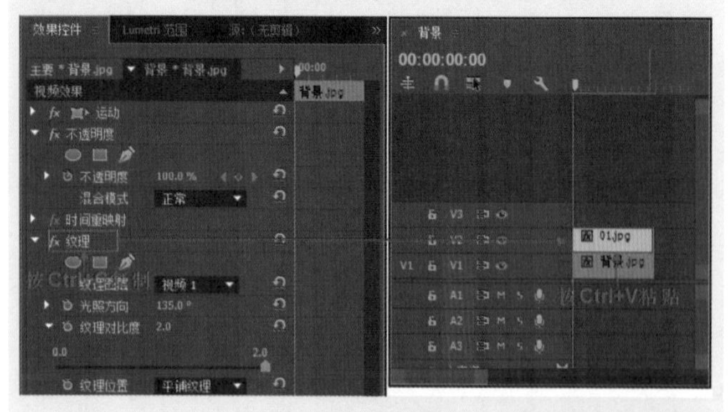

图4-228

07 选择V2轨道上的“01.jpg”素材文件，在“效果控件”面板中设置“缩放”为125.0，如图4-229所示。

08 在“效果”面板中搜索Brightness & Contrast效果，并按住鼠标左键将其拖曳到“01.jpg”素材文件上，如图4-230所示。

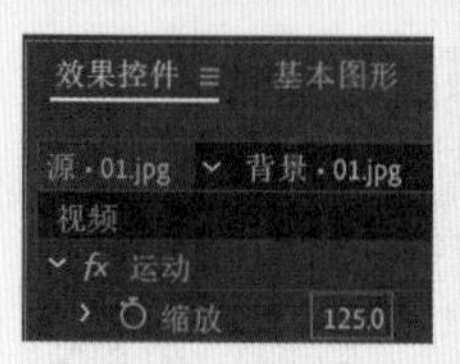

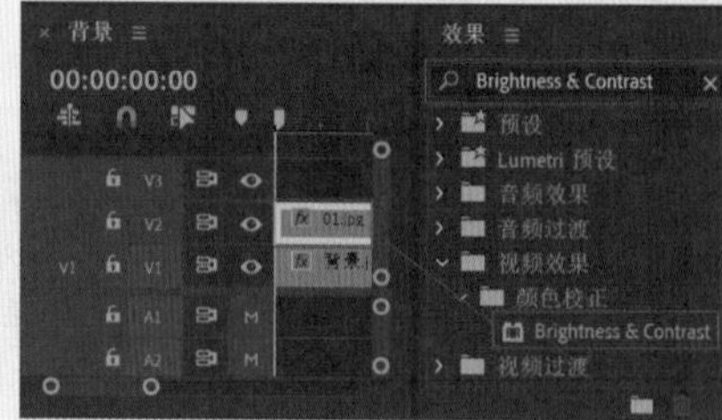

图4-229　图4-230

09 选择V2轨道上的“01.jpg”素材文件，在“效果控件”面板中展开“亮度与对比度”效果，并设置“亮度”为-15.0、“对比度”为2.0，如图4-231所示。

10 在“效果”面板中搜索“镜头光晕”效果，并按住鼠标左键将其拖曳到“01.jpg”素材文件上，如图4-232所示。

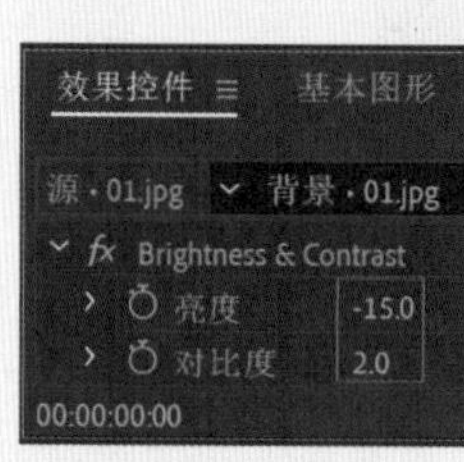

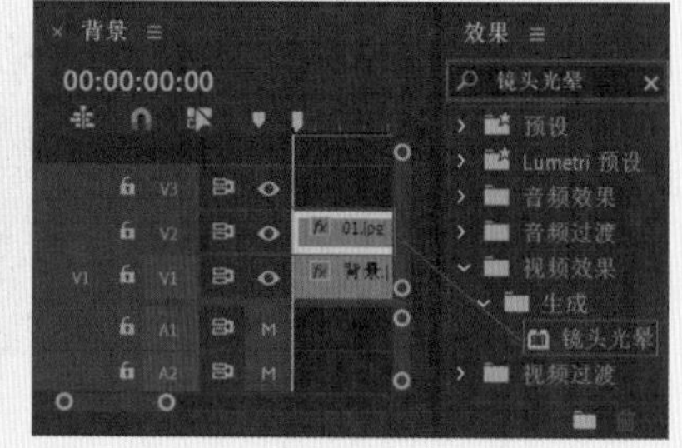

图4-231　图4-232

11 选择V2轨道上的“01.jpg”素材文件，在“效果控件”面板中展开“镜头光晕”效果，并设置“光晕中心”为（758.1,58.9）、“镜头类型”为“105毫米定焦”，如图4-233所示。

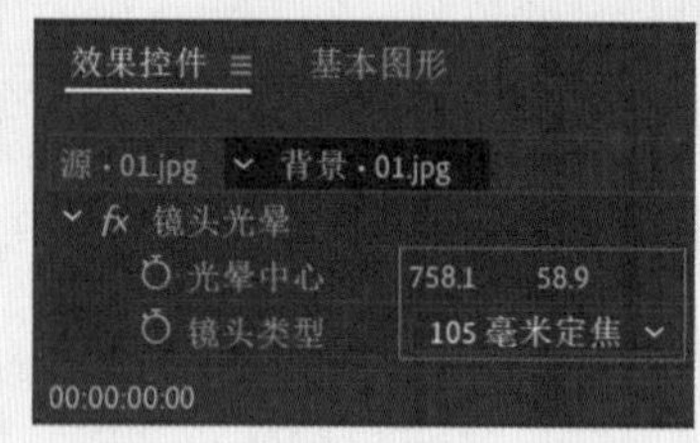

图4-233

12 拖动时间滑块查看效果，如图4-234所示。

图4-234

实例071 模糊效果

文件路径	第 4 章 \ 模糊效果
难易指数	★★★★★
技术掌握	“高斯模糊”效果

扫码深度学习

操作思路

本实例讲解了在Premiere Pro中使用“高斯模糊”效果模拟背景模糊。

操作步骤

01 在菜单栏中执行“文件”|“新建”|“项目”命令或使用快捷键Ctrl+Alt+N，在弹出的“新建项目”对话框中设置合适的文件名称，单击“位置”右侧的“浏览”按钮，弹出“项目位置”对话框，单击“选择文件夹”按钮，为项目选择合适的路径文件夹。在“新建项目”对话框中单击“创建”按钮，如图4-235所示。

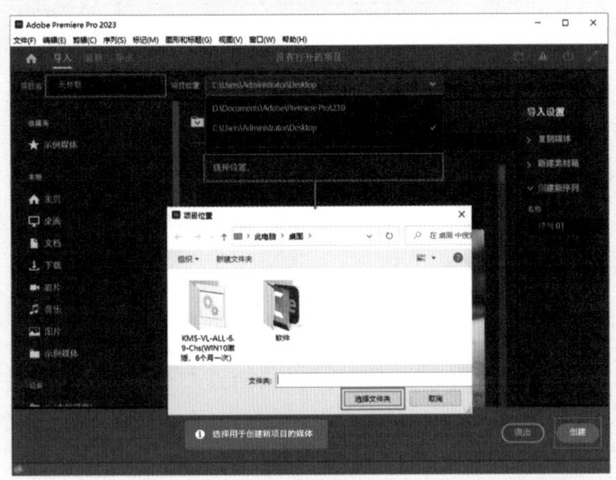

图4-235

02 在“项目”面板空白处单击鼠标右键，在弹出的快捷菜单中执行“新建项目”|“序列”命令。接着在弹出的“新建序列”对话框中选择DV-PAL文件夹下的“标准48kHz”，如图4-236所示。

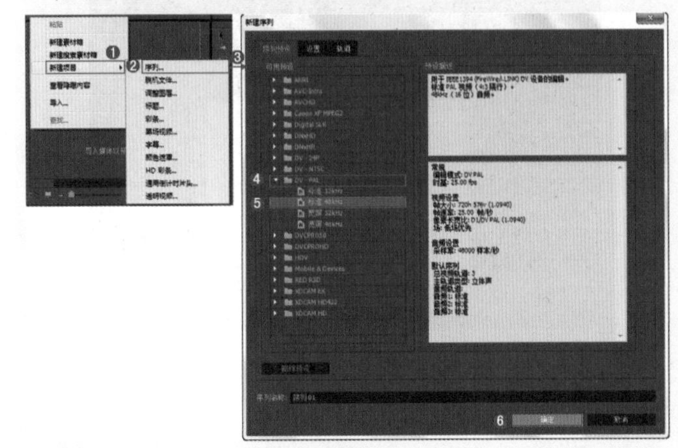

图4-236

03 在“项目”面板空白处双击，选择所需的“背景.jpg”素材文件，最后单击“打开”按钮，将其进行导入，如图4-237所示。

图4-237

04 选择“项目”面板中的“背景.jpg”素材文件，并按住鼠标左键将其拖曳到V1轨道上，如图4-238所示。

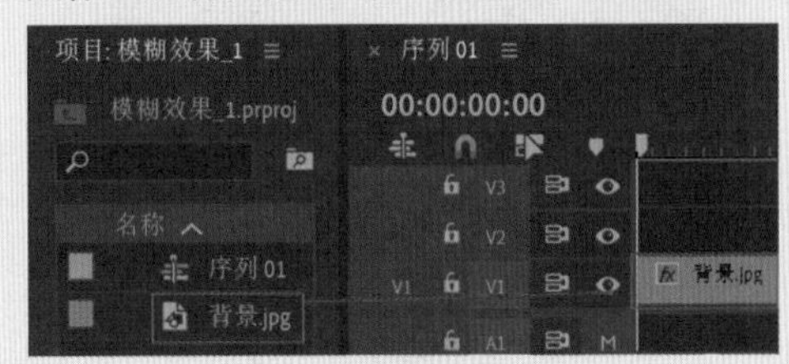

图4-238

05 在“时间轴”面板中选择该素材文件，然后在“效果控件”中设置“缩放”为48，如图4-239所示。此时画面效果如图4-240所示。

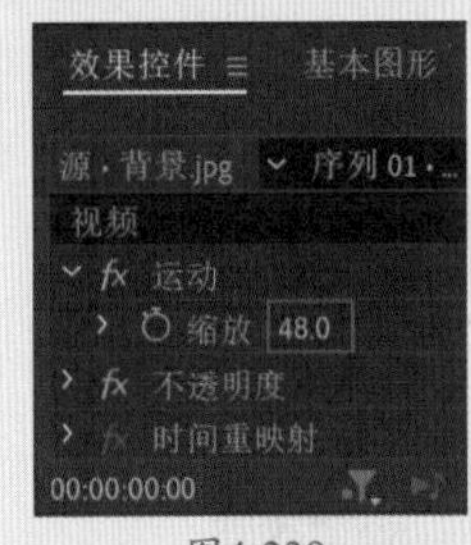

图4-239

图4-240

06 在“效果”面板中搜索“颜色平衡”效果，并按住鼠标左键将其拖曳到“背景.jpg”素材文件上，如图4-241所示。

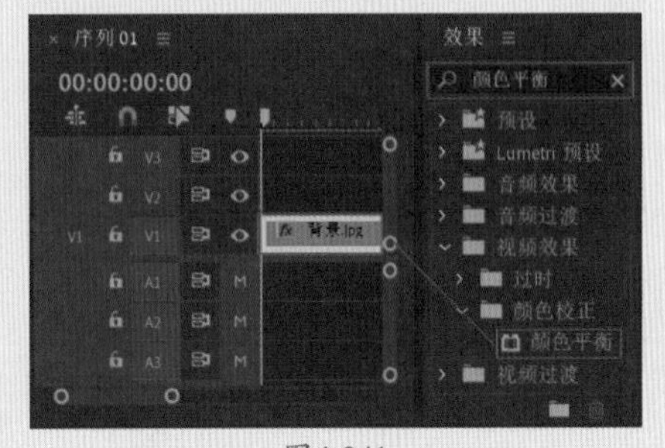

图4-241

07 选择V1轨道上的“背景.jpg”素材文件，在“效果控件”面板中展开“颜色平衡”效果，设置“阴影红色平衡”为35.0、“阴影绿色平衡”为45.0、“阴影蓝色平衡”

为2.0、“中间调红色平衡”为15.0、“中间调绿色平衡”为5.0、“中间调蓝色平衡”为-60.0、“高光红色平衡”为10.0、“高光绿色平衡”为-40.0、“高光蓝色平衡”为25.0，如图4-242所示。此时画面效果如图4-243所示。

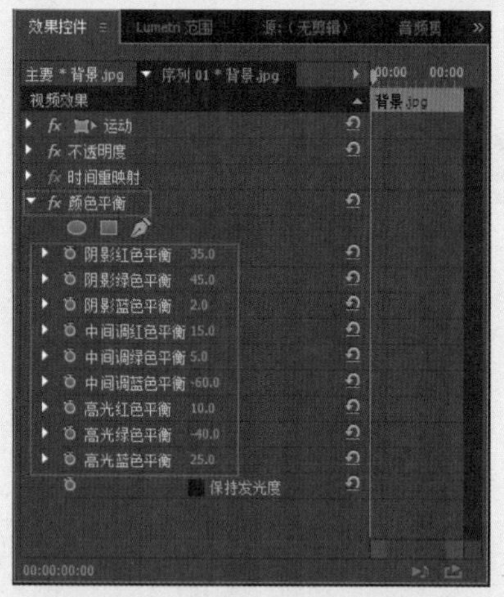

图4-242

图4-243

08 在“效果”面板中搜索“高斯模糊”效果，并按住鼠标左键将其拖曳到“背景.jpg”素材文件上，如图4-244所示。

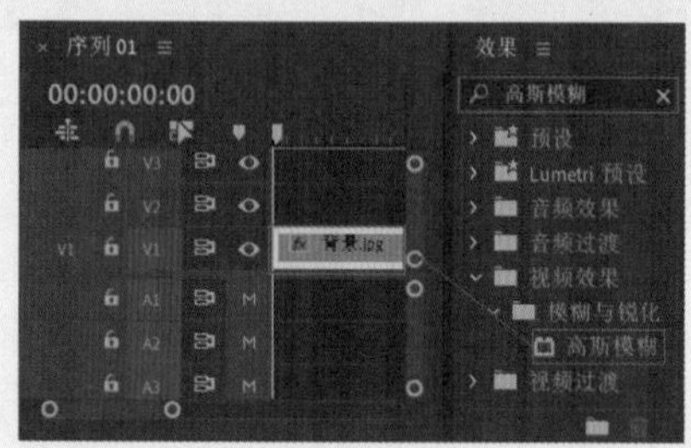

图4-244

09 选择V1轨道上的“背景.jpg”素材文件，在“效果控件”面板中展开“高斯模糊”效果，单击“自由绘制贝塞尔曲线”按钮，在“节目监视器”面板中围绕花束绘制一个蒙版。如图4-245所示。

图4-245

10 在“效果控件”面板中展开“高斯模糊”效果，设置“蒙版羽化”为50.0、“蒙版扩展”为15.0，勾选“已反转”复选框，设置“模糊度”为45.0，取消勾选“重复边缘像素”复选框，如图4-246所示。拖动时间滑块查看效果，如图4-247所示。

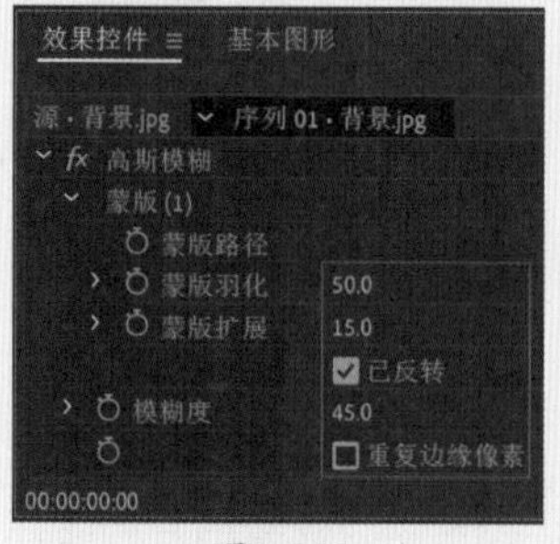

图4-246

4-247

实例072 企鹅镜像投影效果

文件路径	第 4 章 \ 企鹅镜像投影效果	 扫码深度学习
难易指数	★★★★★	
技术掌握	“镜像”效果	

操作思路

本实例讲解了在Premiere Pro中使用“镜像”效果模拟制作企鹅镜像投影效果。

操作步骤

01 在菜单栏中执行“文件”|“新建”|“项目”命令或使用快捷键Ctrl+Alt+N，在弹出的“新建项目”对话框中设置合适的文件名称，单击“位置”右侧的“浏览”按钮，弹出“项目位置”对话框，单击“选择文件夹”按钮，为项目选择合适的路径文件夹。在“新建项目”对话框中单击“创建”按钮，如图4-248所示。

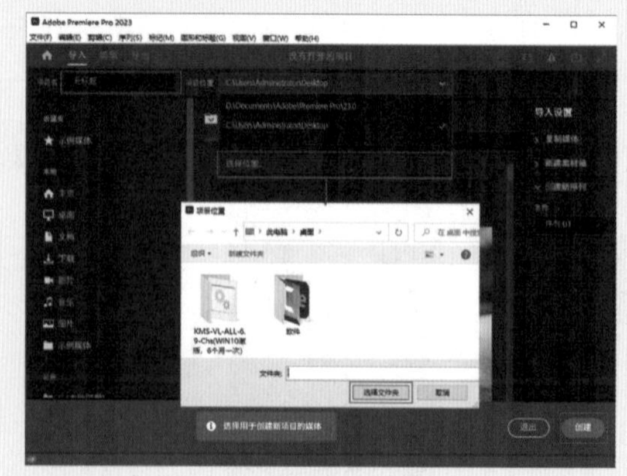

图4-248

02 在“项目”面板空白处单击鼠标右键，在弹出的快捷菜单中执行“新建项目”|“序列”命令。接着在弹出的“新建序列”对话框中选择DV-PAL文件夹下的“标

准48kHz”，如图4-249所示。

图4-249

03 在“项目”面板空白处双击，选择所需的“背景.jpg”素材文件，最后单击“打开”按钮，将其进行导入，如图4-250所示。

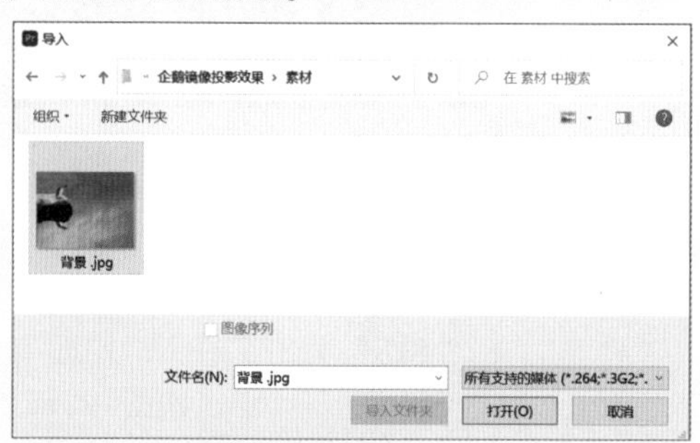

图4-250

04 选择“项目”面板中的“背景.jpg”素材文件，并按住鼠标左键将其拖曳到V1轨道上，如图4-251所示。

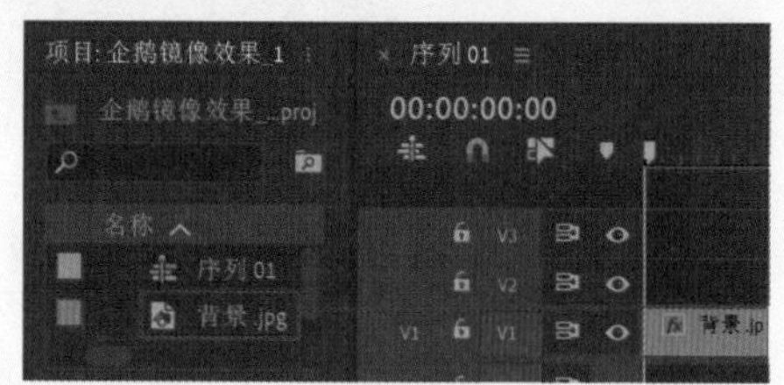

图4-251

05 选择V1轨道上的“背景.jpg”素材文件，在“效果控件”面板中展开“运动”效果，并设置“位置”为（374.0,308.0）、“缩放”为128.0，如图4-252所示。

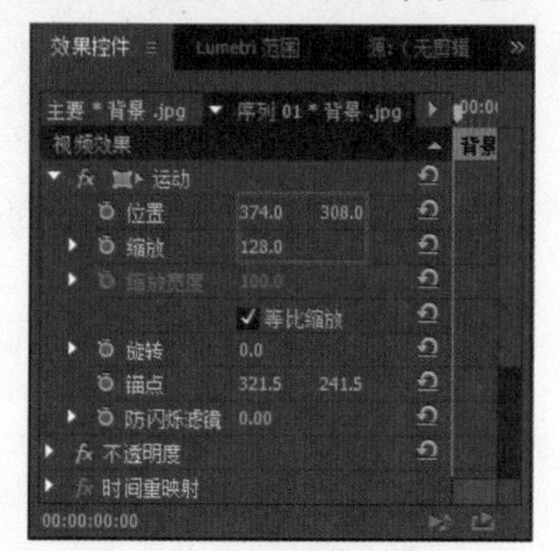

图4-252

06 在“效果”面板中搜索“镜像”效果，并按住鼠标左键将其拖曳到“背景.jpg”素材文件上，如图4-253所示。

07 选择V1轨道上的“背景.jpg”素材文件，在“效果控件”面板中展开“镜像”效果，设置“反射中心”为（309.0,241.5），如图4-254所示。

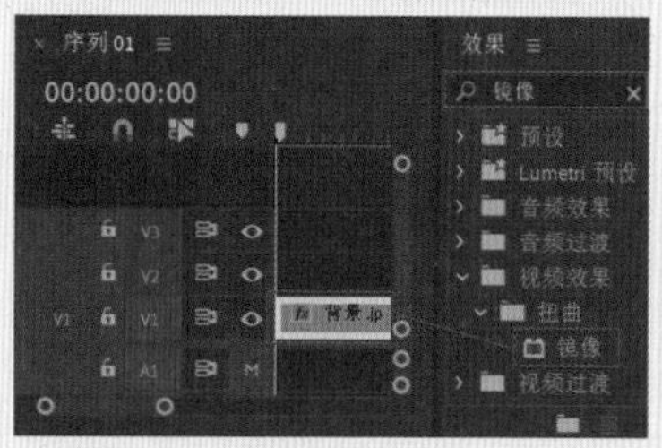

图4-253

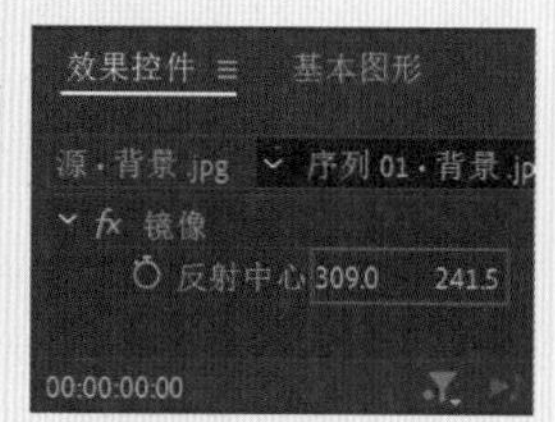

图4-254

08 拖动时间滑块查看效果，如图4-255所示。

图4-255

实例073 球面化效果

文件路径	第 4 章 \ 球面化效果
难易指数	★★★★★
技术掌握	● “钝化蒙版”效果 ● “球面化”效果 ● Brightness & Contrast 效果

扫码深度学习

操作思路

本实例讲解了在Premiere Pro中使用“钝化蒙版”效果、“球面化”效果、Brightness & Contrast效果制作球面化特效。

操作步骤

01 在菜单栏中执行“文件”|“新建”|“项目”命令或使用快捷键Ctrl+Alt+N，在弹出的“新建项目”对话框中设置合适的文件名称，单击“位置”右侧的“浏览”按钮，弹出“项目位置”对话框，单击“选择文件夹”按钮，为项目选择合适的路径文件夹。在“新建项目”对话框中单击“创建”按钮，如图4-256所示。

02 在“项目”面板空白处双击，选择所需的“背景.jpg”素材文件，最后单击“打开”按钮，将其进行导入，如图4-257所示。

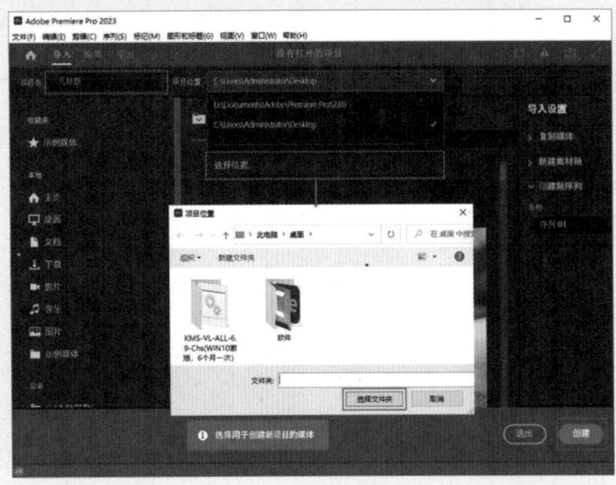

图4-256

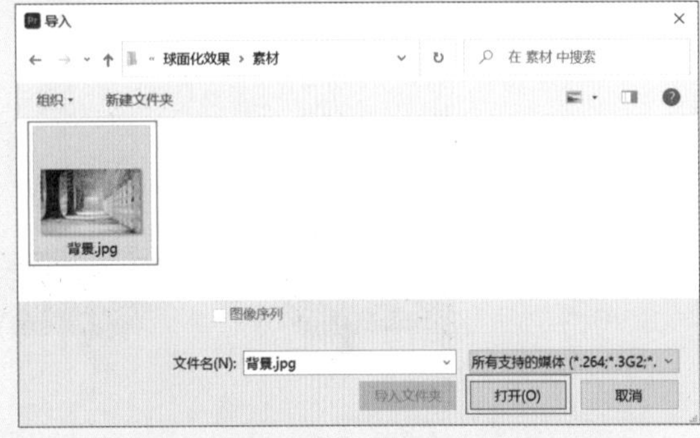

图4-257

03 选择“项目”面板中的“背景.jpg”素材文件，并按住鼠标左键将其拖曳到V1轨道上，如图4-258所示。

图4-258

04 在“效果”面板中搜索“钝化蒙版”效果，并按住鼠标左键将其拖曳到“背景.jpg”素材文件上，如图4-259所示。

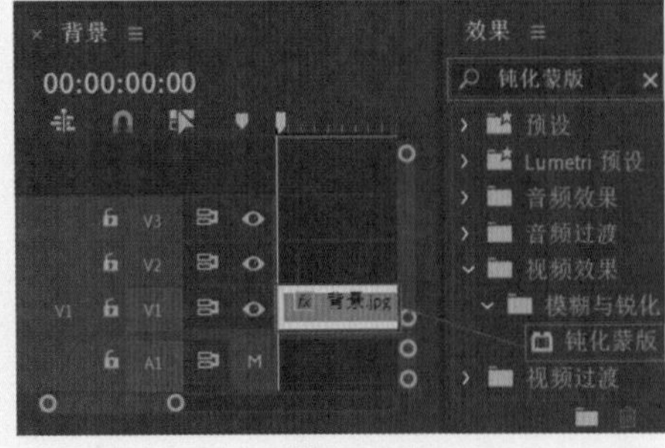

图4-259

05 选择V1轨道上的“背景.jpg”素材文件，在“效果控件”面板中展开“钝化蒙版”效果，并设置“数量”为150.0、“半径”为1.5，如图4-260所示。

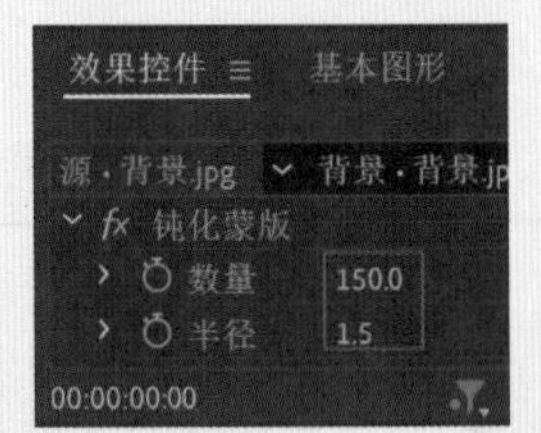

图4-260

06 在“效果”面板中搜索“球面化”效果，并按住鼠标左键将其拖曳到“背景.jpg”素材文件上，如图4-261所示。

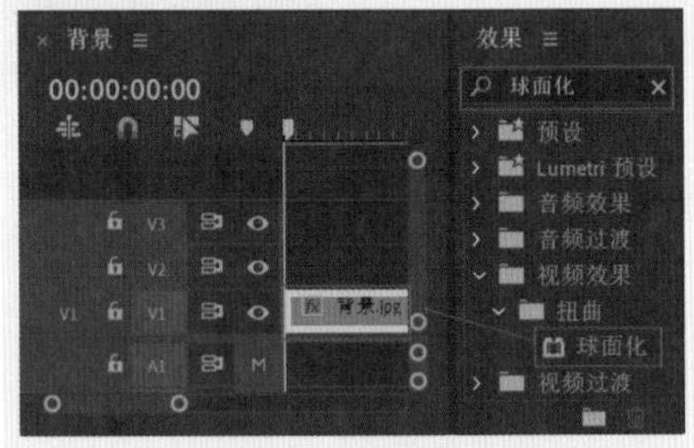

图4-261

07 选择V1轨道上的“背景.jpg”素材文件，在“效果控件”面板中展开“球面化”效果，并设置“半径”为387.0、“球面中心”为（381.0,450.0），如图4-262所示。

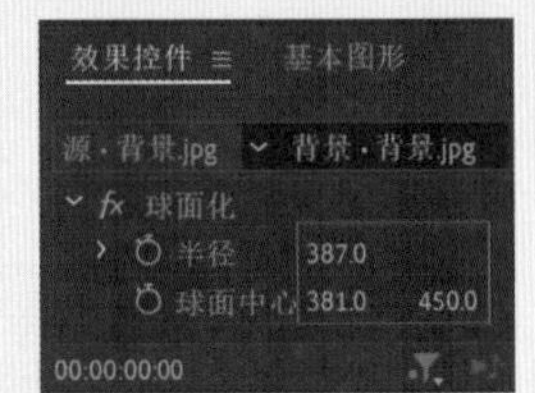

图4-262

08 在“效果”面板中搜索Brightness & Contrast效果，并按住鼠标左键将其拖曳到“背景.jpg”素材文件上，如图4-263所示。

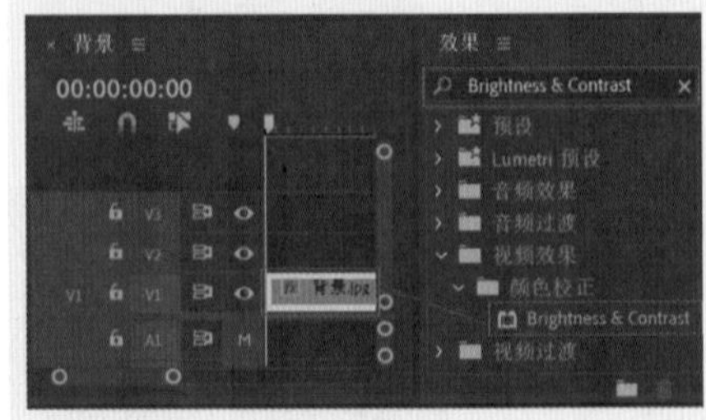

图4-263

09 选择V1轨道上的“背景.jpg”素材文件，在“效果控件”面板中展开Brightness & Contrast效果，单击其下面的“椭圆形蒙版”按钮，并在“节目监视器”面板中调节蒙版，再设置“蒙版羽化”为41.0，勾选“已反转”复选框，设置“亮度”为-55.0，如图4-264所示。查看效果如图4-265所示。

图4-264

图4-265

10 拖动时间滑块查看效果，如图4-266所示。

图4-266

实例074　艺术画效果

文件路径	第4章\艺术画效果
难易指数	★★★★★
技术掌握	“画笔描边”效果

扫码深度学习

操作思路

本实例讲解了在Premiere Pro中使用“画笔描边”效果模拟制作具有绘画笔触感的艺术画效果。

操作步骤

01 在菜单栏中执行“文件”|“新建”|“项目”命令或使用快捷键Ctrl+Alt+N，在弹出的“新建项目”对话框中设置合适的文件名称，单击“位置”右侧的“浏览”按钮，弹出“项目位置”对话框，单击“选择文件夹”按钮，为项目选择合适的路径文件夹。在“新建项目”对话框中单击“创建”按钮，如图4-267所示。

02 在“项目”面板空白处单击鼠标右键，在弹出的快捷菜单中执行“新建项目”|“序列”命令。接着在弹出的“新建序列”对话框中选择DV-PAL文件夹下的“标准48kHz”，如图4-268所示。

03 在“项目”面板空白处双击，选择所需的“01.jpg”“01.png”和“02.jpg”素材文件，最后单击“打开”按钮，将它们进行导入，如图4-269所示。

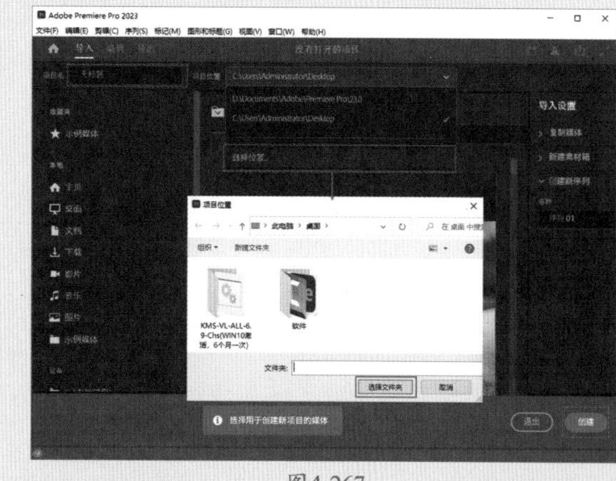

图4-267

图4-268

图4-269

04 选择“项目”面板中的“01.jpg”和“02.jpg”素材文件，并按住鼠标左键将它们拖曳到V1轨道上，如图4-270所示。

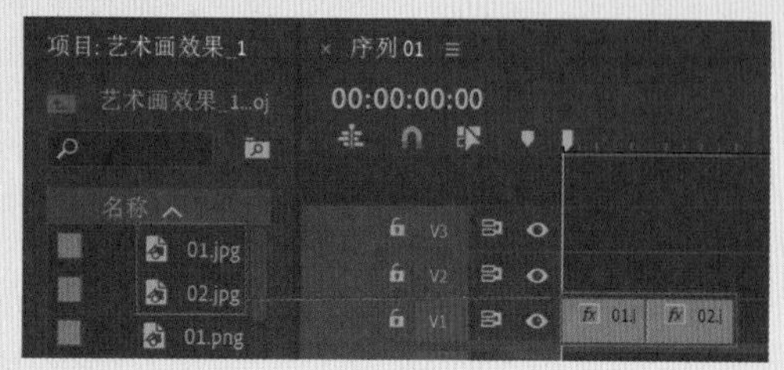

图4-270

05 分别选择V1轨道上的“01.jpg”和“02.jpg”素材文件，再分别在“效果控件”面板中设置“缩放”为

134.0，如图4-271所示。

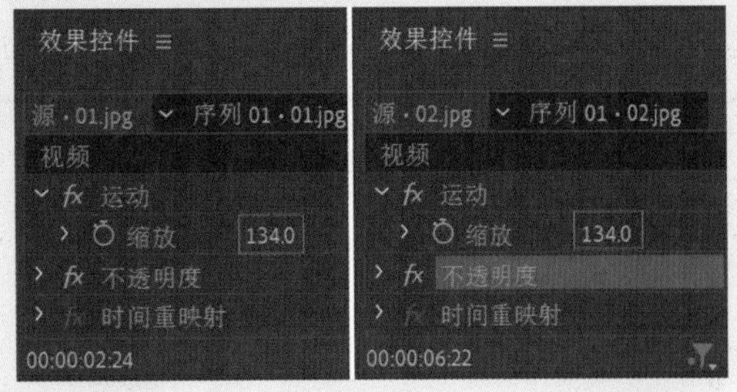

图4-271

06 在“效果”面板中搜索“画笔描边”效果，并按住鼠标左键将其分别拖曳到V1轨道上的“01.jpg”和“02.jpg”素材文件上，如图4-272所示。

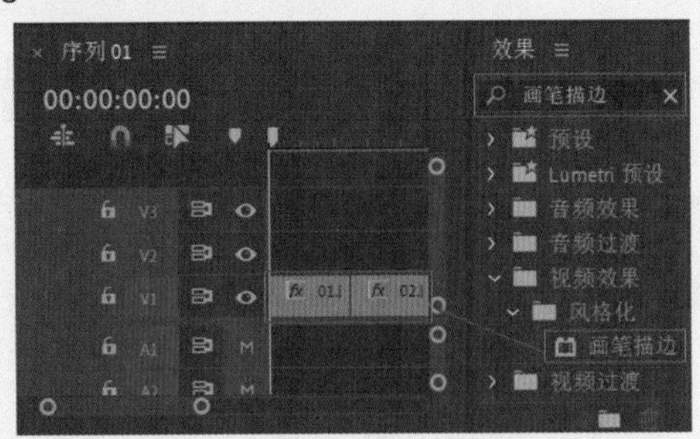

图4-272

07 选择“项目”面板中的“01.png”素材文件，按住鼠标左键将其拖曳到V2轨道上，并设置结束帧为10秒，如图4-273所示。

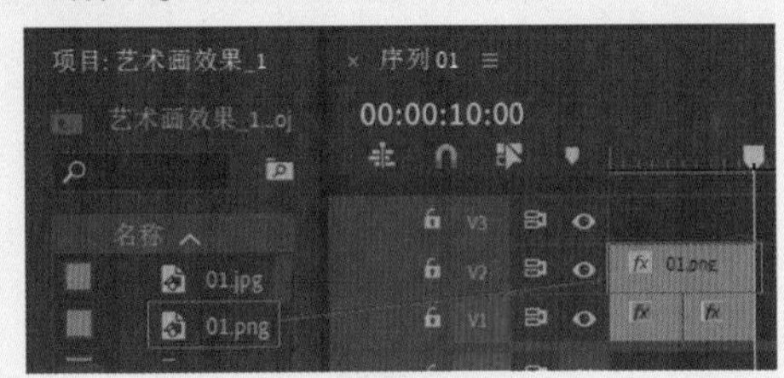

图4-273

08 拖动时间滑块查看效果，如图4-274所示。

图4-274

实例075 月亮移动效果

文件路径	第 4 章 \ 月亮移动效果
难易指数	★★★★★
技术掌握	● 关键帧动画 ● “镜头光晕”效果

扫码深度学习

操作思路

本实例讲解了在Premiere Pro中使用关键帧动画、“镜头光晕”效果制作月亮移动动画。

操作步骤

01 在菜单栏中执行“文件”|“新建”|“项目”命令或使用快捷键Ctrl+Alt+N，在弹出的“新建项目”对话框中设置合适的文件名称，单击“位置”右侧的“浏览”按钮，弹出“项目位置”对话框，单击“选择文件夹”按钮，为项目选择合适的路径文件夹。在“新建项目”对话框中单击“创建”按钮，如图4-275所示。

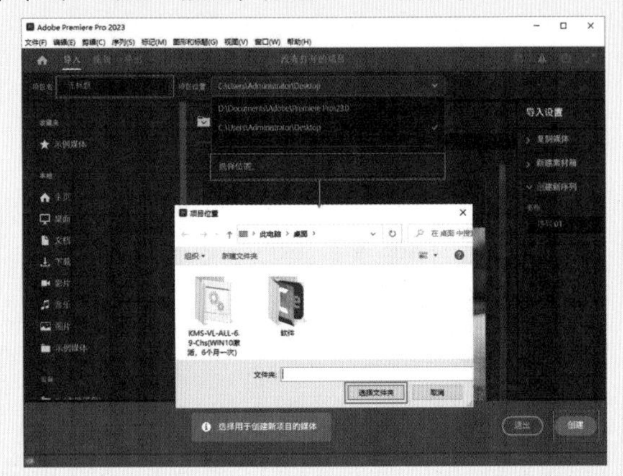

图4-275

02 在“项目”面板空白处双击，选择所需的“01.png”“02.png”和“背景.jpg”素材文件，最后单击“打开”按钮，将它们进行导入，如图4-276所示。

图4-276

03 选择“项目”面板中的素材文件，并按住鼠标左键依次将它们拖曳到V1～V3轨道上，如图4-277所示。

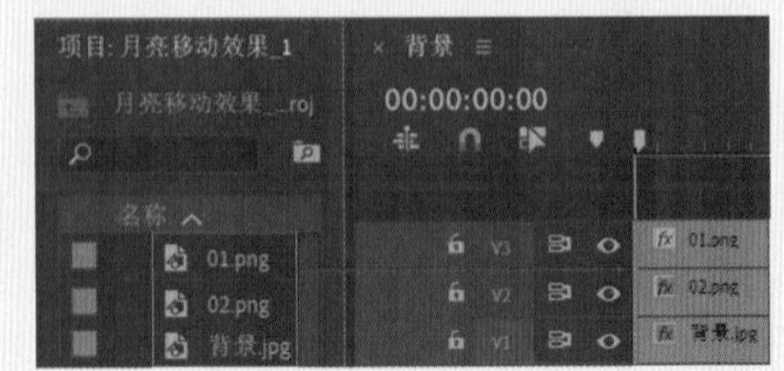

图4-277

04 选择V2轨道上的“02.png”素材文件，将时间滑块拖动到初始位置，在“效果控件”面板中展开“运动”效果，单击“位置”“缩放”和“不透明度”前面的⏱，创建关键帧，并设置“位置”为（1637.0,640.2）、“缩放”为30.0、“不透明度”为50.0%，如图4–278所示；将时间滑块拖动到1秒20帧的位置，设置“位置”为（1258.4,449.6）、“缩放”为50.0、“不透明度”为80.0%；将时间滑块拖动到3秒的位置，设置“位置”为（704.8,382.1）、“缩放”为73.0、“不透明度”为90.0%。

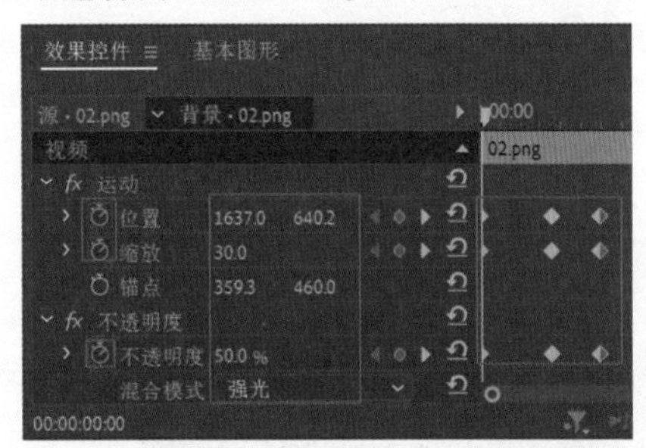

图4-278

05 在“效果”面板中搜索“镜头光晕”效果，并按住鼠标左键将其拖曳到V2轨道中的“02.png”素材文件上，如图4–279所示。

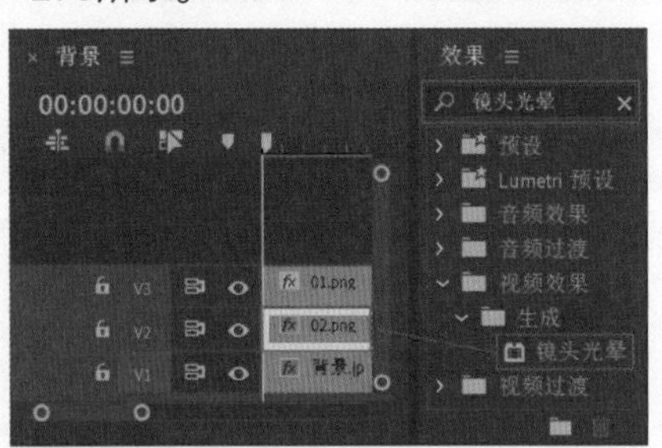

图4-279

06 选择V2轨道上的“02.png”素材文件，在“效果控件”面板中展开“镜头光晕”效果，并设置“光晕中心”为（196.0,264.0），如图4–280所示。

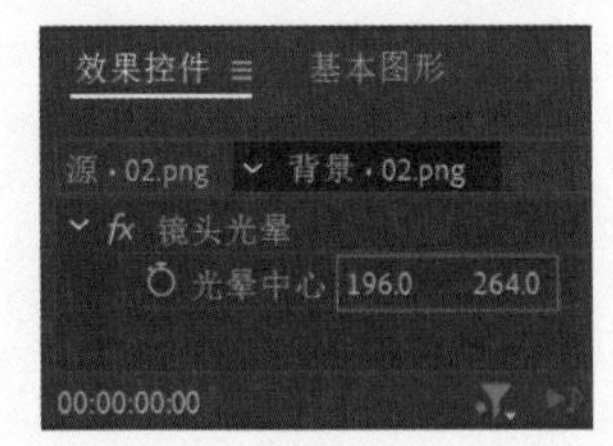

图4-280

07 拖动时间滑块查看效果，如图4–281所示。

图4-281

实例076 火车快速行驶效果

文件路径	第4章\火车快速行驶效果	
难易指数	★★★★★	
技术掌握	● “残影”效果 ● “Lumetri 颜色”效果	扫码深度学习

操作思路

本实例讲解了在Premiere Pro中使用“残影”效果、“Lumetri 颜色”效果制作火车快速驶过效果。

操作步骤

01 在菜单栏中执行“文件”|“新建”|“项目”命令或使用快捷键Ctrl+Alt+N，在弹出的“新建项目”对话框中设置合适的文件名称，单击“位置”右侧的“浏览”按钮，弹出“项目位置”对话框，单击“选择文件夹”按钮，为项目选择合适的路径文件夹。在“新建项目”对话框中单击“创建”按钮，如图4–282所示。

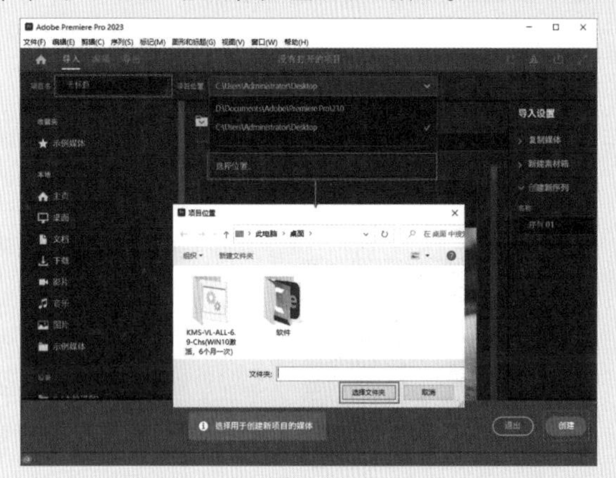

图4-282

02 在“项目”面板空白处双击，选择所需的“1.mp4”素材文件，最后单击“打开”按钮，将其进行导入，如图4–283所示。

图4-283

03 选择“项目”面板中的“1.mp4”素材文件，并按住鼠标左键将其拖曳到“时间轴”面板中V1轨道上，此时在“项目”面板中自动生成一个与“1.mp4”素材文件等大的序列，如图4–284所示。

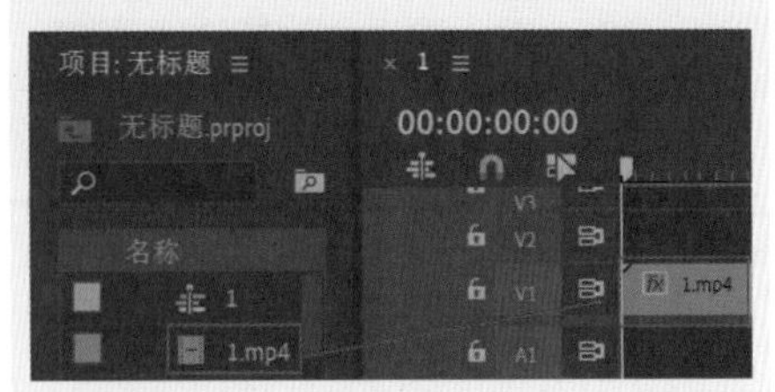

图4-284

04 在“效果”面板中搜索“残影”效果，并按住鼠标左键将该效果拖曳到“1.mp4”素材文件上，如图4-285所示。

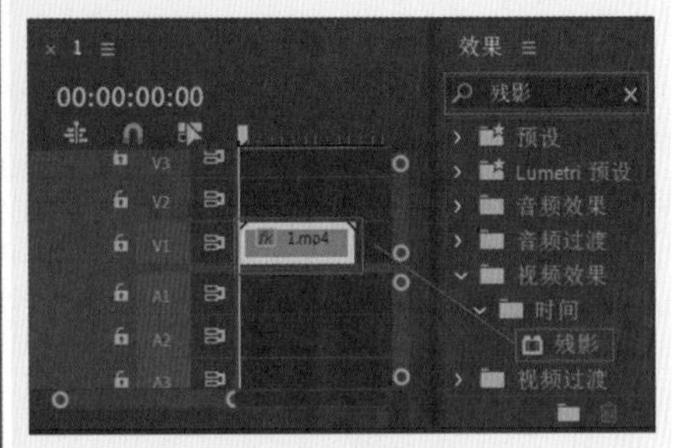

图4-285

05 在“时间轴”面板中选择“1.mp4”素材文件，在“效果控件”面板中展开“残影”效果，设置“残影时间（秒）”为-0.060，“起始强度”为0.40，如图4-286所示。

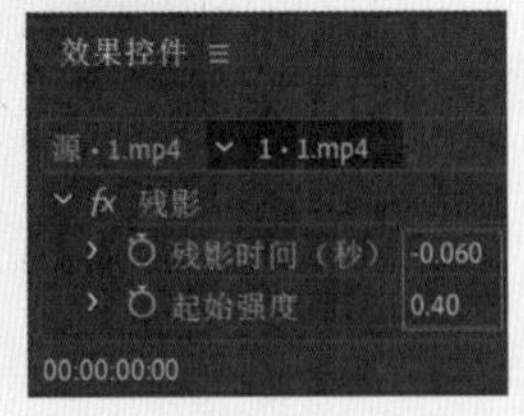

图4-286

06 在“效果”面板中搜索“Lumetri颜色”效果，并按住鼠标左键将该效果拖曳到“1.mp4”素材文件上，如图4-287所示。

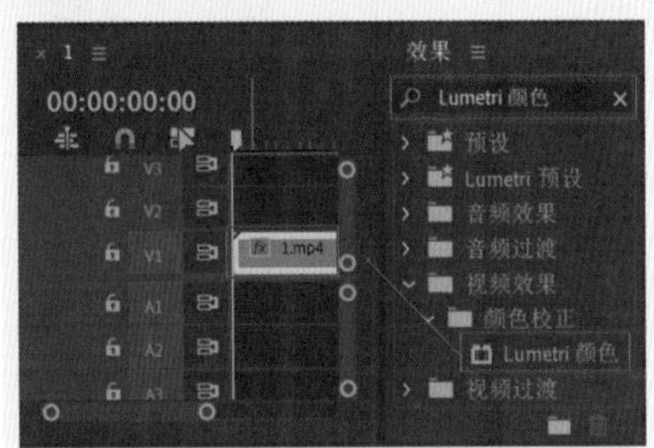

图4-287

07 在“时间轴”面板中选择“1.mp4”素材文件，在“效果控件”面板中展开“Lumetri 颜色”|“基本校正”|“颜色”，设置“色温”为5.0，“色彩”为-9.0，如图4-288所示。

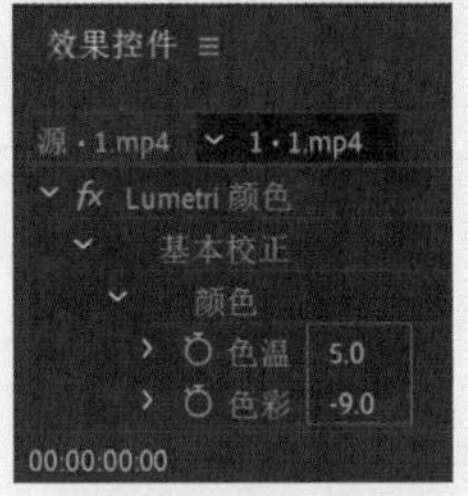

图4-288

08 拖动时间滑块查看效果，如图4-289所示。

图4-289

实例077 狐狸变浮雕效果

文件路径	第 4 章 \ 狐狸变浮雕效果	 扫码深度学习
难易指数	★★★★★	
技术掌握	“浮雕”效果	

操作思路

本实例讲解了在Premiere Pro中使用“浮雕”效果制作狐狸变浮雕效果。

操作步骤

01 在菜单栏中执行“文件”|“新建”|“项目”命令或使用快捷键Ctrl+Alt+N，在弹出的“新建项目”对话框中设置合适的文件名称，单击“位置”右侧的“浏览”按钮，弹出“项目位置”对话框，单击“选择文件夹”按钮，为项目选择合适的路径文件夹。在“新建项目”对话框中单击“创建”按钮，如图4-290所示。

图4-290

02 在“项目”面板空白处双击，选择所需的“1.jpg”素材文件，最后单击“打开”按钮，将它们进行导入，如图4-291所示。

图4-291

03 选择“项目”面板中的“1.jpg”素材文件，并按住鼠标左键将其拖曳到“时间轴”面板中V1轨道上，此时在“项目”面板中自动生成一个与“1.jpg”素材文件等大的序列。如图4-292所示。

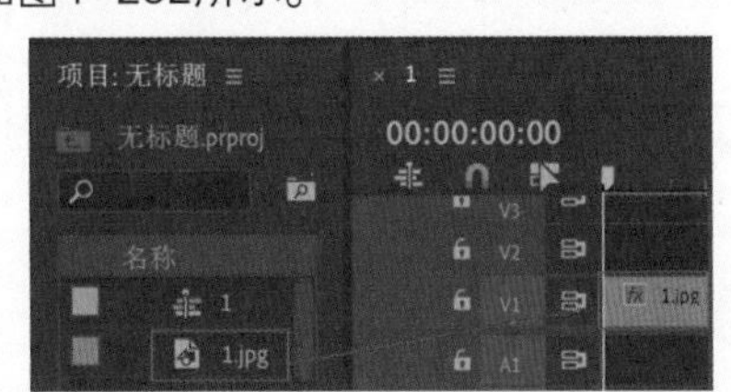

图4-292

04 在“效果”面板中搜索“浮雕”效果，并按住鼠标左键将该效果拖曳到“1.jpg”素材文件上，如图4-293所示。

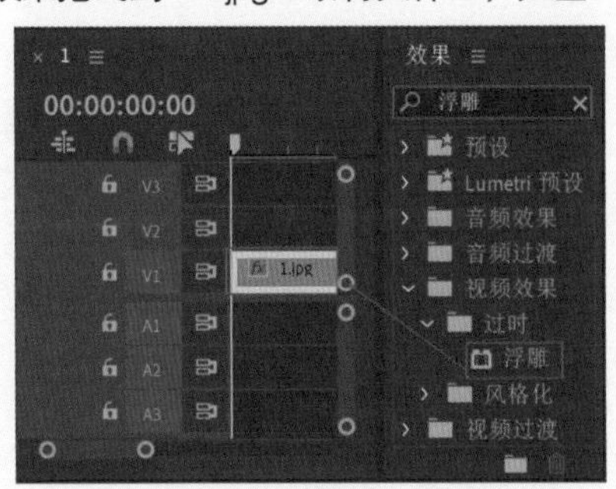

图4-293

05 在“时间轴”面板中选择“1.jpg”素材文件，在“效果控件”面板中展开“浮雕”效果，设置“起伏”为8.30、“对比度”为351，接着将时间滑块拖动至起始时间位置处，单击“与原始图像混合”前面的⏱，创建关键帧设置“与原始图像混合”为100%，如图4-294所示；将时间滑块拖动至1秒18帧位置处，设置“与原始图像混合”为0%。

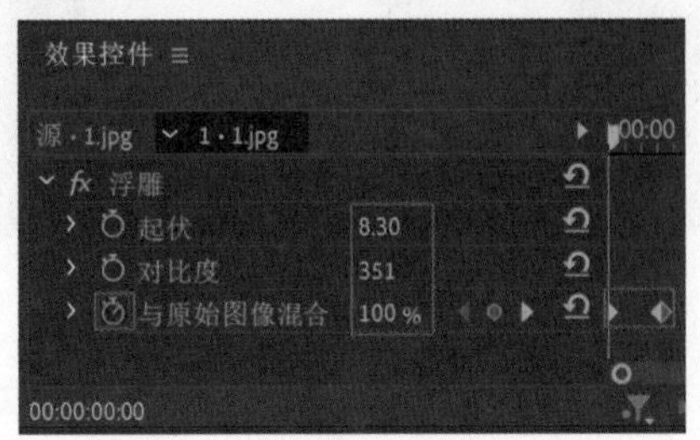

图4-294

06 拖动时间滑块查看效果，如图4-295所示。

图4-295

实例078 复制制作多屏视频效果

文件路径	第4章\复制制作多屏视频效果
难易指数	★★★★★
技术掌握	“复制”效果

扫码深度学习

操作思路

本实例讲解了在Premiere Pro中使用“复制”效果制作多个相同视频同时播放效果。

操作步骤

01 在菜单栏中执行“文件”|“新建”|“项目”命令或使用快捷键Ctrl+Alt+N，在弹出的“新建项目”对话框中设置合适的文件名称，单击“位置”右侧的“浏览”按钮，弹出“项目位置”对话框，单击“选择文件夹”按钮，为项目选择合适的路径文件夹。在“新建项目”对话框中单击“创建”按钮，如图4-296所示。

图4-296

02 在“项目”面板空白处双击，选择所需的“01.mp4”素材文件，最后单击“打开”按钮，将它们进行导入，如图4-297所示。

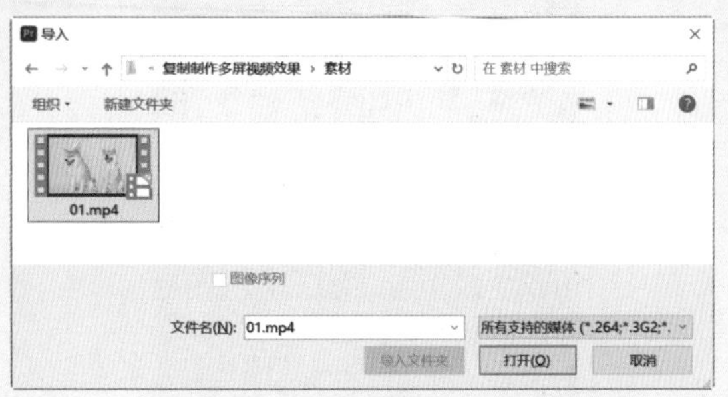

图4-297

03 选择“项目”面板中的“01.mp4”素材文件，并按住鼠标左键将其拖曳到“时间轴”面板中V1轨道上，此时在“项目”面板中自动生成一个与“01.mp4”素材文件等大的序列。如图4-298所示。

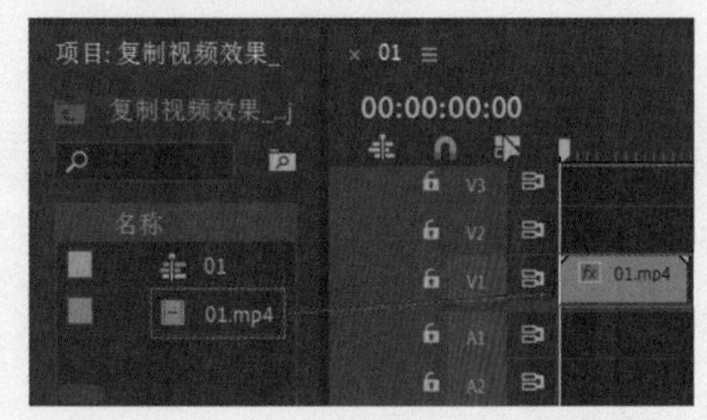

图4-298

04 在“效果”面板中搜索“复制”效果，并按住鼠标左键将该效果拖曳到“01.mp4”素材文件上，如图4-299所示。

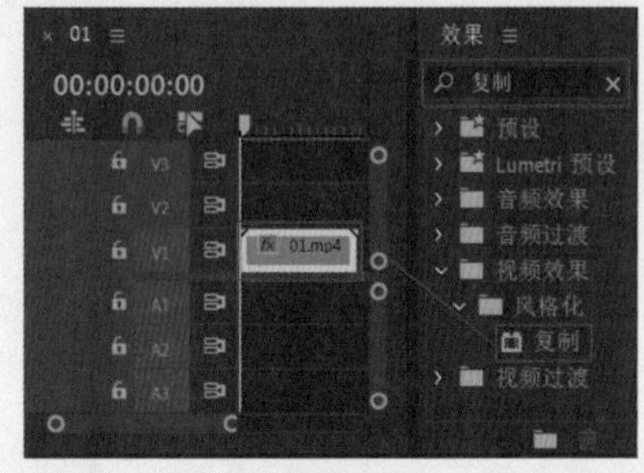

图4-299

05 在“时间轴”面板中选择“01.mp4”素材文件，在“效果控件”面板中展开“复制”效果，将时间滑块拖动至起始时间位置处，单击“计数”前面的◙，创建关键帧，设置“计数”为2，如图4-300所示；将时间滑块拖动至2秒15帧位置处，设置“计数”为5。

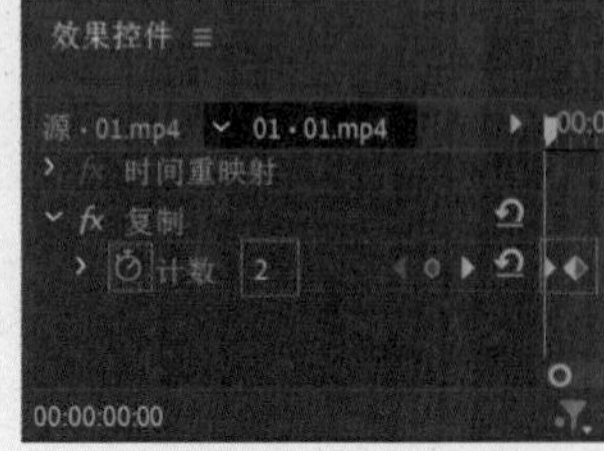

图4-300

06 拖动时间滑块查看效果，如图4-301所示。

图4-301

实例079　拍照效果

文件路径	第 4 章 \ 拍照效果
难易指数	★★★★★
技术掌握	● “高斯模糊”效果 ● “闪光灯”效果

扫码深度学习

操作思路

本实例讲解了在Premiere Pro中使用“高斯模糊”效果制作背景视频模糊效果，使用“闪光灯”效果与关键帧动画制作拍照效果。

操作步骤

01 在菜单栏中执行“文件”|“新建”|“项目”命令或使用快捷键Ctrl+Alt+N，在弹出的“新建项目”对话框中设置合适的文件名称，单击“位置”右侧的“浏览”按钮，弹出“项目位置”对话框，单击“选择文件夹”按钮，为项目选择合适的路径文件夹。在“新建项目”对话框中单击“创建”按钮，如图4-302所示。

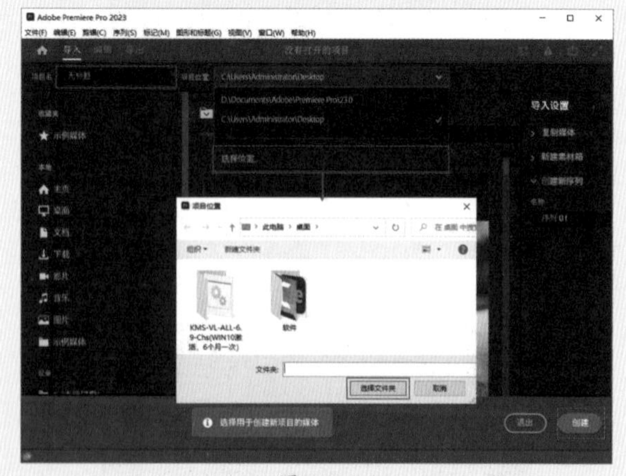

图4-302

02 在“项目”面板空白处双击，选择所需的“1.mp4”素材文件，最后单击“打开”按钮，将其进行导入，如图4-303所示。

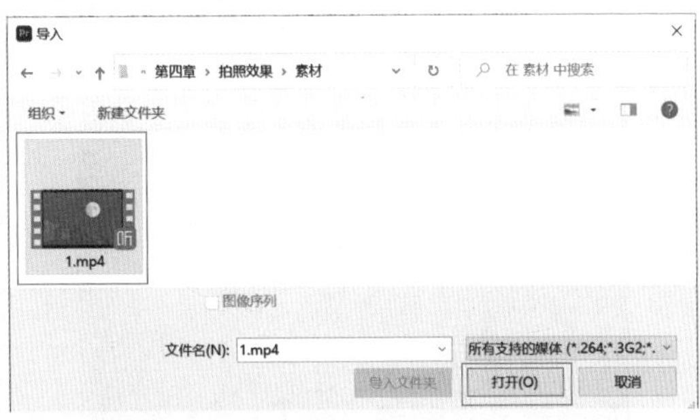

图4-303

03 选择“项目”面板中的“1.mp4”素材文件，并按住鼠标左键将其拖曳到“时间轴”面板中V1轨道上，此时在“项目”面板中自动生成一个与“1.mp4”素材文件等大的序列。接着再次拖曳“1.mp4”素材文件到V2轨道上。如图4-304所示。

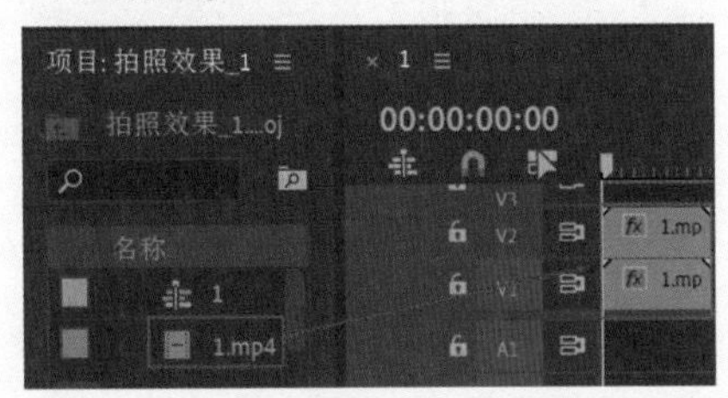

图4-304

04 在“效果”面板中搜索“高斯模糊”效果，并按住鼠标左键将该效果拖曳到V1轨道中的“1.mp4”素材文件上，如图4-305所示。

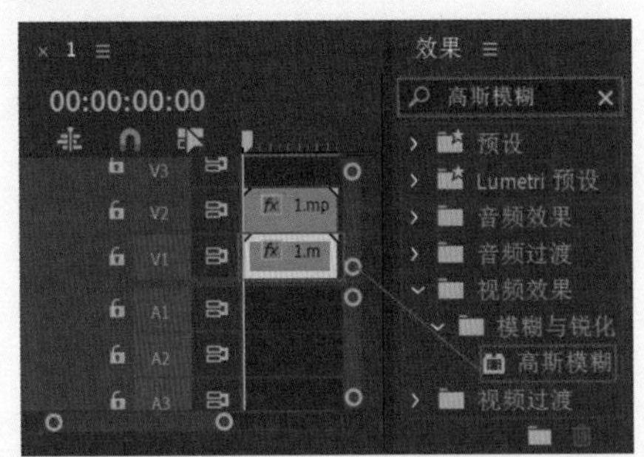

图4-305

05 在“时间轴”面板中选择V1轨道上的“1.mp4”素材文件，在“效果控件”面板中展开“不透明度”效果，设置“不透明度”为47.0%，接着展开“高斯模糊”效果，设置“模糊度”为785.0，如图4-306所示。

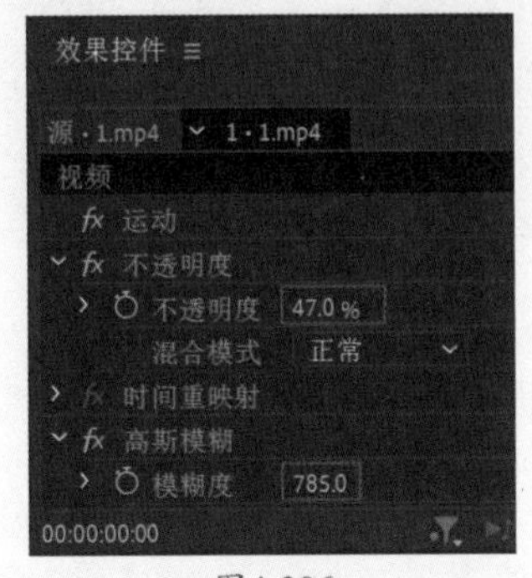

图4-306

06 在“效果”面板中搜索“闪光灯”效果，并按住鼠标左键将该效果拖曳到V2轨道中的“1.mp4”素材文件上，如图4-307所示。

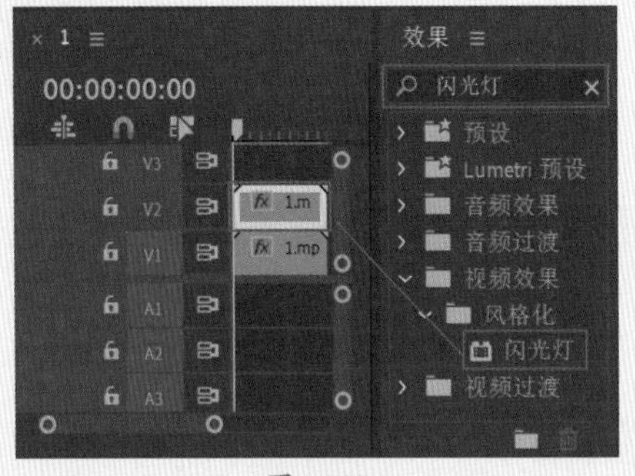

图4-307

07 在“时间轴”面板中选择V2轨道上的“1.mp4”素材文件，在“效果控件”面板中展开“闪光灯”效果，将时间滑块拖动至25帧位置处，单击“与原始图像混合”前面的◙，创建关键帧，设置“与原始图像混合”为100%；将时间滑块拖动至1秒位置处，设置“与原始图像混合”为0%。展开“运动”，单击“缩放”与“旋转”前面的◙，创建关键帧，设置“缩放”为100.0、“旋转”为0.0，如图4-308所示；将时间滑块拖动至1秒05帧位置处，设置“与原始图像混合”为100%、“缩放”为58.0、“旋转”为8.0°。

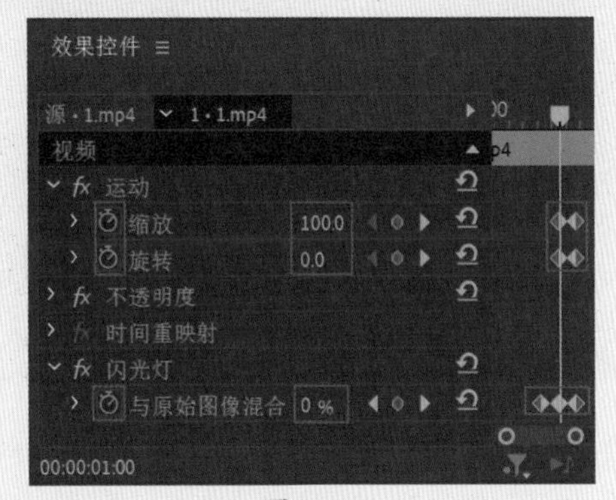

图4-308

08 拖动时间滑块查看效果，如图4-309所示。

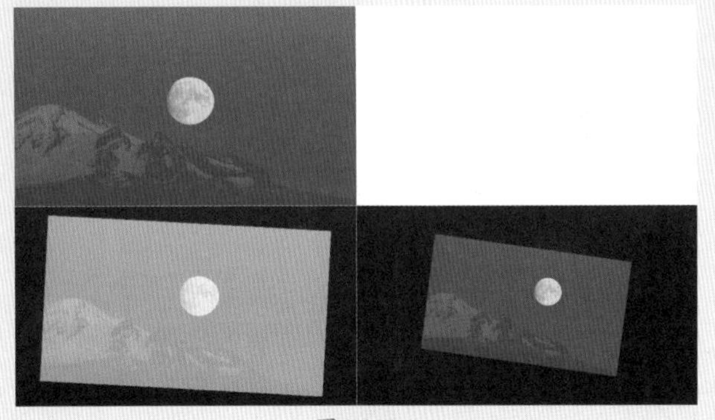

图4-309

实例080 杂色制作画面故障效果

文件路径	第 4 章 \ 杂色制作画面故障效果	
难易指数	★★★★★	
技术掌握	● “杂色”效果 ● “超级键”效果	扫码深度学习

操作思路

本实例讲解了在Premiere Pro中使用“杂色”效果、“超级键”效果制作画面从故障到清晰的效果。

操作步骤

01 在菜单栏中执行“文件”|“新建”|“项目”命令或使用快捷键Ctrl+Alt+N，在弹出的“新建项目”对话框中设置合适的文件名称，单击“位置”右侧的“浏览”按钮，弹出“项目位置”对话框，单击“选择文件夹”按钮，为项目选择合适的路径文件夹。在“新建项目”对话框中单击“创建”按钮，如图4–310所示。

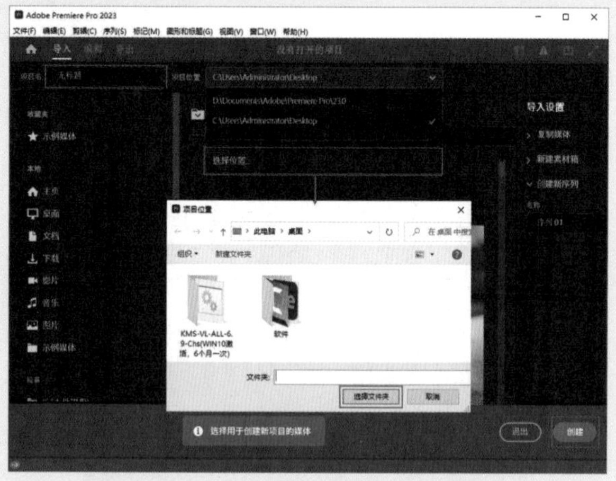

图4-310

02 在“项目”面板空白处双击，选择所需的“1.jpg”“2.mp4”素材文件，最后单击“打开”按钮，将它们进行导入，如图4–311所示。

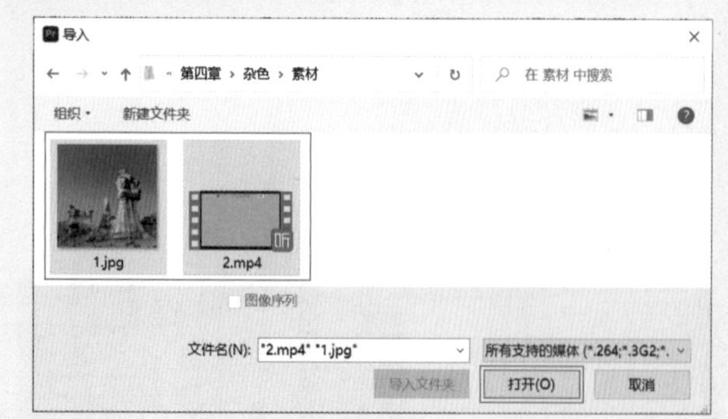

图4-311

03 选择“项目”面板中的“2.mp4”素材文件，并按住鼠标左键将其拖曳到“时间轴”面板中V2轨道上，此时在“项目”面板中自动生成一个与“2.mp4”素材文件等大的序列。并设置“2.mp4”素材文件结束时间为5秒。如图4–312所示。

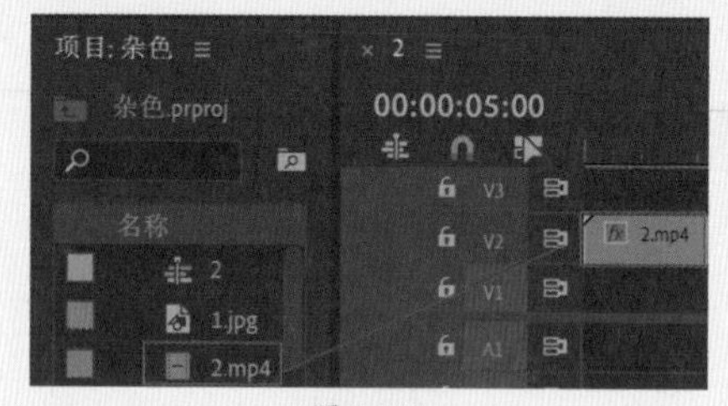

图4-312

04 接着选择“1.jpg”素材文件，将该素材文件拖曳到V1轨道上。如图4–313所示。

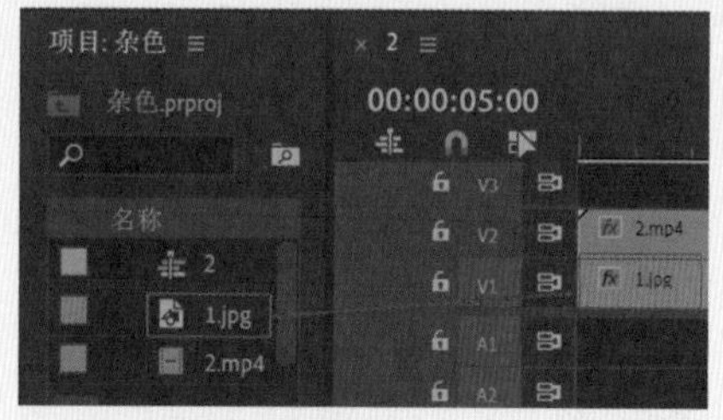

图4-313

05 在“时间轴”面板中选择“1.jpg”素材文件，在“效果控件”面板中展开“运动”效果，将时间滑块拖动至起始时间位置处，单击“缩放”前面的◙，创建关键帧，设置“缩放”为100.0；将时间滑块拖动至1秒位置处，设置“缩放”为39.0。如图4–314所示。

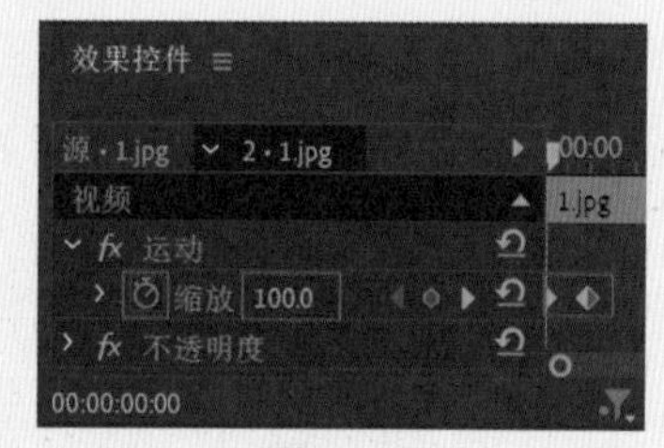

图4-314

06 在“效果”面板中搜索“杂色”效果，并按住鼠标左键将该效果拖曳到“1.jpg”素材文件上，如图4–315所示。

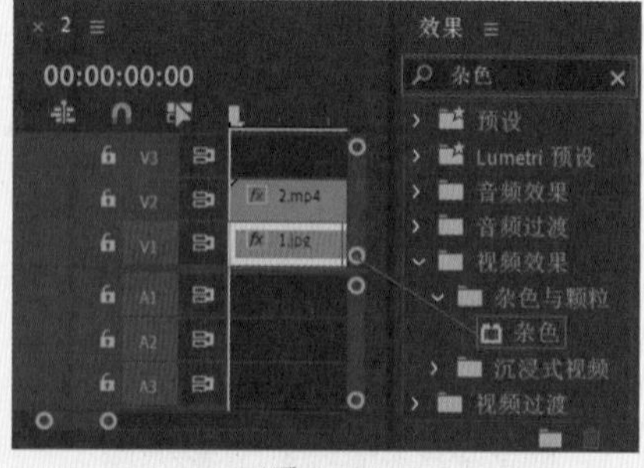

图4-315

07 在“时间轴”面板中选择“1.jpg”素材文件，在“效果控件”面板中展开“杂色”效果，将时间滑块拖动至起始时间位置处，单击“杂色数量”前面的◙，创建关键帧，设置“杂色数量”为100.0%；将时间滑块拖动至1秒位置处，设置“杂色数量”为0.0，如图4–316所示。

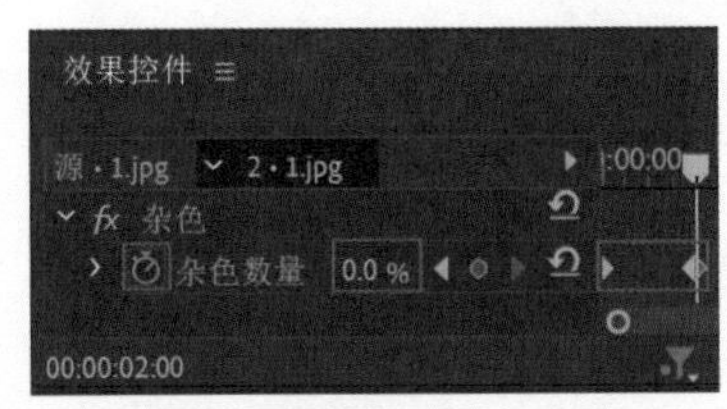

图4-316

08 在“效果”面板中搜索“超级键”效果，并按住鼠标左键将该效果拖曳到“2.mp4”素材文件上，如图4-317所示。

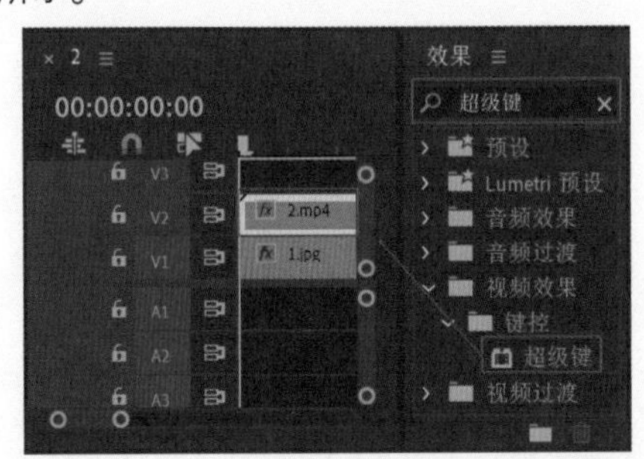

图4-317

09 在“时间轴”面板中选择“2.mp4”素材文件，在“效果控件”面板中展开“超级键”效果，单击“主要颜色”后面的吸管工具，接着在“节目监视器”面板中吸取画面中的绿色。如图4-318所示。

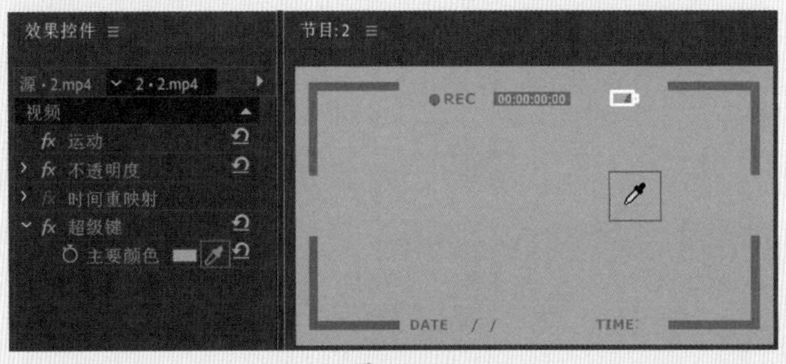

图4-318

10 拖动时间滑块查看效果，如图4-319所示。

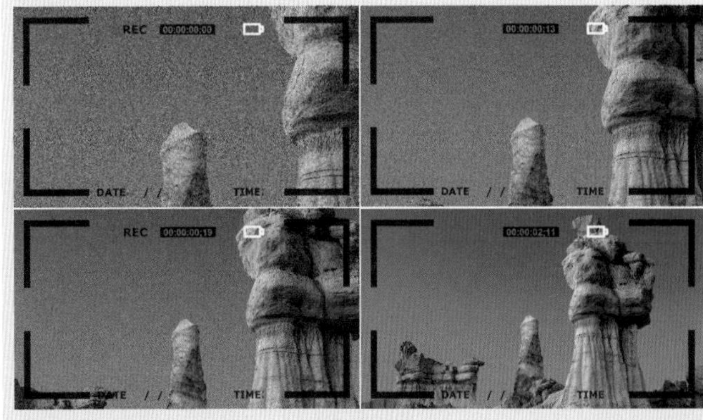

图4-319

第5章

文字效果

本章概述

文字是视频中重要的组成部分，可以更快速地传递出作品的主旨内涵。Premiere Pro中的字幕窗口可以用来创建文字，并且可以对文字的字体、字号、颜色等属性进行修改。除此之外，还可以用于图形绘制。

本章重点

- 文字的创建方法
- 文字的质感表现
- 三维文字的制作
- 文字动画的使用方法

实例081 彩虹条文字效果

文件路径	第5章\彩虹条文字效果
难易指数	★★★★★
技术掌握	● 新建黑场视频 ● “渐变”效果 ● 矩形工具 ● 默认静态字幕 ● 文字工具

扫码深度学习

操作思路

本实例讲解了在Premiere Pro中使用新建黑场视频、“渐变”效果、默认静态字幕、矩形工具、文字工具等制作彩虹条文字效果。

操作步骤

01 在菜单栏中执行“文件”|“新建”|“项目”命令或使用快捷键Ctrl+Alt+N，在弹出的“新建项目”对话框中设置合适的文件名称，单击“位置”右侧的“浏览”按钮，弹出“项目位置”对话框，单击“选择文件夹”按钮，为项目选择合适的路径文件夹。在“新建项目”对话框中单击“创建”按钮，如图5-1所示。

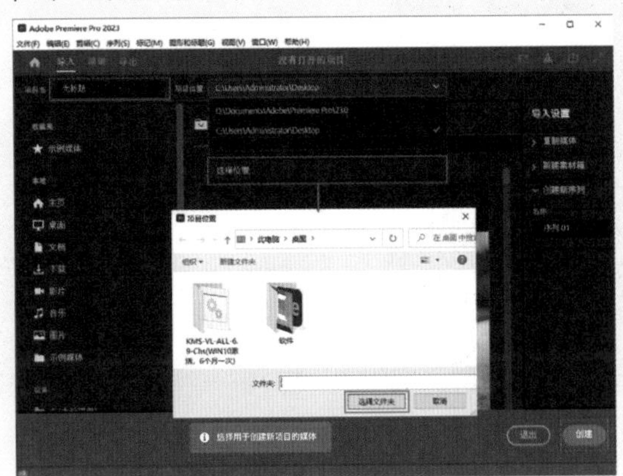

图5-1

02 在“项目”面板空白处单击鼠标右键，在弹出的快捷菜单中执行“新建项目”|“序列”命令。接着在弹出的“新建序列”对话框中选择DV-PAL文件夹下的“标准48kHz”，如图5-2所示。

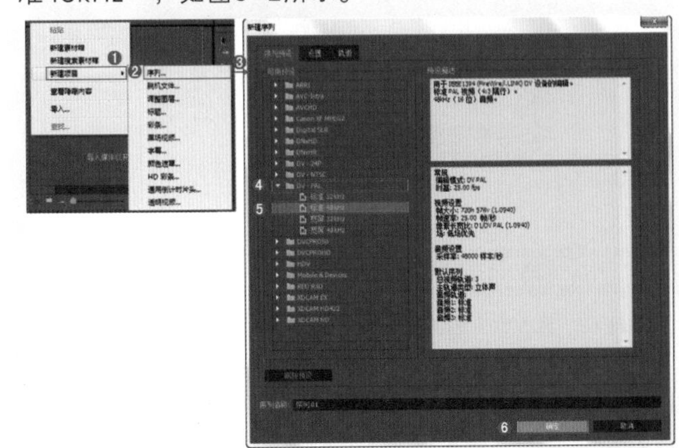

图5-2

03 在“项目”面板中单击鼠标右键，在弹出的快捷菜单中执行“新建项目”|“黑场视频”命令，此时会弹出“新建黑场视频”对话框，最后单击“确定”按钮，如图5-3所示。

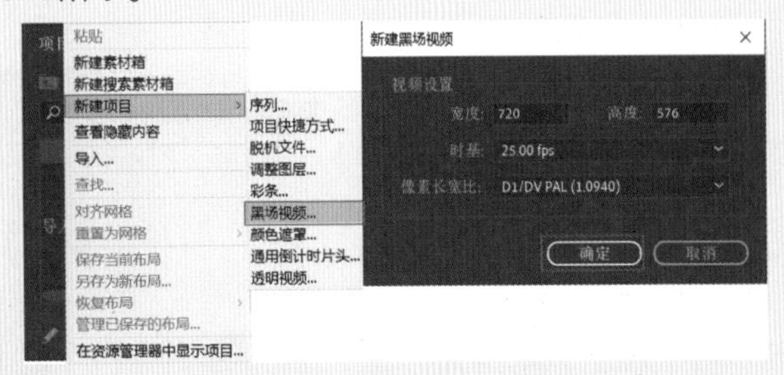

图5-3

04 选择“项目”面板中的“黑场视频”，并双击将其名称改为“背景”，如图5-4所示。

05 选择“项目”面板中的“背景”，按住鼠标左键将其拖曳到V1轨道上，如图5-5所示。

图5-4

图5-5

06 在“效果”面板中搜索“渐变”效果，并按住鼠标左键将其拖曳到“背景”上，如图5-6所示。

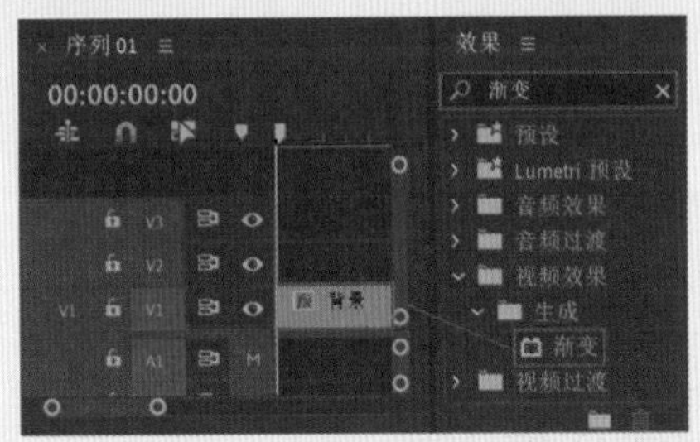

图5-6

07 选择“时间轴”面板上的“背景”，展开“效果控件”面板中的“渐变”效果，设置“渐变起点”为（360.0,288.0）、“起始颜色”为白色，再设置“渐变终点”为（360.0,742.0）、“结束颜色”为灰色、“渐变形状”为“径向渐变”，如图5-7所示。

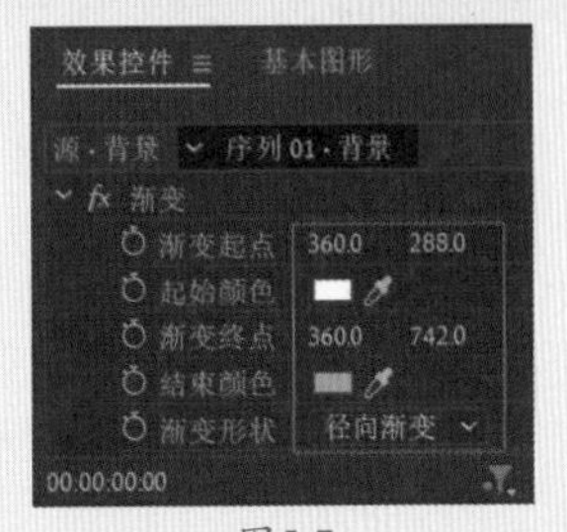

图5-7

08 在“工具”面板中选择■（矩形工具），在工作区域画出7个矩形条，接着在“效果控件”面板中分别设置“填充颜色”为红色、橘色、黄色、绿色、青色、蓝色和紫色，再适当地调整位置，如图5-8所示。

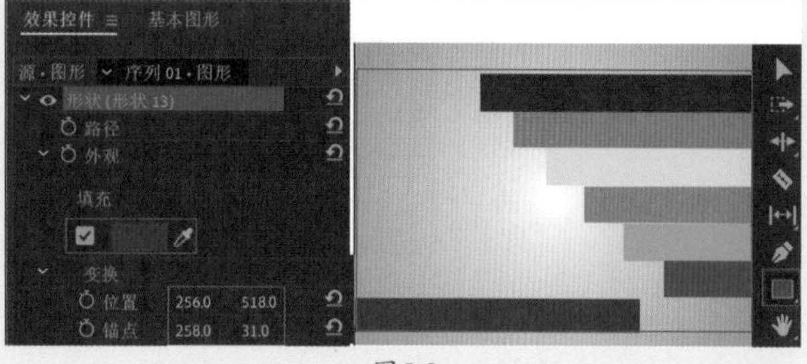

图5-8

09 在“时间轴”面板中选择刚刚创建的图层，使用同样的方法，再次在工作区域画出6个矩形条，分别设置“填充颜色”为红色、橘色、黄色、绿色、青色和蓝色，再适当地调整位置，如图5-9所示。

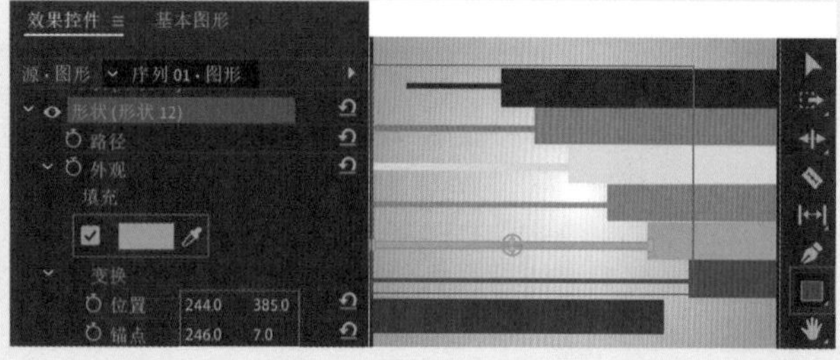

图5-9

10 使用✒（钢笔工具）在合适的位置绘制一些较细的矩形条，并在“效果控件”面板中取消勾选“填充”复选框，勾选“描边”复选框，设置合适的描边颜色和描边宽度。勾选“阴影”复选框，设置合适的阴影颜色，并设置“不透明度”为50%、“模糊”为30，如图5-10所示。

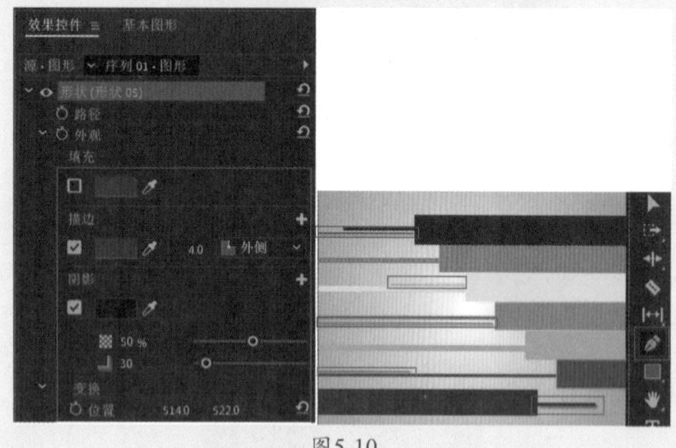

图5-10

> **提示**
>
> **矩形条的设置**
>
> 单击工具箱中的■（矩形工具），并按住鼠标左键在工作区域中拖曳，便可创建矩形条。想要设置矩形条的宽窄，可以设置“高度”和“宽度”的数值，如图5-11所示。

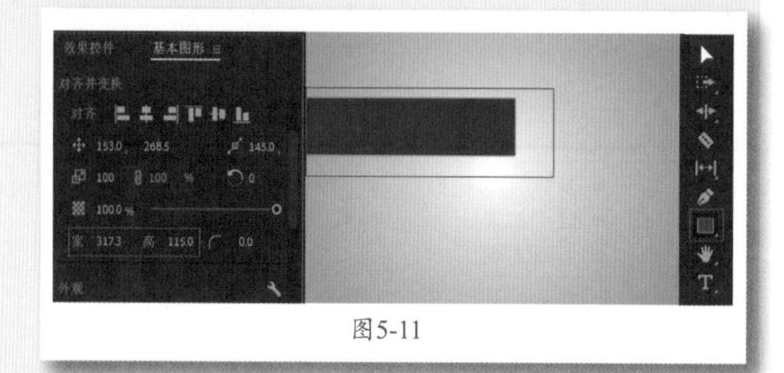

图5-11

11 在“时间轴”面板中选择刚刚创建的图形图层，在“工具”面板中选择T（文字工具），并在工作区域中合适的区域输入September、November、August、January、October、March和December，设置合适的字体系列，设置“字体大小”为60、“填充颜色”为“白色”，勾选“阴影”复选框，设置合适的阴影颜色，设置“不透明度”为50%、“距离”为10.0、“模糊”为30。再适当调整字体位置，如图5-12所示。

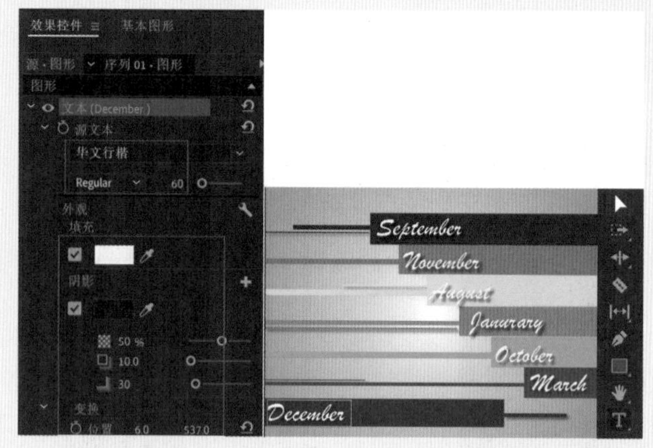

图5-12

12 拖动时间滑块查看效果，如图5-13所示。

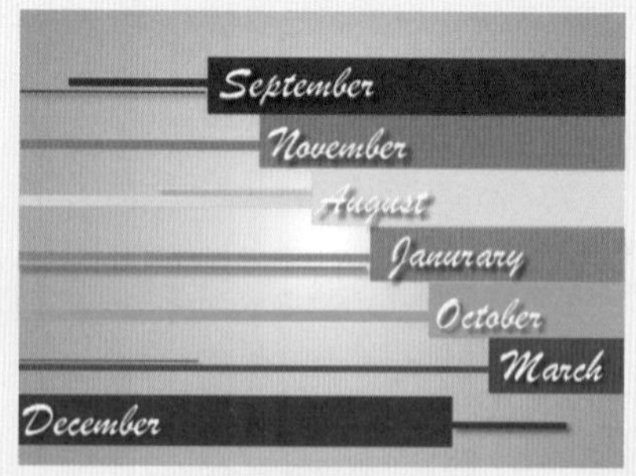

图5-13

实例082 彩色文字效果——合成效果

文件路径	第5章\彩色文字效果
难易指数	★★★★★
技术掌握	关键帧动画

扫码深度学习

操作思路

本实例讲解了在Premiere Pro中使用关键帧动画设置素材的动画效果。

操作步骤

01 在菜单栏中执行“文件”|“新建”|“项目”命令或使用快捷键Ctrl+Alt+N，在弹出的“新建项目”对话框中设置合适的文件名称，单击“位置”右侧的“浏览”按钮，弹出“项目位置”对话框，单击“选择文件夹”按钮，为项目选择合适的路径文件夹。在“新建项目”对话框中单击“创建”按钮，如图5-14所示。

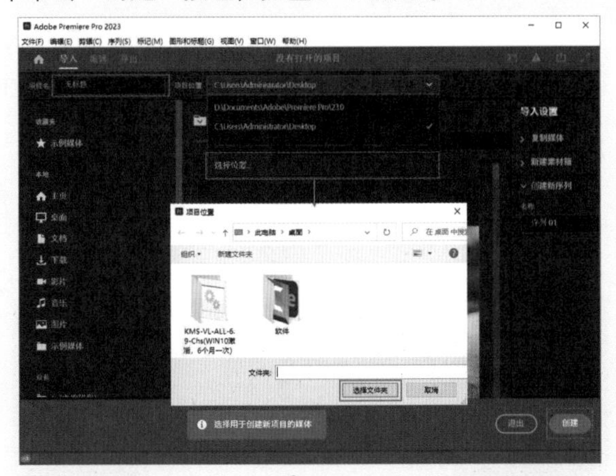

图5-14

02 在“项目”面板空白处双击，选择所需的“01.png”~“03.png”和“背景.jpg”素材文件，最后单击“打开”按钮，将它们进行导入，如图5-15所示。

图5-15

03 选择“项目”面板中的素材文件，并按住鼠标左键将它们拖曳到轨道上，如图5-16所示。

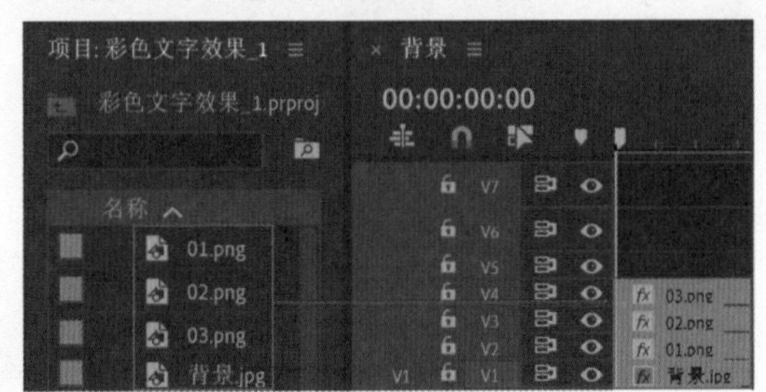

图5-16

04 选择V2轨道上的“01.png”素材文件，将时间滑块拖动到初始位置，并在“效果控件”面板中展开“运动”效果，单击“缩放”前面的◙，创建关键帧，设置“缩放”为0.0，如图5-17所示；将时间滑块拖动到10帧的位置，设置“缩放”为100.0。

05 选择V3轨道上的“02.png”素材文件，将时间滑块拖动到10帧的位置，单击“不透明度”前面的◙，创建关键帧，设置“不透明度”为0.0%；将时间滑块拖动到15帧的位置，设置“缩放”为100.0，如图5-18所示。

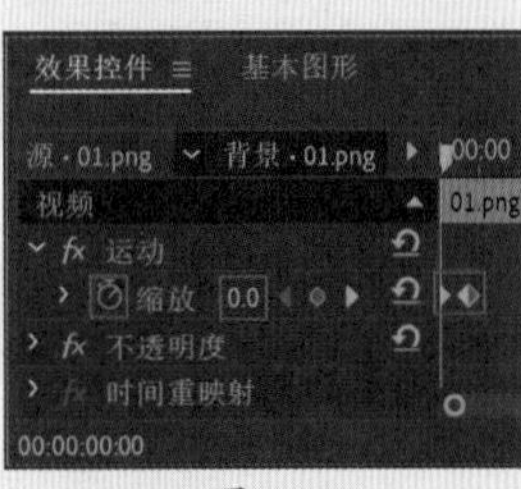

图5-17

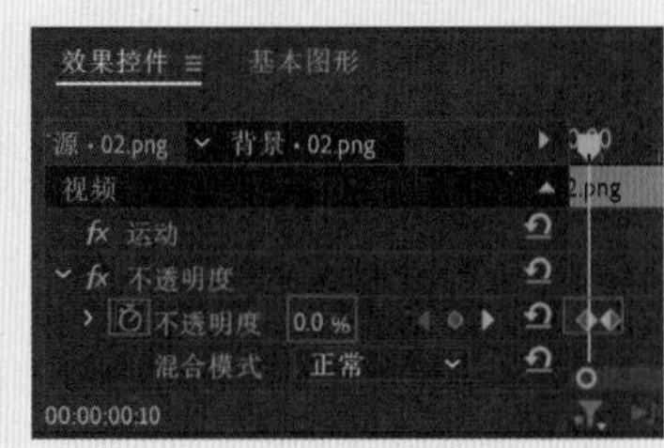

图5-18

06 选择V4轨道上的“03.png”素材文件，将时间滑块拖动到15帧的位置，单击“位置”前面的◙，创建关键帧，设置“位置”为（250.0,128.0），如图5-19所示；将时间滑块拖动到1秒15帧的位置，设置“位置”为（250.0,350.0）。

07 此时画面效果如图5-20所示。

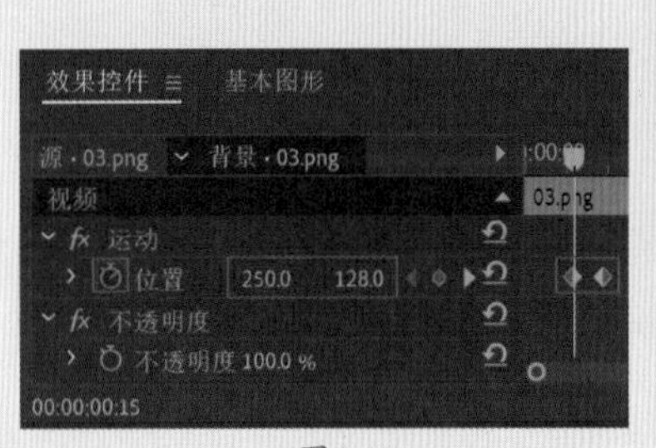

图5-19

图5-20

实例083 彩色文字效果——文字部分

文件路径	第5章\彩色文字效果
难易指数	★★★★★
技术掌握	● 文字工具 ● 关键帧动画

扫码深度学习

操作思路

本实例讲解了在Premiere Pro中使用文字工具创建文字，使用关键帧动画创建文字动画。

操作步骤

01 将时间滑块拖动到起始时间位置处，在“工具”面板中选择T（文字工具），并在“节目监视器”面板中输入合适的文字内容，在“时间轴”面板中选择刚刚创建的文字图层，在“效果控件”面板中设置合适的“字体系列”，设置“字体大小”为26.0、“行距”为-5，选择“仿斜体”，选择“小型大写字母”，勾选“填充”复选框，设置“填充类型”为“径向渐变”，设置“填充颜色”为深蓝色、蓝色、粉色和红色，接着展开“变换”，设置“位置”为（66.8,317.0）。如图5-21所示。

图5-21

02 选择V5轨道上的文字图层，将时间滑块拖动到1秒15帧的位置，单击“位置”前面的⏱，创建关键帧，设置“位置”为（250.0,813.0），如图5-22所示；将时间滑块拖动到3秒10帧的位置，设置“位置”为（250.0,388.0）。

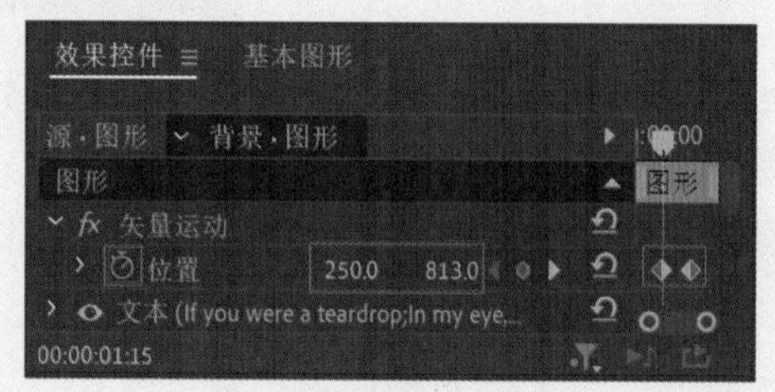

图5-22

03 拖动时间滑块查看效果，如图5-23所示。

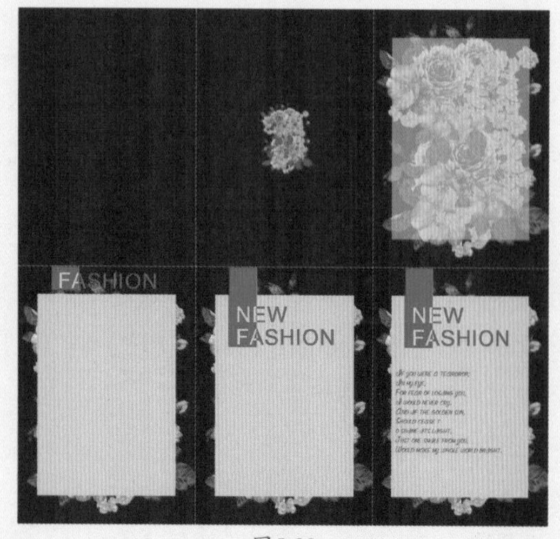

图5-23

实例084 创意清新合成效果——背景部分

文件路径	第5章\创意清新合成效果
难易指数	★★★★★
技术掌握	关键帧动画

扫码深度学习

操作思路

本实例讲解了在Premiere Pro中导入素材，并使用关键帧动画制作素材动画效果。

操作步骤

01 在菜单栏中执行“文件”|“新建”|“项目”命令或使用快捷键Ctrl+Alt+N，在弹出的“新建项目”对话框中设置合适的文件名称，单击“位置”右侧的“浏览”按钮，弹出“项目位置”对话框，单击“选择文件夹”按钮，为项目选择合适的路径文件夹。在“新建项目”对话框中单击“创建”按钮，如图5-24所示。

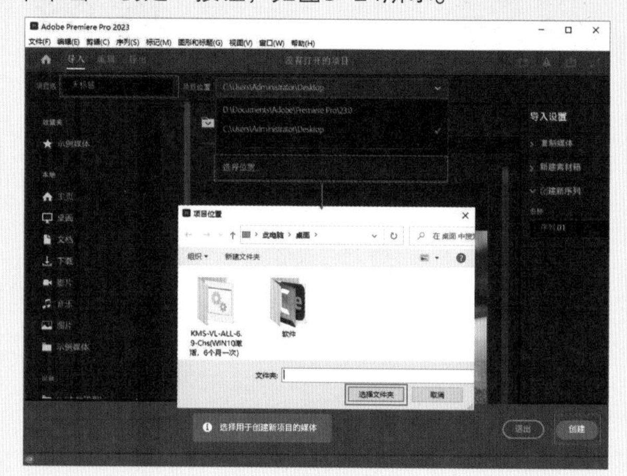

图5-24

02 在“项目”面板空白处单击鼠标右键，在弹出的快捷菜单中执行“新建项目”|“序列”命令。接着在弹出的“新建序列”对话框中选择DV-PAL文件夹下的“标准48kHz”，如图5-25所示。

图5-25

03 在“项目”面板空白处双击，选择所需的“01.png”～“04.png”和“背景.jpg”素材文件，最后单击“打开”按钮，将它们进行导入，如图5-26所示。

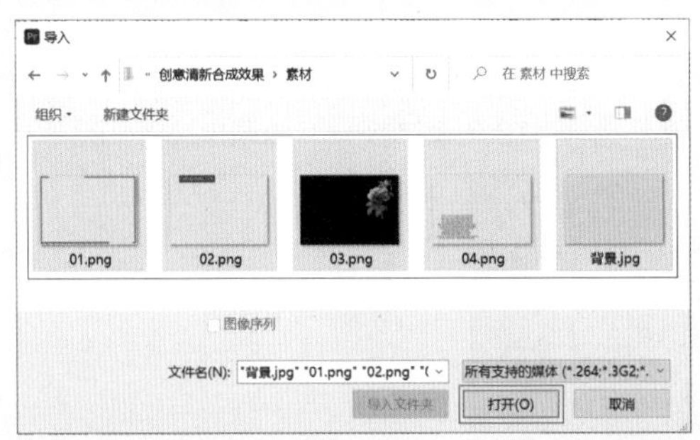

图5-26

04 选择“项目”面板中的素材文件，并按住鼠标左键将它们拖曳到轨道上，如图5-27所示。

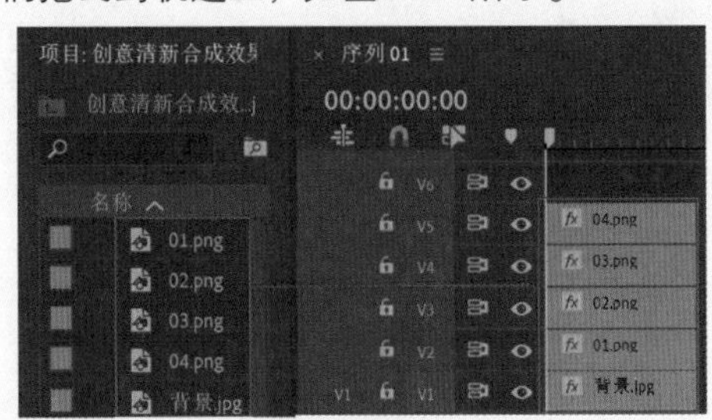

图5-27

05 选择V1轨道上的“背景.jpg”素材文件，在“效果控件”面板中设置“缩放”为116.0，如图5-28所示。此时画面效果如图5-29所示。

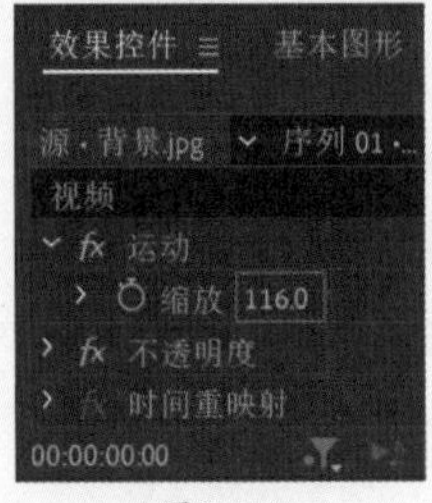

图5-28

图5-29

06 选择V2轨道上的“01.png”素材文件，在“效果控件”面板展开“运动”效果，设置“缩放”为108.0，将时间滑块拖动到初始位置，单击“不透明度”前面的⏱，创建关键帧，设置“不透明度”为0.0%，如图5-30所示；将时间滑块拖动到20帧的位置，设置“不透明度”为100.0%，查看效果如图5-31所示。

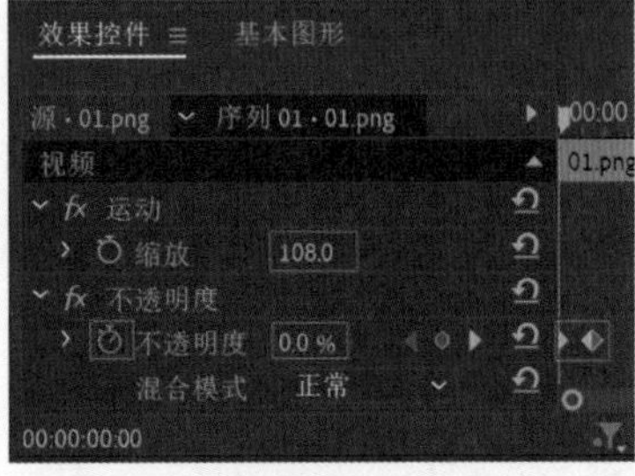

图5-30

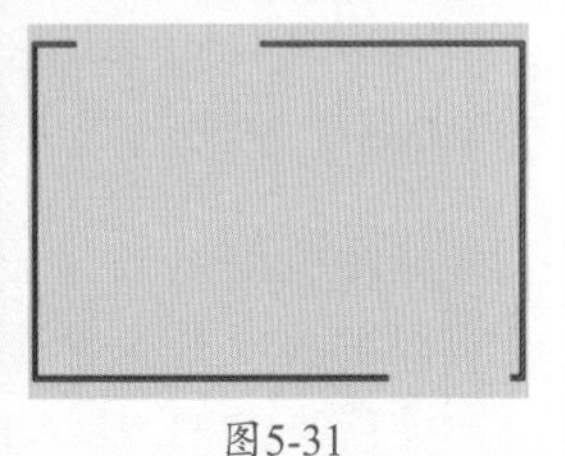

图5-31

07 选择V3轨道上的“02.png”素材文件，在“效果控件”面板中展开“运动”效果，设置“缩放”为106.0，将时间滑块拖动到20帧的位置，单击“位置”前面的⏱，创建关键帧，设置“位置”为（357.0,209.0），如图5-32所示；将时间滑块拖动到1秒10帧的位置，设置“位置”为（357.0,265.0）。查看效果如图5-33所示。

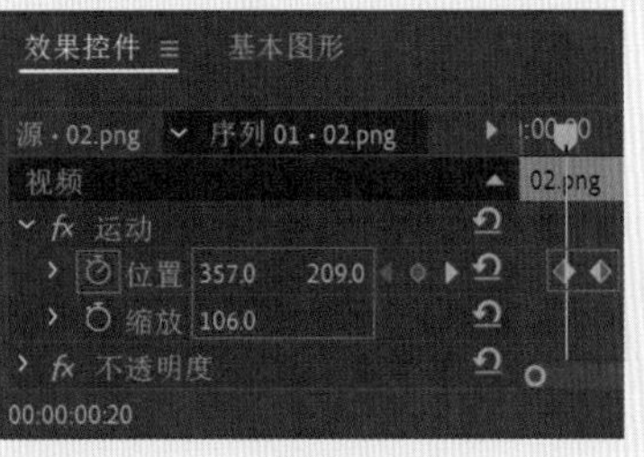

图5-32

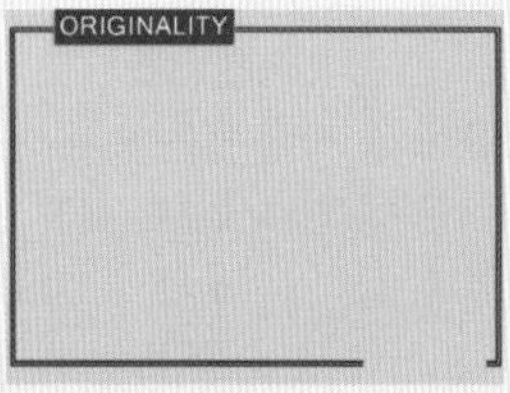

图5-33

08 选择V4轨道上的“03.png”素材文件，在“效果控件”面板中展开“运动”效果，设置“位置”为（561.3,317.0），将时间滑块拖动到1秒10帧的位置，单击“缩放”前面的⏱，创建关键帧，设置“缩放”为0.0，设置“锚点”为（595.2,187.5），如图5-34所示；将时间滑块拖动到2秒05帧的位置，设置“缩放”为130.0。查看效果如图5-35所示。

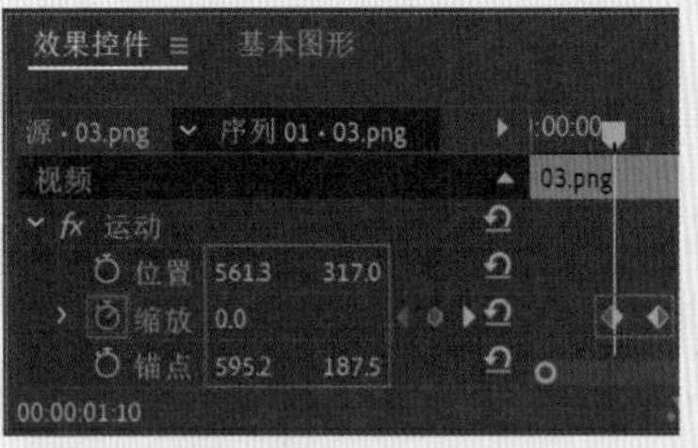

图5-34

图5-35

实例085 创意清新合成效果——文字部分

文件路径	第5章\创意清新合成效果	扫码深度学习
难易指数	★★★★★	
技术掌握	● 关键帧动画　● 文字工具	

操作思路

本实例讲解了在Premiere Pro中使用关键帧动画、文字工具制作文字的动画效果。

操作步骤

01 选择V5轨道上的“04.png”素材文件，将时间滑块拖动到2秒05帧的位置，在“效果控件”面板中单击“位置”前面的⏱，创建关键帧，设置“位置”为（358.0,539.0），如图5-36所示；将时间滑块拖动到3秒05帧的位置，设置“位置”为（358.0,288.0）。查看效果如图5-37所示。

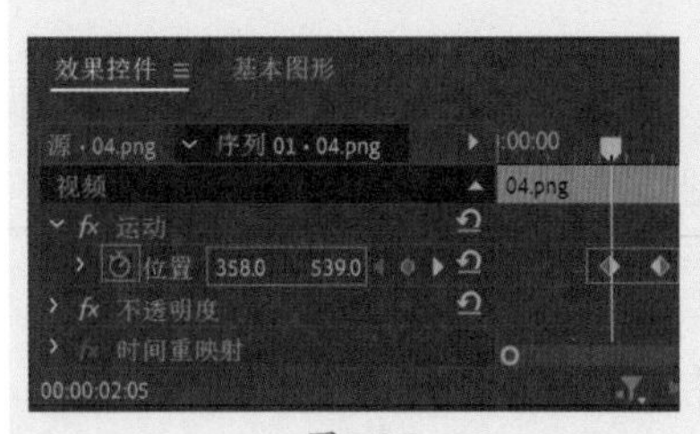

图5-36

图5-37

02 将时间滑块拖动到起始时间位置处，在“工具”面板中选择■（文字工具），并在“节目监视器”面板中输入合适的文字内容，在“时间轴”面板中选择刚刚创建的文字图层，在“效果控件”面板中设置合适的“字体系列”，设置“字体大小”为135.0、“字距调整”为47，勾选“填充”复选框，设置“填充类型”为“线向渐变”，设置“填充颜色”为黄色和红色，勾选“阴影”复选框，设置“不透明度”为50%、“距离”为10.0、“模糊”为30。接着展开“变换”，设置“位置”为（80.0,230.0）。如图5-38所示。

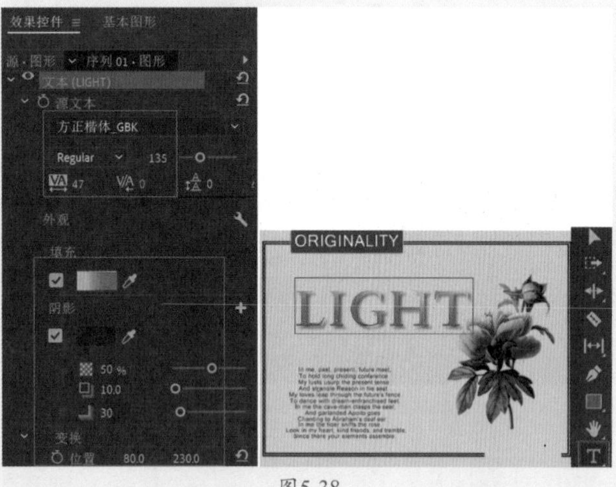

图5-38

03 选择V6轨道上的文字图层，在“效果控件”面板中将时间滑块拖动到3秒05帧位置，单击“位置”前面的■，创建关键帧，并设置“位置”为（-149.0,288.0），如图5-39所示；将时间滑块拖动到4秒05帧的位置，设置“位置”为（360.0,288.0）。

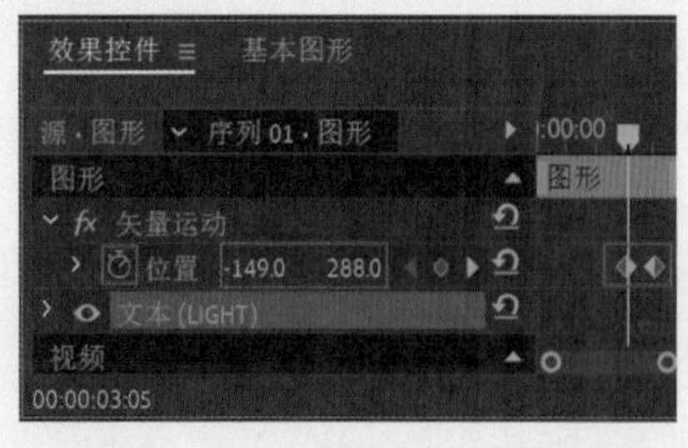

图5-39

04 将时间滑块拖动到起始时间位置处，在“工具”面板中选择■（文字工具），并在“节目监视器”面板中输入合适的文字内容，在“时间轴”面板中选择刚刚创建的文字图层，在“效果控件”面板中设置合适的“字体系列”，设置“字体大小”为51.0、“字距调整”为47，选择“仿斜体”■，勾选“填充”复选框，设置“填充类型”为“线向渐变”，设置“填充颜色”为玫红色和青色，勾选“阴影”复选框，设置“不透明度”为50%、“距离”为10.0、“模糊”为30。接着展开“变换”，设置“位置”为（519.2,553.8）。如图5-40所示。

图5-40

05 拖动时间滑块查看效果，如图5-41所示。

图5-41

实例086 光影文字效果

文件路径	第5章\光影文字效果
难易指数	★★★★★
技术掌握	● 文字工具　● “Alpha发光”效果

扫码深度学习

操作思路

本实例讲解了在Premiere Pro中使用文字工具、“Alpha发光”效果制作光影文字效果。

操作步骤

01 在菜单栏中执行“文件”|“新建”|“项目”命令或使用快捷键Ctrl+Alt+N，在弹出的“新建项目”对话

框中设置合适的文件名称，单击“位置”右侧的“浏览”按钮，弹出“项目位置”对话框，单击“选择文件夹”按钮，为项目选择合适的路径文件夹。在“新建项目”对话框中单击“创建”按钮，如图5-42所示。

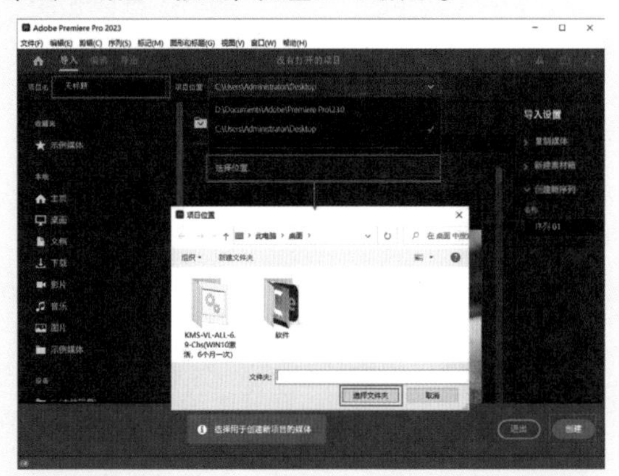

图5-42

02 在“项目”面板空白处单击鼠标右键，在弹出的快捷菜单中执行“新建项目”｜“序列”命令。接着在弹出的“新建序列”对话框中选择DV-PAL文件夹下的“标准48kHz”，如图5-43所示。

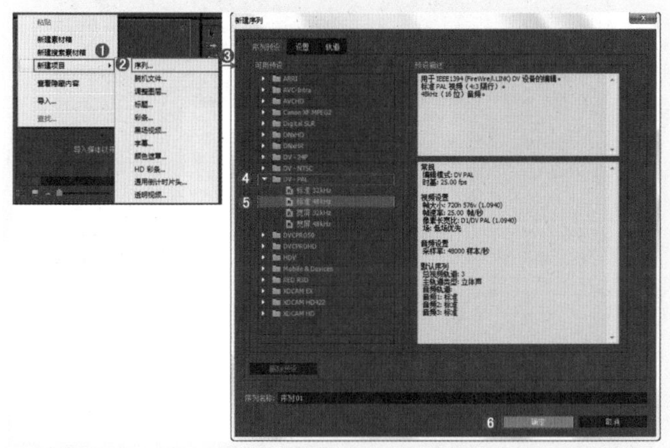

图5-43

03 在“项目”面板空白处双击，选择所需的“背景.jpg”素材文件，最后单击“打开”按钮，将其进行导入，如图5-44所示。

图5-44

04 选择“项目”面板中的“背景.jpg”素材文件，并按住鼠标左键将其拖曳到V1轨道上，如图5-45所示。

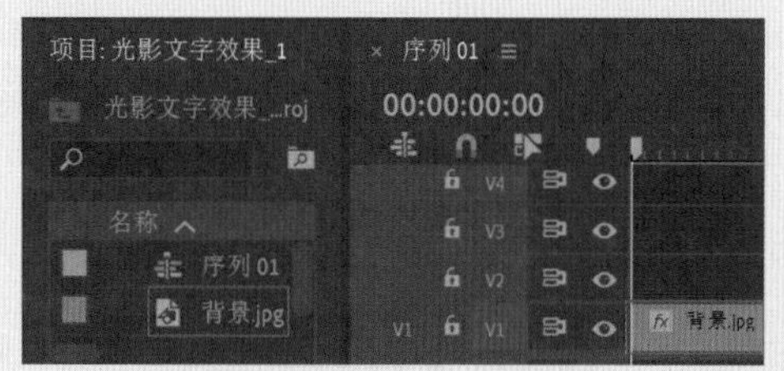

图5-45

05 选择V1轨道上的“背景.jpg”素材文件，在“效果控件”面板中展开“运动”效果，设置“位置”为(314.0,288.0)、“缩放”为82.0，如图5-46所示。

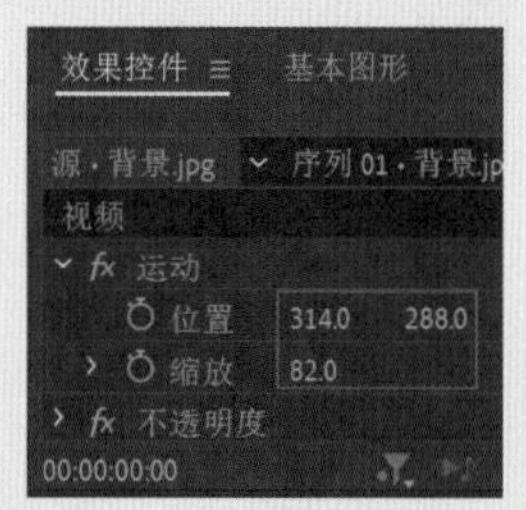

图5-46

06 将时间滑块拖动到起始时间位置处，在“工具”面板中选择T（文字工具），并在“节目监视器”面板中输入合适的文字内容，在“时间轴”面板中选择刚刚创建的文字图层，在“效果控件”面板中设置合适的“字体系列”，设置“字体大小”为100.0、“行距”为-24，选择“仿粗体”T，选择“全部大写字母”，勾选“填充”复选框，设置“填充颜色”为白色，勾选“描写”复选框，设置“描边颜色”为灰色、“描边宽度”为4.0。接着展开“变换”，设置“位置”为(69.1,495.9)。如图5-47所示。

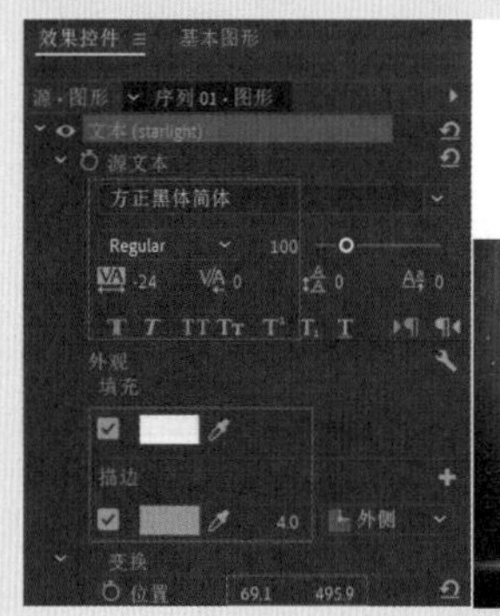

图5-47

07 在“效果”面板中搜索“Alpha发光”效果，并按住鼠标左键将其拖曳到文字图层上，如图5-48所示。

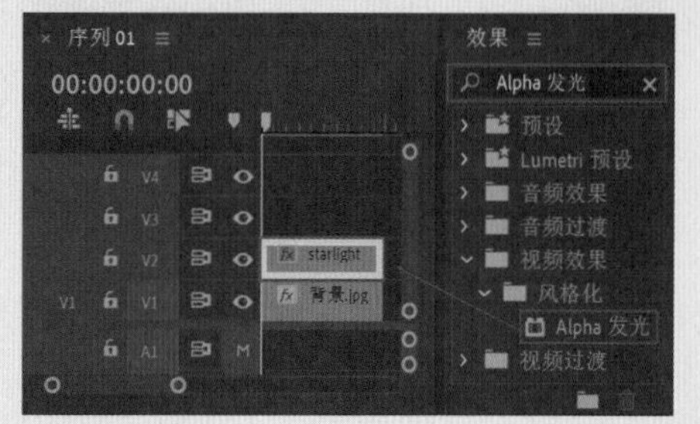

图5-48

08 选择“时间轴”面板中的文字图层，在“效果控件”面板中展开“Alpha发光”效果，设置“发光”为16、“亮度”为187、“起始颜色”为浅蓝色、“结束颜色”为深蓝色，如图5-49所示。

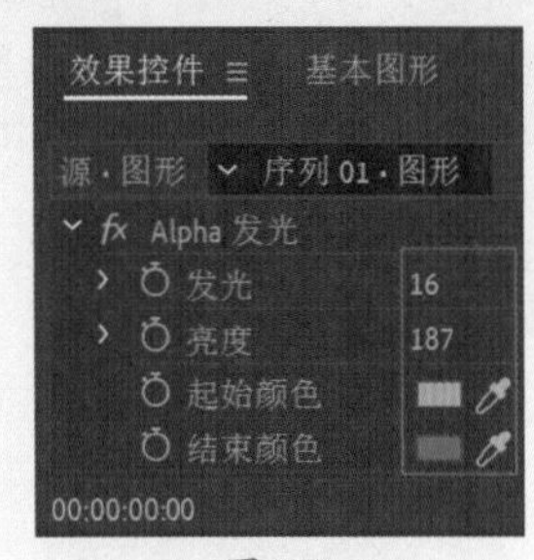

图5-49

> **提示** 淡出的作用
>
> 在本实例中，设置完一些参数后需要勾选“淡出”复选框，让光感有淡出的效果，如图5-50所示。如果不勾选该复选框，光感会显得较为突兀，没有质感，如图5-51所示。
>
> 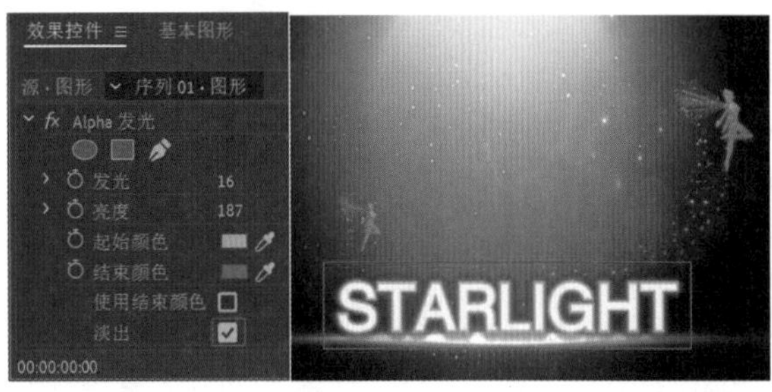
>
>
> 图5-50
>
> 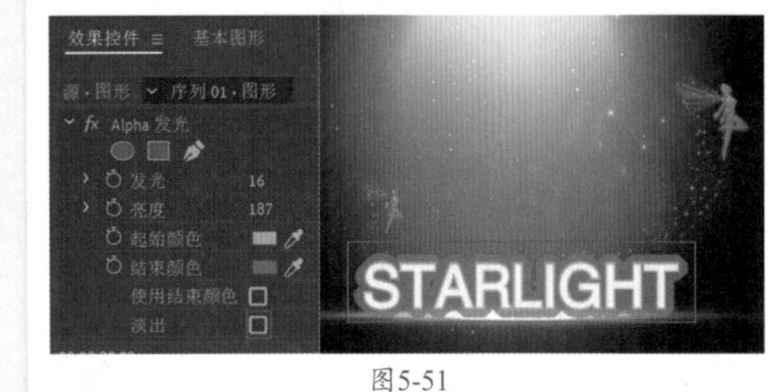
>
>
> 图5-51

09 拖动时间滑块查看效果，如图5-52所示。

图5-52

实例087 扫光文字效果

文件路径	第 5 章 \ 扫光文字效果
难易指数	★★★★★
技术掌握	● 文字工具 ● 蒙版工具

扫码深度学习

操作思路

本实例讲解了在Premiere Pro中使用文字工具创建文字、使用“蒙版工具”制作文字扫光效果。

操作步骤

01 在菜单栏中执行“文件”|“新建”|“项目”命令或使用快捷键Ctrl+Alt+N，在弹出的“新建项目”对话框中设置合适的文件名称，单击“位置”右侧的“浏览”按钮，弹出“项目位置”对话框，单击“选择文件夹”按钮，为项目选择合适的路径文件夹。在“新建项目”对话框中单击“创建”按钮，如图5-53所示。

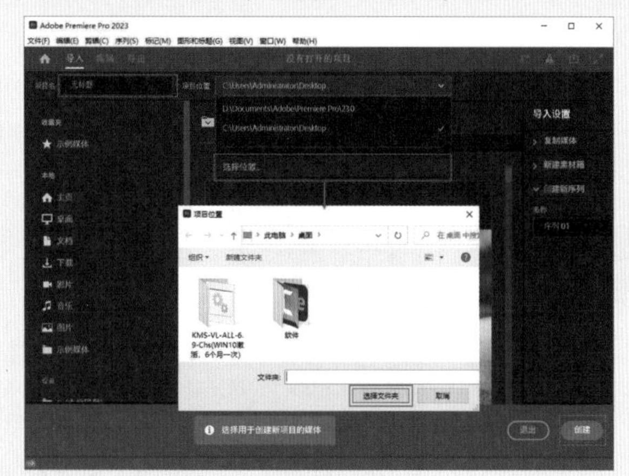

图5-53

02 在“项目”面板空白处双击，选择所需的“1.mp4”素材文件，最后单击“打开”按钮，将其进行导入，如图5-54所示。

图5-54

03 选择“项目”面板中的“1.mp4”素材文件，并按住鼠标左键将其拖曳到“时间轴”面板中V1轨道上，此时在“项目”面板中自动生成一个与“1.mp4”素材文件等大的序列。如图5-55所示。

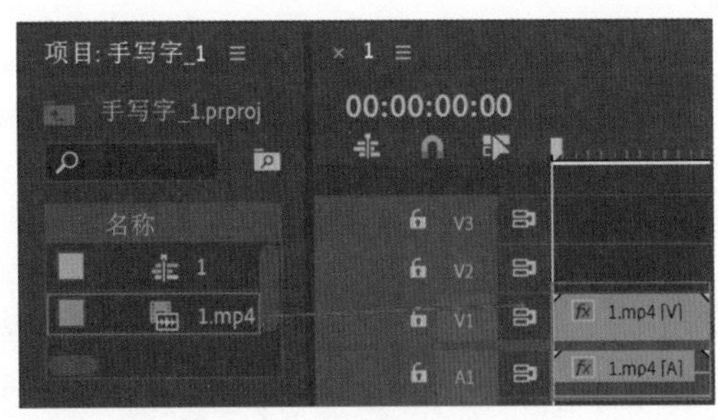

图5-55

04将时间滑块拖动到起始时间位置处，在“工具”面板中选择T（文字工具），并在“节目监视器”面板中输入合适的文字内容，在“时间轴”面板中选择刚刚创建的文字图层，在“效果控件”面板中设置合适的“字体系列”，设置“字体大小”为604，勾选“填充”复选框，设置“填充颜色”为灰色。接着展开“变换”，设置“位置”为（773.6,1077.2）。如图5-56所示。

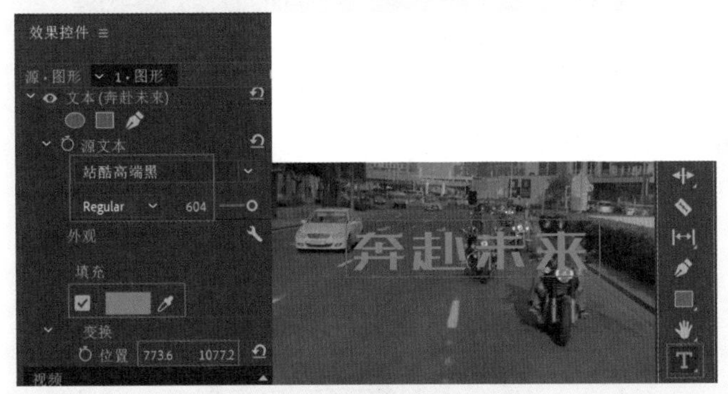

图5-56

05在“时间轴”面板中选择V2轨道上的文字图层，按住Alt键的同时按住鼠标左键将其拖曳复制到V3轨道上，如图5-57所示。

06在“时间轴”面板中选择刚刚复制的文字图层，在“效果控件”面板中展开“文本”，设置“填充颜色”为浅灰色。如图5-58所示。

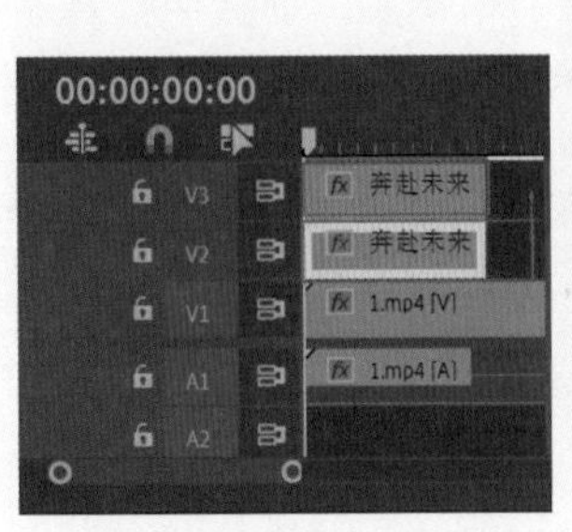

图5-57

图5-58

07接着展开“不透明度”效果，单击下方的“4点多边形蒙版”按钮■，在“节目监视器”面板中设置蒙版为合适的形状与大小，将时间滑块拖动至1帧位置处，单击“蒙版路径”前方的■，创建关键帧。如图5-59所示。

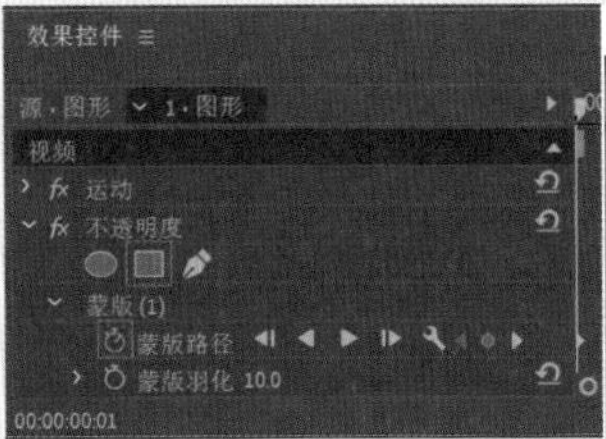

图5-59

08接着分别将时间滑块拖动至1秒30帧、2秒04帧、2秒33帧位置处，在“节目监视器”面板中设置蒙版为合适的位置、形状与大小。如图5-60所示。

图5-60

09拖动时间滑块查看效果，如图5-61所示。

图5-61

实例088 浪漫的条纹字体

文件路径	第5章\浪漫的条纹字体	
难易指数	★★★★★	
技术掌握	● 文字工具 ● “百叶窗”效果	

扫码深度学习

操作思路

本实例讲解了在Premiere Pro中使用文字工具创建文字，并使用“百叶窗”效果制作双色条纹字体。

操作步骤

01 在菜单栏中执行“文件”|“新建”|“项目”命令或使用快捷键Ctrl+Alt+N，在弹出的“新建项目”对话框中设置合适的文件名称，单击“位置”右侧的“浏览”按钮，弹出“项目位置”对话框，单击“选择文件夹”按钮，为项目选择合适的路径文件夹。在“新建项目”对话框中单击“创建”按钮，如图5-62所示。

图5-62

02 在“项目”面板空白处单击鼠标右键，在弹出的快捷菜单中执行“新建项目”|“序列”命令。接着在弹出的“新建序列”对话框中选择DV-PAL文件夹下的“标准48kHz”，如图5-63所示。

图5-63

03 在“项目”面板空白处双击，选择所需的“背景.jpg”素材文件，最后单击“打开”按钮，将其进行导入，如图5-64所示。

图5-64

04 选择“项目”面板中的“背景.jpg”素材文件，并按住鼠标左键将其拖曳到V1轨道上，如图5-65所示。

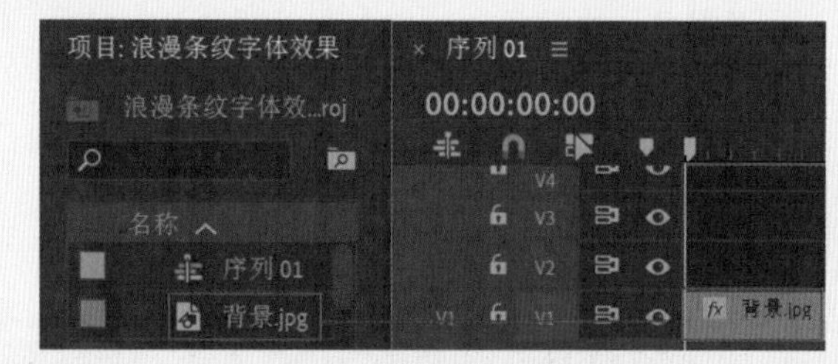

图5-65

05 选择V1轨道上的“背景.jpg”素材文件，在“效果控件”面板中展开“运动”效果，设置“缩放”为154.0，如图5-66所示。

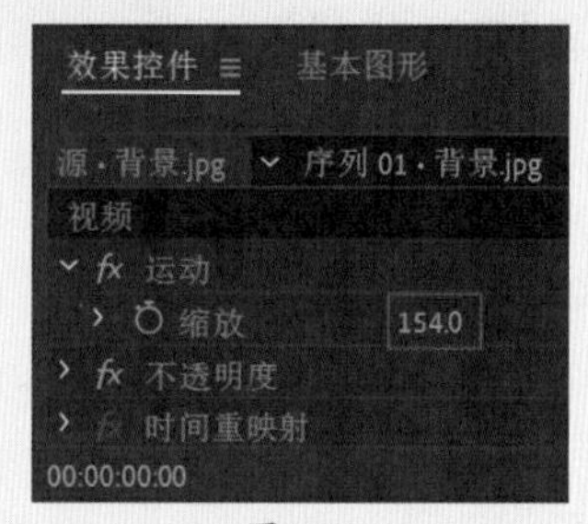

图5-66

06 将时间滑块拖动到起始时间位置处，在“工具”面板中选择T（文字工具），并在“节目监视器”面板中输入合适的文字内容，在“时间轴”面板中选择刚刚创建的文字图层，在“效果控件”面板中设置合适的“字体系列”，设置“字体大小”为150.0、“字距调整”为34，选择“仿粗体”，选择“小型大写字母”，勾选“填充”复选框，设置“填充颜色”为黄色，勾选“描边”复选框，设置“描边颜色”为黄色。勾选“阴影”复选框，设置“阴影颜色”为棕色，设置“不透明度”为88%、“角度”为250°、“距离”为5.1、“模糊”为7.6、“大小”为0。接着展开“变换”，设置“位置”为（82.1,327.5）。如图5-67所示。

07 选择V2轨道上的文字图层，按住Alt键的同时按住鼠标左键将其拖曳复制到V3轨道上，如图5-68所示。

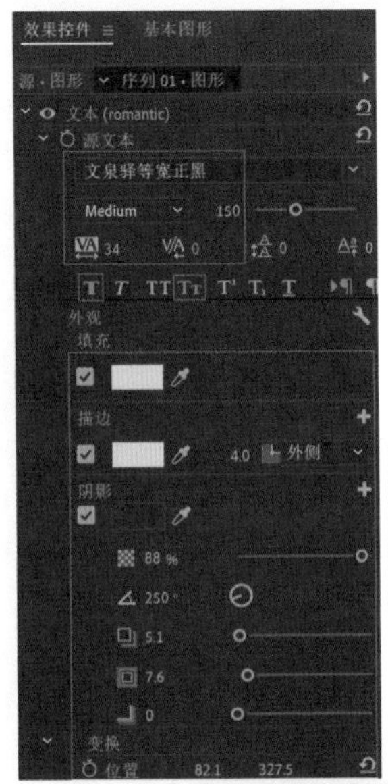

图5-67

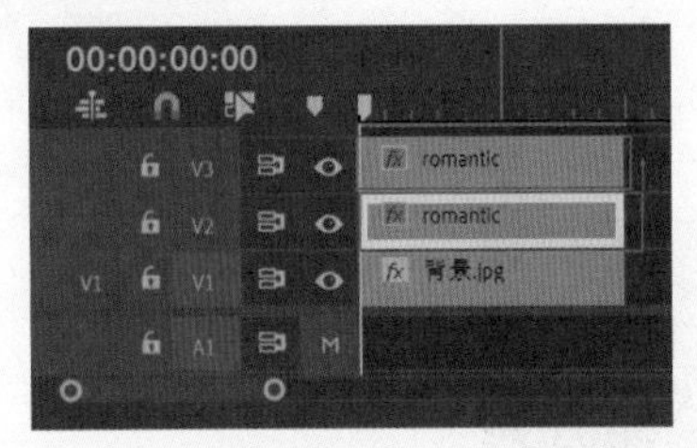

图5-68

08 选择V3轨道上刚刚复制的文字图层，在“效果控件”面板中设置“填充颜色”和“描边颜色”为绿色，设置“阴影颜色”为深绿色，如图5-69所示。

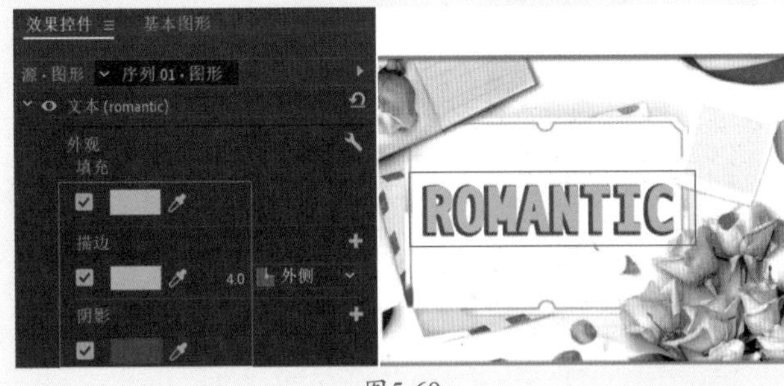

图5-69

09 在“效果”面板中搜索“百叶窗”效果，并按住鼠标左键将其拖曳到刚刚复制的文字图层上，如图5-70所示。

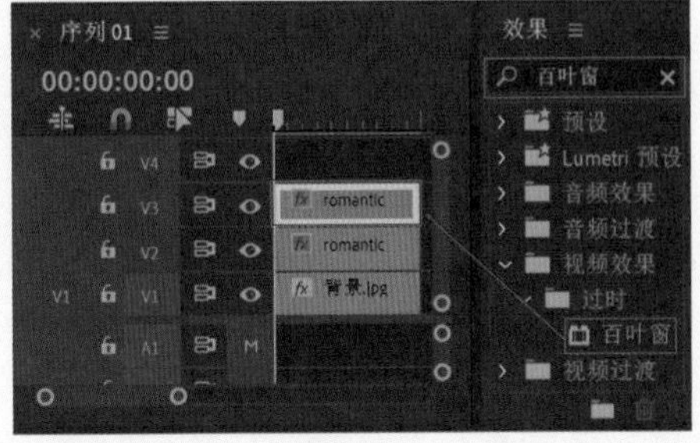

图5-70

10 选择V3轨道上的文字图层，在“效果控件”面板中展开“百叶窗”效果，设置“过渡完成”为40%、“方向”为51.0°、“宽度”为30，如图5-71所示。

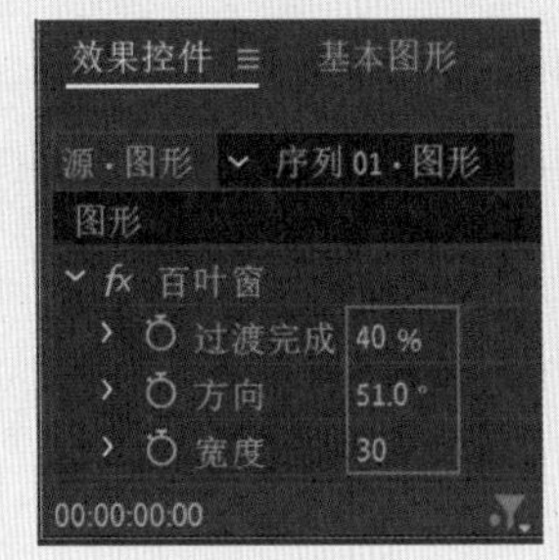

图5-71

提示

“百叶窗”效果中参数的作用

在“百叶窗”效果中，设置“过渡完成”数值可以调整条纹的宽度，设置“方向”数值可以调整条纹倾斜的方向，设置“宽度”数值可以调整条纹的宽度。

11 关闭字幕窗口。拖动时间滑块查看效果，如图5-72所示。

图5-72

实例089 立体文字效果

文件路径	第5章\立体文字效果	扫码深度学习
难易指数	★★★★★	
技术掌握	● 文字工具 ●“投影”效果 ●“球面化”效果 ● 关键帧动画	

操作思路

本实例讲解了在Premiere Pro中使用文字工具、“投影”效果、“球面化”效果、关键帧动画制作立体文字动画效果。

操作步骤

01 在菜单栏中执行“文件”|“新建”|“项目”命令或使用快捷键Ctrl+Alt+N，在弹出的“新建项目”对话框中设置合适的文件名称，单击“位置”右侧的“浏览”按钮，弹出“项目位置”对话框，单击“选择文件夹”按

钮，为项目选择合适的路径文件夹。在“新建项目”对话框中单击“创建”按钮，如图5-73所示。

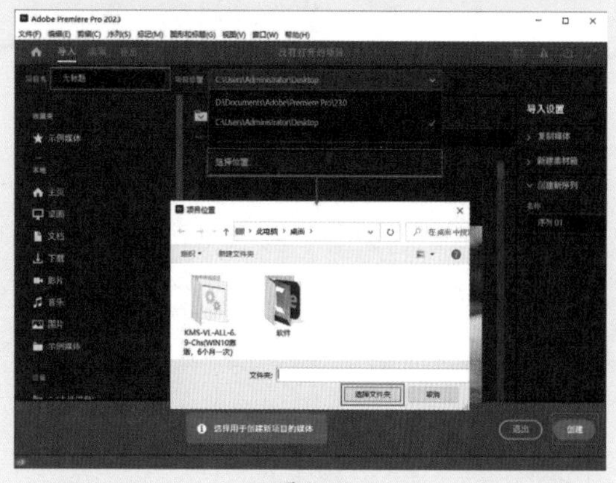

图5-73

02 在“项目”面板空白处单击鼠标右键，在弹出的快捷菜单中执行“新建项目”|“序列”命令。接着在弹出的“新建序列”对话框中选择DV-PAL文件夹下的“标准48kHz”，如图5-74所示。

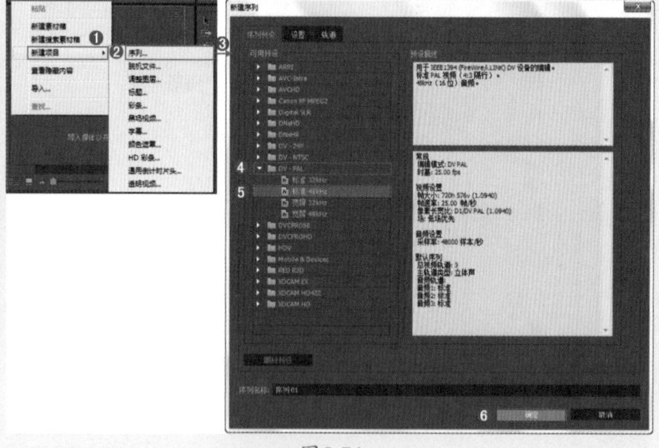

图5-74

03 在“项目”面板空白处双击，选择所需的“背景.jpg”素材文件，最后单击“打开”按钮，将其进行导入，如图5-75所示。

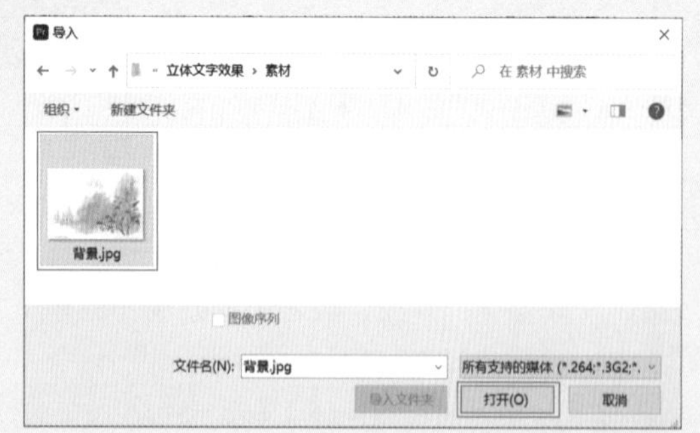

图5-75

04 选择V1轨道上的“背景.jpg”素材文件，在“效果控件”面板中展开“运动”效果，设置“缩放”为109.0，如图5-76所示。查看效果如图5-77所示。

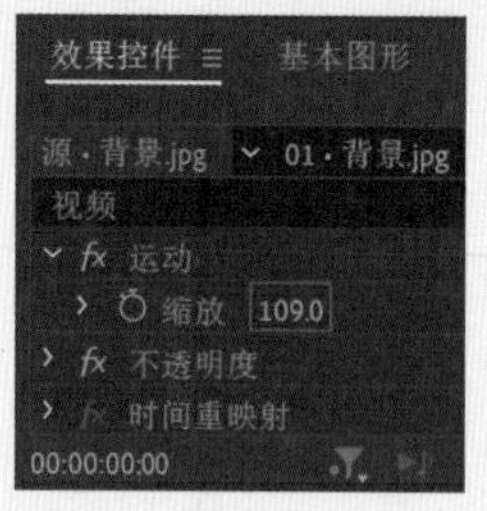

图5-76　　图5-77

05 将时间滑块拖动到起始时间位置处，在“工具”面板中选择T（文字工具），并在“节目监视器”面板中输入合适的文字内容，在“时间轴”面板中选择刚刚创建的文字图层，在“效果控件”面板中设置合适的“字体系列”，设置“字体大小”为263.0、“字距调整”为-61，勾选“填充”复选框，设置“填充颜色”为绿色，勾选“阴影”复选框，设置“阴影颜色”为黄色，设置“不透明度”为100%、“角度”为155°、“大小”为9.4、“模糊”为0。接着单击“阴影”后面的“添加”按钮。勾选新添加的“阴影”复选框，设置“不透明度”为83%、“角度”为136°、“距离”为28.1。展开“变换”，设置“位置”为（63.7,383.1）。如图5-78所示。

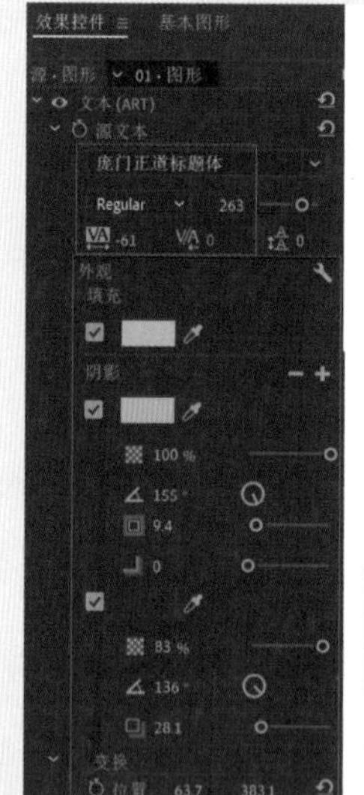

图5-78

06 在“效果”面板中搜索“投影”效果，并按住鼠标左键将其拖曳到V2轨道中的文字图层上，如图5-79所示。

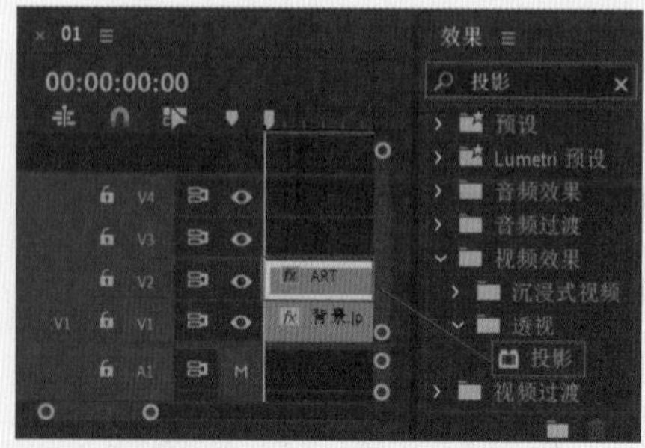

图5-79

07 选择V2轨道上的文字图层，在“效果控件”面板中展开“投影”效果，设置“不透明度”为60%、“距离”为23.0、“柔和度”为8.0，如图5-80所示；将时间滑块拖动到初始位置，设置“不透明度”为0.0%；将时间滑块拖动到4秒20帧的位置，设置“不透明度”为100.0%。

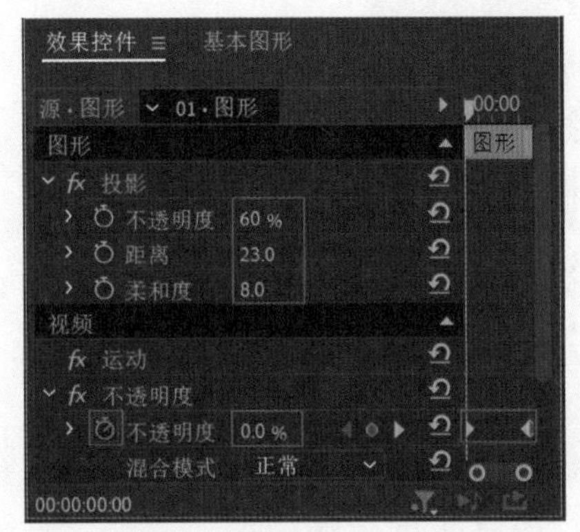

图5-80

08 在“效果”面板中搜索“球面化”效果，按住鼠标左键将其拖曳到V2轨道中的文字图层上，如图5-81所示。

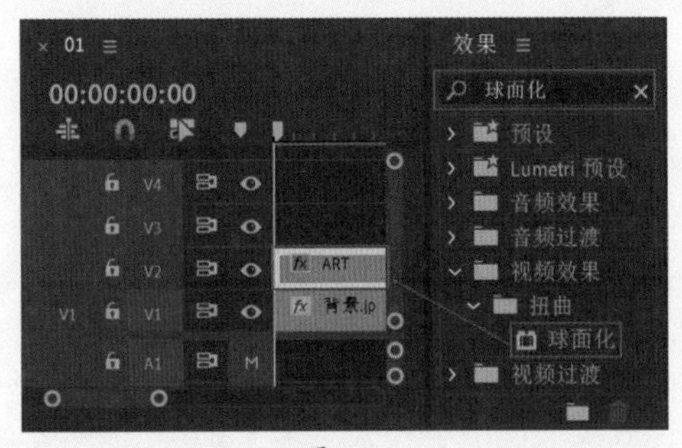

图5-81

09 选择V2轨道上的文字图层，在“效果控件”面板中展开“球面化”效果，将时间滑块拖动到初始位置，单击“半径”前面的⏱，创建关键帧。设置“半径”为1717.0，如图5-82所示；将时间滑块拖动到1秒的位置，设置“半径”为1393.0；将时间滑块拖动到2秒的位置，设置“半径”为895.0；将时间滑块拖动到3秒的位置，设置“半径”为280.0；将时间滑块拖动到4秒的位置，设置“半径”为232.0；最后将时间滑块拖动到4秒20帧的位置，设置“半径”为0.0。

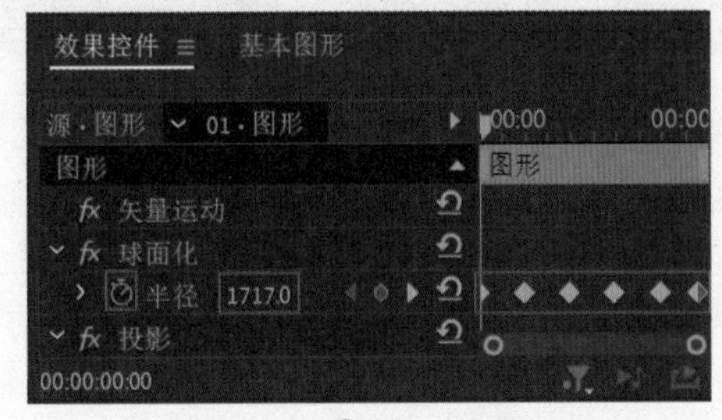

图5-82

10 拖动时间滑块查看效果，如图5-83所示。

图5-83

实例090 模糊字体效果

文件路径	第5章\模糊字体效果	
难易指数	★★★★★	
技术掌握	● 文字工具 ● “湍流置换”效果 ● “高斯模糊”效果 ● 关键帧动画	扫码深度学习

操作思路

本实例讲解了在Premiere Pro中使用文字工具、“湍流置换”效果、“高斯模糊”效果、关键帧动画制作字体模糊动画效果。

操作步骤

01 在菜单栏中执行“文件”|“新建”|“项目”命令或使用快捷键Ctrl+Alt+N，在弹出的“新建项目”对话框中设置合适的文件名称，单击“位置”右侧的“浏览”按钮，弹出“项目位置”对话框，单击“选择文件夹”按钮，为项目选择合适的路径文件夹。在“新建项目”对话框中单击“创建”按钮，如图5-84所示。

图5-84

02 在“项目”面板空白处单击鼠标右键，在弹出的快捷菜单中执行“新建项目”|“序列”命令。接着在弹出的“新建序列”对话框中选择DV-PAL文件夹下的“标准48kHz”，如图5-85所示。

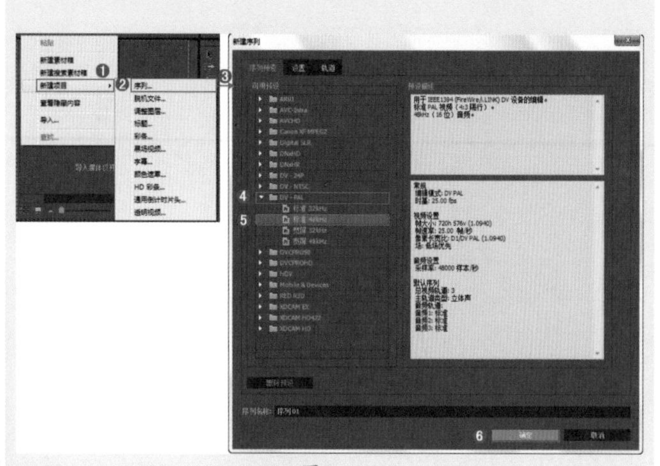

图5-85

03 在“项目”面板空白处双击，选择所需的“01.jpg”素材文件，最后单击“打开”按钮，将其进行导入，如图5-86所示。

图5-86

04 选择“项目”面板中的“01.jpg”素材文件，并按住鼠标左键将其拖曳到V1轨道上，如图5-87所示。

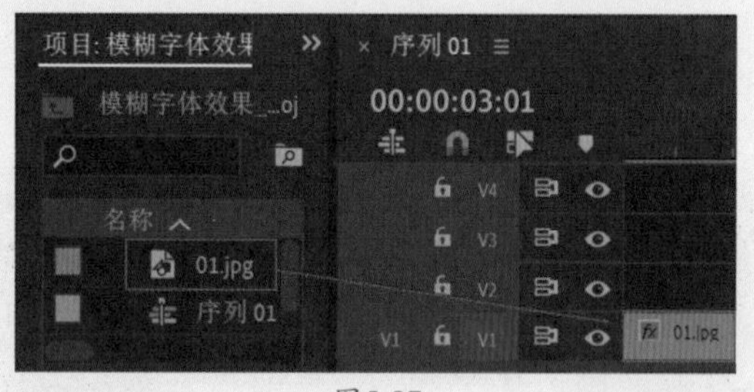

图5-87

05 将时间滑块拖动到起始时间位置处，在“工具”面板中选择T（文字工具），并在“节目监视器”面板中输入SPRING，在“时间轴”面板中选择刚刚创建的文字图层，在“效果控件”面板中设置合适的“字体系列”，设置“字体大小”为183.0、“字距调整”为85，勾选“填充”复选框，设置“填充颜色”为白色，勾选“阴影”复选框，设置“不透明度”为70%、“角度”为135°、“大小”为13.0、“模糊”为30.0。接着展开“变换”，设置“位置”为（70.0,288.0），如图5-88所示。

图5-88

06 选择V2轨道上的文字图层，将时间滑块拖动到初始位置，再单击“效果控件”面板中“缩放”位置前面的⏱，创建关键帧，并设置“缩放”为0.0。将时间滑块拖动到15帧的位置，设置“缩放”为100.0，如图5-89所示。

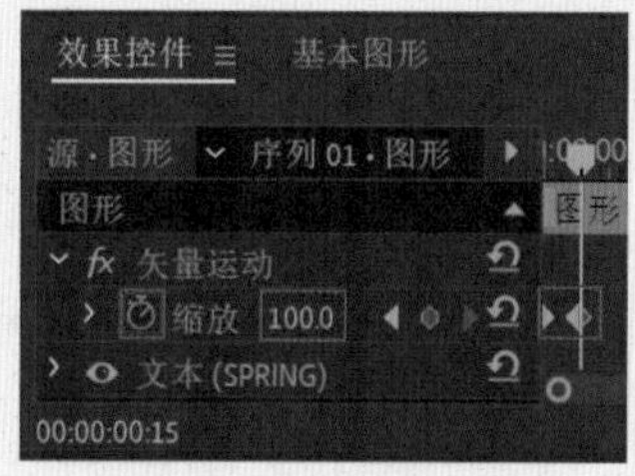

图5-89

07 在“效果”面板中搜索“湍流置换”效果，并按住鼠标左键将其拖曳到V2轨道中的文字图层上，如图5-90所示。

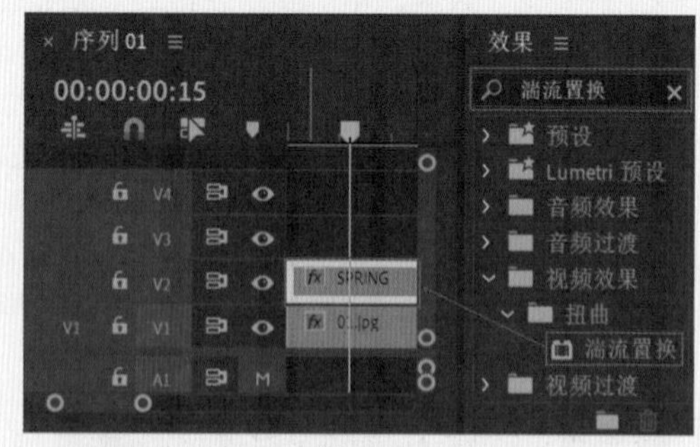

图5-90

08 选择V2轨道上的文字图层，在“效果控件”面板中展开“湍流置换”效果，将时间滑块拖动到初始位置时，单击“数量”和“偏移（湍流）”前面的⏱，创建关键帧，并设置“数量”为0.0、“偏移（湍流）”为（222.0,288.0），如图5-91所示；将时间滑块拖动到2秒的位置，设置“数量”为53.0，“偏移（湍流）”为（222.0,288.0）；将时间滑块拖动到3秒的位置，设置“偏移（湍流）”为（439.0,288.0）。

图5-91

09 在“效果”面板中搜索“高斯模糊”效果，并按住鼠标左键将其拖曳到V2轨道中的文字图层上，如图5-92所示。

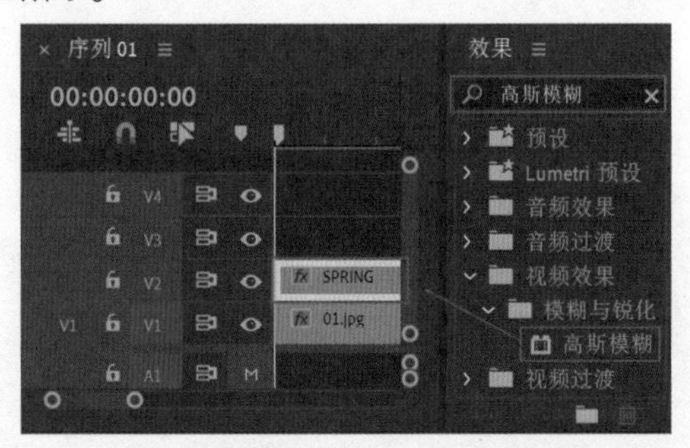
图5-92

10 选择V2轨道上的文字图层，在“效果控件”面板中展开“高斯模糊”效果，将时间滑块拖动到初始位置，单击“模糊度”前面的⏱，创建关键帧，并设置“模糊度”为0.0，如图5-93所示；将时间滑块拖动到2秒的位置，设置“模糊度”为15.0；将时间滑块拖动到3秒的位置，设置“模糊度”为200.0。

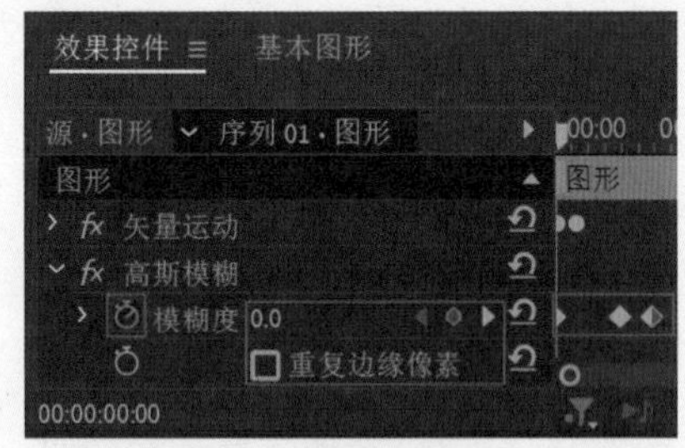
图5-93

11 拖动时间滑块查看效果，如图5-94所示。

图5-94

实例091 闹元宵缩放动画效果

文件路径	第5章\闹元宵缩放动画效果
难易指数	★★★★★
技术掌握	关键帧动画

扫码深度学习

操作思路

本实例讲解了在Premiere Pro中使用关键帧动画制作动画背景，并合成闹元宵文字素材，完成作品制作。

操作步骤

01 在菜单栏中执行“文件”|“新建”|“项目”命令或使用快捷键Ctrl+Alt+N，在弹出的“新建项目”对话框中设置合适的文件名称，单击“位置”右侧的“浏览”按钮，弹出“项目位置”对话框，单击“选择文件夹”按钮，为项目选择合适的路径文件夹。在“新建项目”对话框中单击“创建”按钮，如图5-95所示。

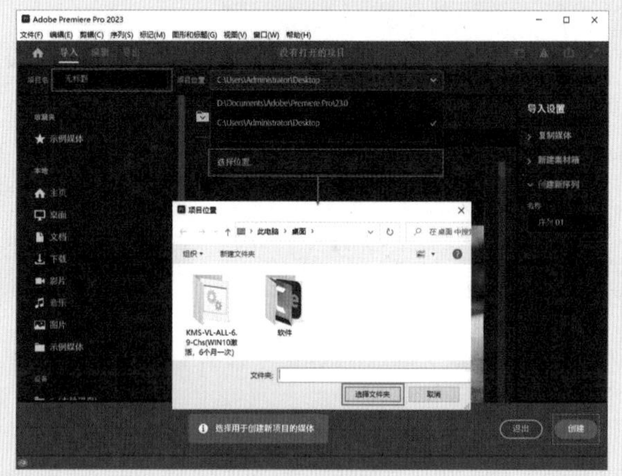
图5-95

02 在“项目”面板空白处单击鼠标右键，在弹出的快捷菜单中执行“新建项目”|“序列”命令。接着在弹出的“新建序列”对话框中选择DV-PAL文件夹下的“标准48kHz”，如图5-96所示。

图5-96

03 在“项目”面板空白处双击，选择所需的“01.png”～“05.png”和“背景.jpg”素材文件，最后单击“打开”按钮，将它们进行导入，如图5-97所示。

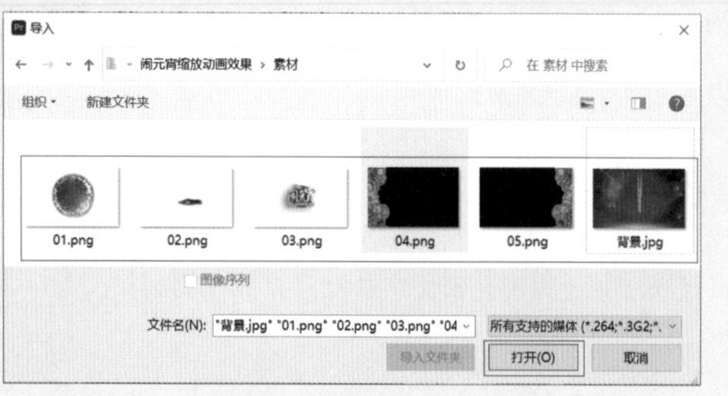

图5-97

04 选择“项目”面板中的素材文件，并按住鼠标左键将它们拖曳到轨道上，如图5-98所示。

05 选择V1轨道上的“背景.jpg”素材文件，并在“效果控件”面板中展开“运动”效果，设置“缩放”为105.0，如图5-99所示。

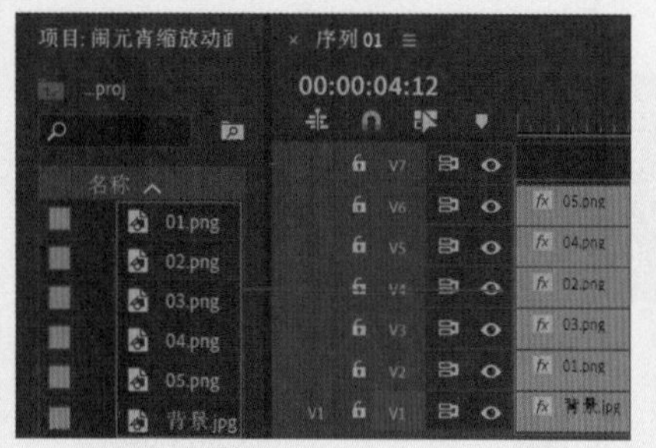

图5-98

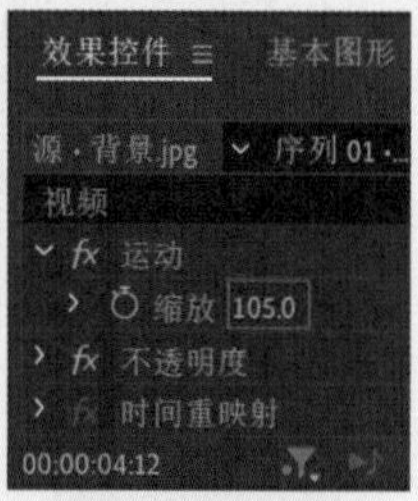

图5-99

06 选择V2轨道上的“01.png”素材文件，将时间滑块拖动到初始位置，单击“效果控件”面板中“缩放”“旋转”和“不透明度”前面的⏱，创建关键帧，设置“缩放”为0.0，“旋转”为1x0.0°、“不透明度”为0.0%；将时间滑块拖动到1秒20帧的位置，设置“缩放”为100.0，“旋转”为1x0.0°、“不透明度”为100.0%，如图5-100所示。查看效果如图5-101所示。

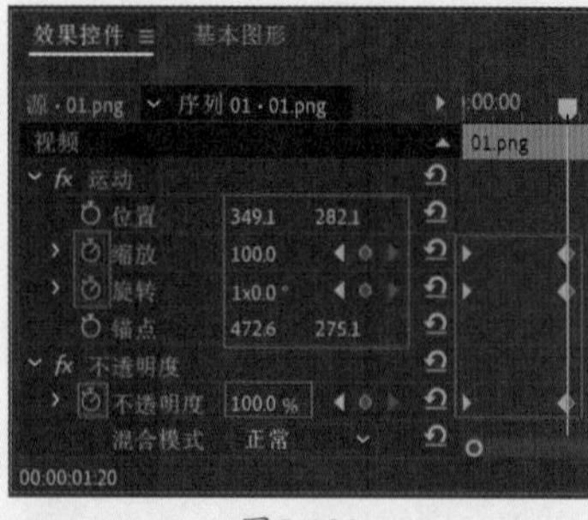

图5-100

图5-101

> **提示 调整旋转中心轴**
>
> 在设置“旋转”关键帧之前，单击“运动”属性，此时“节目监视器”面板中会显示出“运动”矩形框，此时可移动中心轴，如图5-102所示。

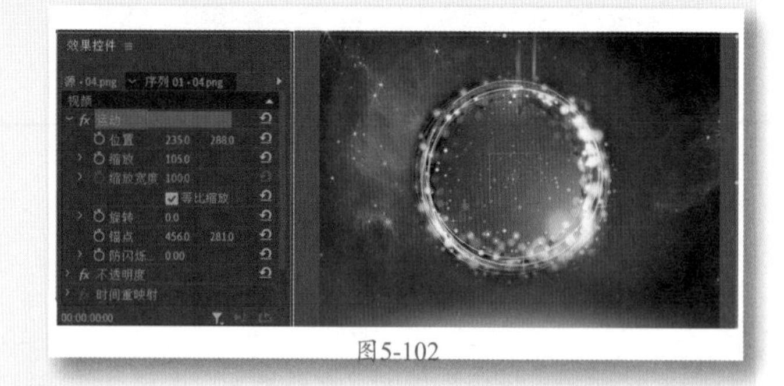

图5-102

07 选择V3轨道上的“03.png”素材文件，将时间滑块拖动到1秒20帧的位置，单击“效果控件”面板中“缩放”前面的⏱，创建关键帧；并设置“缩放”为0.0；将时间滑块拖动到2秒15帧的位置，设置“缩放”为100.0，如图5-103和图5-104所示。

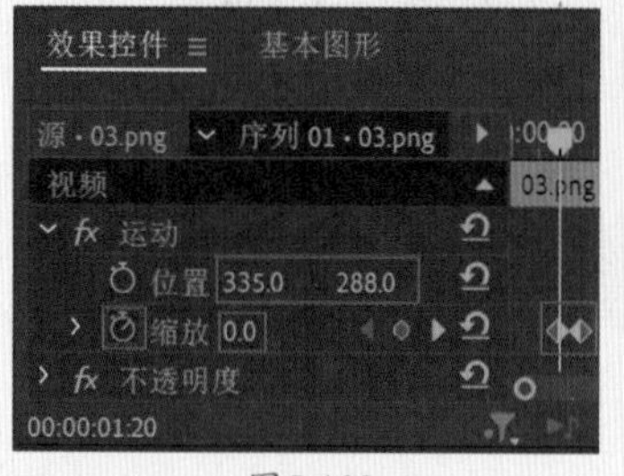

图5-103

图5-104

08 选择V4轨道上的“02.png”素材文件，将时间滑块拖动到2秒15帧的位置，单击“效果控件”面板中“位置”前面的⏱，创建关键帧，并设置“位置”为（838.0,288.0），如图5-105所示；将时间滑块拖动到3秒05帧的位置，设置“位置”为（333.0,288.0），设置“混合模式”为“变亮”。

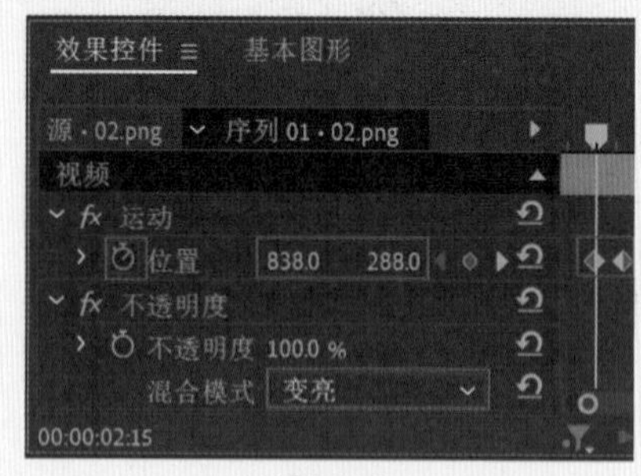

图5-105

09 选择V5轨道上的“04.png”素材文件，在“效果控件”面板中，设置“缩放”为105.0。将时间滑块拖动到3秒05帧的位置，单击“位置”前面的⏱，创建关键帧，并设置“位置”为（235.0,288.0），如图5-106所示；将时间滑块拖动到4秒的位置，设置“位置”为（379.7,287.4），设置“混合模式”为“强光”，效果如图5-107所示。

10 选择V6轨道上的“05.png”素材文件，在“效果控件”面板中，设置“缩放”为104.0。将时间滑块拖动到3秒15帧的位置，单击“位置”前面的⏱，创建关键帧，并设置“位置”为（472.0,288.0），如图5-108所示；将时间滑块拖动到4秒的位置，设置“位置”为（332.0,288.0），设置“混合模式”为“强光”，效果如图5-109所示。

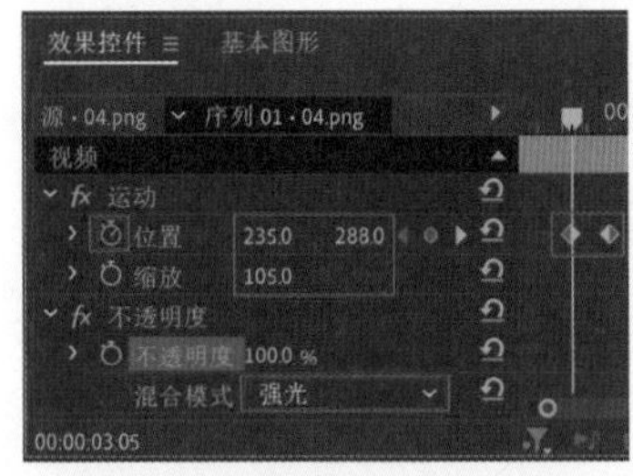

图5-106

图5-107

图5-108

图5-109

11 拖动时间滑块查看效果，如图5-110所示。

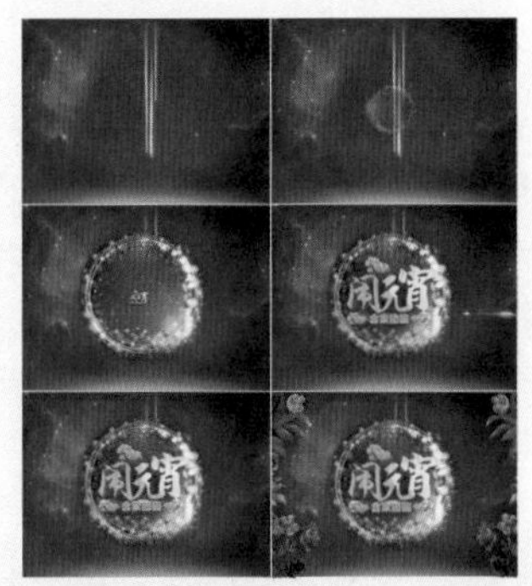
图5-110

实例092 女装宣传海报合成效果

文件路径	第5章\女装宣传海报合成效果
难易指数	★★★★★
技术掌握	关键帧动画

扫码深度学习

操作思路

本实例讲解了在Premiere Pro中使用关键帧动画制作动画效果，并合成文字素材，完成作品制作。

操作步骤

01 在菜单栏中执行“文件”|“新建”|“项目”命令或使用快捷键Ctrl+Alt+N，在弹出的“新建项目”对话框中设置合适的文件名称，单击“位置”右侧的“浏览”按钮，弹出“项目位置”对话框，单击“选择文件夹”按钮，为项目选择合适的路径文件夹。在“新建项目”对话框中单击“创建”按钮，如图5-111所示。

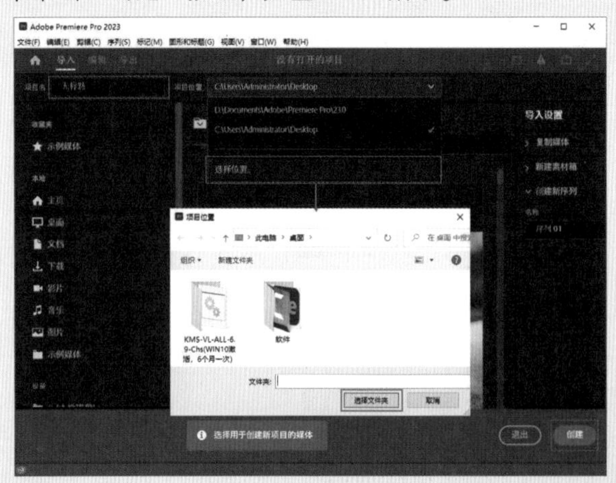

图5-111

02 在“项目”面板空白处双击，选择所需的“01.png”~“04.png”和“背景.jpg”素材文件，最后单击“打开”按钮，将它们进行导入，如图5-112所示。

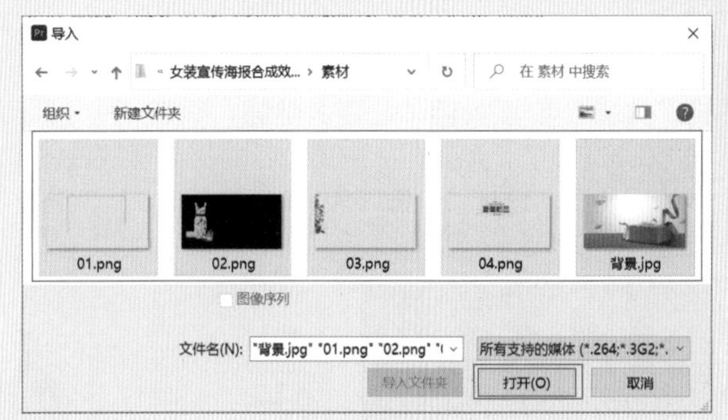

图5-112

03 选择“项目”面板中的素材文件，并按住鼠标左键将它们拖曳到轨道上，如图5-113所示。

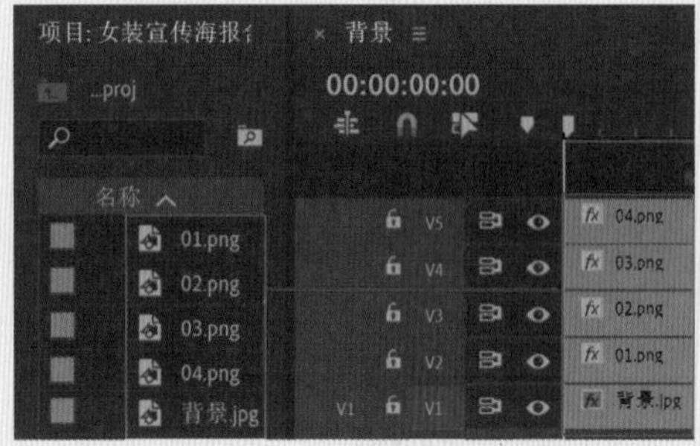

图5-113

04 选择V2轨道上的“01.png”素材文件，将时间滑块拖动到初始位置。在“效果控件”面板中展开“运动”效果，单击“位置”前面的⏱，创建关键帧，设置“位置”为（626.0，-154.0），如图5-114所示；将时间滑块拖动到10帧的位置，设置“位置”为（626.0,325.0）。查看效果如图5-115所示。

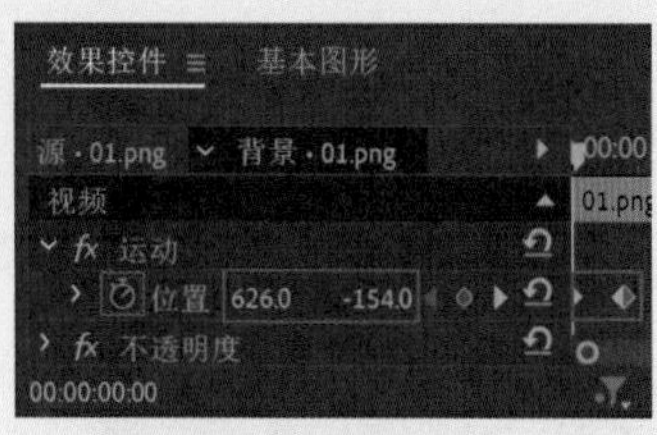

图5-114

图5-115

05 选择V3轨道上的“02.png”素材文件，将时间滑块拖动到10帧的位置，并在“效果控件”面板中展开“运动”效果，取消勾选“等比缩放”复选框，单击“缩放高度”前面的⏱，创建关键帧，设置“缩放高度”为0.0，如图5-116所示；将时间滑块拖动到20帧的位置，设置“缩放高度”为100.0。查看效果如图5-117所示。

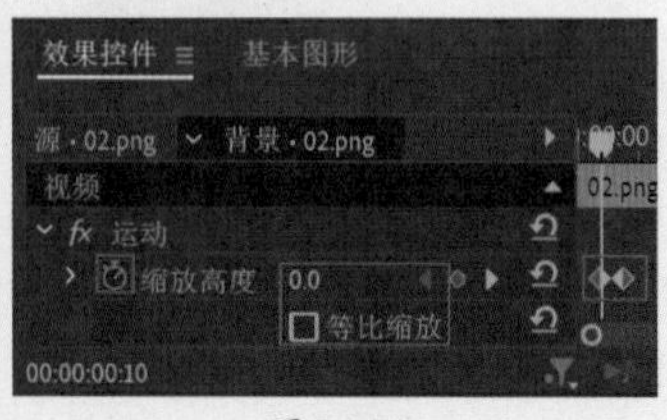

图5-116

图5-117

06 选择V4轨道上的“03.png”素材文件，将时间滑块拖动到20帧的位置，在“效果控件”面板中，单击“位置”前面的⏱，创建关键帧，设置“位置”为（484.0,325.0），如图5-118所示；将时间滑块拖动到1秒15帧的位置，设置“位置”为（623.0,325.0）。查看效果如图5-119所示。

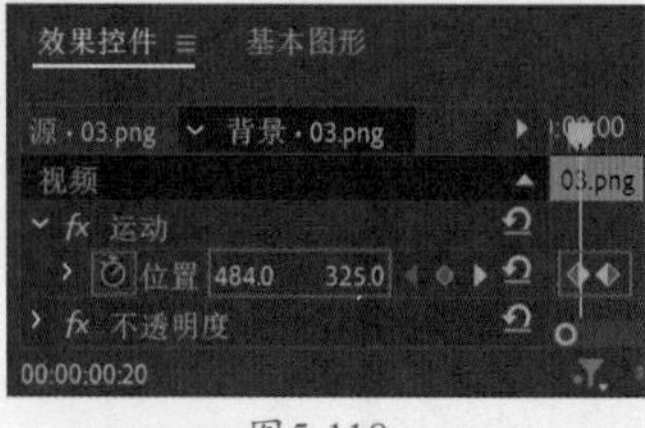

图5-118

图5-119

07 选择V5轨道上的“04.png”素材文件，在“效果控件”面板中，设置“位置”为（592.3,196.2）。将时间滑块拖动到1秒15帧的位置，单击“缩放”前面的⏱，创建关键帧，设置“缩放”为0.0；将时间滑块拖动到2秒10帧的位置，设置“缩放”为100.0，“锚点”为（592.3,196.2）如图5-120所示。查看效果如图5-121所示。

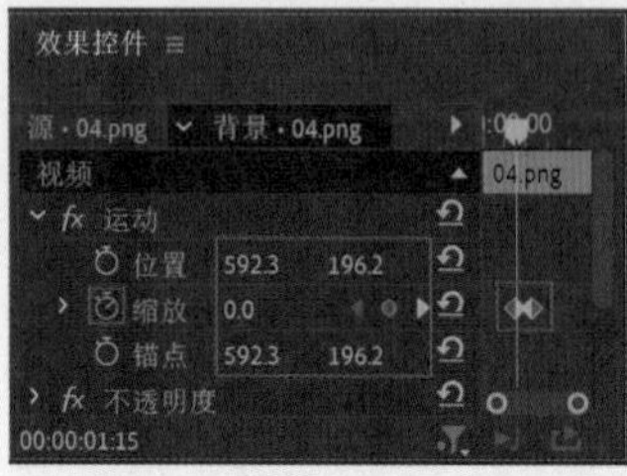

图5-120

图5-121

08 拖动时间滑块查看效果，如图5-122所示。

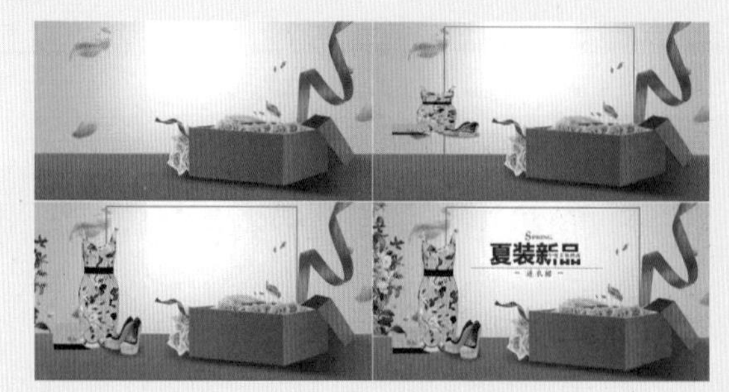

图5-122

实例093 情人节海报效果——合成部分

文件路径	第5章\情人节海报效果
难易指数	★★★★★
技术掌握	关键帧动画

扫码深度学习

操作思路

本实例讲解了在Premiere Pro中使用关键帧动画制作情人节海报效果中的合成部分。

操作步骤

01 在菜单栏中执行“文件”|“新建”|“项目”命令或使用快捷键Ctrl+Alt+N，在弹出的“新建项目”对话框中设置合适的文件名称，单击“位置”右侧的“浏览”按钮，弹出“项目位置”对话框，单击“选择文件夹”按钮，为项目选择合适的路径文件夹。在“新建项目”对话框中单击“创建”按钮，如图5-123所示。

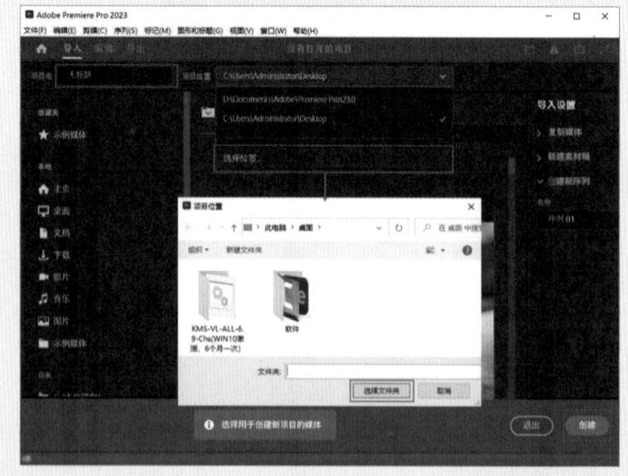

图5-123

02 在“项目”面板空白处双击，选择所需的“01.png”～“04.png”和“背景.jpg”素材文件，最后单击“打开”按钮，将它们进行导入，如图5-124所示。

03 选择“项目”面板中的素材文件，按住鼠标左键将它们拖曳到轨道上，如图5-125所示。

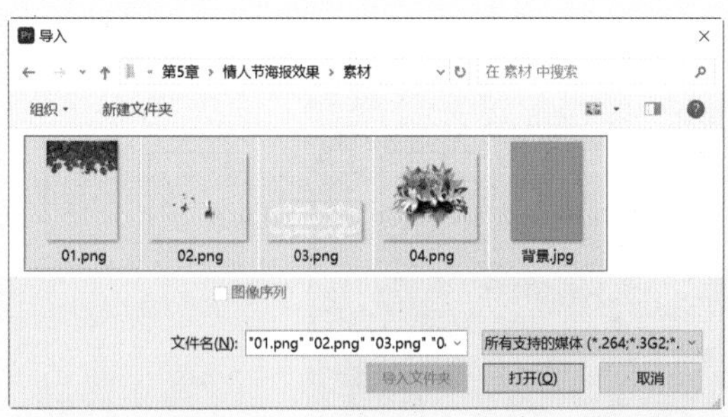
图5-124

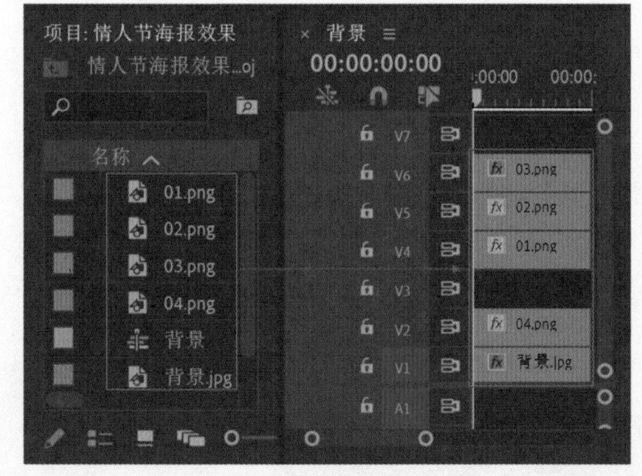
图5-125

04 为了便于操作，将V4～V6轨道上的素材文件进行隐藏。选择V2轨道上的“04.png”素材文件，将时间滑块拖动到10帧的位置，在“效果控件”面板中，单击“缩放”前面的，创建关键帧，并设置“缩放”为0.0；将时间滑块拖动到1秒05帧的位置，设置“缩放”为20.0，如图5-126所示。查看效果如图5-127所示。

图5-126

图5-127

实例094 情人节海报效果——文字部分

文件路径	第5章\情人节海报效果
难易指数	★★★★★
技术掌握	文字工具

扫码深度学习

操作思路

本实例讲解了在Premiere Pro中使用文字工具创建文字，并修改其字体系列、颜色、字体大小、外描边等参数使其产生三维质感。

操作步骤

01 将时间滑块拖动到起始时间位置处，在“工具”面板中选择（文字工具），并在“节目监视器”面板中输入L，在“时间轴”面板中选择刚刚创建的文字图层，在“效果控件”面板中设置合适的“字体系列”，设置“字体大小”为333，选择“仿粗体”，勾选“填充”复选框，设置“填充颜色”为红色，勾选“阴影”复选框，设置“阴影颜色”为深红色，设置“不透明度”为100%、“角度”为104°、“距离”为12.1、“大小”为13.0、“模糊”为0。接着单击“阴影”后面的“添加”按钮。展开“变换”，设置“位置”为（12.8,403.5）。如图5-128所示。

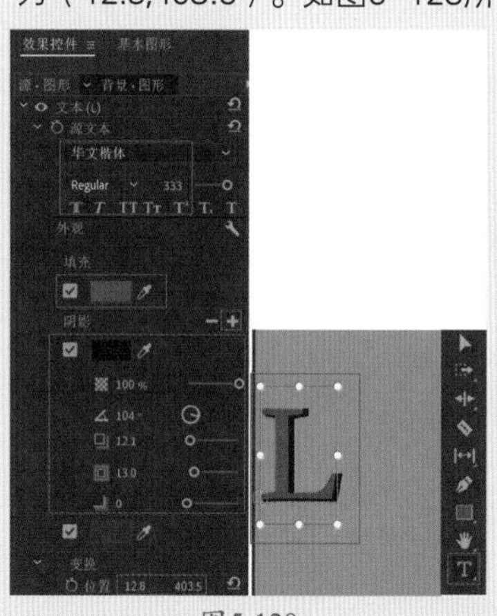
图5-128

02 在“时间轴”面板中选择刚刚创建的文字图层，在“工具”面板中选择（文字工具），并在“节目监视器”面板中输入V，在“效果控件”面板中设置合适的“字体系列”，设置“字体大小”为416，选择“仿粗体”，勾选“填充”复选框，设置“填充颜色”为红色，勾选“阴影”复选框，设置“阴影颜色”为深红色，设置“不透明度”为100%、“角度”为104°、“距离”为12.1、“大小”为13.0、“模糊”为0。接着单击“阴影”后面的“添加”按钮。展开“变换”，设置“位置”为（160.9,391.5）。如图5-129所示。

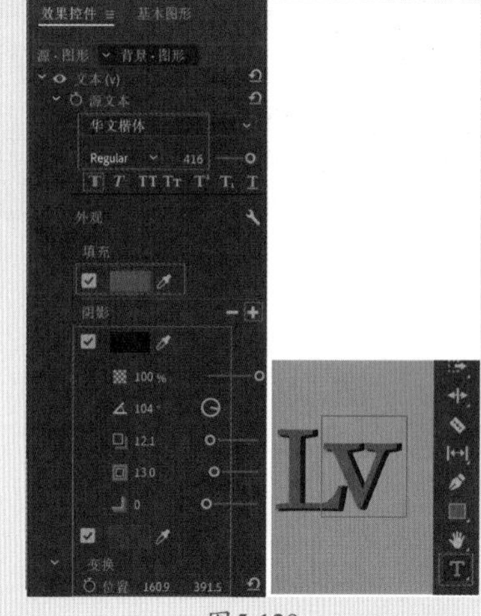
图5-129

03 使用同样的方法继续创作剩余的o、e字母并设置合适的字体效果与字体样式。此时画面效果如图5-130所示。

图5-130

实例095　情人节海报效果——动画部分

文件路径	第 5 章 \ 情人节海报效果	
难易指数	★★★★★	
技术掌握	● 关键帧动画　● “投影”效果	扫码深度学习

操作思路

本实例讲解了在Premiere Pro中使用关键帧动画、“投影”效果模拟制作作品的动画部分。

操作步骤

01 在“时间轴”面板中选择刚刚创建的文字图层，接着在“效果控件”面板中展开“矢量运动”效果，设置“位置”为（236.5,332.0）。将时间滑块拖动至1秒20帧位置处，单击“缩放”前方的⏱，创建关键帧，设置“缩放”为0.0，如图5-131所示；将时间滑块拖动至2秒10帧位置处，设置“缩放”为100.0。

02 在“时间轴”面板中将文字图层拖曳到V3轨道上，如图5-132所示。

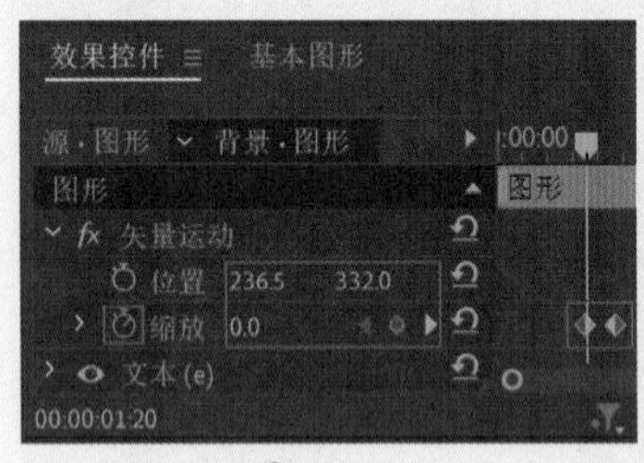

图5-131

图5-132

03 显现并选择V4轨道上的“01.png”素材文件，将时间滑块拖动到初始位置，在“效果控件”面板中，单击“位置”前面的⏱，创建关键帧，并设置“位置”为（236.5,113.0）；将时间滑块拖动到10帧的位置，设置“位置”为（236.5,224.0），再设置“缩放”为19.0，如图5-133所示。查看效果如图5-134所示。

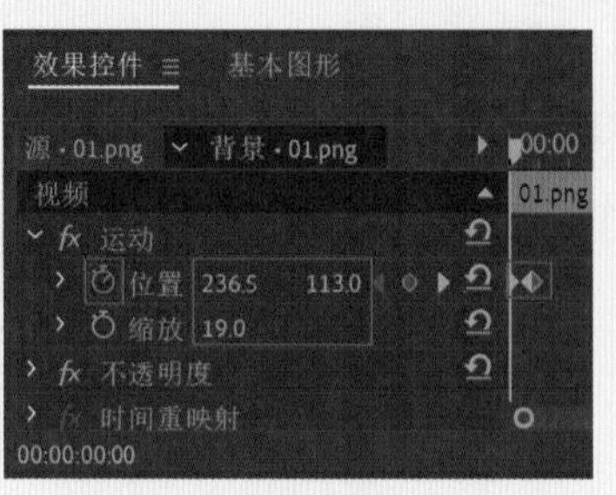

图5-133

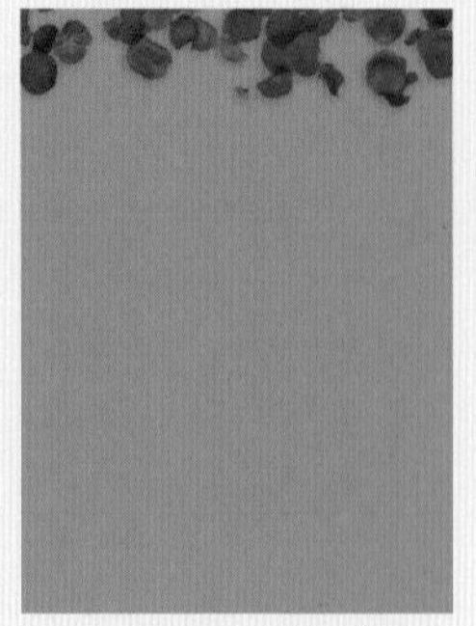
图5-134

04 显现并选择V5轨道上的“02.png”素材文件，在“效果控件”面板中，设置“位置”为（152.5,128.0）、“缩放”为20.0。将时间滑块拖动到2秒10帧的位置，单击“不透明度”前面的⏱，创建关键帧，并设置“不透明度”为0.0%，如图5-135所示；将时间滑块拖动到2秒15帧的位置，设置“不透明度”为100.0%。查看效果如图5-136所示。

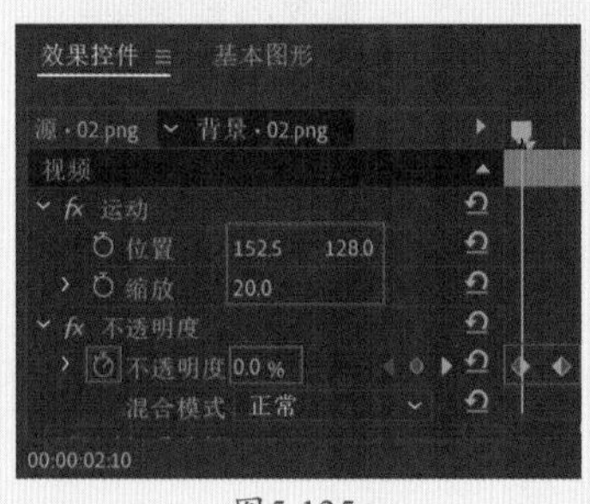

图5-135

图5-136

05 显现并选择V6轨道上的“03.png”素材文件，在“效果控件”面板中，设置“缩放”为22.0。将时间滑块拖动到1秒05帧的位置，单击“位置”前面的⏱，创建关键帧，并设置“位置”为（236.5,717.0）；将时间滑块拖动到1秒20帧的位置，设置“位置”为（236.5,564.0），如图5-137所示。查看效果如图5-138所示。

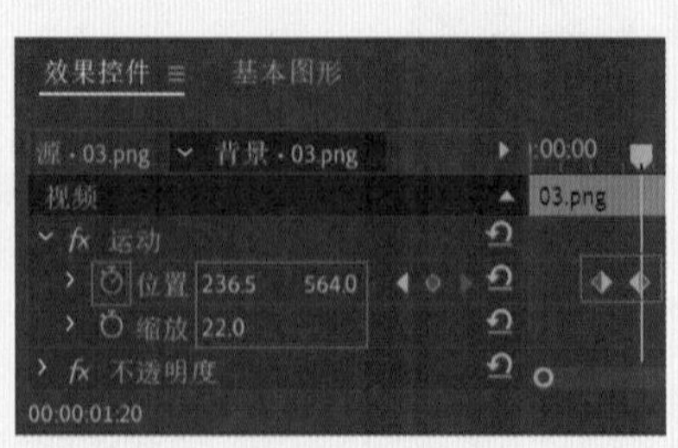

图5-137

图5-138

06 在“效果”面板中搜索“投影”效果，并按住鼠标左键将其拖曳到“03.png”素材文件上，如图5-139所示。

07 选择V6轨道上的“03.png”素材文件，在“效果控件”面板中展开“投影”效果，设置“方向”为178.0°、“距离”为12.0、“柔和度”为30.0，如图5-140所示。

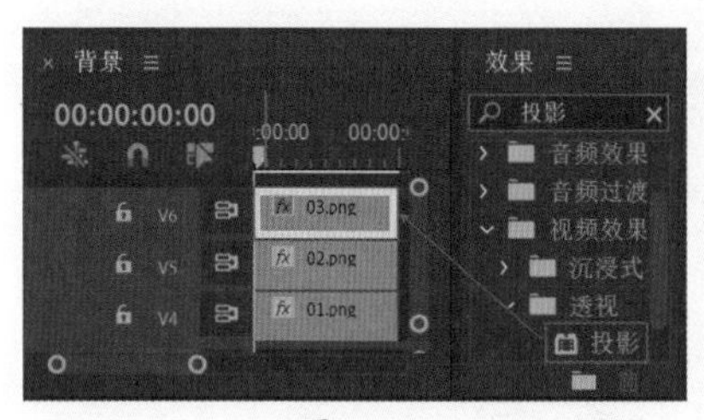
图5-139

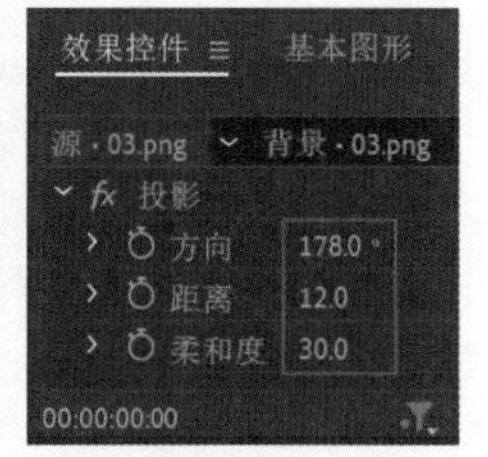
图5-140

08 拖动时间滑块查看效果，如图5-141所示。

图5-141

实例096 深色投影效果

文件路径	第5章\深色投影效果
难易指数	★★★★★
技术掌握	关键帧动画

扫码深度学习

操作思路

本实例讲解了在Premiere Pro中使用关键帧动画制作深色投影效果。

操作步骤

01 在菜单栏中执行“文件”|“新建”|“项目”命令或使用快捷键Ctrl+Alt+N，在弹出的“新建项目”对话框中设置合适的文件名称，单击“位置”右侧的“浏览”按钮，弹出“项目位置”对话框，单击“选择文件夹”按钮，为项目选择合适的路径文件夹。在“新建项目”对话框中单击“创建”按钮，如图5-142所示。

02 在“项目”面板空白处双击，选择所需的“01.png”~“06.png”和“背景.jpg”素材文件，最后单击“打开”按钮，将它们进行导入，如图5-143所示。

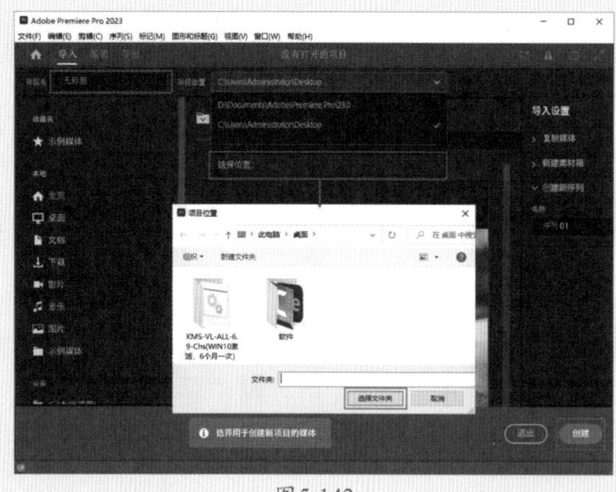
图5-142

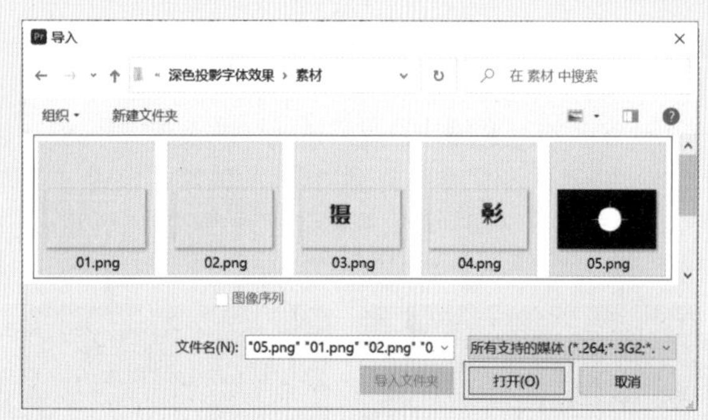
图5-143

03 选择“项目”面板中的素材文件，并按住鼠标左键将它们拖曳到轨道上，如图5-144所示。

04 选择V2轨道上的“01.png”素材文件，将时间滑块拖动到初始位置。在“效果控件”面板中展开“运动”效果，单击“缩放”前面的⏱，创建关键帧，并设置“缩放”为0.0，如图5-145所示。将时间滑块拖动到1秒的位置，设置“缩放”为100.0。

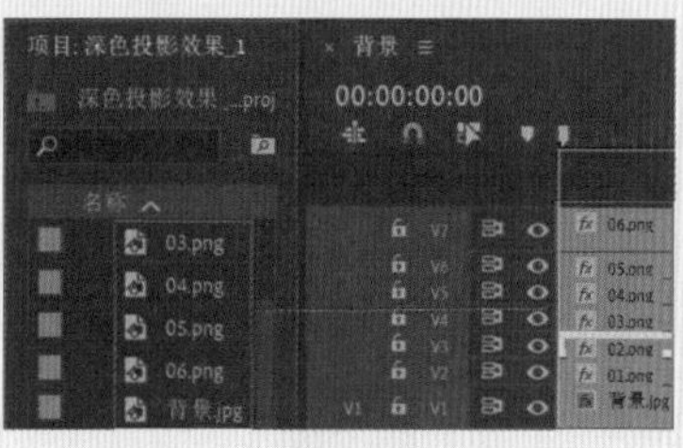
图5-144

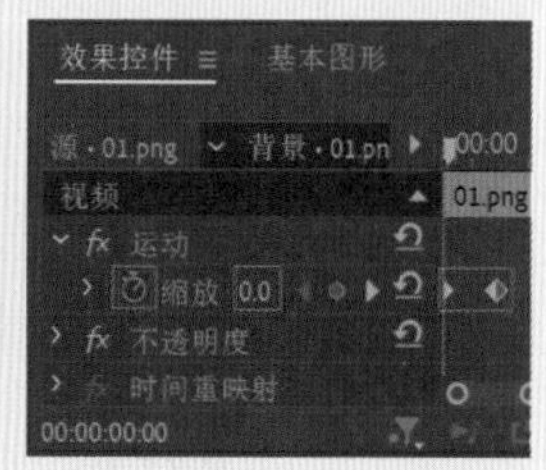
图5-145

05 选择V3轨道上的“02.png”素材文件，将时间滑块拖动到1秒的位置，在“效果控件”面板中，单击“位置”前面的⏱，创建关键帧，并设置“位置”为（432.0,506.0），如图5-146所示；将时间滑块拖动到1秒20帧的位置，设置“位置”为（432.0,281.0）。

06 选择V4轨道上的“03.png”素材文件，将时间滑块拖动到1秒20帧的位置，在“效果控件”面板中，单击“位置”和“不透明度”前面的⏱，创建关键帧，并设置“位置”为（18.0,281.0）、“不透明度”为0.0%，如图5-147所示；将时间滑块拖动到2秒15帧的位置，设置“位置”为（432.0,281.0）、“不透明度”为100.0%。

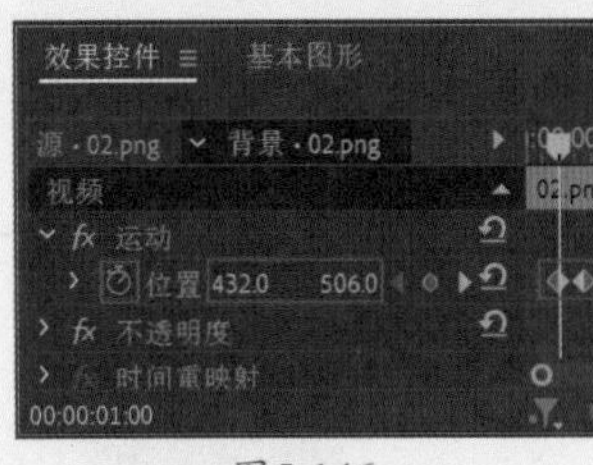
图5-146

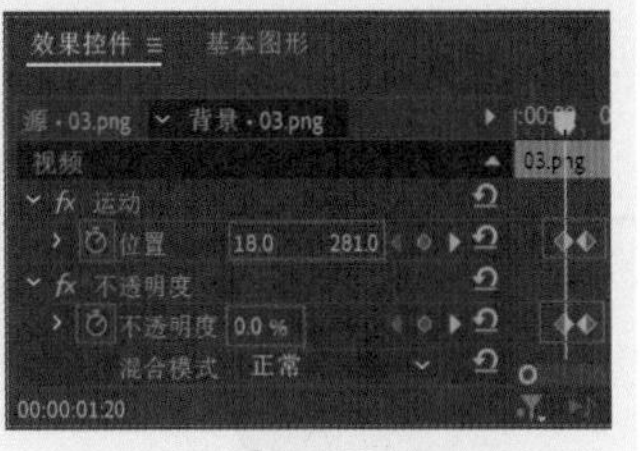
图5-147

07 选择V5轨道上的“04.png”素材文件，将时间滑块拖动到2秒15帧的位置，在“效果控件”面板中，单击“位置”和“不透明度”前面的◙，创建关键帧，并设置“位置”为（828.0,281.0）、“不透明度”为0.0%，如图5-148所示；将时间滑块拖动到3秒10帧的位置，设置“位置”为（432.0,281.0），“不透明度”为100.0%。

08 选择V6轨道上的“05.png”素材文件，将时间滑块拖动到3秒10帧的位置，在“效果控件”面板中，单击“不透明度”前面的◙，创建关键帧，并设置“不透明度”为0.0%；将时间滑块拖动到3秒15帧的位置，设置“不透明度”为100.0%；将时间滑块拖动到3秒20帧的位置，设置“不透明度”为0.0%。如图5-149所示。

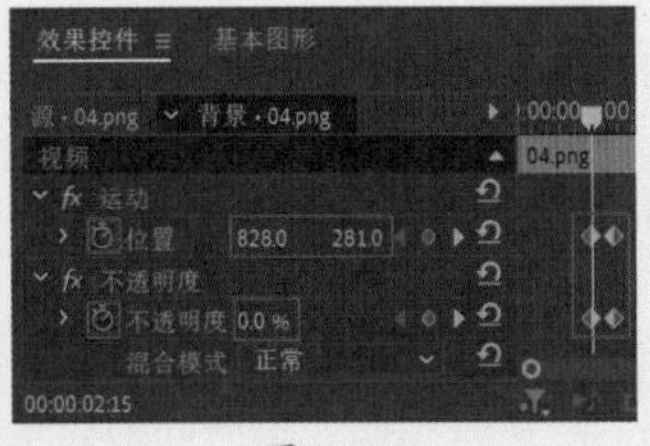
图5-148

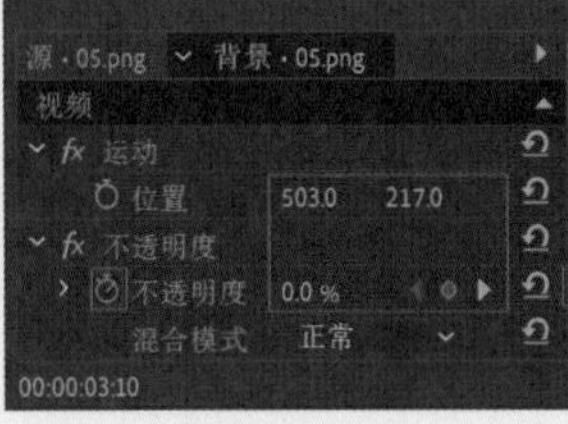
图5-149

09 选择V7轨道上的“06.png”素材文件，将时间滑块拖动到3秒20帧的位置，在“效果控件”面板中，单击“不透明度”前面的◙，创建关键帧，并设置“不透明度”为0.0%；将时间滑块拖动到4秒05帧的位置，设置“不透明度”为100.0%；将时间轴拖动到4秒15帧的位置，设置“不透明度”为0.0%。如图5-150所示。

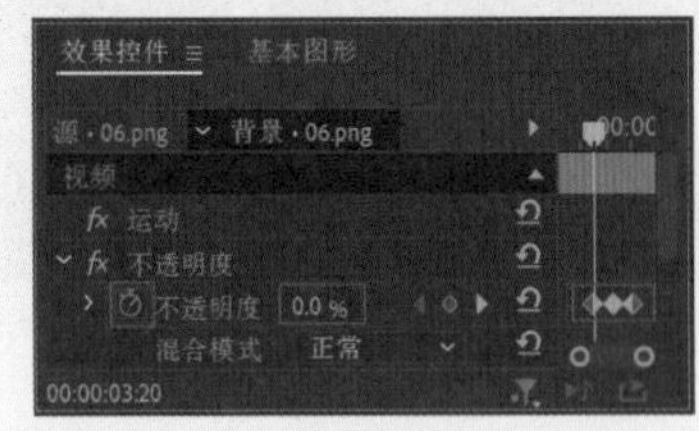
图5-150

10 拖动时间滑块查看效果，如图5-151所示。

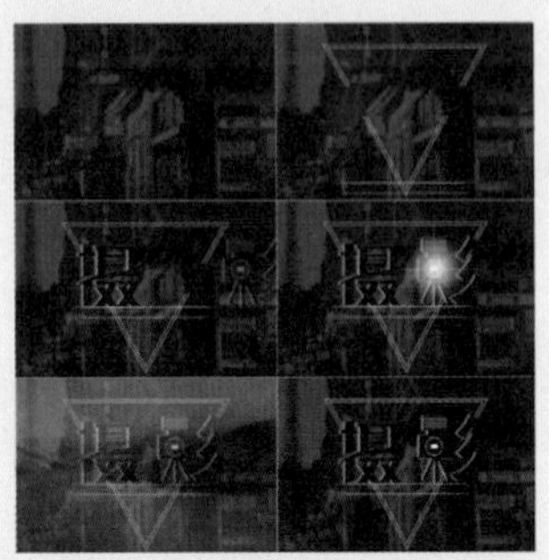
图5-151

实例097　深色字体动画效果

文件路径	第5章\深色字体动画效果
难易指数	★★★★★
技术掌握	关键帧动画

扫码深度学习

操作思路

本实例讲解了在Premiere Pro中使用关键帧动画制作动画，并导入文字素材制作不透明动画。

操作步骤

01 在菜单栏中执行“文件”|“新建”|“项目”命令或使用快捷键Ctrl+Alt+N，在弹出的“新建项目”对话框中设置合适的文件名称，单击“位置”右侧的“浏览”按钮，弹出“项目位置”对话框，单击“选择文件夹”按钮，为项目选择合适的路径文件夹。在“新建项目”对话框中单击“创建”按钮，如图5-152所示。

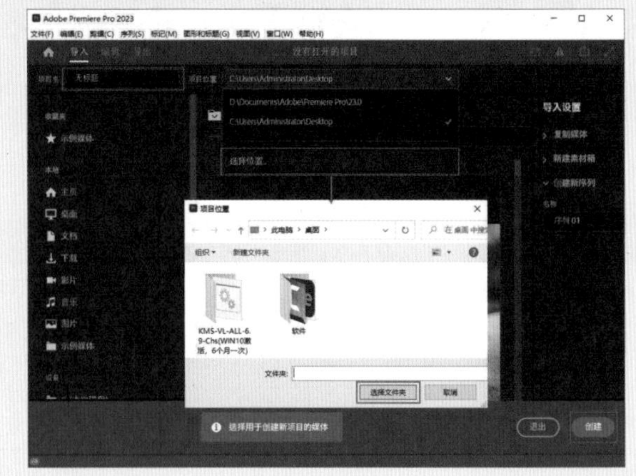
图5-152

02 在“项目”面板空白处双击，选择所需的“01.png”~“05.png”和“背景.jpg”素材文件，最后单击“打开”按钮，将它们进行导入，如图5-153所示。

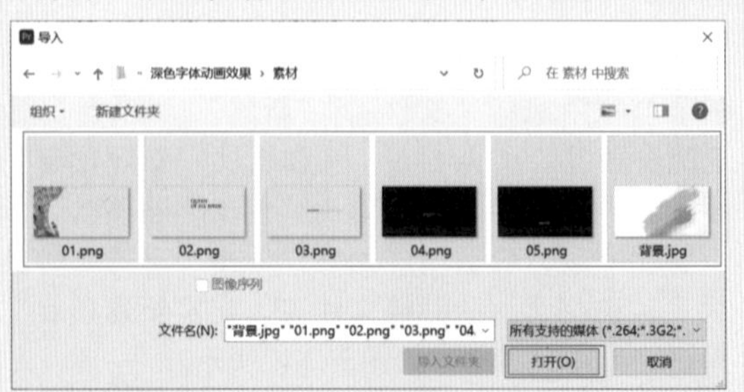
图5-153

03 选择“项目”面板中的素材文件，并按住鼠标左键将它们拖曳到轨道上，如图5-154所示。

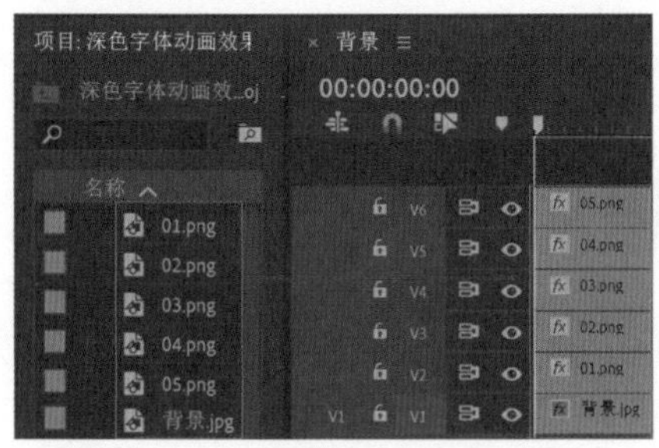

图5-154

04 选择V2轨道上的“01.png”素材文件，将时间滑块拖动到初始位置，在“效果控件”面板中，单击“位置”前面的■，创建关键帧，并设置“位置”为（195.0,366.0）；将时间滑块拖动到15帧的位置，设置“位置”为（708.0,366.0），如图5-155所示。查看效果如图5-156所示。

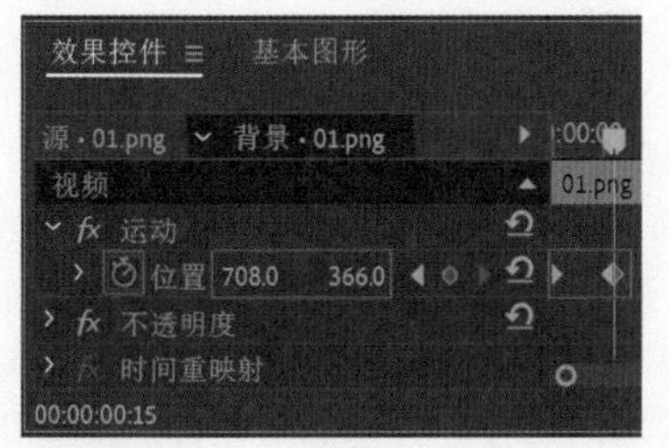

图5-155

图5-156

05 选择V3轨道上的“02.png”素材文件，将时间滑块拖动到15帧的位置，在“效果控件”面板中，单击“位置”前面的■，创建关键帧，并设置“位置”为（707.0,53.0），如图5-157所示；将时间滑块拖动到1秒的位置，设置“位置”为（707.0,366.0）。查看效果如图5-158所示。

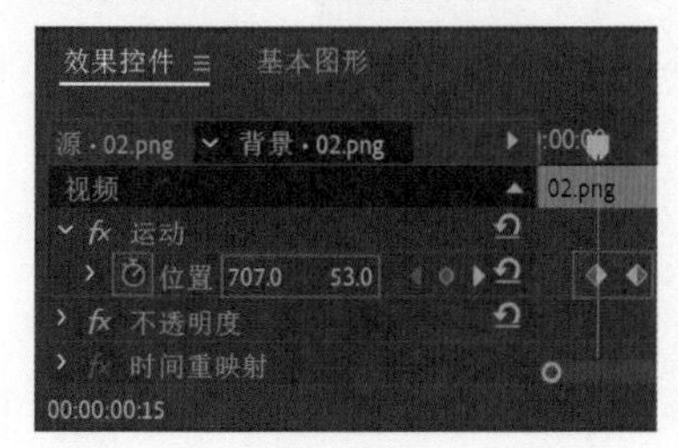

图5-157

图5-158

06 选择V4轨道上的“03.png”素材文件，将时间滑块拖动到1秒的位置，在“效果控件”面板中，单击“位置”前面的■，创建关键帧，并设置“位置”为（1513.0,366.0），如图5-159所示；将时间滑块拖动到1秒22帧的位置，设置“位置”为（707.0,366.0）。查看效果如图5-160所示。

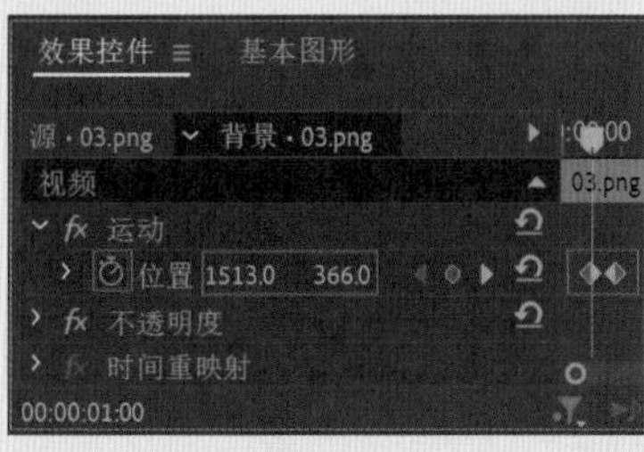

图5-159

图5-160

07 选择V5轨道上的“04.png”素材文件，将时间滑块拖动到1秒22帧的位置，在“效果控件”面板中，单击“位置”和“不透明度”前面的■，创建关键帧，并设置“位置”为（707.0,713.0）、“不透明度”为0.0%，如图5-161所示；将时间滑块拖动到2秒15帧的位置，设置“位置”为（707.0,366.0）、“不透明度”为100.0%。查看效果如图5-162所示。

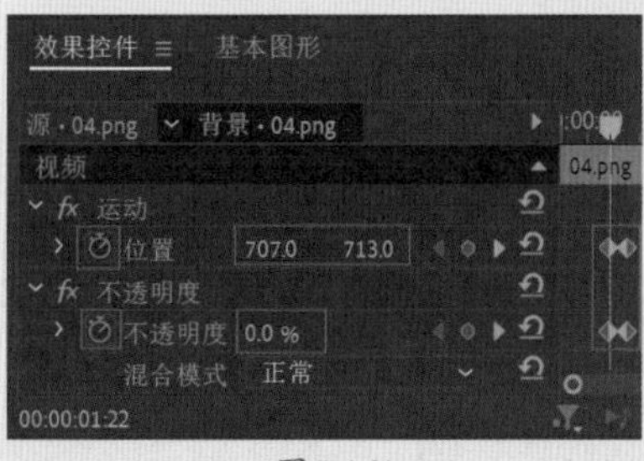

图5-161

图5-162

08 选择V6轨道上的“05.png”素材文件，将时间滑块拖动到2秒15帧的位置，在“效果控件”面板中，单击“不透明度”前面的■，创建关键帧，并设置“不透明度”为0.0%，如图5-163所示；将时间滑块拖动到3秒15帧的位置，设置“不透明度”为100.0%。查看效果如图5-164所示。

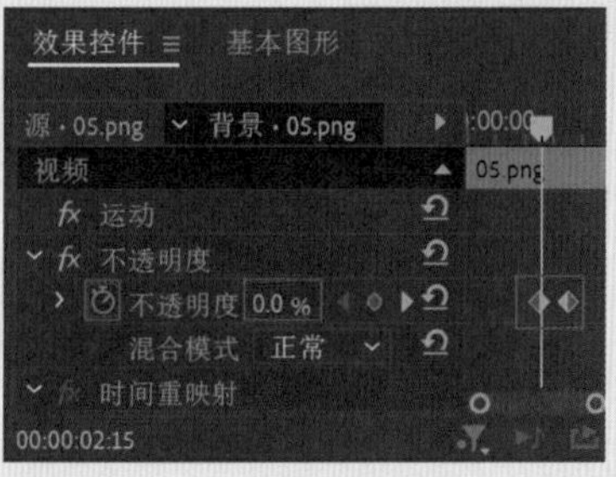

图5-163

图5-164

09 拖动时间滑块查看效果，如图5-165所示。

图5-165

实例098 文字动画效果

文件路径	第5章\文字动画效果
难易指数	★★★★★
技术掌握	关键帧动画

扫码深度学习

操作思路

本实例讲解了在Premiere Pro中为文字素材添加关键帧来制作文字动画效果。

操作步骤

01 在菜单栏中执行“文件”|“新建”|“项目”命令或使用快捷键Ctrl+Alt+N，在弹出的“新建项目”对话框中设置合适的文件名称，单击“位置”右侧的“浏览”按钮，弹出“项目位置”对话框，单击“选择文件夹”按钮，为项目选择合适的路径文件夹。在“新建项目”对话框中单击“创建”按钮，如图5-166所示。

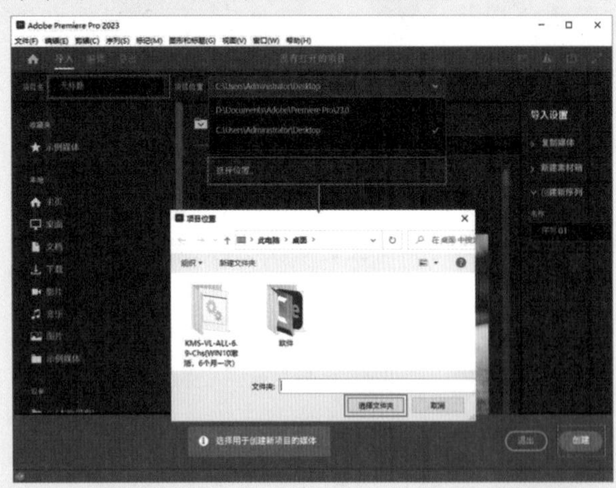

图5-166

02 在“项目”面板空白处双击，选择所需的“01.png”“02.png”和“背景.jpg”素材文件，最后单击“打开”按钮，将它们进行导入，如图5-167所示。

03 选择“项目”面板中的素材文件，并按住鼠标左键将它们拖曳到轨道上，如图5-168所示。

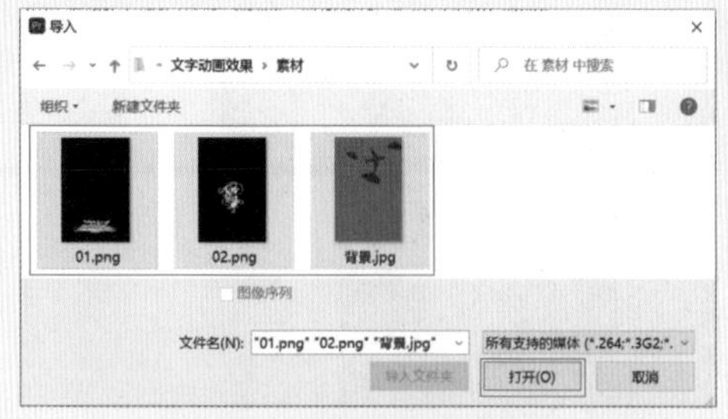

图5-167

图5-168

04 选择V2轨道上的“01.png”素材文件，在“效果控件”面板中展开“运动”效果，并将时间滑块拖动到初始位置，单击“位置”前面的⏱，创建关键帧，设置“位置”为（330.5,708.0），如图5-169所示；将时间滑块拖动到1秒的位置，设置“位置”为（330.5,500.0）。

05 选择V3轨道上的“02.png”素材文件，在“效果控件”面板中展开“运动”效果，设置“位置”为（330.5,420.0）。将时间滑块拖动到1秒的位置，单击“缩放”前面的⏱，创建关键帧，并设置“缩放”为0.0，如图5-170所示；将时间轴拖动到2秒的位置，设置“缩放”为133.0。

图5-169

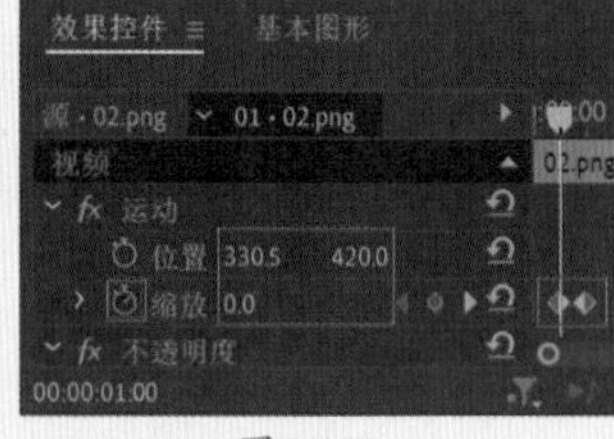

图5-170

06 拖动时间滑块查看效果，如图5-171所示。

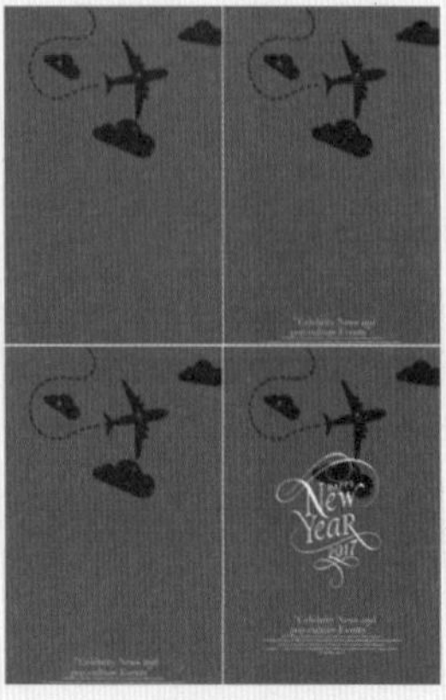

图5-171

实例099 文字缩放效果

文件路径	第5章\文字缩放效果
难易指数	★★★★★
技术掌握	● 文字工具 ● 关键帧动画

扫码深度学习

操作思路

本实例讲解了在Premiere Pro中使用文字工具创建文字，并使用关键帧动画制作缩放动画。

操作步骤

01 在菜单栏中执行“文件”|“新建”|“项目”命令或使用快捷键Ctrl+Alt+N，在弹出的“新建项目”对话框中设置合适的文件名称，单击“位置”右侧的“浏览”按钮，弹出“项目位置”对话框，单击“选择文件夹”按钮，为项目选择合适的路径文件夹。在“新建项目”对话框中单击“创建”按钮，如图5-172所示。

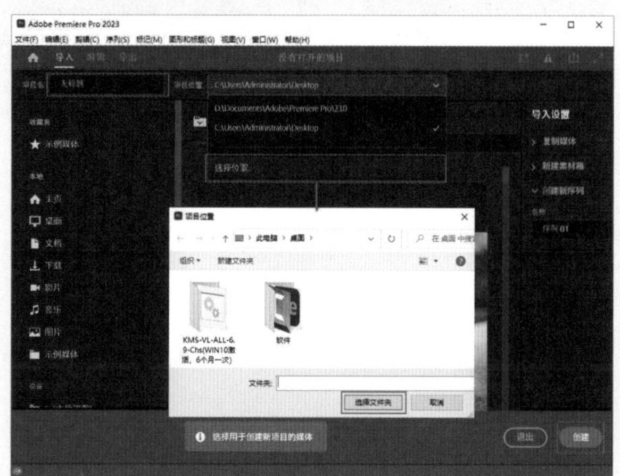

图5-172

02 在“项目”面板空白处单击鼠标右键，在弹出的快捷菜单中执行“新建项目”|“序列”命令。接着在弹出的“新建序列”对话框中选择DV-PAL文件夹下的“标准48kHz”，如图5-173所示。

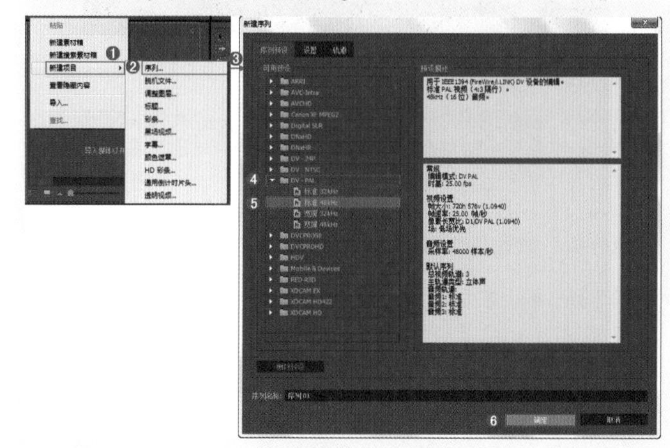

图5-173

03 在“项目”面板空白处双击，选择所需的“1.jpg”素材文件，最后单击“打开”按钮，将其进行导入，如图5-174所示。

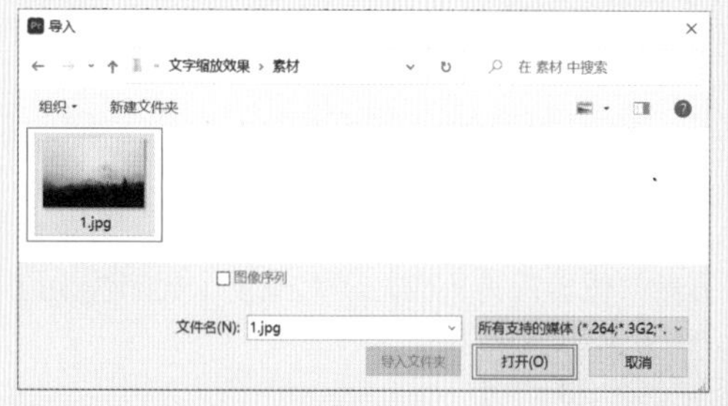

图5-174

04 选择“项目”面板中的“1.jpg”素材文件，并按住鼠标左键将其拖曳到V1轨道上，如图5-175所示。

05 选择V1轨道上的“1.jpg”素材文件，在“效果控件”面板中展开“运动”效果，设置“缩放”为24.0，如图5-176所示。

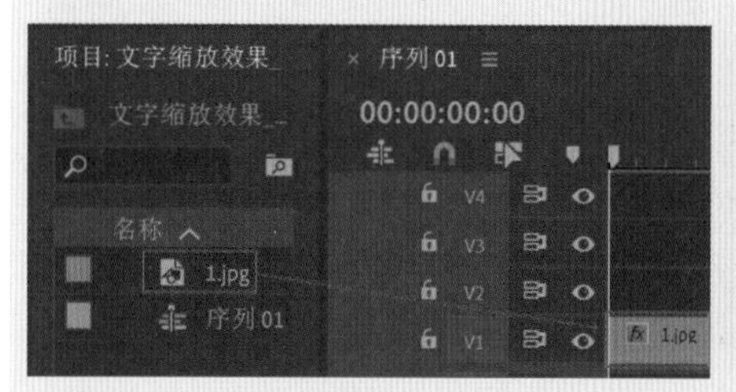

图5-175 图5-176

06 在“效果”面板中搜索“Lumetri 颜色”效果，按住鼠标左键将其拖曳到V1轨道上的“1.jpg”素材文件上，如图5-177所示。

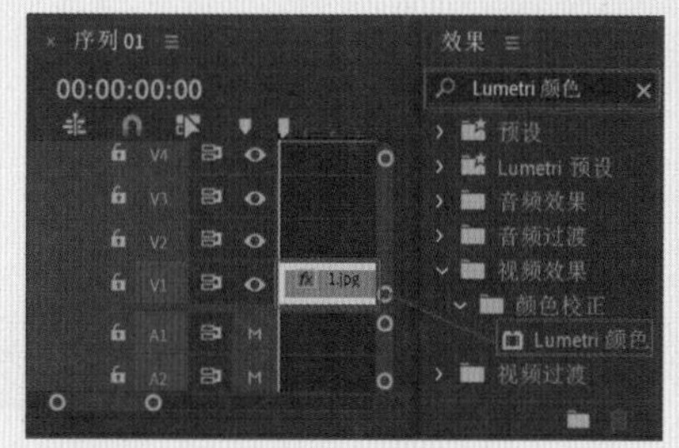

图5-177

07 选择V1轨道上的“1.jpg”素材文件，在“效果控件”面板中展开“Lumetri 颜色”效果下方的“晕影”，设置“数量”为-3、“中点”为23、“圆度”为20、“羽化”为25，如图5-178所示。此时画面效果如图5-179所示。

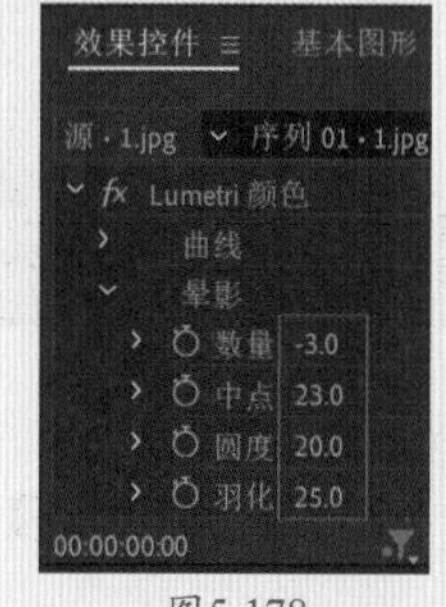

图5-178

图5-179

08 将时间滑块拖动到起始时间位置处，在“工具”面板中选择T（文字工具），并在“节目监视器”面板中输入Puzzles Mysterious Egypt，在“时间轴”面板中选择刚刚创建的文字图层，在“效果控件”面板中设置合适的“字体系列”，设置“字体大小”为39.0，勾选“填充”复选框，设置“填充颜色”为灰色，勾选“阴影”复选框，设置“不透明度”为68%、“角度”为-221°、“距离”为7.0、“模糊”为2.2、“大小”为27。接着展开“变换”，设置“位置”为（197.1,212.2），如图5-180所示。

图5-180

09 继续使用同样的方法制作下方文字，选择Egypt文字，设置“字体大小”为145.0，最后再适当调整字体位置，如图5-181所示。

图5-181

10 在“节目监视器”面板中选择E字母，设置“字体大小”为160.0。如图5-182所示。

图5-182

11 选择V2轨道上的文字图层，将时间滑块拖动到初始位置，在“效果控件”面板中，单击“缩放”前面的⏱，创建关键帧，并设置“缩放”为0.0，如图5-183所示；将时间滑块拖动到1秒20帧的位置，设置“缩放”为100.0。

图5-183

提示

关键帧创建方法

创建关键帧，单击一次“添加关键帧”按钮可以为素材文件添加关键帧，再单击一次“添加关键帧”按钮则会将此关键帧删除，如图5-184所示。

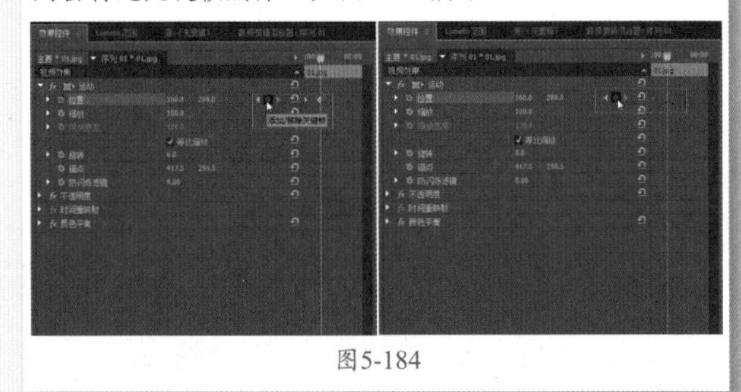

图5-184

12 拖动时间滑块查看效果，如图5-185所示。

图5-185

实例100 文字移动效果

文件路径	第5章\文字移动效果
难易指数	★★★★★
技术掌握	● 文字工具 ● 关键帧动画

扫码深度学习

操作思路

本实例讲解了在Premiere Pro中使用文字工具创建文字，并使用关键帧动画制作位移动画。

操作步骤

01 在菜单栏中执行“文件”|“新建”|“项目”命令或使用快捷键Ctrl+Alt+N，在弹出的“新建项目”对话框中设置合适的文件名称，单击“位置”右侧的“浏览”按钮，弹出“项目位置”对话框，单击“选择文件夹”按钮，为项目选择合适的路径文件夹。在“新建项目”对话框中单击“创建”按钮,如图5–186所示。

图5-186

02 在“项目”面板空白处单击鼠标右键，在弹出的快捷菜单中执行“新建项目”|“序列”命令。接着在弹出的“新建序列”对话框中选择DV–PAL文件夹下的“标准48kHz”，如图5–187所示。

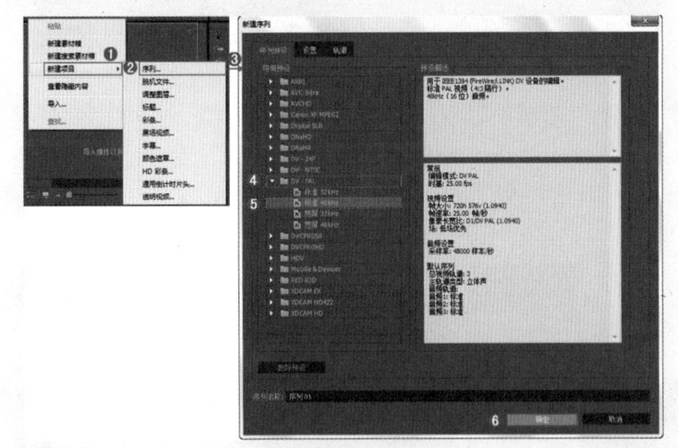

图5-187

03 在“项目”面板空白处双击，选择所需的“背景.jpg”素材文件，最后单击“打开”按钮，将其进行导入，如图5–188所示。

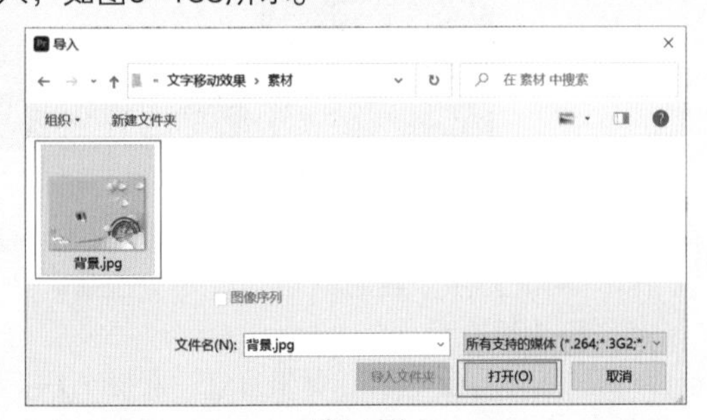

图5-188

04 选择“项目”面板中的“背景.jpg”素材文件，并按住鼠标左键将其拖曳到V1轨道上，如图5–189所示。

05 选择V1轨道上的“背景.jpg”素材文件，在“效果控件”面板中展开“运动”效果，设置“缩放”为55.0，如图5–190所示。

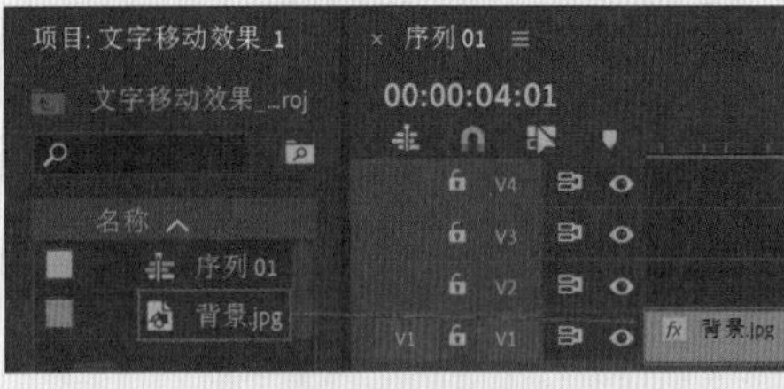

图5-189

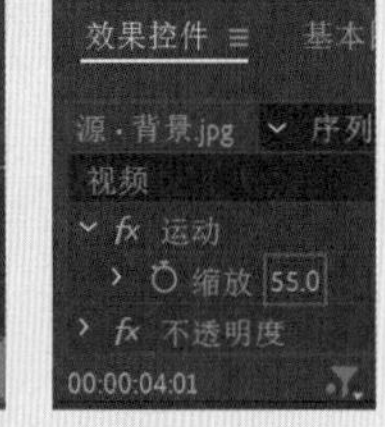

图5-190

06 将时间滑块拖动到起始时间位置处，在“工具”面板中选择T（文字工具），并在“节目监视器”面板中输入合适的文字内容，在“时间轴”面板中选择刚刚创建的文字图层，在“效果控件”面板中设置合适的“字体系列”，设置“字体大小”为113.0、“字距调整”为30、选择“仿粗体”，勾选“填充”复选框，设置“填充颜色”为白色，勾选“描边”复选框，设置“描边颜色”为白色、“描边宽度”为5.0。勾选“阴影”复选框，设置“阴影颜色”为深蓝色，设置“不透明度”为100%、“角度”为97°、“距离”为5.3、“模糊”为0。接着展开“变换”，设置“位置”为（61.5,506.3），“旋转”为–8.0°。如图5–191所示。

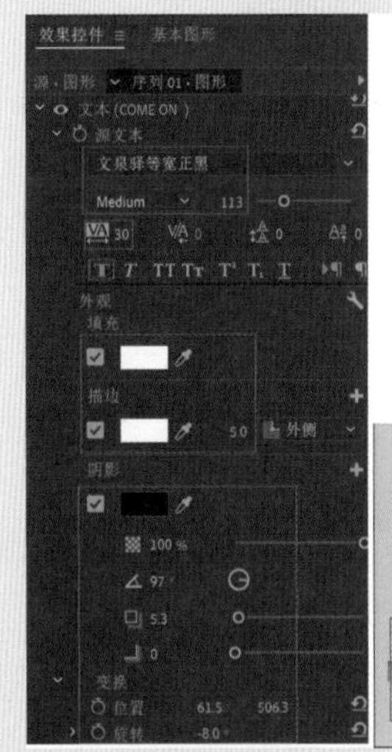

图5-191

07 选择V2轨道上的文字图层，将时间滑块拖动到初始位置，在“效果控件”面板中，单击“位置”前面的⏱，创建关键帧，并设置“位置”为（–96.6,460.5）；将时间滑块拖动到2秒的位置，设置“位置”为（377.4,353.2），设置“锚点”为（392.6,343.3），如图5–192所示。

08 在“效果”面板中搜索“边角定位”效果，将该效果拖曳到“时间轴”面板中V2轨道上的文字图层上。如图5–193所示。

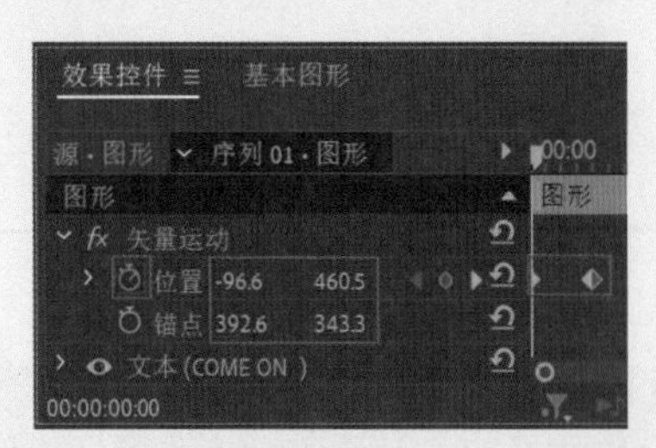

图5-192

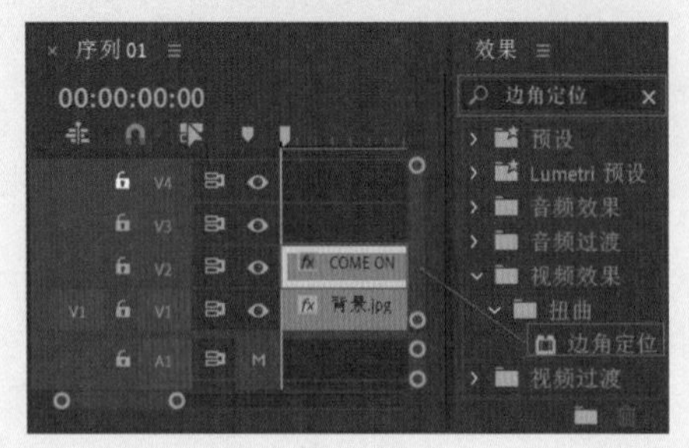

图5-193

09 选择V2轨道上的文字图层，在“效果控件”面板中展开“边角定位”效果，设置“左上”为（42.0,46.0）、“右上”为（810.0,18.0）、“左下”为（-1.0,576.0）、“右下”为（715.0,550.0），如图5-194所示。

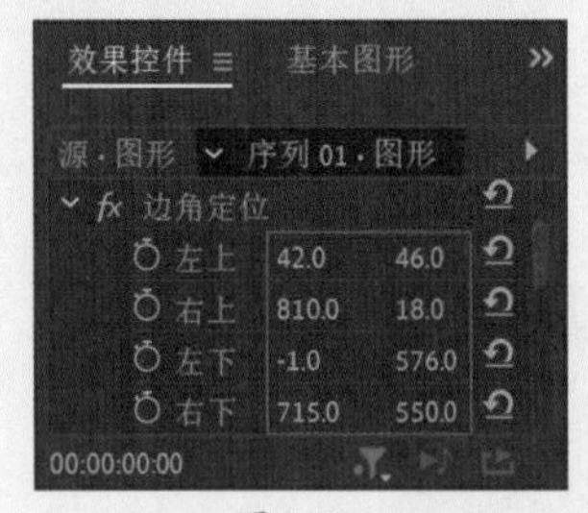

图5-194

10 拖动时间滑块查看效果，如图5-195所示。

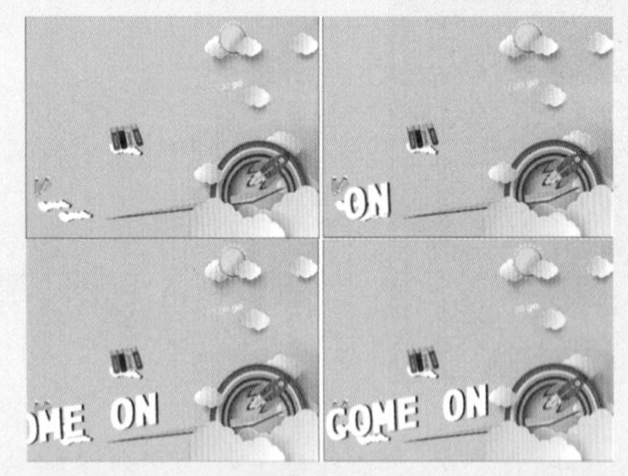

图5-195

实例101　小清新动画效果

文件路径	第5章\小清新动画效果
难易指数	★★★★★
技术掌握	● 矩形工具　● 文字工具 ● 关键帧动画

扫码深度学习

操作思路

本实例讲解了在Premiere Pro中使用矩形工具绘制粉色透明矩形，使用文字工具创建文字，最后使用关键帧动画制作位移动画。

操作步骤

01 在菜单栏中执行“文件”|“新建”|“项目”命令或使用快捷键Ctrl+Alt+N，在弹出的“新建项目”对话框中设置合适的文件名称，单击“位置”右侧的“浏览”按钮，弹出“项目位置”对话框，单击“选择文件夹”按钮，为项目选择合适的路径文件夹。在“新建项目”对话框中单击“创建”按钮，如图5-196所示。

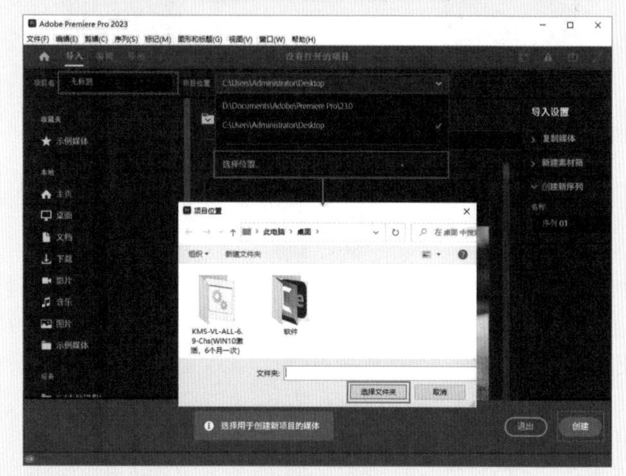

图5-196

02 在“项目”面板空白处单击鼠标右键，在弹出的快捷菜单中执行“新建项目”|“序列”命令。接着在弹出的“新建序列”对话框中选择DV-PAL文件夹下的“标准48kHz”，如图5-197所示。

图5-197

03 在“项目”面板空白处双击，选择所需的“背景.jpg”素材文件，最后单击“打开”按钮，将其进行导入，如图5-198所示。

04 选择“项目”面板中的“背景.jpg”素材文件，并按住鼠标左键将其拖曳到V1轨道上，如图5-199所示。

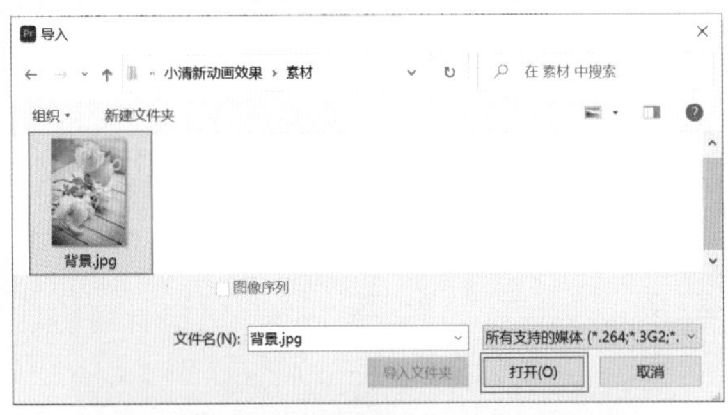

图5-198

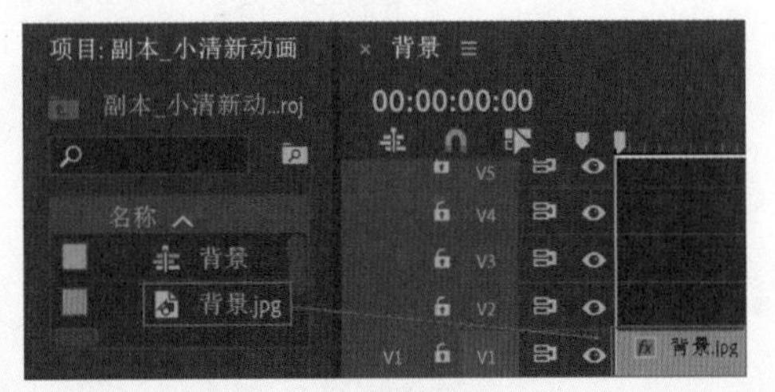

图5-199

05 将时间滑块拖动至起始时间位置处。在“工具”面板中选择▇（矩形工具），并在“节目监视器”面板中按住鼠标左键画出矩形，在“时间轴”面板中选择图形图层，在“效果控件”面板中勾选“填充”复选框，设置“填充颜色”为粉色，接着展开“变换”，设置“位置”为（2764.5,370.5），设置“不透明度”为60%、“锚点”为（217.5,308.5）。如图5-200所示。

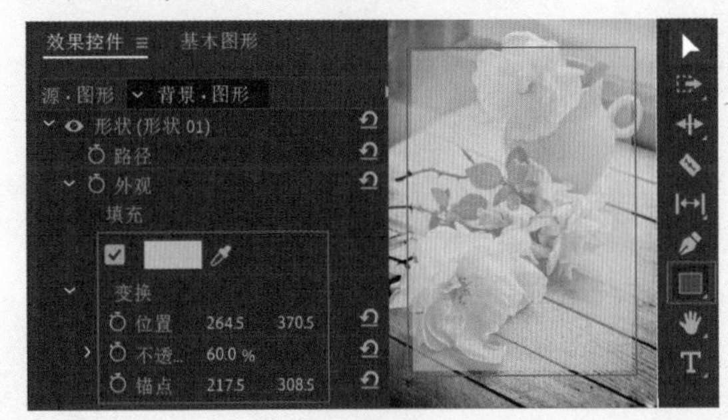

图5-200

06 选择V2轨道上的图形图层，将时间滑块拖动到初始位置，在“效果控件”面板中，单击“缩放”前面的⏱，创建关键帧，设置“缩放”为0.0，如图5-201所示；将时间滑块拖动到1秒的位置，设置“缩放”为100.0。查看效果如图5-202所示。

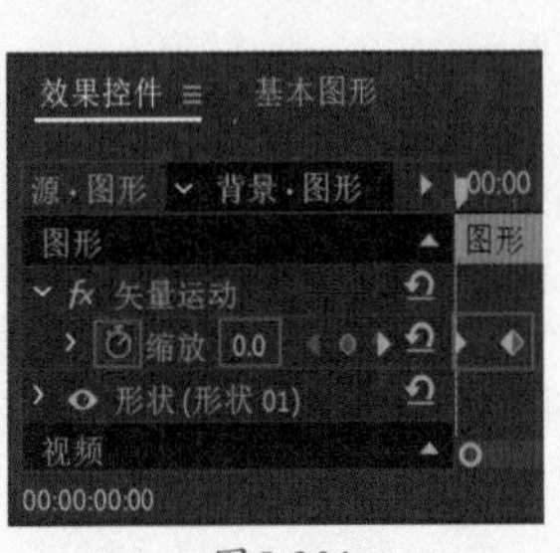

图5-201

图5-202

07 将时间滑块拖动到起始时间位置处，在“工具”面板中选择✎（钢笔工具），在“节目监视器”面板中绘制一个线条。在“时间轴”面板中选择图形图层，在“效果控件”面板中展开“形状”，取消勾选“填充”复选框，接着勾选“描边”复选框，设置“描边颜色”为白色。接着展开“变换”，设置“位置”为（117.9,165.1）、“不透明度”为60.0%。如图5-203所示。

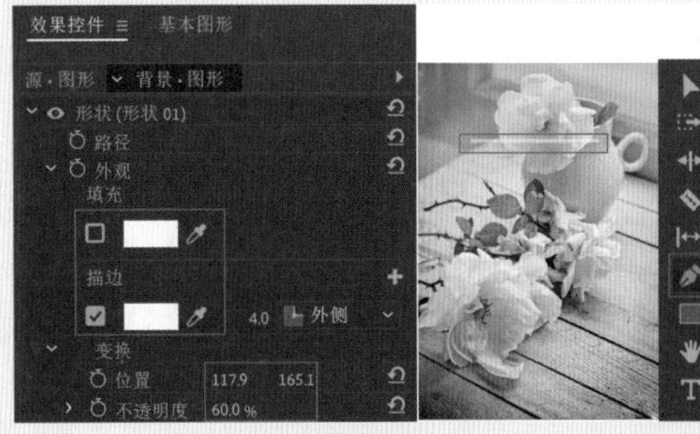

图5-203

08 在“时间轴”面板中选择刚刚添加的图形图层，在“工具”面板中选择T（文字工具），并在“节目监视器”面板中输入合适的文字内容，在“效果控件”面板中设置合适的“字体系列”，设置“字体大小”为71，选择“仿粗体”，勾选“填充”复选框，设置“填充颜色”为白色，勾选“描边”复选框，设置“描边颜色”为白色、“描边宽度”为2.0，接着展开“变换”，设置“位置”为（110.8,150.9），如图5-204所示。再以同样的方法创建文字F.R，效果如图5-205所示。

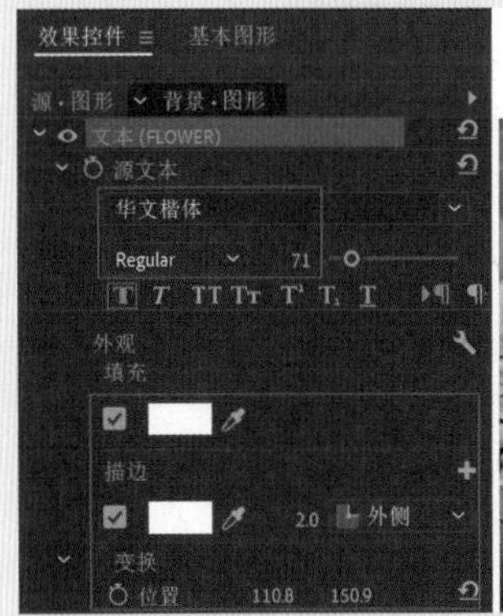

图5-204

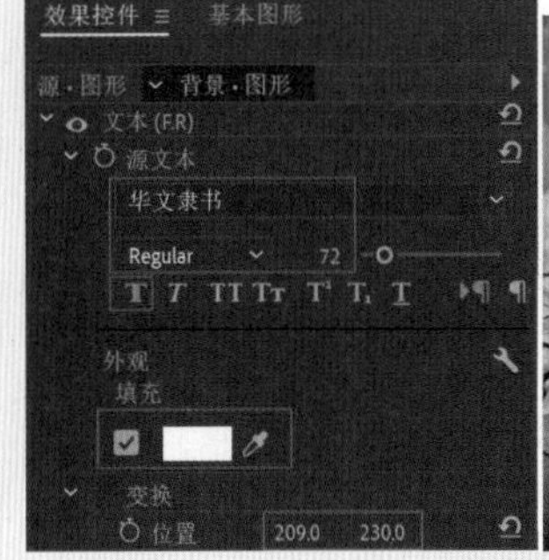

图5-205

09 选择V3轨道上的文字图层，将时间滑块拖动到1秒的位置，在“效果控件”面板中，单击“位置”前面的，创建关键帧，并设置“位置”为（266.0,138.0），如图5-206所示；将时间滑块拖动到2秒的位置，设置“位置”为（266.0,376.0）。查看效果如图5-207所示。

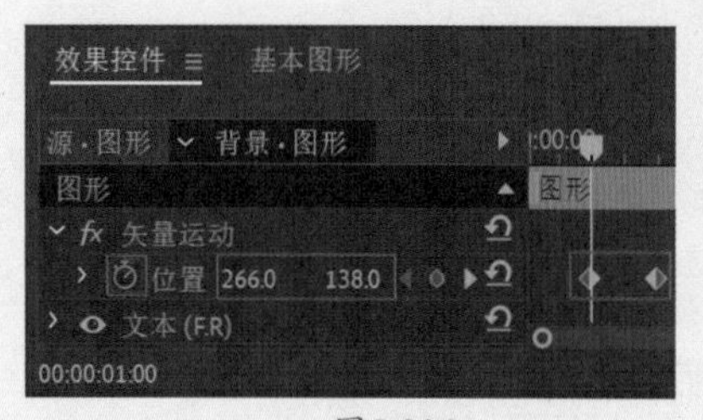

图5-206　　图5-207

10 将时间滑块拖动到起始时间位置处，在“工具”面板中选择（文字工具），并在“节目监视器”面板中输入合适的文字，在“时间轴”面板中选择刚刚创建的文字图层，在“效果控件”面板中设置合适的“字体系列”，设置“字体大小”为25.0、“行距”为-5、“填充颜色”为黑色，接着展开“变换”，设置“位置”为（264.4,475.0）、“不透明度”为60.0%。如图5-208所示。

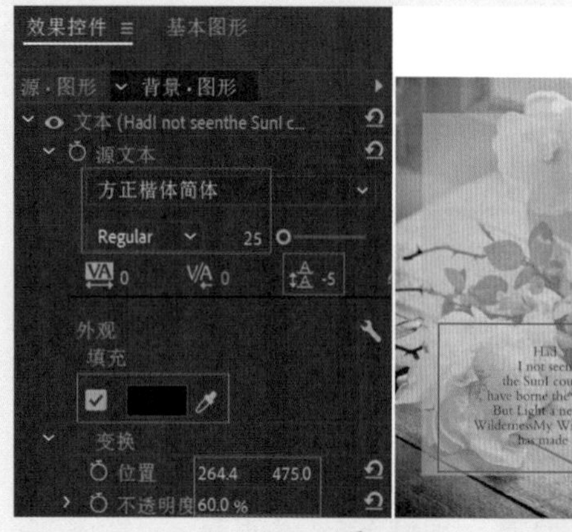

图5-208

11 选择V4轨道上的文字图层，将时间滑块拖动到2秒的位置，在“效果控件”面板中，单击“位置”前面的，创建关键帧，并设置“位置”为（266.0,670.0），如图5-209所示；将时间滑块拖动到3秒的位置，设置“位置”为（266.0,376.0）。查看效果如图5-210所示。

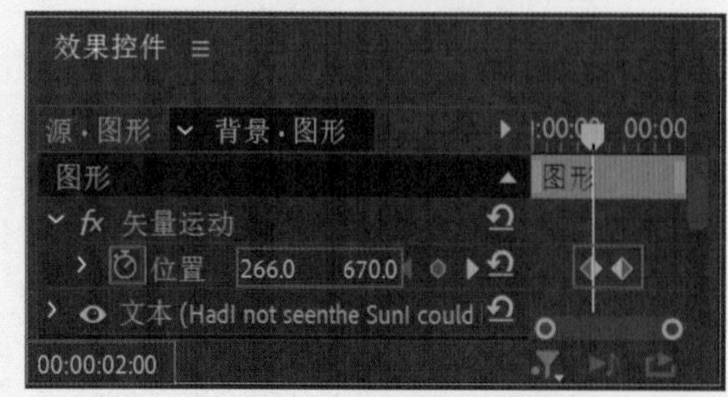

图5-209

图5-210

12 拖动时间滑块查看效果，如图5-211所示。

图5-211

实例102 颗粒字体动画效果

文件路径	第5章\颗粒字体动画效果
难易指数	
技术掌握	● 文字工具 ● “投影”效果 ● “浮雕”效果

扫码深度学习

操作思路

本实例讲解了在Premiere Pro中使用文字工具创建文字，并使用“投影”效果制作文字阴影，使用“浮雕”效果制作出三维质感。

操作步骤

01 在菜单栏中执行“文件”|“新建”|“项目”命令或使用快捷键Ctrl+Alt+N，在弹出的“新建项目”对话框中设置合适的文件名称，单击“位置”右侧的“浏览”按钮，弹出

“项目位置”对话框，单击“选择文件夹”按钮，为项目选择合适的路径文件夹。在“新建项目”对话框中单击“创建”按钮，如图5-212所示。

图5-212

02 在“项目”面板空白处双击，选择所需的“1.gif”和“背景.jpg”素材文件，最后单击“打开”按钮，将它们进行导入，如图5-213所示。

图5-213

03 选择“项目”面板中的“1.gif”素材文件，并按住鼠标左键将其拖曳到V1轨道上，如图5-214所示。

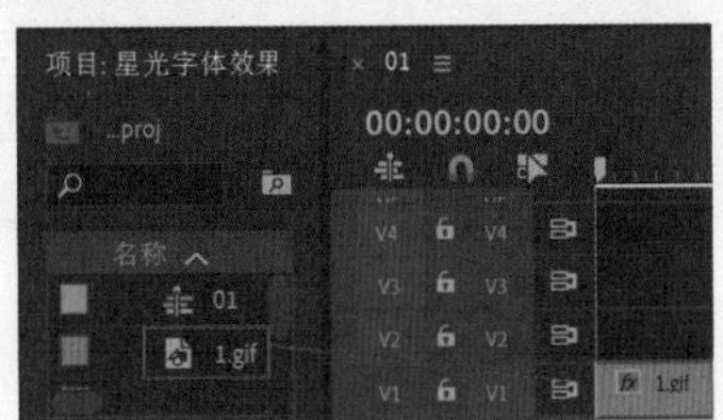

图5-214

04 将时间滑块拖动到起始时间位置处，在“工具”面板中选择T（文字工具），并在“节目监视器”面板中输入合适的文字内容，在“时间轴”面板中选择刚刚创建的文字图层，在“效果控件”面板中设置合适的“字体系列”，设置“字体大小”为230.0、“字距调整”为-69，选择“仿粗体”，勾选“填充”复选框，设置“填充颜色”为蓝绿色，勾选“描边”复选框，设置“描边颜色”为白色、“描边宽度”为5.0。勾选“阴影”复选框，设置“阴影颜色”为“深蓝色”，设置“不透明度”为100%、“角度”为103°、“距离”为13.0、“大小”为11.7、“模糊”为0。接着展开“变换”，设置“位置”为（92.6,889.8），“缩放”为175.0。如图5-215所示。

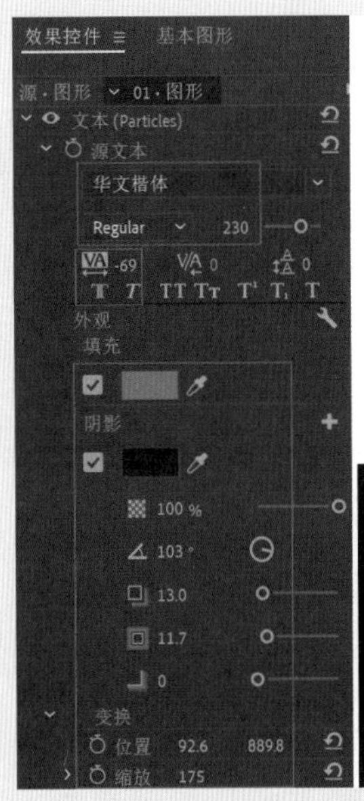

图5-215

05 在“时间轴”面板中选择刚刚创建的文字图层，按住Alt键的同时按住鼠标左键将其拖曳复制到V3轨道上。如图5-216所示。

06 在“时间轴”面板中选择刚刚复制的文字图层，在“效果控件”面板中展开“文本”，勾选“描边”复选框，设置“描边颜色”为黄色。如图5-217所示。

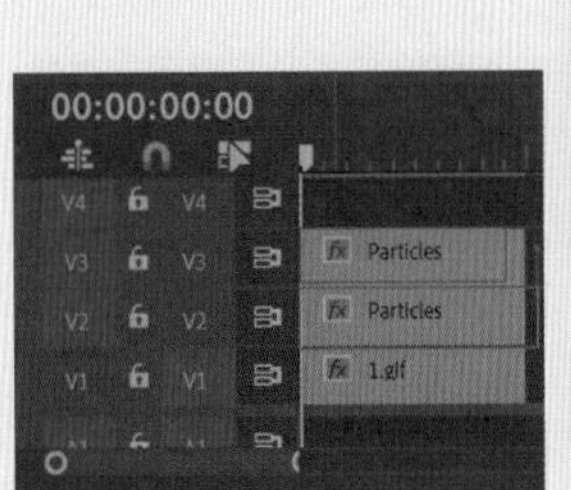

图5-216

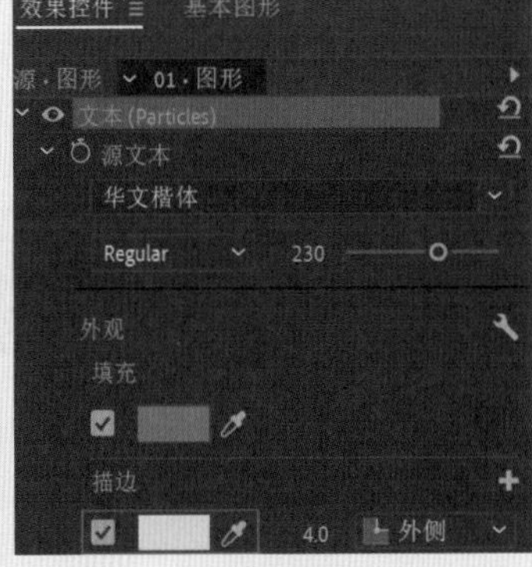

图5-217

07 在“项目”面板中选择“背景.jpg”素材文件，并按住鼠标左键将其拖曳到V4轨道上，如图5-218所示。

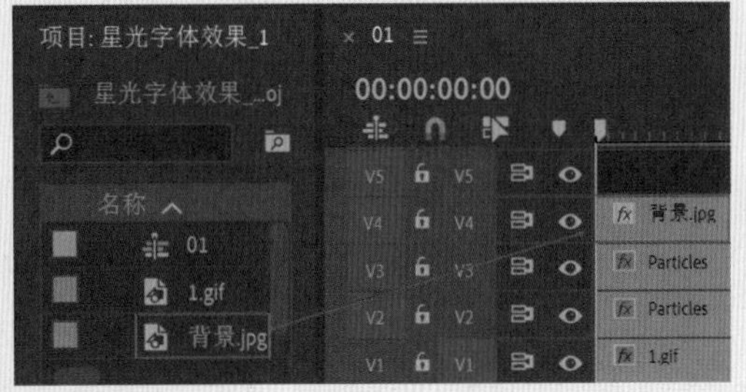

图5-218

08 选择V4轨道上的“背景.jpg”素材文件，在“效果控件”面板中展开“运动”效果，并设置“缩放”为148.0。如图5-219所示。

09 在“效果”面板中搜索“纹理”效果，并按住鼠标左键将其拖曳到V3轨道中的文字图层上，如图5-220所示。

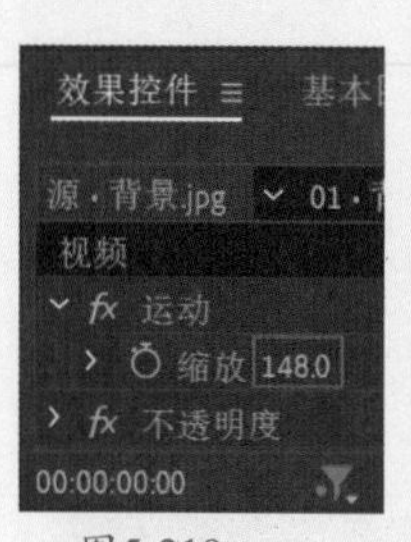

图5-219

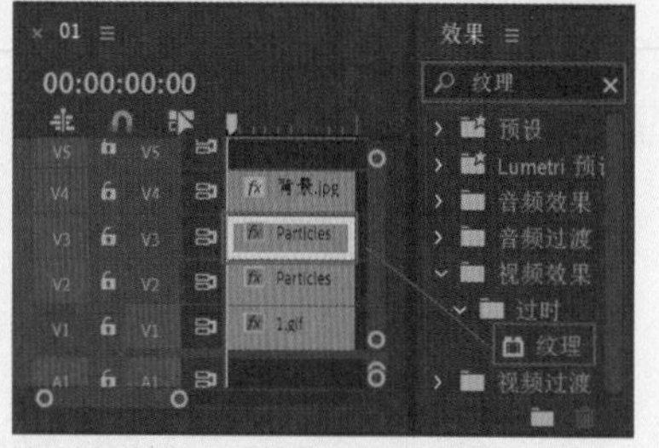

图5-220

10 选择V3轨道上的文字图层，在“效果控件”面板中展开“纹理”效果，设置“纹理图层”为“视频4”。接着在“时间轴”面板中隐藏V4轨道上“背景.jpg”素材文件，如图5-221所示。

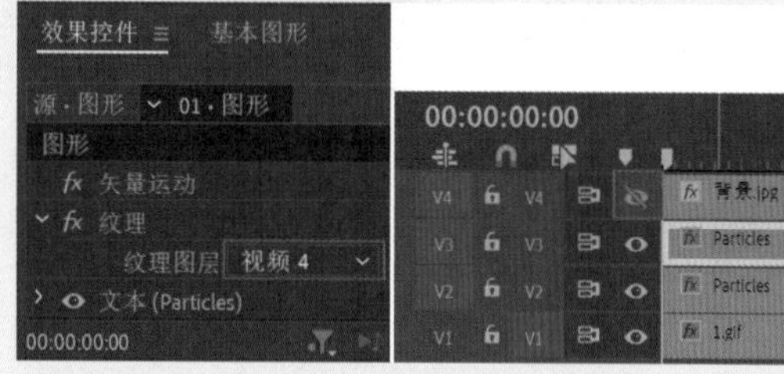

图5-221

11 在“时间轴”面板中框选V2~V4轨道上的图层，单击鼠标右键在弹出的快捷菜单中执行“嵌套”命令，在弹出的“嵌套序列名称”对话框中单击“确定”按钮，如图5-222所示。

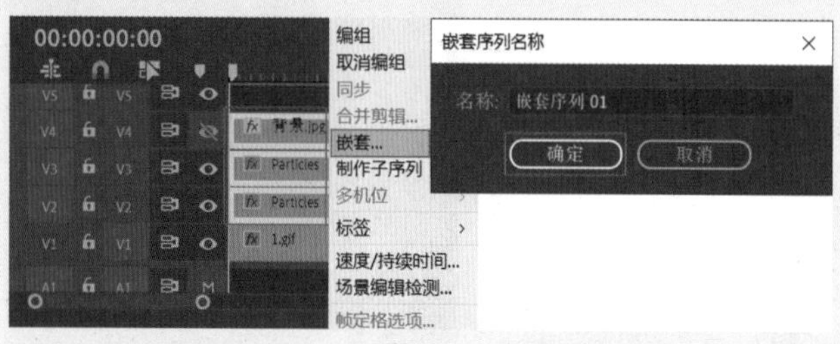

图5-222

12 在“效果”面板中搜索“浮雕”效果，并按住鼠标左键将其拖曳到V2轨道中的“嵌套序列01”上，如图5-223所示。

13 选择V2轨道上的“嵌套序列01”，在“效果控件”面板中展开“浮雕”效果，设置“方向”为73.0°、“起伏”为13.00、“对比度”为66，如图5-224所示。

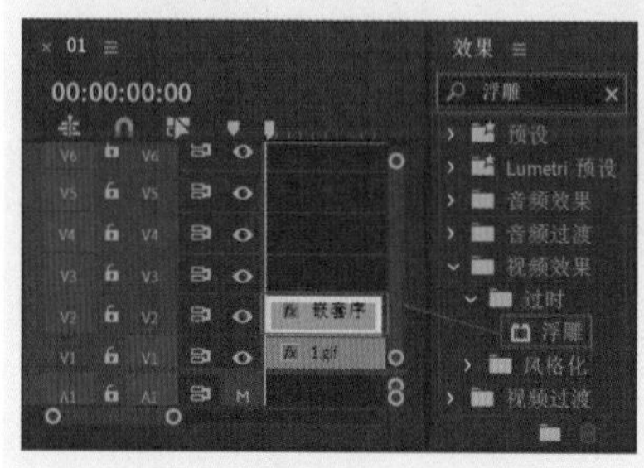

图5-223

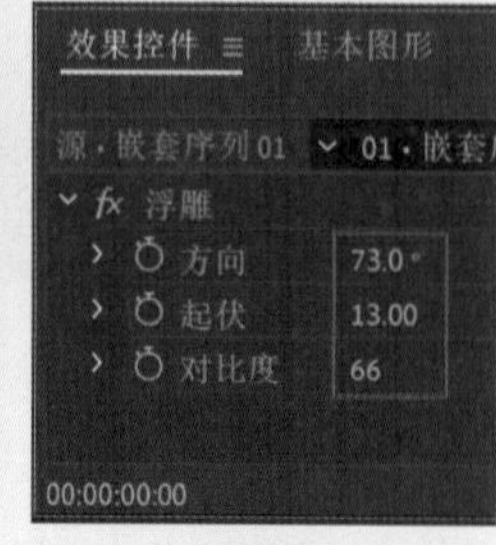

图5-224

14 在“效果”面板中搜索“投影”效果，并按住鼠标左键将其拖曳到V2轨道中的“嵌套序列01”上，如图5-225所示。

15 选择V2轨道上的“嵌套序列01”，在“效果控件”面板中展开“投影”效果，设置“不透明度”为52%、“方向”为143.0°、“距离”为17.0、“柔和度”为26.0，如图5-226所示。

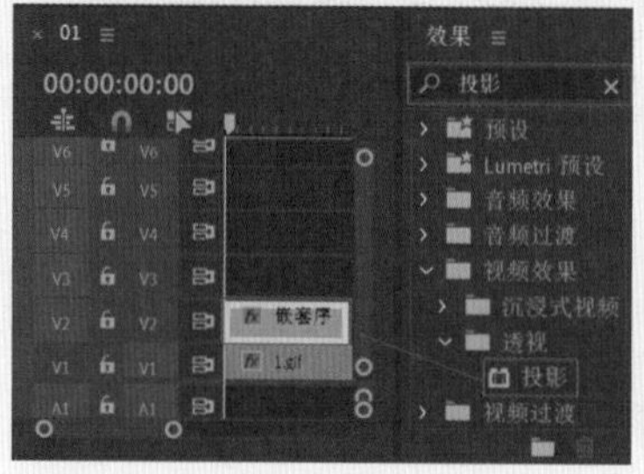

图5-225

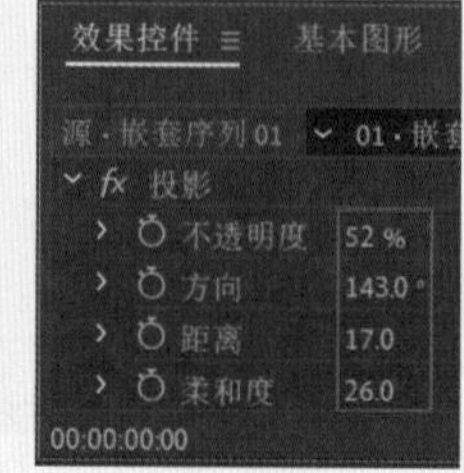

图5-226

16 选择V2轨道上的“嵌套序列01”，在“时间轴”面板中按住Alt键的同时按住鼠标左键将其拖曳复制，分别复制3个嵌套序列到V3～V5轨道上。如图5-227所示。

17 选择V2轨道上的“嵌套序列01”，在“效果控件”面板中展开“运动”效果，设置“位置”为（233.3,380.2）、“缩放”为48.0、“旋转”为12.0°。展开“不透明度”，设置“不透明度”为45.0%，设置“混合模式”为“发光度”，如图5-228所示。

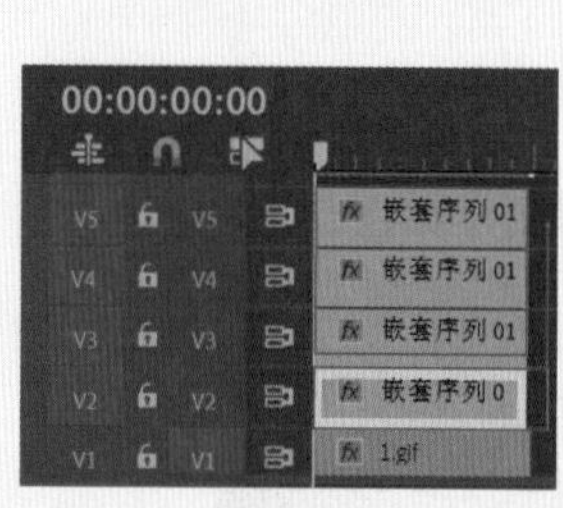

图5-227

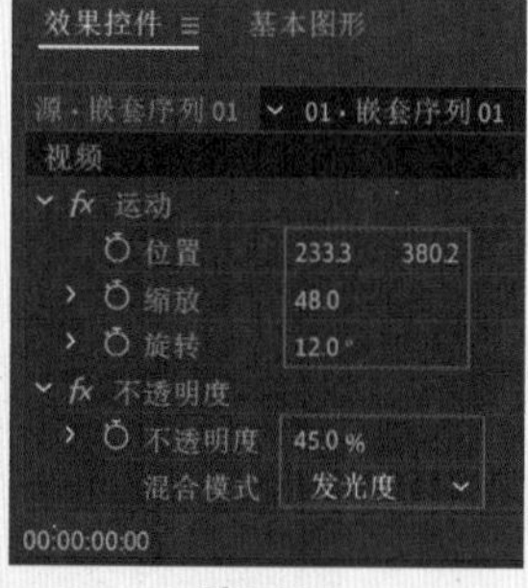

图5-228

18 选择V3轨道上的“嵌套序列01”，在“效果控件”面板中展开“运动”效果，设置“位置”为（621.1,1034.6）、“缩放”为72.0、“旋转”为-23.0°。展开“不透明度”，设置“不透明度”为45.0%，设置“混合模式”为“发光度”，如图5-229所示。

19 选择V4轨道上的“嵌套序列01”，在“效果控件”面板中展开“运动”效果，设置“位置”为（1235.8,630.7）、“缩放”为47.0、“旋转”为36.0°。展开“不透明度”，设置“不透明度”为45.0%，设置“混合模式”为“发光度”，如图5-230所示。

20 选择V5轨道上的“嵌套序列01”，在“效果控件”面板中展开“运动”效果，设置“缩放”为80.0，如图5-231所示。

21 拖动时间滑块查看效果，如图5-232所示。

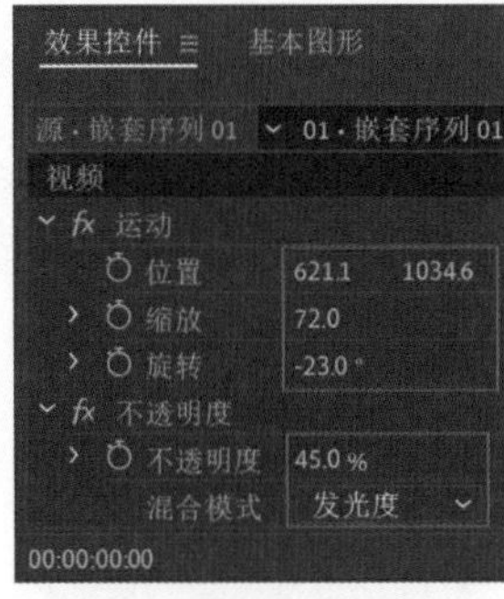

图5-229

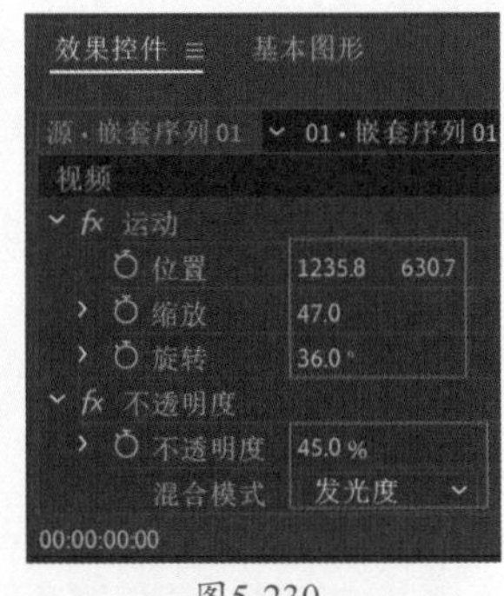

图5-230

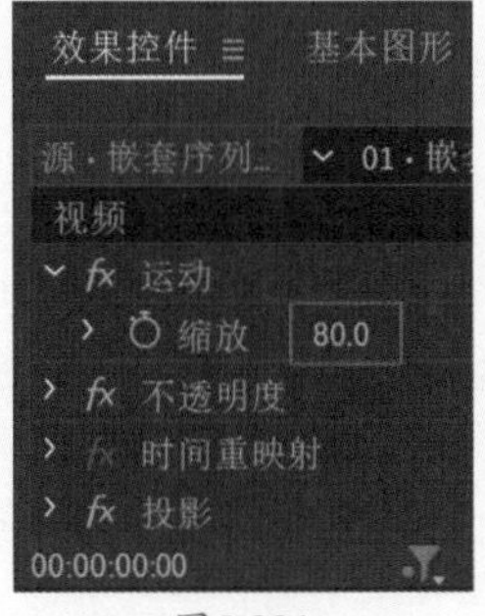

图5-231

图5-232

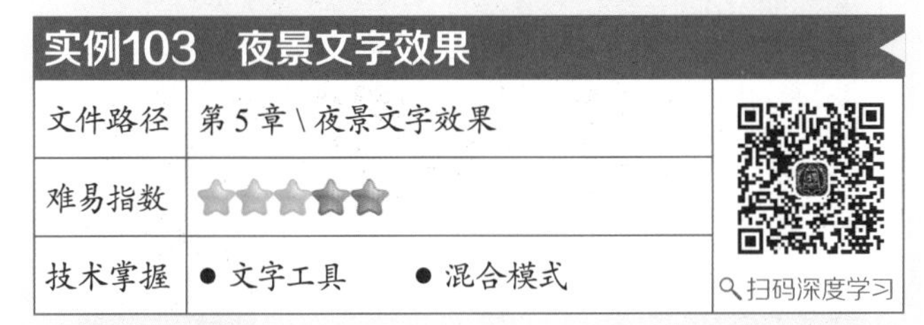

实例103　夜景文字效果

文件路径	第5章\夜景文字效果
难易指数	★★★★★
技术掌握	● 文字工具　　● 混合模式

扫码深度学习

操作思路

本实例讲解了在Premiere Pro中使用文字工具创建文字，并修改混合模式制作出夜景文字效果。

操作步骤

01 在菜单栏中执行“文件”|“新建”|“项目”命令或使用快捷键Ctrl+Alt+N，在弹出的“新建项目”对话框中设置合适的文件名称，单击“位置”右侧的“浏览”按钮，弹出“项目位置”对话框，单击“选择文件夹”按钮，为项目选择合适的路径文件夹。在“新建项目”对话框中单击“创建”按钮，如图5-233所示。

02 在“项目”面板空白处单击鼠标右键，在弹出的快捷菜单中执行“新建项目”|“序列”命令。接着在弹出的“新建序列”对话框中选择DV-PAL文件夹下的“标准48kHz”，如图5-234所示。

03 在“项目”面板空白处双击，选择所需的“01.jpg”和“背景.jpeg”素材文件，最后单击“打开”按钮，将它们进行导入，如图5-235所示。

04 选择“项目”面板中的“背景.jpeg”和“01.jpg”素材文件，按住鼠标左键依次将它们拖曳到V1和V2轨道上，如图5-236所示。

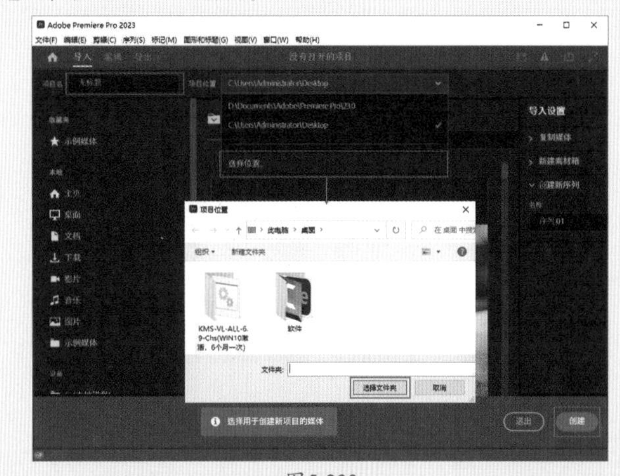

图5-233

图5-234

图5-235

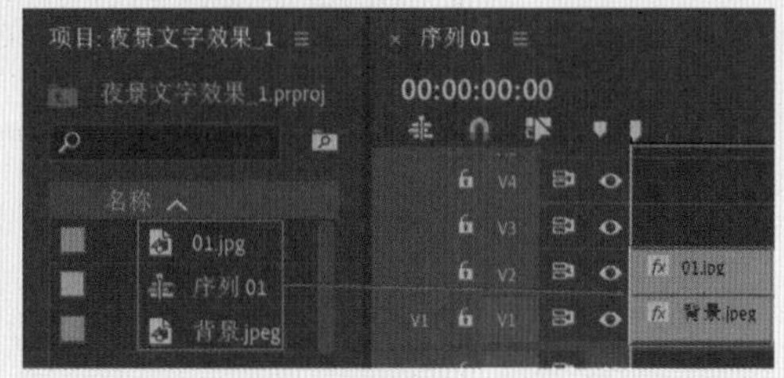

图5-236

05 选择V1轨道上的“背景.jpeg”素材文件，在“效果控件”面板中展开“运动”效果，设置“缩放”为140.0，如图5-237所示。

06 选择V2轨道上的“01.jpg”素材文件，在“效果控件”面板中展开“运动”效果，设置“缩放”为89.0，如图5-238所示。

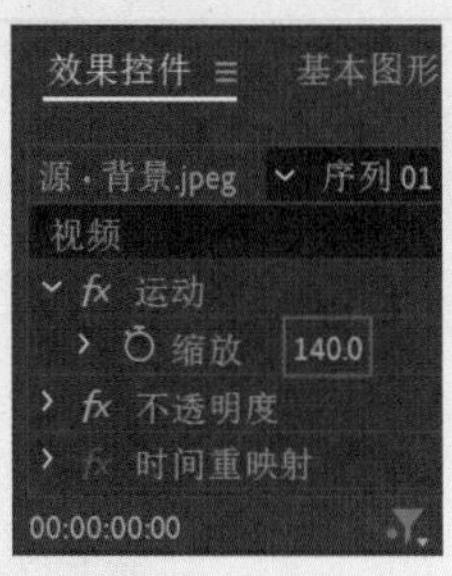

图5-237

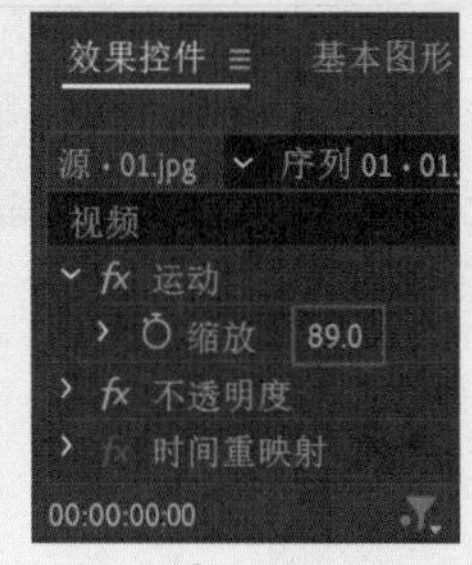

图5-238

07 将时间滑块拖动到起始时间位置处，在“工具”面板中选择T（文字工具），并在“节目监视器”面板中输入合适的文字，在“时间轴”面板中选择刚刚创建的文字图层，在“效果控件”面板中设置合适的“字体系列”，设置“字体大小”为244.0，选择“仿粗体”，选择“小型大写字母”，勾选“填充”复选框，设置“填充颜色”为白色，勾选“描边”复选框，设置“描边颜色”为白色、“描边宽度”为4.0。展开“变换”，设置“位置”为（130.4,345.3），如图5-239所示。

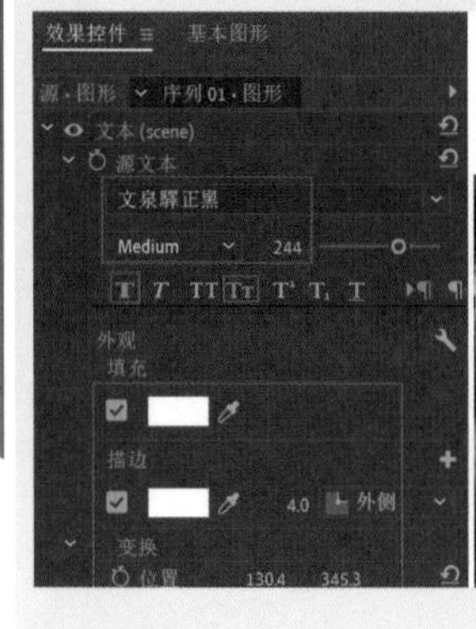

图5-239

08 选择V3轨道上的文字图层，展开“不透明度”，设置“不透明度为100.0%”，设置“混合模式”为“排除”，如图5-240所示。

09 拖动时间滑块查看效果，如图5-241所示。

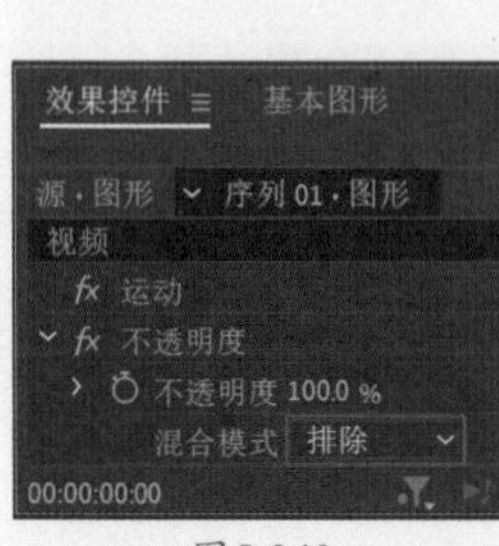

图5-240

图5-241

实例104 移动文字效果

文件路径	第5章\移动文字效果
难易指数	★★★★★
技术掌握	文字工具

扫码深度学习

操作思路

本实例讲解了在Premiere Pro中使用文字工具创建一组文字，并为文字添加位置关键帧，使文字产生移动的动画效果。

操作步骤

01 在菜单栏中执行“文件”|“新建”|“项目”命令或使用快捷键Ctrl+Alt+N，在弹出的“新建项目”对话框中设置合适的文件名称，单击“位置”右侧的“浏览”按钮，弹出“项目位置”对话框，单击“选择文件夹”按钮，为项目选择合适的路径文件夹。在“新建项目”对话框中单击“创建”按钮，如图5-242所示。

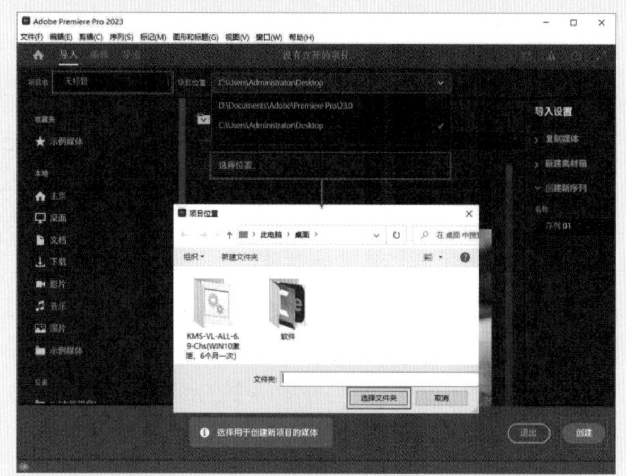

图5-242

02 在“项目”面板空白处双击，选择所需的“背景.jpg”素材文件，最后单击“打开”按钮，将其进行导入，如图5-243所示。

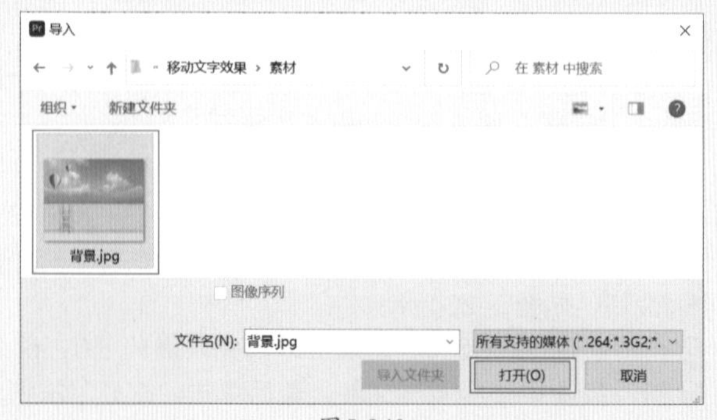

图5-243

03 选择“项目”面板中的“背景.jpg”素材文件，并按住鼠标左键将其拖曳到V1轨道上，如图5-244所示。

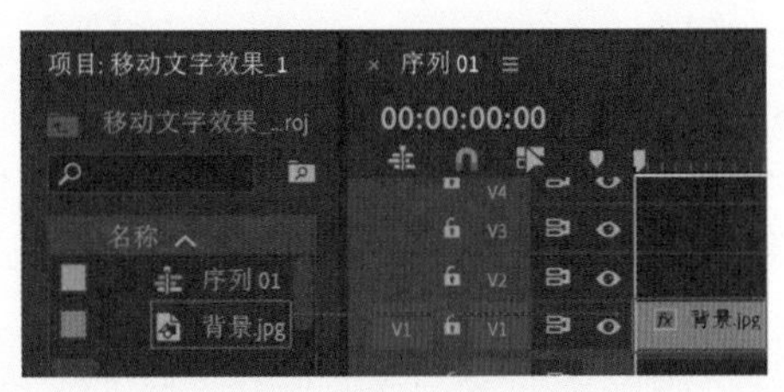

图5-244

04将时间滑块拖动到起始时间位置处，在“工具”面板中选择T（文字工具），并在“节目监视器”面板中输入合适的文字，在“时间轴”面板中选择刚刚创建的文字图层，在“效果控件”面板中设置合适的“字体系列”，设置“字体大小”为33.0，设置“字距调整”为-29，选择“小型大写字母”，勾选“填充”复选框，设置“填充颜色”为白色，勾选“阴影”复选框，设置“不透明度”为80%、“距离”为3.6。展开“变换”，设置“位置”为（237.7,276.1），如图5-245所示。

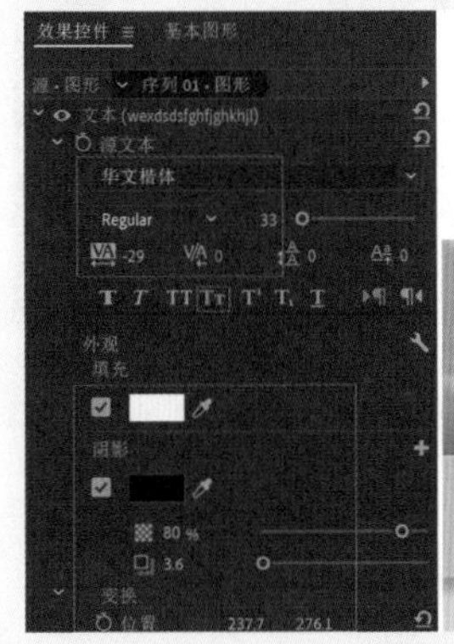

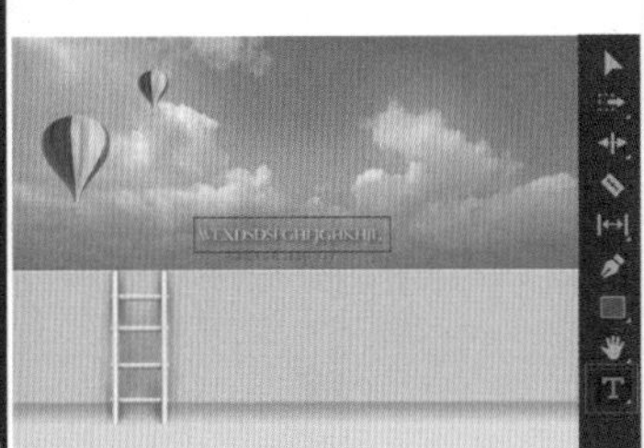

图5-245

05将时间滑块拖动到起始时间位置处，在“时间轴”面板中选择V2轨道上的文字图层，在“效果控件”面板中展开“矢量运动”效果，单击“位置”前面的⏱，创建关键帧，设置“位置”为（-117.0,288.0），如图5-246所示；将时间滑块拖动至2秒15帧位置处，设置“位置”为（360.0,288.0）。

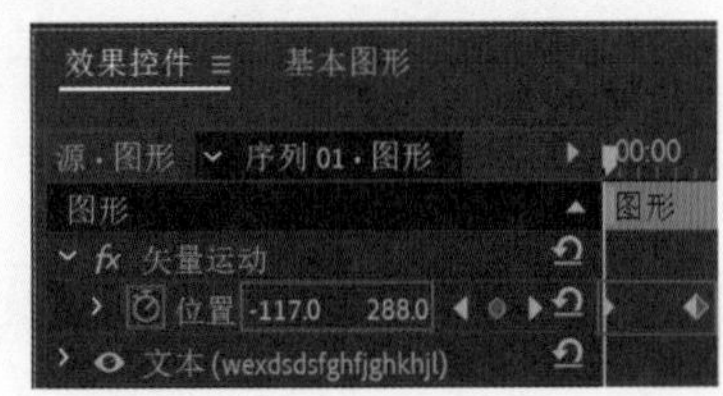

图5-246

06拖动时间滑块查看效果，如图5-247所示。

图5-247

实例105 油彩字体效果

文件路径	第5章\油彩字体效果
难易指数	★★★★★
技术掌握	● 文字工具　● 直线工具

扫码深度学习

操作思路

本实例讲解了在Premiere Pro中使用文字工具创建一组文字，并使用直线工具绘制直线。

操作步骤

01在菜单栏中执行“文件”|“新建”|“项目”命令或使用快捷键Ctrl+Alt+N，在弹出的“新建项目”对话框中设置合适的文件名称，单击“位置”右侧的“浏览”按钮，弹出“项目位置”对话框，单击“选择文件夹”按钮，为项目选择合适的路径文件夹。在“新建项目”对话框中单击“创建”按钮，如图5-248所示。

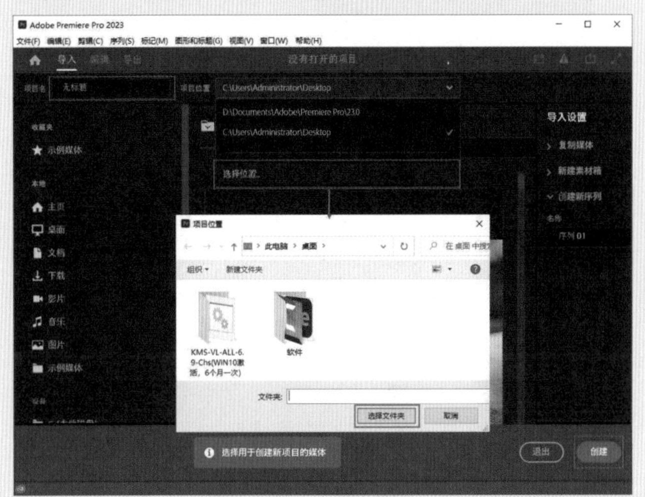

图5-248

02在“项目”面板空白处双击，选择所需的“背景.jpg”素材文件，最后单击“打开”按钮，将其进行导入，如图5-249所示。

图5-249

03选择“项目”面板中的“背景.jpg”素材文件，并按住鼠标左键将其拖曳到V1轨道上，如图5-250所示。

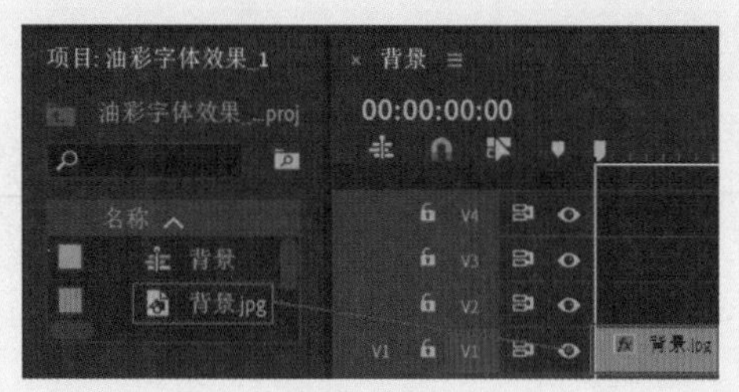
图5-250

04 将时间滑块拖动到起始时间位置处，在“工具”面板中选择（钢笔工具），并在“节目监视器”面板中绘制一个线条，在“时间轴”面板中选择图形图层，在“效果控件”面板中展开“形状”，取消勾选“填充”复选框，勾选“描边”复选框，设置“描边颜色”为白色、“描边宽度”为2.0。勾选“阴影”复选框，设置“不透明度”为70%、“模糊”为10。接着展开“变换”，设置“位置”为（286.9,805.3）。如图5-251所示。

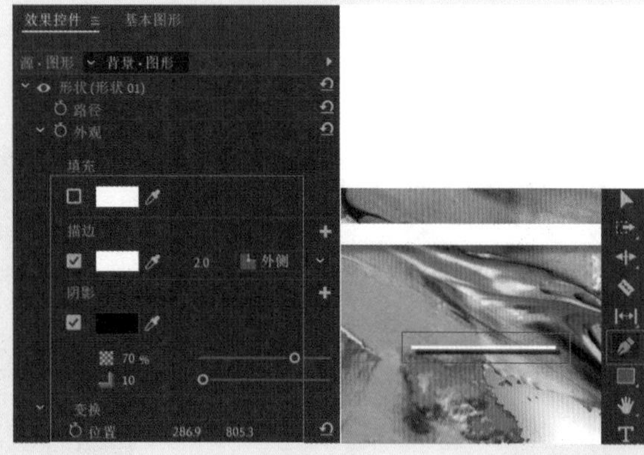
图5-251

05 在“时间轴”面板中选择刚刚创建的图形图层，在“工具”面板中选择（文字工具），并在“节目监视器”面板中输入合适的文字，在“效果控件”面板中设置合适的“字体系列”，设置“字体大小”为39，设置“字距调整”为56，选择“全部大写字母”，勾选“填充”复选框，设置“填充颜色”为白色，勾选“阴影”复选框，设置“不透明度”为70%、“距离”为5.0、“模糊”为10。接着展开“变换”，设置“位置”为（240.0,791.0）。如图5-252所示。

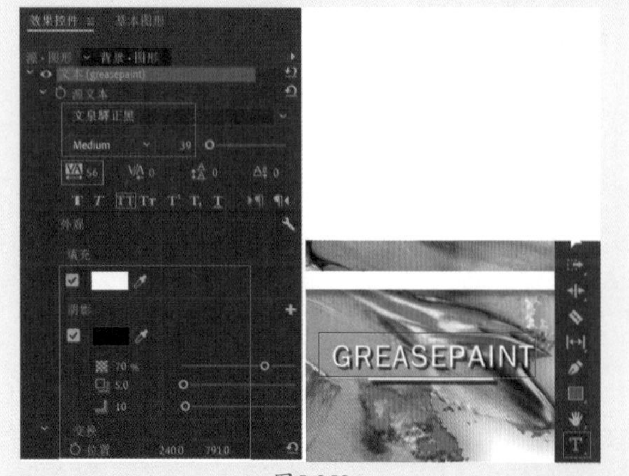

图5-252

06 在“时间轴”面板中选择刚刚创建的文字图层，在“工具”面板中选择（文字工具），并在“节目监视器”面板中输入合适的文字，在“效果控件”面板中设置合适的“字体系列”，设置“字体大小”为136，设置“字距调整”为79、“行距”为-58。选择“仿粗体”，勾选“填充”复选框，设置“填充颜色”为白色，勾选“描边”复选框，设置“描边宽度”为4.0。接着展开“变换”，设置“位置”为（162.0,411.1）。如图5-253所示。

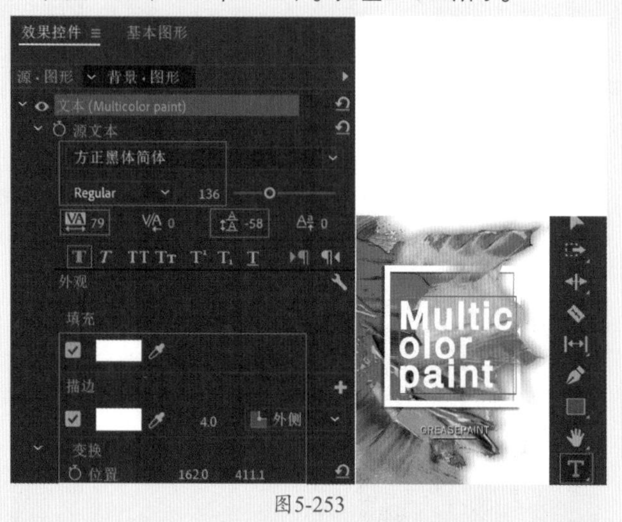

图5-253

07 拖动时间滑块查看效果，如图5-254所示。

图5-254

实例106 字幕向上滚动效果

文件路径	第5章\字幕向上滚动效果
难易指数	★★★★★
技术掌握	● 文字工具 ● “关键帧”动画

扫码深度学习

操作思路

本实例讲解了在Premiere Pro中使用文字工具创建一组文字，并为文字添加位置关键帧，使文字产生字幕向上滚动的动画效果。

操作步骤

01 在菜单栏中执行“文件”|“新建”|“项目”命令或使用快捷键Ctrl+Alt+N，在弹出的“新建项目”对话框中设置合适的文件名称，单击“位置”右侧的“浏览”按钮，弹出“项目位置”对话框，单击“选择文件夹”按钮，为项目选择合适的路径文件夹。在“新建项目”对话框中单击“创建”按钮，如图5-255所示。

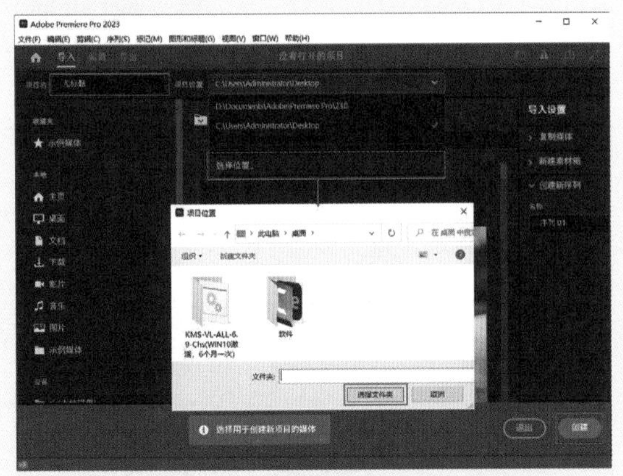

图5-255

02 在“项目”面板空白处单击鼠标右键，在弹出的快捷菜单中执行“新建项目”|“序列”命令。接着在弹出的“新建序列”对话框中选择DV-PAL文件夹下的“标准48kHz”，如图5-256所示。

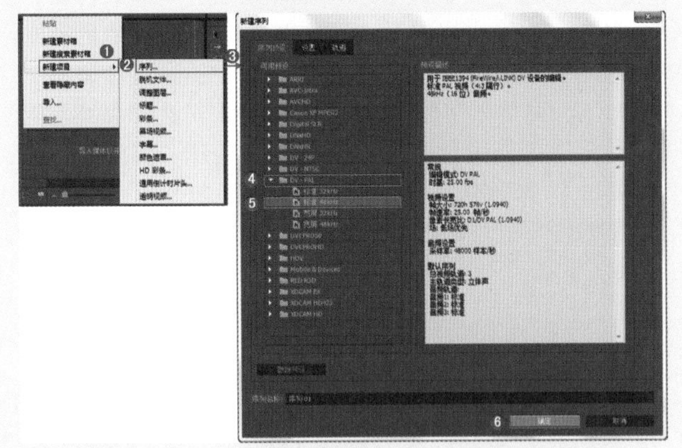

图5-256

03 在“项目”面板空白处双击，选择所需的“01.jpg”素材文件，最后单击“打开”按钮，将其进行导入，如图5-257所示。

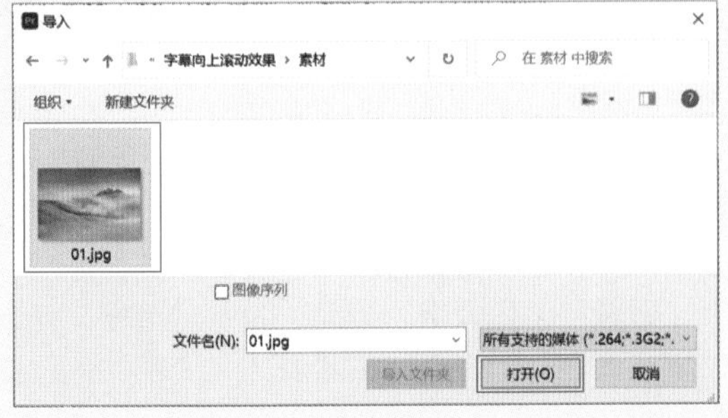

图5-257

04 选择“项目”面板中的“01.jpg”素材文件，并按住鼠标左键将其拖曳到V1轨道上，如图5-258所示。

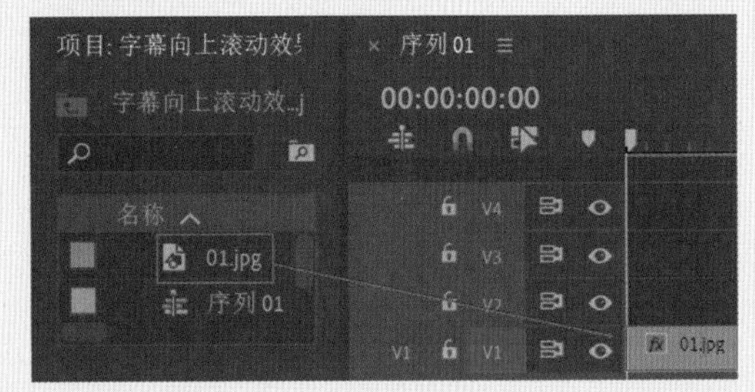

图5-258

05 将时间滑块拖动到起始时间位置处，在“工具”面板中选择T（文字工具），并在“节目监视器”面板中输入合适的文字，在“时间轴”面板中选择刚刚创建的文字图层，在“效果控件”面板中设置合适的“字体系列”，设置“字体大小”为27、设置“行距”为6，选择“仿粗体”，勾选“填充”复选框，设置“填充颜色”为白色，接着展开“变换”，设置“位置”为（38.5, 174.6），如图5-259所示。

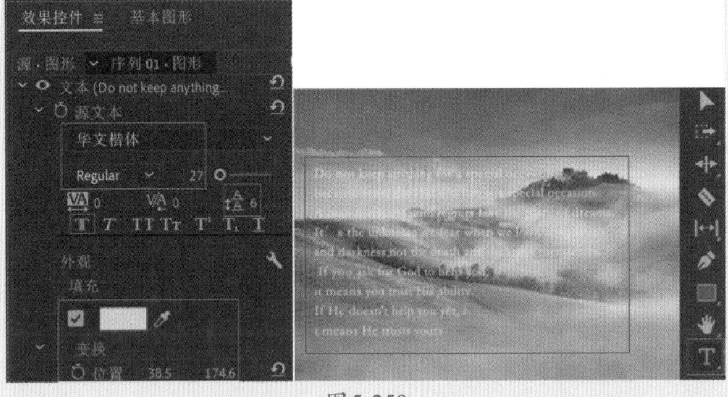

图5-259

06 将时间滑块拖动到起始时间位置处，在“时间轴”面板中选择V2轨道上的文字图层，在“效果控件”面板中展开“运动”效果，单击“位置”前面的◷，创建关键帧，设置“位置”为（360.0,713.0）；将时间滑块拖至4秒22帧位置处，设置“位置”为（360.0,-206.0），如图5-260所示。

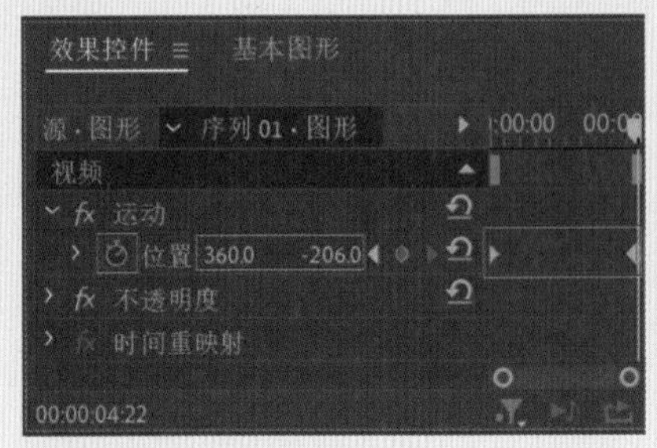

图5-260

07 拖动时间滑块查看效果，如图5-261所示。

图5-261

实例107　电影文字海报效果——文字动画

文件路径	第5章\电影文字海报效果
难易指数	★★★★★
技术掌握	● 文字工具　●“块溶解”效果

扫码深度学习

操作思路

本实例讲解了在Premiere Pro中使用文字工具创建文字，并使用“块溶解”效果制作文字渐渐显现的效果。

操作步骤

01 在菜单栏中执行“文件”|“新建”|“项目”命令或使用快捷键Ctrl+Alt+N，在弹出的“新建项目”对话框中设置合适的文件名称，单击“位置”右侧的“浏览”按钮，弹出“项目位置”对话框，单击“选择文件夹”按钮，为项目选择合适的路径文件夹。在“新建项目”对话框中单击“创建”按钮，如图5-262所示。

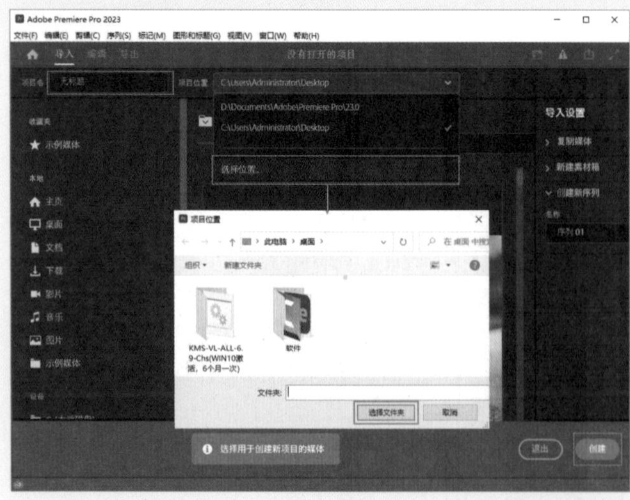

图5-262

02 在“项目”面板空白处双击，选择所需的“1.jpg”素材文件，最后单击“打开”按钮，将其进行导入，如图5-263所示。

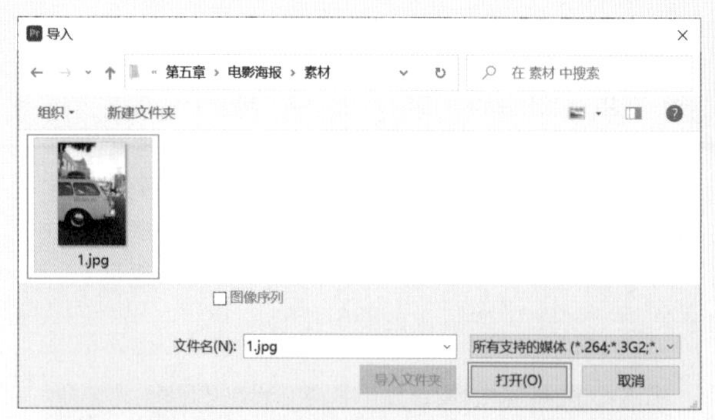

图5-263

03 选择“项目”面板中的“1.jpg”素材文件，并按住鼠标左键将其拖曳到“时间轴”面板中V1轨道上，此时在“项目”面板中自动生成一个与“1.jpg”素材文件等大的序列，如图5-264所示。

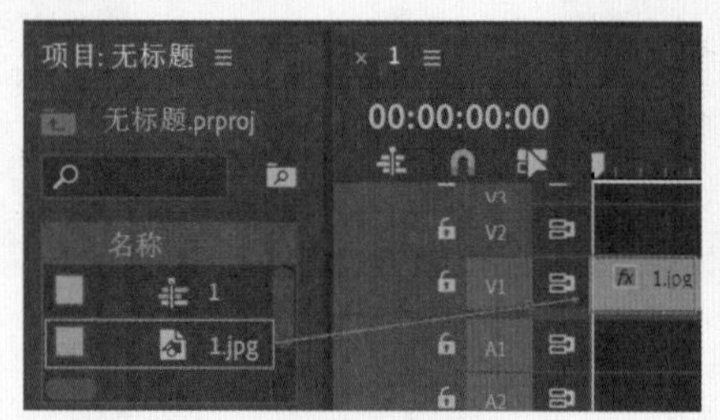

图5-264

04 将时间滑块拖动到起始时间位置处，在“工具”面板中选择 (垂直文字工具)，并在“节目监视器”面板中输入合适的文字内容，在“时间轴”面板中选择刚刚创建的文字图层，在“效果控件”面板中设置合适的“字体系列”，设置“字体大小”为100.0，勾选“填充”复选框，设置“填充颜色”为白色，接着展开“变换”，设置“位置”为(1909.1,1064.1)，如图5-265所示。

图5-265

05 将时间滑块拖动到起始时间位置处，在“时间轴”面板中选择刚刚创建的文字图层，在“工具”面板中选择 (文字工具)，并在“节目监视器”面板中输入合适的文字内容，在“效果控件”面板中设置合适的“字体系列”，设置“字体大小”为94，勾选“填充”复选框，设置“填充颜色”为白色，接着展开“变换”，设置“位置”为(69.0,2639.1)，如图5-266所示。

图5-266

06 在“效果”面板中搜索“块溶解”效果，并按住鼠标左键将该效果拖到V2轨道上的文字图层上，如图5-267所示。

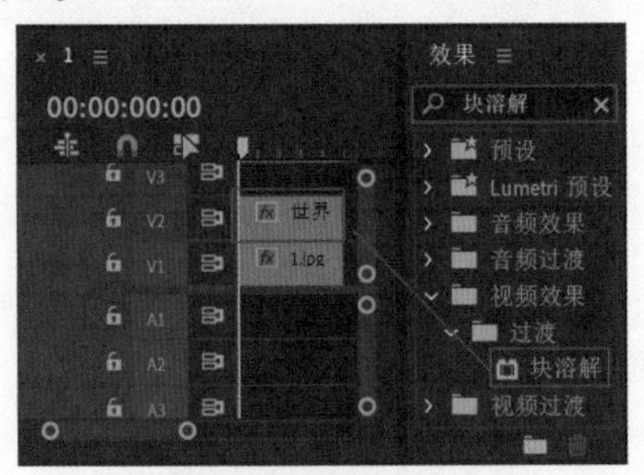

图5-267

07 在“时间轴”面板中选择V2轨道上的文字图层，在“效果控件”面板中展开“块溶解”效果，将时间滑块拖动至1秒10帧位置处，单击“过渡完成”前方的⏱，创建关键帧，设置“过渡完成”为100%、“块宽度”为1.0、“块高度”为1.0，如图5-268所示；将时间滑块拖动至2秒15帧位置处，设置“过渡完成”为0。

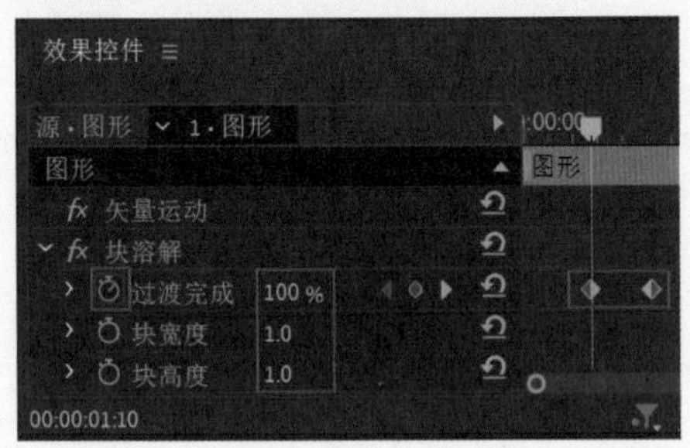

图5-268

实例108 电影文字海报效果——标题文字

文件路径	第5章\电影文字海报效果
难易指数	★★★★★
技术掌握	● 文字工具 ● 关键帧动画

扫码深度学习

操作思路

本实例讲解了在Premiere Pro中使用文字工具创建文字，并使用关键帧动画制作标题文字渐渐显现的效果。

08 将时间滑块拖动到起始时间位置处，在“工具”面板中选择T（文字工具），并在“节目监视器”面板中输入合适的文字内容，在“时间轴”面板中选择刚刚创建的文字图层，在“效果控件”面板中设置合适的“字体系列”，设置“字体大小”为395，勾选“填充”复选框，设置“填充颜色”为橘色，接着展开“变换”，设置“位置”为（429.5,733.7），如图5-269所示。

图5-269

09 在“时间轴”面板中选择刚刚创建的文字图层，在“效果控件”面板中展开“不透明度”效果，将时间滑块拖动至1秒10帧位置处，单击“不透明度”前方的⏱，创建关键帧，设置“不透明度”为0.0%，将时间滑块拖动至1秒15帧位置处，设置“不透明度”为100.0%，如图5-270所示。

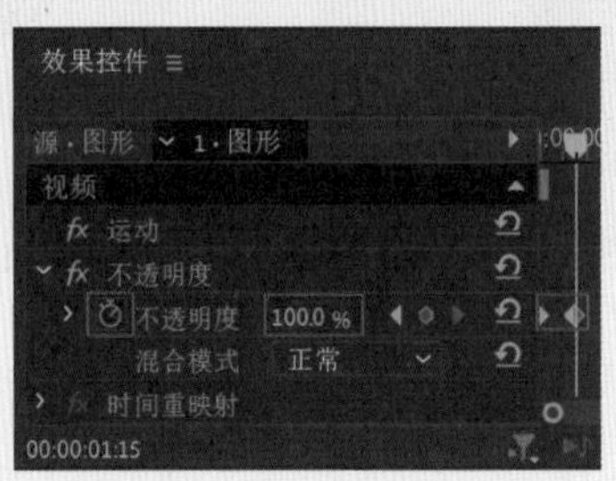

图5-270

10 拖动时间滑块查看效果，如图5-271所示。

图5-271

实例109　镂空卡通文字效果——文字部分

文件路径	第5章\镂空卡通文字效果	扫码深度学习
难易指数	★★★★★	
技术掌握	文字工具	

操作思路

本实例讲解了在Premiere Pro中使用文字工具创建文字。

操作步骤

01 在菜单栏中执行“文件”|“新建”|“项目”命令或使用快捷键Ctrl+Alt+N，在弹出的“新建项目”对话框中设置合适的文件名称，单击“位置”右侧的“浏览”按钮，弹出“项目位置”对话框，单击“选择文件夹”按钮，为项目选择合适的路径文件夹。在“新建项目”对话框中单击“创建”按钮。如图5-272所示。

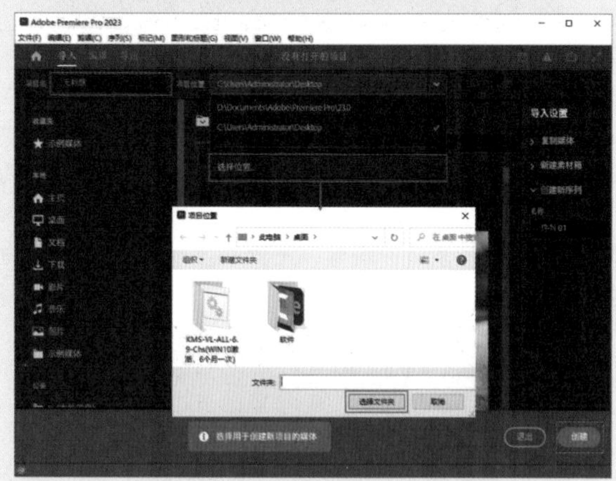

图5-272

02 在“项目”面板空白处双击，选择所需的“1.png”和“2.jpg”素材文件，最后单击“打开”按钮，将它们进行导入，如图5-273所示。

图5-273

03 选择“项目”面板中的“1.png”素材文件，并按住鼠标左键将其拖曳到“时间轴”面板中V1轨道上，此时在“项目”面板中自动生成一个与“1.png”素材文件等大的序列，如图5-274所示。

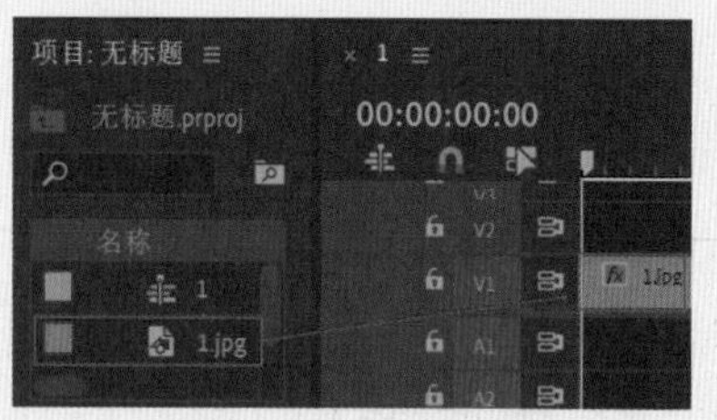

图5-274

04 接着在“项目”面板中将“2.jpg”素材文件拖曳到“时间轴”面板中V2轨道上，如图5-275所示。

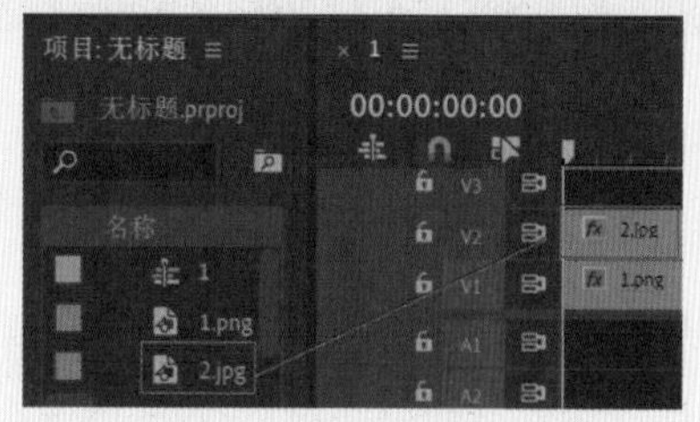

图5-275

05 在“时间轴”面板中选择“2.jpg”素材文件，在“效果控件”面板中展开“运动”效果，设置“位置”为（782.0,496.0）、“缩放”为27.0、“旋转”为90.0°，如图5-276所示。

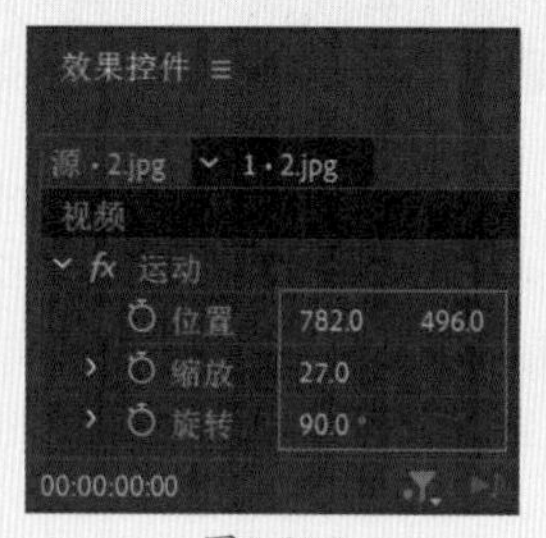

图5-276

06 将时间滑块拖动到起始时间位置处，在“工具”面板中选择T（文字工具），并在“节目监视器”面板中输入合适的文字内容，在“时间轴”面板中选择刚刚创建的文字图层，在“效果控件”面板中设置合适的“字体系列”，设置“字体大小”为164，选择“居中对齐文本”，设置“字距调整”为21、“行距”为4，勾选“填充”复选框，设置“填充颜色”为白色，接着展开“变换”，设置“位置”为（550.4,280.0），如图5-277所示。

图5-277

07 接着展开“运动”效果，设置“旋转”为-90.0°，如图5-278所示。

图5-278

08 在“时间轴”面板中选中V3轨道上的文字图层，单击鼠标右键，在弹出的快捷菜单中执行【嵌套】命令，如图5-279所示。并在弹出的对话框中单击“确定”按钮。

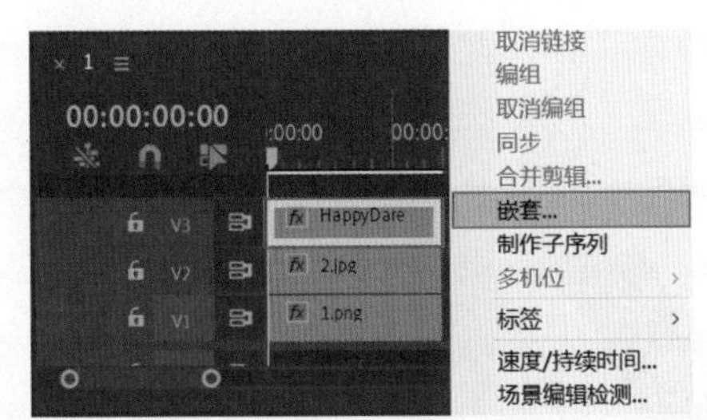

图5-279

实例110 镂空卡通文字效果——镂空文字

文件路径	第5章\镂空卡通文字效果	扫码深度学习
难易指数	★★★★★	
技术掌握	“轨道遮罩键”效果	

操作思路

本实例讲解了在Premiere Pro中使用文字工具创建文字，并使用“轨道遮罩键”效果制作镂空文字的效果。

09 在“效果”面板中搜索“轨道遮罩键”效果，按住鼠标左键将该效果拖曳到“时间轴”面板中V2轨道上的“2.jpg”素材文件上，如图5-280所示。

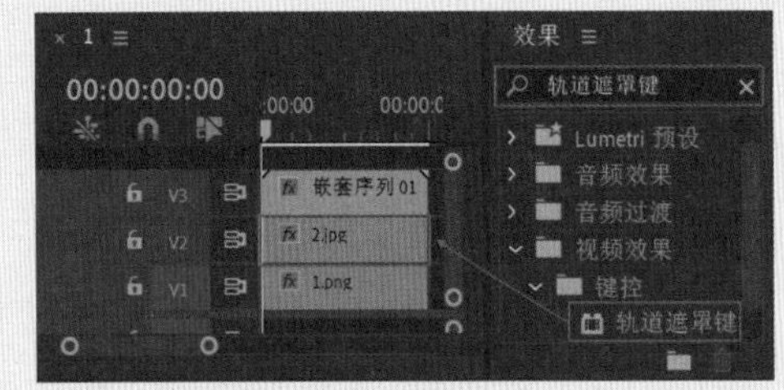

图5-280

10 在“时间轴”面板中选择V2轨道上的“2.jpg”素材文件，接着在“效果控件”面板中展开“轨道遮罩键”效果，设置“遮罩”为“视频3”，如图5-281所示。

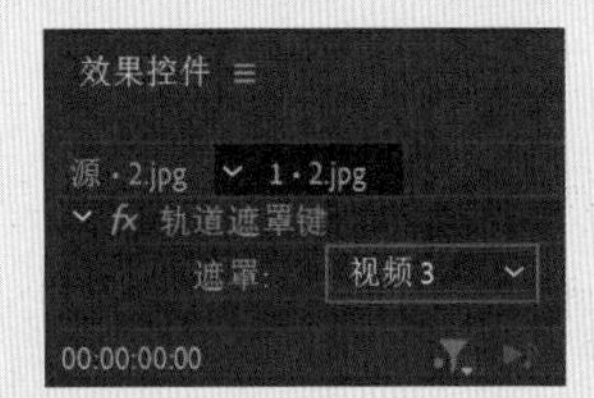

图5-281

11 拖动时间滑块查看效果，如图5-282所示。

图5-282

第6章

画面调色

本章概述

色彩是设计中最重要的元素之一，注重对色彩的把握和调节，可以使作品产生丰富的色彩情感。Premiere Pro中包含了多种用于调色的效果，熟练掌握调色技术，可以使视频作品更具视觉效果。

本章重点

- 不同风格的画面色调效果制作
- 黑白、复古色调画面效果

实例111 彩色柱体效果

文件路径	第6章\彩色柱体效果
难易指数	★★★★★
技术掌握	● “颜色平衡”效果 ● “光照效果”效果 ● 文字工具

扫码深度学习

操作思路

本实例讲解了在Premiere Pro中使用“颜色平衡”效果、“光照效果”效果进行调色，并使用文字工具创建文字，最终完成制作彩色柱体效果。

操作步骤

01 在菜单栏中执行“文件”|“新建”|“项目”命令或使用快捷键Ctrl+Alt+N，在弹出的“新建项目”对话框中设置合适的文件名称，单击“位置”右侧的“浏览”按钮，弹出“项目位置”对话框，单击“选择文件夹”按钮，为项目选择合适的路径文件夹。在“新建项目”对话框中单击“创建”按钮，如图6-1所示。

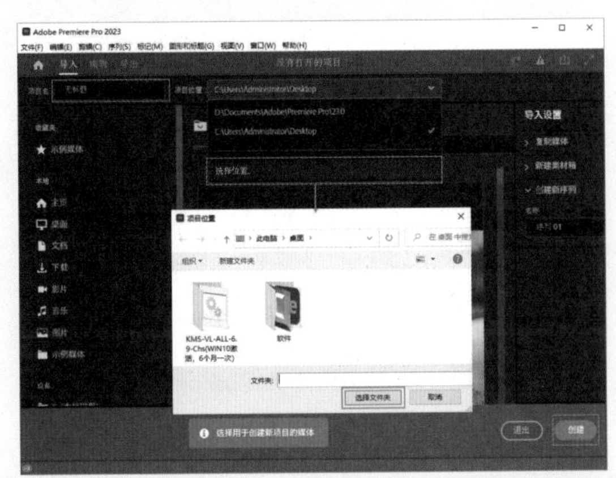

图6-1

02 在“项目”面板空白处单击鼠标右键，在弹出的快捷菜单中执行“新建项目”|“序列”命令。接着在弹出的“新建序列”对话框中选择DV-PAL文件夹下的“标准48kHz”，如图6-2所示。

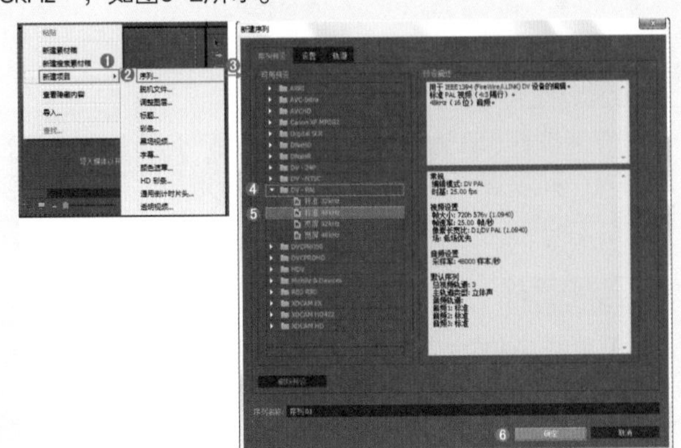

图6-2

03 在“项目”面板空白处双击，选择所需的“背景.jpg”素材文件，最后单击“打开”按钮，将其进行导入，如图6-3所示。

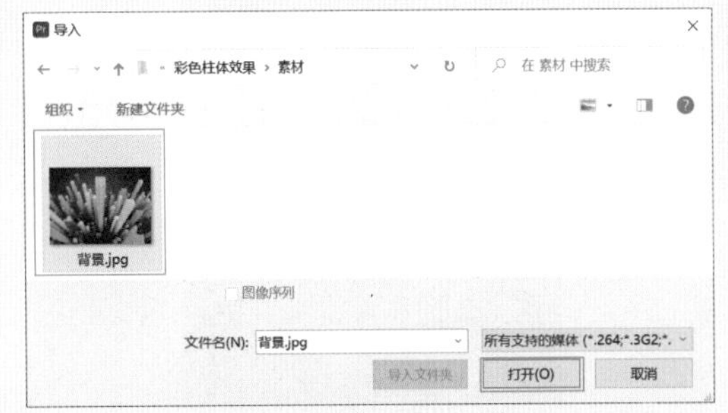

图6-3

04 选择“项目”面板中的“背景.jpg”素材文件，并按住鼠标左键将其拖曳到V1轨道上，如图6-4所示。

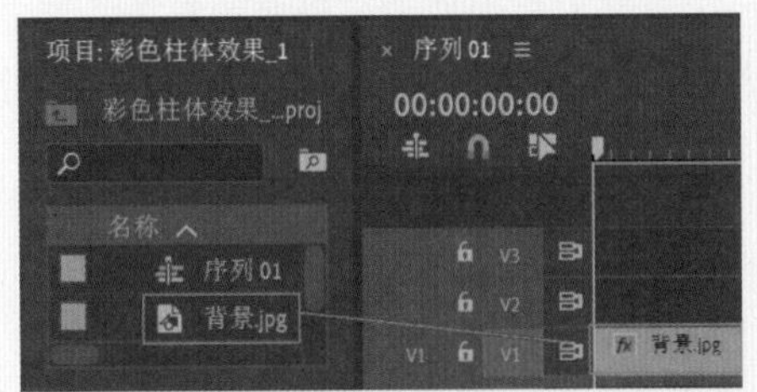

图6-4

05 选择V1轨道上的“背景.jpg”素材文件，在“效果控件”面板中展开“运动”效果，并设置“缩放”为77.0，如图6-5所示。

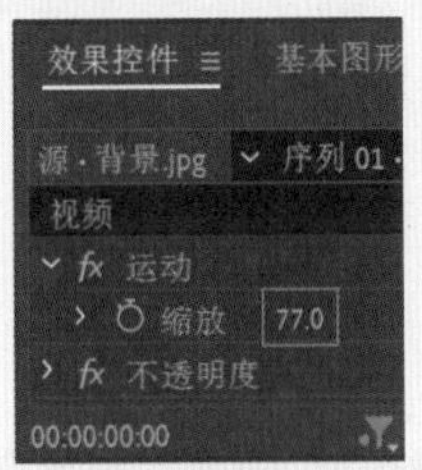

图6-5

06 在“效果”面板中搜索“颜色平衡”效果，并按住鼠标左键将其拖曳到“背景.jpg”素材文件上，如图6-6所示。

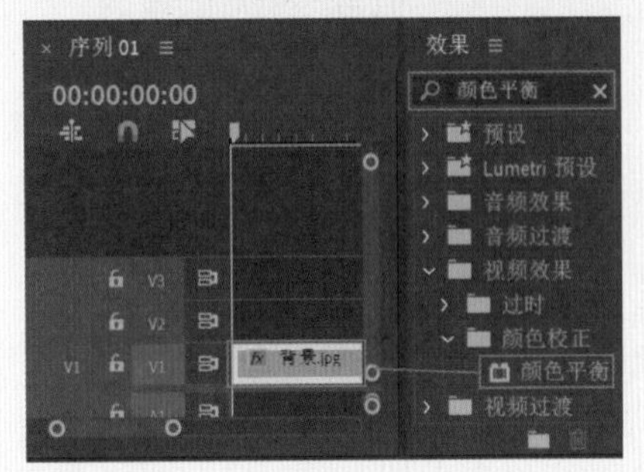

图6-6

07 选择V1轨道上的“背景.jgp”素材文件，在“效果控件”面板中展开“颜色平衡”效果，并设置“阴影红色平衡”为7.0、“阴影绿色平衡”为10.0、“阴影蓝色平衡”为60.0、“中间调红色平衡”为37.0、“中间调绿色平衡”为-15.0、“中间调蓝色平衡”为20.0、“高光红色平衡”为20.0、“高光绿色平衡”为40.0、“高光蓝色平衡”为40.0，如图6-7所示。

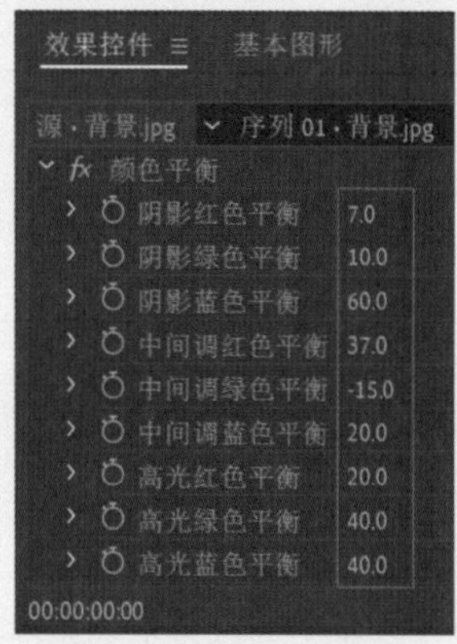

图6-7

08 在“效果”面板中搜索“光照效果”，并按住鼠标左键将其拖曳到“背景.jpg”素材文件上，如图6-8所示。

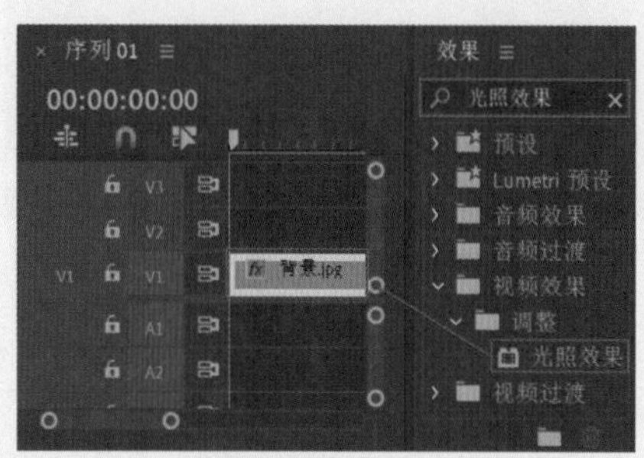

图6-8

09 选择V1轨道上的“背景.jpg”素材文件，在“效果控件”面板中展开“光照效果”效果，并设置“光照颜色”为浅黄色（R=250,G=233,B=143）、“中央”为（307.0,310.5）、“主要半径”为30.0、“次要半径”为15.0、“强度”为70.0，如图6-9所示。

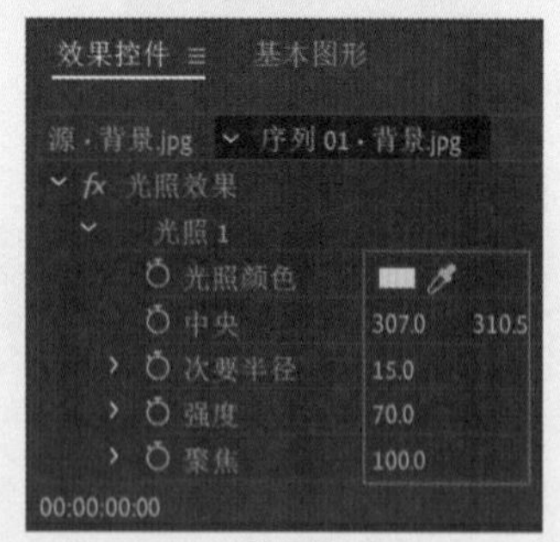

图6-9

10 将时间滑块拖动到起始时间位置处，在“工具”面板中选择T（文字工具），并在“节目监视器”面板中输入合适的文字内容，在“时间轴”面板中选择刚刚创建的文字图层，在“效果控件”面板中设置合适的“字体系列”，设置“字体大小”为80，勾选“填充”复选框，设置“填充类型”为“线性渐变”，设置“填充颜色”为砖红色到蓝色到砖红色的渐变；勾选“阴影”复选框，设置“阴影颜色”为“砖红色”、“不透明度”为100%、“距离”为5.0、“大小”为0.0、“模糊”为0。接着展开“变换”，设置“位置”为（534.0,88.8），如图6-10所示。

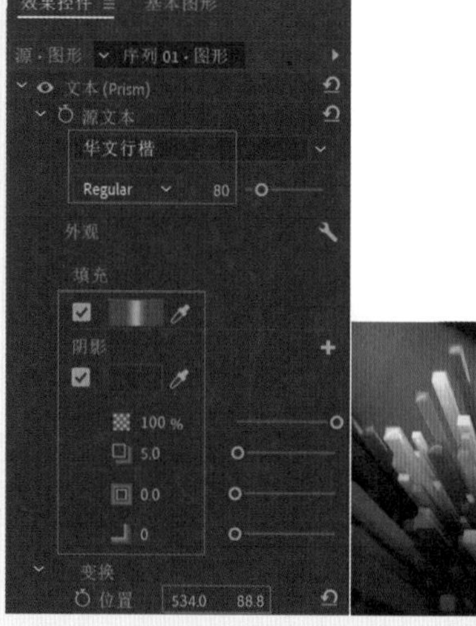

图6-10

11 拖动时间滑块查看效果，如图6-11所示。

图6-11

实例112 复古效果

文件路径	第6章\复古效果
难易指数	★★★★★
技术掌握	● “色彩”效果 ● 混合模式

扫码深度学习

操作思路

本实例讲解了在Premiere Pro中使用“色彩”效果调整画面色调，并设置“混合模式”为“强光”，最终产生复古效果。

操作步骤

01 在菜单栏中执行“文件”|“新建”|“项目”命令或使用快捷键Ctrl+Alt+N，在弹出的“新建项目”对话框中设置合适的文件名称，单击“位置”右侧的“浏览”按钮，弹出“项目位置”对话框，单击“选择文件夹”按

钮，为项目选择合适的路径文件夹。在“新建项目”对话框中单击“创建”按钮，如图6-12所示。

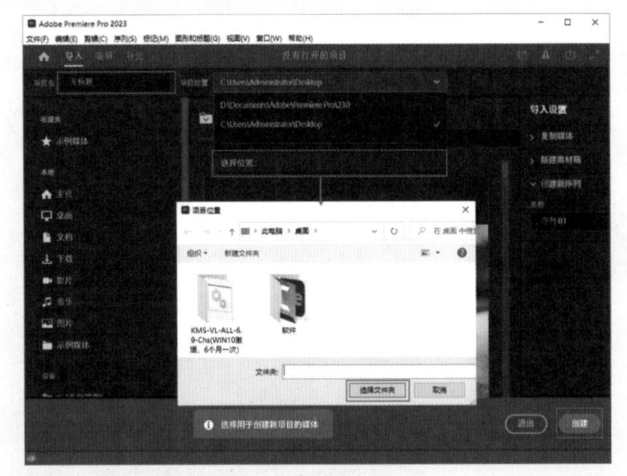

图6-12

02 在“项目”面板空白处单击鼠标右键，在弹出的快捷菜单中执行“新建项目”|“序列”命令。接着在弹出的“新建序列”对话框中选择DV-PAL文件夹下的“标准48kHz”，如图6-13所示。

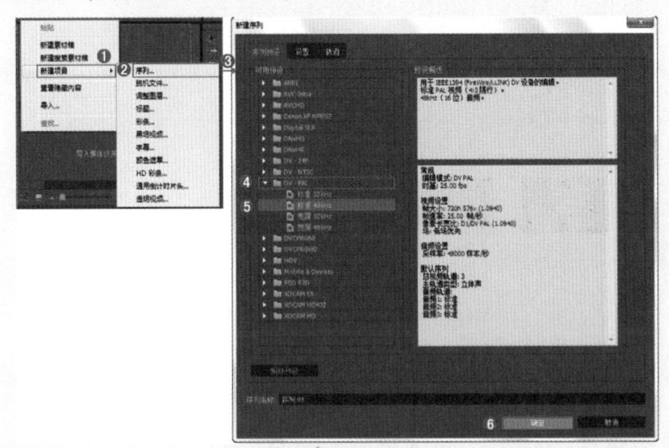

图6-13

03 在“项目”面板空白处双击，选择所需的“01.jpg”和“背景.jpg”素材文件，最后单击“打开”按钮，将它们进行导入，如图6-14所示。

图6-14

04 选择“项目”面板中的“背景.jpg”和“01.jpg”素材文件，并按住鼠标左键依次将它们拖曳到V1和V2轨道上，如图6-15所示。

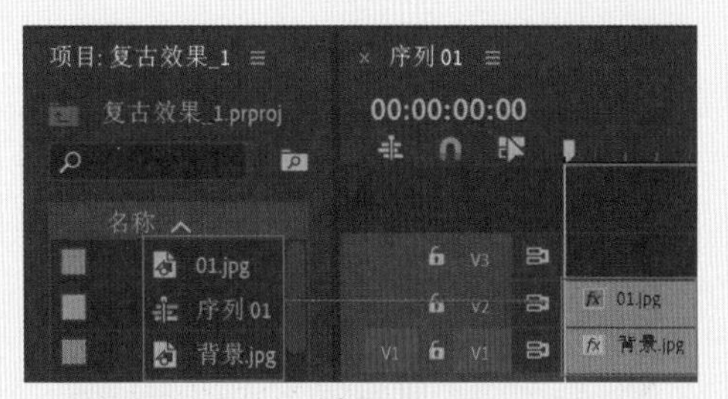

图6-15

05 在V1和V2轨道上，分别选择“背景.jpg”和“01.jpg”素材文件，在“效果控件”面板中展开“运动”效果，分别设置“缩放”为86.0和79.0，如图6-16所示。

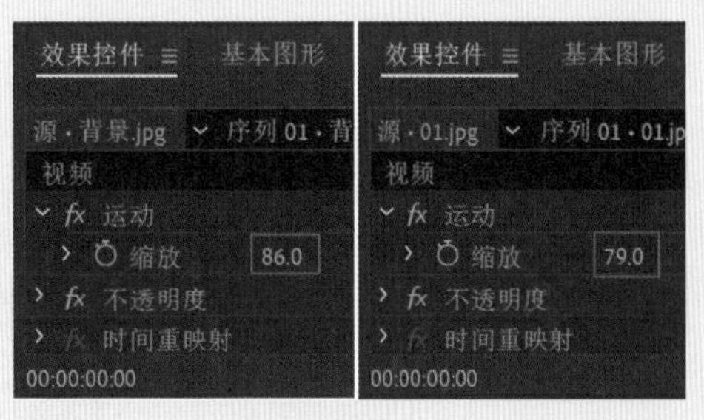

图6-16

06 在“效果”面板中搜索“色彩”效果，并按住鼠标左键将其拖曳到V2轨道中的“01.jpg”素材文件上，如图6-17所示。

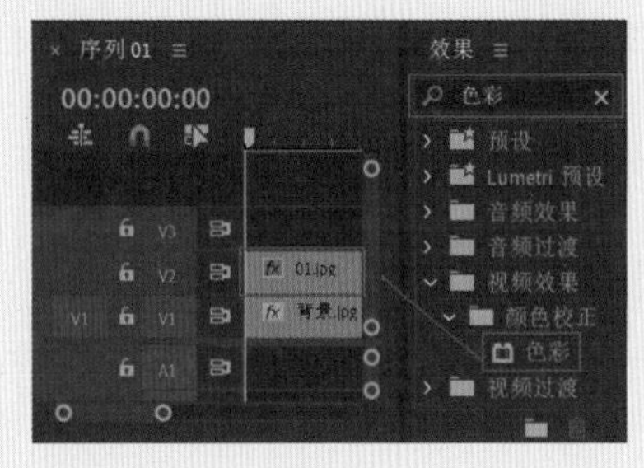

图6-17

07 选择V2轨道上的“01.jpg”素材文件，在“效果控件”面板中展开“不透明度”，设置“不透明度”为100.0%，设置“混合模式”为“强光”，再展开“色彩”效果，设置“将白色映射到”为浅黄色，如图6-18所示。

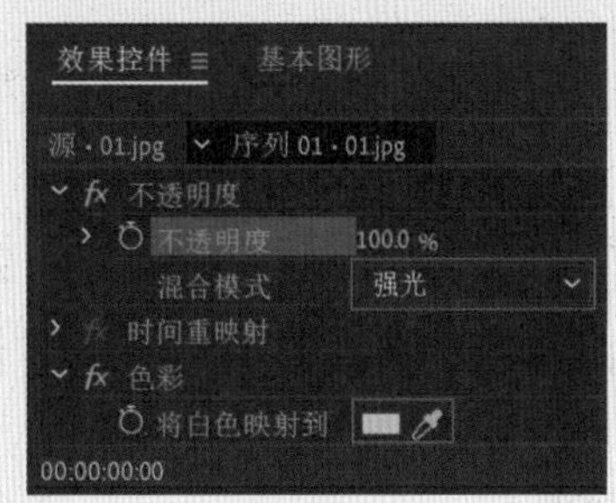

图6-18

08 拖动时间滑块查看效果，如图6-19所示。

图6-19

> **提示** 颜色的设置
>
> 在为素材文件制作效果时，设置“颜色”并不是固定的，可以根据自己的风格、喜好，适度地调整。

实例113　黑白照片效果

文件路径	第6章\黑白照片效果	扫码深度学习
难易指数	★★★★★	
技术掌握	● “黑白”效果　● “颜色平衡”效果 ● “投影”效果	

操作思路

本实例讲解了在Premiere Pro中使用“黑白”效果、“颜色平衡”效果调整出黑白复古画面效果，使用“投影”效果制作出照片投影。

操作步骤

01 在菜单栏中执行“文件”|“新建”|“项目”命令或使用快捷键Ctrl+Alt+N，在弹出的“新建项目”对话框中设置合适的文件名称，单击“位置”右侧的“浏览”按钮，弹出“项目位置”对话框，单击“选择文件夹”按钮，为项目选择合适的路径文件夹。在“新建项目”对话框中单击“创建”按钮，如图6-20所示。

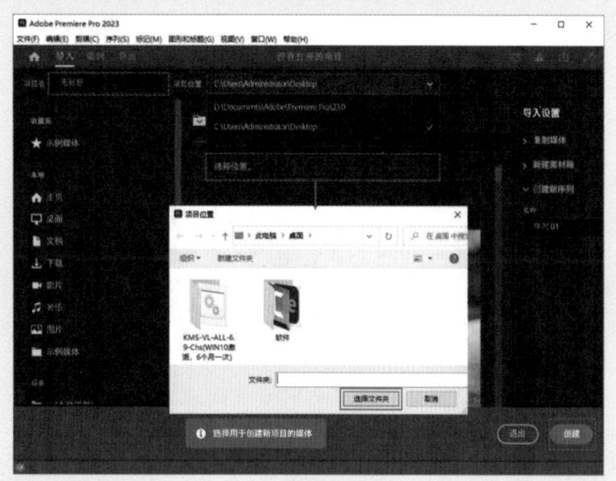

图6-20

02 在“项目”面板空白处单击鼠标右键，在弹出的快捷菜单中执行“新建项目”|“序列”命令。接着在弹出的“新建序列”对话框中选择DV-PAL文件夹下的“标准48kHz”，如图6-21所示。

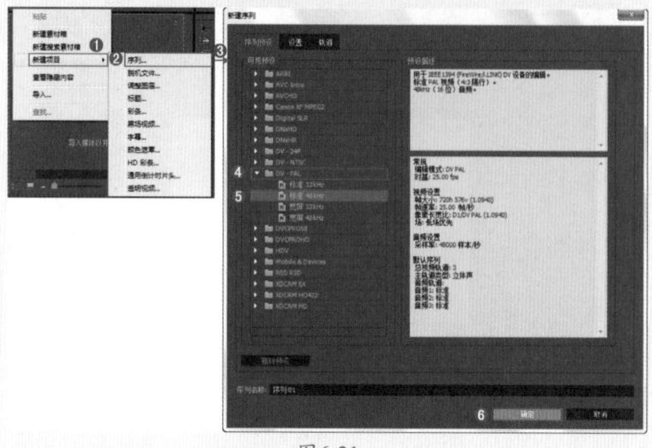

图6-21

03 在“项目”面板空白处双击，选择所需的“01.png”和“背景.jpg”素材文件，最后单击“打开”按钮，将它们进行导入，如图6-22所示。

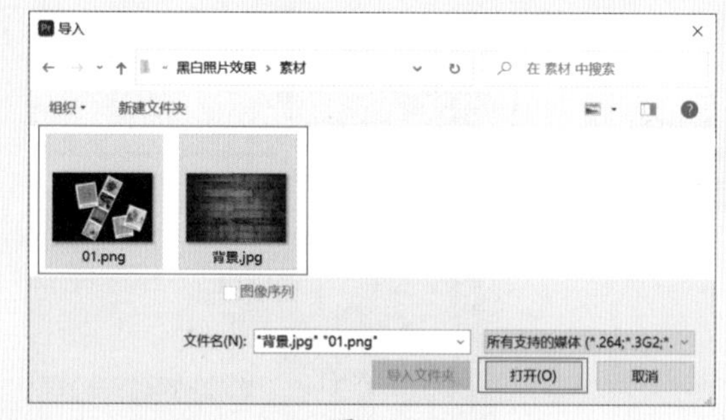

图6-22

04 选择“项目”面板中的“背景.jpg”和“01.png”素材文件，并按住鼠标左键依次将它们拖曳到V1和V2轨道上，如图6-23所示。

05 选择“背景.jpg”素材文件，在“效果控件”面板中设置“缩放”为105.0，如图6-24所示。

图6-23

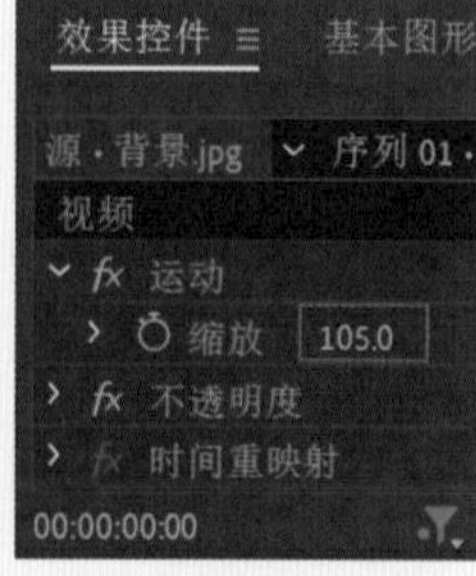

图6-24

06 选择“01.png”素材文件，在“效果控件”面板中设置“位置”为（305.0,288.0），如图6-25所示。

07 在“效果”面板中搜索“黑白”效果，按住鼠标左键将该效果拖曳到“时间轴”面板中“01.png”素材文件上，如图6-26所示。

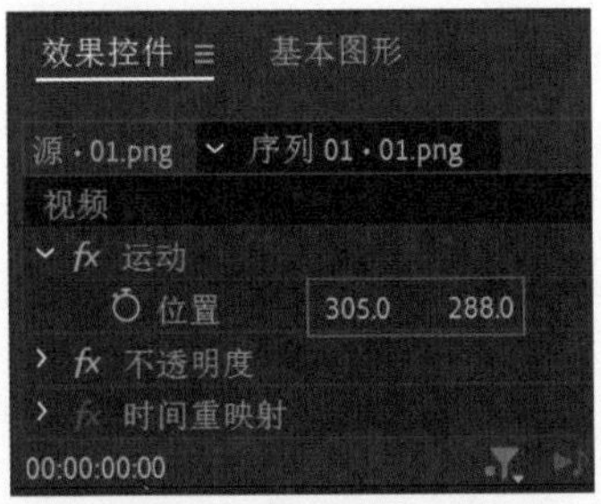

图6-25

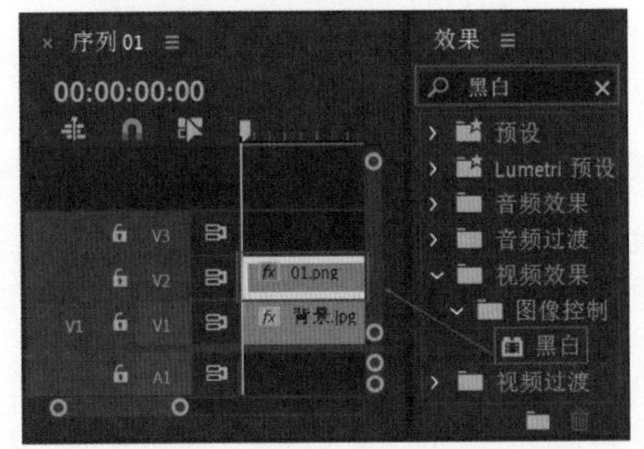

图6-26

08 用同样的方法为“01.png”素材文件添加“颜色平衡”效果，设置“阴影红色平衡”为41.0、“阴影绿色平衡”为2.0、“阴影蓝色平衡”为3.0、“高光蓝色平衡”为-2.0，如图6-27所示。

09 用同样的方法为“01.png”素材文件添加“投影”效果，并在“效果控件”面板中，设置“距离”为16.0、“柔和度”为45.0，如图6-28所示。

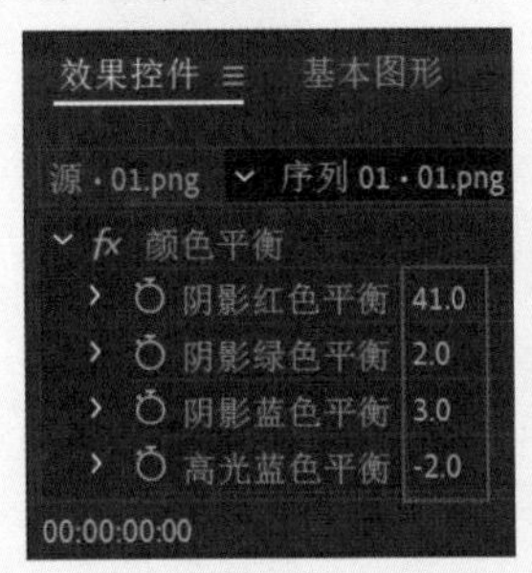

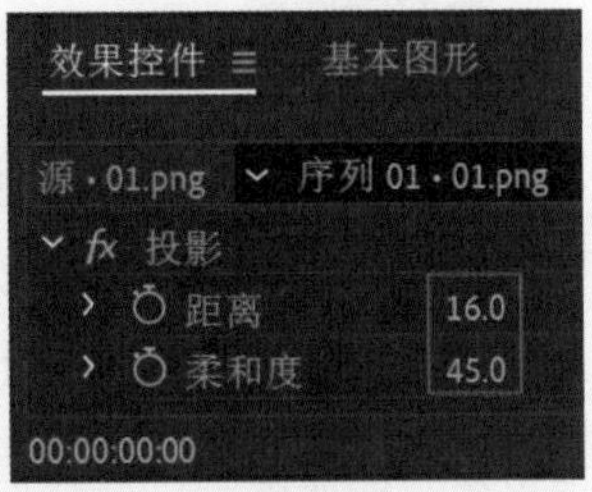

图6-27

图6-28

10 拖动时间滑块查看效果，如图6-29所示。

图6-29

实例114 黑天变白天效果

文件路径	第6章\黑天变白天效果
难易指数	★★★★★
技术掌握	“颜色平衡”效果

扫码深度学习

操作思路

本实例讲解了在Premiere Pro中使用“颜色平衡”效果制作黑天变白天效果。

操作步骤

01 在菜单栏中执行“文件”|“新建”|“项目”命令或使用快捷键Ctrl+Alt+N，在弹出的“新建项目”对话框中设置合适的文件名称，单击“位置”右侧的“浏览”按钮，弹出“项目位置”对话框，单击“选择文件夹”按钮，为项目选择合适的路径文件夹。在“新建项目”对话框中单击“创建”按钮，如图6-30所示。

图6-30

02 在“项目”面板空白处双击，选择所需的“背景.jpg”素材文件，最后单击“打开”按钮，将其进行导入，如图6-31所示。

图6-31

03 选择“项目”面板中的“背景.jpg”素材文件，并按住鼠标左键将其拖曳到V1轨道上，如图6-32所示。

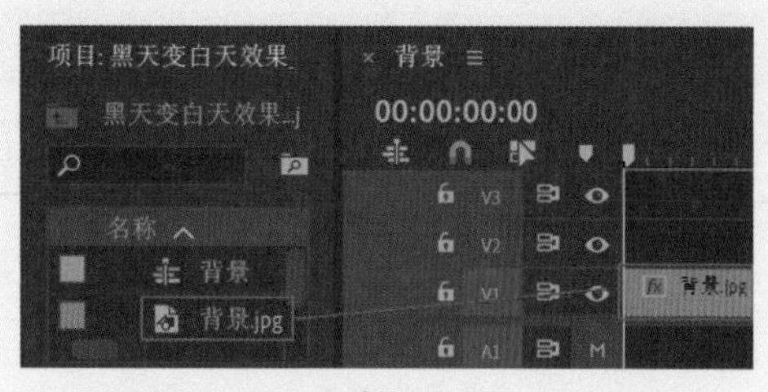

图6-32

04 在“效果”面板中搜索“颜色平衡”效果，将其拖曳到“背景.jpg”素材文件上，如图6-33所示。

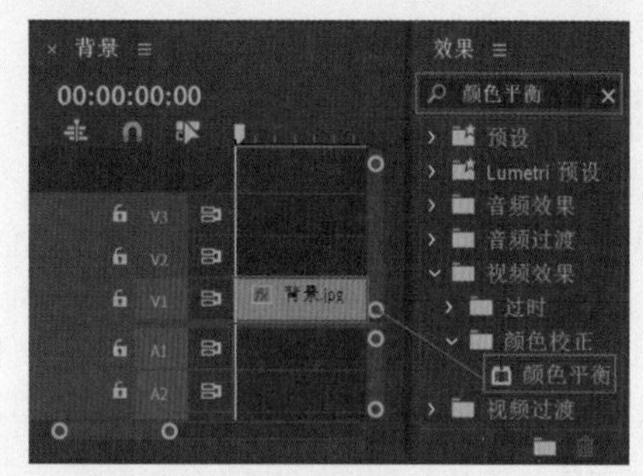

图6-33

05 选择V1轨道上的“背景.jpg”素材文件，在“效果控件”面板中展开“颜色平衡”效果，并设置“阴影红色平衡”为85.0、“阴影绿色平衡”为85.0、“阴影蓝色平衡”为95.0、“中间调红色平衡”为80.0、“中间调绿色平衡”为80.0、“中间调蓝色平衡”为35.0、“高光红色平衡”为45.0、“高光绿色平衡”为44.0、“高光蓝色平衡”为38.0，如图6-34所示。

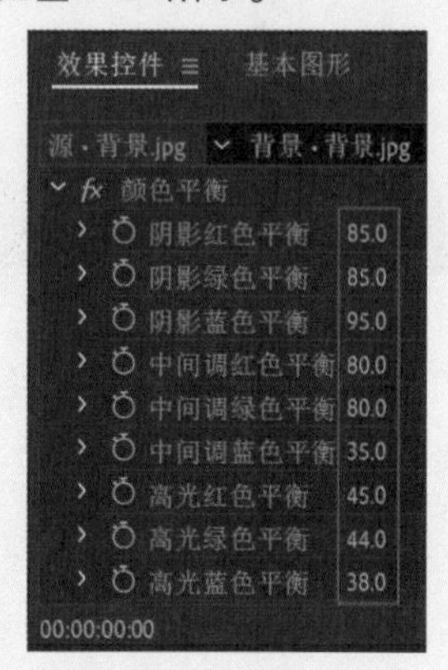

图6-34

06 拖动时间滑块查看效果，如图6-35所示。

图6-35

实例115 花束换色效果

文件路径	第6章\花束换色效果
难易指数	★★★★★
技术掌握	● “更改为颜色”效果 ● Brightness & Contrast 效果

扫码深度学习

操作思路

本实例讲解了在Premiere Pro中使用“更改为颜色”效果将花朵颜色从红色变为蓝色，使用“亮度与对比度”效果将作品变亮。

操作步骤

01 在菜单栏中执行“文件”|“新建”|“项目”命令或使用快捷键Ctrl+Alt+N，在弹出的“新建项目”对话框中设置合适的文件名称，单击“位置”右侧的“浏览”按钮，弹出“项目位置”对话框，单击“选择文件夹”按钮，为项目选择合适的路径文件夹。在“新建项目”对话框中单击“创建”按钮，如图6-36所示。

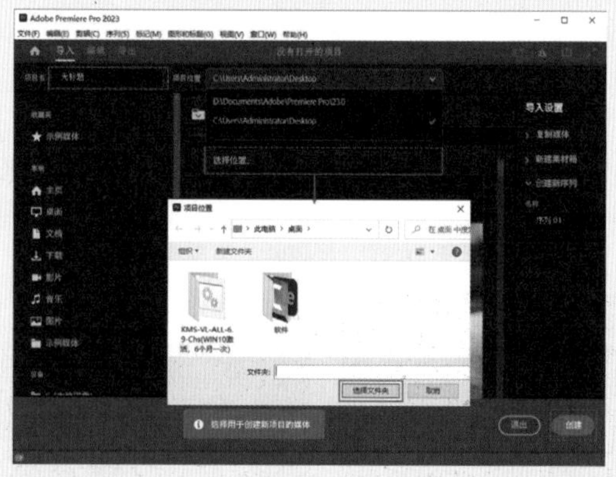

图6-36

02 在“项目”面板空白处单击鼠标右键，在弹出的快捷菜单中执行“新建项目”|“序列”命令。接着在弹出的“新建序列”对话框中选择DV-PAL文件夹下的“标准48kHz”，如图6-37所示。

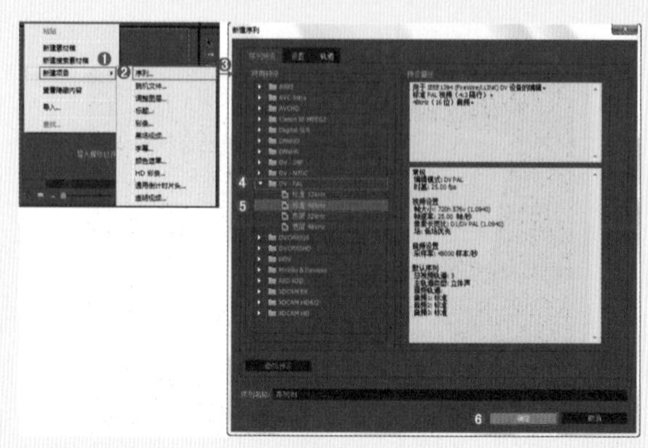

图6-37

03 在“项目”面板空白处双击，选择所需的“01.jpg”素材文件，最后单击“打开”按钮，将其进行导入，如图6-38所示。

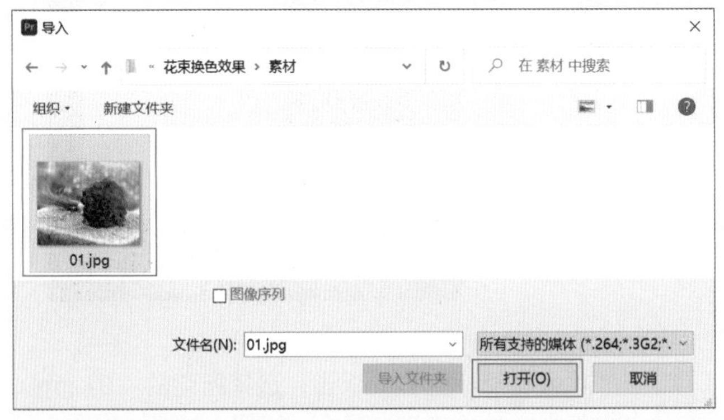

图6-38

04 选择“项目”面板中的“01.jpg”素材文件，并按住鼠标左键将其拖曳到V1轨道上，如图6-39所示。

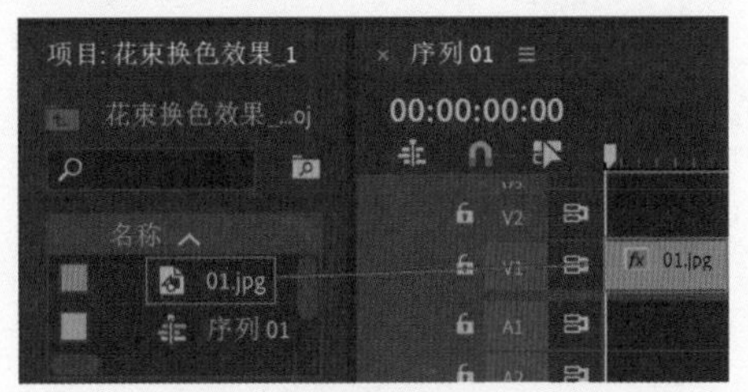

图6-39

05 在“效果”面板中搜索“更改为颜色”效果，并按住鼠标左键将其拖曳到“01.jpg”素材文件上，如图6-40所示。

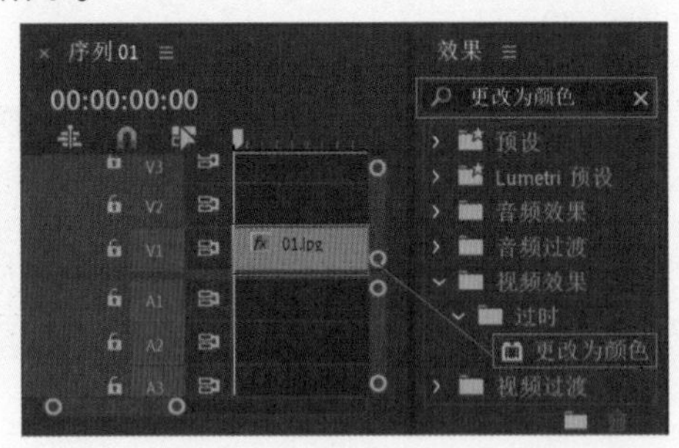

图6-40

06 选择V1轨道上的“01.jpg”素材文件，在“效果控件”面板中展开“更改为颜色”效果，设置“自”为红色、“至”为蓝色，设置“色相”为12.0%，如图6-41所示。查看效果如图6-42所示。

07 在“效果”面板中搜索Brightness & Contrast效果，并按住鼠标左键将其拖曳到“01.jpg”素材文件上，如图6-43所示。

08 选择V1轨道上的“01.jpg”素材文件，在“效果控件”面板中展开Brightness & Contrast效果，设置“亮度”为15.0、“对比度”为20.0，如图6-44所示。

图6-41

图6-42

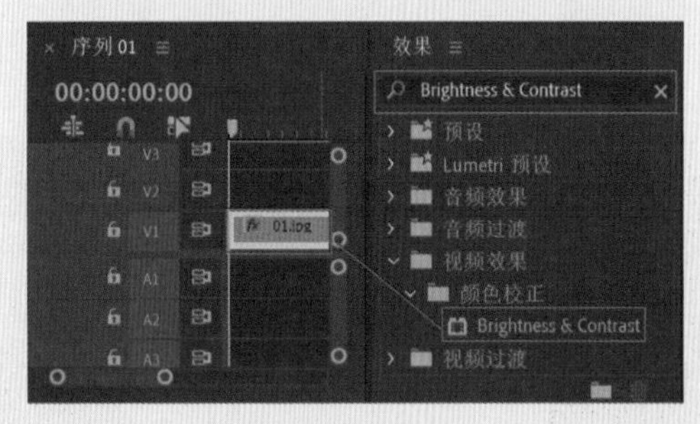

图6-43

图6-44

09 拖动时间滑块查看效果，如图6-45所示。

图6-45

实例116　蓝色光晕效果

文件路径	第6章\蓝色光晕效果
难易指数	★★★★★
技术掌握	“渐变”效果

扫码深度学习

操作思路

本实例讲解了在Premiere Pro中创建黑场视频，并为其添加“渐变”效果使其产生蓝色的光晕效果。

操作步骤

01 在菜单栏中执行“文件”|“新建”|“项目”命令或使用快捷键Ctrl+Alt+N，在弹出的“新建项目”对话框中设置合适的文件名称，单击“位置”右侧的“浏览”按钮，弹出“项目位置”对话框，单击“选择文件夹”按钮，为项目选择合适的路径文件夹。在“新建项目”对话框中单击“创建”按钮，如图6-46所示。

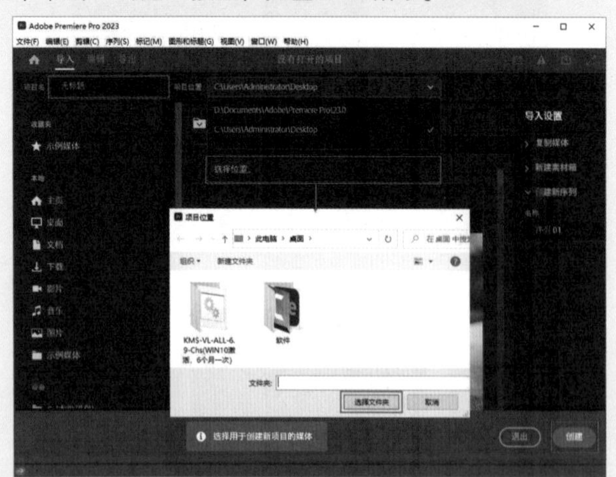

图6-46

02 在“项目”面板空白处单击鼠标右键，在弹出的快捷菜单中执行“新建项目”|“序列”命令。接着在弹出的“新建序列”对话框中选择DV-PAL文件夹下的“标准48kHz”，如图6-47所示。

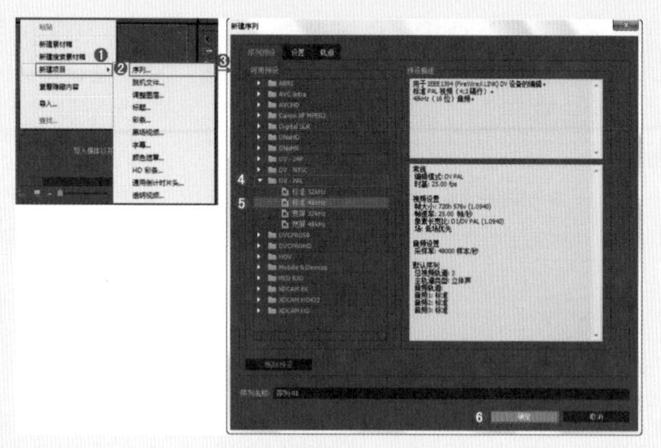

图6-47

03 在“项目”面板空白处双击，选择所需的“01.jpg”素材文件，最后单击“打开”按钮，将其进行导入，如图6-48所示。

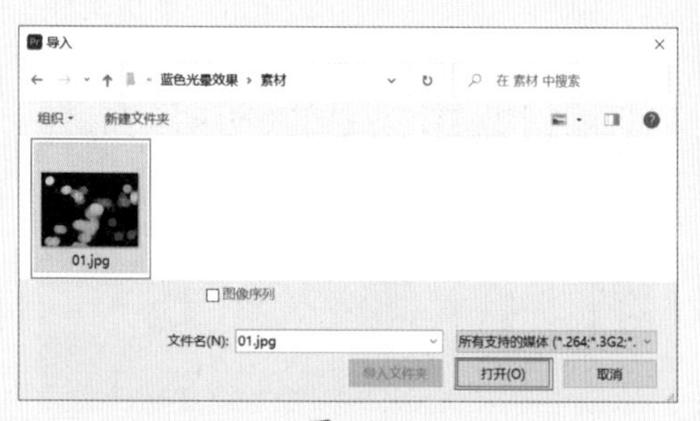

图6-48

04 在“项目”面板中空白位置处单击鼠标右键，在弹出的快捷菜单中执行“新建项目”|“黑场视频”命令，此时会弹出“新建黑场视频”对话框，最后单击“确定”，如图6-49所示。

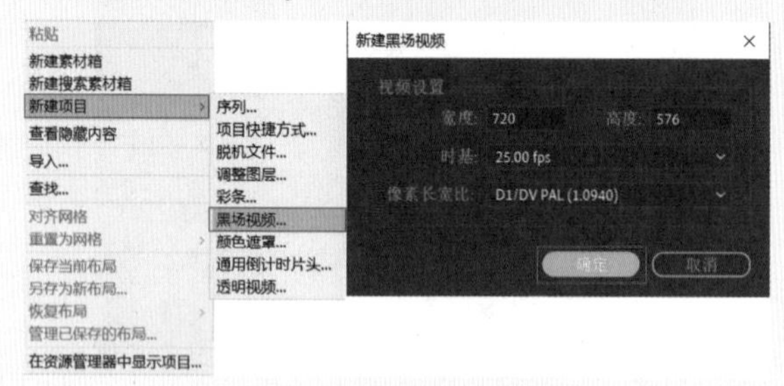

图6-49

05 在“项目”面板中双击“黑场视频”，重命名为“背景”，如图6-50所示。

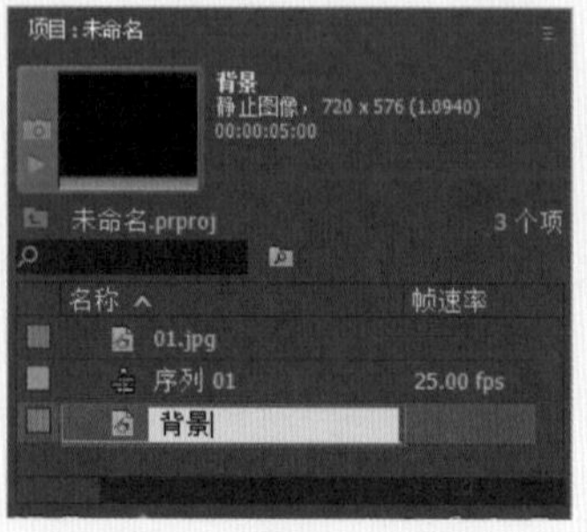

图6-50

06 选择“项目”面板中的“背景”素材文件，并按住鼠标左键将其拖曳到V1轨道上，如图6-51所示。

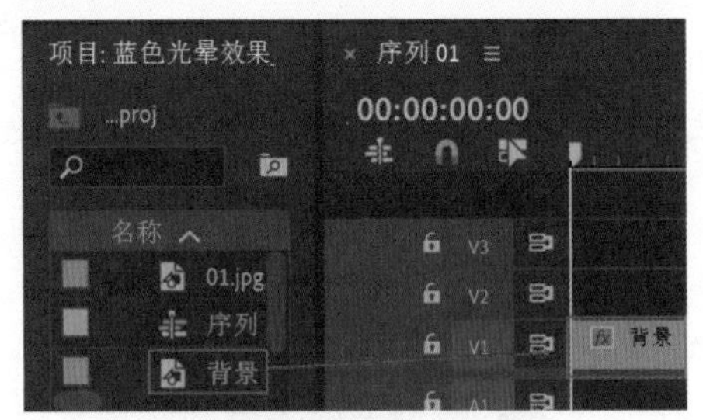

图6-51

07 在“效果”面板中搜索“渐变”效果，并按住鼠标左键将其拖曳到V1轨道中的“背景”素材文件上，如图6-52所示。

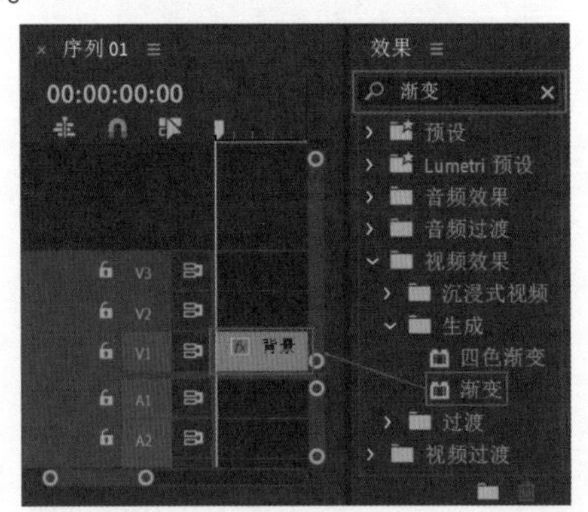

图6-52

08 选择V1轨道上的“背景”素材文件，在“效果控件”面板中展开“渐变”效果，设置“渐变形状”为“径向渐变”、“渐变起点”为（360,288），设置“起始颜色”为蓝色，“结束颜色”为深蓝色，如图6-53所示。

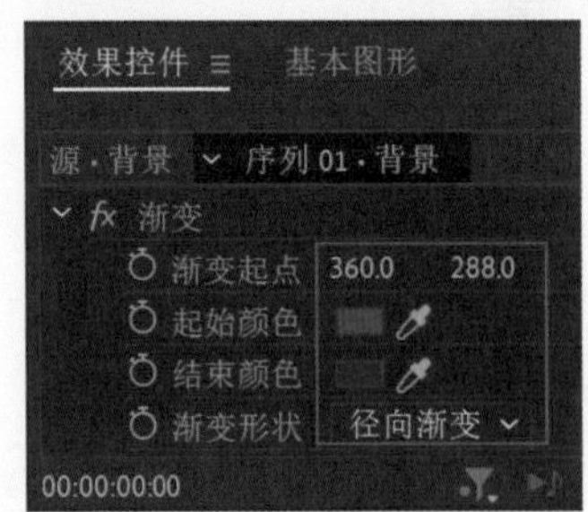

图6-53

09 选择“项目”面板中的“01.jpg”素材文件，并按住鼠标左键将其拖曳到V2轨道上，如图6-54所示。

图6-54

10 拖动时间滑块查看效果，如图6-55所示。

图6-55

实例117　冷暖变色效果

文件路径	第6章\冷暖变色效果	
难易指数	★★★★★	
技术掌握	● Levels效果　● “锐化”效果 ● “颜色平衡”效果　● 文字工具	扫码深度学习

操作思路

本实例讲解了在Premiere Pro中使用Levels效果、“锐化”效果、“颜色平衡”效果制作暖色调的作品效果，最后使用文字工具制作文字效果。

操作步骤

01 在菜单栏中执行“文件”|“新建”|“项目”命令或使用快捷键Ctrl+Alt+N，在弹出的“新建项目”对话框中设置合适的文件名称，单击“位置”右侧的“浏览”按钮，弹出“项目位置”对话框，单击“选择文件夹”按钮，为项目选择合适的路径文件夹。在“新建项目”对话框中单击“创建”按钮，如图6-56所示。

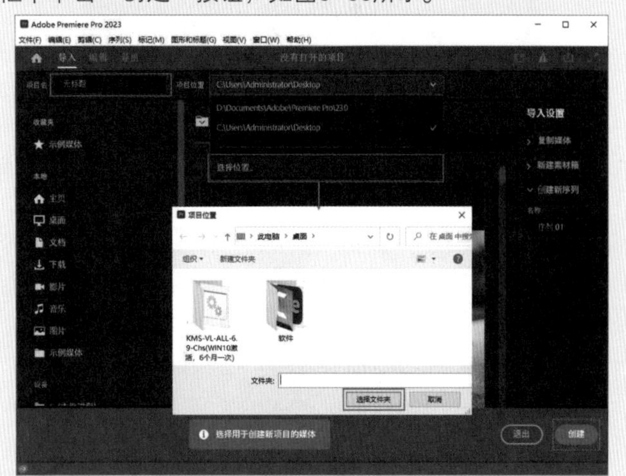

图6-56

02 在“项目”面板空白处单击鼠标右键，在弹出的快捷菜单中执行“新建项目”|“序列”命令。接着在弹出的“新建序列”对话框中选择DV-PAL文件夹下的

“标准48kHz”，如图6-57所示。

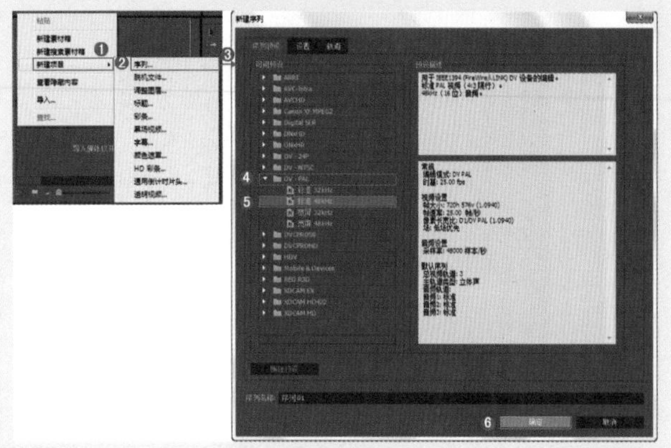

图6-57

03 在“项目”面板空白处双击，选择所需的“背景.jpg”素材文件，最后单击“打开”按钮，将其进行导入，如图6-58所示。

图6-58

04 选择“项目”面板中的“背景.jpg”素材文件，并按住鼠标左键将其拖曳到V1轨道上，如图6-59所示。

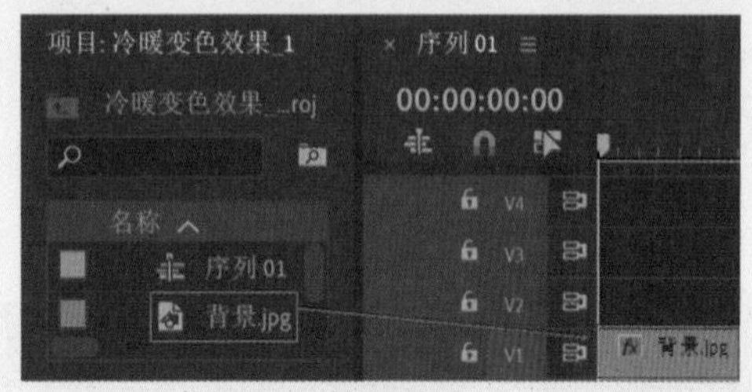

图6-59

05 在“效果”面板中搜索Levels效果，并按住鼠标左键将其拖曳到“背景.jpg”素材文件上，如图6-60所示。

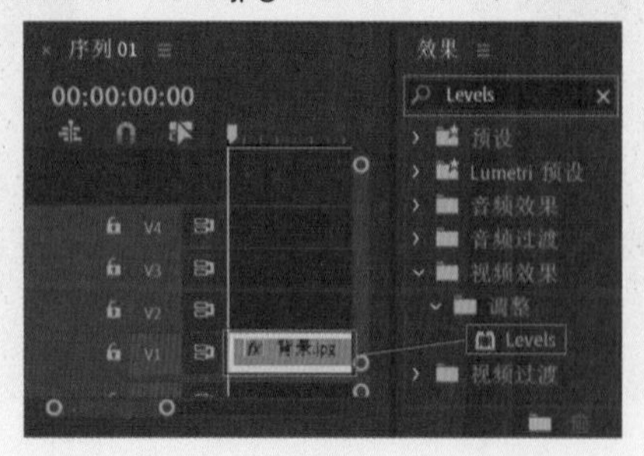

图6-60

06 选择V1轨道上的“背景.jpg”素材文件，在“效果控件”面板中，展开“运动”效果，设置“缩放”为78。展开Levels效果，并设置(RGB) Black Output Level为30、(R) Black Output Level为28、(G) Black Input Level为12、(G) Black Output Level为12、(B) Black Input Level为25、(B) Black Output Level为10、(B) Gamma为95，如图6-61所示。

图6-61

07 在“效果”面板中搜索“锐化”效果，并按住鼠标左键将其拖曳到“背景.jpg”素材文件上，如图6-62所示。

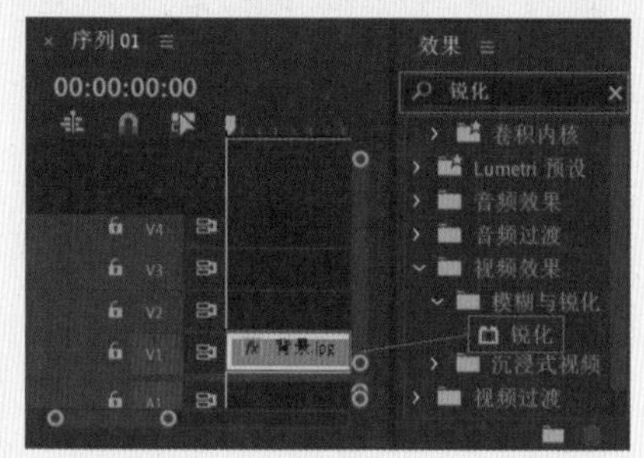

图6-62

08 选择V1轨道上的“背景.jpg”素材文件，在“效果控件”面板中展开“锐化”效果，并设置“锐化量”为70，如图6-63所示。

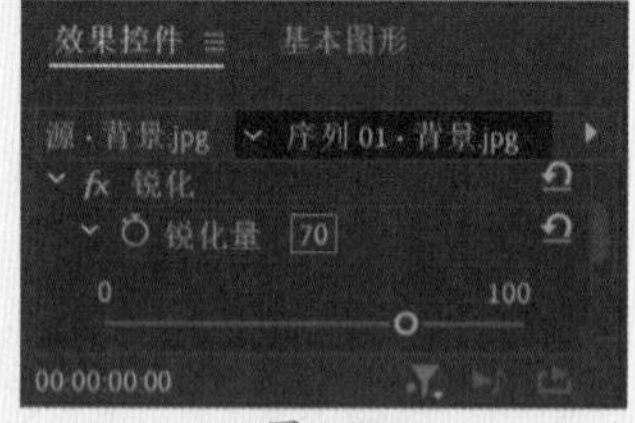

图6-63

09 在“效果”面板中搜索“颜色平衡”效果，并按住鼠标左键将其拖曳到“背景.jpg”素材文件上，如图6-64所示。

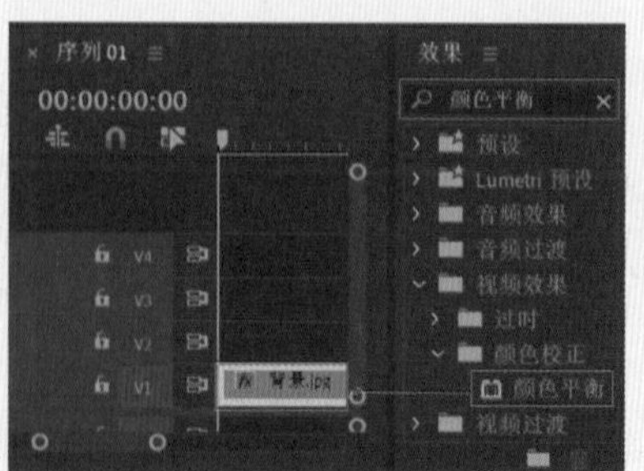

图6-64

10 选择V1轨道上的“背景.jpg”素材文件，在“效果控件”面板中展开“颜色平衡”效果，并设置“阴影红色平衡”为30.0、“中间调绿色平衡”为5.0、“中间调蓝色平衡”为5.0、“高光红色平衡”为7.0、“高光绿色平衡”为-14.0、“高光蓝色平衡”为-20.0，如图6-65所示。

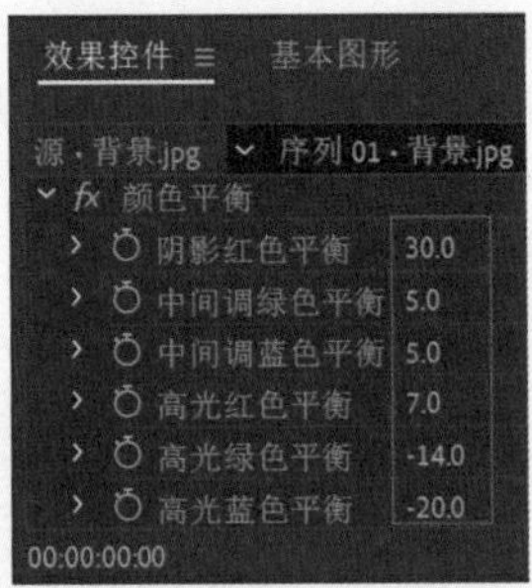

图6-65

11 将时间滑块拖动到起始时间位置处，在“工具”面板中选择T（文字工具），并在“节目监视器”面板中输入合适的文字内容，在“时间轴”面板中选择刚刚创建的文字图层，在“效果控件”面板中设置合适的“字体系列”，设置“字体大小”为94、“行距”为2，勾选“填充”复选框，设置“填充颜色”为黄色，勾选“阴影”复选框，设置“不透明度”为50%、“距离”为10.0、“模糊”为30.0，接着展开“变换”，设置“位置”为（222.8,137.4），如图6-66所示。

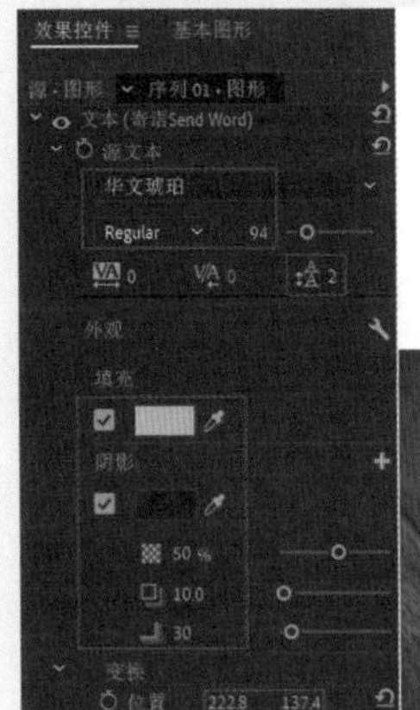

图6-66

12 在“工具”面板中选择T（文字工具），并在“节目监视器”面板中选择画面中的英文，接着在“效果控件”面板中设置合适的“字体系列”，设置“字体大小”为37.0、“字距调整”为-30，如图6-67所示。

图6-67

13 拖动时间滑块查看效果，如图6-68所示。

图6-68

实例118　旅游色彩调节效果

文件路径	第6章\旅游色彩调节效果	扫码深度学习
难易指数	★★★★★	
技术掌握	● “通道混合器”效果 ● “投影”效果 ● 文字工具	

操作思路

本实例讲解了在Premiere Pro中使用“通道混合器”效果、“投影”效果制作旅游色彩色调效果，并利用文字工具制作文字效果。

操作步骤

01 在菜单栏中执行“文件”|“新建”|“项目”命令或使用快捷键Ctrl+Alt+N，在弹出的“新建项目”对话框中设置合适的文件名称，单击“位置”右侧的“浏览”按钮，弹出“项目位置”对话框，单击“选择文件夹”按钮，为项目选择合适的路径文件夹。在“新建项目”对话框中单击“创建”按钮，如图6-69所示。

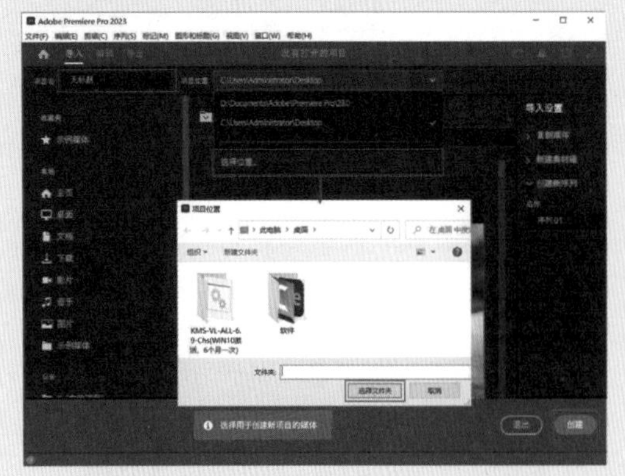

图6-69

02 在“项目”面板空白处单击鼠标右键，在弹出的快捷菜单中执行“新建项目”|“序列”命令。接着在弹出的“新建序列”对话框中选择DV-PAL文件夹下的“标准48kHz”，如图6-70所示。

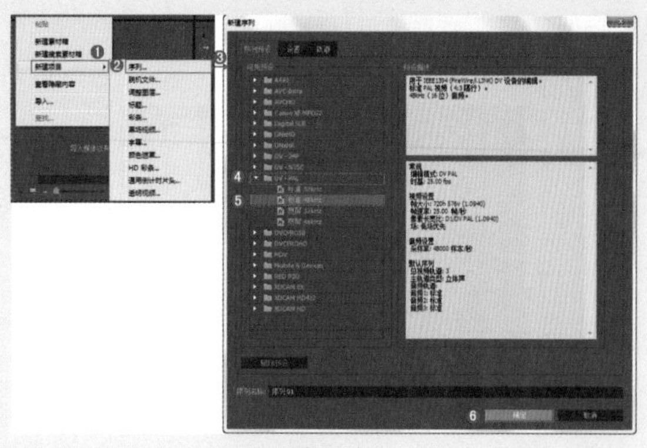

图6-70

03 在“项目”面板空白处双击，选择所需的“01.png”和“背景.jpg”素材文件，最后单击“打开”按钮，将它们进行导入，如图6-71所示。

图6-71

04 选择“项目”面板中的“背景.jpg”和“01.png”素材文件，并按住鼠标左键依次将它们拖曳到V1和V3轨道上，如图6-72所示。

05 选择V1轨道上的“背景.jpg”素材文件，在“效果控件”面板中展开“运动”效果，并设置“缩放”为27.0，如图6-73所示。

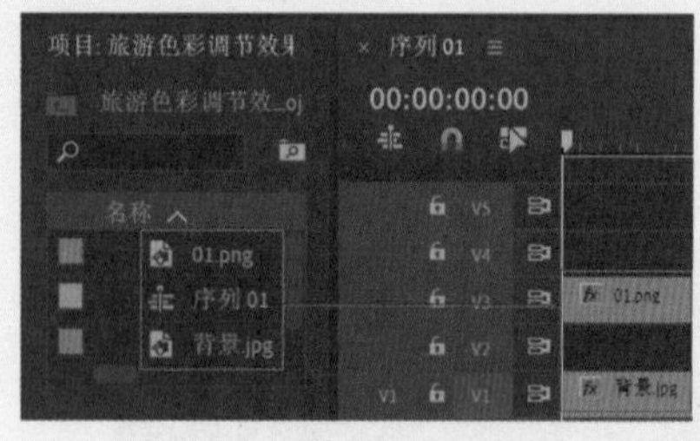

图6-72 图6-73

06 在“效果”面板中搜索“通道混合器”效果，并按住鼠标左键将其拖曳到“背景.jpg”素材文件上，如图6-74所示。

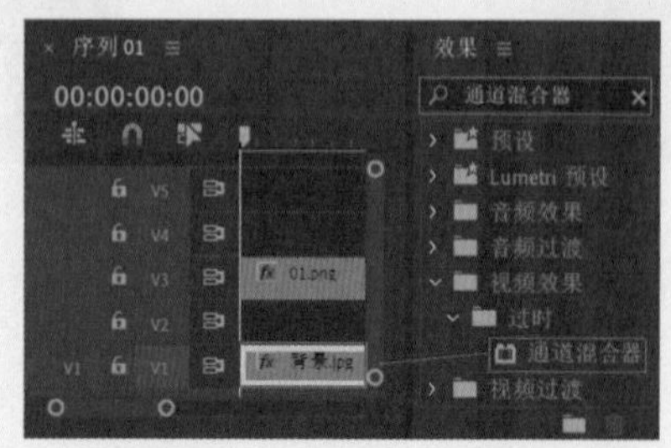

图6-74

07 选择V1轨道上的“背景.jpg”素材文件，在“效果控件”面板中展开“通道混合器”效果，设置“红色-绿色”为-3、“红色-恒量”为21、“绿色-红色”为16、“绿色-蓝色”为3、“蓝色-红色”为-3、“蓝色-绿色”为-5、“蓝色-恒量”为15，如图6-75所示。

08 选择V3轨道上的“01.png”素材文件，在“效果控件”面板中设置“位置”为（517.0,130.0），如图6-76所示。

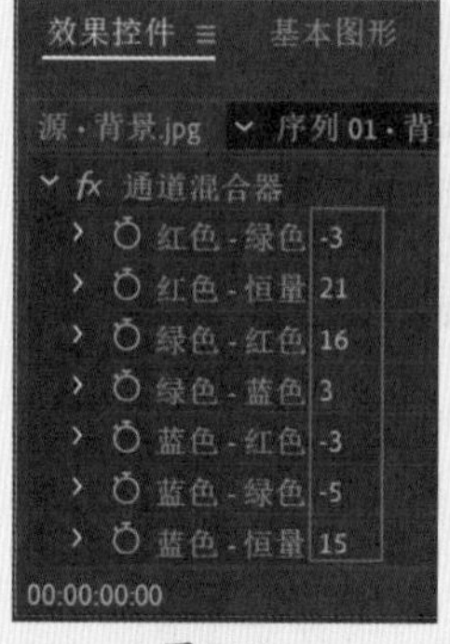

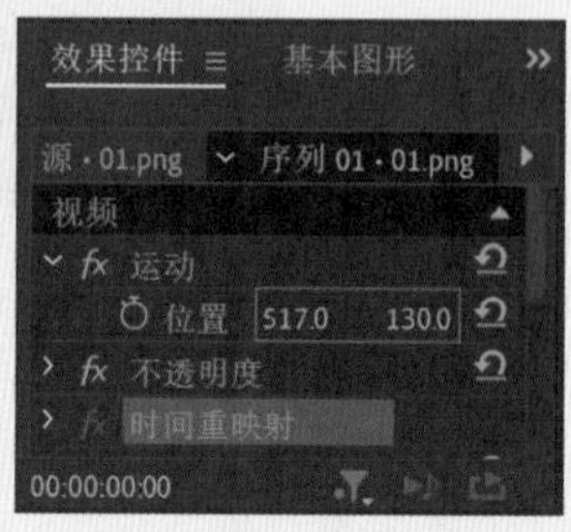

图6-75 图6-76

09 在“效果”面板中搜索“投影”效果，并按住鼠标左键将其拖曳到“01.png”素材文件上，如图6-77所示。

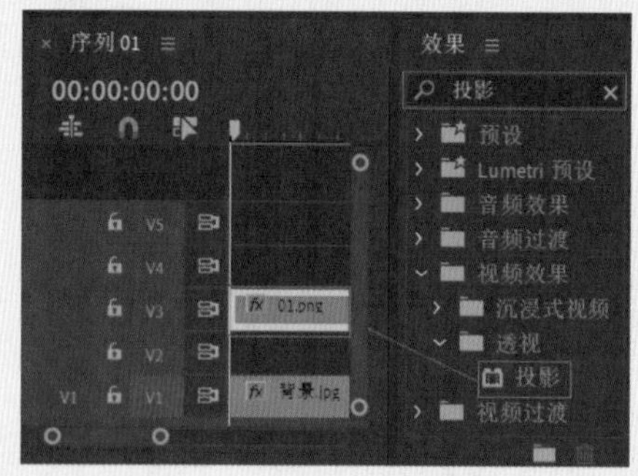

图6-77

10 选择V3轨道上的“01.png”素材文件，在“效果控件”面板中展开“投影”效果，并设置“方向”为32.0°、“距离”为9.0、“柔和度”为20.0，如图6-78所示。

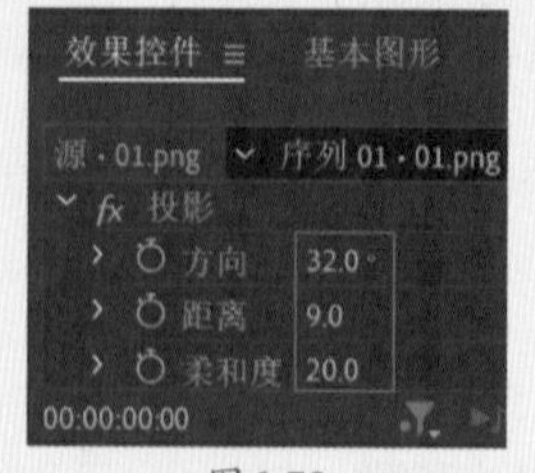

图6-78

11 将时间滑块拖动到起始时间位置处，在“工具”面板中选择T（文字工具），并在“节目监视器”面板中输入合适的文字内容，在“时间轴”面板中选择刚刚创建的文字图层，在“效果控件”面板中设置合适的“字体系列”，设置“字体大小”为54，勾选“填充”复选框，设置“填充颜色”为蓝色，勾选“阴影”复选框，设置“不透明度”为60%、“距离”为5.0、“大小”为0.6、“模糊”为20，接着展开“变换”，设置“位置”为（249.2, 104.7）。如图6-79所示。

图6-79

12在“时间轴”面板中选择刚刚创建的文字图层，在“工具”面板中选择T（文字工具），并在“节目监视器”面板中输入合适的文字内容，在“效果控件”面板中设置合适的“字体系列”，设置“字体大小”为15、“行距”为-8，选择“小型大写字母”，勾选“填充”复选框，设置“填充颜色”为白色，勾选“阴影”复选框，设置“不透明度”为60%、“距离”为5.0、“大小”为0.6、“模糊”为20，接着展开“变换”，设置“位置”为（258.0, 125.9），如图6-80所示。最终效果如图6-81所示。

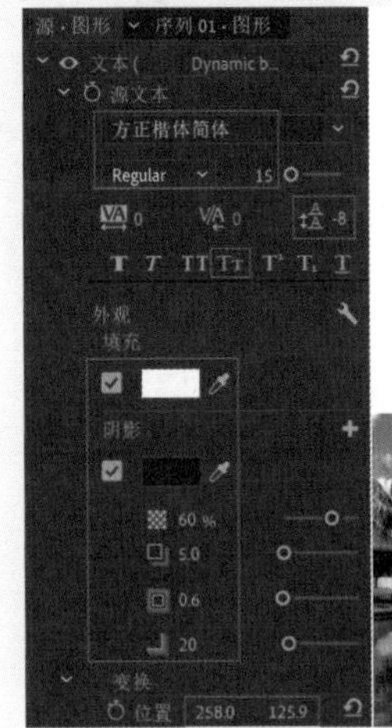

图6-80

图6-81

实例119 朦胧效果

文件路径	第6章\朦胧效果	
难易指数	★★★★★	
技术掌握	● “颜色平衡（HLS）”效果 ● “Lumetri 颜色”效果 ● 关键帧动画	扫码深度学习

操作思路

本实例讲解了在Premiere Pro中使用“颜色平衡（HLS）”效果、“Lumetri 颜色”效果制作朦胧效果，并使用关键帧动画制作朦胧变换动画。

操作步骤

01在菜单栏中执行“文件”|“新建”|“项目”命令或使用快捷键Ctrl+Alt+N，在弹出的“新建项目”对话框中设置合适的文件名称，单击“位置”右侧的“浏览”按钮，弹出“项目位置”对话框，单击“选择文件夹”按钮，为项目选择合适的路径文件夹。在“新建项目”对话框中单击“创建”按钮，如图6-82所示。

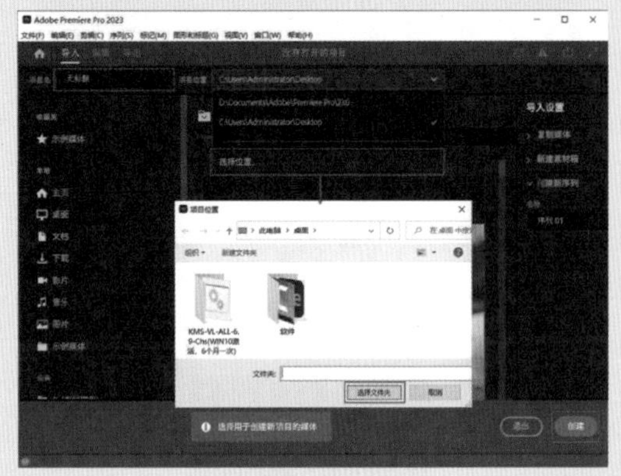

图6-82

02在“项目”面板空白处单击鼠标右键，在弹出的快捷菜单中执行“新建项目”|“序列”命令。接着在弹出的“新建序列”对话框中选择DV-PAL文件夹下的“标准48kHz”，如图6-83所示。

图6-83

03 在“项目”面板空白处双击，选择所需的“背景.jpeg”素材文件，最后单击“打开”按钮，将其进行导入，如图6-84所示。

图6-84

04 选择“项目”面板中的“背景.jpeg”素材文件，并按住鼠标左键将其拖曳到V1轨道上，如图6-85所示。

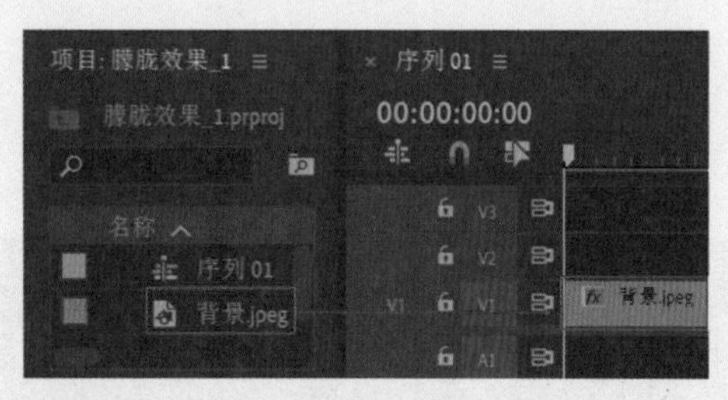

图6-85

05 选择V1轨道上的“背景.jpeg”素材文件，在“效果控件”面板中展开“运动”效果，并设置“缩放”为75.0，如图6-86所示。

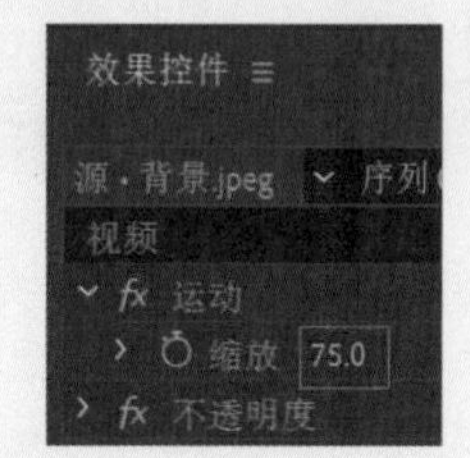

图6-86

06 在“效果”面板中搜索“颜色平衡（HLS）”效果，并按住鼠标左键将其拖曳到“背景.jpeg”素材文件上，如图6-87所示。

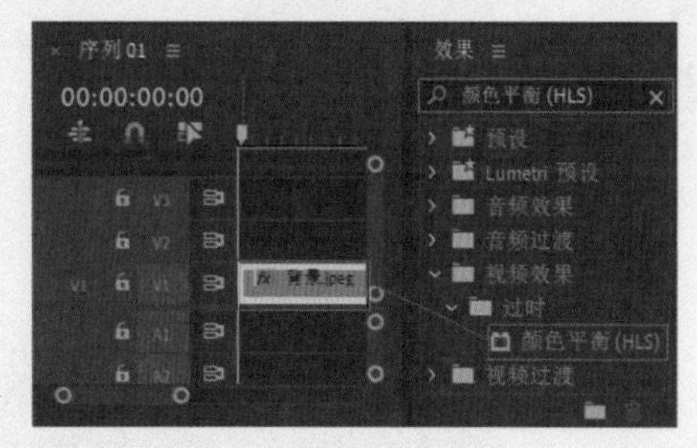

图6-87

07 选择V1轨道上的“背景.jpeg”素材文件，在“效果控件”面板中展开“颜色平衡（HLS）”效果，并设置“色相”为-335.0°、“饱和度”为5.0，如图6-88所示。

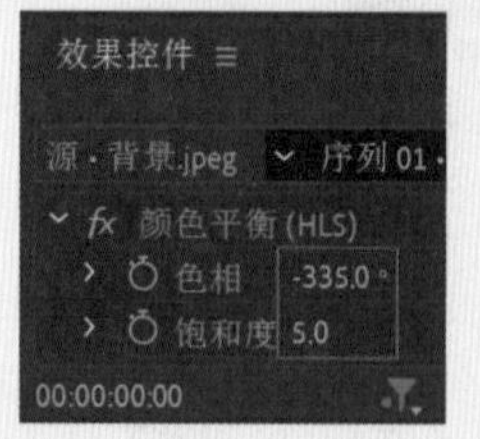

图6-88

08 在“效果”面板中搜索“Lumetri 颜色”效果，并按住鼠标左键将其拖曳到“背景.jpeg”素材文件上，如图6-89所示。

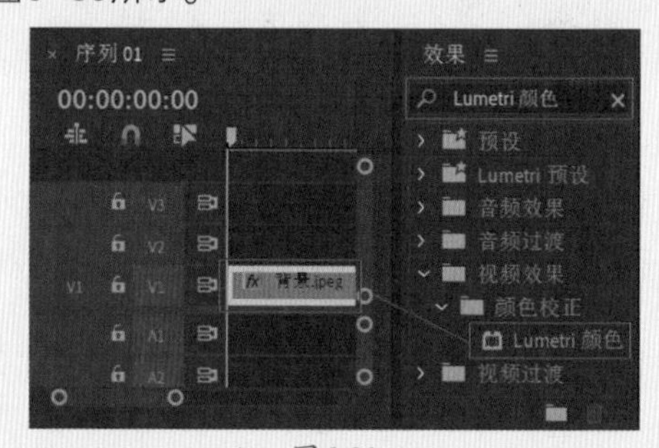

图6-89

09 选择V1轨道上的“背景.jpeg”素材文件，将时间滑块拖动到初始位置，在“效果控件”面板中展开“Lumetri 颜色”效果，单击“数量”前面的⏱，创建关键帧，并设置“数量”为0.0、“中点”为20.0、“圆度”为15.0，如图6-90所示；将时间滑块拖动到20帧的位置，设置“数量”为5.0。

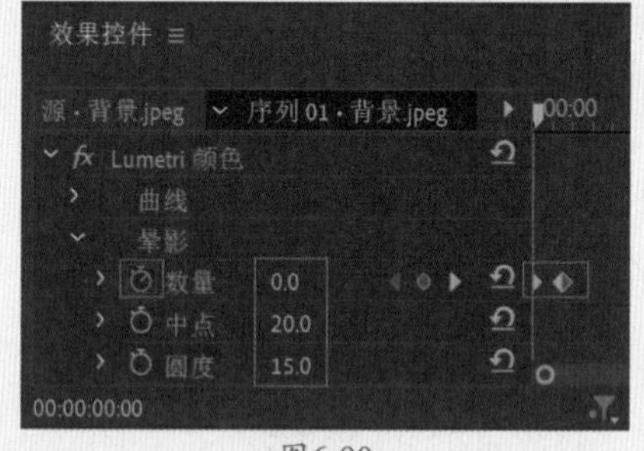

图6-90

10 拖动时间滑块查看效果，如图6-91所示。

图6-91

实例120　暖意效果

文件路径	第6章\暖意效果	
难易指数	★★★★★	
技术掌握	● “均衡”效果	● “通道混合器”效果

🔍扫码深度学习

操作思路

本实例讲解了在Premiere Pro中使用“均衡”效果、“通道混合器”效果制作暖色调的作品色彩。

操作步骤

01 在菜单栏中执行“文件”|“新建”|“项目”命令或使用快捷键Ctrl+Alt+N，在弹出的“新建项目”对话框中设置合适的文件名称，单击“位置”右侧的“浏览”按钮，弹出“项目位置”对话框，单击“选择文件夹”按钮，为项目选择合适的路径文件夹。在“新建项目”对话框中单击“创建”按钮，如图6-92所示。

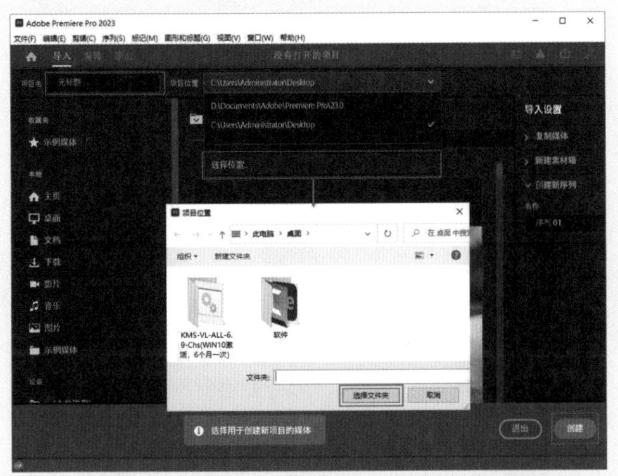

图6-92

02 在“项目”面板空白处双击，选择所需的“背景.jpg”素材文件，最后单击“打开”按钮，将其进行导入，如图6-93所示。

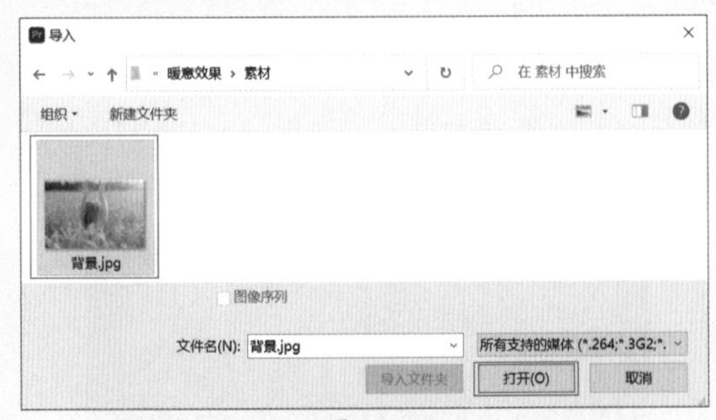

图6-93

03 选择“项目”面板中的“背景.jpg”素材文件，并按住鼠标左键将其拖曳到V1轨道上，如图6-94所示。

04 在“效果”面板中搜索“均衡”效果，并按住鼠标左键将其拖曳到“背景.jpg”素材文件上，如图6-95所示。

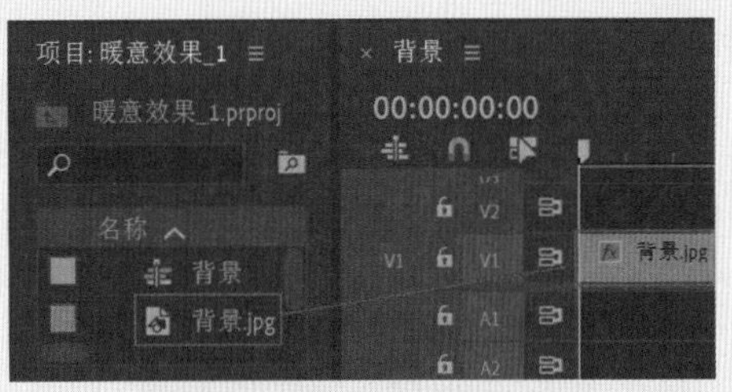

图6-94

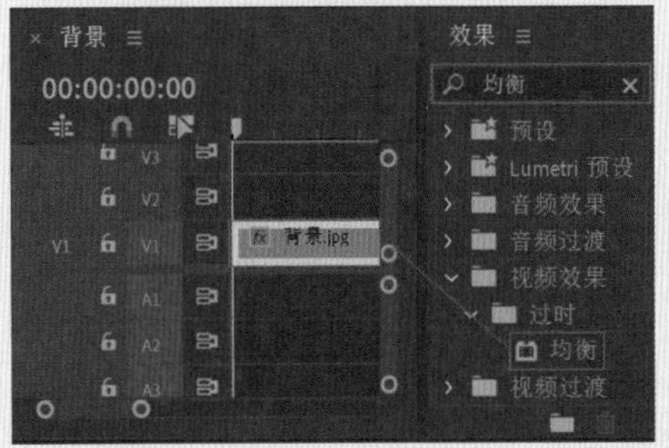

图6-95

05 选择V1轨道上的“背景.jpg”素材文件，在“效果控件”面板中展开“均衡”效果，设置“均衡”为“Photoshop 样式”、“均衡量”为54.0%，如图6-96所示。查看效果如图6-97所示。

图6-96

图6-97

06 在“效果”面板中搜索“通道混合器”效果，并按住鼠标左键将其拖曳到“背景.jpg”素材文件上，如图6-98所示。

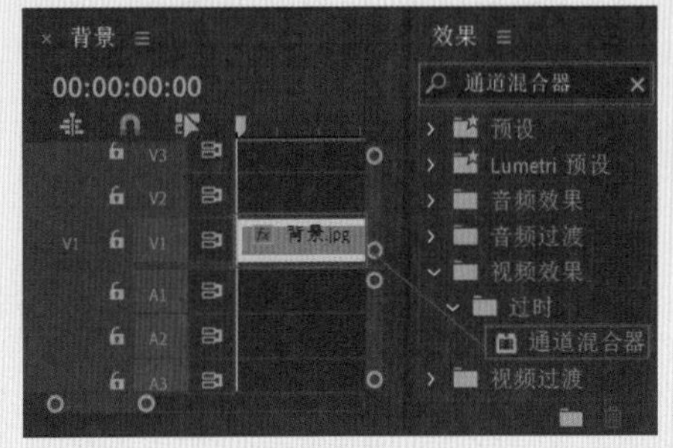

图6-98

07 选择V1轨道上的“背景.jpg”素材文件，在“效果控件”面板中展开“通道混合器”效果，并分别调节“红色-绿色”为10、“红色-蓝色”为10、“绿色-红色”为-1、“绿色-恒量”为5、“蓝色-绿色”为-20，如图6-99所示。

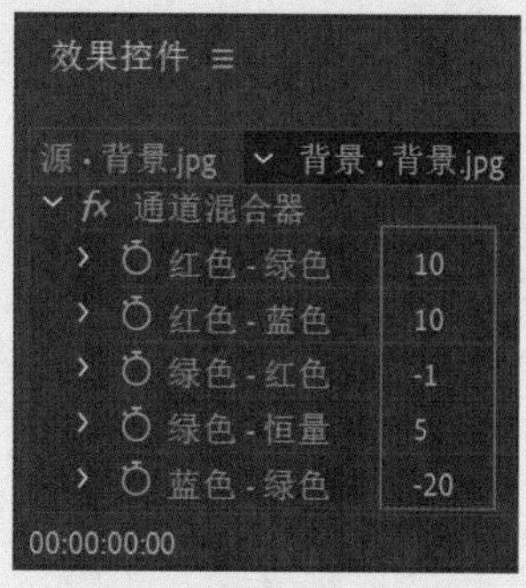

图6-99

08 拖动时间滑块查看效果，如图6-100所示。

图6-100

实例121 欧美效果

文件路径	第6章\欧美效果	
难易指数	★★★★★	
技术掌握	● “Lumetri 颜色”效果 ● “三向颜色校正器”效果 ● 文字工具	扫码深度学习

操作思路

本实例讲解了在Premiere Pro中使用“Lumetri 颜色”效果、“三向颜色校正器”效果制作欧美风格的色调，最后使用文字工具制作文字并放置于右下角。

操作步骤

01 在菜单栏中执行“文件”|“新建”|“项目”命令或使用快捷键Ctrl+Alt+N，在弹出的“新建项目”对话框中设置合适的文件名称，单击“位置”右侧的“浏览”按钮，弹出“项目位置”对话框，单击“选择文件夹”按钮，为项目选择合适的路径文件夹。在“新建项目”对话框中单击“创建”按钮，如图6-101所示。

图6-101

02 在“项目”面板空白处双击，选择所需的“背景.jpg”素材文件，最后单击“打开”按钮，将其进行导入，如图6-102所示。

图6-102

03 选择“项目”面板中的“背景.jpg”素材文件，并按住鼠标左键将其拖曳到V1轨道上，如图6-103所示。

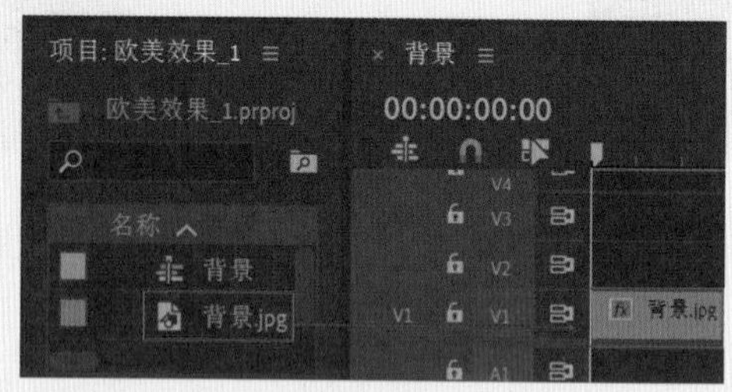

图6-103

04 在“效果”面板中搜索“Lumetri 颜色”效果，并按住鼠标左键将其拖曳到“背景.jpg”素材文件上，如图6-104所示。

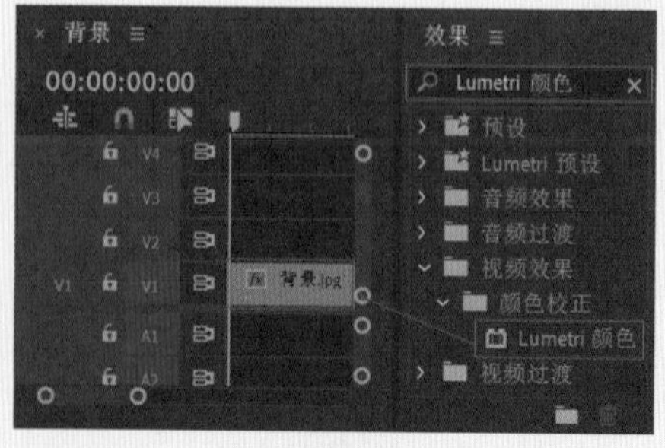

图6-104

05 选择V1轨道上的“背景.jpg”素材文件，在“效果控件”面板中展开“Lumetri 颜色”效果，设置“色温”为20.0、“色彩”为28.0，然后调节色环，如图6-105所示。

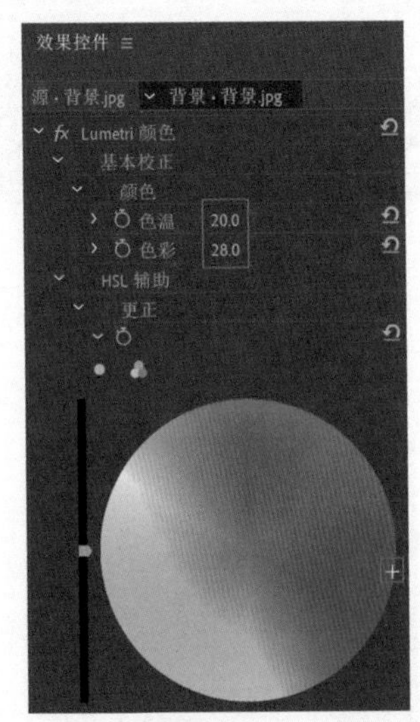

图6-105

06 在“效果”面板中搜索“三向颜色校正器”效果，并按住鼠标左键将其拖曳到“背景.jpg”素材文件上，如图6-106所示。

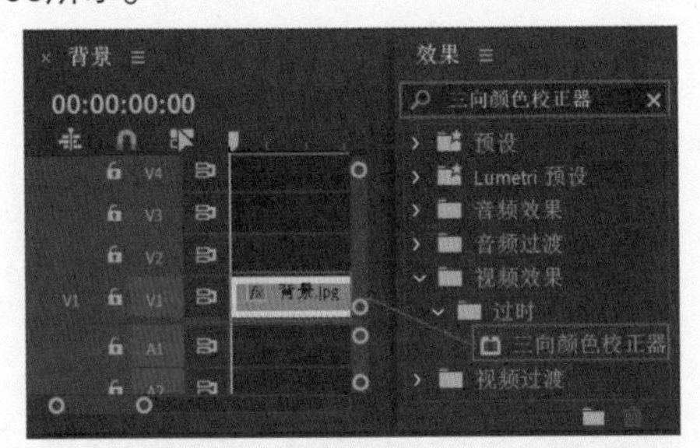

图6-106

07 选择V1轨道上的“背景.jpg”素材文件，在“效果控件”面板中展开“三向颜色校正器”效果，并分别调整“阴影”色环和“中间调”色环，如图6-107所示。

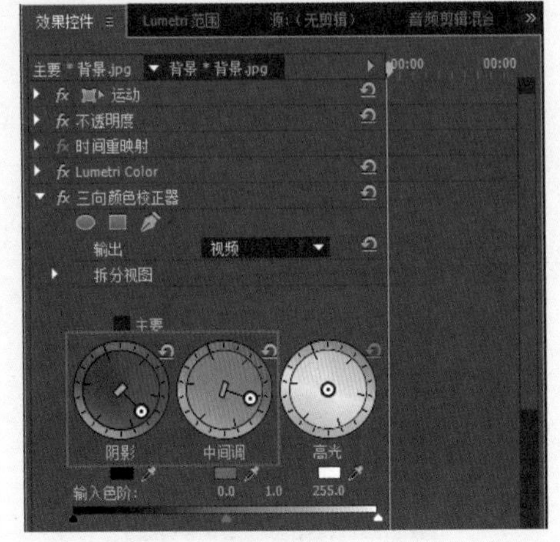

图6-107

08 将时间滑块拖动到起始时间位置处，在“工具”面板中选择T（文字工具），并在“节目监视器”面板中输入合适的文字内容，在“时间轴”面板中选择刚刚创建的文字图层，在“效果控件”面板中设置合适的“字体系列”，设置“字体大小”为138，勾选“填充”复选框，设置“填充颜色”为白色，勾选“阴影”复选框，设置“不透明度”为60%、“距离”为5.0、“大小”为0.6、“模糊”为20，接着展开“变换”，设置“位置”为（1201.4,1231.9）。如图6-108所示。

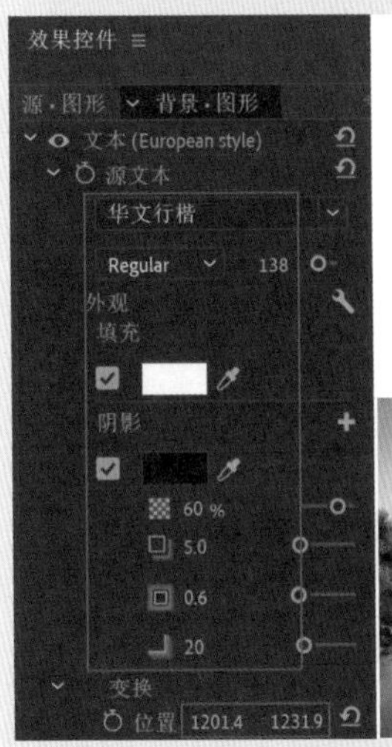

图6-108

09 拖动时间滑块查看效果，如图6-109所示。

图6-109

实例122 秋色效果

文件路径	第6章\秋色效果
难易指数	★★★★★
技术掌握	● Brightness & Contrast 效果 ● “颜色平衡”效果

扫码深度学习

操作思路

本实例讲解了在Premiere Pro中使用Brightness & Contrast效果、“颜色平衡”效果将绿色色调的作品更改为橙色色调。

操作步骤

01 在菜单栏中执行“文件”|“新建”|“项目”命令或使用快捷键Ctrl+Alt+N，在弹出的“新建项目”对话框中设置合适的文件名称，单击“位置”右侧的“浏览”按钮，弹出“项目位置”对话框，单击“选择文件夹”按钮，为项目选择合适的路径文件夹。在“新建项目”对话框中单击“创建”按钮，如图6-110所示。

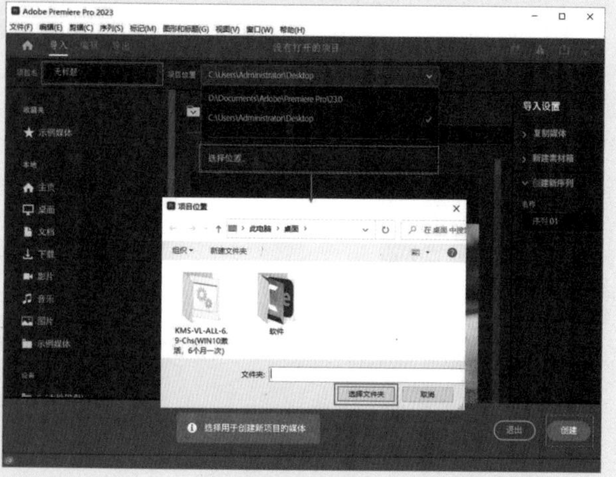

图6-110

02 在“项目”面板空白处双击，选择所需的“背景.jpg”素材文件，最后单击“打开”按钮，将其进行导入，如图6-111所示。

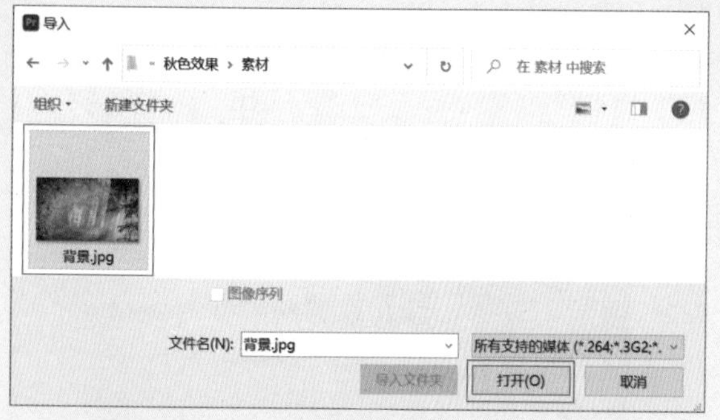

图6-111

03 选择“项目”面板中的“背景.jpg”素材文件，并按住鼠标左键将其拖曳到V1轨道上，如图6-112所示。

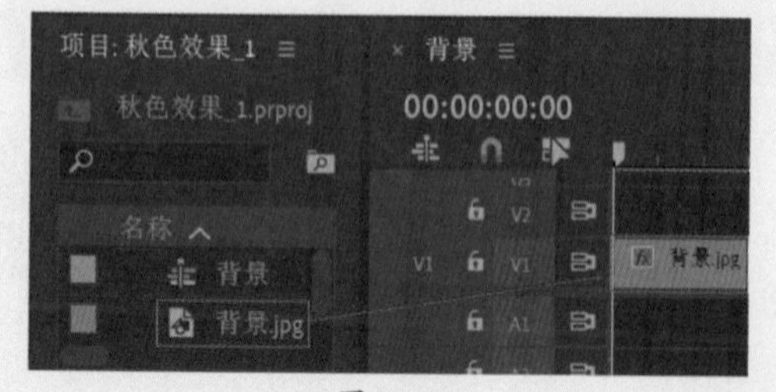

图6-112

04 在“效果”面板中搜索Brightness & Contrast效果，并按住鼠标左键将其拖曳到“背景.jpg”素材文件上，如图6-113所示。

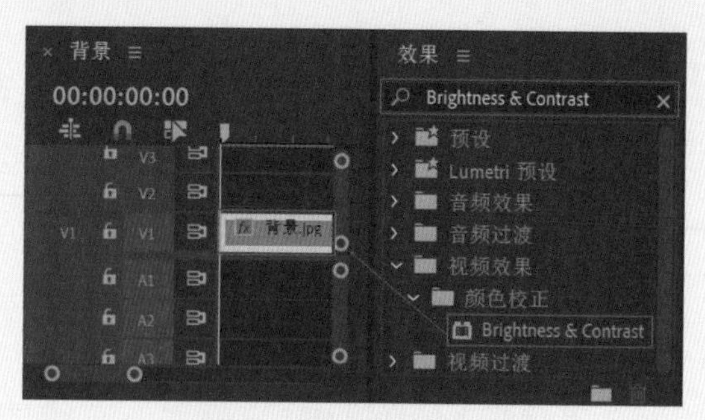

图6-113

05 选择V1轨道上的“背景.jpg”素材文件，在“效果控件”面板中展开Brightness & Contrast效果，设置“亮度”为11.0、“对比度”为2.0，如图6-114所示。

图6-114

06 在“效果”面板中搜索“颜色平衡”效果，并按住鼠标左键将其拖曳到“背景.jpg”素材文件上，如图6-115所示。

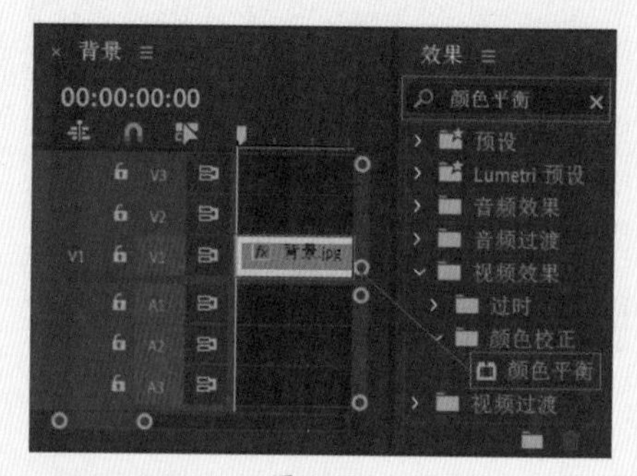

图6-115

07 选择V1轨道上的“背景.jpg”素材文件，在“效果控件”面板中展开“颜色平衡”效果，并设置“阴影红色平衡”为91.0、“阴影绿色平衡”为-6.0、“高光红色平衡”为37.0、“高光绿色平衡”为-35.0、“高光蓝色平衡”为56.0，如图6-116所示。

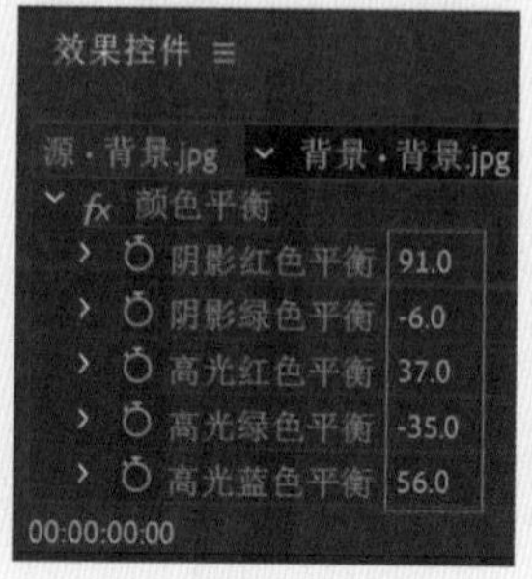

图6-116

08 拖动时间滑块查看效果，如图6-117所示。

图6-117

实例123 色彩转换效果

文件路径	第6章\色彩转换效果
难易指数	★★★★★
技术掌握	● “颜色平衡”效果 ● 文字工具 ● 钢笔工具

扫码深度学习

操作思路

本实例讲解了在Premiere Pro中使用“颜色平衡”效果制作冷色调画面，并使用文字工具创建文字，最后使用钢笔工具绘制直线效果。

操作步骤

01 在菜单栏中执行“文件”|“新建”|“项目”命令或使用快捷键Ctrl+Alt+N，在弹出的“新建项目”对话框中设置合适的文件名称，单击“位置”右侧的“浏览”按钮，弹出“项目位置”对话框，单击“选择文件夹”按钮，为项目选择合适的路径文件夹。在“新建项目”对话框中单击“创建”按钮，如图6-118所示。

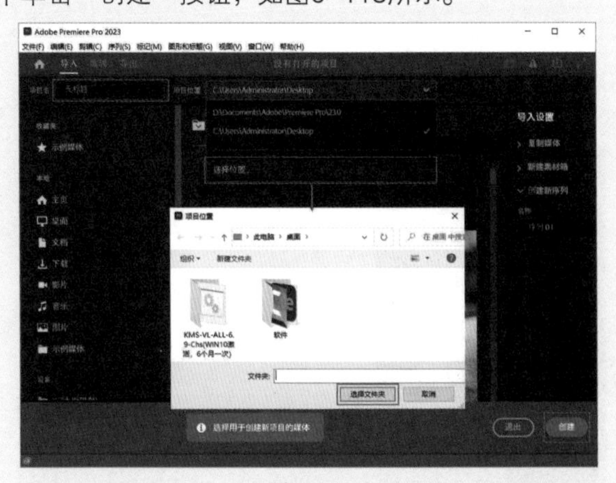

图6-118

02 在“项目”面板空白处单击鼠标右键，在弹出的快捷菜单中执行“新建项目”|“序列”命令。接着在弹出的“新建序列”对话框中选择DV-PAL文件夹下的“标准48kHz”，如图6-119所示。

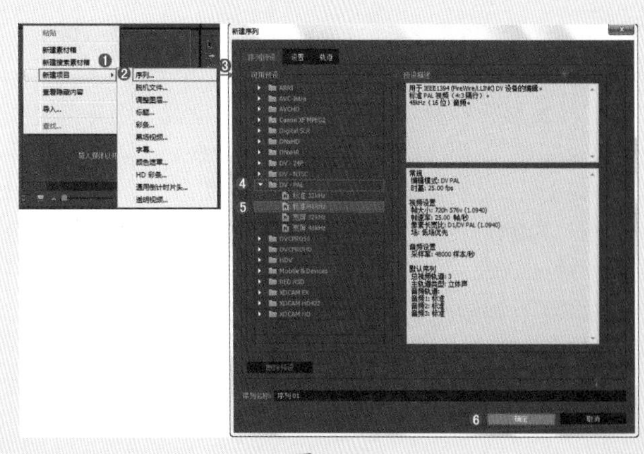

图6-119

03 在“项目”面板空白处双击，选择所需的“01.jpg”和“02.png”素材文件，最后单击“打开”按钮，将它们进行导入，如图6-120所示。

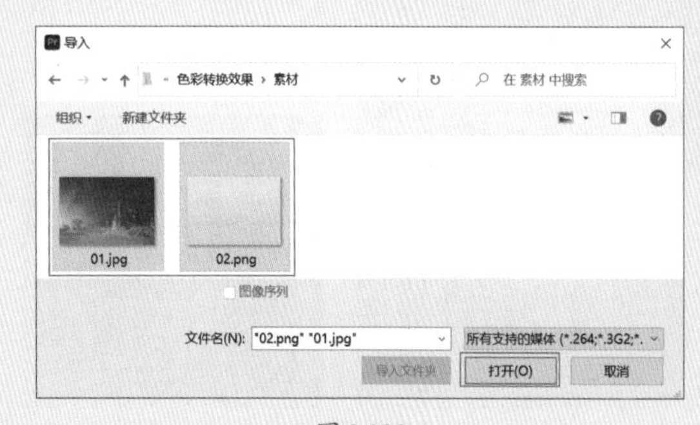

图6-120

04 选择“项目”面板中的素材文件，并按住鼠标左键将它们拖曳到轨道上，如图6-121所示。

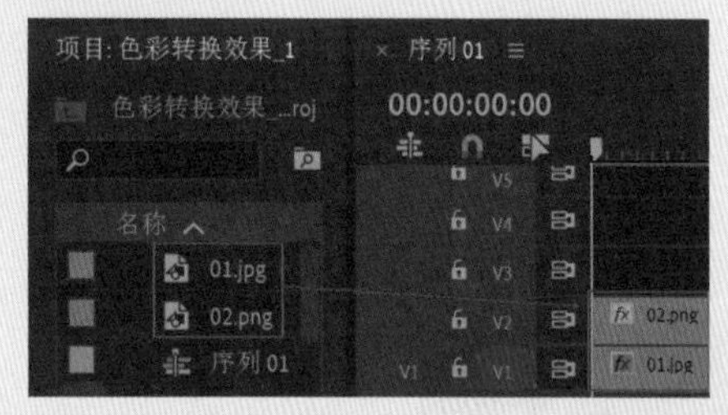

图6-121

05 在“效果”面板中搜索“颜色平衡”效果，并按住鼠标左键将其拖曳到“01.jpg”素材文件上，如图6-122所示。

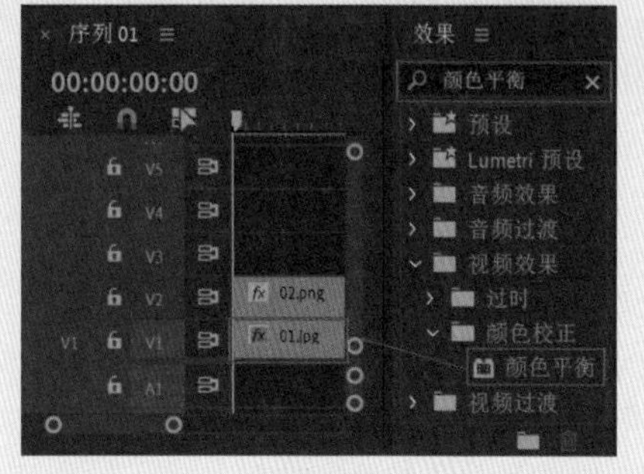

图6-122

06 选择V1轨道上的“01.jpg”素材文件，在“效果控件”面板中展开“运动”效果，设置“缩放”为57.0。接着展开“颜色平衡”效果，并设置“阴影红色平衡”为-9.0、“阴影绿色平衡”为-3.0、“阴影蓝色平衡”为69.0、“中间调红色平衡”为-11.0、“中间调绿色平衡”为9.0、“中间调蓝色平衡”为9.0、“高光红色平衡”为-20.0、“高光绿色平衡”为7.0、“高光蓝色平衡”为35.0，如图6-123所示。

07 选择V2轨道上的“02.png”素材文件，并在“效果控件”面板中设置“位置”为（360.0,177.0）、“缩放”为99.0，如图6-124所示。

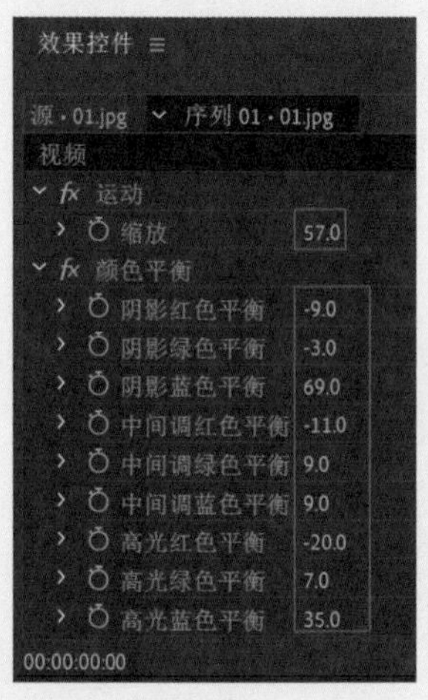

图6-123

图6-124

08 将时间滑块拖动到起始时间位置处，在“工具”面板中选择（钢笔工具），并在“节目监视器”面板中合适的位置处绘制一条直线，在“时间轴”面板中选择刚刚创建的形状图层，在“效果控件”面板中取消勾选“填充”复选框，勾选“描边”复选框，设置“描边颜色”为白色、“描边宽度”为1.0，设置为“外侧”。接着展开“变换”，设置“位置”为（219.8,131.3），如图6-125所示。

图6-125

09 接着在“时间轴”面板中选择图形图层，使用同样的方法在刚刚绘制的直线下方再次绘制一条直线。如图6-126所示。

10 在“时间轴”面板中选择刚刚创建的形状图层，在“工具”面板中选择（文字工具），并在“节目监视器”面板中输入合适的文字内容，在“效果控件”面板中设置合适的“字体系列”，设置“字体大小”为79，勾选“填充”复选框，设置“填充颜色”为白色，勾选“阴影”复选框，设置“不透明度”为50%、“距离”为10.0、“大小”为0.0、“模糊”为30，接着展开“变换”，设置“位置”为（215.0,114.0）。如图6-127所示。

图6-126

图6-127

11 在“时间轴”面板中选择刚刚创建的形状图层，在“工具”面板中选择（文字工具），并在“节目监视器”面板中输入合适的文字内容，在“效果控件”面板中设置合适的“字体系列”，设置“字体大小”为47，选择“仿倾体”。勾选“填充”复选框，设置“填充颜色”为白色，勾选“阴影”复选框，设置“不透明度”为50%、“距离”为10.0、“大小”为0.0、“模糊”为30，接着展开“变换”，设置“位置”为（287.0,171.0）。如图6-128所示。

图6-128

12 拖动时间滑块查看效果，如图6-129所示。

图6-129

实例124　四色效果

文件路径	第6章\四色效果	
难易指数	★★★★★	
技术掌握	“四色渐变”效果	扫码深度学习

操作思路

本实例讲解了在Premiere Pro中使用“四色渐变”效果制作出4种颜色的渐变色调效果。

操作步骤

01 在菜单栏中执行“文件”|“新建”|“项目”命令或使用快捷键Ctrl+Alt+N，在弹出的“新建项目”对话框中设置合适的文件名称，单击“位置”右侧的“浏览”按钮，弹出“项目位置”对话框，单击“选择文件夹”按钮，为项目选择合适的路径文件夹。在“新建项目”对话框中单击“创建”按钮，如图6-130所示。

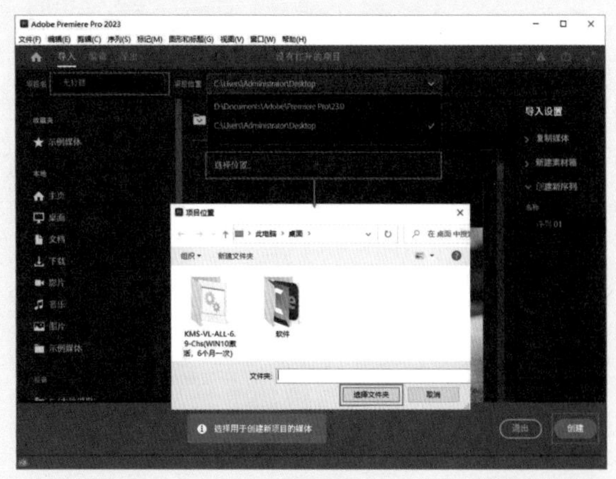

图6-130

02 在“项目”面板空白处单击鼠标右键，在弹出的快捷菜单中执行“新建项目”|“序列”命令。接着在弹出的“新建序列”对话框中选择DV-PAL文件夹下的“标准48kHz”，如图6-131所示。

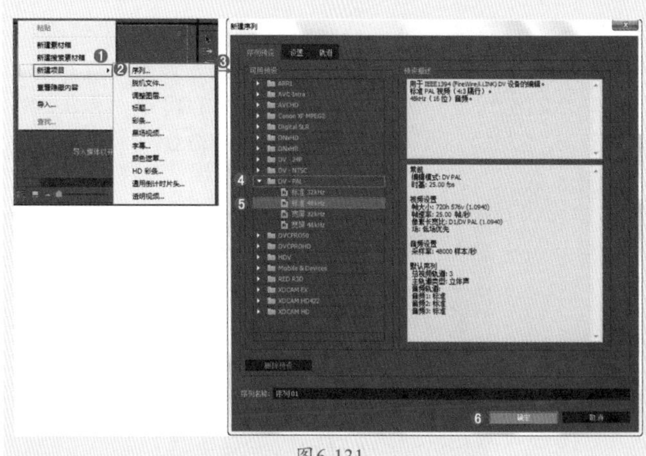

图6-131

03 在“项目”面板空白处双击，选择所需的“01.jpg”素材文件，最后单击“打开”按钮，将其进行导入，如图6-132所示。

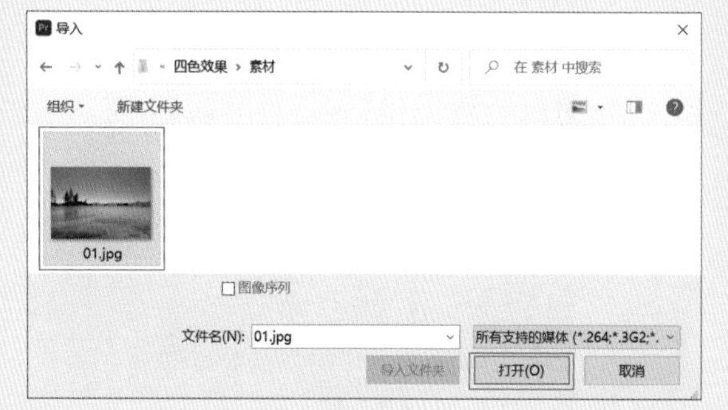

图6-132

04 选择“项目”面板中的“01.jpg”素材文件，并按住鼠标左键将其拖曳到V1轨道上，如图6-133所示。

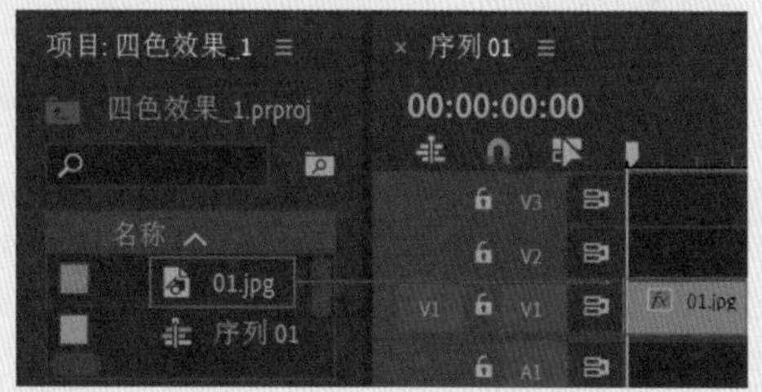

图6-133

05 在“效果”面板中搜索“四色渐变”效果，并按住鼠标左键将其拖曳到“01.jpg”素材文件上，如图6-134所示。

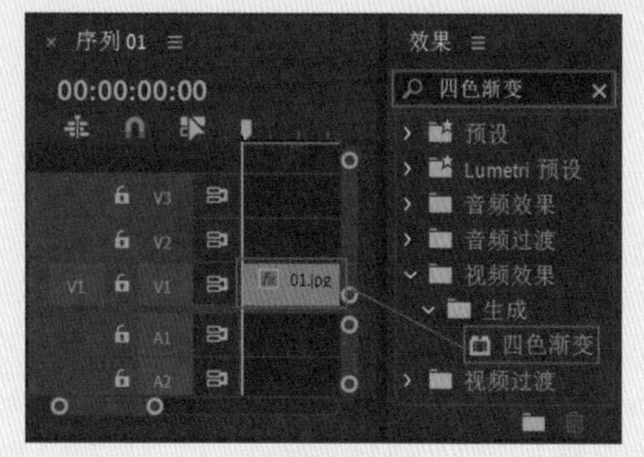

图6-134

06 选择V1轨道上的“01.jpg”素材文件，在“效果控件”面板中展开“四色渐变”效果，设置“点1”为（281.0,216.0）、“点2”为（508.8,368.0）、“点3”为（153.8,127.0）、“点4”为（674.0,469.0），设置“混合模式”为“滤色”，如图6-135所示。

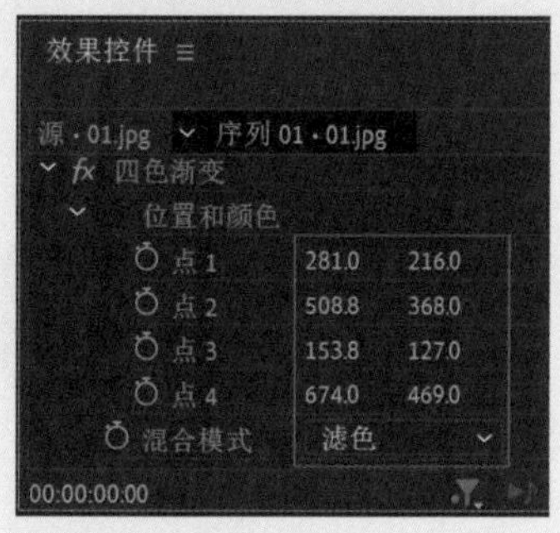

图6-135

07 拖动时间滑块查看效果，如图6-136所示。

图6-136

> **提示** 改变四色的颜色
>
> 在设置时，重新设置“颜色1”“颜色2”“颜色3”和“颜色4”，就可以改变四色渐变的颜色。

实例125 提高画面亮度效果

文件路径	第6章\提高画面亮度效果
难易指数	★★★★★
技术掌握	“RGB颜色校正器”效果

扫码深度学习

操作思路

本实例讲解了在Premiere Pro中使用“RGB颜色校正器”效果提高画面亮度。

操作步骤

01 在菜单栏中执行“文件”|“新建”|“项目”命令或使用快捷键Ctrl+Alt+N，在弹出的“新建项目”对话框中设置合适的文件名称，单击“位置”右侧的“浏览”按钮，弹出“项目位置”对话框，单击“选择文件夹”按钮，为项目选择合适的路径文件夹。在“新建项目”对话框中单击“创建”按钮，如图6-137所示。

图6-137

02 在“项目”面板空白处单击鼠标右键，在弹出的快捷菜单中执行“新建项目”|“序列”命令。接着在弹出的“新建序列”对话框中选择DV-PAL文件夹下的“标准48kHz”，如图6-138所示。

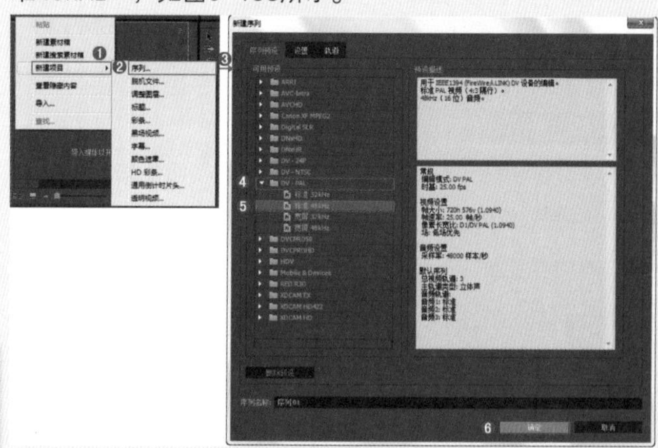

图6-138

03 在“项目”面板空白处双击，选择所需的“01.jpg”素材文件，最后单击“打开”按钮，将其进行导入，如图6-139所示。

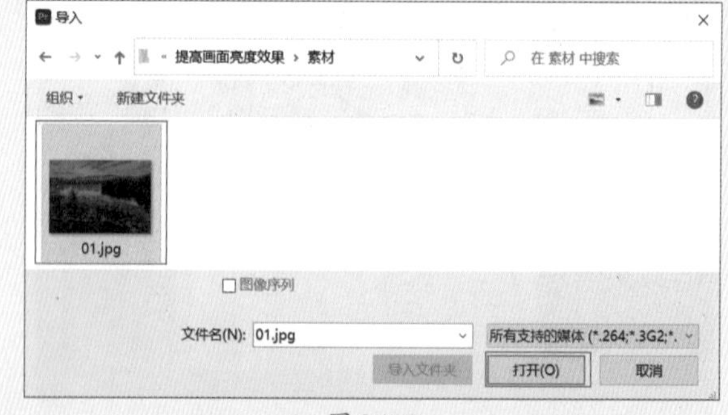

图6-139

04 选择“项目”面板中的“01.jpg”素材文件，并按住鼠标左键将其拖曳到V1轨道上，如图6-140所示。

05 在“效果”面板中搜索“RGB颜色校正器”效果，并按住鼠标左键将其拖曳到“01.jpg”素材文件上，如图6-141所示。

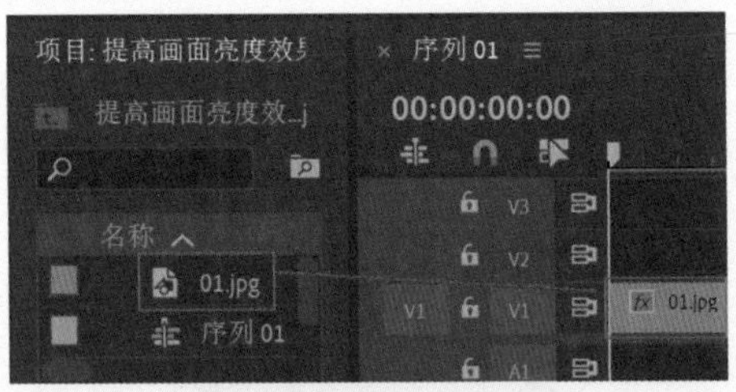

图6-140

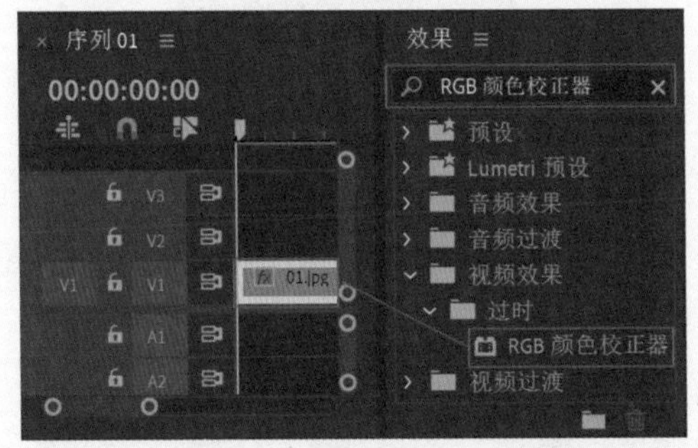

图6-141

06 选择V1轨道上的“01.jpg”素材文件，在“效果控件”面板中展开“RGB颜色校正器”效果，设置“灰度系数”为2.0、“基值”为0.10，展开“辅助颜色校正”效果，设置“柔化”为45.0，如图6-142所示。

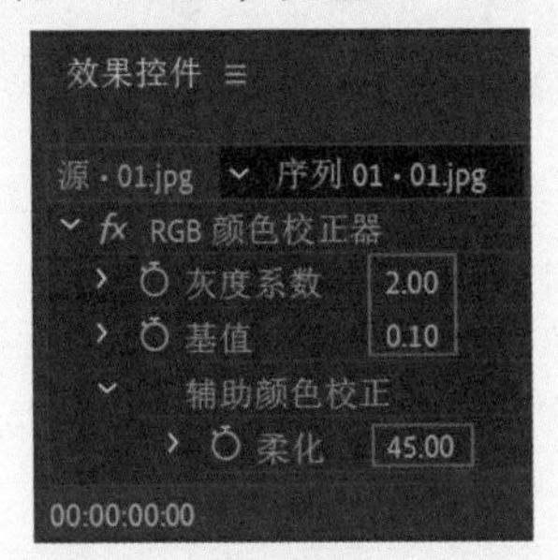

图6-142

提示 **使用其他效果依然可以提高画面亮度**

选择V1轨道上的“01.jpg”素材文件，并为其添加“颜色平衡”效果，再在“效果控件”面板中设置相应的参数，如图6-143和图6-144所示。

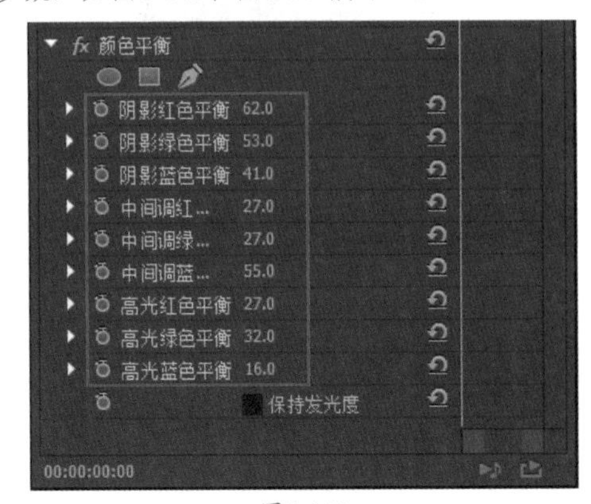

图6-143

图6-144

07 拖动时间滑块查看效果，如图6-145所示。

图6-145

实例126 提色效果

文件路径	第6章\提色效果	扫码深度学习
难易指数	★★★★★	
技术掌握	“保留颜色”效果	

操作思路

本实例讲解了在Premiere Pro中使用“保留颜色”效果制作只保留单色，将其他颜色变为灰色。

操作步骤

01 在菜单栏中执行“文件”|“新建”|“项目”命令或使用快捷键Ctrl+Alt+N，在弹出的“新建项目”对话框中设置合适的文件名称，单击“位置”右侧的“浏览”按钮，弹出“项目位置”对话框，单击“选择文件夹”按钮，为项目选择合适的路径文件夹。在“新建项目”对话框中单击“创建”按钮，如图6-146所示。

02 在“项目”面板空白处单击鼠标右键，在弹出的快捷菜单中执行“新建项目”|“序列”命令。接着在弹出的“新建序列”对话框中选择DV-PAL文件夹下的“标准48kHz”，如图6-147所示。

图6-146

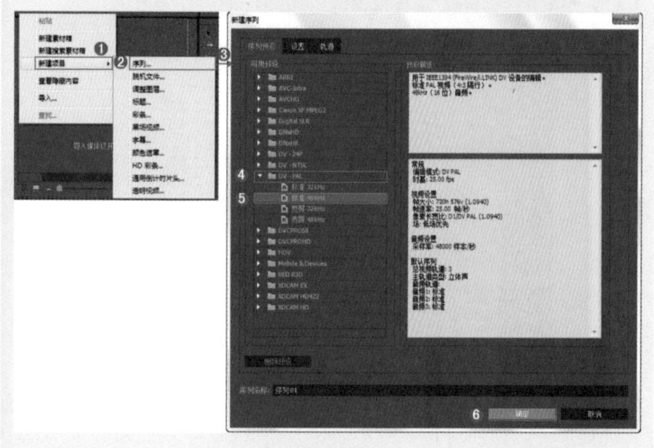

图6-147

03 在“项目”面板空白处双击，选择所需的“01.jpg”素材文件，最后单击“打开”按钮，将其进行导入，如图6-148所示。

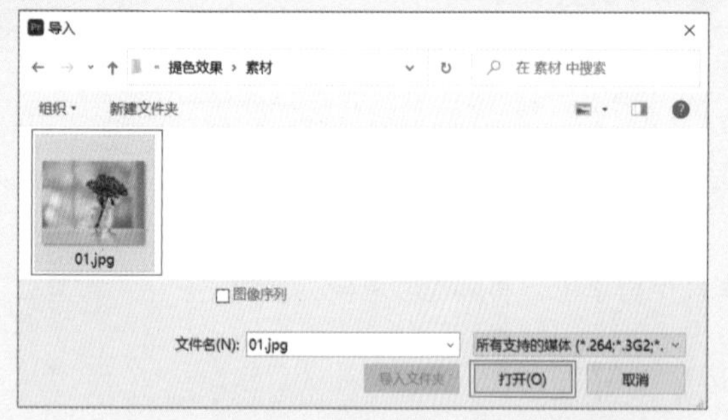

图6-148

04 选择“项目”面板中的“01.jpg”素材文件，并按住鼠标左键将其拖曳到V1轨道上，如图6-149所示。

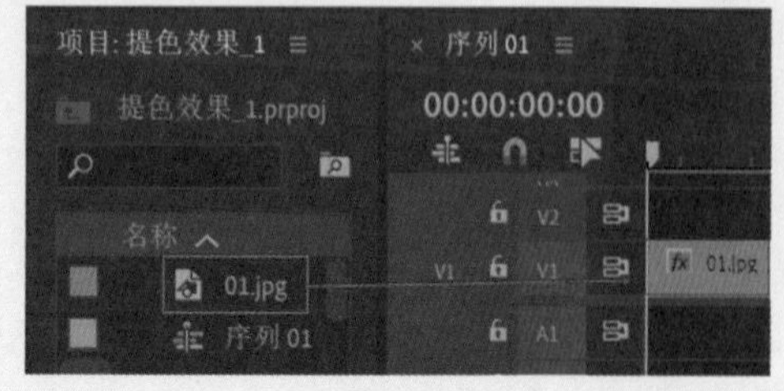

图6-149

05 选择V1轨道上的“01.jpg”素材文件，在“效果控件”面板中展开“运动”效果，设置“缩放”为113.0，如图6-150所示。

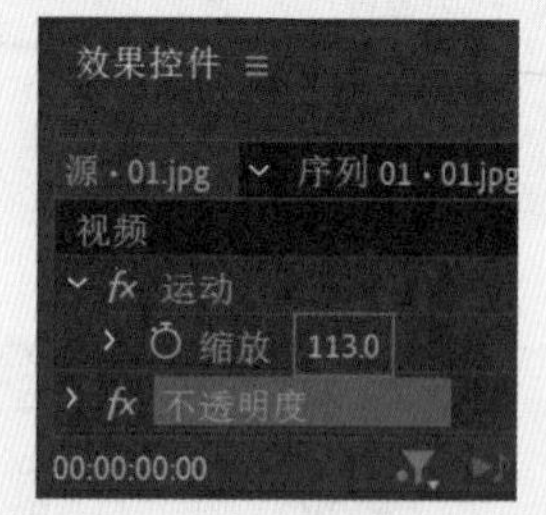

图6-150

06 在“效果”面板中搜索“保留颜色”效果，并按住鼠标左键将其拖曳到“01.jpg”素材文件上，如图6-151所示。

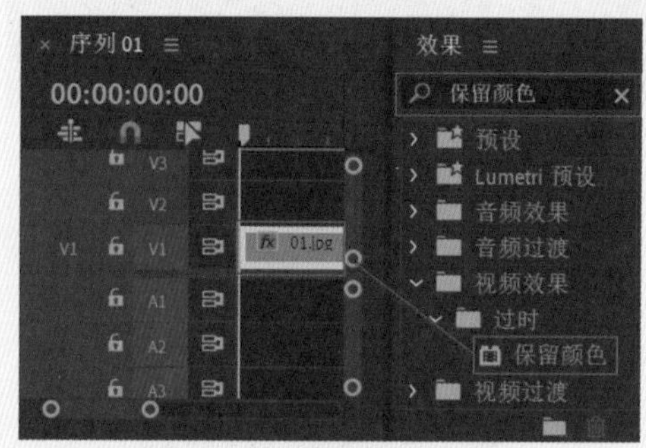

图6-151

07 选择V1轨道上的“01.jpg”素材文件，在“效果控件”面板中展开“保留颜色”效果，单击“要保留的颜色”后面的吸管工具，并在“节目监视器”面板中吸取想要保留的颜色，再设置“脱色量”为100.0%、“容差”为30.0%，如图6-152所示。

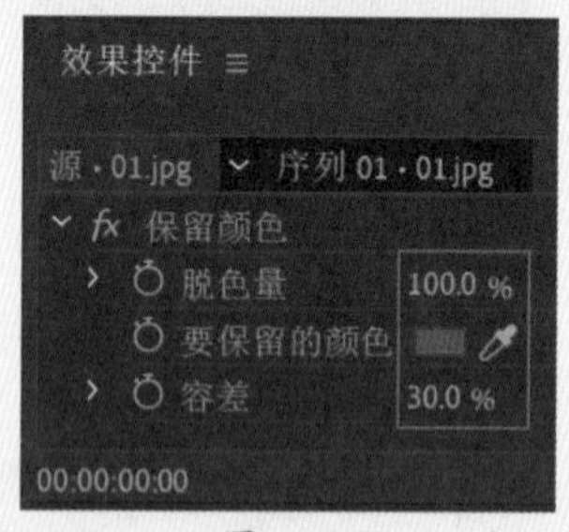

图6-152

08 拖动时间滑块查看效果，如图6-153所示。

图6-153

实例127　通道混合器效果

文件路径	第6章\通道混合器效果
难易指数	★★★★★
技术掌握	“通道混合器”效果

扫码深度学习

操作思路

本实例讲解了在Premiere Pro中使用“通道混合器”效果修改画面色调。

操作步骤

01 在菜单栏中执行“文件”|“新建”|“项目”命令或使用快捷键Ctrl+Alt+N，在弹出的“新建项目”对话框中设置合适的文件名称，单击“位置”右侧的“浏览”按钮，弹出“项目位置”对话框，单击“选择文件夹”按钮，为项目选择合适的路径文件夹。在“新建项目”对话框中单击“创建”按钮，如图6-154所示。

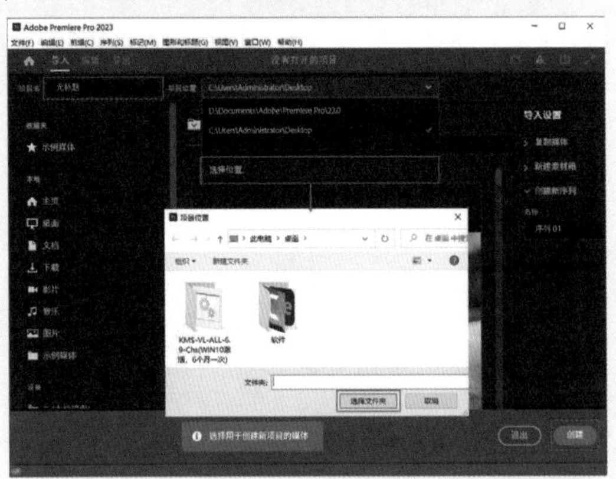

图6-154

02 在“项目”面板空白处单击鼠标右键，在弹出的快捷菜单中执行“新建项目”|“序列”命令。接着在弹出的“新建序列”对话框中选择DV-PAL文件夹下的“标准48kHz”，如图6-155所示。

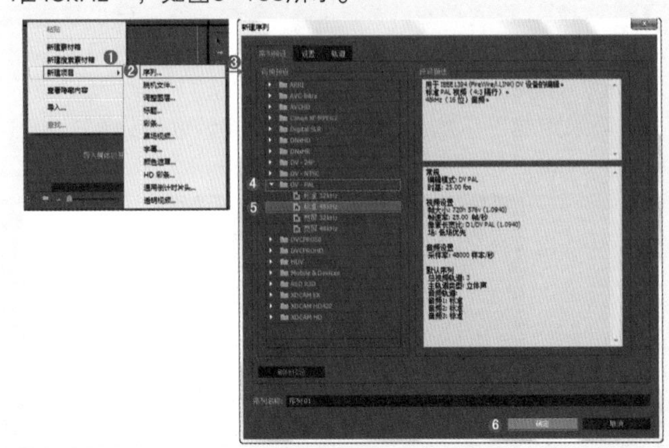

图6-155

03 在“项目”面板空白处双击，选择所需的“01.jpg”素材文件，最后单击“打开”按钮，将其进行导入，如图6-156所示。

图6-156

04 选择“项目”面板中的“01.jpg”素材文件，并按住鼠标左键将其拖曳到V1轨道上，如图6-157所示。

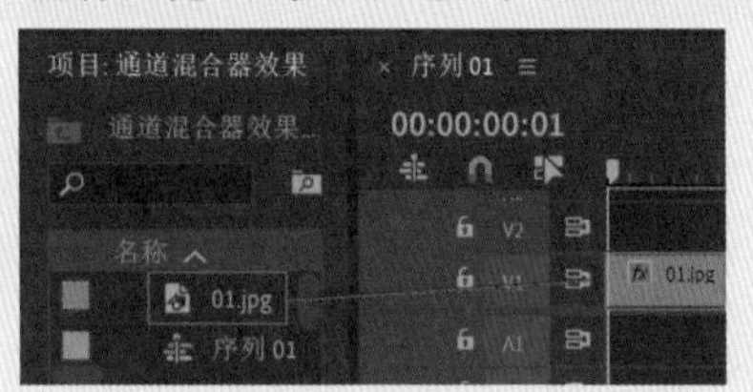

图6-157

05 在“效果”面板中搜索“通道混合器”效果，并按住鼠标左键将其拖曳到“01.jpg”素材文件上，如图6-158所示。

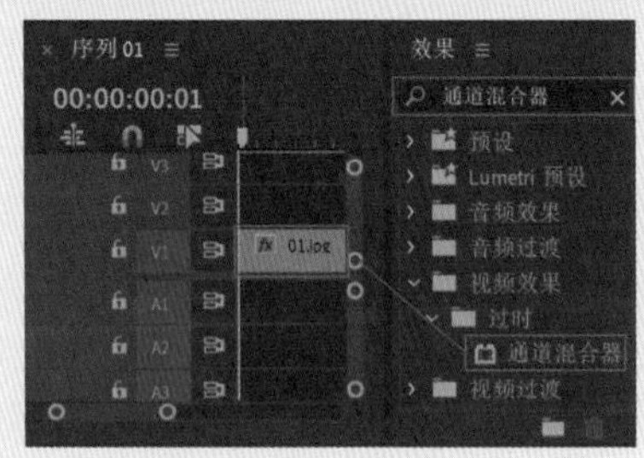

图6-158

06 选择V1轨道上的“01.jpg”素材文件，在“效果控件”面板中展开“运动”效果，设置“缩放”为67.0。接着展开“通道混合器”效果，设置“红色-蓝色”为-10、“绿色-红色”为-6、“绿色-蓝色”为-6、“绿色-恒量”为4、“蓝色-红色”为47、“蓝色-绿色”为-20，如图6-159所示。

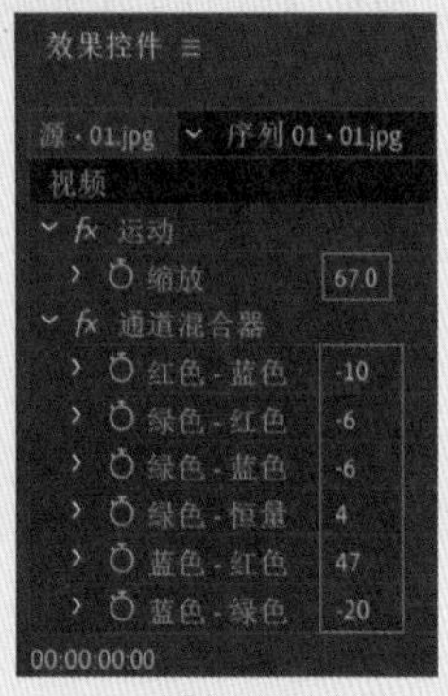

图6-159

07 拖动时间滑块查看效果，如图6-160所示。

图6-160

实例128　唯美冬季效果

文件路径	第 6 章 \ 唯美冬季效果
难易指数	★★★★★
技术掌握	● “镜头光晕”效果 ● “颜色平衡”效果 ● Brightness & Contrast 效果

扫码深度学习

操作思路

本实例讲解了在Premiere Pro中使用“镜头光晕”效果、“颜色平衡”效果、Brightness & Contrast效果制作唯美风格的冬季效果。

操作步骤

01 在菜单栏中执行“文件” | “新建” | “项目”命令或使用快捷键Ctrl+Alt+N，在弹出的“新建项目”对话框中设置合适的文件名称，单击“位置”右侧的“浏览”按钮，弹出“项目位置”对话框，单击“选择文件夹”按钮，为项目选择合适的路径文件夹。在“新建项目”对话框中单击“创建”按钮，如图6-161所示。

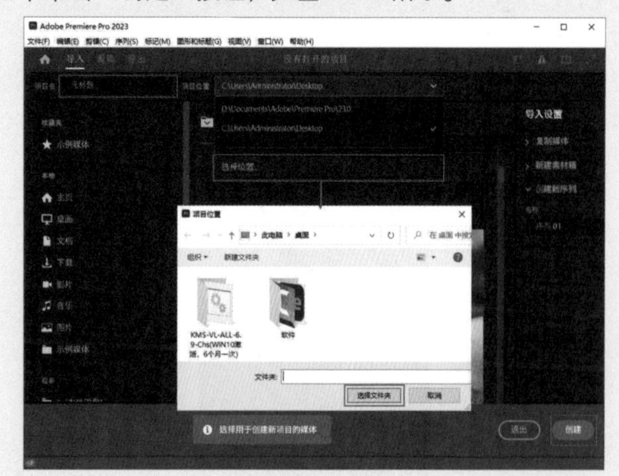

图6-161

02 在“项目”面板空白处双击，选择所需的“背景.jpg”素材文件，最后单击“打开”按钮，将其进行导入，如图6-162所示。

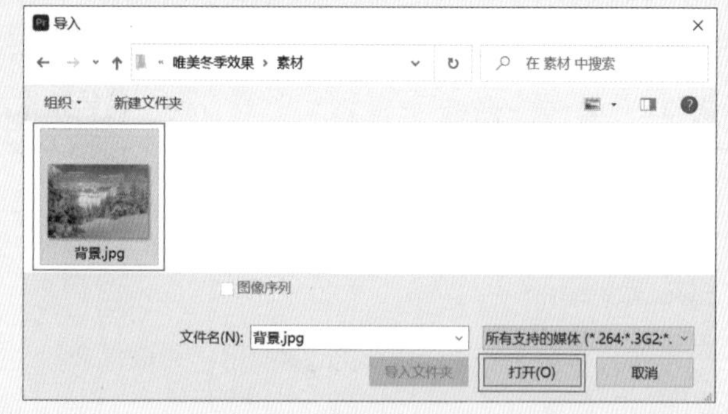

图6-162

03 选择“项目”面板中的“背景.jpg”素材文件，并按住鼠标左键将其拖曳到V1轨道上，如图6-163所示。

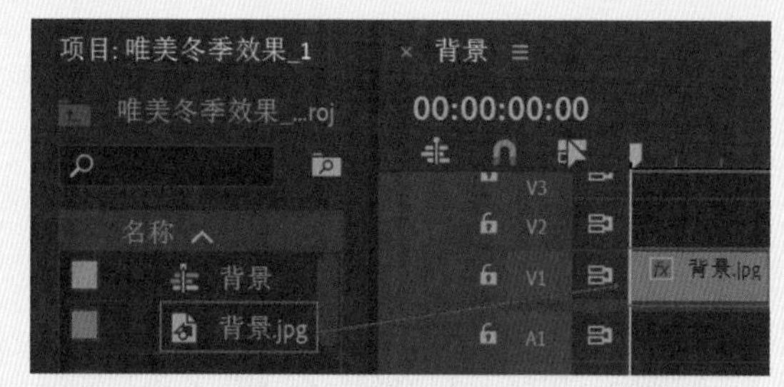

图6-163

04 在“效果”面板中搜索“镜头光晕”效果，并按住鼠标左键将其拖曳到“背景.jpg”素材文件上，如图6-164所示。

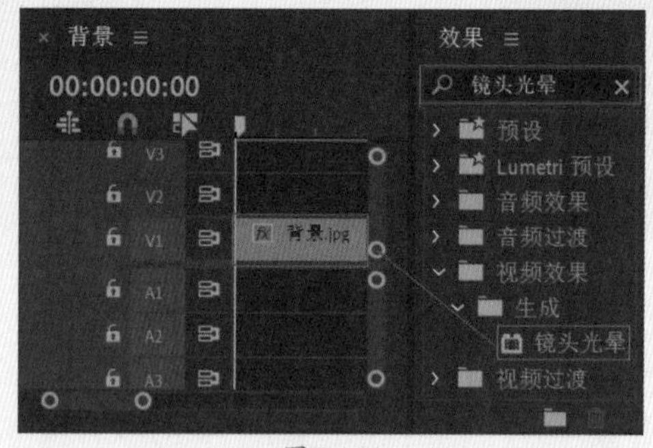

图6-164

05 选择V1轨道上的“背景.jpg”素材文件，在“效果控件”面板中展开“镜头光晕”效果，设置“光晕中心”为（402.6,285.4）、“光晕亮度”为82%、“镜头类型”为“35毫米定焦”，如图6-165所示。查看效果如图6-166所示。

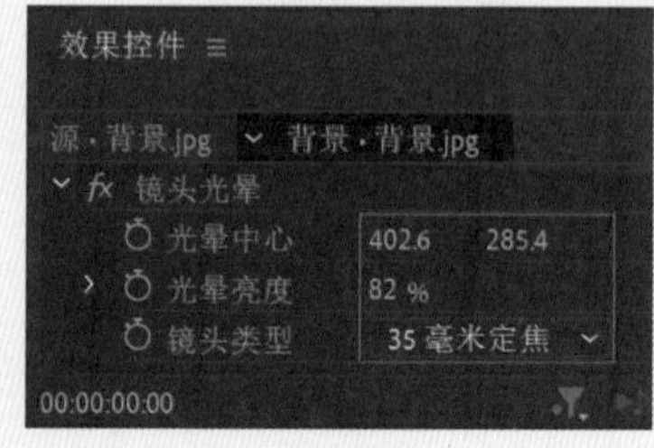

图6-165

图6-166

06在“效果”面板中搜索“颜色平衡”效果，并按住鼠标左键将其拖曳到“背景.jpg”素材文件上，如图6-167所示。

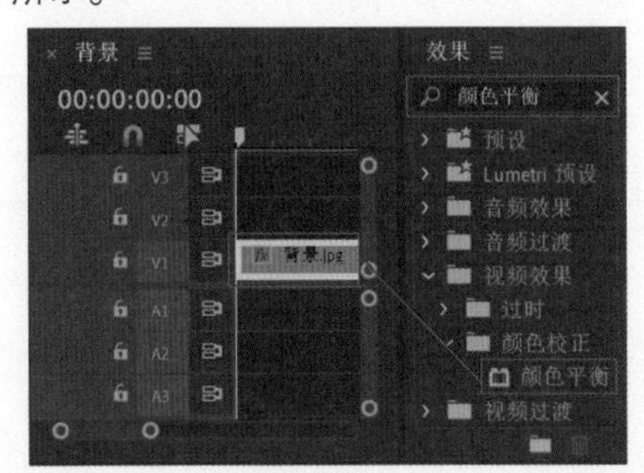

图6-167

07选择V1轨道上的“背景.jpg”素材文件，在“效果控件”面板中展开“颜色平衡”效果，并设置“阴影红色平衡”为29.0、“阴影绿色平衡”为2.0、“阴影蓝色平衡”为78.0、“中间调红色平衡”为15.0、“中间调蓝色平衡”为20.0、“高光红色平衡”为5.0、“高光绿色平衡”为-10.0，如图6-168所示。查看效果如图6-169所示。

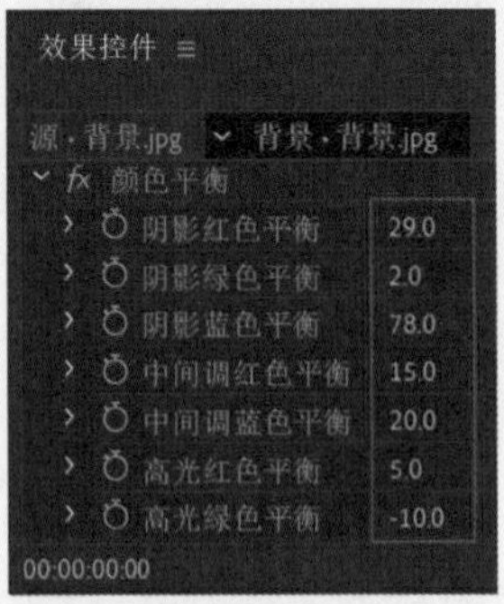

图6-168

图6-169

08在“效果”面板中搜索Brightness & Contrast效果，并按住鼠标左键将其拖曳到“背景.jpg”素材文件上，如图6-170所示。

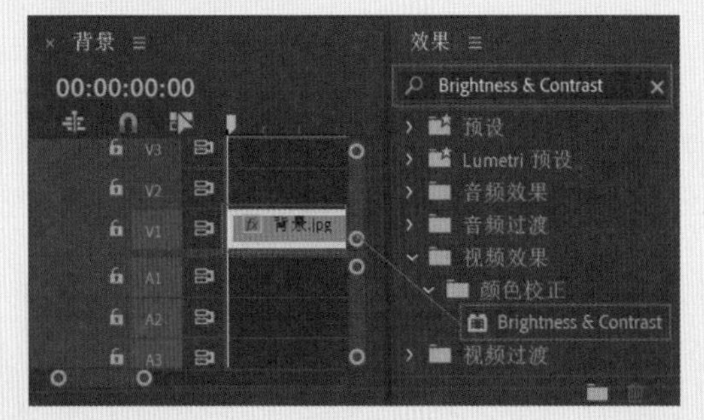

图6-170

09选择V1轨道上的“背景.jpg”素材文件，在“效果控件”面板中展开Brightness & Contrast效果，并设置“亮度”为-13.0、“对比度”为2.0，如图6-171所示。

图6-171

10拖动时间滑块查看效果，如图6-172所示。

图6-172

实例129 增加色彩的浓度

文件路径	第6章\增加色彩的浓度
难易指数	★★★★★
技术掌握	● Brightness & Contrast 效果 ● “均衡”效果

扫码深度学习

操作思路

本实例讲解了在Premiere Pro中使用Brightness & Contrast效果、“均衡”效果将作品的色彩浓度增强。

操作步骤

01 在菜单栏中执行“文件”|“新建”|“项目”命令或使用快捷键Ctrl+Alt+N，在弹出的“新建项目”对话框中设置合适的文件名称，单击“位置”右侧的“浏览”按钮，弹出“项目位置”对话框，单击“选择文件夹”按钮，为项目选择合适的路径文件夹。在“新建项目”对话框中单击“创建”按钮，如图6-173所示。

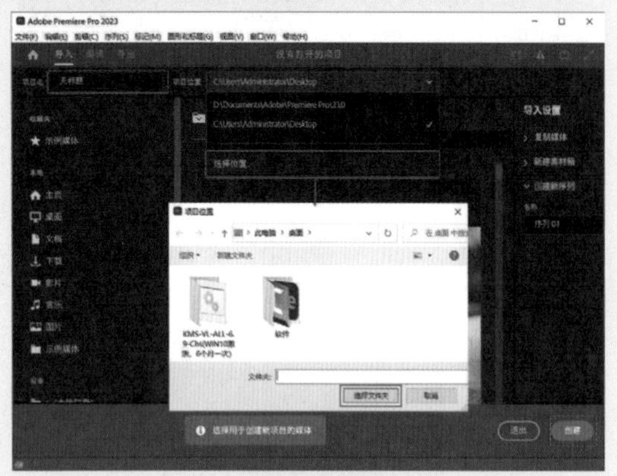

图6-173

02 在“项目”面板空白处单击鼠标右键，在弹出的快捷菜单中执行“新建项目”|“序列”命令。接着在弹出的“新建序列”对话框中选择DV-PAL文件夹下的“标准48kHz”，如图6-174所示。

图6-174

03 在“项目”面板空白处双击，选择所需的“01.jpg”素材文件，最后单击“打开”按钮，将其进行导入，如图6-175所示。

图6-175

04 选择“项目”面板中的“01.jpg”素材文件，并按住鼠标左键将其拖曳到V2轨道上，如图6-176所示。

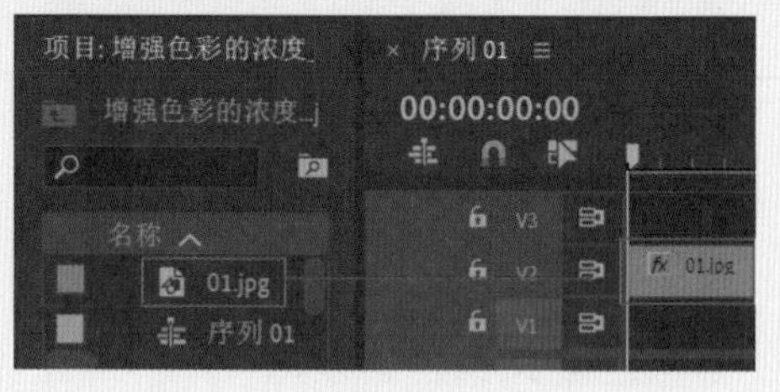

图6-176

05 选择V2轨道上的“01.jpg”素材文件，在“效果控件”面板中展开“运动”效果，设置“缩放”为50.0，如图6-177所示。

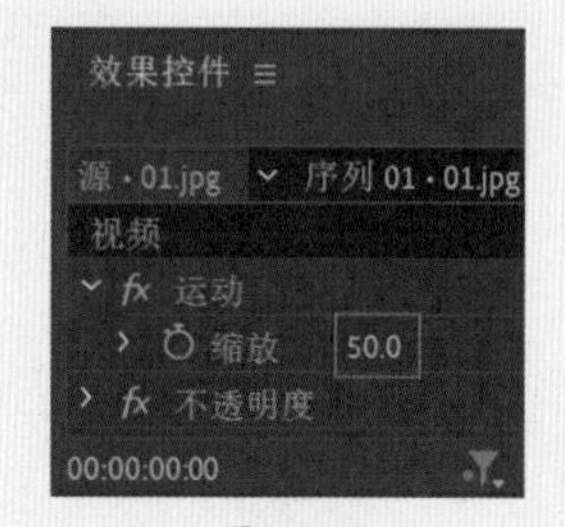

图6-177

06 在“效果”面板中搜索Brightness & Contrast效果，并按住鼠标左键将其拖曳到“01.jpg”素材文件上，如图6-178所示。

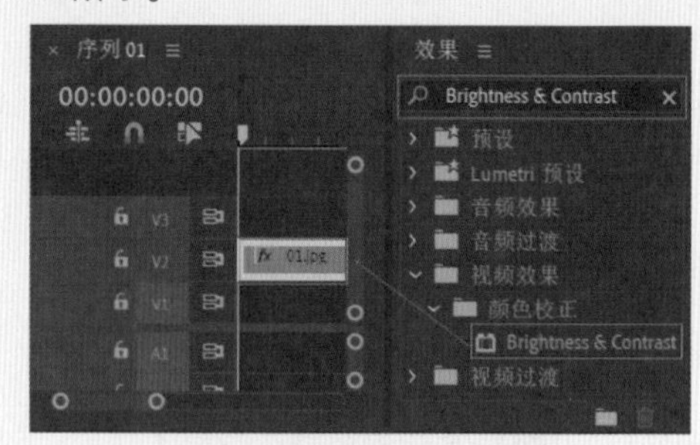

图6-178

07 选择V2轨道上的“01.jpg”素材文件，在“效果控件”面板中展开Brightness & Contrast效果，设置“亮度”为6.0、“对比度”为22.0，如图6-179所示。

08 在“效果”面板中搜索“均衡”效果，并按住鼠标左键将其拖曳到“01.jpg”素材文件上，如图6-180所示。

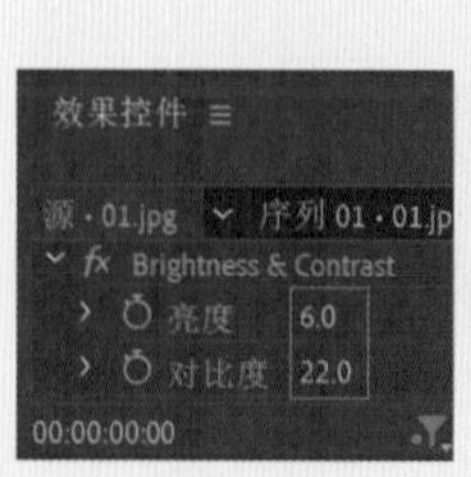

图6-179

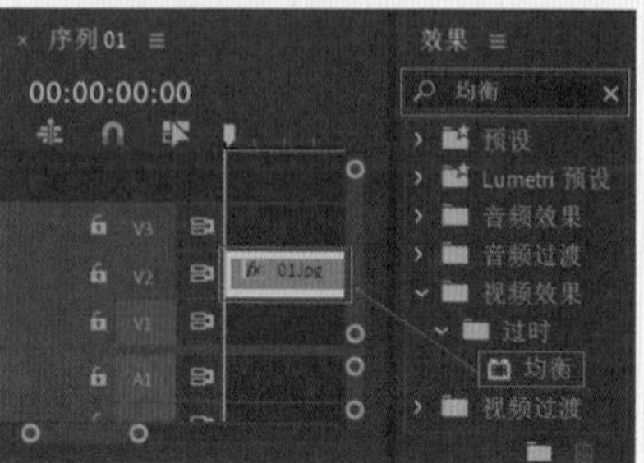

图6-180

09 选择V2轨道上的“01.jpg”素材文件，在“效果控件”面板中展开“均衡”效果，设置“均衡量”为60.0%，如图6-181所示。

10 拖动时间滑块查看效果，如图6-182所示。

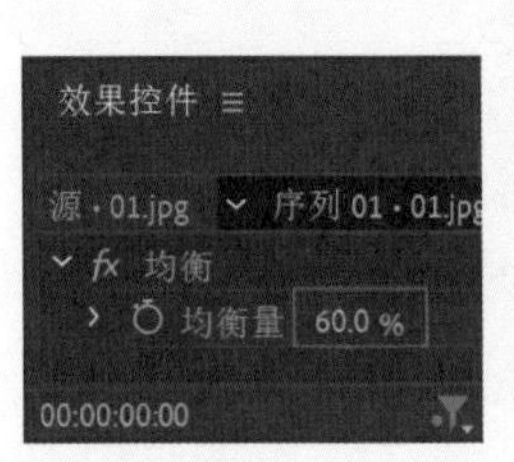

6-181

图6-182

实例130 增强画面色彩

文件路径	第6章\增强画面色彩
难易指数	★★★★★
技术掌握	“快速颜色校正器”效果

扫码深度学习

操作思路

本实例讲解了在Premiere Pro中使用“快速颜色校正器”效果将作品的画面色彩进行增强。

操作步骤

01 在菜单栏中执行“文件”|“新建”|“项目”命令或使用快捷键Ctrl+Alt+N，在弹出的“新建项目”对话框中设置合适的文件名称，单击“位置”右侧的“浏览”按钮，弹出“项目位置”对话框，单击“选择文件夹”按钮，为项目选择合适的路径文件夹。在“新建项目”对话框中单击“创建”按钮，如图6-183所示。

图6-183

02 在“项目”面板空白处单击鼠标右键，在弹出的快捷菜单中执行“新建项目”|“序列”命令。接着在弹出的“新建序列”对话框中选择DV-PAL文件夹下的“标准48kHz”，如图6-184所示。

图6-184

03 在“项目”面板空白处双击，选择所需的“01.jpg”素材文件，最后单击“打开”按钮，将其进行导入，如图6-185所示。

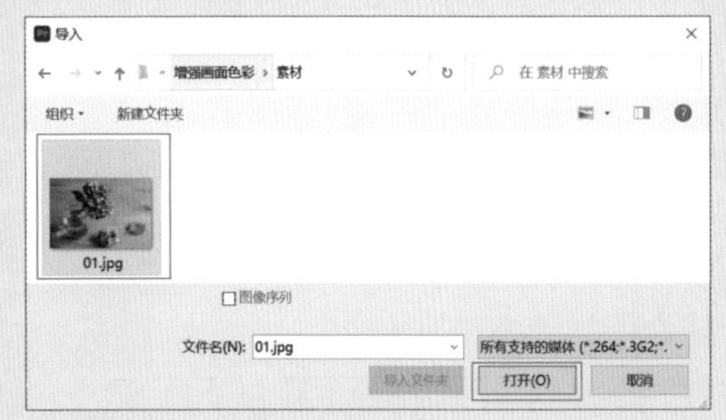

图6-185

04 选择“项目”面板中的“01.jpg”素材文件，并按住鼠标左键将其拖曳到V1轨道上，如图6-186所示。

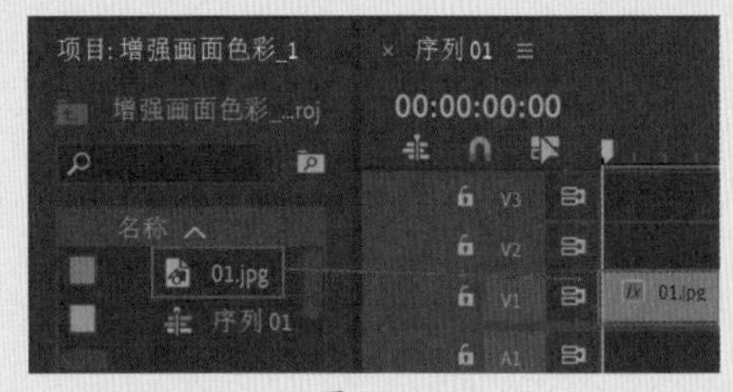

图6-186

05 在“效果”面板中搜索“快速颜色校正器”效果，并按住鼠标左键将其拖曳到“01.jpg”素材文件上，如图6-187所示。

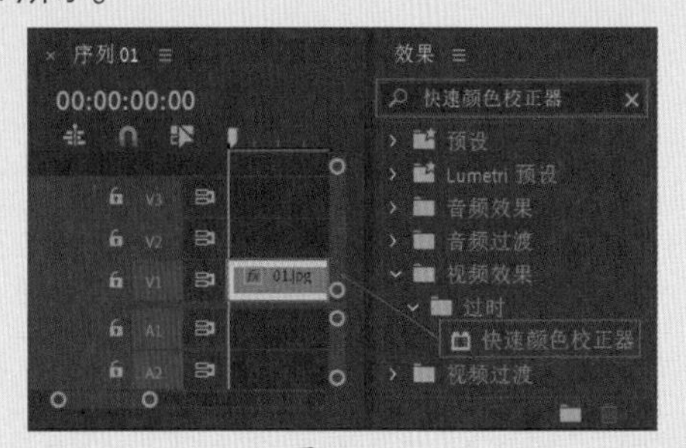

图6-187

06 选择V1轨道上的“01.jpg”素材文件，在“效果控件”面板中展开“快速颜色校正器”效果，设置“色相角度”为6.0°、“平衡数量级”为92.00、“平衡增益”为5.00、“平衡角度”为-134.5°、“饱和度”为144.00，如图6-188所示。

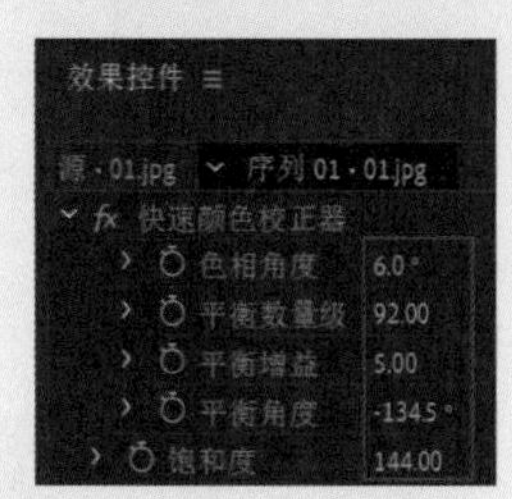

图6-188

07 拖动时间滑块查看效果，如图6-189所示。

图6-189

第7章

抠像合成效果

本章概述

抠像英文称作Key，意思是吸取画面中的某一种颜色作为透明色，将它从画面中抠去，使背景透出来，从而可以进行合成操作。抠像技术常用于电影特效、电视包装、广告等设计制作中。Premiere Pro中有多种用于抠像的效果，使用它们可以快速地将画面背景抠除。

本章重点

- Premiere Pro中抠像技术的应用
- 对人物进行抠像并合成背景制作广告效果

实例131 创意合成效果——合成部分

文件路径	第 7 章 \ 创意合成效果
难易指数	★★★★★
技术掌握	● "RGB 曲线"效果 ● "超级键"效果 ● Brightness & Contrast 效果

扫码深度学习

操作思路

本实例讲解了在Premiere Pro中使用"超级键"效果对人像进行抠像，使用"RGB曲线"效果、Brightness & Contrast效果调整颜色，并制作创意合成作品中的合成部分。

操作步骤

01 在菜单栏中执行"文件"|"新建"|"项目"命令或使用快捷键Ctrl+Alt+N，在弹出的"新建项目"对话框中设置合适的文件名称，单击"位置"右侧的"浏览"按钮，弹出"项目位置"对话框，单击"选择文件夹"按钮，为项目选择合适的路径文件夹。在"新建项目"对话框中单击"创建"按钮，如图7-1所示。

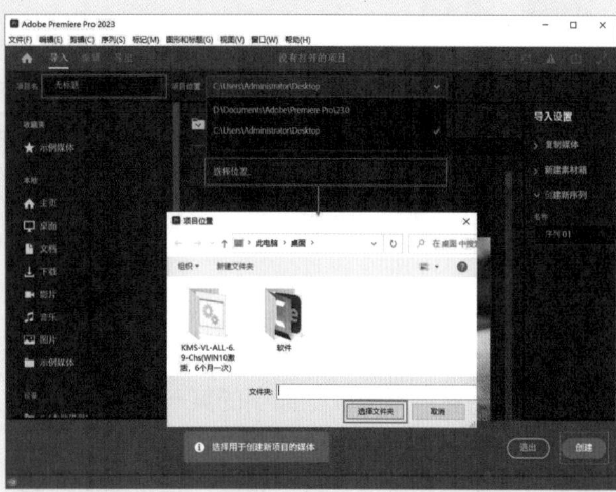

图7-1

02 在"项目"面板空白处双击，选择所需的"01.png"和"背景.jpg"素材文件，最后单击"打开"按钮，将它们进行导入，如图7-2所示。

图7-2

03 选择"项目"面板中的"背景.jpg"和"01.png"素材文件，并按住鼠标左键将它们分别拖曳到V1和V2轨道上，如图7-3所示。

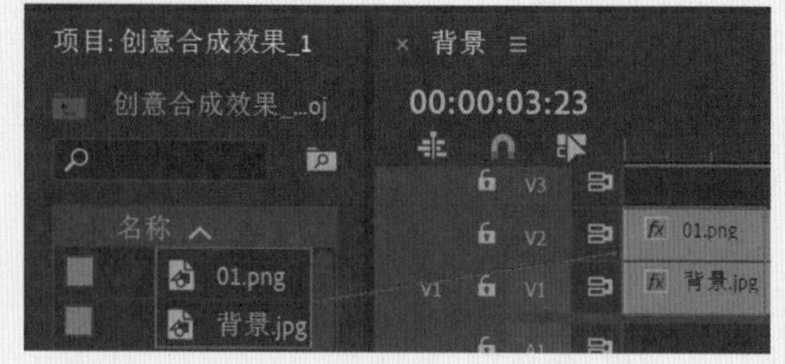

图7-3

04 在"效果"面板中搜索"RGB曲线"效果，并按住鼠标左键将其拖曳到"背景.jpg"素材文件上，如图7-4所示。

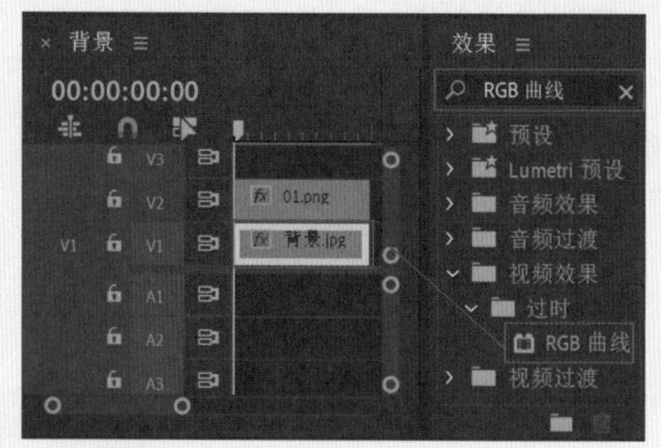

图7-4

05 选择V1轨道上的"背景.jpg"素材文件，在"效果控件"面板中展开"RGB曲线"效果，分别调整"主要""红色""绿色"和"蓝色"曲线，如图7-5所示。查看效果，如图7-6所示。

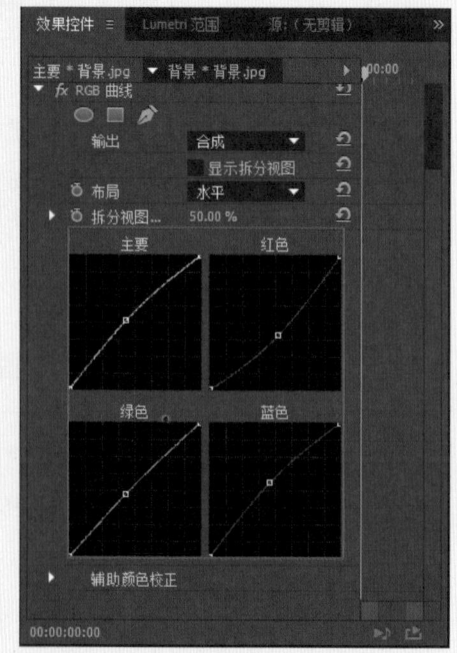

图7-5

图7-6

06 在“效果”面板中搜索“超级键”效果，并按住鼠标左键将其拖曳到“01.png”素材文件上，如图7-7所示。

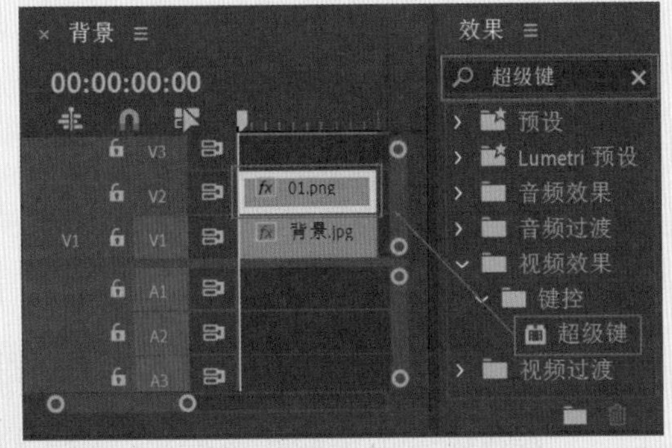

图7-7

07 选择V2轨道上的“01.png”素材文件，在“效果控件”面板中展开“超级键”效果，单击“主要颜色”后面的吸管工具，在“节目监视器”面板中吸取绿色，如图7-8和图7-9所示。

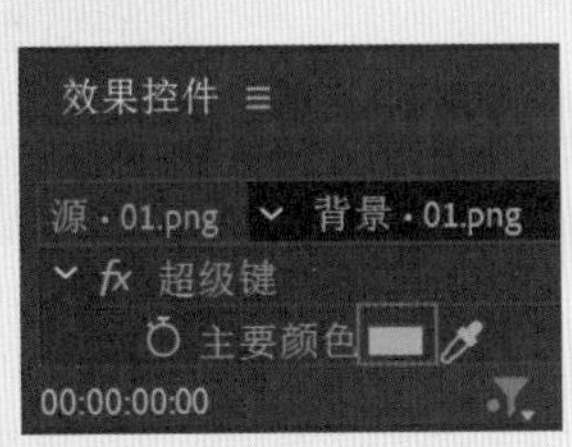

图7-8　　图7-9

08 在“效果”面板中搜索Brightness & Contrast效果，并按住鼠标左键将其拖曳到“01.jpg”素材文件上，如图7-10所示。

09 选择V2轨道上的“01.png”素材文件，在“效果控件”面板中展开Brightness & Contrast效果，设置“亮度”为21.0、“对比度”为1.0，如图7-11所示。

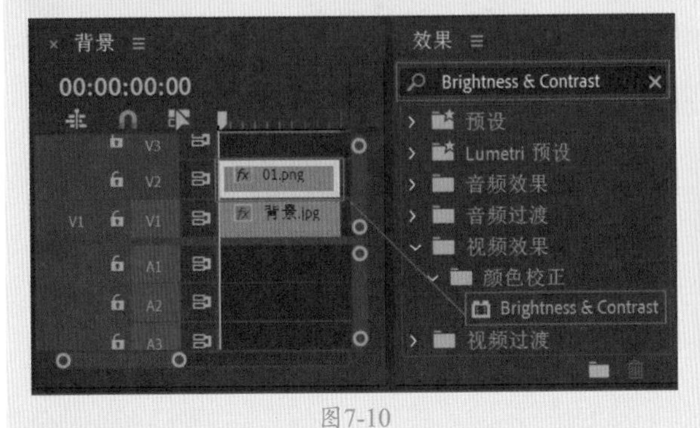

图7-10　　图7-11

10 此时的合成效果如图7-12所示。

图7-12

实例132　创意合成效果——动画部分

文件路径	第7章\创意合成效果
难易指数	★★★★★
技术掌握	关键帧动画

扫码深度学习

操作思路

本实例讲解了在Premiere Pro中使用关键帧动画制作创意合成作品中的动画效果。

操作步骤

01 选择V2轨道上的“01.png”素材文件，将时间滑块拖动到初始位置，设置“位置”为（407.0, 660.0）、“缩放”为74.0、“锚点”为（576.3,553.3），接着展开“不透明度”效果，单击“不透明度”下面的“椭圆形蒙版”按钮■，设置“蒙版羽化”为79.0，如图7-13所示。

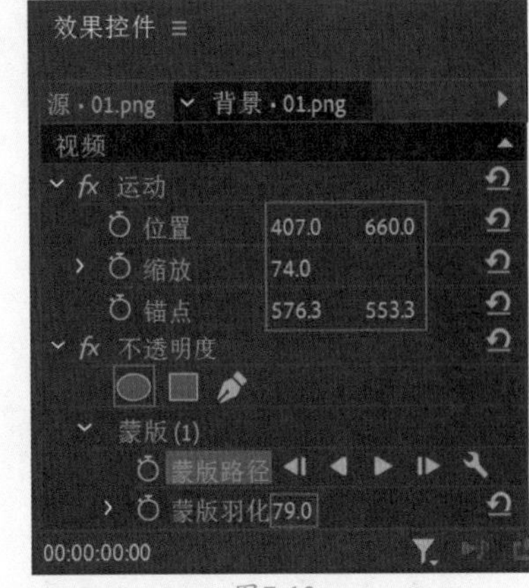

图7-13

02 将时间滑块拖动到初始位置，单击“位置”和“蒙版路径”前面的⏱，创建关键帧，并设置“位置”为（407.0,660.0）、“缩放”为74.0，在“节目监视器”面板中调整蒙版；将时间滑块拖动到15帧的位置，设置“位置”为（407.0,601.6），在“节目监视器”面板中调整蒙版；将时间滑块拖动到1秒10帧的位置，设置“位置”为（407.0,530.9），在“节目监视器”面板中调整蒙版；将时间滑块拖动到2秒05帧的位置，设置“位置”为（407.0,412.6），在“节目监视器”面板中调整蒙版，如图7-14和图7-15所示。

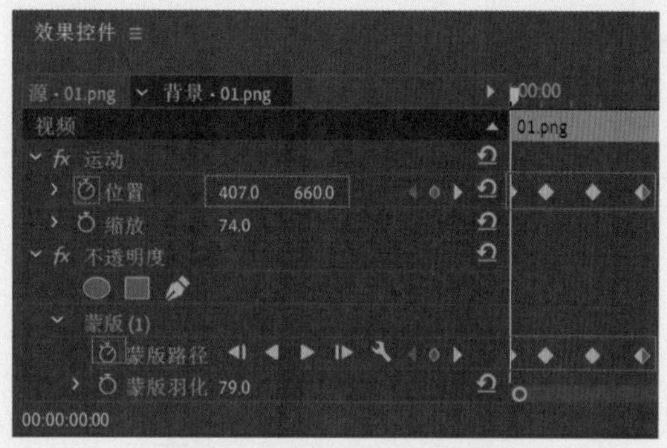

图7-14

图7-15

03 拖动时间滑块查看效果，如图7-16所示。

图7-16

实例133　服装广告抠像合成

文件路径	第7章\服装广告抠像合成	 扫码深度学习
难易指数	★★★★★	
技术掌握	“超级键”效果	

操作思路

本实例讲解了在Premiere Pro中使用“超级键”效果将作品中的人物背景抠除，并将素材进行合成。

操作步骤

01 在菜单栏中执行“文件”|“新建”|“项目”命令或使用快捷键Ctrl+Alt+N，在弹出的“新建项目”对话框中设置合适的文件名称，单击“位置”右侧的“浏览”按钮，弹出“项目位置”对话框，单击“选择文件夹”按钮，为项目选择合适的路径文件夹。在“新建项目”对话框中单击“创建”按钮，如图7-17所示。

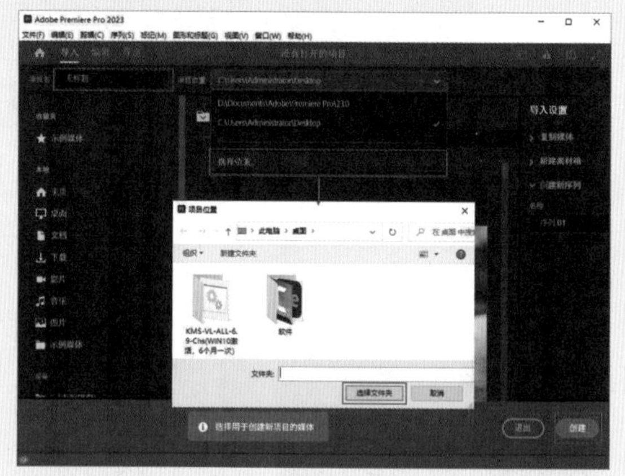

图7-17

02 在“项目”面板空白处单击鼠标右键，在弹出的快捷菜单中执行“新建项目”|“序列”命令。接着在弹出的“新建序列”对话框中选择DV-PAL文件夹下的“标准48kHz”，如图7-18所示。

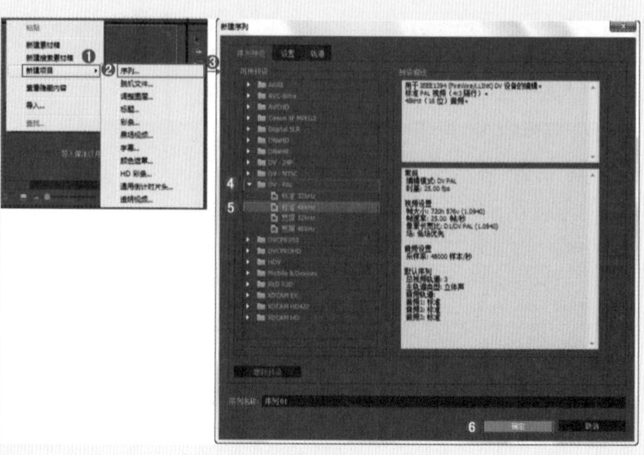

图7-18

03 在“项目”面板空白处双击，选择所需的“01.png”“2.png”和“背景.jpg”素材文件，最后单击“打开”按钮，将它们进行导入，如图7-19所示。

图7-19

04 选择“项目”面板中的素材文件，并按住鼠标左键依次将它们拖曳到V1～V3轨道上，如图7-20所示。

图7-20

05 在“效果”面板中搜索“超级键”效果，并按住鼠标左键将其拖曳到“2.png”素材文件上，如图7-21所示。

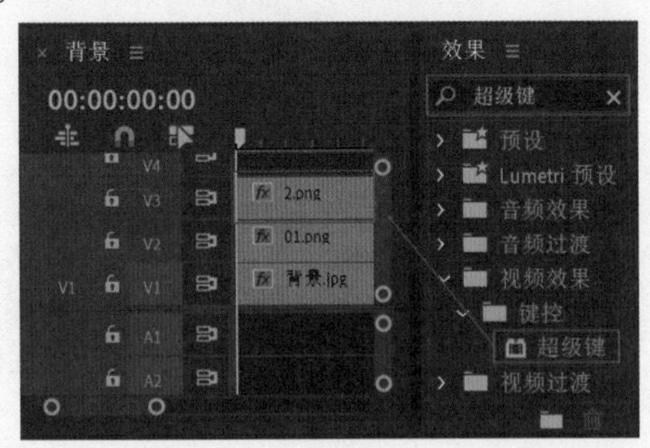

图7-21

06 选择V3轨道上的“2.png”素材文件，在“效果控件”面板中展开“运动”效果，设置“位置”为（206.5,276.5）、“缩放”为63.0，展开“超级键”效果，设置为“强效”，单击“主要颜色”后面的吸管工具，并在“节目监视器”面板中吸取绿色，接着展开“遮罩生成”，设置“透明度”为40.0、“阴影”为55.0、“容差”为90.0、“基值”为50.0。接着展开“遮罩清除”，设置“抑制”为10.0、“柔化”为10.0、“对比度”为10.0，展开“溢出抑制”，设置“降低饱和度”为50.0。如图7-22所示。

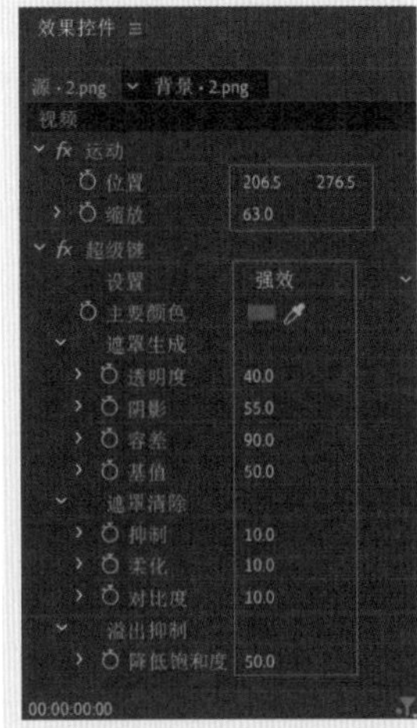

图7-22

07 拖动时间滑块查看效果，如图7-23所示。

图7-23

实例134 公益广告效果——合成效果

文件路径	第7章\公益广告效果
难易指数	★★★★★
技术掌握	“超级键”效果

扫码深度学习

操作思路

本实例讲解了在Premiere Pro中使用“超级键”效果抠除动物的背景，并将素材进行合成。

操作步骤

01 在菜单栏中执行“文件”|“新建”|“项目”命令或使用快捷键Ctrl+Alt+N，在弹出的“新建项目”对话框中设置合适的文件名称，单击“位置”右侧的“浏览”按钮，弹出“项目位置”对话框，单击“选择文件夹”按钮，为项目选择合适的路径文件夹。在“新建项目”对话框中单击“创建”按钮，如图7-24所示。

02 在“项目”面板空白处双击，选择所需的“01.jpg”“01.png”～“05.png”和“背景.jpg”素材文件，最后单击“打开”按钮，将它们进行导入，如图7-25所示。

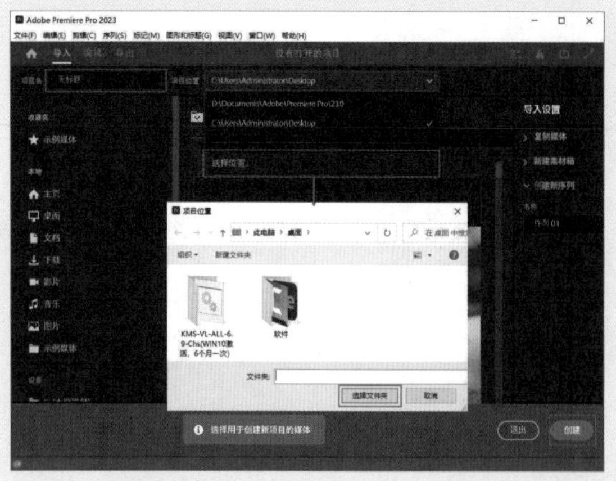

图7-24

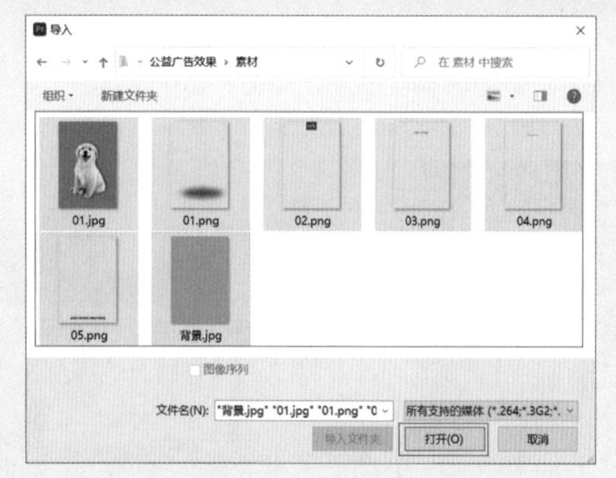

图7-25

03 选择“项目”面板中的素材文件，并按住鼠标左键将它们拖曳到轨道上。选择V2轨道上的“01.png”素材文件，在“效果控件”面板中展开“不透明度”效果，并设置“混合模式”为“线性加深”，如图7-26所示。

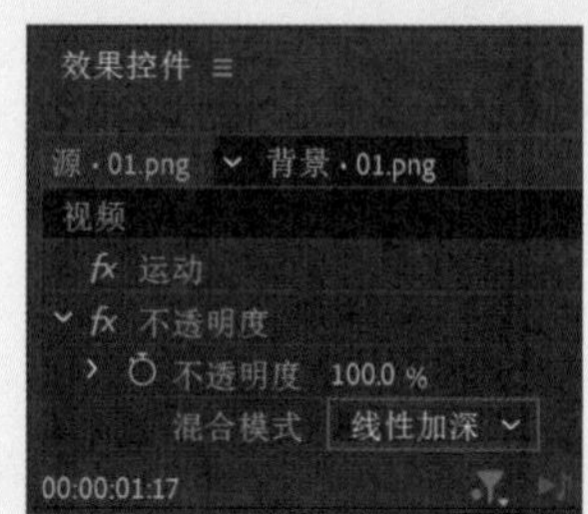

图7-26

04 在“效果”面板中搜索“超级键”效果，并按住鼠标左键将其拖曳到“01.jpg”素材文件上，如图7-27所示。

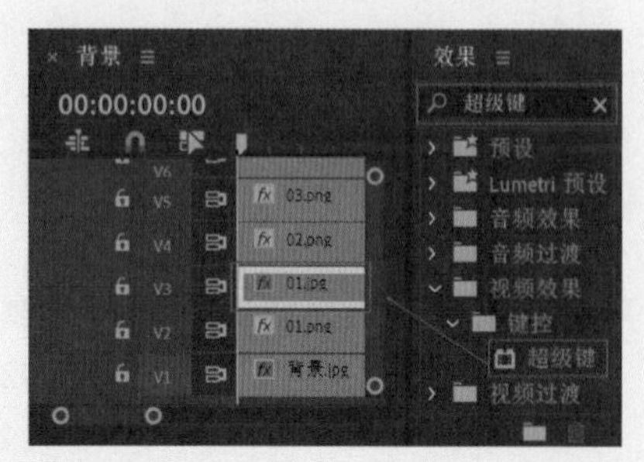

图7-27

05 选择V3轨道上的“01.jpg”素材文件，在“效果控件”面板中展开“超级键”效果，单击“主要颜色”后面的吸管工具，并在“节目监视器”面板中吸取绿色，如图7-28和图7-29所示。

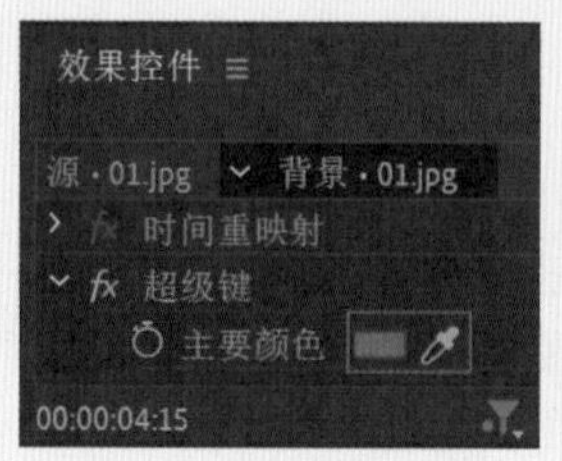

图7-28

图7-29

06 最终合成效果如图7-30所示。

图7-30

实例135 公益广告效果——动画效果

文件路径	第 7 章 \ 公益广告效果
难易指数	★★★★★
技术掌握	关键帧动画

扫码深度学习

操作思路

本实例讲解了在Premiere Pro中使用关键帧动画制作素材的动画效果。

操作步骤

01 选择V4轨道上的“02.png”素材文件，将时间滑块拖动到1秒的位置，单击“位置”前面的⏱，创建关键帧，并设置“位置”为（358.5,422.0），如图7-31所示；将时间滑块拖动到1秒15帧的位置，设置“位置”为（358.5,523.0）。

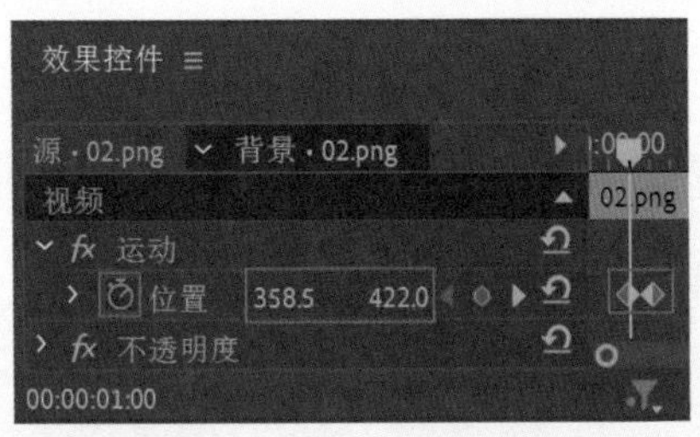

图7-31

02 选择V5轨道上的“03.png”素材文件，将时间滑块拖动到1秒15帧的位置，单击“不透明度”前面的⏱，创建关键帧，并设置“不透明度”为0.0%，如图7-32所示；将时间滑块拖动到2秒05帧的位置，设置“不透明度”为100.0%。

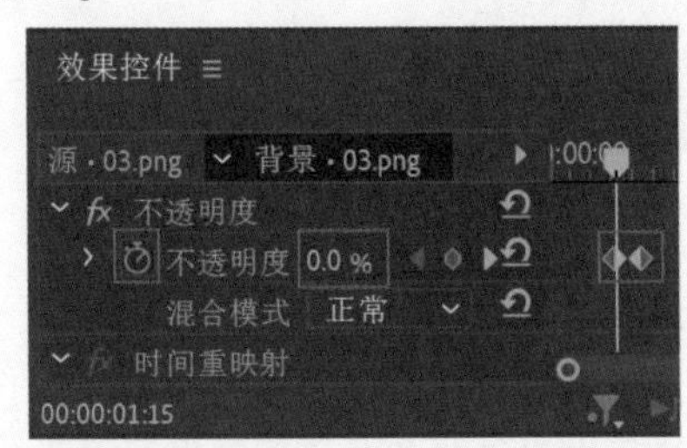

图7-32

03 选择V6轨道上的“04.png”素材文件，将时间滑块拖动到2秒05帧的位置，单击“缩放”前面的⏱，创建关键帧，并设置“缩放”为0.0，如图7-33所示；将时间滑块拖动到3秒的位置，设置“缩放”为100.0。

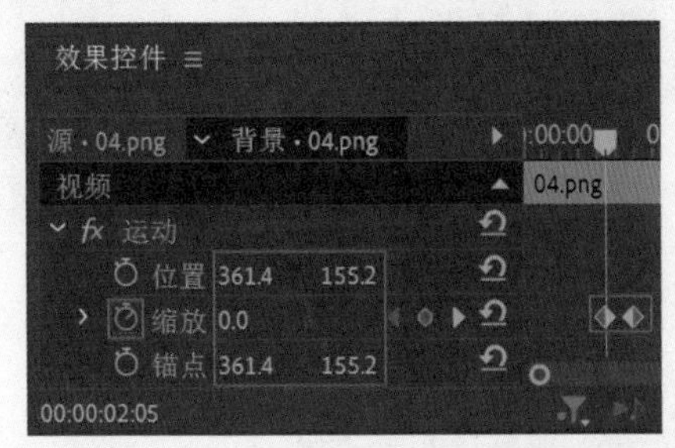

图7-33

04 选择V7轨道上的“05.png”素材文件，将时间滑块拖动到3秒的位置，单击“位置”前面的⏱，创建关键帧，并设置“位置”为（358.5,604.0），如图7-34所示；将时间滑块拖动到4秒的位置，设置“位置”为（358.5,523.0）。

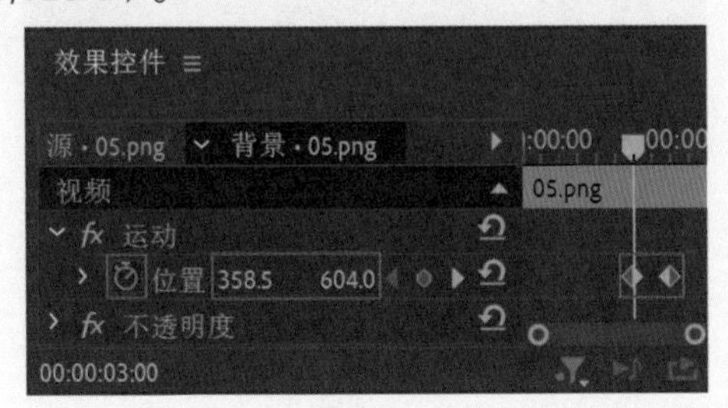

图7-34

05 拖动时间滑块查看效果，如图7-35所示。

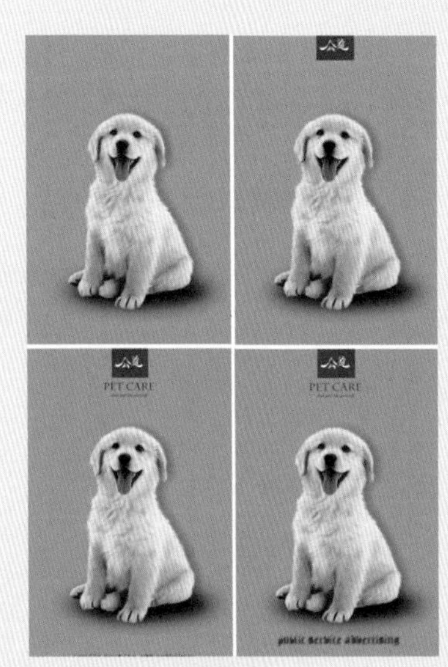

图7-35

实例136 人物鲜花合成效果

文件路径	第7章\人物鲜花合成效果
难易指数	★★★★★
技术掌握	● “超级键”效果 ● 蒙版工具

扫码深度学习

操作思路

本实例讲解了在Premiere Pro中使用“超级键”效果将人物背景抠除，并合成其他元素制作完成作品。

操作步骤

01 在菜单栏中执行“文件”|“新建”|“项目”命令或使用快捷键Ctrl+Alt+N，在弹出的“新建项目”对话框中设置合适的文件名称，单击“位置”右侧的“浏览”按钮，弹出“项目位置”对话框，单击“选择文件夹”按钮，为项目选择合适的路径文件夹。在“新建项目”对话框中单击“创建”按钮，如图7-36所示。

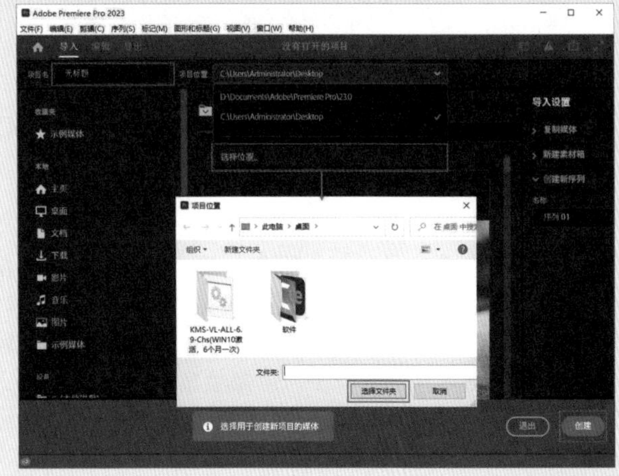

图7-36

02 在“项目”面板空白处双击，选择所需的“1.png”“02.png”“03.png”和“背景.jpg”素材文件，最后单击“打开”按钮，将它们进行导入，如图7-37所示。

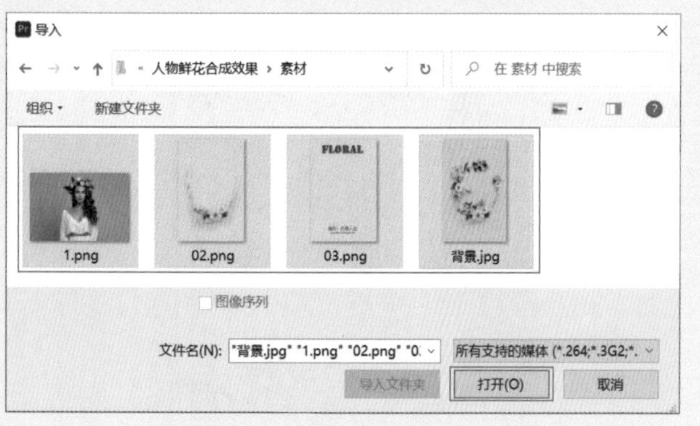

图7-37

03 选择“项目”面板中的“1.png”和“背景.jpg”素材文件，并按住鼠标左键依次将它们拖曳到V1和V2轨道上，如图7-38所示。

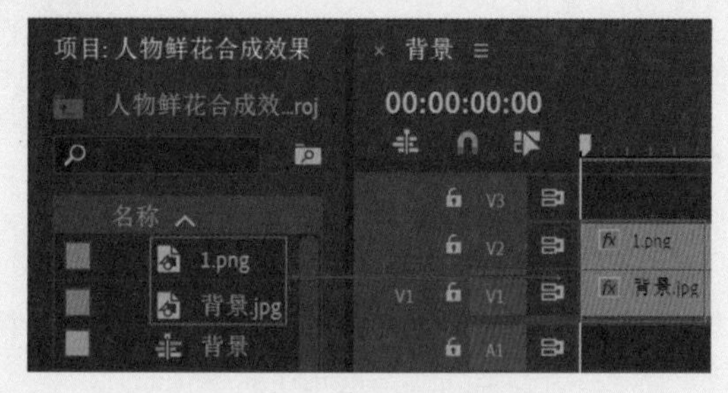

图7-38

04 在“效果”面板中搜索“超级键”效果，并按住鼠标左键将其拖曳到“1.png”素材文件上，如图7-39所示。

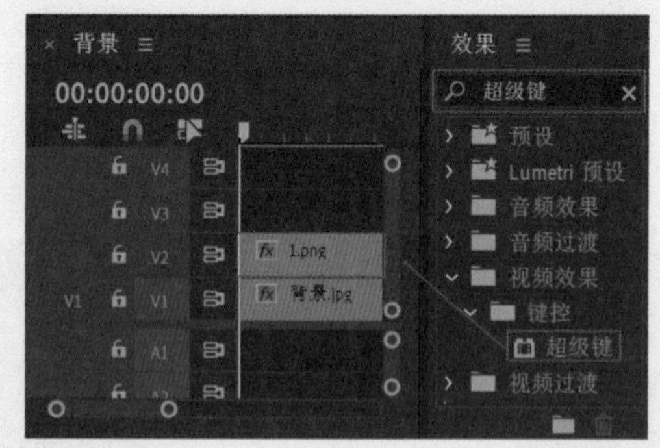

图7-39

05 选择V2轨道上“1.png”素材文件，在“效果控件”面板中展开“运动”效果，设置“位置”为（290.0,484.8）、“缩放”为63.0，展开“超级键”效果，设置为“自定义”，单击“主要颜色”后面的吸管工具，并在“节目监视器”面板中吸取蓝色，展开“遮罩生成”，设置“透明度”为50.0、“高光”为15.0、“容差”为0.0、“基值”为0.0，展开“溢出抑制”，设置“降低饱和度”为0.0、“范围”为0.0、“溢出”为0.0、“亮度”为0.0。如图7-40和图7-41所示。

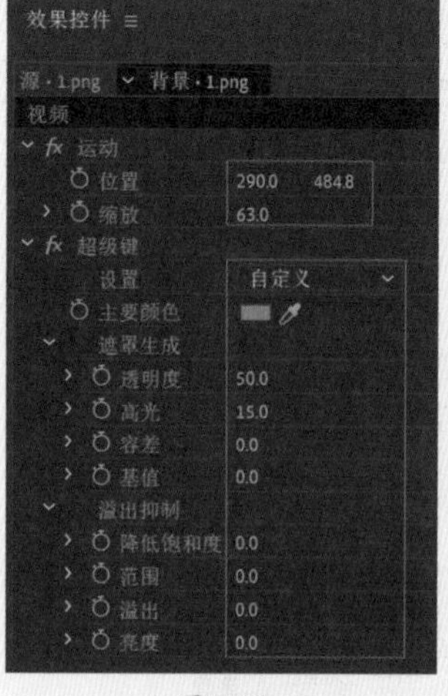

图7-40

图7-41

06 选择V2轨道上“1.png”素材文件，在“效果控件”面板中展开“不透明度”效果，单击“不透明度”下面的“椭圆形蒙版”按钮，如图7-42所示。在“节目监视器”面板中调整蒙版为合适的大小与位置。如图7-43所示。

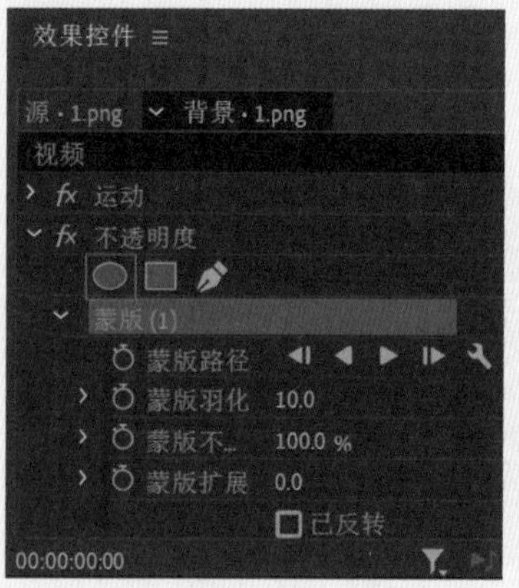

图7-42

图7-43

07 选择“项目”面板中的“02.png”和“03.png”素材文件，并按住鼠标左键依次将它们拖曳到V3和V4轨道上，如图7-44所示。

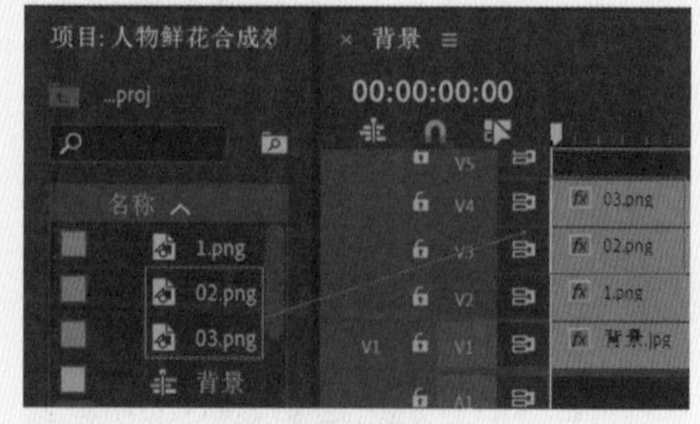

图7-44

08 拖动时间滑块查看效果，如图7-45所示。

图7-45

实例137 睡衣海报效果

文件路径	第7章\睡衣海报效果	扫码深度学习
难易指数	★★★★★	
技术掌握	● “超级键”效果 ● Brightness & Contrast 效果 ● 混合模式	

操作思路

本实例讲解了在Premiere Pro中使用“超级键”效果与Brightness & Contrast效果抠除人物背景，并设置素材的混合模式制作完成海报。

操作步骤

01 在菜单栏中执行“文件”|“新建”|“项目”命令或使用快捷键Ctrl+Alt+N，在弹出的“新建项目”对话框中设置合适的文件名称，单击“位置”右侧的“浏览”按钮，弹出“项目位置”对话框，单击“选择文件夹”按钮，为项目选择合适的路径文件夹。在“新建项目”对话框中单击“创建”按钮，如图7-46所示。

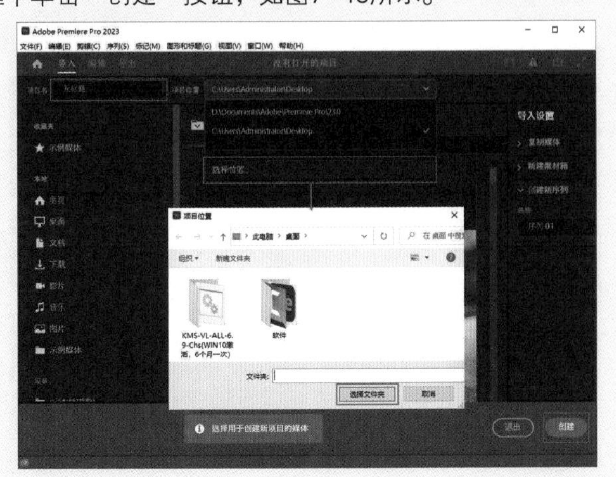

图7-46

02 在“项目”面板空白处双击，选择所需的“01.png”～“04.png”和“背景.jpg”素材文件，最后单击“打开”按钮，将它们进行导入，如图7-47所示。

图7-47

03 选择“项目”面板中的所有素材文件，并按住鼠标左键将它们拖曳到轨道上，如图7-48所示。

图7-48

04 在“效果”面板中搜索“超级键”效果，并按住鼠标左键将其拖曳到“02.png”素材文件上，如图7-49所示。

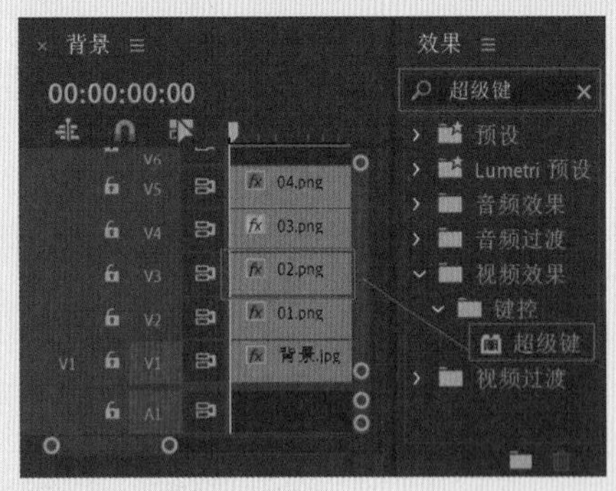

图7-49

05 选择V3轨道上的“02.png”素材文件，在“效果控件”面板中展开“运动”效果，设置“位置”为(390.5,405.1)、“缩放”为75.0。展开“超级键”效果，设置为“自定义”，单击“主要颜色”后面的吸管工具，接着展开“遮罩生成”，设置“透明度”为73.0、“高光”为4.0、“阴影”为55.0、“容差”为90.0、“基值”为50.0，展开“遮罩清除”，设置“抑制”为10.0、“柔化”为10.0、“对比度”为10.0，接着展开“溢出抑制”，设置“降低饱和度”为50.0，并在“节目监视器”面板中吸取绿色，如图7–50和图7–51所示。

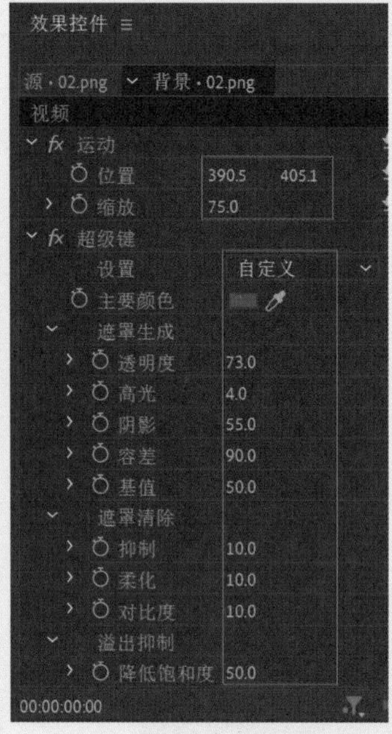

图7-50

图7-51

06 在“效果”面板中搜索Brightness & Contrast效果，并按住鼠标左键将其拖曳到“02.png”素材文件上，如图7–52所示。

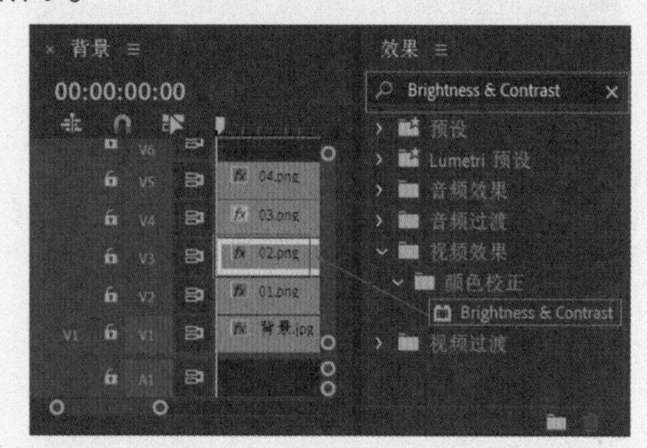

图7-52

07 选择V3轨道上的“02.png”素材文件，在“效果控件”面板中展开Brightness & Contrast效果，设置“亮度”为15.0。如图7–53所示。

08 选择V4轨道上的“03.png”素材文件，在“效果控件”面板中展开“不透明度”效果，设置“混合模式”为“变暗”，如图7–54所示。

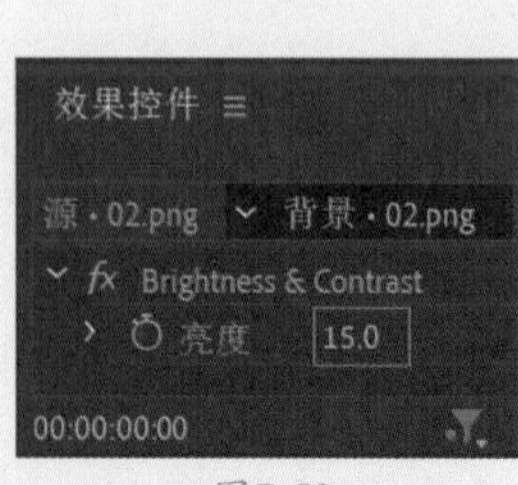

图7-53

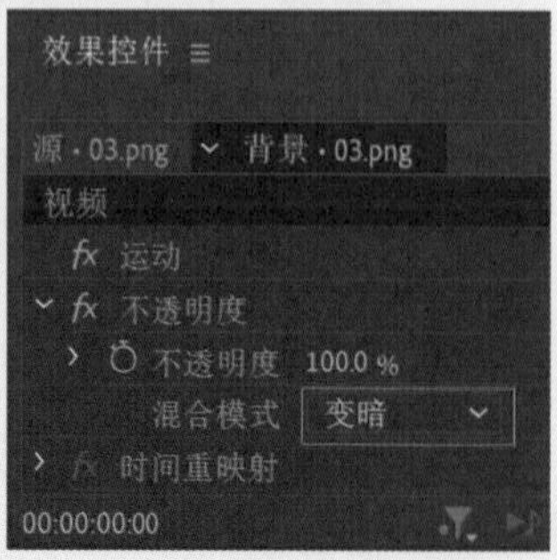

图7-54

09 拖动时间滑块查看效果，如图7–55所示。

图7-55

实例138 天使动画效果——合成部分

文件路径	第7章\天使动画效果
难易指数	★★★★★
技术掌握	“超级键”效果

扫码深度学习

操作思路

本实例讲解了在Premiere Pro中使用“超级键”效果抠除人物背景，并合成背景制作奇幻天使效果。

操作步骤

01 在菜单栏中执行“文件”|“新建”|“项目”命令或使用快捷键Ctrl+Alt+N，在弹出的“新建项目”对话框中设置合适的文件名称，单击“位置”右侧的“浏览”按钮，弹出“项目位置”对话框，单击“选择文件夹”按钮，为项目选择合适的路径文件夹。在“新建项目”对话框中单击“创建”按钮，如图7–56所示。

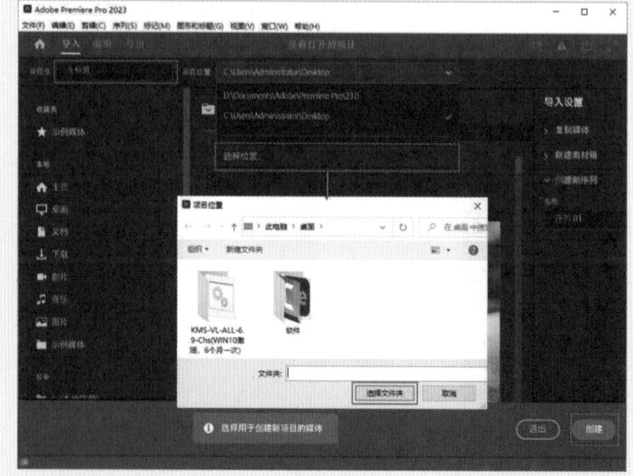

图7-56

02 在“项目”面板空白处双击，选择所需的“01.png”~“06.png”和“背景.jpg”素材文件，最后单击“打开”按钮，将它们进行导入，如图7-57所示。

图7-57

03 选择“项目”面板中的所有素材文件，并按住鼠标左键将它们拖曳到轨道上，如图7-58所示。

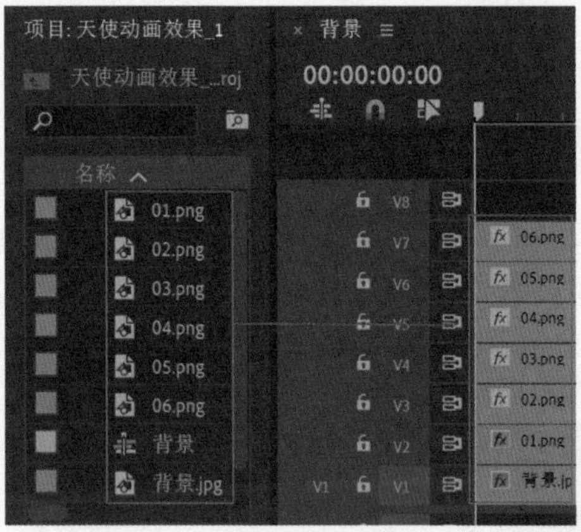

图7-58

04 在“效果”面板中搜索“超级键”效果，并按住鼠标左键将其拖曳到“01.png”素材文件上，如图7-59所示。

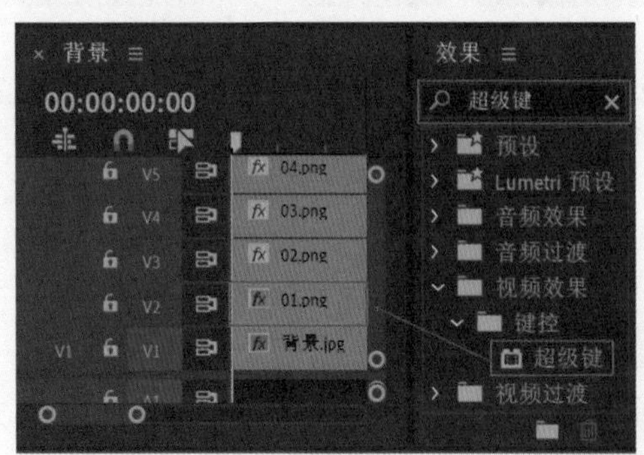

图7-59

05 选择V2轨道上的“01.png”素材文件，在“效果控件”面板中展开“超级键”效果，并单击“主要颜色”后面的吸管工具，在“节目监视器”面板中吸取绿色，如图7-60和图7-61所示。

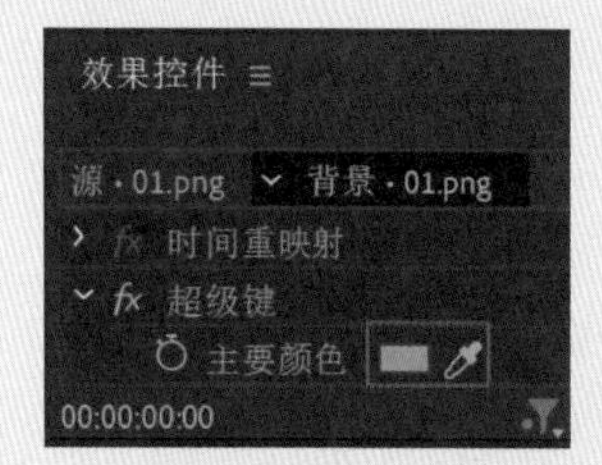

图7-60

图7-61

06 此时的合成效果如图7-62所示。

图7-62

实例139 天使动画效果——动画部分

文件路径	第7章\天使动画效果	扫码深度学习
难易指数	★★★★★	
技术掌握	● 关键帧动画 ● 蒙版工具	

操作思路

本实例讲解了在Premiere Pro中使用蒙版工具和关键帧动画制作素材的缩放、不透明度和位置的动画效果。

操作步骤

01 选择V2轨道上的“01.png”素材文件，将时间滑块拖动到初始位置，在“效果控件”面板中，单击“缩放”和“不透明度”前面的⏱，创建关键帧，并设置“缩放”为0、“不透明度”为0.0%；将时间滑块拖动到1秒的位置，设置“缩放”为59.0、“不透明度”为100.0%，设置“位置”为（919.8,374.2），接着展开“不透明度”效果，单击“不透明度”下面的“椭圆形蒙版”按钮◯，设置“蒙版羽化”为107.0，如图7-63所示。在“节目监视器”面板中调整合适的蒙版大小、位置。如图7-64所示。

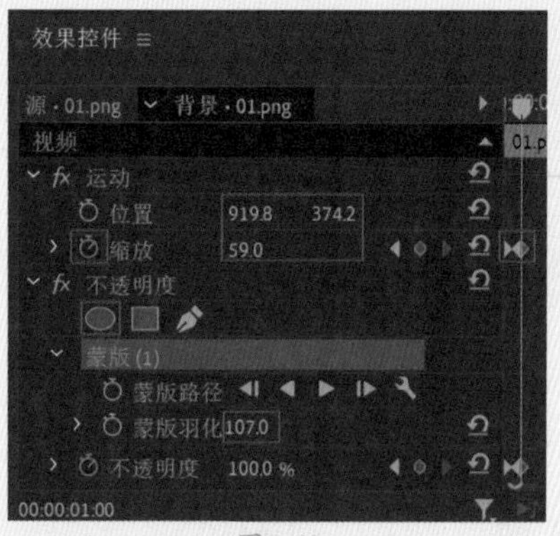

图7-63

图7-64

02 选择V3轨道上的“02.png”素材文件，将时间滑块拖动到1秒05帧的位置，在“效果控件”面板中单击“不透明度”前面的⏱，创建关键帧，并设置“不透明度”为0.0%，设置“混合模式”为“叠加”，如图7-65所示；将时间滑块拖动到2秒的位置，设置“不透明度”为100.0%。查看效果如图7-66所示。

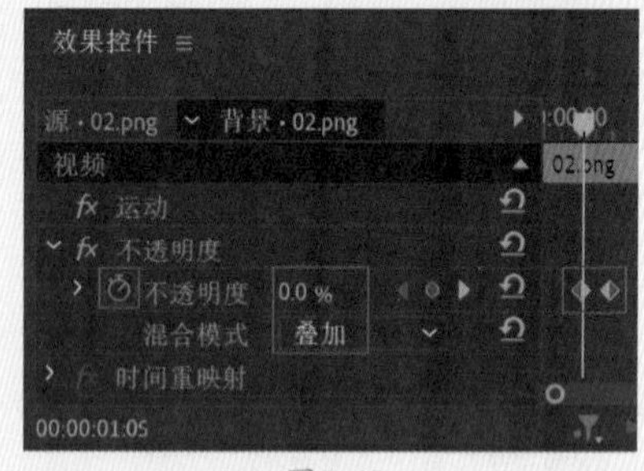

图7-65

图7-66

03 选择V4轨道上的“03.png”素材文件，将时间滑块拖动到2秒的位置，在“效果控件”面板中单击“位置”前面的⏱，创建关键帧，并设置“位置”为（-578.0,400.0）；将时间滑块拖动到3秒的位置，设置“位置”为（640.0,400.0），如图7-67所示。查看效果如图7-68所示。

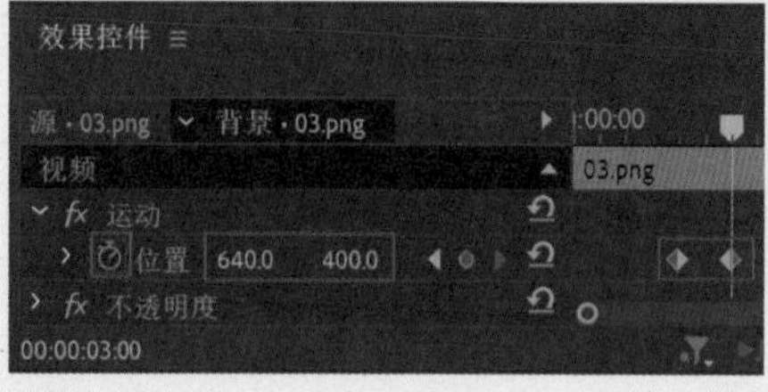

图7-67

图7-68

04 选择V5轨道上的“04.png”素材文件，将时间滑块拖动到3秒10帧的位置，在“效果控件”面板中单击“缩放”前面的⏱，创建关键帧，并设置“位置”为（374.7,391.6）、“缩放”为0.0、“锚点”为（374.7,391.6），如图7-69所示；将时间滑块拖动到3秒20帧的位置，设置“缩放”为100.0。查看效果如图7-70所示。

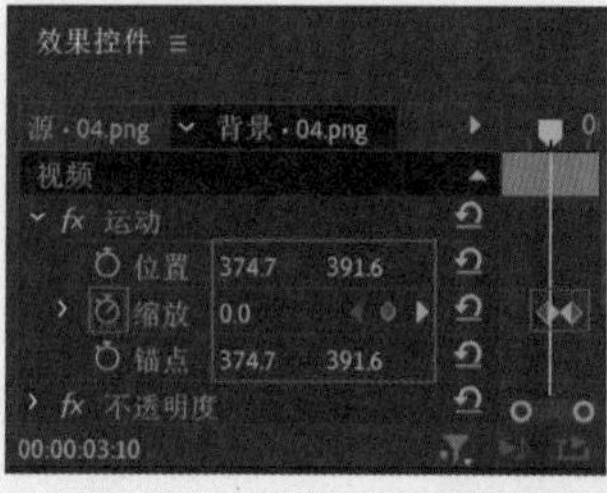

图7-69

图7-70

05 选择V6轨道上的“05.png”素材文件，将时间滑块拖动到3秒20帧的位置，在“效果控件”面板中单击“位置”前面的⏱，创建关键帧，并设置“位置”为（640.0,747.0）；将时间滑块拖动到4秒05帧的位置，设置“位置”为（640.0,400.0），如图7-71所示。查看效果如图7-72所示。

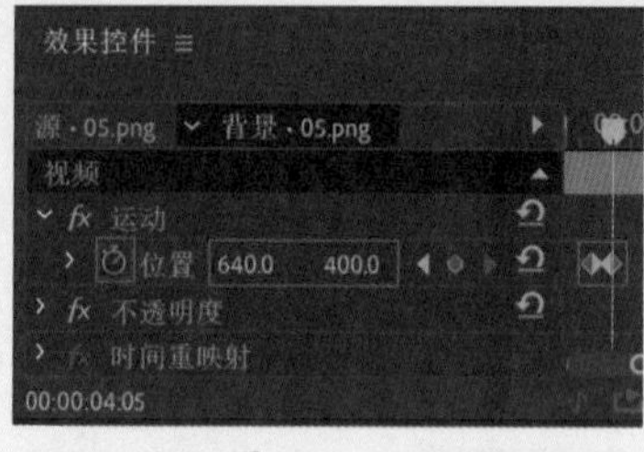

图7-71

图7-72

06 选择V7轨道上的“06.png”素材文件，将时间滑块拖动到4秒05帧的位置，在“效果控件”面板中单击“缩放”和“旋转”前面的⏱，创建关键帧，并设置“缩放”为0.0、“旋转”为0.0°；将时间滑块拖动到4秒20帧的位置，设置“位置”为（378.9，581.1）、“缩放”为100.0、“旋转”为1x0.0°、“锚点”为（378.9，581.1），如图7-73所示。查看效果如图7-74所示。

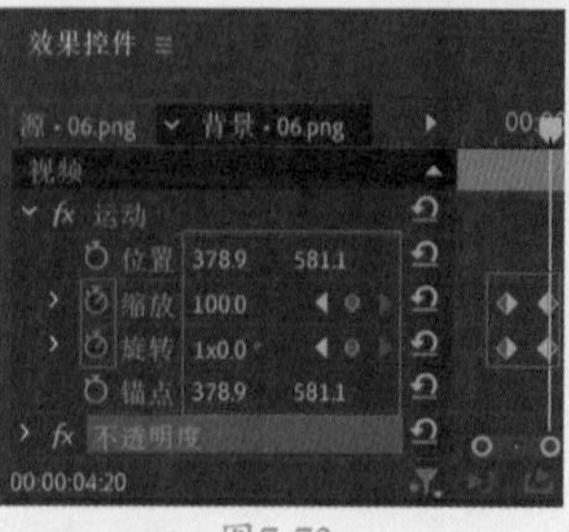

图7-73

图7-74

07 拖动时间滑块查看效果，如图7–75所示。

图7-75

实例140 跳跃抠像合成效果——合成部分

文件路径	第7章\跳跃抠像合成效果	扫码深度学习
难易指数	★★★★★	
技术掌握	● 关键帧动画 ● “超级键”效果 ● “投影”效果	

操作思路

本实例讲解了在Premiere Pro中导入素材，并使用关键帧动画制作位置、不透明度动画，然后为人像素材添加“超级键”效果抠除背景。

操作步骤

01 在菜单栏中执行“文件”|“新建”|“项目”命令或使用快捷键Ctrl+Alt+N，在弹出的“新建项目”对话框中设置合适的文件名称，单击“位置”右侧的“浏览”按钮，弹出“项目位置”对话框，单击“选择文件夹”按钮，为项目选择合适的路径文件夹。在“新建项目”对话框中单击“创建”按钮，如图7–76所示。

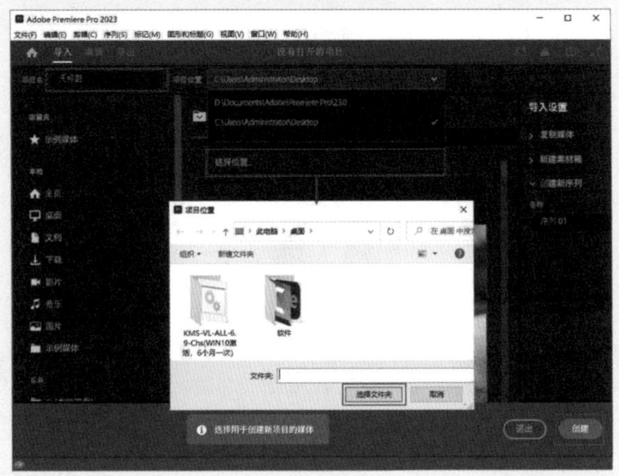

图7-76

02 在“项目”面板空白处双击，选择所需的“01.png”“02.png”“3.png”“04.png”～“06.png”和“背景.jpg”素材文件，最后单击“打开”按钮，将它们进行导入，如图7–77所示。

图7-77

03 选择“项目”面板中的所有素材文件，并按住鼠标左键将它们拖曳到轨道上，如图7–78所示。

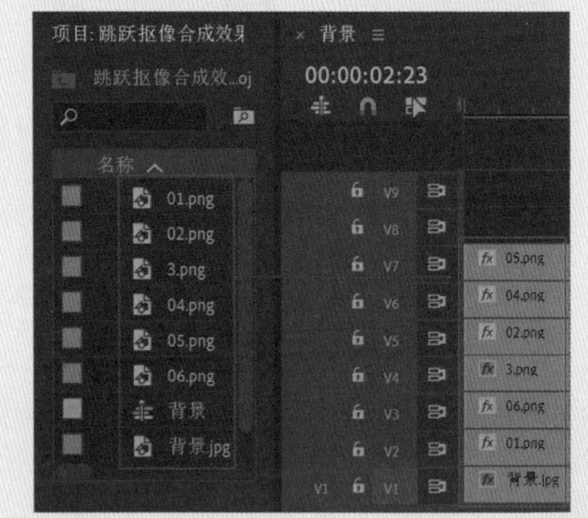

图7-78

04 选择V2轨道上的“01.png”素材文件，将时间滑块拖动到初始位置，在“效果控件”面板中，单击“位置”前面的⏱，创建关键帧，并设置“位置”为（–502.5,794.0）；将时间滑块拖动到15帧的位置，设置“位置”为（1427.5,794.0），如图7–79所示。

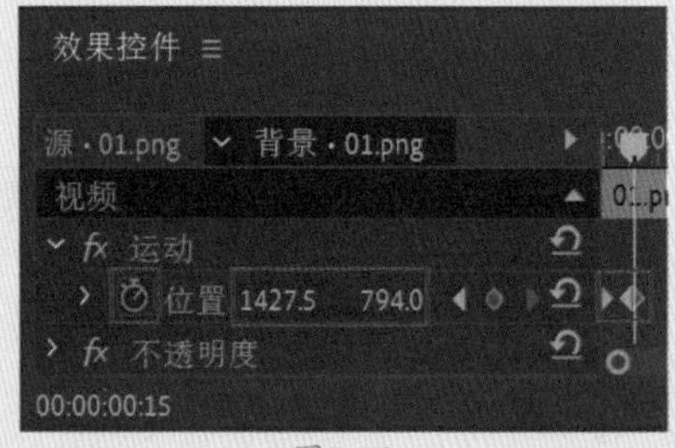

图7-79

05 选择V3轨道上的“06.png”素材文件，将时间滑块拖动到2秒05帧的位置，在“效果控件”面板中单击“位置”前面的⏱，创建关键帧，并设置“位置”为（1427.5,887.0），如图7–80所示；将时间滑块拖动到3秒的位置，设置“位置”为（1427.5,794.0）。

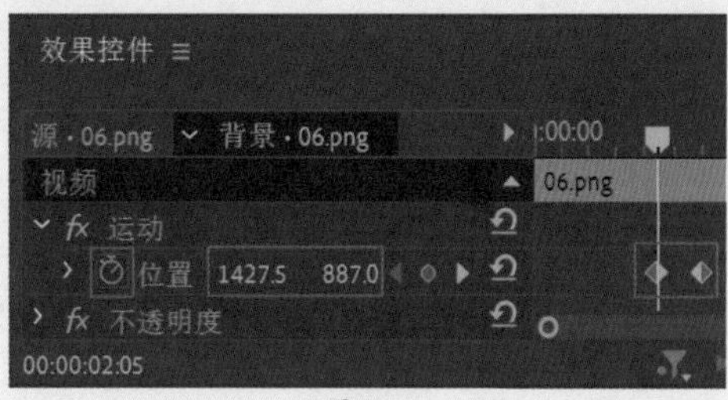

图7-80

06 在“效果”面板中搜索“超级键”效果，并按住鼠标左键将其拖曳到“3.png”素材文件上，如图7-81所示。

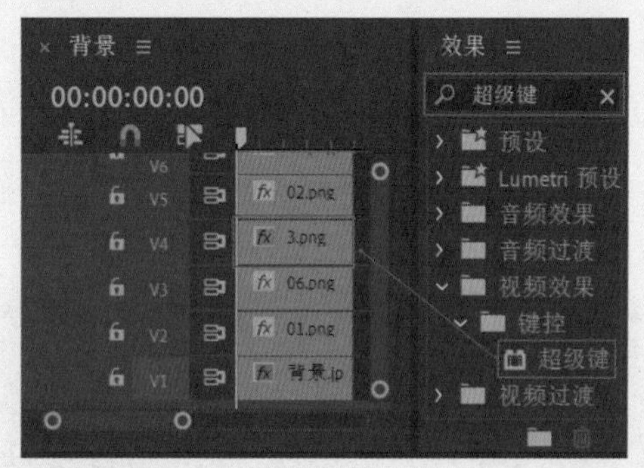

图7-81

07 选择V4轨道上的“3.png”素材文件，在“效果控件”面板中展开“运动”效果，设置“位置”为（1376.0,1141.3）、“缩放”为206.0。展开“超级键”效果，单击“主要颜色”后面的吸管工具，并在“节目监视器”面板中吸取绿色，如图7-82所示。

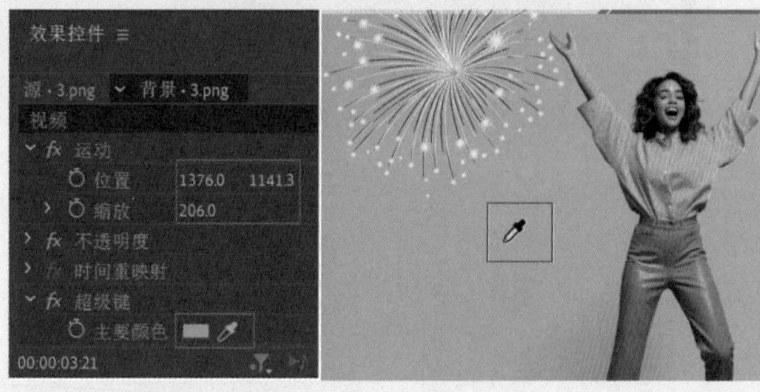

图7-82

08 在“效果”面板中搜索“投影”效果，并按住鼠标左键将其拖曳到“3.png”素材文件上，如图7-83所示。

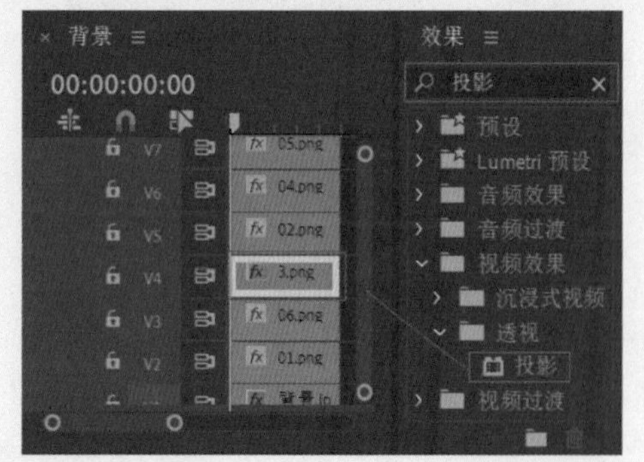

图7-83

09 选择V4轨道上的“3.png”素材文件，在“效果控件”面板中展开“投影”效果，设置“方向”为256.0°、“距离”为24.0、“柔和度”为32.0，如图7-84所示。

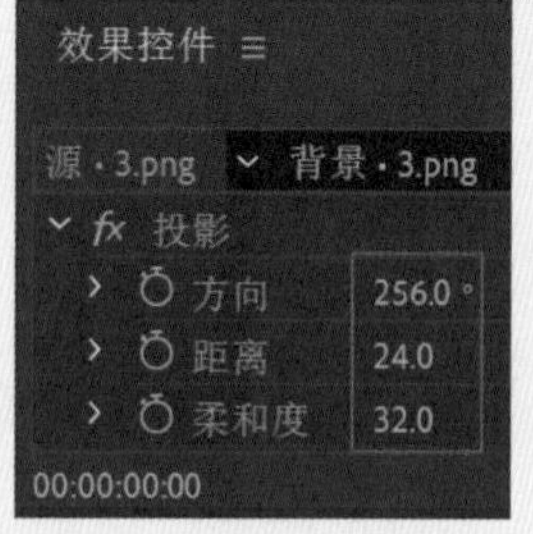

图7-84

10 选择V5轨道上的“02.png”素材文件，在“效果控件”面板中展开“运动”效果，设置“位置”为（1385.2,697.2），“旋转”为22.0°；将时间滑块拖动到15帧的位置，单击“不透明度”前面的⏱，创建关键帧，并设置“不透明度”为0.0%；将时间滑块拖动到1秒的位置，设置“不透明度”为100.0%。如图7-85所示。

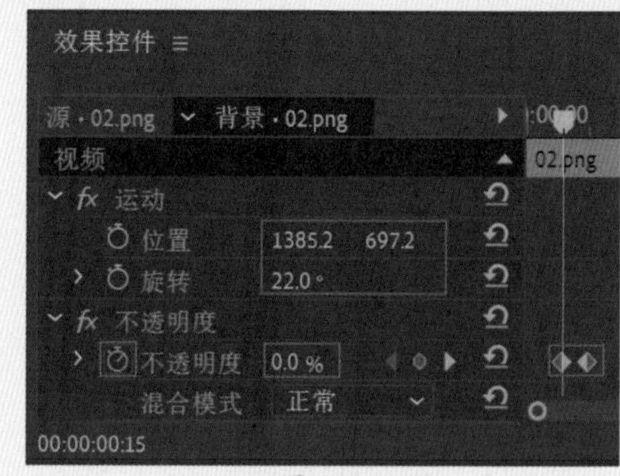

图7-85

11 此时的画面合成效果如图7-86所示。

图7-86

实例141 跳跃抠像合成效果——动画部分

文件路径	第7章\跳跃抠像合成效果
难易指数	★★★★★
技术掌握	关键帧动画

扫码深度学习

操作思路

本实例讲解了在Premiere Pro中使用关键帧动画制作素材不透明度、位置动画效果。

操作步骤

01 选择V4轨道上的“3.png”素材文件，将时间滑块拖动到15帧的位置，在“效果控件”面板中单击“不透明度”前面的■，创建关键帧，并设置“不透明度”为0.0%；将时间滑块拖动到1秒的位置，设置“不透明度”为100.0%，如图7-87所示。

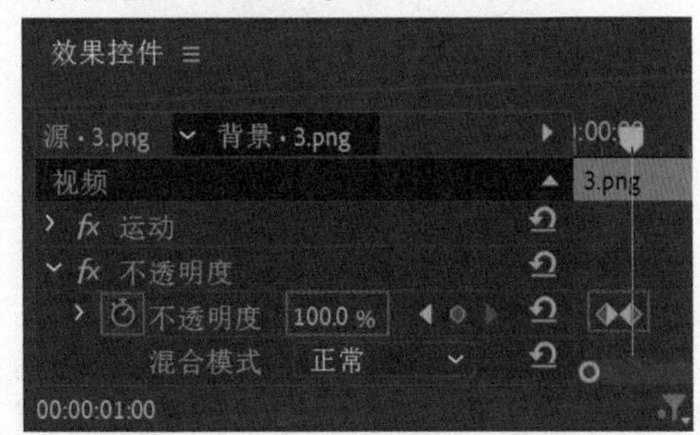

图7-87

02 选择V6轨道上的“04.png”素材文件，将时间滑块拖动到1秒的位置，在“效果控件”面板中单击“位置”前面的■，创建关键帧，并设置“位置”为（2440.0,794.0），如图7-88所示；将时间滑块拖动到1秒15帧的位置，设置“位置”为（1427.5,749.0）。

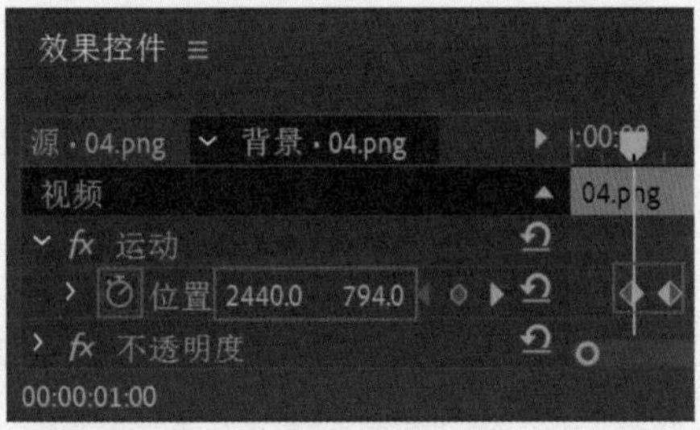

图7-88

03 选择V7轨道上的“05.png”素材文件，将时间滑块拖动到1秒15帧的位置，在“效果控件”面板中单击“不透明度”前面的■，创建关键帧，并设置“不透明度”为0.0%，如图7-89所示；将时间滑块拖动到2秒05帧的位置，设置“不透明度”为100.0%。

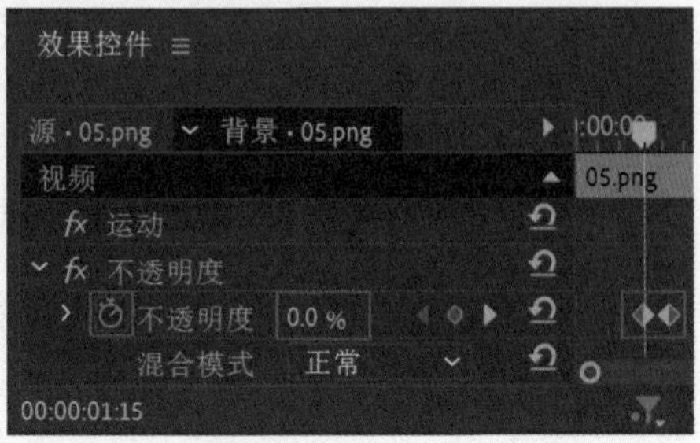

图7-89

04 拖动时间滑块查看效果，如图7-90所示。

图7-90

实例142 香水广告合成效果——合成部分

文件路径	第7章\香水广告合成效果	
难易指数	★★★★★	
技术掌握	● “超级键”效果 ● “水平翻转”效果	扫码深度学习

操作思路

本实例讲解了在Premiere Pro中使用“超级键”效果抠除人像背景，并使用“水平翻转”效果完成香水广告合成效果。

操作步骤

01 在菜单栏中执行“文件”|“新建”|“项目”命令或使用快捷键Ctrl+Alt+N，在弹出的“新建项目”对话框中设置合适的文件名称，单击“位置”右侧的“浏览”按钮，弹出“项目位置”对话框，单击“选择文件夹”按钮，为项目选择合适的路径文件夹。在“新建项目”对话框中单击“创建”按钮，如图7-91所示。

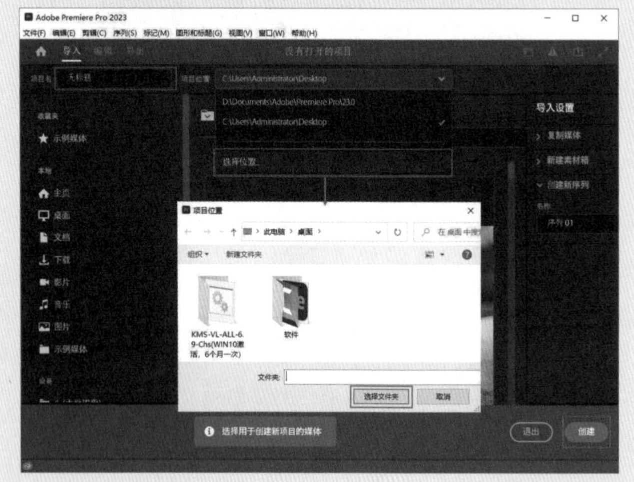

图7-91

02 在“项目”面板空白处双击，选择所需的“01.jpg”和“2.png”素材文件，最后单击“打开”按钮，将它们进行导入，如图7-92所示。

图7-92

03 选择“项目”面板中的“01.jpg”和“02.png”素材文件，并按住鼠标左键依次将它们拖曳到V1和V2轨道上，如图7-93所示。

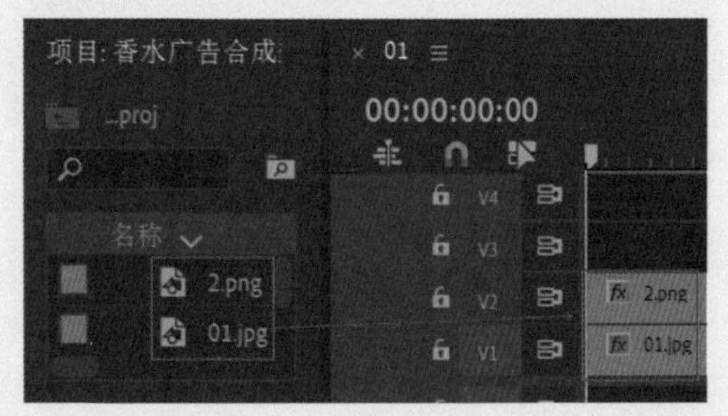

图7-93

04 在“效果”面板中搜索“超级键”效果，并按住鼠标左键将其拖曳到“2.png”素材文件上，如图7-94所示。

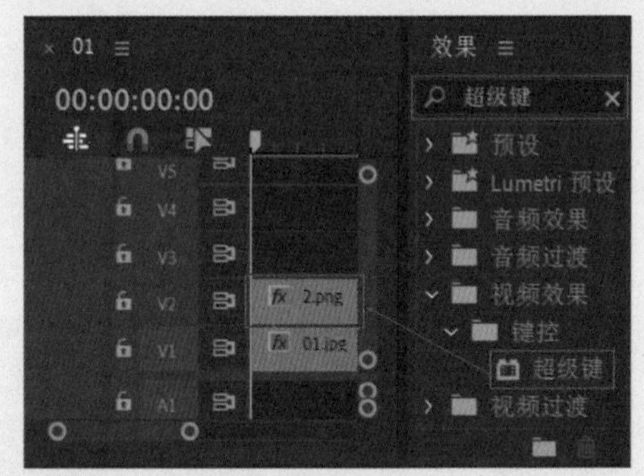

图7-94

05 选择V2轨道上的“2.png”素材文件，在“效果控件”面板中展开“运动”效果，设置“位置”为（940.1,351.4）、“缩放”为72.0。展开“超级键”效果，设置为“自定义”，单击“主要颜色”后面的吸管工具，并在“节目监视器”面板中吸取蓝色，接着展开“遮罩生成”，设置“不透明度”为40.0、“阴影”为55.0、“容差”为90.0、“基值”为50.0，接着展开“遮罩清除”，设置“抑制”为20.0、“柔化”为10.0、“对比度”为10.0，展开“溢出抑制”，设置“降低饱和度”为50.0。如图7-95和图7-96所示。

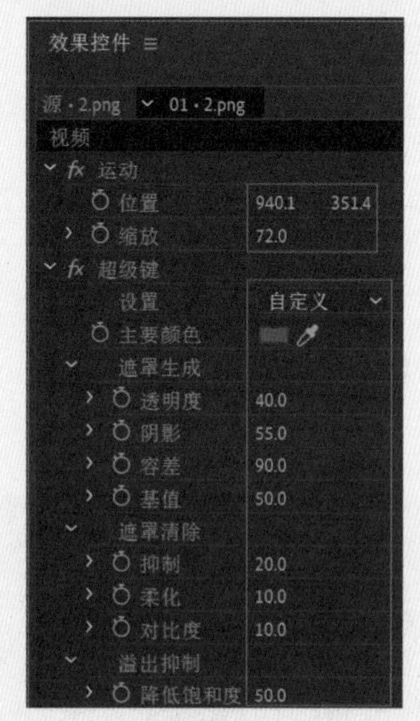

图7-95

图7-96

06 在“效果”面板中搜索“水平翻转”效果，并按住鼠标左键将其拖曳到“2.png”素材文件上，如图7-97所示。查看效果如图7-98所示。

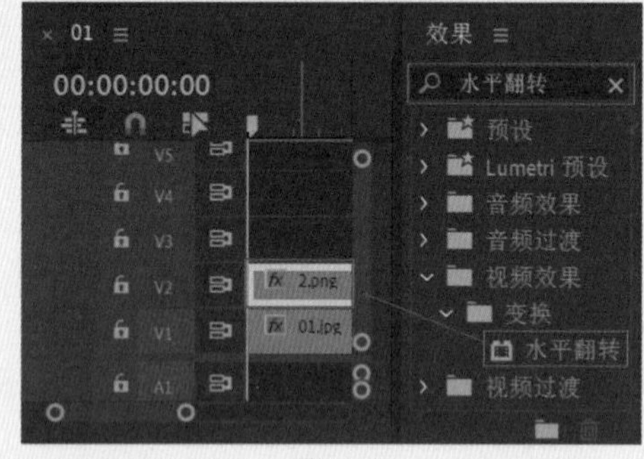

图7-97

图7-98

实例143　香水广告合成效果——文字部分

文件路径	第7章\香水广告合成效果
难易指数	★★★★★
技术掌握	文字工具

扫码深度学习

操作思路

本实例讲解了在Premiere Pro中使用文字工具创建文字并放置到广告作品的画面中间。

操作步骤

01 将时间滑块拖动到起始时间位置处，在“工具”面板中选择T（文字工具），并在“节目监视器”面板中输入合适的文字内容，在“时间轴”面板中选择刚刚创建的文字图层，在“效果控件”面板中设置合适的“字体系列”，设置“字体大小”为80、“字距调整”为30，勾选“填充”复选框，设置“填充颜色”为紫色，勾选“阴影”复选框，设置“不透明度”为40%、“角度”为80°、“距离”为10.0、“模糊”为30。接着展开“变换”，设置“位置”为（444.4,494.3）。如图7-99所示。

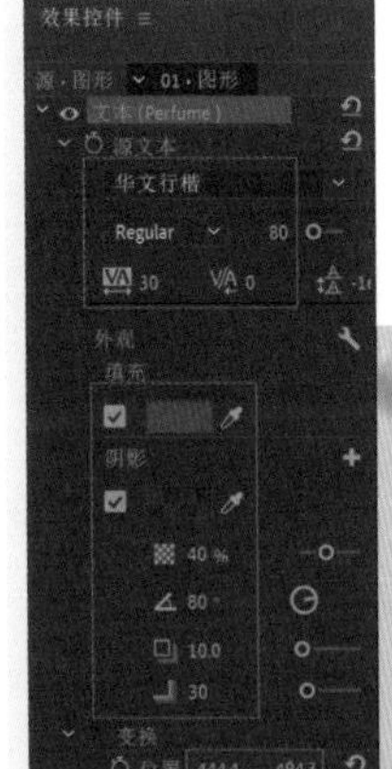

图7-99

02 拖动时间滑块查看效果，如图7-100所示。

图7-100

实例144　婴用品抠像合成——合成部分

文件路径	第7章\婴用品抠像合成
难易指数	★★★★★
技术掌握	“超级键”效果

扫码深度学习

操作思路

本实例讲解了在Premiere Pro中使用“超级键”效果抠除人像背景。

操作步骤

01 在菜单栏中执行“文件”|“新建”|“项目”命令或使用快捷键Ctrl+Alt+N，在弹出的“新建项目”对话框中设置合适的文件名称，单击“位置”右侧的“浏览”按钮，弹出“项目位置”对话框，单击“选择文件夹”按钮，为项目选择合适的路径文件夹。在“新建项目”对话框中单击“创建”按钮，如图7-101所示。

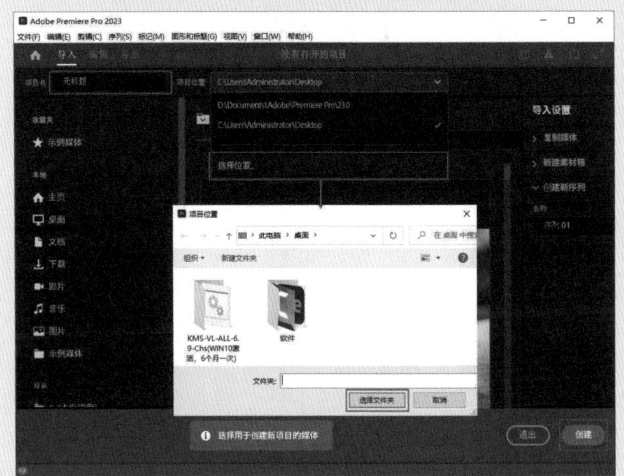

图7-101

02 在“项目”面板空白处双击，选择所需的“01.png”～“06.png”和“背景.jpg”素材文件，最后单击“打开”按钮，将它们进行导入，如图7-102所示。

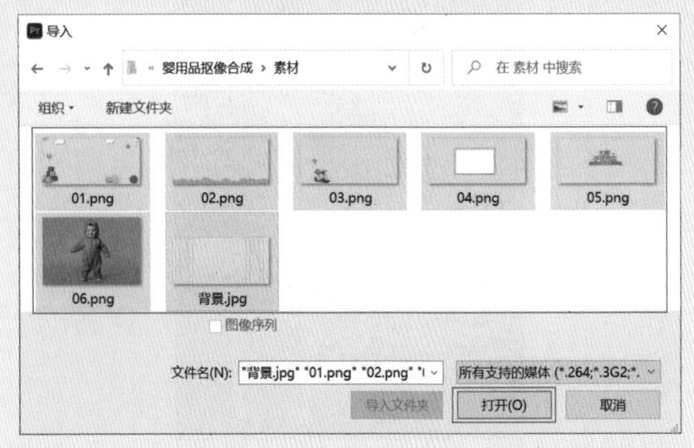

图7-102

03 选择“项目”面板中的所有素材文件，并按住鼠标左键依次将它们拖曳到V1～V7轨道上，如图7-103所示。

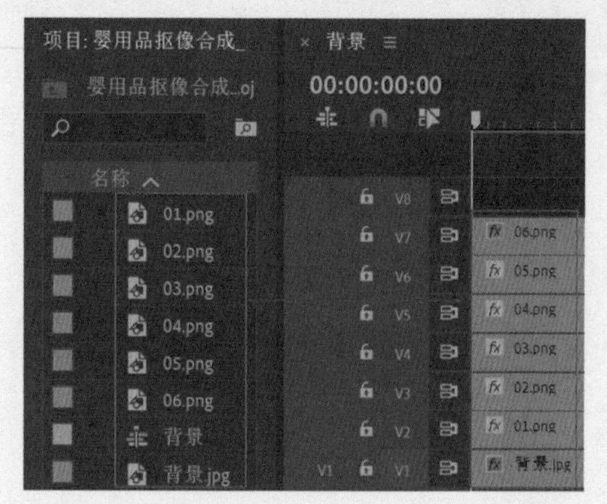

图7-103

04 在“效果”面板中搜索“超级键”效果，并按住鼠标左键将其拖曳到“06.png”素材文件上，如图7-104所示。

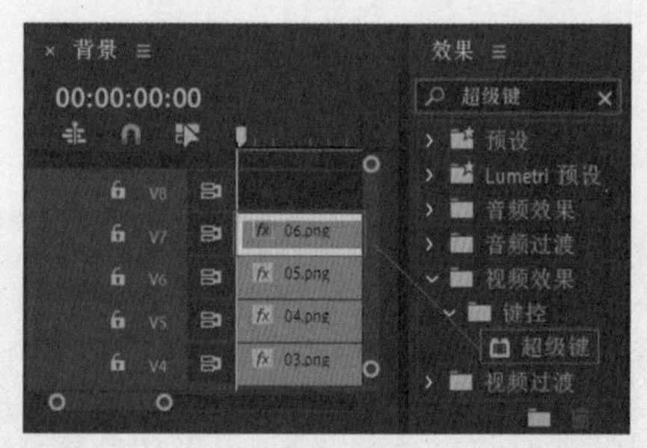

图7-104

05 选择V7轨道上的“06.png”素材文件，在“效果控件”面板中展开“超级键”效果，设置为“强效”，单击“主要颜色”后面的吸管工具，并在“节目监视器”面板中吸取绿色，接着展开“遮罩生成”，设置“透明度”为40.0、“阴影”为55.0、“容差”为90.0、“基值”为50.0。接着展开“遮罩消除”，设置“柔化”为10.0、“对比度”为10.0，接着展开“溢出抑制”，设置“降低饱和度”为50.0。如图7-105所示。查看效果如图7-106所示。

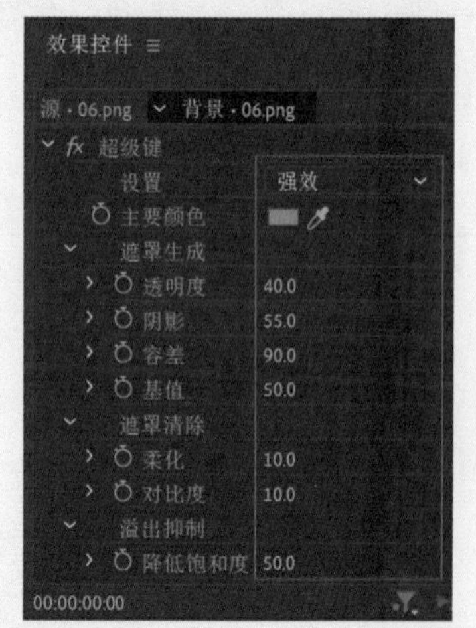

图7-105

图7-106

06 此时的画面合成效果如图7-107所示。

图7-107

实例145 婴用品抠像合成——动画部分

文件路径	第7章\婴用品抠像合成	扫码深度学习
难易指数		
技术掌握	● 关键帧动画　● 蒙版工具	

操作思路

本实例讲解了在Premiere Pro中使用关键帧动画和蒙板工具制作素材的缩放、位置动画，完成婴儿用品广告的动画效果。

操作步骤

01 选择V2轨道上的“01.png”素材文件，将时间滑块拖动到初始位置，在“效果控件”面板中展开“运动”效果，单击“缩放”前面的，创建关键帧，并设置“缩放”为0.0；将时间滑块拖动到20帧的位置，设置“缩放”为100.0，如图7-108和图7-109所示。

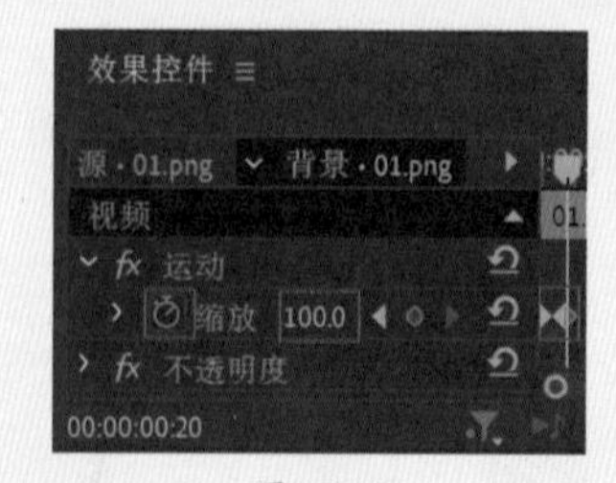

图7-108

图7-109

02 选择V3轨道上的“02.png”素材文件，将时间滑块拖动到20帧的位置，在“效果控件”面板中单击“位置”前面的⏱，创建关键帧，并设置“位置”为（975.0,590.0）；将时间滑块拖动到2秒的位置，设置“位置”为（975.0,448.0）。如图7-110和图7-111所示。

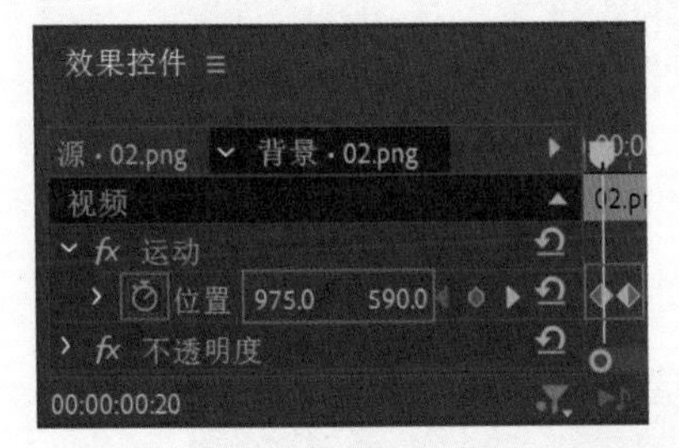

图7-110

图7-111

03 选择V4轨道上的“03.png”素材文件，将时间滑块拖动到2秒的位置，在“效果控件”面板中单击“位置”前面的⏱，创建关键帧，并设置“位置”为（344.0,270.0）；将时间滑块拖动到3秒的位置，设置“位置”为（975.0,448.0）。如图7-112和图7-113所示。

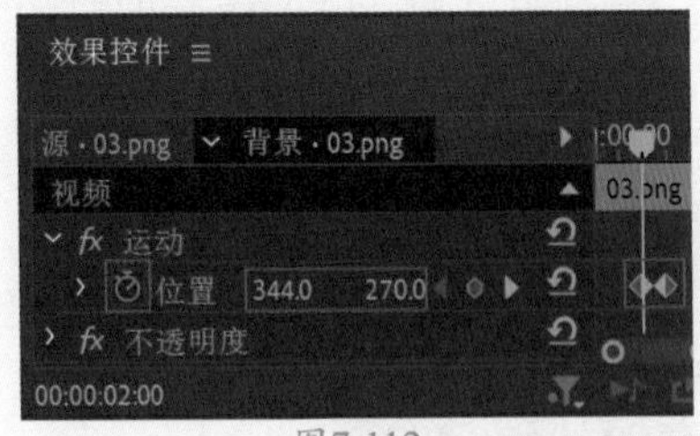

图7-112

图7-113

04 选择V5轨道上的“04.png”素材文件，将时间滑块拖动到3秒的位置，在“效果控件”面板中单击“缩放”前面的⏱，创建关键帧，并设置“缩放”为0.0；将时间滑块拖动到3秒10帧的位置，设置“缩放”为100.0。如图7-114和图7-115所示。

图7-114

图7-115

05 选择V6轨道上的“05.png”素材文件，将时间滑块拖动到3秒10帧的位置，在“效果控件”面板中单击“缩放”前面的⏱，创建关键帧，并设置“缩放”为0.0；将时间滑块拖动到3秒20帧的位置，设置“缩放”为100.0。如图7-116和图7-117所示。

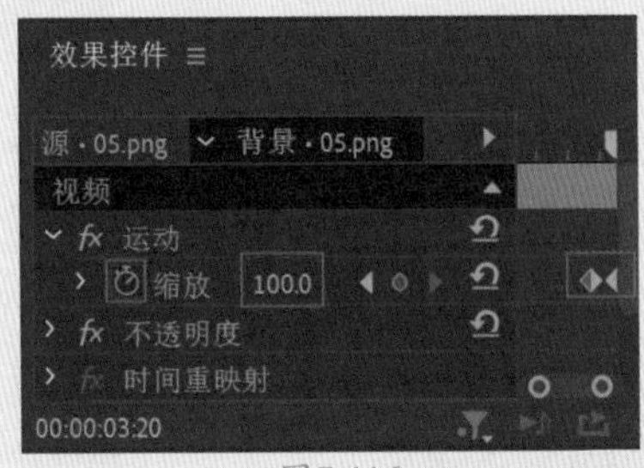

图7-116

图7-117

06 选择V7轨道上的“06.png”素材文件，将时间滑块拖动到3秒20帧的位置，在“效果控件”面板中单击“位置”前面的⏱，创建关键帧，并设置“位置”为（2117.0,448.0），设置“缩放”为74.0；将时间滑块拖动到4秒15帧的位置，设置“位置”为（1579.0,448.0），接着展开“不透明度”效果，单击“4点多边形蒙版”按钮■，勾选“已反转”复选框，在“节目监视器”面板中合适的位置处绘制一个蒙版。如图7-118所示。

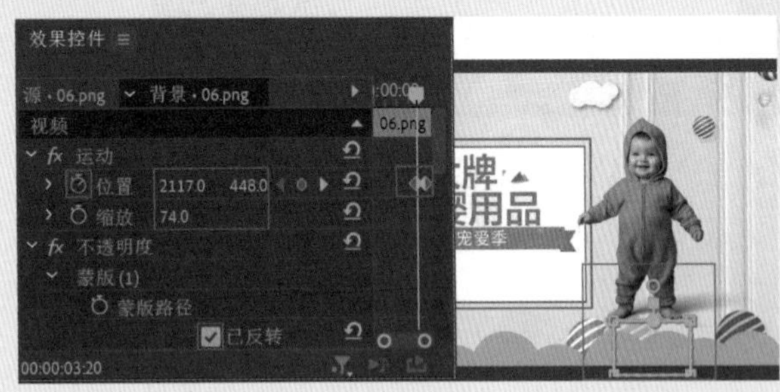

图7-118

07 拖动时间滑块查看效果，如图7-119所示。

图7-119

实例146 杂志抠像合成效果——合成部分

文件路径	第7章\杂志抠像合成效果
难易指数	★★★★★
技术掌握	"超级键"效果

扫码深度学习

操作思路

本实例讲解了在Premiere Pro中使用"超级键"效果抠除人像背景，并合成作品。

操作步骤

01 在菜单栏中执行"文件"|"新建"|"项目"命令或使用快捷键Ctrl+Alt+N，在弹出的"新建项目"对话框中设置合适的文件名称，单击"位置"右侧的"浏览"按钮，弹出"项目位置"对话框，单击"选择文件夹"按钮，为项目选择合适的路径文件夹。在"新建项目"对话框中单击"创建"按钮，如图7-120所示。

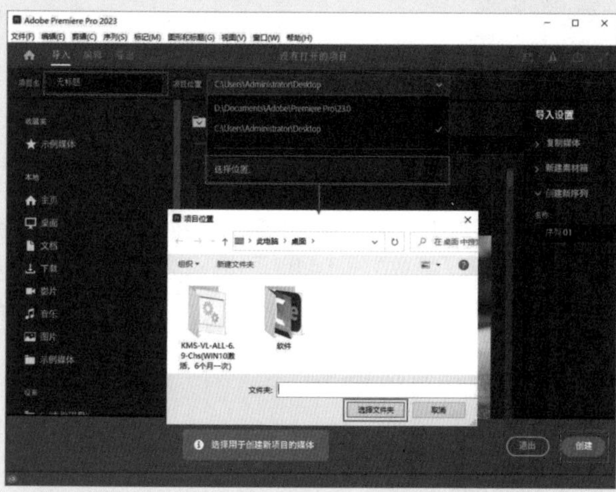

图7-120

02 在"项目"面板空白处双击，选择所需的"01.png"～"05.png"和"背景.jpg"素材文件，最后单击"打开"按钮，将它们进行导入，如图7-121所示。

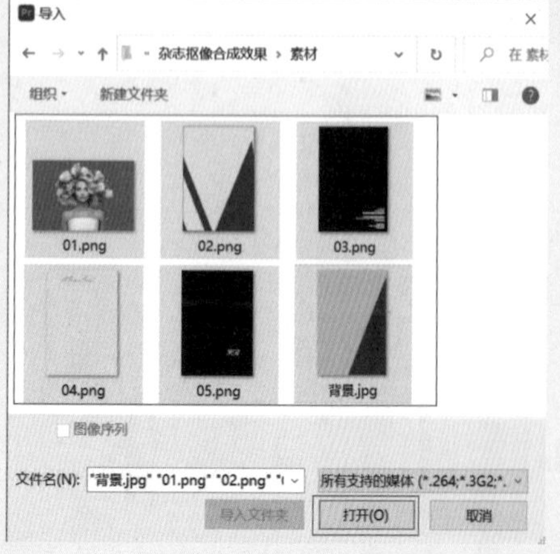

图7-121

03 选择"项目"面板中"背景.jpg"和"01.png"素材文件，并按住鼠标左键依次将它们拖曳到V1和V2轨道上，如图7-122所示。

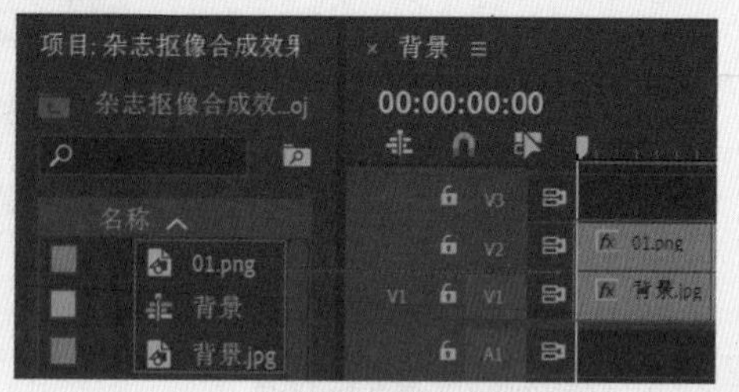

图7-122

04 在"效果"面板中搜索"超级键"效果，并按住鼠标左键将其拖曳到"01.png"素材文件上，如图7-123所示。

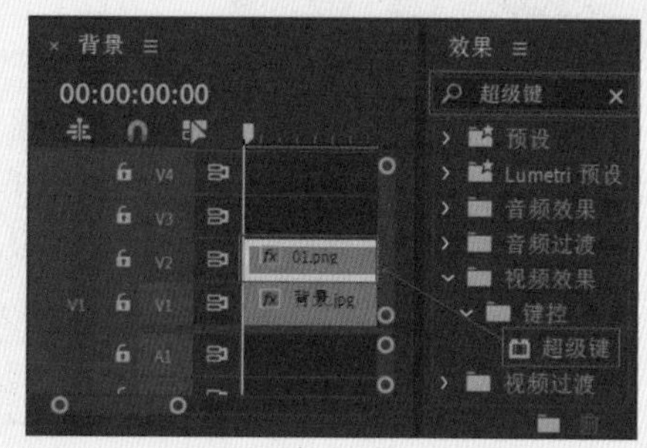

图7-123

05 选择V2轨道上的"01.png"素材文件，在"效果控件"面板中展开"运动"效果，设置"位置"为(369.8,605.8)、"缩放"为105.0。展开"超级键"效果，设置为"强效"，单击"主要颜色"后面的吸管工具，并在"节目监视器"面板中吸取蓝色，接着展开"遮罩生成"，设置"透明度"为40.0、"阴影"为55.0、"容差"为90.0、"基值"为50.0。展开"遮罩清除"，设置"抑制"为10.0、"柔化"为10.0、"对比度"为10.0。展开"溢出抑制"，设置"降低饱和度"为50.0。如图7-124和图7-125所示。此时的合成效果如图7-126所示。

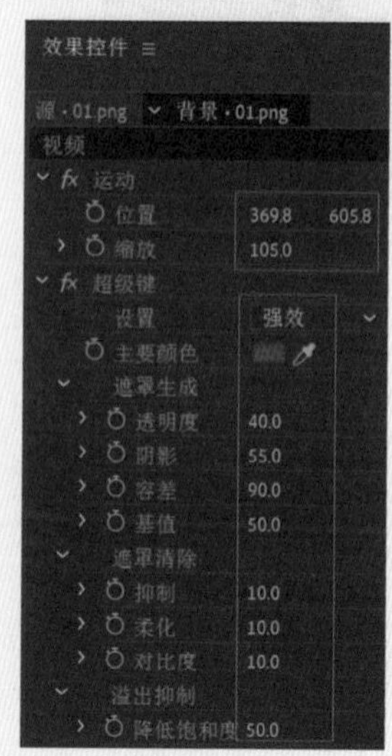

图7-124

图7-125

图7-126

实例147 杂志抠像合成效果——动画部分

文件路径	第7章\杂志抠像合成效果	
难易指数	★★★★★	
技术掌握	关键帧动画	扫码深度学习

操作思路

本实例讲解了在Premiere Pro中使用关键帧动画制作素材的不透明度、位置、缩放的动画效果。

操作步骤

01 选择“项目”面板中的“02.png”～“05.png”素材文件，并按住鼠标左键依次将它们拖曳到V3～V6轨道上，如图7-127所示。

图7-127

02 选择V3轨道上的“02.png”素材文件，将时间滑块拖动到初始位置，在“效果控件”面板中单击“不透明度”前面的⏱，创建关键帧，并设置“不透明度”为0.0%，如图7-128所示；将时间滑块拖动到1秒的位置，设置“不透明度”为100.0%。查看效果如图7-129所示。

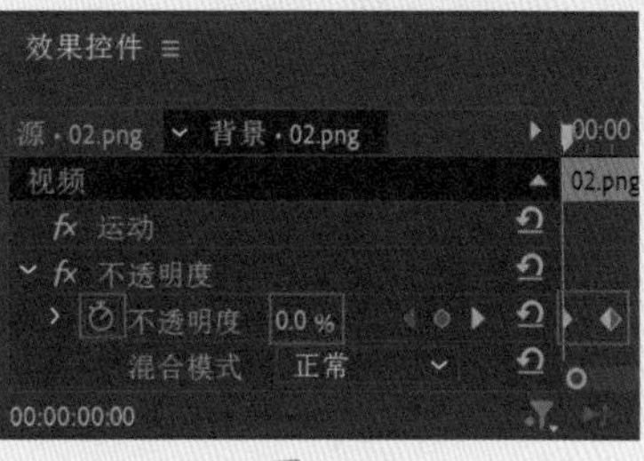

图7-128

图7-129

03 选择V4轨道上的“03.png”素材文件，将时间滑块拖动到1秒的位置，在“效果控件”面板中单击“位置”前面的⏱，创建关键帧，并设置“位置”为（725.5,533.0），如图7-130所示；将时间滑块拖动到1秒20帧的位置，设置“位置”为（379.5,533.0）。查看效果如图7-131所示。

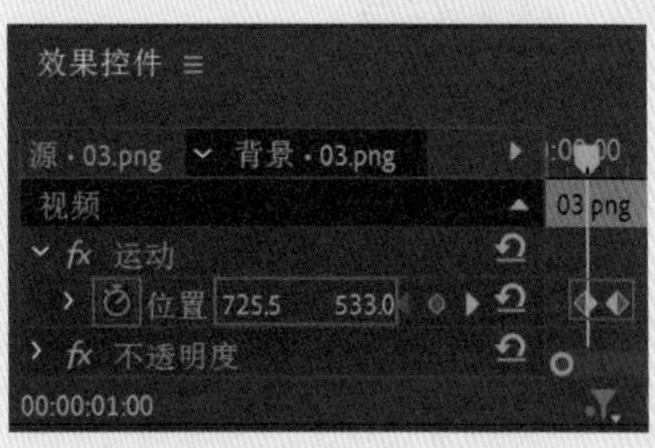

图7-130

图7-131

04 选择V5轨道上的“04.png”素材文件，在“效果控件”面板中设置“缩放”为150.0。将时间滑块拖动到1秒20帧的位置，单击“位置”前面的⏱，创建关键帧，并设置“位置”为（419.5,620.0），如图7-132所示；将时间滑块拖动到2秒10帧的位置，设置“位置”为（419.5,794.0）。查看效果如图7-133所示。

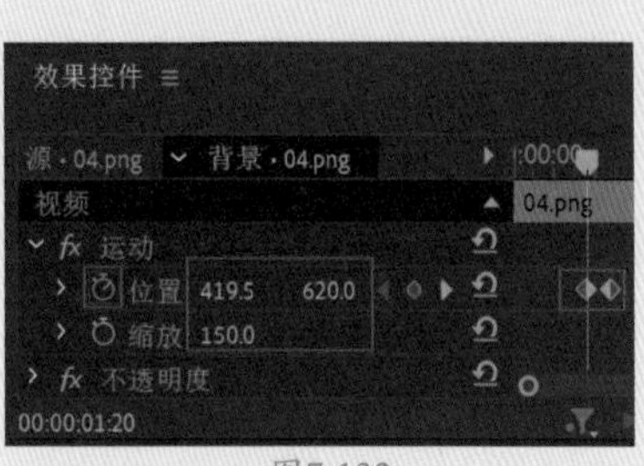

图7-132

图7-133

05 选择V6轨道上的“05.png”素材文件，将时间滑块拖动到2秒10帧的位置，在“效果控件”面板中单击“缩放”前面的⏱，创建关键帧，并设置“缩放”为0.0；将时间滑块拖动到3秒10帧的位置，设置“缩放”为111.0，设置

“位置”为（551.0,836.0），“锚点”为（551.0,836.0）如图7-134所示。查看效果如图7-135所示。

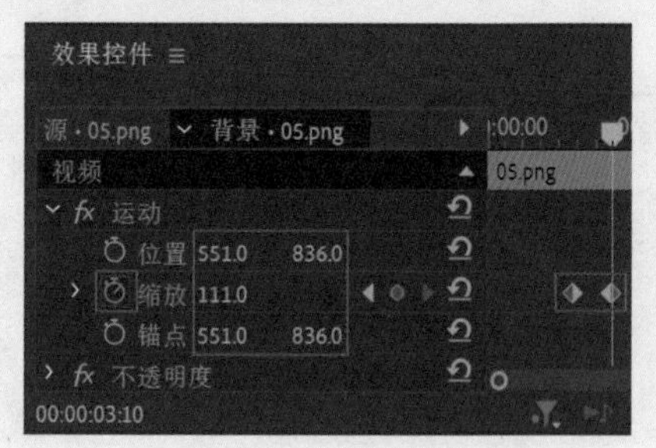

图7-134

图7-135

06 拖动时间滑块查看效果，如图7-136所示。

图7-136

第8章

关键帧动画技术

本章概述

Premiere Pro的功能非常强大，可以模拟多种动画效果，而最基础、最常用的制作动画效果的技术就是关键帧动画技术。在Premiere Pro中可以对属性添加关键帧，并修改不同时刻该属性的参数，从而创建出相应的动画效果。位置、旋转、缩放、不透明度、锚点都是经常用于设置动画的属性。

本章重点

- 位置、旋转、缩放、不透明度等基本属性的关键帧动画
- 关键帧动画的应用
- 用关键帧动画技术制作影视动画、广告动画等

实例148 春夏秋冬动画效果

文件路径	第8章\春夏秋冬动画效果
难易指数	★★★★★
技术掌握	关键帧动画

扫码深度学习

操作思路

本实例讲解了在Premiere Pro中为素材的位置、缩放设置关键帧动画，使其产生春夏秋冬四季的动画变换效果。

操作步骤

01 在菜单栏中执行“文件”|“新建”|“项目”命令或使用快捷键Ctrl+Alt+N，在弹出的“新建项目”对话框中设置合适的文件名称，单击“位置”右侧的“浏览”按钮，弹出“项目位置”对话框，单击“选择文件夹”按钮，为项目选择合适的路径文件夹。在“新建项目”对话框中单击“创建”按钮，如图8-1所示。

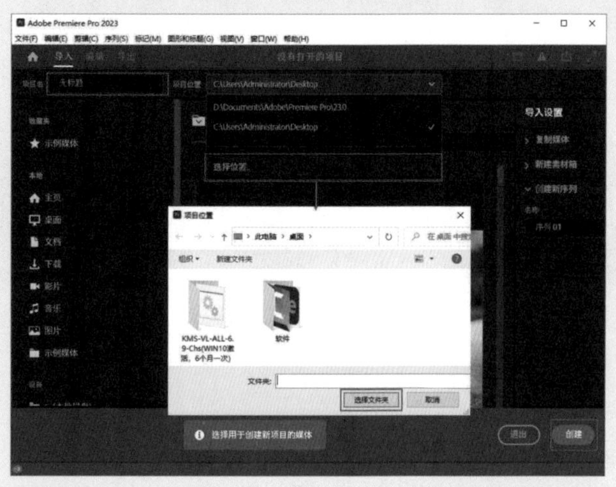

图8-1

02 在“项目”面板空白处双击，选择所需的“01.png”~“05.png”素材文件，最后单击“打开”按钮，将它们进行导入，如图8-2所示。

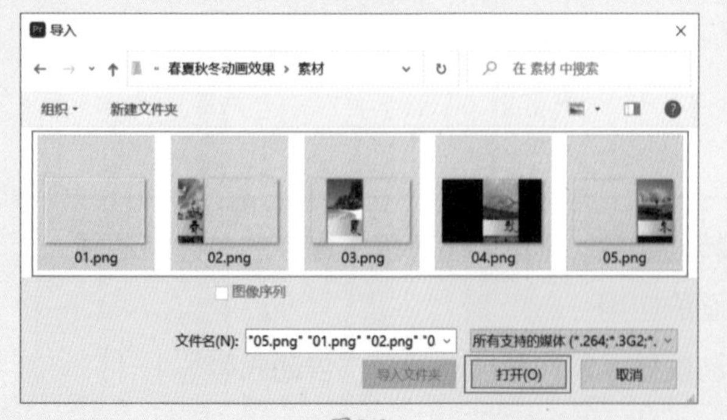

图8-2

03 选择“项目”面板中的素材文件，并按住鼠标左键依次将它们拖曳到V1～V5轨道上，如图8-3所示。

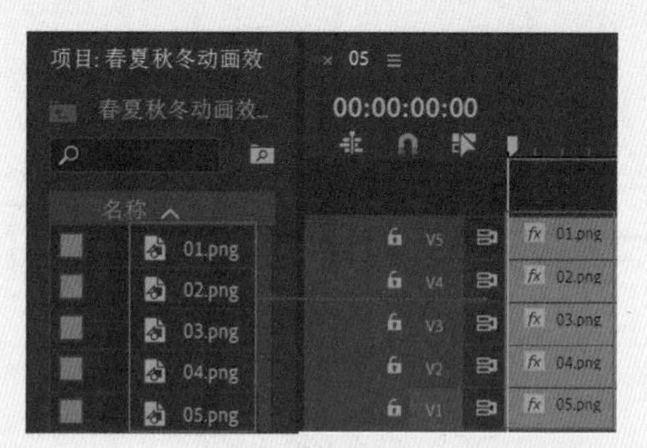

图8-3

04 选择V1轨道上的“05.png”素材文件，隐藏其他轨道上的素材文件。将时间滑块拖动到初始位置，在“效果控件”面板中展开“运动”效果，单击“位置”前面的⏱，创建关键帧，并设置“位置”为（-481.0,300.0），如图8-4所示；将时间滑块拖动到20帧的位置，设置“位置”为（480.0,300.0）。

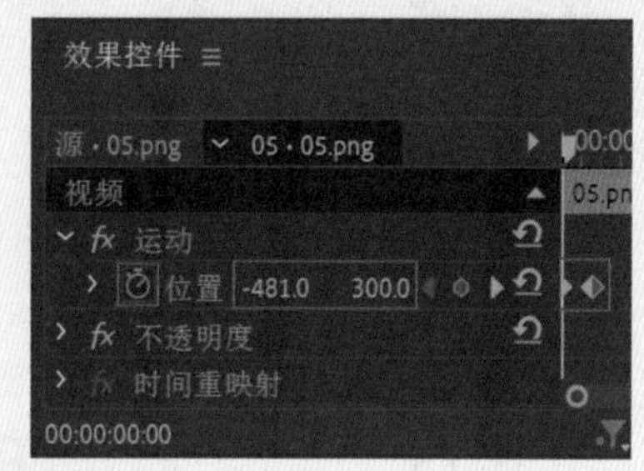

图8-4

05 显现并选择V2轨道上的“04.png”素材文件，将时间滑块拖动到20帧的位置，在“效果控件”面板中单击“位置”前面的⏱，创建关键帧，并设置“位置”为（-256.0,300.0），如图8-5所示；将时间滑块拖动到1秒10帧的位置，设置“位置”为（480.0,300.0）。

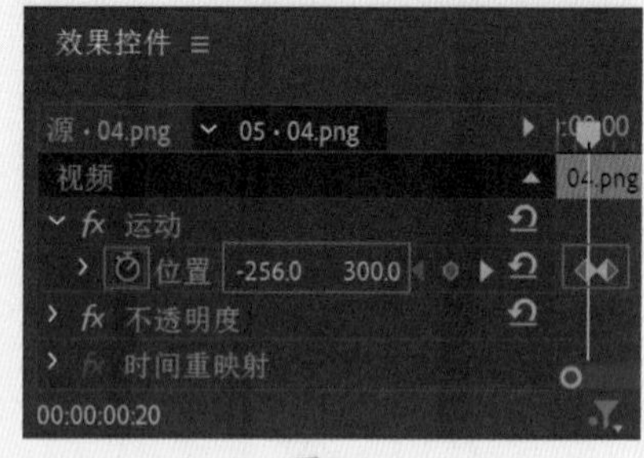

图8-5

06 显现并选择V3轨道上的“03.png”素材文件，将时间滑块拖动到1秒10帧的位置，在“效果控件”面板中单击“位置”前面的⏱，创建关键帧，并设置“位置”为（-11.0,300.0），如图8-6所示；将时间滑块拖动到2秒05帧的位置，设置“位置”为（480.0,300.0）。

07 显现并选择V4轨道上的“02.png”素材文件，将时间滑块拖动到2秒05帧的位置，在“效果控件”面板中单击“位置”前面的⏱，创建关键帧，并设置“位置”为（234.0,300.0），如图8-7所示；将时间滑块拖动到2秒20帧的位置，设置“位置”为（480.0,300.0）。

图8-6

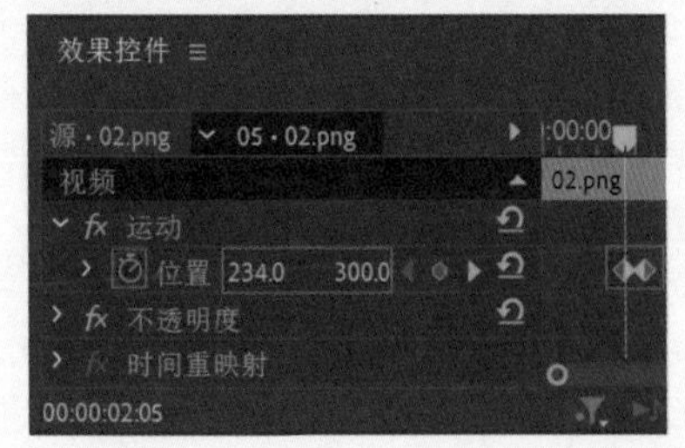

图8-7

08 显现并选择V5轨道上的“01.png”素材文件，将时间滑块拖动到2秒20帧的位置，在“效果控件”面板中单击“缩放”前面的⏱，创建关键帧，并设置“缩放”为0.0；将时间滑块拖动到3秒10帧的位置，设置“缩放”为100.0，如图8–8所示。

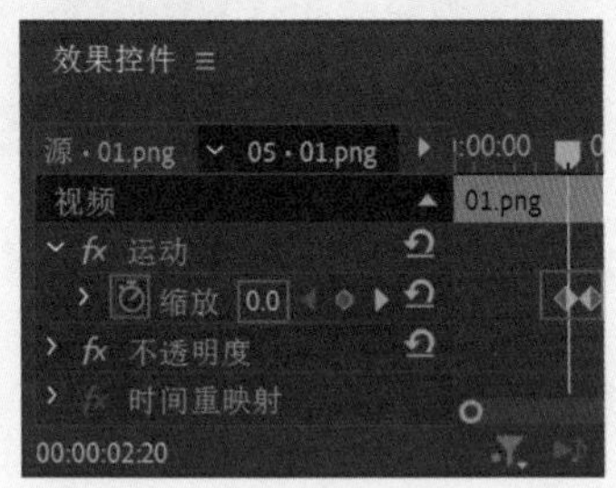

图8-8

09 拖动时间滑块查看效果，如图8–9所示。

图8-9

实例149 风景摄影——画面部分

文件路径	第 8 章 \ 风景摄影
难易指数	★★★★★
技术掌握	关键帧动画

扫码深度学习

操作思路

本实例讲解了在Premiere Pro中使用关键帧动画制作照片和相机的位置、缩放、旋转、不透明度动画。

操作步骤

01 在菜单栏中执行“文件”|“新建”|“项目”命令或使用快捷键Ctrl+Alt+N，在弹出的“新建项目”对话框中设置合适的文件名称，单击“位置”右侧的“浏览”按钮，弹出“项目位置”对话框，单击“选择文件夹”按钮，为项目选择合适的路径文件夹。在“新建项目”对话框中单击“创建”按钮，如图8–10所示。

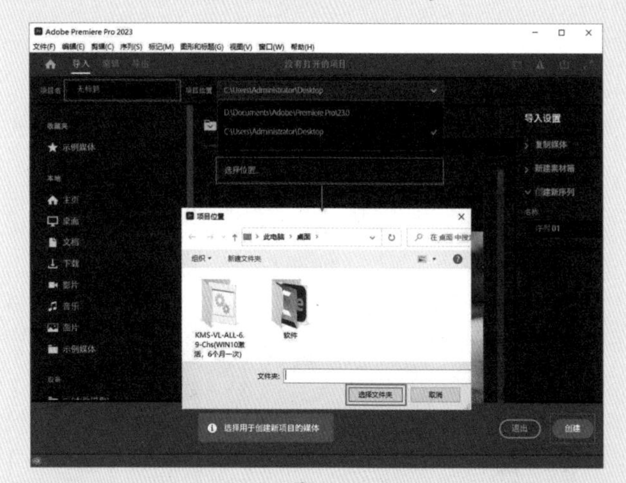

图8-10

02 在“项目”面板空白处单击鼠标右键，在弹出的快捷菜单中执行“新建项目”|“序列”命令。接着在弹出的“新建序列”对话框中选择DV–PAL文件夹下的“标准48kHz”，如图8–11所示。

图8-11

03 在“项目”面板空白处双击，选择所需的“01.png”“01.jpg”~“08.jpg”和“背景.jpg”素材文件，最后单击“打开”按钮，将它们进行导入，如图8–12所示。

图8-12

04 选择“项目”面板中的所有素材文件，并按住鼠标左键依次将它们拖曳到轨道上并设置所有素材的结束时间为10秒，如图8-13所示。

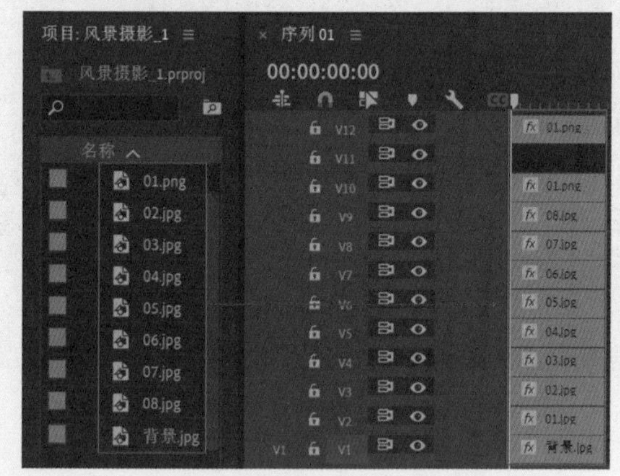

图8-13

05 选择V1轨道上的“背景.jpg”素材文件，并隐藏其他轨道上的素材文件，如图8-14所示。

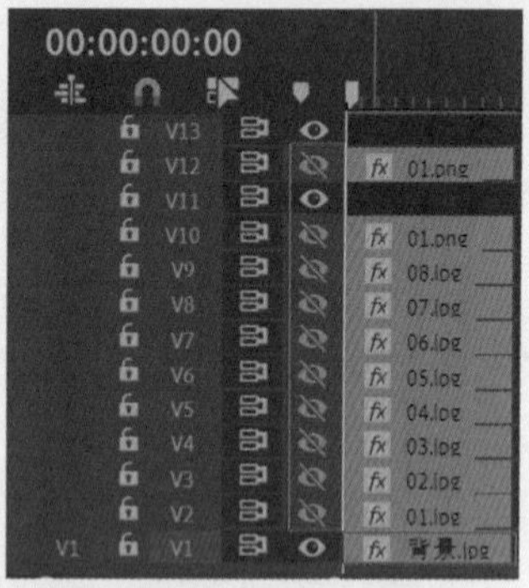

图8-14

06 显现并选择V2轨道上的“01.jpg”素材文件，将时间滑块拖动到10帧的位置，在“效果控件”面板中单击“位置”“缩放”和“旋转”前面的⏱，创建关键帧，并设置“位置”为（-351.0,252.0）、“缩放”为102.0、“旋转”为0.0°，如图8-15所示；将时间滑块拖动到1秒的位置，设置“位置”为（360.0,252.0）、“缩放”为35.0、“旋转”为0.0°。查看效果如图8-16所示。

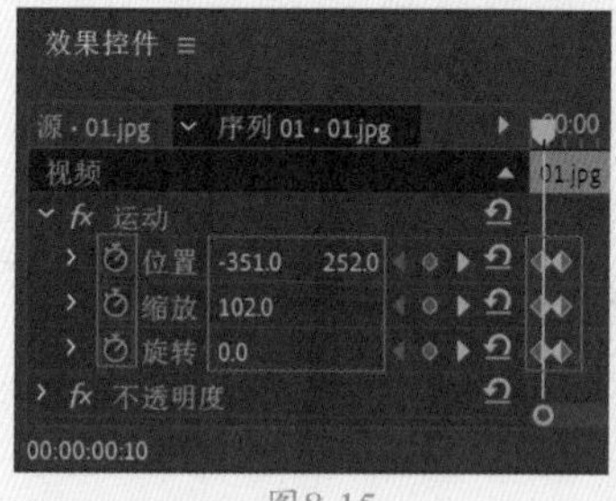

图8-15

图8-16

07 显现并选择V3轨道上的“02.jpg”素材文件，将时间滑块拖动到1秒的位置，在“效果控件”面板中单击“位置”“缩放”和“旋转”前面的⏱，创建关键帧，并设置“位置”为（1100.0,288.0）、“缩放”为97.0，“旋转”为0.0°，如图8-17所示；将时间滑块拖动到2秒的位置，设置“位置”为（452.0,288.0）、“缩放”为22.0、“旋转”为44.0°。查看效果如图8-18所示。

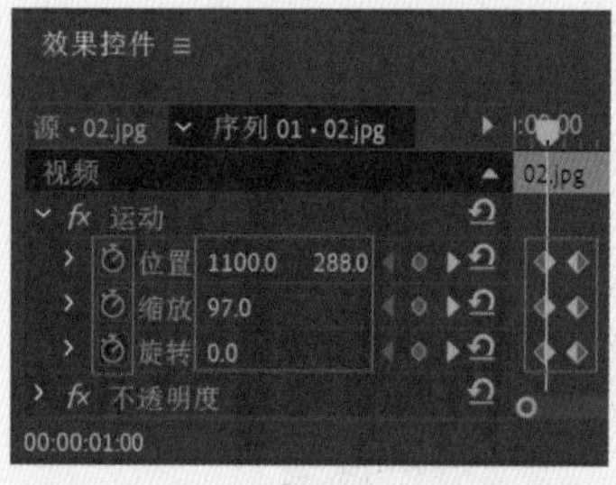

图8-17

图8-18

08 显现并选择V4轨道上的“03.jpg”素材文件，将时间滑块拖动到2秒的位置，在“效果控件”面板中单击“位置”“缩放”和“旋转”前面的⏱，创建关键帧，并设置“位置”为（-451.0,288.0）、“缩放”为110.0、“旋转”为327.0°，如图8-19所示；将时间滑块拖动到3秒的位置，设置“位置”为（265.0,288.0）、“缩放”为22.0、“旋转”为-38.0°。查看效果如图8-20所示。

图8-19

图8-20

09 显现并选择V5轨道上的“04.jpg”素材文件，在“效果控件”面板中设置“位置”为（360.0,336.0），将时间滑块拖动到3秒的位置，单击“缩放”“旋转”和“不透明度”前面的⏱，创建关键帧，并设置“缩放”为165.0、“旋转”为0.0°、“不透明度”为0.0%，如图8-21所示；将时间滑块拖动到4秒的位置，设置“缩放”为31.0、“旋转”为0.0°、“不透明度”为100.0%。查看效果如图8-22所示。

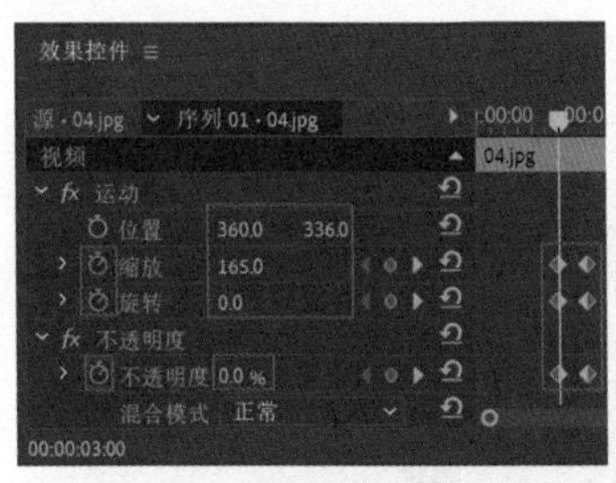

图8-21

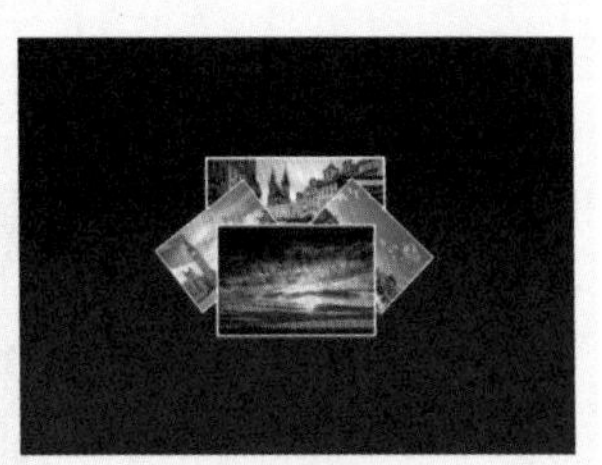

图8-22

10 显现并选择V6轨道上的“05.jpg”素材文件，在“效果控件”面板中设置“位置”为（360.0,288.0），将时间滑块拖动到4秒的位置，单击“缩放”“旋转”和“不透明度”前面的⏱，创建关键帧，并设置“缩放”为338.0、“旋转”为-318.0°、“不透明度”为0.0%，如图8-23所示；将时间滑块拖动到5秒的位置，设置“缩放”为24.0、“旋转”为28.0°、“不透明度”为100.0%。查看效果如图8-24所示。

图8-23

图8-24

11 显现并选择V7轨道上的“06.jpg”素材文件，将时间滑块拖动到5秒的位置，在“效果控件”面板中单击“缩放”“旋转”和“不透明度”前面的⏱，创建关键帧，并设置“缩放”为174.0、“旋转”为-1x-11.0°、“不透明度”为0.0%，如图8-25所示；将时间滑块拖动到6秒的位置，设置“缩放”为23.0、“旋转”为-23.0°、“不透明度”为100.0%。查看效果如图8-26所示。

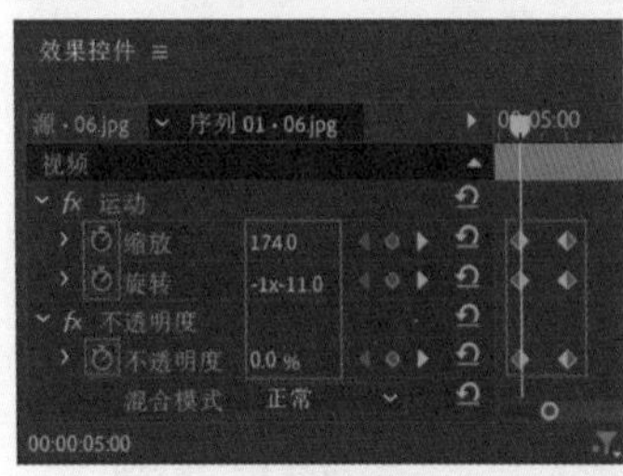

图8-25

图8-26

12 显现并选择V8轨道上的“07.jpg”素材文件，将时间滑块拖动到6秒的位置，在“效果控件”面板中单击“缩放”“旋转”和“不透明度”前面的⏱，创建关键帧，并设置“缩放”为184.0、“旋转”为-342.0°、“不透明度”为0.0%，如图8-27所示；将时间滑块拖动到7秒的位置，设置“缩放”为19.0、“旋转”为32.0°、“不透明度”为100.0%。查看效果如图8-28所示。

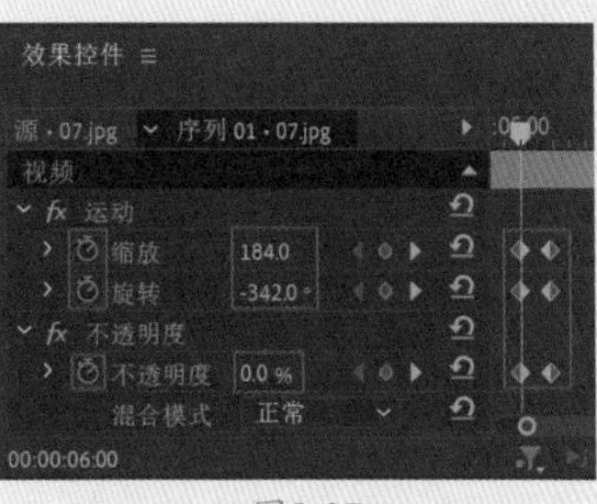

图8-27

图8-28

13 显现并选择V9轨道上的“08.jpg”素材文件，将时间滑块拖动到7秒的位置，在“效果控件”面板中单击“缩放”“旋转”和“不透明度”前面的⏱，创建关键帧，并设置“缩放”为136.0、“旋转”为0.0°、“不透明度”为0.0%，如图8-29所示；将时间滑块拖动到8秒的位置，设置“缩放”为21.0、“旋转”为0.0°、“不透明度”为100.0%。查看效果如图8-30所示。

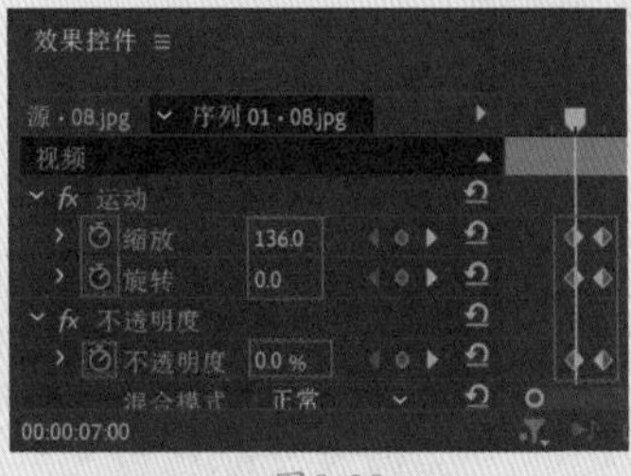

图8-29

图8-30

14 显现并选择V10轨道上的“01.png”素材文件，将时间滑块拖动到初始位置，在“效果控件”面板中单击“位置”和“不透明度”前面的⏱，创建关键帧，并设置“位置”为（360.0,531.0）、“不透明度”为0.0%，如图8-31所示；将时间滑块拖动到10帧的位置，设置“位置”为（360.0,313.0）、“不透明度”为100.0%。查看效果如图8-32所示。

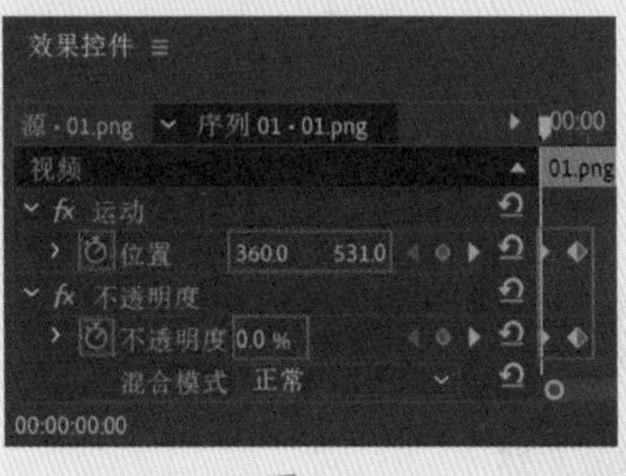

图8-31

图8-32

实例150　风景摄影——文字部分

文件路径	第 8 章 \ 风景摄影	扫码深度学习
难易指数		
技术掌握	● 文字工具 ● 关键帧动画	

操作思路

本实例讲解了在Premiere Pro中使用文字工具创建文

字，并创建关键帧动画制作不透明度动画效果。

操作步骤

01 将时间滑块拖动到起始时间位置处，在“工具”面板中选择T（文字工具），并在“节目监视器”面板中输入合适的文字内容，在“时间轴”面板中选择刚刚创建的文字图层，在“效果控件”面板中设置合适的“字体系列”，设置“字体大小”为73，“字距调整”为-11，选择“仿粗体”，勾选“填充”复选框，设置“填充类型”为“线性渐变”，设置“填充颜色”为灰、白色的渐变，勾选“阴影”复选框，设置“阴影颜色”为灰色、“不透明度”为50%、“距离”为2.0、“大小”为0.0、“模糊”为0。接着展开“变换”，设置“位置”为（226.2,101.5），如图8-33所示。

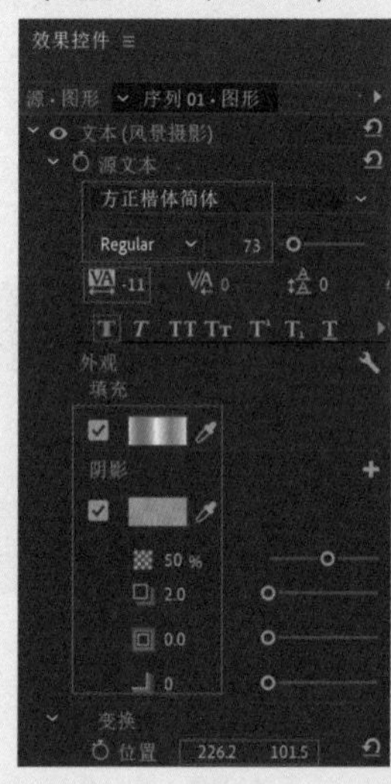

图8-33

02 在“时间轴”面板中选择刚刚创建的文字图层，在“工具”面板中选择T（文字工具），并在“节目监视器”面板中输入合适的文字内容，在“效果控件”面板中设置合适的“字体系列”，设置“字体大小”为25、“字距调整”为44，选择“仿粗体”，勾选“填充”复选框，设置“填充类型”为“线性渐变”，设置“填充颜色”为灰、白色的渐变，勾选“阴影”复选框，设置“阴影颜色”为灰色、“不透明度”为50%、“距离”为2.0、“大小”为0.0，“模糊”为0。接着展开“变换”，设置“位置”为（220.2,135.6），如图8-34所示。

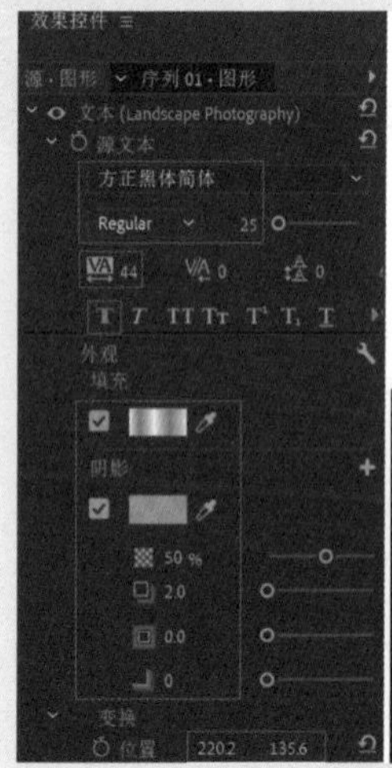

图8-34

03 接着将文字图层移动至V11轨道上，并设置其结束时间为10秒。如图8-35所示。

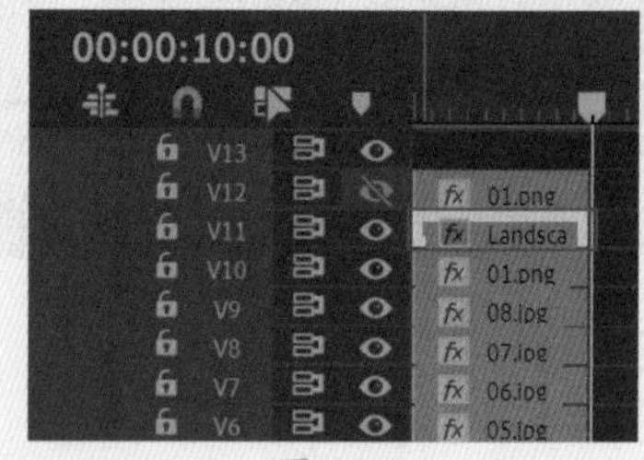

图8-35

04 选择V11轨道上的文字图层，将时间滑块拖动到8秒的位置，在“效果控件”面板中单击“不透明度”前面的⏱，创建关键帧，设置“不透明度”为0.0%，如图8-36所示；将时间滑块拖动到9秒的位置，设置“不透明度”为100.0%。

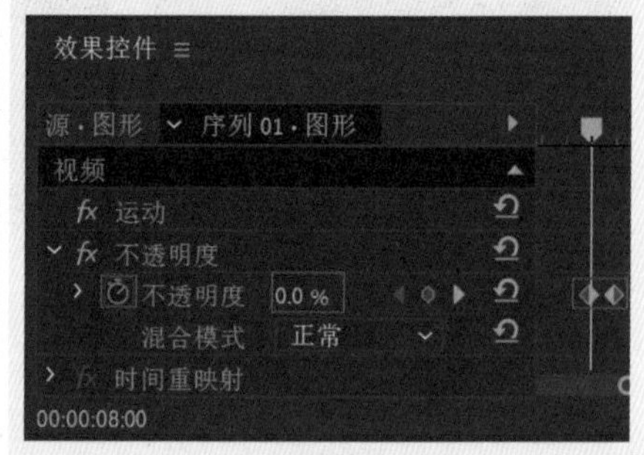

图8-36

05 显现并选择V12轨道上的“01.png”素材文件，在“效果控件”面板中展开“运动”效果，设置“位置”为（38.0,27.0）、“缩放”为15.0，如图8-37所示。

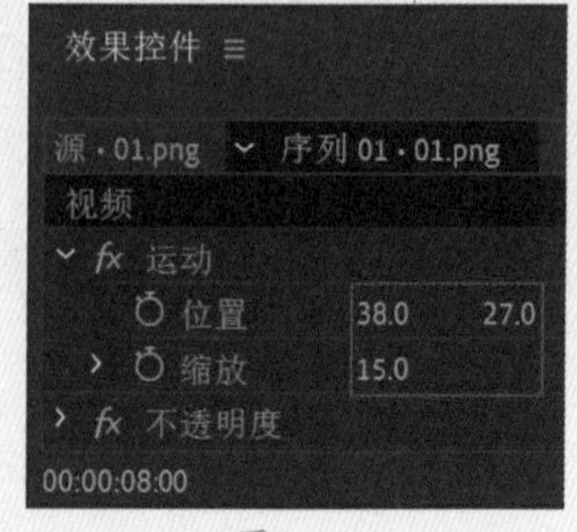

图8-37

06 拖动时间滑块查看效果，如图8-38所示。

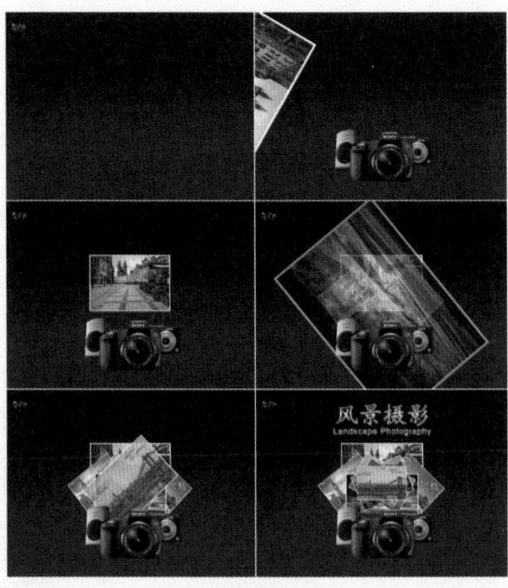

图8-38

实例151　红酒动画效果

文件路径	第 8 章 \ 红酒动画效果
难易指数	★★★★★
技术掌握	关键帧动画

扫码深度学习

操作思路

本实例讲解了在Premiere Pro中创建位置、不透明度、缩放的关键帧动画，从而制作红酒产品动画效果。

操作步骤

01 在菜单栏中执行“文件”|“新建”|“项目”命令或使用快捷键Ctrl+Alt+N，在弹出的“新建项目”对话框中设置合适的文件名称，单击“位置”右侧的“浏览”按钮，弹出“项目位置”对话框，单击“选择文件夹”按钮，为项目选择合适的路径文件夹。在“新建项目”对话框中单击“创建”按钮，如图8-39所示。

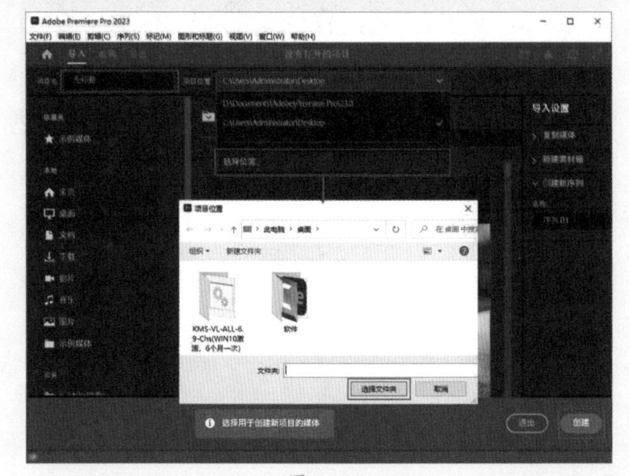

图8-39

02 在“项目”面板空白处双击，选择所需的“01.png”~“05.png”和“背景.jpg”素材文件，最后单击“打开”按钮，将它们进行导入，如图8-40所示。

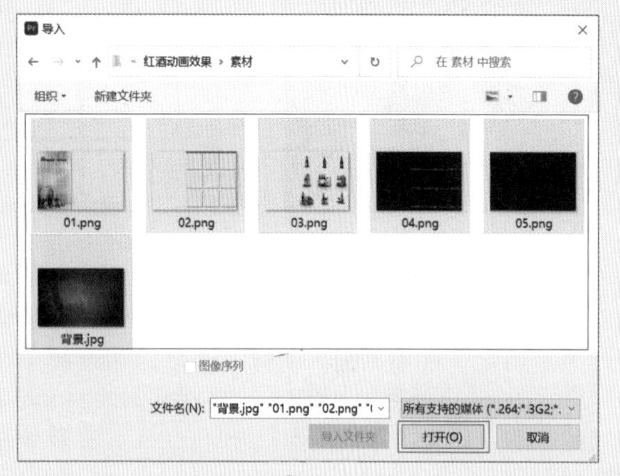

图8-40

03 选择“项目”面板中的素材文件，并按住鼠标左键将它们拖曳到轨道上，如图8-41所示。

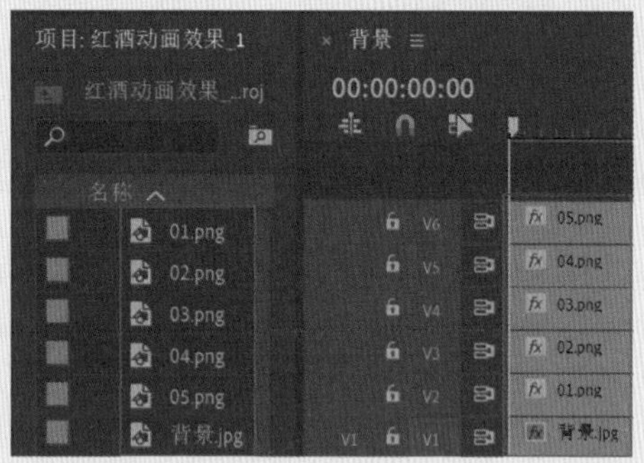

图8-41

04 选择V2轨道上的“01.png”素材文件，将时间滑块拖动到初始位置，在“效果控件”面板中展开“运动”和“不透明度”效果，单击“位置”和“不透明度”前面的，创建关键帧，并设置“位置”为(94.5,317.0)、“不透明度”为0.0%，如图8-42所示；将时间滑块拖动到20帧的位置，设置“位置”为(473.5,317.0)、“不透明度”为100.0%。查看效果如图8-43所示。

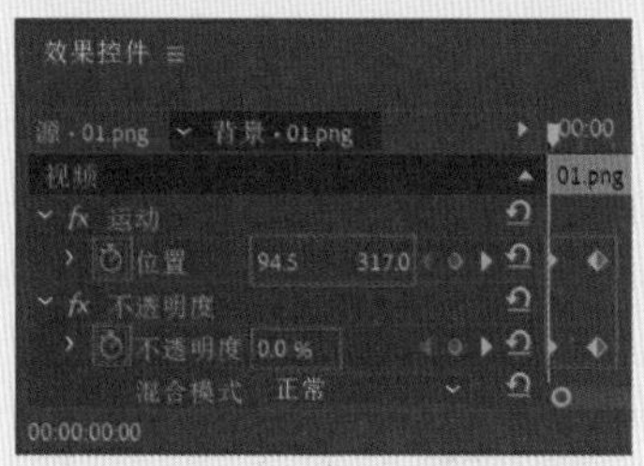

图8-42

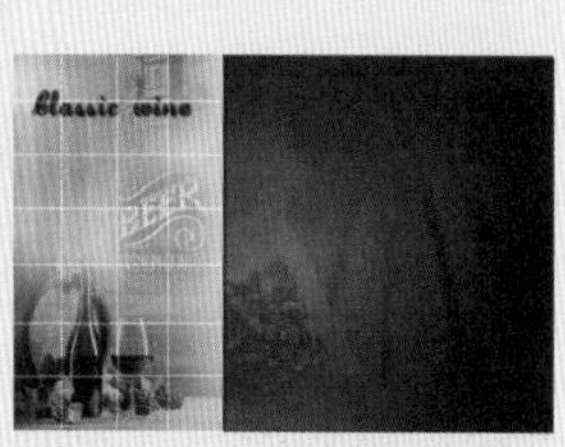

图8-43

05 选择V3轨道上的“02.png”素材文件，将时间滑块拖动到20帧的位置，在“效果控件”面板中单击“位置”和“不透明度”前面的，创建关键帧，并设置“位置”为(473.5,-293.0)、“不透明度”为0.0%，如图8-44所示；将时间滑块拖动到1秒10帧的位置，设置“位置”为

(473.5,317.0)、“不透明度”为100.0%。查看效果如图8-45所示。

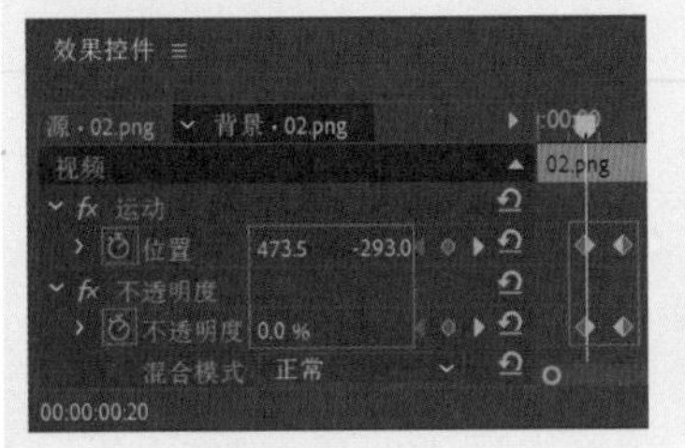

图8-44

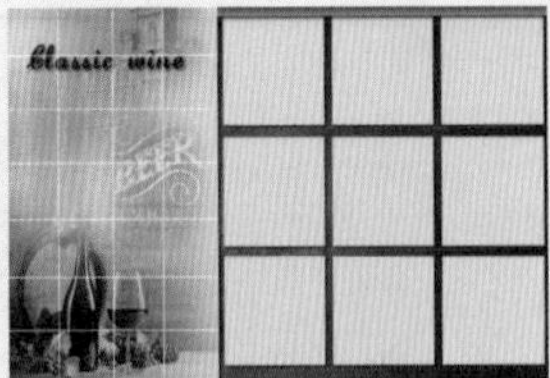
图8-45

06 选择V4轨道上的“03.png”素材文件，将时间滑块拖动到1秒10帧的位置，在“效果控件”面板中单击“不透明度”前面的◙，创建关键帧，并设置“不透明度”为0.0%，如图8-46所示；将时间滑块拖动到2秒05帧的位置，设置“不透明度”为100.0%。查看效果如图8-47所示。

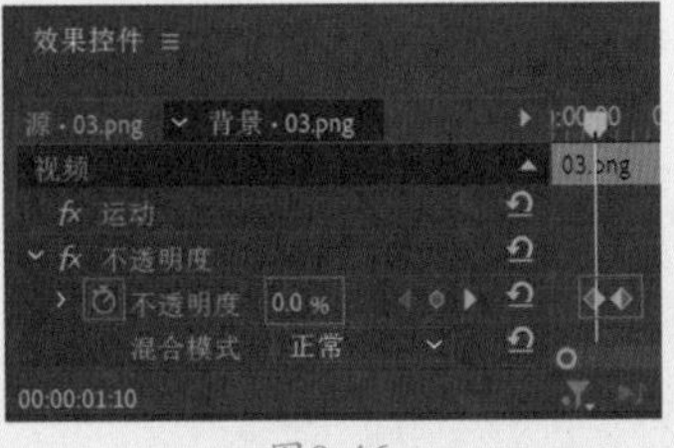

图8-46

图8-47

07 选择V5轨道上的“04.png”素材文件，将时间滑块拖动到2秒05帧的位置，在“效果控件”面板中单击“不透明度”前面的◙，创建关键帧，并设置“不透明度”为0.0%，如图8-48所示；将时间滑块拖动到3秒的位置，设置“不透明度”为100.0%。查看效果如图8-49所示。

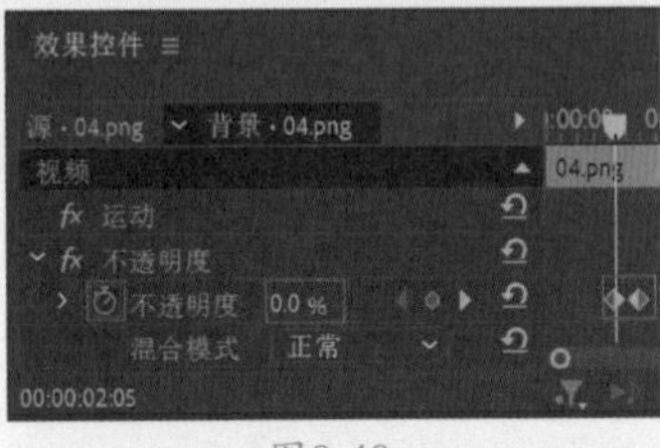

图8-48

图8-49

08 选择V6轨道上的“05.png”素材文件，将时间滑块拖动到3秒的位置，在“效果控件”面板中单击“缩放”前面的◙，创建关键帧，并设置“缩放”为0.0，如图8-50所示；将时间滑块拖动到3秒20帧的位置，设置“缩放”为100.0。查看效果如图8-51所示。

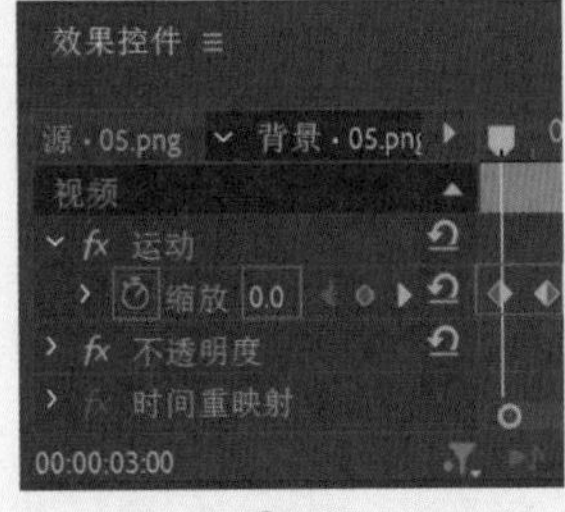

图8-50

图8-51

09 拖动时间滑块查看效果，如图8-52所示。

图8-52

实例152 简画动画效果

文件路径	第8章\简画动画效果	扫码深度学习
难易指数	★★★★★	
技术掌握	关键帧动画	

操作思路

本实例讲解了在Premiere Pro中为位置、缩放、旋转、不透明度、蒙版路径属性创建关键帧动画。

操作步骤

01 在菜单栏中执行“文件”|“新建”|“项目”命令或使用快捷键Ctrl+Alt+N，在弹出的“新建项目”对话框中设置合适的文件名称，单击“位置”右侧的“浏览”按钮，弹出“项目位置”对话框，单击“选择文件夹”按钮，为项目选择合适的路径文件夹。在“新建项目”对话框中单击“创建”按钮，如图8-53所示。

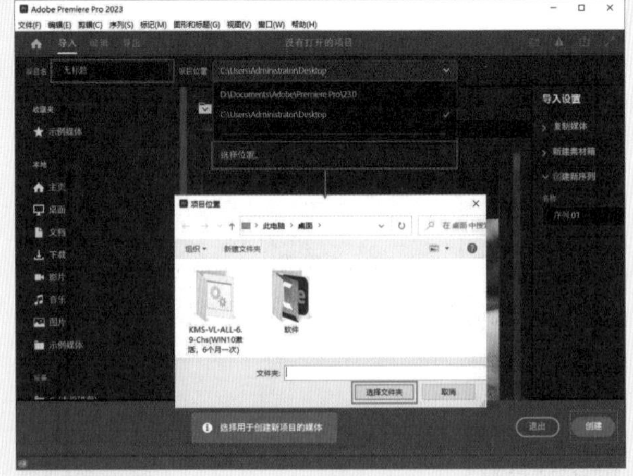

图8-53

02 在“项目”面板空白处双击，选择所需的“01.png”“02.png”“03.jpg”~“05.jpg”和“背景.jpg”素材文件，最后单击“打开”按钮，将它们进行导入，如图8-54所示。

图8-54

03 选择“项目”面板中的素材文件，并按住鼠标左键将它们拖曳到轨道上，如图8-55所示。

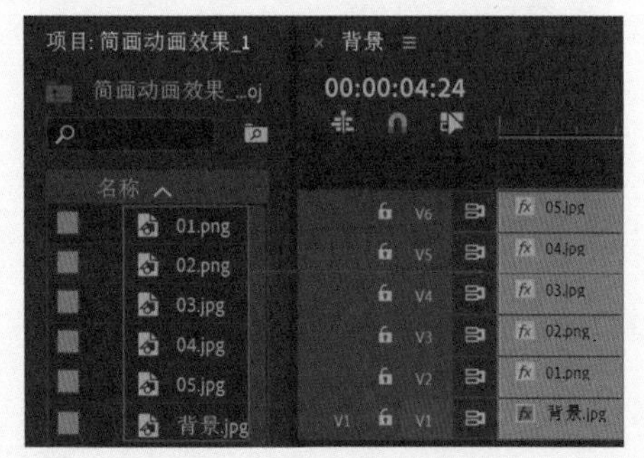

图8-55

04 选择V2轨道上的“01.png”素材文件，将时间滑块拖动到初始位置时，在“效果控件”面板中单击“位置”和“不透明度”前面的，创建关键帧，并设置“位置”为（479.5,392.0）、“不透明度”为0.0%，如图8-56所示；将时间滑块拖动到15帧的位置，设置“位置”为（479.5,269.0）、“不透明度”为100.0%；将时间滑块拖动到2秒05帧的位置，设置“不透明度”为100.0%；将时间滑块拖动到2秒20帧的位置，设置“不透明度”为0.0%。

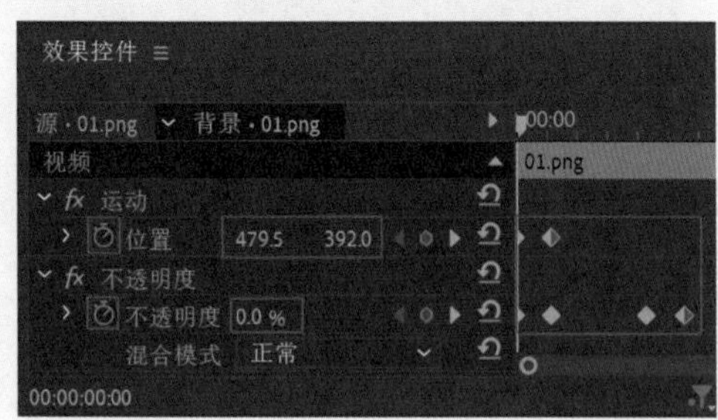

图8-56

05 选择V3轨道上的“02.png”素材文件，将时间滑块拖动到15帧的位置，在“效果控件”面板中单击“不透明度”下面的“4点多边形蒙版”按钮，再单击“蒙版路径”前面的，创建关键帧。并在“节目监视器”面板中调整蒙版路径，如图8-57和图8-58所示。

06 选择V3轨道上的“02.png”素材文件，将时间滑块分别拖动到20帧、1秒、1秒05帧、1秒10帧、1秒15帧、1秒20帧、2秒和2秒05帧的位置创建关键帧，再在“节目监视器”面板中调整蒙版路径，如图8-59和图8-60所示。

图8-57

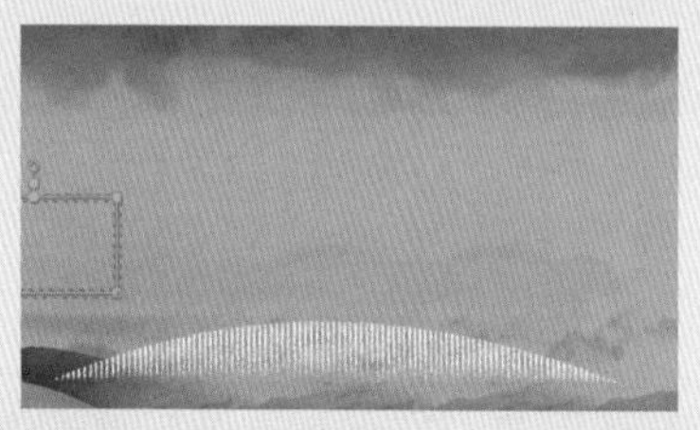
图8-58

图8-59

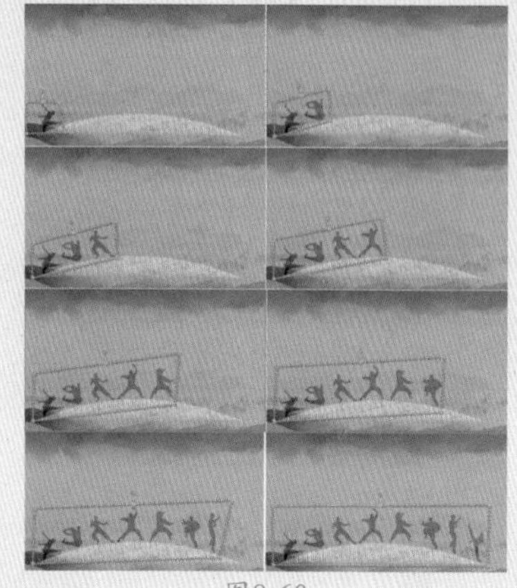
图8-60

07 将时间滑块拖动到2秒05帧的位置，在“效果控件”面板中单击“不透明度”前面的⏱，创建关键帧，并设置“不透明度”为100.0%，如图8-61所示；将时间滑块拖动到2秒20帧的位置，设置“不透明度”为0.0%。

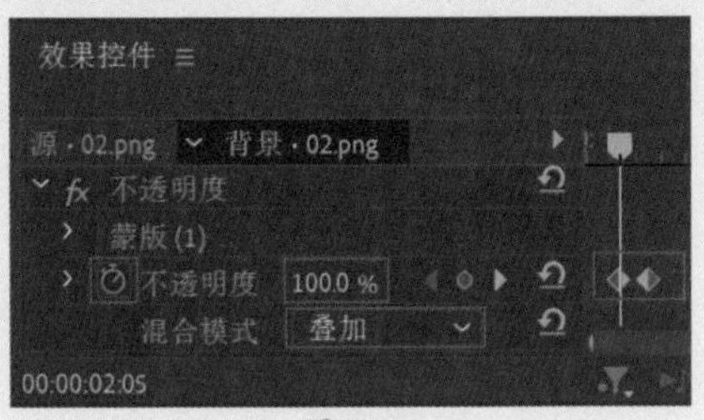

图8-61

08 选择V4轨道上的“03.jpg”素材文件，将时间滑块拖动到2秒05帧的位置，在“效果控件”面板中单击“不透明度”前面的⏱，创建关键帧，并设置“不透明度”为0.0%；将时间滑块拖动到2秒20帧的位置，单击“缩放”“旋转”和“不透明度”前面的⏱，创建关键帧，并设置“缩放”为200.0、“旋转”为0.0°、“不透明度”为100.0%；将时间滑块拖动到3秒15帧的位置，设置“缩放”为0.0、“旋转”为0.0°、“不透明度”为0.0%，如图8-62所示。

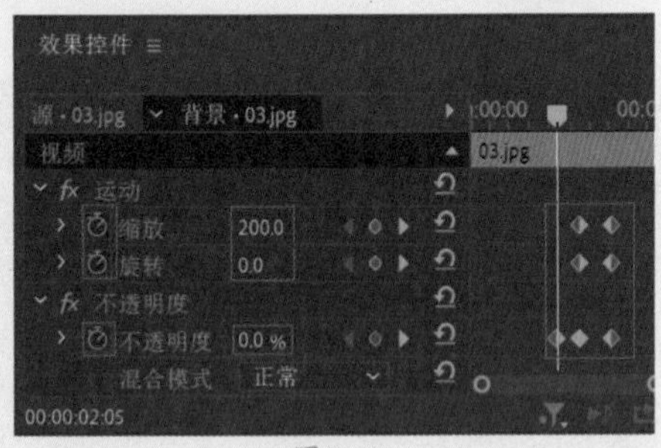

图8-62

09 选择V5轨道上的“04.jpg”素材文件，在“效果控件”面板中单击“缩放”“旋转”和“不透明度”前面的⏱，创建关键帧，并设置“缩放”为0.0、“旋转”为0.0°、“不透明度”为0.0%，如图8-63所示；将时间滑块拖动到4秒的位置，设置“缩放”为100.0、“旋转”为0.0°、“不透明度”为100.0%。

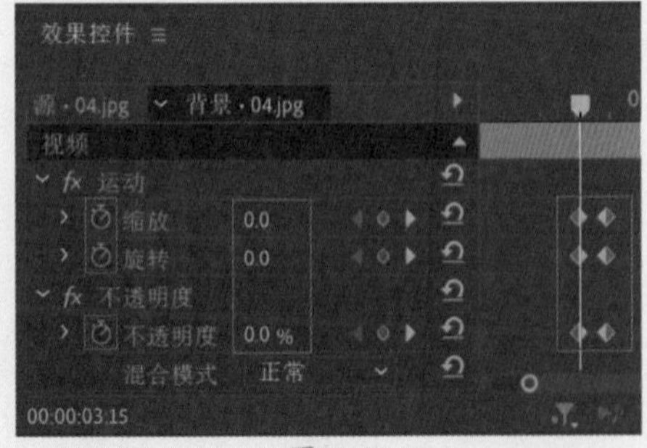

图8-63

10 选择V6轨道上的“05.jpg”素材文件，将时间滑块拖动到4秒的位置，在“效果控件”面板中单击“位置”前面的⏱，创建关键帧，并设置“位置”为（-487.5,269.0），如图8-64所示；将时间滑块拖动到4秒15帧的位置，设置“位置”为（479.5,269.0）。查看效果如图8-65所示。

图8-64

图8-65

11 拖动时间滑块查看效果，如图8-66所示。

图8-66

实例153 节日动画效果——背景部分

文件路径	第8章\节日动画效果
难易指数	★★★★★
技术掌握	关键帧动画

扫码深度学习

操作思路

本实例讲解了在Premiere Pro中导入素材制作背景，并为位置属性创建关键帧动画。

操作步骤

01 在菜单栏中执行“文件”|“新建”|“项目”命令或使用快捷键Ctrl+Alt+N，在弹出的“新建项目”对话

框中设置合适的文件名称，单击“位置”右侧的“浏览”按钮，弹出“项目位置”对话框，单击“选择文件夹”按钮，为项目选择合适的路径文件夹。在“新建项目”对话框中单击“创建”按钮，如图8-67所示。

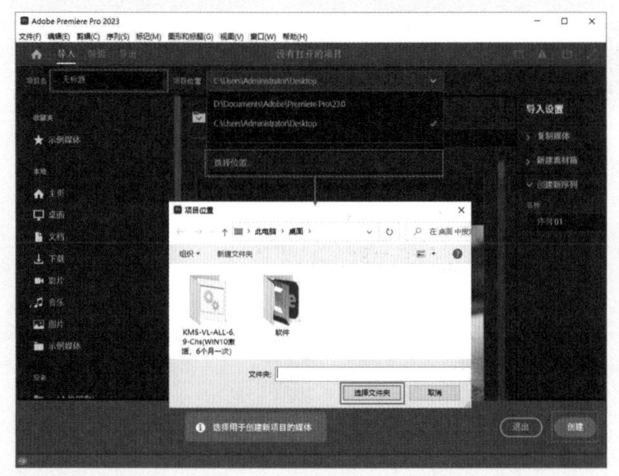

图8-67

02 在“项目”面板空白处双击，选择所需的“01.png”~“07.png”素材文件，最后单击“打开”按钮，将它们进行导入，如图8-68所示。

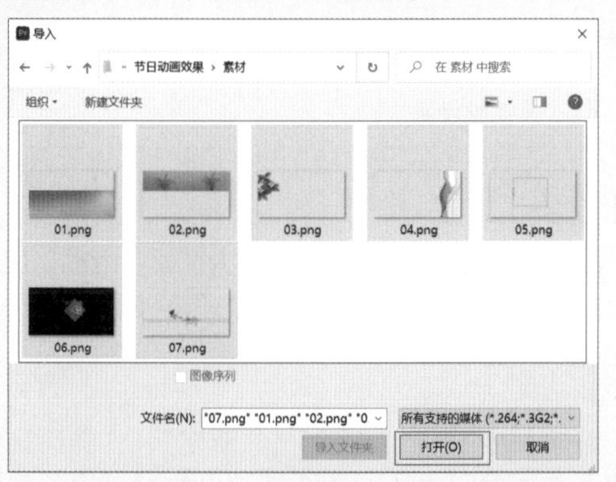

图8-68

03 选择“项目”面板中的素材文件，并按住鼠标左键依次将它们拖曳到V1~V7轨道上，如图8-69所示。

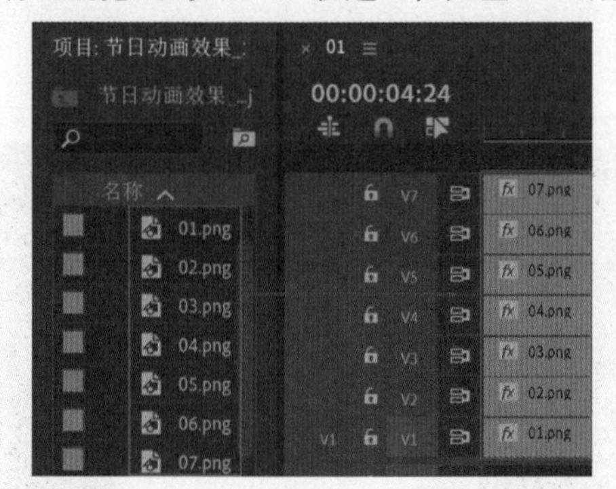

图8-69

04 选择V1轨道上的“01.png”素材文件，将时间滑块拖动到初始位置，在“效果控件”面板中单击“位置”前面的⏱，创建关键帧，并设置“位置”为（450.5,504.5），如图8-70所示；将时间滑块拖动到1秒的位置，设置“位置”为（450.5,237.5）。查看效果如图8-71所示。

图8-70　图8-71

05 选择V2轨道上的“02.png”素材文件，将时间滑块拖动到1秒的位置，在“效果控件”面板中单击“位置”前面的⏱，创建关键帧，并设置“位置”为（450.5,28.5），如图8-72所示；将时间滑块拖动到2秒的位置，设置“位置”为（450.5,237.5）。查看效果如图8-73所示。

图8-72　图8-73

06 选择V3轨道上的“03.png”素材文件，将时间滑块拖动到2秒的位置，在“效果控件”面板中单击“位置”前面的⏱，创建关键帧，并设置“位置”为（223.5,237.5），如图8-74所示；将时间滑块拖动到2秒20帧的位置，设置“位置”为（450.0,237.5）。查看效果如图8-75所示。

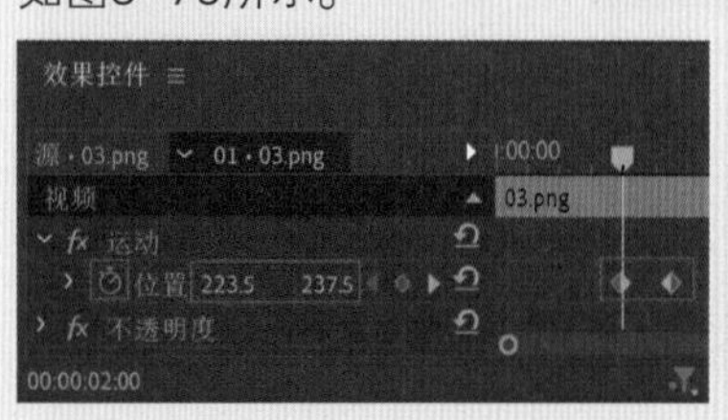

图8-74　图8-75

07 选择V4轨道上的“04.png”素材文件，将时间滑块拖动到2秒20帧的位置，在“效果控件”面板中单击“位置”前面的⏱，创建关键帧，并设置“位置”为（673.5,237.5），如图8-76所示；将时间滑块拖动到3秒15帧的位置，设置“位置”为（450.5,237.5）。查看效果如图8-77所示。

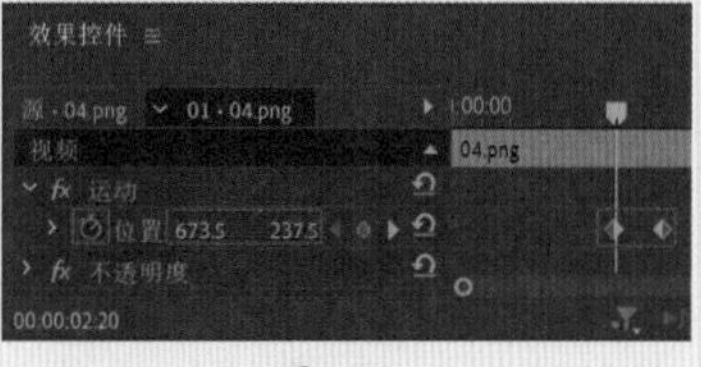

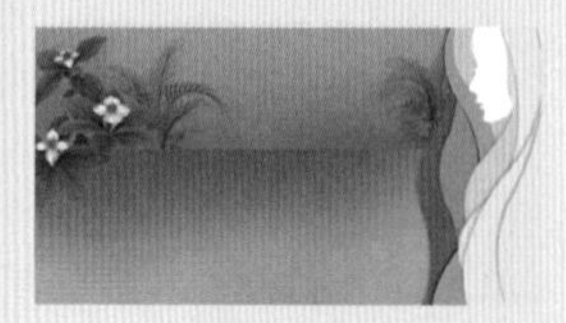

图8-76　图8-77

实例154　节日动画效果——前景部分

文件路径	第 8 章 \ 节日动画效果
难易指数	★★★★★
技术掌握	关键帧动画

扫码深度学习

操作思路

本实例讲解了在Premiere Pro中为缩放、位置属性创建关键帧动画，从而产生节日动画的效果。

操作步骤

01 选择V5轨道上的“05.png”素材文件，将时间滑块拖动到3秒15帧的位置，在“效果控件”面板中单击“缩放”前面的⏱，创建关键帧，并设置“缩放”为0.0，如图8-78所示；将时间滑块拖动到4秒05帧的位置，设置“缩放”为100.0。查看效果如图8-79所示。

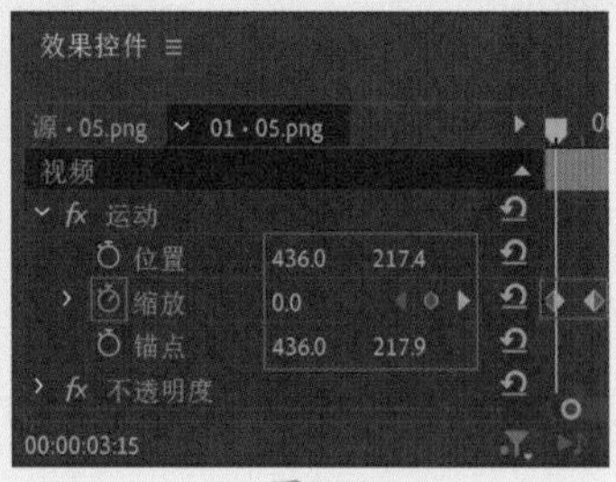

图8-78

图8-79

02 选择V6轨道上的“06.png”素材文件，将时间滑块拖动到4秒15帧的位置，在“效果控件”面板中单击“缩放”前面的⏱，创建关键帧，并设置“缩放”为0.0；将时间滑块拖动到4秒15帧的位置，设置“缩放”为100.0，如图8-80所示。查看效果如图8-81所示。

图8-80

图8-81

03 选择V7轨道上的“07.png”素材文件，将时间滑块拖动到4秒15帧的位置，在“效果控件”面板中单击“位置”前面的⏱，创建关键帧，并设置“位置”为（1351.5,237.5），如图8-82所示；将时间滑块拖动到4秒23帧的位置，设置“位置”为（450.5,237.5）。查看效果如图8-83所示。

图8-82

图8-83

04 拖动时间滑块查看效果，如图8-84所示。

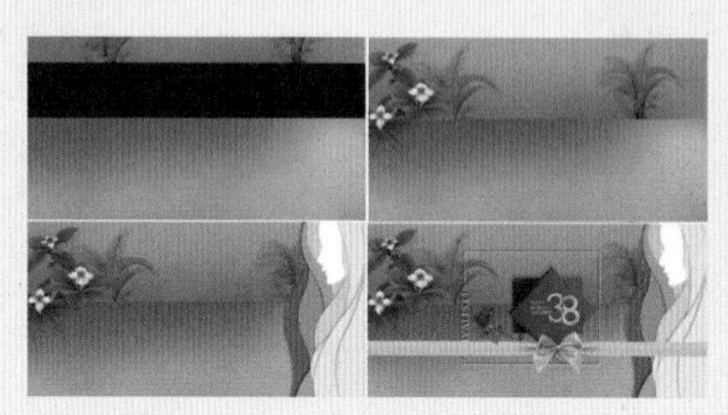

图8-84

实例155　快乐乐园效果

文件路径	第 8 章 \ 快乐乐园效果
难易指数	★★★★★
技术掌握	关键帧动画

扫码深度学习

操作思路

本实例讲解了在Premiere Pro中为位置、缩放、旋转、不透明度属性设置关键帧动画，制作快乐乐园作品动画效果。

操作步骤

01 在菜单栏中执行“文件”|“新建”|“项目”命令或使用快捷键Ctrl+Alt+N，在弹出的“新建项目”对话框中设置合适的文件名称，单击“位置”右侧的“浏览”按钮，弹出“项目位置”对话框，单击“选择文件夹”按钮，为项目选择合适的路径文件夹。在“新建项目”对话框中单击“创建”按钮，如图8-85所示。

图8-85

02 在“项目”面板空白处单击鼠标右键，在弹出的快捷菜单中执行“新建项目”|“序列”命令。接着在弹出的“新建序列”对话框中选择DV-PAL文件夹下的“标准48kHz”，如图8-86所示。

图8-86

03 在“项目”面板空白处双击，选择所需的“01.png”~“07.png”和“背景.jpg”素材文件，最后单击“打开”按钮，将它们进行导入，如图8-87所示。

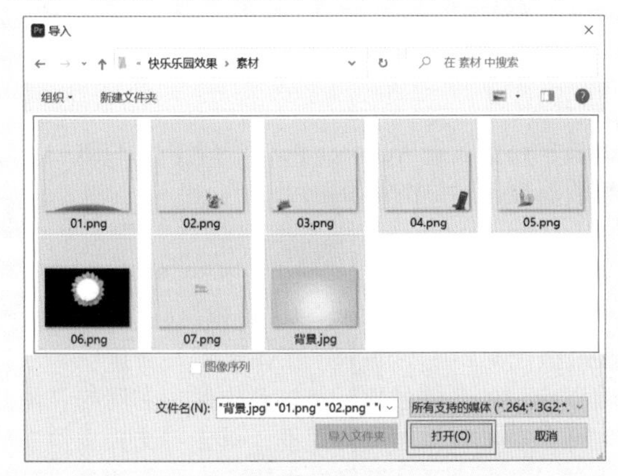

图8-87

04 选择“项目”面板中的所有素材文件，并按住鼠标左键将它们拖曳到轨道上，如图8-88所示。

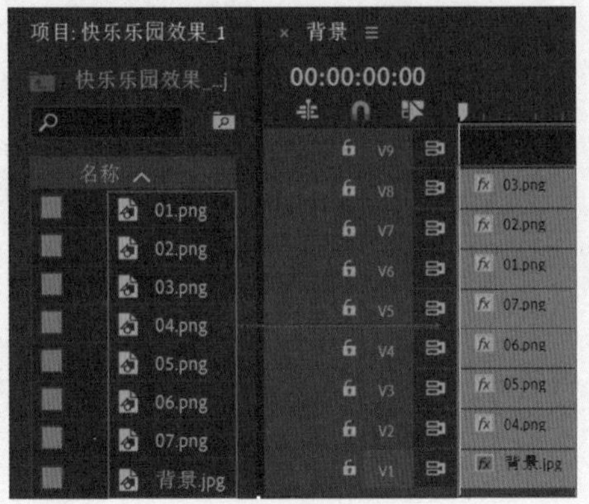

图8-88

05 选择V2轨道上的“04.png”素材文件，将时间滑块拖动到2秒的位置，在“效果控件”面板中单击“位置”前面的◙，创建关键帧，并设置“位置”为（650.0,447.0），如图8-89所示；将时间滑块拖动到2秒15帧的位置，设置“位置”为（499.0,332.0）。

图8-89

06 选择V3轨道上的“05.png”素材文件，将时间滑块拖动到2秒15帧的位置，在“效果控件”面板中单击“位置”前面的◙，并设置“位置”为（231.0,592.0），如图8-90所示；将时间滑块拖动到3秒05帧的位置，设置“位置”为（499.0,332.0）。

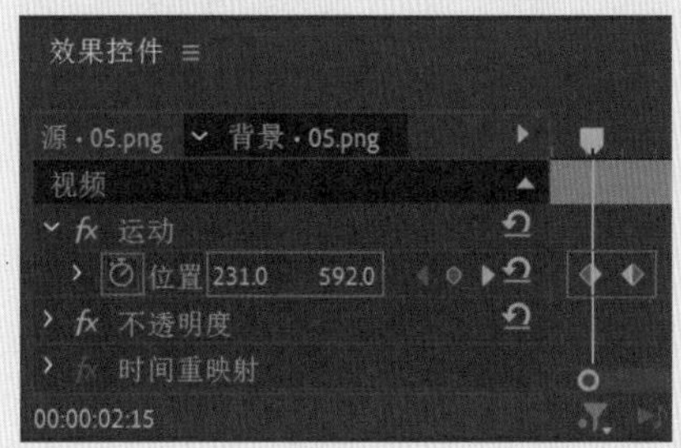

图8-90

07 选择V4轨道上的“06.png”素材文件，在“效果控件”面板中设置“位置”为（503.0,239.4）。将时间滑块拖动到3秒05帧的位置，单击“缩放”和“旋转”前面的◙，并设置“缩放”为0.0、“旋转”为0.0°，如图8-91所示；将时间滑块拖动到4秒的位置，设置“缩放”为100.0%、“旋转”为0.0°，设置“锚点”为（503.0,239.4）。

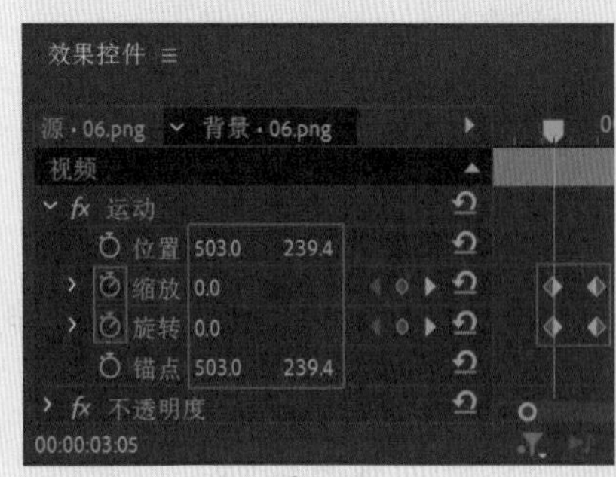

图8-91

08 选择V5轨道上的“07.png”素材文件，在“效果控件”面板中设置“位置”为（501.0,237.4）。将时间滑块拖动到4秒的位置，单击“缩放”和“不透明度”前面的◙，并设置“缩放”为0.0、“不透明度”为0.0%；将时间滑块拖动到4秒20帧的位置，设置“缩放”为100.0、“不透明度”为100.0%，设置“锚点”为（501.0, 237.4）。如图8-92所示。

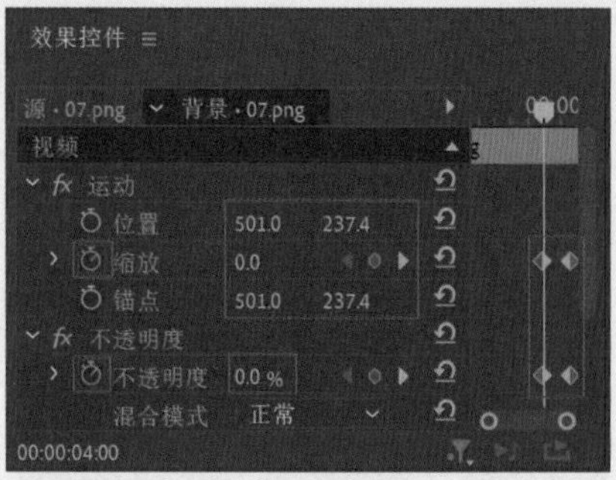

图8-92

09 选择V6轨道上的“01.png”素材文件，将时间滑块拖动到初始位置，在“效果控件”面板中单击“位置”前面的⏱，并设置“位置”为（499.0,411.0），如图8-93所示；将时间滑块拖动到20帧的位置，设置“位置”为（499.0,332.0）。

图8-93

10 选择V7轨道上的“02.png”素材文件，将时间滑块拖动到20帧的位置，在“效果控件”面板中单击“不透明度”前面的⏱，并设置“不透明度”为0.0%，如图8-94所示；将时间滑块拖动到1秒10帧的位置，设置“不透明度”为100.0%。

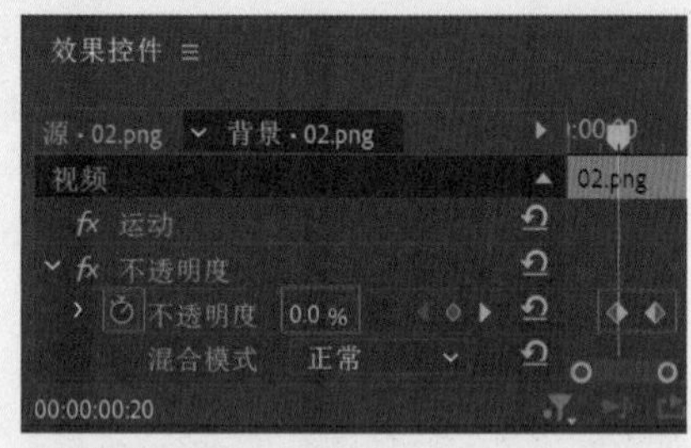

图8-94

11 选择V8轨道上的“03.png”素材文件，将时间滑块拖动到1秒10帧的位置，单击“位置”前面的⏱，并设置“位置”为（343.0,480.0），如图8-95所示；将时间滑块拖动到2秒的位置，设置“位置”为（488.0,340.0）。

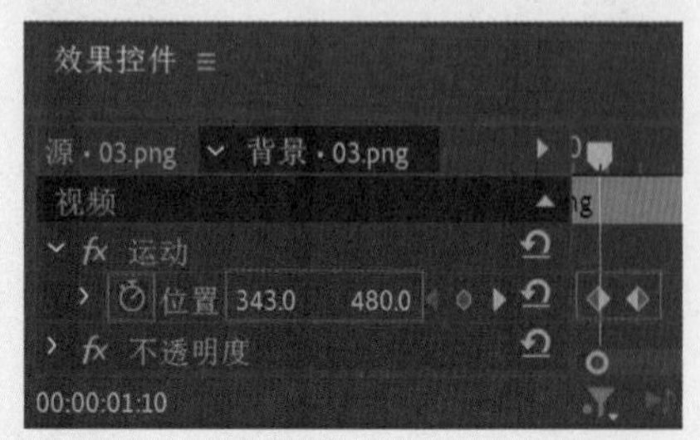

图8-95

12 拖动时间滑块查看效果，如图8-96所示。

图8-96

实例156 美食网页合成效果

文件路径	第 8 章 \ 美食网页合成效果	扫码深度学习
难易指数	★★★★★	
技术掌握	关键帧动画	

操作思路

本实例讲解了在Premiere Pro中为素材的位置、不透明度、缩放属性创建关键帧动画。

操作步骤

01 在菜单栏中执行“文件”|“新建”|“项目”命令或使用快捷键Ctrl+Alt+N，在弹出的“新建项目”对话框中设置合适的文件名称，单击“位置”右侧的“浏览”按钮，弹出“项目位置”对话框，单击“选择文件夹”按钮，为项目选择合适的路径文件夹。在“新建项目”对话框中单击“创建”按钮，如图8-97所示。

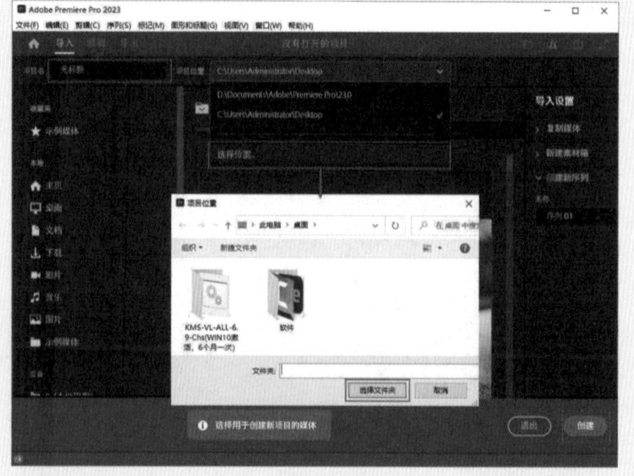

图8-97

02 在“项目”面板空白处双击，选择所需的“01.png”~“03.png”和“背景.jpg”素材文件，最后单击“打开”按钮，将它们进行导入，如图8–98所示。

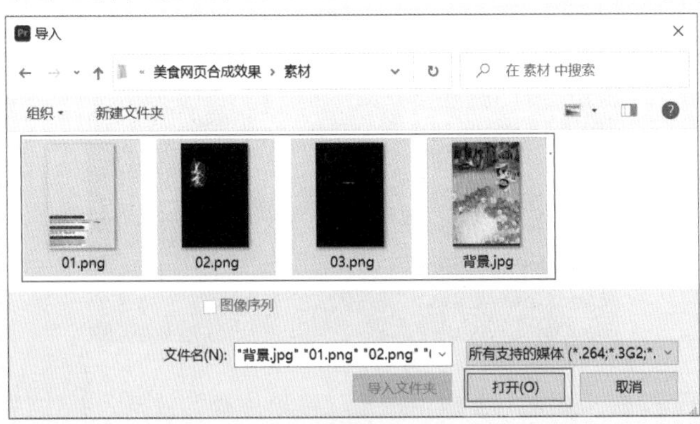

图8-98

03 选择“项目”面板中的素材文件，并按住鼠标左键将它们拖曳到轨道上，如图8–99所示。

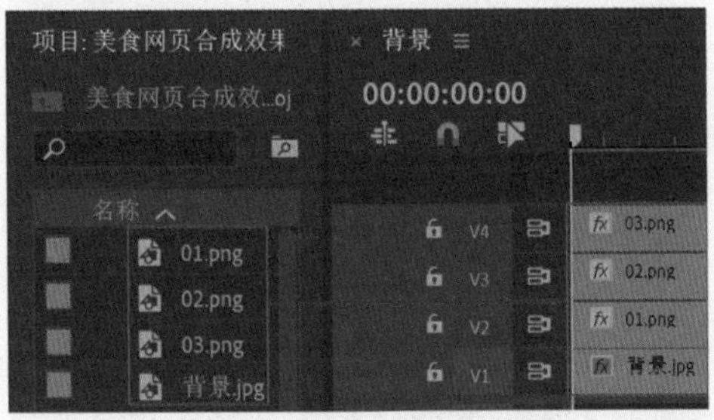

图8-99

04 选择V2轨道上的“01.png”素材文件，将时间滑块拖动到初始位置，在“效果控件”面板中展开“运动”效果，单击“位置”和“不透明度”前面的■，创建关键帧，设置“位置”为（1052.0,527.0）、“不透明度”为0.0%，如图8–100所示；将时间滑块拖动到15帧的位置，设置“位置”为（351.0,527.0）、“不透明度”为100.0%。

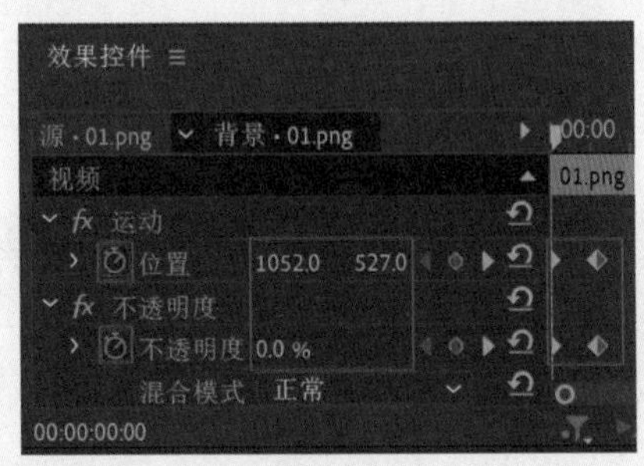

图8-100

05 选择V3轨道上的“02.png”素材文件，在“效果控件”面板中设置“位置”为（171.1,323.7），将时间滑块拖动到15帧的位置，单击“缩放”前面的■，创建关键帧，设置“缩放”为0.0，如图8–101所示；将时间滑块拖动到1秒05帧的位置，设置“缩放”为100.0。

06 选择V4轨道上的“03.png”素材文件，将时间滑块拖动到1秒05帧的位置，在“效果控件”面板中单击“缩放”前面的■，创建关键帧，设置“缩放”为0.0，如图8–102所示；将时间滑块拖动到2秒的位置，设置“缩放”为100.0。

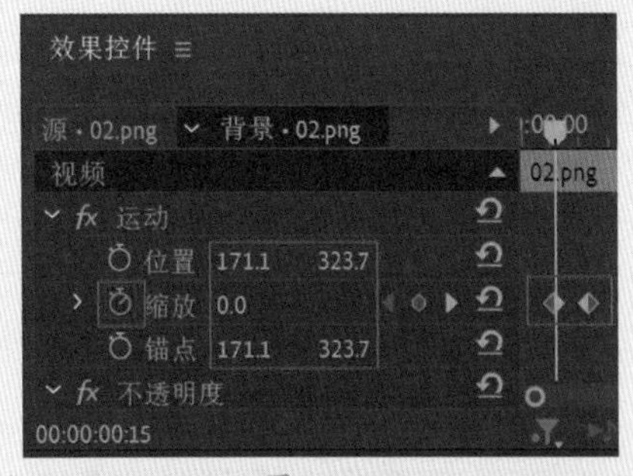

图8-101

图8-102

07 拖动时间滑块查看效果，如图8–103所示。

图8-103

实例157　模糊动画效果——画面合成

文件路径	第8章\模糊动画效果
难易指数	★★★★★
技术掌握	● “高斯模糊”效果　● 关键帧动画

扫码深度学习

操作思路

本实例讲解了在Premiere Pro中使用“高斯模糊”效果、关键帧动画制作模糊动画效果。

操作步骤

01 在菜单栏中执行“文件”|“新建”|“项目”命令或使用快捷键Ctrl+Alt+N，在弹出的“新建项目”对话框中设置合适的文件名称，单击“位置”右侧的“浏览”按钮，弹出“项目位置”对话框，单击“选择文件夹”按钮，为项目选择合适的路径文件夹。在“新建项目”对话框中单击“创建”按钮，如图8-104所示。

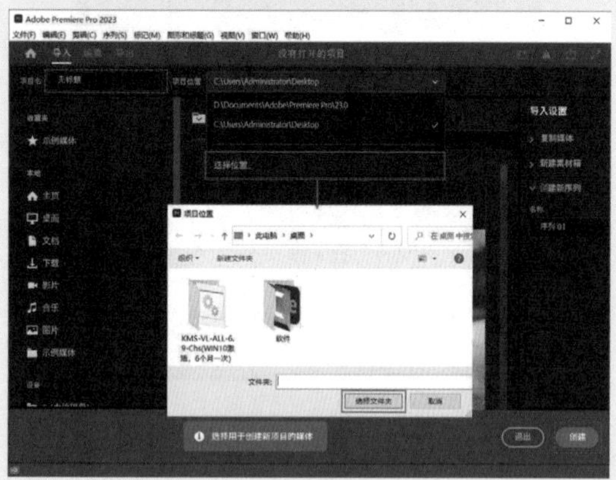

图8-104

02 在“项目”面板空白处单击鼠标右键，在弹出的快捷菜单中执行“新建项目”|“序列”命令。接着在弹出的“新建序列”对话框中选择DV-PAL文件夹下的“标准48kHz”，如图8-105所示。

图8-105

03 在“项目”面板空白处双击，选择所需的“背景.jpg”素材文件，最后单击“打开”按钮，将其进行导入，如图8-106所示。

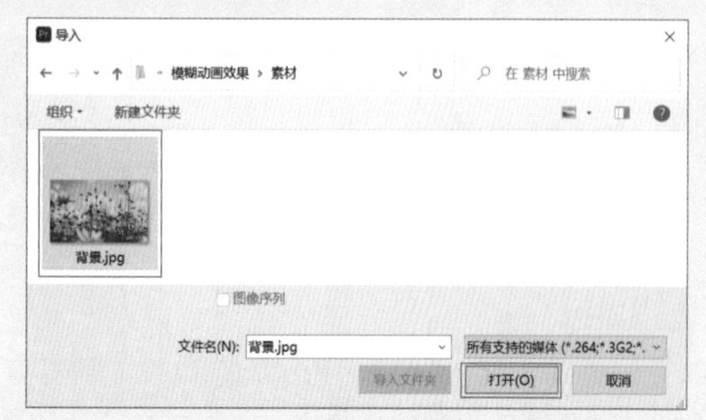

图8-106

04 选择“项目”面板中的“背景.jpg”素材文件，并按住鼠标左键将其拖曳到V1轨道上，如图8-107所示。

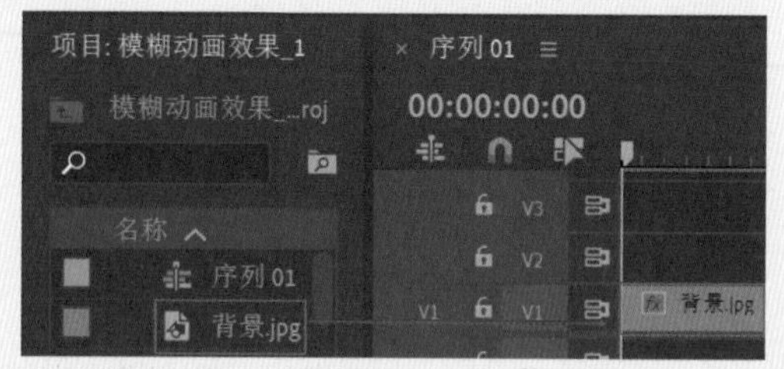

图8-107

05 在“效果”面板中搜索“高斯模糊”效果，并按住鼠标左键将其拖曳到“背景.jpg”素材文件上，如图8-108所示。

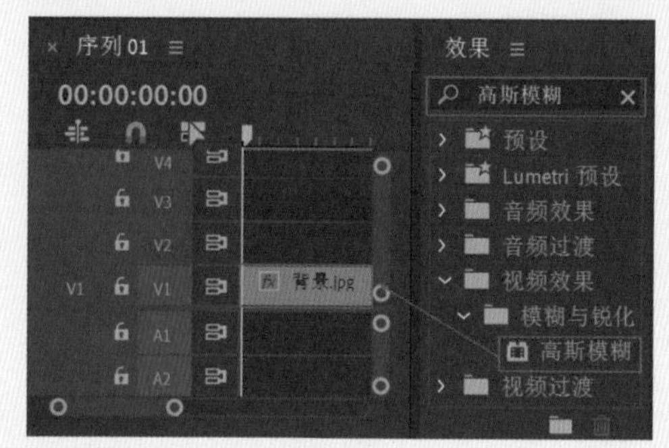

图8-108

06 选择V1轨道上的“背景.jpg”素材文件，在“效果控件”面板中展开“高斯模糊”效果，将时间滑块拖动到初始位置，并单击其下面的“椭圆形蒙版”按钮，单击“蒙版路径”和“蒙版羽化”前面的，创建关键帧，再在“节目监视器”面板中调整椭圆形蒙版；将时间滑块拖动到2秒10帧的位置，再次调整“节目监视器”面板中的椭圆形蒙版，并勾选“已反转”复选框，然后设置“模糊度”为107.0，如图8-109所示。查看效果如图8-110所示。

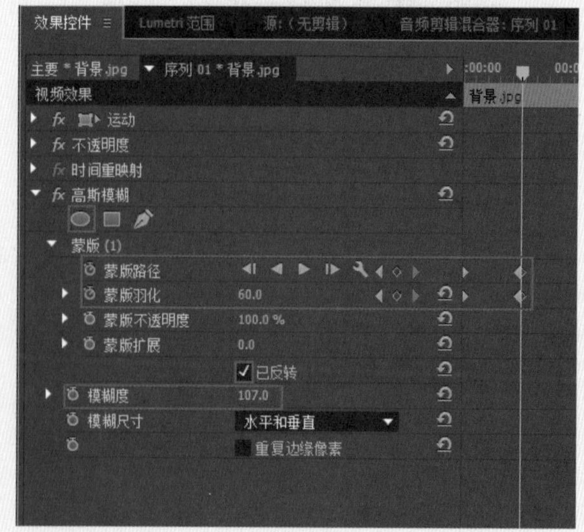

图8-109

图8-110

实例158 模糊动画效果——文字部分

文件路径	第 8 章 \ 模糊动画效果
难易指数	★★★★★
技术掌握	● 文字工具 ● 关键帧动画

扫码深度学习

操作思路

本实例讲解了在Premiere Pro中使用文字工具创建文字，并创建旋转、缩放、不透明度的关键帧动画。

操作步骤

01 将时间滑块拖动到起始时间位置处，在“工具”面板中选择T（文字工具），并在“节目监视器”面板中输入合适的文字内容，在“时间轴”面板中选择刚刚创建的文字图层，在“效果控件”面板中设置合适的“字体系列”，设置“字体大小”为168，勾选“填充”复选框，设置“填充颜色”为白色，接着展开“变换”，设置“位置”为（99.3,281.2）。如图8-111所示。

图8-111

02 选择V2轨道上的文字图层，将时间滑块拖动到初始位置，在“效果控件”面板中单击“缩放”“旋转”和“不透明度”前面的⏱，创建关键帧，并设置“缩放”为0.0、“旋转”为0.0°、“不透明度”为0.0%，如图8-112所示；将时间滑块拖动到2秒10帧的位置，设置“缩放”为100.0、“旋转”为0.0°、“不透明度”为100.0%。

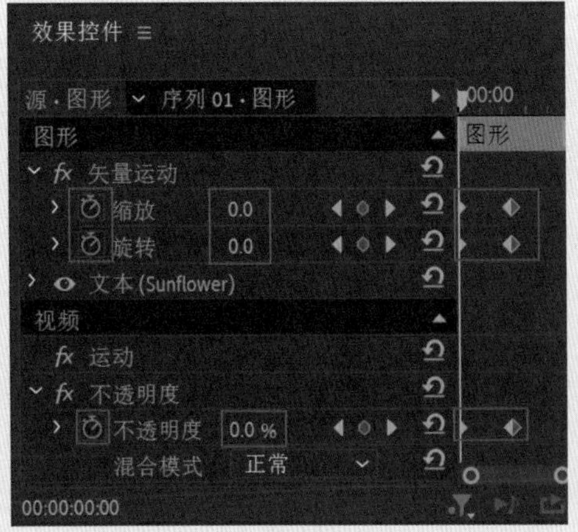

图8-112

03 拖动时间滑块查看效果，如图8-113所示。

图8-113

实例159 情人节宣传动画效果

文件路径	第 8 章 \ 情人节宣传动画效果
难易指数	★★★★★
技术掌握	关键帧动画

扫码深度学习

操作思路

本实例讲解了在Premiere Pro中创建位置、不透明度、缩放属性的关键帧动画。

操作步骤

01 在菜单栏中执行“文件”|“新建”|“项目”命令或使用快捷键Ctrl+Alt+N，在弹出的“新建项目”对话框中设置合适的文件名称，单击“位置”右侧的“浏览”按钮，弹出“项目位置”对话框，单击“选择文件夹”按钮，为项目选择合适的路径文件夹。在“新建项目”对话框中单击“创建”按钮，如图8-114所示。

02 在“项目”面板空白处双击，选择所需的“01.png”～“05.png”和“背景.jpg”素材文件，最后单击“打开”按钮，将它们进行导入，如图8-115所示。

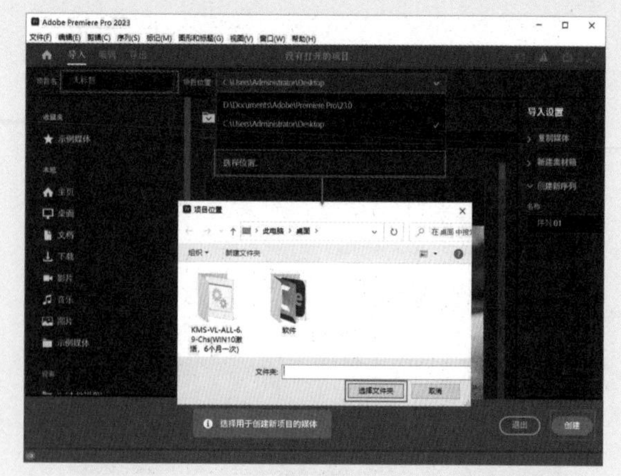

图8-114

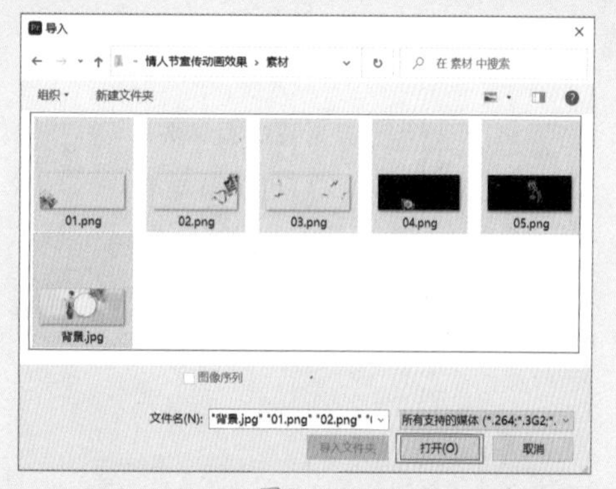

图8-115

03 选择“项目”面板中的所有素材文件，并按住鼠标左键依次将它们拖曳到轨道上，如图8-116所示。

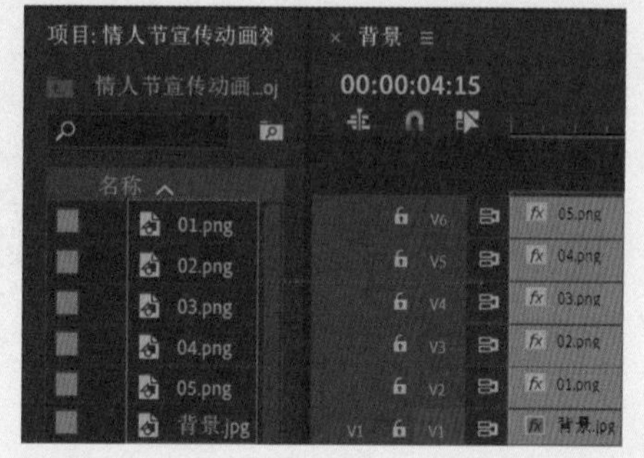

图8-116

04 选择V2轨道上的“01.png”素材文件，将时间滑块拖动到初始位置，在“效果控件”面板中展开“运动”效果，单击“位置”前面的⏱，创建关键帧。并设置“位置”为（500.0,350.0）；将时间滑块拖动到15帧的位置，设置“位置”为（867.0,350.0），如图8-117所示。

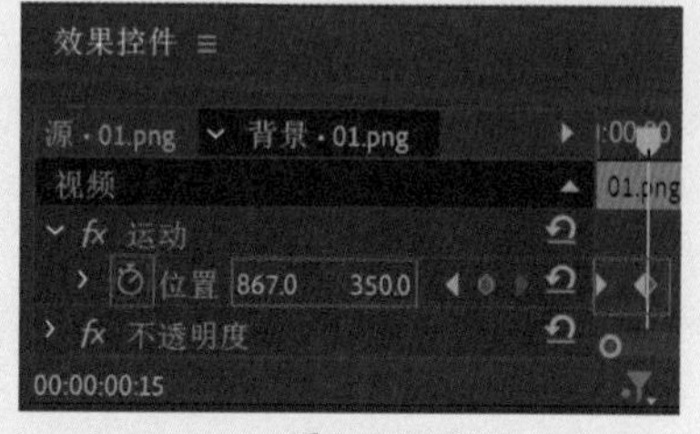

图8-117

05 选择V3轨道上的“02.png”素材文件，将时间滑块拖动到15帧的位置，在“效果控件”面板中单击“位置”前面的⏱，创建关键帧，并设置“位置”为（1391.0,350.0），如图8-118所示；将时间滑块拖动到1秒10帧的位置，设置“位置”为（867.0,350.0）。

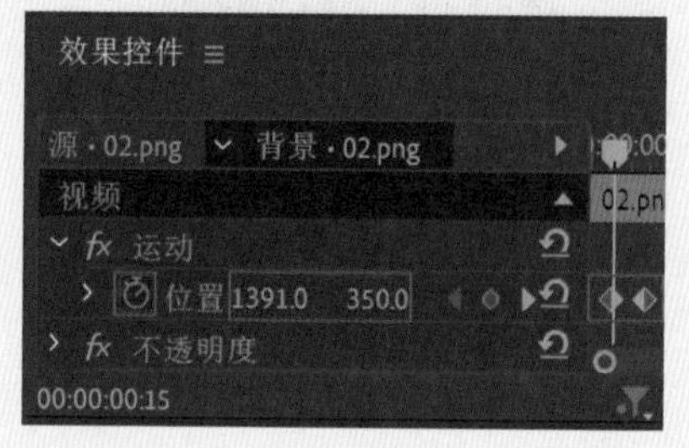

图8-118

06 选择V4轨道上的“03.png”素材文件，在“效果控件”面板中设置“位置”和“锚点”均为（867.0,350.0），将时间滑块拖动到1秒10帧的位置，单击“不透明度”前面的⏱，创建关键帧，并设置“不透明度”为0.0%，如图8-119所示；将时间滑块拖动到2秒10帧的位置，设置“不透明度”为100.0%。

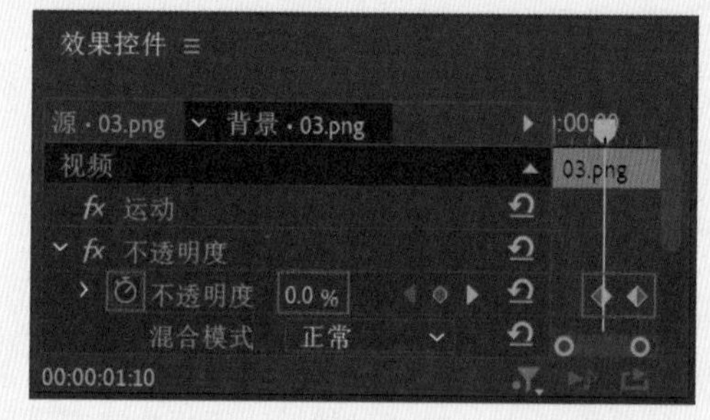

图8-119

07 选择V5轨道上的“04.png”素材文件，在“效果控件”面板中设置“位置”和“锚点”均为（635.7,601.8），将时间滑块拖动到2秒10帧的位置，单击“缩放”前面的⏱，创建关键帧，并设置“缩放”为0.0，如图8-120所示；将时间滑块拖动到3秒05帧的位置，设置“缩放”为100.0。

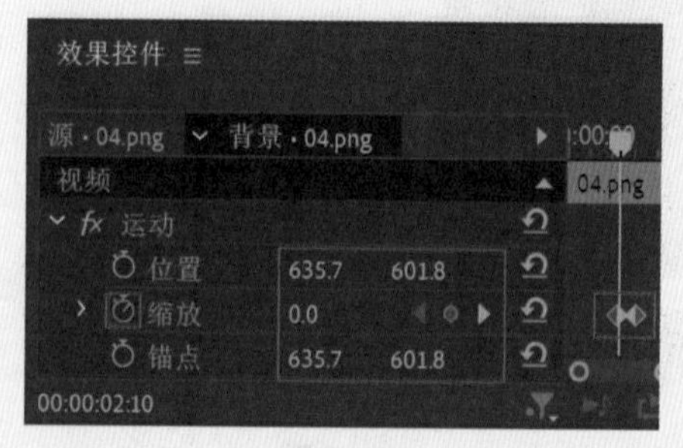

图8-120

08 选择V6轨道上的“05.png”素材文件，将时间滑块拖动到3秒05帧的位置，在“效果控件”面板中单击“缩放”前面的⏱，创建关键帧，并设置“缩放”为0.0，如图8-121所示；将时间滑块拖动到4秒05帧的位置，设置“缩放”为100.0。

09 拖动时间滑块查看效果，如图8-122所示。

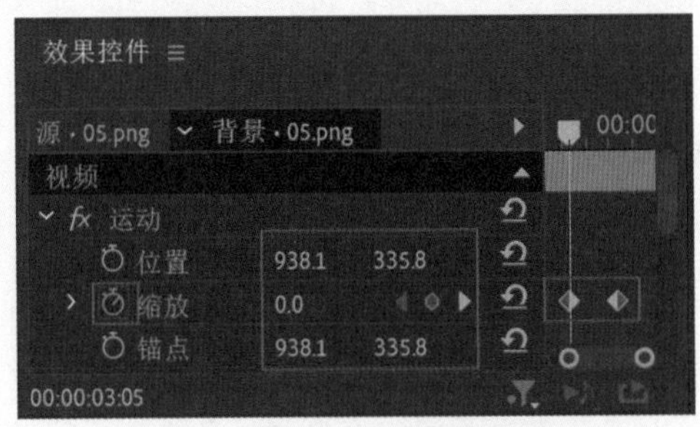

图8-121

图8-122

实例160 水滴动画效果

文件路径	第 8 章 \ 水滴动画效果
难易指数	★★★★★
技术掌握	关键帧动画

扫码深度学习

操作思路

本实例讲解了在Premiere Pro中制作缩放、位置、不透明度属性的关键帧动画。

操作步骤

01 在菜单栏中执行“文件”|“新建”|“项目”命令或使用快捷键Ctrl+Alt+N，在弹出的“新建项目”对话框中设置合适的文件名称，单击“位置”右侧的“浏览”按钮，弹出“项目位置”对话框，单击“选择文件夹”按钮，为项目选择合适的路径文件夹。在“新建项目”对话框中单击“创建”按钮，如图8-123所示。

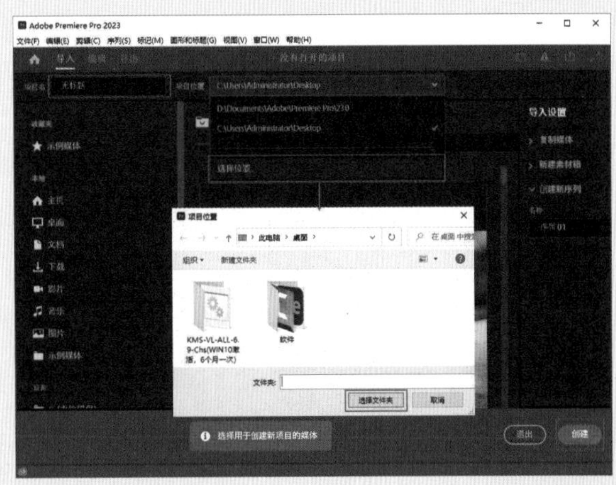

图8-123

02 在“项目”面板空白处双击，选择所需的“01.png”“02.png”和“背景.jpg”素材文件，最后单击“打开”按钮，将它们进行导入，如图8-124所示。

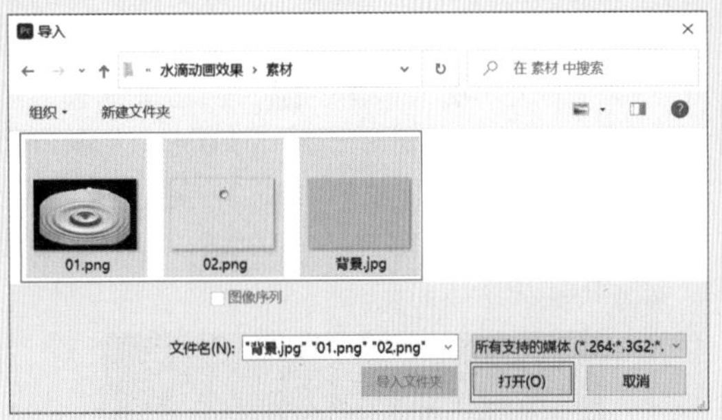

图8-124

03 选择“项目”面板中的所有素材文件，并按住鼠标左键将它们拖曳到轨道上，如图8-125所示。

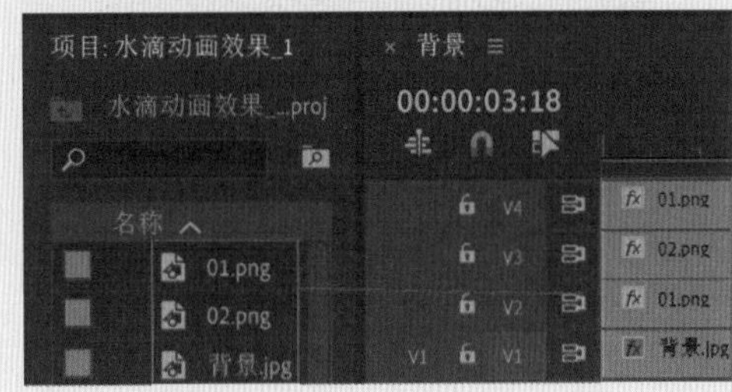

图8-125

04 选择V2轨道上的“01.png”素材文件，将时间滑块拖动到1秒11帧的位置，在“效果控件”面板中单击“缩放”前面的⏱，创建关键帧，并设置“缩放”为0.0；将时间滑块拖动到3秒的位置，设置“缩放”为100.0，如图8-126所示。

图8-126

05 选择V3轨道上的“02.png”素材文件，将时间滑块拖动到初始位置，在“效果控件”面板中单击“位置”和“缩放”前面的⏱，创建关键帧，并设置“位置”为（903.3,253.7）、“缩放”为100.0，如图8-127所示；将时间滑块拖动到1秒11帧的位置，设置“位置”为（903.3,674.7）、“缩放”为0.0。

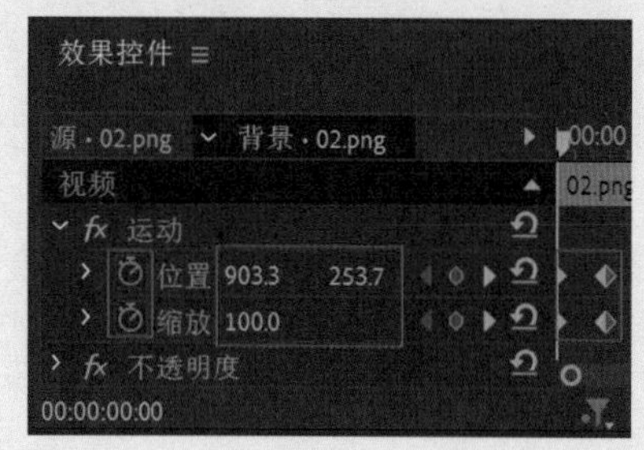

图8-127

06 选择V4轨道上的“01.png”素材文件，将时间滑块拖动到1秒11帧的位置，在“效果控件”面板中单击“缩放”和“不透明度”前面的⏱，创建关键帧，并设置“缩放”为0.0、“不透明度”为100.0%；将时间滑块拖动到3秒的位置，设置“缩放”为60.0；将时间滑块拖动到3秒15帧的位置，设置“缩放”为100.0、“不透明度”为0.0%，如图8-128所示。

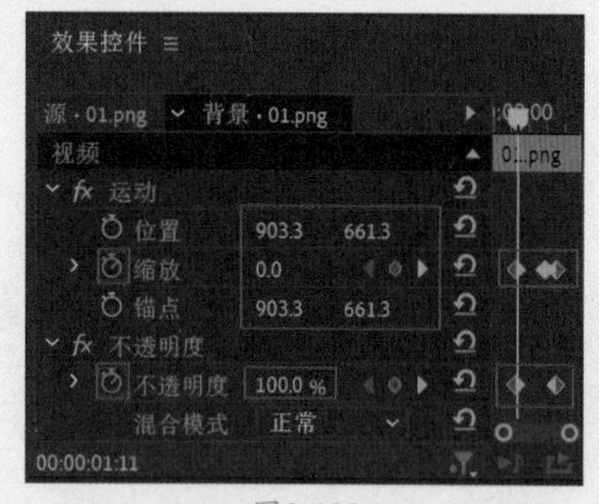

图8-128

07 拖动时间滑块查看效果，如图8-129所示。

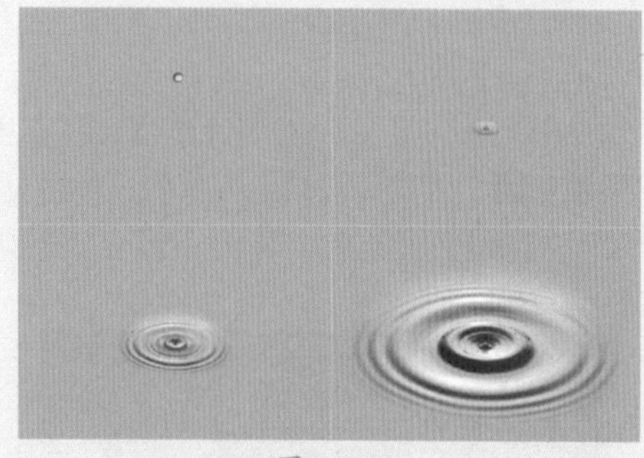

图8-129

实例161 图像变换动画效果

文件路径	第8章\图像变换动画效果
难易指数	★★★★★
技术掌握	关键帧动画

扫码深度学习

操作思路

本实例讲解了在Premiere Pro中制作位置、缩放属性的关键帧动画。

操作步骤

01 在菜单栏中执行“文件”|“新建”|“项目”命令或使用快捷键Ctrl+Alt+N，在弹出的“新建项目”对话框中设置合适的文件名称，单击“位置”右侧的“浏览”按钮，弹出“项目位置”对话框，单击“选择文件夹”按钮，为项目选择合适的路径文件夹。在“新建项目”对话框中单击“创建”按钮，如图8-130所示。

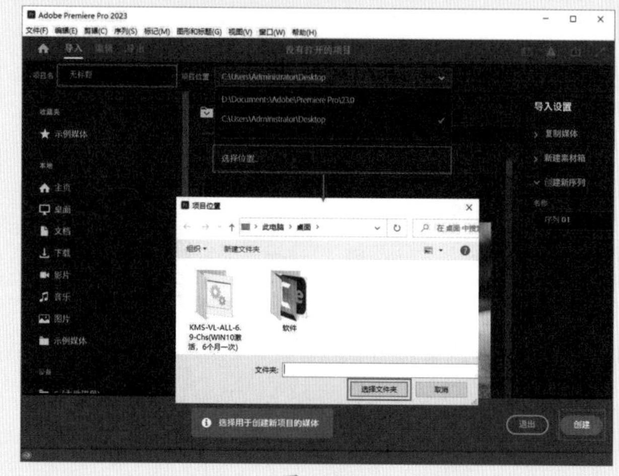

图8-130

02 在“项目”面板空白处双击，选择所需的“01.png”～“07.png”素材文件，最后单击“打开”按钮，将它们进行导入，如图8-131所示。

图8-131

03 选择“项目”面板中的所有素材文件，并按住鼠标左键依次将它们拖曳到轨道上，如图8-132所示。

04 选择V2轨道上的“02.png”素材文件，将时间滑块拖动到15帧的位置，在“效果控件”面板中单击“位置”前面的⏱，创建关键帧，并设置“位置”为（2392.0,682.5），如图8-133所示；将时间滑块拖动到2秒的位置，设置“位置”为（-632.0,682.5）。

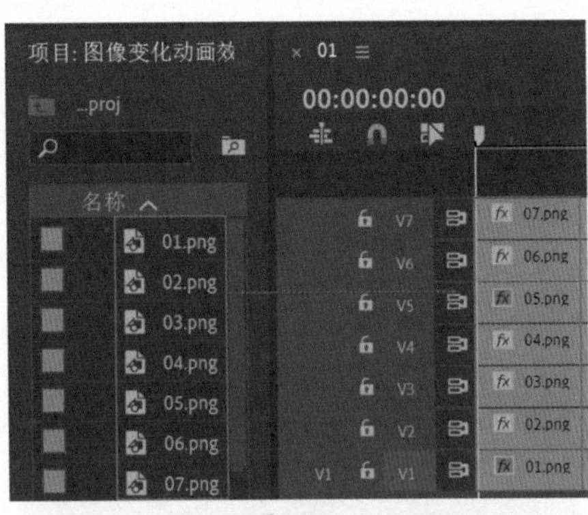

图8-132

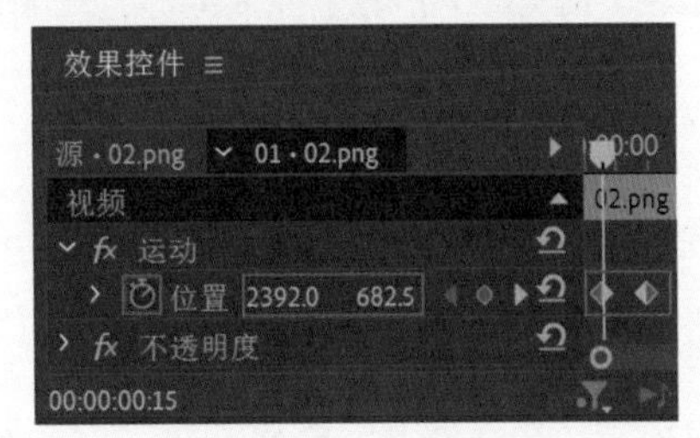

图8-133

05 选择V3轨道上的“03.png”素材文件，将时间滑块拖动到2秒的位置，在“效果控件”面板中单击“位置”前面的⏱，创建关键帧，并设置“位置”为（2784.0,682.5），如图8-134所示；将时间滑块拖动到3秒的位置，设置“位置”为（-438.0,682.5）。

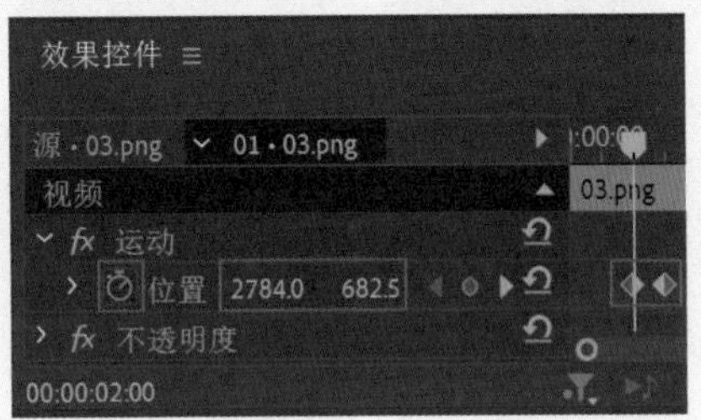

图8-134

06 选择V4轨道上的“04.png”素材文件，将时间滑块拖动到3秒的位置，在“效果控件”面板中单击“位置”前面的⏱，创建关键帧，并设置“位置”为（2380.0,682.5），如图8-135所示；将时间滑块拖动到4秒的位置，设置“位置”为（-458.0,682.5）。

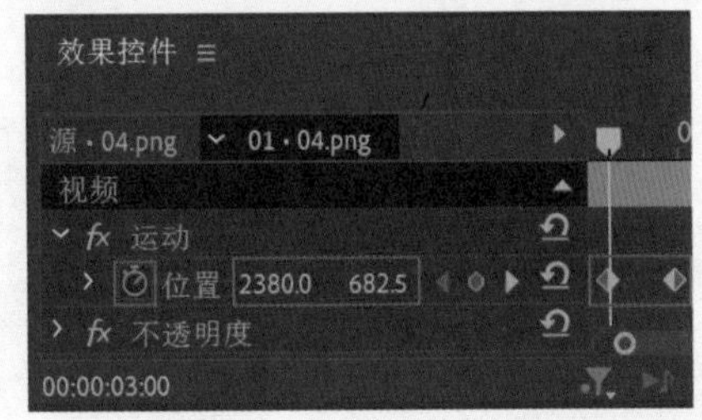

图8-135

07 选择V6轨道上的“06.png”素材文件，将时间滑块拖动到4秒的位置，在“效果控件”面板中单击“位置”前面的⏱，创建关键帧，并设置“位置”为（1024.0,1235.5），如图8-136所示；将时间滑块拖动到4秒10帧的位置，设置“位置”为（1024.0,682.5）。

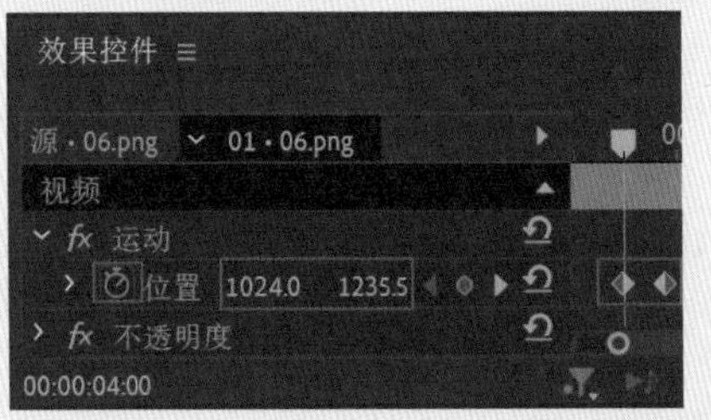

图8-136

08 选择V7轨道上的“07.png”素材文件，将时间滑块拖动到4秒10帧的位置，在“效果控件”面板中单击“缩放”前面的⏱，创建关键帧，并设置“缩放”为0.0，如图8-137所示；将时间滑块拖动到4秒20帧的位置，设置“缩放”为121.0。

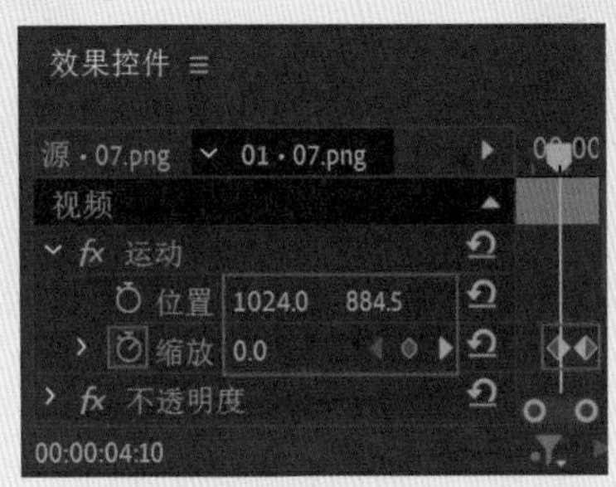

图8-137

09 拖动时间滑块查看效果，如图8-138所示。

图8-138

实例162 星光抠像合成效果——人物抠像

文件路径	第8章\星光抠像合成效果
难易指数	★★★★★
技术掌握	● “超级键”效果 ● 关键帧动画

扫码深度学习

操作思路

本实例讲解了在Premiere Pro中使用“超级键”效果抠除人像的背景，并制作位置、缩放属性的关键帧动画。

操作步骤

01 在菜单栏中执行“文件”|“新建”|“项目”命令或使用快捷键Ctrl+Alt+N，在弹出的“新建项目”对话框中设置合适的文件名称，单击“位置”右侧的“浏览”按钮，弹出“项目位置”对话框，单击“选择文件夹”按钮，为项目选择合适的路径文件夹。在“新建项目”对话框中单击“创建”按钮，如图8-139所示。

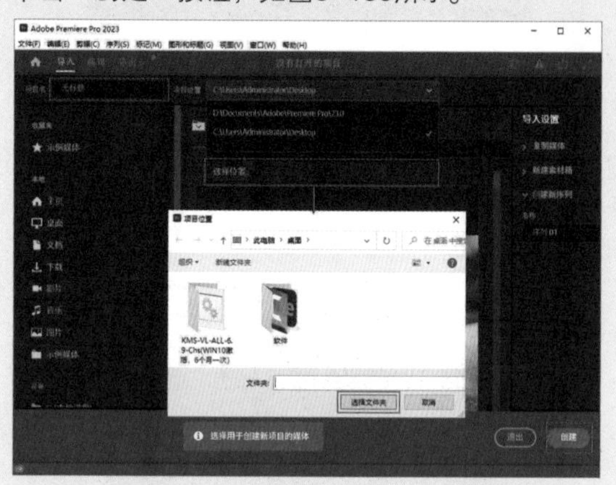

图8-139

02 在“项目”面板空白处双击，选择所需的“01.png”~“05.png”素材文件，最后单击“打开”按钮，将它们进行导入，如图8-140所示。

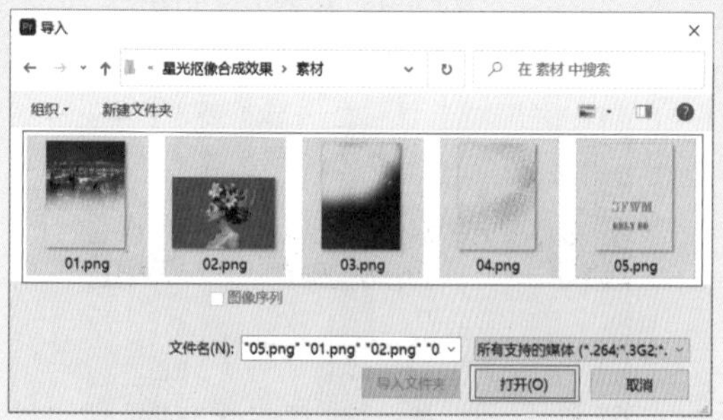

图8-140

03 选择V1轨道上的“01.png”素材文件，将时间滑块拖动到初始位置，在“效果控件”面板中展开“运动”效果，单击“位置”前面的⏱，创建关键帧，并设置“位置”为（1081.5,-244.5）；将时间滑块拖动到1秒的位置，设置“位置”为（1081.5,1422.5），如图8-141所示。查看效果如图8-142所示。

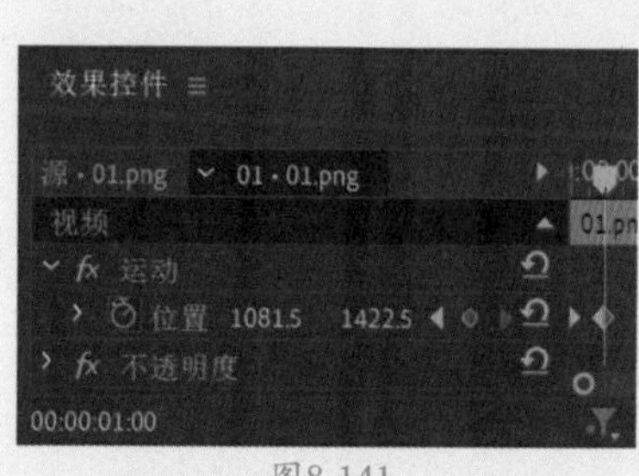

图8-141

图8-142

04 在“效果”面板中搜索“超级键”效果，并按住鼠标左键将其拖曳到“02.png”素材文件上，如图8-143所示。

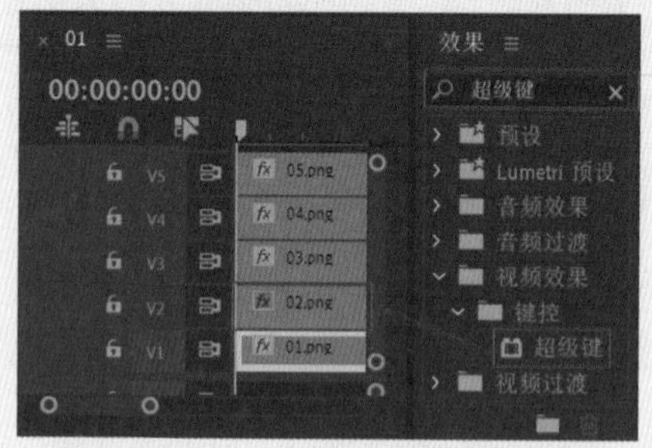

图8-143

05 选择V2轨道上的“02.png”素材文件，在“效果控件”面板中展开“超级键”效果，设置为“自定义”，单击“主要颜色”后面的吸管工具，并在“节目监视器”面板中吸取蓝色，接着展开“遮罩生成”，设置“透明度”为40.0、“阴影”为55.0、“容差”为90.0、“基值”为50.0。接着展开“遮罩清除”，设置“柔化”为78.0、“对比度”为10.0。展开“颜色校正”，设置“饱和度”为112.0，如图8-144和图8-145所示。

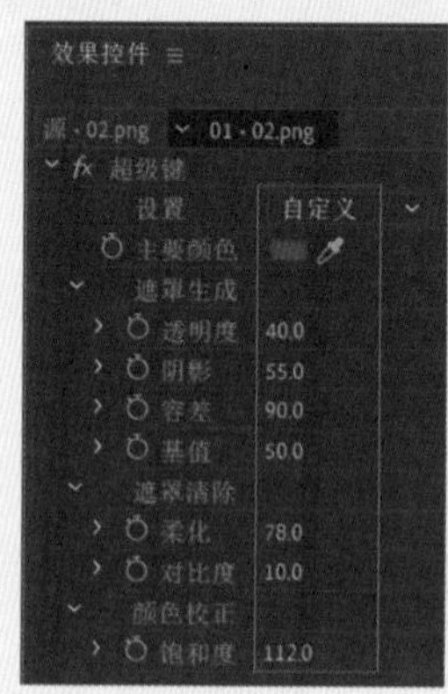

图8-144

图8-145

06 选择V2轨道上的“02.png”素材文件，将时间滑块拖动到1秒的位置，在“效果控件”面板中单击“缩放”前面的⏱，创建关键帧，设置“缩放”为0.0；将时间滑块拖动到1秒20帧的位置，设置“缩放”为200.0，设置“位置”为（1055.8,997.2），如图8-146所示。查看效果如图8-147所示。

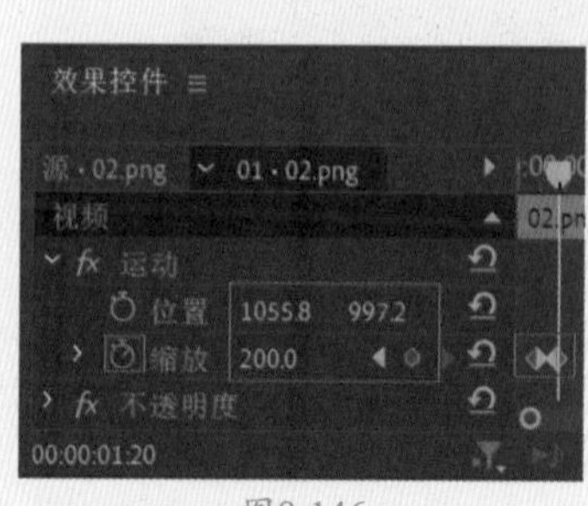

图8-146

图8-147

实例163 星光抠像合成效果——特效合成

文件路径	第8章\星光抠像合成效果	
难易指数	★★★★★	
技术掌握	关键帧动画	扫码深度学习

操作思路

本实例讲解了在Premiere Pro中制作位置、不透明度属性的关键帧动画。

操作步骤

01 选择V3轨道上的“03.png”素材文件，将时间滑块拖动到1秒20帧的位置，在“效果控件”面板中单击“位置”前面的◙，创建关键帧，设置“位置”为（1081.5,4366.5），如图8-148所示；将时间滑块拖动到2秒11帧的位置，设置“位置”为（1081.5,1422.5）。查看效果如图8-149所示。

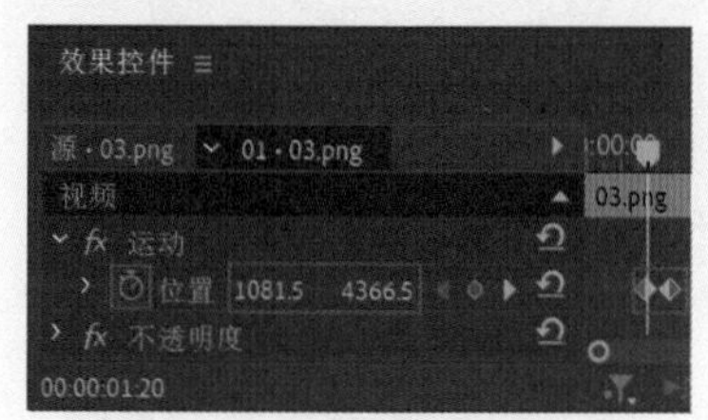

图8-148

图8-149

02 选择V4轨道上的“04.png”素材文件，将时间滑块拖动到2秒10帧的位置，在“效果控件”面板中单击“不透明度”前面的◙，创建关键帧，设置“不透明度”为0.0%；将时间滑块拖动到3秒05帧的位置，设置“不透明度”为100.0%，如图8-150所示。查看效果如图8-151所示。

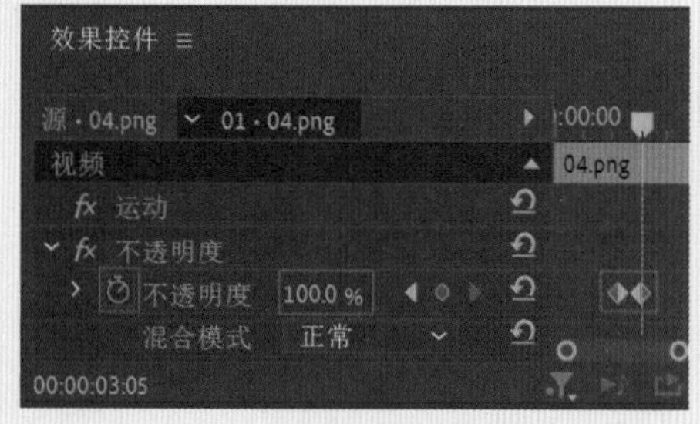

图8-150

图8-151

03 选择V5轨道上的“05.png”素材文件，将时间滑块拖动到3秒05帧的位置，在“效果控件”面板中单击“位置”前面的◙，创建关键帧，设置“位置”为（1081.5,2700.0）；将时间滑块拖动到4秒05帧的位置，设置“位置”为（1081.5,1422.5），如图8-152所示。查看效果如图8-153所示。

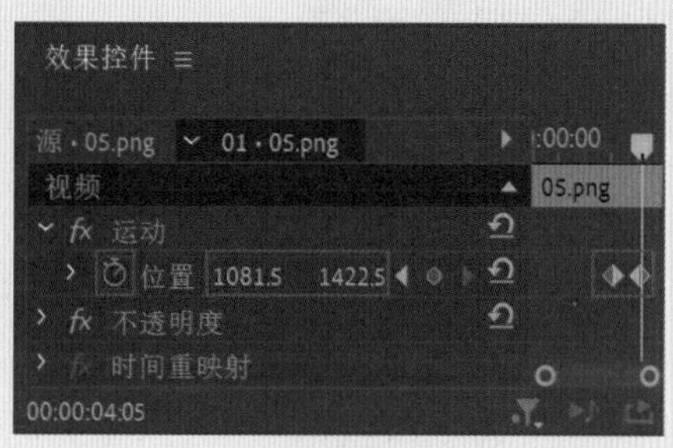

图8-152

图8-153

04 拖动时间滑块查看效果，如图8-154所示。

图8-154

实例164　冬季恋歌

文件路径	第 8 章 \ 冬季恋歌	 扫码深度学习
难易指数	★★★★★	
技术掌握	关键帧动画	

操作思路

本实例讲解了在Premiere Pro中创建缩放、位置属性的关键帧动画。

操作步骤

01 在菜单栏中执行“文件”|“新建”|“项目”命令或使用快捷键Ctrl+Alt+N，在弹出的“新建项目”对话框中设置合适的文件名称，单击“位置”右侧的“浏览”按钮，弹出“项目位置”对话框，单击“选择文件夹”按钮，为项目选择合适的路径文件夹。在“新建项目”对话框中单击“创建”按钮，如图8-155所示。

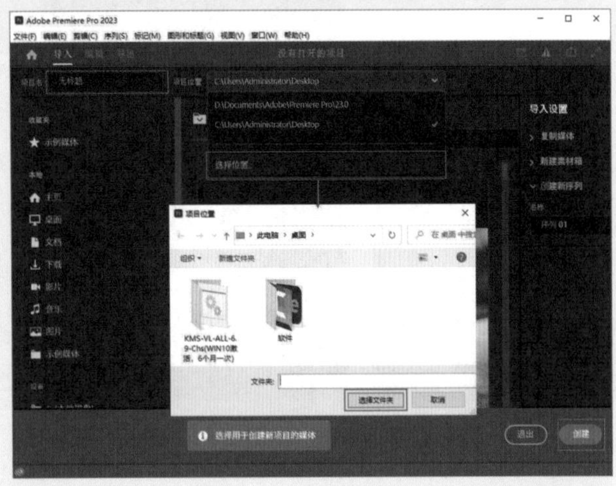

图8-155

02 在“项目”面板空白处双击，选择所需的“01.png”～“06.png”和“背景.jpg”素材文件，最后单击“打开”按钮，将它们进行导入，如图8-156所示。

图8-156

03 选择“项目”面板中的素材文件，并按住鼠标左键将它们拖曳到轨道上，如图8-157所示。

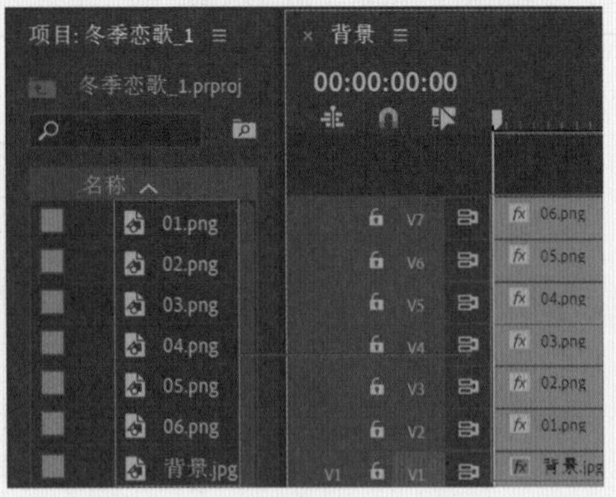

图8-157

04 选择V2轨道上的“01.png”素材文件，将时间滑块拖动到初始位置，在“效果控件”面板中单击“缩放”和“旋转”前面的⏱，创建关键帧，并设置“缩放”为0.0、“旋转”为0.0°，如图8-158所示；将时间滑块拖动到1秒的位置，设置“缩放”为100.0、“旋转”为0.0°。

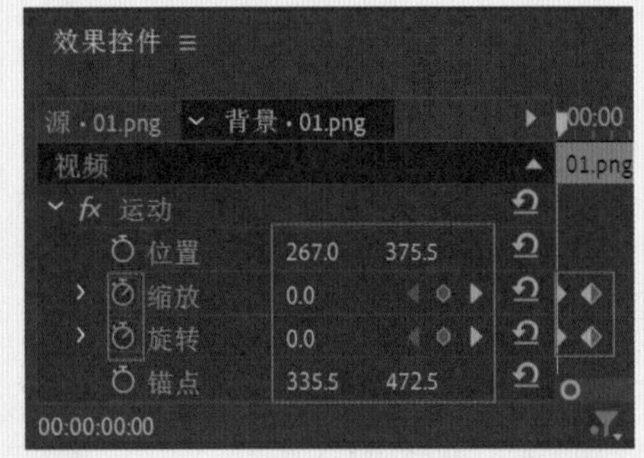

图8-158

05 选择V3轨道上的“02.png”素材文件，将时间滑块拖动到1秒的位置，在“效果控件”面板中单击“位置”前面的⏱，创建关键帧，并设置“位置”为(260.0,95.5)，如图8-159所示；将时间滑块拖动到1秒10帧的位置，设置“位置”为(260.0,369.5)。

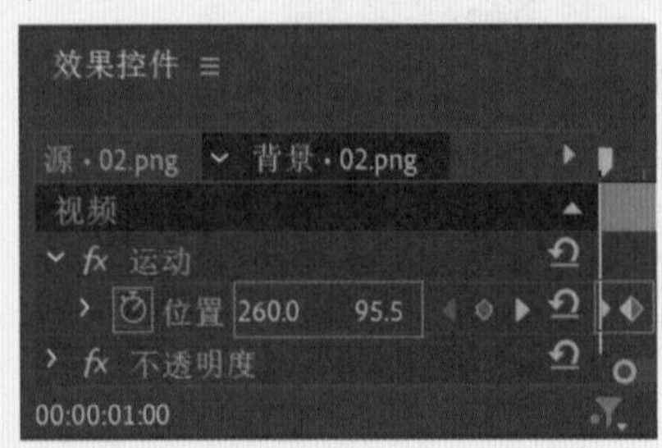

图8-159

06 选择V4轨道上的“03.png”素材文件，在“效果控件”面板中设置“缩放”为80.0，将时间滑块拖动到1秒10帧的位置，单击“位置”前面的⏱，创建关键帧，并设置“位置”为(260.0,348.5)，如图8-160所示；将时间滑块拖动到1秒20帧的位置，设置“位置”为(260.0,370.5)。

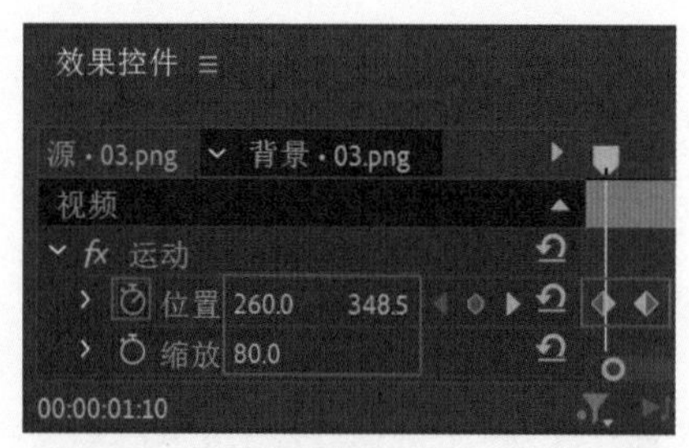

图8-160

07 选择V5轨道上的“04.png”素材文件，将时间滑块拖动到1秒20帧的位置，在“效果控件”面板中单击“位置”前面的◙，创建关键帧，并设置“位置”为（-241.0,348.5），如图8-161所示；将时间滑块拖动到2秒20帧的位置，设置“位置”为（246.0,348.5）。

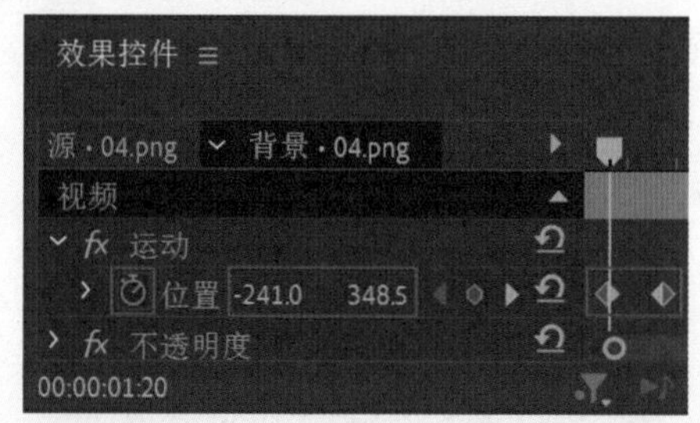

图8-161

08 选择V6轨道上的“05.png”素材文件，将时间滑块拖动到2秒10帧的位置，在“效果控件”面板中单击“位置”前面的◙，创建关键帧，并设置“位置”为（260.0,411.5），如图8-162所示；将时间滑块拖动到3秒的位置，设置“位置”为（260.0,349.5）。

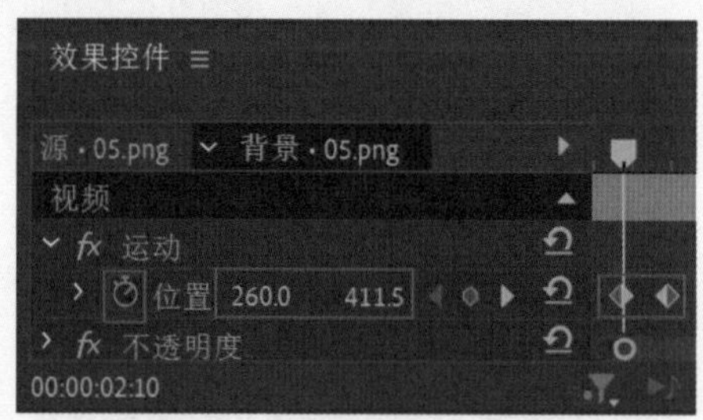

图8-162

09 选择V7轨道上的“06.png”素材文件，将时间滑块拖动到3秒的位置，在“效果控件”面板中单击“位置”前面的◙，创建关键帧，并设置“位置”为（644.0,340.5），如图8-163所示；将时间滑块拖动到3秒20帧的位置时，设置“位置”为（265.0,340.5）。

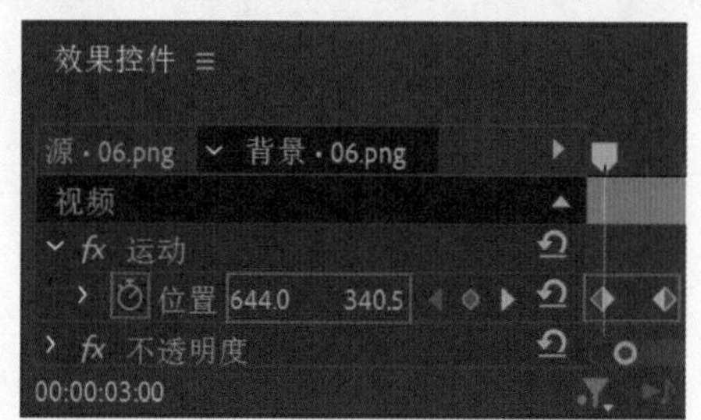

图8-163

10 拖动时间滑块查看效果，如图8-164所示。

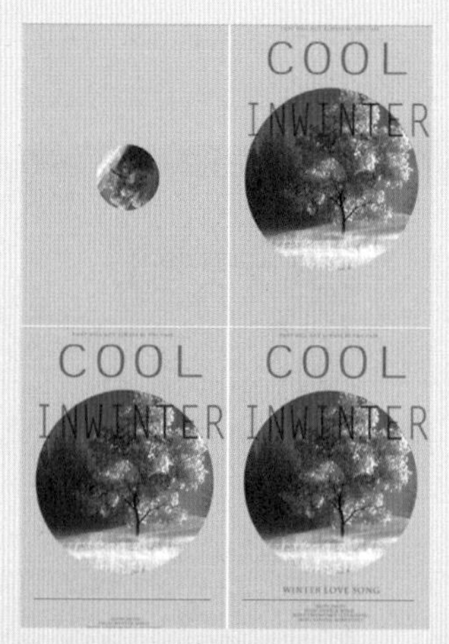

图8-164

实例165　风景动画效果

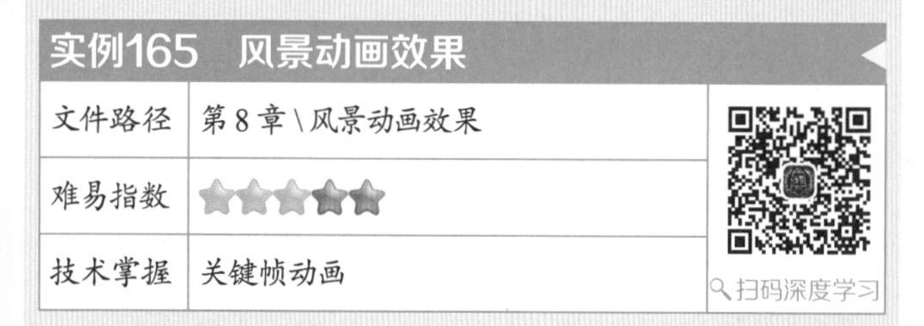

文件路径	第 8 章 \ 风景动画效果
难易指数	★★★★★
技术掌握	关键帧动画

扫码深度学习

操作思路

本实例讲解了在Premiere Pro中创建位置属性的关键帧动画。

操作步骤

01 在菜单栏中执行“文件”|“新建”|“项目”命令或使用快捷键Ctrl+Alt+N，在弹出的“新建项目”对话框中设置合适的文件名称，单击“位置”右侧的“浏览”按钮，弹出“项目位置”对话框，单击“选择文件夹”按钮，为项目选择合适的路径文件夹。在“新建项目”对话框中单击“创建”按钮，如图8-165所示。

图8-165

02 在“项目”面板空白处单击鼠标右键，在弹出的快捷菜单中执行“新建项目”|“序列”命令。接着在弹出的“新建序列”对话框中选择DV-PAL文件夹下的“标准48kHz”，如图8-166所示。

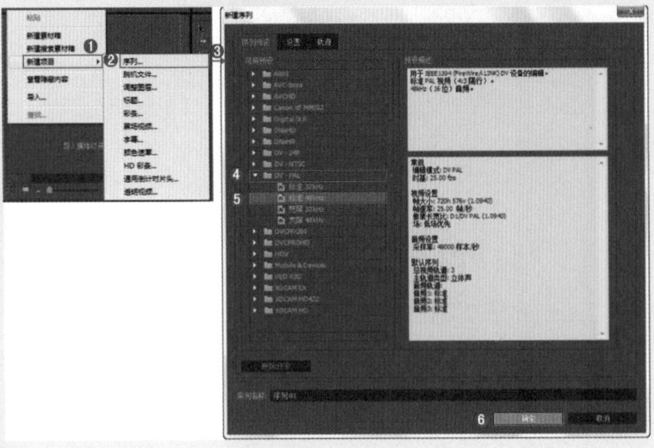

图8-166

03 在“项目”面板空白处双击，选择所需的“01.png”~“05.png”和“背景.jpg”素材文件，最后单击“打开”按钮，将它们进行导入，如图8-167所示。

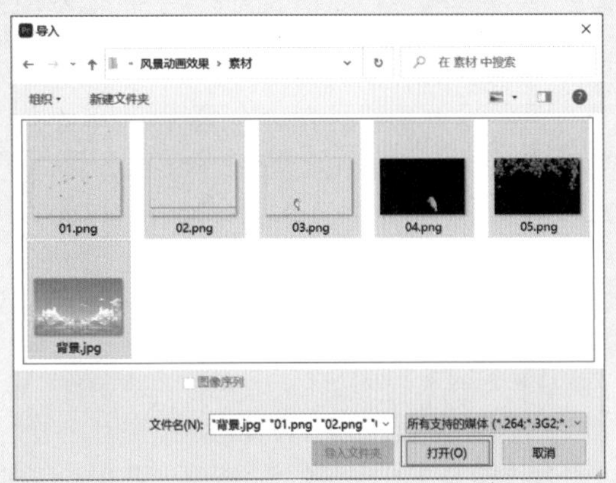

图8-167

04 选择“项目”面板中的所有素材文件，并按住鼠标左键将它们拖曳到轨道上，如图8-168所示。

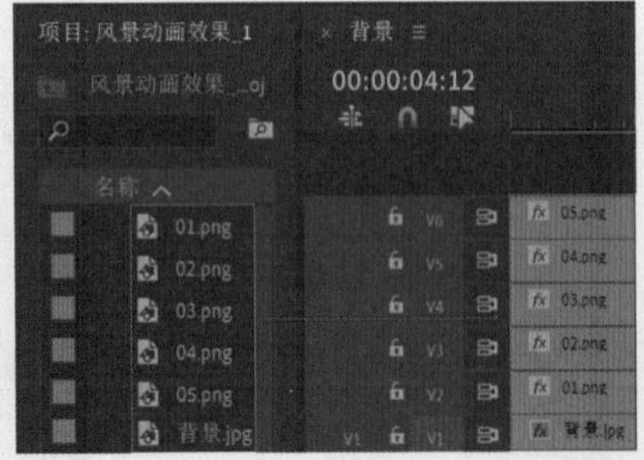

图8-168

05 选择V2轨道上的“01.png”素材文件，将时间滑块拖动到初始位置，在“效果控件”面板中展开“运动”效果，单击“位置”前面的⏱，创建关键帧，并设置“位置”为（2541.0,600.0），如图8-169所示；将时间滑块拖动到20帧的位置，设置“位置”为（960.0,600.0）。

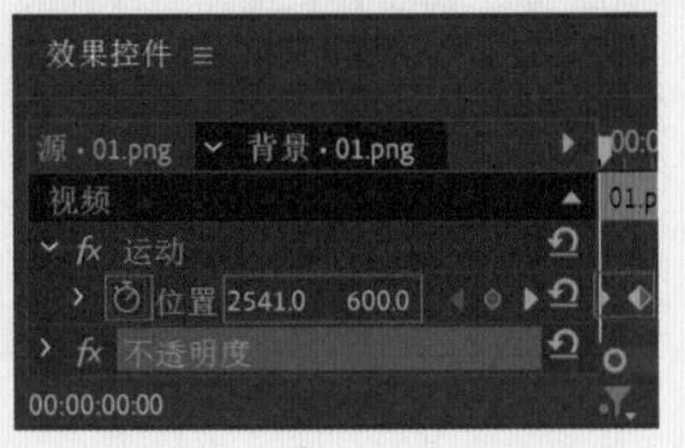

图8-169

06 选择V3轨道上的“02.png”素材文件。将时间滑块拖动到20帧的位置，在“效果控件”面板中单击“位置”前面的⏱，创建关键帧，并设置“位置”为（960.0,771.0），如图8-170所示；将时间滑块拖动到1秒15帧的位置，设置“位置”为（960.0,600.0）。

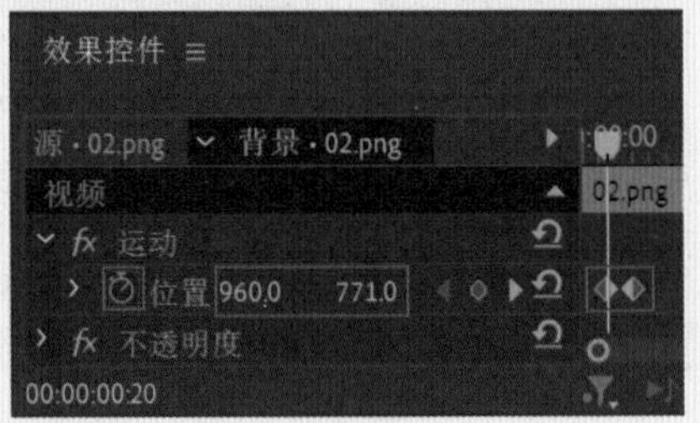

图8-170

07 选择V4轨道上的“03.png”素材文件，将时间滑块拖动到1秒15帧的位置，在“效果控件”面板中单击“位置”前面的⏱，创建关键帧，并设置“位置”为（165.0,600.0），如图8-171所示；将时间滑块拖动到2秒20帧的位置，设置“位置”为（960.0,600.0）。

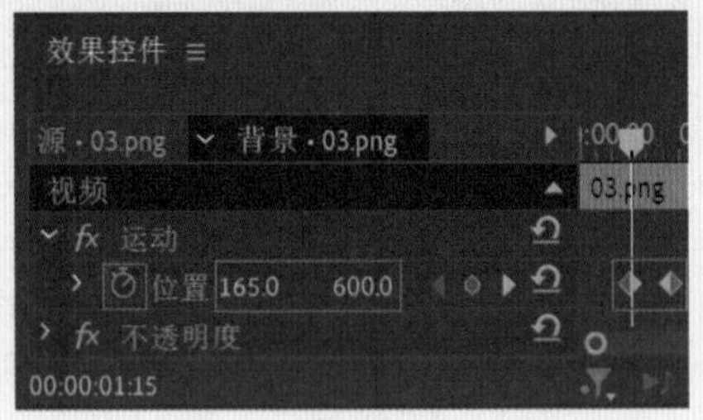

图8-171

08 选择V5轨道上的“04.png”素材文件，将时间滑块拖动到1秒15帧的位置，在“效果控件”面板中单击“位置”前面的⏱，创建关键帧，并设置“位置”为（1792.0,600.0），如图8-172所示；将时间滑块拖动到2秒20帧的位置，设置“位置”为（960.0,600.0）。

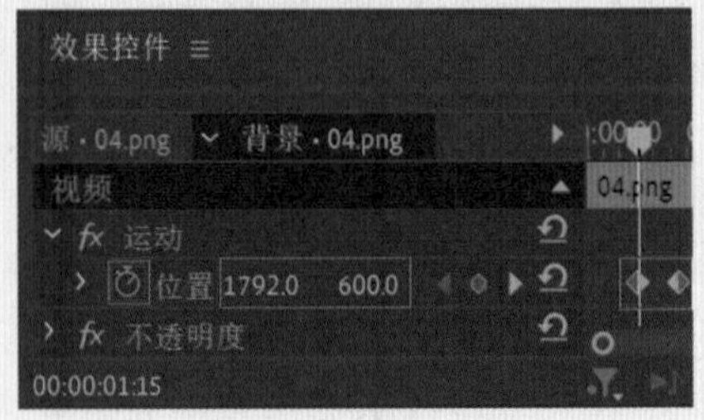

图8-172

09 选择V6轨道上的“05.png”素材文件，将时间滑块拖动到2秒20帧的位置，在“效果控件”面板中单击“位置”前面的⏱，创建关键帧，并设置“位置”为（960.0,−105.0），如图8−173所示；将时间滑块拖动到4秒的位置，设置“位置”为（960.0,600.0）。

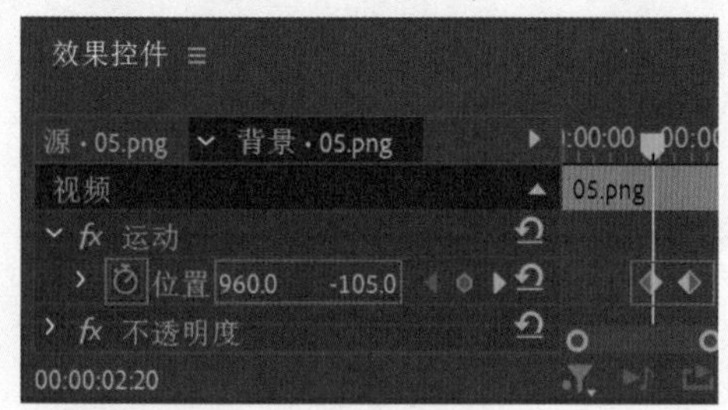

图8-173

10 拖动时间滑块查看效果，如图8−174所示。

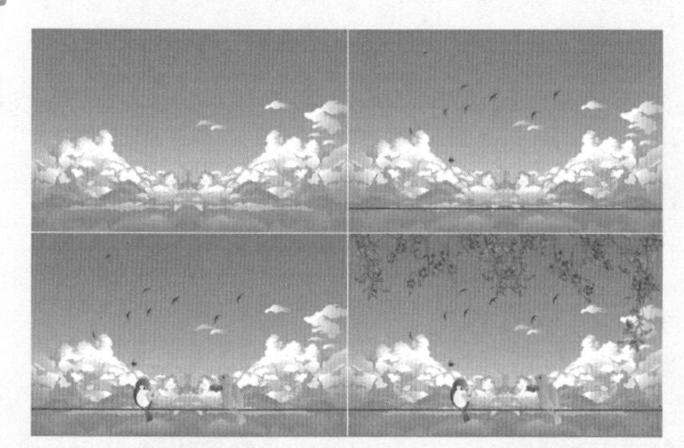

图8-174

实例166 服装网页动画效果

文件路径	第 8 章 \ 服装网页动画效果	扫码深度学习
难易指数	★★★★★	
技术掌握	关键帧动画	

操作思路

本实例讲解了在Premiere Pro中创建不透明度、缩放属性的关键帧动画。

操作步骤

01 在菜单栏中执行“文件”|“新建”|“项目”命令或使用快捷键Ctrl+Alt+N，在弹出的“新建项目”对话框中设置合适的文件名称，单击“位置”右侧的“浏览”按钮，弹出“项目位置”对话框，单击“选择文件夹”按钮，为项目选择合适的路径文件夹。在“新建项目”对话框中单击“创建”按钮，如图8−175所示。

02 在“项目”面板空白处双击，选择所需的“01.png”～“04.png”和“背景.jpg”素材文件，最后单击“打开”按钮，将它们进行导入，如图8−176所示。

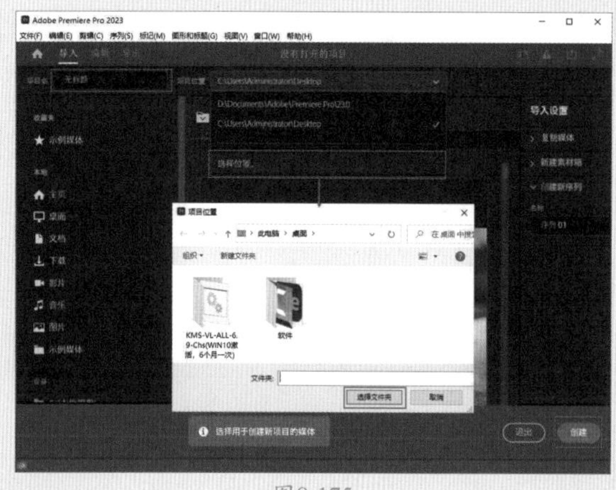

图8-175

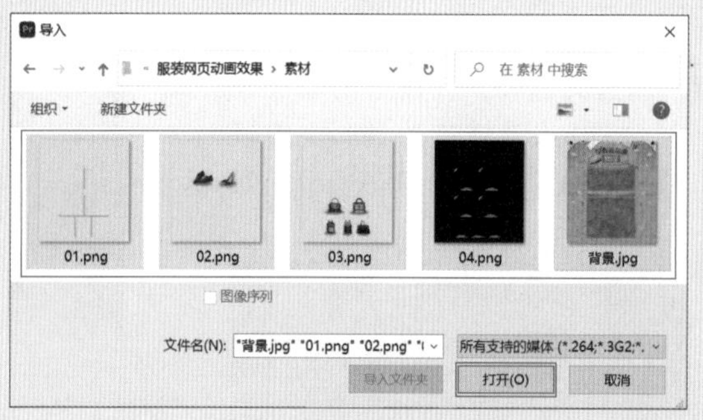

图8-176

03 选择“项目”面板中的所有素材文件，并按住鼠标左键将它们拖曳到轨道上，如图8−177所示。

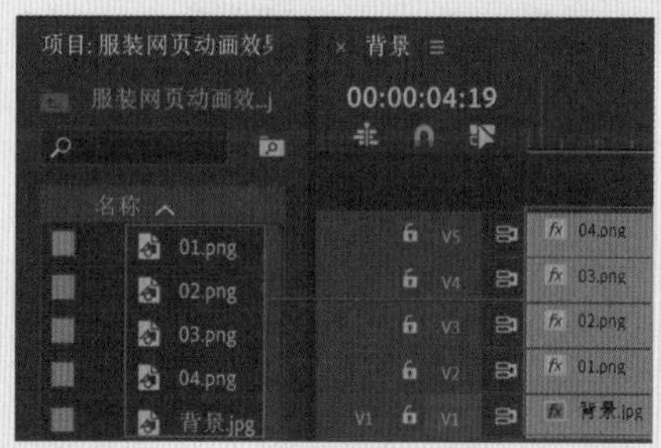

图8-177

04 选择V2轨道上的“01.png”素材文件，将时间滑块拖动到初始位置，在“效果控件”面板中展开“不透明度”效果，单击“不透明度”前面的⏱，创建关键帧，并设置“不透明度”为0.0%，如图8−178所示；将时间滑块拖动到1秒的位置，设置“不透明度”为100.0%。查看效果如图8−179所示。

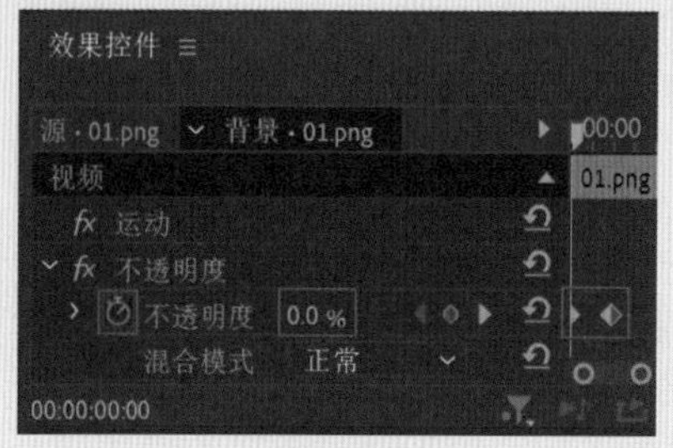

图8-178

图8-179

05 选择V3轨道上的“02.png”素材文件，将时间滑块拖动到1秒的位置，在“效果控件”面板中展开“运动”效果，单击“缩放”前面的◎，创建关键帧，并设置“缩放”为0.0；将时间滑块拖动到1秒20帧的位置，设置“缩放”为100.0。如图8-180和图8-181所示。

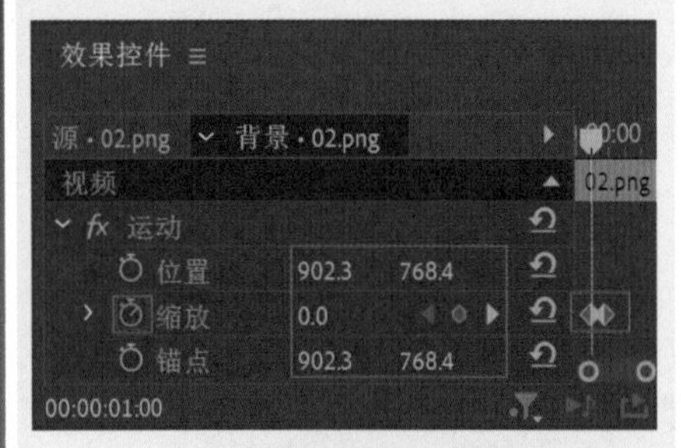

图8-180

图8-181

06 选择V4轨道上的“03.png”素材文件，将时间滑块拖动到1秒20帧的位置，在“效果控件”面板中单击“缩放”和“不透明度”前面的◎，创建关键帧，并设置“缩放”为0.0、“不透明度”为0.0%，如图8-182所示；将时间滑块拖动到2秒15帧的位置，设置“缩放”为100.0、“不透明度”为100.0%。查看效果如图8-183所示。

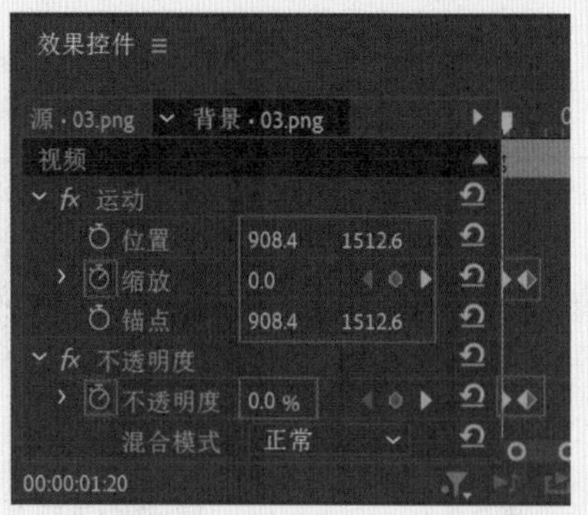

图8-182

图8-183

07 选择V5轨道上的“04.png”素材文件，将时间滑块拖动到2秒15帧的位置，在“效果控件”面板中单击“不透明度”前面的◎，创建关键帧，并设置“不透明度”为0.0%；将时间滑块拖动到3秒20帧的位置，设置“不透明度”为100.0%，如图8-184和图8-185所示。

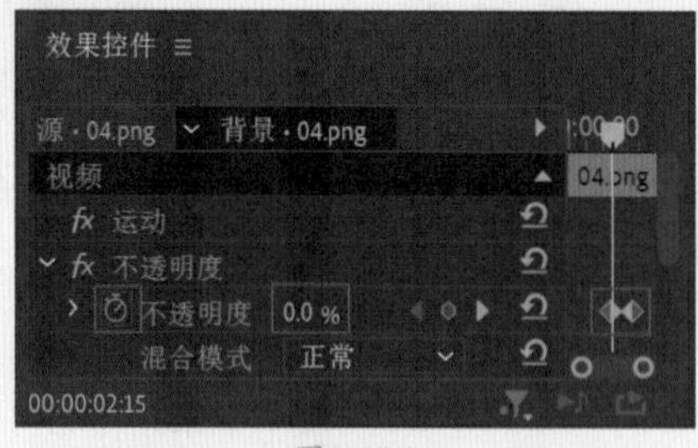

图8-184

图8-185

08 拖动时间滑块查看效果，如图8-186所示。

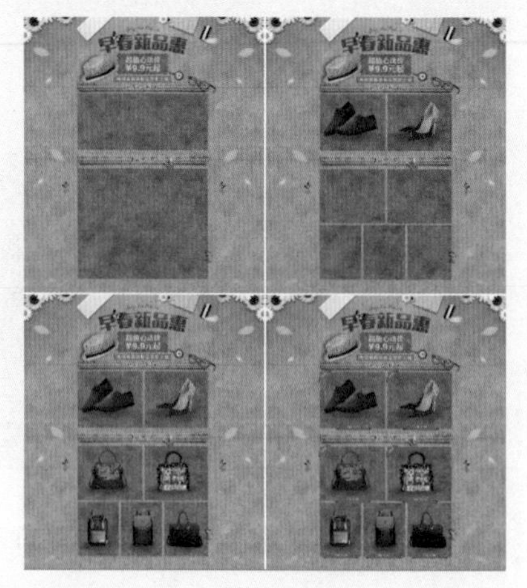

图8-186

实例167 花店宣传海报

文件路径	第8章\花店宣传海报
难易指数	★★★★★
技术掌握	关键帧动画

扫码深度学习

操作思路

本实例讲解了在Premiere Pro中创建旋转、不透明度、位置、缩放属性的关键帧动画。

操作步骤

01 在菜单栏中执行“文件”|“新建”|“项目”命令或使用快捷键Ctrl+Alt+N，在弹出的“新建项目”对话框中设置合适的文件名称，单击“位置”右侧的“浏览”按钮，弹出“项目位置”对话框，单击“选择文件夹”按钮，为项目选择合适的路径文件夹。在“新建项目”对话框中单击“创建”按钮，如图8-187所示。

02 在“项目”面板空白处双击，选择所需的“01.png”~“06.png”和“背景.png”素材文件，最后单击“打开”按钮，将它们进行导入，如图8-188所示。

图8-187

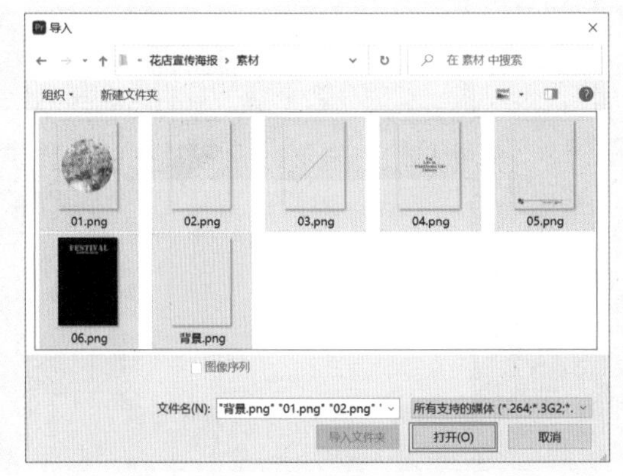

图8-188

03 选择“项目”面板中的所有素材文件，并按住鼠标左键依次将它们拖曳到轨道上，如图8-189所示。

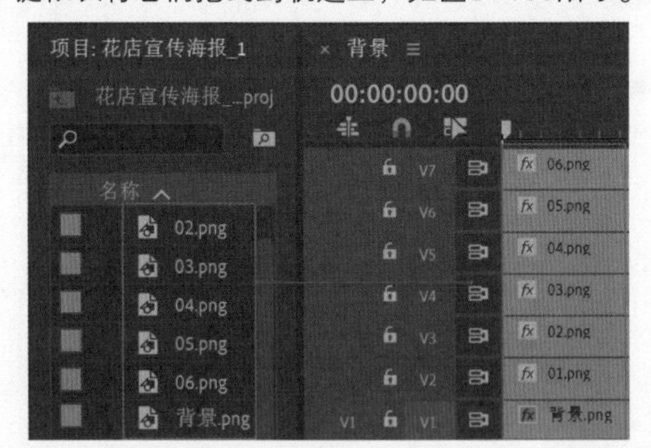

图8-189

04 选择V2轨道上的“01.png”素材文件，将时间滑块拖动到初始位置，在“效果控件”面板中单击“旋转”和“不透明度”前面的⏱，创建关键帧，并设置“旋转”为1x0.0°、“不透明度”为0.0%；将时间滑块拖动到1秒的位置，设置“旋转”为1x0.0°、“不透明度”为100.0%，设置“锚点”为（327.2,470.6），如图8-190所示。

05 选择V3轨道上的“02.png”素材文件，将时间滑块拖动到1秒的位置，在“效果控件”面板中单击“位置”前面的⏱，创建关键帧，并设置“位置”为（–208.5,101.5），如图8-191所示；将时间滑块拖动到1秒15帧的位置，设置“位置”为（327.5,463.5）。

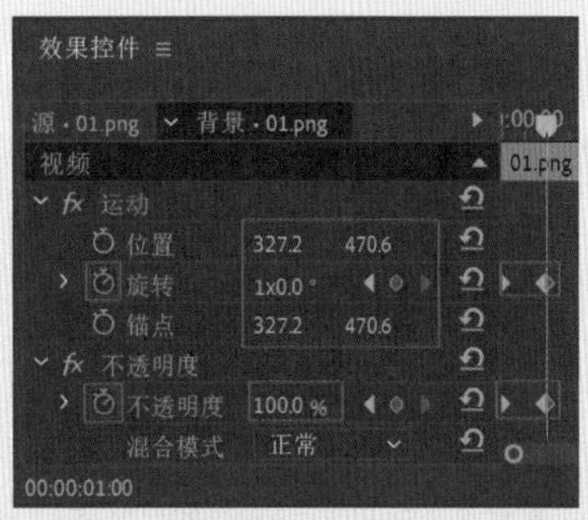

图8-190

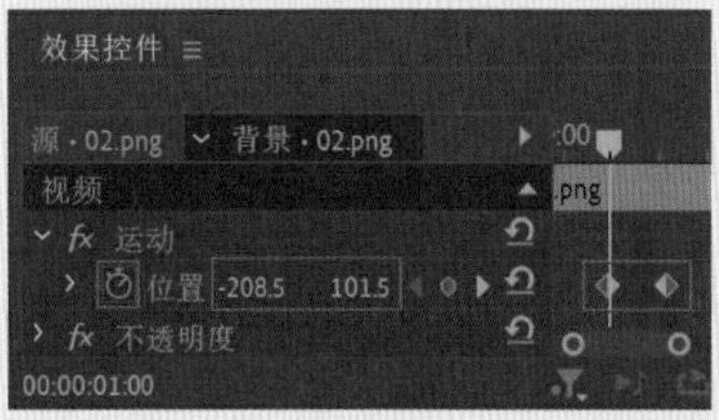

图8-191

06 选择V4轨道上的“03.png”素材文件，将时间滑块拖动到1秒15帧的位置，在“效果控件”面板中单击“缩放”前面的⏱，创建关键帧，并设置“缩放”为0.0，如图8-192所示；将时间滑块拖动到2秒05帧的位置，设置“缩放”为100.0。

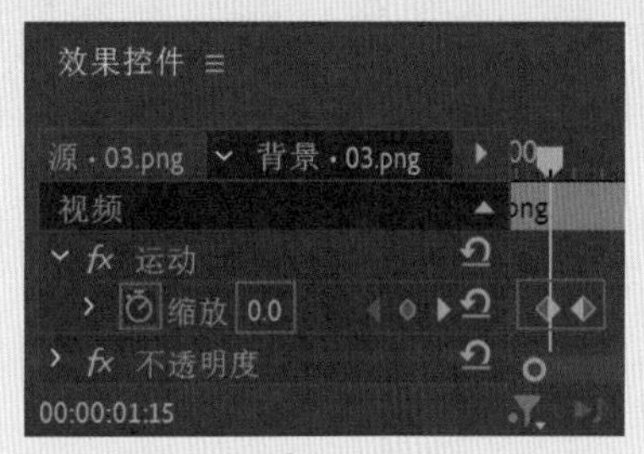

图8-192

07 选择V5轨道上的“04.png”素材文件，将时间滑块拖动到2秒05帧的位置，在“效果控件”面板中单击“缩放”和“旋转”前面的⏱，创建关键帧，并设置“缩放”为0.0、“旋转”为0.0°，如图8-193所示；将时间滑块拖动到3秒的位置，设置“缩放”为100.0、“旋转”为0.0°。

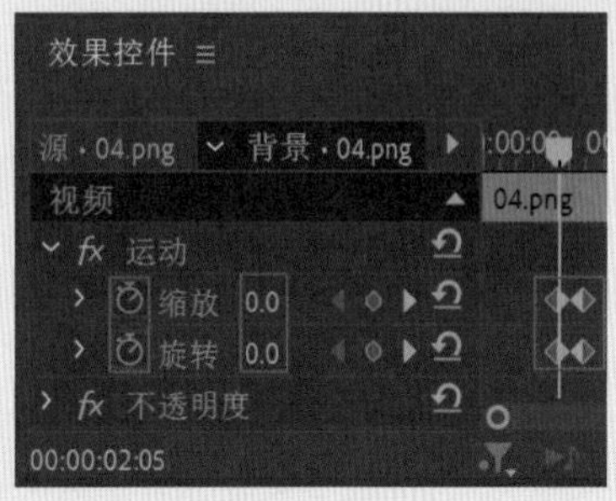

图8-193

08 选择V6轨道上的“05.png”素材文件，将时间滑块拖动到3秒的位置，在“效果控件”面板中单击“位置”前面的⏱，创建关键帧，并设置“位置”为

（328.5,574.5），如图8-194所示；将时间滑块拖动到3秒10帧的位置，设置“位置”为（328.5,465.5）。

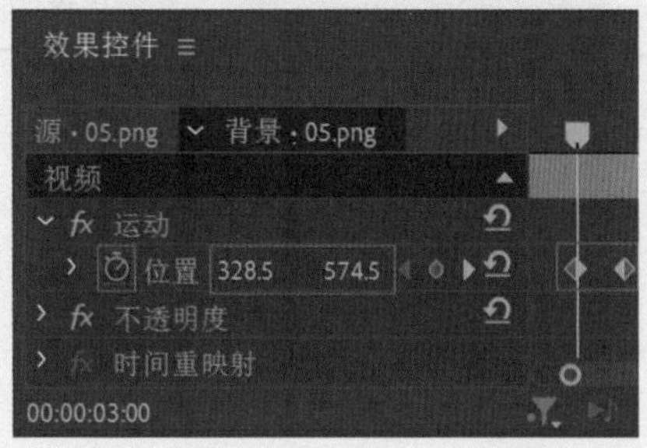

图8-194

09 选择V7轨道上的“06.png”素材文件，将时间滑块拖动到3秒10帧的位置，在“效果控件”面板中单击“位置”前面的⏱，创建关键帧，并设置“位置”为（328.5,292.5），如图8-195所示；将时间滑块拖动到4秒05帧的位置，设置“位置”为（328.5,465.5）。

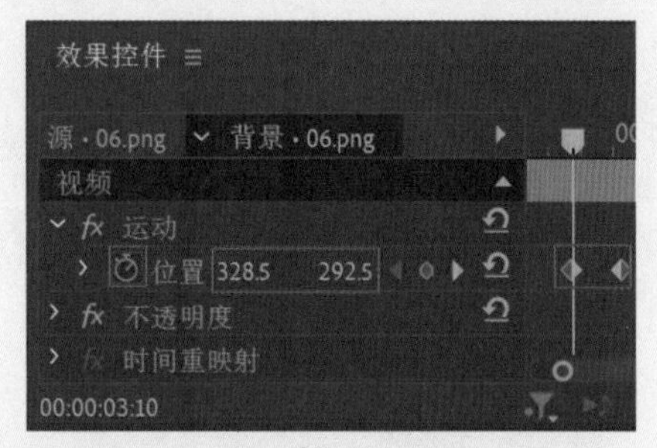

图8-195

10 拖动时间滑块查看效果，如图8-196所示。

图8-196

实例168 家电网页动画效果

文件路径	第 8 章\家电网页动画效果
难易指数	★★★★★
技术掌握	关键帧动画

扫码深度学习

操作思路

本实例讲解了在Premiere Pro中制作位置、缩放、不透明度属性的关键帧动画。

操作步骤

01 在菜单栏中执行“文件”|“新建”|“项目”命令或使用快捷键Ctrl+Alt+N，在弹出的“新建项目”对话框中设置合适的文件名称，单击“位置”右侧的“浏览”按钮，弹出“项目位置”对话框，单击“选择文件夹”按钮，为项目选择合适的路径文件夹。在“新建项目”对话框中单击“创建”按钮，如图8-197所示。

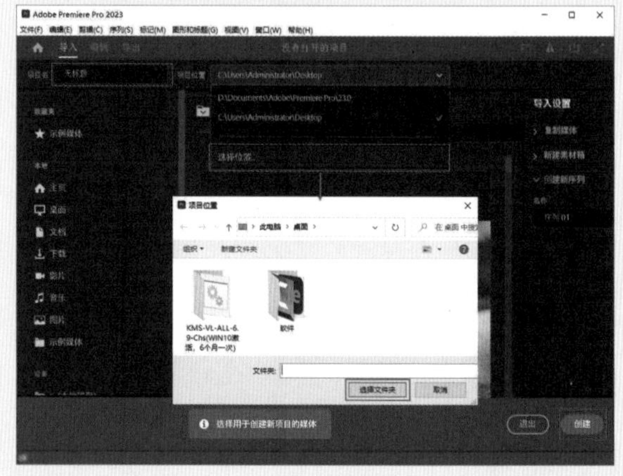

图8-197

02 在“项目”面板空白处双击，选择所需的“01.png”～“04.png”和“背景.png”素材文件，最后单击“打开”按钮，将它们进行导入，如图8-198所示。

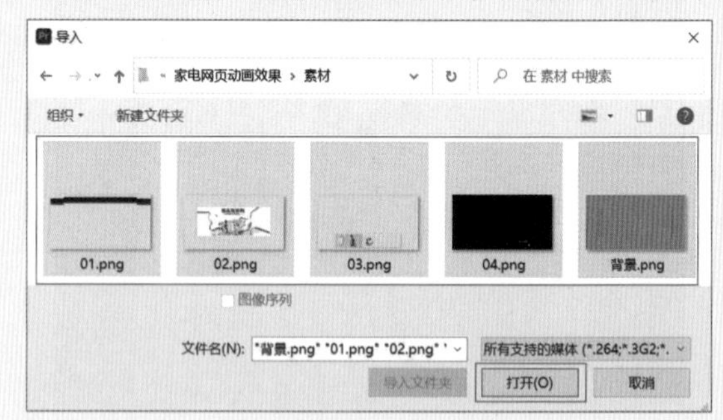

图8-198

03 选择“项目”面板中的所有素材文件，并按住鼠标左键将它们拖曳到轨道上，如图8-199所示。

图8-199

04 选择V2轨道上的“01.png”素材文件，将时间滑块拖动到初始位置，在“效果控件”面板中展开“运动”效果，单击“位置”前面的⏱，创建关键帧，并设置“位置”为（450.5,143.5），如图8-200所示；将时间滑块拖动到1秒的位置，设置“位置”为（450.5,237.5）。

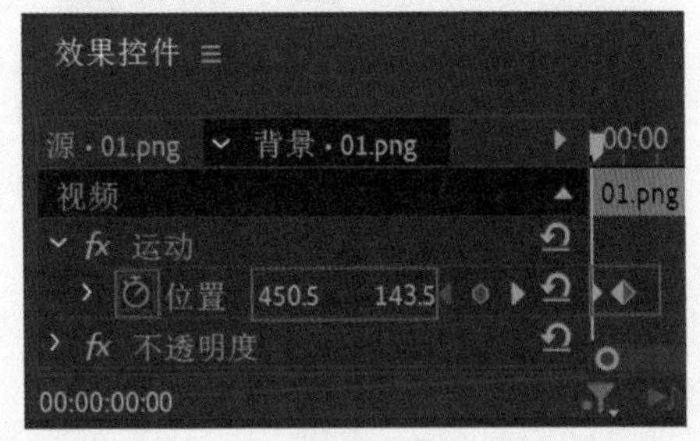

图8-200

05 选择V3轨道上的“02.png”素材文件，将时间滑块拖动到1秒的位置，在“效果控件”面板中单击“缩放”前面的⏱，创建关键帧，并设置“缩放”为0.0，如图8-201所示；将时间滑块拖动到1秒20帧的位置，设置“缩放”为100.0。

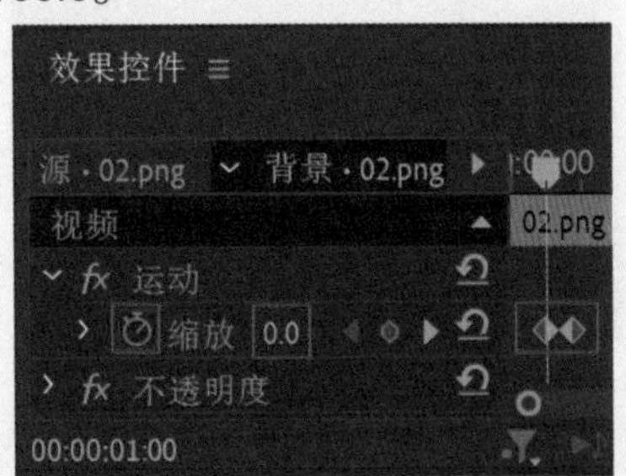

图8-201

06 选择V4轨道上的“03.png”素材文件，将时间滑块拖动到1秒20帧的位置，在“效果控件”面板中单击“位置”前面的⏱，创建关键帧，并设置“位置”为（450.5,376.5），如图8-202所示；将时间滑块拖动到2秒20帧的位置，设置“位置”为（450.5,237.5）。

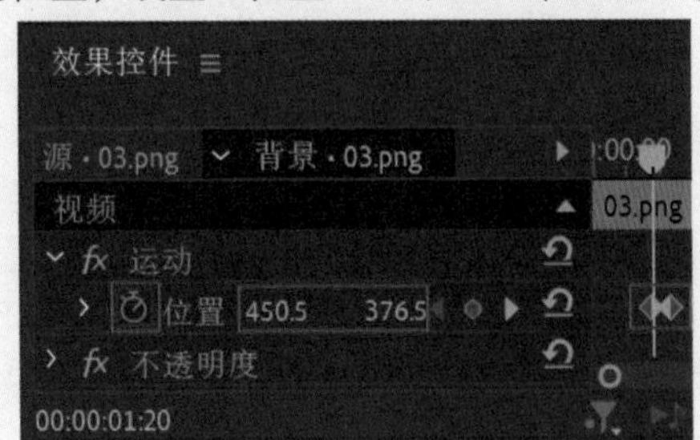

图8-202

07 选择V5轨道上的“04.png”素材文件，将时间滑块拖动到2秒10帧的位置，在“效果控件”面板中单击“不透明度”前面的⏱，创建关键帧，并设置“不透明度”为0.0%，如图8-203所示；将时间滑块拖动到3秒的位置，设置“不透明度”为100.0%。

08 拖动时间滑块查看效果，如图8-204所示。

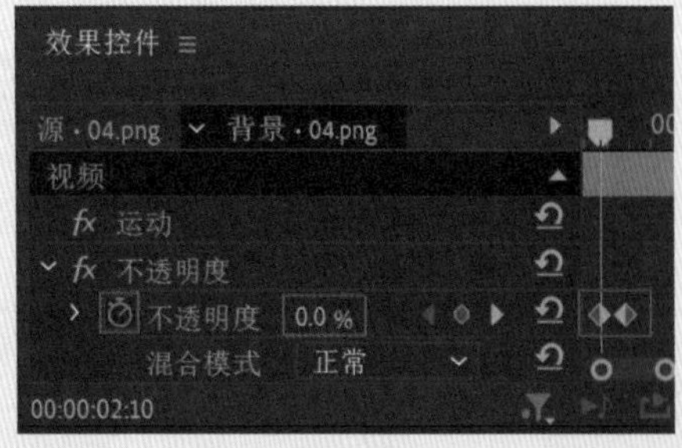

图8-203

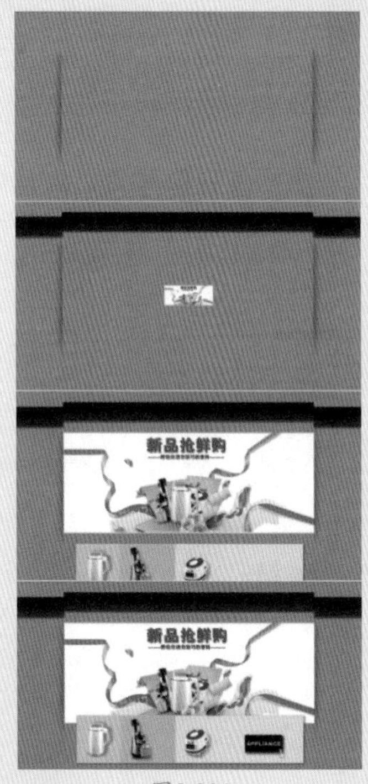

图8-204

实例169 流动图片效果——动画

文件路径	第8章\流动图片效果
难易指数	★★★★★
技术掌握	关键帧动画

扫码深度学习

操作思路

本实例讲解了在Premiere Pro中制作缩放、旋转、不透明度、位置属性的关键帧动画。

操作步骤

01 在菜单栏中执行“文件”|“新建”|“项目”命令或使用快捷键Ctrl+Alt+N，在弹出的“新建项目”对话框中设置合适的文件名称，单击“位置”右侧的“浏览”按钮，弹出“项目位置”对话框，单击“选择文件夹”按钮，为项目选择合适的路径文件夹。在“新建项目”对话框中单击“创建”按钮，如图8-205所示。

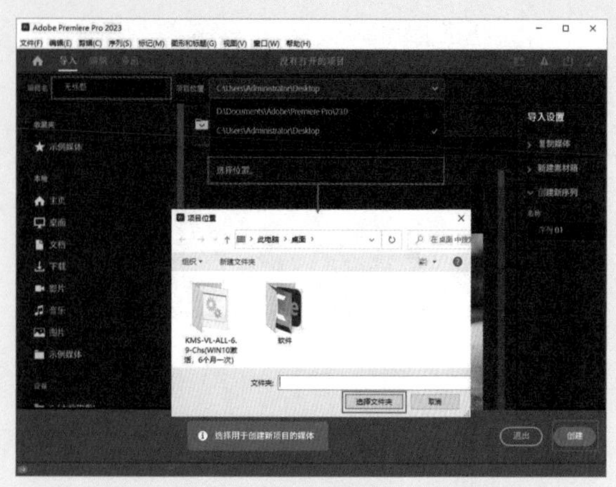

图8-205

02 在“项目”面板空白处双击，选择所需的“01.jpg”～“08.jpg”和“背景.jpg”素材文件，最后单击“打开”按钮，将它们进行导入，如图8-206所示。

图8-206

03 选择“项目”面板中的所有素材文件，并按住鼠标左键依次将它们拖曳到轨道上，如图8-207所示。

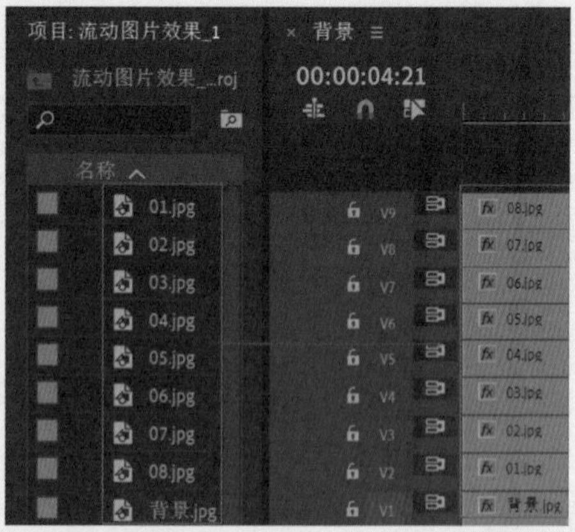

图8-207

04 选择V2轨道上的“01.jpg”素材文件，在“效果控件”面板中设置“位置”为(550.0,274.5)。将时间滑块拖动到初始位置，展开“运动”效果，单击“缩放”“旋转”和“不透明度”前面的⏱，创建关键帧，并设置“缩放”为0.0、“旋转”为0.0°、“不透明度”为0.0%，如图8-208所示；将时间滑块拖动到20帧的位置，设置“缩放”为40.0、“旋转”为1x0.0°、“不透明度”为100.0%。

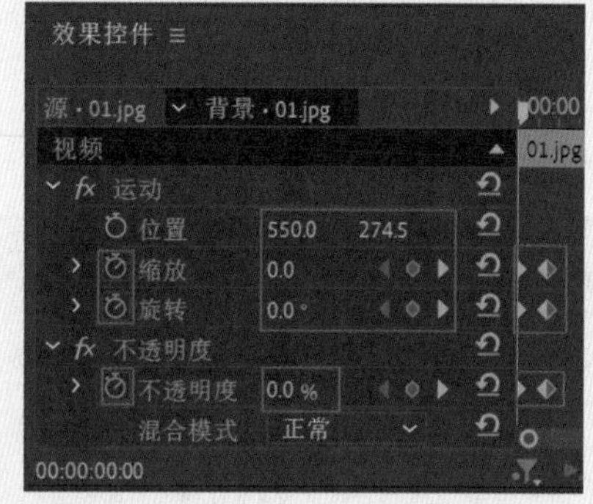

图8-208

05 选择V3轨道上的“02.jpg”素材文件，在“效果控件”面板中设置“缩放”为40.0。将时间滑块拖动到20帧的位置，单击“位置”前面的⏱，创建关键帧，并设置“位置”为(-97.0,455.0)，如图8-209所示；将时间滑块拖动到1秒10帧的位置，设置“位置”为(191.0,455.0)。查看效果如图8-210所示。

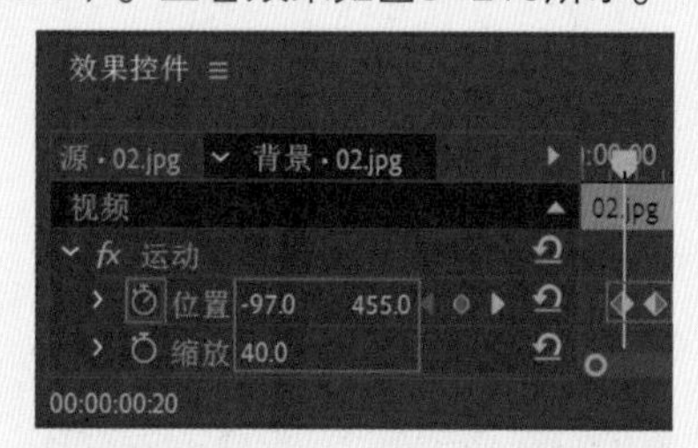

图8-209

图8-210

06 选择V4轨道上的“03.jpg”素材文件，在“效果控件”面板中设置“缩放”为40.0。将时间滑块拖动到1秒10帧的位置，单击“位置”前面的⏱，创建关键帧，并设置“位置”为(1193.0,455.0)，如图8-211所示；将时间滑块拖动到1秒20帧的位置，设置“位置”为(904.0,455.0)。查看效果如图8-212所示。

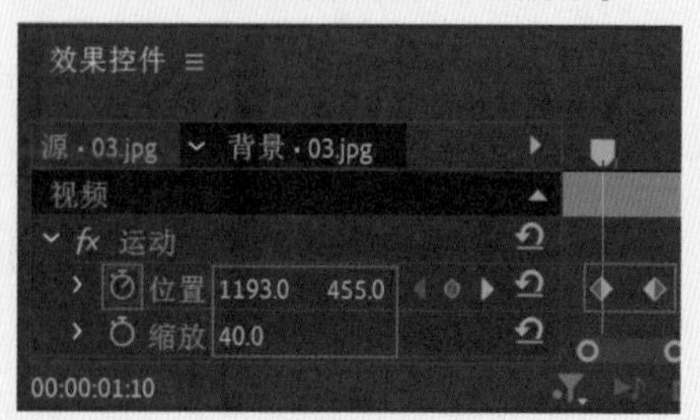

图8-211

图8-212

07 选择V5轨道上的“04.jpg”素材文件，在“效果控件”面板中设置“缩放”为45.0。将时间滑块拖动到1秒20帧的位置，单击“位置”前面的■，创建关键帧，并设置“位置”为（-106.0,515.0），如图8-213所示；将时间滑块拖动到2秒05帧的位置，设置“位置”为（288.0,515.0）。查看效果如图8-214所示。

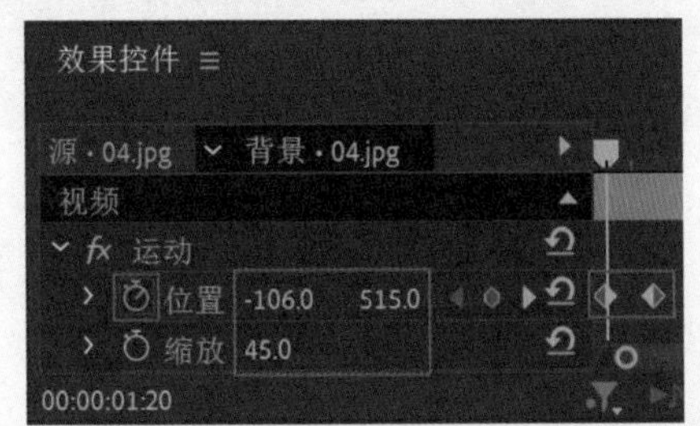

图8-213

图8-214

08 选择V6轨道上的“05.jpg”素材文件，在“效果控件”面板中设置“缩放”为45.0。将时间滑块拖动到2秒05帧的位置，单击“位置”前面的■，创建关键帧，并设置“位置”为（1204.0,515.0），如图8-215所示；将时间滑块拖动到2秒15帧的位置，设置“位置”为（792.0,515.0）。查看效果如图8-216所示。

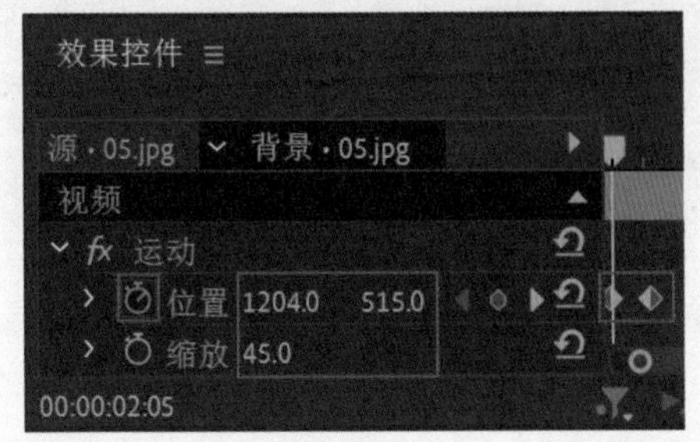

图8-215

图8-216

09 选择V7轨道上的“06.jpg”素材文件，在“效果控件”面板中设置“缩放”为50.0。将时间滑块拖动到2秒15帧的位置，单击“位置”前面的■，创建关键帧，并设置“位置”为（-118.0,574.0），如图8-217所示；将时间滑块拖动到3秒05帧的位置，设置“位置”为（373.0,574.0）。查看效果如图8-218所示。

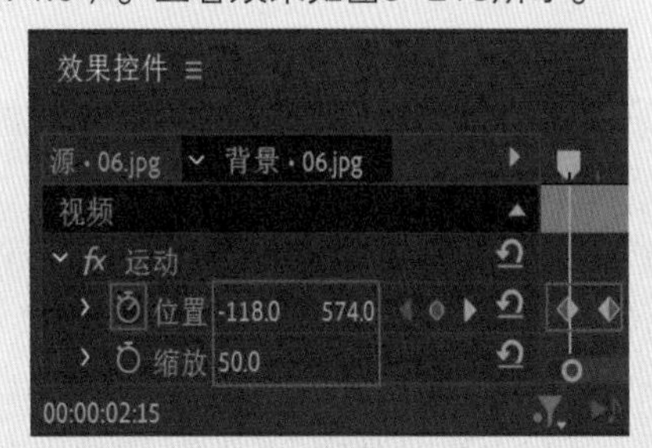

图8-217

图8-218

10 选择V8轨道上的“07.jpg”素材文件，在“效果控件”面板中设置“缩放”为50.0。将时间滑块拖动到3秒05帧的位置，单击“位置”前面的■，创建关键帧，并设置“位置”为（1217.0,574.0），如图8-219所示；将时间滑块拖动到3秒15帧的位置，设置“位置”为（703.0,574.0）。查看效果如图8-220所示。

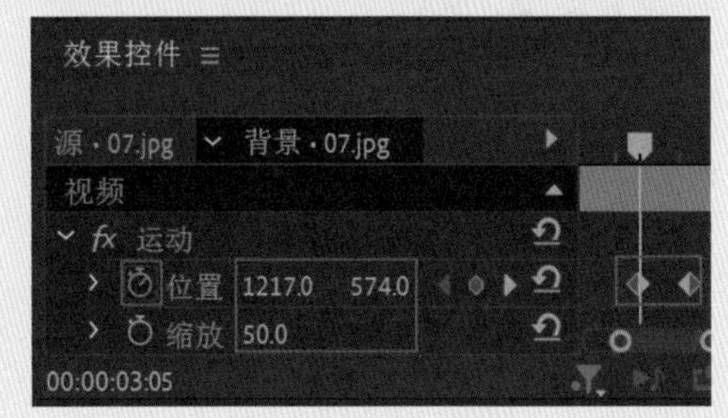

图8-219

图8-220

11 选择V9轨道上的“08.jpg”素材文件，在“效果控件”面板中设置“位置”为（550.0,522.0）。将时间滑块拖动到3秒15帧的位置，单击“缩放”和“不透明度”前面的 ，创建关键帧，并设置“缩放”为0.0、“不透明度”为0.0%，如图8-221所示；将时间滑块拖动到4秒10帧的位置，设置“缩放”为70.0、“不透明度”为100.0%。查看效果如图8-222所示。

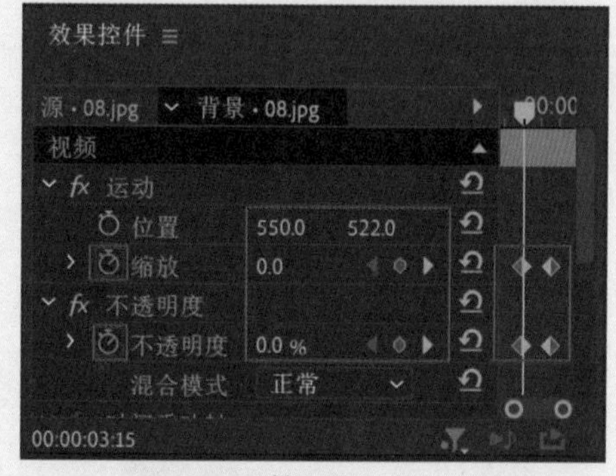

图8-221

图8-222

实例170　流动图片效果——真实投影

文件路径	第8章\流动图片效果
难易指数	★★★★★
技术掌握	“投影”效果

扫码深度学习

操作思路

本实例讲解了在Premiere Pro中使用“投影”效果制作素材的真实阴影。

操作步骤

01 在“效果”面板中搜索“投影”效果，并按住鼠标左键将其拖曳到“01.jpg”素材文件上，如图8-223所示。

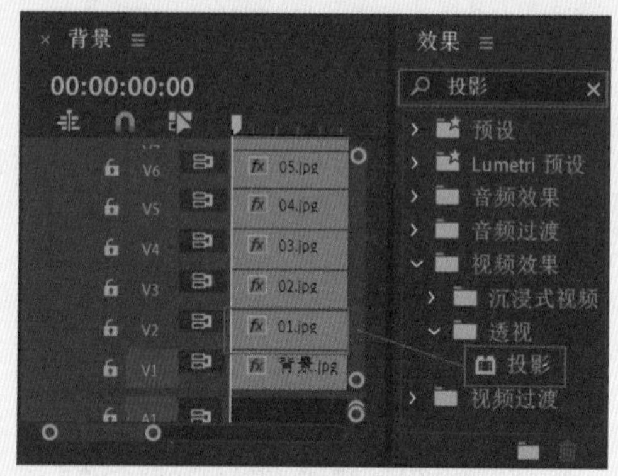

图8-223

02 选择V2轨道上的“01.jpg”素材文件，在“效果控件”面板中展开“投影”效果，设置“不透明度”为65%、“距离”为25.0、“柔和度”为128.0，如图8-224所示。

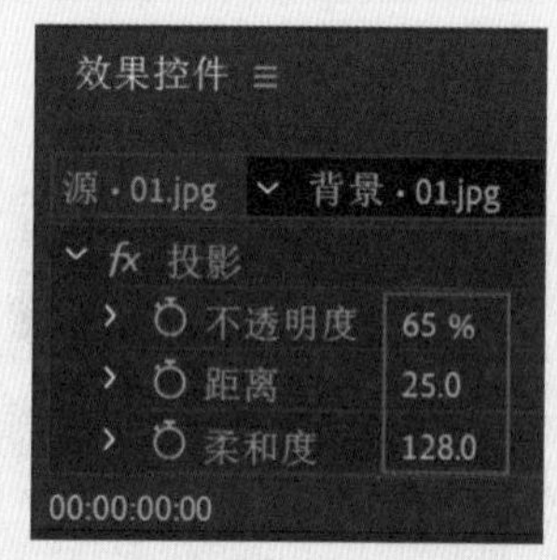

图8-224

03 选择“效果控件”面板中的“投影”效果，按Ctrl+C快捷键复制，再分别将其粘贴到“02.jpg”～“08.jpg”素材文件上，如图8-225所示。

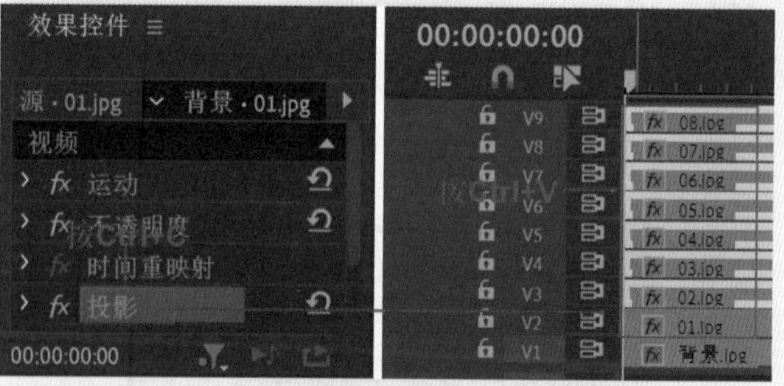

图8-225

04 拖动时间滑块查看效果，如图8-226所示。

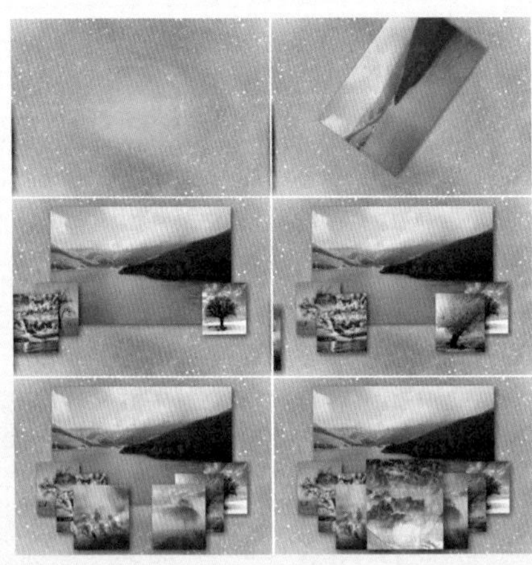

图8-226

实例171　片头动画效果

文件路径	第8章\片头动画效果	
难易指数	★★★★★	
技术掌握	关键帧动画	扫码深度学习

操作思路

本实例讲解了在Premiere Pro中创建位置属性的关键帧动画，并创建蒙版路径属性的关键帧动画。

操作步骤

01 在菜单栏中执行“文件”|“新建”|“项目”命令或使用快捷键Ctrl+Alt+N，在弹出的“新建项目”对话框中设置合适的文件名称，单击“位置”右侧的“浏览”按钮，弹出“项目位置”对话框，单击“选择文件夹”按钮，为项目选择合适的路径文件夹。在“新建项目”对话框中单击“创建”按钮，如图8-227所示。

图8-227

02 在“项目”面板空白处双击，选择所需的“01.png”~“05.png”和“背景.jpg”素材文件，最后单击“打开”按钮，将它们进行导入，如图8-228所示。

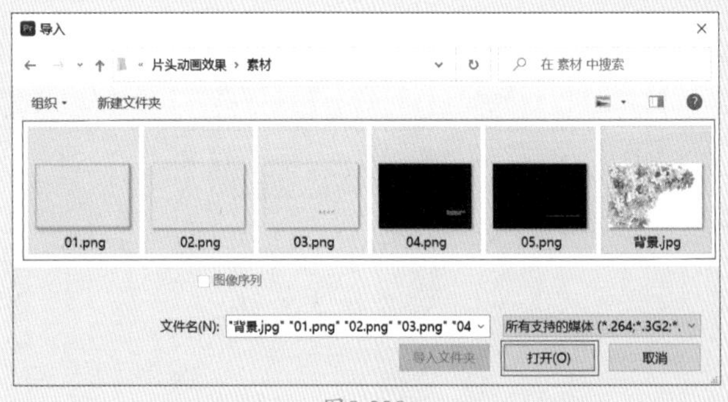

图8-228

03 选择“项目”面板中的素材文件，并按住鼠标左键依次将它们拖曳到轨道上，如图8-229所示。

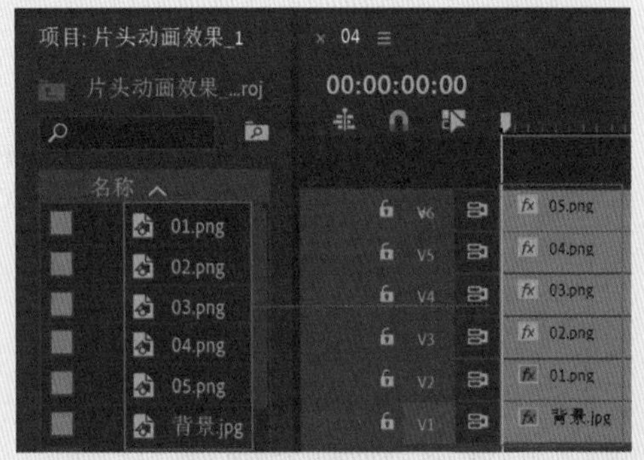

图8-229

04 选择V3轨道上的“02.png”素材文件，将时间滑块拖动到初始位置，在“效果控件”面板中单击“不透明度”下面的“4点多边形蒙版”按钮■，并单击“蒙版路径”前面的◙，创建关键帧，再在“节目监视器”面板中调整蒙版路径；将时间滑块拖动到1秒15帧的位置，再次在“节目监视器”面板中调整蒙版路径，如图8-230和图8-231所示。

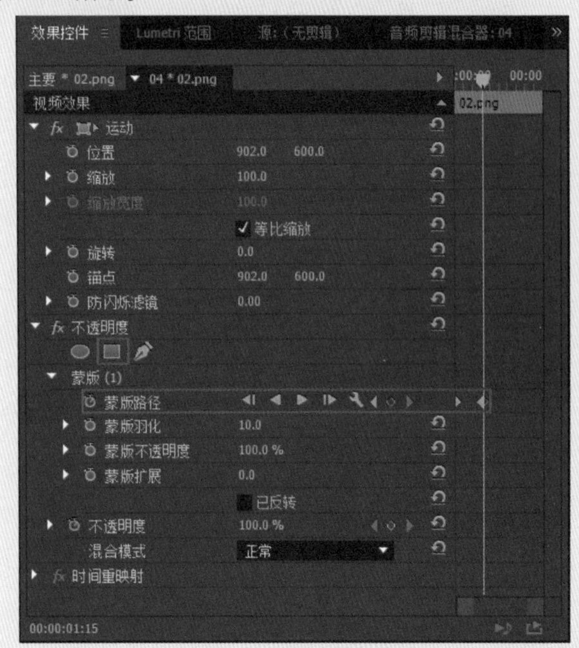

图8-230

图8-231

05 选择V4轨道上的“03.png”素材文件，将时间滑块拖动到1秒15帧的位置，在“效果控件”面板中单击“不透明度”下面的“4点多边形蒙版”按钮■，并单击“蒙版路径”和“位置”前面的◙，创建关键帧，再在“节目监视器”面板中调整蒙版路径，设置“位置”为（1200.0,600.0）；将时间滑块拖动到2秒20帧的位置，再次在“节目监视器”面板中调整蒙版路径，设置“位置”为（902.0,600.0），如图8-232和图8-233所示。

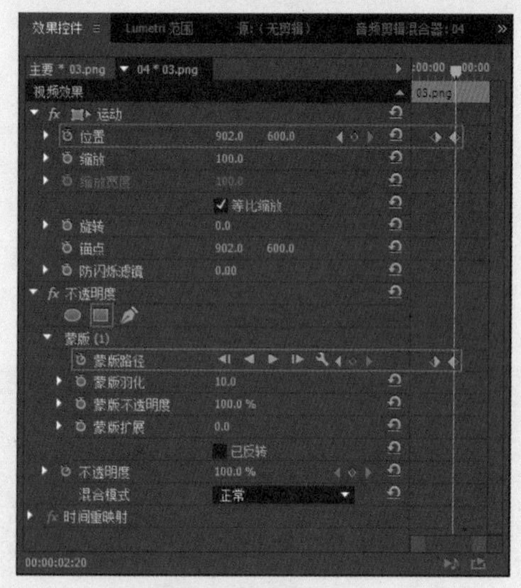
图8-232

图8-233

06 选择V5轨道上的“04.png”素材文件，将时间滑块拖动到2秒20帧的位置，在“效果控件”面板中单击“不透明度”下面的“4点多边形蒙版”按钮■，并单击“蒙版路径”和“位置”前面的◙，创建关键帧，再在“节目监视器”面板中调整蒙版路径，设置“位置”为（552.0,600.0）；将时间滑块拖动到4秒的位置，再次在“节目监视器”面板中调整蒙版路径，设置“位置”为（902.0,600.0），如图8-234和图8-235所示。

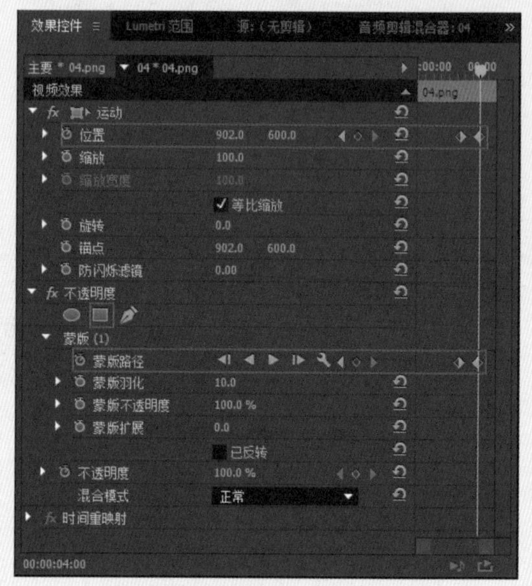
图8-234

图8-235

07 选择V6轨道上的“05.png”素材文件，将时间滑块拖动到4秒的位置，在“效果控件”面板中单击“不透明度”下面的“4点多边形蒙版”按钮■，并单击“蒙版路径”前面的◙，创建关键帧，再在“节目监视器”面板中调整蒙版路径；将时间滑块拖动到4秒20帧的位置，再次在“节目监视器”面板中调整蒙版路径，如图8-236和图8-237所示。

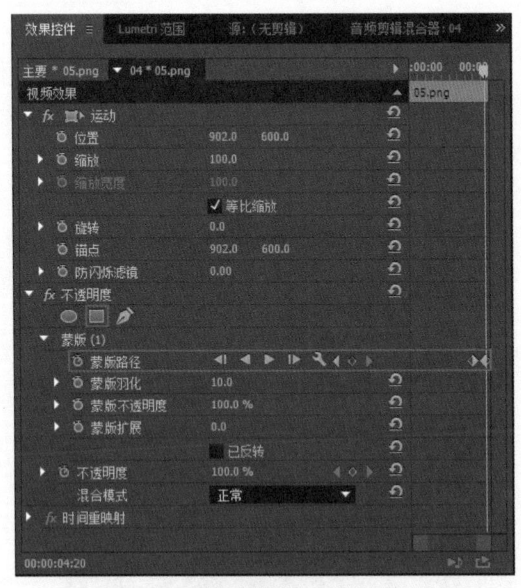

图8-236

图8-237

08 拖动时间滑块查看效果，如图8-238所示。

图8-238

实例172 水粉动画效果——画面部分

文件路径	第8章\水粉动画效果
难易指数	★★★★★
技术掌握	关键帧动画

扫码深度学习

操作思路

本实例讲解了在Premiere Pro中制作旋转、不透明度、位置属性的关键帧动画，并添加“投影”效果制作投影。

操作步骤

01 在菜单栏中执行“文件”|“新建”|“项目”命令或使用快捷键Ctrl+Alt+N，在弹出的“新建项目”对话框中设置合适的文件名称，单击“位置”右侧的“浏览”按钮，弹出“项目位置”对话框，单击“选择文件夹”按钮，为项目选择合适的路径文件夹。在“新建项目”对话框中单击“创建”按钮，如图8-239所示。

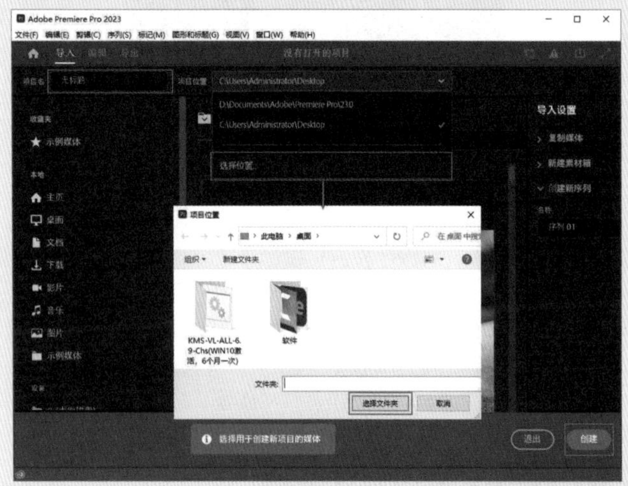

图8-239

02 在“项目”面板空白处双击，选择所需的“01.png”～“03.png”和“背景.jpg”素材文件，最后单击“打开”按钮，将它们进行导入，如图8-240所示。

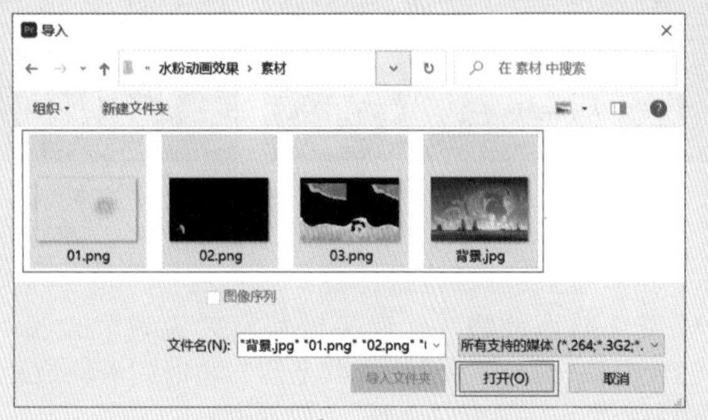

图8-240

03 选择“项目”面板中的所有素材文件，并按住鼠标左键依次将它们拖曳到轨道上，如图8-241所示。

图8-241

04 选择V2轨道上的“01.png”素材文件，将时间滑块拖动到初始位置，在“效果控件”面板中展开“运动”效果，单击“旋转”和“不透明度”前面的■，创建关键帧，并设置“旋转”为0.0°、“不透明度”为0.0%；将时间滑块拖动到1秒的位置，设置“旋转”为0.0°、“不透明度”为100.0%、“位置”为（1129.8，496.1）、“锚点”为（1129.8,496.1），如图8-242所示。

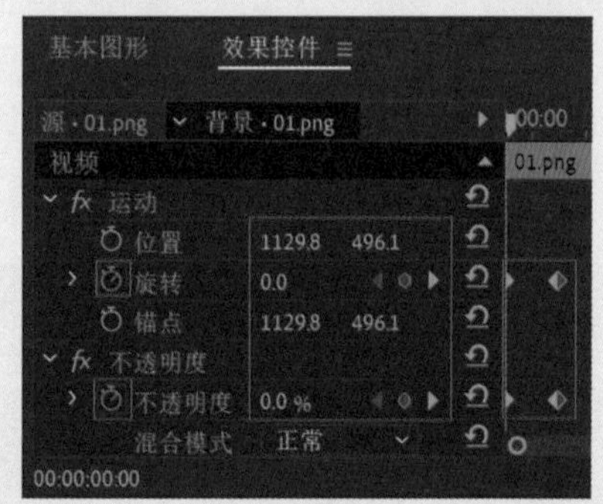
图8-242

05 在“效果”面板中搜索“投影”效果，并按住鼠标左键将其拖曳到“02.png”素材文件上，如图8-243所示。

06 选择V3轨道上的“02.png”素材文件，在“效果控件”面板中展开“投影”效果，并设置“不透明度”为46%、“方向”为237.0°、“距离”为13.0、“柔和度”为32.0，如图8-244所示。

图8-243　图8-244

07 选择V3轨道上的“02.png”素材文件，将时间滑块拖动到1秒的位置，在“效果控件”面板中单击“位置”前面的■，创建关键帧，并设置“位置”为（573.5,521.0），如图8-245所示；将时间滑块拖动到1秒20帧的位置，设置“位置”为（833.5,521.0）。

08 选择V4轨道上的“03.png”素材文件，将时间滑块拖动到1秒20帧的位置，在“效果控件”面板中单击“位置”前面的■，创建关键帧，并设置“位置”为（833.5,780.0），如图8-246所示；将时间滑块拖动到2秒20帧的位置，设置“位置”为（833.5,521.0）。

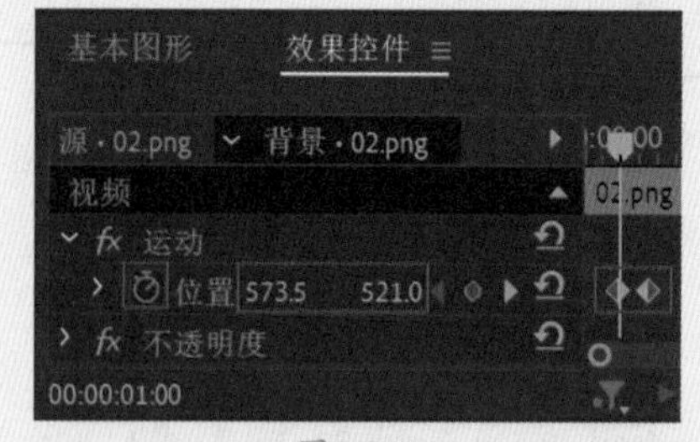
图8-245

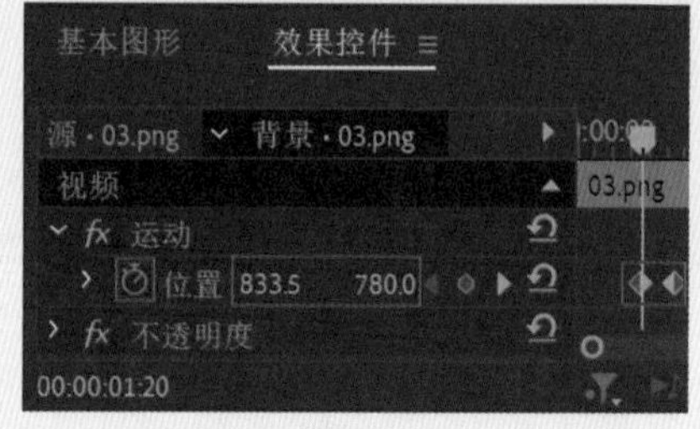
图8-246

09 拖动时间滑块查看效果，如图8-247所示。

图8-247

实例173　水粉动画效果——文字部分

文件路径	第8章\水粉动画效果
难易指数	★★★★★
技术掌握	关键帧动画

扫码深度学习

操作思路

本实例讲解了在Premiere Pro中使用文字工具创建文字，并创建缩放属性的关键帧动画，制作文字变大动画效果。

操作步骤

01 将时间滑块拖动到起始时间位置处，在“工具”面板中选择■（文字工具），并在“节目监视器”面板中输入合适的文字内容，在“时间轴”面板中选择刚刚创建的文字图层，在“效果控件”面板中设置合适的“字体系列”，设置“字体大小”为118.0、“字距调整”为53，“行距”为-18，勾选“填充”复选框，设置“填充类型”为“线向渐变”，设置“填充颜色”为黄色到橙色的渐变，勾选“阴影”复选框，设置“不透明度”为50%、“距离”为10.0、“模糊”为30。接着展开“变换”，设置“位置”为（99.3,233.8），如图8-248所示。

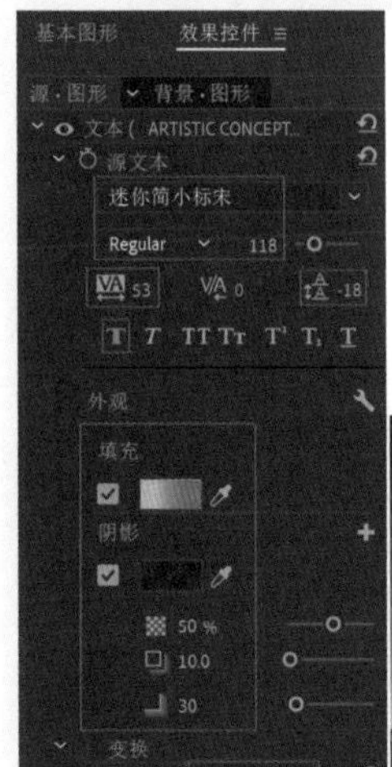

图8-248

02 选择V5轨道上的文字图层，将时间滑块拖动到2秒20帧的位置，在“效果控件”面板中单击“缩放”前面的⏱，创建关键帧，并设置“缩放”为0.0，如图8-249所示；将时间滑块拖动到3秒15帧的位置，设置“缩放”为100.0。

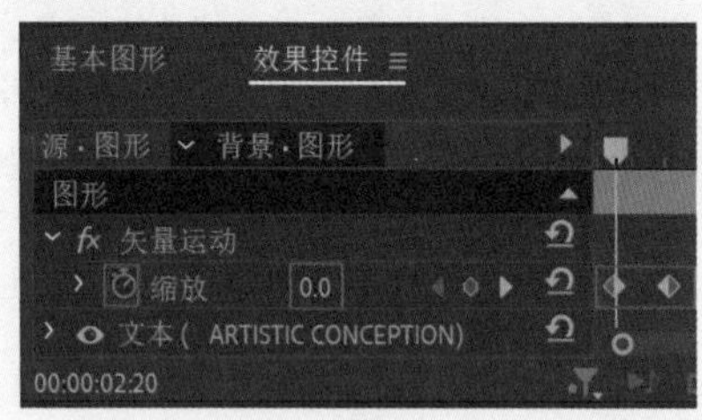

图8-249

03 拖动时间滑块查看效果，如图8-250所示。

图8-250

实例174　雪景动画效果

文件路径	第8章\雪景动画效果
难易指数	★★★★★
技术掌握	关键帧动画

扫码深度学习

操作思路

本实例讲解了在Premiere Pro中制作不透明度、位置属性的关键帧动画。

操作步骤

01 在菜单栏中执行“文件”|“新建”|“项目”命令或使用快捷键Ctrl+Alt+N，在弹出的“新建项目”对话框中设置合适的文件名称，单击“位置”右侧的“浏览”按钮，弹出“项目位置”对话框，单击“选择文件夹”按钮，为项目选择合适的路径文件夹。在“新建项目”对话框中单击“创建”按钮，如图8-251所示。

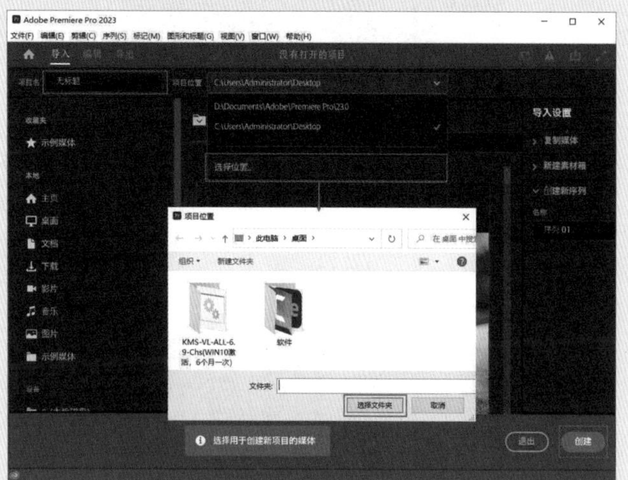

图8-251

02 在“项目”面板空白处双击，选择所需的“01.png”～“03.png”和“背景.jpg”素材文件，最后单击“打开”按钮，将它们进行导入，如图8-252所示。

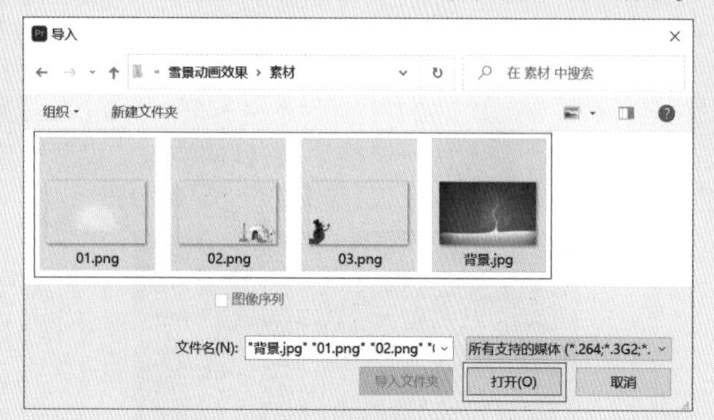

图8-252

03 选择“项目”面板中的所有素材文件，并按住鼠标左键将它们拖曳到轨道上，如图8-253所示。

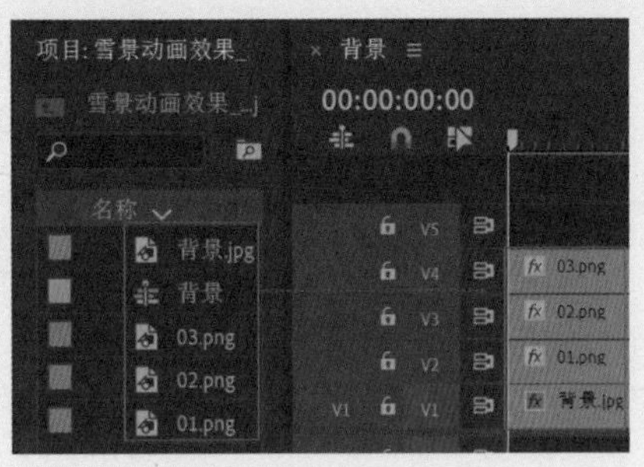

图8-253

04 选择V2轨道上的“01.png”素材文件，将时间滑块拖动到初始位置，在“效果控件”面板中单击“不透明度”前面的◙，创建关键帧，并设置“不透明度”为0.0%；将时间滑块拖动到1秒的位置，设置“不透明度”为100.0%，如图8-254所示。

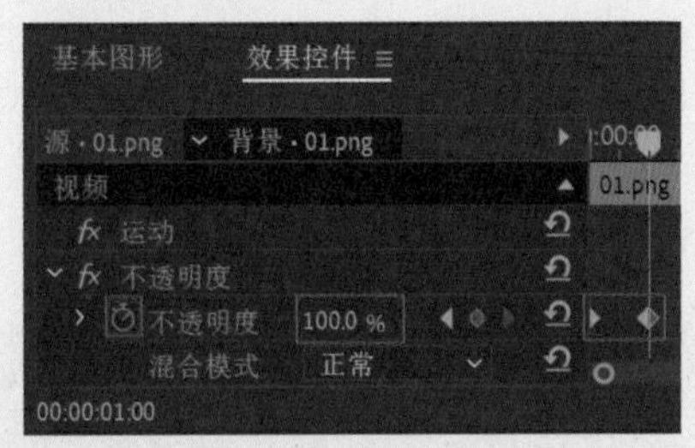

图8-254

05 选择V3轨道上的“02.png”素材文件，将时间滑块拖动到1秒的位置，在“效果控件”面板中单击“位置”前面的◙，创建关键帧，并设置“位置”为（960.0,1106.0），如图8-255所示；将时间滑块拖动到2秒的位置，设置“位置”为（960.0,600.0）。

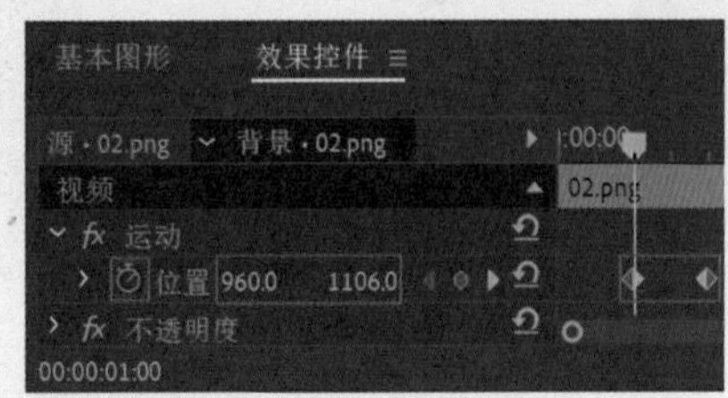

图8-255

06 选择V4轨道上的“03.png”素材文件，将时间滑块拖动到2秒的位置，在“效果控件”面板中单击“位置”和“不透明度”前面的◙，创建关键帧，并设置“位置”为（531.0,600.0）、“不透明度”为0.0%，如图8-256所示；将时间滑块拖动到3秒的位置，设置“位置”为（960.0,600.0）、“不透明度”为100.0%。

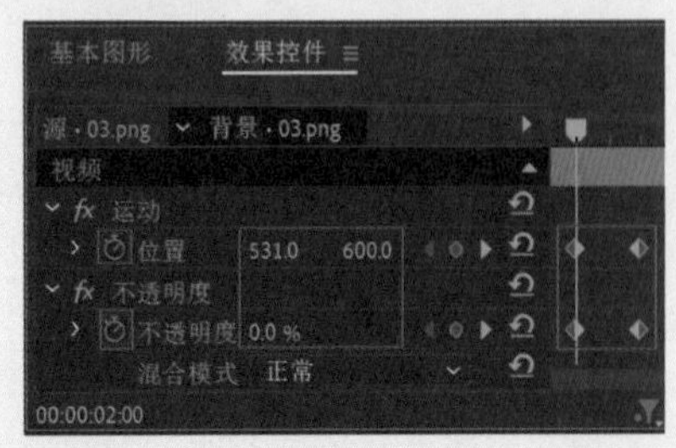

图8-256

07 拖动时间滑块查看效果，如图8-257所示。

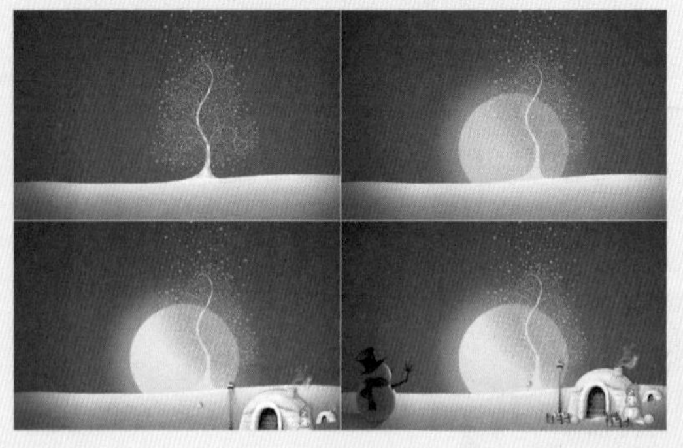

图8-257

实例175 美食逐渐变亮效果

文件路径	第8章\美食逐渐变亮效果	扫码深度学习
难易指数	★★★★★	
技术掌握	● “颜色平衡（HLS）”效果 ● 关键帧动画	

操作思路

本实例讲解了在Premiere Pro中制作不透明度的关键帧动画，并创建蒙版，使用“颜色平衡（HLS）”效果制作美食从灰变亮的效果。

操作步骤

01 在菜单栏中执行“文件”|“新建”|“项目”命令或使用快捷键Ctrl+Alt+N，在弹出的“新建项目”对话框中设置合适的文件名称，单击“位置”右侧的“浏览”按钮，弹出“项目位置”对话框，单击“选择文件夹”按钮，为项目选择合适的路径文件夹。在“新建项目”对话框中单击“创建”按钮，如图8-258所示。

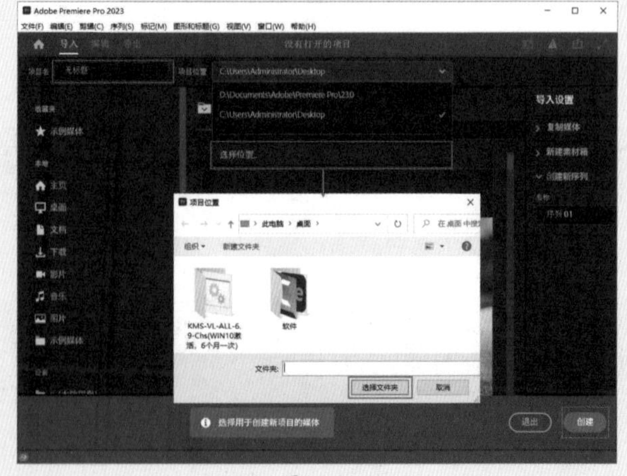

图8-258

02 在“项目”面板空白处单击鼠标右键，在弹出的快捷菜单中执行“新建项目”|“序列”命令。接着在弹

出的“新建序列”对话框中选择“设置”，接着设置“编辑模式”为DSLR、“时基”为“29.97帧/秒”、“帧大小”为1920、“水平”为1080、“像素长宽比”为“方形像素（1.0）”、“场”为“无场（逐行扫描）”，最后单击“确定”按钮，如图8-259所示。

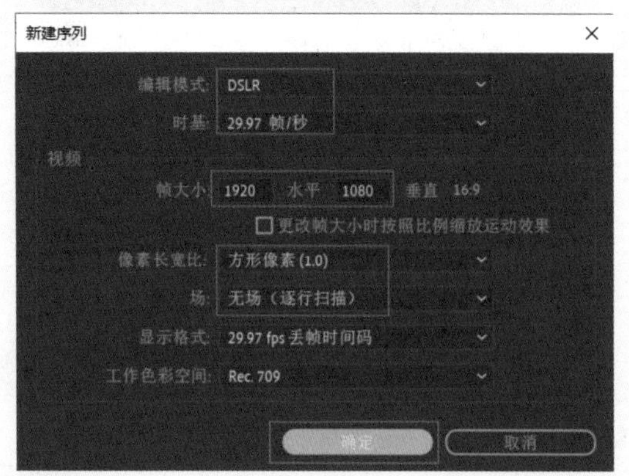

图8-259

03 在“项目”面板空白处双击，选择所需的“3.jpg”～“5.jpg”素材文件，最后单击“打开”按钮，将它们进行导入，如图8-260所示。

图8-260

04 选择“项目”面板中的素材文件，并按住鼠标左键将它们拖曳到“时间轴”面板中V1～V3轨道上，如图8-261所示。

图8-261

05 在“时间轴”面板中选择V3轨道上的“5.jpg”素材文件，在“效果控件”面板中展开“运动”效果，设置“位置”为（164.0,540.0）、“缩放”为31.0，接着展开“不透明度”效果，单击“4点多边形蒙版”按钮■，在“节目监视器”面板中设置合适的蒙版位置与大小。将时间滑块拖动至起始时间位置处，单击“不透明度”前方的■，设置“不透明度”为0.0%，接着将时间滑块拖动至20帧的位置，设置“不透明度”为100.0%，如图8-262所示。

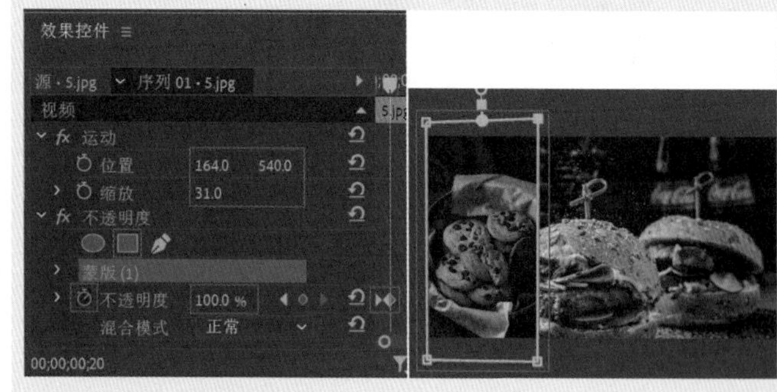

图8-262

06 在“效果”面板中搜索“颜色平衡（HLS）”效果，按住鼠标左键将该效果拖曳到“时间轴”面板中V3轨道中的“5.jpg”素材文件上，如图8-263所示。

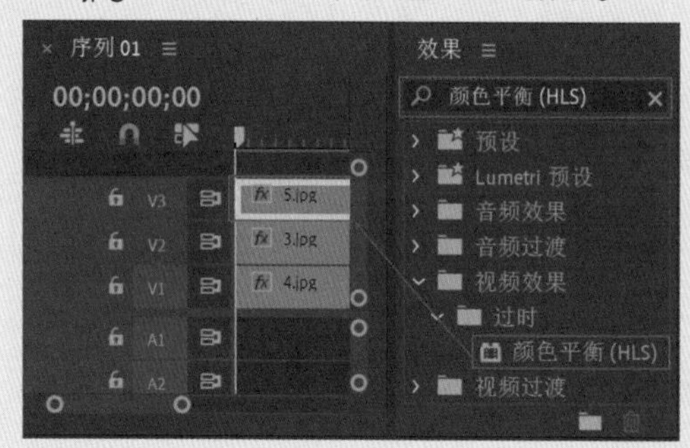

图8-263

07 选择V3轨道上的“5.jpg”素材文件，在“效果控件”面板中展开“颜色平衡（HLS）”效果，将时间滑块拖动至20帧的位置，分别单击“亮度”与“饱和度”前方的■，设置“亮度”为-40.0、“饱和度”为-100.0，如图8-264所示；将时间滑块拖动至25帧的位置，设置“亮度”为0.0、“饱和度”为0.0。

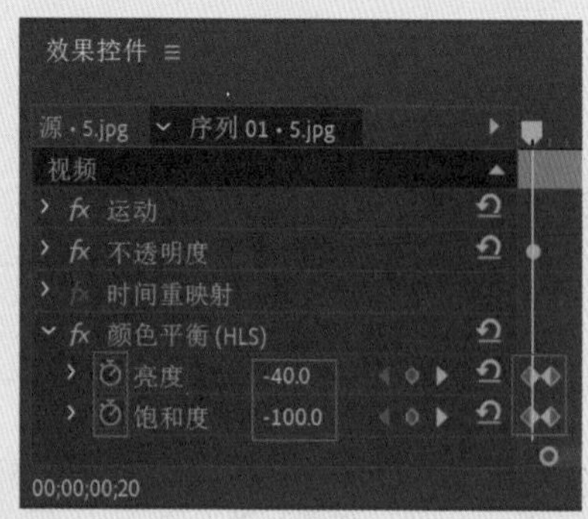

图8-264

08 在“时间轴”面板中选择V2轨道上的“3.jpg”素材文件，在“效果控件”面板中展开“运动”效果，设置“位置”为（1567.0,556.0）、“缩放”为44.0，接着展开“不透明度”效果，单击“4点多边形蒙版”按钮■，在“节目监视器”面板中设置合适的蒙版位置与大小。将时间滑块拖动至2秒的位置，单击“不透明度”前方的■，设置“不透明度”为0.0%，如图8-265所示；将时间滑块拖动至2秒20帧的位置，设置“不透明度”为100.0%。

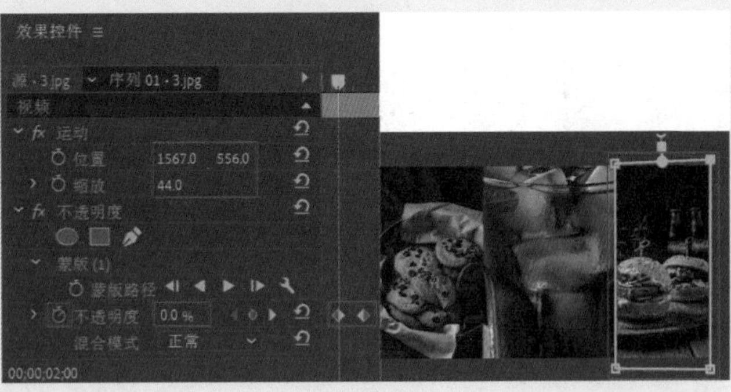

图8-265

09 在“效果”面板中搜索“颜色平衡（HLS）”效果，按住鼠标左键将该效果拖曳到“时间轴”面板中V2轨道中的“3.jpg”素材文件上，如图8-266所示。

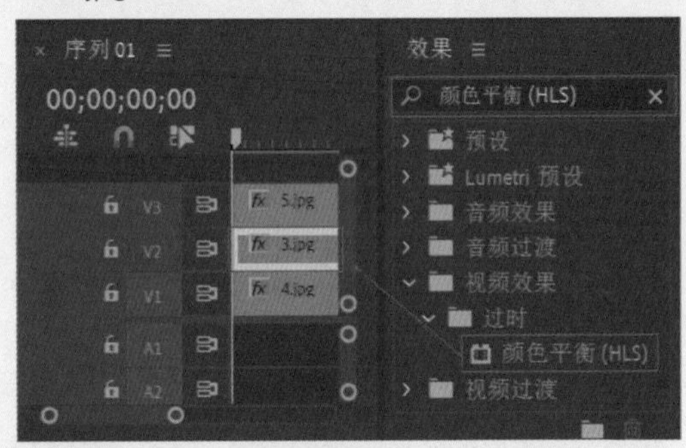

图8-266

10 选择V2轨道上的“3.jpg”素材文件，在“效果控件”面板中展开“颜色平衡（HLS）”效果，将时间滑块拖动至2秒20帧的位置，分别单击“亮度”与“饱和度”前面的⏱，设置“亮度”为-40.0，“饱和度”为-100.0；将时间滑块拖动至2秒25帧的位置，设置“亮度”为0.0、“饱和度”为0.0。如图8-267所示。拖动时间滑块查看此时的画面效果如图8-268所示。

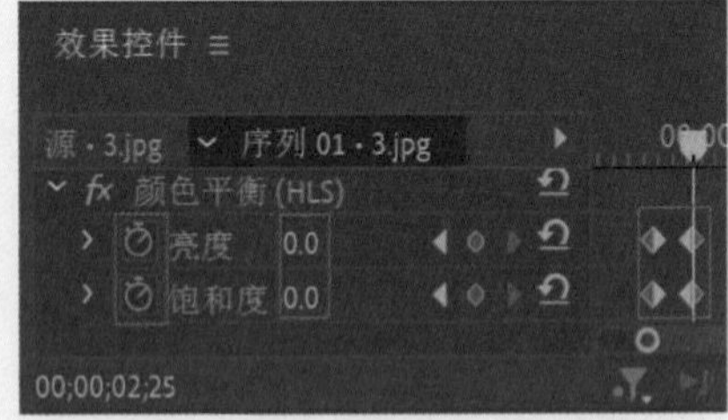

图8-267

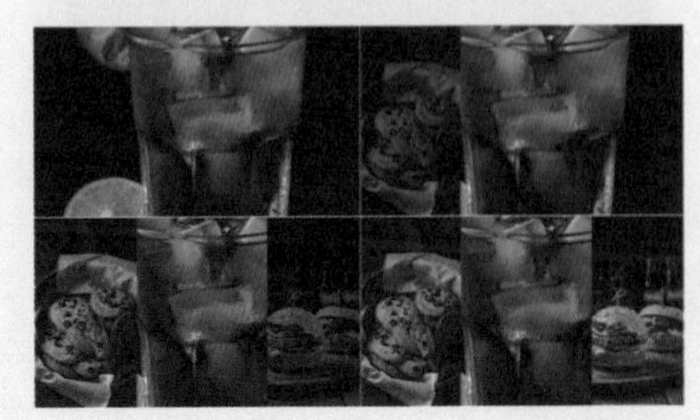

图8-268

11 接着使用同样的方法在合适时间段制作蒙版与黑白变色效果。拖动时间滑块查看此时的画面效果如图8-269所示。

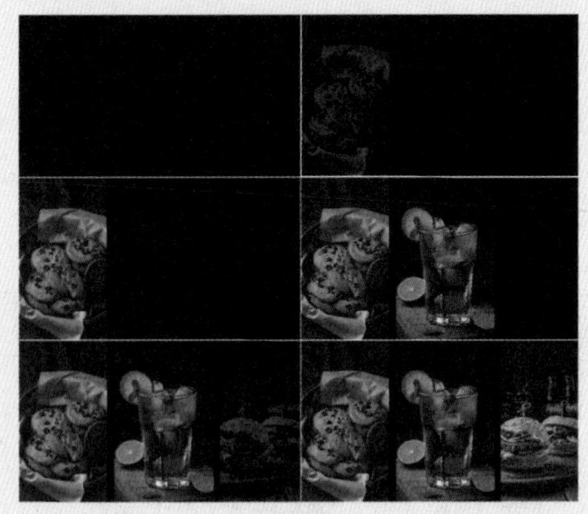

图8-269

实例176　文字穿梭视频效果

文件路径	第 8 章 \ 文字穿梭视频效果	扫码深度学习
难易指数	★★★★★	
技术掌握	● “轨道遮罩键”效果 ● “Lumetri 颜色”效果 ● “水平翻转”效果 ● 文字工具	

操作思路

本实例讲解了在Premiere Pro中使用“轨道遮罩键”效果、“水平翻转”效果与矩形工具制作画面矩形效果，并使用“Lumetri 颜色”效果使画面更加突出。使用文字工具与蒙版工具创建文字与文字动画效果。

操作步骤

01 在菜单栏中执行“文件”|“新建”|“项目”命令或使用快捷键Ctrl+Alt+N，在弹出的“新建项目”对话框中设置合适的文件名称，单击“位置”右侧的“浏览”按钮，弹出“项目位置”对话框，单击“选择文件夹”按钮，为项目选择合适的路径文件夹。在“新建项目”对话框中单击“创建”按钮，如图8-270所示。

图8-270

02 在“项目”面板空白处双击，选择所需的“01.mp4”素材文件，最后单击“打开”按钮，将其进行导入。如图8-271所示。

图8-271

03 选择“项目”面板中的“01.mp4”素材文件，并按住鼠标左键将其拖曳到“时间轴”面板中V1轨道上，此时在“项目”面板中自动生成一个与“01.mp4”素材文件等大的序列，如图8-272所示。

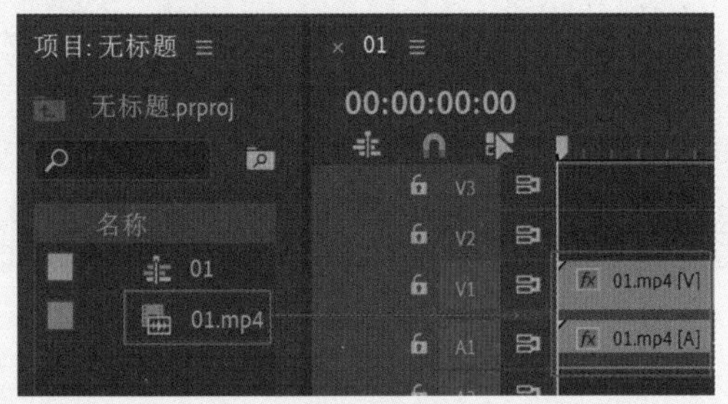

图8-272

04 在“时间轴”面板中选择V1轨道上的“01.mp4”素材文件，按住Alt键的同时按住鼠标左键将其拖曳复制到V2轨道上。如图8-273所示。

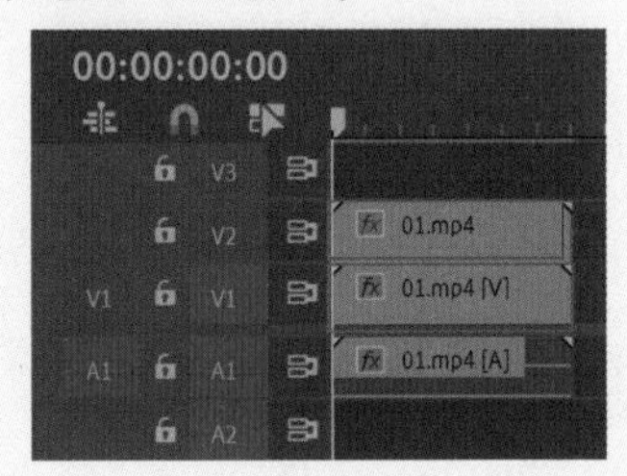

图8-273

05 将时间滑块拖动到起始时间位置处，在“工具”面板中选择■（矩形工具），并在“节目监视器”面板中合适的位置处绘制矩形，在“时间轴”面板中选择刚刚创建的图形图层，在“效果控件”面板中展开“形状”|“外观”，取消勾选“填充”复选框，勾选“描边”复选框。设置“描边颜色”为白色，设置“描边宽度”为160.0，设置为“内侧”。接着展开“变换”，设置“位置”为（1962.0,1038.5）、“锚点”为（1156.0,415.5），如图8-274所示。

图8-274

06 在“效果”面板中搜索“轨道遮罩键”效果，按住鼠标左键将该效果拖曳到“时间轴”面板中V2轨道中的“01.mp4”素材文件上，如图8-275所示。

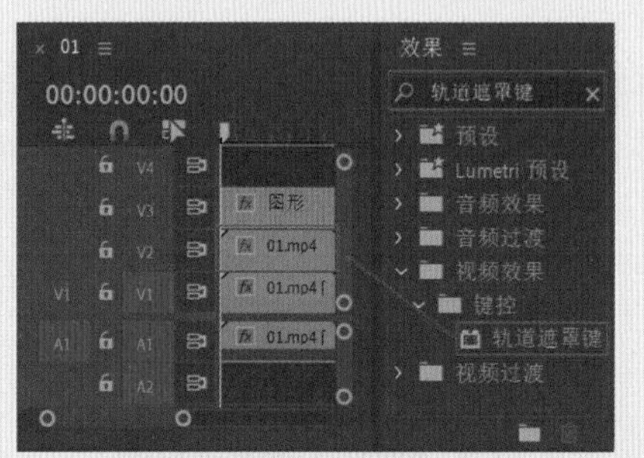

图8-275

07 选择V2轨道上的“01.mp4”素材文件，在“效果控件”面板中展开“轨道遮罩键”效果，设置“遮罩”为“视频3”，如图8-276所示。

图8-276

08 在“效果”面板中搜索“水平翻转”效果，按住鼠标左键将该效果拖曳到“时间轴”面板中V2轨道中的“01.mp4”素材文件上，如图8-277所示。

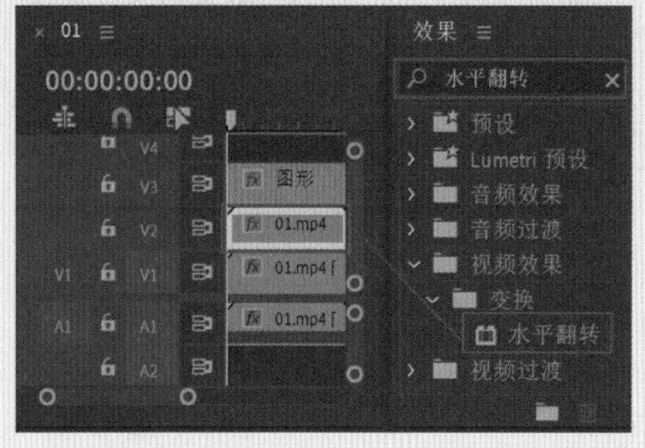

图8-277

09 在“效果”面板中搜索“Lumetri 颜色”效果，按住鼠标左键将该效果拖曳到“时间轴”面板中V2轨道中的“01.mp4”素材文件上，如图8-278所示。

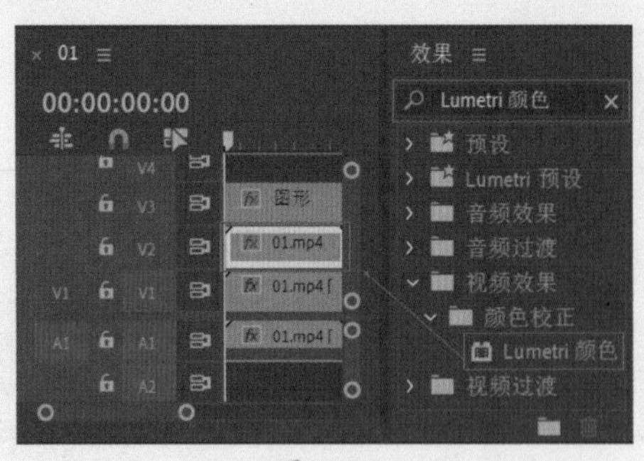

图8-278

10 在“时间轴”面板中选择V2轨道上的“01.mp4”素材文件，在“效果控件”面板中展开“Lumetri 颜色”|“基本校正”|“颜色”，设置“色温”为127.0、“色彩”为38.0、“饱和度”为191.0，接着展开“灯光”，设置“对比度”为48.0、“高光”为18.0、“阴影”为35.0。接着展开“创意”|“调整”，设置“锐化”为14.0、“自然饱和度”为14.0，如图8-279所示。此时的画面效果如图8-280所示。

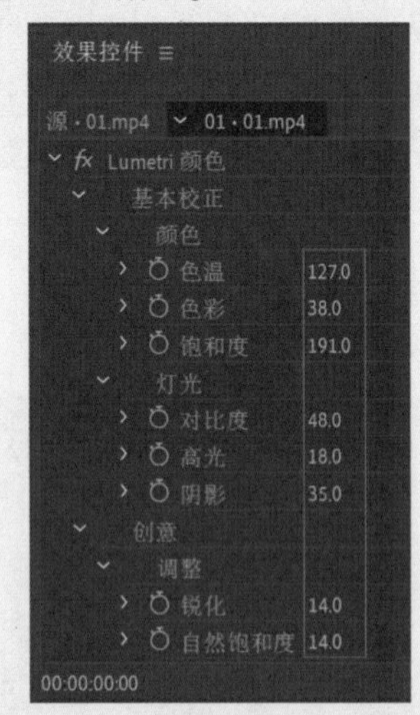

图8-279

图8-280

11 将时间滑块拖动到起始时间位置处，在“工具”面板中选择T（文字工具），并在“节目监视器”面板中输入合适的文字内容，在“时间轴”面板中选择刚刚创建的文字图层，在“效果控件”面板中设置合适的“字体系列”，设置“字体大小”为428，设置“字距调整”为30，勾选“填充”复选框，设置“填充颜色”为白色，勾选“阴影”复选框，设置“不透明度”为40%、“角度”为80°、“距离”为10.0、“模糊”为30。如图8-281所示。

图8-281

12 接着单击“文本”下方的“4点多边形蒙版”按钮■，在“节目监视器”面板中合适的位置绘制蒙版，如图8-282所示。

图8-282

13 选择文本图层，在“效果控件”面板中展开“文本”|“变换”，将时间滑块拖动至起始时间位置处，单击“位置”前面的◙，创建关键帧，设置“位置”为（-3284.9,1175.0），如图8-283所示；将时间滑块拖动至6秒的位置，设置“位置”为（4192.1,1175.0）。

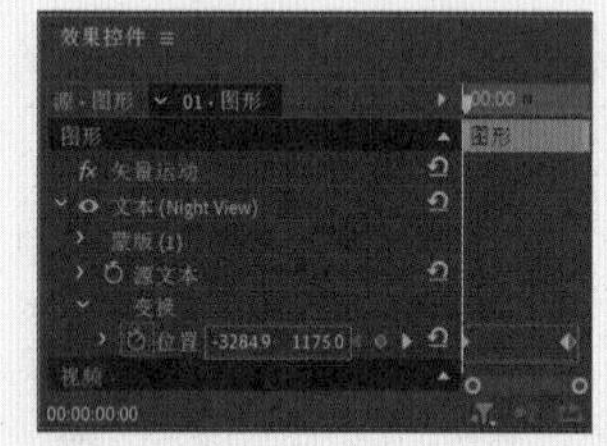

图8-283

14 拖动时间滑块查看效果，如图8-284所示。

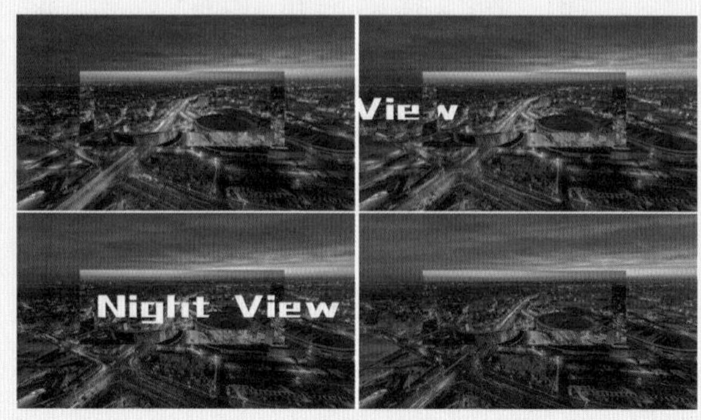

图8-284

第9章

音频特效应用

本章概述

人类能够听到的所有声音都可称之为音频，它可能包括噪声等。声音被录制下来以后，无论是说话声、歌声、乐器声，都可以通过数字音乐软件进行处理。在Premiere Pro中，可以对音频的音量进行调整，也可以为音频添加不同的声音特效。

本章重点

- 添加和删除音频关键帧
- 不同音频效果的应用

实例177　添加和删除音频

文件路径	第 9 章 \ 添加和删除音频	 扫码深度学习
难易指数	★★★★★	
技术掌握	● 剃刀工具　　● “清除”命令	

操作思路

本实例讲解了在Premiere Pro中使用剃刀工具切割音频素材，并使用“清除”命令去除多余的音频片段。

操作步骤

01 打开“添加和删除音频.prproj”素材文件。在“项目”面板空白处双击，选择所需的“01.mp3”音频文件，最后单击“打开”按钮，将其进行导入，如图9-1所示。

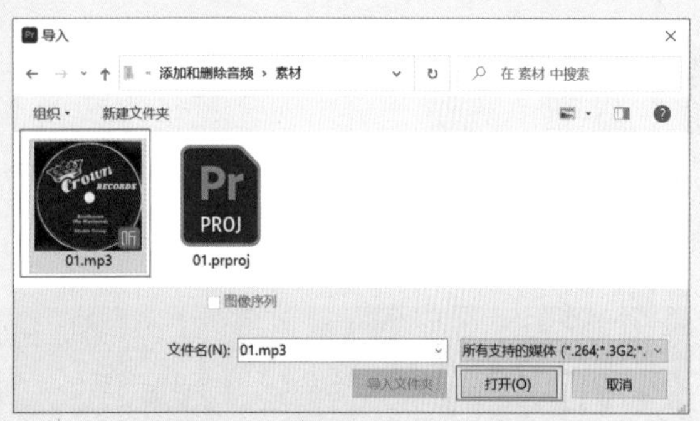

图9-1

02 选择“项目”面板中的“01.mp3”音频文件，并按住鼠标左键将其拖曳到A1轨道上，如图9-2所示。

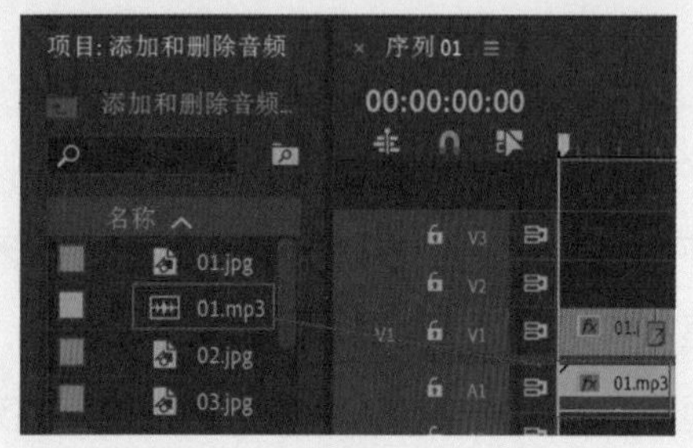

图9-2

03 在“工具”面板中选择（剃刀工具），在“01.mp3”音频文件20秒的位置，单击切割音频文件，如图9-3所示。

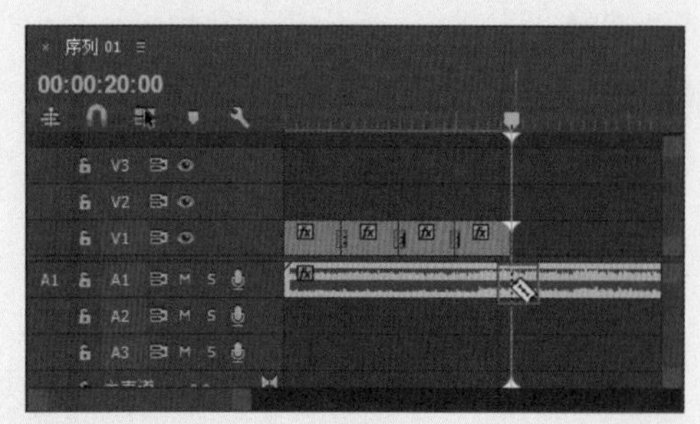

图9-3

04 选择后半部分的“01.mp3”音频文件，按Delete键删除，如图9-4所示。

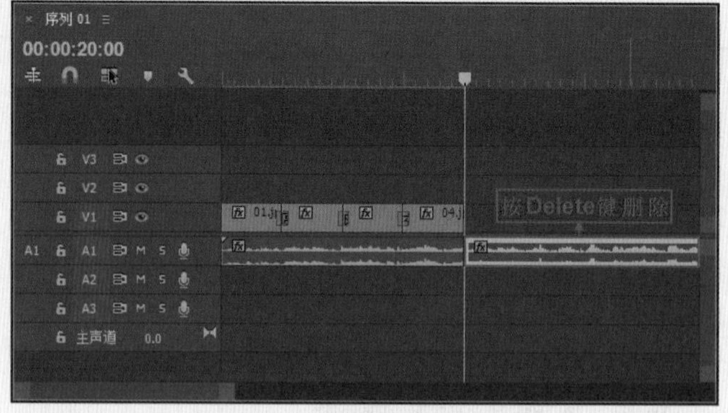

图9-4

05 此时，音频素材已经添加上，如图9-5所示。

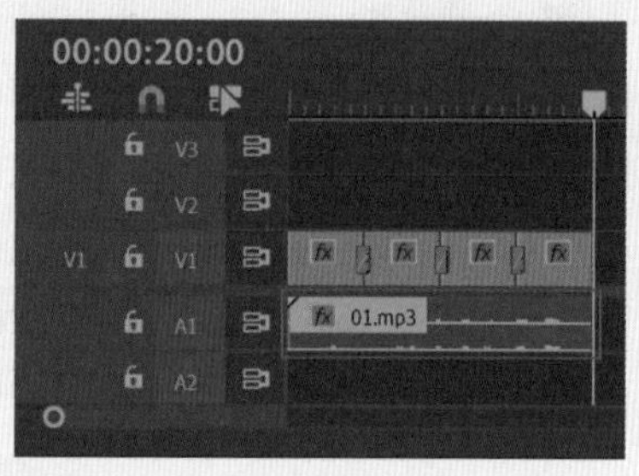

图9-5

06 删除素材。选择A1轨道上的“01.mp3”音频文件，单击鼠标右键，在弹出的快捷菜单中选择“清除”命令，如图9-6所示。

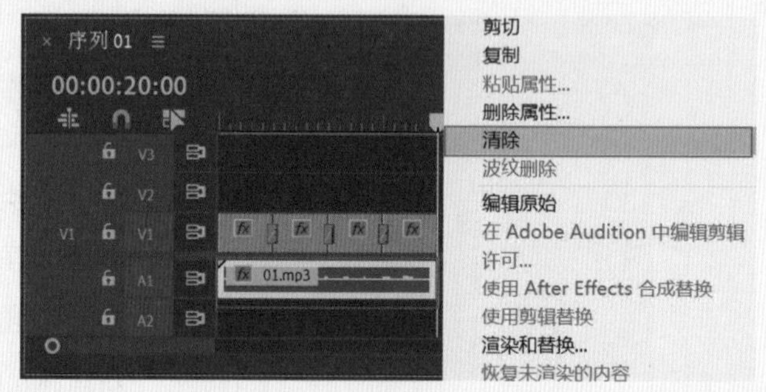

图9-6

07 此时，A1轨道上的“01.mp3”音频文件已经被删除，如图9-7所示。

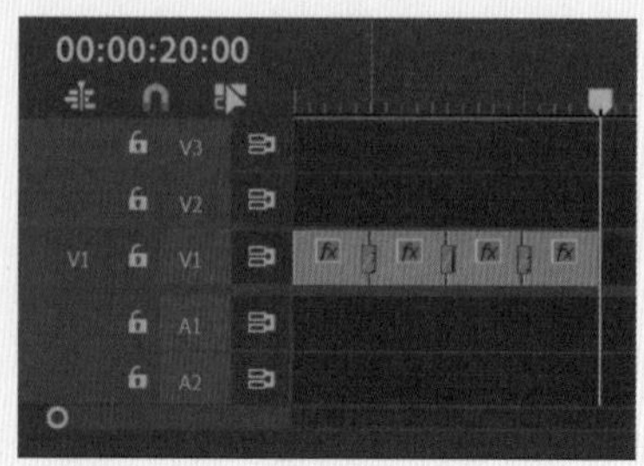

图9-7

实例178 调整音频速度

文件路径	第 9 章 \ 调整音频速度	扫码深度学习
难易指数	★★★★★	
技术掌握	● 剃刀工具 ● "速度 / 持续时间"命令	

操作思路

本实例讲解了在Premiere Pro中使用剃刀工具切割素材，并使用"速度/持续时间"命令改变素材的速度。

操作步骤

01 打开"调整音频速度.prproj"素材文件。在"项目"面板空白处双击，选择所需的"01.mp3"音频文件，最后单击"打开"按钮，将其进行导入，如图9-8所示。

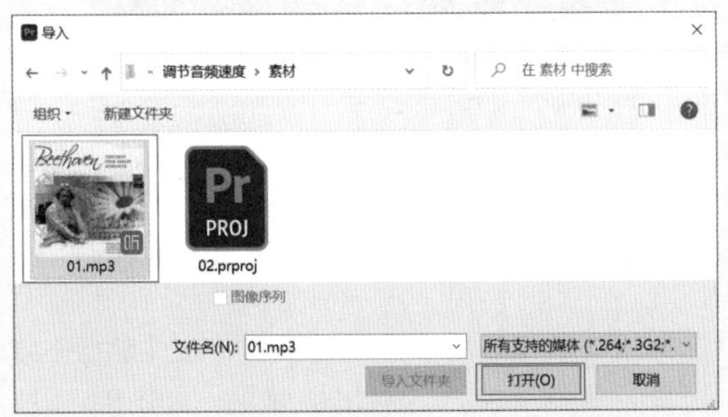

图9-8

02 选择"项目"面板中的"01.mp3"音频文件，并按住鼠标左键将其拖曳到A1轨道上，如图9-9所示。

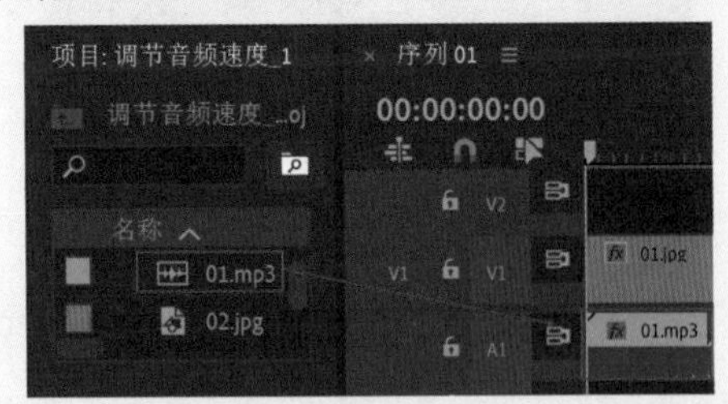

图9-9

03 在"工具"面板中选择（剃刀工具），在"01.mp3"音频文件10秒的位置，单击切割音频文件，如图9-10所示。

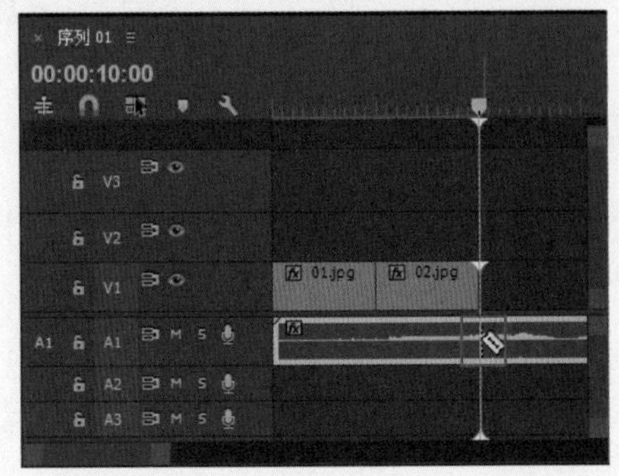

图9-10

04 选择后半部分的"01.mp3"音频文件，按Delete键删除，如图9-11所示。

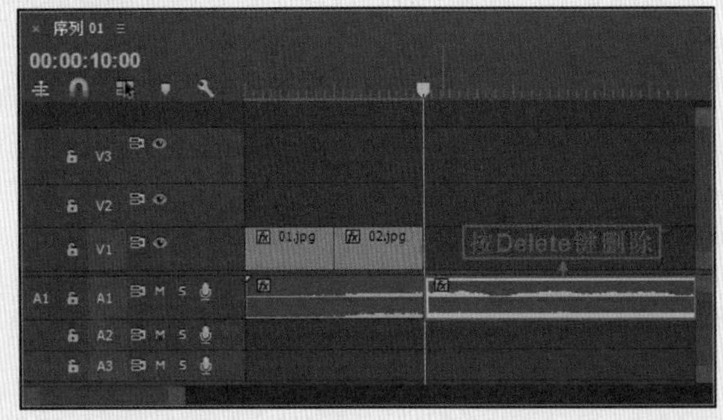

图9-11

05 选择A1轨道上的"01.mp3"音频文件，单击鼠标右键，在弹出的快捷菜单中执行"速度/持续时间"命令，此时在弹出的"剪辑速度/持续时间"对话框中，可设置"速度"百分比，如图9-12所示。

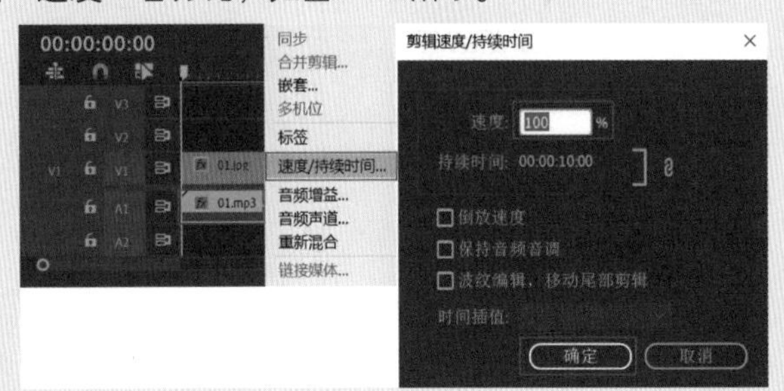

图9-12

> **提示**
>
> **设置"速度"百分比**
>
> 设置的"速度"百分比越大，素材的播放时间越短；设置的"速度"百分比越小，素材的播放时间越长。"速度"为50%和150%时素材的时间长度对比如图9-13所示。
>
> 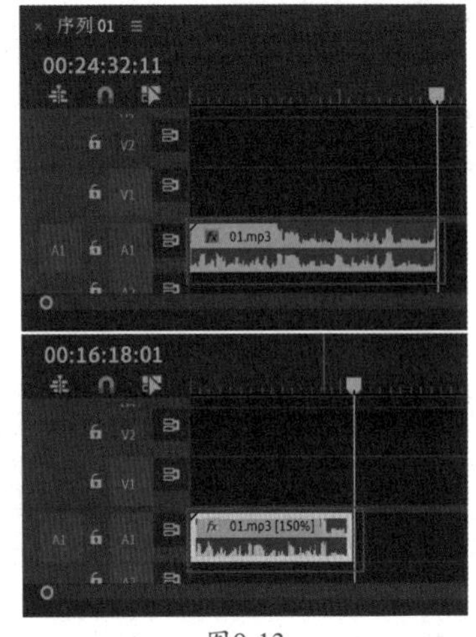
>
>
> 图9-13

06 此时就可以改变音频速度。

实例179　音频的淡入、淡出

文件路径	第 9 章 \ 音频的淡入、淡出	 扫码深度学习
难易指数	★★★★★	
技术掌握	● 剃刀工具　● 关键帧动画	

操作思路

本实例讲解了在Premiere Pro中使用剃刀工具切割音频素材，并为音频添加关键帧动画，使其产生淡入淡出的声调变换。

操作步骤

01 打开“音频的淡入、淡出.prproj”素材文件夹。在“项目”面板空白处双击，选择所需的“01.mp3”音频文件，最后单击“打开”按钮，将其进行导入，如图9-14所示。

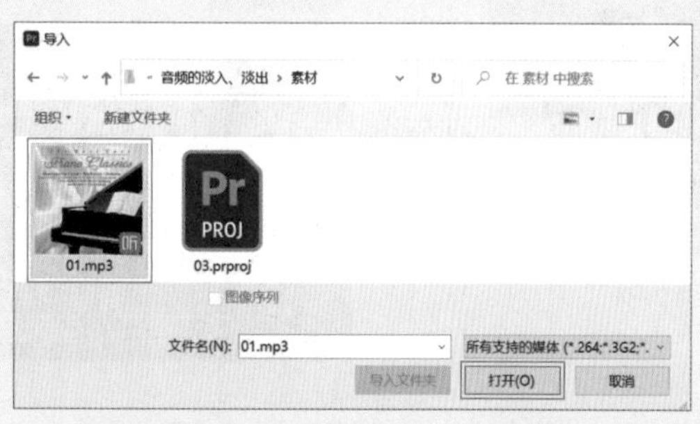

图9-14

02 选择“项目”面板中的“01.mp3”音频文件，并按住鼠标左键将其拖曳到A1轨道上，如图9-15所示。

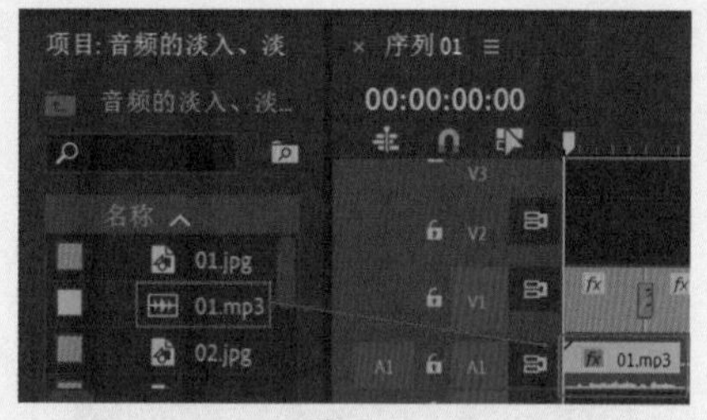

图9-15

03 在“工具”面板中选择（剃刀工具），在“01.mp3”音频文件20秒的位置，单击切割音频文件，如图9-16所示。

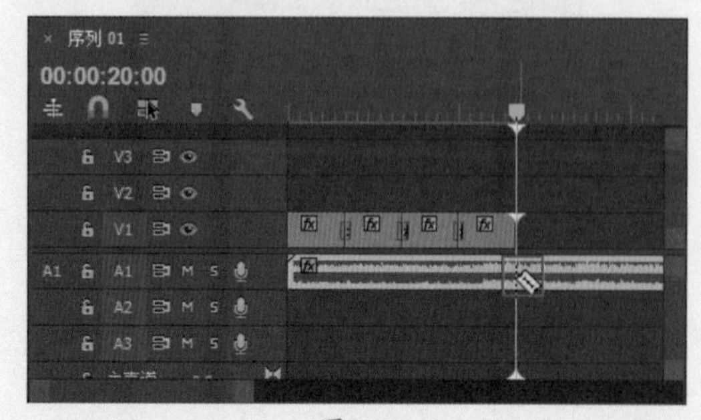

图9-16

04 选择后半部分的“01.mp3”音频文件，按Delete键删除，如图9-17所示。

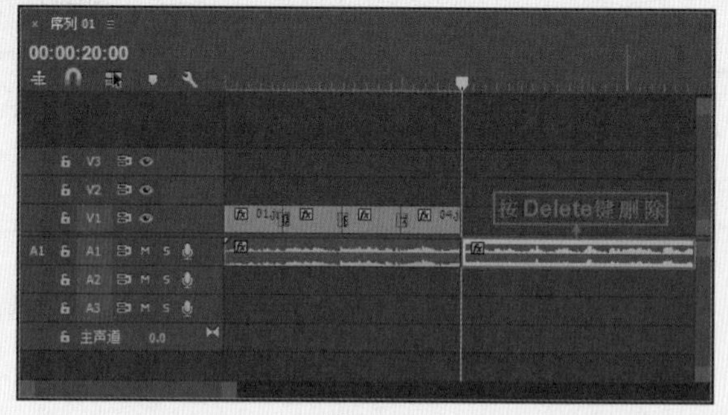

图9-17

05 选择A1轨道上的“01.mp3”音频文件，再将时间滑块分别拖到初始位置、2秒、18秒和20秒的位置单击按钮，创建关键帧，如图9-18所示。

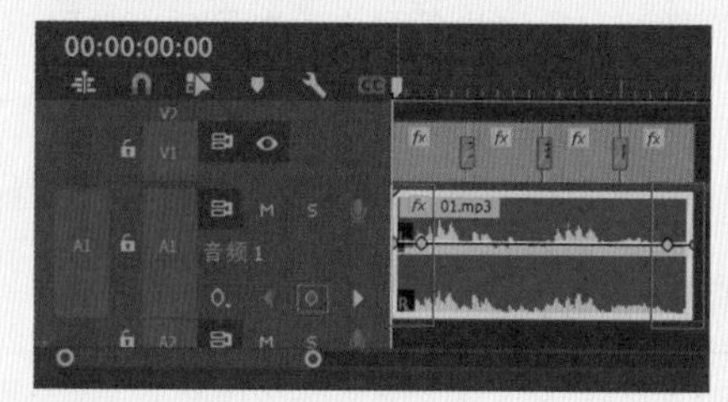

图9-18

06 选择第一个和最后一个关键帧，并按住鼠标左键向下拖曳，制作出淡入、淡出的效果，如图9-19所示。此时播放音频会听到音频淡入淡出的效果。

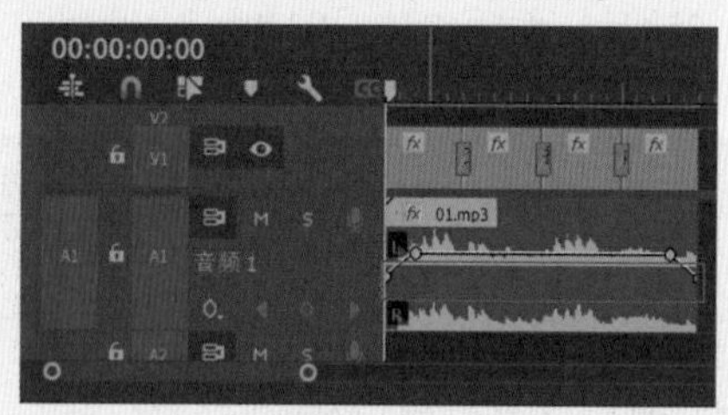

图9-19

实例180　自动控制

文件路径	第 9 章 \ 自动控制	扫码深度学习
难易指数	★★★★★	
技术掌握	● 剃刀工具　● 音轨混合器	

操作思路

本实例讲解了在Premiere Pro中使用剃刀工具切割音频素材，并在“音轨混合器”对话框中设置参数。

操作步骤

01 打开“自动控制.prproj”素材文件。在“项目”面板空白处双击，选择所需的“01.mp3”音频文件，最后单击“打开”按钮，将其进行导入，如图9-20所示。

图9-20

02 选择“项目”面板中的“01.mp3”音频文件，并按住鼠标左键将其拖曳到A1轨道上，如图9-21所示。

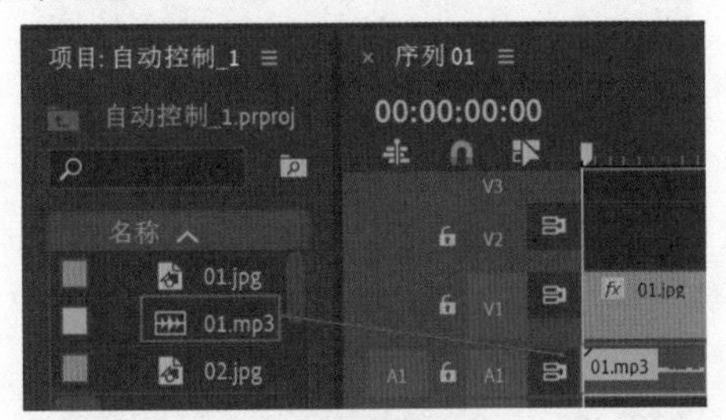

图9-21

03 在“工具”面板中选择（剃刀工具），在“01.mp3”音频文件10秒的位置，单击切割音频文件，如图9-22所示。

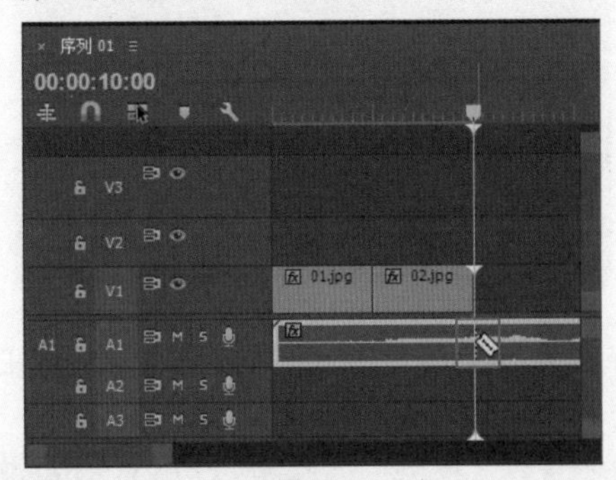

图9-22

04 选择后半部分的“01.mp3”音频文件，按Delete键删除，如图9-23所示。

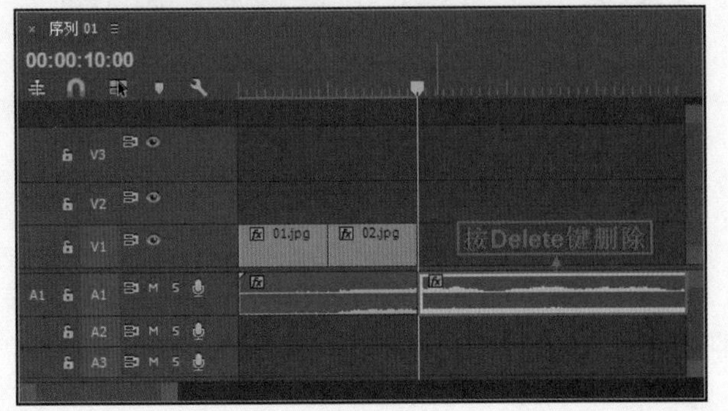

图9-23

05 单击A1轨道前面的“显示关键帧”按钮，在弹出的快捷菜单中执行“轨道关键帧”|“音量”命令，如图9-24所示。

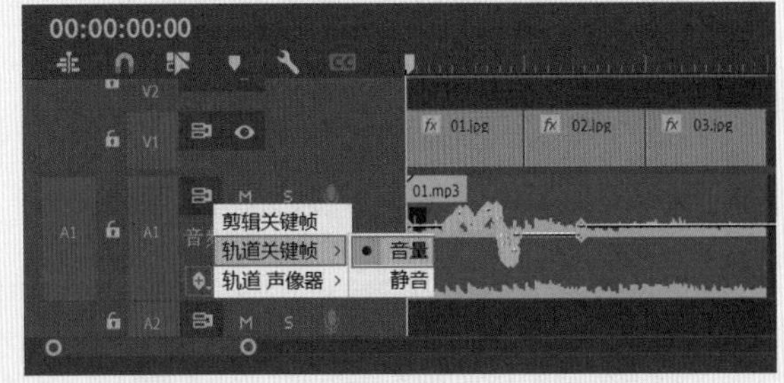

图9-24

06 在菜单栏中执行“窗口”|“工作区”|“音频”命令，如图9-25所示。

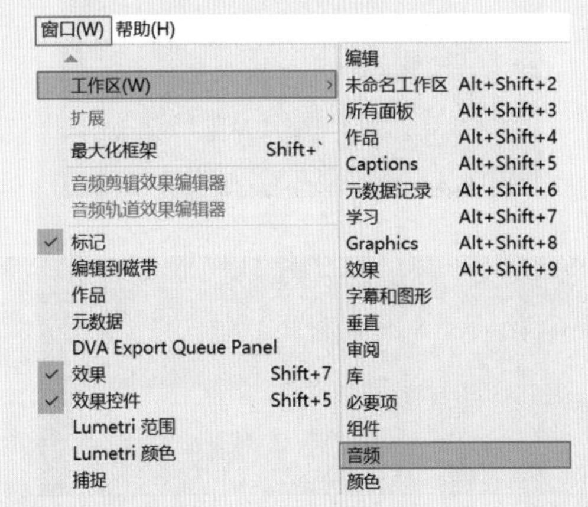

图9-25

07 在“音轨混合器”面板中设置A1的“自动控制”为“写入”，如图9-26所示。

图9-26

08 单击“音轨混合器”面板下面的“播放”按钮，并同时上下拖动A1音量滑块，如图9-27所示。

09 在适当的位置再次单击“播放”按钮，A1轨道上的“01.mp3”音频文件上会出现很多音量关键帧。此时已经完成了写入自动控制，如图9-28所示。

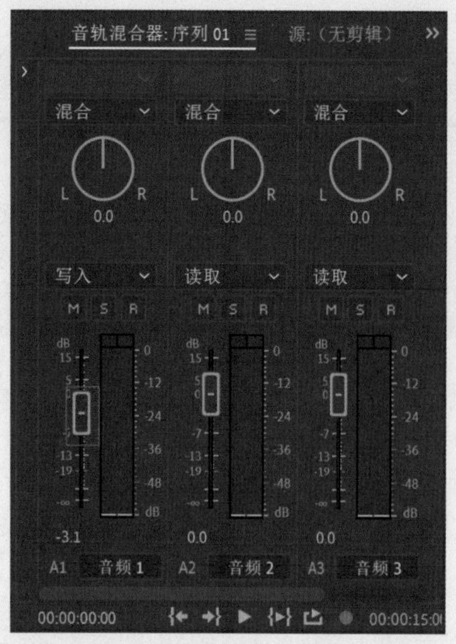

图9-27

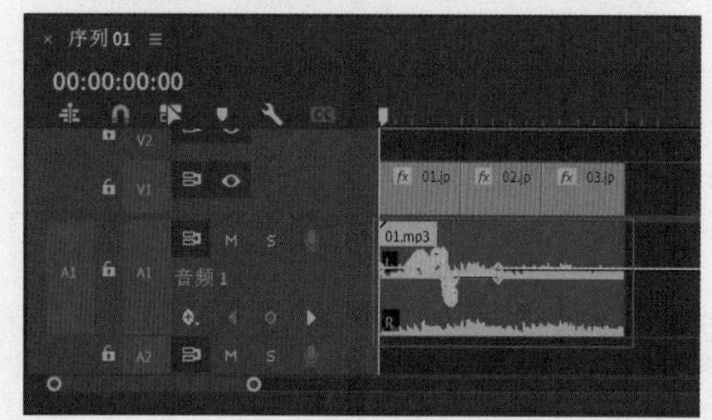

图9-28

实例181 低音效果

文件路径	第 9 章 \ 低音效果
难易指数	★★★★★
技术掌握	“低音”效果

扫码深度学习

操作思路

本实例讲解了在Premiere Pro中使用剃刀工具切割音频素材，并为素材添加“低音”效果制作低音声调。

操作步骤

01 打开“低音效果.prproj”素材文件。在“项目”面板空白处双击，选择所需的“01.mp3”音频文件，最后单击“打开”按钮，将其进行导入，如图9-29所示。

02 选择“项目”面板中的“01.mp3”音频文件，并按住鼠标左键将其拖曳到A1轨道上，如图9-30所示。

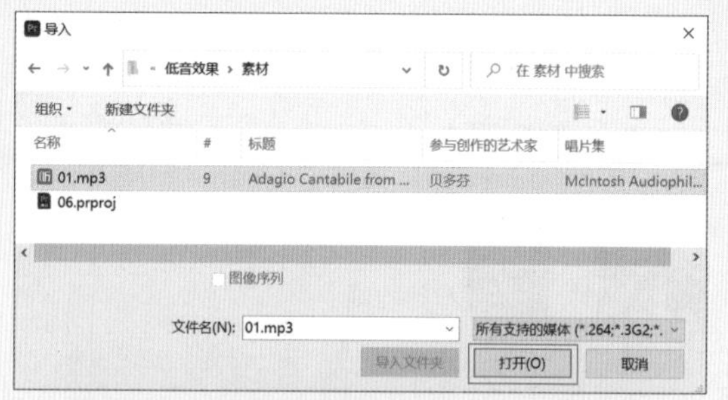

图9-29

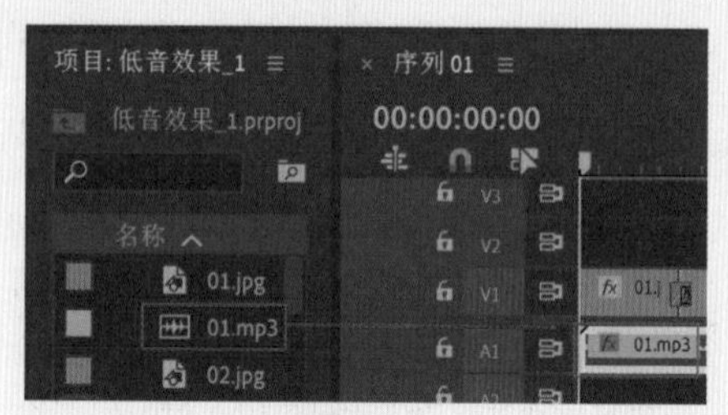

图9-30

03 在“工具”面板中选择（剃刀工具），在“01.mp3”音频文件20秒的位置，单击切割音频文件，如图9-31所示。

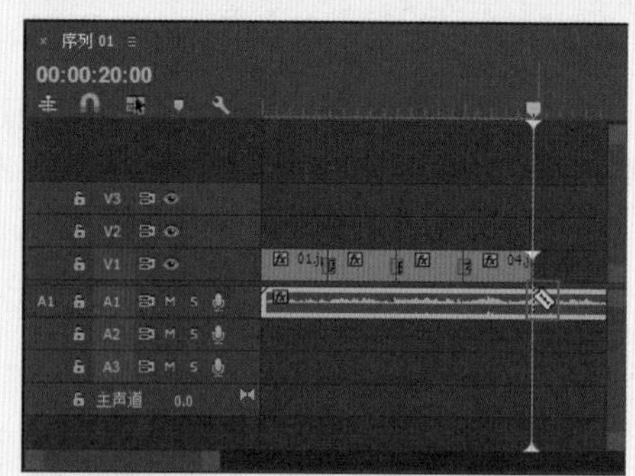

图9-31

04 选择后半部分的“01.mp3”音频文件，按Delete键删除，如图9-32所示。

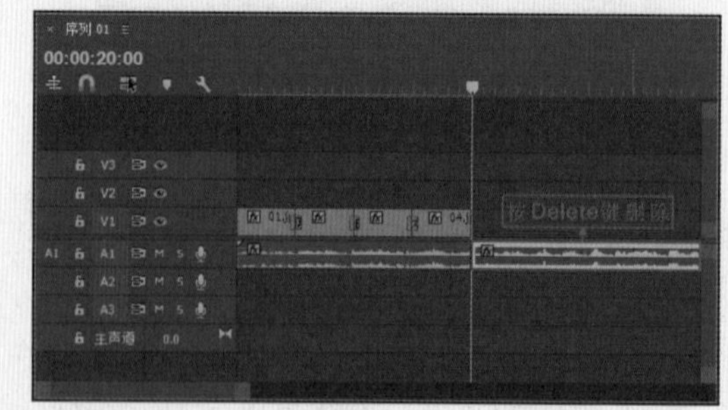

图9-32

05 在“效果”面板中搜索“低音”效果，并按住鼠标左键将其拖曳到A1轨道上的“01.mp3”音频文件上，如图9-33所示。

06 选择A1轨道上的“01.mp3”音频文件，在“效果控件”面板中展开“低音”效果，设置“增加”为10.0dB，如图9-34所示。此时再播放就会听到音频的低音效果。

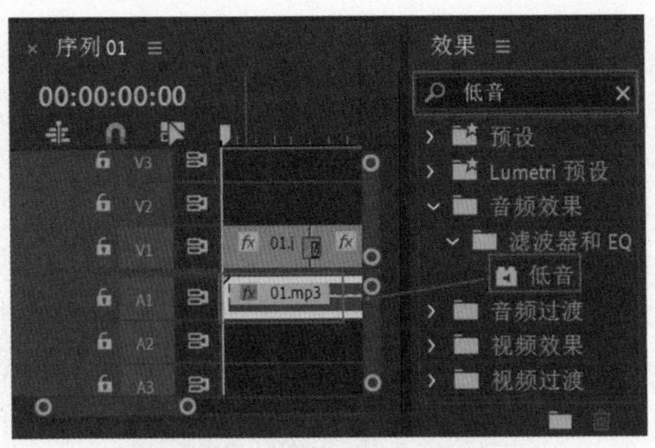

图9-33

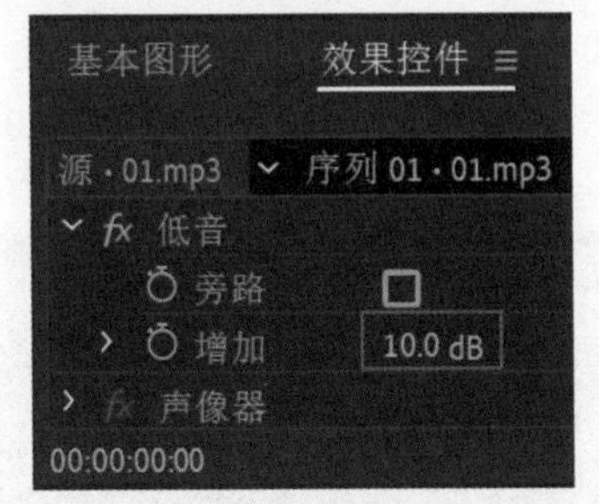

图9-34

实例182　高音效果

文件路径	第 9 章 \ 高音效果
难易指数	★★★★★
技术掌握	“高音”效果

扫码深度学习

操作思路

本实例讲解了在Premiere Pro中为素材添加“高音”效果制作高音声调。

操作步骤

01 打开“高音效果.prproj”素材文件。在“项目”面板空白处双击，选择所需的“01.mp3”音频文件，最后单击“打开”按钮，将其进行导入，如图9-35所示。

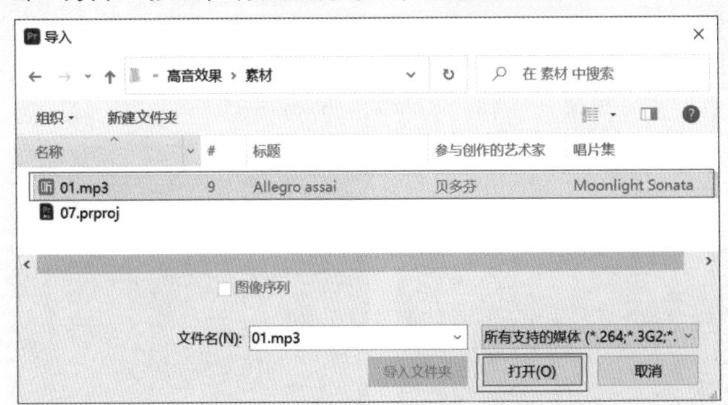

图9-35

02 选择“项目”面板中的“01.mp3”音频文件，并按住鼠标左键将其拖曳到A1轨道上，如图9-36所示。

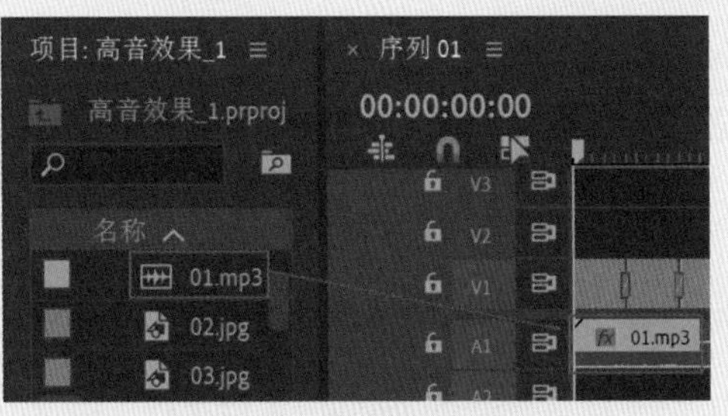

图9-36

03 选择A1轨道上的“01.mp3”音频文件，并将结束帧移动到20秒，如图9-37所示。

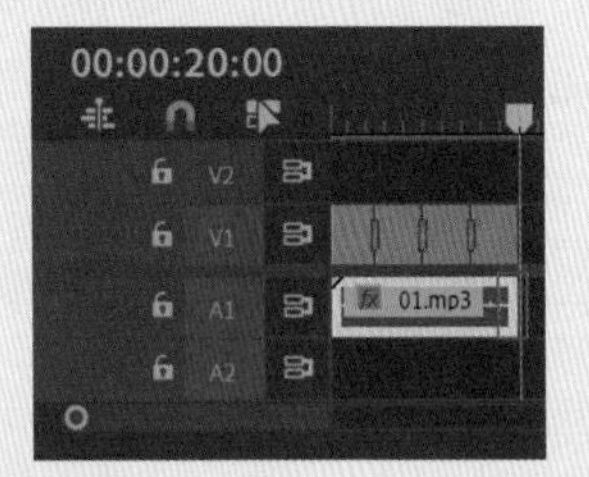

图9-37

04 在“效果”面板中搜索“高音”效果，并按住鼠标左键将其拖曳到A1轨道上的“01.mp3”音频文件上，如图9-38所示。

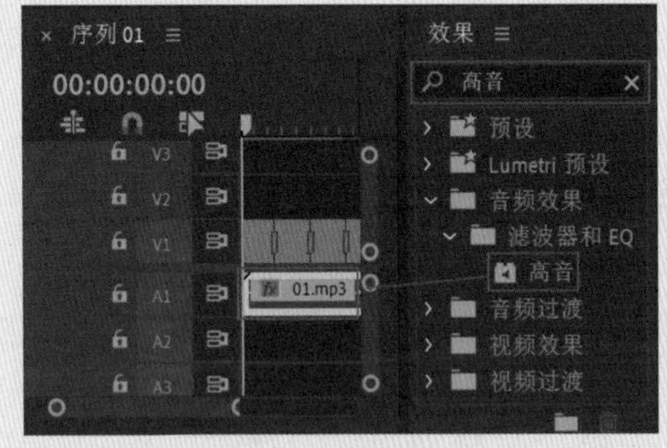

图9-38

05 选择A1轨道上的“01.mp3”音频文件，在“效果控件”面板中展开“高音”效果，设置“增加”为8.0dB，如图9-39所示。此时再播放就会听到音频的高音效果。

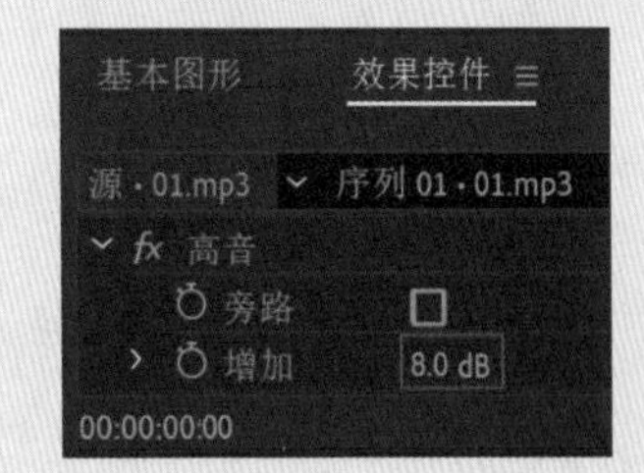

图9-39

实例183　两种音频混合

文件路径	第 9 章 \ 两种音频混合
难易指数	★★★★★
技术掌握	● “低通”效果 ● “声道音量”效果

扫码深度学习

操作思路

本实例讲解了在Premiere Pro中使用剃刀工具切割音频素材，并为素材添加“低通”和“声道音量”音频效果制作两种音频混合效果。

操作步骤

01 打开“两种音频混合.prproj”素材文件。在“项目”面板空白处双击，选择所需的“01.mp3”音频文件，最后单击“打开”按钮，将其进行导入，如图9-40所示。

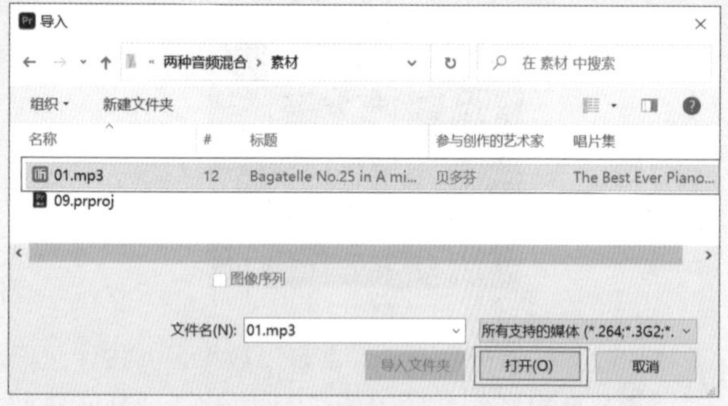

图9-40

02 选择“项目”面板中的“01.mp3”音频文件，并按住鼠标左键将其拖曳到A1轨道上，如图9-41所示。

图9-41

03 在“工具”面板中选择（剃刀工具），在“01.mp3”音频文件20秒的位置，单击切割音频文件，如图9-42所示。

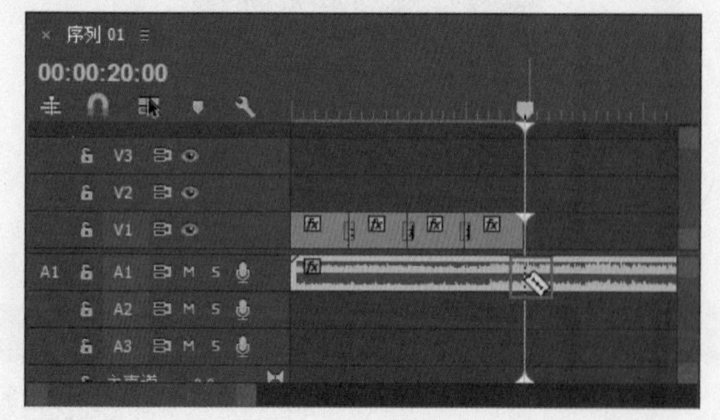

图9-42

04 选择后半部分的“01.mp3”音频文件，按Delete键删除，如图9-43所示。

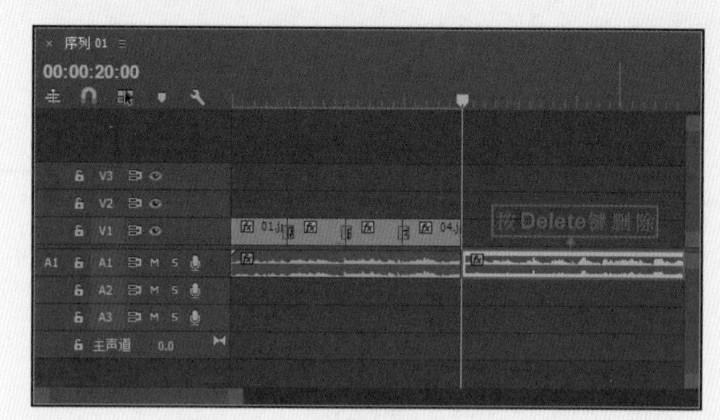

图9-43

05 在“效果”面板中分别搜索“低通”和“通道音量”音频效果，并按住鼠标左键分别将它们拖曳到A1轨道上的“01.mp3”音频文件上，如图9-44所示。

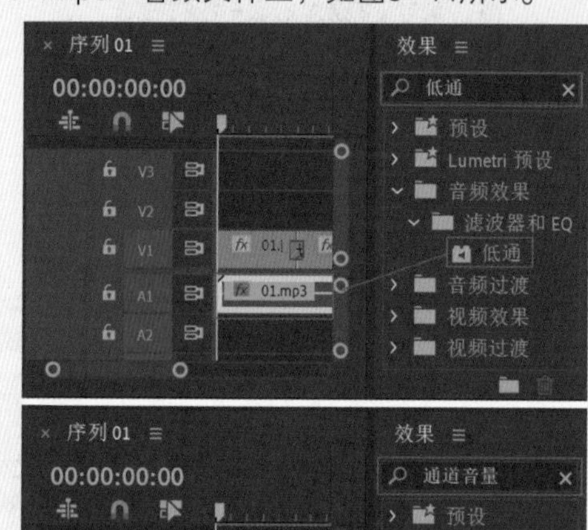

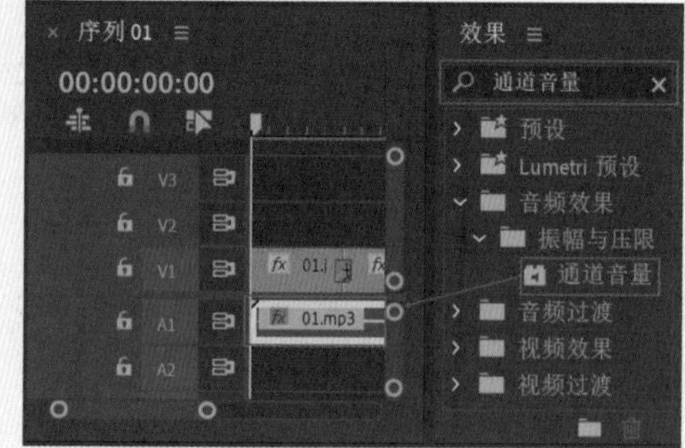

图9-44

06 选择A1轨道上的“01.mp3”音频文件，在“效果控件”面板中展开“低通”效果，并设置“切断”为650.0Hz，如图9-45所示。

07 在“效果控件”面板中展开“通道音量”效果，并分别拖动“左侧”、“右侧”声道滑块，如图9-46所示。此时再播放音频，会有不同的效果。

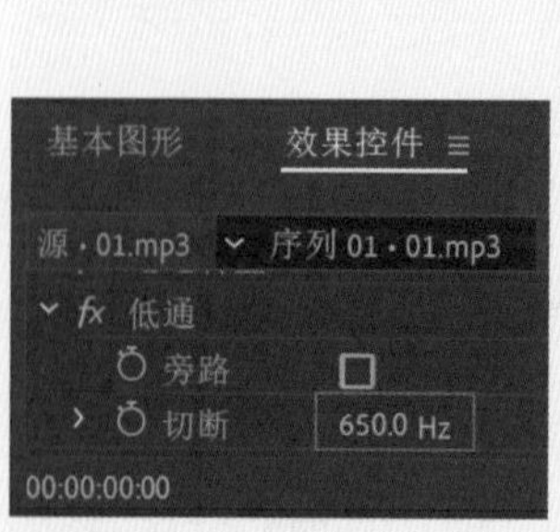

图9-45

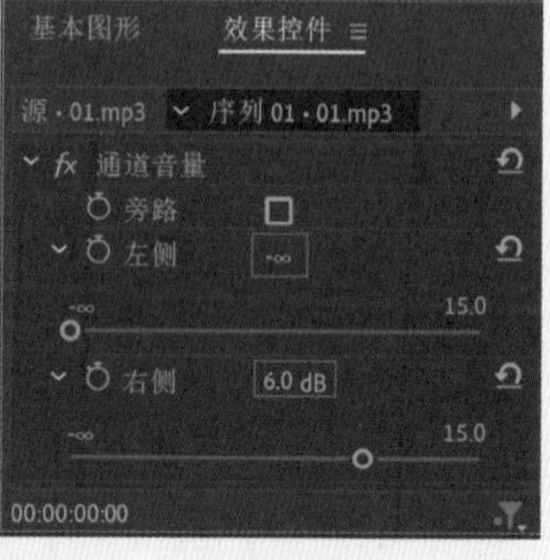

图9-46

实例184 延迟效果

文件路径	第9章\延迟效果
难易指数	★★★★★
技术掌握	"延迟"效果

扫码深度学习

操作思路

本实例讲解了在Premiere Pro中使用剃刀工具切割音频素材，并为素材添加"延迟"效果制作声音延迟的音频。

操作步骤

01 打开"延迟效果.prproj"素材文件。在"项目"面板空白处双击，选择所需的"01.mp3"音频文件，最后单击"打开"按钮，将其进行导入，如图9-47所示。

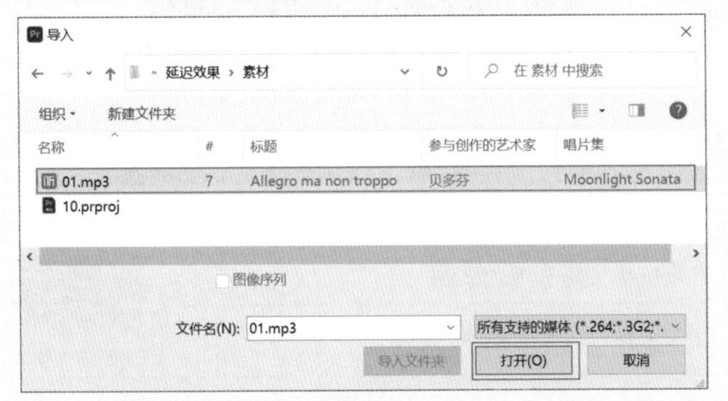

图9-47

02 选择"项目"面板中的"01.mp3"音频文件，并按住鼠标左键将其拖曳到A1轨道上，如图9-48所示。

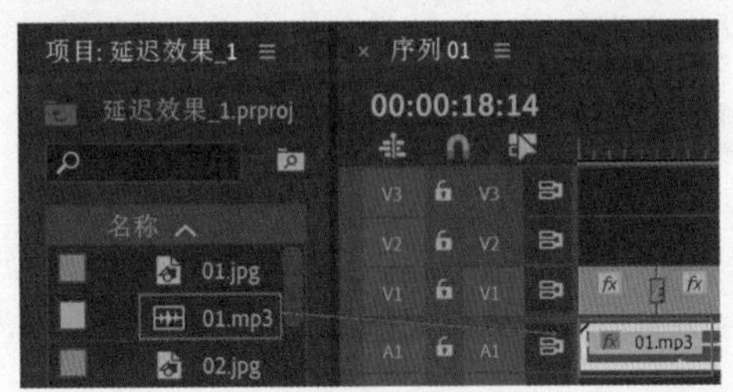

图9-48

03 在"工具"面板中选择（剃刀工具），在"01.mp3"音频文件20秒的位置，单击切割音频文件，如图9-49所示。

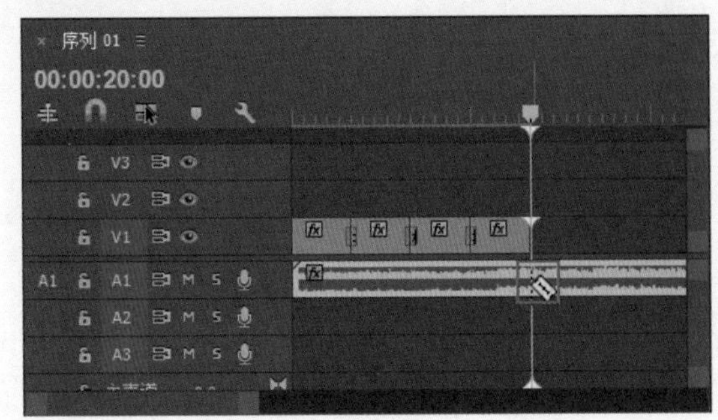

图9-49

04 选择后半部分的"01.mp3"音频文件，按Delete键删除，如图9-50所示。

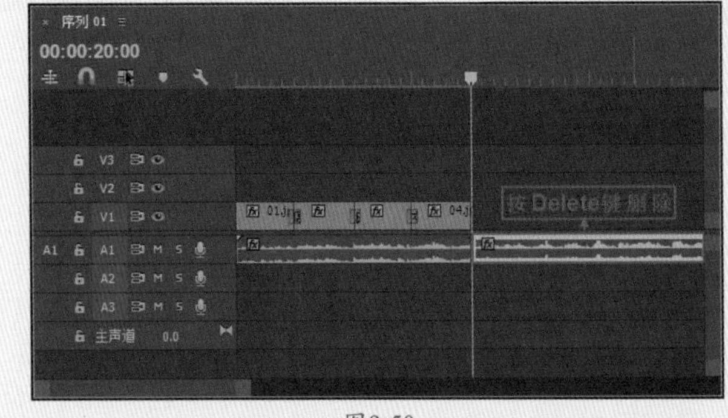

图9-50

05 在"效果"面板中搜索"延迟"音频效果，并按住鼠标左键将其拖曳到A1轨道上的"01.mp3"音频文件上，如图9-51所示。

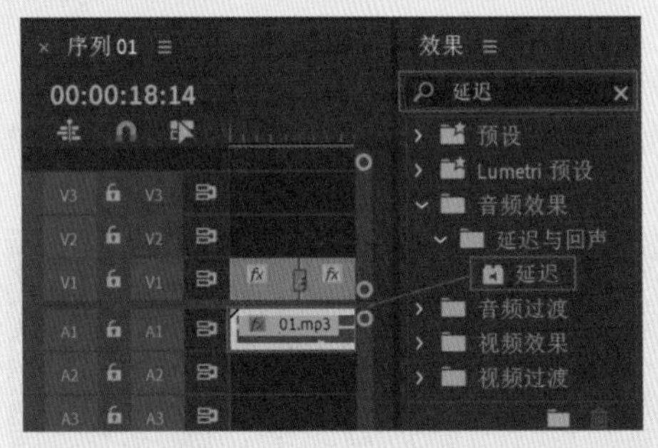

图9-51

06 选择A1轨道上的"01.mp3"音频文件，在"效果控件"面板中展开"延迟"效果，设置"反馈"为30.0%、"混合"为90.0%，如图9-52所示。此时再播放就会听到音频的延迟效果。

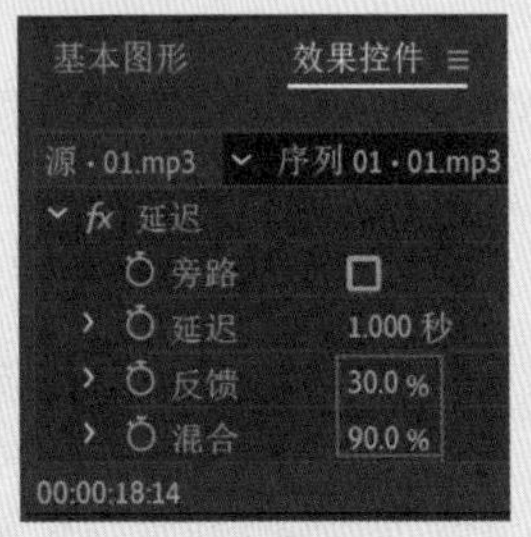

图9-52

实例185 室内音效效果

文件路径	第9章\室内音效效果
难易指数	★★★★★
技术掌握	"基本声音"面板

扫码深度学习

操作思路

本实例讲解了在Premiere Pro中通过拖曳设置音频的时长，并使用"基本声音"面板设置室内播放效果。

操作步骤

01 打开“室内音效效果.prproj”素材文件。在“项目”面板空白处双击，选择所需的“1.mp3”音频文件，最后单击“打开”按钮，将其进行导入，如图9-53所示。

图9-53

02 选择“项目”面板中的“1.mp3”音频文件，并按住鼠标左键将其拖曳到A1轨道上，并设置音频的结束时间为27秒22帧，如图9-54所示。

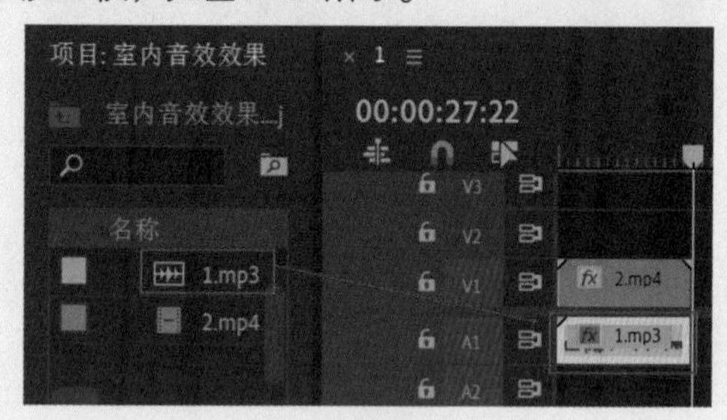

图9-54

03 接着在“基本声音”面板中单击“环境”按钮，如图9-55所示。

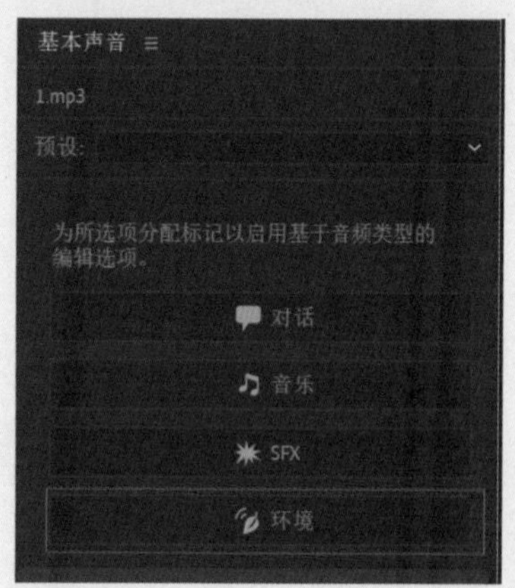

图9-55

04 在“基本声音”面板中设置“预设”为“房间环境”，设置“数量”为6.0，在“剪辑音量”中勾选“级别”复选框，设置为“-10.0分贝”，如图9-56所示。此时播放就能听见音频在室内播放的效果。

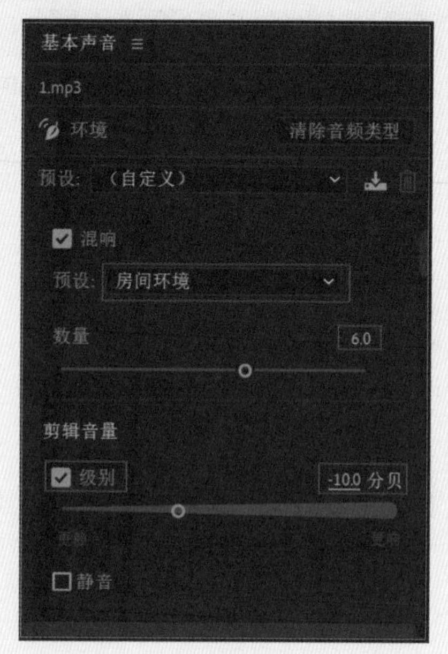

图9-56

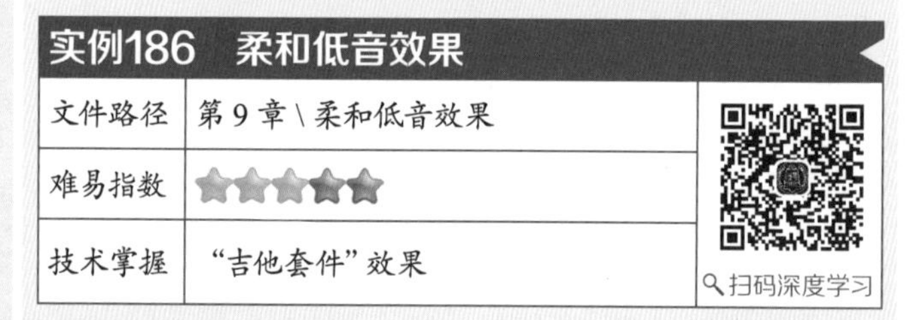

实例186 柔和低音效果

文件路径	第9章\柔和低音效果
难易指数	★★★★★
技术掌握	“吉他套件”效果

扫码深度学习

操作思路

本实例讲解了在Premiere Pro中通过拖曳设置音频的时长，并使用“吉他套件”效果制作柔和音效效果。

操作步骤

01 打开“柔和低音.prproj”素材文件。在“项目”面板空白处双击，选择所需的“01.mp3”音频文件，最后单击“打开”按钮，将其进行导入，如图9-57所示。

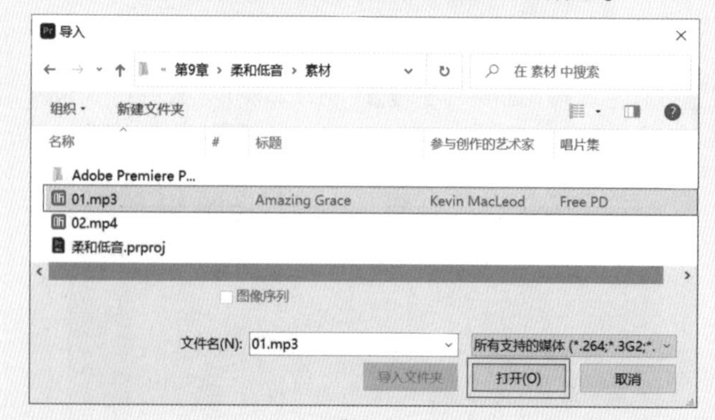

图9-57

02 选择“项目”面板中的“01.mp3”音频文件，并按住鼠标左键将其拖曳到A1轨道上，如图9-58所示。

图9-58

03 接着设置“01.mp3”素材文件的结束时间为14秒23帧，如图9-59所示。

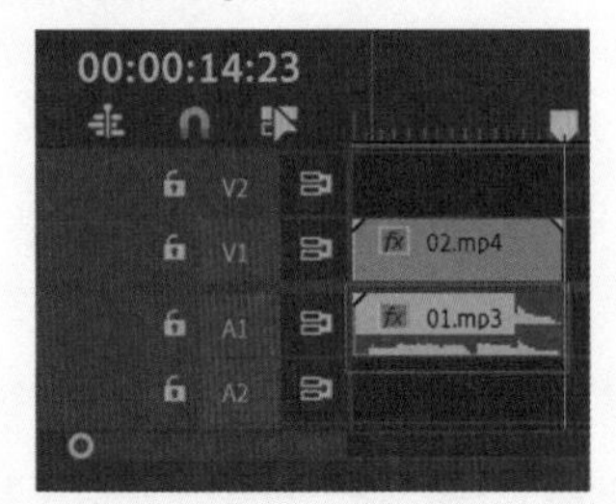

图9-59

04 在“效果”面板中搜索“吉他套件”效果，按住鼠标左键将该效果拖曳到“01.mp3”素材文件上，如图9-60所示。

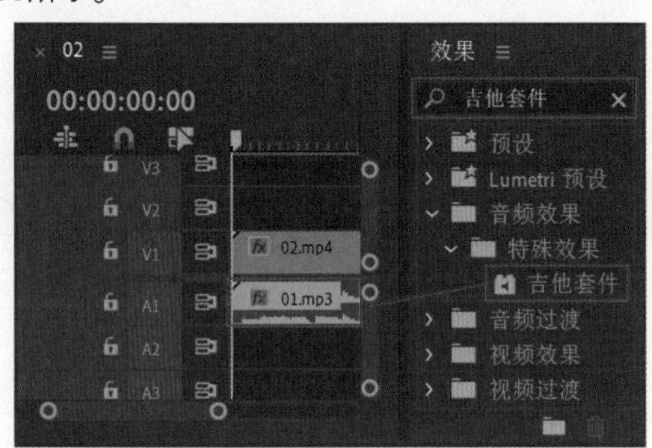

图9-60

05 在“时间轴”面板中选择A1轨道上的“01.mp3”素材文件，在“效果控件”面板中展开“吉他套件”效果，单击“自定义设置”后面的“编辑”按钮，如图9-61所示。

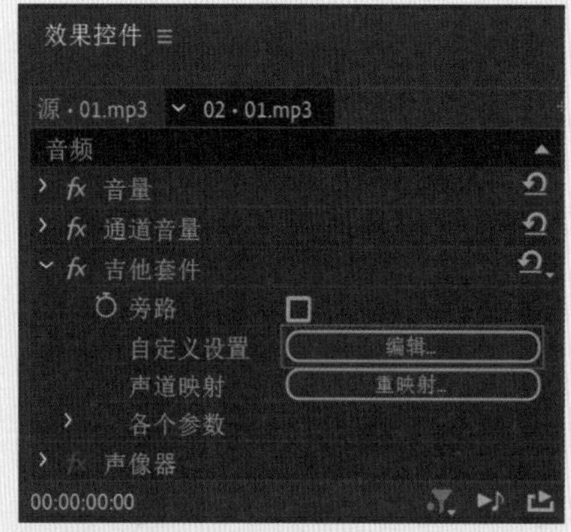

图9-61

06 在弹出的“剪辑效果编辑器”对话框中，设置“预设”为Mix-n-Mojo，如图9-62所示。此时音频文件会变得更加柔和。

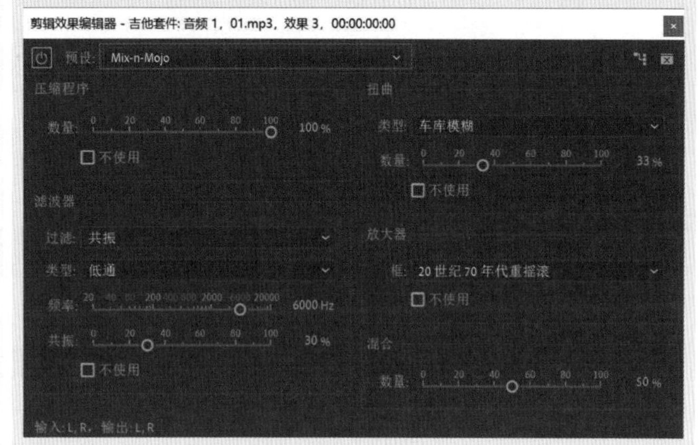

图9-62

第10章 常用效果综合应用

本章概述

在 Premiere Pro中可以为素材添加多种效果，如视频效果、音频效果、调色效果、抠像效果等，从而制作出效果丰富的作品。

本章重点

- 常用效果中关键帧动画的应用
- 常用效果的应用
- 作品合成的技巧

实例187 叠加相框效果

文件路径	第 10 章 \ 叠加相框效果
难易指数	★★★★★
技术掌握	● “边角定位”效果 ● 关键帧动画

扫码深度学习

操作思路

本实例讲解在Premiere Pro中为位置、缩放属性设置关键帧动画，并为素材添加“边角定位”效果，将素材四角定位到画框的四个角。

操作步骤

01 在菜单栏中执行“文件”|“新建”|“项目”命令或使用快捷键Ctrl+Alt+N，在弹出的“新建项目”对话框中设置合适的文件名称，单击“位置”右侧的“浏览”按钮，弹出“项目位置”对话框，单击“选择文件夹”按钮，为项目选择合适的路径文件夹。在“新建项目”对话框中单击“创建”按钮，如图10-1所示。

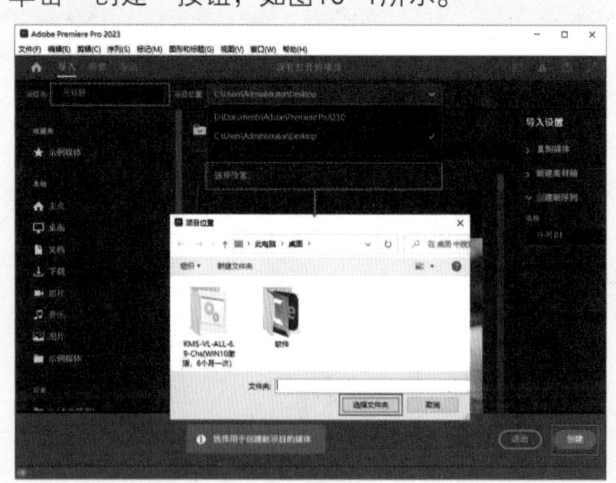

图10-1

02 在“项目”面板空白处单击鼠标右键，在弹出的快捷菜单中执行“新建项目”|“序列”命令。接着在弹出的“新建序列”对话框中选择DV-PAL文件夹下的“标准48kHz”，如图10-2所示。

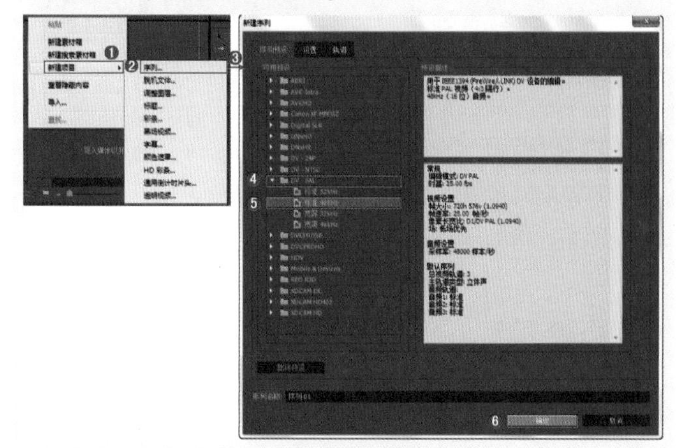

图10-2

03 在“项目”面板空白处双击，选择所需的“01.png”“02.png”“03.jpg”~“06.jpg”和“背景.jpg”素材文件，最后单击“打开”按钮，将它们进行导入，如图10-3所示。

图10-3

04 选择“项目”面板中的所有素材文件，并按住鼠标左键将它们拖曳到轨道上，如图10-4所示。

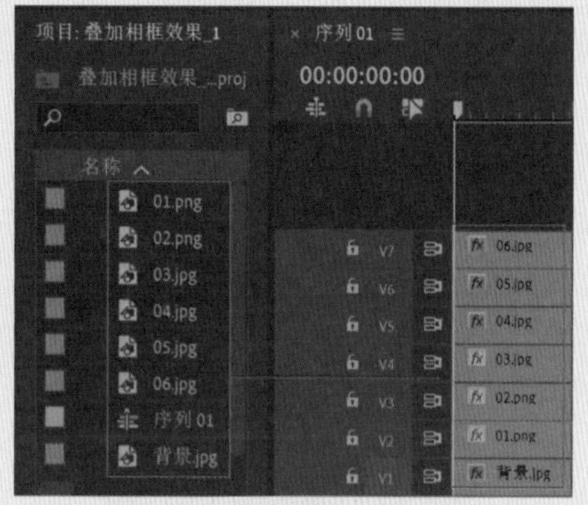

图10-4

05 选择V2轨道上的“01.png”素材文件，在“效果控件”面板中展开“运动”效果，设置“位置”为(360.0,323.0)、“缩放”为78.0，如图10-5所示。

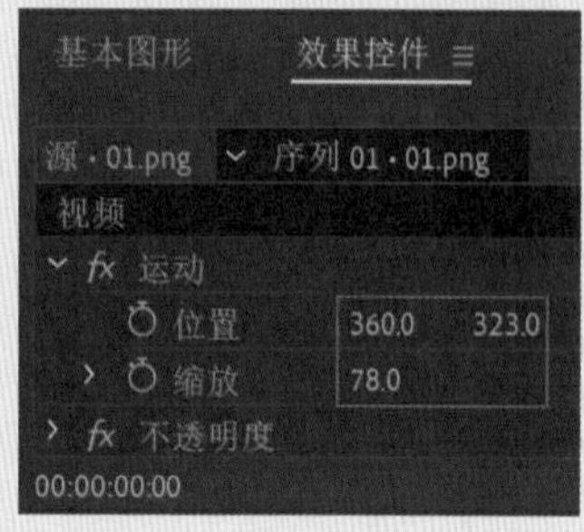

图10-5

06 选择V3轨道上的“02.png”素材文件，在“效果控件”面板中展开“运动”效果，设置“位置”为(360.0,343.0)、“缩放”为77.0，如图10-6所示。

07 选择V4轨道上的“03.jpg”素材文件，在“效果控件”面板中展开“运动”效果，设置“位置”为(4.0,188.0)、“缩放”为14.0，如图10-7所示。

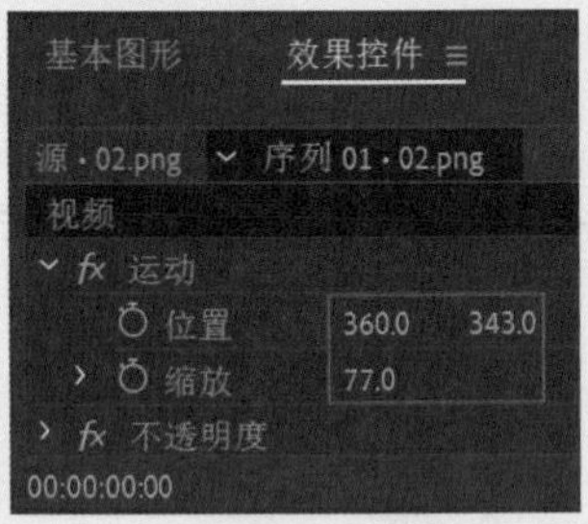

图10-6 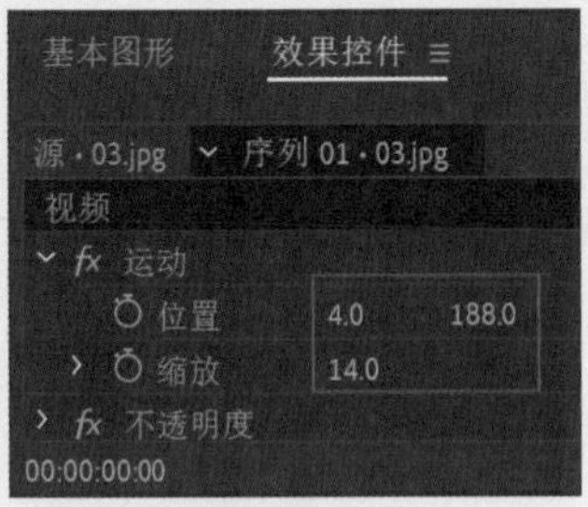　　图10-7

08 在“效果”面板中搜索“边角定位”效果，并按住鼠标左键将其分别拖曳到“04.jpg”～“06.jpg”素材文件上，如图10-8所示。

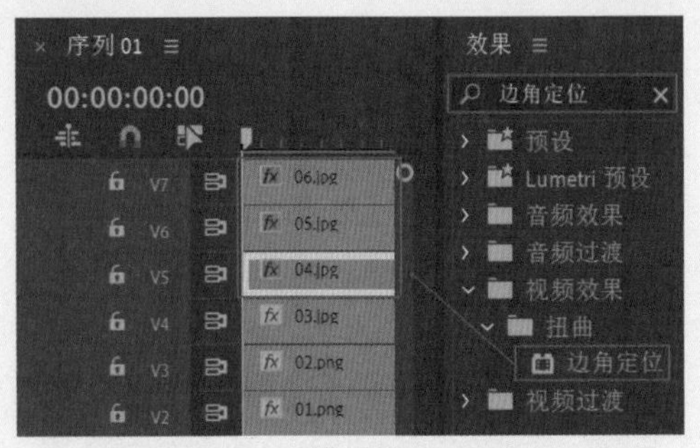

图10-8

09 选择V5轨道上的“04.jpg”素材文件，在“效果控件”面板中设置“位置”为（162.0,221.0）、“缩放”为6.0；再展开“边角定位”效果，设置“右上”为（975.0,0.0）、“右下”为（975.0,900.0），如图10-9所示。

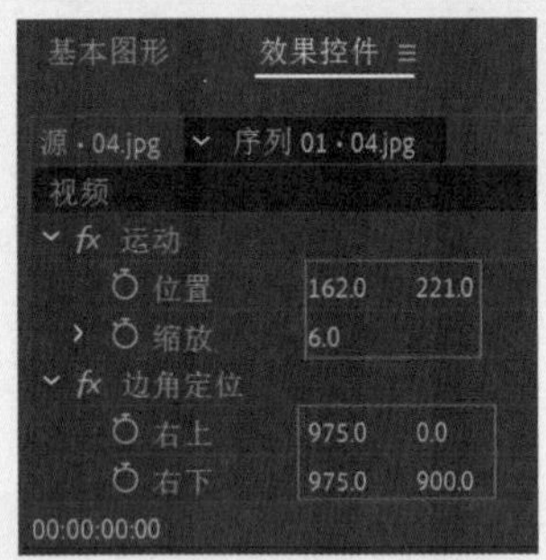

图10-9

> **提示　在“节目监视器”面板中调节素材**
>
> 在“节目监视器”面板中双击素材文件，便会显现出矩形框，可以更便捷地调整素材文件的大小，如图10-10所示。
>
> 
>
> 图10-10

10 选择V6轨道上的“05.jpg”素材文件，在“效果控件”面板中设置“位置”为（225.0,282.0）、“缩放”为11.6；再展开“边角定位”效果，设置“左上”为（571.0,0.0）、“左下”为（574.0,900.0），如图10-11所示。

11 选择V7轨道上的“06.jpg”素材文件，在“效果控件”面板中设置“位置”为（281.0,439.0）、“缩放”为12.6；再展开“边角定位”效果，设置“右上”为（956.0,0.0）、“右下”为（956.0,900.0），如图10-12所示。

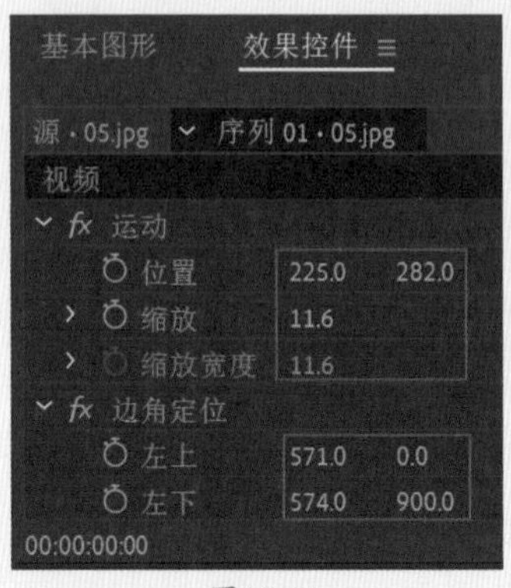

图10-11 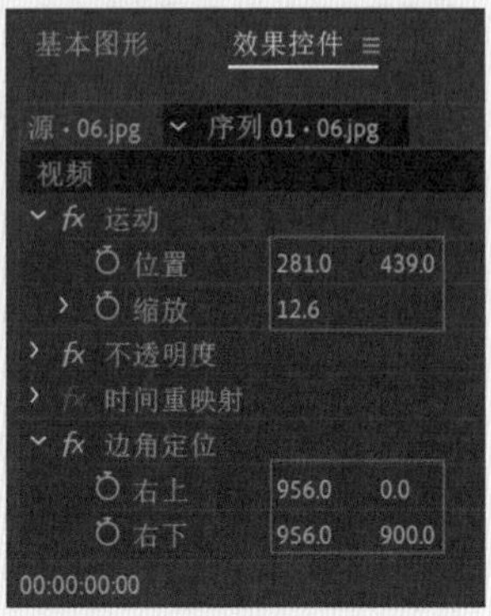　　图10-12

12 拖动时间滑块查看效果，如图10-13所示。

图10-13

实例188　动画综合效果

文件路径	第10章\动画综合效果
难易指数	★★★★★
技术掌握	● “颜色平衡”效果　● 关键帧动画

扫码深度学习

操作思路

本实例讲解在Premiere Pro中为缩放、位置、不透明度属性设置关键帧动画，并为素材添加“颜色平衡”效果调整颜色。

操作步骤

01 在菜单栏中执行“文件”|“新建”|“项目”命令或使用快捷键Ctrl+Alt+N，在弹出的“新建项目”对话框中设置合适的文件名称，单击“位置”右侧的“浏览”

按钮，弹出“项目位置”对话框，单击“选择文件夹”按钮，为项目选择合适的路径文件夹。在“新建项目”对话框中单击“创建”按钮，如图10-14所示。

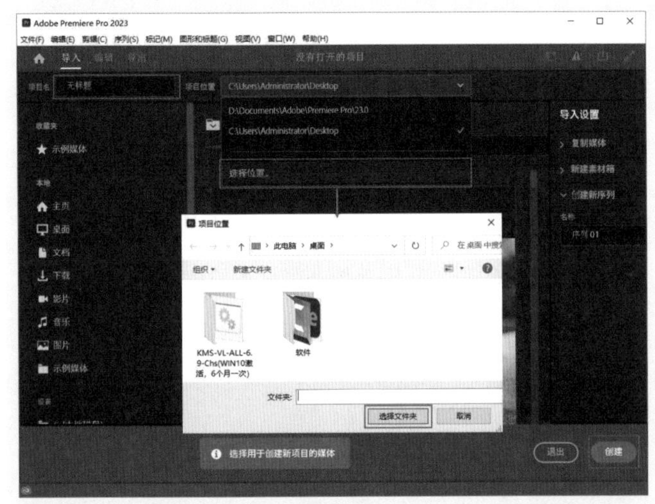

图10-14

02 在“项目”面板空白处单击鼠标右键，在弹出的快捷菜单中执行“新建项目”|“序列”命令。接着在弹出的“新建序列”对话框中选择DV-PAL文件夹下的“标准48kHz”，如图10-15所示。

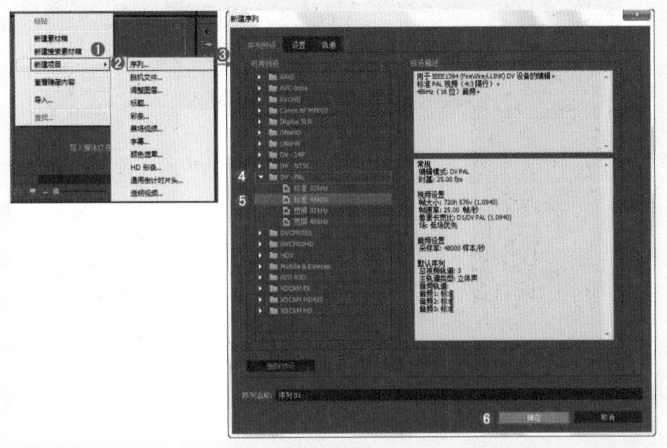

图10-15

03 在“项目”面板空白处双击，选择所需的“01.png”~“03.png”和“背景.png”素材文件，最后单击“打开”按钮，将它们进行导入，如图10-16所示。

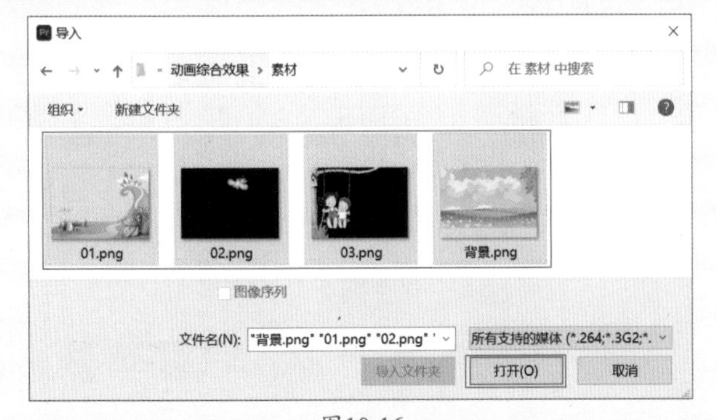

图10-16

04 选择“项目”面板中的所有素材文件，并按住鼠标左键将它们分别拖曳到轨道上，如图10-17所示。

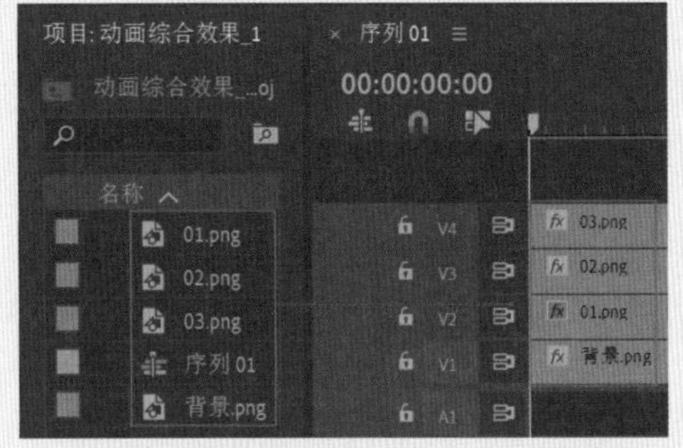

图10-17

05 分别选择轨道上的素材文件，在“效果控件”面板中展开“运动”效果，并均设置“缩放”为69.0，如图10-18所示。

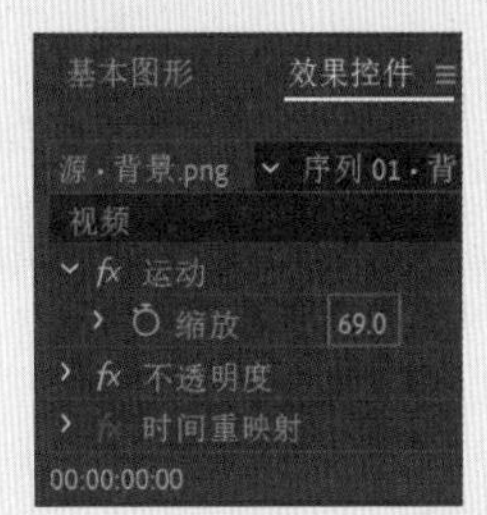

图10-18

06 在“效果”面板中搜索“颜色平衡”效果，并按住鼠标左键将其拖曳到“01.png”素材文件上，如图10-19所示。

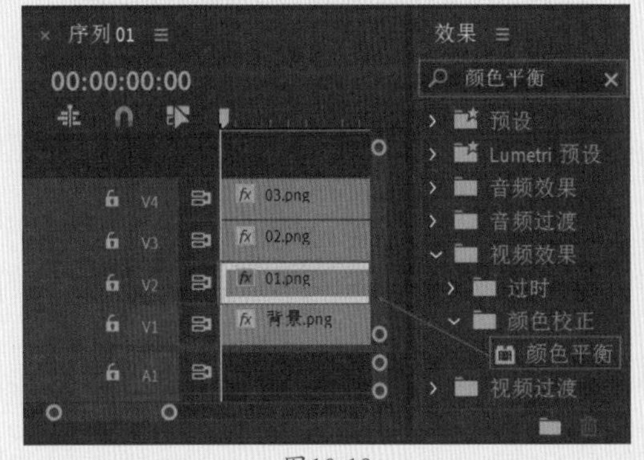

图10-19

07 选择V2轨道上的“01.png”素材文件，在“效果控件”面板中展开“颜色平衡”效果，并设置“阴影红色平衡”为50.0、“阴影绿色平衡”为-15.0、“阴影蓝色平衡”为5.0、“高光蓝色平衡”为-100.0，如图10-20所示。

08 选择V3轨道上的“02.png”素材文件，将时间滑块拖动到1秒的位置，在“效果控件”面板中单击“位置”和“不透明度”前面的⏱，创建关键帧，并设置“位置”为（398.0,109.0）、“不透明度”为0.0%，如图10-21所示；将时间滑块拖动到2秒05帧的位置，设置“位置”为（339.0,308.0）、“不透明度”为100.0%。

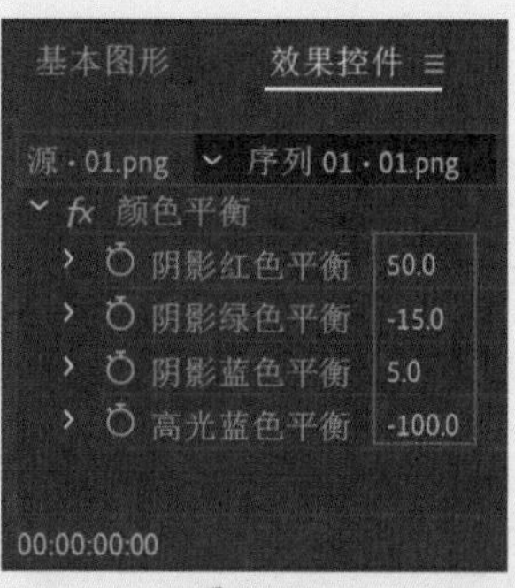

图10-20

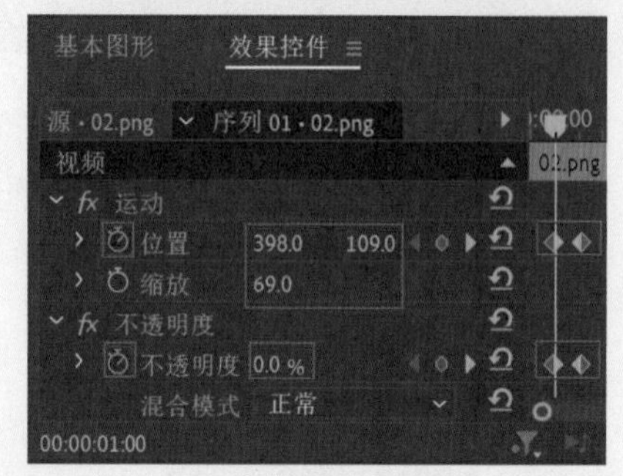

图10-21

09 选择V4轨道上的“03.png”素材文件，将时间滑块拖动到2秒05帧的位置，在“效果控件”面板中单击“位置”前面的，创建关键帧，并设置“位置”为（–151.0,288.0），如图10–22所示；将时间滑块拖动到3秒10帧的位置，设置“位置”为（360.0,288.0）、“不透明度”为100.0%。

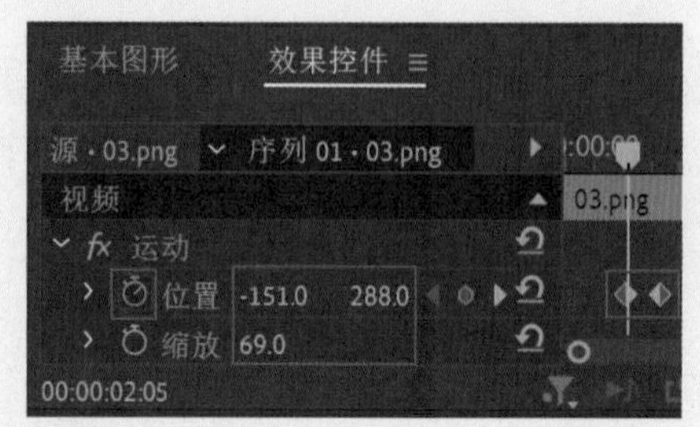

图10-22

10 拖动时间滑块查看效果，如图10–23所示。

图10-23

实例189 服装宣传广告——背景动画效果

文件路径	第10章\服装宣传广告
难易指数	★★★★★
技术掌握	● “超级键”效果 ● 关键帧动画

扫码深度学习

操作思路

本实例讲解在Premiere Pro中为人像素材添加“超级键”效果，并抠除背景。同时为素材的位置、不透明度属性添加关键帧动画，制作背景动画效果。

操作步骤

01 在菜单栏中执行“文件”|“新建”|“项目”命令或使用快捷键Ctrl+Alt+N，在弹出的“新建项目”对话框中设置合适的文件名称，单击“位置”右侧的“浏览”按钮，弹出“项目位置”对话框，单击“选择文件夹”按钮，为项目选择合适的路径文件夹。在“新建项目”对话框中单击“创建”按钮，如图10–24所示。

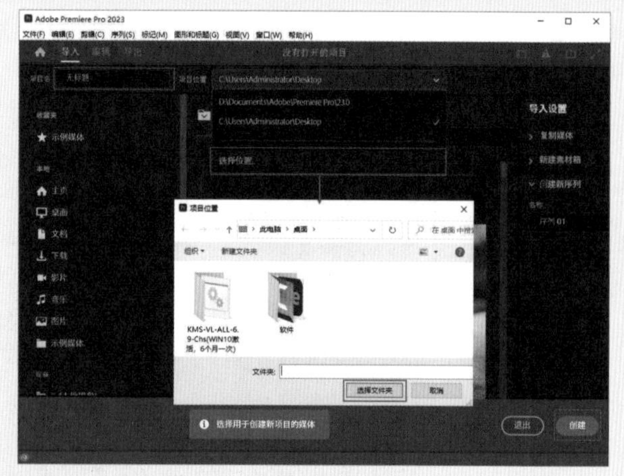

图10-24

02 在“项目”面板空白处双击，选择所需的“01.png”～“10.png”和“背景.jpg”素材文件，最后单击“打开”按钮，将它们进行导入，如图10–25所示。

图10-25

03 将“项目”面板中的素材依次拖动到“时间轴”面板中相应轨道上，并设置结束时间为6秒，为了便于操作隐藏V3~V11轨道，如图10-26所示。

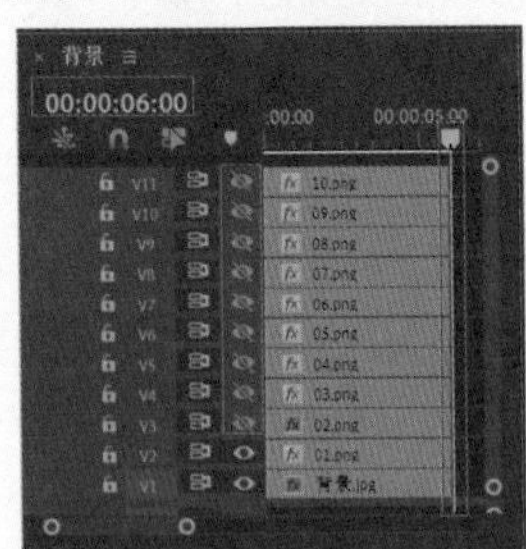

图10-26

04 选择V2轨道上的“01.png”素材文件，将时间滑块拖动到初始位置，在“效果控件”面板中单击“位置”前面的■，创建关键帧，并设置“位置”为（712.0,288.0）；将时间滑块拖动到15帧的位置，设置“位置”为（712.0,589.0），查看效果如图10-27所示。

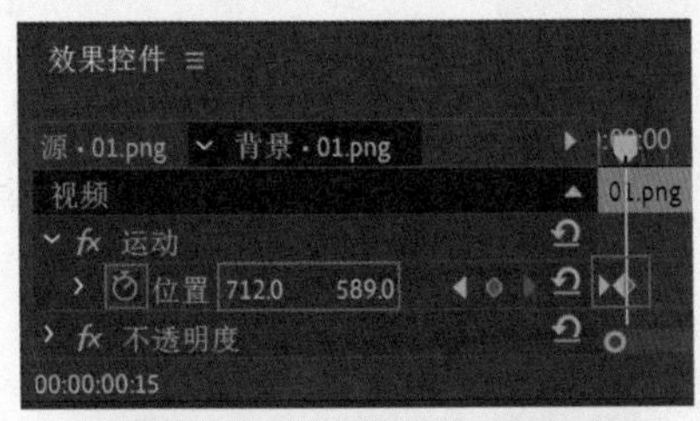

图10-27

05 在“效果”面板中搜索“超级键”效果，并按住鼠标左键将其拖曳到“02.png”素材文件上，如图10-28所示。

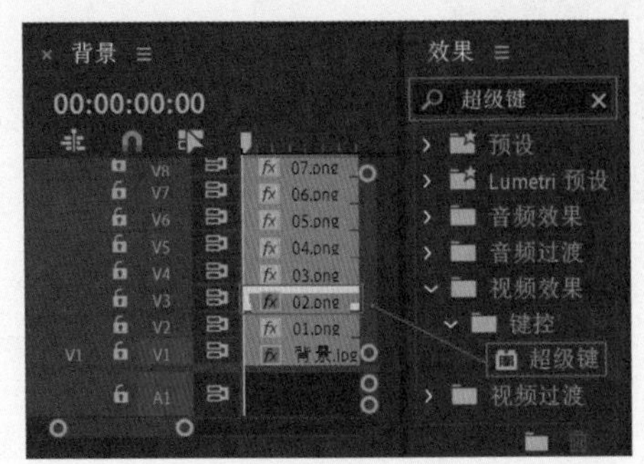

图10-28

06 选择V3轨道上的“02.png”素材文件，在“效果控件”面板中，展开“运动”效果，设置“位置”为（1147.1,319.2）、“缩放”为50.0。展开“超级键”效果，设置为“强效”，单击“主要颜色”后面的吸管工具，并在“节目监视器”面板中吸取绿色，接着展开“遮罩生成”，设置“透明度”为40.0、“阴影”为55.0、“容差”为90.0、“基值”为50.0，接着展开“遮罩清除”，设置“抑制”为10.0、“柔化”为10.0、“对比度”为10.0，接着展开“溢出抑制”，设置“降低饱和度”为50.0。如图10-29所示。

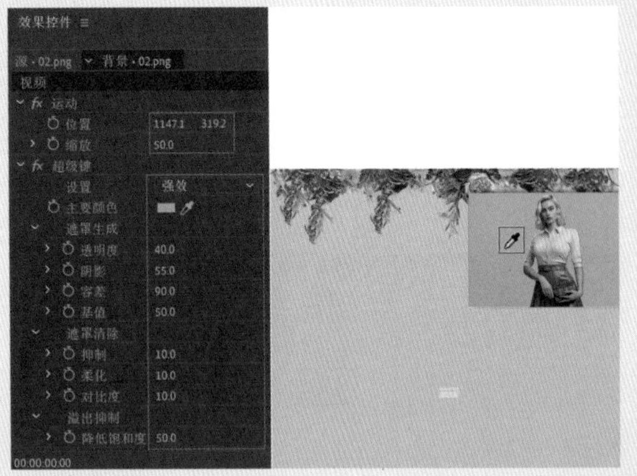

图10-29

07 选择V3轨道上的“02.png”素材文件，在“效果控件”面板中展开“不透明度”效果，单击“4点多边形蒙版”按钮■，勾选“已反转”复选框，接着在“节目监视器”面板中设置合适的蒙版大小与位置。将时间滑块拖动到15帧的位置，设置“不透明度”为0.0%；将时间滑块拖动到1秒10帧的位置，设置“不透明度”为100.0%，如图10-30所示。

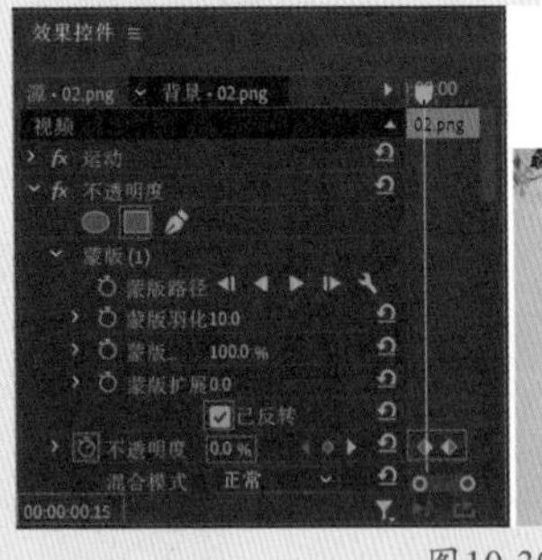

图10-30

08 在“效果”面板中搜索“投影”效果，并按住鼠标左键将其拖曳到“02.png”素材文件上，如图10-31所示。

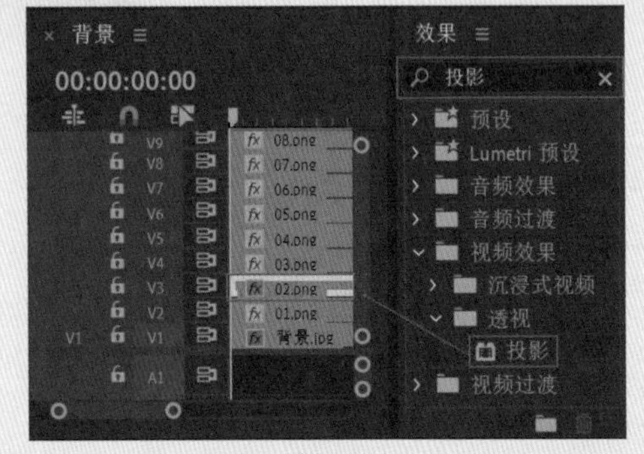

图10-31

09 选择V3轨道上的“02.png”素材文件，在“效果控件”面板中展开“投影”效果，设置“方向”为77.0°、“距离”为45.0、“柔和度”为91.0，如图10-32所示。

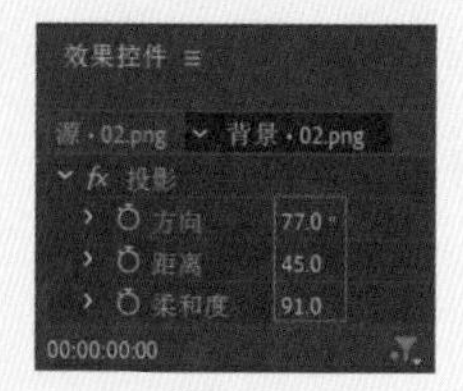

图10-32

10 查看效果如图10-33所示。

图10-33

实例190 服装宣传广告——版式动画

文件路径	第 10 章 \ 服装宣传广告
难易指数	★★★★★
技术掌握	关键帧动画

扫码深度学习

操作思路

本实例讲解在Premiere Pro中为缩放、不透明度、位置属性设置关键帧动画。

操作步骤

01 选择V4轨道上的“03.png”素材文件，将时间滑块拖动到1秒10帧的位置，在“效果控件”面板中单击“缩放”前面的◎，创建关键帧，并设置“缩放”为0.0；将时间滑块拖动到2秒的位置，设置“位置”为（727.8,879.1）、“缩放”为100.0、“锚点”为（727.8,879.1），如图10-34所示。查看效果如图10-35所示。

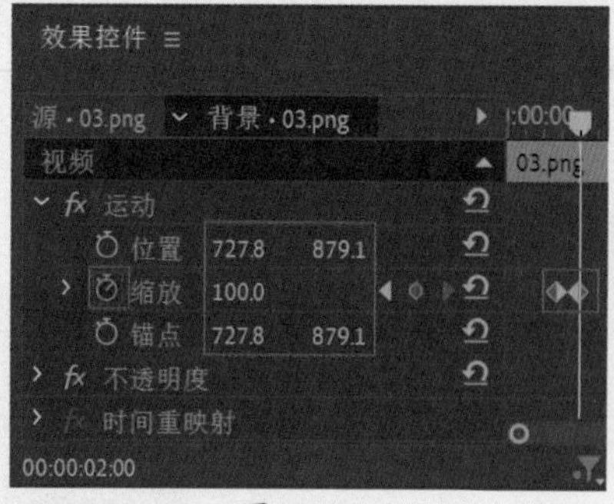

图10-34

图10-35

02 选择V5轨道上的“04.png”素材文件，将时间滑块拖动到2秒的位置，在“效果控件”面板中单击“不透明度”前面的◎，创建关键帧，设置“不透明度”为0.0%；将时间滑块拖动到2秒10帧的位置，设置“不透明度”为100.0%，如图10-36所示。查看效果如图10-37所示。

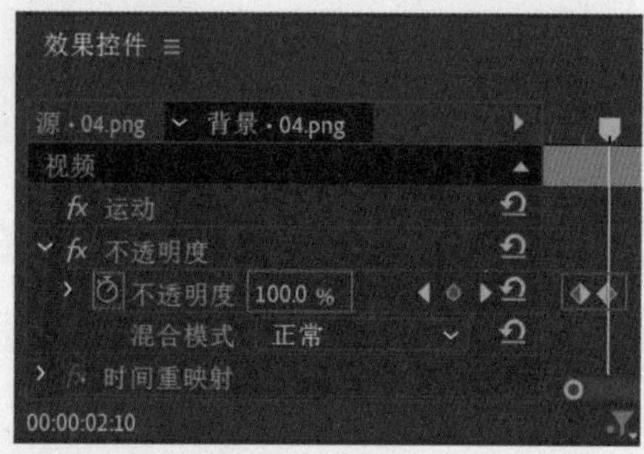

图10-36

图10-37

03 选择V6轨道上的“05.png”素材文件，将时间滑块拖动到2秒10帧的位置，在“效果控件”面板中单击“缩放”前面的◎，创建关键帧，并设置“缩放”为0.0，设置“位置”为（386.8,963.5），“锚点”为（386.8,963.5），如图10-38所示；将时间滑块拖动到3秒的位置，设置“缩放”为100.0。查看效果如图10-39所示。

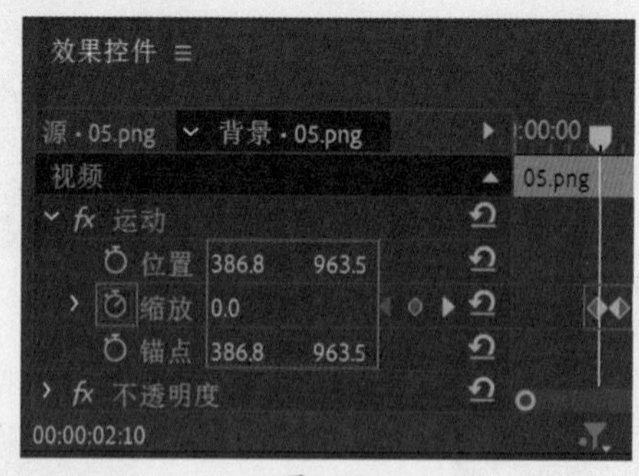

图10-38

图10-39

04 选择V7轨道上的“06.png”素材文件，将时间滑块拖动到3秒的位置，在“效果控件”面板中单击“缩放”前面的◎，创建关键帧，并设置“缩放”为0.0；将时间滑块拖动到3秒15帧的位置，设置“缩放”为100.0，设置“位置”为（784.1,917.8）、“锚点”为（784.1,917.8），如图10-40所示。查看效果如图10-41所示。

05 选择V8轨道上的“07.png”素材文件，将时间滑块拖动到3秒15帧的位置，在“效果控件”面板中单击“不透明度”前面的◎，创建关键帧，设置“不透明度”为0.0%；将时间滑块拖动到4秒的位置，设置“不透明度”为

100.0%，如图10-42所示。查看效果如图10-43所示。

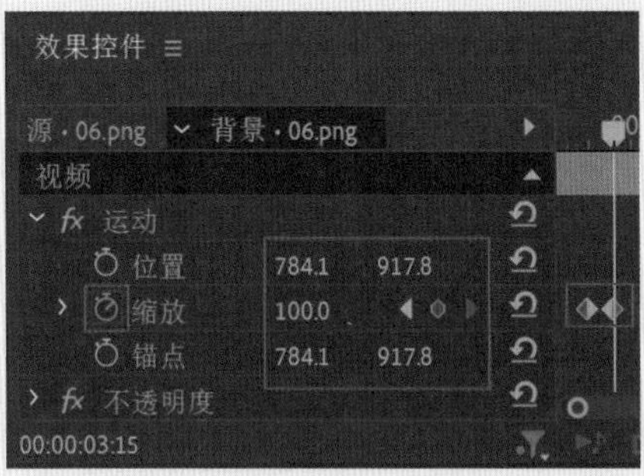

图10-40

图10-41

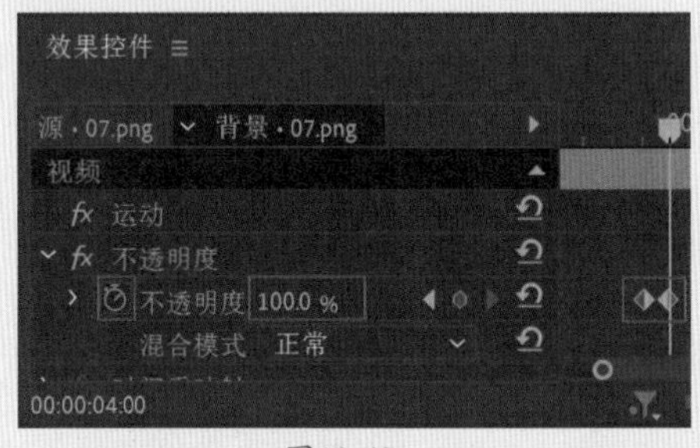

图10-42

图10-43

06 选择V9轨道上的“08.png”素材文件，将时间滑块拖动到4秒的位置，在“效果控件”面板中单击“不透明度”前面的◙，创建关键帧，设置“不透明度”为0.0%；将时间滑块拖动到4秒15帧的位置，设置“不透明度”为100.0%，如图10-44所示。查看效果如图10-45所示。

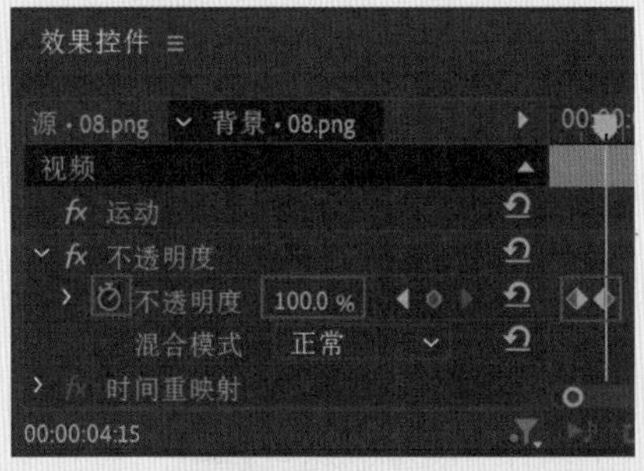

图10-44

图10-45

07 选择V10轨道上的“09.png”素材文件，将时间滑块拖动到4秒15帧的位置，在“效果控件”面板中单击“位置”前面的◙，创建关键帧，并设置“位置”为（712.0,1191.0）；将时间滑块拖动到5秒05帧的位置，设置“位置”为（712.0,589.0），如图10-46所示。查看效果如图10-47所示。

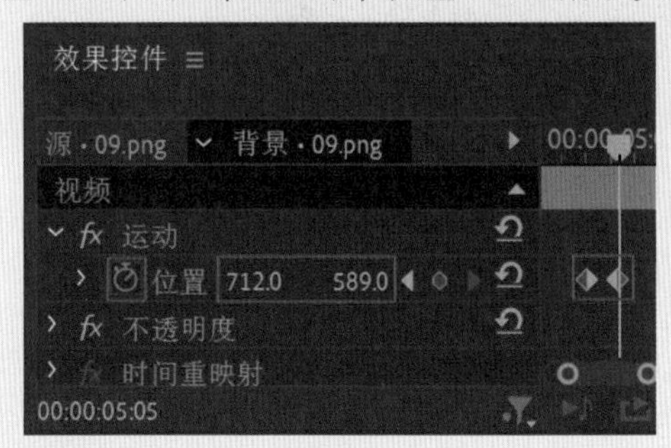

图10-46

图10-47

08 选择V11轨道上的“10.png”素材文件，将时间滑块拖动到5秒05帧的位置，在“效果控件”面板中单击“位置”前面的◙，创建关键帧，并设置“位置”为（233.0,589.0），如图10-48所示；将时间滑块拖动到5秒20帧的位置，设置“位置”为（712.0,589.0）。查看效果如图10-49所示。

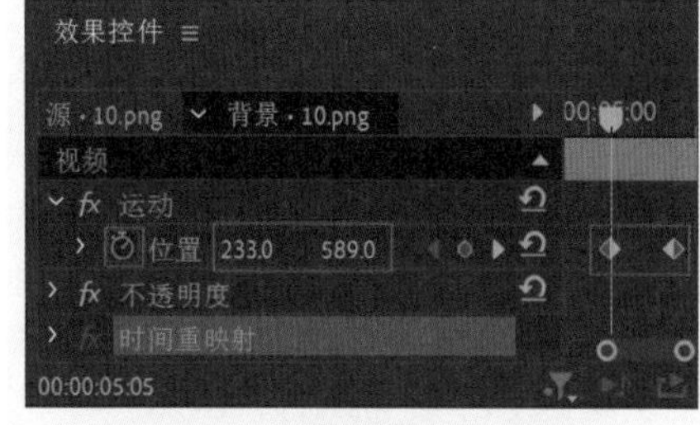

图10-48

图10-49

09 拖动时间滑块查看效果，如图10-50所示。

图10-50

实例191 蝴蝶动画效果

文件路径	第10章\蝴蝶动画效果
难易指数	★★★★★
技术掌握	● “颜色平衡”效果 ● Brightness & Contrast效果 ● 关键帧动画

扫码深度学习

操作思路

本实例讲解在Premiere Pro中为缩放、旋转、位置、不透明度属性设置关键帧动画，并为素材添加“颜色平衡”效果、Brightness & Contrast效果，调整画面色彩。

操作步骤

01 在菜单栏中执行“文件”|“新建”|“项目”命令或使用快捷键Ctrl+Alt+N，在弹出的“新建项目”对话框中设置合适的文件名称，单击“位置”右侧的“浏览”按钮，弹出“项目位置”对话框，单击“选择文件夹”按钮，为项目选择合适的路径文件夹。在“新建项目”对话框中单击“创建”按钮，如图10-51所示。

图10-51

02 在“项目”面板空白处双击，选择所需的“01.png”～“04.png”和“背景.jpg”素材文件，最后单击“打开”按钮，将它们进行导入，如图10-52所示。

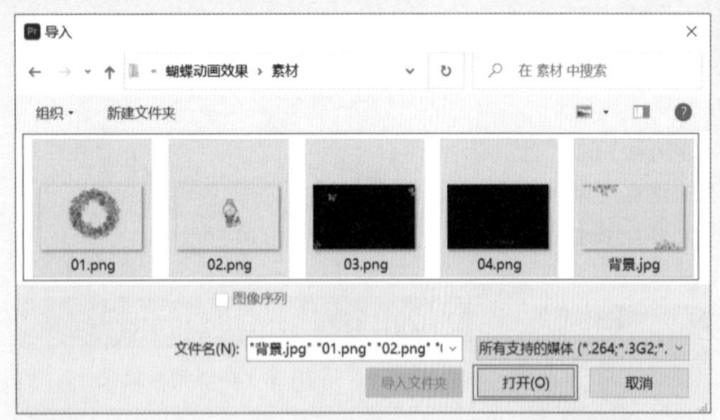

图10-52

03 选择“项目”面板中的所有素材文件，并按住鼠标左键将它们拖曳到轨道上，如图10-53所示。

04 在“效果”面板中搜索“颜色平衡”效果，并按住鼠标左键将其拖曳到“背景.jpg”素材文件上，如图10-54所示。

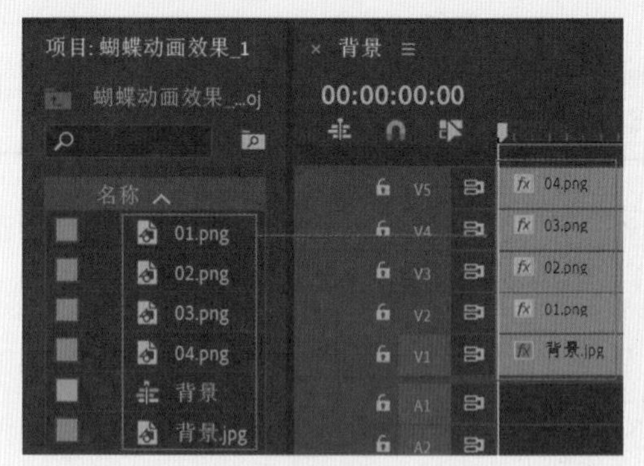

图10-53

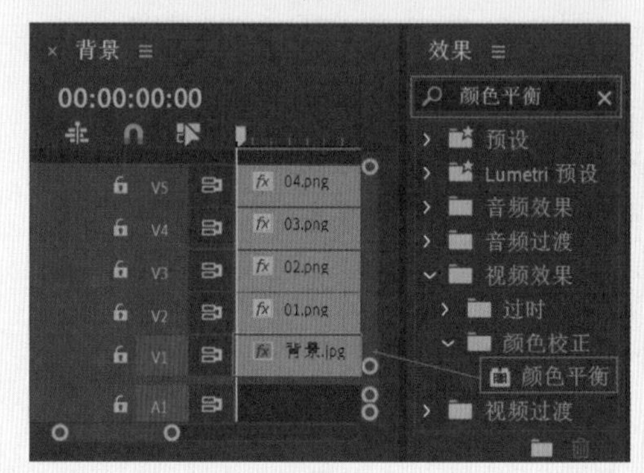

图10-54

05 选择V1轨道上的“背景.jpg”素材文件，在“效果控件”面板中展开“颜色平衡”效果，并设置“阴影红色平衡”为-43.0、“阴影绿色平衡”为-25.0、“阴影蓝色平衡”为9.0、“中间调红色平衡”为22.0、“中间调绿色平衡”为-15.0、“中间调蓝色平衡”为-7.0、“高光红色平衡”为-51.0、“高光绿色平衡”为1.0、“高光蓝色平衡”为-40.0，如图10-55所示。

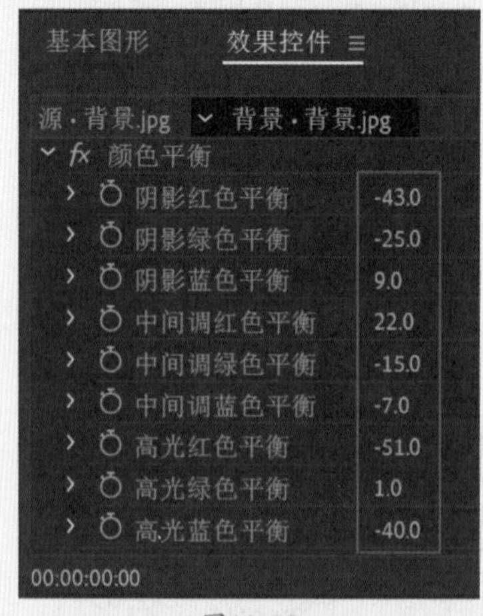

图10-55

06 在“效果”面板中搜索Brightness & Contrast效果，并按住鼠标左键将其拖曳到“背景.jpg”素材文件上，如图10-56所示。

07 选择V1轨道上的“背景.jpg”素材文件，在“效果控件”面板中展开Brightness & Contrast效果，并设置“亮度”为-2.0、“对比度”为-1.0、如图10-57所示。

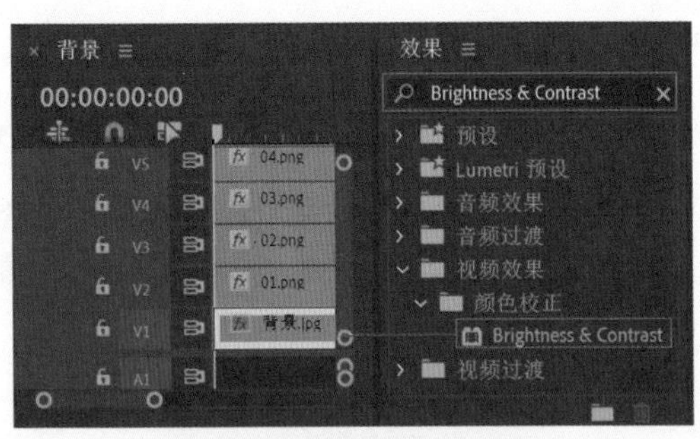

图10-56

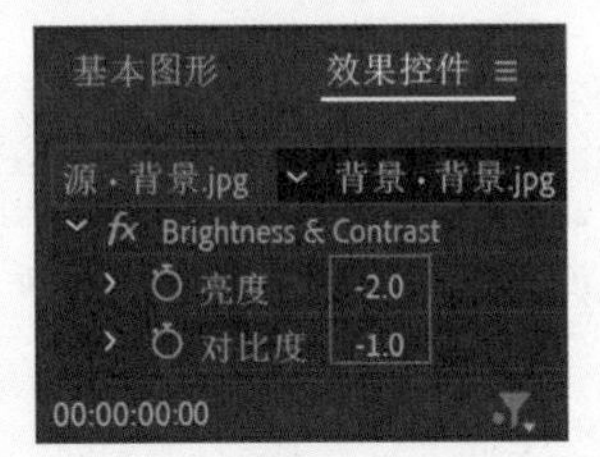

图10-57

08 选择V2轨道上的“01.png”素材文件，将时间滑块拖动到初始位置，在“效果控件”面板中单击“缩放”和“旋转”前面的，创建关键帧，并设置“缩放”为0.0、“旋转”为0.0°，如图10–58所示；将时间滑块拖动到1秒10帧的位置，设置“缩放”为100.0、“旋转”为1x0.0°。

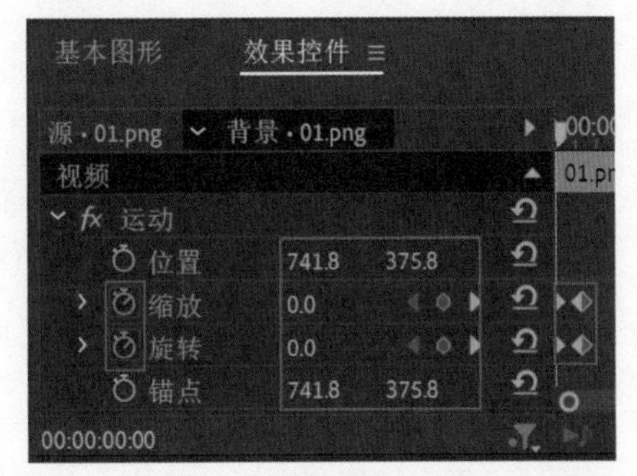

图10-58

09 选择V3轨道上的“02.png”素材文件，将时间滑块拖动到1秒10帧的位置，在“效果控件”面板中单击“不透明度”前面的，创建关键帧，并设置“不透明度”为0.0%，如图10–59所示；将时间滑块拖动到2秒15帧的位置，设置“不透明度”为100.0%。

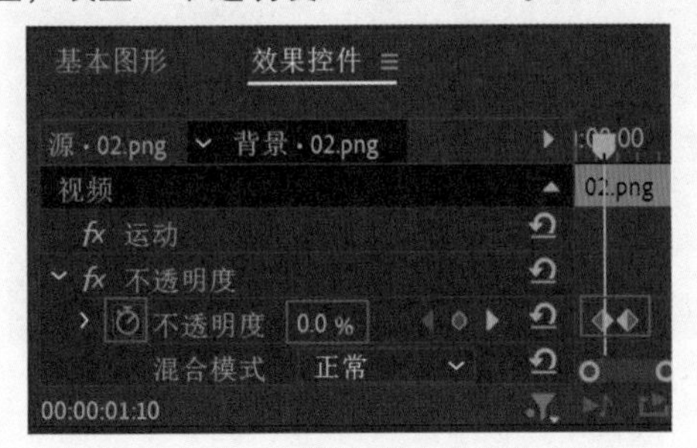

图10-59

10 选择V4轨道上的“03.png”素材文件，将时间滑块拖动到2秒15帧的位置，在“效果控件”面板中单击“不透明度”前面的，创建关键帧，并设置“不透明度”为0.0%，如图10–60所示；将时间滑块拖动到3秒15帧的位置，设置“不透明度”为100.0%。

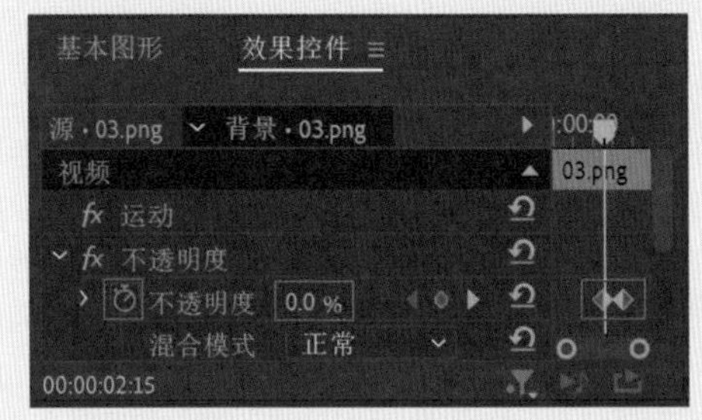

图10-60

11 选择V5轨道上的“04.png”素材文件，将时间滑块拖动到3秒15帧的位置，在“效果控件”面板中单击“位置”前面的，创建关键帧，并设置“位置”为（685.0,517.5），如图10–61所示；将时间滑块拖动到4秒15帧的位置，设置“位置”为（685.0,417.5）。

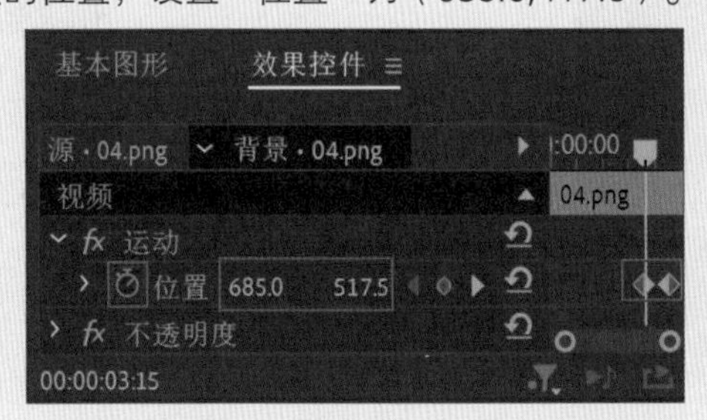

图10-61

12 拖动时间滑块查看效果，如图10–62所示。

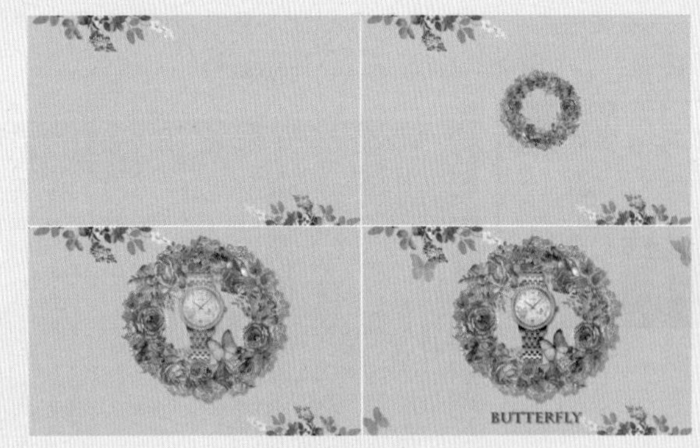

图10-62

实例192　灰色动画海报效果

文件路径	第10章\灰色动画海报效果	扫码深度学习
难易指数	★★★★★	
技术掌握	● “色彩”效果 ● Brightness & Contrast 效果	

操作思路

本实例讲解在Premiere Pro为位置、不透明度属性添加关键帧动画。并为素材添加“色彩”效果、Brightness & Contrast效果，制作灰色动画。

操作步骤

01 在菜单栏中执行“文件”|“新建”|“项目”命令或使用快捷键Ctrl+Alt+N，在弹出的“新建项目”对话框中设置合适的文件名称，单击“位置”右侧的“浏览”按钮，弹出“项目位置”对话框，单击“选择文件夹”按钮，为项目选择合适的路径文件夹。在“新建项目”对话框中单击“创建”按钮，如图10-63所示。

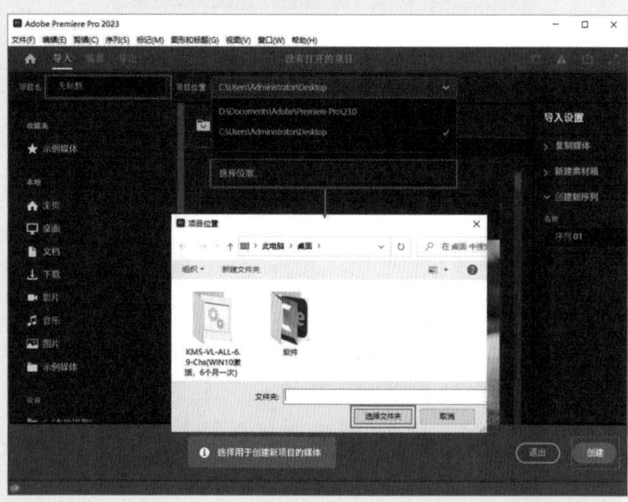

图10-63

02 在“项目”面板空白处单击鼠标右键，在弹出的快捷菜单中执行“新建项目”|“序列”命令。接着在弹出的“新建序列”对话框中选择DV-PAL文件夹下的“标准48kHz”，如图10-64所示。

图10-64

03 在“项目”面板空白处双击，选择所需的“01.png”~“04.png”和“背景.jpg”素材文件，最后单击“打开”按钮，将它们进行导入，如图10-65所示。

04 选择“项目”面板中的所有素材文件，并按住鼠标左键将它们拖曳到轨道上，如图10-66所示。

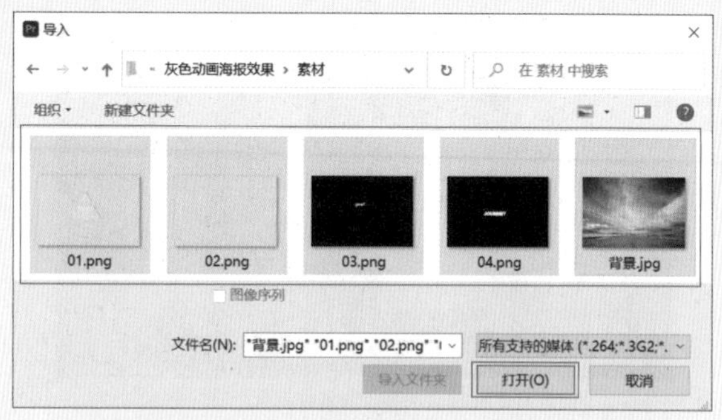

图10-65

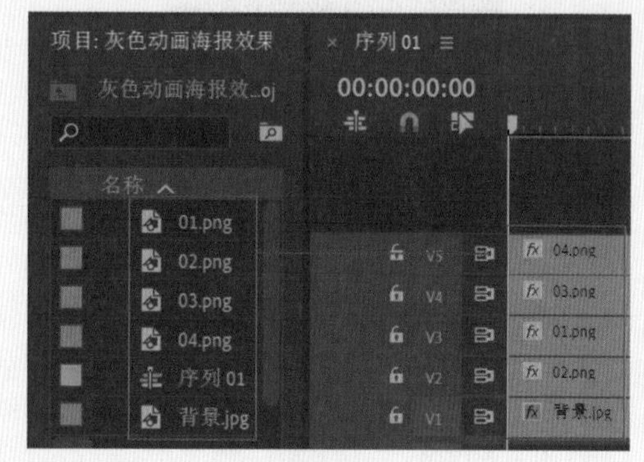

图10-66

05 选择V1轨道上的“背景.jpg”素材文件，在“效果控件”面板中展开“运动”效果，并设置“缩放”为54.0，如图10-67所示。

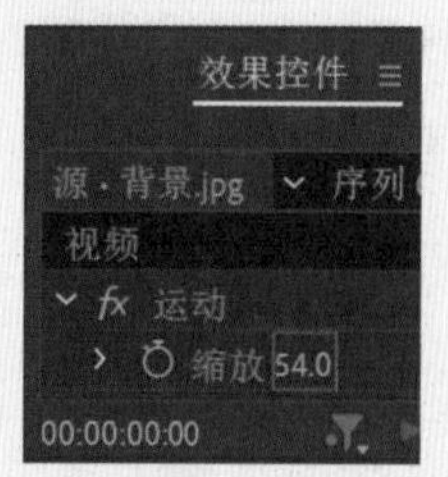

图10-67

06 在“效果”面板中搜索“色彩”效果，并按住鼠标左键将其拖曳到“背景.jpg”素材文件上，如图10-68所示。

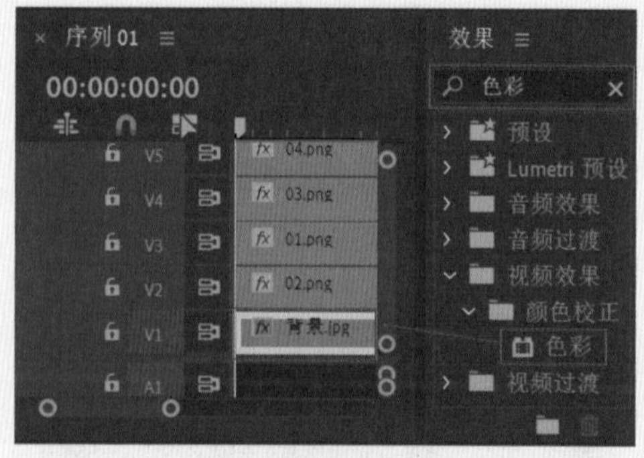

图10-68

07 在“效果”面板中搜索Brightness & Contrast效果，并按住鼠标左键将其拖曳到“背景.jpg”素材文件上，如图10-69所示。

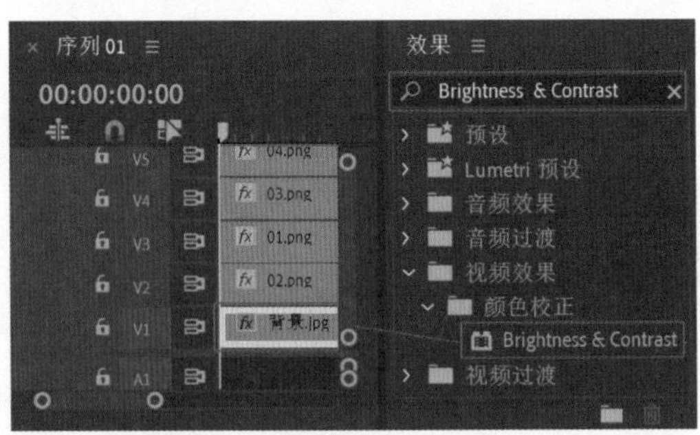

图10-69

08 选择V1轨道上的“背景.jpg”素材文件，在“效果控件”面板中展开Brightness & Contrast效果，并设置“亮度”为-20.0，如图10-70所示。

图10-70

09 选择V2轨道上的“02.png”素材文件，在“效果控件”面板中设置“缩放”为54.0。将时间滑块拖动到初始位置，单击“位置”前面的，创建关键帧，并设置“位置”为（-101.0,288.0），如图10-71所示；将时间滑块拖动到1秒的位置，设置“位置”为（360.0,288.0）。

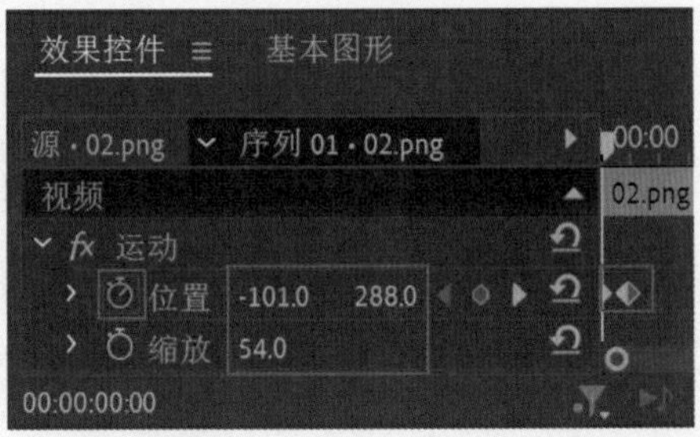

图10-71

10 选择V3轨道上的“01.png”素材文件，在“效果控件”面板中设置“缩放”为54.0。将时间滑块拖动到1秒的位置，单击“位置”前面的，创建关键帧，并设置“位置”为（851.0,288.0）、“缩放”为54.0，如图10-72所示；将间滑块拖动到2秒的位置，设置“位置”为（360.0,288.0）。

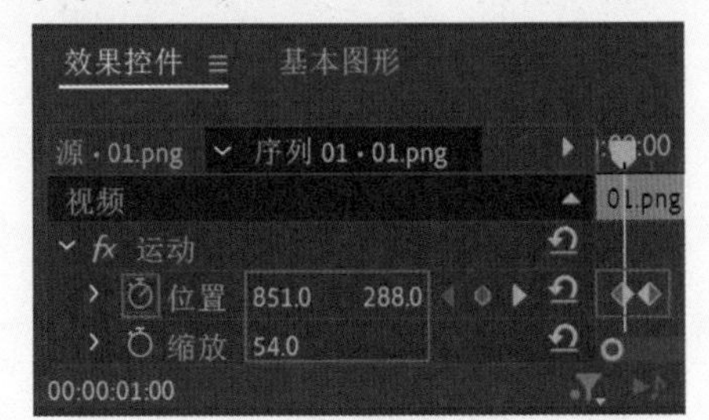

图10-72

11 选择V4轨道上的“03.png”素材文件，在“效果控件”面板中设置“缩放”为54.0。将时间滑块拖动到2秒的位置，单击“不透明度”前面的，创建关键帧；并设置“不透明度”为0.0%，如图10-73所示；将时间滑块拖动到3秒的位置，设置“不透明度”为100%。

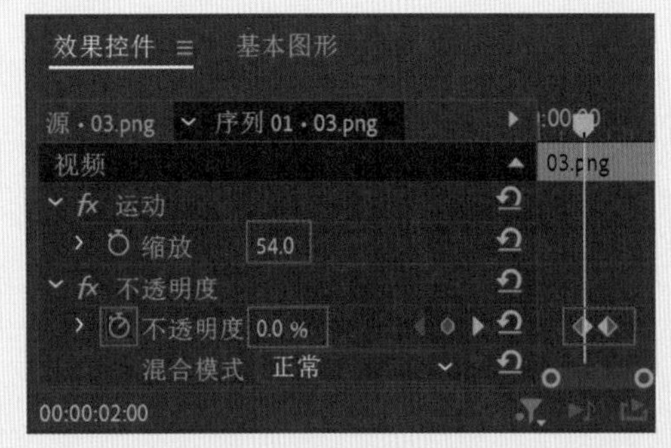

图10-73

12 选择V5轨道上的“04.png”素材文件，在“效果控件”面板中设置“缩放”为54.0。将时间滑块拖动到3秒的位置，单击“不透明度”前面的，创建关键帧，并设置“不透明度”为0.0%，如图10-74所示；将时间滑块拖动到4秒的位置，设置“不透明度”为100.0%。

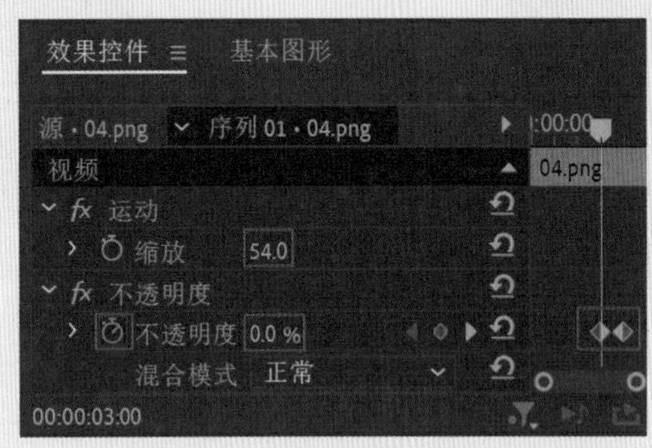

图10-74

13 拖动时间滑块查看效果，如图10-75所示。

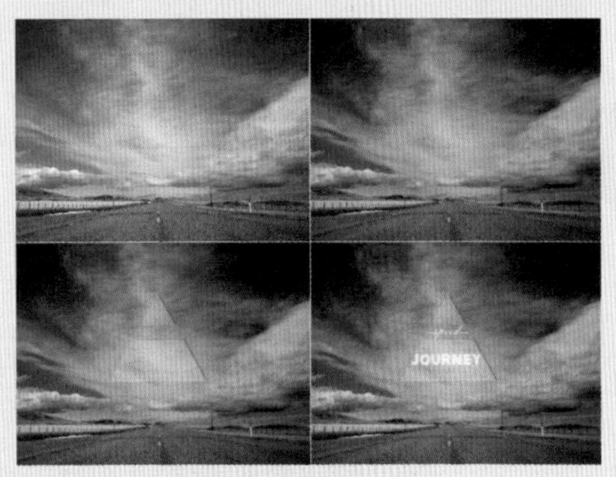

图10-75

实例193 吉祥动画效果——画面部分

文件路径	第 10 章 \ 吉祥动画效果
难易指数	★★★★★
技术掌握	关键帧动画

扫码深度学习

操作思路

本实例讲解在Premiere Pro中为蒙版添加关键帧动画，制作动画效果。

操作步骤

01 在菜单栏中执行“文件”|“新建”|“项目”命令或使用快捷键Ctrl+Alt+N，在弹出的“新建项目”对话框中设置合适的文件名称，单击“位置”右侧的“浏览”按钮，弹出“项目位置”对话框，单击“选择文件夹”按钮，为项目选择合适的路径文件夹。在“新建项目”对话框中单击“创建”按钮，如图10-76所示。

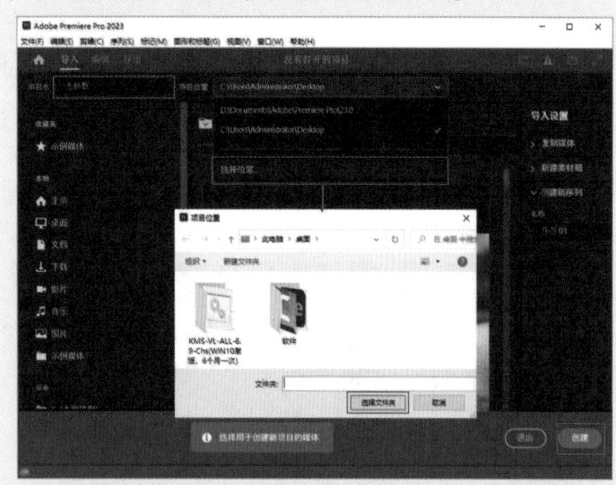

图10-76

02 在“项目”面板空白处单击鼠标右键，在弹出的快捷菜单中执行“新建项目”|“序列”命令。接着在弹出的“新建序列”对话框中选择DV-PAL文件夹下的“标准48kHz”，如图10-77所示。

图10-77

03 在“项目”面板空白处双击，选择所需的“01.png”和“背景.jpg”素材文件，最后单击“打开”按钮，将它们进行导入，如图10-78所示。

04 选择“项目”面板中的“背景.jpg”和“01.png”素材文件，并按住鼠标左键将它们拖曳到V1和V2轨道上，如图10-79所示。

图10-78

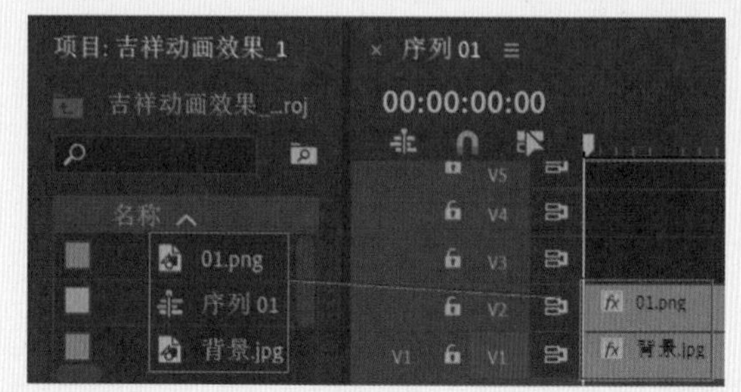

图10-79

05 选择V1轨道上的“背景.jpg”素材文件，在“效果控件”面板中展开“运动”效果，并设置“缩放”为83.0，如图10-80所示。

06 选择V2轨道上的“01.png”素材文件，在“效果控件”面板中展开“运动”效果，并设置“位置”为（360.0,330.0）、“缩放”为127.0，如图10-81所示。

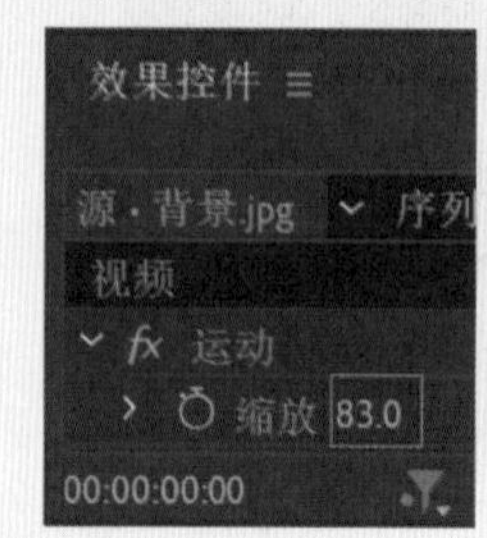

图10-80

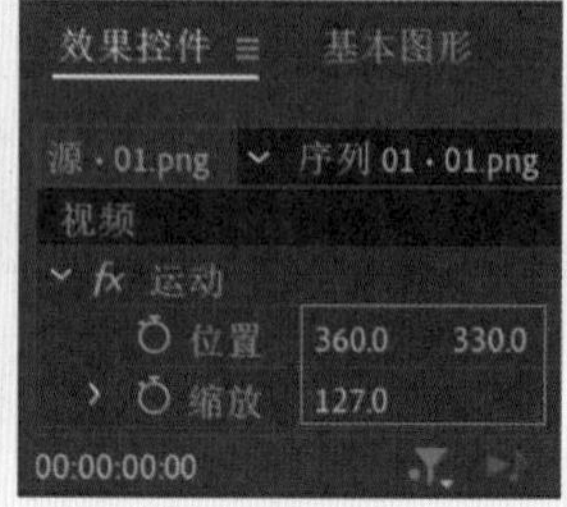

图10-81

07 选择V2轨道上的“01.jpg”素材文件，在“效果控件”面板中展开“不透明度”效果，并单击“不透明度”下面的“椭圆形蒙版”按钮，如图10-82所示。

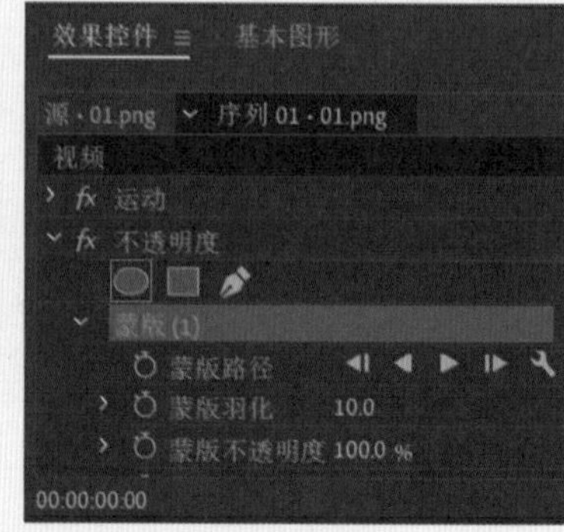

图10-82

08 接着将时间滑块拖动到初始位置，单击“蒙版路径”前面的■，创建关键帧，并在“节目监视器”面板中调整蒙版路径；再将时间滑块分别拖动到1秒、2秒、3秒和4秒的位置，分别在“节目监视器”面板中调整蒙版路径，最后设置“混合模式”为“亮光”，如图10-83和图10-84所示。

图10-83

图10-84

实例194 吉祥动画效果——文字部分

文件路径	第10章\吉祥动画效果	
难易指数	★★★★★	
技术掌握	● 文字工具　● 关键帧动画	扫码深度学习

操作思路

本实例讲解了在Premiere Pro中使用文字工具创建文字，并为文字添加不透明度属性的关键帧动画，制作文字逐渐出现的动画效果。

操作步骤

01 将时间滑块拖动到起始时间位置处，在“工具”面板中选择■（文字工具），并在“节目监视器”面板中输入合适的文字内容，在“时间轴”面板中选择刚刚创建的文字图层，在“效果控件”面板中设置合适的“字体系列”，设置“字体大小”为160.0，勾选“填充”复选框，设置“填充颜色”为黄色，勾选“描边”复选框，设置“描边颜色”为黄色，设置“描边宽度”为11.0，设置为“中心”。勾选“阴影”复选框，设置“不透明度”为50%、“距离”为15.0、“模糊”为19。接着展开“变换”，设置“位置”为（232.9,330.6）。如图10-85所示。

图10-85

02 选择V3轨道上的文字图层，将时间滑块拖动到4秒的位置，在“效果控件”面板中单击“不透明度”下面的“4点多边形蒙版”按钮■，再单击“蒙版路径”前面的■，创建关键帧，并在“节目监视器”面板中调整蒙版路径；将时间滑块拖动到4秒20帧的位置，再一次在“节目监视器”面板中调整蒙版路径，如图10-86和图10-87所示。

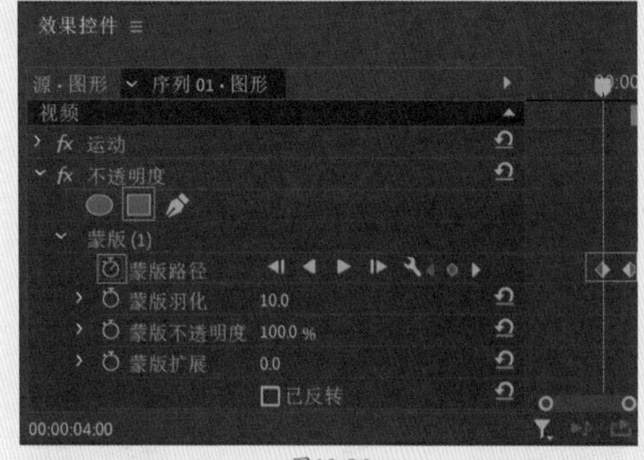

图10-86

图10-87

03 拖动时间滑块查看效果，如图10-88所示。

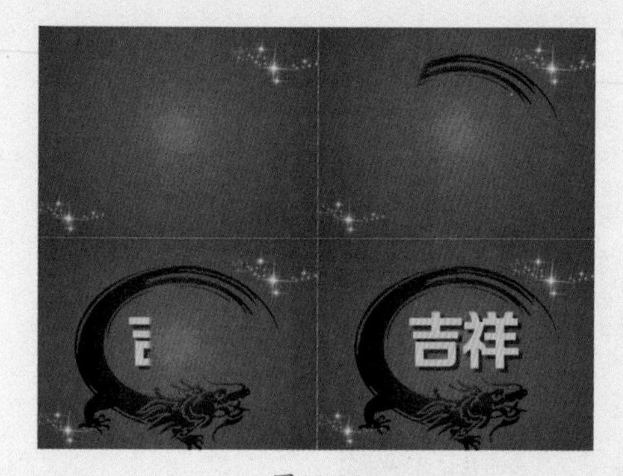

图10-88

实例195 纪念册效果

文件路径	第 10 章 \ 纪念册效果	扫码深度学习
难易指数	★★★★★	
技术掌握	● 关键帧动画　● "投影"效果	

操作思路

本实例讲解在Premiere Pro中为素材的位置、不透明度、缩放属性添加关键帧动画，并为素材添加"投影"效果，使其产生真实阴影。

操作步骤

01 在菜单栏中执行"文件" | "新建" | "项目"命令或使用快捷键Ctrl+Alt+N，在弹出的"新建项目"对话框中设置合适的文件名称，单击"位置"右侧的"浏览"按钮，弹出"项目位置"对话框，单击"选择文件夹"按钮，为项目选择合适的路径文件夹。在"新建项目"对话框中单击"创建"按钮，如图10-89所示。

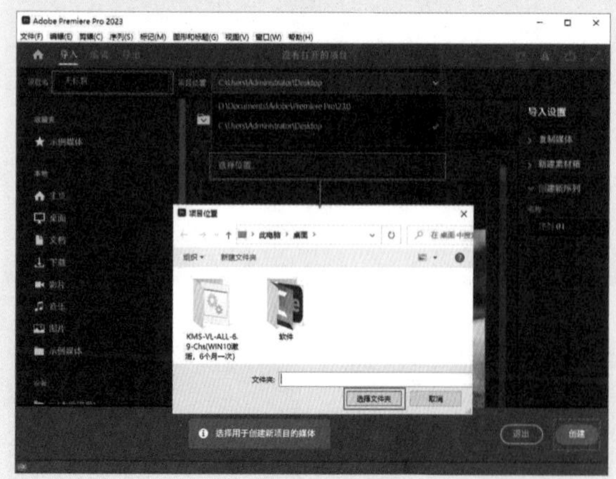

图10-89

02 在"项目"面板空白处单击鼠标右键，在弹出的快捷菜单中执行"新建项目" | "序列"命令。接着在弹出的"新建序列"对话框中选择DV-PAL文件夹下的"标准48kHz"，如图10-90所示。

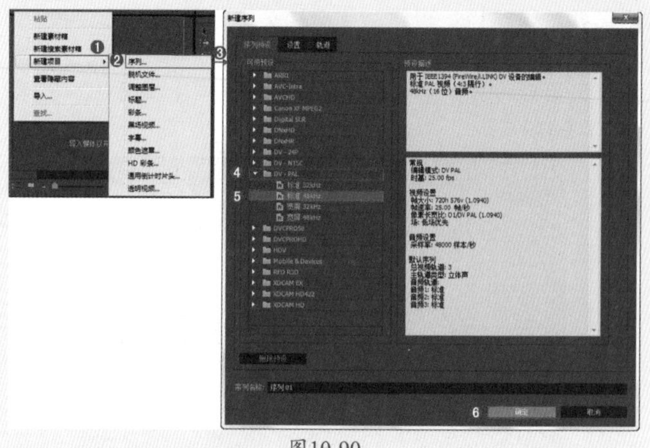

图10-90

03 在"项目"面板空白处双击，选择所需的"01.png""02.jpg""03.png""04.png"和"背景.jpg"素材文件，最后单击"打开"按钮，将它们进行导入，如图10-91所示。

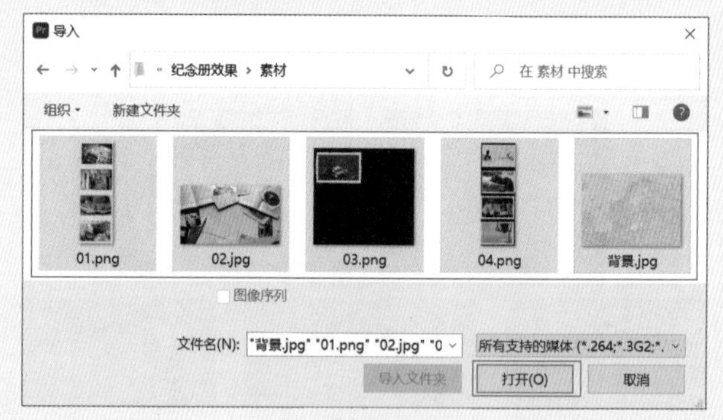

图10-91

04 选择"项目"面板中的所有素材文件，并按住鼠标左键将它们拖曳到轨道上，如图10-92所示。

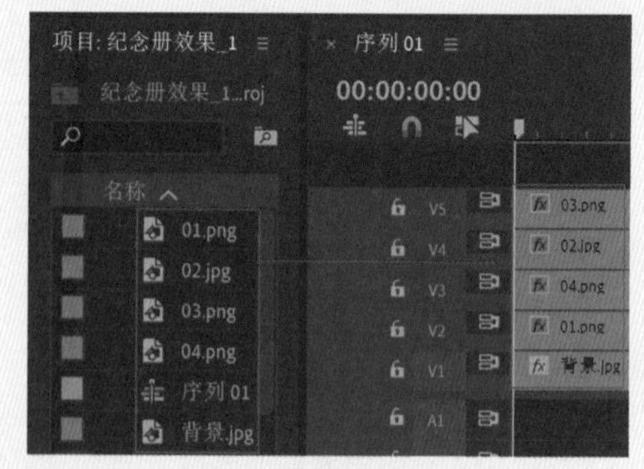

图10-92

05 选择V1轨道上的"背景.jpg"素材文件，在"效果控件"面板中展开"运动"效果，设置"缩放"为124.0，如图10-93所示。

06 选择V2轨道上的"01.png"素材文件，将时间滑块拖动到2秒的位置，在"效果控件"面板中单击"位置"前面的◙，创建关键帧，并设置"位置"为

（627.0,833.0），如图10-94所示；将时间滑块拖动到3秒05帧的位置，设置“位置”为（627.0,-289.0）。

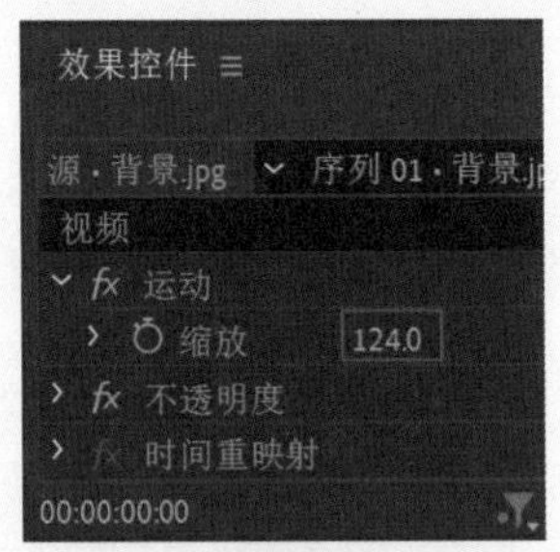

图10-93

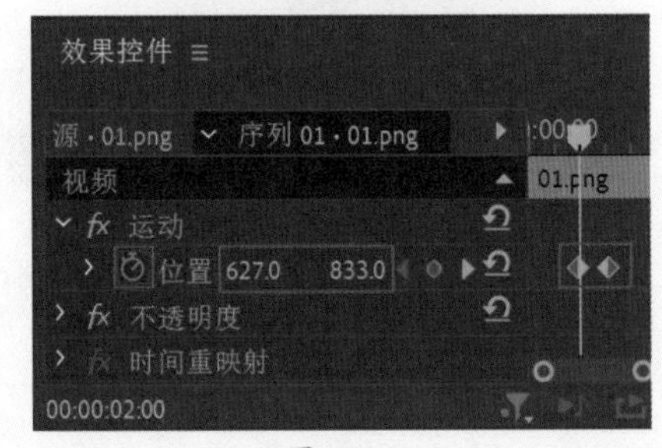

图10-94

07 选择V3轨道上的“04.png”素材文件，将时间滑块拖动到3秒20帧的位置，在“效果控件”面板中单击“位置”前面的⏱，创建关键帧，并设置“位置”为（94.0,-262.0），如图10-95所示；将时间滑块拖动到4秒15帧的位置，设置“位置”为（94.0,286.0）。

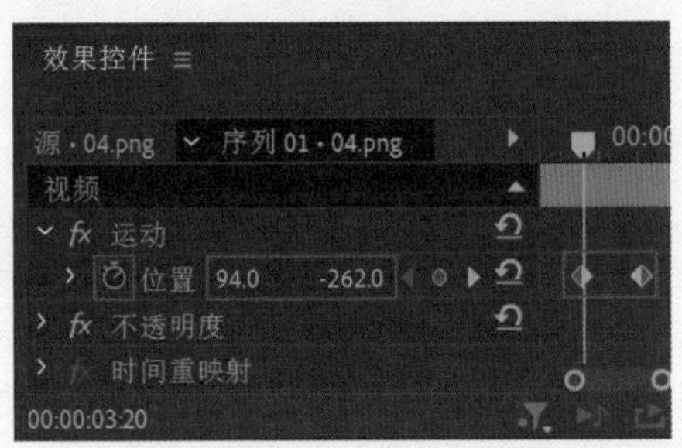

图10-95

08 选择V4轨道上的“02.jpg”素材文件，在“效果控件”面板中设置“位置”为（348.0,342.0）、“缩放”为84.0，如图10-96所示。

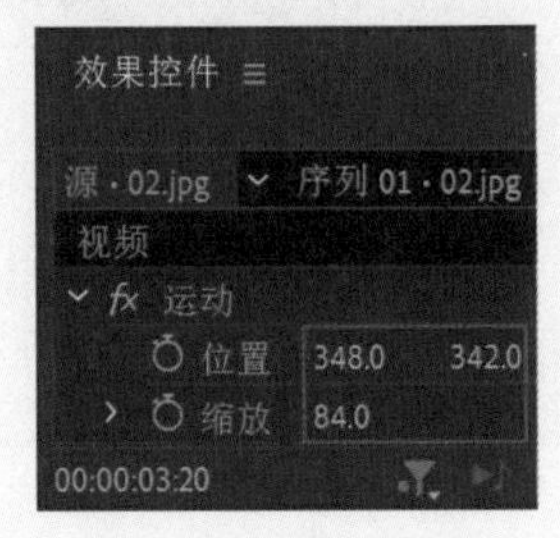

图10-96

09 选择V4轨道上的“02.jpg”素材文件，将时间滑块拖动到1秒的位置，在“效果控件”面板中单击“不透明度”前面的⏱，创建关键帧，并设置“不透明度”为0.0%；将时间滑块拖动到2秒的位置，设置“不透明度”为100.0%，如图10-97所示。

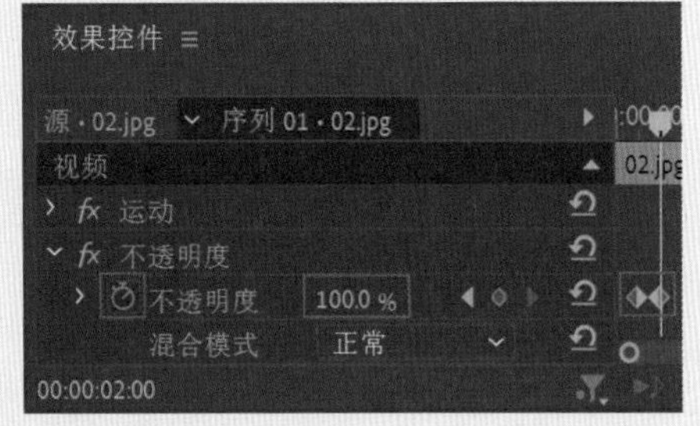

图10-97

10 选择V5轨道上的“03.png”素材文件，在“效果控件”面板中设置“位置”为（604.0,368.0），将时间滑块拖动到3秒05帧的位置，单击“缩放”前面的⏱，创建关键帧，设置“缩放”为0.0，并单击“不透明度”前面的⏱，创建关键帧，设置“不透明度”为100.0%，如图10-98所示；将时间滑块拖动到3秒20帧的位置，设置“缩放”为100.0%；将时间滑块拖动到4秒15帧的位置，设置“不透明度”为0.0%。

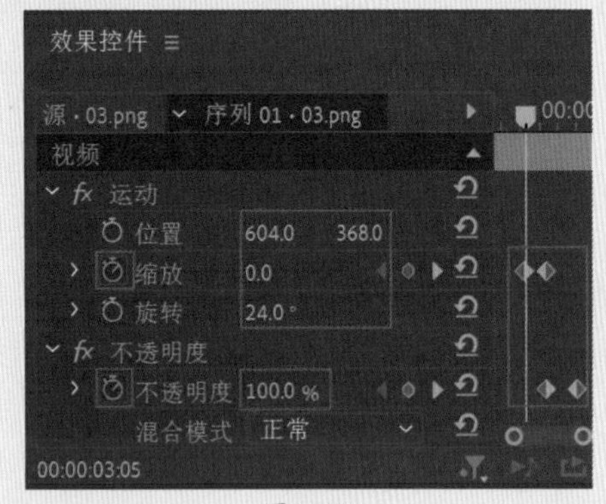

图10-98

11 在“效果”面板中搜索“投影”效果，并按住鼠标左键将其分别拖曳到“01.png”“02.jpg”“03.png”和“04.png”素材文件上，如图10-99所示。

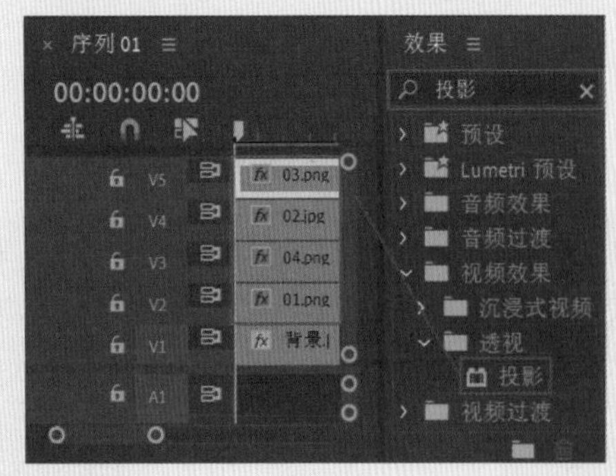

图10-99

12 在“时间轴”面板中依次选择V2、V3、V4和V5轨道的“01.png”“04.png”“02.png”和“03.png”素材，在“效果控件”面板中展开“投影”效果，设置“距离”为10.0、“柔和度”为19.0。拖动时间滑块查看效果，如图10-100所示。

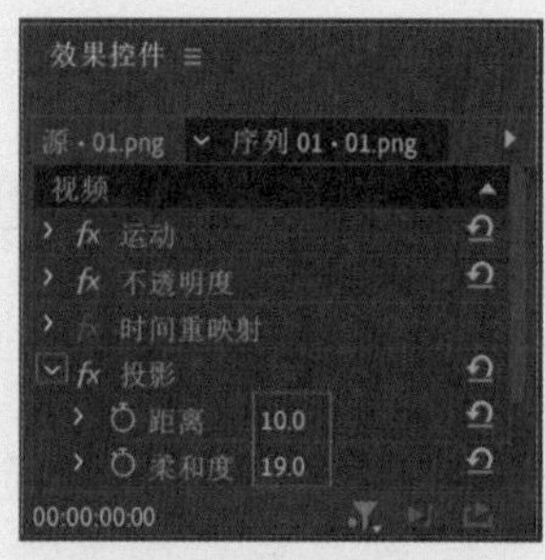

图10-100

实例196 夹子动画效果

文件路径	第 10 章 \ 夹子动画效果
难易指数	★★★★★
技术掌握	关键帧动画

扫码深度学习

操作思路

本实例讲解在Premiere Pro中为位置属性添加关键帧动画制作夹子动画效果。

操作步骤

01 在菜单栏中执行“文件”|“新建”|“项目”命令或使用快捷键Ctrl+Alt+N，在弹出的“新建项目”对话框中设置合适的文件名称，单击“位置”右侧的“浏览”按钮，弹出“项目位置”对话框，单击“选择文件夹”按钮，为项目选择合适的路径文件夹。在“新建项目”对话框中单击“创建”按钮，如图10-101所示。

图10-101

02 在“项目”面板空白处单击鼠标右键，在弹出的快捷菜单中执行“新建项目”|“序列”命令。接着在弹出的“新建序列”对话框中选择DV-PAL文件夹下的“标准48kHz”，如图10-102所示。

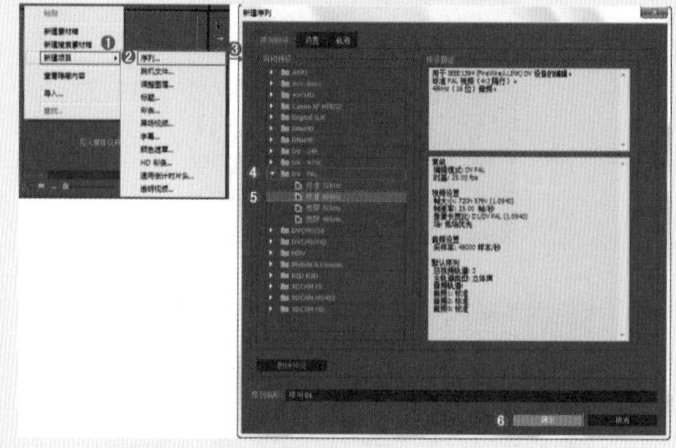

图10-102

03 在“项目”面板空白处双击，选择所需的“01.png”~“07.png”和“背景.jpg”素材文件，最后单击“打开”按钮，将它们进行导入，如图10-103所示。

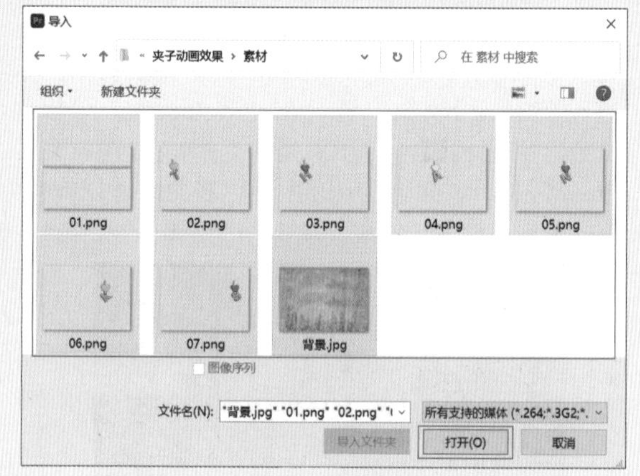

图10-103

04 选择“项目”面板中的所有素材文件，并按住鼠标左键将它们拖曳到轨道上，如图10-104所示。

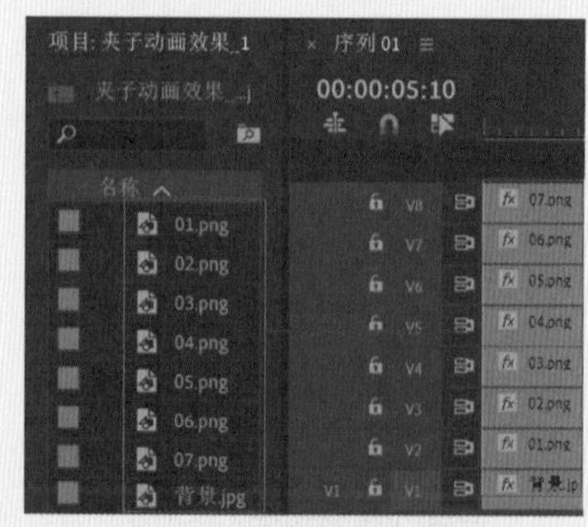

图10-104

05 选择V2轨道上的“01.png”素材文件，将时间滑块拖动到初始位置，在“效果控件”面板中展开“运动”效果，设置“缩放”为68.0，单击“位置”前面的⏱，创建关键帧，并设置“位置”为(360.0,77.0)，如图10-105

所示；将时间滑块拖动到1秒的位置，设置“位置”为（360.0,288.0）。

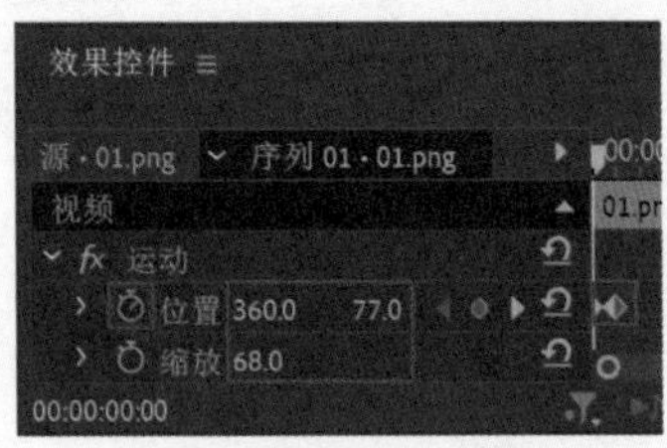

图10-105

06 选择V3轨道上的“02.png”素材文件，在“效果控件”面板中设置“缩放”为68.0；将时间滑块拖动到1秒的位置，单击“位置”前面的，创建关键帧，并设置“位置”为（360.0,-20.0），如图10-106所示；将时间滑块拖动到1秒20帧的位置，设置“位置”为（360.0,288.0）。

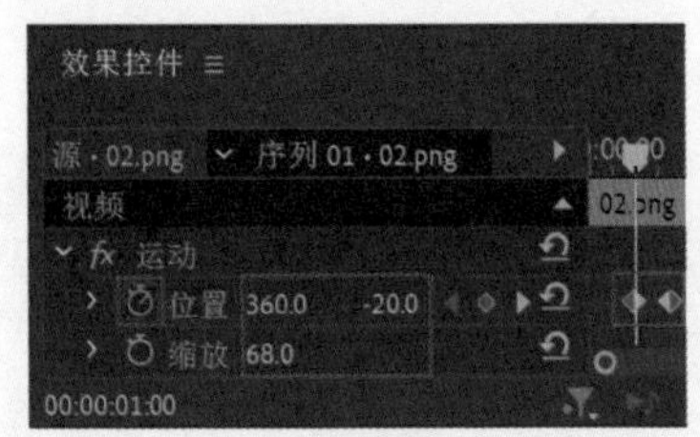

图10-106

07 选择V4轨道上的“03.png”素材文件，在“效果控件”面板中设置“缩放”为68.0；将时间滑块拖动到1秒20帧的位置，单击“位置”前面的，创建关键帧，并设置“位置”为（360.0,-38.0），如图10-107所示；将时间滑块拖动到2秒15帧的位置，设置“位置”为（360.0,288.0）。

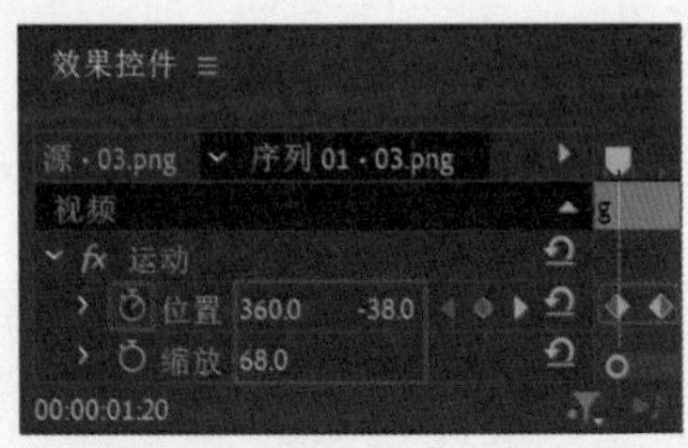

图10-107

08 选择V5轨道上的“04.png”素材文件，在“效果控件”面板中设置“缩放”为68.0；将时间滑块拖动到2秒15帧的位置，单击“位置”前面的，创建关键帧，并设置“位置”为（360.0,-34.0），如图10-108所示；将时间滑块拖动到3秒05帧的位置，设置“位置”为（360.0,288.0）。

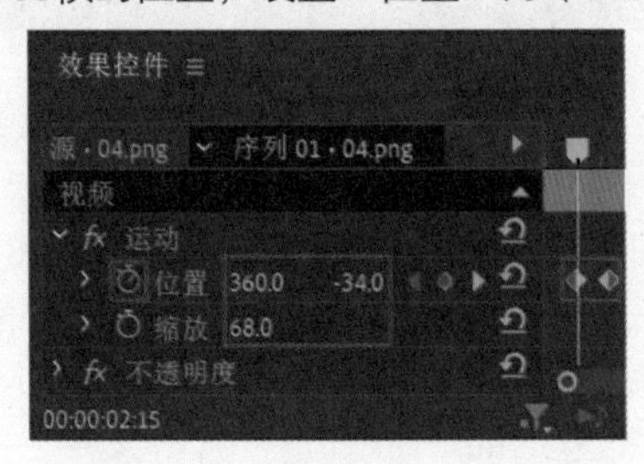

图10-108

09 选择V6轨道上的“05.png”素材文件，在“效果控件”面板中设置“缩放”为68.0；将时间滑块拖动到3秒05帧的位置，单击“位置”前面的，创建关键帧，并设置“位置”为（715.0,288.0），如图10-109所示；将时间滑块拖动到3秒20帧的位置，设置“位置”为（360.0,288.0）。

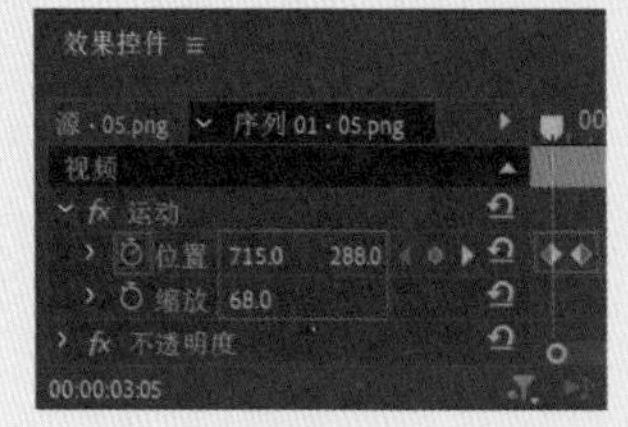

图10-109

10 选择V7轨道上的“06.png”素材文件，在“效果控件”面板中设置“缩放”为68.0；将时间滑块拖动到3秒20帧的位置，单击“位置”前面的，创建关键帧，并设置“位置”为（605.0,288.0），如图10-110所示；将时间滑块拖动到4秒15帧的位置，设置“位置”为（360.0,288.0）。

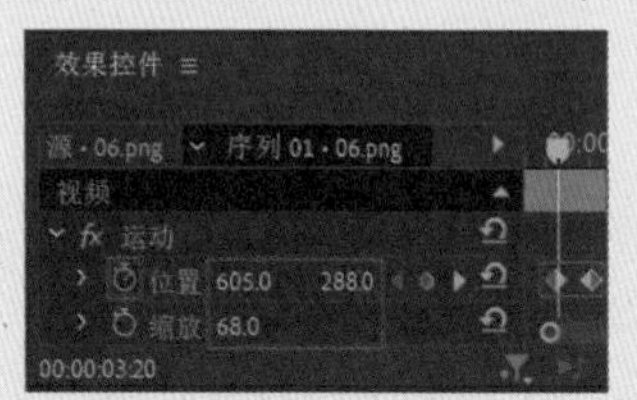

图10-110

11 选择V8轨道上的“07.png”素材文件，在“效果控件”面板中设置“缩放”为68.0；将时间滑块拖动到4秒15帧的位置，单击“位置”前面的，创建关键帧，并设置“位置”为（503.0,288.0），如图10-111所示；将时间滑块拖动到5秒05帧的位置，设置“位置”为（360.0,288.0）。

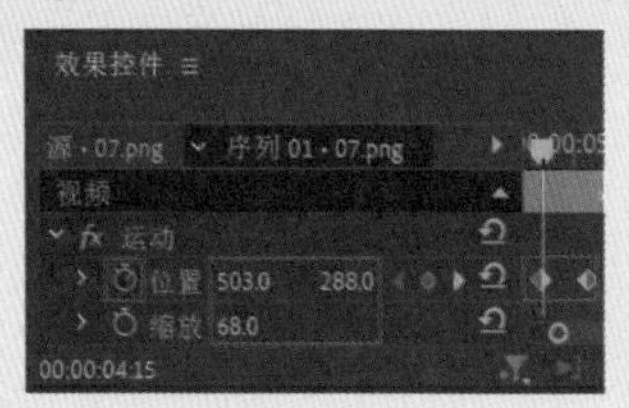

图10-111

12 拖动时间滑块查看效果，如图10-112所示。

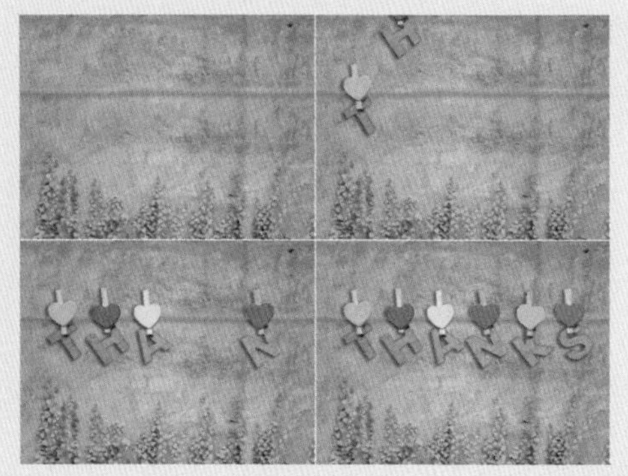

图10-112

实例197 经典设计动画效果

文件路径	第10章\经典设计动画效果
难易指数	★★★★★
技术掌握	关键帧动画

扫码深度学习

操作思路

本实例讲解在Premiere Pro中为不透明度、位置属性添加关键帧动画，制作经典设计动画效果。

操作步骤

01 在菜单栏中执行“文件”|“新建”|“项目”命令或使用快捷键Ctrl+Alt+N，在弹出的“新建项目”对话框中设置合适的文件名称，单击“位置”右侧的“浏览”按钮，弹出“项目位置”对话框，单击“选择文件夹”按钮，为项目选择合适的路径文件夹。在“新建项目”对话框中单击“创建”按钮。如图10-113所示。

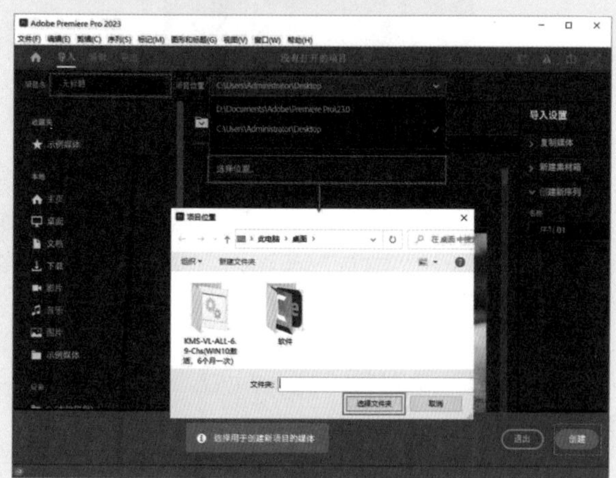

图10-113

02 在“项目”面板空白处双击，选择所需的“01.jpg”“02.png”~“05.png”素材文件，最后单击“打开”按钮，将它们进行导入，如图10-114所示。

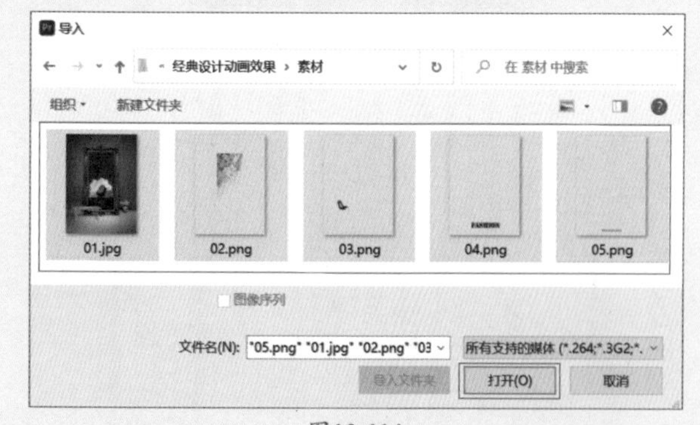

图10-114

03 选择“项目”面板中的素材文件，并按住鼠标左键将它们拖曳到轨道上，如图10-115所示。

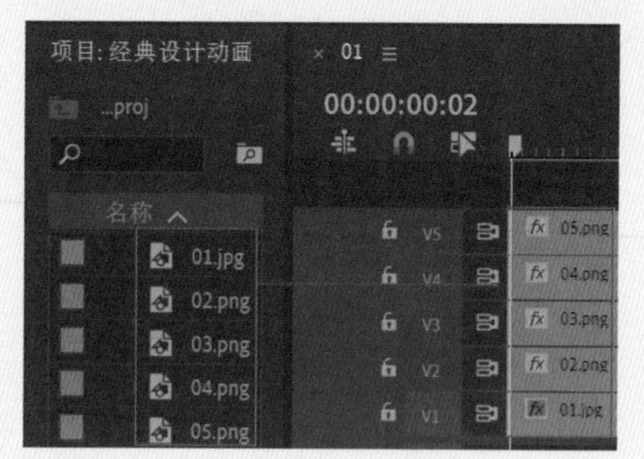

图10-115

04 选择V2轨道上的“02.png”素材文件，将时间滑块拖动到初始位置，在“效果控件”面板中展开“不透明度”效果，设置“混合模式”为“变亮”，单击“不透明度”前面的⏱，创建关键帧，并设置“不透明度”为0.0%，如图10-116所示；将时间滑块拖动到1秒10帧的位置，设置“不透明度”为100.0%。

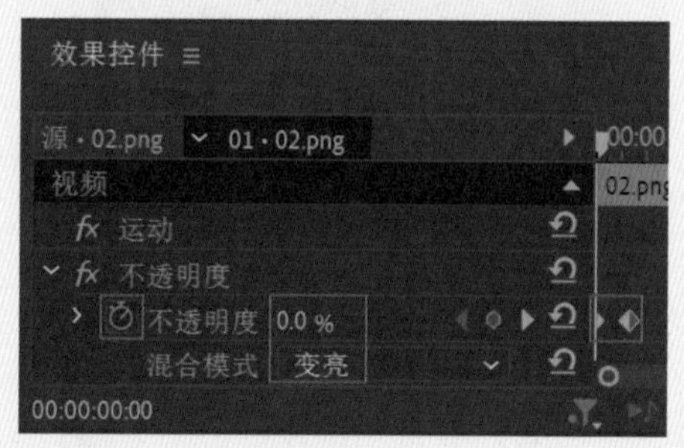

图10-116

05 选择V3轨道上的“03.png”素材文件，将时间滑块拖动到1秒10帧的位置，在“效果控件”面板中单击“位置”和“不透明度”前面的⏱，创建关键帧，并设置“位置”为（109.5,512.0）、“不透明度”为0.0%，如图10-117所示；将时间滑块拖动到2秒15帧的位置，设置“位置”为（373.5,512.0）、“不透明度”为100.0%。

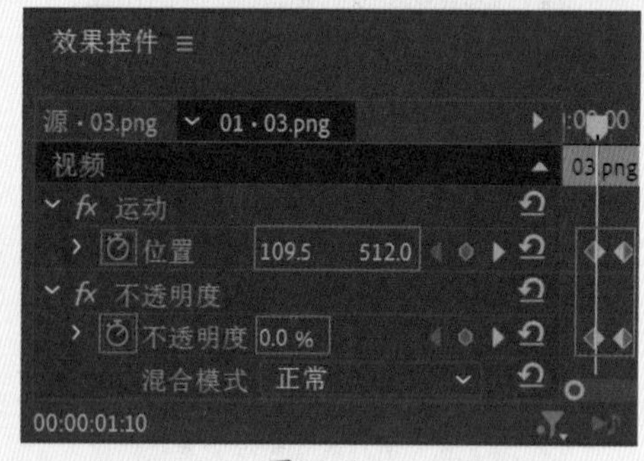

图10-117

06 选择V4轨道上的“04.png”素材文件，将时间滑块拖动到2秒15帧的位置，在“效果控件”面板中单击“位置”前面的⏱，创建关键帧，并设置“位置”为（373.5,642.0），如图10-118所示；将时间滑块拖动到3秒05帧的位置，设置“位置”为（373.5,512.0）。

07 选择V5轨道上的“05.png”素材文件，将时间滑块拖动到3秒05帧的位置，在“效果控件”面板中单击“位置”前面的⏱，创建关键帧，并设置“位置”为（373.5,578.0），如图10-119所示；将时间滑块拖动到4秒05帧的位置，设置“位置”为（373.5,512.0）。

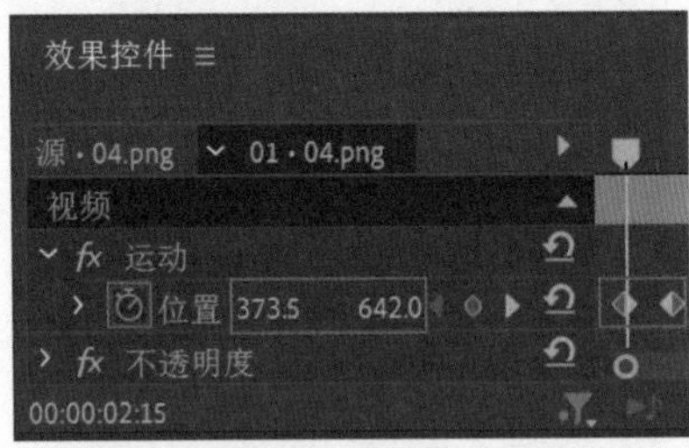

图10-118

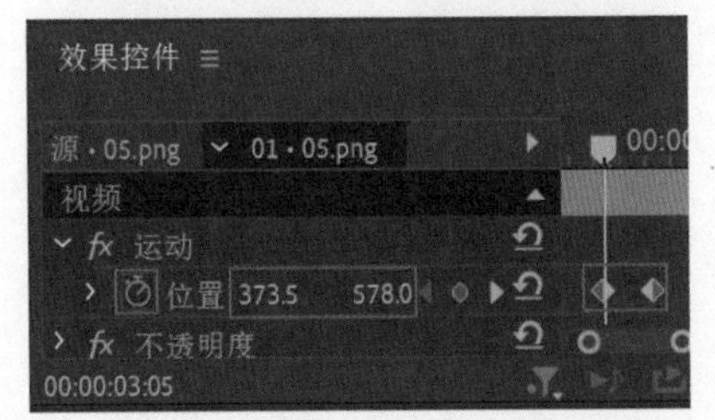

图10-119

08 拖动时间滑块查看效果，如图10-120所示。

图10-120

实例198　立体动画效果

文件路径	第10章\立体动画效果
难易指数	★★★★★
技术掌握	● “基本3D”效果　● 关键帧动画

扫码深度学习

操作思路

本实例讲解在Premiere Pro中使用“基本3D”效果，并为缩放、不透明度、旋转、位置属性设置关键帧动画，制作立体动画效果。

操作步骤

01 在菜单栏中执行“文件”|“新建”|“项目”命令或使用快捷键Ctrl+Alt+N，在弹出的“新建项目”对话框中设置合适的文件名称，单击“位置”右侧的“浏览”按钮，弹出“项目位置”对话框，单击“选择文件夹”按钮，为项目选择合适的路径文件夹。在“新建项目”对话框中单击“创建”按钮，如图10-121所示。

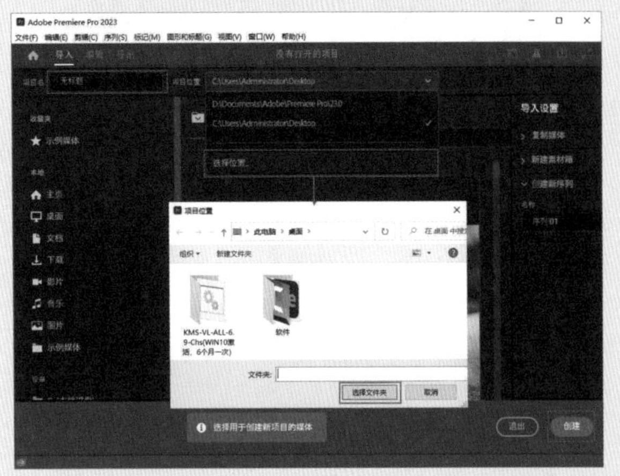

图10-121

02 在“项目”面板空白处双击，选择所需的“01.png”～“03.png”和“背景.jpg”素材文件，最后单击“打开”按钮，将它们进行导入，如图10-122所示。

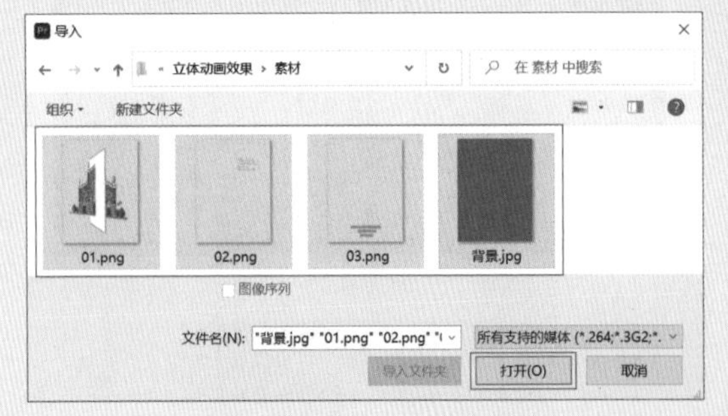

图10-122

03 选择“项目”面板中的素材文件，并按住鼠标左键将它们拖曳到轨道上，如图10-123所示。

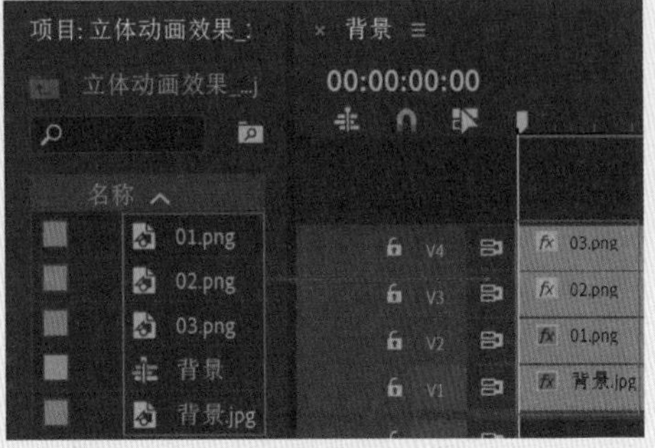

图10-123

04 在“效果”面板中搜索“基本3D”效果，并按住鼠标左键将其拖曳到“01.png”素材文件上，如图10-124所示。

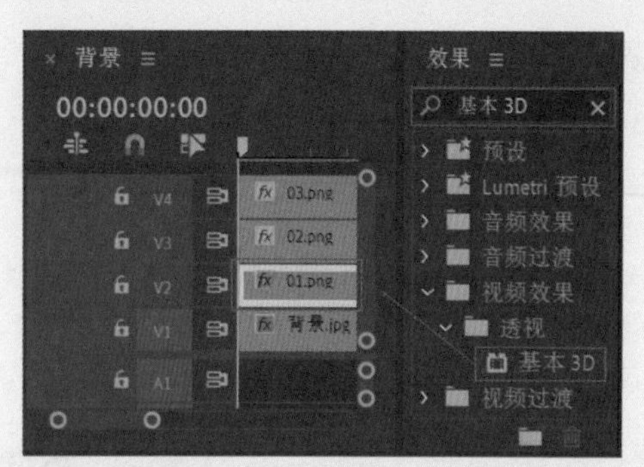

图10-124

05 选择V2轨道上的“01.png”素材文件，将时间滑块拖动到初始位置，在“效果控件”面板中单击“缩放”和“不透明度”前面的，再单击“基本3D”效果中的“旋转”前面的，创建关键帧，并设置“缩放”为0.0、“不透明度”为0.0%、“旋转”为0.0°，如图10-125所示；将时间滑块拖动到2秒20帧的位置，设置“缩放”为100.0、“不透明度”为100.0%、“旋转”为2x0.0°。查看效果如图10-126所示。

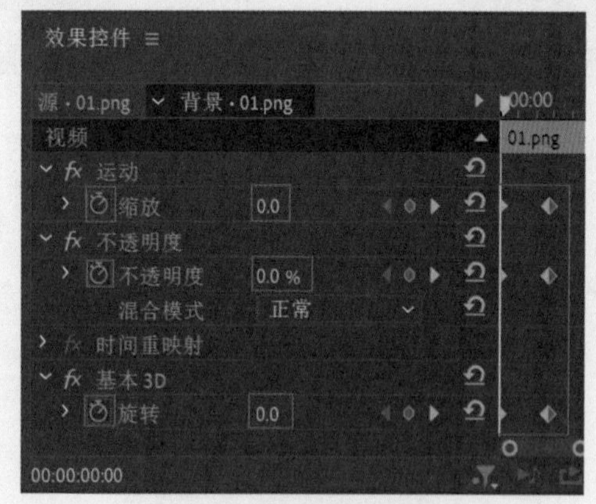

图10-125

图10-126

06 选择V3轨道上的“02.png”素材文件，将时间滑块拖动到2秒20帧的位置，在“效果控件”面板中单击“位置”前面的，创建关键帧，并设置“位置”为（223.5,118.0），如图10-127所示；将时间滑块拖动到3秒15帧的位置，设置“位置”为（223.5,295.0）。查看效果如图10-128所示。

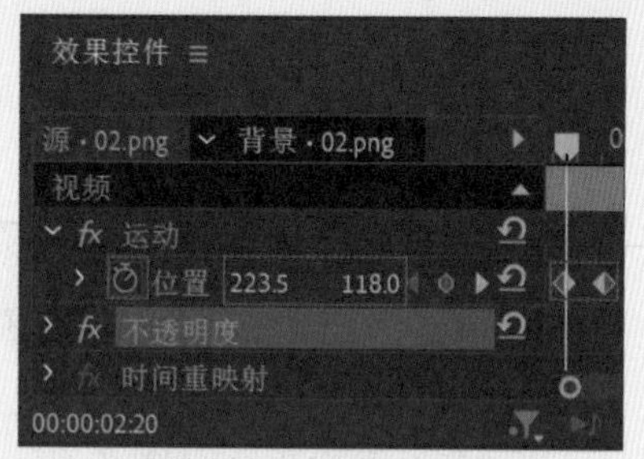

图10-127

图10-128

07 选择V4轨道上的“03.png”素材文件，将时间滑块拖动到3秒15帧的位置，在“效果控件”面板中单击“位置”前面的，创建关键帧，并设置“位置”为（223.5,390.0），如图10-129所示；将时间滑块拖动到4秒10帧的位置，设置“位置”为（223.5,295.0）。

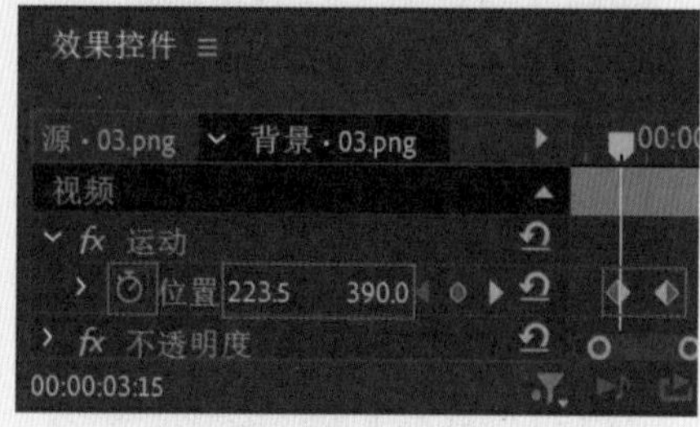

图10-129

08 拖动时间滑块查看效果，如图10-130所示。

图10-130

实例199 立体旋转动画效果

文件路径	第 10 章 \ 立体旋转动画效果	
难易指数	★★★★★	
技术掌握	● 关键帧动画 ● "基本 3D"效果	扫码深度学习

操作思路

本实例讲解在Premiere Pro中为素材添加"基本3D"效果，并为缩放、不透明度、旋转属性设置关键帧动画。

操作步骤

01 在菜单栏中执行"文件" | "新建" | "项目"命令或使用快捷键Ctrl+Alt+N，在弹出的"新建项目"对话框中设置合适的文件名称，单击"位置"右侧的"浏览"按钮，弹出"项目位置"对话框，单击"选择文件夹"按钮，为项目选择合适的路径文件夹。在"新建项目"对话框中单击"创建"按钮，如图10-131所示。

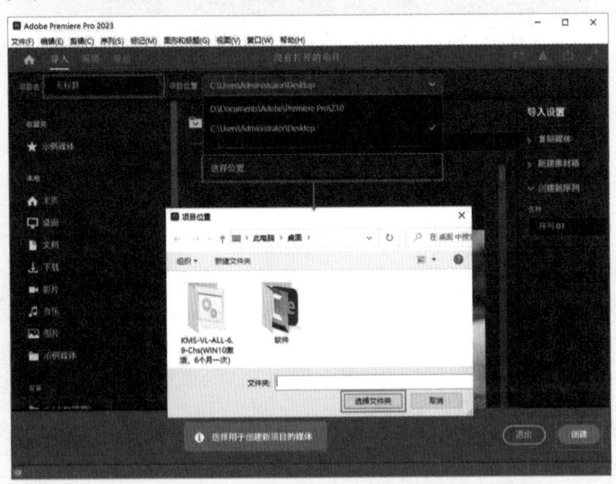

图10-131

02 在"项目"面板空白处单击鼠标右键，在弹出的快捷菜单中执行"新建项目" | "序列"命令。接着在弹出的"新建序列"对话框中选择DV-PAL文件夹下的"标准48kHz"，如图10-132所示。

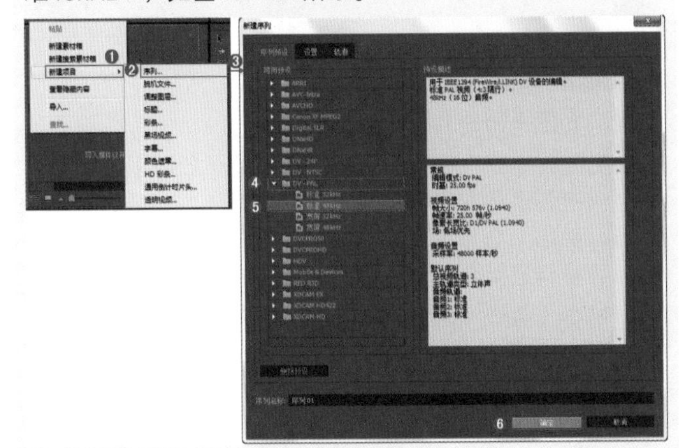

图10-132

03 在"项目"面板空白处双击，选择所需的"01.jpg""02.jpg"和"背景.jpg"素材文件，最后单击"打开"按钮，将它们进行导入，如图10-133所示。

图10-133

04 选择"项目"面板中的所有素材文件，并按住鼠标左键将它们拖曳到轨道上，如图10-134所示。

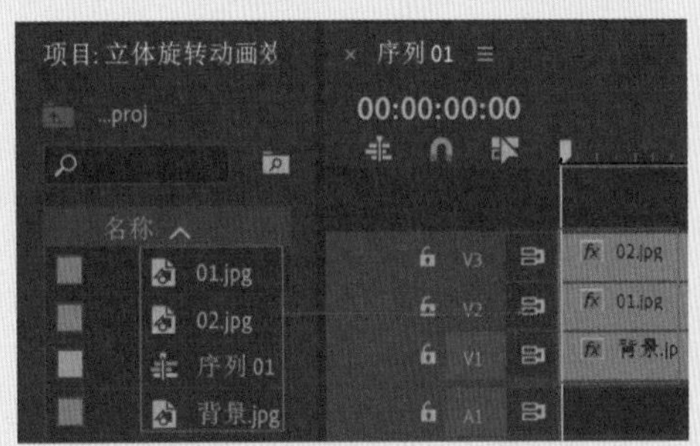

图10-134

05 选择V2轨道上的"01.jpg"素材文件，将时间滑块拖动到初始位置。在"效果控件"面板中展开"运动"效果，单击"缩放"和"不透明度"前面的⏱，创建关键帧，并设置"缩放"为49.0、"不透明度"为100.0%，如图10-135所示；将时间滑块拖动到1秒的位置，设置"缩放"为0.0、"不透明度"为0.0%。

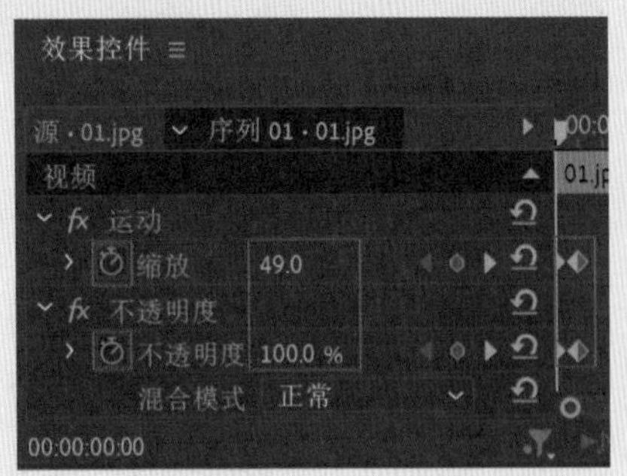

图10-135

06 在"效果"面板中搜索"基本3D"效果，并按住鼠标左键将其拖曳到"01.jpg"素材文件上，如图10-136所示。

07 选择V2轨道上的"01.jpg"素材文件，在"效果控件"面板中展开"基本3D"效果，并将时间滑块拖动到初始位置，再单击"旋转"前面的⏱，创建关键帧，设置"旋转"为1x0.0°；将时间滑块拖动到1秒的位置，设置"旋转"为1x0.0°，如图10-137所示。

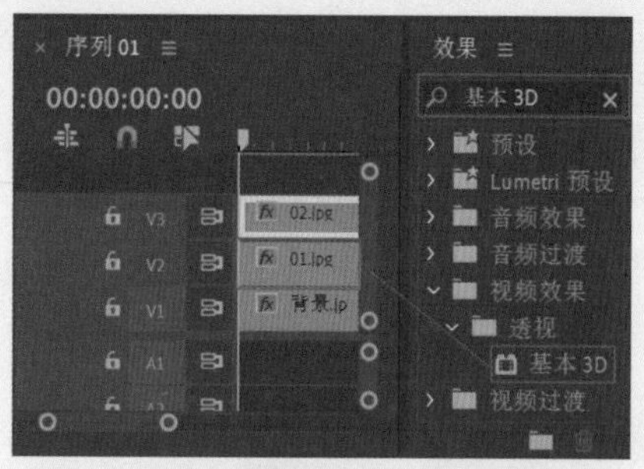

图10-136

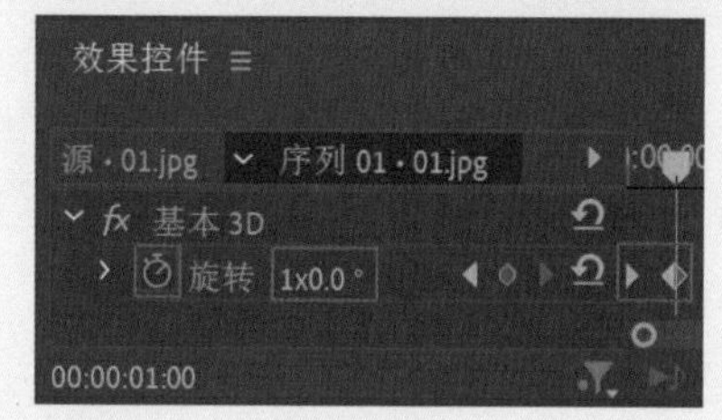

图10-137

08 选择V3轨道上的“02.jpg”素材文件，将时间滑块拖动到1秒的位置，在“效果控件”面板中单击“缩放”和“不透明度”前面的⏱，创建关键帧，并设置“缩放”为0.0、“不透明度”为0.0%，如图10-138所示；将时间滑块拖动到2秒15帧的位置，设置“缩放”为49.0、“不透明度”为100.0%。

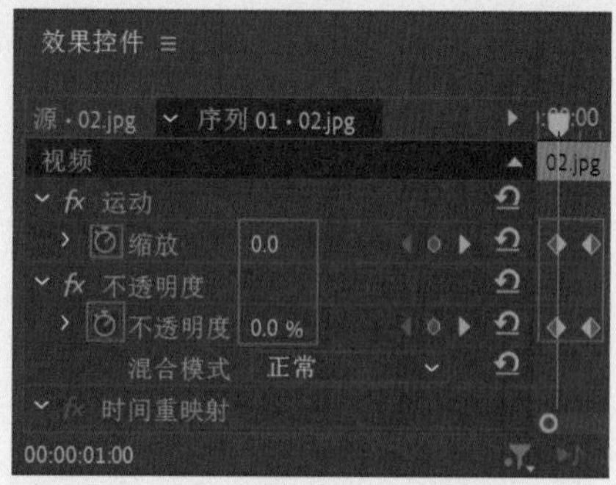

图10-138

09 在“效果”面板中搜索“基本3D”效果，并按住鼠标左键将其拖曳到“02.jpg”素材文件上，如图10-139所示。

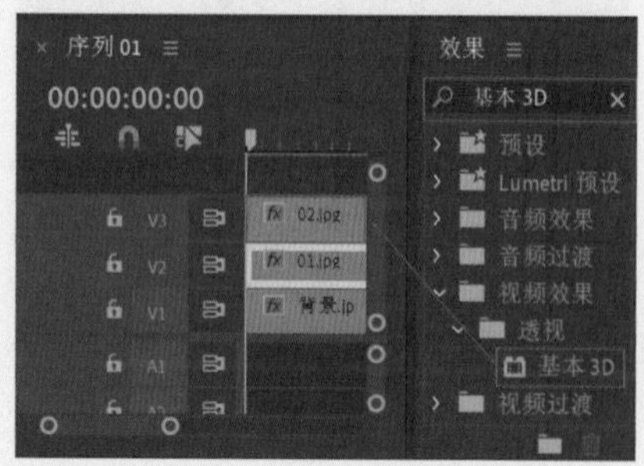

图10-139

10 在“效果控件”面板中展开“基本3D”效果，并将时间滑块拖动到1秒的位置，在“效果控件”面板中单击“倾斜”前面的⏱，创建关键帧，设置“倾斜”为0.0°，如图10-140所示；将时间滑块拖动到2秒15帧的位置，设置“倾斜”为1×0.0°。

图10-140

11 拖动时间滑块查看效果，如图10-141所示。

图10-141

实例200 巧克力情缘

文件路径	第10章\巧克力情缘
难易指数	★★★★★
技术掌握	● “风车”效果和“棋盘”效果 ● 关键帧动画

扫码深度学习

操作思路

本实例讲解在Premiere Pro中为素材添加“风车”效果和“棋盘”效果，并为素材的不透明度属性创建关键帧动画。

操作步骤

01 在菜单栏中执行“文件”|“新建”|“项目”命令或使用快捷键Ctrl+Alt+N，在弹出的“新建项目”对话框中设置合适的文件名称，单击“位置”右侧的“浏览”按钮，弹出“项目位置”对话框，单击“选择文件夹”按钮，为项目选择合适的路径文件夹。在“新建项目”对话框中单击“创建”按钮，如图10-142所示。

02 在“项目”面板空白处单击鼠标右键，在弹出的快捷菜单中执行“新建项目”|“序列”命令。接着在弹出的“新建序列”对话框中选择DV-PAL文件夹下的“标准48kHz”，如图10-143所示。

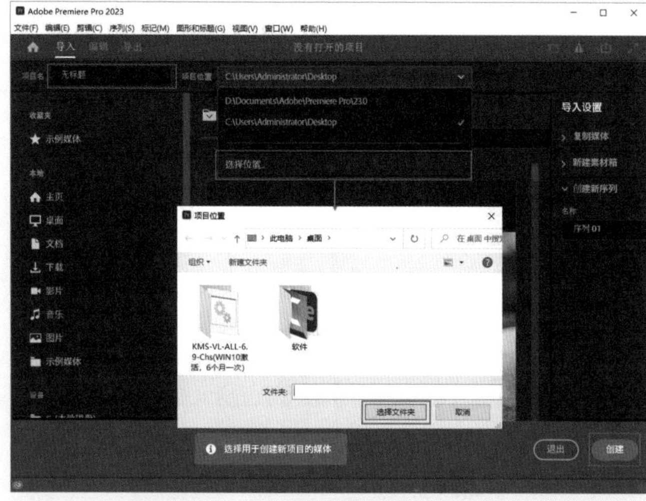

图10-142

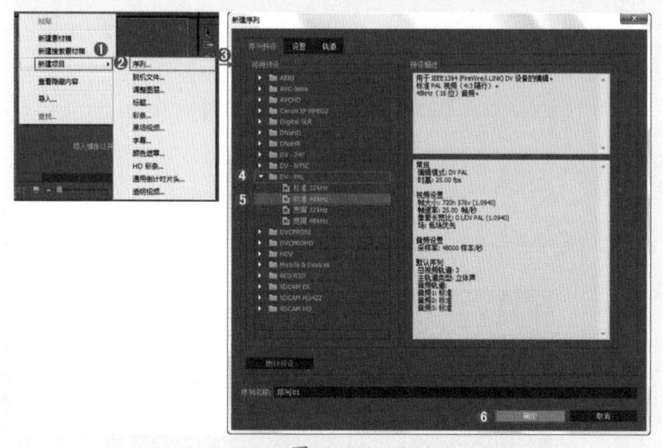

图10-143

03在“项目”面板空白处双击，选择所需的“01.png”～“04.png”和“背景.jpg”素材文件，最后单击“打开”按钮，将它们进行导入，如图10-144所示。

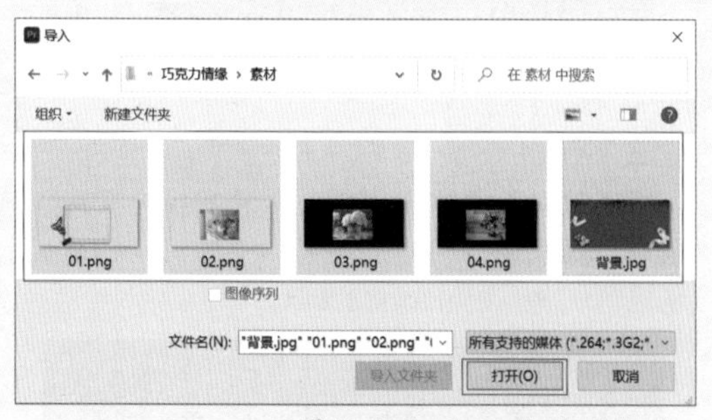

图10-144

04选择“项目”面板中的“背景.jpg”素材文件，并按住鼠标左键将其拖曳到V1轨道上，如图10-145所示。

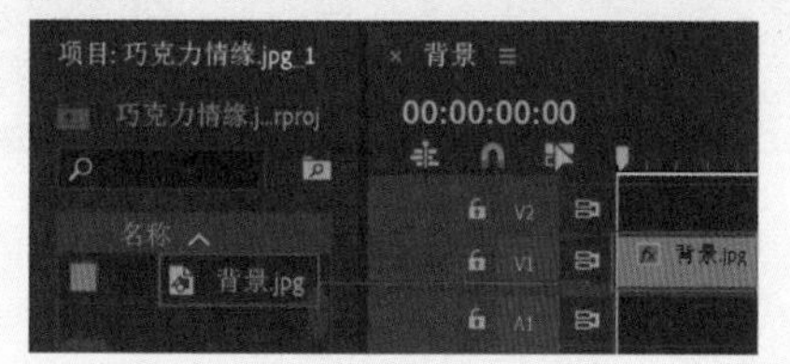

图10-145

05选择“项目”面板中“02.png”～“04.png”素材文件，按住鼠标左键将它们拖曳到V2轨道上，并分别设置结束时间为1秒17帧、3秒10帧、5秒。如图10-146所示。

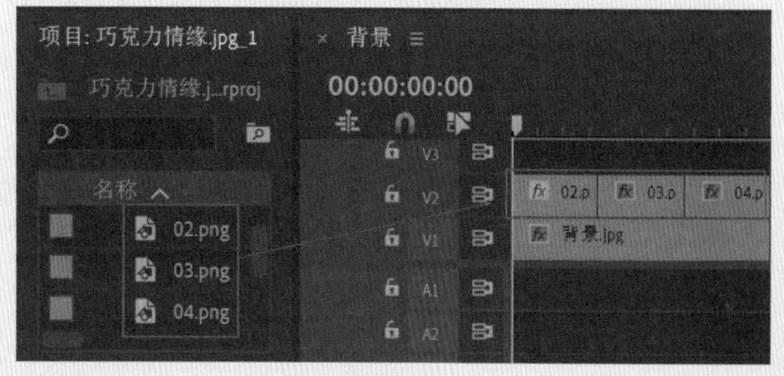

图10-146

06在“效果”面板中搜索“风车”效果和“棋盘”效果，并按住鼠标左键将它们分别拖曳到“02.png”和“03.png”素材文件之间、“03.png”和“04.png”素材文件之间，如图10-147所示。

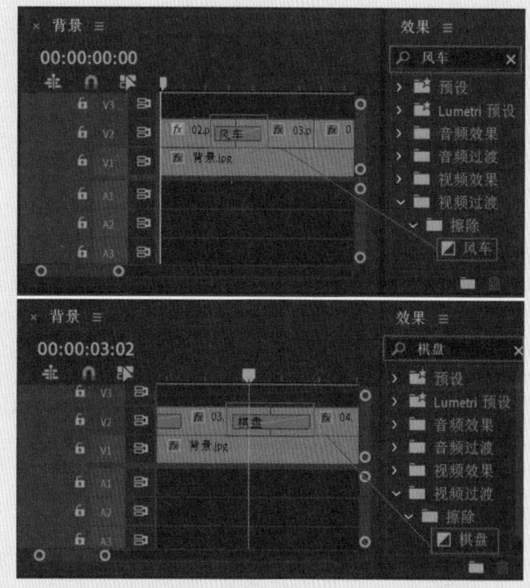

图10-147

07选择“项目”面板中的“01.png”素材文件，并按住鼠标左键将其拖曳到V3轨道上，如图10-148所示。

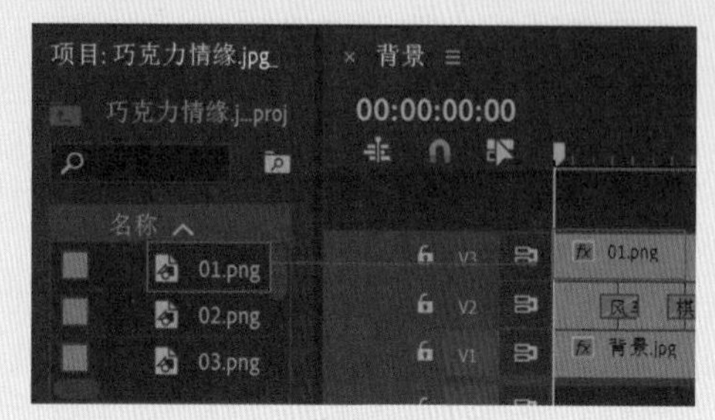

图10-148

08选择V2轨道上的“02.png”素材文件，将时间滑块拖动到初始位置，在“效果控件”面板中单击“不透明度”前面的，创建关键帧，并设置“不透明度”为

0.0%，如图10-149所示；将时间滑块拖动到05帧的位置，设置“不透明度”为100.0%。

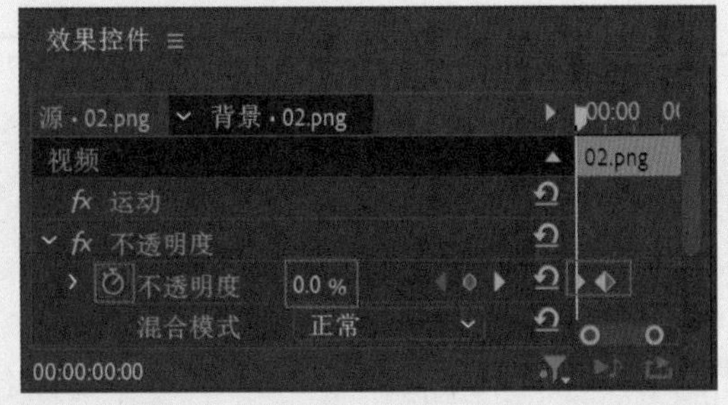

图10-149

09 拖动时间滑块查看效果，如图10-150所示。

图10-150

实例201 请柬动画设计——画面部分

文件路径	第10章\请柬动画设计
难易指数	★★★★★
技术掌握	关键帧动画

扫码深度学习

操作思路

本实例讲解在Premiere Pro中为缩放、旋转、不透明度属性添加关键帧动画，制作请柬的动画画面部分。

操作步骤

01 在菜单栏中执行“文件”|“新建”|“项目”命令或使用快捷键Ctrl+Alt+N，在弹出的“新建项目”对话框中设置合适的文件名称，单击“位置”右侧的“浏览”按钮，弹出“项目位置”对话框，单击“选择文件夹”按钮，为项目选择合适的路径文件夹。在“新建项目”对话框中单击“创建”按钮，如图10-151所示。

02 在“项目”面板空白处双击，选择所需的“01.jpg”“02.png”～“04.png”素材文件，最后单击“打开”按钮，将它们进行导入，如图10-152所示。

03 选择“项目”面板中的所有素材文件，并按住鼠标左键将它们拖曳到轨道上，如图10-153所示。

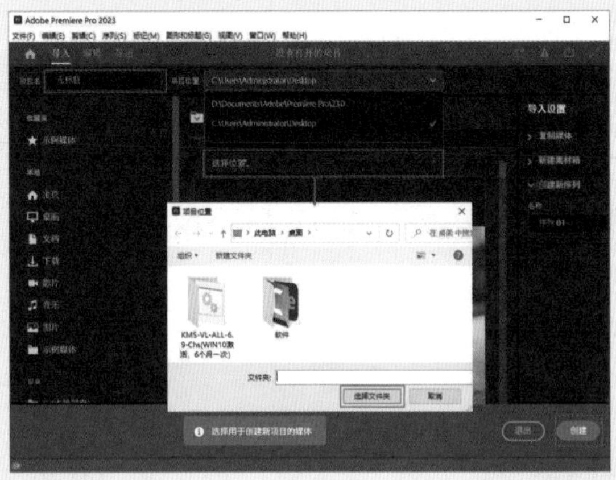

图10-151

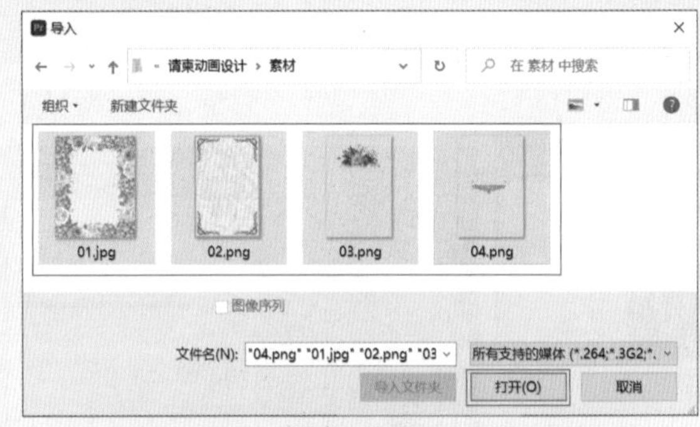

图10-152

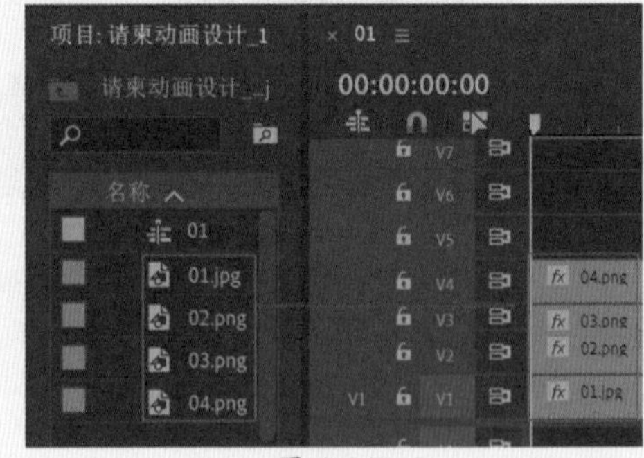

图10-153

提示 为什么不创建序列

将“项目”面板中的素材文件直接拖曳到轨道上，“项目”面板会自动生成序列，“时间轴”面板也会自动显现出轨道，如图10-154所示。

图10-154

04 选择V1轨道上的“01.jpg”素材文件，在“效果控件”面板中展开“运动”效果，设置“缩放”为

127.0，如图10-155所示。查看效果如图10-156所示。

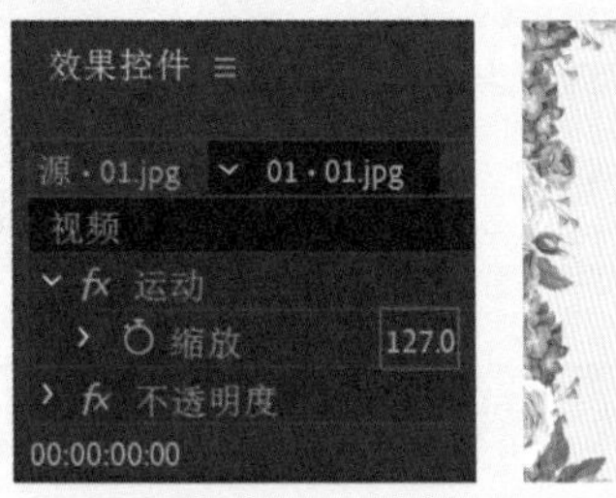

图10-155

图10-156

05 选择V2轨道上的“02.png”素材文件，在“效果控件”面板中展开“运动”效果，设置“位置”为（325.0,406.0）。将时间滑块拖动到初始位置，并单击“缩放”前面的⏱，创建关键帧，设置“缩放”为0.0；将时间滑块拖动到20帧的位置，设置“缩放”为75.0，如图10-157所示。查看效果如图10-158所示。

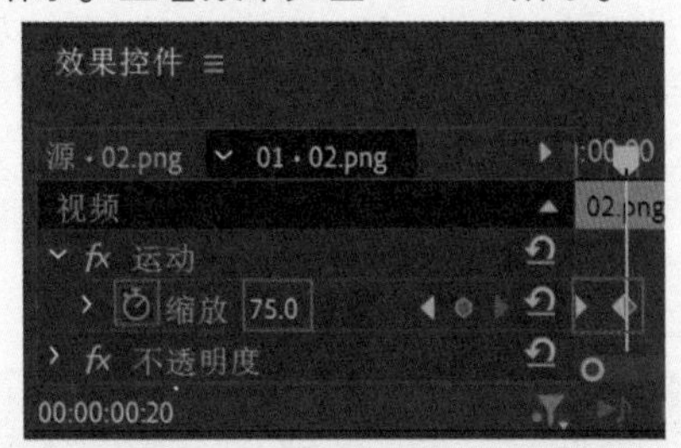

图10-157

图10-158

06 选择V3轨道上的“03.png”素材文件，在“效果控件”面板中展开“运动”效果，设置“位置”为（325.0,409.0）、“缩放”为80.0；再将时间滑块拖动到10帧的位置，并单击“旋转”和“不透明度”前面的⏱，创建关键帧，设置“旋转”为0.0°、“不透明度”为0.0%，如图10-159所示；将时间滑块拖动到1秒05帧的位置，设置“旋转”为0.0°、“不透明度”为100%。查看效果如图10-160所示。

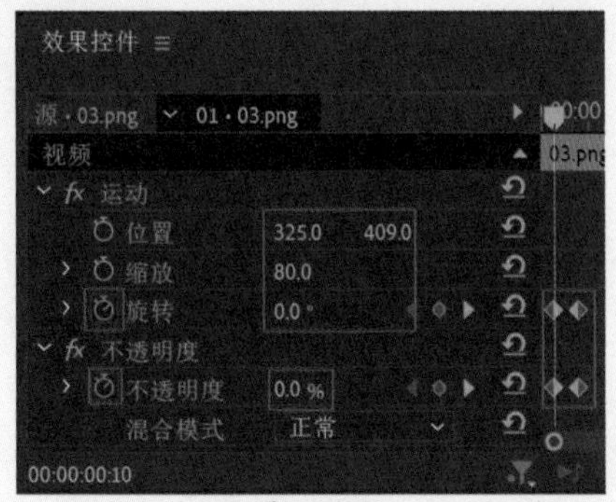

图10-159

图10-160

07 选择V4轨道上的“04.png”素材文件，并将时间滑块拖动到1秒05帧的位置。在“效果控件”面板中展开“运动”效果，设置“位置”为（348.0,508.0），单击“缩放”和“不透明度”前面的⏱，创建关键帧，设置“缩放”为0.0、“不透明度”为0.0%，如图10-161所示；将时间滑块拖动到2秒的位置，设置“缩放”为100.0、“不透明度”为100%。查看效果如图10-162所示。

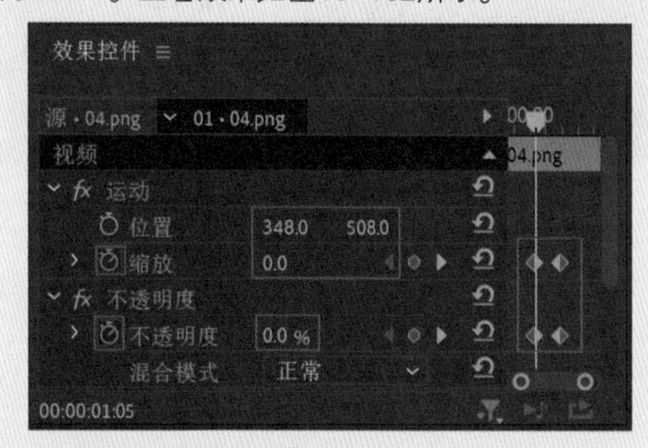

图10-161

图10-162

实例202　请柬动画设计——文字部分

文件路径	第10章\请柬动画设计
难易指数	★★★★★
技术掌握	● 文字工具　　● 关键帧动画

扫码深度学习

操作思路

本实例讲解在Premiere Pro中使用“文字工具”创建文字，并为文字添加位置属性的关键帧动画，制作文字位移动画。

操作步骤

01 将时间滑块拖动到起始时间位置处，在“工具”面板中选择T（文字工具），并在“节目监视器”面板中输入合适的文字内容，在“时间轴”面板中选择刚刚创建的文字图层，在“效果控件”面板中设置合适的“字体系列”，设置“字体大小”为100.0，选择“仿斜体”，勾选“填充”复选框，设置“填充颜色”为棕色，接着展开“变换”，设置“位置”为（179.7,449.3）。如图10-163所示。

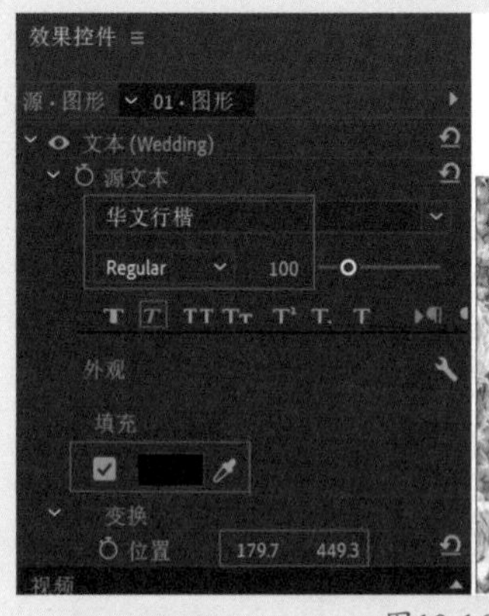

图10-163

02 选择V5轨道上的文字图层，将时间滑块拖动到2秒的位置，在“效果控件”面板中单击“位置”前面的⏱，创建关键帧，并设置“位置”为（325.0,923.0），如图10-164所示；将时间滑块拖动到3秒15帧的位置，设置“位置”为（325.0,420.0）。

图10-164

03 拖动时间滑块查看效果，如图10-165所示。

图10-165

实例203 人物变换动画效果

文件路径	第10章\人物变换动画效果
难易指数	★★★★★
技术掌握	● 关键帧动画 ● “投影”效果 ● 修改混合模式

扫码深度学习

操作思路

本实例讲解在Premiere Pro中为位置、不透明度、缩放属性创建关键帧动画，并为素材添加“投影”效果，并设置混合模式。

操作步骤

01 在菜单栏中执行“文件”|“新建”|“项目”命令或使用快捷键Ctrl+Alt+N，在弹出的“新建项目”对话框中设置合适的文件名称，单击“位置”右侧的“浏览”按钮，弹出“项目位置”对话框，单击“选择文件夹”按钮，为项目选择合适的路径文件夹。在“新建项目”对话框中单击“创建”按钮，如图10-166所示。

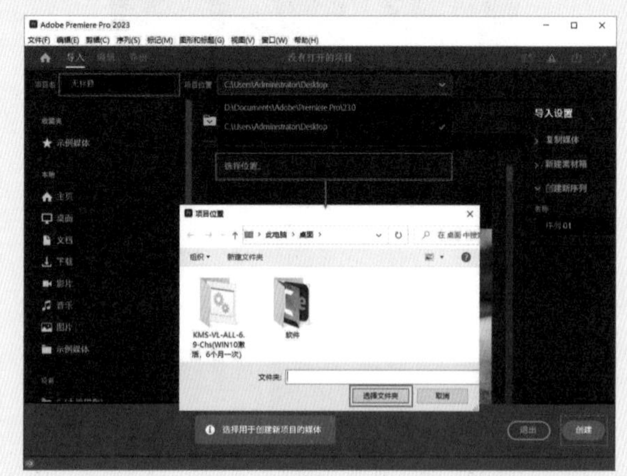

图10-166

02 在“项目”面板空白处双击，选择所需的“01.jpg”“02.png”～“11.png”素材文件，最后单击“打开”按钮，将它们进行导入，如图10-167所示。

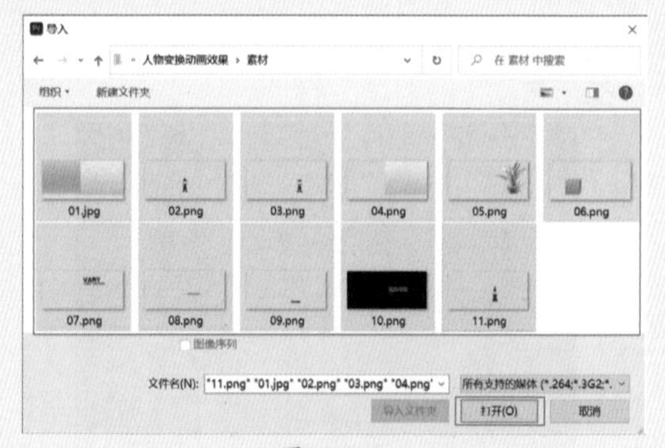

图10-167

03 选择“项目”面板中的所有素材文件，并按住鼠标左键将它们拖曳到轨道上，如图10-168所示。

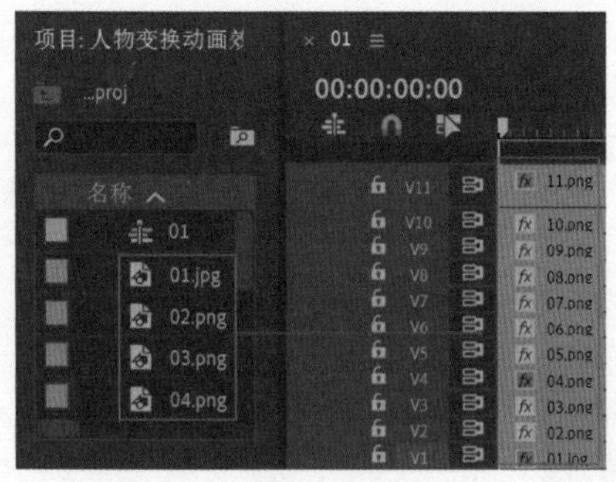

图10-168

04 选择V2轨道上的“02.png”素材文件，将时间滑块拖动到20帧的位置，在“效果控件”面板中展开“运动”效果，单击“位置”前面的⏱，创建关键帧，并设置“位置”为（644.0,300.0）、“不透明度”为100.0%，如图10-169所示；将时间滑块拖动到1秒10帧的位置，设置“位置”为（304.0,300.0）；将时间滑块拖动到1秒15帧的位置，设置“不透明度”为100.0%。

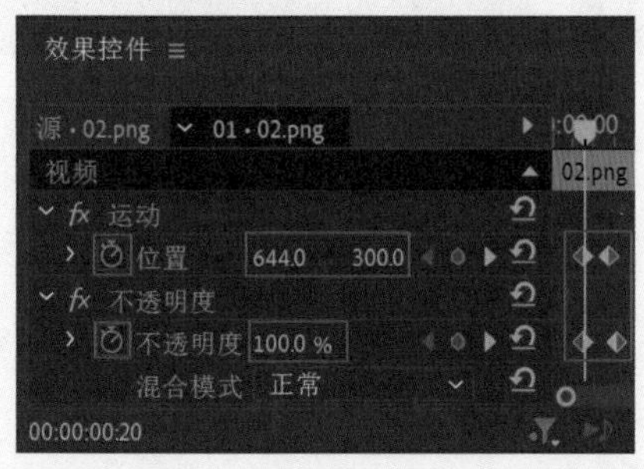

图10-169

05 选择V3轨道上的“03.png”素材文件，将时间滑块拖动到20帧的位置，在“效果控件”面板中设置“不透明度”为0.0%，如图10-170所示；将时间滑块拖动到1秒10帧的位置，设置“不透明度”为100.0%；将时间滑块拖动到1秒15帧的位置，单击“位置”前面的⏱，创建关键帧，并设置“位置”为（126.0,300.0）、“不透明度”为0.0%；将时间滑块拖动到3秒的位置，设置“位置”为（–266.0,300.0）、“不透明度”为0.0%。

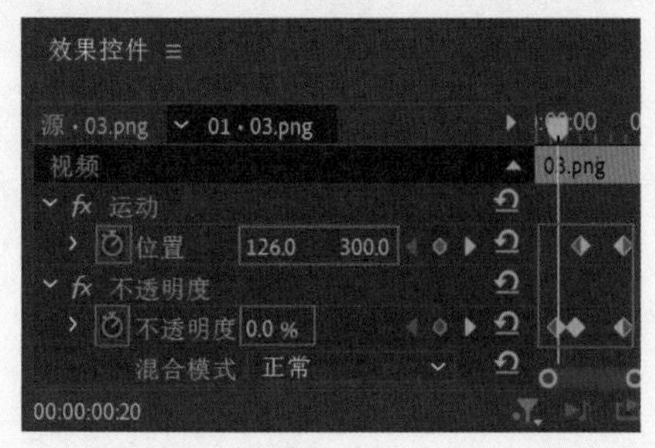

图10-170

06 选择V5轨道上的“05.png”素材文件，将时间滑块拖动到20帧的位置，在“效果控件”面板中单击“位置”前面的⏱，创建关键帧，并设置“位置”为（644.0,908.0），如图10-171所示；将时间滑块拖动到1秒10帧的位置，设置“位置”为（644.0,300.0）。

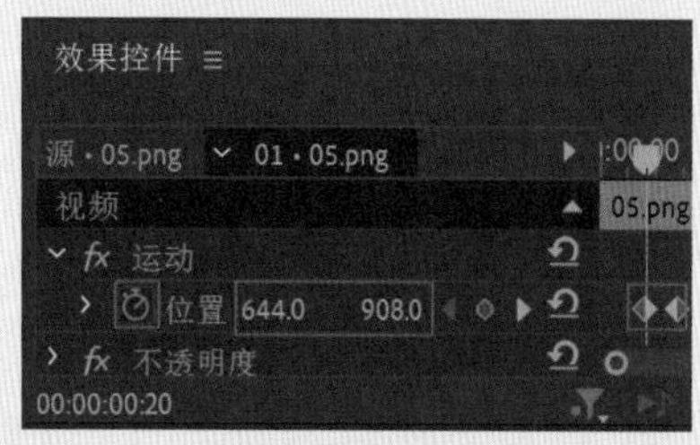

图10-171

07 选择V6轨道上的“06.png”素材文件，将时间滑块拖动到初始位置，在“效果控件”面板中单击“位置”前面的⏱，创建关键帧，并设置“位置”为（139.0,300.0）；将时间滑块拖动到20帧的位置，设置“位置”为（644.0,300.0），如图10-172所示。

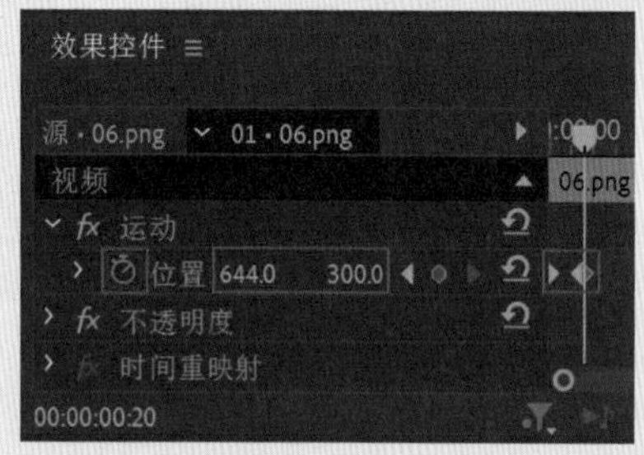

图10-172

08 选择V7轨道上的“07.png”素材文件，将时间滑块拖动到1秒10帧的位置，在“效果控件”面板中单击“位置”前面的⏱，创建关键帧，并设置“位置”为（644.0,75.0），如图10-173所示；将时间滑块拖动到2秒的位置，设置“位置”为（644.0,300.0）。

图10-173

09 选择V8轨道上的“08.png”素材文件，将时间滑块拖动到2秒的位置，在“效果控件”面板中单击“位置”前面的⏱，创建关键帧，并设置“位置”为（644.0,536.0），如图10-174所示；将时间滑块拖动到2秒20帧的位置，设置“位置”为（644.0,300.0）。

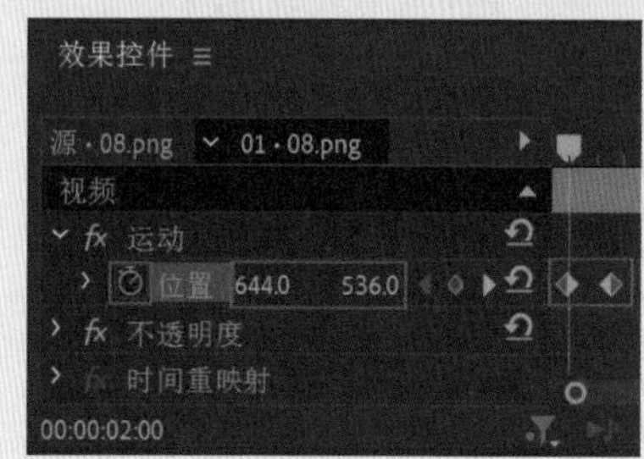

图10-174

10 选择V9轨道上的“09.png”素材文件，将时间滑块拖动到2秒的位置，在“效果控件”面板中设置“不透明度”为0.0%，如图10-175所示；将时间滑块拖动到2秒15帧的位置，设置“不透明度”为100.0%。

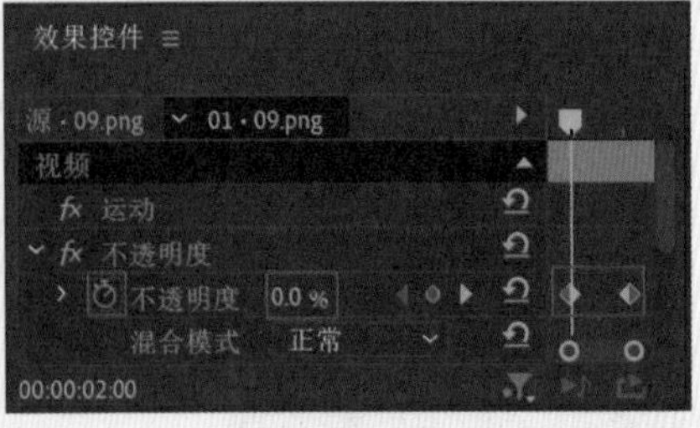

图10-175

11 选择V10轨道上的“10.png”素材文件，在“效果控件”面板中设置“位置”和“锚点”均为（824.6,300.9）。将时间滑块拖动到2秒15帧的位置，单击“缩放”前面的⏱，创建关键帧，并设置“缩放”为0.0；将时间滑块拖动到3秒05帧的位置，设置“缩放”为100.0。如图10-176所示。

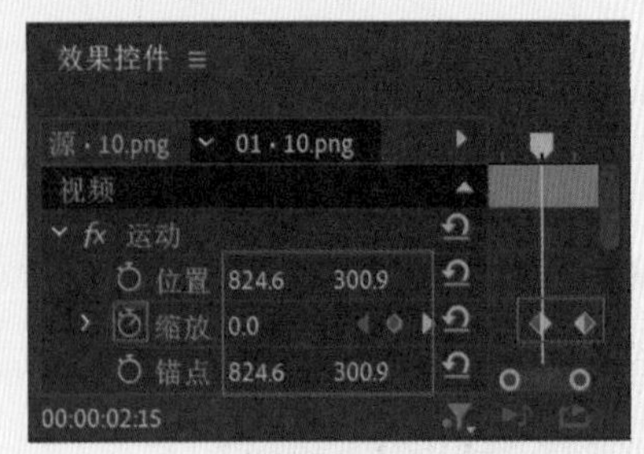

图10-176

12 在“效果”面板中搜索“投影”效果，并按住鼠标左键将其拖曳到“11.png”素材文件上，如图10-177所示。

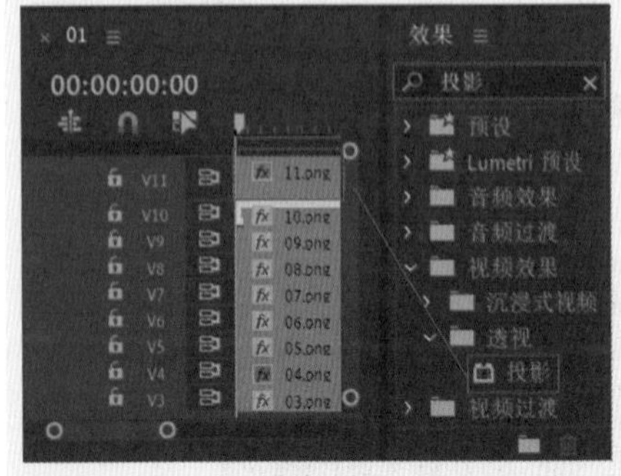

图10-177

13 选择V11轨道上的“11.png”素材文件，在“效果控件”面板中设置“混合模式”为“强光”，接着展开“投影”效果，并设置“不透明度”为33.0%、“方向”为98.0°、“距离”为15.0、“柔和度”为23.0，如图10-178所示。

14 选择V11轨道上的“11.png”素材文件，在“效果控件”面板中设置“位置”为（268.0,366.0）、“设置“缩放”为80.0”将时间滑块拖动到3秒05帧的位置，设置“不透明度”为0.0%，如图10-179所示；将时间滑块拖动到3秒20帧的位置，设置“不透明度”为100.0%。

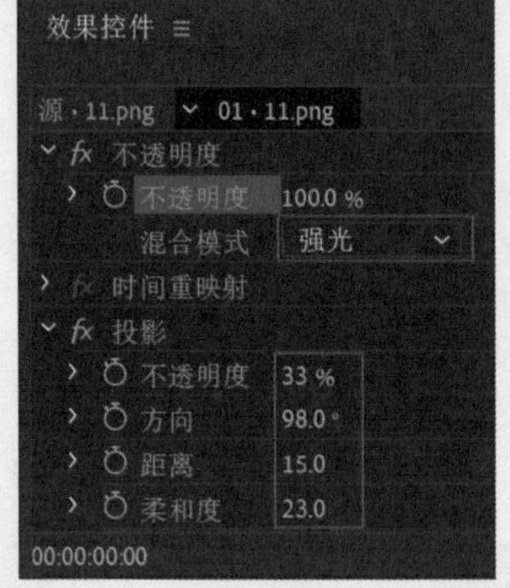

图10-178

图10-179

15 拖动时间滑块查看效果，如图10-180所示。

图10-180

实例204 天空文字动画效果

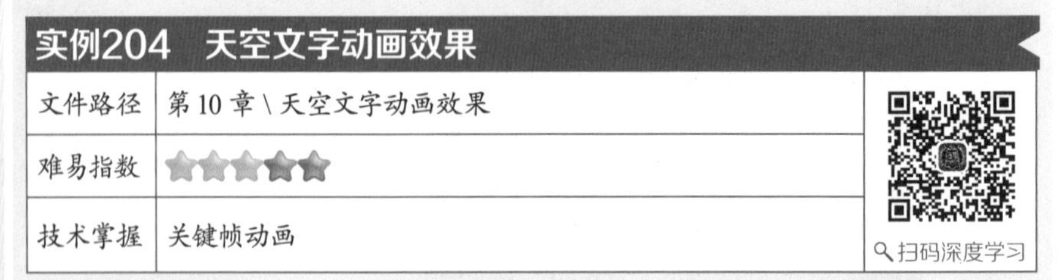

文件路径	第 10 章 \ 天空文字动画效果
难易指数	★★★★★
技术掌握	关键帧动画

扫码深度学习

操作思路

本实例讲解在Premiere Pro中为位置、缩放、不透明度属性创建关键帧动画，制作天空文字动画效果。

操作步骤

01 在菜单栏中执行“文件”|“新建”|“项目”命令或使用快捷键Ctrl+Alt+N，在弹出的“新建项目”对话框中设置合适的文件名称，单击

"位置"右侧的"浏览"按钮，弹出"项目位置"对话框，单击"选择文件夹"按钮，为项目选择合适的路径文件夹。在"新建项目"对话框中单击"创建"按钮，如图10-181所示。

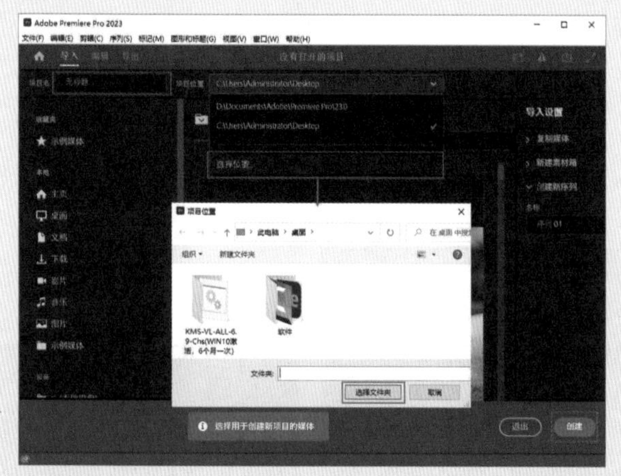

图10-181

02 在"项目"面板空白处双击，选择所需的"01.png"～"08.png"和"背景.jpg"素材文件，最后单击"打开"按钮，将它们进行导入，如图10-182所示。

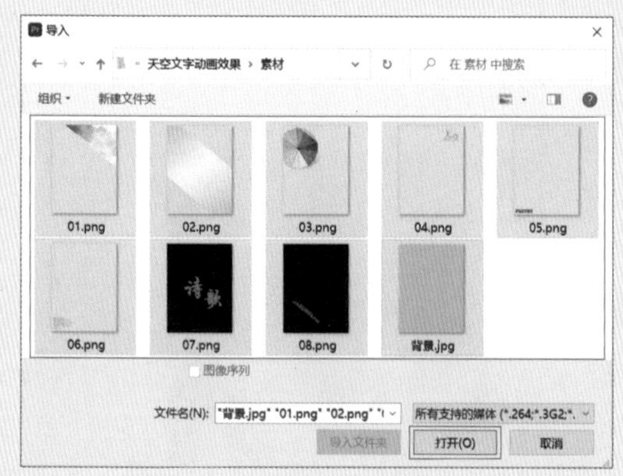

图10-182

03 选择"项目"面板中的所有素材文件，并按住鼠标左键将它们拖曳到轨道上，如图10-183所示。

图10-183

04 选择V2轨道上的"01.png"素材文件，将时间滑块拖动到初始位置，在"效果控件"面板中展开"运动"效果，单击"位置"前面的，创建关键帧，并设置"位置"为（355.2,102.1），并在"不透明度"下方设置"混合模式"为"叠加"，如图10-184所示；将时间滑块拖动到1秒的位置，设置"位置"为（220.0,293.0）。

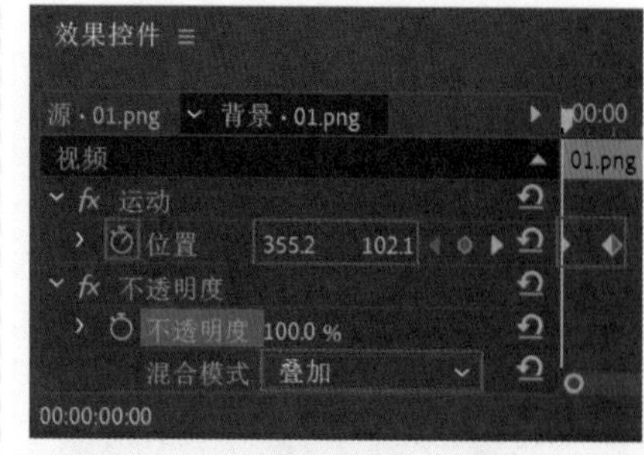

图10-184

05 选择V3轨道上的"02.png"素材文件，将时间滑块拖动到1秒的位置，在"效果控件"面板中单击"位置"前面的，创建关键帧，并设置"位置"为（–105.7,732.0），如图10-185所示；将时间滑块拖动到1秒20帧的位置，设置"位置"为（220.0,293.0）。

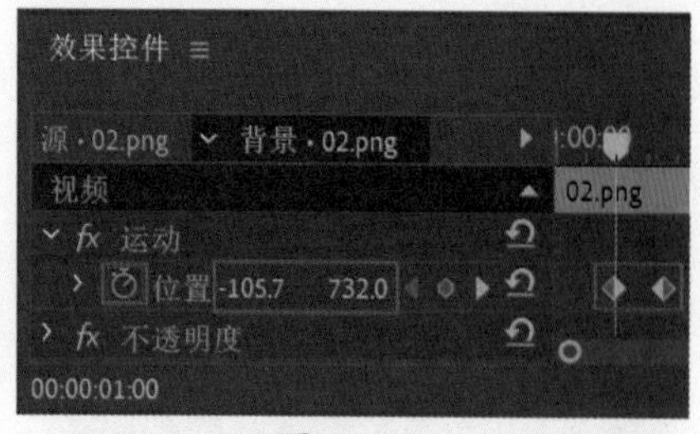

图10-185

06 选择V4轨道上的"03.png"素材文件，将时间滑块拖动到1秒20帧的位置，在"效果控件"面板中单击"位置"前面的，创建关键帧，并设置"位置"为（–23.8,90.7），如图10-186所示；将时间滑块拖动到2秒10帧的位置，设置"位置"为（220.0,293.0）。

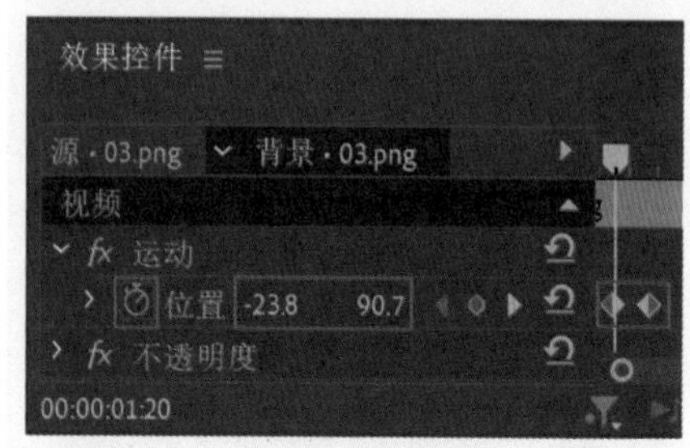

图10-186

07 选择V5轨道上的"04.png"素材文件，将时间滑块拖动到2秒10帧的位置，在"效果控件"面板中单击“位置”前面的◙，创建关键帧，并设置“位置”为（382.0,293.0），如图10-187所示；将时间滑块拖动到3秒的位置，设置“位置”为（220.0,293.0）。

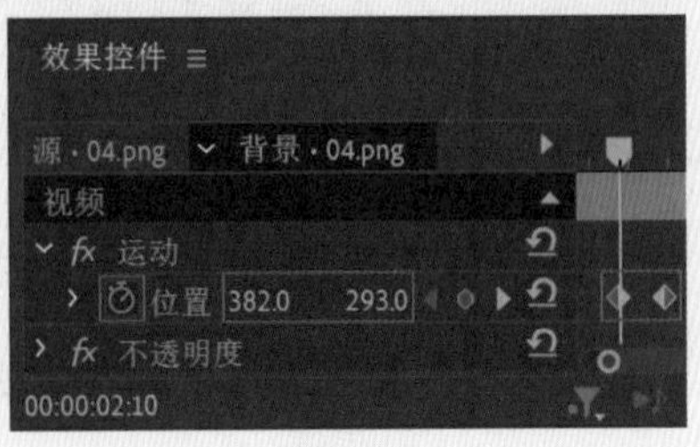

图10-187

08 选择V6轨道上的“05.png”素材文件，将时间滑块拖动到3秒的位置，在“效果控件”面板中单击“位置”前面的◙，创建关键帧，并设置“位置”为（220.0,330.0），如图10-188所示；将时间滑块拖动到3秒15帧的位置，设置“位置”为（220.0,293.0），并在“不透明度”下方设置“混合模式”为“相减”。

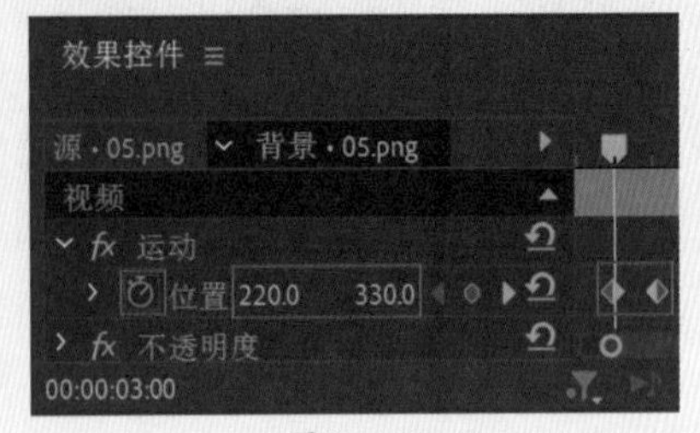

图10-188

09 选择V7轨道上的“06.png”素材文件，将时间滑块拖动到3秒15帧的位置，在“效果控件”面板中单击“位置”前面的◙，创建关键帧，并设置“位置”为（62.0,293.0），如图10-189所示；将时间滑块拖动到4秒的位置，设置“位置”为（220.0,293.0），并在“不透明度”下方设置“混合模式”为“排除”。

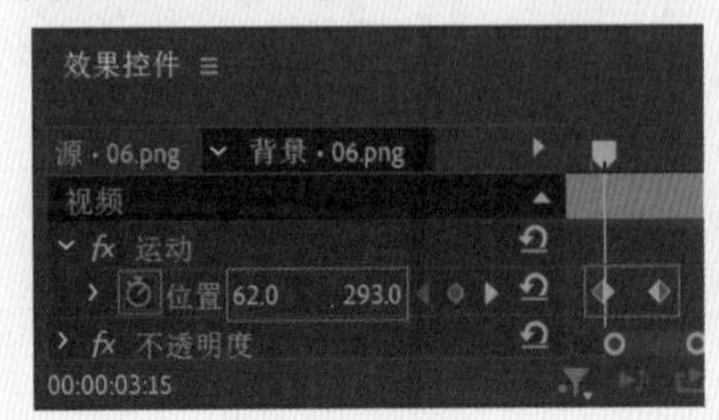

图10-189

10 选择V8轨道上的“07.png”素材文件，在“效果控件”面板中设置“位置”和“锚点”均为（249.5,320.7）。将时间滑块拖动到4秒的位置，单击“缩放”和“不透明度”前面的◙，创建关键帧，并设置“缩放”为0.0、“不透明度”为0.0%，设置“混合模式”为“差值”，如图10-190所示；将时间滑块拖动到4秒15帧的位置，设置“缩放”为100.0、“不透明度”为100.0%。

11 选择V9轨道上的“08.png”素材文件，将时间滑块拖动到4秒的位置，在“效果控件”面板中单击“不透明度”前面的◙，创建关键帧，并设置“不透明度”为0.0%，如图10-191所示；将时间滑块拖动到4秒15帧的位置，设置“不透明度”为100.0%。

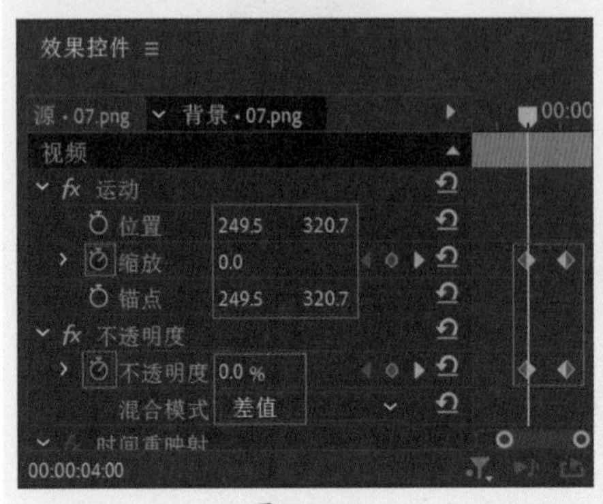

图10-190

图10-191

12 拖动时间滑块查看效果，如图10-192所示。

图10-192

实例205 鲜花动画效果

文件路径	第10章\鲜花动画效果
难易指数	★★★★★
技术掌握	●“投影”效果　　● 关键帧动画

扫码深度学习

操作思路

本实例讲解在Premiere Pro中为位置、缩放、旋转、不透明度属性添加关键帧动画，并添加“投影”效果制作阴影。

操作步骤

01 在菜单栏中执行“文件”|“新建”|“项目”命令或使用快捷键Ctrl+Alt+N，在弹出的“新建项目”对话框中设置合适的文件名称，单击

“位置”右侧的“浏览”按钮，弹出“项目位置”对话框，单击“选择文件夹”按钮，为项目选择合适的路径文件夹。在“新建项目”对话框中单击“创建”按钮，如图10-193所示。

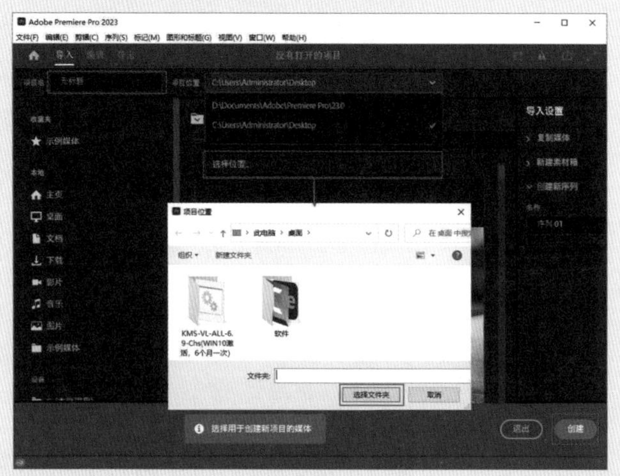

图10-193

02在“项目”面板空白处单击鼠标右键，在弹出的快捷菜单中执行“新建项目”|“序列”命令。接着在弹出的“新建序列”对话框中选择DV-PAL文件夹下的“标准48kHz”，如图10-194所示。

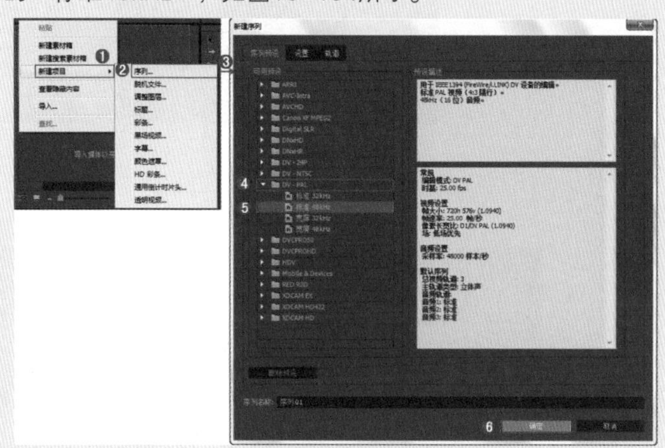

图10-194

03在“项目”面板空白处双击，选择所需的“01.png”~“05.png”和“背景.jpg”素材文件，最后单击“打开”按钮，将它们进行导入，如图10-195所示。

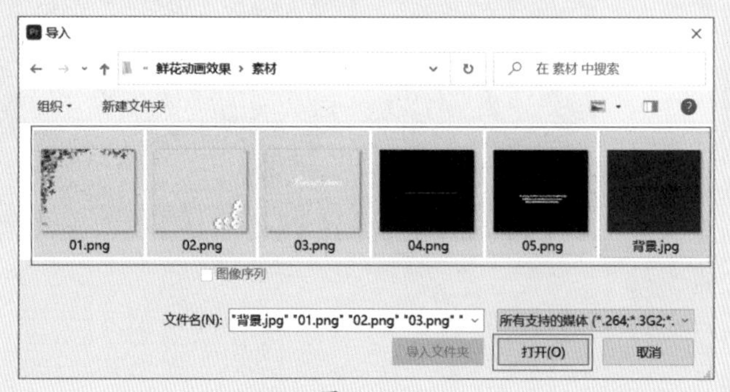

图10-195

04选择“项目”面板中的所有素材文件，并按住鼠标左键将它们拖曳到轨道上，如图10-196所示。

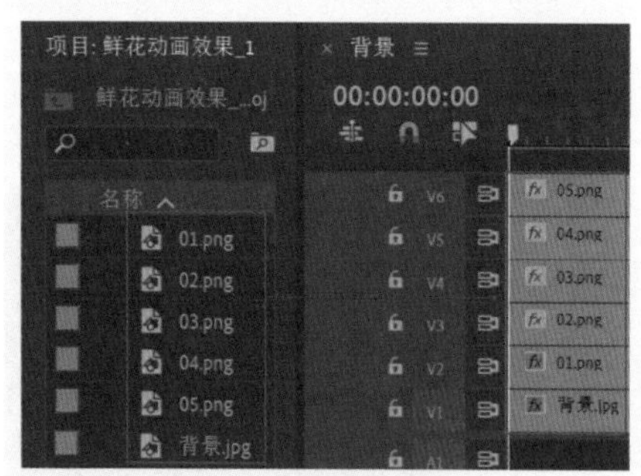

图10-196

05在“效果”面板中搜索“投影”效果，并按住鼠标左键将其拖曳到“01.png”素材文件上，如图10-197所示。

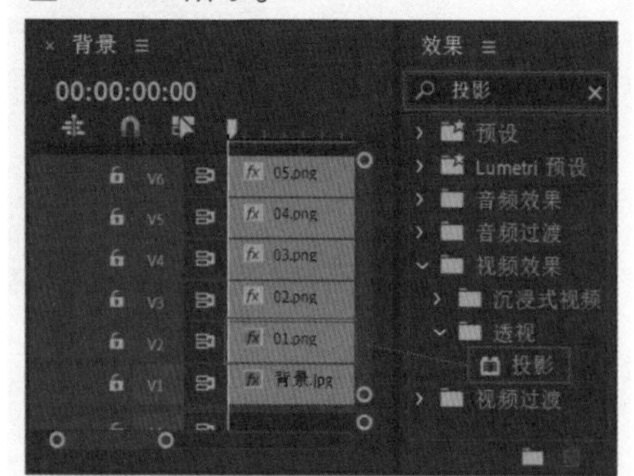

图10-197

06选择V2轨道上的“01.png”素材文件，在“效果控件”面板中展开“投影”效果，并设置“距离”为11.0、“柔和度”为17.0，如图10-198所示。

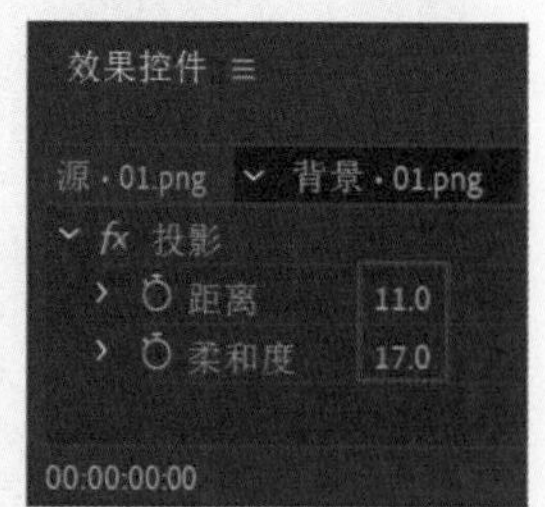

图10-198

07选择V2轨道上的“01.png”素材文件，将时间滑块拖动到初始位置，在“效果控件”面板中单击“不透明度”前面的◙，创建关键帧，并设置“不透明度”为0.0%，如图10-199所示；将时间滑块拖动到1秒的位置，设置“不透明度”为100.0%。

08选择V3轨道上的“02.png”素材文件，将时间滑块拖动到1秒的位置，在“效果控件”面板中单击“位置”前面的◙，创建关键帧，并设置“位置”为（505.2,429.8），再设置“混合模式”为“线性加深”，如图10-200所示；将时间滑块拖动到2秒的位置，设置“位置”为（366.5,311.5）。

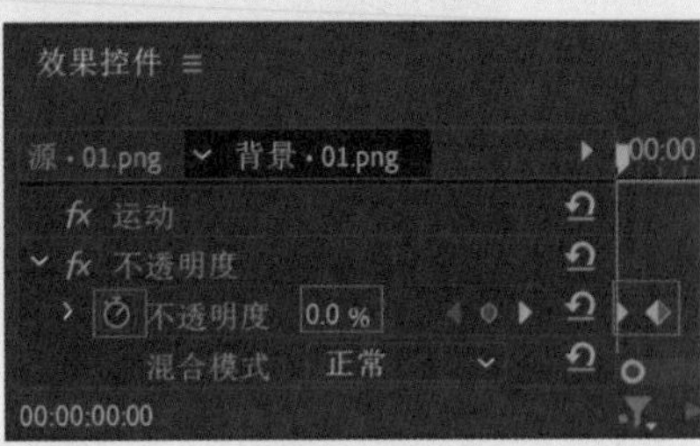

图10-199

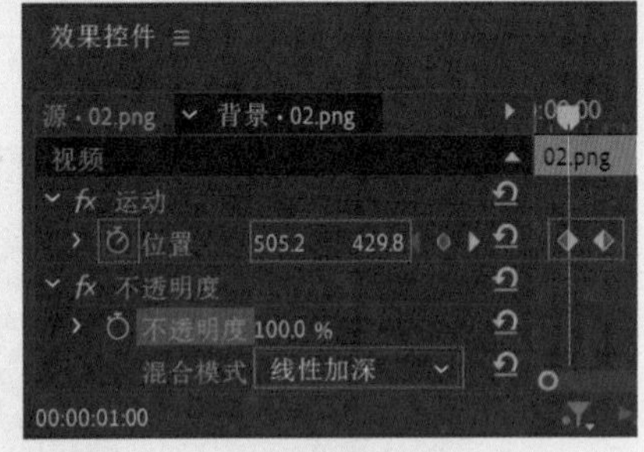

图10-200

09 选择V4轨道上的“03.png”素材文件，在“效果控件”面板中设置“位置”为（370.4,257.1）；将时间滑块拖动到2秒的位置，单击“缩放”“旋转”和“不透明度”前面的◙，创建关键帧，并设置“缩放”为0.0、“旋转”为0.0°、“不透明度”为0.0%，如图10-201所示；将时间滑块拖动到3秒的位置，设置“缩放”为100.0、“旋转”为0.0°、“不透明度”为100.0%。

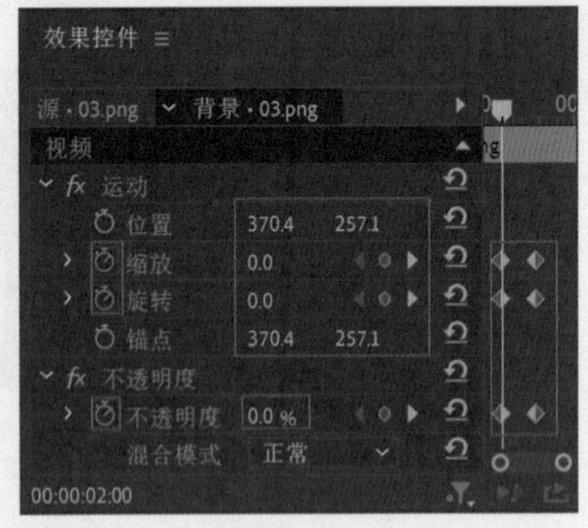

图10-201

10 选择V5轨道上的“04.png”素材文件，将时间滑块拖动到3秒的位置，在“效果控件”面板中单击“位置”前面的◙，创建关键帧，并设置“位置”为（-229.5,311.5），如图10-202所示；将时间滑块拖动到3秒15帧的位置，设置“位置”为（366.5,311.5）。

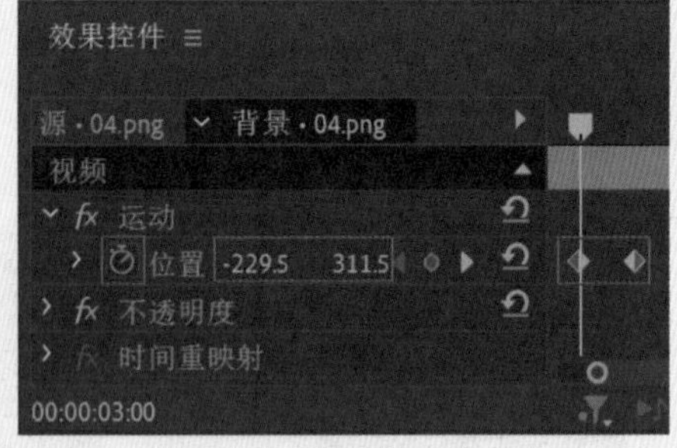

图10-202

11 选择V6轨道上的“05.png”素材文件，将时间滑块拖动到3秒15帧的位置，在“效果控件”面板中单击“位置”和“不透明度”前面的◙，创建关键帧，并设置“位置”为（366.5,592.5）、“不透明度”为0.0%，如图10-203所示；将时间滑块拖动到4秒10帧的位置，设置“位置”为（366.5,311.5）、“不透明度”为100.0%。

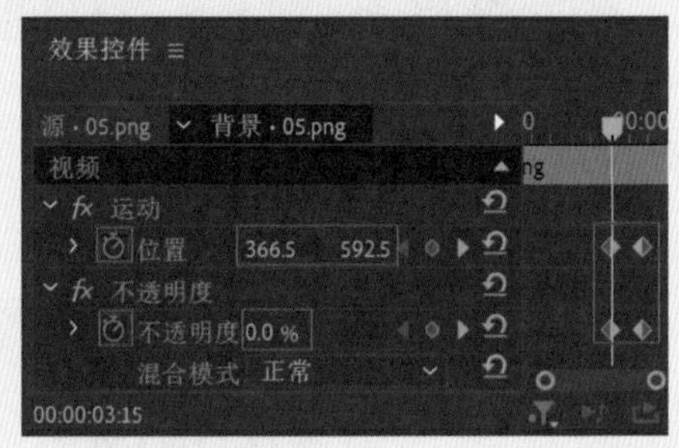

图10-203

12 拖动时间滑块查看效果，如图10-204所示。

图10-204

第11章

输出作品

本章概述

渲染输出是指在 Premiere Pro中将完成的工程文件生成最终影片的过程。因为 Premiere Pro的源文件无法在电视、电影、广告、播放器中播放使用，因此需要根据实际情况，选择不同的格式进行输出。

本章重点

- 输出视频作品
- 输出音频作品
- 输出图片和序列作品

实例206　输出AVI视频文件

文件路径	第 11 章 \ 输出 AVI 视频文件
难易指数	★★★★★
技术掌握	“媒体”命令

扫码深度学习

操作思路

本实例讲解在Premiere Pro中使用“媒体”命令输出AVI格式的视频文件。

操作步骤

01 打开“01.prproj”素材文件，如图11-1所示。

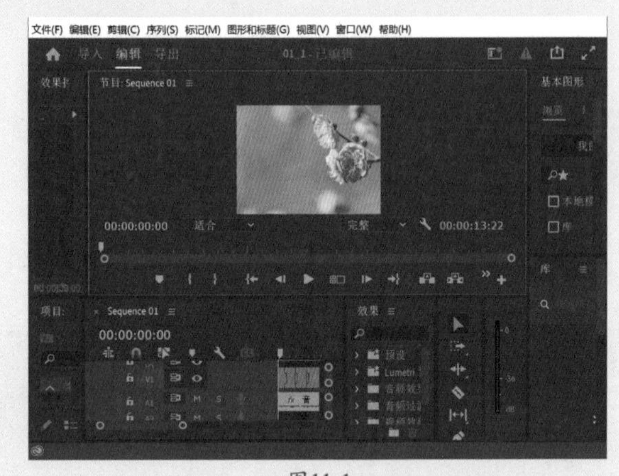

图11-1

02 选中“时间轴”面板，然后在菜单栏中执行“文件”|“导出”|“媒体”命令，或者按快捷键Ctrl+M，如图11-2所示。

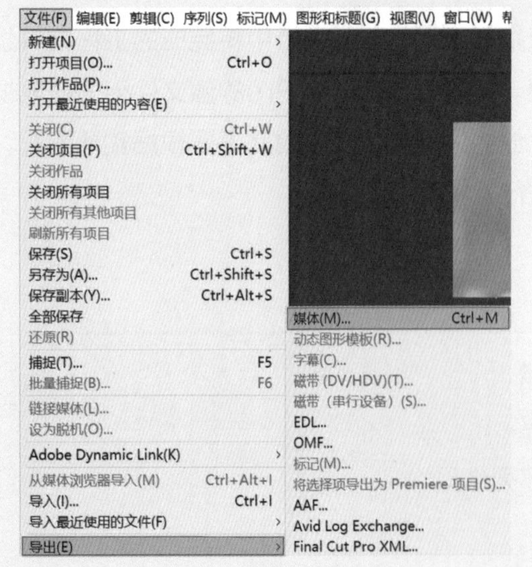

图11-2

03 在弹出的“导出”面板中设置“格式”为AVI。然后单击“位置”后面的 C:\User...出作品\输出AVI视频文件\ ，如图11-3所示。在弹出的“另存为”对话框中设置保存路径和文件名称，并单击“保存”按钮，如图11-4所示。

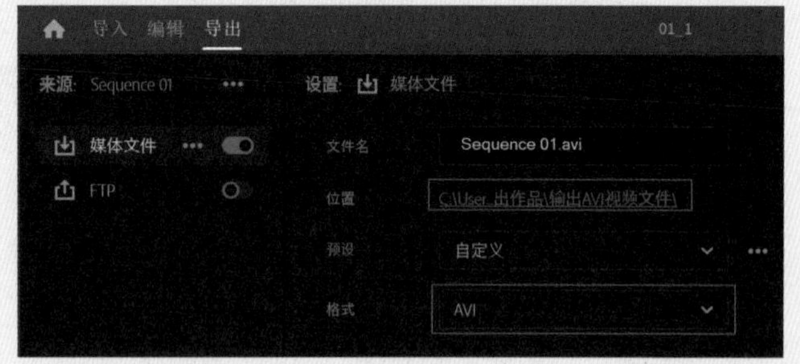

图11-3

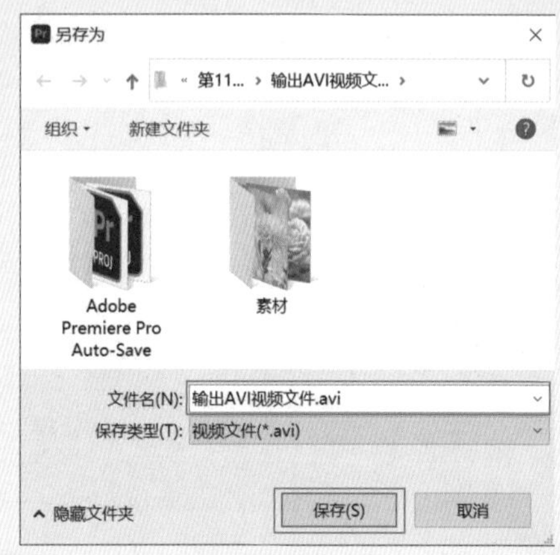

图11-4

04 在“导出”面板中设置“视频”选项中的“视频编解码器”为Microsoft Video 1、“场序”为“逐行”，并且勾选“使用最高渲染质量”复选框。接着单击“导出”按钮，即可开始渲染，如图11-5所示。

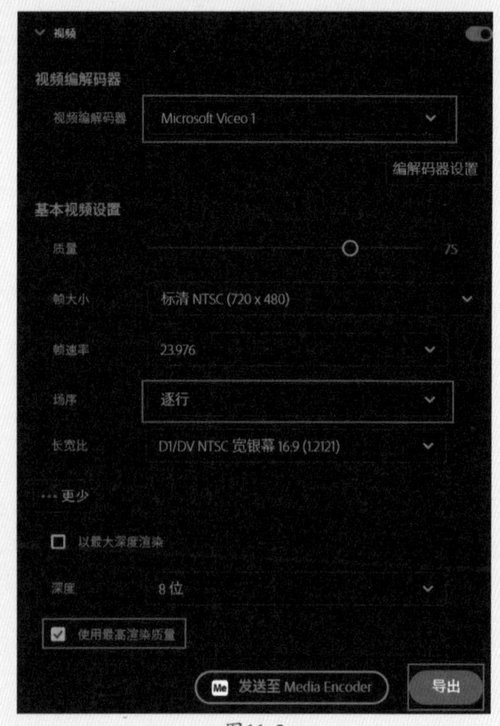

图11-5

05 在弹出的提示框中会显示渲染进度，如图11-6所示。渲染完成后，在设置的保存路径下出现了AVI格式的视频文件，如图11-7所示。

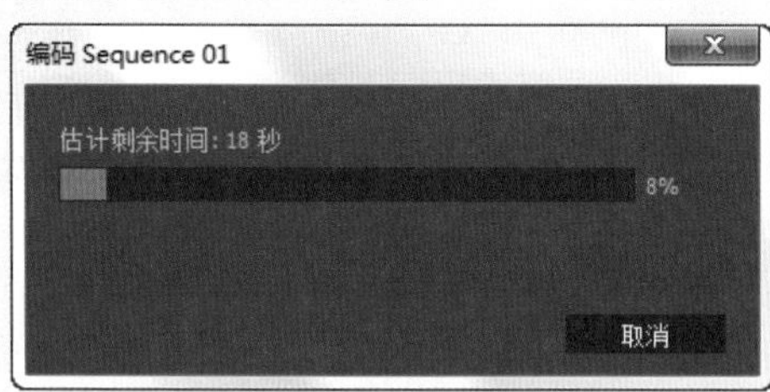

图11-6

图11-7

提示 为什么在输出的时候会提示磁盘空间不足

现在的硬盘支持的单个文件的大小最大为4GB，一般输出AVI格式的文件很容易超过这个范围，把硬盘分区改成NTFS格式就可以解决此问题了。

提示 为什么输出几秒的AVI格式视频文件会那么大

AVI是一种无损的压缩模式，文件会很大。如果选择无压缩的AVI输出，文件会更大。所以如果需要视频小一些，可以降低参数、输出为其他格式，或者输出完成后使用视频转换软件将其转换得小一些。

实例207 输出DPX格式文件

文件路径	第 11 章 \ 输出 DPX 格式文件
难易指数	★★★★★
技术掌握	"媒体"命令

扫码深度学习

操作思路

本实例讲解在Premiere Pro中使用"媒体"命令，输出DPX格式的文件。

操作步骤

01 打开"02.prproj"素材文件，如图11-8所示。

图11-8

02 选中"时间轴"面板，然后在菜单栏中执行"文件"|"导出"|"媒体"命令，或者按快捷键Ctrl+M，如图11-9所示。

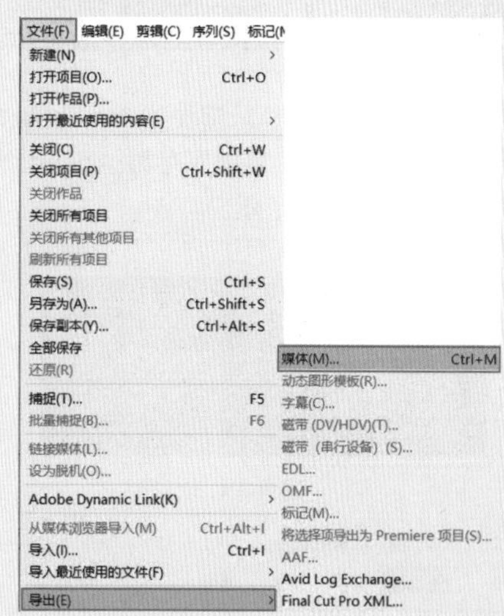

图11-9

03 在弹出的"导出"面板中设置"格式"为DPX、"预设"为"自定义"。然后单击"位置"后面的保存路径，如图11-10所示。在弹出的"另存为"对话框中设置保存路径和文件名称，并单击"保存"按钮，如图11-11所示。

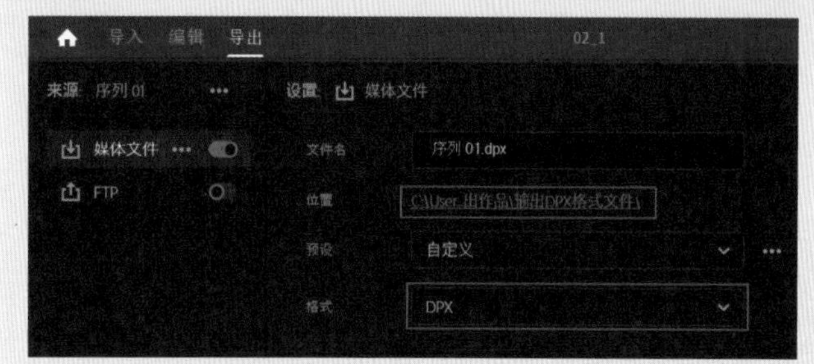

图11-10

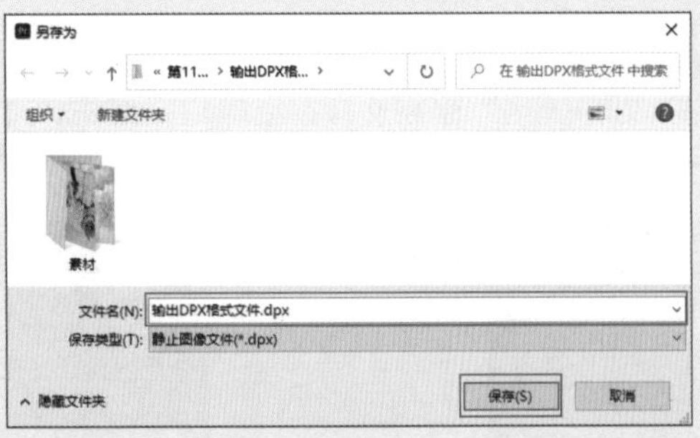

图11-11

04 在“导出”面板的“视频”选项中勾选“以最大深度渲染”复选框，单击“导出”按钮，即可开始渲染，如图11-12所示。

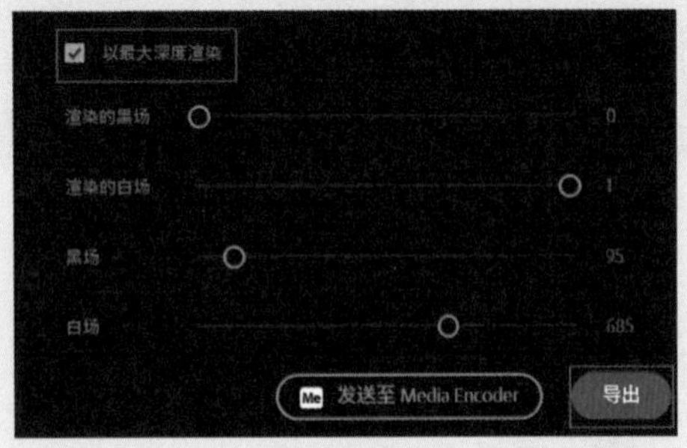

图11-12

05 在弹出的提示框中会显示渲染进度，如图11-13所示。渲染完成后，在设置的保存路径下出现了DPX格式的视频文件，如图11-14所示。

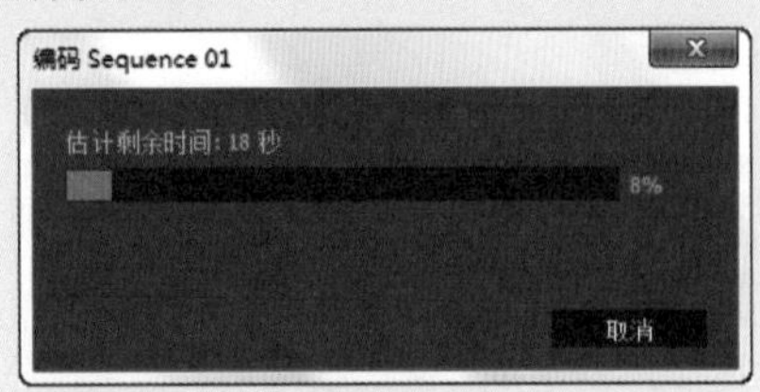

图11-13

图11-14

提示

为什么输出DPX格式文件

DPX文件格式通常用于高质量的视频合成、数字电影和胶片电影等。

实例208 输出GIF动画文件

文件路径	第 11 章 \ 输出 GIF 动画文件
难易指数	★★★★★
技术掌握	“媒体”命令

扫码深度学习

操作思路

本实例讲解在Premiere Pro中使用“媒体”命令，输出GIF格式的动画文件。

操作步骤

01 打开“03.prproj”素材文件，如图11-15所示。

图11-15

02 选中“时间轴”面板，然后在菜单栏中执行“文件”|“导出”|“媒体”命令，或者按快捷键Ctrl+M，如图11-16所示。

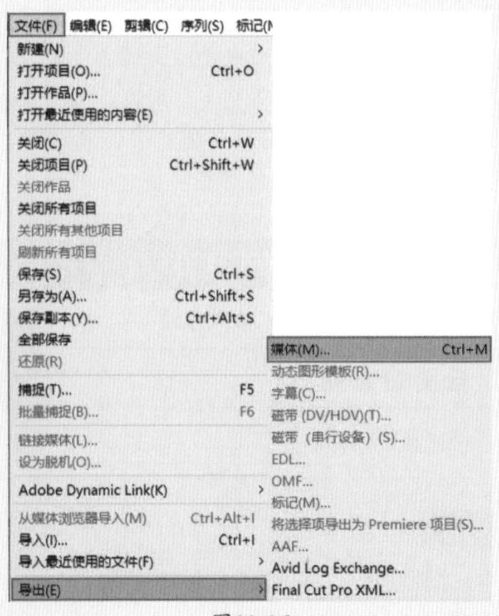

图11-16

03 在弹出的“导出”面板中设置“格式”为GIF，然后单击“位置”后面的 C:\User...出作品\输出GIF动画文件\ ，设置保存路径和文件名称。接着单击“导出”按钮，如图11–17所示。

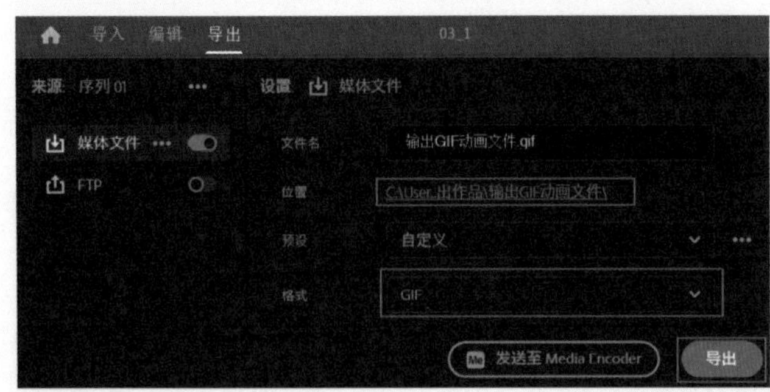

图11-17

04 在输出完成后，在设置的保存路径下出现了GIF文件，如图11–18所示。

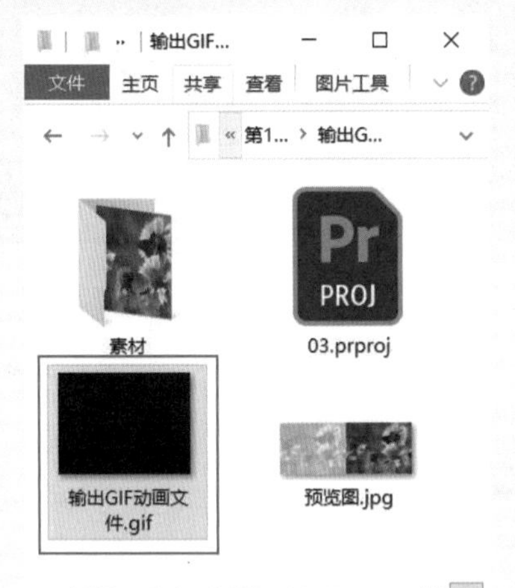

图11-18

实例209 输出H.264格式文件

文件路径	第 11 章 \ 输出 H.264 格式文件
难易指数	★★★★★
技术掌握	“媒体”命令

扫码深度学习

操作思路

本实例讲解在Premiere Pro中使用“媒体”命令，输出MP4格式的视频文件。

操作步骤

01 打开“04.prproj”素材文件，如图11–19所示。

02 选中“时间轴”面板，然后在菜单栏中执行“文件”|“导出”|“媒体”命令，或者按快捷键Ctrl+M，如图11–20所示。

图11-19

图11-20

03 在弹出的“导出”面板中设置“格式”为“H.264”、“预设”为“自定义”。接着单击“位置”后面的 C:\User...作品\输出H.264格式文件\ ，如图11–21所示。在弹出的“另存为”对话框中设置保存路径和文件名称，并单击“保存”按钮，如图11–22所示。

图11-21

图11-22

04 在“导出”面板的“视频”选项中勾选“使用最高渲染质量”复选框，接着单击“导出”按钮，即可开始渲染，如图11-23所示。

图11-23

05 在弹出的提示框中会显示渲染进度，如图11-24所示。渲染完成后，在设置的保存路径下出现了MP4格式的视频文件，如图11-25所示。

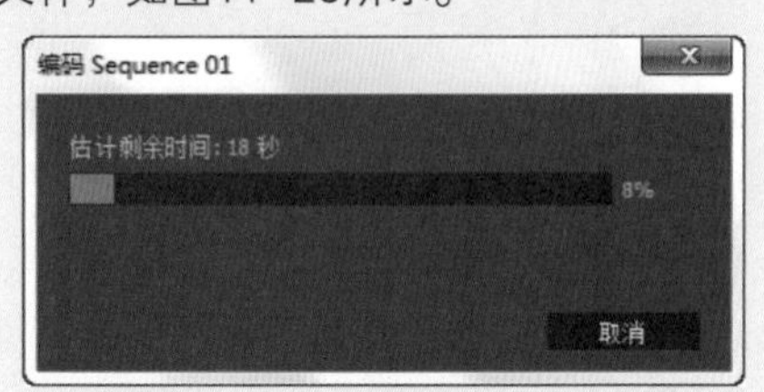

图11-24

图11-25

> **提示** **为什么输出H.264格式文件**
>
> H.264格式是MPEG-4标准所定义的最新格式，同时也是技术含量最高、代表最新技术水平的视频编码格式之一，有的也称AVC。

实例210 输出QuickTime文件

文件路径	第11章\输出QuickTime文件	扫码深度学习
难易指数	★★★★★	
技术掌握	“媒体”命令	

操作思路

本实例讲解在Premiere Pro中使用“媒体”命令，输出MOV格式的视频文件。

操作步骤

01 打开“05.prproj”素材文件，如图11-26所示。

图11-26

02 选中“时间轴”面板，然后在菜单栏中执行“文件”|“导出”|“媒体”命令，或者按快捷键Ctrl+M，如图11-27所示。

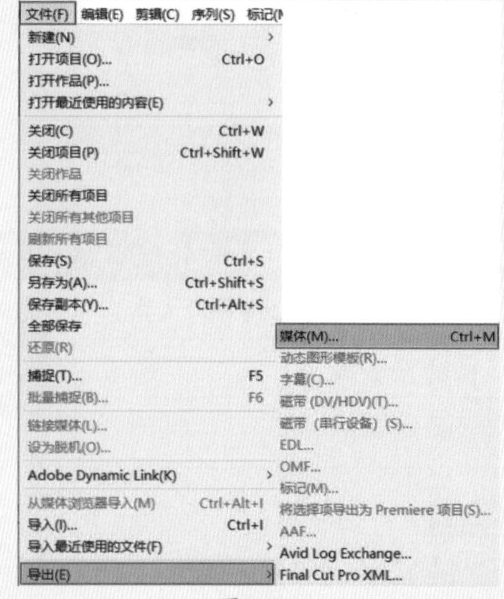

图11-27

03 在弹出的“导出”面板中设置“格式”为QuickTime，接着单击“位置”后面的 C:\User\作品\输出QuickTime文件 ，设置保存路径和文件名称。在“视频”选项中勾选“使用最高渲染质量”复选框，最后单击“导出”按钮，如图11-28所示。

04 等待视频输出完成后，可以看到设置的保存路径下出现了“输出QuickTime文件.mov”文件，如图11-29所示。

图11-28

图11-29

实例211 输出TIFF格式文件

文件路径	第 11 章 \ 输出 TIFF 格式文件
难易指数	★★★★★
技术掌握	“媒体”命令

扫码深度学习

操作思路

本实例讲解在Premiere Pro中使用“媒体”命令，输出TIFF格式的文件。

操作步骤

01 打开“06.prproj”素材文件，如图11-30所示。

02 选中“时间轴”面板，然后在菜单栏中执行“文件”|“导出”|“媒体”命令，或者按快捷键Ctrl+M，如图11-31所示。

03 在弹出的“导出”面板中设置“格式”为TIFF、“预设”为“自定义”。接着单击“位置”后面的C:\User\出作品\输出TIFF格式文件\，如图11-32所示。在弹出的“另存为”对话框中设置保存路径和文件名称，并单击“保存”按钮，如图11-33所示。

图11-30

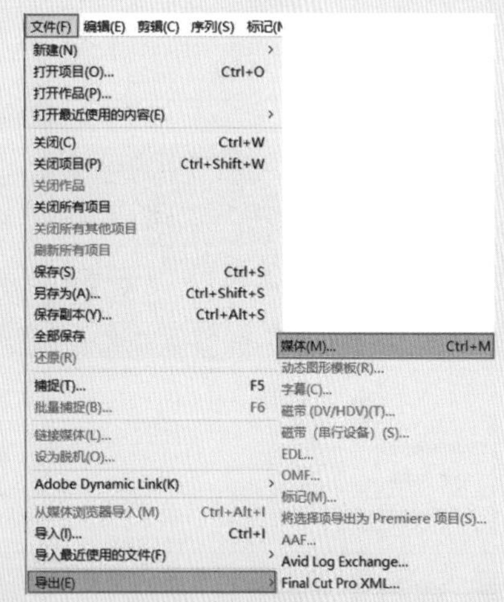

图11-31

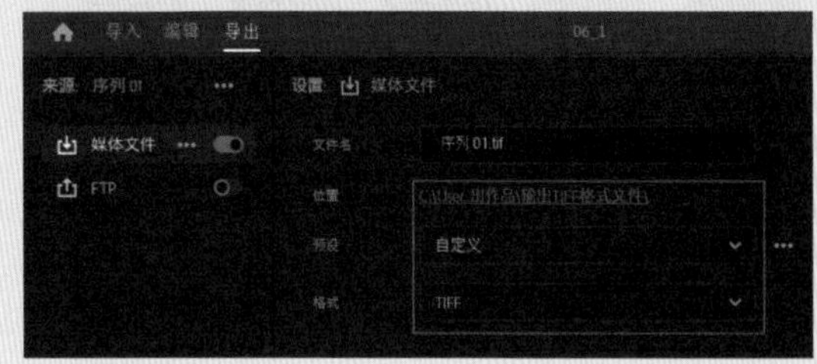

图11-32

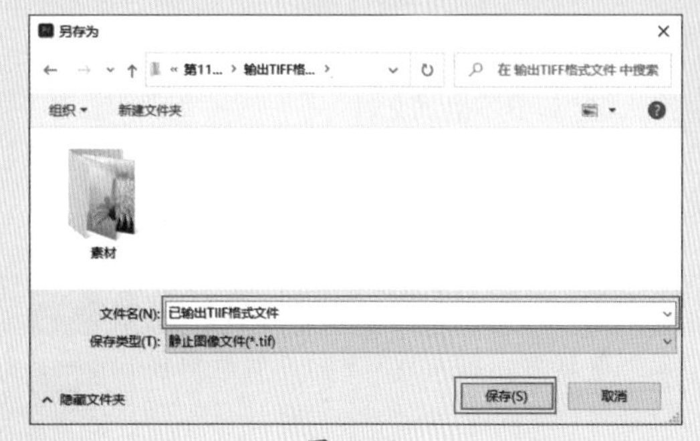

图11-33

04 接着单击“导出”按钮，即可开始渲染，如图11-34所示。

图11-34

05 在弹出的提示框中会显示渲染进度，如图11-35所示。渲染完成后，在设置的保存路径下出现了TIFF格式的图像文件，如图11-36所示。

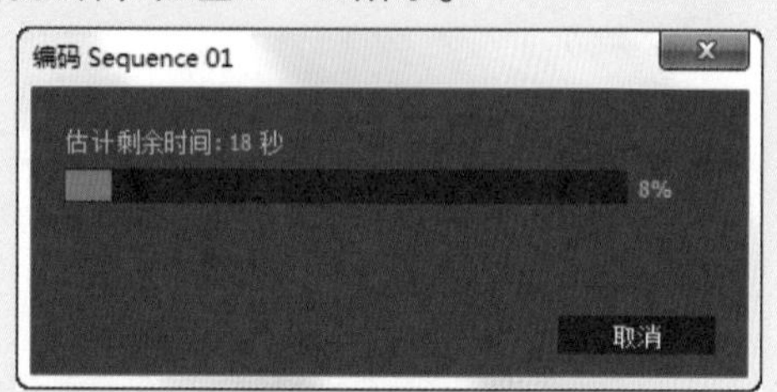

图11-35

图11-36

> **提示** 为什么输出TIFF格式文件
>
> TIFF格式文件可以制作出质量非常高的图像，多用于出版印刷。

实例212 输出WMV格式的流媒体文件

文件路径	第11章\输出WMV格式的流媒体文件	 扫码深度学习
难易指数	★★★★★	
技术掌握	“媒体”命令	

操作思路

本实例讲解在Premiere Pro中使用“媒体”命令，输出WMV格式的视频文件。

操作步骤

01 打开“07.prproj”素材文件，如图11-37所示。

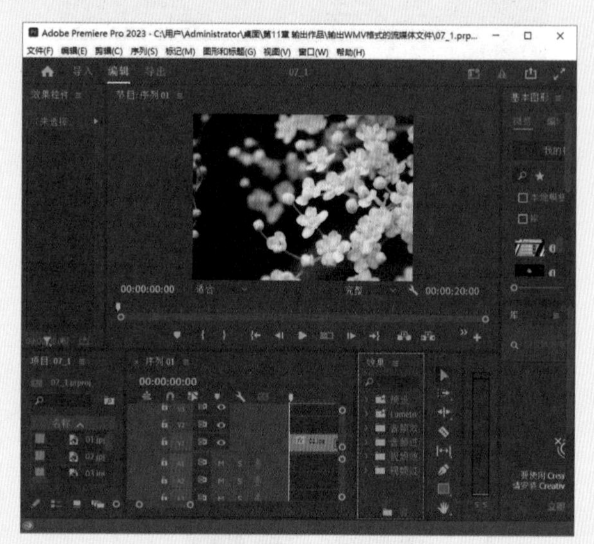

图11-37

02 选中“时间轴”面板，然后在菜单栏中执行“文件”|“导出”|“媒体”命令，或者按快捷键Ctrl+M，如图11-38所示。

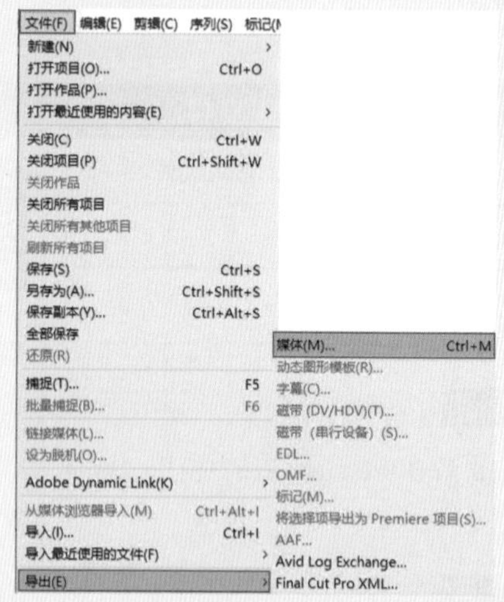

图11-38

03 在弹出的“导出”面板中设置“格式”为Windows Media，接着单击“位置”后面的C:\User...\出WMV格式的流媒体文件\，在弹出的“另存为”对话框中设置保存路径和文件名称，如图11-39和图11-40所示。

04 单击“导出”按钮，此时在弹出的提示框中会显示渲染进度，如图11-41所示。渲染完成后，在设置的保存路径下出现了WMV格式的视频文件，如图11-42所示。

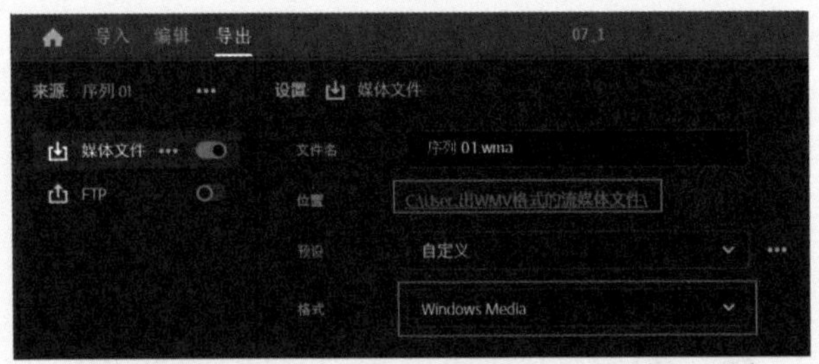

图11-39

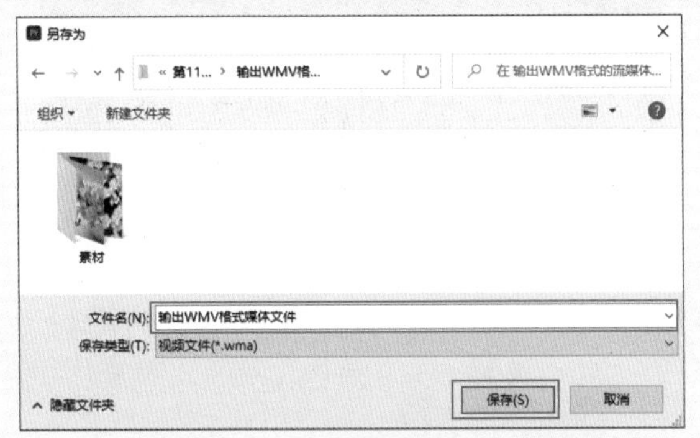

图11-40

图11-41

图11-42

提示

为什么在计算机上看视频有锯齿

一般计算机为逐行扫描，而DV拍摄的素材都是隔行的，所以在计算机上看，视频会有锯齿，刻成DVD在电视上看就不会出现这种问题了，当然如果想在计算机上看，视频没有锯齿，也可以在输出设置时改成逐行的。

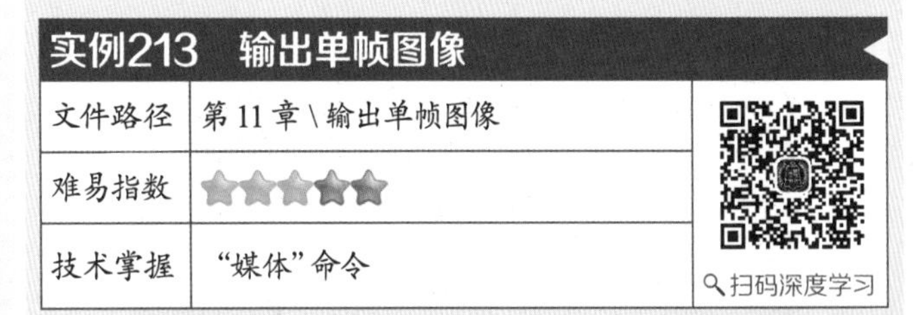

实例213 输出单帧图像

文件路径	第 11 章 \ 输出单帧图像
难易指数	★★★★★
技术掌握	“媒体”命令

扫码深度学习

操作思路

本实例讲解在Premiere Pro中使用“媒体”命令，输出BMP格式的图片文件。

操作步骤

01 打开“08.prproj”素材文件，如图11-43所示。

图11-43

02 选中“时间轴”面板，然后在菜单栏中执行“文件”|“导出”|“媒体”命令，或者按快捷键Ctrl+M，如图11-44所示。

图11-44

03 在弹出的“导出”面板中设置“格式”为BMP，接着单击“位置”后面的C:\User...输出作品\输出单帧图像\，设置保存路径和文件名称。接着取消勾选“视频”选项中的“导出为序列”复选框，并单击“导出”按钮，如图11-45所示。

图11-45

04 输出完成后，在设置的保存路径下出现了该单帧图像文件，如图11-46所示。

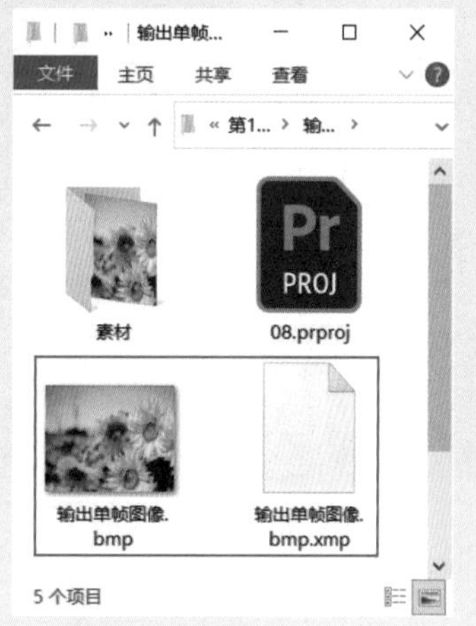

图11-46

提示 输出的单帧图像有哪些作用

输出的单帧图像就是一张静止的图片，可以对图像单独进行编辑操作。

连续的单帧图像就形成了动态效果，如电视图像等。帧数越多，所表现出的动作就会越流畅。所以可以将视频素材文件中某些连续的图像进行单帧图像输出，用于制作序列静帧图像效果。

实例214　输出静帧序列文件

文件路径	第 11 章 \ 输出静帧序列文件
难易指数	★★★★★
技术掌握	“媒体”命令

扫码深度学习

操作思路

本实例讲解在Premiere Pro中使用“媒体”命令，输出Targa格式的序列文件。

操作步骤

01 打开“09.prproj”素材文件，如图11-47所示。

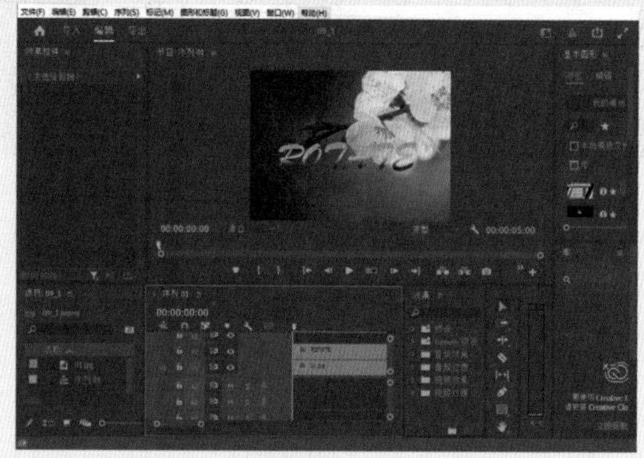

图11-47

02 选中“时间轴”面板，然后在菜单栏中执行“文件”｜“导出”｜“媒体”命令，或者按快捷键Ctrl+M，如图11-48所示。

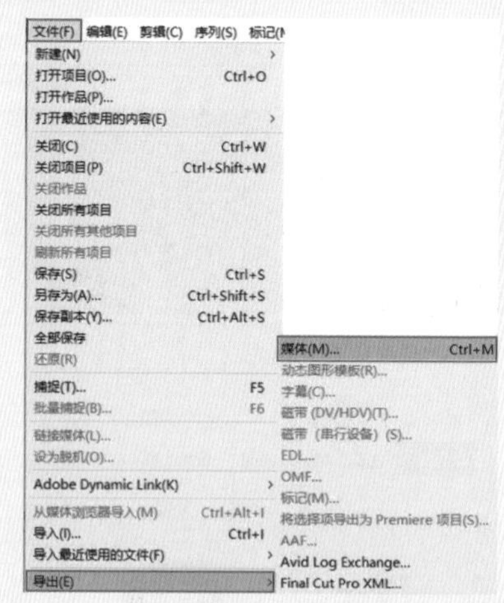

图11-48

03 在弹出的“导出”面板中设置“格式”为Targa，接着单击“位置”后面的 C:\User...作品\输出静帧序列文件\ ，设置保存路径和文件名称。在“视频”选项中勾选“导出为序列”和“使用最高渲染质量”复选框，并单击“导出”按钮，如图11-49所示。

图11-49

勾选“导出为序列”复选框

一定要注意勾选“导出为序列”复选框，这样在渲染输出时才会输出多张序列。假如不勾选该选项，则只能输出一张序列。

04 序列输出完成后，在设置的保存路径下出现了静帧序列文件，如图11-50所示。

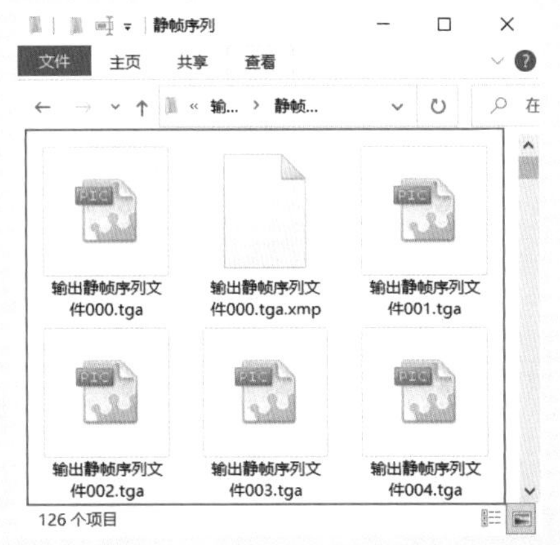

图11-50

实例215 输出音频文件

文件路径	第 11 章 \ 输出音频文件	扫码深度学习
难易指数	★★★★★	
技术掌握	“媒体”命令	

操作思路

本实例讲解在Premiere Pro中使用“媒体”命令，输出WAV格式的音频文件。

操作步骤

01 打开“10.prproj”素材文件，如图11-51所示。

图11-51

02 选中“时间轴”面板，然后在菜单栏中执行“文件”|“导出”|“媒体”命令，或者按快捷键Ctrl+M，如图11-52所示。

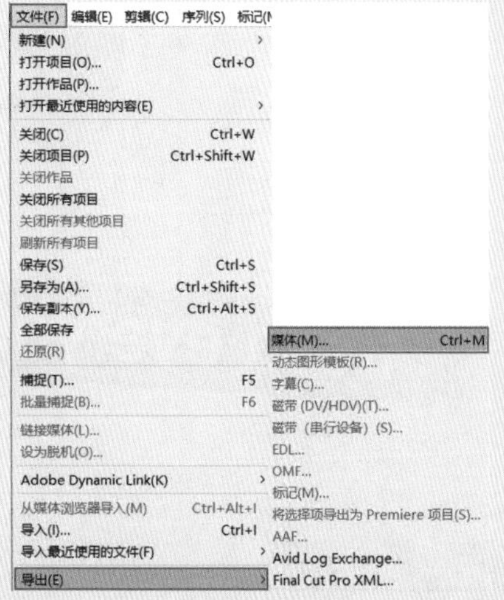

图11-52

03 在弹出的“导出”面板中设置“格式”为“波形音频”。接着单击“位置”后面的C:\User...输出作品\输出音频文件\，设置保存路径和文件名称，并单击“导出”按钮，如图11-53所示。

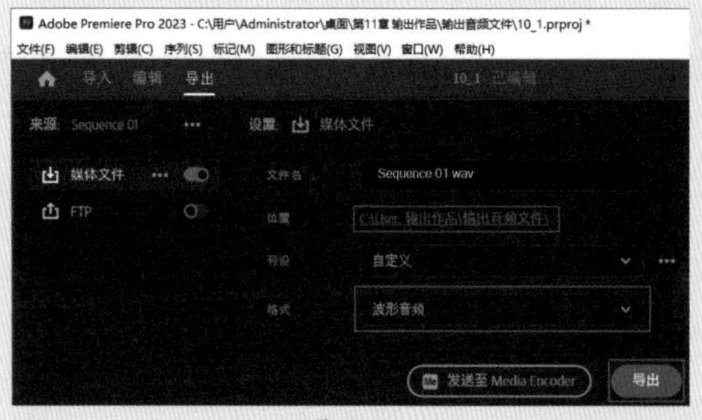

图11-53

04 音频输出完成后，在设置好的保存路径下出现了该音频文件，如图11-54所示。

图11-54

是否可以将视频中的音频输出

可以。在编辑素材文件时，分离视频和音频，然后提取音频中需要的部分，接着进行输出各种音频格式即可。常用的音频格式有WAV、MP3、WMA等。

HAPPY
Birthday
heatny everyd
Fresh Fru
fresh everyday

第12章

创意设计

HAPPY
Birthday

HAPPY
Birthday
heath
fresh everyday

实例216　创意设计——动画背景

文件路径	第 12 章 \ 创意设计
难易指数	★★★★★
技术掌握	关键帧动画

扫码深度学习

操作思路

本实例讲解在Premiere Pro中为不透明度、位置属性添加关键帧动画，制作创意设计的动画背景。

操作步骤

01 在菜单栏中执行"文件"|"新建"|"项目"命令或使用快捷键Ctrl+Alt+N，在弹出的"新建项目"对话框中设置合适的文件名称，单击"位置"右侧的"浏览"按钮，弹出"项目位置"对话框，单击"选择文件夹"按钮，为项目选择合适的路径文件夹。在"新建项目"对话框中单击"创建"按钮，如12-1所示。

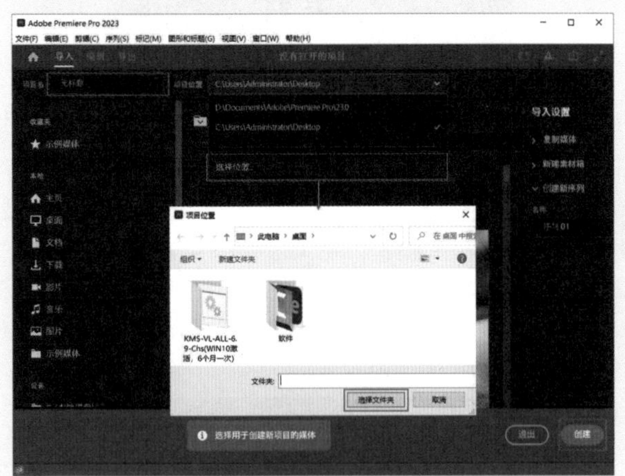

图12-1

02 在"项目"面板空白处双击，选择所需的"01.png"～"11.png"和"背景.jpg"素材文件，最后单击"打开"按钮，将它们进行导入，如图12-2所示。

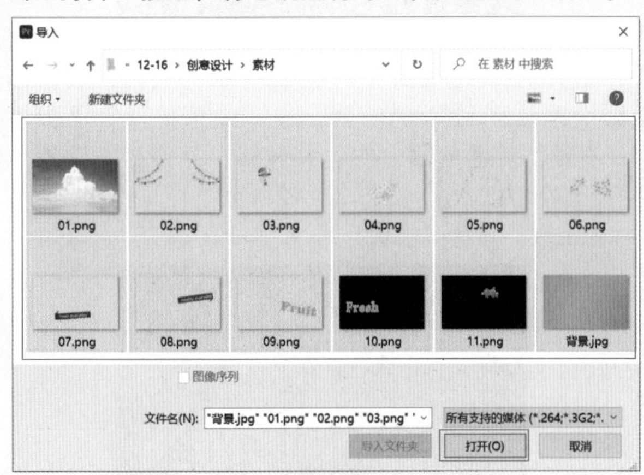

图12-2

03 选择"项目"面板中的素材文件，按住鼠标左键将它们拖曳到轨道上，并分别设置结束帧为23秒，如图12-3所示。

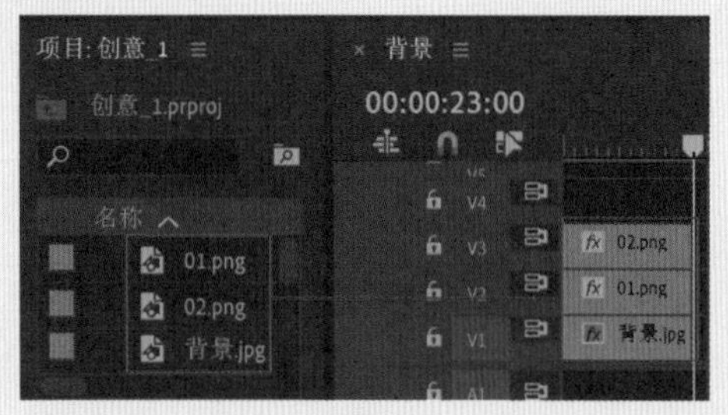

图12-3

04 选择V2轨道上的"01.png"素材文件，将时间滑块拖动到初始帧的位置，在"效果控件"面板中单击"不透明度"前面的⏱，创建关键帧，并设置"不透明度"0.0%；将时间滑块拖动到2秒的位置，设置"不透明度"为100.0%，如图12-4所示。

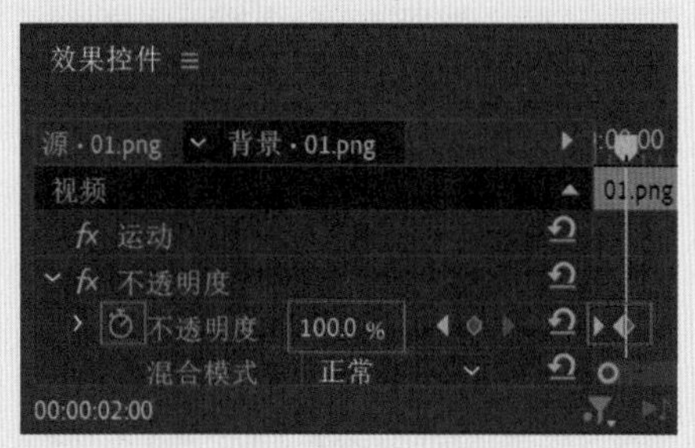

图12-4

05 选择V3轨道上的"02.png"素材文件，将时间滑块拖动到2秒的位置，在"效果控件"面板中单击"位置"前面的⏱，创建关键帧，并设置"位置"为（1240.0,21.5），如图12-5所示；将时间滑块拖动到4秒的位置，设置"位置"为（1240.0,753.5）。

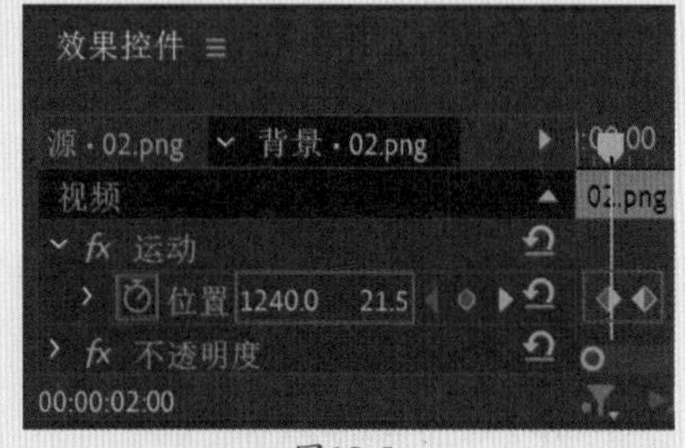

图12-5

06 拖动时间滑块查看效果，如图12-6所示。

图12-6

实例217　创意设计——动画部分

文件路径	第 11 章 \ 创意设计
难易指数	★★★★★
技术掌握	关键帧动画

扫码深度学习

操作思路

本实例讲解了在Premiere Pro中为位置、缩放、旋转、不透明度属性添加关键帧动画，制作创意设计的动画部分。

操作步骤

01 选择“项目”面板中的“03.png”～“11.png”素材文件，并按住鼠标左键将它们依次拖曳到V4～V12轨道上，并分别设置结束帧为23秒，如图12-7所示。

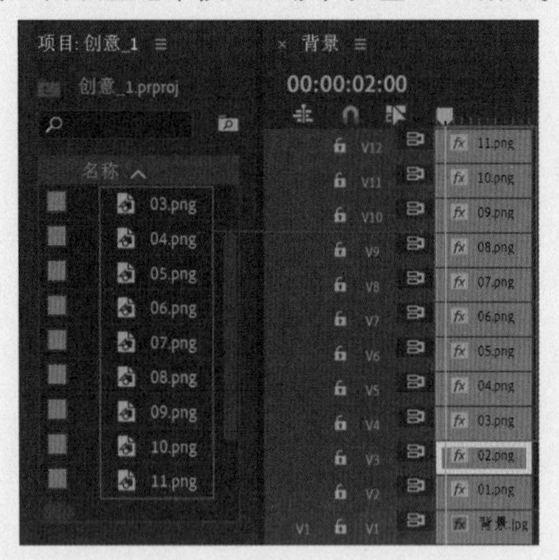

图12-7

02 选择V4轨道上的“03.png”素材文件，将时间滑块拖动到4秒的位置，在“效果控件”面板中单击“位置”前面的⏱，创建关键帧，并设置“位置”为（181.8,1173.7），如图12-8所示；将时间滑块拖动到6秒的位置，设置“位置”为（1240.0,753.5）。

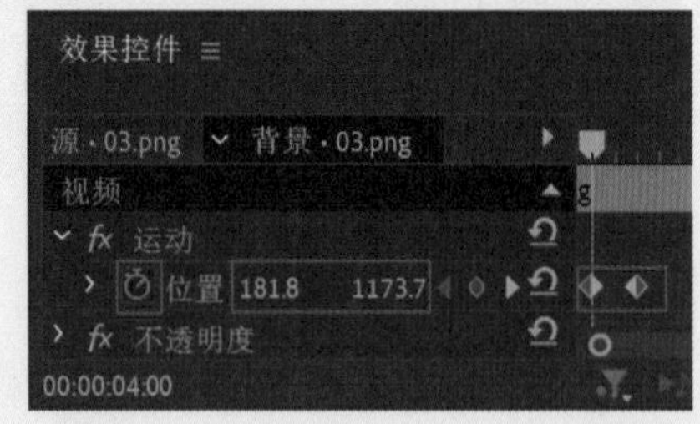

图12-8

03 选择V5轨道上的“04.png”素材文件，在“效果控件”面板中设置“位置”和“锚点”均为（1268.3,965.6），将时间滑块拖动到6秒的位置，单击“缩放”和“旋转”前面的⏱，创建关键帧，并设置“缩放”为0.0、“旋转”为0.0°，如图12-9所示；将时间滑块拖动到8秒的位置，设置“缩放”为100.0、“旋转”为1x0.0°。

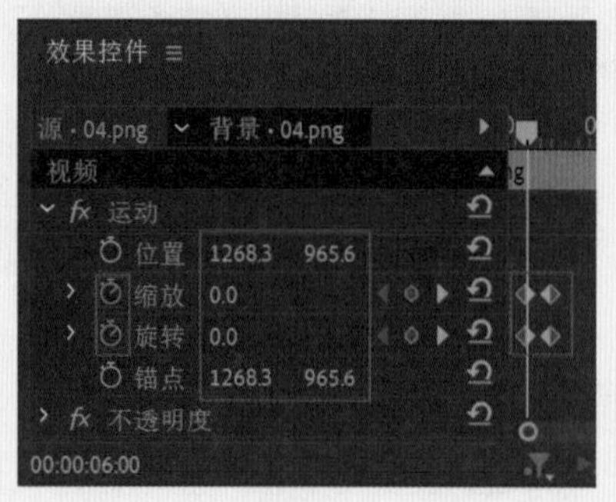

图12-9

04 选择V6轨道上的“05.png”素材文件，将时间滑块拖动到8秒的位置，在“效果控件”面板中单击“不透明度”前面的⏱，创建关键帧，并设置“不透明度”为0.0%，如图12-10所示；将时间滑块拖动到10秒的位置，设置“不透明度”为100.0%。

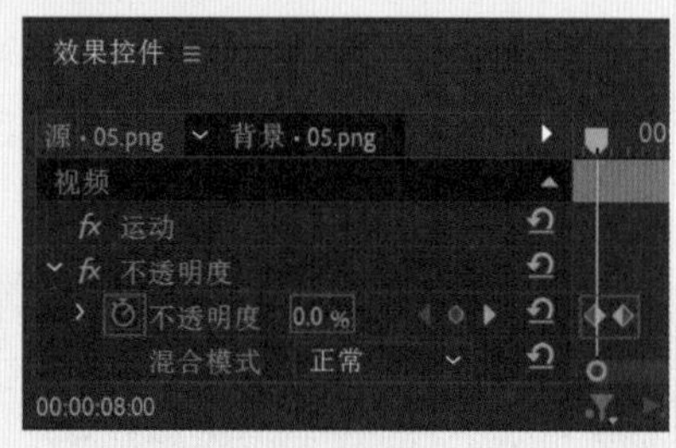

图12-10

05 选择V7轨道上的“06.png”素材文件，将时间滑块拖动到10秒的位置，在“效果控件”面板中单击“不透明度”前面的⏱，创建关键帧，并设置“不透明度”为0.0%，如图12-11所示；将时间滑块拖动到12秒的位置，设置“不透明度”为100.0%。

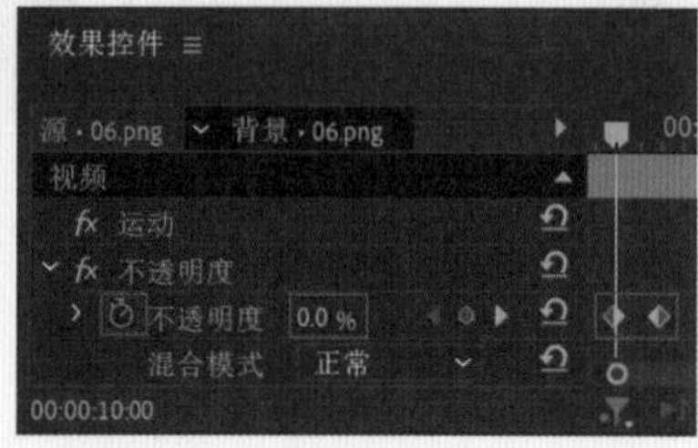

图12-11

06 选择V8轨道上的“07.png”素材文件，将时间滑块拖动到12秒的位置，在“效果控件”面板中单击“位置”前面的⏱，创建关键帧，并设置“位置”为（-795.7,1181.8），如图12-12所示；将时间滑块拖动到14秒的位置，设置“位置”为（1240.0,753.5）。

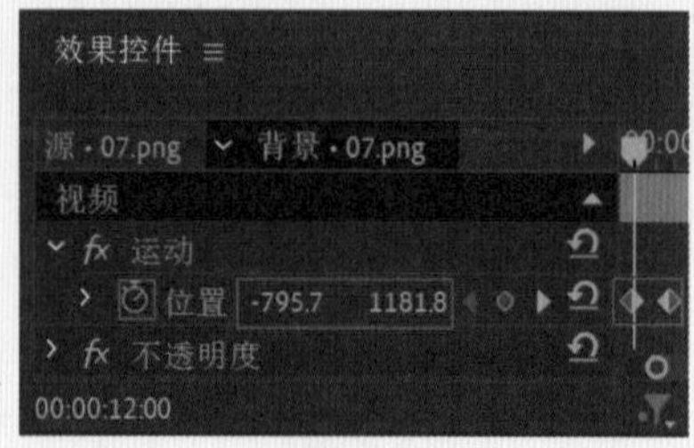

图12-12

07 选择V9轨道上的“08.png”素材文件，将时间滑块拖动到14秒的位置，在“效果控件”面板中单击“位置”前面的⏱，创建关键帧，并设置“位置”为（2795.0,357.6），如图12-13所示；将时间滑块拖动到16秒的位置，设置“位置”为（1240.0,753.5）。

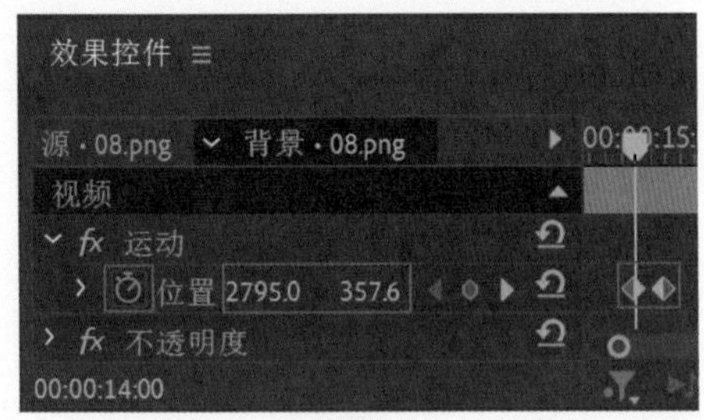

图12-13

08 选择V10轨道上的“09.png”素材文件，将时间滑块拖动到16秒的位置，在“效果控件”面板中单击“位置”前面的⏱，创建关键帧，并设置“位置”为（2524.4,1048.4），如图12-14所示；将时间滑块拖动到16秒的位置，设置“位置”为（1240.0,753.5）。

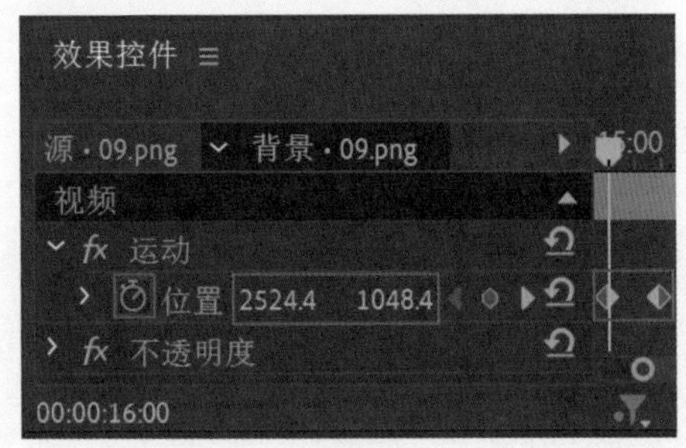

图12-14

09 选择V11轨道上的“10.png”素材文件，将时间滑块拖动到18秒的位置，在“效果控件”面板中单击“位置”前面的⏱，创建关键帧，并设置“位置”为（7.7,763.8），如图12-15所示；将时间滑块拖动到20秒的位置，设置“位置”为（1240.0,753.5）。

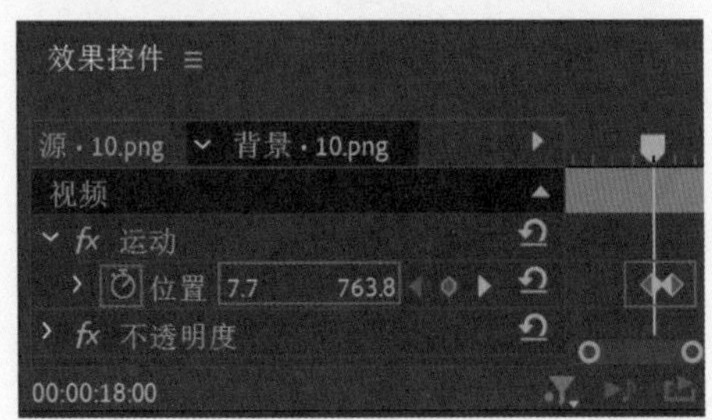

图12-15

10 选择V12轨道上的“11.png”素材文件，将时间滑块拖动到20秒的位置，在“效果控件”面板中单击“位置”和“不透明度”前面的⏱，创建关键帧，并设置“位置”为（1240.0,117.5）、“不透明度”为0.0%，如图12-16所示；将时间滑块拖动到22秒的位置，设置“位置”为（1240.0,753.5）、“不透明度”为100.0%。

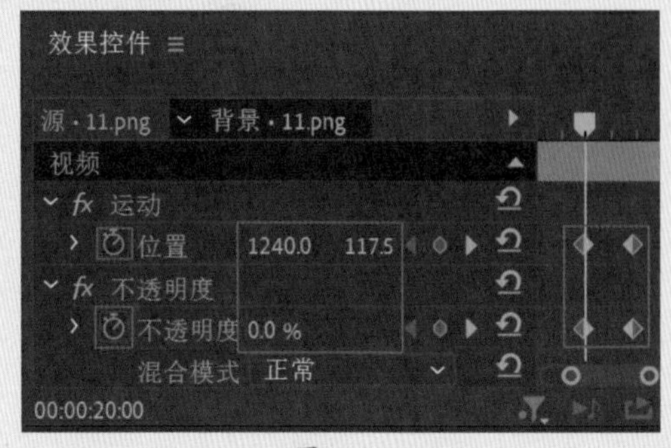

图12-16

11 拖动时间滑块查看最终效果，如图12-17所示。

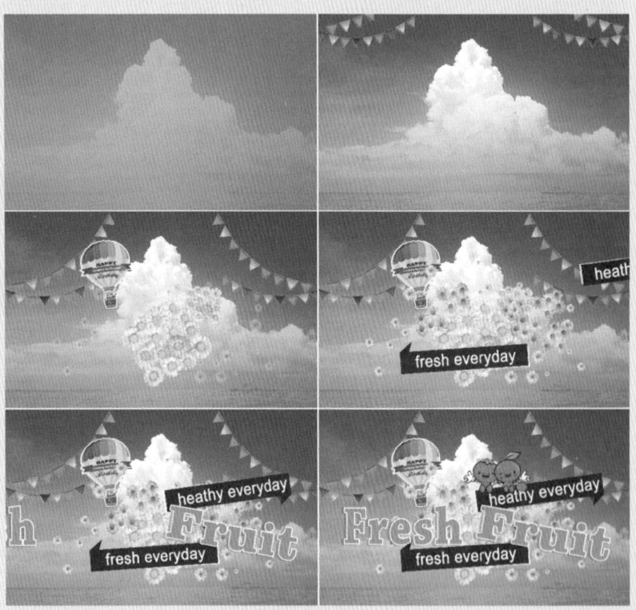

图12-17

第12章 创意设计

第13章

纯净水广告设计

实例218 纯净水广告设计——水花背景

文件路径	第 13 章 \ 纯净水广告设计
难易指数	★★★★★
技术掌握	关键帧动画

扫码深度学习

操作思路

本实例讲解了在Premiere Pro中为位置、不透明度、缩放高度属性添加关键帧动画，制作纯净水广告设计中的水花背景效果。

操作步骤

01 在菜单栏中执行"文件" | "新建" | "项目"命令或使用快捷键Ctrl+Alt+N，在弹出的"新建项目"对话框中设置合适的文件名称，单击"位置"右侧的"浏览"按钮，弹出"项目位置"对话框，单击"选择文件夹"按钮，为项目选择合适的路径文件夹。在"新建项目"对话框中单击"创建"按钮，如图13-1所示。

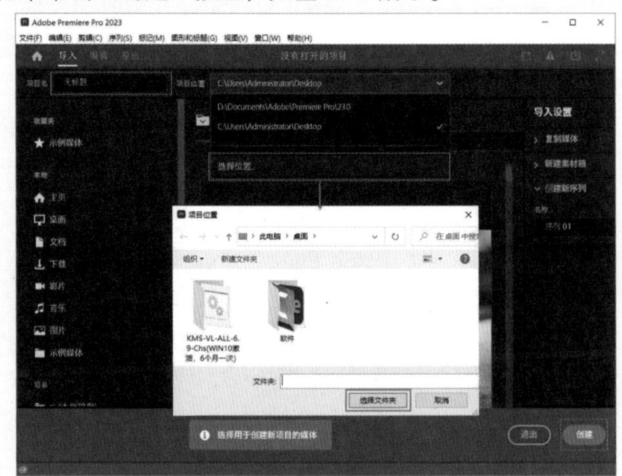

图13-1

02 在"项目"面板空白处双击，选择所需的"01.png"～"11.png"和"背景.jpg"素材文件，最后单击"打开"按钮，将它们进行导入，如图13-2所示。

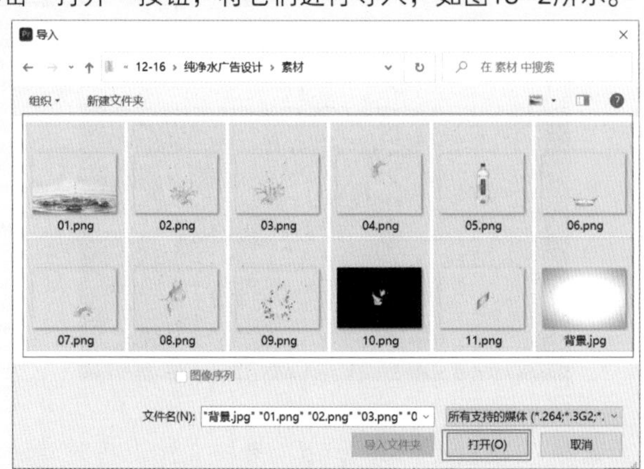

图13-2

03 选择"项目"面板中的"背景.jpg"和"01.png"～"04.png"素材文件，按住鼠标左键将它们依次拖曳到V1～V5轨道上，并分别设置结束帧为18秒，如图13-3所示。

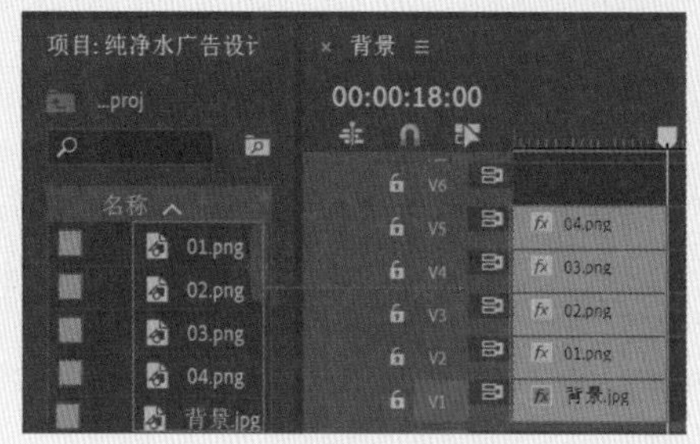

图13-3

04 选择V2轨道上的"01.png"素材文件，将时间滑块拖动到1秒的位置，在"效果控件"面板中单击"位置"和"不透明度"前面的，创建关键帧，并设置"位置"为（1178.5,1695.5）、"不透明度"为0.0%；将时间滑块拖动到2秒15帧的位置，设置"位置"为（1178.5,820.5）、"不透明度"为100.0%，如图13-4所示。

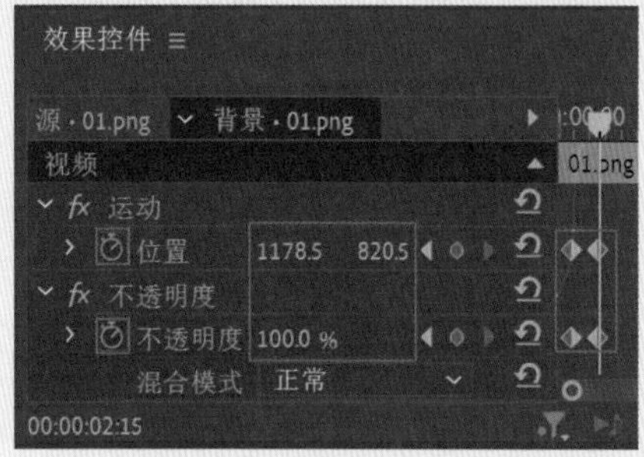

图13-4

05 选择V3轨道上的"02.png"素材文件，在"效果控件"面板中取消勾选"等比缩放"复选框。将时间滑块拖动到2秒15帧的位置，单击"位置"和"缩放高度"前面的，创建关键帧，并设置"位置"为（1178.5,1330.5）、"缩放高度"为0.0，如图13-5所示；将时间滑块拖动到4秒的位置，设置"位置"为（1178.5,820.5）、"缩放高度"为100.0。

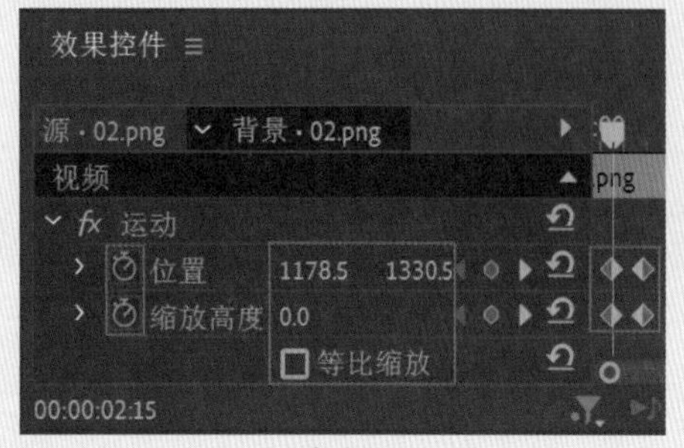

图13-5

06 选择V4轨道上的"03.png"素材文件，在"效果控件"面板中取消勾选"等比缩放"复选框。将时间滑块拖动到4秒的位置，单击"位置"和"缩放高度"前面的，创建关键帧，并设置"位置"为（1178.5,1318.5）、

“缩放高度”为0.0，如图13-6所示；将时间滑块拖动到6秒的位置，设置“位置”为（1178.5,820.5），“缩放高度”为100.0。

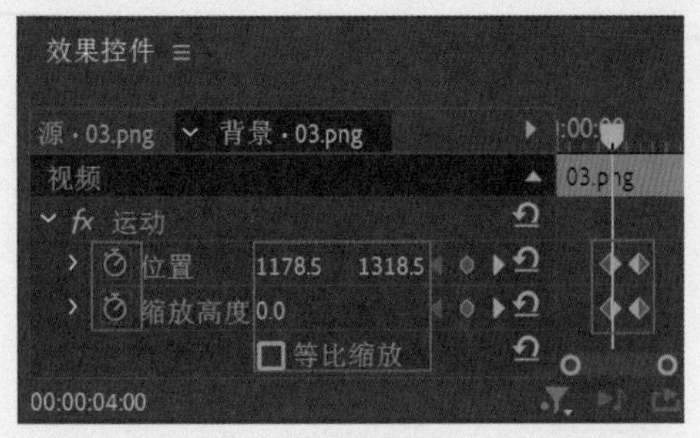

图13-6

07 选择V5轨道上的“04.png”素材文件，在“效果控件”面板中设置“位置”和“锚点”均为（1091.7,448.0）。将时间滑块拖动到6秒的位置，单击“缩放”前面的，创建关键帧，并设置“缩放”为0.0，如图13-7所示；将时间滑块拖动到7秒的位置，设置“缩放”为100.0。

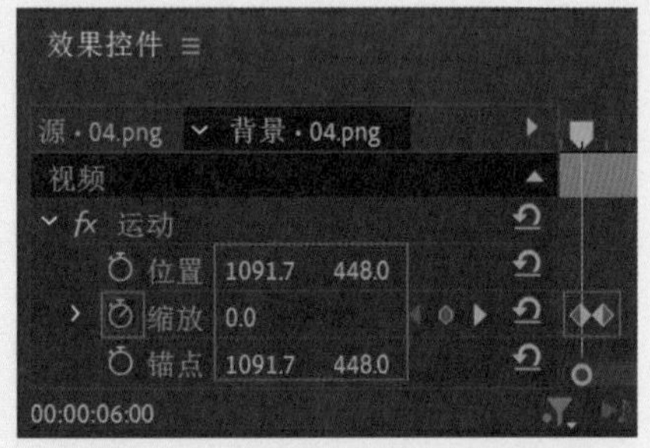

图13-7

08 拖动时间滑块查看效果，如图13-8所示。

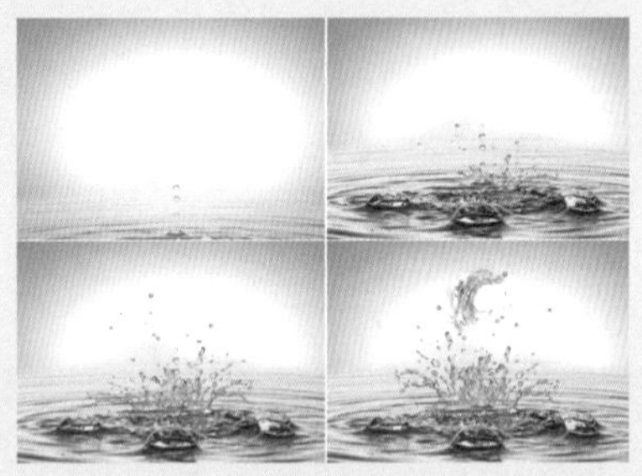

图13-8

实例219 纯净水广告设计——动画部分

文件路径	第 13 章 \ 纯净水广告设计
难易指数	★★★★★
技术掌握	关键帧动画

扫码深度学习

操作思路

本实例讲解了在Premiere Pro中为不透明度、位置、缩放属性添加关键帧动画，制作纯净水广告设计中的动画部分。

操作步骤

01 选择“项目”面板中的“05.png”～“11.png”素材文件，并按住鼠标左键将它们依次拖曳到V6~V12轨道上，并分别设置结束帧为18秒，如图13-9所示。

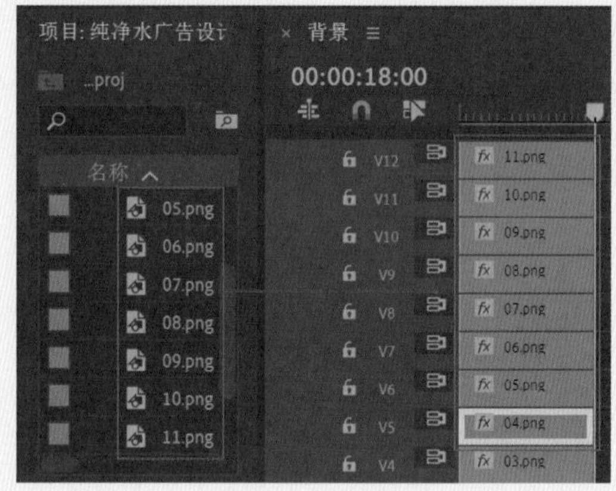

图13-9

02 选择V6轨道上“05.png”素材文件，将时间滑块拖动到7秒的位置，在“效果控件”面板中单击“不透明度”前面的，创建关键帧，并设置“不透明度”为0.0%；将时间滑块拖动到8秒10帧的位置，设置“不透明度”为100.0%，如图13-10所示。

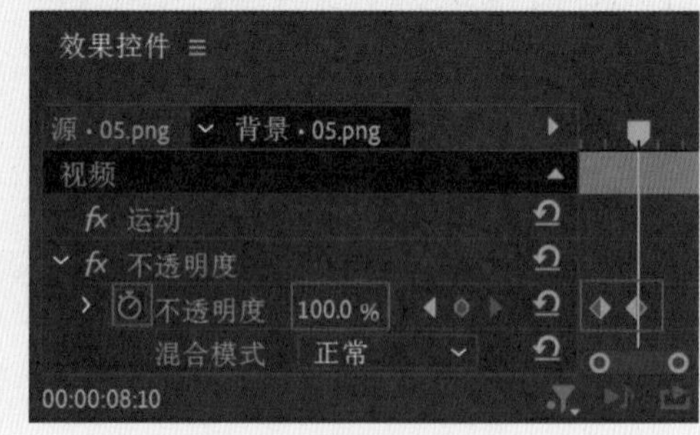

图13-10

03 选择V7轨道上“06.png”素材文件，将时间滑块拖动到8秒10帧的位置，在“效果控件”面板中单击“位置”前面的，创建关键帧，并设置“位置”为（1178.5,1341.5），如图13-11所示；将时间滑块拖动到10秒的位置，设置“位置”为（1178.5,820.5）。

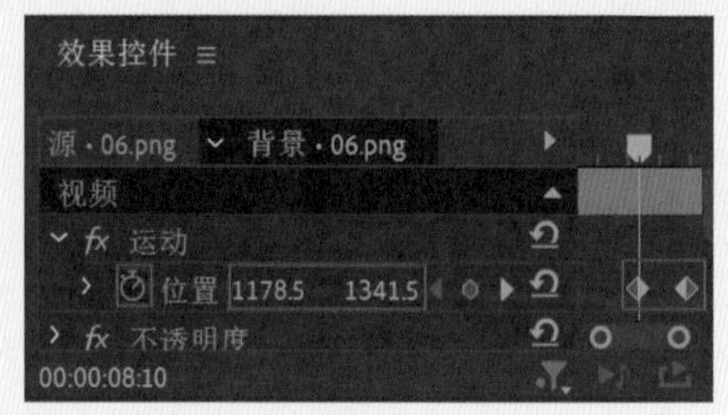

图13-11

04 选择V8轨道上“07.png”素材文件，将时间滑块拖动到10秒的位置，在“效果控件”面板中单击

“位置”前面的⏱，创建关键帧，并设置“位置”为（2413.5,820.5），如图13-12所示；将时间滑块拖动到11秒的位置，设置“位置”为（1178.5,820.5）。

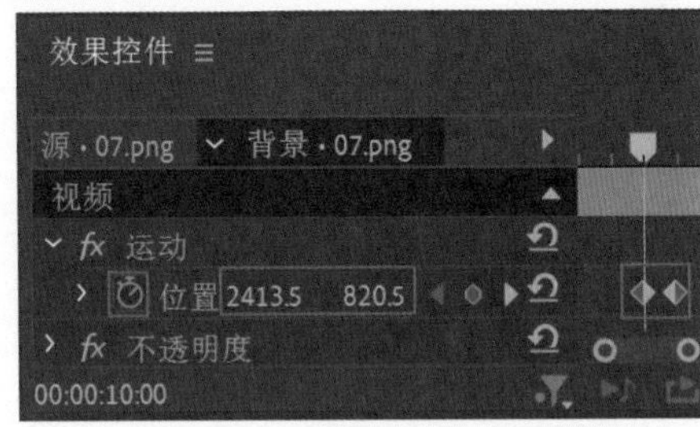

图13-12

05 选择V9轨道上“08.png”素材文件，将时间滑块拖动到11秒的位置，在“效果控件”面板中单击“位置”前面的⏱，创建关键帧，并设置“位置”为（-279.5,820.5），如图13-13所示；将时间滑块拖动到12秒的位置，设置“位置”为（1178.5,820.5）。

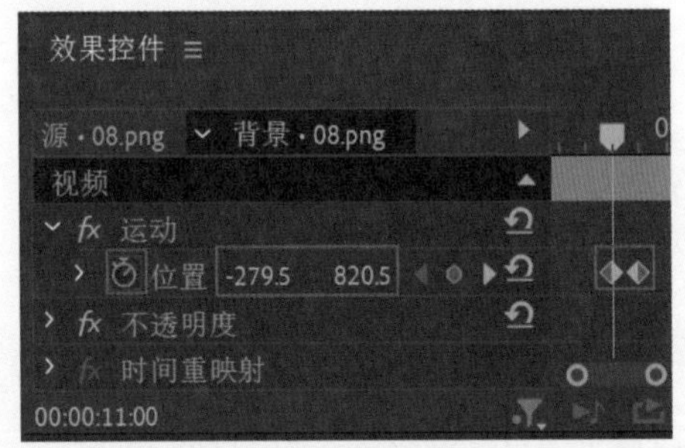

图13-13

06 选择V10轨道上“09.png”素材文件，将时间滑块拖动到12秒的位置，在“效果控件”面板中单击“位置”和“不透明度”前面的⏱，创建关键帧，并设置“位置”为（1178.5,-598.5）、“不透明度”为0.0%，如图13-14所示；将时间滑块拖动到13秒的位置，设置“位置”为（1178.5,820.5）、“不透明度”为100.0%。

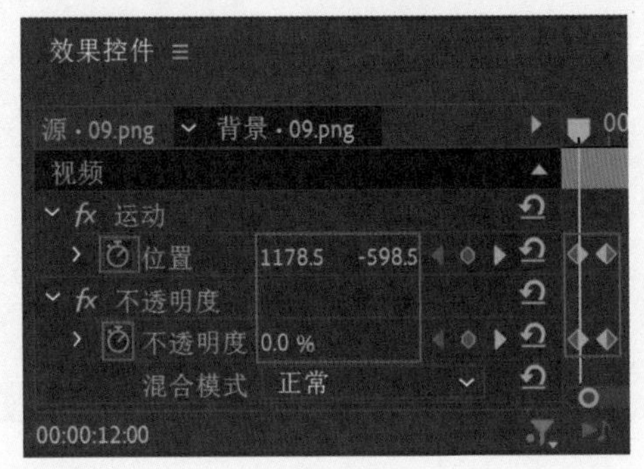

图13-14

07 选择V11轨道上“10.png”素材文件，将时间滑块拖动到13秒的位置，在“效果控件”面板中单击“缩放”和“不透明度”前面的⏱，创建关键帧，并设置“缩放”为634.0、“不透明度”为0.0%，如图13-15所示；将时间滑块拖动到15秒的位置，设置“缩放”为100.0、“不透明度”为100.0%。

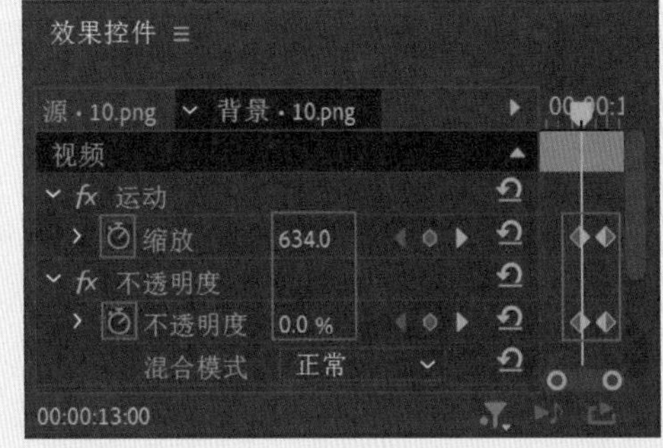

13-15

08 选择V12轨道上“11.png”素材文件，将时间滑块拖动到15秒的位置，在“效果控件”面板中单击“缩放”和“不透明度”前面的⏱，创建关键帧，并设置“缩放”为654.0、“不透明度”为0.0%，如图13-16所示；将时间滑块拖动到17秒的位置，设置“缩放”为100.0、“不透明度”为100.0%。

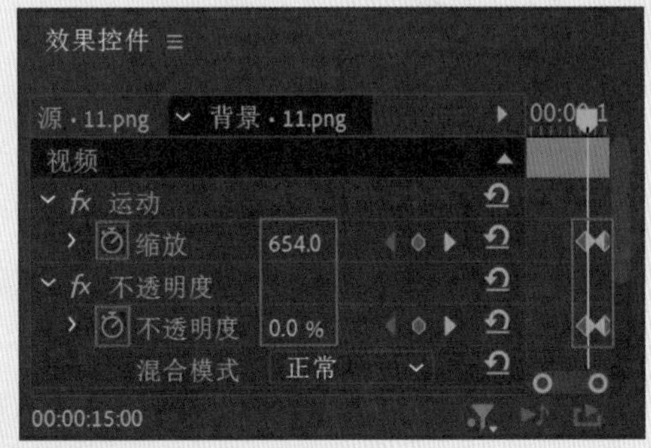

图13-16

09 拖动时间滑块查看最终效果，如图13-17所示。

图13-17

第14章

横幅广告设计

SUMMER
梦幻盛典

smashing
SUMMER
梦幻盛典
LOVE IS A FIRE WHICH BURNS UNSEEN

实例220 横幅广告设计——旋转动画效果

文件路径	第 14 章 \ 横幅广告设计	 扫码深度学习
难易指数	★★★★★	
技术掌握	关键帧动画	

操作思路

本实例讲解了在Premiere Pro中为旋转、不透明度属性设置关键帧动画。

操作步骤

01 在菜单栏中执行“文件”|“新建”|“项目”命令或使用快捷键Ctrl+Alt+N，在弹出的“新建项目”对话框中设置合适的文件名称，单击“位置”右侧的“浏览”按钮，弹出“项目位置”对话框，单击“选择文件夹”按钮，为项目选择合适的路径文件夹。在“新建项目”对话框中单击“创建”按钮，如图14-1所示。

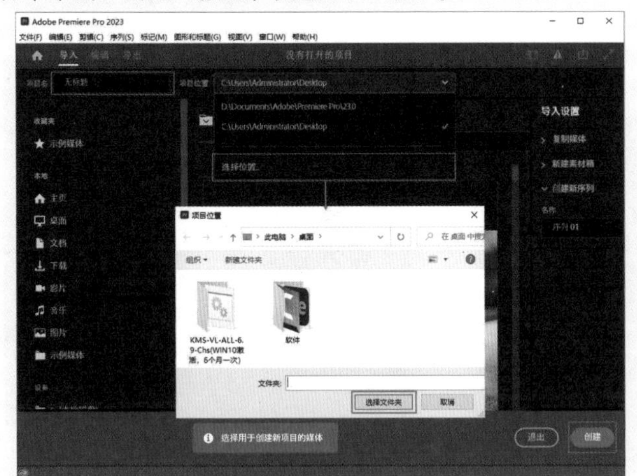

图14-1

02 在“项目”面板空白处双击，选择所需的“01.png”~“15.png”和“背景.jpg”素材文件，最后单击“打开”按钮，将它们进行导入，如图14-2所示。

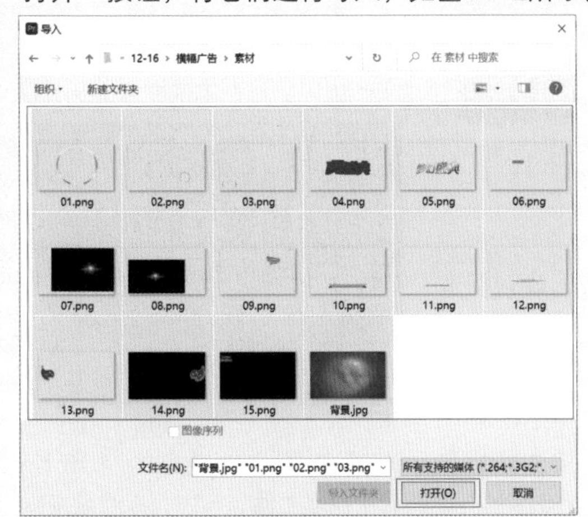

图14-2

03 选择“项目”面板中的“背景.jpg”和“01.png”~“03.png”和素材文件，按住鼠标左键将它们依次拖曳到V1~V4轨道上，并分别设置结束帧为1分07帧，如图14-3所示。

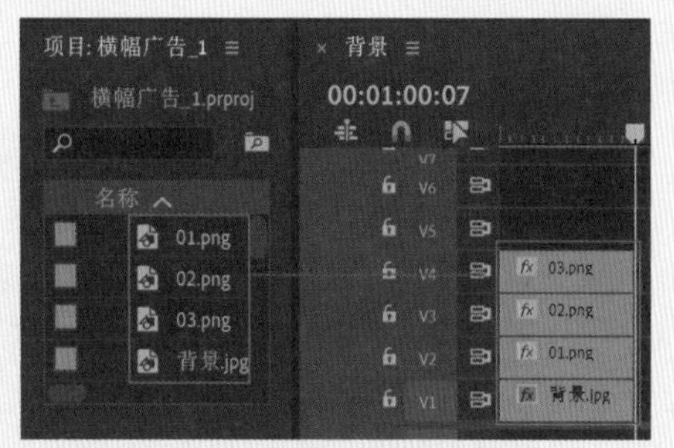

图14-3

04 选择V2轨道上的“01.png”素材文件，在“效果控件”面板中设置“位置”和“锚点”均为(531.3,279.6)。将时间滑块拖动到2秒的位置，单击“旋转”和“不透明度”前面的◎，创建关键帧，并设置“旋转”为0.0°、“不透明度”0.0%；将时间滑块拖动到13秒10帧的位置，设置“旋转”为3x0.0°、“不透明度”为100.0%；将时间滑块拖动到59秒的位置，设置“旋转”为15x0.0°，如图14-4所示。

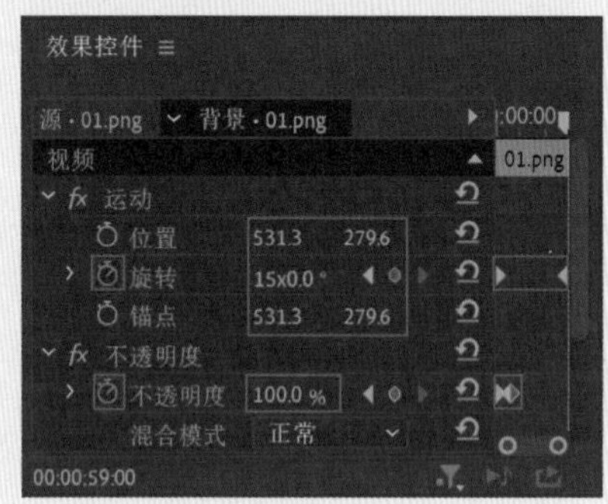

图14-4

05 选择V3轨道上的“02.png”素材文件，在“效果控件”面板中设置“位置”和“锚点”均为(746.0,431.5)。将时间滑块拖动到4秒的位置，单击“旋转”和“不透明度”前面的◎，创建关键帧，并设置“旋转”为0.0°、“不透明度”为0.0%；将时间滑块拖动到13秒10帧的位置，设置“不透明度”为100.0%；将时间滑块拖动到59秒的位置，设置“旋转”为15x0.0°，如图14-5所示。

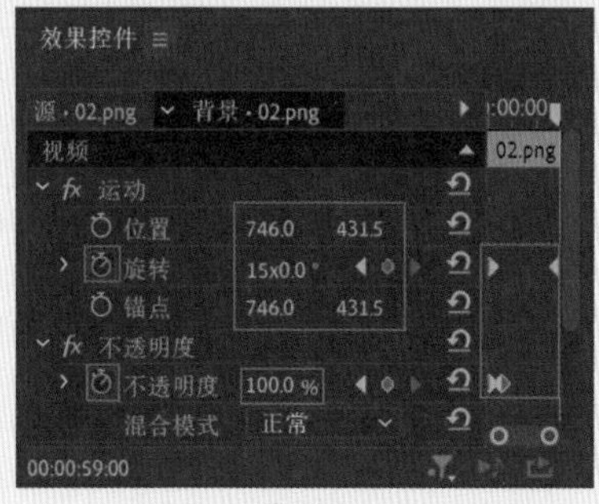

图14-5

06 选择V4轨道上的“03.png”素材文件，在“效果控件”面板中设置“位置”和“锚点”均为（133.3,527.8）。将时间滑块拖动到6秒的位置，单击“旋转”和“不透明度”前面的⏱，创建关键帧，并设置“旋转”为0.0°、“不透明度”为0.0%；将时间滑块拖动到13秒10帧的位置，设置“不透明度”为100.0%；将时间滑块拖动到59秒的位置，设置“旋转”为15x0.0°，如图14-6所示。

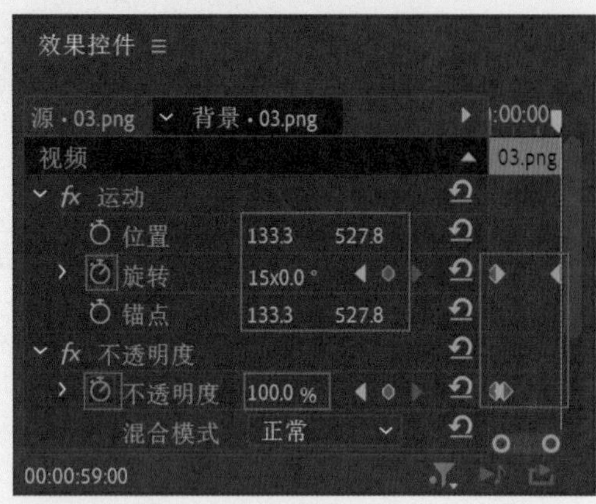

图14-6

07 拖动时间滑块查看效果，如图14-7所示。

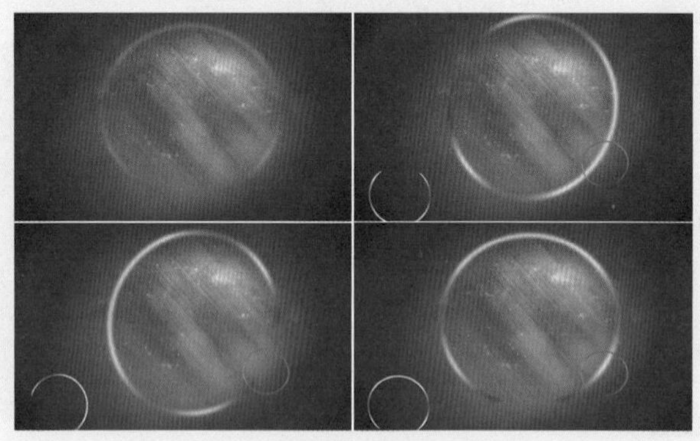
图14-7

实例221 横幅广告设计——文字部分

文件路径	第14章\横幅广告设计
难易指数	★★★★★
技术掌握	关键帧动画

扫码深度学习

操作思路

本实例讲解了在Premiere Pro中为缩放、旋转、不透明度、位置、缩放高度属性设置关键帧动画，从而制作横幅广告设计的文字部分。

操作步骤

01 选择“项目”面板中的“04.png”～“09.png”素材文件，按住鼠标左键将它们依次拖曳到V5～V10轨道上，并分别设置结束帧为1分07帧，如图14-8所示。

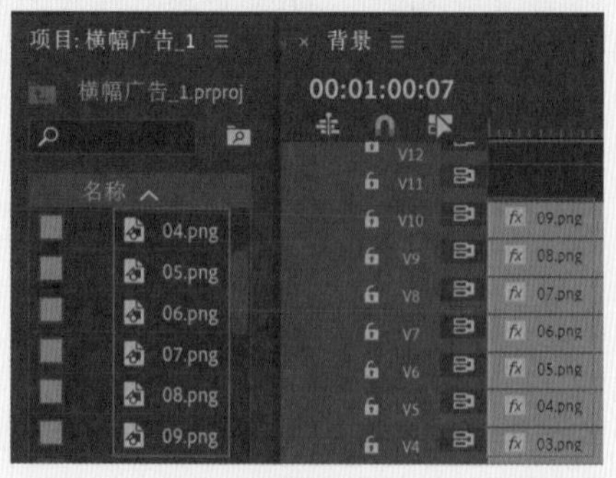

图14-8

02 选择V5轨道上的“04.png”素材文件，在“效果控件”面板中设置“位置”和“锚点”均为（523.9,313.0）。将时间滑块拖动8秒的位置，单击“缩放”和“旋转”前面的⏱，创建关键帧，并设置“缩放”为0.0、“旋转”为1x0.0°；将时间滑块拖动到20秒的位置，设置“缩放”为100.0、“旋转”为1x0.0°。如图14-9所示。

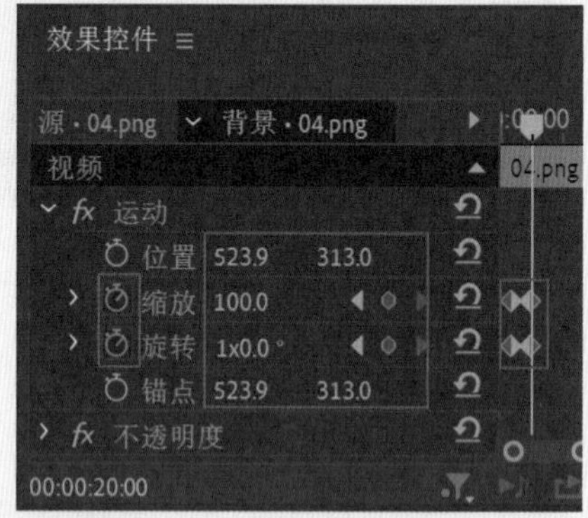

图14-9

03 选择V6轨道上的“05.png”素材文件，将时间滑块拖动到20秒的位置，在“效果控件”面板中单击“不透明度”前面的⏱，创建关键帧，并设置“不透明度”为0.0%，如图14-10所示；将时间滑块拖动到30秒的位置，设置“不透明度”为100.0%。

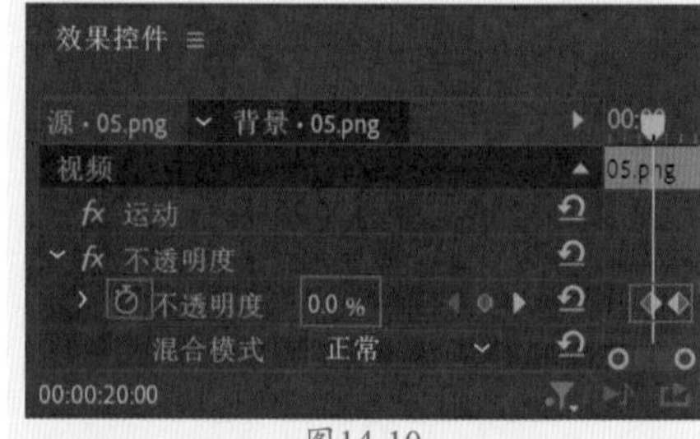

图14-10

04 选择V7轨道上的“06.png”素材文件，将时间滑块拖动到30秒的位置，在“效果控件”面板中单击“位置”前面的⏱，创建关键帧，并设置“位置”为（4.5,300.0），如图14-11所示；将时间滑块拖动到40秒的位置，设置“位置”为（503.5,300.0）。

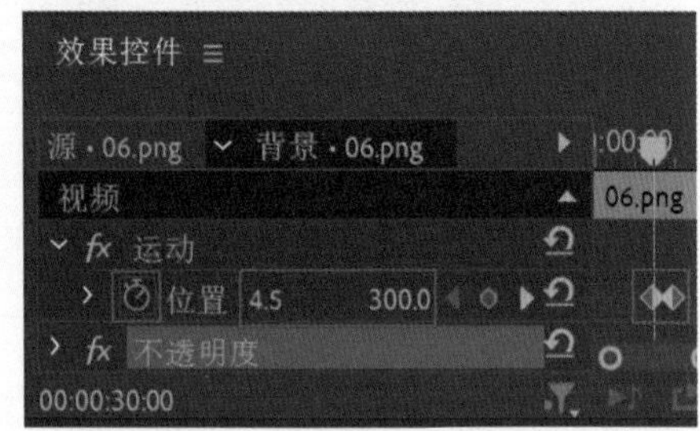

图14-11

05 选择V8轨道上的“07.png”素材文件，在“效果控件”面板中设置“混合模式”为“滤色”。将时间滑块拖动到40秒的位置，单击“位置”前面的⏱，创建关键帧，并设置“位置”为（1067.5，300.0），如图14-12所示；将时间滑块拖动到43秒的位置，设置“位置”为（503.5,300.0）。

图14-12

06 选择V9轨道上的“08.png”素材文件，在“效果控件”面板中设置“混合模式”为“滤色”。将时间滑块拖动到43秒的位置，单击“位置”前面的⏱，创建关键帧，并设置“位置”为（-86.5,300.0）；将时间滑块拖动到45秒的位置，设置“位置”为（503.5,300.0），如图14-13所示。

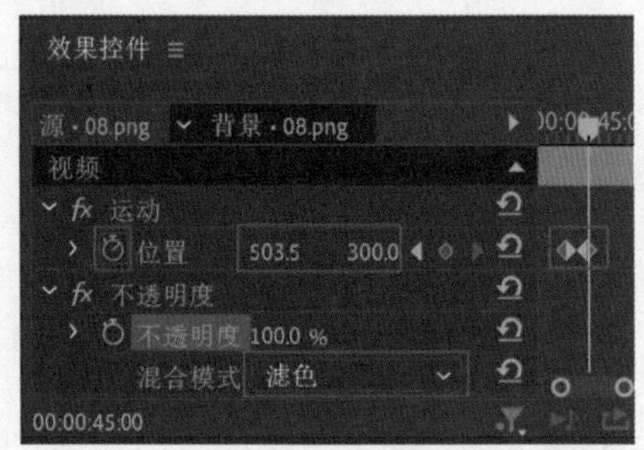

图14-13

07 选择V10轨道上的“09.png”素材文件，在“效果控件”面板中取消勾选“等比缩放”复选框。将时间滑块拖动到45秒的位置，单击“位置”和“缩放高度”前面的⏱，创建关键帧，并设置“位置”为（503.5,219.0）、“缩放高度”为0.0，如图14-14所示；将时间滑块拖动到50秒的位置，设置“位置”为（503.5,300.0）、“缩放高度”为100.0。

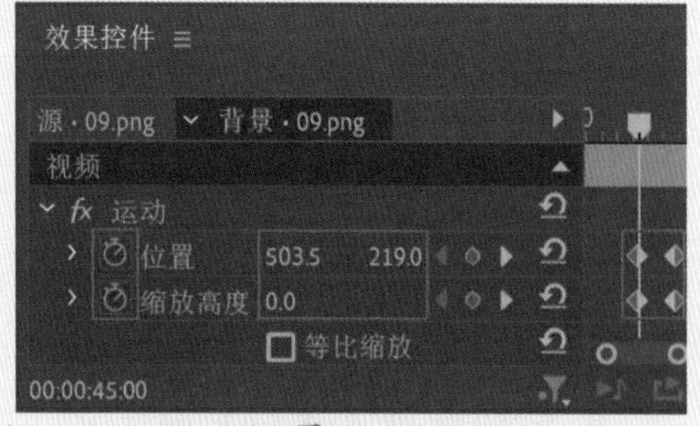

图14-14

08 拖动时间滑块查看效果，如图14-15所示。

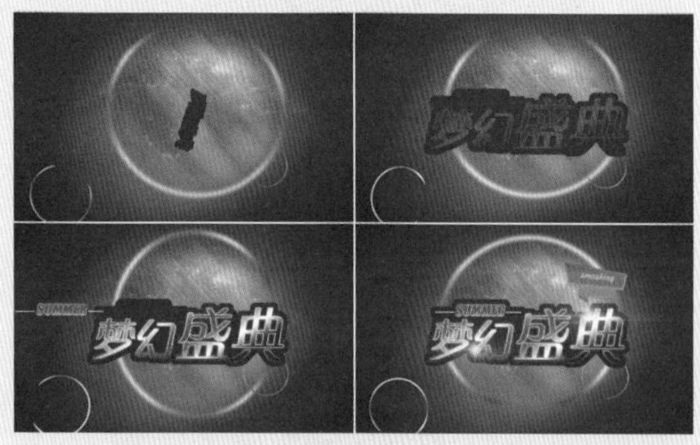

图14-15

实例222 横幅广告设计——动画部分

文件路径	第 14 章 \ 横幅广告设计	 扫码深度学习
难易指数	★★★★★	
技术掌握	关键帧动画	

操作思路

本实例讲解了在Premiere Pro中为位置属性设置关键帧动画，制作横幅广告设计的整体动画效果。

操作步骤

01 选择“项目”面板中的“10.png”~“15.png”素材文件，并按住鼠标左键将它们依次拖曳到V11~V16轨道上，如图14-16所示。

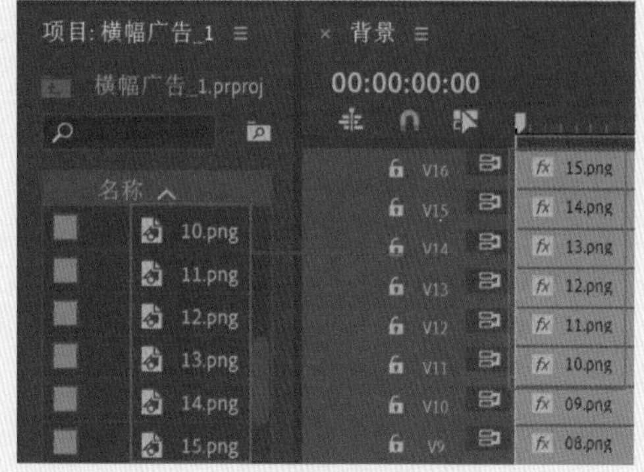

图14-16

02 选择V11轨道上的“10.png”素材文件，将时间滑块拖动到50秒的位置，在“效果控件”面板中单击“位置”前面的⏱，创建关键帧，并设置“位置”为（503.5,429.0）；将时间滑块拖动到51秒的位置，设置“位置”为（503.5,300.0），如图14-17所示。

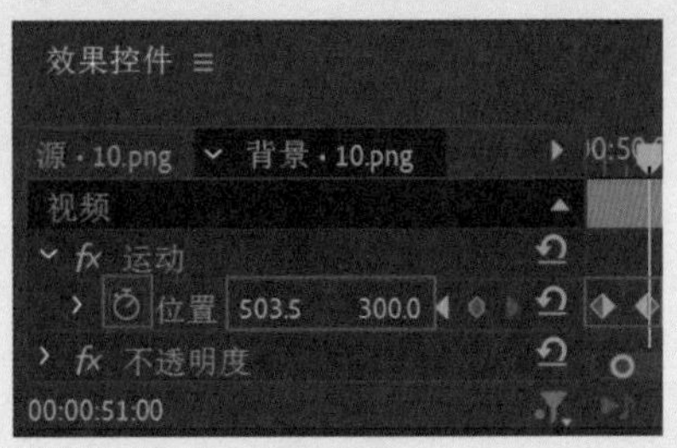

图14-17

03 选择V12轨道上的“11.png”素材文件，将时间滑块拖动到51秒的位置，在“效果控件”面板中单击“位置”前面的⏱，创建关键帧，并设置“位置”为（503.5,413.0），如图14-18所示；将时间滑块拖动到52秒的位置，设置“位置”为（503.5,300.0）。

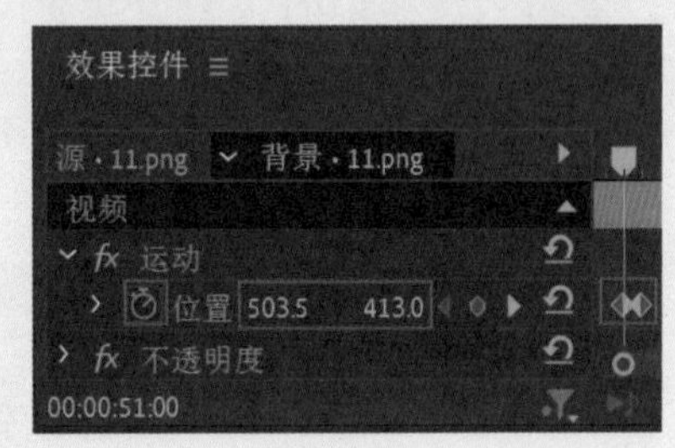

图14-18

04 选择V13轨道上的“12.png”素材文件，将时间滑块拖动到52秒的位置，在“效果控件”面板中单击“位置”前面的⏱，创建关键帧，并设置“位置”为（503.5,479.0），如图14-19所示；将时间滑块拖动到53秒的位置，设置“位置”为（503.5,300.0）。

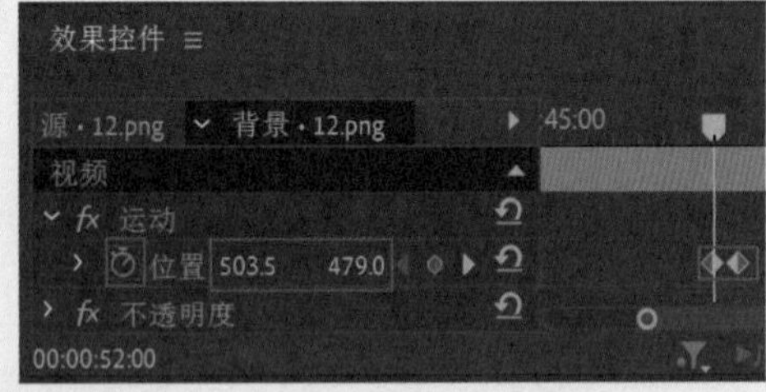

图14-19

05 选择V14轨道上的“13.png”素材文件，将时间滑块拖动到53秒的位置，在“效果控件”面板中单击“位置”前面的⏱，创建关键帧，并设置“位置”为（269.2,-51.4），如图14-20所示；将时间滑块拖动到54秒的位置，设置“位置”为（503.5,300.0）。

06 选择V15轨道上的“14.png”素材文件，在“效果控件”面板中设置“锚点”为（470.6,287.7）。将时间滑块拖动到53秒的位置，单击“位置”前面的⏱，创建关键帧，并设置“位置”为（661.7,-4.1）；将时间滑块拖动到54秒的位置，设置“位置”为（468.6,287.7），如图14-21所示。

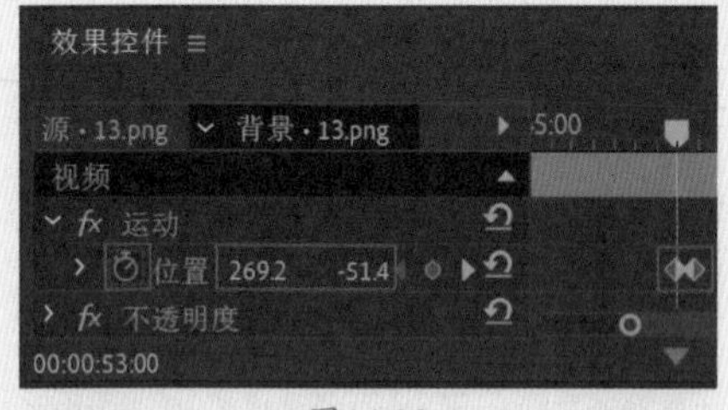

图14-20

图14-21

07 选择V16轨道上的“15.png”素材文件，将时间滑块拖动到54秒的位置，在“效果控件”面板中单击“位置”前面的⏱，创建关键帧，并设置“位置”为（344.5,300.0），如图14-22所示；将时间滑块拖动到56秒的位置，设置“位置”为（503.5,300.0），设置“锚点”为（470.6,387.7）。

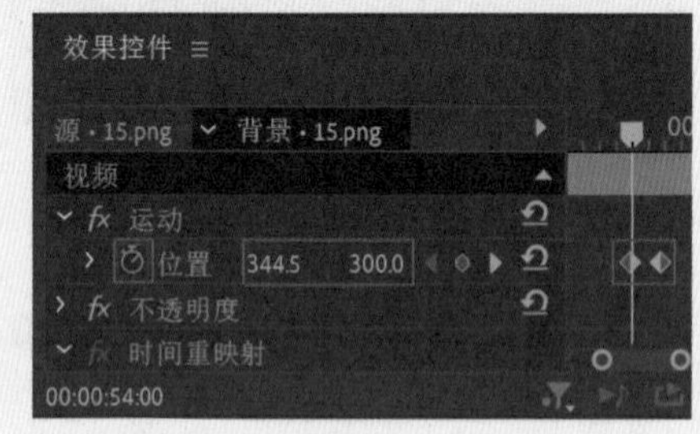

图14-22

08 拖动时间滑块查看最终效果，如图14-23所示。

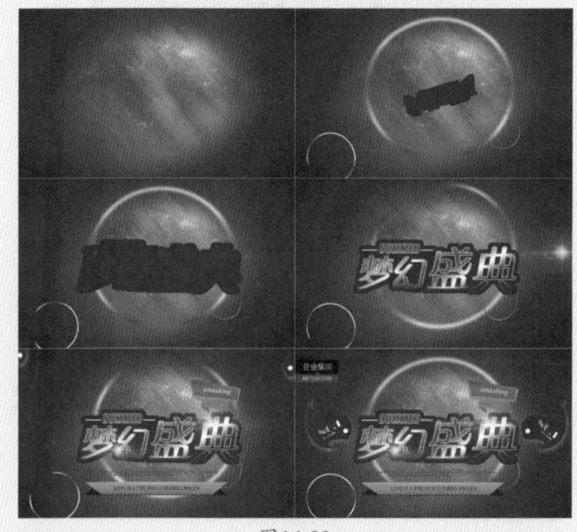

图14-23

第15章

炫酷旅行VLOG

实例223　炫酷旅行VLOG——导入素材

文件路径	第15章\炫酷旅行VLOG
难易指数	★★★★★
技术掌握	导入素材

扫码深度学习

操作思路

本实例讲解了在Premiere Pro中导入素材文件。

操作步骤

01 在菜单栏中执行"文件"|"新建"|"项目"命令或使用快捷键Ctrl+Alt+N，在弹出的"新建项目"对话框中设置合适的文件名称，单击"位置"右侧的"浏览"按钮，弹出"项目位置"对话框，单击"选择文件夹"按钮，为项目选择合适的路径文件夹。在"新建项目"对话框中单击"创建"按钮，如图15-1所示。

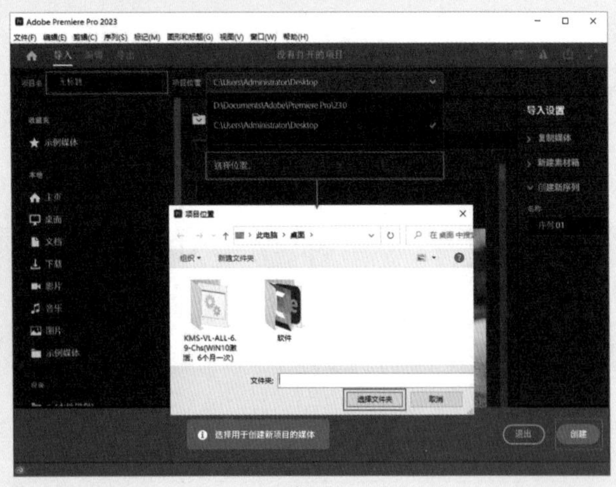

图15-1

02 在"项目"面板空白处双击，选择所需的"1.mp4"~"7.mp4"和"8.mp3"素材文件，最后单击"打开"按钮，将它们进行导入，如图15-2所示。

图15-2

03 选择"项目"面板中的"1.mp4"素材文件，并按住鼠标左键将其拖曳到"时间轴"面板中V1轨道上，此时在"项目"面板中自动生成一个与"1.mp4"素材文件等大的序列。接着设置视频的结束时间为2秒。如图15-3所示。

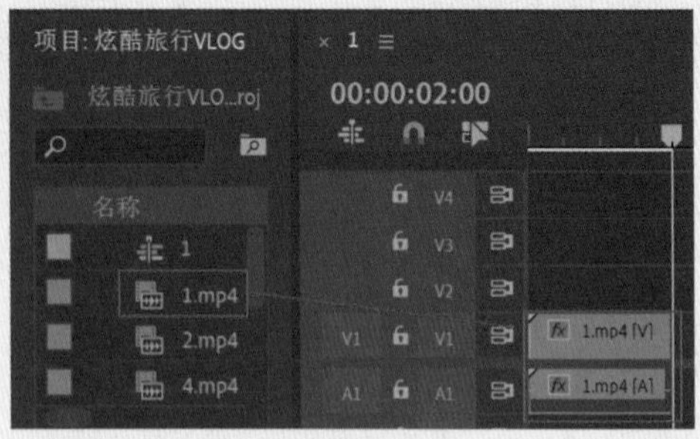

图15-3

04 在"项目"面板中将"2.mp4"~"7.mp4"素材文件拖曳到"时间轴"面板中V1轨道上"1.mp4"的后方，并设置"2.mp4"~"7.mp4"素材文件的结束时间分别为4秒、5秒、6秒、7秒、8秒。如图15-4所示。

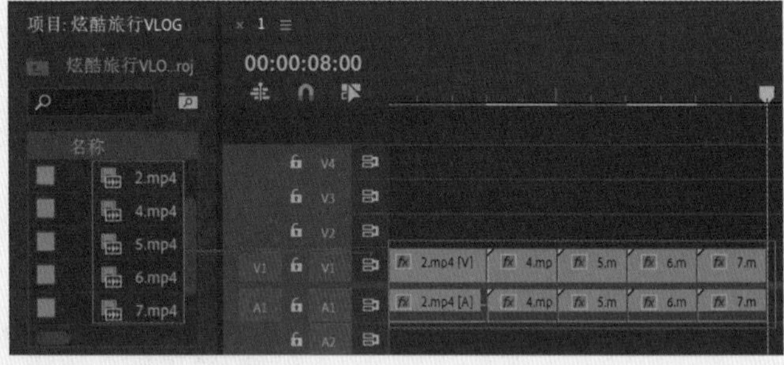

图15-4

05 接着按住Alt键的同时框选"时间轴"面板中A1轨道上所有的音频文件，按Delete键进行删除。如图15-5所示。

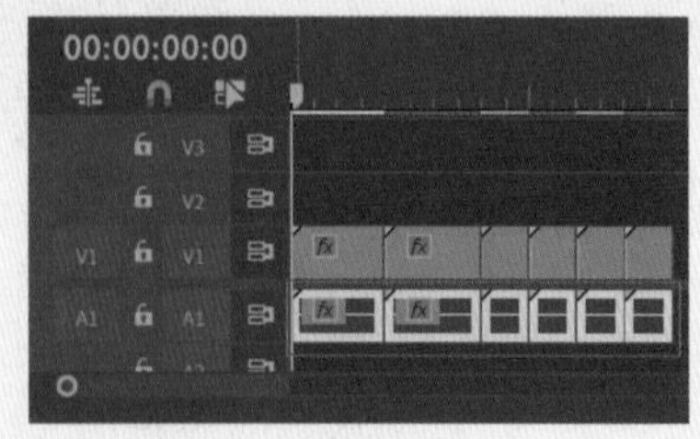

图15-5

06 在"项目"面板中选择"8.mp3"素材文件将其拖曳到"时间轴"面板中A1轨道上，并设置其结束时间为8秒。如图15-6所示。

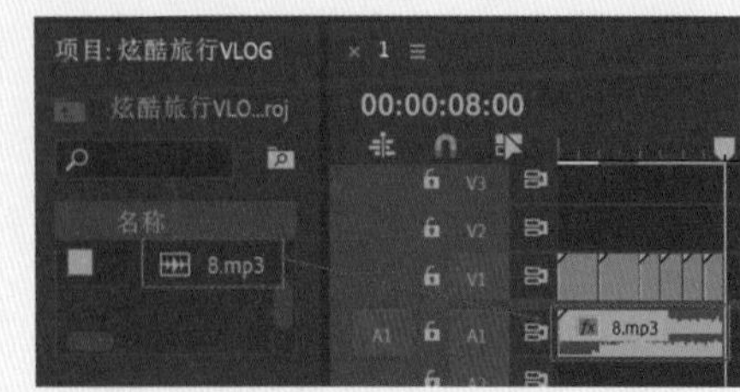

图15-6

实例224 炫酷旅行VLOG——视频动画

<table>
<tr><td>文件路径</td><td>第 15 章 \ 炫酷旅行 VLOG</td><td rowspan="3">
扫码深度学习</td></tr>
<tr><td>难易指数</td><td>★★★★★</td></tr>
<tr><td>技术掌握</td><td>● “白场过渡”效果 ● “楔形擦除”效果
● “带状内化”效果 ● 关键帧动画</td></tr>
</table>

操作思路

本实例讲解了在Premiere Pro使用多种过渡效果制作背景动画效果。

07 在“效果”面板中搜索“白场过渡”效果，接着将“白场过渡”效果拖曳到“1.mp4”素材文件的起始时间位置处。如图15-7所示。

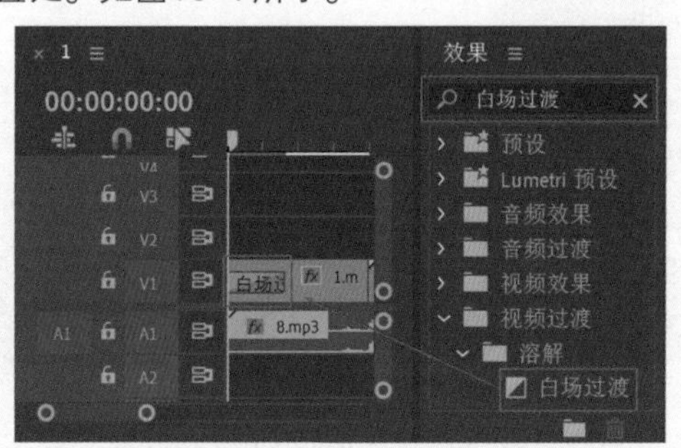

图15-7

08 在“效果”面板中搜索“带状内滑”效果，接着将“带状内滑”效果拖曳到“4.mp4”素材文件的起始时间位置处，如图15-8所示。

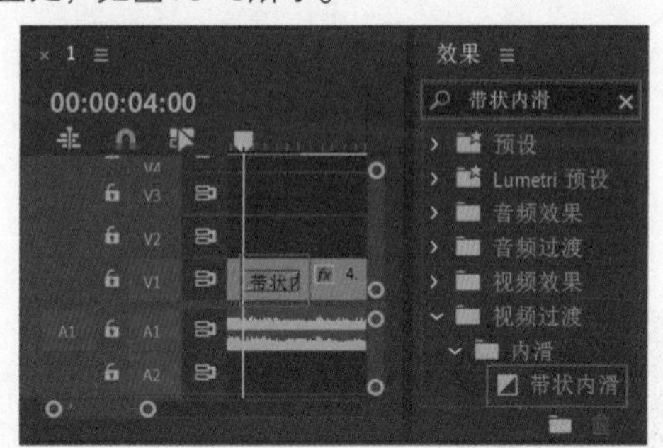

图15-8

09 接着在“时间轴”面板中选择“4.mp4”素材文件上的“带状内滑”效果，在“效果控件”面板中设置“持续时间”为10帧。如图15-9所示。

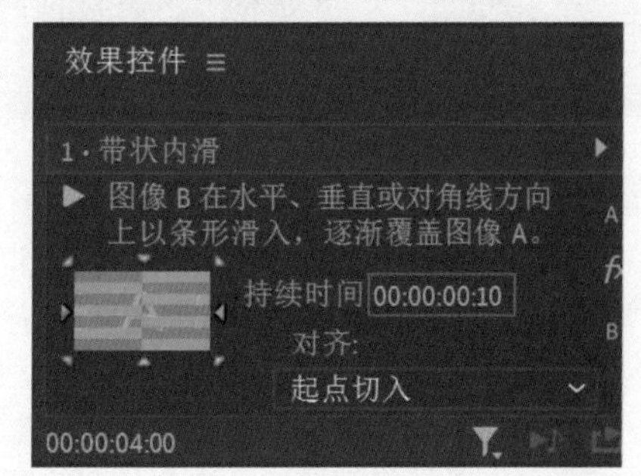

图15-9

10 在“时间轴”面板中选择“5.mp4”素材文件，在“效果控件”面板中展开“运动”效果，将时间滑块拖动至5秒位置处，单击“缩放”前面的⏱，设置“缩放”为217.0，如图15-10所示；将时间滑块拖动至5秒11帧位置处，设置“缩放”为50.0。

图15-10

11 拖动时间滑块查看此时的画面效果，如图15-11所示。

图15-11

12 在“效果”面板中搜索“楔形擦除”效果，接着将“楔形擦除”效果拖曳到“6.mp4”素材文件的起始时间位置处。如图15-12所示。

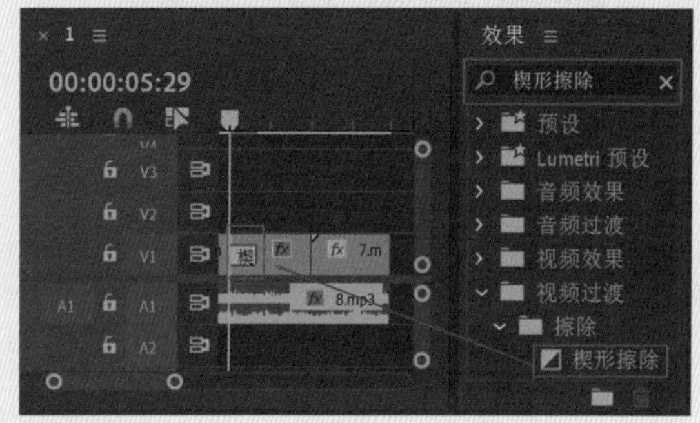

图15-12

13 在“时间轴”面板中选择“6.mp4”素材文件上的“楔形擦除”效果，在“效果控件”面板中设置“持续时间”为10帧。如图15-13所示。

14 在“时间轴”面板中选择“7.mp4”素材文件，在“效果控件”面板中展开“运动”效果，将时间滑块拖动至7秒位置处，单击“缩放”与“旋转”前面的⏱，设置“缩放”为379.0、“旋转”为-109.0°，如图15-14所示；将时间滑块拖动至7秒10帧位置处，设置“缩放”为51.0、“旋转”为0.0°。

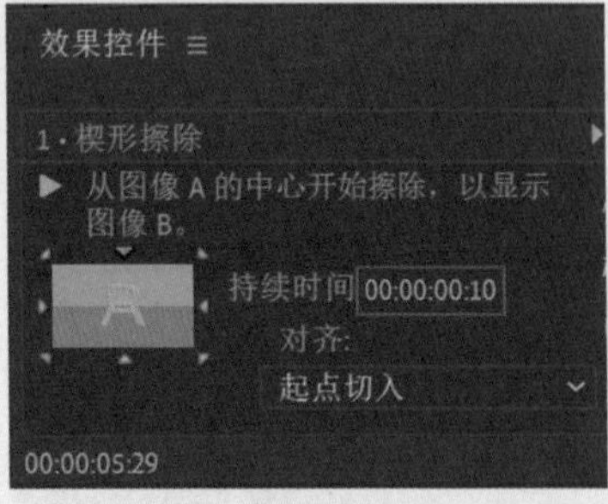

图15-13

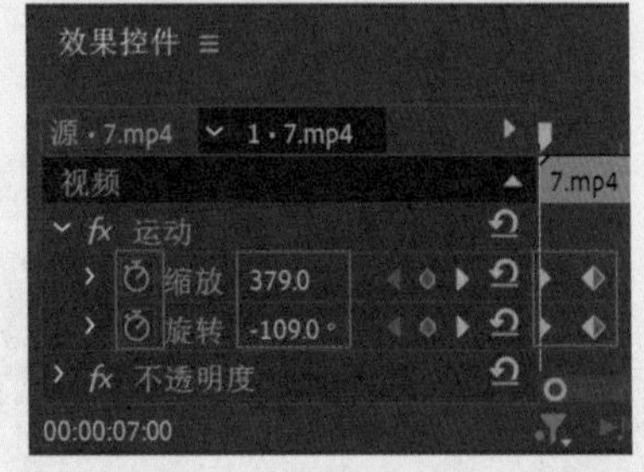

图15-14

15 拖动时间滑块查看此时的画面效果，如图15-15所示。

图15-15

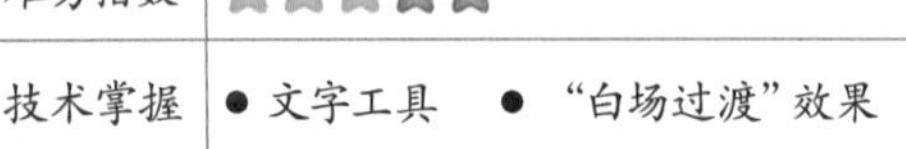

实例225 炫酷旅行VLOG——文字动画

文件路径	第15章\炫酷旅行VLOG	
难易指数	★★★★★	
技术掌握	● 文字工具 ● “白场过渡”效果	扫码深度学习

操作思路

本实例讲解了在Premiere Pro中使用文字工具创建文件，并使用“白场过渡”效果制作文字出现效果。

操作步骤

01 将时间滑块拖动到起始时间位置处，在“工具”面板中选择T（文字工具），并在“节目监视器”面板中输入合适的文字内容，在“时间轴”面板中选择刚刚创建的文字图层，在“效果控件”面板中设置合适的“字体系列”，设置“字体大小”为100，设置“字距调整”为147，勾选“填充”复选框，设置“填充颜色”为白色，接着展开“变换”，设置“位置”为（439.0,525.5）。如图15-16所示。

图15-16

02 将时间滑块拖动到起始时间位置处，在“时间轴”面板中选择刚刚创建的文字图层，在“工具”面板中选择T（文字工具），并在“节目监视器”面板中输入合适的文字内容，在“效果控件”面板中设置合适的“字体系列”，设置“字体大小”为59，设置“字距调整”为60，接着选择“仿粗体”，勾选“填充”复选框，设置“填充颜色”为白色，接着展开“变换”，设置“位置”为（700.1,400.0）。将时间滑块拖动至16帧位置处，单击“缩放”前面的⏱，设置“缩放”为0；将时间滑块拖动至23秒位置处，设置“缩放”为100。如图15-17所示。

图15-17

03 将时间滑块拖动到起始时间位置处，在“时间轴”面板中选择刚刚创建的文字图层，在“工具”面板中选择T（文字工具），并在“节目监视器”面板中输入合适的文字内容，在“效果控件”面板中设置合适的“字体系列”，设置“字体大小”为51，选择“仿粗体”，勾选“填充”复选框，设置“填充颜色”为白色，接着展开“变换”，设置“位置”为（794.2,601.9），如图15-18所示。

图15-18

04 接着在“时间轴”面板中选择刚刚创建文字图层并设置其结束时间为2秒。如图15-19所示。

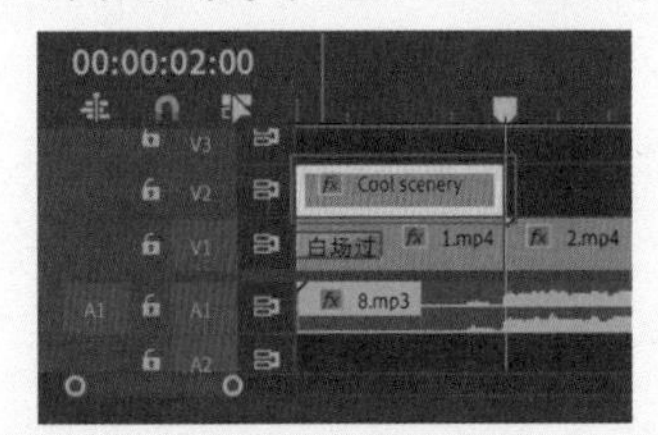

图15-19

05 在“效果”面板中搜索“白场过渡”效果接着将该效果拖曳到V2轨道上文字图层的起始时间位置处。如图15-20所示。

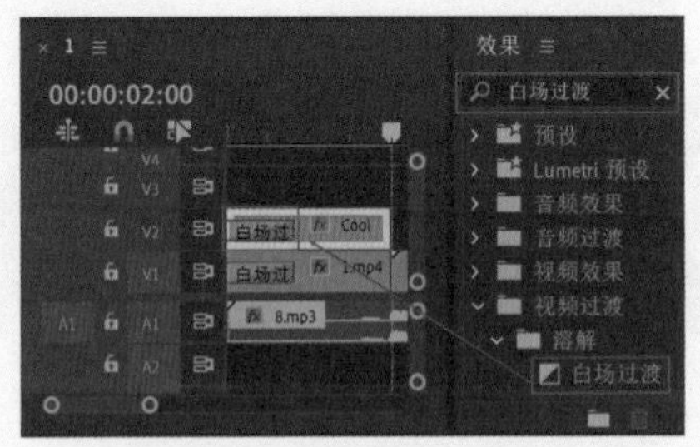

图15-20

06 拖动时间滑块查看此时的画面效果，如图15-21所示。

图15-21

07 将时间滑块拖动到2秒位置处，在“时间轴”面板中选择刚刚创建的文字图层，在“工具”面板中选择T（文字工具），并在“节目监视器”面板中输入合适的文字内容，在“效果控件”面板中设置合适的“字体系列”，设置“字体大小”为353，接着设置“字距调整”为100，勾选“填充”复选框，设置“填充颜色”为白色，接着展开“变换”，设置“位置”为（410.3,652.3），如图15-22所示。

图15-22

08 将时间滑块拖动到2秒位置处，在“时间轴”面板中选择刚刚创建的文字图层，在“工具”面板中选择T（文字工具），并在“节目监视器”面板中输入合适的文字内容，在“效果控件”面板中设置合适的“字体系列”，设置“字体大小”为130，勾选“填充”复选框，设置“填充颜色”为黄色，接着展开“变换”，设置“位置”为（581.7,315.1）。如图15-23所示。

图15-23

09 接着设置刚刚创建的文字图层的结束时间为4秒。如图15-24所示。

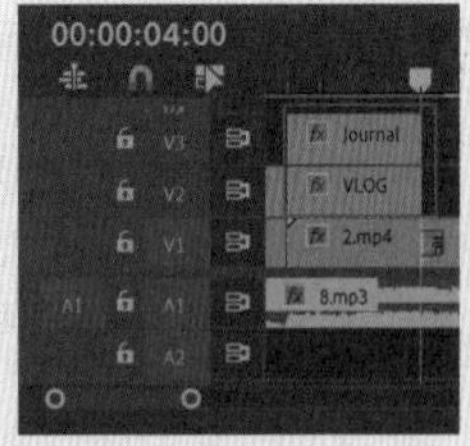

图15-24

10 拖动时间滑块查看最终效果，如图15-25所示。

图15-25

ynamic
uit
ds

第16章

动感水果广告

Watermelon
Watermelon
Watermelon
Watermelon
Watermelon

Pineapple
Pineapple
Pineapple
Pineapple
Pineapple

实例226　动感水果广告——文字片头

文件路径	第 15 章 \ 动感水果广告	
难易指数	★★★★★	
技术掌握	● 导入素材　● 颜色遮罩 ● 关键帧动画　● 文字工具	扫码深度学习

操作思路

本实例讲解了在Premiere Pro中导入素材，并使用“颜色遮罩”创建纯色图层，接着使用文字工具创建文字，并设置位置属性的关键帧动画，使文字产生位移动画。

操作步骤

01 在菜单栏中执行“文件”|“新建”|“项目”命令或使用快捷键Ctrl+Alt+N，在弹出的“新建项目”对话框中设置合适的文件名称，单击“位置”右侧的“浏览”按钮，弹出“项目位置”对话框，单击“选择文件夹”按钮，为项目选择合适的路径文件夹。在“新建项目”对话框中单击“创建”按钮，如图16-1所示。

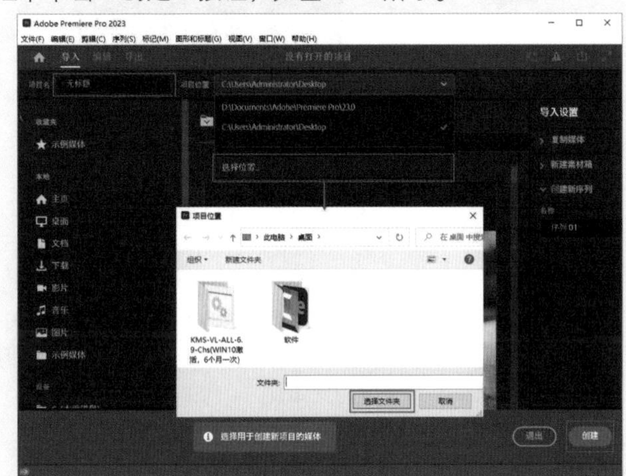

图16-1

02 在“项目”面板空白处双击，选择所需的“1.mp4”～“4.mp4”和“5.mp3”素材文件，最后单击“打开”按钮，将它们进行导入，如图16-2所示。

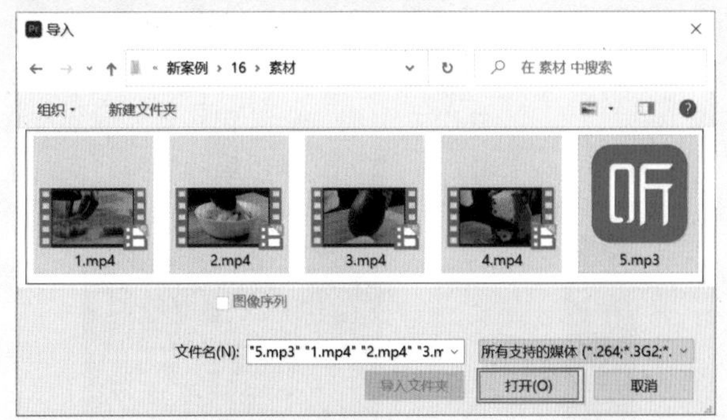

图16-2

03 在“项目”面板空白处单击鼠标右键，在弹出的快捷菜单中执行“新建项目”|“序列”命令。接着在弹出的“新建序列”对话框中选中“设置”，设置“编辑模式”为“自定义”、“时基”为“25.00帧/秒”、“帧大小”为1920、“水平”为1080、“像素长宽比”为“方形像素（1.0）”、“场”为“无场（逐行扫描）”。接着单击“确定”按钮。如图16-3所示。

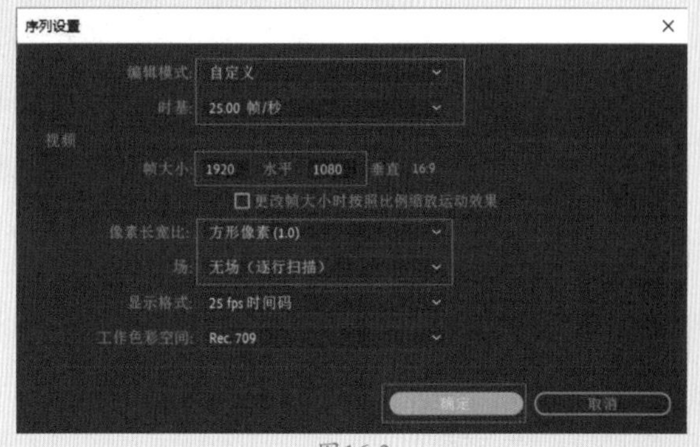

图16-3

04 在“项目”面板中单击鼠标右键，在弹出的快捷菜单中执行“新建项目”|“颜色遮罩”命令，在弹出的“新建颜色遮罩”对话框中单击“确定”按钮，如图16-4所示。

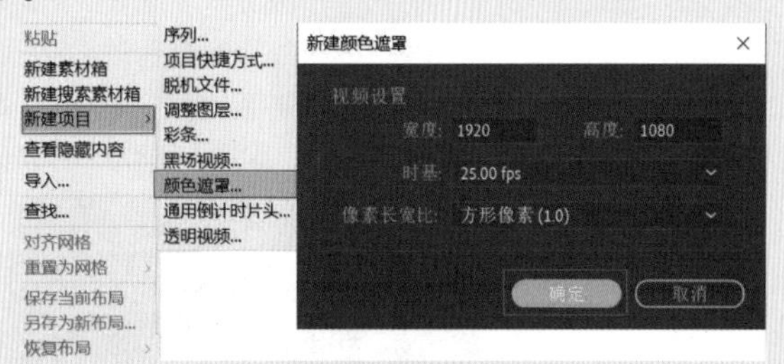

图16-4

05 在弹出的“拾色器”对话框中设置颜色为白色，接着单击“确定”按钮。如图16-5所示。

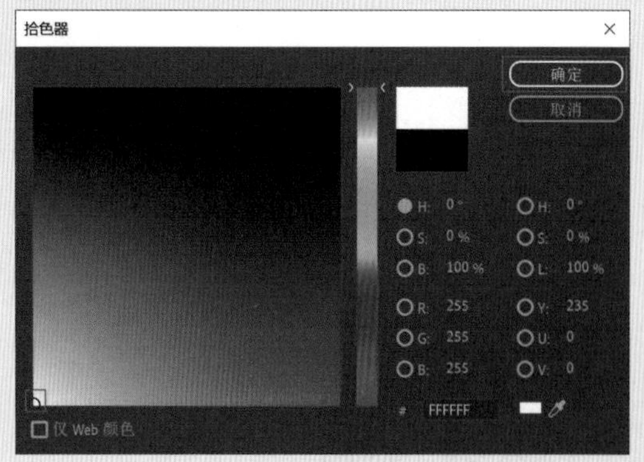

图16-5

06 在“项目”面板中将“颜色遮罩”拖曳到“时间轴”面板中V1轨道上并设置其结束时间为1秒01帧。如图16-6所示。

07 将时间滑块拖动到起始时间位置处，在“工具”面板中选择T（文字工具），并在“节目监视器”面板中输入合适的文字内容，在“时间轴”面板中选择刚刚创建的文字图层，在“效果控件”面板中设置合适的“字体系列”，设置“字体大小”为100，勾选“填充”复选框，设置“填充颜色”为粉红色，接着展开“变换”，设置“位置”为（461.5,568.7）。如图16-7所示。

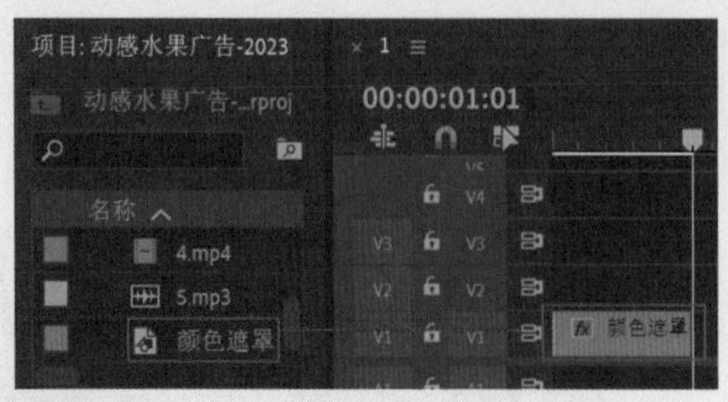

图16-6

图16-7

08 接着在“效果控件”面板中展开“矢量运动”效果，将时间滑块拖动至起始时间位置处，单击“缩放”前面的⏱，设置“缩放”为0.0，如图16-8所示；将时间滑块拖动至4帧位置处，设置“缩放”为100.0.。

图16-8

09 将时间滑块拖动到起始时间位置处，在“工具”面板中选择T（文字工具），并在“节目监视器”面板中输入合适的文字内容，在“时间轴”面板中选择刚刚创建的文字图层，在“效果控件”面板中设置合适的“字体系列”，设置“字体大小”为250，取消勾选“填充”复选框，勾选“描边”复选框，设置“描边颜色”为红色，设置“描边宽度”为4.0，设置为“外侧”，展开“变换”，设置“位置”为（-248.8,247.6）。如图16-9所示。

图16-9

10 在“效果控件”面板中选择刚刚设置好的文字图层使用快捷键Ctrl+C进行复制，接着使用Ctrl+V进行粘贴。如图16-10所示。

图16-10

11 在“效果控件”面板中展开复制的文本，接着展开“变换”，设置“位置”为（-240.8,981.8），如图16-11所示。

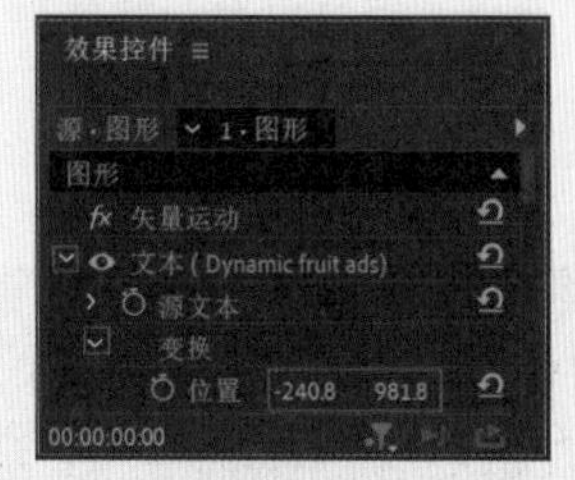

图16-11

12 接着展开“矢量运动”效果，将时间滑块拖动至起始时间位置处，单击“位置”前面的⏱，设置“位置”为（960.0,540.0），将时间滑块拖动至15帧位置处，设置“位置”为（1131.0,540.0）。如图16-12所示。

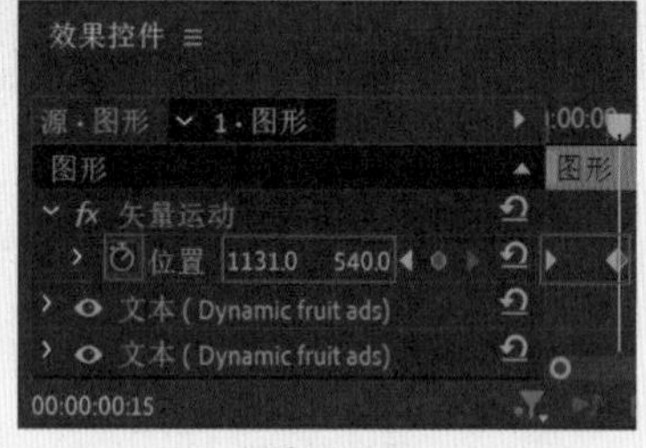

图16-12

13 在“时间轴”面板中设置V2和V3轨道上文字图层的结束时间均为1秒01帧。如图16-13所示。

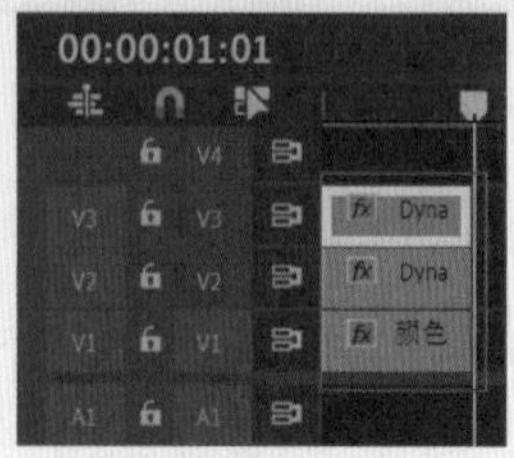

图16-13

实例227 动感水果广告——动画部分

文件路径	第 15 章 \ 动感水果广告	
难易指数	★★★★★	
技术掌握	● 文字工具 ● 关键帧动画 ● 蒙版工具 ● "黑白"效果 ● "湍流置换"效果 ● 嵌套序列	扫码深度学习

操作思路

本实例讲解了在Premiere Pro使用文字工具创建文字，使用"湍流置换"效果制作文字流动动画，使用蒙版工具与关键帧动画制作图层与文字的动画效果。

操作步骤

01 在"项目"面板中将"1.mp4"素材文件拖曳到"时间轴"面板中V1和V2轨道中，并设置其结束时间为2秒。如图16-14所示。

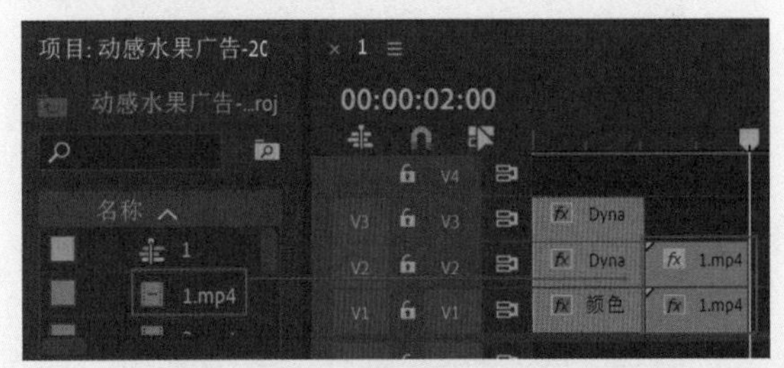

图16-14

02 在"时间轴"面板中选择V2轨道上的"1.mp4"素材文件，在"效果控件"面板中展开"不透明度"效果，单击其下方的"4点多边形蒙版"按钮■，在"节目监视器"面板中设置合适的蒙版位置与大小。接着将时间滑块拖动至1秒06帧位置处，展开"动动"效果，单击"缩放"前面的⏱，创建关键帧，设置"缩放"为0.0；将时间滑块拖动至1秒15帧位置处，设置"缩放"为100.0。接着将时间滑块拖动至1秒18帧位置处，单击"位置"前面的⏱，创建关键帧，设置"位置"为（960.0,540.0），将时间滑块拖动至2秒位置处，设置"位置"为（960.0,-127.0）。如图16-15所示。

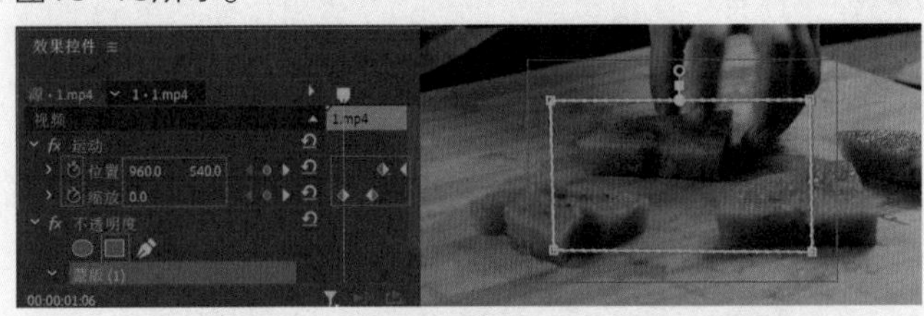

图16-15

03 在"时间轴"面板中选择V1轨道上的"1.mp4"素材文件，在"效果控件"面板中展开"不透明度"效果，单击其下方的"4点多边形蒙版"按钮■，在"节目监视器"面板中设置合适的蒙版位置与大小。接着将时间滑块拖动至1秒01帧位置处，展开"运动"效果，单击"位置"前面的⏱，创建关键帧，设置"位置"为（74.0,540.0）；将时间滑块拖动至1秒10帧位置处，设置"位置"为（960.0,540.0）；将时间滑块拖动至1秒19帧位置处，设置"位置"为（960.0,540.0）；将时间滑块拖动至1秒24帧位置处，设置"位置"为（2896.0,540.0）。如图16-16所示。

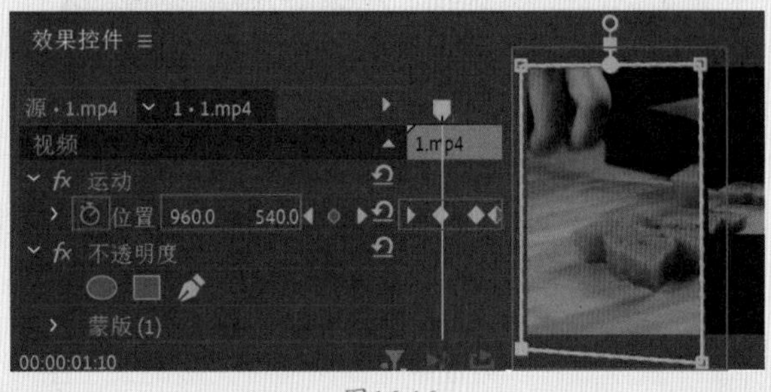

图16-16

04 在"效果"面板中搜索"黑白"效果，按住鼠标左键将该效果拖曳到"时间轴"面板中V1轨道上的"1.mp4"素材文件上。如图16-17所示。

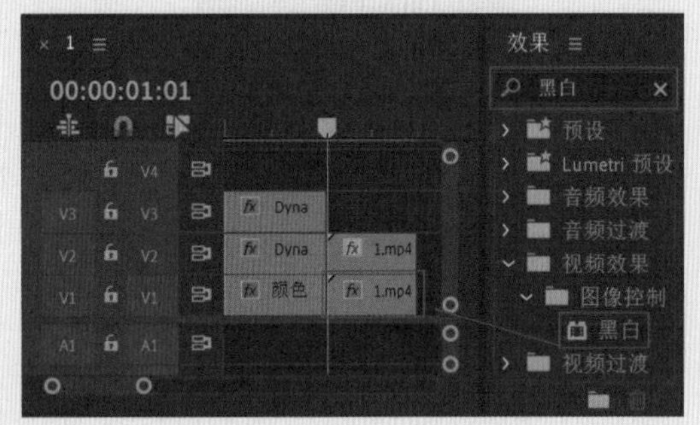

图16-17

05 拖动时间滑块查看此时的画面效果，如图16-18所示。

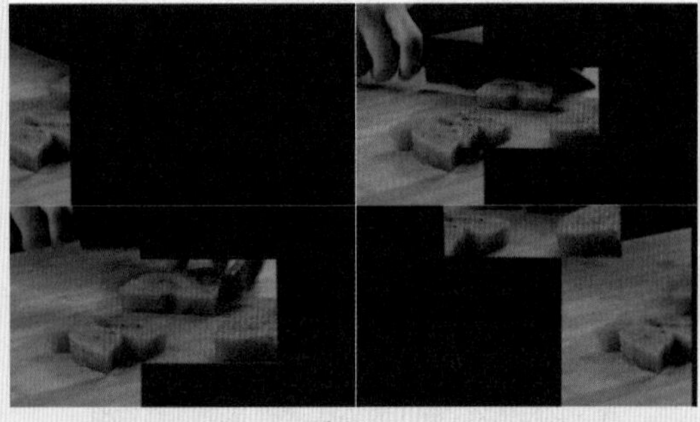

图16-18

06 将时间滑块拖动到起始时间位置处，在"工具"面板中选择T（文字工具），并在"节目监视器"面板中输入合适的文字内容，在"时间轴"面板中选择刚刚创建的文字图层，在"效果控件"面板中设置合适的"字体系列"，设置"字体大小"为94，勾选"填充"复选框，设置“填充颜色”为白色，展开“变换”，设置“位置”为（1315.8,459.4）。如图16-19所示。

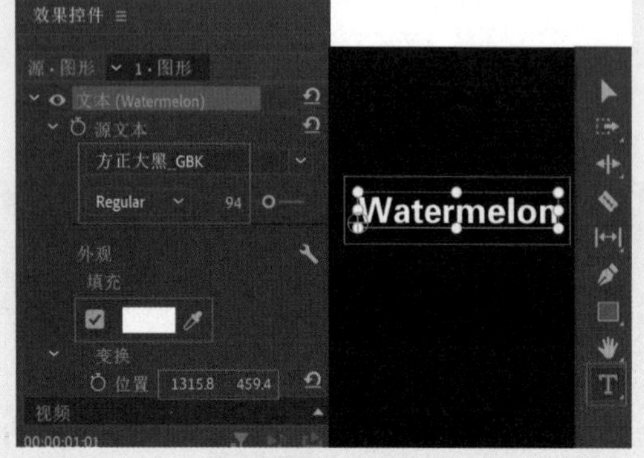

图16-19

07 在“效果控件”面板中选择刚刚设置好的文字图层，使用快捷键Ctrl+C进行复制，接着使用Ctrl+V进行粘贴，重复该操作四次，如图16-20所示。

图16-20

08 调整刚刚复制的文字到合适的位置，如图16-21所示。

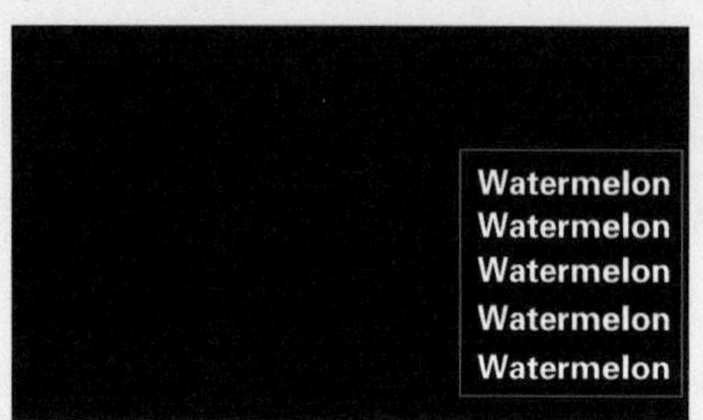

图16-21

09 在“效果控件”面板中展开“矢量运动”效果，将时间滑块拖动至1秒21帧位置处，单击“位置”前面的⏱，创建关键帧，设置“位置”为（960.0,540.0），如图16-22所示；将时间滑块拖动至1秒24帧位置处，设置“位置”为（960.0,1245.0）。

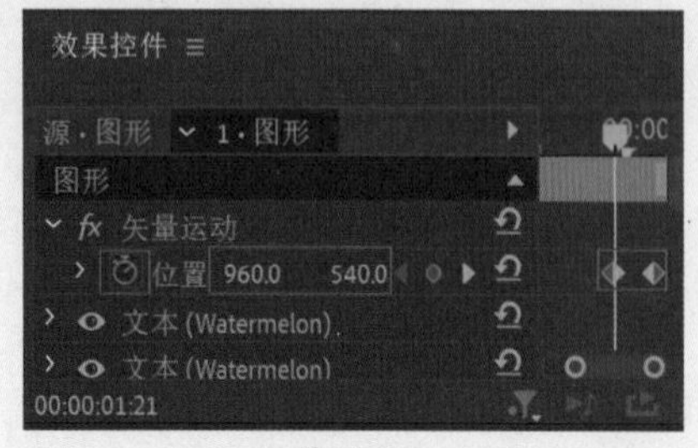

图16-22

10 在“效果”面板中搜索“湍流置换”效果，按住鼠标左键将该效果拖曳到“时间轴”面板中V3轨道上的1秒01帧后方Watermelon文字图层上。如图16-23所示。

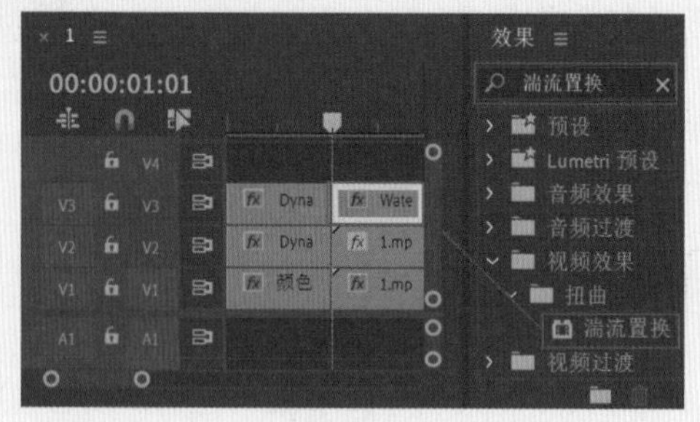

图16-23

11 选择V3轨道上的Watermelon文字图层，在“效果控件”面板中展开“湍流置换”效果，将时间滑块拖动至1秒01帧位置处，单击“数量”前面的⏱，设置“数量”为160.0；将时间滑块拖动至1秒21帧位置处，设置“数量”为0.0。如图16-24所示。

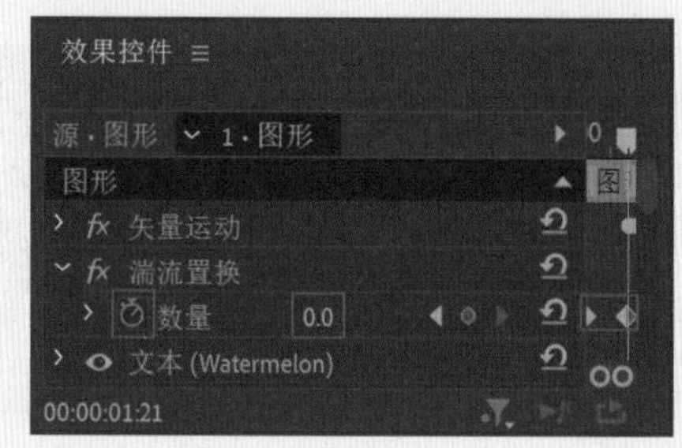

图16-24

12 拖动时间滑块查看此时的画面效果，如图16-25所示。

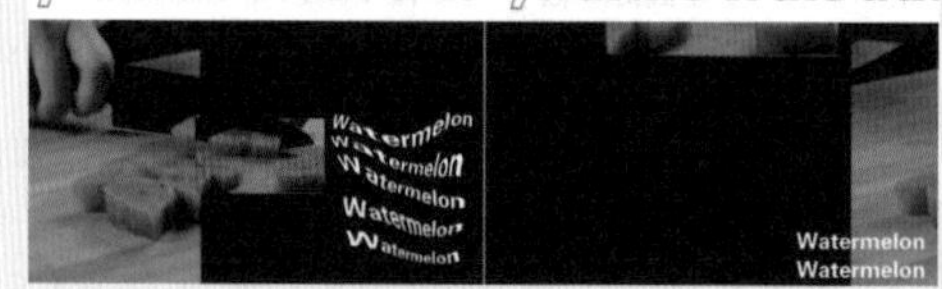

图16-25

13 在“项目”面板中将“3.mp4”素材文件拖曳到“时间轴”面板中V1轨道上，并设置其结束时间为3秒。如图16-26所示。

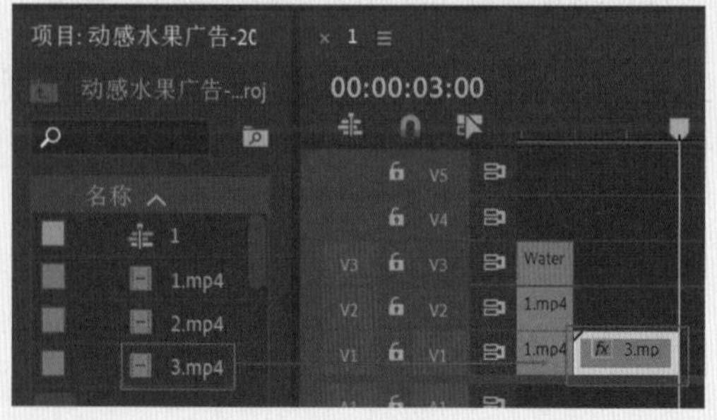

图16-26

14 在“时间轴”面板中选择V1轨道上的“3.mp4”素材文件，在“效果控件”面板中展开“不透明度”效果，单击其下方的“4点多边形蒙版”按钮■，在“节目监视器”面板中设置合适的蒙版位置与大小。展开“运动”效果，设置“位置”为（1508.0,235.0）。如图16-27所示。

图16-27

15 在“效果”面板中搜索“黑白”效果，按住鼠标左键将该效果拖曳到“时间轴”面板中V1轨道上的“3.mp4”素材文件上。如图16-28所示。

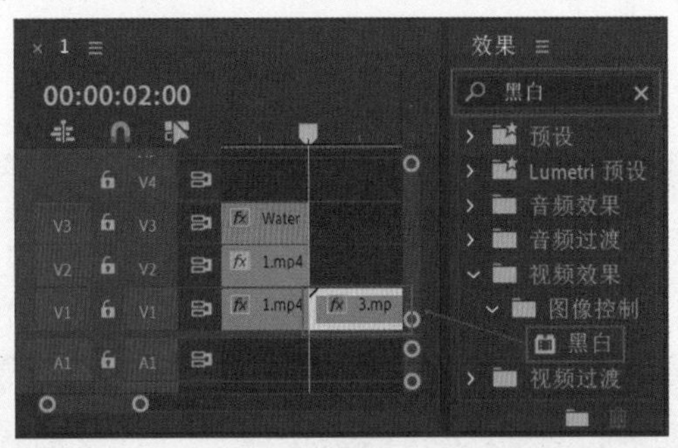

图16-28

16 在“时间轴”面板中选择V1轨道上的“3.mp4”素材文件，按住Atl键的同时按住鼠标左键将其拖曳复制到V2～V5轨道上。如图16-29所示。

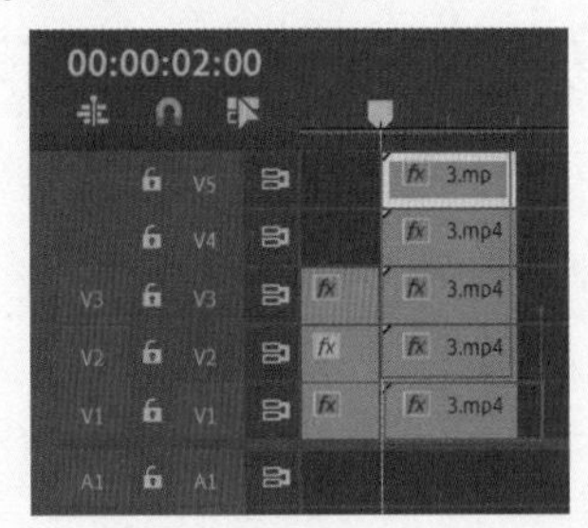

图16-29

17 分别选择V1～V4轨道上的“3.mp4”素材文件，并分别设置素材文件到合适的位置处，如图16-30所示。

图16-30

18 在“时间轴”面板中框选V1～V4轨道上的“3.mp4”素材文件，单击鼠标右键，在弹出的快捷菜单中执行“嵌套”命令，在弹出的“嵌套序列名称”对话框中单击“确定”按钮。如图16-31所示。

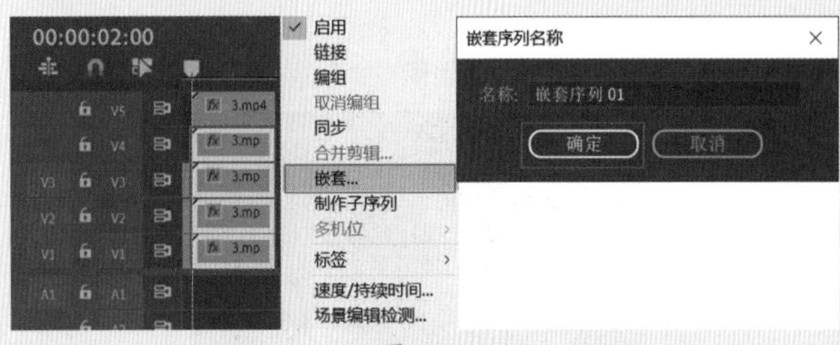

图16-31

19 选择“时间轴”面板中V1轨道上的“嵌套序列01”，在“效果控件”面板中展开“运动”效果，将时间滑块拖动至2秒位置处，单击“位置”前面的⏱，设置“位置”为（960.0,1594.0），如图16-32所示；将时间滑块拖动至2秒05帧位置处，设置“位置”为（960.0,540.0）。

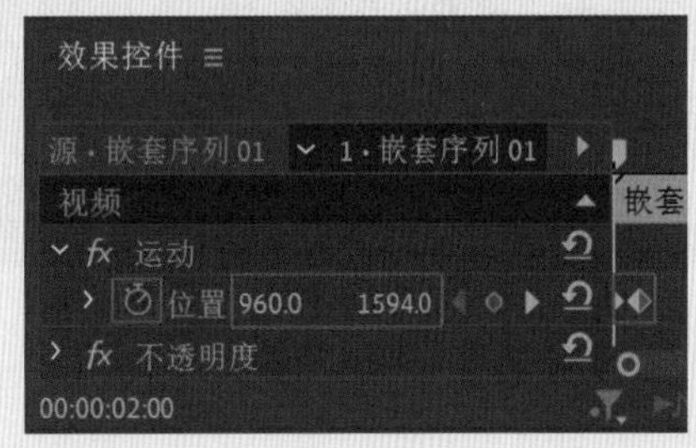

图16-32

20 在“时间轴”面板中将V5轨道上的“3.mp4”素材文件垂直拖曳到V2轨道上。然后选择V2轨道上的“3.mp4”素材文件在“效果控件”面板中展开“运动”效果，将时间滑块拖动至2秒位置处，设置“位置”为（960.0,-452.0），如图16-33所示；将时间滑块拖动至2秒05帧位置处，设置“位置”为（960.0,540.0）。在“效果控件”面板中选择“黑白”效果，按Delete键进行删除。

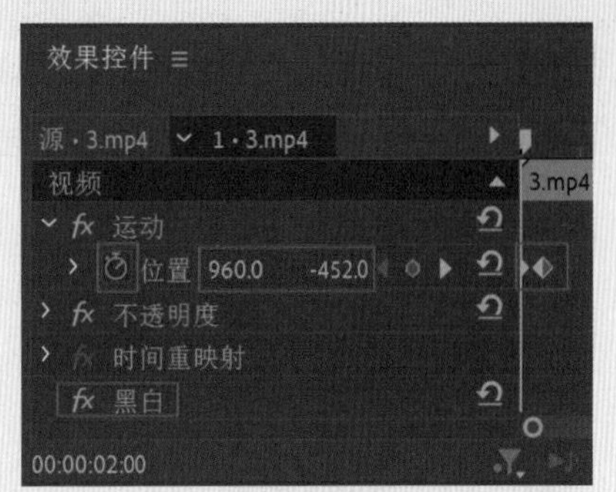

图16-33

21 接着在“效果控件”面板中展开“不透明度”效果，选择“蒙版（1）”，在“节目监视器”面板中设置合适的蒙版大小与位置。如图16-34所示。

22 将时间滑块拖动到2秒位置处，在“工具”面板中选择T（文字工具），并在“节目监视器”面板中输入合适的文字内容，在“时间轴”面板中选择刚刚创建的文字图层，在“效果控件”面板中设置合适的“字体系列”，设置“字体大小”为121，设置“字距调整”为26，勾选“填充”复选框，设置“填充颜色”为白色，展开“变换”，设置“位置”为（73.0,474.0），并设置文字图层的结束时间为3秒。如图16-35所示。

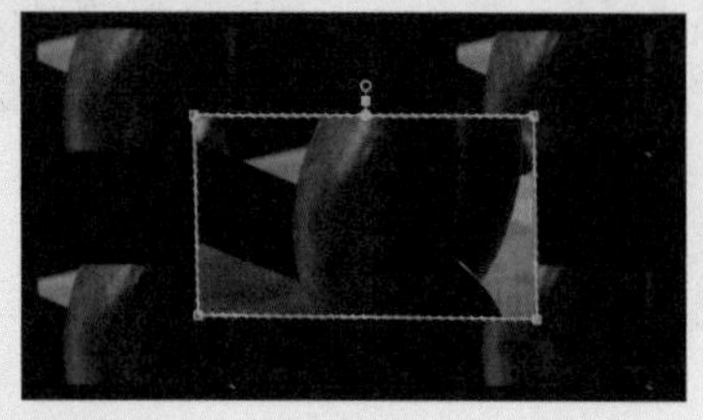

图16-34

图16-35

23 接着单击“文本”下方的“4点多边形蒙版”按钮，将时间滑块拖动至2秒位置处，展开“蒙版（1）”，单击“蒙版路径”前面的，在“节目监视器”面板中设置合适的蒙版位置与大小。将时间滑块拖动至2秒13帧位置处，在“节目监视器”面板中设置合适的蒙版位置与大小。如图16-36所示。

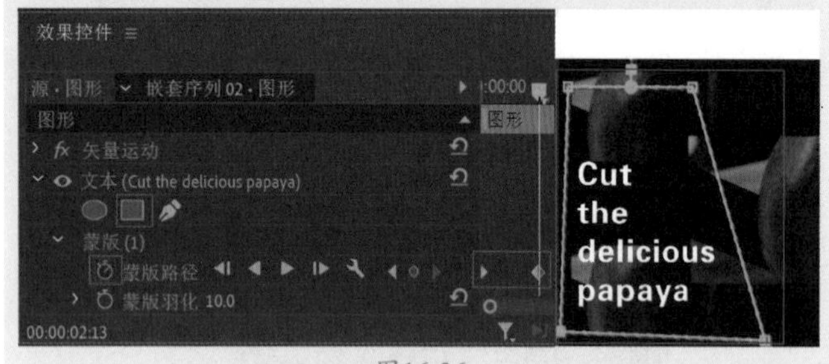

图16-36

24 接着框选2秒之后的所有素材，单击鼠标右键，在弹出的快捷菜单中执行“嵌套”命令，如图16-37所示，在弹出的“嵌套序列名称”对话框中单击“确定”按钮。

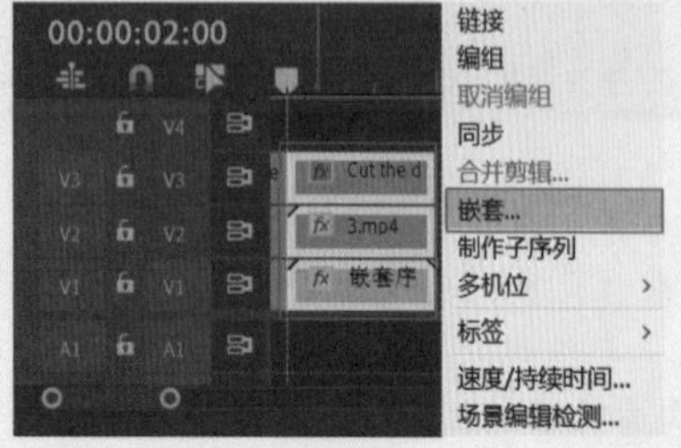

图16-37

25 接着选择“时间轴”面板中V1轨道上的“嵌套序列02”，在“效果控件”面板中展开“运动”效果，将时间滑块拖动至2秒21帧位置处，点击“缩放”前面的，设置“缩放”为100.0，如图16-38所示；将时间滑块拖动至3秒位置处，设置“缩放”为30.0。

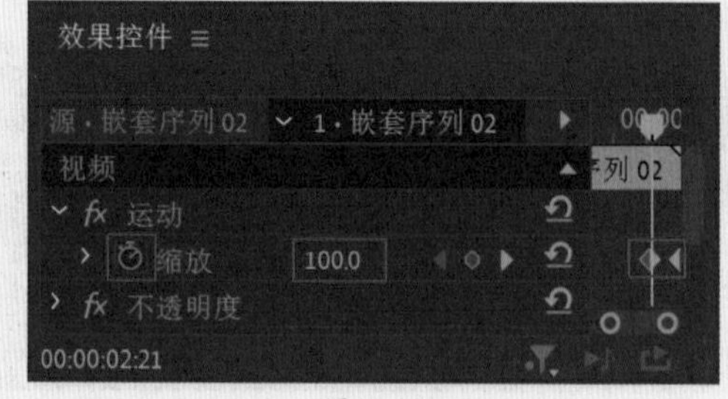

图16-38

26 拖动时间滑块查看此时的画面效果，如图16-39所示。

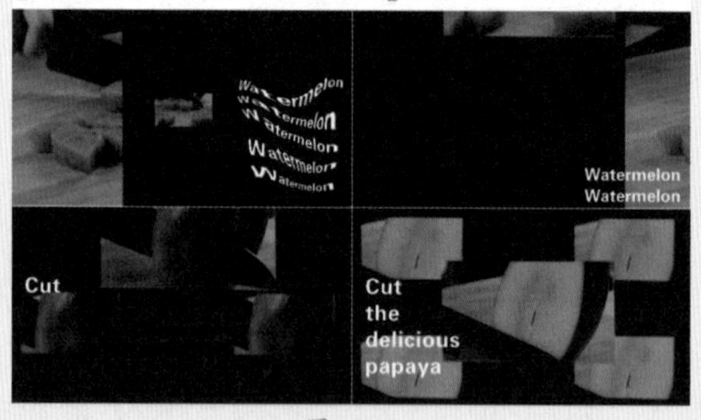

图16-39

实例228 动感水果广告——片尾部分

文件路径	第15章\动感水果广告
难易指数	★★★★★
技术掌握	● 关键帧动画　● “复制”效果

扫码深度学习

操作思路

本实例讲解了在Premiere Pro中使用关键帧动画制作文字与图层动画，使用“复制”效果制作多个图层的效果。

操作步骤

01 在“项目”面板中将“4.mp4”与“2.mp4”素材文件拖曳到“时间轴”面板中V1轨道上，设置“4.mp4”素材文件的结束时间为4秒，“2.mp4”素材文件的结束时间为6秒。如图16-40所示。

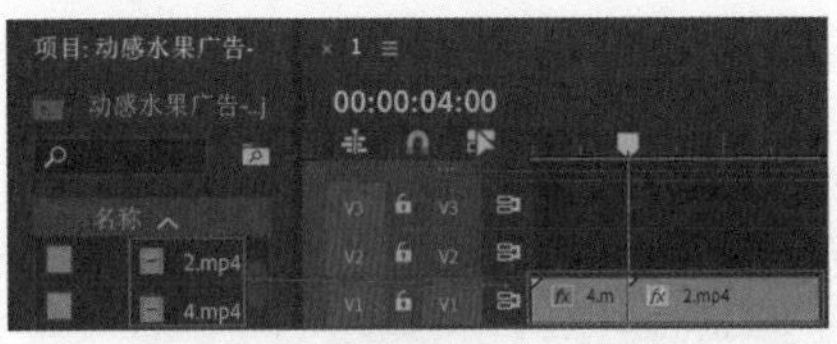

图16-40

02 接着在“时间轴”面板中选择“4.mp4”素材文件，在“效果控件”面板中展开“运动”效果，将时间滑块拖动至3秒位置处，单击“缩放”前面的⏱，设置“缩放”为301.0，如图16-41所示；将时间滑块拖动至4秒位置处，设置“缩放”为85.0。

图16-41

03 在“效果”面板中搜索“复制”效果，接着将该效果拖曳到“时间轴”面板中V1轨道上的“4.mp4”素材文件上。如图16-42所示。

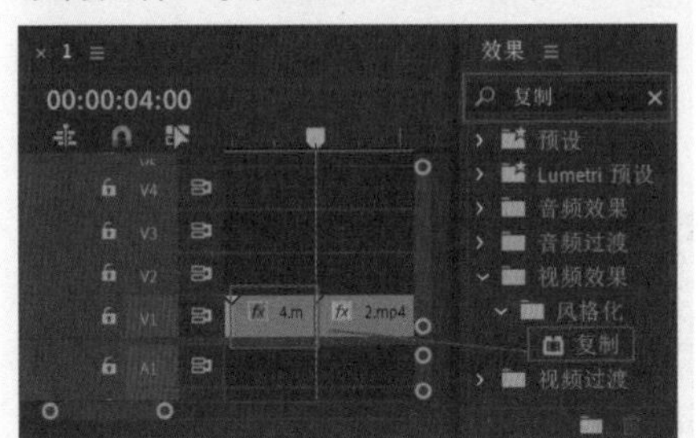

图16-42

04 选择V1轨道上的“4.pm4”素材文件，在“效果控件”面板中展开“复制”效果，设置“计数”为3。如图16-43所示。

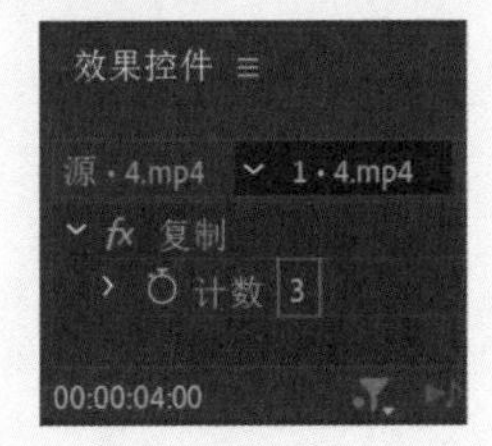

图16-43

05 将时间滑块拖动到3秒位置处，在“工具”面板中选择T（文字工具），并在“节目监视器”面板中输入合适的文字内容，在“时间轴”面板中选择刚刚创建的文字图层，在“效果控件”面板中设置合适的“字体系列”，设置“字体大小”为121，设置“字距调整”为26，勾选“填充”复选框，设置“填充颜色”为白色，展开“变换”，设置“位置”为（650.3,595.4）。设置文字图层的结束时间为4秒。如图16-44所示。

图16-44

06 在“效果控件”面板中选择“文本”，使用快捷键Ctrl+C进行复制，接着使用快捷键Ctrl+V进行多次粘贴。如图16-45所示。

07 在“效果控件”面板中展开第一个复制的“文本”，接着展开“变换”，将时间滑块拖动至3秒位置处，单击“位置”前面的⏱，设置“位置”为（650.3,595.4）；将时间滑块拖动至3秒10帧位置处，设置“位置”为（650.3,760.4）。如图16-46所示。

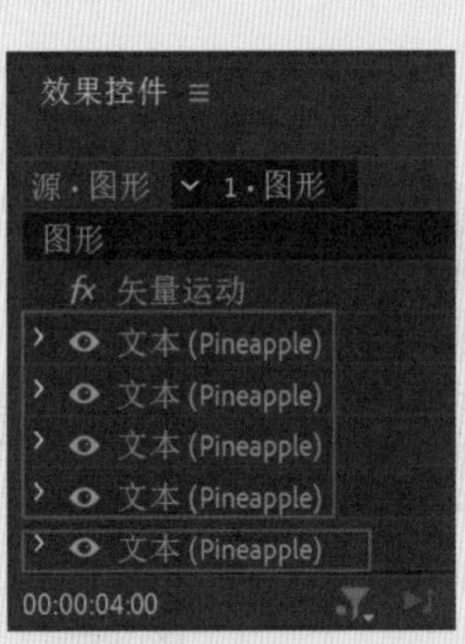

图16-45

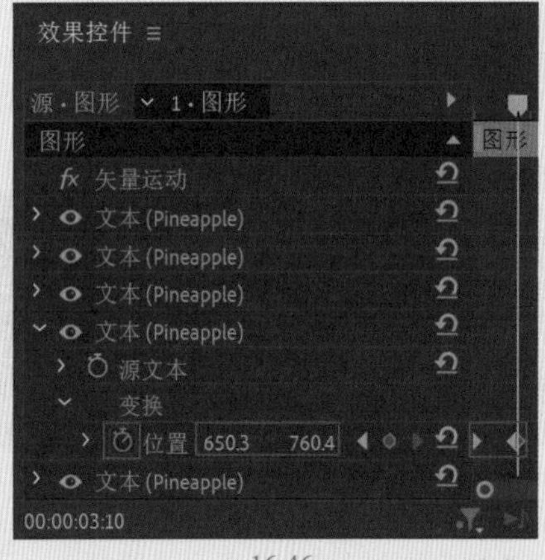

16-46

08 接着使用同样的方法制作文字移动动画效果，拖动时间滑块查看此时的画面效果，如图16-47所示。

图16-47

09 在“时间轴”面板中选择V1轨道上的“2.mp4”素材文件，在“效果控件”面板中展开“运动”效果，将时间滑块拖动至4秒位置处，单击“缩放”前面的⏱，设置“缩放”为0.0，如图16-48所示；将时间滑块拖动至4秒05帧位置处，设置“缩放”为89.0。

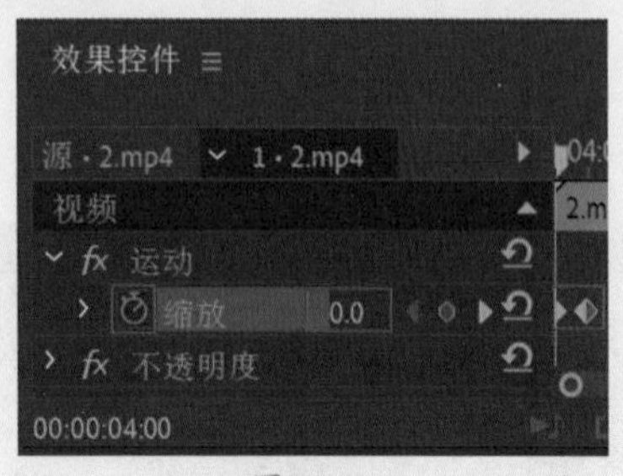

图16-48

10 将时间滑块拖动到4秒位置处，在“工具”面板中选择T（文字工具），并在“节目监视器”面板中输入合适的文字内容，在“时间轴”面板中选择刚刚创建的文字图层，在“效果控件”面板中设置合适的“字体系列”，设置“字体大小”为223，取消勾选“填充”复选框，勾选“描边”复选框，设置“描边颜色”为白色、“描边宽度”为8.0，设置为“外侧”。展开“变换”，设置“位置”为（57.9,325.2）。设置文字图层的结束时间为6秒。如图16-49所示。

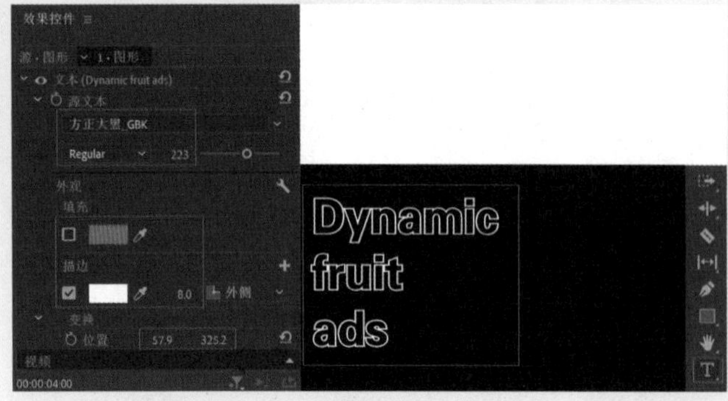

图16-49

11 接着在“效果控件”面板中展开“不透明度”效果，将时间滑块拖动至4秒位置处，接着单击“不透明度”前面的⏱，设置“不透明度”为0.0%；将时间滑块拖动至5秒13帧位置处，设置“不透明度”为100.0%。如图16-50所示。

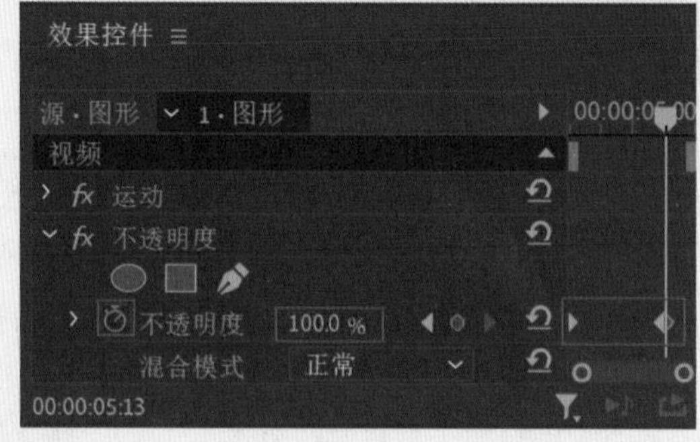

图16-50

12 在“项目”面板中将“5.mp3”素材文件拖曳到A1轨道上，并设置其结束时间为6秒。如图16-51所示。

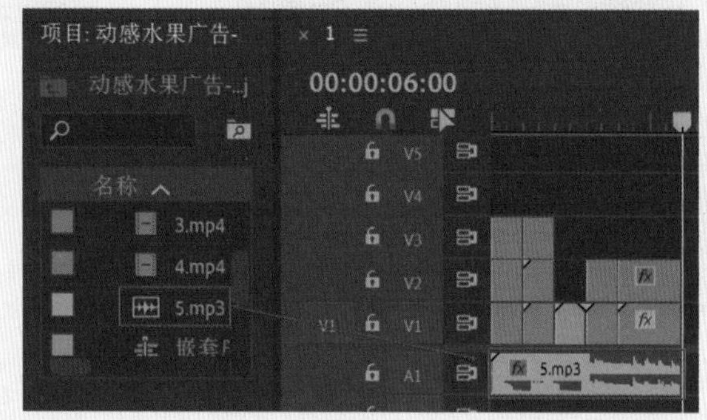

图16-51

13 拖动时间滑块查看最终效果，如图16-52所示。

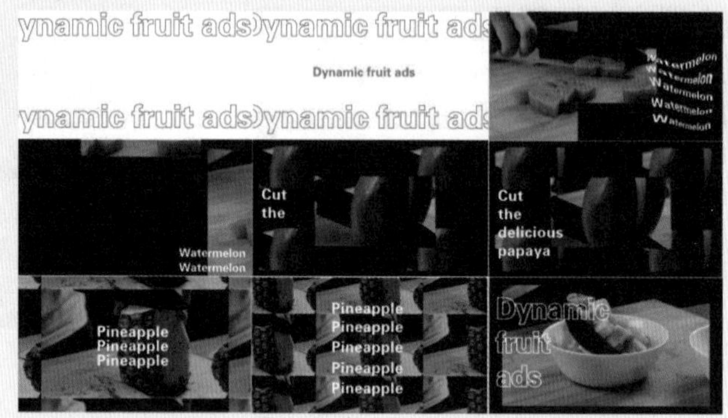

图16-52